Von Isaac Asimov ist außerdem als Knaur-Taschenbuch erhältlich:
»Die exakten Geheimnisse unserer Welt – Bausteine des Lebens«
(Band 3922)

Vollständige Taschenbuchausgabe 1988

Titel der Originalausgabe »Asimovs New Guide to Science«

Umschlaggestaltung Atelier Höpfner-Thoma
Druck und Bindung Freiburger Graphische Betriebe
Printed in Germany 5 4 3
ISBN 3-426-03921-4

Isaac Asimov: Die exakten Geheimnisse unserer Welt

Band I: Kosmos, Erde, Materie, Technik

Aus dem Amerikanischen von Karl Heinz Siber

Knaur®

Inhalt

Kapitel 1

Was ist Naturwissenschaft? 11

Am Anfang war die Neugier 11

Die Wißbegier 11 · Die Griechen 14 · Geometrie und Mathematik 15 · Der deduktive Ansatz 16 · Die Renaissance und Kopernikus 18 · Experiment und Induktion 19 · Die moderne Naturwissenschaft 21

Kapitel 2

Das Universum 25

Die Größe des Universums 25

Die ersten Messungen 25 · Die Vermessung des Sonnensystems 27 · Die Fixsterne 29 · Messungen zur Helligkeit von Sternen 32 · Die Vermessung der Milchstraße 34 · Jenseits der Milchstraße 38 · Spiralgalaxien 39 · Galaktische Haufen 42

Die Geburt des Universums 44

Das Alter der Erde 44 · Die Sonne und das Sonnensystem 46 · Der »Big Bang« 49

Der Tod der Sterne 51

Novae und Supernovae 52 · Der Lebenslauf der Sterne 58

Neue Fenster zum Universum 63

Das Fernrohr 63 · Das Spektroskop 64 · Fotografie 66 Radioastronomie 67 · Extragalaktische Radioquellen 71

Die neuen Himmelskörper 72

Quasare 72 · Neutronensterne 75 · Schwarze Löcher 79 · Der »leere« Raum 81

Kapitel 3

Unser Sonnensystem 85

Die Geburt unseres Sonnensystems 85

Die Sonne 90

Der Mond 95

Der Mond wird vermessen 97 · Der Mond wird besucht 98 · Raketentechnik 98 · Die Satellitenerkundung des Mondes 100 · Bemannte Raumfahrt und die Mondflüge 106

Venus und Merkur 111

Venus und Merkur werden vermessen 113 · Die Venussonden 114 · Die Merkursonden 116

Mars 116

Marskartographie 119 · Die Marssonden 120 · Die Marsmonde 123

Jupiter 123

Die Jupitermonde 124 · Form und Oberfläche des Jupiter 127 · Die Beschaffenheit des Jupiter 129 · Die Jupitersonden 130

Saturn 131

Die Saturnringe 132 · Die Saturnmonde 134

Die äußeren Planeten 137

Uranus 137 · Neptun 139 · Pluto 140

Die Asteroiden 143

Der Asteroidengürtel 143 · Erdstreifer und Apollo-Objekte 145

Die Kometen 147

Kapitel 4

Die Erde 151

Gestalt und Ausmaße der Erde 151

Die Erde als Kugel 151 · Die Vermessung des Geoids 155 · Die Masse der Erde 157

Der Schalenbau der Erde 158

Erdbeben 158 · Vulkane 161 · Wellenarten und Struktur des Erdkörpers 163 · Der flüssige Erdkern 165 Der Erdmantel 166 · Die Entstehung des Mondes 169 Die schmelzflüssige Erde 171

Die Meere 172

Die Meeresströmungen 172 · Der Reichtum der Meere 175 · Die Ozeanbecken und die Wanderung der Kontinente 177 · Leben in der Tiefsee 183 · Tiefseetauchen 185

Polkappen und Gletscher 186
Der Nordpol 186 · Der Südpol 188 · Das Internationale Geophysikalische Jahr 189 · Gletscher 190 Warum gibt es Eiszeiten? 193

Kapitel 5
Die Atmosphäre 197

Die Luftschichten 197
Die Luft auf der Waage 197 · Die Luftfahrt 199

Die Atmosphärengase 206
Die untere Atmosphäre 206 · Die Stratosphäre 207 Die Ionosphäre 210

Der Magnetismus 212
Magnetismus und Elektrizität 213 · Das Magnetfeld der Erde 215 · Der Sonnenwind 218 · Die Magnetosphäre 220 · Magnetosphären anderer Planeten 224

Meteore und Meteorite 225
Meteorströme und Mikrometeorite 226 · Meteorite 227

Luft: Wie die Erde sie behält und wie sie sie bekam 231
Die Entweichgeschwindigkeit 231 · Die Ur-Atmosphäre der Erde 233

Kapitel 6
Die Elemente 237

Das Periodensystem 237
Frühe Theorien 237 · Theorie des Atoms 238 Mendelejews Periodensystem 241 · Die Ordnungszahlen 244

Radioaktive Elemente 246
Die Entdeckung der Radioaktivität 246 · Auf der Suche nach den fehlenden Elementen 249 · Die Transurane 250 · Superschwere Elemente 251

Das Elektron 252
Die Perioden des Periodensystems 253 · Die Edelgase 254 · Die Seltenen Erden 257 · Die Übergangselemente 259 · Die Actiniden 262

Die Gase 263
Verflüssigung 263 · Flüssiggase als Raketentreibstoffe 267 · Supraleiter und Supraflüssigkeiten 269 Kryogenik 271 · Hochdruckphysik 273

Die Metalle 276
Eisen und Stahl 277 · Neue Metalle 280

Kapitel 7
Das Atom und seine Teilchen 285

Das Atom 285
Die Entdeckung der Teilchen 285 · Der Atomkern 286

Isotope 288
Gleichartige Bausteine 288 · Auf der Suche nach den Teilchen 291 · Atomumwandlung 294

Neue Teilchen 295
Das Neutron 295 · Das Positron 297 · Radioaktive Elemente 301 · Teilchenbeschleuniger 303 · Spin 308 Kosmische Strahlung 311 · Die Struktur des Atomkerns 312

Leptonen 314
Neutrinos und Antineutrinos 315 · Die Fahndung nach dem Neutrino 317 · Nukleare Wechselwirkungen 319 · Das Myon 320 · Das Tauon 322 · Die Masse des Neutrinos 322

Hadronen und Quarks 323
Pionen und Mesonen 324 · Baryonen 324 · Die Theorie der Quarks 326

Felder 330
Elektromagnetische Wechselwirkung 330 · Die Erhaltungssätze 332 · Eine einheitliche Feldtheorie 334

Kapitel 8
Die Wellen 337

Licht 337
Das Wesen des Lichts 337 · Die Geschwindigkeit des Lichts 340 · Radar 342 · Lichtwellen im leeren Raum 343 · Magnetische Monopole 344 · Absolute Bewegung 345

Relativität 347
Die Lorentz-Fitzgerald-Gleichungen 347 · Das Phänomen der Strahlung und die Plancksche Quantentheorie 348 · Einsteins Partikel/Welle-Theorie 350 Die Relativitätstheorie 351 · Raumzeit und das Uhrenparadoxon 352 · Gravitation und Allgemeine Relativitätstheorie 354 · Die Allgemeine Relativitätstheorie auf dem Prüfstand 355

Wärme 356
Temperaturmessung 357 · Zwei Wärmetheorien 358 Wärme als Energie 359 · Wärme und Molekularbewegung 361

Masse und Energie 362

Teilchen und Welle 365
Elektronenmikroskopie 365 · Das Elektron als Welle 366 · Die Unschärferelation 369

Kapitel 9
Die Maschine 373

Feuer und Dampf 373
Die Technik bis zum Beginn der Neuzeit 373 · Die Dampfmaschine 375

Elektrizität 379
Statische Elektrizität 379 · Dynamische Elektrizität 381 · Die Erzeugung elektrischen Stroms 383 · Frühe technische Anwendungen der Elektrizität 384

Elektrotechnik 386
Das Telefon 386 · Aufzeichnung und Wiedergabe von Tönen 387 · Künstliches Licht im vor-elektrischen Zeitalter 388 · Elektrisches Licht 389 · Fotografie 391

Verbrennungsmotoren 393
Das Automobil 393 · Das Flugzeug 398

Elektronik 400
Das Radio 400 · Das Fernsehen 404 · Der Transistor 405

Maser und Laser 409
Maser 409 · Laser 411

Kapitel 10
Der Reaktor 415

Energie 415
Kohle und Erdöl: fossile Brennstoffe 415 · Sonnenenergie 420

Der Atomkern im Krieg 421
Die Entdeckung der Kernspaltung 421 · Die nukleare Kettenreaktion 424 · Der erste Atommeiler 425 · Das nukleare Zeitalter 428 · Die thermonukleare Reaktion 430

Der Atomkern im Frieden 433
Kernkraftgetriebene Schiffe 435 · Elektrischer Strom aus Kernreaktoren 435 · Brutreaktoren 436 · Die Gefahren radioaktiver Strahlung 437 · Die Nutzung von Spaltprodukten 440 · Radioaktiver Niederschlag 441

Die kontrollierte Kernfusion 444

Anhang
Die Mathematik in der Wissenschaft 449

Gravitation 449
Das Erste Bewegungsgesetz 449 · Das Zweite und das Dritte Bewegungsgesetz 453

Relativität 455
Das Michelson-Morley-Experiment 455 · Die Fitz-Gerald-Gleichung 458 · Die Lorentz-Gleichung 458 Die Einstein-Gleichung 461

Ausgewählte Literatur 463

Register 465

Vorwort

Die rasante Entwicklung von Wissenschaft und Technik zu verfolgen, hat nach wie vor etwas Aufregendes und Faszinierendes für den, der sich von der Durchsetzungskraft des menschlichen Geistes und vom anhaltenden Erfolg wissenschaftlichen Wirkens gefangennehmen läßt.

Was aber, wenn einer sich vorgenommen hat, mit dem wissenschaftlichen Fortschritt auf allen Gebieten Schritt zu halten, in der erklärten Absicht, diesen Fortschritt der interessierten Öffentlichkeit zu vermitteln? Wer sich diese Aufgabe stellt, bei dem gesellt sich zu Aufregung und Faszination bald ein Schuß Verzagtheit.

Denn die wissenschaftliche Entwicklung steht nicht still. Sie erscheint uns wie ein Zeitrafferfilm, dessen Objekte, kaum daß sie Gestalt annehmen, unter unseren Augen bereits wieder zu zerfließen beginnen. Jede zu einem bestimmten Zeitpunkt davon erstellte Momentaufnahme veraltet um so schneller, je detaillierter sie ist.

1960 erschien die allererste Ausgabe zu »Die exakten Geheimnisse unserer Welt«, um sogleich von der wissenschaftlichen Entwicklung überholt zu werden: Quasare und Laser beispielsweise, 1960 noch unbekannte Phänomene, waren wenige Jahre später bereits in aller Munde. Um diesen und anderen Novitäten Rechnung zu tragen, folgte bereits 5 Jahre später die stark überarbeitete zweite Auflage.

Allein, der Fortschritt gönnte sich und uns keine Verschnaufpause. Nun kamen die Schwarzen Löcher, die Plattentektonik, die Mondlandungen, das Phänomen der schnellen Augenbewegungen im Schlaf (REM), die Gravitationswellen, die Holographie und so weiter – alles nach 1965.

Es war also wiederum Zeit für eine Neuausgabe, die dritte. Sie erschien im Jahre 1972.

Aber natürlich blieb die Entwicklung auch an diesem Punkt nicht stehen. Es sind seither genügend neue Erkenntnisse über das Sonnensystem hinzugekommen, um ein ganzes, diesem Thema gewidmetes Kapitel zu rechtfertigen. Dazu kamen die neue Konzeption eines expandierenden Universums, neue Theorien über das Aussterben der Saurier, sodann die Quarks, die Gluonen, Ansätze zu einer einheitlichen Feldtheorie, magnetische Monopole, die Energiekrise, Heimcomputer, computergesteuerte Roboter, neue Konzepte in der Evolutionstheorie und im Verständnis der Krebskrankheiten usw. usf.

Das Ziel dieses Buches ist es, dem interessierten Leser einen Überblick über Geschichte, Grundlagen und Detailfragen der verschiedenen Wissenschaften zu vermitteln. Es soll ihm einen Einblick gewähren in die jeden Tag sich mehrende Fülle an Erkenntnissen und Wahrnehmungen. Es soll ihm aber auch den Blick öffnen für die Problematik vieler gegenwärtiger und künftiger Entwicklungen. So hoffe ich, daß ich in ein paar Jahren den »Stoff« noch so gut überblicke, daß ich erneut die Feder (natürlich die Tasten) strapazieren kann, um das bis dahin wieder stark angewachsene Wissensmaterial in Form von leicht verdaulicher Kost präsentieren zu können.

Isaac Asimov

Kapitel 1

Was ist Naturwissenschaft?

Am Anfang war die Neugier

Die Neugier, der überwältigende Wunsch, etwas zu erfahren, ist kein Charakteristikum der toten Materie. Und auch bei manchen Formen des organischen Lebens scheint die Neugier nicht zu den Wesensmerkmalen zu gehören, und das ist genau der Grund, warum es uns schwerfällt, in diesen Organismen etwas Lebendiges zu sehen.

Ein Baum legt gegenüber seiner Umgebung keinerlei für uns erkennbare Zeichen der Neugierde an den Tag; ebensowenig tun dies ein Schwamm oder eine Auster. Sie alle werden durch Wind, Regen und Meeresströmungen mit dem, was sie brauchen, versorgt und nehmen davon auf, soviel sie können. Wenn sie das Pech haben, einer Feuersbrunst oder einem Raubtier, einem Schädling oder einer Vergiftung zum Opfer zu fallen, sterben sie so gleichmütig und unauffällig, wie sie gelebt haben.

An einem frühen Punkt der Entwicklung des Lebens trat jedoch bei einigen Organismen die Fähigkeit zur selbständigen Fortbewegung auf. Das bedeutete einen ungeheuren Schritt nach vorne, ihren Lebensraum besser zu beherrschen. Ein zur Ortsveränderung fähiger Organismus war nicht mehr darauf angewiesen, an einem einmal bezogenen Standort ständig darauf zu warten, daß etwas Nahrhaftes des Weges kam; er konnte sich vielmehr seine Nahrung suchen gehen.

Auf diese Weise hielt das Abenteuer Einzug auf der Erde – und die Neugier. Lebewesen, die sich im Konkurrenzkampf um ein begrenztes Nahrungsangebot zu zögerlich oder bei der Erkundung ihrer Umwelt zu vorsichtig verhielten, verhungerten. Sehr früh wurde die Neugier an der Umwelt zu einer Vorbedingung des Überlebens.

Das einzellige Pantoffeltierchen, das sich »forschend« durch seine Umgebung bewegt, gehorcht dabei sicherlich nicht einem bewußten Willen oder Wunsch, in dem Sinn, wie wir dies tun; aber es folgt einem inneren, freilich nur von simplen physikalisch-chemischen Reaktionen gesteuerten Drang, der es dazu veranlaßt, sich so zu verhalten, als ob es seine Umgebung nach Nahrung oder nach einem sicheren Plätzchen oder nach beidem absuche. Und dieses »Neugierverhalten« ist es, in dem wir am spontansten ein untrügliches Zeichen jener Lebendigkeit erkennen, die in uns selbst pulsiert.

Die Entwicklung hin zu immer komplexer strukturierten Organismen ging einher mit einer Vermehrung der Sinnesfunktionen und mit einer Spezialisierung und Verfeinerung der Sinnesorgane. Immer mehr und immer differenziertere Informationen aus der und über die Umgebung konnten aufgenommen werden. Parallel dazu bildete sich (ob als Ursache oder Folge, wissen wir nicht) ein zunehmend komplexeres Nervensystem – ein Apparat mit der Funktion, die von den Sinnesorganen aufgenommenen Daten zu interpretieren und zu speichern.

Die Wißbegier

Irgendwann kommt ein Punkt, an dem die Fähigkeit, Informationen aus der Außenwelt aufzunehmen, zu speichern und zu interpretieren, über die schieren Notwendigkeiten der Daseinserhaltung hinauswächst. Stellen wir uns ein Lebewesen vor, das gerade seinen Hunger und Durst gestillt hat,

nicht müde ist und keinerlei Gefahr wittert. Was macht es in einer solchen Situation?
Es könnte in völlige Untätigkeit verfallen. Indes, zumindest höhere Lebewesen zeigen einen ausgeprägten Instinkt zur Erkundung ihrer Umwelt. Wir könnten dies pure, zwecklose Neugier nennen. So sehr wir uns darüber erhaben fühlen mögen, wir nehmen es doch als Zeichen für das Vorhandensein von Intelligenz. Hunde laufen in ihrer »Freizeit« gerne ziellos umher, schnüffeln hier und dort, spitzen als Reaktion auf Laute, die wir nicht hören, die Ohren usw., und wir halten sie prompt für intelligentere Tiere als Katzen, die sich in ihrer »Freizeit« lieber putzen oder sich genüßlich strekken und sich schlafen legen. Je höher entwickelt das Gehirn, desto ausgeprägter der Erkundungsdrang, desto größer der »Neugier-Überschuß«.
Der Affe gilt als Inbegriff der Neugierde. Sein rastloses kleines Gehirn beschäftigt sich, einem inneren Zwang gehorchend, mit allem, was ihm vor Augen oder in die Finger kommt. In dieser Beziehung, wie in manch anderer, ist der Mensch nichts anderes als ein Super-Affe.
Das menschliche Gehirn ist der am wunderbarsten organisierte Materieklumpen in der uns bekannten Welt; seine Kapazität zur Aufnahme, Ordnung und Speicherung von Daten, Eindrücken und Empfindungen ist so groß, daß sie durch die gewöhnlichen Erfordernisse des Daseins nicht annähernd ausgeschöpft wird. Man hat geschätzt, daß ein Mensch im Laufe seines Lebens bis zu 15 Billionen Einzelinformationen aufnehmen kann.
Dieser Überkapazität verdanken wir es, daß wir an jenem schmerzhaften Leiden erkranken können, das Langeweile heißt. Wenn ein Mensch zwangsweise in eine Situation versetzt wird, in der er seinem Gehirn nicht genug Beschäftigung verschaffen kann, wird er bald unter einer Anzahl unangenehmer Symptome zu leiden beginnen, die sich bis zu schweren psychischen Störungen steigern können. Tatsache ist, daß das normale menschliche Individuum über eine außergewöhnliche und intensive Wißbegier verfügt. Wenn es keine Gelegenheit hat, diese nutzbringend anzuwenden, wird es sie anderweitig abzureagieren versuchen – unter Umständen so, daß es sich selbst damit schadet oder anderen damit lästig fällt.
Wie übermächtig die Neugier ist, selbst die mit Strafe bedrohte, dafür legen die Mythen und Sagen der Menschheit Zeugnis ab. Die alten Griechen erzählten sich die Geschichte der Pandora und ihrer Büchse. Pandora, die erste Frau, erhielt eine Büchse, die aufzumachen ihr verboten wurde. Natürlich konnte sie es kaum erwarten, die Büchse zu öffnen, und heraus quollen die Geister der Krankheit, des Hungers, des Hasses und aller möglichen anderen Plagen; sie alle entflohen und machen seither der Menschheit zu schaffen.
Was die biblische Geschichte von der Versuchung Evas betrifft, so bin ich persönlich davon überzeugt, daß die Schlange sich ihre Worte hätte sparen können: Auch ohne Aufforderung von außen, allein aus Neugier, hätte Eva es nicht lassen können, von dem verbotenen Apfel zu kosten. Wer es für legitim hält, die Bibel allegorisch zu deuten, wird in der Schlange ohnehin einfach ein Symbol für das Neugiermotiv sehen. Die Schlange, die sich in dem bekannten Bild, das Eva mit dem verbotenen Apfel in der Hand unter dem Baum zeigt, um einen der Äste windet, sollte ein Schild um den Hals haben, auf dem »Neugier« steht.
Wenn die Neugierde auch, wie jedes andere menschliche Bedürfnis, unerquickliche Formen annehmen kann – denken wir nur an das aufdringliche Herumschnüffeln in den Privatangelegenheiten anderer Leute, das diesem Wort einen so negativen Beigeschmack verschafft hat –, so bleibt sie doch eine der wertvollsten Eigenschaften der menschlichen Natur. Denn die edlere Seite der Neugier ist die Wißbegier – der Wunsch, zu lernen.
Dieser Wunsch findet seinen frühesten Niederschlag in dem Versuch der Menschheit, Antworten auf die praktischen Fragen des Lebens zu finden: wie man Feldfrüchte am besten anpflanzt, hegt und züchtet, wie man Pfeil und Bogen am zweckmäßigsten fertigt, wie man Stoffe webt usw. Wenn diese vergleichsweise begrenzten handwerklichen Fertigkeiten einen bestimmten Grad der Ausgereiftheit erreicht haben oder die praktischen Bedürfnisse befriedigt sind, was dann? Dann drängt die Wißbegier zwangsläufig zu »neuen Ufern«, d. h. zu anspruchsvolleren, über die Grenzen des bisherigen Wissens und Könnens hinausführenden Betätigungen.
Es scheint festzustehen, daß die künstlerische Betätigung, Ausdruck eines mit Macht zur Entfaltung drängenden geistigen Potentials, aus dem Leiden an der Langeweile des Nichtstuns ent-

sprungen ist. Gewiß lassen sich unschwer zielgerichtetere Motive und Nutzanwendungen für die Produkte künstlerischer Tätigkeit angeben: Bilder und Skulpturen dien(t)en unter anderem als Fruchtbarkeitssymbole oder zur Darstellung religiöser Inhalte. Aber die Vermutung liegt nahe, daß die Gegenstände zuerst da waren und bestimmten Nutzanwendungen erst sekundär zugeführt wurden.

Zu sagen, die künstlerische Betätigung sei einem Sinn für das Schöne entsprossen, hieße womöglich auch, Ursache und Wirkung zu verwechseln. In dem Maß, wie die handwerklichen Fertigkeiten sich verfeinerten, dürften sich geschmackliche und ästhetische Maßstäbe zwangsläufig herausgebildet haben; aber auch wenn dies nicht der Fall gewesen wäre, hätte sich die Entwicklung hin zu künstlerischer Perfektion sicherlich vollzogen. Mir scheint gewiß, daß die Kunst als solche jeder denkbaren Nutzanwendung ihrer selbst und jedem Bedürfnis nach ihr vorausging, abgesehen allein von dem elementaren Bedürfnis, die vorhandenen intellektuellen Kapazitäten möglichst zu nutzen.

Die Herstellung eines Kunstgegenstandes ist nicht nur eine befriedigende Beschäftigung für den Künstler selbst; der Kunstgegenstand beschert vielmehr auch denjenigen, die ihn betrachten oder sich mit ihm beschäftigen, einen ähnlichen Genuß. Ein großes Kunstwerk ist eben deswegen groß, weil es Anregungen bietet, die man anderswo nicht ohne weiteres findet. Es besitzt genügend Substanz, um den Geist des Betrachters zu einer über das übliche Maß hinausgehenden Anstrengung anzuspornen; und diese Anstrengung vermittelt, wenn es sich nicht um eine durch Routine oder Abstumpfung hoffnungslos geschädigte Person handelt, ein lustvolles Empfinden.

Wenngleich die künstlerische Betätigung eine befriedigende Lösung des »Freizeit-Problems« darstellt, so hat sie doch den einen Nachteil: Sie erfordert, zusätzlich zu einem lebhaften und schöpferischen Intellekt, die Beherrschung physischer Fertigkeiten. Es kann aber ebenso interessant sein, sich einer geistigen Betätigung hinzugeben, die nur den Intellekt, ohne irgendwelche manuellen Geschicklichkeiten, erfordert. Es handelt sich hier um die Aneignung und Weiterentwicklung von »Wissen an sich« – nicht um es für irgend etwas zu benutzen, sondern um seiner selbst willen.

Es scheint also, als ob die Wißbegier uns stufenweise in immer ätherischere und anspruchsvollere Bereiche der geistigen Betätigung führt – vom Wissen um die Bewerkstelligung des Nützlichen über das Wissen um die Gestaltung des Schönen zum »reinen« Wissen, d. h. zur Wissenschaft.

Das reine wissenschaftliche Denken sucht nach Antworten auf solche Fragen wie: Wie hoch ist der Himmel? oder: Warum fällt ein Stein zu Boden? Dahinter steckt pure Wißbegier: die vielleicht »nutzloseste« und vielleicht gerade deshalb kategorischste Form der Wißbegier. Schließlich hat kein Mensch einen fühlbaren Nutzen davon, zu wissen, wie hoch der Himmel ist oder warum ein Stein zu Boden fällt. Der hohe Himmel hat, gleich wie viel oder wenig wir von ihm wissen, auf unsere gewöhnlichen Lebensvorgänge und Verrichtungen keinen Einfluß; und was den Stein betrifft: Auch wenn wir wissen, warum er nach unten fällt, hilft uns dies nicht, ihm behender auszuweichen oder seinen Aufprall zu mildern, falls er uns zufällig auf den Kopf fällt. Und doch hat es immer Menschen gegeben, die solche anscheinend zwecklosen Fragen stellen und zu beantworten versuchen, schlicht und einfach, weil sie sich in den Kopf gesetzt haben, es zu ergründen – aus der gebieterischen Notwendigkeit heraus, das Gehirn in Trab zu halten.

Die beste Art, mit solchen Fragen fertig zu werden, besteht offensichtlich darin, sich eine ästhetisch befriedigende Lösung zurechtzubasteln, d. h. eine Lösung, die genügend Analogien zu bereits Bekanntem aufweist, um verständlich und plausibel zu wirken. Der Ausdruck »zurechtbasteln« klingt recht handwerklich und unromantisch. In der Antike stellte man sich den wissenschaftlichen Erkenntnisprozeß gern als ein Erlebnis der Inspiration durch die Musen oder als eine Art himmlische Offenbarung vor. Gleich ob es nun Inspiration, Offenbarung oder jenes schöpferische Denken war, dem auch Sagen und Märchen ihre Entstehung verdanken, die Erklärungen, die gegeben wurden, beruhten weitgehend auf einem Denken in Analogien. Ein Blitzschlag ist etwas Furchterregendes und Zerstörerisches, aber man kann sich den Blitzstrahl als eine Art geschleuderten Feuerspeer vorstellen, und die Schäden, die er anrichten kann, lassen sich ja in der Tat mit denen eines Feuerspeers – von allerdings gewaltiger Größe und Wucht – vergleichen. Derjenige, der eine solche Waffe geschmiedet hat und zu schleudern vermag, muß ein übermenschlicher Riese sein. So wird der Blitzstrahl zum feurigen Speer des Zeus, der Donner zum Widerhall von Thors Hammer.

Auf diese Weise werden *Mythen* geboren. Die Naturkräfte werden personalisiert und als Götter dargestellt. Die verschiedenen Mythen befruchten einander und werden von Generationen von Mythenerzählern immer weiter ausgebaut und verbessert, so lange, bis möglicherweise die Ursprünge nicht mehr zu erkennen sind. Manche Mythen reduzieren sich vielleicht im Lauf der Zeit zu netten (oder auch unflätigen) Märchen und Sagen, während andere vielleicht einen ethischen Gehalt erlangen, der bedeutungsvoll genug ist, um ihnen einen Platz im Rahmen einer der großen Religionen zu sichern.

Eine Unterscheidung analog der zwischen Handwerk und Kunst können wir auch in bezug auf die Mythologie treffen: Mythen können zur Befriedigung rein ästhetischer Bedürfnisse dienen, sie können aber auch zu praktischen Nutzanwendungen herangezogen werden. Die frühesten Ackerbauern etwa interessierten sich brennend für das Phänomen des Regens und für seine offensichtliche Unberechenbarkeit. Wenn der vom Himmel fallende Regen befruchtend den Boden tränkte, so lag darin eine nicht zu übersehende Analogie zum Geschlechtsakt; indem die Menschen sowohl den Himmel als auch die Erde personalisierten, glaubten sie eine zwanglose Erklärung für den Regen bzw. sein Ausbleiben gefunden zu haben: Die Erdgöttin und der Himmelsgott waren einander eben entweder gewogen oder wollten nichts voneinander wissen, je nachdem. Sobald dieser Mythos sich einmal durchgesetzt hatte, lieferte er den Bauern eine plausible Grundlage für die Kunst, Regen zu erzeugen – sie mußten nur den Himmelsgott mittels geeigneter ritueller Handlungen »in Stimmung bringen«. Diese rituellen Handlungen konnten durchaus orgiastischer Natur sein – in dem Bestreben, Himmel und Erde durch die Kraft des lebendigen Beispiels zu animieren.

Die Griechen

Die Mythen der alten Griechen gehören zu den schönsten und ausgereiftesten, die unsere abendländische literarische und kulturelle Überlieferung zu bieten hat. Die Griechen waren aber auch diejenigen, die später jene andere, entgegengesetzte Art der Naturbetrachtung einführten, in der die Welt als ein sächliches, von mechanischen Vorgängen regiertes Ding erschien. In den Augen der Mythengläubigen war jeder Teil der Natur beseelt und in seinem Verhalten so unberechenbar wie ein Mensch. Wie mächtig und majestätisch die in die Natur hineingedeuteten Gottheiten, wie übermenschlich die Kräfte von Zeus oder Istar oder Isis oder Marduk oder Odin auch sein mochten, sie alle waren, wie gewöhnliche Menschen auch, gelegentlich emotional, unbeherrscht, eigensinnig und konnten aus geringfügigem Anlaß wild um sich schlagen, man konnte sie aber auch manchmal, wie Kinder, mit Hilfe kleiner Geschenke betören. Solange diese launischen und unberechenbaren Gottheiten die Welt beherrschten, konnten die Menschen sich keinerlei Hoffnung machen, die Naturvorgänge je zu begreifen, geschweige denn sie zu beeinflussen – allenfalls durch Rituale und Opfergaben, deren besänftigende Wirkung durch nichts garantiert war. Im neuen Weltbild der späteren griechischen Denker jedoch war das Universum eine von unabänderlichen Gesetzen regierte Maschine. Die griechischen Philosophen widmeten sich nunmehr dem erregenden geistigen Versuch, das Wesen dieser Naturgesetze zu ergründen.

Der griechischen Überlieferung zufolge war der erste, der sich an diese Aufgabe machte, Thales von Milet, der um das Jahr 600 v. Chr. lebte. Die späteren griechischen Schriftsteller schrieben ihm eine fast übermenschliche Zahl von Entdeckungen zu; denkbar ist, daß er einfach der erste war, der die griechische Welt mit dem gesammelten Wissen der Babylonier bekanntmachte. Seine spektakulärste wissenschaftliche Tat bestand angeblich darin, für das Jahr 585 v. Chr. eine Sonnenfinsternis vorauszusagen – die dann tatsächlich eintrat.

Als die Griechen diese geistige Aufgabe in Angriff nahmen, gingen sie selbstverständlich davon aus, daß die Natur sich »fair« verhalten, d. h., daß sie, wenn man sie nur richtig anfaßte, ihre Geheimnisse preisgeben und nicht etwa plötzlich ihre Gesetze oder ihr Verhalten ändern würde. (Über 2000 Jahre später kleidete Albert Einstein dieselbe Überzeugung in die Worte: »Raffiniert ist der Herrgott, aber boshaft ist er nicht.«) Man ging fer-

ner davon aus, daß die Naturgesetze, erst einmal entdeckt, auch begreifbar sein würden. Dieser Optimismus der Griechen ist der Menschheit auch später nie ganz abhanden gekommen.
Im Zeichen des Vertrauens auf die »Fairneß« der Natur gingen die Menschen nun daran, ein geordnetes System der »Datenverarbeitung« auszuarbeiten, mit dessen Hilfe sich aus den beobachteten Tatsachen die zugrundeliegenden Gesetze ableiten ließen. Mittels festgelegter Denkregeln von einer Erkenntnis zur nächsten aufzusteigen, heißt »schlußfolgern«. Man kann sich, wenn man schlußfolgert, auf seine »Intuition« verlassen, aber für das Auf-die-Probe-Stellen der Theorien, die man dabei aufstellt, muß es strenge und logische Methoden geben. Um ein einfaches Beispiel anzuführen: Wenn Cognac, gemischt mit Wasser, oder Whisky, gemischt mit Wasser, oder Wodka, gemischt mit Wasser, oder Rum, gemischt mit Wasser, allesamt berauschende Getränke sind, könnte man zu der Schlußfolgerung gelangen, die berauschende Wirkung müsse von dem allen diesen Getränken gemeinsamen Bestandteil ausgehen: vom Wasser. Dies ist, wie wir wissen, ein Trugschluß, aber der logische Fehler ist an sich nicht ohne weiteres zu erkennen; und in anderen, subtileren Fällen mag es vielleicht ungemein schwierig sein, einen Trugschluß dieser Art zu bemerken.
Das Auffinden von Trugschlüssen oder anderen logischen Denkfehlern ist seit den Zeiten der Griechen ein Lieblingssport der Denker geblieben. Die ersten Grundzüge einer systematischen Logik verdanken wir Aristoteles von Stagira, der im 4. Jahrhundert v. Chr. als erster die Regeln des logischen Schlußfolgerns systematisch zusammenfaßte.
Das intellektuelle Spiel Mensch gegen Natur beruht auf drei wesentlichen Regeln: Erstens muß man Beobachtungen über einen bestimmten Bereich oder Aspekt der Natur zusammentragen; zweitens muß man diese Beobachtungen in eine systematische Ordnung bringen. (Dieser Schritt verändert die Beobachtungsdaten nicht, sondern macht sie nur leichter handhabbar, ebenso wie beispielsweise das Ordnen der Karten nach Farben und Werten beim Skatspiel nichts an den Karten, die der einzelne Spieler auf der Hand hat, oder an den Reizmöglichkeiten ändert, die das Blatt bietet, es dem Spieler aber doch erleichtert, sein Spiel logisch aufzubauen.) Drittens muß man aus den systematisch geordneten Beobachtungsdaten eine Theorie abzuleiten versuchen, die allen diesen Daten gerecht wird.
Angenommen beispielsweise, wir beobachten, daß ein Stück Marmor, ins Wasser geworfen, untergeht, während ein Stück Holz auf dem Wasser schwimmt, daß Eisen untergeht, während eine Feder schwimmt, daß Quecksilber sinkt, während Olivenöl oben bleibt usw. Wenn wir alle Materialien, von denen wir durch Beobachtung festgestellt haben, daß sie sinken, in einer Liste aufführen, und alle auf dem Wasser schwimmenden in einer anderen Liste, und dann nach einem Merkmal suchen, durch das sich alle in der ersten Liste genannten Materialien von allen in der zweiten Liste aufgeführten unterscheiden, werden wir zu der Schlußfolgerung gelangen: Materialien, die eine höhere Dichte aufweisen als Wasser, versinken im Wasser, während Materialien mit geringerer Dichte auf dem Wasser schwimmen.
Die Griechen nannten ihre neue Methode, die Welt zu studieren, *philosophia,* was soviel bedeutet wie »Weisheitsliebe« oder, frei übersetzt, »Wißbegier«.

Geometrie und Mathematik

Ihre glänzendsten Erfolge erzielten die Griechen in der Geometrie. Diese Erfolge lassen sich in der Hauptsache der Erarbeitung zweier Denktechniken zuschreiben: der Abstraktion und der Generalisierung.
Ein Beispiel: Ägyptische Landvermesser hatten eine bequeme Methode zur Bildung eines rechten Winkels entdeckt: Sie teilten ein Seil in zwölf gleichlange Stücke und legten aus ihnen ein Dreieck, bei dem eine Seite aus drei, eine zweite aus vier und die dritte aus fünf Teilstücken bestand; dann lag der rechte Winkel dort, wo die dreiteilige und die vierteilige Seite zusammenstießen. Es ist nicht überliefert, wie die Ägypter auf diesen Kunstgriff verfielen, und offenbar beschränkte sich ihr Interesse auf die beschriebene praktische Nutzanwendung. Die wißbegierigen Griechen hingegen, denen dies nicht genügte, wollten wissen, *warum* in einem solchen Dreieck ein rechter Winkel vorkam. Im Lauf ihrer Beschäftigung mit dieser Frage begriffen sie, daß die physische Konstruktion selbst nebensächlich war – es kam nicht

darauf an, ob das Dreieck aus Seilstücken oder Holzlatten oder ähnlichem bestand. Das, worum es hier ging, war einfach eine bestimmte Eigenschaft gerader Linien, die in bestimmten Winkeln aufeinanderstießen. Indem sie sich ideale grade Linien dachten, die unabhängig von jedweder materiellen Beschaffenheit sind und im Prinzip lediglich in der Vorstellung zu existieren brauchen, führten die Griechen die Abstraktion ein – die Methode, vom Unwesentlichen abzusehen und nur die für die Lösung des Problems notwendigen Aspekte in Betracht zu ziehen.

Die griechischen Geometer machten noch einen weiteren Schritt nach vorn, indem sie allgemeine Lösungen für Problemgruppen suchten, anstatt jedes Einzelproblem für sich zu behandeln. Es war beispielsweise nicht schwer, durch Ausprobieren herauszufinden, daß ein rechter Winkel nicht nur in Dreiecken, von 3, 4 und 5 Fuß Seitenlänge auftrat, sondern auch in solchen von 5, 12 und 13 bzw. von 7, 24 und 25 Fuß Seitenlänge. Indes, diese Zahlen muteten ziemlich willkürlich an. Ließ sich nicht vielleicht eine allgemeine Bedingung angeben, die für alle Dreiecke mit rechtem Winkel gelten würde? Und tatsächlich konnten die Griechen zeigen, daß ein Dreieck dann, und nur dann einen rechten Winkel enthält, wenn zwischen den Seitenlängen die Beziehung $x^2 + y^2 = z^2$ besteht (wobei z für die Länge der längsten Seite steht). Der rechte Winkel liegt am Schnittpunkt der Dreieckseiten x und y. Wenn wir zu dem Dreieck mit den Seitenlängen 3, 4 und 5 zurückkehren, so ergibt die Quadrierung der Seiten: $9 + 16 = 25$. Entsprechend bei dem Dreieck mit den Seitenlängen 5, 12 und 13: $25 + 144 = 169$, und bei den Seitenlängen 7, 24 und 25: $49 + 576 = 625$. Dies sind nur drei aus einer unendlichen Menge möglicher Fälle, und sie sind insofern nicht von besonderem Interesse. Was die Griechen faszinierte, war die Herausarbeitung eines Beweises dafür, daß die entdeckte Beziehung in *allen* Fällen galt und gelten mußte. Und sie betrieben die Geometrie als etwas, das es ermöglichte, auf elegante Weise solche Generalisierungen zu entdecken und zu formulieren.

Verschiedene griechische Mathematiker steuerten Beweise für bestimmte Beziehungen zwischen den Linien und Punkten geometrischer Figuren bei. Die Beziehung zwischen den Seitenlängen eines rechtwinkligen Dreiecks in ihrer allgemeinen Form soll um das Jahr 525 v. Chr. von Pythagoras von Samos formuliert worden sein und wird ihm zu Ehren noch heute der *Satz des Pythagoras* genannt.

Um 300 v. Chr. faßte Euklid die zu seiner Zeit bekannten mathematischen Sätze zusammen und brachte sie in eine systematische Ordnung, die derart beschaffen war, daß jeder Satz sich mit Hilfe bereits vorher erwiesener Sätze beweisen ließ. Am Anfang eines solchen Systems von aufeinanderfolgenden Sätzen mußte notgedrungen etwas Unbeweisbares stehen: Wenn jeder Satz mit Hilfe eines bereits zuvor bewiesenen bewiesen wurde, woher nahm man dann den Beweis für den ersten Satz? Die Lösung dieses Problems bestand darin, an den Anfang eine oder mehrere Aussagen zu stellen, deren Wahrheit so offensichtlich auf der Hand lag, daß sie keines Beweises bedurfte. Eine solche Aussage nennt man ein *Axiom*. Es gelang Euklid, aus den zu seiner Zeit bekannten und akzeptierten mathematischen Sätzen einige wenige einfache Axiome zu destillieren; aus ihnen allein baute er ein ebenso verwobenes wie erhabenes System der *euklidischen Geometrie* auf. Niemals zuvor war aus so wenigem so viel und so schön und folgerichtig aufgebaut worden. Die Nachwelt dankte es Euklid damit, daß sie sein Lehrbuch, mit nur geringfügigen Abänderungen, über 2000 Jahre lang benutzte.

Der deduktive Ansatz

Aus einem System von Axiomen auf der Basis strengster logischer Notwendigkeit Aussagen über die Wirklichkeit abzuleiten, zu »deduzieren«, ist ein reizvolles Spiel. Die Griechen, betört von den Triumphen ihrer Geometrie, verfielen diesem Spiel so sehr, daß sie sich zu zwei schwerwiegenden Fehlschlüssen verleiten ließen.

Zum einen gingen sie soweit, die *Deduktion* zur einzigen seriösen Methode der Erlangung von Wissen zu erklären. Sie wußten sehr wohl, daß in manchen Wissensbereichen eine deduktive Herleitung nicht in Frage kam; die Entfernung zwischen Korinth und Athen beispielsweise ließ sich nicht aus abstrakten Axiomen deduzieren, sondern mußte gemessen werden. Und die Griechen waren durchaus willens, wenn notwendig, an der Natur Maß zu nehmen; sie sahen darin jedoch immer nur ein notwendiges Übel und hielten jenes Wissen, zu dem man durch theoretisches Denken gelangte, für die höchste Form der Weisheit. Sie neigten dazu, Kenntnisse, die direkt mit dem täglichen Leben zu tun hatten, unterzubewerten. Einer Überlieferung zufolge soll ein Schüler Platos, der bei diesem mathematischen Unterricht genommen hatte, den Meister am Ende ungeduldig gefragt haben: »Aber wozu soll denn das alles nütze sein?« Plato, zutiefst gekränkt, rief einen Sklaven herbei, wies ihn an, dem Schüler eine Geldmünze zu geben, und sagte: »Damit du nicht das Gefühl hast, daß dein Unterricht zu gar nichts nütze war.« Damit sah der Schüler sich vor die Tür gesetzt.

Einer oft geäußerten Überzeugung zufolge rührte diese Verachtung für die praktische Seite des Wissens aus der Tatsache her, daß die griechische Kultur auf dem Fundament der Sklaverei ruhte und alle praktischen Dinge von den Sklaven verrichtet wurden. Mag sein, aber ich neige zu der Ansicht, daß die Griechen in der Philosophie eine sportliche Betätigung, ein intellektuelles Spiel sahen. Viele Menschen betrachten den Amateur im Sport – verglichen mit dem Profi, der mit Sport seinen Lebensunterhalt verdient – als den eigentlich vornehmeren, dem höhere gesellschaftliche Achtung gebührt. Im Einklang mit dieser Wertung ergreifen die Sportfunktionäre geradezu lächerlich anmutende Vorkehrungen, um sicherzustellen, daß die Teilnehmer an Olympischen Spielen nur ja nicht mit dem Makel irgendwelcher Professionalität behaftet sind. Der »Kult der Nutzlosigkeit«, den die griechischen Philosophen trieben, beruhte womöglich in ähnlicher Weise auf dem Gefühl, wenn man banale Wissensinhalte (wie die Kenntnis der Entfernung zwischen Athen und Korinth) in den Schatz des philosophischen Wissens aufnähme, hieße dies, dem Unvollkommenen Zutritt zum Garten Eden der wahren Philosophie zu gewähren. Wie auch immer die griechischen Denker ihre Haltung begründeten, sie wirkte in vieler Beziehung als schwerer Hemmschuh. Zwar konnten die Griechen nicht ganz umhin, auch einige praktische Beiträge zur Kulturentwickung zu liefern, aber selbst ihr großer Ingenieur Archimedes von Syrakus weigerte sich, über seine praktischen Erfindungen und Entdeckungen zu schreiben; um seinen »Amateurstatus« aufrechtzuerhalten, legte er nur seine Leistungen auf dem Gebiet der reinen Mathematik schriftlich nieder. Der Mangel an Interesse für praktische Dinge – für Erfindungen, für Experimente, für empirische Naturbeobachtung – war freilich nur einer der Faktoren, die das griechische Denken lähmten. Die Tatsache, daß die Griechen alle Betonung auf das rein abstrakte und formale Denken legten, verleitete sie zu einem zweiten schweren Fehler und führte sie schließlich in eine Sackgasse – man kann sogar sagen, daß gerade die Triumphe ihrer Geometrie es waren, die sie zu diesem Irrtum verführten.

Nachdem es auf so vortreffliche Weise gelungen war, auf dem Fundament einiger weniger Axiome ein großartiges Gebäude der Geometrie zu errichten, erlagen die Griechen der Versuchung, in den Axiomen »absolute Wahrheiten« zu sehen und per Analogieschluß zu unterstellen, auf anderen Wissensgebieten ließe sich ebenfalls alles aus solchen »absoluten Wahrheiten« ableiten. In der Astronomie beispielsweise ernannten sie die Aussagen, daß (1) die Erde bewegungslos im Zentrum des Universums stehe und (2) der Kosmos, im Gegensatz zur vergänglichen und unvollkommenen Erde, ewig, unveränderlich und vollkommen sei, zu Axiomen. Da die Griechen den Kreis als die vollkommene Kurve betrachteten und da der Kosmos in ihren Augen vollkommen war, war es für sie nur logisch anzunehmen, daß alle Himmelskörper sich in Kreisbahnen um die Erde bewegten. Nach und nach zeigten ihre eigenen Beobachtungen (die sie im Zusammenhang mit den »Handwerkskünsten« der Navigation und der Kalenderbestimmung machten), daß die Planeten die Erde nicht in vollkommenen Kreisbahnen umrundeten; sie sahen sich daher gezwungen, bei der Beschreibung der Planetenbahnen zu immer komplizierteren Kombinationen von Kreisen Zuflucht zu nehmen; diese Entwicklung krönte um 150 n. Chr. Claudius Ptolemäus aus Alexandria mit der Aufstellung seines höchst komplizierten und daher ästhetisch unbefriedigenden Kosmosmodells. In ähnlicher Weise leitete Aristoteles eigenwillige Theorien der Bewegung aus vermeintlich unfehlbaren Axiomen her, etwa aus dem »Gesetz«, die Fallgeschwindigkeit eines Gegenstandes sei seinem Gewicht proportional. (Schließlich konnte jedermann sehen, daß ein Stein schneller zur Erde fällt als eine Feder.)

Dieser Kult der Deduktion aus zweifelsfreien Axiomen mußte die griechischen Denker zwangsläufig irgendwann in eine Sackgasse führen, in der es nicht mehr weiterging. Nachdem sie einmal alle in einem Axiomsystem angelegten Deduktionsmöglichkeiten ausgeschöpft hatten, schien es ausgeschlossen, daß es künftig noch bedeutsame Entdeckungen auf mathematischem oder astronomischem Gebiet geben könne. Das philosophische Wissen schien vollständig und vollkommen; und über einen Zeitraum von nahezu 2000 Jahren nach dem Goldenen Zeitalter der griechischen Antike lautete in der Tat, wann immer Fragen bezüglich der Natur des Universums gestellt wurden, die bevorzugte und jedermann zufriedenstellende Antwort: »Aristoteles hat gesagt...« oder »Euklid hat gesagt...«

Die Renaissance und Kopernikus

Nach der Lösung der mathematischen und astronomischen Probleme wandten die Griechen sich subtileren und herausfordernderen Forschungsgegenständen zu. Einer davon war die menschliche Seele.

Plato interessierte sich weit stärker für Fragen wie: Was ist Gerechtigkeit? oder: Was ist Tugend? als dafür, warum es regnet oder auf welchen Bahnen sich die Planeten bewegen. Als bedeutendster aller Moralphilosophen des alten Griechenland kam er nach Aristoteles, dem bedeutendsten griechischen Naturphilosophen. Die griechischen Denker der römischen Epoche ließen sich immer mehr in den Bann subtiler moralphilosophischer Fragestellungen ziehen und ließen die vermeintliche Sterilität der Naturphilosophie hinter sich. Die letzte Station in der Entwicklung der antiken Philosophie war ein außerordentlich mystischer, um 250 n. Chr. von Plotinos formulierter *Neo-Platonismus*.

Das Christentum mit seiner Betonung auf der göttlichen Botschaft und der Beziehung Gottes zu den Menschen erweiterte die Moralphilosophie um eine völlig neue Dimension und verstärkte deren Dominanz gegenüber der Naturphilosophie nochmals. In dem Jahrtausend zwischen den Jahren 200 und 1200 n. Chr. beschäftigten sich die europäischen Denker fast ausschließlich mit moralphilosophischen, namentlich theologischen Fragen. Die Naturphilosophie geriet fast in Vergessenheit.

Die Araber bewahrten jedoch das Vermächtnis von Aristoteles und Ptolemäus und retteten es über das Mittelalter hinweg; von ihnen fand die griechische Naturphilosophie schließlich wieder den Weg zurück ins westliche Europa. Um das Jahr 1200 wurde Aristoteles wiederentdeckt. Weitere Anregungen kamen aus dem im Niedergang begriffenen byzantinischen Reich, dem letzten europäischen Staatsgebilde, das noch durch eine ungebrochene kulturelle Tradition mit der großen Zeit des alten Griechenland verbunden war.

Die erste und natürlichste Folge der Wiederentdeckung des Aristoteles war die Anwendung seines Systems der argumentativen Logik auf die Theologie. Um 1250 stellte der italienische Theologe Thomas von Aquin sein Denksystem vor, das als *Thomismus* bekannt wurde; es basierte auf aristotelischen Grundsätzen und bildet bis heute den Grundstock der römisch-katholischen Theologie. Nicht lange jedoch, und die Renaissance des griechischen Denkens begann sich auch in weltlichen Bereichen auszuwirken.

Weil die führenden Köpfe der europäischen Renaissance das Schwergewicht ihrer Beschäftigung von der Botschaft Gottes auf die Werke der Menschen verlegten, nannte man sie *Humanisten*. Sie bereicherten die griechische Naturphilosophie um neue Sichtweisen, da die alten Methoden und Auffassungen nicht mehr ganz befriedigen konnten. 1543 veröffentlichte der polnische Astronom Nikolaus Kopernikus ein Buch, in dem er es wagte, das bis dahin grundlegende Axiom der Astronomie in Abrede zu stellen: Er erklärte, nicht die Erde, sondern die Sonne müsse als Mittelpunkt des Universums angesehen werden. (An der Auffassung, daß die Bahn der Erde und der anderen Planeten kreisförmig sei, hielt er jedoch fest.) Dieses neue Axiom erlaubte eine wesentlich einfachere Erklärung der beobachtbaren Bewegungen der Himmelskörper. Freilich war das kopernikanische Axiom einer um die Sonne kreisenden Erde weit weniger schlüssig als das griechische Axiom einer ruhenden Erde, und so braucht es uns nicht zu überraschen, daß es mehr als ein halbes Jahrhundert brauchte, bis die kopernikanische Theorie sich durchgesetzt hatte.

Im Grunde markierte das *kopernikanische System* keinen grundlegenden Wandel im Denken. Kopernikus hatte lediglich ein Axiom durch ein anderes ersetzt, das Aristarchos von Samos schon 2000

Jahre früher vorweggenommen hatte. Ich will nicht behaupten, daß die Ersetzung eines Axioms durch ein anderes ein zweitrangiger Vorgang ist. Als die Mathematiker des 19. Jahrhunderts die Axiome Euklids in Zweifel zogen und eine *nicht-euklidische,* auf geänderten Voraussetzungen basierende Geometrie entwickelten, beeinflußten sie damit das wissenschaftliche Denken in vielen Bereichen auf sehr grundlegende Weise. Heute geht man davon aus, daß Entwicklung und Gestalt des Universums sich eher im Rahmen einer nichteuklidischen als im Rahmen der uns natürlich erscheinenden euklidischen Geometrie erklären lassen. Doch die von Kopernikus eingeleitete Revolution beinhaltete nicht nur einen Axiomenwechsel, sondern führte schließlich zu einem völlig anderen Naturverständnis. Der Mann, der diese Revolution gegen Ende des 16. Jahrhunderts vollzog, war der Italiener Galileo Galilei.

Experiment und Induktion

Die Griechen hatten sich im großen und ganzen damit begnügt, die »evidenten« Beobachtungstatsachen zum Ausgangspunkt ihrer Theoriebildung zu nehmen. Nirgends steht etwas davon, daß Aristoteles jemals zwei Steine von unterschiedlichem Gewicht irgendwo herabfallen ließ, um sein »Gesetz«, daß die Fallgeschwindigkeit dem Gewicht eines Gegenstandes proportional sei, auf die Probe zu stellen. Experimente spielten für die Griechen offenbar keine Rolle. Sie konnten ja auch der Schönheit der reinen Deduktion nur Abbruch tun. Außerdem: Falls ein Experiment einer deduzierten Aussage widersprach, wie sollte man dann sicher sein, daß man dem Experiment vertrauen konnte? Konnte man voraussetzen, daß die unvollkommene Wirklichkeit sich vollständig der vollkommenen Welt der abstrakten Ideen unterordnen würde? Und wenn nicht, sollte man dann das Vollkommene den Anforderungen des Unvollkommenen anpassen? Eine vollkommene Theorie mit unvollkommenen Instrumenten auf die Probe zu stellen, darin sahen die griechischen Philosophen keinen gangbaren Weg zur Erlangung von Wissen.

Das Experiment begann in der europäischen Philosophie salonfähig zu werden, als Philosophen wie Roger Bacon (ein Zeitgenosse des Thomas von Aquin) und, etwas später, Francis Bacon es als wissenschaftliche Methode anerkannten. Aber es war Galilei, der das griechisch-antike Weltbild aufkündigte und den Umbruch vorantrieb. Er war ein überzeugender Logiker und ein publizistisches Genie. Er beschrieb seine Experimente und Anschauungen so klar und packend, daß er die europäische Gelehrtenwelt rasch für sich gewann. Und mit seinen Resultaten wurden auch seine Methoden anerkannt.

Die bekannteste unter den Geschichten, die über Galilei kolportiert worden sind, handelt davon, wie er die aristotelische Theorie der Fallgeschwindigkeit testete – er tat es, indem er der Natur selbst die Frage so stellte, daß ganz Europa die Antwort hörte. Es heißt, er sei auf den Schiefen Turm von Pisa geklettert und habe zwei Kugeln, eine zehnpfündige und eine einpfündige, gleichzeitig herabfallen lassen; als beide im selben Sekundenbruchteil am Boden aufschlugen, war dies das Todesurteil für die aristotelische Physik.

In Wirklichkeit hat Galilei dieses Experiment wahrscheinlich nicht in dieser Form durchgeführt; der Bericht darüber ist jedoch so typisch für seine spektakulären Methoden, daß man sich nicht darüber zu wundern braucht, daß er durch die Jahrhunderte weithin für bare Münze genommen worden ist.

Fest steht, daß Galilei schiefe Ebenen errichtete, auf ihnen Kugeln hinabrollen ließ und die Entfernung maß, die sie in einer bestimmten Zeit zurücklegten. Er war der erste, der Experimente mit Zeitmessung durchführte und sich des Mittels der Zeitmessung systematisch bediente.

Seine Revolution bestand darin, daß er die »Induktion« gegenüber der Deduktion zur wesentlichen und angemessenen Methode der naturwissenschaftlichen Forschung erhob. Statt Schlüsse aus einem System allgemeiner Grundaussagen zu ziehen, beginnt die induktive Methode mit Beobachtungen und leitet aus ihnen allgemeine Sätze (Axiome, wenn man so will) ab. Gewiß, auch die Griechen bezogen ihre Axiome aus der Beobachtung: Das euklidische Axiom, daß eine gerade Linie die kürzeste Entfernung zwischen zwei Punkten sei, war eine auf Erfahrung gegründete intuitive Aussage. Während indes die griechischen Philosophen die Bedeutung von Beobachtung und Induktion herunterspielten, sieht die moderne Naturwissenschaft in der Induktion die wesentliche Vorgehensweise zur Gewinnung von Wissen und die einzige, mit der man zu begründeten Verallgemeinerungen gelangen kann. Der moderne Naturwissenschaftler weiß darüber hinaus, daß keine Generalisierung als gültig anerkannt werden kann, solange sie nicht viele Male durch neue und noch neuere Experimente überprüft und bestätigt ist – der induktive Prozeß ist im Prinzip nie abgeschlossen.

Die heute herrschende Auffassung verkörpert genau eine *Umkehrung* des Denkens der alten Griechen. Weit davon entfernt, in der wirklichen Welt ein unvollkommenes Abbild einer idealen Wahrheit zu sehen, betrachten wir Generalisierungen als stets nur unvollkommene Beschreibungen der wirklichen Welt. Eine Generalisierung kann auch durch noch so viele Tests nicht absolut und endgültig als wahr erwiesen werden. Auch wenn Milliarden von Beobachtungsdaten eine allgemeine Aussage zu bestätigen scheinen, genügt manchmal eine einzige mit dieser Aussage nicht verträgliche Beobachtung, um ihre Modifizierung zu erzwingen. Und gleich, wie oft eine Theorie ihre experimentellen Proben bestehen mag, wir können niemals sicher sein, daß sie nicht von der nächsten Beobachtung über den Haufen geworfen wird.

Dies ist ein Grundpfeiler moderner Naturphilosophie. Die Naturwissenschaft erhebt nicht den Anspruch, endgültige Wahrheiten zu formulieren. Ja, sie macht den Ausdruck »endgültige Wahrheit« bedeutungslos, weil sie davon ausgeht, daß es nicht möglich ist, genügend Beobachtungen zu sammeln, um eine Wahrheit gewiß und damit »endgültig« zu machen. Die griechischen Philosophen erlegten sich diese Bescheidenheit nicht auf. Mehr noch, sie fanden nichts dabei, etwa an die Frage: Was ist Gerechtigkeit? mit genau denselben wissenschaftlichen Methoden heranzugehen wie an die Frage: Was ist Materie? Die moderne Wissenschaft hingegen macht einen grundlegenden Unterschied zwischen diesen beiden Typen von Fragen. Die induktive Methode kann nicht zu verallgemeinerten Aussagen über etwas führen, das nicht beobachtbar ist; und da es bislang keine direkte Methode der Beobachtung beispielsweise der menschlichen Seele gibt, liegt dieser Gegenstand und liegen alle damit zusammenhängenden Fragen außerhalb des Anwendungsbereichs der induktiven Methode.

Endgültig geschaffen waren die Voraussetzungen für den Siegeszug der modernen Naturwissenschaft erst, als sich ein weiterer wesentlicher Grundsatz durchgesetzt hatte: die unbehinderte Kommunikation zwischen allen Wissenschaftlern im Geiste der Zusammenarbeit. Wenn uns diese Forderung – und ihre Erfüllung – auch heute selbstverständlich erscheint, so war sie doch in der Antike und im Mittelalter beileibe keine Selbstverständlichkeit. Die Pythagoräer des antiken Griechenlands waren eine Geheimgesellschaft, die ihre mathematischen Entdeckungen für sich behielt. Die Alchimisten des Mittelalters verschlüsselten ihre Schriften bewußt, um so ihre wirklichen oder vermeintlichen Entdeckungen nur einem möglichst kleinen Kreis von Eingeweihten offenzuhalten. Als der italienische Mathematiker Niccolò Tartaglia im 16. Jahrhundert eine Methode zur Lösung quadratischer Gleichungen fand, sah er nichts Falsches darin, seine Entdekkung geheimzuhalten oder es wenigstens zu versuchen. Und als Geronimo Cardano, ebenfalls Mathematiker, seinem Kollegen Tartaglia das Geheimnis unter dem Siegel der Verschwiegenheit entlockte und es anschließend veröffentlichte, war Tartaglia empört – verständlicherweise; freilich hatte Cardano, sieht man einmal von seinem hinterlistigen Vertrauensbruch ab, gewiß recht mit seiner Antwort, daß eine solche Entdeckung einfach veröffentlicht werden müsse.

Heutzutage wäre es unvorstellbar, eine wissenschaftliche Entdeckung geheimzuhalten – sie würde in diesem Fall ja gar nicht als Entdeckung zählen. Ein Jahrhundert nach Tartaglia und Cardano wies der englische Chemiker Robert Boyle darauf hin, wie wichtig es sei, alle wissenschaftlichen Beobachtungen in voller Ausführlichkeit zu publizieren. Dazu kommt, daß heutzutage eine neue Beobachtung oder Entdeckung, auch nachdem sie publiziert ist, so lange nicht als gültig anerkannt wird, bis sie nicht wenigstens von einem anderen Wissenschaftler wiederholt und bestätigt worden ist. Wissenschaftliche Erkenntnis ist heute nicht mehr das Produkt einzelner, sondern das Produkt einer »Forschergemeinschaft«.

Eine der ersten Gruppen (und sicherlich die berühmteste), die eine solche Forschergemeinschaft darstellte, war die Royal Society of London for Improving Natural Knowledge, der Einfachheit halber gewöhnlich nur »Royal Society« genannt. Sie entstand um 1645 aus zwanglosen Zusammen-

künften einer Gruppe englischer Gentlemen, die sich für die von Galilei eingeführten neuen wissenschaftlichen Methoden interessierten. Im Jahr 1660 wurde die Gesellschaft von König Karl II. formell patentiert.
Die Mitglieder der Royal Society trafen sich und erörterten ihre Erkenntnisse öffentlich, verfaßten ihre schriftlichen Berichte darüber in englischer statt lateinischer Sprache und experimentierten mit viel Eifer und Kreativität. Gleichwohl blieben sie bis an die Wende zum 18. Jahrhundert in einer defensiven Position. Die Haltung vieler ihrer gelehrten Zeitgenossen ließe sich, wie heute üblich, mittels einer Karikatur darstellen, die zeigen würde, wie die Geister des Pythagoras, des Euklid und des Aristoteles mißbilligend und geringschätzig auf ein paar Kinder herabblicken, die mit Murmeln spielen und sich Royal Society nennen. All dies änderte sich durch die Leistungen Isaac Newtons, der schon als junger Mann Mitglied der Royal Society wurde. Ausgehend von den Beobachtungen und Schlußfolgerungen Galileis, des dänischen Astronomen Tycho Brahe und des deutschen Astronomen Johannes Kepler, der als erster die elliptische Form der Planetenbahnen bestimmte, gelangte Newton durch Induktion zu seinen drei einfachen Bewegungsgesetzen und zu seiner großen grundlegenden Generalisierung – dem Gesetz der universellen Gravitation. (Als er seine Entdeckungen veröffentlichte, bediente er sich gleichwohl der Geometrie und der griechischen Methode der deduktiven Erklärung.) Die gebildete Welt war von dieser Leistung so beeindruckt, daß Newton schon zu seinen Lebzeiten eine fast abgöttische Verehrung zuteil wurde. Dieses majestätische neue Bild des Universums, das auf einigen wenigen einfachen, aus induktiven Verfahren gewonnenen Annahmen beruhte, ließ jetzt die griechischen Philosophen wie kleine, mit Murmeln spielende Jungen aussehen. Die Revolution, die Galilei zu Beginn des 16. Jahrhunderts eingeläutet hatte, wurde nun, am Ende des Jahrhunderts, von Newton zu einem triumphalen Abschluß geführt.

Die moderne Naturwissenschaft

Schön wäre es, wenn man sagen könnte, daß die Naturwissenschaft und die Menschheit seither in der glücklichsten aller Welten existieren. Die traurige Wahrheit ist, daß für beide die wirklichen Probleme erst begannen. Solange die Wissenschaft deduktiven Charakter besaß, hatten alle gebildeten Menschen an ihr teilhaben können – sie war einfach Bestandteil der allgemeinen Bildung gewesen (in deren Genuß freilich Frauen bis in die neueste Zeit nur selten kamen). Die induktive Naturwissenschaft jedoch entpuppte sich als höchst arbeitsintensiv; sie erheischte nicht nur Gelehrtheit und analytische Fähigkeiten, sondern auch die Sammlung und Auswertung von Beobachtungsdaten. Sie war nicht mehr ein Spiel für Amateure. Und mit jedem Jahrzehnt nahm das wissenschaftliche Wissen an Umfang und Komplexität zu. In dem Jahrhundert nach Newton war es einem Gelehrten von außerordentlicher Kapazität noch möglich, in allen naturwissenschaftlichen Fächern auf der Höhe des Wissens seiner Zeit zu stehen. Um 1800 jedoch war dies ein Ding der Unmöglichkeit geworden. Immer gebieterischer ergab sich für den Wissenschaftler die Notwendigkeit, sich auf einen Teilbereich zu beschränken. Die Spezialisierung wurde der Naturwissenschaft von ihrem eigenen unablässigen Wachstum aufgezwungen. Und mit jeder neuen Wissenschaftlergeneration hat sich diese Spezialisierung verstärkt. Zu keiner Zeit hat es so zahlreiche wissenschaftliche Veröffentlichungen gegeben wie heute – und niemals sind die einzelnen Arbeiten so unverständlich für jeden gewesen, der nicht selbst zu den Spezialisten auf dem betreffenden Wissensgebiet gehört. Das ist ein großer Nachteil für die Naturwissenschaft als Ganzes, denn bedeutsame wissenschaftliche Fortschritte sind oft genug aus wechselseitiger Befruchtung zwischen unterschiedlichen Spezialgebieten erwachsen. Was aber noch bedenklicher erscheint, ist die Tatsache, daß die Wissenschaft zunehmend den Kontakt mit den Nichtwissenschaftlern verliert. Unter diesen Umständen gerät der Wissenschaftler leicht in eine Aura des Magiers, dem man eher Mißtrauen und Furcht als Bewunderung entgegenbringt. Der Eindruck, bei den Naturwissenschaften handle es sich um Domänen einer unverständlichen Magie, die nur wenigen Auserwählten zugänglich sei, die sich auf verdächtige Weise von den normalen Menschen unterscheiden, ist geeignet, viele junge Menschen vor der Beschäftigung mit Naturwissenschaft abzuschrecken.

Nach dem Zweiten Weltkrieg waren bei der jungen Generation ausgeprägte Gefühle regelrechter Feindseligkeit gegenüber den Naturwissenschaften festzustellen – selbst bei Gymnasiasten und Studenten. Unsere industrialisierte Gesellschaft beruht auf den wissenschaftlichen Fortschritten der letzten beiden Jahrhunderte, aber unsere Gesellschaft muß nunmehr feststellen, daß ihr unerwünschte Nebenwirkungen der eigenen Erfolge schwer zu schaffen machen.

Die Fortschritte in der Medizin und Hygiene haben zu einer unaufhaltsam scheinenden Bevölkerungsexplosion geführt; die chemische Industrie und der Verbrennungsmotor vergiften unsere Gewässer und unsere Luft; die Nachfrage nach Rohstoffen und Energie führt zum Raubbau an den Schätzen der Erdkruste. Und nur allzu leicht und gern wird all dies der »Wissenschaft« und den »Wissenschaftlern« in die Schuhe geschoben, weil viele Leute nicht verstehen, daß zwar Wissen einerseits Probleme schaffen kann, daß aber Unwissenheit diese Probleme nicht zu lösen vermag. Allein, es muß nicht unbedingt so sein, daß die moderne Naturwissenschaft für Nichtwissenschaftler eine Tür mit sieben Siegeln bleibt. Vieles könnte hier verbessert werden, wenn die Wissenschaftler sich ihrer kommunikativen Verantwortung stellen würden – ihrer Pflicht, ihr eigenes Arbeitsgebiet so einfach und klar wie möglich und so vielen wie möglich zu erklären –, und wenn die Nichtwissenschaftler ihrerseits sich der Verantwortung des Zuhörens stellen würden. Um zu einem zufriedenstellenden Verständnis der aktuellen Entwicklungen auf einem bestimmten naturwissenschaftlichen Gebiet zu gelangen, ist es nicht unbedingt erforderlich, selbst ein gründlich und allseitig gebildeter Wissenschaftler zu sein. Schließlich behauptet auch niemand, daß man selbst ein großer Schriftsteller sein muß, um Shakespeare verstehen und schätzen zu können. Und derjenige, der mit Genuß einer Beethoven-Symphonie lauscht, muß deswegen nicht fähig sein, selbst eine gleichwertige Symphonie zu komponieren. Entsprechend gilt, daß man sich einen, vielleicht sogar mit Genuß verbundenen, Überblick über die Errungenschaften der modernen Naturwissenschaft verschaffen kann, ohne sich selbst zu wissenschaftlicher Tätigkeit berufen zu fühlen.

Was aber, so könnten Sie als Leser fragen, wäre damit gewonnen? Die erste Antwort lautet, daß niemand sich in unserer modernen Welt wirklich zu Hause fühlen und die Probleme dieser Welt – sowie die sich eventuell bietenden Lösungsmöglichkeiten – beurteilen kann, wenn er nicht eine intelligente Vorstellung davon hat, was in den Wissenschaften vor sich geht. Darüber hinaus ist das Bekanntwerden mit der wunderbaren Welt der Wissenschaft geeignet, starke ästhetische Befriedigungserlebnisse zu vermitteln, jugendliche Leser zu inspirieren, Wißbegier zu sättigen und ein geschärftes Bewußtsein für die großartigen Möglichkeiten und Leistungen des menschlichen Gehirns zu wecken.

In dem Wunsch, möglichst viel von all dem vermitteln zu können, habe ich dieses Buch geschrieben.

Die unbelebte Natur

Das Universum

Die Größe des Universums

An und für sich hat der Himmel nichts an sich, das ihn dem beiläufigen Betrachter ungemein hoch und weit erscheinen ließe. Kleinen Kindern fällt es nicht schwer, Märchen wie das vom kleinen Häwelmann, der in seinem Kinderwägelchen zum Mond fuhr, zu akzeptieren, oder sich vorzustellen, daß ein Vogel im Flug an den Himmel stoßen kann. Die alten Griechen fanden es in ihrer mythischen Epoche nicht abwegig, zu glauben, daß der Himmel auf den Schultern von Atlas ruhe. Es könnte natürlich sein, daß sie sich Atlas als eine Gestalt von astronomischer Größe vorstellten, aber gegen diese Annahme spricht ein anderer Mythos: Herkules rekrutierte Atlas als Helfer bei der Bewältigung der elften seiner berühmten zwölf Aufgaben – bei der Herbeischaffung der goldenen Äpfel (Orangen?) der Hesperiden (der Iberischen Halbinsel im »fernen Westen«?). Während Atlas die Äpfel holen ging, hielt Herkules, auf der Spitze eines Berges stehend, den Himmel. Wenn wir Herkules auch zugestehen, daß er ein Hüne war, so folgt aus dieser mythischen Darstellung doch, daß die alten Griechen die Vorstellung plausibel fanden, daß das Himmelsgewölbe die höchsten Berge nur um wenige Meter überspannte.

Es ist nicht unnatürlich, zu glauben, daß der Himmel einfach eine Art Schirm aus festem Material ist, in den die leuchtenden Himmelskörper wie Diamanten eingesetzt sind. (In der Bibel wird denn auch der Himmel als *Firmament* bezeichnet, was sich von dem lateinischen Wort für »fest« ableitet.) Schon im 6. bis 4. Jahrhundert v. Chr. erkannten griechische Astronomen, daß es mehr als nur einen solchen Himmelsschirm geben müsse. Denn während die Fixsterne sich als geschlossenes Ensemble um die Erde drehten, offenbar ohne ihre relative Position zueinander zu verändern, galt dies nicht für die Sonne, den Mond und die fünf leuchtenden, sternengleichen Himmelskörper Merkur, Venus, Mars, Jupiter und Saturn. Von diesen folgte vielmehr jeder einer eigenen Bahn. Diese sieben Himmelskörper wurden *Planeten* genannt (von dem griechischen Wort für »Wanderer«), und es schien klar, daß sie nicht am Gewölbe des Sternenhimmels festgemacht sein konnten.

Die Griechen nahmen an, daß jeder der Planeten an der Innenseite eines jeweils eigenen, unsichtbaren kugelförmigen Gewölbes angebracht war, daß die Gewölber einander übergestülpt waren und daß das der Erde nächste Gewölbe zu dem Planeten gehörte, der sich am schnellsten bewegte. Dies war der Mond, der ungefähr $29^1/_2$* Tage brauchte, um den Himmel einmal zu durchwandern. Jenseits des Mondes folgten nacheinander, so glaubten die Griechen, Merkur, Venus, die Sonne, Mars, Jupiter und Saturn.

Die ersten Messungen

Die erste nach wissenschaftlichen Maßstäben vorgenommene astronomische Entfernungsmessung führte um das Jahr 240 v. Chr. Eratosthenes von Cyrene durch, seines Zeichens Vorsteher der Bibliothek von Alexandria, der führenden wissen-

* Diese Umlaufzeit ist nach dem *synodischen Monat* definiert, das ist die Zeitspanne zwischen zwei gleichen Mondphasen, z. B. von Vollmond zu Vollmond.

schaftlichen Einrichtung der damaligen Welt. Er ging von der Tatsache aus, daß die Sonne am 21. Juni, wenn sie in der ägyptischen Stadt Syene (Assuan) zur Mittagsstunde genau senkrecht über dem Erdboden stand, in Alexandria, 800 km nördlich von Syene, nicht ganz den Zenith erreichte. Eratosthenes nahm als Grund dafür eine Krümmung der Erdoberfläche an. Aus der Länge des Schattens, den die Sonne zur Mittagsstunde in Alexandria warf, ließ sich mit klassisch-geometrischen Mitteln errechnen, um welchen Kreisbogen die Erdoberfläche sich auf der 800-km-Distanz zwischen Syene und Alexandria krümmte. Daraus wiederum ließen sich Umfang und Durchmesser der Erde berechnen, vorausgesetzt sie war eine Kugel – eine Vorstellung, die die griechischen Astronomen jener Zeit bereitwillig akzeptierten *(Abb.)*

len in westlicher Richtung das asiatische Festland erreichen zu können. Wäre er sich über den wirklichen Erdumfang im klaren gewesen, so hätte er seine Fahrt vielleicht nicht gewagt. Erst als 1521–23 das Geschwader Magellans (oder genauer das eine Schiff, das von seinem Geschwader übrigblieb) die erste Erdumsegelung schaffte, wurde der bereits von Eratosthenes festgestellte korrekte Wert rehabilitiert.

Was die Entfernung zwischen Erde und Mond betraf, so unternahm um 150 v. Chr. Hipparchos von Nikaia den Versuch, sie als ein Vielfaches des Erddurchmessers zu bestimmen. Er bediente sich dabei einer Methode, die hundert Jahre zuvor Aristarchos von Samos, der kühnste aller griechischen Astronomen, vorgeschlagen hatte. Bei den Griechen hatte sich bereits die Einsicht durchgesetzt, daß Mondfinsternisse durch den Schatten

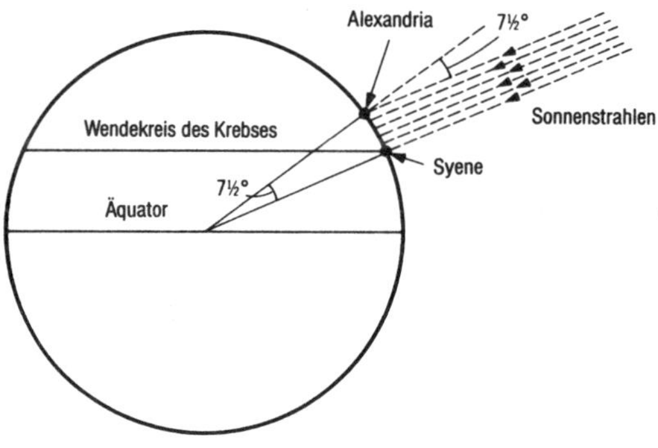

Eratosthenes errechnete die Größe der Erde aus der Krümmung ihrer Oberfläche. Am Mittag des 21. Juni steht die Sonne in Syene, das auf dem Wendekreis des Krebses liegt, genau senkrecht. Im weiter nördlich gelegenen Alexandria fallen zum selben Zeitpunkt die Sonnenstrahlen in einen um 7,5 ° gegen die Senkrechte gedrehten Winkel ein, so daß angestrahlte Gegenstände einen Schatten werfen. Aus der ihm bekannten Entfernung zwischen den beiden Städten und aus der Schattenlänge in Alexandria errechnete Eratosthenes seine Werte.

Eratosthenes kam umgerechnet (er benutzte natürlich griechische Maßeinheiten) auf etwa 12800 km für den Durchmesser und 40000 km für den Umfang der Erde. Damit traf er in der Tat ziemlich genau ins Schwarze. Leider setzten sich diese genauen Angaben über die Größe der Erde nicht durch. Um 100 v. Chr. führte ein anderer griechischer Astronom, Posideonius von Apamea, die Berechnungen des Eratosthenes noch einmal durch, diesmal mit dem Ergebnis eines nur rund 29000 km betragenden Erdumfangs.

Es war diese kleinere Zahl, der sich Ptolemäus bediente und die daher bis zum Ende des Mittelalters maßgeblich blieb. Auch Kolumbus ging von der kleineren Zahl aus und glaubte, nach 3000 Seemei-

der sich zwischen Sonne und Mond schiebenden Erde verursacht werden. Aristarchos erkannte, daß sich aus der Krümmung des über den Mond wandernden Erdschattens das Größenverhältnis zwischen Erde und Mond berechnen lassen mußte. Dieser Gedanke eröffnete eine Möglichkeit, mit Hilfe trigonometrischer Methoden zu berechnen, wie sich der Durchmesser der Erde zur Entfernung Erde–Mond verhielt. Hipparchos, der den von Aristarchos gelegten Faden aufnahm und diese Berechnungen durchführte, kam zu dem Ergebnis, daß die Entfernung zwischen Erde und Mond das 30fache des Erddurchmessers betragen müsse. Wenn die von Eratosthenes errechnete Zahl von 12800 km für den Durchmesser der

Erde zutraf, dann mußte der Mond etwa 384000 km von der Erde entfernt sein. Auch diese Zahl traf, wie sich herausstellte, ziemlich genau zu.

Der Abstand zwischen Erde und Mond war so ziemlich das einzige, was die griechische Astronomie an astronomischen Messungen – zumindest an korrekten Messungen – zustande brachte. Zwar unternahm Aristarchos einen kühnen Versuch, die Entfernung der Sonne von der Erde zu bestimmen, und die geometrische Methode, derer er sich dabei bediente, war auch theoretisch absolut einwandfrei; aber sie erforderte die Messung von so winzigen Winkelabweichungen, daß Aristarchos schon neuzeitliche Instrumente gebraucht hätte, um mit dieser Methode zu hinreichend genauen Ergebnissen zu kommen. Seiner Berechnung nach war die Sonne rund zwanzigmal weiter von der Erde entfernt als der Mond (in Wirklichkeit ist sie vierhundertmal so weit entfernt). Wenn auch seine Zahlen falsch waren, so zog Aristarchos aus ihnen doch den richtigen Schluß, daß die Sonne wesentlich größer sein müsse als die Erde (nach seinen Angaben mindestens siebenmal so groß). Er hielt es für unlogisch anzunehmen, die große Sonne umkreise die kleine Erde, und vertrat die Meinung, es müsse umgekehrt sein.

Leider stieß er damit auf taube Ohren. Die späteren Astronomen, von Hipparchos bis Ptolemäus, gründeten ihre Modelle für die Bewegungen der Himmelskörper auf die Voraussetzung einer bewegungslos im Zentrum des Universums stehenden Erde. Dieses Paradigma hatte bis 1543 Bestand, als Nikolaus Kopernikus sein Buch veröffentlichte, mit dem er zu der von Aristarchos vertretenen Auffassung zurückkehrte und die Erde für immer von ihrem Platz im Zentrum des Universums verstieß.

Die Vermessung des Sonnensystems

Die Tatsache, daß die Sonne nunmehr den ihr gebührenden Platz im Zentrum des Sonnensystems zuerkannt bekommen hatte, machte allein die Bestimmung der Entfernungen zwischen den Planeten noch nicht leichter. Für den Abstand Erde–Mond übernahm Kopernikus den von den Griechen vorgegebenen Wert, aber wie weit die Sonne von der Erde entfernt war, davon hatte er keinen Begriff. Erst 1650 wiederholte der belgische Astronom Godefroy Wendelin die Messungen des Aristarchos, freilich mit wesentlich genaueren Instrumenten, und kam zu dem Ergebnis, daß die Sonne nicht zwanzigmal, sondern zweihundertvierzigmal so weit von der Erde entfernt sei wie der Mond (also rund 92 Millionen km). Diese Schätzung lag noch immer ein gutes Stück unter dem wahren Wert, kam ihm aber schon sehr viel näher.

Zuvor hatte bereits der deutsche Astronom Johannes Kepler mit seiner 1609 gemachten Entdekkung, daß die Planeten sich nicht auf kreisförmigen, sondern auf *elliptischen* Bahnen bewegten, die Voraussetzung für genauere Entfernungsbestimmungen geschaffen. Zum ersten Mal war es jetzt möglich, die Planetenbahnen mit großer Genauigkeit zu berechnen und auf der Grundlage dieser Berechnungen eine maßstabsgetreue Karte des Sonnensystems zu zeichnen; das heißt, die relativen Abstände und die Bahnformen aller bekannten Planeten des Systems ließen sich nunmehr ermitteln und darstellen. Falls es jetzt gelang, die absolute Entfernung zwischen zwei Planeten (ganz gleich welchen) zu messen, würden sich die Entfernungen der anderen Planeten zueinander mit Hilfe einfacher Dreisatzrechnungen ziemlich genau abschätzen lassen. Man brauchte also den Abstand Erde–Sonne nicht unbedingt direkt zu berechnen, wie Aristarchos und Wendelin es versucht hatten. Es würde vielmehr genügen, die Entfernung eines der näheren Planeten, etwa des Mars oder der Venus, oder irgendeines anderen Planeten außerhalb des Erd-Mond-Systems zu bestimmen.

Eine Methode, mittels derer sich kosmische Entfernungen berechnen lassen, bedient sich der Messung von *Parallaxen*. Was dieser Ausdruck bedeutet, läßt sich leicht veranschaulichen. Wenn man sich einen senkrecht gestellten Bleistift in etwa 10 cm Entfernung vor die Nase hält und ihn dann zuerst nur mit dem linken, dann nur mit dem rechten Auge anschaut, wird man feststellen, daß der Bleistift dabei seine Position, relativ zum Hintergrund, verändert; das liegt einfach daran, daß der Standpunkt des »Betrachters« (d. h. jeweils eines Auges) sich verlagert. Wenn man nun dieselbe Prozedur wiederholt, dabei aber den Stift weiter weg hält, beispielsweise mit ausgestrecktem Arm, wird er sich gegenüber dem Hintergrund wiederum seitlich verschieben, aber diesmal um ein kleineres Stück. Aus der Strecke, die der Stift bei dieser scheinbaren Bewegung zurücklegt, läßt sich seine Entfernung vom Auge des Betrachters errechnen.

Wenn wir uns den Stift oder eine andere »Meßlatte« in größerer Entfernung vom Betrachter vorstellen, so gilt natürlich, daß seine scheinbare seitliche Bewegung beim Wechsel vom einen Auge zum anderen bei Entfernungen von mehr als 20 m so unbedeutend wird, daß sie praktisch nicht mehr wahrnehmbar ist; für solche Distanzen benötigen wir eine längere Basisstrecke als bloß den Abstand zwischen unserem rechten und unserem linken Auge. Aber das läßt sich leicht bewerkstelligen: Wir müssen nur unsere »Meßlatte« erst von einer Stelle aus anvisieren und anschließend von einer anderen Stelle aus, sagen wir 10 m weiter rechts. Jetzt ist die Parallaxe wieder groß genug, um meßbar zu sein, und die Entfernung der Meßlatte läßt sich berechnen. Genau mit dieser Methode bestimmen die Geometer die Breite eines Flusses oder den Abstand zwischen den Rändern einer Schlucht.

Und natürlich läßt sich mit eben dieser Methode auch die Entfernung des Mondes von der Erde messen, wobei die Sterne den Hintergrund abgeben. Man fixiert beispielsweise von einem Observatorium in Kalifornien aus die Position des Mondes am Sternenhimmel zu einem bestimmten Zeitpunkt. Zum genau gleichen Zeitpunkt von einem Observatorium in England aus betrachtet, wird der Mond nicht genau an derselben Stelle des Himmels zu sehen sein, sondern scheinbar etwas weiter westlich. Aus dieser Positionsänderung und dem Abstand zwischen den beiden Observatorien (und zwar nicht der Erdkrümmung folgend, sondern in gerader Linie berechnet) läßt sich die Entfernung des Mondes von den beiden Beobachtungsstandpunkten errechnen. Theoretisch könnten wir die Basisentfernung noch weiter vergrößern, indem wir unsere Peilungen von zwei Observatorien aus vornähmen, die an zwei einander genau gegenüberliegenden Stellen des Erdäquators stehen würden; unsere Basis wäre in diesem Fall 12800 km lang. Der sich bei dieser Basis ergebende Parallaxenwinkel, geteilt durch zwei, wird als *geozentrische Parallaxe* bezeichnet.

Positionsveränderungen von Himmelskörpern werden in Bogengraden bzw. in Bruchteilen eines Bogengrads gemessen – Bogenminuten und Bogensekunden. Ein Grad entspricht dem 360sten Teil des gesamten, kreisförmig gedachten Himmelsumfangs; jedes Grad enthält 60 Bogenminuten, jede Bogenminute 60 Bogensekunden. Eine Bogenminute entspricht somit dem 21600sten Teil, eine Bogensekunde dem 1296000sten Teil des kreisförmig gedachten Himmelsumfangs.

Unter Verwendung trigonometrischer Regeln (die Trigonometrie ist die Lehre von den Beziehungen zwischen den Seitenlängen und Winkeln von Dreiecken) konnte Ptolemäus die Entfernung des Mondes von der Erde aus seiner Parallaxe berechnen; das Ergebnis, zu dem er gelangte, deckte sich mit dem von Hipparchos genannten Wert.

Die geozentrische Parallaxe des Mondes beträgt, wie wir heute wissen, 57 Bogenminuten (also beinahe ein volles Bogengrad). Das entspricht ungefähr der Größe eines Zehnpfennigstücks aus einer Entfernung von 1,50 m gesehen. Es handelt sich also um eine Größenordnung, die auch mit bloßem Auge noch gut wahrnehmbar ist. Als die Astronomen darangingen, die Parallaxe der Sonne oder der Planeten zu bestimmen, stellte sich heraus, daß die dabei auftretenden Winkelverschiebungen zu winzig waren, um meßbar zu sein. Das einzige, was man mit Bestimmtheit sagen konnte, war, daß die anderen Himmelskörper sehr viel weiter entfernt sein mußten als der Mond. Wie weit, war nicht zu ergründen.

So sehr die Trigonometrie während des Mittelalters von den Arabern und im 16. Jahrhundert von europäischen Mathematikern weiterentwickelt und präzisiert worden war, die gesuchten Antworten konnte sie allein nicht liefern. Aber dann eröffnete sich auf einmal die Möglichkeit, auch kleinste Parallaxenwinkel zu messen – dank der Erfindung des Fernrohrs (das als erster im Jahr 1609 Galilei gebaut und auf den Himmel gerichtet hatte, nachdem ihm von einem Vergrößerungsrohr berichtet worden war, das einige Monate zuvor ein holländischer Brillenmacher gebastelt hatte).

Die Methode der Parallaxenmessung eroberte den Kosmos jenseits des Mondes erstmals im Jahr 1673, als der italienischstämmige französische Astronom Jean Dominique Cassini die Parallaxe des Mars bestimmte. Er ermittelte die exakte Position des Mars am Sternenhimmel, während der mit ihm korrespondierende französische Astronom Jean Richer in Französisch-Guyana zu den jeweils gleichen Zeitpunkten dasselbe tat. Durch den Vergleich seiner Koordinaten mit denen von Richer berechnete Cassini die Mars-Parallaxe und daraus nicht nur die Entfernung Erde–Mars, sondern auch die Größe des Sonnensystems. Er kam für die Entfernung Erde–Sonne auf einen Betrag von 138 Millionen km und verfehlte damit den wahren Wert nur um 7 Prozent.

Seither sind etliche Parallaxen innerhalb des Sonnensystems mit zunehmender Genauigkeit gemessen worden. 1931 wurde ein großangelegtes internationales Projekt zur Bestimmung der Parallaxe eines kleinen Planetoiden namens Eros gestartet, der zu jener Zeit der Erde näher war als alle anderen Himmelskörper mit Ausnahme des Mondes. In dieser Situation wies Eros eine große Parallaxe auf, deren Bestimmung mit hoher Präzision durchgeführt werden konnte. Mit ihrer Hilfe konnte die Größe des Sonnensystems als Ganzes genauer als je zuvor berechnet werden. Aufgrund dieser Berechnungen und der Anwendung noch exakterer Verfahren als der Parallaxen-Methode wissen wir heute, daß die durchschnittliche Entfernung der Sonne von der Erde etwa 149,6 Millionen km (± einige tausend km) beträgt. Da die Erde die Sonne auf einer elliptischen Bahn umkreist, pendelt die tatsächliche Entfernung zwischen 147,1 und 152,2 Millionen km.

Die Durchschnittsentfernung Erde–Sonne definierte man als *Astronomische Einheit* (AE); die anderen Entfernungen innerhalb des Sonnensystems werden in der Regel in dieser Maßeinheit angegeben. Für den Abstand Saturn–Sonne beispielsweise ergibt sich ein durchschnittlicher Wert von 1,427 Milliarden km oder 9,54 AE. Mit der Entdeckung der äußeren Planeten – Uranus, Neptun und Pluto – erweiterten sich die Grenzen unseres Sonnensystems schrittweise. Die Umlaufbahn von Pluto hat einen größten Durchmesser von 11,74 Milliarden km oder 79 AE. Und von einigen Kometen weiß man, daß sie in noch größeren Entfernungen von der Sonne ihre Bahnen ziehen.

Um 1830 war bekannt, daß das Sonnensystem sich über Milliarden von Kilometern erstreckt, aber damit war die Größe des Kosmos ja noch keineswegs erschöpft: Es blieben noch die Sterne.

Die Fixsterne

Man konnte sich die Sterne natürlich, wenn man wollte, immer noch als leuchtende Objekte vorstellen, die an einem festen, das Universum umschließenden Himmelsgewölbe befestigt waren. Dies blieb bis etwa um die Wende zum 18. Jahrhundert eine akzeptable Auffassung; schon vorher gab es allerdings Gelehrte, die diese Interpretation nicht teilten.

Schon 1440 stellte Nikolaus von Cusa, ein deutscher Gelehrter, die These auf, daß das Weltall unendlich weit sei; die Sterne waren für ihn Sonnen, die sich nach allen Richtungen in die Tiefe des Alls grenzenlos ausdehnten und die alle von einem Schwarm bewohnter Planeten umkreist wurden. Daß die Sterne nicht wie Sonnen aussahen, sondern nur als winzige Lichtpünktchen am Himmel erschienen, schrieb er der großen Entfernung zu. Leider konnte Nikolaus für seine Behauptungen keine Belege anführen, sondern äußerte sie lediglich spekulativ. Man tat seine These als Phantasterei ab und kümmerte sich nicht weiter darum.

Im Jahr 1718 jedoch fiel dem englischen Astronom Edmund Halley, der seinen ganzen Eifer darauf konzentrierte, die Position bestimmter Sterne am Himmel mit Hilfe des Teleskops möglichst genau zu bestimmen, auf, daß drei der hellsten Sterne – Sirius, Prokyon und Arktur – sich nicht genau in den von den griechischen Astronomen bezeichneten Positionen befanden. Die Abweichung war zu groß, um auf einem Beobachtungsfehler zu beruhen, selbst wenn man berücksichtigte, daß die Griechen auf das bloße Auge angewiesen waren. Halley kam zu dem Schluß, die Sterne seien in der Tat nicht an einem Firmament angeheftet, sondern bewegten sich unabhängig voneinander wie Bienen in einem Schwarm. Da diese Bewegung sehr langsam erfolgt und bis zur Einführung des Teleskops praktisch keine Möglichkeit bestand, sie zu registrieren, hatte es den Anschein, als stünden sie auf unveränderlichen, d. h. »fixen« Positionen.

Daß diese *Eigenbewegung* der Sterne von der Erde aus fast nicht wahrnehmbar ist, liegt daran, daß sie so weit entfernt sind. Sirius, Prokyon und Arktur gehören zu den der Erde vergleichsweise näheren Sternen, und deshalb läßt sich ihre Eigenbewegung feststellen, wenn man einen genügend langen Beobachtungszeitraum zur Verfügung hat.

Ihre relative Nähe zur Erde ist auch der Grund dafür, daß diese drei Sterne überdurchschnittlich hell leuchten. Schwächer leuchtende Sterne sind weiter weg, und ihre Eigenbewegung hat sich auf ihre Position am Himmel selbst im Lauf der Jahrtausende, seit den Beobachtungen der griechischen Astronomen, nicht ausgewirkt.

Aus dem, was man bei einigen Sternen an Eigenbewegung beobachten konnte, ließ sich zwar auf die Tatsache der riesigen Entfernung der Sterne von der Erde schließen, nicht aber auf die Größe dieser Entfernung. Theoretisch hätten natürlich die der Erde näheren Sterne vor dem Hintergrund der weiter entfernten eine Parallaxe zeigen müssen. Doch in der Praxis zeigte sich keine meßbare Parallaxe. Selbst als die Astronomen den Durchmesser der Erdumlaufbahn um die Sonne (299 Millionen km) zur Bezugsbasis wählten, d. h. die Sterne im Halbjahresabstand von den entgegengesetzten Polen der Erdumlaufbahn aus anpeilten, konnten sie keine Parallaxen feststellen. Das bedeutete, daß auch die der Erde nächstgelegenen Sterne extrem weit entfernt sein mußten. In dem Maße, wie es selbst mit ständig verbesserten Teleskopen nicht gelang, eine Sternparallaxe zu entdecken, mußten die Schätzwerte für die Entfernung der Sterne von der Erde bzw. von unserem Sonnensystem immer weiter angehoben werden. Daß sie angesichts so unvorstellbarer Distanzen überhaupt sichtbar waren, ließ sich nur damit erklären, daß sie riesige Feuerbälle ähnlich unserer Sonne sein mußten. Nikolaus von Cusa hatte recht gehabt.

Indes, die Entwicklung immer leistungsfähigerer Teleskope und anderer astronomischer Instrumente ging weiter. In den 1830er Jahren begann der deutsche Astronom Friedrich Wilhelm Bessel mit einem erst kurz vorher erfundenen Gerät zu arbeiten, das *Heliometer* (»Sonnenmesser«) genannt wurde, weil es ursprünglich dafür gedacht war, den Durchmesser der Sonne mit großer Genauigkeit zu bestimmen. Es ließ sich aber ebensogut dafür benutzen, andere kosmische Distanzen zu messen. Bessel bediente sich seiner, um den Abstand zwischen zwei Sternen zu messen. Indem er die minimalen Veränderungen dieses Abstands von Monat zu Monat registrierte, gelang es ihm schließlich, die Parallaxe eines Sterns zu messen *(Abb.)*. Er wählte einen kleinen Stern im Sternbild Schwan, der die Bezeichnung 61 Cygni trägt. Der Grund für diese Wahl war, daß dieser Stern eine ungewöhnlich starke Eigenbewegung vor dem Hintergrund der anderen Sterne zeigte und daher der Erde näher sein mußte als jene. (Diese stetige Eigenbewegung in eine Richtung sollte man nicht mit dem Hin- und Herwandern relativ zum Hintergrund verwechseln, das bei der Parallaxenbestimmung auftritt.) Bessel markierte die Positionsveränderungen von 61 Cygni gegenüber den »fixen« (vermutlich sehr viel weiter entfernten) Nachbarsternen und führte seine Beobachtungen über ein Jahr lang fort. Dann, 1838, verkündete er der astronomischen Welt, daß 61 Cygni eine Parallaxe von 0,31 Bogensekunden aufwies; dies entspricht der Größe eines Zehnpfennigstückes, aus einer Entfernung von 16 km gesehen! Diese Parallaxe, bei deren Berechnung Bessel den Durchmesser der Erdumlaufbahn als Basisentfernung benutzt hatte, bedeutete, daß 61 Cygni rund 103 Billionen (103000000000000) km entfernt war; das entsprach dem 9000fachen der Größe unseres Sonnensystems! Verglichen mit der Distanz, die uns selbst von den uns am nächsten gelegenen Sternen trennt, schrumpft unser Sonnensystem zu einem unbedeutenden Lichtpünktchen im All zusammen.

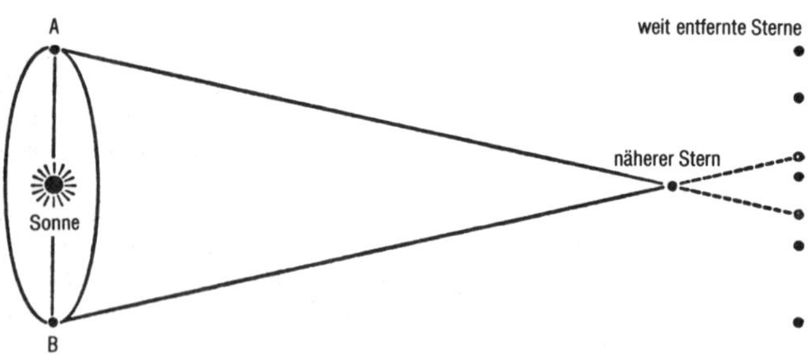

Messung der Parallaxe eines Sterns von zwei entgegengesetzten Punkten der Erdumlaufbahn aus.

Da es unhandlich ist, Entfernungen in Billionen von Kilometern anzugeben, haben die Astronomen als übersichtlichere Maßeinheit das *Lichtjahr* eingeführt. Licht, das sich mit einer Geschwindigkeit von 299 792,458 km pro Sekunde fortbewegt, legt in einem Jahr eine Entfernung von rd. 9 460 528 000 000 (das sind knapp zehn Billionen) km zurück. Diese Entfernung heißt ein Lichtjahr. Auf diese Maßeinheit umgerechnet, ist 61 Cygni rund 11 Lichtjahre von unserem Sonnensystem entfernt.

Zwei Monate nach Bessels Pioniertat (was für ein Pech, so knapp den kürzeren zu ziehen!) gab der britische Astronom Thomas Henderson die Entfernung des Sterns Alpha Centauri bekannt. Dieser Stern, der tief am südlichen Himmel steht und nördlich des Breitengrads von Teneriffa überhaupt nicht beobachtet werden kann, ist der dritthellste an unserem Himmel. Wie sich zeigte, betrug die Parallaxe von Alpha Centauri 0,75 Bogensekunden, war also mehr als doppelt so groß wie die von 61 Cygni. Entsprechend geringer ist die Distanz zu Alpha Centauri. Er ist nur 4,3 Lichtjahre von unserem Sonnensystem entfernt und damit unser nächster Nachbarstern. (In Wirklichkeit ist Alpha Centauri kein einzelner Stern, sondern eine aus drei Sternen bestehende Gruppe.)

1840 gab der deutschstämmige russische Astronom Friedrich Wilhelm von Struve die Parallaxe der Wega bekannt, des vierthellsten Sterns am Himmel. Wie sich später herausstellte, war seine Messung nicht ganz genau, was man ihm allerdings nachsehen muß, da die Parallaxe der Wega sehr klein ist – und ihre Entfernung entsprechend groß: 27 Lichtjahre.

Um die Wende zum 20. Jahrhundert waren mit der Parallaxenmethode bereits etwa 70 Sterne vermessen, und 1980 waren es schon mehrere tausend. Die Grenze, bis zu der man Entfernungen mit den besten heute verfügbaren Instrumenten noch mit einiger Präzision bestimmen kann, liegt bei 100 Lichtjahren. Jenseits dieser Grenze gibt es jedoch zahllose Sterne, die viel weiter entfernt sind.

Mit bloßem Auge können wir ungefähr 6000 Sterne erkennen. Nach der Erfindung des Teleskops war alsbald klar, daß diese 6000 Sterne nur einen Bruchteil des Universums ausmachen. Als Galilei 1609 sein Fernrohr auf den Himmel richtete, entdeckte er nicht nur neue, bislang unsichtbar gewesene Sterne; was ihn eigentlich erst erschauern ließ, war der Blick auf die Milchstraße. Dem bloßen Auge erscheint die Milchstraße lediglich als ein schwach leuchtendes, nebelartiges Lichtband. Galileis Fernrohr löste diesen Nebelstreifen in Myriaden von Sternen auf, so zahlreich wie die Kristalle in einem Sack voll Puderzucker.

Der erste, der sich hierauf einen vernünftigen Reim zu machen suchte, war der deutschstämmige, in England wirkende Astronom Wilhelm Herschel. Er stellte 1785 die These auf, die Sterne seien nicht gleichmäßig im Universum verteilt, sondern bildeten eine linsenförmige Struktur. Tatsächlich erkennen wir, wenn wir unseren Blick dem Verlauf der Milchstraße folgen lassen, eine sehr große Zahl von Sternen; wenn wir den Himmel dagegen im rechten Winkel zu dieser Achse absuchen, relativ wenige. Daraus schloß Herschel, daß die Himmelskörper einen verdichteten Schwarm in Form einer flachen Scheibe bildeten und daß die Milchstraße gleichsam die Seitenansicht oder das Profil dieser Scheibe oder Linse repräsentiert. Wir wissen heute, daß dieses Bild, mit einigen Einschränkungen, zutrifft, und wir bezeichnen unser Sternensystem als *Galaxis*, was nur ein anderer Ausdruck für Milchstraße ist, da es sich aus dem griechischen Wort für »Milch« ableitet.

Herschel versuchte die Größe der Galaxis abzuschätzen. Er ging davon aus, daß die Sterne selbst in etwa gleich hell strahlten, so daß man die relative Entfernung eines Sterns nach seiner Helligkeit bestimmen konnte. (Einer wohlbekannten Gesetzmäßigkeit zufolge nimmt die Helligkeit proportional zum Quadrat der Entfernung ab, so daß ein Stern A, der neunmal so hell erscheint wie ein Stern B, bei objektiv gleicher Helligkeit der Erde dreimal näher sein müßte als Stern B.)

Herschel steckte in verschiedenen Zonen der Milchstraße abgegrenzte Bezirke ab und zählte die darin enthaltenen Sterne; durch Hochrechnung gelangte er zu einer geschätzten Zahl von 100 Millionen Sternen für die gesamte Galaxis. Aus ihrem Helligkeitsniveau errechnete er, daß der Durchmesser der Galaxis das 850fache der Entfernung zum hellen Stern Sirius und ihre Profildicke das 155fache dieser Entfernung betragen müsse.

Wie wir heute wissen, ist Sirius 8,8 Lichtjahre entfernt; in absolute Werte umgerechnet, setzte Herschel also für den Durchmesser der Galaxis einen

Schätzwert von 7500 Lichtjahren und für ihre Dicke einen Schätzwert von 1300 Lichtjahren an. Mit beiden Werten lag er, wie sich herausstellte, erheblich zu niedrig. Aber seine Berechnungen waren immerhin ein Schritt in die richtige Richtung.

Die Vorstellung, daß die Sterne sich wie Bienen in einem Schwarm bewegen, galt mittlerweile durchaus als plausibel, und Herschel konnte zeigen, daß auch die Sonne sich innerhalb der Galaxis fortbewegt.

Im Jahr 1805, nachdem er zwanzig Jahre damit verbracht hatte, die Eigenbewegung von so vielen Sternen wie nur möglich zu bestimmen, fand er heraus, daß in einem Teil des Himmels die Sterne im großen und ganzen von einem bestimmten zentralen Punkt (dem sogenannten Apex) fortzustreben schienen. In einem, diesem Bereich direkt gegenüberliegenden Bezirk des Himmels schienen die Sterne sich dagegen auf einen bestimmten zentralen Punkt (den Anti-Apex) zuzubewegen.

Die zwangloseste Erklärung für dieses Phänomen bot die Annahme, daß die Sonne sich vom Anti-Apex weg- und auf den Apex zubewegt, so daß diejenigen Sterne, denen sie sich nähert, scheinbar vor ihr auseinanderstreben, während diejenigen, von denen sie sich entfernt, scheinbar hinter ihr aufeinander zuschrumpfen. (Das ist ein normaler perspektivischer Vorgang. Wir können eine ähnliche Wahrnehmung machen, wenn wir beispielsweise durch eine Allee fahren; wir sind so daran gewöhnt, daß es uns kaum auffällt.)

Die Sonne ist also nicht der ruhende Mittelpunkt des Universums, als den Kopernikus sie betrachtete, sondern bewegt sich – aber auch nicht in der Weise, wie die Griechen es sich vorgestellt hatten. Sie dreht sich nicht um die Erde, sondern wandert durch die Galaxis und zieht dabei die Erde und alle anderen Planeten mit sich. Jüngste Messungen zeigen, daß die Sonne sich mit einer Geschwindigkeit von knapp 20 km pro Stunde (relativ zu den näheren Sternen) auf einen Punkt im Sternbild Leier zubewegt.

Von 1906 an arbeitete der holländische Astronom Jacobus Cornelis Kapteyn an einer neuen Bestandsaufnahme der Milchstraße. Da ihm das Mittel der Fotografie zu Gebote stand und er die genaue Entfernung der nähergelegenen Sterne kannte, war er in der Lage, bessere Schätzwerte zu errechnen als vor ihm Herschel. Er kam zu dem Ergebnis, daß die Abmessungen der Galaxis bei 23000 Lichtjahren (Durchmesser) und 6000 Lichtjahren (Dicke) lagen. Das waren Werte, die um das 4fache bzw. 5fache größer waren als die von Herschel genannten; allein, auch sie waren zu kurz gegriffen.

In etwa war die Situation, was die Bestimmung der stellaren Entfernungen betraf, um die Wende zum 20. Jahrhundert vergleichbar mit der Kenntnis der planetarischen Entfernungen um die Wende zum 18. Jahrhundert. Damals kannte man die Distanz zwischen Erde und Mond, hatte aber von den Abständen zu den anderen, ferneren Planeten nur eine ungefähre Vorstellung. Um 1900 kannte man die Entfernung zu den näheren Sternen, hatte aber nur ungefähre Vorstellungen über die Distanz zu den weiter entfernten Sternen.

Messungen zur Helligkeit von Sternen

Der nächste bedeutsame Schritt nach vorne war die Entdeckung einer neuen »Meßlatte«. Diese Episode begann mit der Beobachtung eines mittelhellen Sterns namens Delta Cephei im Sternbild Cepheus. Wie aufmerksames Studium ergab, durchlief dieser Stern einen Zyklus unterschiedlicher Helligkeiten: Im Anschluß an seine dunkelste Phase nahm seine Helligkeit ziemlich schnell auf den doppelten Wert zu und ging dann langsam auf das niedrige Anfangsniveau zurück. Dieser Zyklus wiederholte sich mit großer Regelmäßigkeit. Die Astronomen entdeckten noch eine Reihe weiterer Sterne, die das gleiche regelmäßige Zyklusmuster aufwiesen; zu Ehren von Delta Cephei wurden alle Sterne, die diese Eigenschaft hatten, *Cepheiden* genannt.

Eine *Cepheiden-Periode* (d. h. die Zeit bis zum Wiedererreichen des Ausgangsniveaus) dauert, von Stern zu Stern verschieden, zwischen weniger als einen Tag und annähernd zwei Monaten. Die unserem Sonnensystem am nächsten gelegenen Cepheiden scheinen eine Periode von ungefähr einer Woche zu haben. Bei Delta Cephei selbst beträgt die Periode 5,3 Tage, bei dem unserem Sonnensystem nächsten aller Cepheiden – dies ist kein geringerer als der Polarstern – beträgt sie vier Tage. (Beim Polarstern sind die Helligkeitsschwankungen so gering, daß sie mit bloßem Auge nicht wahrgenommen werden können.)

Was die Cepheiden für die Astronomen zu einer wertvollen »Meßlatte« macht, ist ihre Helligkeit; um dies erklären zu können, bedarf es einer kleinen Abschweifung.

Seit Hipparchos wird die Helligkeit von Sternen, nach einem von ihm erfundenen Verfahren, durch den Terminus »Größe« ausgedrückt. Je heller ein Stern ist, desto niedriger die Kennziffer der Größenklasse, der er angehört. Die zwanzig hellsten Sterne klassifizierte Hipparchos als Sterne »erster Größe«. Sterne, die etwas schwächer leuchten, zählen zur zweiten Größenklasse. Dann folgen die dritte, vierte und fünfte Klasse und schließlich die am schwächsten leuchtenden, gerade noch wahrnehmbaren Sterne; sie bilden die sechste Größenklasse.

Die von Hipparchos nach subjektiven Maßstäben vorgenommene Klassifizierung wurde in der Neuzeit – im Jahr 1856, um genau zu sein – von dem englischen Astronomen Norman Robert Pogson auf eine quantitative Basis gestellt. Er zeigte, daß ein durchschnittlicher Stern erster Größe rund hundertmal heller war als ein durchschnittlicher Stern sechster Größe. Wenn die durchschnittliche Helligkeit über fünf Größenklassen hinweg um den Faktor 100 abnahm, dann mußte der Faktor für eine Größenklasse 2,512 betragen. Ein Stern vierter Größe ist somit 2,512 mal heller als ein Stern fünfter Größe und 6,31 (nämlich 2,512 × 2,512) mal heller als ein Stern sechster Größe.

61 Cygni ist ein schwach leuchtender Stern der Größe 5,0. (Mit Hilfe moderner astronomischer Verfahren können Sterngrößen bis auf Zehntel und in manchen Fällen bis auf Hundertstel genau bestimmt werden.) Capella ist ein heller Stern von der Größe 0,9; Alpha Centauri ist mit einer Größe von 0,1 noch heller. Und die Meßskala geht noch weiter und erlaubt die Kennzeichnung noch größerer Helligkeiten, etwa der Größe null und, jenseits davon, negativer Größen. Sirius, der hellste Stern am Himel, weist eine Größe von −1,42 auf. Der Größenwert des Planeten Venus liegt bei −4,2, der des Vollmondes bei −12,7, der der Sonne bei −26,9.

Diese Größen sind insofern relativ, als sie sich auf die Helligkeitswerte der Sterne beziehen, wie sie dem irdischen Beobachter subjektiv erscheinen, und nicht auf ihre absolute Helligkeit unabhängig von ihrer Entfernung. Wenn wir allerdings die Entfernung eines Sternes und seine *relative* Helligkeit kennen, können wir daraus seine tatsächliche Helligkeit berechnen. Die Astronomen haben hierfür eine Skala *absoluter* Größen oder Helligkeitswerte, bezogen auf eine bestimmte Standardentfernung, eingeführt; durch Vereinbarung ist als Standard eine Entfernung von 32,6 Lichtjahren, entsprechend 10 Parsec, gewählt worden. (Ein *Parsec* ist definiert als diejenige Entfernung, bei der ein Stern eine Parallaxe von 1 Bogensekunde zeigen würde; es entspricht rund 31 Billionen km oder 3,26 Lichtjahren.)

Obwohl Capella nicht so hell wirkt wie Alpha Centauri und Sirius, ist er in Wirklichkeit eine weit stärkere Lichtquelle als diese beiden. Nur ist er eben sehr viel weiter von unserem Sonnensystem entfernt. Wenn alle drei gleich weit von uns entfernt wären, wäre Capella der bei weitem hellste von ihnen. Er weist eine absolute Größe von −0,1 auf (Sirius: 1,3, Alpha Centauri: 4,8). Unsere Sonne ist, mit einer absoluten Größe von 4,86, ziemlich genauso hell wie Alpha Centauri. Sie ist ein durchschnittlicher Stern mittlerer Helligkeit.

Doch zurück zu den Cepheiden. 1912 studierte Henrietta Leavitt, eine am Observatorium der Harvard-Universität tätige Astronomin, die kleinere der beiden Magellanschen Wolken – zwei riesige Sternenschwärme am südlichen Himmel, die nach Ferdinand Magellan benannt sind, weil sie bei dessen Weltumsegelung erstmals entdeckt wurden. Unter den Sternen der kleineren Magellanschen Wolke fand Frau Leavitt 25 Cepheiden. Sie maß bei allen die Periodendauer und stellte zu ihrer Überraschung eine Gesetzmäßigkeit fest: Je heller nämlich ein Stern strahlte, desto länger war seine Periode.

Eine solche eindeutige Beziehung zwischen absoluter Helligkeit und Periodendauer war bei den Cepheiden in näherer Nachbarschaft unseres Sonnensystems nicht zu beobachten; weshalb sollte sie dann bei den Sternen der kleinen Magellanschen Wolke gelten? Nun, von den uns nähergelegenen Cepheiden kennen wir nur die scheinbare Größe; wenn wir aber nichts über ihre Entfernung und damit auch nichts über ihre absolute Helligkeit sagen können, so haben wir auch keine Basis, auf der wir eine Beziehung zwischen Helligkeit und Periode konstatieren könnten. Anders im Fall der kleinen Magellanschen Wolke: Deren Sterne sind praktisch alle etwa gleich weit von uns entfernt, weil die ganze Wolke eben so weit entfernt ist. Ein Mensch, der in New York sitzt, würde es wohl ziemlich unsinnig finden, seine Entfernung von allen in Chicago lebenden Personen zu berechnen. Er würde sich sagen, daß alle Einwohner von Chicago in etwa gleich weit von ihm entfernt sind – was bedeutet ein Unterschied von wenigen Kilometern angesichts der fast 2000 km, die zwischen New York und Chicago liegen? Und entsprechend gilt, daß ein Stern, der am jenseitigen Ende der Magellanschen Wolke liegt, nicht wesentlich weiter von uns entfernt ist als ein an ihrer Stirnseite gelegener.

Wenn man die Sterne der kleinen Magellanschen Wolke als allesamt gleich weit entfernt von unserem Sonnensystem betrachtet, dann läßt sich ihre scheinbare Helligkeit ohne Fehlerrisiko als ihre absolute Helligkeit deuten. Das heißt, daß Frau Leavitt der Beziehung, die sie festgestellt hat, trauen durfte: Die Periode eines Cepheiden ist proportional zu seiner absoluten Helligkeit. Leavitt konnte somit eine *Perioden-Helligkeits-Kurve* zeichnen, aus der sich ablesen ließ, welche Periode ein Cepheide bei gegebener absoluter Helligkeit, und umgekehrt, welche absolute Helligkeit ein Cepheide bei einer gegebenen Periode haben mußte.

Wenn die Beziehung zwischen Helligkeit und Periode bei allen Cepheiden des Universums ebenso galt wie bei denen der kleinen Magellanschen Wolke – eine plausible Annahme –, dann hatten die Astronomen damit eine neue Meßskala für die Bestimmung relativer Entfernungen zur Hand, die so weit ins Weltall hinausreichte, wie man Cepheiden mit den besten Teleskopen gerade noch beobachten konnte. Wenn sich zwei Cepheiden von gleich langer Periode fanden, durfte man davon ausgehen, daß sie die gleiche absolute Helligkeit besaßen. Wenn der Cepheide A nun viermal heller schien als der Cepheide B, mußte letzterer doppelt so weit entfernt sein wie ersterer. Nach dieser Methode ließen sich die relativen Entfernungen aller beobachtbaren Cepheiden bestimmen. Wenn es nun noch gelang, die *absolute* Entfernung nur eines einzigen dieser Cepheiden zu ermitteln, würden damit auch die absoluten Entfernungen aller anderen gegeben sein.

Leider ist selbst der uns am nächsten gelegene Cepheide, der Polarstern, Hunderte von Lichtjahren entfernt, viel zu weit, als daß seine Distanz sich mit der Parallaxen-Methode messen ließe. Die Astronomen mußten sich andere, indirekte Verfahren einfallen lassen. Ein verwendbares Kriterium war die Eigenbewegung. Im allgemeinen gilt: Je weiter entfernt ein Stern ist, desto geringer seine Eigenbewegung. (Wir erinnern uns daran, daß Bessel den Stern 61 Cygni für relativ nahe hielt, weil er eine starke sichtbare Eigenbewegung aufwies.) Mit Hilfe bestimmter Meßinstrumente wurde es möglich, die Eigenbewegung von Sternhaufen zu messen. Um die Meßdaten auszuwerten, wurden statistische Verfahren angewendet. Es waren komplizierte Meß- und Rechenvorgänge, aber im Ergebnis lieferten sie Annäherungswerte für die Entfernung mehrerer Sternhaufen, die Cepheiden enthielten. Aus der Entfernung und der scheinbaren Helligkeit dieser Cepheiden errechnete sich ihre absolute Helligkeit, und diese ließ sich wiederum mit ihrer Periode vergleichen.

Der dänische Astronom Einar Hertzsprung kam 1913 zu dem Ergebnis, daß ein Cepheide mit einer absoluten Helligkeit von −2,3 eine Periode von 6,6 Tagen besaß. Aus dieser eindeutigen Beziehung ließ sich mit Hilfe der von Leavitt aufgestellten Perioden-Helligkeits-Kurve die absolute Helligkeit aller bekannten Cepheiden errechnen. Wie sich dabei ergab, sind Cepheiden im allgemeinen sehr große und helleuchtende Sterne mit einer Leuchtkraft, die die unserer Sonne um ein Vielfaches übertrifft. Ihre zyklischen Helligkeitsperioden beruhen wahrscheinlich darauf, daß sie pulsieren. Es scheint, als ob diese Sterne sich regelmäßig ausdehnten und zusammenzögen, fast so, als würden sie schwerfällig ein- und ausatmen.

Wenige Jahre später führte der amerikanische Astronom Harlow Shapley die Berechnungen Hertzsprungs noch einmal durch und kam zu dem Resultat, daß ein Cepheide mit einer absoluten Helligkeit von −2,3 eine Periode von 5,96 Tagen hatte. Dieses Ergebnis kam dem von Hertzsprung errechneten Wert nahe genug, um den Astronomen zu zeigen, daß sie auf dem richtigen Weg waren. Die neue Meßlatte funktionierte.

Die Vermessung der Milchstraße

1918 begann Shapley mit dem Studium der Cepheiden unserer eigenen Galaxis, in dem Bemühen, mit Hilfe dieser neuen Methoden die Größe

Ein Kugelhaufen im Sternbild Jagdhunde. Mit Genehmigung des Palomar-Observatoriums in Kalifornien.

der Milchstraße zu bestimmen. Er konzentrierte sich auf die Cepheiden, die sich in bestimmten charakteristischen, als *Kugelhaufen* bezeichneten Sternschwärmen befanden. Kugelhaufen sind dichte, kugelförmige Ansammlungen von Zehntausenden oder auch vielen Millionen von Sternen und mit Durchmessern in der Größenordnung von 100 Lichtjahren.

Diese von Herschel schon ein Jahrhundert zuvor beobachteten Sternschwärme verkörpern ein kosmisches Umfeld, das sich von dem in unserem Abschnitt des Universums erheblich unterscheidet. Die größten dieser Haufen weisen in ihrem Zentrum eine Sternendichte von 500 Stück pro 10 Kubikparsek auf (gegenüber 1 Stern pro 10 Kubikparsek in unserem Teil der Galaxis.) Das Sternenlicht müßte unter diesen Bedingungen dort weitaus heller sein als das Mondlicht bei uns auf der Erde, und auf einem Planeten, der sich in der Nähe des Zentrums eines solchen Sternenhaufens befände, gäbe es niemals eine richtige Nacht.

Es gibt in unserer Galaxis rund hundert bekannte Kugelhaufen und wahrscheinlich noch einmal ebenso viele, die noch unentdeckt sind. Shapley setzte für die Entfernung der verschiedenen Kugelhaufen von unserem Sonnensystem Werte zwischen 20000 und 200000 Lichtjahren an. (Der uns nächste Kugelhaufen befindet sich, wie der uns nächste Stern, im Sternbild Centaur; er sieht für das bloße Auge wie ein Einzelstern aus und hat den Namen Omega Centauri erhalten. Der am weitesten entfernte, er trägt die Bezeichnung NGC 2419, ist so weit von uns entfernt, daß man ihn kaum als noch zu unserer Galaxis gehörig bezeichnen kann.)

Wie Shapley feststellte, war das Vorkommen der Kugelhaufen auf einen Bereich des Himmels begrenzt, der seinerseits wieder kugelförmig zu sein schien. Es sah aus, als liege diese »Kugel aus Kugelhaufen« genau symmetrisch zur Ebene der Milchstraße (so daß sie von dieser in zwei Halbkugeln geteilt würde) und als umschließe sie wie eine Korona den Kern unserer Galaxis. Daß sich dort, wo die Kugelhaufen sich konzentrierten, das Zentrum der Milchstraße befinden müsse, hielt Shapley für eine naheliegende Annahme. Seinen Berechnungen zufolge mußte der Mittelpunkt der »Kugel aus Kugelhaufen« rund 50000 Lichtjahre von uns entfernt, in Richtung des Sternbilds Schütze und, wie gesagt, auf der Ebene der Milchstraße liegen. Das hieß, daß unser Sonnensystem, das von Herschel und Kapteyn noch im Zentrum der Galaxis plaziert worden war, in Wirklichkeit weit abseits des Zentrums liegt.

In Shapleys Modell hatte unsere Galaxis die Form einer gigantischen, im Durchmesser etwa 300000 Lichtjahre großen Linse. Dies war, wie andere Meßverfahren bald ergaben, ausnahmsweise einmal eine zu hoch gegriffene Schätzung.

Aus dem Umstand, daß die Milchstraße die Form einer Linse oder eines Diskus besaß, hatte schon Wilhelm Herschel und hatten auch die Astronomen nach ihm geschlossen, daß sie rotieren mußte. 1926 ging der holländische Astronom Jan Oort daran, diese Rotation zu messen. Da unsere Galaxis kein fester Gegenstand, sondern ein aus unzähligen einzelnen Sternkörpern zusammengesetztes Gebilde ist, kann man nicht erwarten, daß sie starr wie ein Rad rotiert. Vielmehr mußte zu erwarten sein, daß die dem Gravitationszentrum näheren Sterne schneller um dieses Zentrum kreisten als die weiter davon entfernten (ebenso wie in unserem Sonnensystem die Planeten um so schneller rotieren, je näher sie der Sonne sind). Wenn das so ist, dann müßten die, von uns aus gesehen, dem Milchstraßenzentrum näher (d. h. in Richtung des Schützen) gelegenen Sterne vor unserer Sonne fliehen und die in Richtung zum äußeren Rand der Galaxis (d. h. in Richtung des Sternbildes Zwillinge) gelegenen in ihrer Umlaufgeschwindigkeit unserer Sonne hinterherhinken. Und je weiter ein Stern von uns entfernt ist, desto größer müßte der jeweilige Geschwindigkeitsunterschied sein.

Auf der Grundlage dieser Annahmen konnte Oort aus den Relativbewegungen der Sterne ihre Rotationsgeschwindigkeit berechnen. Dabei kam heraus, daß die Sonne und die ihr benachbarten Sterne sich, relativ zum Milchstraßenzentrum, mit einer Geschwindigkeit von rund 240 km pro Sekunde bewegen und für einen vollen Umlauf um das Zentrum rund 200 Millionen Jahre brauchen. (Unsere Sonne läuft in einer fast kreisförmigen Bahn um, aber andere Sterne, Arktur beispielsweise, haben eine ausgeprägt elliptische Bahn. Daß die verschiedenen Sterne und Sterngruppen nicht in vollkommen parallelen Umlaufbahnen um das galaktische Zentrum kreisen, ist der Grund für die Relativbewegung der Sonne auf das Sternbild Leier zu.)

Nachdem einmal Annäherungswerte für die Umlaufgeschwindigkeiten vorhanden waren, konnten die Astronomen die vom galaktischen Zentrum ausgeübte Gravitationskraft und daraus wiederum seine Masse errechnen. Dabei ergab sich, daß das Zentrum oder der Kern unserer Galaxis (der den Löwenanteil der galaktischen Gesamtmasse enthält) eine über hundert Milliarden mal größere Masse als unsere Sonne besitzen muß. Da unsere Sonne ein Stern von etwas überdurchschnittlich großer Masse ist, müßte unsere Galaxis 200 bis 300 Milliarden Sterne enthalten – also bis zu 3000mal mehr, als Herschel schätzte.
Aus der Krümmung der Umlaufbahnen der einzelnen Sterne läßt sich die Lage des Zentrums, um das sie kreisen, bestimmen. Die entsprechenden Berechnungen haben bestätigt, daß das galaktische Zentrum in Richtung des Sternbildes Schütze liegt, wie schon Shapley es vermutete, daß es aber nur 27000 Lichtjahre von uns entfernt ist; für den Gesamtdurchmesser der Galaxis ergeben sich statt 300000, wie Shapley meinte, nur noch 100000 Lichtjahre. Die Dicke der Galaxis beträgt in dem neuen Modell, das die Astronomen für ausgereift halten, im Kernbereich etwa 20000 Lichtjahre; nach außen zu nimmt dieser Wert ab. In dem Bereich, in dem sich unser Sonnensystem befindet – etwa bei zwei Dritteln des Weges vom Zentrum zum Rand – ist der »Diskus« vielleicht noch 3000 Lichtjahre dick *(Abb.)*. All dies sind freilich nur Annäherungswerte, da die Milchstraße keine scharf definierten Ränder hat.
Wenn die Sonne so weit zum Rand der Galaxis hin liegt, warum erscheint dann die Milchstraße nicht dort, wo ihr Kern liegt, wesentlich heller als in der entgegengesetzten Richtung? Schließlich haben wir, wenn wir Richtung Schütze blicken, die Hauptmasse der Galaxis mit etwa 200 Milliarden Sternen vor uns, während sich in den anderen Blickrichtungen bestenfalls ein paar Millionen Sterne tummeln. Und doch erscheint uns das Band der Milchstraße in jeder Richtung etwa gleich hell. Die Lösung dieses Rätsels scheint darin zu liegen, daß große Wolken kosmischen Staubs einen großen Teil des vom Kern der Galaxis ausgestrahlten Lichts verschlucken. Bis zur Hälfte der in den Außenbezirken der Galaxis insgesamt vorhandenen Masse dürfte aus Staub- und Gaswolken bestehen. Wahrscheinlich dringt maximal ein Zehntausendstel des vom galaktischen Kern ausgesandten Lichts zu uns.
So konnten Herschel und andere frühe Erforscher der Milchstraße glauben, unser Sonnensystem befinde sich im Zentrum; und auch für die Tatsache, daß Shapley die Größe der Galaxis anfänglich überschätzte, bieten die kosmischen Staub- und Gaswolken eine Erklärung: Einige der Kugelhaufen, die er untersuchte, wurden von dazwischenliegenden Staubwolken in ihrer Leuchtkraft beeinträchtigt, so daß die in ihnen enthaltenen Cephei-

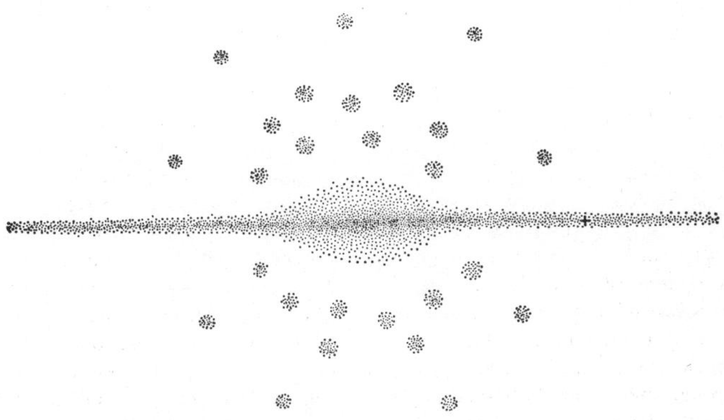

Schematische Darstellung unserer Galaxis, von der Seite gesehen. Um den Kern der Galaxis gruppieren sich Kugelhaufen. Die Region, in der sich unsere Sonne befindet, ist durch ein + markiert.

den lichtschwächer und daher weiter entfernt schienen, als sie es tatsächlich waren.

Jenseits der Milchstraße

Schon bevor Größe und Masse der Galaxis berechnet werden konnten, bestimmten die Astronomen mit Hilfe der Cepheiden in den Magellanschen Wolken (die die wichtige Entdeckung der Perioden-Helligkeits-Kurve durch Leavitt ermöglicht hatten) die Entfernung dieser Wolken von unserem Sonnensystem; wie sich zeigte, betrug diese Entfernung über 100000 Lichtjahre. Nach den genauesten heute vorliegenden Daten dürfte die große Magellansche Wolke rund 150000, die kleine Magellansche Wolke rund 170000 Lichtjahre von uns entfernt sein. Der Durchmesser der großen Wolke ist nur halb, der der kleinen nur ein Fünftel so groß wie der unserer Milchstraße. Auch scheint es, als hätten sie eine geringere Sternendichte. Die große Magellansche Wolke enthält fünf Milliarden Sterne (zwanzigmal weniger als unsere Galaxis), die kleine Magellansche Wolke nur 1,5 Milliarden.
So lagen die Dinge zu Anfang der 20er Jahre: Das bekannte Universum maß weniger als 200000 Lichtjahre im Durchmesser und bestand aus unserer Galaxis und ihren beiden kleineren Nachbarn. Die Frage war, ob jenseits davon noch etwas anderes existierte.
Die Aufmerksamkeit richtete sich auf gewisse kleine leuchtende Wölkchen, genannt nebulae oder *Nebel,* die den Astronomen schon sehr viel früher ins Auge gefallen waren. Der Franzose Charles Messier hatte 1751 103 von ihnen aufgelistet. (Viele werden noch heute unter der Nummer geführt, die er ihnen verlieh, wobei ein *M* für Messier vorangestellt wird.)
Waren diese Gebilde wirklich nur die Nebelflekken, die sie zu sein schienen? Manche, wie etwa der Orion-Nebel (den als erster 1656 der holländische Astronom Christian Huygens gesichtet hatte) schienen offensichtlich nichts weiter zu sein als Wolken fein verteilten Gases und Staubs, mit einer Gesamtmasse, die dem 500fachen der Masse unserer Sonne entsprach; ihr Leuchten mochte von glühenden Sternen in ihrem Innern herrühren. Andere Nebel entpuppten sich als Kugelhaufen – riesige Ansammlungen von Sternen.
Aber es blieben noch immer einige leuchtende Nebel übrig, die weder aus Sternen zu bestehen noch Sterne zu enthalten schienen. Woher dann ihre Leuchtkraft? 1845 stellte der britische Astronom William Parsons (der 3. Earl von Rosse) – er arbeitete mit einem 72-Zoll-Fernrohr, dessen Konstruktion sein Lebenswerk war – zweifelsfrei fest, daß einige dieser Nebel eine Spiralstruktur aufwiesen, was ihnen die Bezeichnung *Spiralnebel* einbrachte, aber keine Erklärung dafür bot, warum sie leuchteten.
Der augenfälligste dieser nebulae, bekannt als M-31 oder Andromeda-Nebel (weil er im Sternbild Andromeda zu sehen ist), wurde erstmals 1612 von dem deutschen Astronom Simon Marius untersucht. Er bildet ein längliches, schwach leuchtendes Oval von der halben Größe des Vollmonds. Konnte dieses Gebilde aus Sternen bestehen, die so weit entfernt waren, daß sich die Struktur selbst mit den leistungsstärksten Fernrohren nicht auflösen ließ? Wenn dies so war, dann mußte der Andromeda-Nebel unglaublich weit entfernt und unglaublich groß sein, um über eine solche Entfernung hinweg überhaupt noch sichtbar in Erscheinung zu treten. (Schon 1755 hatte der deutsche Philosoph Immanuel Kant die Vermutung ausgesprochen, daß solche weit entfernten Sternenschwärme existierten – »Inseluniversen«, wie er sie genannt hatte.)
In den Jahren nach 1917 entstand über diese Frage ein heftiger Gelehrtenstreit. Der holländisch-amerikanische Astronom Adriaan van Maanen hatte berichtet, der Andromeda-Nebel rotiere mit meßbarer Geschwindigkeit. Das hieß, daß er nicht übermäßig weit von uns entfernt sein konnte. Wenn er sich jenseits der Milchstraße befand, dann war er zu weit weg, als daß er eine sichtbare Bewegung hätte zeigen können. Shapley, ein guter Freund van Maanens, vertrat unter Berufung auf dessen Erkenntnisse die Auffassung, der Andromeda-Nebel gehöre zur Milchstraße.
Gegen diese Auffassung bezog der amerikanische Astronom Heber D. Curtis Stellung. Er stützte sich auf die Beobachtung, daß im Andromeda-Nebel zwar normalerweise keine Einzelsterne zu erkennen waren, daß aber von Zeit zu Zeit dort sehr wohl Lichtpünktchen aufleuchteten, die sich, so meinte Curtis, als *Novae* deuten ließen. Eine Nova (neuer Stern) ist ein Stern, der zu einem unbestimmten Zeitpunkt plötzlich stark aufleuchtet,

d. h. seine Leuchtkraft um ein Mehrtausendfaches steigern kann. In unserer Galaxis bleiben solche Sterne über einen kurzen Zeitraum hinweg ziemlich hell, bevor sie wieder mit Normalkraft leuchten; im Andromeda-Nebel dagegen waren sie, selbst im Moment ihrer größten Helligkeit, gerade eben noch auszumachen. Nach Ansicht von Curtis waren die Novae des Andromeda-Nebels deshalb so außerordentlich lichtschwach, weil der Nebel selbst so außerordentlich weit entfernt war; so weit, daß die Masse der gewöhnlichen Sterne, aus denen dieser Nebel sich zusammensetzte, einfach nicht als einzelne Lichtpunkte zu erkennen waren, sondern ihr Licht sich zu einem verschwommen-nebligen Schimmer addierte.
Am 26. April 1920 führten Curtis und Shapley über diese Frage ein vielbeachtetes öffentliches Streitgespräch. Es endete unentschieden, wobei sich allerdings Curtis als überraschend gewandter Disputant erwies und ein eindrucksvolles Plädoyer für seine Auffassungen hielt.
Wenige Jahre später bestand kein Zweifel mehr daran, daß Curtis recht hatte. Zum einen stellte sich heraus, daß die Angaben van Maanens über die Rotation des Andromeda-Nebels nicht zutrafen. Die Ursachen für seinen Irrtum sind ungeklärt, aber Fehler können eben auch den Besten passieren, und van Maanen hatte offensichtlich geirrt.
Dann, 1924, richtete der amerikanische Astronom Edwin P. Hubble das neue $2^1/_2$-m-Spiegelteleskop des kalifornischen Mount-Wilson-Observatoriums auf den Andromeda-Nebel. (Man nannte es das Hooker-Teleskop nach John B. Hooker, der das Geld für seinen Bau gespendet hatte.) Durch dieses seinerzeit stärkste Teleskop der Welt konnte Hubble an den äußeren Rändern des Andromeda-Nebels einzelne Sterne erkennen; damit war der Beweis dafür erbracht, daß der Andromeda-Nebel (zumindest in Teilen) eine ähnliche Struktur wie die Milchstraße aufwies – vielleicht hatte Kant mit der Vermutung, daß es »Inseluniversen« gebe, doch das Richtige getroffen.
Unter den Sternen an den Rändern des Andromeda-Nebels befanden sich etliche Cepheiden. Von dieser »Meßlatte« Gebrauch machend, kam Hubble zu dem Ergebnis, daß der Nebel fast 1 Million Lichtjahre von unserem Sonnensystem entfernt war! Das hieß nichts anderes, als daß er weit, weit außerhalb unserer Galaxis lag. Gemessen an seiner Entfernung und seiner scheinbaren Größe, ergab sich, daß er ein riesengroßes, in seinen Dimensionen fast an unsere Milchstraße heranreichendes Gebilde sein mußte.
Auch andere zunächst nur als Nebel identifizierte kosmischen Gebilde erwiesen sich als eigenständige Sternwelten, die zum Teil noch weiter entfernt lagen als der Andromeda-Nebel. Diese zunächst noch als *außergalaktische Nebel* bezeichneten Gebilde mußten schließlich als Galaxien anerkannt werden – »neue« Universen, angesichts derer das unsrige nur noch als eines unter vielen erschien. Wieder einmal mußten die Grenzen des Kosmos neu gesteckt werden: Er war größer denn je, maß nicht nur Hunderttausende, sondern vielleicht Hunderte von Millionen von Lichtjahren.

Spiralgalaxien

In den 30er Jahren dieses Jahrhunderts schlugen die Astronomen sich mit einigen harten Nüssen herum, die diese Galaxien ihnen zu knacken aufgaben. Zum einen schien es, daß sie alle (mit Ausnahme der Andromeda-Galaxis), nach ihrer vermutlichen Entfernung und scheinbaren Größe zu urteilen, wesentlich kleiner waren als die Milchstraße. Es mutete wie ein seltsamer Zufall an, daß wir ausgerechnet die größte, weit und breit vorhandene Galaxis bewohnen sollten. Dazu kam, daß die die Andromeda-Galaxis umgebenden Kugelhaufen nur die Hälfte oder gar nur ein Drittel der Leuchtkraft der Kugelhaufen unserer Galaxis besaßen. (Andromeda weist ungefähr ebenso viele Kugelhaufen auf wie die Milchstraße, und auch bei ihr gruppieren sie sich kugelförmig um den Kern. Aus diesem Befund läßt sich rückschließen, daß Shapley mit seiner Vermutung, daß auch bei uns die Kugelhaufen kugelförmig angeordnet sind, recht hatte. Einige Galaxien sind erstaunlich reich an Kugelhaufen. Die Galaxis M-87 im Sternbild Jungfrau beispielsweise besitzt mindestens tausend.)
Das heikelste Problem war, daß sich aus den Abständen der Galaxien voneinander die zwingende Schlußfolgerung zu ergeben schien, daß das Universum lediglich rund 2 Milliarden Jahre alt war. (Auf die Gründe für diese Annahme komme ich weiter unten zu sprechen.) Das schien unglaubwürdig, schätzten doch die Geologen mit sehr gu-

ten Gründen das Alter der Erde höher als 2 Milliarden Jahre.
Ein erster Schritt zur Lösung des Problems gelang während des Zweiten Weltkrieges dem deutschstämmigen US-Astronomen Walter Baade; er behauptete, daß die Meßlatte, mit der die intergalaktischen Entfernungen bislang gemessen worden waren, nicht stimmte.
Baade konnte sich 1942 die kriegsbedingte Verdunkelung von Los Angeles zunutze machen – der dadurch von störendem Streulicht befreite Nachthimmel bot eine ungewöhnlich klare Sicht, und Baade nützte die Chance für ein eingehendes Studium der Andromeda-Galaxis mit dem 2¹/₂-m-Teleskop. Er konnte erstmals einige der Sterne im Zentralbereich der Galaxis erkennen und bemerkte sofort gewisse auffällige Unterschiede zwischen diesen Sternen und denen in den Außenbereichen. Die hellsten Sterne im Innern waren rötlich, während die äußeren bläulich schimmerten. Darüber hinaus waren die roten Riesensterne im Kernbereich nicht annähernd so hell wie die blauen Riesensterne der Außenbereiche; während letztere eine bis zu hunderttausendmal größere Leuchtkraft als unsere Sonne aufwiesen, brachten es die roten Riesen im Innern nur auf eine bis zu tausendmal größere Helligkeit. Ferner stellte Baade fest, daß die äußeren Bereiche der Andromeda-Galaxis, in denen sich die leuchtstarken blauen Sterne befanden, stauberfüllt waren, während der Kernbereich mit seinen lichtschwächeren roten Sternen staubfrei zu sein schien.
Für Baade hieß das, daß zwei Typen von Sternen mit unterschiedlicher Struktur und Geschichte vorlagen. Er faßte die bläulichen Sterne der Außenbezirke unter der Kategorie *Population I,* die rötlichen Sterne des Innenbereichs unter der Kategorie *Population II* zusammen. Sterne der Population I sind, so stellte sich später heraus, vergleichsweise jung, weisen einen hohen Metallgehalt auf und bewegen sich in nahezu kreisförmigen, in der Längsschnittebene der Galaxis verlaufenden Bahnen um das galaktische Zentrum. Sterne der Population II hingegen sind vergleichsweise alt, weisen einen geringen Metallgehalt auf und laufen in deutlich elliptischen Bahnen um, die gegen die Längsschnittebene der Galaxis mehr oder weniger stark geneigt sein können. Beide Populationen sind seit der Zeit, als Baade sie erstmals beschrieben hatte, in weitere Untergruppen eingeteilt.
Nach der Fertigstellung des neuen 5-m-Teleskops auf dem Mount Palomar (des sogenannten Hale-Teleskops, genannt nach dem amerikanischen Astronomen George E. Hale, der seinen Bau leitete) setzte Baade nach dem Zweiten Weltkrieg seine Forschungen fort. Er stellte fest, daß die Verteilung der beiden Populationen gewissen regelmäßigen Mustern folgte, und zwar in Abhängigkeit von den Charakteristika der jeweiligen Galaxis. Die Galaxien vom *elliptischen* Typ (die eine elliptische Form und eine ziemlich gleichförmige Binnenstruktur aufwiesen) bestanden hauptsächlich aus Sternen der Population II, wie alle Kugelhaufen in allen Galaxien. Bei den *Spiralgalaxien* hingegen (benannt nach ihren spiralig gekrümmten »Armen«, die ihnen das Aussehen von Feuerrädern verleihen) bestanden die Spiralarme aus Sternen der Population I, die sich von einem aus Sternen der Population II bestehenden Hintergrund abhoben.
Man schätzt, daß nur rund 2% aller Sterne des Universums dem Populationstyp I angehören, darunter auch unsere Sonne und die unserem Sonnensystem benachbarten Sterne. Aus diesem Umstand allein können wir schließen, daß auch unsere Milchstraße eine Spiralgalaxis ist und daß wir uns in einem ihrer Spiralarme befinden. (Daher die vielen hellen und dunklen Staubwolken in unserer kosmischen Umgebung, die die Spiralarme der Milchstraße durchsetzen.) Wie Fotos zeigen, ist auch Andromeda eine Spiralgalaxis.
Doch jetzt zurück zur »Meßlatte«. Baade begann die Cepheiden, die er in Kugelhaufen (d. h. in Sternenansammlungen der Population II) entdeckte, mit Cepheiden zu vergleichen, die zu Spiralarmen (und damit zur Population I) gehörten. Dabei stellte sich heraus, daß es sich, soweit es die Beziehung zwischen Periode und Helligkeit betraf, um zwei verschiedene Cepheiden-Arten handelte: Exemplare der Population II gehorchten der von Leavitt und Shapley aufgestellten Perioden-Helligkeits-Relation. Diese hatte Shapley als Meßlatte zur präzisen Bestimmung der Entfernungen der Kugelhaufen und der Größe unserer Galaxis gedient. Die Cepheiden der Population I repräsentierten aber, so wurde jetzt klar, eine ganz andere »Meßlatte«! Ein Cepheide der Population I besaß nämlich die vier- bis fünffache Leuchtkraft eines Cepheiden der Population II mit gleichlanger Periode. Das bedeutete, daß die Bestimmung

Eine Spiralgalaxis, von »oben« gesehen – M 51 im Sternbild Jagdhunde. Mit Genehmigung des Palomar-Observatoriums in Kalifornien.

der absoluten Helligkeit eines Cepheiden der Population I aus seiner beobachtbaren Periode mit Hilfe der Leavitt-Skala falsche Werte liefern mußte. Und falls ein falscher Wert für die absolute Helligkeit zugrundegelegt würde, käme natürlich auch ein falsches Maß für die Entfernung heraus: Cepheiden der Population I waren in Wirklichkeit wesentlich weiter entfernt, als die Astronomen es im Vertrauen auf die Allgemeingültigkeit der Leavitt-Skala bis dahin angenommen hatten.
Hubble hatte die Entfernung der Andromeda-Galaxie aus der Periode der Cepheiden (des Populationstyps I) in ihren Spiralarmen errechnet – der einzigen Andromeda-Sterne, die zu jener Zeit sichtbar gemacht werden konnten. Jetzt, mit einem leistungsstärkeren Fernrohr und einer korrigierten Meßlatte, zeigte sich, daß Andromeda nicht 1, sondern 2,5 Millionen Lichtjahre von uns entfernt lag. Und auch für die Entfernung anderer Galaxien mußten nun entsprechend höhere Werte angesetzt werden. (Andromeda kann allerdings nach wie vor als eine verhältnismäßig nahegelegene Galaxis gelten; der durchschnittliche Abstand von Galaxis zu Galaxis wird heute auf etwa 20 Millionen Lichtjahre geschätzt.)
Mit einem Schlag mußte der Umfang des bekannten Universums mit mehr als doppelt so groß angegeben werden, infolgedessen sich die Probleme und Widersprüche der 30er Jahre klärten. Die Milchstraße war nun nicht mehr größer als alle anderen Galaxien; Andromeda beispielsweise besaß eindeutig eine größere Gesamtmasse. Und man konnte jetzt auch davon ausgehen, daß die Kugelhaufen der Andromeda-Galaxis eine den unsrigen vergleichbare Leuchtkraft besaßen – der Eindruck, sie seien lichtschwächer, war nur deshalb entstanden, weil man ihre Entfernung unterschätzt hatte. Endlich veränderten die neuen Maßstabsverhältnisse, aus Gründen, auf die noch einzugehen ist, die Altersbestimmung des Universums: Sein Lebensalter konnte nun wesentlich höher angesetzt und mit den Schätzungen der Geologen für das Alter der Erde abgestimmt werden.

Galaktische Haufen

Mit der Verdoppelung der intergalaktischen Abstände haben wir eine Schwelle zu neuen kosmischen Größenordnungen überschritten, aber das ist natürlich nur eine Etappe auf dem Weg. Der nächste logische Schritt besteht jetzt darin, daß wir die Möglichkeit der Existenz noch größerer Systeme ins Auge fassen – *galaktischer Haufen* und *Supergalaxien*.
Die modernsten Fernrohre haben in der Tat bereits Belege dafür geliefert, daß galaktische Haufen existieren. Im Sternbild Coma Berenices (Haar der Berenike) beispielsweise gibt es einen solchen, elliptisch geformten Haufen mit einem größten Durchmesser von etwa 8 Millionen Lichtjahren. Er enthält rund 11000 Galaxien, die durchschnittlich nur 300000 Lichtjahre voneinander entfernt sind. (Zum Vergleich: In unserem Teil des Universums liegt der Durchschnitt der intergalaktischen Entfernungen bei 3 Millionen Lichtjahren.)
Wir können annehmen, daß unsere Galaxis einer »lokalen Gruppe«, d. h. einem galaktischen Teilhaufen angehört, zusammen mit den Magellanschen Wolken, der Andromeda-Galaxis, den drei ihr benachbarten kleinen Trabanten-Galaxien und einigen weiteren Galaxien; insgesamt umfaßt diese Gruppe neunzehn Mitglieder. Zwei von ihnen, die Maffei Eins und Maffei Zwei benannt wurden (nach Paolo Maffei, dem italienischen Astronomen, der sie als erster beschrieb), sind erst 1971 entdeckt worden. Die Ursache für diesen späten Entdeckungszeitpunkt war, daß sie sich, von uns aus gesehen, hinter kosmischen Staubwolken verbergen und daher schwer auszumachen sind.
Innerhalb unserer lokalen Gruppe sind nur die Milchstraße, Andromeda und die beiden Maffeis große Galaxien, die übrigen sind Zwerge. Einer der Zwerge, IC 1613, enthält wahrscheinlich nur 60 Millionen Sterne und ist damit nicht viel mehr als ein gigantischer Kugelhaufen. Für die Galaxien gilt, wie für die Sterne, daß die Zwerge viel zahlreicher sind als die Riesen.
Wenn Galaxien Haufen bilden und diese Haufen ihrerseits Haufen, heißt das, daß das Universum sich unendlich weit ausdehnt? Oder gibt es irgendwo eine Grenze, an der nicht nur das Universum, sondern auch das All, der Raum an sich, aufhört? Nun, die Astronomen können heute Objekte bis zu einer geschätzten Entfernung von 10 Milliarden Lichtjahren aufspüren; es scheint allerdings, daß diese Entfernung eine Art Grenze markiert. Um zu verstehen, weshalb dies so ist, wenden wir uns nunmehr der Zeit zu.

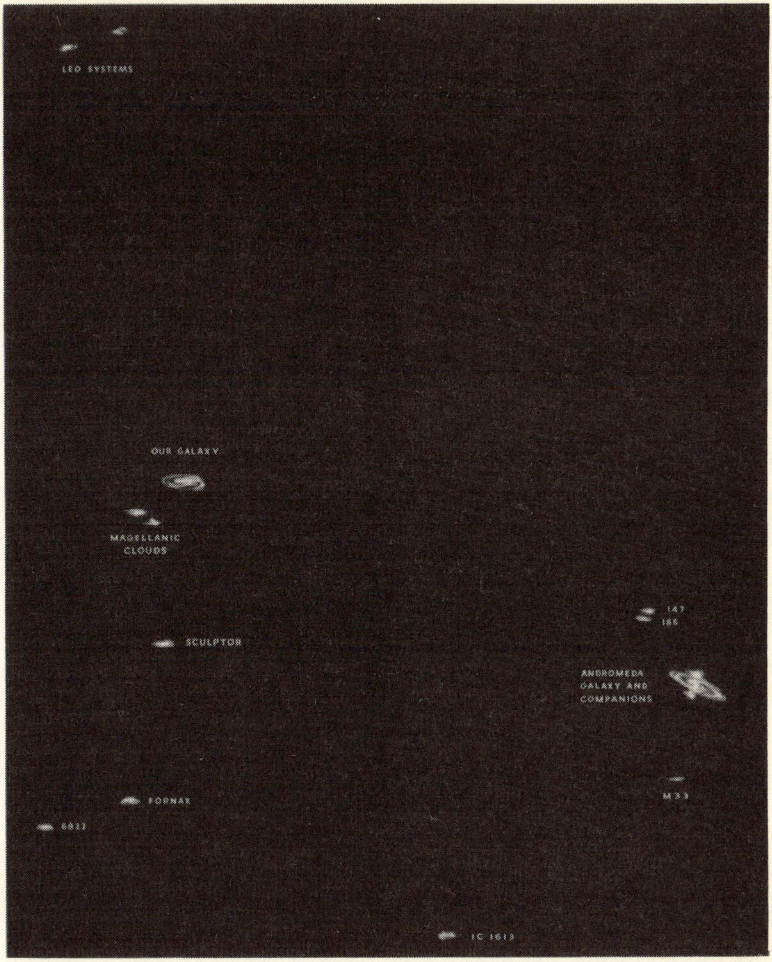

Unser Bereich des Universums – diese Zeichnung zeigt die Milchstraße und die ihr benachbarten Galaxien. Mit freundlicher Genehmigung der Bibliothek des American Museum of Natural History.

Die Mythen erzählen uns eine Menge phantasievoller Geschichten über die Schöpfung der Welt (wobei sie sich gewöhnlich mit der Erde begnügen und den Rest des Universums pauschal als »Himmel« behandeln). Der Schöpfungszeitpunkt wird im allgemeinen in eine nicht sehr ferne Vergangenheit verlegt. Dabei muß man freilich bedenken, daß den damaligen Menschen eine Spanne von tausend Jahren als ebenso unvorstellbar lang erschien wie uns heutigen ein Zeitraum von einer Milliarde Jahren.

Der uns vertrauteste Schöpfungsmythos ist natürlich der biblische; nach Ansicht mancher Experten handelt es sich dabei um Motive, die aus babylonischen Mythen übernommen, poetisch ausgeschmückt und moralisch aufgewertet wurden.

Verschiedentlich ist der Versuch gemacht worden, aus den in der Bibel gemachten Angaben (über die Regierungszeiten der verschiedenen Könige, über die Zeit, die zwischen dem Auszug aus Ägypten und der Einweihung des Tempels Salomos verging, oder über die Lebensdauer der Patriarchen sowohl vor als auch nach der Sintflut) auf den Zeitpunkt der Schöpfung zu schließen. Die jüdischen Gelehrten des Mittelalters setzten 3760 vor Christus als das Jahr der Schöpfung fest, und die Jahreszählung des jüdischen Kalenders geht noch heute von diesem Ursprungsjahr aus. Im Jahr 1658 nach Christus errechnete James Ussher, Erzbischof der Anglikanischen Kirche, die Welt müsse im Jahr 4004 vor Christus geschaffen worden sein; andere, die sich seine Vorstellungen zu eigen machten, legten den Schöpfungszeitpunkt sogar exakt auf acht Uhr abends am 22. Oktober jenes Jahres fest. Einige Theologen der griechisch-orthodoxen Kirche verlegten die Schöpfung noch etwas weiter zurück: ins Jahr 5508 vor Christus. Noch bis ins 18. Jahrhundert hinein wurde die biblische Version von der Gelehrtenwelt akzeptiert, und demgemäß setzte man für das Alter des Universums höchstenfalls 6000 bis 7000 Jahre an.

Zum ersten Mal ernsthaft erschüttert wurde diese Auffassung 1785, als der schottische Naturkundler James Hutton sein Buch mit dem Titel *Theory of the Earth* herausbrachte. Hutton ging von der Grundvoraussetzung aus, daß die auf die Erdoberfläche einwirkenden Naturvorgänge (Entstehung und Abtragung von Gebirgen, Bildung von Flußläufen usw.) während der ganzen Dauer der Erdgeschichte in etwa der gleichen Geschwindigkeit abgelaufen sind. Aus dieser Sicht des *Aktualitätsprinzips,* von Vorgängen in der Gegenwart auf dieselben Vorgänge in der Vergangenheit zu schließen, ergab sich, daß die Verformungsprozesse, die auf die Oberfläche der Erde einwirken, schon eine ungeheuer lange Zeit im Gang sein mußten. Die Erde konnte nicht erst Tausende, sie mußte vielmehr Millionen von Jahren alt sein.

Huttons Auffassungen lösten bei seinen Zeitgenossen nur mitleidiges Kopfschütteln aus. Aber unter der Oberfläche setzte ein Gärungsprozeß ein. In den 30er Jahren des 19. Jahrhunderts bekräftigte der britische Geologe Charles Lyell die These Huttons; in einem dreibändigen Werk mit dem Titel *Principles of Geology* präsentierte er Belege und Argumente mit solcher Klarheit und Kraft, daß er damit die wissenschaftliche Welt zu bekehren vermochte. Man kann sagen, daß mit diesem bahnbrechenden Werk die Geburtsstunde der modernen Geologie schlug.

Das Alter der Erde

Auf der Grundlage des Aktualitätsprinzips wurde fortan versucht, das Alter der Erde zu berechnen. Wenn man beispielsweise wußte, mit welcher Geschwindigkeit sich auf dem Grunde eines Gewässers eine Sedimentschicht ablagert, so konnte man aus der Dicke einer Sedimentgesteinsschicht auf ihr Bildungsalter schließen. Bald wurde klar, daß mit dieser Methode eine präzise Bestimmung des Erdalters nicht möglich war, denn Gesteinsschichten werden durch Erosion, Verwitterung, Erdbeben, Faltungen und andere Faktoren verändert, was sie zu unzuverlässigen Zeugen macht. Immerhin konnte trotz dieser unbefriedigenden Beweislage die Aussage gewagt werden, daß die Erde mindestens 500 Millionen Jahre alt sein müsse.

Eine andere Möglichkeit, das Alter der Erde zu bestimmen, bestand darin, die Zunahme des Salzgehalts der Meere zu messen und dann auszurechnen, wie lange die Ozeane gebraucht haben, um ihren heutigen Salzgehalt zu erreichen. Dieses Verfahren wurde schon 1715 von Edmund Halley vorgeschlagen. Es beruhte auf der Annahme, daß die Meere ursprünglich aus Süßwasser bestanden; Extrapolationen ergaben, daß die Flüsse möglicherweise eine Milliarde Jahre gebraucht haben, um den Meeren jene Salzmenge zuzuführen, die heute (bei einem Salzgehalt von ca. 3,5%) in ihnen gelöst ist.

Dieses Ergebnis korrespondierte gut mit den Theorien der Biologen, die sich in der zweiten Hälfte des 19. Jahrhunderts mit der *Evolution* der Organismen vom primitiven Einzeller bis zu den komplexen höheren Tierarten beschäftigten. Sie brauchten große Zeiträume, um diese Entwicklung zeitlich unterbringen zu können, und eine Milliarde Jahre waren eine Spanne, mit der sie arbeiten konnten.

Um die Mitte des 19. Jahrhunderts warfen jedoch bestimmte physikalische Erwägungen unvermittelt Probleme auf. Das Gesetz der Erhaltung der Energie beispielsweise führte, auf die Sonne angewendet, zu einem interessanten Problem. Die Sonne strahlte ungeheure Energiemengen aus und hatte dies von Anbeginn der geschichtlichen Überlieferung an getan. Wenn die Erde schon seit einer Ewigkeit existierte, woher stammte alle diese Energie? Sicher war, daß keiner der auf der Erde bekannten Energieträger sie liefern hätte können. Wenn die Sonne ursprünglich eine massive Kugel aus Steinkohle gewesen wäre und in einer Atmosphäre aus Sauerstoff zu brennen angefangen hätte, wäre sie, bei gleichmäßigem Energieausstoß auf gewohntem Niveau, binnen 2500 Jahren ausgebrannt.

Der deutsche Physiker Hermann von Helmholtz, der als einer der ersten das Gesetz von der Erhaltung der Energie formulierte, widmete sich dem Problem des solaren Energievorrats mit besonderem Interesse. 1854 wies er darauf hin, daß die Sonne, wenn sie sich in einem beständigen Kontraktionsprozeß befände, ihre Masse bei der Annäherung an das Gravitationszentrum Energie gewinnen würde, ebenso wie ein Stein Energie gewinnt, wenn er fällt. Diese Energie konnte in Strahlung umgewandelt werden. Wie Helmholtz errechnete, würde ein Sich-Zusammenziehen der Sonne um lediglich ein Zehntausendstel ihres Radius einen für 2000 Jahre reichenden Energievorrat liefern.

Der britische Physiker William Thomson (der spätere Lord Kelvin) unternahm weitere Forschungen zu diesem Thema und gelangte dabei zu dem Ergebnis, daß die Erde nicht älter als 50 Millionen Jahre sein könne; denn angesichts des Betrages an Energie, den sie Sonne ständig abgab, mußte sie ursprünglich wesentlich größer gewesen sein, und zwar bei einem Alter von 50 Millionen Jahren so groß, daß sie bis zur Umlaufbahn der Erde reichte. (Aus dieser Annahme folgte natürlich, daß die Venus jünger sein mußte als die Erde und der Merkur jünger als die Venus.) Wie Lord Kelvin des weiteren schätzte, mußte die Erde, wenn sie ursprünglich ein glühender, aus geschmolzener Materie bestehender Körper war, mindestens 20 Millonen Jahre alt sein, denn so lange hätte es gedauert, bis sie auf ihre jetzige Temperatur abgekühlt wäre.

Am Vorabend der Jahrhundertwende waren die Fronten zwischen zwei einander offenbar unversöhnlich gegenüberstehenden Parteien abgesteckt: Die Physiker hatten, so schien es, mit schlüssigen Argumenten gezeigt, daß die Erde höchstens seit einigen wenigen Millionen Jahren eine feste Kruste haben konnte; Geologen und Biologen hingegen hatten, so schien es, ebenso schlüssig bewiesen, daß es eine feste Erdkruste seit mindestens einer Milliarde Jahren geben mußte.

Und dann ergab sich eine neue, völlig unerwartete Wendung, und die Position der Physiker begann abzubröckeln.

Im Gefolge der Entdeckung der *Radioaktivität* im Jahr 1896 wurde deutlich, daß das Uran und die anderen in der Erdrinde enthaltenen radioaktiven Substanzen große Energiemengen in Form von Strahlung abgaben und dies schon seit sehr langer Zeit machten. Diese Entdeckung machte die Berechnungen Kelvins hinfällig, worauf als erster 1904 der aus Neuseeland gebürtige britische Physiker Ernest Rutherford hinwies – in einem Vortrag, dem der betagte (und ganz und gar nicht einverstandene) Kelvin persönlich beiwohnte.

Der Versuch, auszurechnen, wie lang die Erde brauchen würde, um auf ihre gegenwärtige Temperatur abzukühlen, ist von vornherein sinnlos, wenn man dabei den Umstand außer acht läßt, daß radioaktive Substanzen ständig Wärme produzieren. Unter Berücksichtigung dieses neuen Faktors war die Möglichkeit nicht von der Hand zu weisen, daß die Erde vielleicht Milliarden von Jahren (statt nur wenige Millionen) gebraucht hat, um von einem glühenden Materieball abzukühlen und

ihre uns vertraute Oberflächengestalt zu gewinnen. Es war theoretisch nicht einmal auszuschließen, daß die radioaktive Strahlung eine allmähliche Erwärmung der Erde bewirkte.
Die Radioaktivität selbst war es übrigens, die am Ende die schlüssigsten und eindeutigsten Aussagen über das Alter der Erde ermöglichte, denn sie erlaubte den Geologen und Geochemikern, von dem Gehalt eines Gesteins an Uran und Blei direkt auf sein Alter zu schließen. (Genaueres hierüber in Kapitel 6.) Dank der *Zerfallsuhr* der Radioaktivität wissen wir heute, daß manche Gesteine der Erdkruste über 3 Milliarden Jahre alt sind, und alles spricht dafür, das Alter der Erde auf mehr als 3 Milliarden Jahre anzusetzen. Eine heute allgemein akzeptierte Zahl für das Alter der Erde in ihrer gegenwärtigen, festen Form sind 4,6 Milliarden Jahre. Und wie sich zeigte, kommt das Alter einiger vom Mond auf die Erde gebrachten Gesteinsarten ziemlich genau an diese Zahl heran.

Die Sonne und das Sonnensystem

Und wie verhielt es sich mit der Sonne? Die Radioaktivität und die neuen Forschungsergebnisse zum Aufbau des Atomkerns wiesen auf eine neue Energiequelle hin, die potentiell weitaus ergiebiger war als alle bis dahin bekannten. 1930 gab der britische Physiker Sir Arthur Eddington einen wichtigen Denkanstoß, indem er die These aufstellte, daß im Innern der Sonne außerordentlich hohe Temperaturen und ein extrem hoher Druck herrschen müßten; die Temperatur im Sonneninneren konnte seiner Ansicht nach bis zu 15 Millionen Grad betragen. Bei solchen Temperatur- und Druckverhältnissen konnten sich im und zwischen den Atomkernen Reaktionen vollziehen, die im gemäßigten Milieu des Erdinneren unmöglich waren. Bekanntlich besteht die Sonne weitgehend aus Wasserstoff. Wenn vier Wasserstoffatome miteinander verschmolzen (und als Produkt dieser Reaktion ein Heliumkern entstand), würden dabei große Beträge an Energie freigesetzt.
1938 erarbeitete der deutschstämmige, in den USA tätige Physiker Hans A. Bethe zwei denkbare Varianten, wie die Verschmelzung von Wasserstoff- zu Heliumatomen unter den im Inneren von Sternen wie der Sonne herrschenden Bedingungen vor sich gehen konnte: Eine Möglichkeit war die direkte Umwandlung von Wasserstoff in Helium, bei der anderen trat noch ein Kohlenstoffatom als Zwischenstufe auf. Beide Reaktionen können im Inneren von Sternen, in unserer Sonne etwa, ablaufen; die direkte Umwandlung scheint jedoch der dominierende Mechanismus zu sein. Bei beiden Varianten wird Masse in Energie umgewandelt. (Einstein zeigte im Rahmen seiner 1905 veröffentlichten speziellen Relativitätstheorie, daß Masse stets einem bestimmten Energiebetrag entspricht und sich Masse und Energie ineinander überführen lassen; er zeigte ferner, daß die Umwandlung einer sehr kleinen Masse zur Freisetzung eines sehr großen Energiebetrags führen kann.)
Aus dem Umfang der von der Sonne beständig abgestrahlten Energie folgt, daß pro Sekunde 4,2 Millionen Tonnen Sonnenmasse umgewandelt werden, d. h. als Masse in Form von Strahlung verloren gehen. Das mutet auf den ersten Blick wie ein gewichtiger Verlust an, doch man muß bedenken, daß die Gesamtmasse der Sonne $2{,}2 \cdot 10^{27}$ Tonnen beträgt; somit verliert die Sonne pro Sekunde nur 0,00000000000000000002% ihrer Gesamtmasse. Wenn die Sonne, wie die Astronomen heute glauben, seit 6 Milliarden Jahren existiert, und wenn sie in dieser Zeit gleichmäßig und im heutigen Umfang Energie abgestrahlt hat, so hätte sie bis heute lediglich den 40000sten Teil ihrer Masse eingebüßt. Daraus ergibt sich, daß die Sonne noch für Milliarden von Jahren in unverminderter Intensität Energie abstrahlen kann.
Nach dem Wissensstand, der 1940 erreicht war, schien es vernünftig, für das Sonnensystem als Ganzes ein Lebensalter von knapp 5 Milliarden Jahren anzusetzen. Damit schienen alle Unstimmigkeiten beseitigt; allein, die Astronomen hatten erneut einen »Kurzschluß« in das System gebracht. Nach ihren Berechnungen sah es jetzt nämlich so aus, als sei das Universum als Ganzes zu jung, um zu einem fast 5 Milliarden Jahre alten Sonnensystem zu passen. Die Schwierigkeiten erwuchsen aus der Erforschung entfernter Galaxien und aus der wissenschaftlichen Nutzung eines Phänomens, das 1842 von dem österreichischen Physiker Christian Johann Doppler erstmals erklärt worden war.
Der *Doppler-Effekt* dürfte uns allen vertraut sein; er wird gewöhnlich am Beispiel einer pfeifenden Lokomotive veranschaulicht, die einen bestimmten

Punkt passiert. Der Pfeifton klingt höher, während die Lok sich nähert, und tiefer, wenn sie den betreffenden Punkt erreicht hat und sich wieder von ihm entfernt. Dieser Tonhöhenwechsel rührt einfach daher, daß die Zahl der pro Sekunde auf das Trommelfell auftreffenden Schallwellen sich in Abhängigkeit von der Geschwindigkeit und Bewegungsrichtung der Schallquelle verändert.
Doppler selbst äußerte die Vermutung, der Doppler-Effekt trete nicht nur bei Schallwellen, sondern auch bei Lichtwellen auf; diese Vermutung bestätigte sich auch alsbald. Wenn Licht von einer sich bewegenden Lichtquelle auf das menschliche Auge trifft, so weist es eine andere Farbzusammensetzung auf als Licht aus einer stationären Quelle; allerdings ist diese Veränderung nur meßbar, wenn die Geschwindigkeit der Lichtquelle hinreichend groß ist. Wenn die Lichtquelle sich auf uns zubewegt, werden, plastisch gesprochen, mehr Lichtwellen in ein Sekundenintervall zusammengedrängt, und für das Auge des Betrachters verschiebt sich das Frequenzspektrum des Lichts zum oberen, violetten Ende hin. Wenn die Lichtquelle sich hingegen von uns entfernt, treffen weniger Wellen pro Sekundenintervall auf das Auge, und das Spektrum verschiebt sich zu seinem unteren, roten Ende hin. Die Astronomen hatten seit langem die Frequenzspektren des von den verschiedensten Sternen ausgesandten Lichts studiert und waren mit dem Bild, das sich dabei normalerweise bot, wohl vertraut – ein unregelmäßiges Muster heller Linien vor einem dunklen Hintergrund oder dunkler Linien vor einem hellen Hintergrund, die der Tatsache entsprechen, daß bestimmte Atome Lichtwellen von bestimmter Frequenz oder Farbe emitieren bzw. absorbieren. Es war bekannt, daß man die Geschwindigkeit von Sternen, die sich auf unser Sonnensystem zu- oder von ihnen wegbewegten *(Radialgeschwindigkeit)*, berechnen konnte, indem man die Verschiebung der Spektrallinsen des von ihnen ausgesandten Lichts in Richtung des violetten bzw. des roten Endes des Spektrums maß.
Er war der französische Physiker Armand Fizeau, der 1848 darauf hinwies, daß die Verschiebung der Spektrallinien ein guter und einfach zu handhabender Maßstab für die Beobachtung und Messung des Doppler-Effekts bei Lichtwellen war. Aus diesem Grund bezeichnet man den Doppler-Effekt, wenn man ihn im Zusammenhang mit Lichtwellen nennt, als *Doppler-Fizeau-Effekt. (Abb.)*
Die Astronomie hat sich den Doppler-Fizeau-Effekt in vielfacher Weise zunutze gemacht. Bei der Erforschung unseres Sonnensystems konnte mit seiner Hilfe die Eigendrehung der Sonne auf neue Art bestätigt werden: Es ließ sich zeigen, daß die Spektrallinien des Lichts, das von jenem Teil der Sonnenkugel herrührt, der sich bei ihrer Rotation auf uns zubewegt, zum violetten Ende des Spektrums hin verschoben ist *(Violettverschiebung)*. Bei dem vom entgegengesetzten Teil der Sonnenkugel ausgesandten Licht zeigte sich hingegen eine Rotverschiebung der Spektrallinien, da diese Sonnenhälfte sich durch die Drehung von uns entfernt.
Gewiß bietet die Beobachtung der Sonnenflecken eine einfachere und näherliegende Möglichkeit, die Rotation der Sonne festzustellen und zu messen (die übrigens für eine volle Umdrehung – relativ zu den Sternen – rund 26 Tage braucht). Mit Hilfe des Doppler-Fizeau-Effekts läßt sich aber auch die Rotation unstrukturierter Körper bestimmen, z. B. die Rotation der Saturnringe.

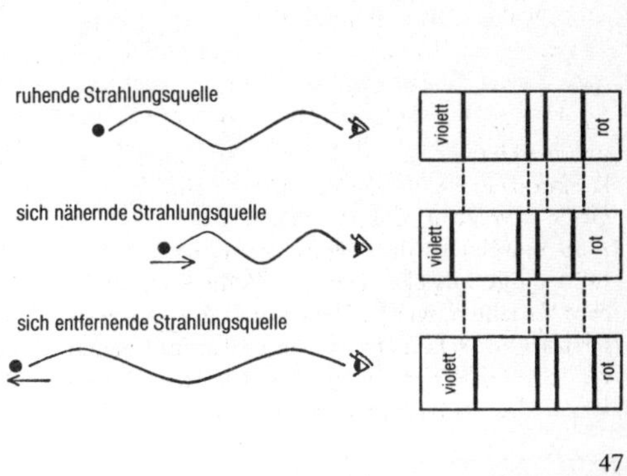

Der Doppler-Fizeau-Effekt. Die Spektrallinien verschieben sich in Richtung violett (links), wenn die Lichtquelle sich nähert, und in Richtung rot (rechts), wenn die Lichtquelle sich entfernt.

Mit dem Doppler-Fizeau-Effekt kann man unabhängig von der Entfernung des jeweils beobachteten Himmelskörpers arbeiten, solange dieser eine für eine Spektralanalyse ausreichende Lichtmenge liefert. Die spektakulärsten, mit seiner Hilfe erzielten Erfolge stellten sich denn auch bei der Erforschung der Sterne ein.

Im Jahr 1868 maß der britische Astronom Sir William Huggins die Radialgeschwindigkeit des Sirius und erklärte, dieser Stern entferne sich mit einer Geschwindigkeit von 47 km pro Sekunde von uns. (Heute wissen wir es genauer, aber dafür, daß es sein erster Versuch war, kam Huggins dem wahren Wert beachtlich nahe.) 1890 gelangte der amerikanische Astronom James E. Keeler mit genaueren Instrumenten zu quantitativ verläßlichen Meßergebnissen; er stellte beispielsweise fest, daß Arktur sich uns mit einer Geschwindigkeit von 6 km pro Sekunde nähert.

Man kann mit Hilfe des Doppler-Fizeau-Effekts sogar die Existenz von Sternensystemen nachweisen, die sich mit dem Teleskop nicht in ihre Einzelelemente auflösen lassen. 1782 studierte der englische Astronom John Goodricke (der taubstumm war und im Alter von 22 Jahren starb) den Stern Algol, dessen Helligkeit regelmäßig zu- und abnimmt. Nach Auffassung Goodrickes ließ diese Erscheinung sich damit erklären, daß Algol einen dunklen Gefährten hat, der ihn umkreist und dabei jedesmal, wenn er sich zwischen uns und ihn schiebt, einen Teil des von Algol ausgesandten Lichts wegfängt.

Ein Jahrhundert verging, ehe sich weitere Anhaltspunkte für die Richtigkeit dieser plausiblen Hypothese ergaben. 1889 konnte der deutsche Astronom Hermann Carl Vogel zeigen, daß die Spektrallinien des von Algol ausgesandten Lichts abwechselnd eine Rot- und Violettverschiebung aufweisen, und zwar synchron mit dem Rhythmus seiner Helligkeitsschwankungen: Algol entfernt sich von uns, wenn sein dunkler Gefährte sich uns nähert und sich vor ihn schiebt, und nähert sich uns, wenn sein dunkler Gefährte ihn wieder freigibt und sich von uns entfernt. Algol und sein Begleiter bilden mithin ein *Doppelsternsystem* mit gegenseitiger Bedeckung; man spricht auch von den sog. *Bedeckungsveränderlichen*.

1890 machte Vogel eine weitere Entdeckung, die mit seiner ersten eng zusammenhing, aber von größerer Tragweite war. Er fand heraus, daß es Sterne gab, die sich der Erde sowohl näherten als auch sich von ihr entfernten, deren Spektrallinien also sowohl eine Rot- als auch eine Violettverschiebung zeigten (d. h. sie waren offenbar doppelt vorhanden). Vogel interpretierte solche Sterne als Doppelsternsysteme mit gegenseitiger Bedeckung, bei denen beide Sterne leuchten und einander so nahe sind, daß sie selbst durch das leistungsfähigste Fernrohr wie ein einziger Stern aussehen. Solche Gebilde nennt man *spektroskopische Doppelsterne*.

Es bestand keine Notwendigkeit, sich bei der Nutzbarmachung des Doppler-Fizeau-Effekts auf die Sterne unserer eigenen Galaxis zu beschränken. Auch Himmelskörper, die außerhalb der Milchstraße liegen, ließen sich mit seiner Hilfe erforschen. 1912 stellte der amerikanische Astronom Vesto Melvin Slipher durch Messung der Radialgeschwindigkeit der Andromeda-Galaxis fest, daß diese sich mit einer Geschwindigkeit von rund 200 km pro Sekunde auf uns zubewegt. Als er sich daraufhin anderen Galaxien zuwandte, stellte sich allerdings heraus, daß die meisten sich von uns entfernen. Bis 1914 trug Slipher die Meßergebnisse zu fünfzehn Galaxien zusammen; dreizehn von ihnen entfernten sich, wie sich zeigte, von uns (d. h. von der Milchstraße), und zwar durchweg mit der beruhigenden Geschwindigkeit von etlichen hundert km pro Sekunde.

Je mehr Meßergebnissae dieser Art gewonnen wurden, desto interessanter wurde die Sache: Abgesehen von einigen der uns am nächsten gelegenen, entfernten sich alle Galaxien von uns. Als mit Hilfe verbesserter Techniken auch lichtschwächere, d. h. wahrscheinlich weiter entfernte Galaxien unter die Lupe genommen werden konnten, zeigte sich, daß sie eine noch ausgeprägtere Rotverschiebung aufwiesen.

1929 äußerte der am Mount-Wilson-Observatorium tätige Astronom Edwin P. Hubble die Vermutung, daß die Fluchtgeschwindigkeit einer Galaxis proportional zu ihrer Entfernung von uns zunimmt. Wenn Galaxis A doppelt so weit von uns entfernt ist wie Galaxis B, dann entfernt Galaxis A sich mit doppelt so großer Geschwindigkeit wie Galaxis B. Diese Beziehung wird als Hubble-Effekt bezeichnet.

Die in der Folge gewonnenen Beobachtungsdaten bestätigten die Gültigkeit des Hubble-Effekts. Milton La Salle Humason vom Mount-Wilson-

Observatorium erforschte nach 1929 mit dem 2½-m-Teleskop die Spektren weiterer, immer lichtschwächerer Galaxien. Die am weitesten entfernten, gerade noch aufspürbaren Galaxien entfernten sich mit Geschwindigkeiten von fast 40000 km pro Sekunde. Als das 5-m-Teleskop zur Verfügung stand, ließen sich damit noch weiter entfernte Galaxien studieren; in den 60er Jahren lokalisierte man extrem weit entfernte Sternsysteme, deren Fluchtgeschwindigkeit bei 240000 km pro Sekunde lag.
Was hatte es damit auf sich? Nun, stellen wir uns einmal einen kugelrunden Ballon mit aufgemalten Farbtupfen vor. Wenn der Ballon aufgepumpt wird, streben die Tupfen auseinander. Ein auf irgendeinem der Tupfen stehender Beobachter hätte den Eindruck, daß alle anderen Tupfen sich von ihm entfernen, und zwar desto schneller, je weiter sie von seinen Heimattupfen entfernt sind. Auf welchem der Tupfen der Beobachter sich befände, wäre unerheblich; der Effekt wäre überall derselbe.
Die Galaxien verhalten sich so, als ob das Universum sich ausdehnte wie die dreidimensionale Hülle eines vierdimensionalen Ballons. Die Astronomen haben die Vorstellung eines beständig expandierenden Universums mittlerweile allgemein akzeptiert; die Feldgleichungen, die Einstein im Rahmen seiner allgemeinen Relativitätstheorie aufstellte, lassen sich so deuten, daß sie zu einem expandierenden Universum passen.

Der »Big Bang«

Wenn das Universum in ständiger Ausdehnung begriffen ist, muß man logischerweise annehmen, daß es gestern kleiner war als heute, vorgestern kleiner als gestern usw., und daß es irgendwann in einer weit zurückliegenden Vergangenheit eine Materieanhäufung von unvorstellbar hoher Dichte war.
Der erste, der auf diese Möglichkeit hinwies, war 1922 der russische Mathematiker Alexander Friedmann. Hubble hatte zu diesem Zeitpunkt seine das Auseinanderweichen der Galaxien belegenden Meßergebnisse noch nicht vorgelegt, und Friedmann war auf rein theoretischem Weg, nämlich von den Feldgleichungen Einsteins her, zu seiner Vermutung gelangt. Da Friedmann drei Jahre später an Typhus starb, blieben seine Arbeiten relativ unbekannt.
1927 gelangte der belgische Astronom Georges Lemaître, offenbar ohne von den Arbeiten Friedmanns zu wissen, zu einer ganz ähnlichen Theorie eines expandierenden Universums. Auch Lemaître zog den logischen Schluß, daß es in der Vergangenheit einmal einen Punkt gegeben haben muß, an dem das Universum sehr klein und zu größtmöglicher Dichte zusammengedrängt war. Er beschrieb diesen Zustand mit dem Begriff »Kosmisches Ei«. Ein solches Gebilde mußte, so besagten es die Einsteinschen Feldgleichungen, zwangsläufig expandieren, und in Anbetracht seiner ungeheuren Dichte konnte diese Expansion nur in Gestalt einer gewaltigen Super-Explosion geschehen. Die heutigen Galaxien wären demnach aus den bei dieser Explosion hinausgeschleuderten Bruchstücken des kosmischen Eis entstanden, und in der Geschwindigkeit, mit der sie sich voneinander entfernen, müßten wir eine Nachwirkung jener Explosion sehen.
Auch die Arbeit Lemaîtres blieb unbeachtet, bis der bekanntere englische Astronom Arthur S. Eddington das Augenmerk der wissenschaftlichen Welt darauf lenkte.
Es war jedoch der russisch-amerikanische Physiker George Gamow, dem es vorbehalten blieb, mit seinen Veröffentlichungen in den 30er und 40er Jahren der Theorie von der explosiven Geburt des Universums zu allgemeiner Bekanntheit und Anerkennung zu verhelfen. Er gab diesem dramatischen Ereignis die Bezeichnung *Big Bang,* die sich mittlerweile international eingebürgert hat. (Im deutschen Sprachraum wird für »Big Bang« auch der Begriff »Urknall« verwendet.)
Die Urknall-Theorie stieß nicht auf ungeteilte Zustimmung. 1948 stellten zwei aus Österreich stammende Astronomen, Hermann Bondi und Thomas Gold, ihr eine (später von dem britischen Astronomen Fred Hoyle weiterentwickelte und bekanntgemachte) Theorie entgegen, die zwar ebenfalls ein expandierendes Universum postulierte, aber die Urknall-Hypothese verwarf. Während die Galaxien auseinanderstreben, entstehen in den Zwischenräumen, so die neue Theorie, beständig neue Galaxien, deren Materie aus dem Nichts gebildet wird; dieser Vorgang verläuft so langsam, daß er mit den gegenwärtig verfügbaren Methoden nicht beobachtet werden kann. Er hat

zur Folge, daß das Universum in alle Ewigkeit sich selbst gleich bleibt. So, wie es heute aussieht, hat es immer schon ausgesehen, und es wird auch in aller Zukunft so aussehen; es gibt somit weder einen Anfang noch ein Ende des Universums. Man bezeichnet dies als die Theorie von der »fortdauernden Schöpfung« und das von ihr postulierte Universum als ein *Steady-State-Universum* (stationäres Universum).

Über ein Jahrzehnt lang loderte die Kontroverse zwischen Big-Bang- und Steady-State-Theorie in unverminderter Heftigkeit weiter, ohne daß jedoch irgendwelche empirischen Daten beigebracht werden konnten, die zu einer Entscheidung der Frage hätten führen können.

Gamow hatte 1949 die Vermutung geäußert, daß der Urknall, wenn es ihn gegeben hatte, von einer intensiven Strahlung begleitet war, die in dem Maße, wie das Universum sich ausdehnte, einen Teil ihrer Energie eingebüßt haben und inzwischen nur noch in Form einer Radiowellenstrahlung fortbestehen dürfte, die als gleichmäßige Hintergrundstrahlung aus allen Himmelsrichtungen auf der Erde eintreffen müßte. Es müßte sich um eine Strahlung handeln, wie sie für Materie mit einer Temperatur von rund 5 K charakteristisch ist (d. h. 5 Grad über dem absoluten Nullpunkt von −268 °C). Weiter ausgearbeitet wurde dieser Gedanke von dem amerikanischen Physiker Robert Henry Dicke.

Im Mai 1964 entdeckten der deutsch-amerikanische Physiker Arno A. Penzias und der amerikanische Radioastronom Robert W. Wilson, die die Anregungen Dickes in die Praxis umgesetzt hatten, in der Tat eine Radiowellen-Hintergrundstrahlung, die weitgehend die von Gamow vorausgesagte Charakteristik aufwies: Sie deutete auf eine Durchschnittstemperatur des Universums von 3 K hin.

In der Entdeckung dieser Radiowellen-Hintergrundstrahlung sehen die meisten Astronomen einen schlüssigen Beleg für die Richtigkeit der Urknall-Theorie. Man geht heute allgemein davon aus, daß der »Big Bang« stattgefunden hat, und die Vorstellung von einem stationären Universum ist ad acta gelegt worden.

Wann aber hat der Urknall stattgefunden?

Dank der leicht zu messenden Rotverschiebung können wir die Geschwindigkeit, mit der die einzelnen Galaxien sich entfernen, mit ziemlicher Genauigkeit bestimmen. Ferner müssen wir die Entfernung dieser Galaxien von der unsrigen kennen. Je größer diese Entfernung, desto länger muß die betreffende Galaxis gebraucht haben, um ihren gegenwärtigen Ort im Universum zu erreichen. Es ist allerdings nicht leicht, intergalaktische Entfernungen zu messen.

Eine Zeitangabe für den Urknall, die allgemein als Schätzwert akzeptiert wird, lautet auf 15 Milliarden Jahre. Wenn wir eine Milliarde Jahre als ein »Äon« bezeichnen, dann hat der Big Bang vor 15 Äonen stattgefunden; da es sich hierbei um eine ungefähre Schätzung handelt, kann er natürlich auch erst vor 10 oder schon vor 20 Äonen stattgefunden haben.

Was war mit dem »Big Bang«? Woher kam das kosmische Ei?

Manche Astronomen halten es für möglich, daß das Universum in seinem Urzustand von einem gleichmäßig und fein verteilten Gas erfüllt war, das sich allmählich verdichtete, zu Sternen und Galaxien kondensierte und sich immer weiter zusammenzog, bis es sich mit so etwas wie einem »großen Knatsch« zu einem kosmischen Ei zusammenballte. Das Ei war kaum entstanden, da explodierte es auch schon mit einem Big Bang; dabei bildeten sich wiederum Sterne und Galaxien, die diesmal aber auseinanderstrebten und weiter auseinanderstreben werden, bis schließlich der Zustand des gleichmäßig und fein verteilten Gases wieder erreicht sein wird.

Es mag sein, daß es für alle Zukunft ein expandierendes Universum mit einer stetig abnehmenden mittleren Dichte und der Tendenz, sich immer mehr einem absoluten Vakuum anzunähern, geben wird. Und wenn wir weit zurück in die Vergangenheit des Universums blicken, über den Urknall hinaus, und uns die Zeit rückwärtslaufend vorstellen, können wir uns ebenfalls ein sich in alle Ewigkeit ausdehnendes, einem absoluten Vakuum zustrebendes Universum vorstellen.

Ein Universum mit einer solchen, spiegelbildlich zum Urknall verlaufenden und nach beiden Seiten offenen Geschichte (die gegenwärtig ein vom Urknall noch nicht allzu weit entferntes Stadium erreicht hat, sonst wäre ein Leben wie auf der Erde unmöglich und wir wären nicht hier, um das Universum zu erforschen und uns ein Bild von seiner Natur zu machen), wird als *offenes Universum* bezeichnet.

Wir haben keine Möglichkeit (und werden vielleicht nie eine finden), mit empirischen Mitteln Aufschluß darüber zu gewinnen, was vor dem Big Bang war, und manche Astronomen halten es für untunlich, Spekulationen darüber anzustellen. In jüngster Zeit ist die Auffassung geäußert worden, das kosmische Ei könne sich aus dem Nichts gebildet haben; wir hätten in diesem Fall noch immer ein in Zukunftsrichtung unendliches Universum, aber mit einer endlichen Vergangenheit.
Man kann diese Vorstellung dahingehend weiterentwickeln, daß es in einem endlosen »Meer des Nichts« zu einer unbegrenzten Zahl von Urknallen kommen kann, die zu beliebigen Zeitpunkten stattfinden, und daß unser Universum nur eines von unendlich vielen ist, die alle ihre eigene Masse, ihren eigenen Anfangszeitpunkt und – auch das erscheint möglich – ihre eigenen Naturgesetze haben. Es kann sein, daß nur eine seltene Kombination von Voraussetzungen und Naturgesetzen die Entstehung von Sternen, Galaxien und von Leben ermöglicht, daß wir uns in einem derartigen Ausnahme-Universum befinden, und daß es uns in einem anderen nicht geben könnte.
Es ist kaum nötig, darauf hinzuweisen, daß uns noch keine empirischen Anhaltspunkte für die Entstehung eines kosmischen Eis aus dem Nichts oder für die Existenz einer Vielzahl von Universen vorliegen – und daß das vielleicht auch nie der Fall sein wird. Aber wäre es nicht trostlos, wenn es den Wissenschaftlern nicht gestattet wäre, in Ermangelung empirischer Daten poetische Spekulationen anzustellen?
Gibt es denn wenigstens, so könnte man daraufhin fragen, eine empirisch belegte Gewißheit, daß das Universum ewig weiterbestehen und ewig weiter expandieren wird? Nun, es dehnt sich *gegen* die Wirkrichtung seiner eigenen Gravitationskräfte aus, und es ist durchaus möglich, daß diese Kräfte sich als groß genug erweisen, um den Expansionsprozeß zu bremsen, die Fluchtgeschwindigkeiten bis auf null zu drosseln und schließlich eine rückläufige Bewegung, d. h. eine Kontraktion, zu erzwingen. Es kann also sein, daß das Universum nach Beendigung seiner Expansionsphase in eine Phase der Kontraktion übergeht, schließlich mit einem »großen Knatsch« in sich zusammenstürzt und wieder im großen »Meer des Nichts« verschwindet – oder daß es sich, gleichsam wie eine zusammengedrückte Feder, erneut ausdehnt und sich eines Tages wieder zusammenzieht und daß dieses *Oszillieren* immer weiter geht. In beiden Fällen hätten wir es mit einem *geschlossenen Universum* zu tun.
Vielleicht gibt es doch eine Möglichkeit, zu entscheiden, ob wir in einem geschlossenen oder offenen Universum leben; ich werde darauf später, in Kapitel 7, zurückkommen.

Der Tod der Sterne

Die Tatsache, daß das Universum sich ausdehnt, wirkt sich auf einzelne Galaxien oder galaktische Haufen nicht unmittelbar aus, selbst wenn diese Expansion in alle Ewigkeit weitergehen wird. Auch wenn alle weiter entfernten Galaxien eines Tages aus dem Sichtbereich der besten Beobachtungsinstrumente verschwunden sein werden, wird unsere eigene Galaxis noch intakt sein; ihr Gravitationsfeld hält die einzelnen Sterne fest an ihrem Platz. Und auch die galaktische Gruppe, der unsere Milchstraße angehört, wird zusammen bleiben. Das heißt jedoch nicht, daß es – unabhängig vom expandierenden Universum – nicht Veränderungen innerhalb der Milchstraße mit möglicherweise katastrophalen Folgen für unseren Planeten und das Leben auf ihm geben könnte.
Die Vorstellung, daß sich an und mit den Gestirnen Veränderungen vollziehen können, ist ein Produkt der Neuzeit. Die Philosophen des alten Griechenland, namentlich Aristoteles, hielten den Himmel und die Himmelskörper für vollkommen und unveränderlich. Alles Veränderliche, Vergängliche, Hinfällige gehörte der unvollkommenen Welt an, die unterhalb der Sphäre des niedrigsten Planeten lag, des Mondes. Dies zu glauben, schien ein Gebot des gesunden Menschenverstandes, war es doch eine Tatsache, daß sich seit vielen Generationen und Jahrhunderten am Himmel keine bedeutsame Veränderung vollzogen hatte. Gewiß, hin und wieder tauchten aus dem Nichts geheimnisvolle Kometen auf, rätselhaft in ihrem Kommen und Gehen, geisterhaft wirkend mit

dem zarten Lichtschleier, den sie über die an ihrer Bahn liegenden Sterne warfen, und unheimlich mit dem durchsichtigen Schweif, der aussah wie das wehende Haupthaar eines gehetzten, unheilverheißenden Wesens. Rund fünfundzwanzigmal in jedem Jahrhundert ist eine solche Erscheinung mit bloßem Auge zu beobachten. (Näheres über Kometen im nächsten Kapitel.)
Aristoteles versuchte das Erscheinen dieser Störenfriede mit der vermeintlichen Vollkommenheit des Himmels dadurch zu versöhnen, daß er sie der Atmosphäre der vergänglichen und veränderlichen Erde zugehörig erklärte. Diese Auffassung hielt sich bis weit ins 16. Jahrhundert hinein. Im Jahr 1577 jedoch (vor der Erfindung des Fernrohrs) versuchte der dänische Astronom Tycho Brahe die Parallaxe eines hellen Kometen zu messen und stellte fest, daß sie sich nicht messen ließ. Da die Parallaxe des Mondes meßbar war, sah Brahe sich zu der Schlußfolgerung gezwungen, daß der Komet sich weit jenseits des Mondes befand und daß es somit auch im Himmel Veränderungen und Unvollkommenheiten gab. (Der im 1. Jahrhundert n. Chr. lebende römische Philosoph Seneca hatte eine dahingehende Vermutung bereits ausgesprochen.)
Tatsächlich waren Veränderungen, selbst an den Gestirnen, schon sehr viel früher bemerkt worden, doch hatte offenbar kein Interesse bestanden, sich damit näher zu befassen. Es gibt ja beispielsweise die veränderlichen Sterne, deren Helligkeit regelmäßigen, auch mit bloßem Auge sichtbaren Schwankungen unterworfen ist. Bei keinem griechischen Astronomen finden wir Hinweise auf Helligkeitsveränderungen irgendwelcher Sterne. Es ist natürlich möglich, daß die Teile ihrer Schriften, die solche Aufzeichnungen möglicherweise enthielten, verlorengegangen sind. Es kann aber auch sein, daß die griechischen Astronomen es einfach vorzogen, diese Phänomene nicht zur Kenntnis zu nehmen. Ein in diesem Zusammenhang besonders interessanter Fall ist Algol, der zweithellste Stern im Sternbild Perseus. Er verliert zwei Drittel seiner Helligkeit und gewinnt dann seine volle Helligkeit wieder; dieser Zyklus wiederholt sich alle 69 Stunden. (Heute wissen wir, dank Goodricke und Vogel, daß Algol einen dunklen Begleitstern hat, der ihn alle 69 Stunden einmal umkreist, sich dabei vor ihn schiebt und ihn zum Teil verdunkelt.) Bei den griechischen Astronomen findet sich kein Hinweis auf den sich verdunkelnden Algol, ebensowenig bei den arabischen Astronomen des Mittelalters. Aber die Griechen ordneten diesen Stern einem Sternbild zu, das sie »Haupt der Medusa« nannten, nach dem Ungeheuer, dessen Blick Menschen in Stein verwandeln konnte; der Name Algol selbst geht auf einen bösen Dämon aus der arabischen Mythenwelt zurück. Offensichtlich war den alten Völkern dieser seltsame Stern nicht geheuer.
Im Sternbild Walfisch gibt es einen Stern, genannt Omikron Ceti, der unregelmäßige Helligkeitsschwankungen zeigt; manchmal ist er so hell wie der Polarstern, dann wieder verdunkelt er sich so sehr, daß er nicht mehr sichtbar ist. Weder Griechen noch Araber verloren ein Wort über ihn; der erste, der über ihn berichtete, war im Jahr 1596 der holländische Astronom David Fabricius. Der Stern erhielt später den lateinischen Namen Mira (»der Wunderbare«) – veränderliche Himmelserscheinungen jagten den Astronomen mittlerweile keinen Schrecken mehr ein.

Novae und Supernovae

Ein noch auffälligeres Phänomen, das auch die Griechen nicht völlig ignorieren konnten, war das unvermittelte Auftauchen neuer Sterne am Himmel. Hipparchos soll, als er 134 v. Chr. einen solchen neuen Stern sichtete (im Sternbild Skorpion), davon so beeindruckt gewesen sein, daß er daran ging, die erste Himmelskarte zu zeichnen, damit künftig neu hinzukommende Sterne leichter aufgespürt werden konnten.
Im Jahr 1054 n. Chr. wurde im Sternbild Stier ein weiterer neuer Stern entdeckt, der außerordentlich hell leuchtete. Er übertraf in seiner Helligkeit sogar die Venus und blieb wochenlang auch bei Tage sichtbar. Chinesische und japanische Astronomen beschrieben seine genaue Lage und fertigten Aufzeichnungen dieses Ereignisses an. Im Abendland dagegen wurde die Astronomie um diese Zeit so vernachlässigt, daß aus dem europäischen Raum keinerlei Aufzeichnungen über dieses bemerkenswerte Himmelsereignis überliefert sind, wahrscheinlich weil keine angefertigt wurden.
Ein halbes Jahrtausend später änderte sich die Situation. Als 1572 im Sternbild Kassiopeia ein

neuer Stern auftauchte (der ebenso hell strahlte wie der von 1054), war die europäische Astronomie gerade dabei, aus ihrem langen »Winterschlaf« zu erwachen. Der junge Tycho Brahe beobachtete diesen Stern sehr aufmerksam und schrieb über ihn ein Buch mit dem Titel *De Nova Stella*. Auf diesen Buchtitel geht der Name *Nova* als Gattungsbezeichnung für neu auftauchende Sterne zurück.

Im Jahr 1604 trat eine weitere bemerkenswerte Nova in Erscheinung, diesmal im Sternbild des Schlangenträgers. Sie war nicht ganz so hell wie die von 1572, aber immerhin heller als der Mars. Johannes Kepler beobachtete diese Nova und schrieb darüber ebenfalls ein Buch.

Das Fernrohr lüftete den Schleier des Geheimnisvollen, der die Novae bis dahin umgeben hatte. Es waren, wie sich nun zeigte, gar keine neuen, sondern lediglich lichtschwache Sterne, die plötzlich heller aufleuchteten und dadurch sichtbar wurden.

Mit der Zeit wurden immer mehr Novae entdeckt. Ihre Leuchtkraft steigerte sich, manchmal innerhalb weniger Tage, um ein Vieltausendfaches, und danach verglommen sie allmählich wieder, um nach einigen Monaten wieder in ihre ursprüngliche Unscheinbarkeit zu versinken. Novae zeigten sich mit einer durchschnittlichen Häufigkeit von zwanzig pro Jahr und Galaxis (die Milchstraße eingeschlossen).

Aus der Analyse der in der Entstehungsphase einer Nova auftretenden Doppler-Fizeau-Verschiebungen und aus gewissen subtilen Merkmalen ihres Spektrums ließ sich der Schluß ziehen, daß Novae nichts anderes waren als explodierende Sterne. In manchen Fällen war die in den Raum geschleuderte Sternmaterie als eine sich kugelförmig nach allen Seiten ausdehnende, von den Überresten des explodierten Sterns erleuchtete Gashülle sichtbar.

Im allgemeinen leuchteten die Novae, die in den letzten Jahrhunderten auftauchten, nicht sonderlich hell. Die hellste, Nova Aquilae, erschien im Juni 1918 im Sternbild Adler. Diese Nova leuchtete in der Phase ihres Maximums fast so hell wie Sirius, der hellste Stern am Himmel. Keine Nova ist jedoch mehr, wie die von Tycho und Kepler beobachteten, an die Helligkeit der Planeten Jupiter und Venus herangekommen.

Die bemerkenswerteste Nova überhaupt seit dem Fernrohr-Zeitalter wurde zum Zeitpunkt ihres Erscheinens gar nicht als Nova erkannt. Der deutsche Astronom Ernst Harwig beobachtete sie 1885; sie erreichte allerdings selbst im Maximum ihrer Entwicklung nur eine Helligkeit der siebenten Größenklasse und war zu keiner Zeit mit bloßem Auge zu sehen.

Diese Nova erschien im – damals noch so genannten – Andromeda-Nebel und erreichte im Zeitpunkt ihres Maximums lediglich ein Zehntel der Helligkeit dieses Nebels. Zu dieser Zeit ahnte noch niemand etwas von der weiten Entfernung des Andromeda-Nebels, oder gar daß es sich bei ihm um eine regelrechte, aus mehreren Hundert Milliarden Sternen bestehende Galaxis handelt. Deshalb nahmen die Astronomen von dieser vermeintlich unscheinbaren Nova wenig Notiz.

Aber nachdem Curtis und Hubble die wirkliche Entfernung der Andromeda-Galaxis (wie sie dann genannt wurde) bestimmt hatten, erregte die 1885 gesichtete Nova plötzlich im nachhinein großes Aufsehen. Die vielen Novae, die Curtis und Hubble in der Andromeda-Galaxis registrierten, waren allesamt weit lichtschwächer als die von Harwig beobachtete.

1934 begann der Schweizer Astronom Fritz Zwicky, entfernte Galaxien systematisch nach ungewöhnlich hellen Novae abzusuchen. Er konnte davon ausgehen, daß jede Nova von ähnlicher Stärke wie die 1885 in der Andromeda-Galaxis erschienene sichtbar sein würde, da solche Novae fast ebenso hell erstrahlen wie ganze Galaxien; wenn also die Galaxis als solche sichtbar war, mußte auch jede Nova dieser Größenordnung sichtbar sein. Bis 1938 hatte er nicht weniger als zwölf solcher Novae von galaktischer Helligkeit registriert. Zum Unterschied von normal hellen Novae nannte er sie *Supernovae*. Als Folge seiner Arbeit kam die Nova von 1885 schließlich zu der Ehre eines Namens: Sie wird in der astronomischen Literatur als S Andromedae geführt, wobei *S* für Supernova steht.

Während gewöhnliche Novae durchschnittlich eine absolute Helligkeit von -8 erreichen (womit sie, wenn wir sie aus einer Entfernung von 10 Parsec sehen könnten, 25mal heller leuchten würden als die Venus), treten bei Supernovae absolute Helligkeiten von bis zu -17 auf. Eine Supernova kann also bis zu 4000mal heller sein als eine gewöhnliche Nova, oder nahezu 1 Milliarde mal hel-

ler als die Sonne. Dies gilt zumindest für die Phase ihrer maximalen Helligkeit.
Im Rückblick müssen wir konstatieren, daß die Novae von 1054, 1572 und 1604 sicherlich Supernovae gewesen sind. Und sie müssen sich in unserer eigenen Galaxis ereignet haben, anders wäre ihre außerordentliche Helligkeit nicht zu erklären.
Bei einigen der von den gewissenhaften chinesischen Astronomen des Altertums und des Mittelalters aufgezeichneten Novae muß es sich ebenfalls um Supernovae gehandelt haben. Von einer solchen Nova wurde schon im Jahr 185 n. Chr. berichtet; und eine im Jahr 1006 im Sternbild Wolf am südlichen Himmel beobachtete Supernova muß heller gewesen sein als alle anderen in geschichtlicher Zeit registrierten. Sie erreichte in der Phase ihres Maximums möglicherweise eine zweihundertmal größere Helligkeit als die Venus, entsprechend einem Zehntel der Helligkeit des Vollmondes.
Die Astronomen vermuten, daß vor rund 11000 Jahren im Sternbild Vela (Segel) am südlichen Himmel eine noch hellere Supernova (die vielleicht sogar an die Helligkeit des Vollmonds herankam) auftrat, zu einer Zeit also, als es noch keine Astronomen gab, die das Ereignis hätten beobachten, und keine Schriftzeichen, die es hätten überliefern können. Es ist jedoch möglich, daß gewisse prähistorische Bilddarstellungen sich auf das Erscheinen dieser Nova beziehen. Auf die Tatsache und den Zeitpunkt ihres Auftretens schließen die modernen Astronomen übrigens aus heute noch beobachtbaren Phänomenen, die sich als Hinterlassenschaft einer Supernova-Explosion deuten lassen.
Supernovae unterscheiden sich hinsichtlich ihrer physikalischen Eigenschaften ganz erheblich von gewöhnlichen Novae, und die Astronomen studieren daher mit größtem Interesse das Spektrum des von ihnen ausgesandten Lichts. Die Hauptschwierigkeit besteht darin, daß sie so selten auftreten. Im Durchschnitt kommt eine Supernova nach Angaben Zwickys in jeder Galaxis nur dreimal pro Jahrtausend vor (d. h. auf jeweils 1250 gewöhnliche Novae kommt eine Supernova). Zwar haben die Astronomen bislang mehr als fünfzig Supernovae entdeckt, aber diese ereigneten sich allesamt in entfernten Galaxien und konnten somit nicht mit der erwünschten Gründlichkeit studiert werden. Die einzig relativ nahe Supernova, die es in den letzten 350 Jahren gegeben hat, die S Andromedae aus dem Jahr 1885, trat kurz bevor die Technik der astronomischen Fotografie voll ausgereift war, auf; somit steht kein authentisches Dokument des Spektrums dieser Supernova zur Verfügung.
Allerdings kommen Supernovae in ganz unregelmäßiger, zufälliger Folge vor. In einer Galaxis sind in einem Zeitraum von nur siebzehn Jahren drei Supernovae registriert worden. So kann es durchaus sein, daß die Astronomen unserer Zeit das Glück haben werden, eine Supernovae zu erleben. Insbesondere ein Stern ist es, der diesbezüglich die Aufmerksamkeit auf sich zieht. Eta Carinae zeigt eindeutige Anzeichen von Instabilität; seit längerer Zeit nimmt seine Leuchtkraft abwechselnd zu und ab. Im Jahr 1840 erstrahlte er so stark, daß er einige Zeit lang der zweithellste Stern an unserem Himmel war. Es gibt Anzeichen dafür, daß Eta Carinae sich im unmittelbaren Vorstadium einer Supernova-Explosion befindet. Wenn die Astronomen sagen, daß sie »in Kürze« mit einem solchen Ereignis rechnen, so ist es freilich mit Vorsicht zu genießen, denn es kann heißen: morgen oder in zehntausend Jahren.
Übrigens befindet sich das Sternbild Carina (Kiel des Schiffes), zu dem Eta Carinae gehört, ebenso wie die Sternbilder Vela (Segel) und Wolf, so weit südlich, daß die betreffende Supernova, wenn und falls sie sich erreignet, von Europa und vom größten Teil der Vereinigten Staaten aus nicht zu sehen sein wird.
Was aber veranlaßt einen Stern, mit so explosiver Kraft zu erstrahlen, und warum werden die einen zu Novae und die anderen zu Supernovae? Die Antwort auf diese Frage erfordert einen kleinen Exkurs.
Schon 1834 bemerkte Bessel (der Astronom, der später als erster die Parallaxe eines Sterns bestimmte), daß Sirius und Prokyon von Jahr zu Jahr ein wenig ihre Lage veränderten, und zwar auf eine Weise, die in keinem Zusammenhang mit der Eigenbewegung der Erde zu stehen schien. Beide beschrieben bei ihrer Bewegung keine gerade Linie, sondern wanderten auf einer gewellten Bahn, so daß Bessel zu dem Schluß gelangte, jeder von ihnen müsse eine Umlaufbahn um ein »Objekt« beschreiben.
Angesichts der Beschaffenheit dieser Umlaufbah-

nen mußte es sich bei dem »Objekt« in jedem Fall um etwas handeln, das eine starke Gravitationskraft ausübte, also wohl um nichts Geringeres als einen Stern. Insbesondere im Fall des Sirius mußte dieses Objekt mindestens so massereich sein wie unsere Sonne, andernfalls wäre das Bewegungsverhalten des Sirius nicht erklärbar gewesen. Man nahm an, daß es sich bei diesen Begleitobjekten um Sterne handelte; da sie mit den damaligen Fernrohren nicht sichtbar gemacht werden konnten, bezeichnete man sie als *dunkle Begleiter*. Man nahm an, daß es sich um gealterte, kühler und damit lichtschwächer gewordene Sterne handelte.

Im Jahr 1862 sichtete der amerikanische Instrumentenmacher Alvan Clark beim Ausprobieren eines neuen Fernrohrs einen schwach leuchtenden Stern in der Nachbarschaft des Sirius; weitere Beobachtungen ließen bald keinen Zweifel mehr daran, daß es der von Bessel vermutete Begleiter war. Sirius und sein Gefährte umkreisten ein gemeinsames Gravitationszentrum mit einer Periode von rund fünfzig Jahren. Der Begleiter des Sirius (Sirius B, wie er genannt wird, während Sirius zu Sirius A geworden ist) besitzt eine absolute Helligkeit von nur 11,2 und ist damit 400mal lichtschwächer als unsere Sonne, obwohl er etwas mehr an Masse besitzt.

Es schien, als sei Sirius B ein erlöschender Stern. Doch 1914 kam der amerikanische Astronom Walter F. Adams, der das Spektrum vom Sirius B untersuchte, zu dem Ergebnis, daß dieser Stern genauso heiß sein mußte wie Sirius A und heißer als unsere Sonne. Die atomaren Schwingungen, die den in seinem Spektrum auftretenden Absorptionslinien entsprachen, konnten nur bei sehr hohen Temperaturen entstehen. Wenn aber Sirius B so heiß war, warum sandte er dann so wenig Licht aus? Die einzig denkbare Antwort lautete, daß er eben beträchtlich kleiner sein müsse als unsere Sonne. Wenn er heißer war, strahlte er sicherlich mehr Licht pro Flächeneinheit aus, und da die Gesamtheit des von ihm ausgesandten Lichts so gering war, mußte er eben eine entsprechend kleine Oberfläche besitzen. Tatsächlich wissen wir heute, daß Sirius B einen Durchmesser von höchstens 11 000 km haben kann; somit ist er volumenmäßig kleiner als die Erde, obgleich er eine Masse besitzt, die der unserer Sonne gleichkommt! Eine so große Masse in ein so kleines Volumen hineingepreßt, müßte eine durchschnittliche Dichte besitzen, die die Dichte des Metalls Platin um das 130 000fache übertrifft.

Was hier zutage trat, war nichts Geringeres als ein völlig neuer Materiezustand. Glücklicherweise waren die Physiker um diese Zeit schon auf einem Wissensstand, daß sie dieses Phänomen ohne weiteres erklären konnten. Sie wußten, daß bei gewöhnlicher Materie die Atome aus sehr winzigen Teilchen zusammengesetzt sind, so winzig, daß das Volumen eines Atoms zum allergrößten Teil aus »leerem Raum« besteht. Unter extremem Druck lassen sich die subatomaren Teilchen jedoch zu einer superdichten Masse zusammenpressen. Allerdings sind selbst in dem superdichten Milieu, das im Innern von Sirius B herrscht, die subatomaren Teilchen noch weit genug voneinander entfernt, um sich frei bewegen zu können, so daß die Materie, aus der der Stern besteht, obwohl sie soviel dichter ist als Platin, alle Merkmale eines Gases aufweist. Der englische Physiker Ralph H. Fowler schlug 1925 vor, für Materie mit diesen Eigenschaften den Begriff *entartetes Gas* einzuführen; und der sowjetische Physiker Lev D. Landau machte in den 30er Jahren darauf aufmerksam, daß auch gewöhnliche Sterne wie unsere Sonne in ihrem innersten Kern aus entartetem Gas bestehen dürften.

Der Begleiter des Prokyon, der 1896 von J. M. Schaberle am kalifornischen Lick-Observatorium entdeckt wurde und heute als Prokyon B bezeichnet wird, erwies sich ebenfalls als superdichter Stern (mit einer allerdings nur etwas mehr als halb so großen Masse wie Sirius B), und im Lauf der Jahre wurden noch weitere Exemplare dieser Sternenart entdeckt. Man nennt diese Sterne *Weiße Zwerge,* weil ihre charakteristischen Eigenschaften eben ihre geringe Größe und ihre hohe, weißes Licht erzeugende Temperatur sind. Weiße Zwerge sind im Universum offenbar recht zahlreich; möglicherweise gehören bis zu 3 Prozent aller Sterne diesem Typ an. Da sie aber, als Folge ihrer kleinen Ausmaße, nur schwach leuchten, muß man davon ausgehen, daß in absehbarer Zeit nur die uns am nächsten gelegenen geortet und sichtbar gemacht werden können. (Es gibt auch sog. *Rote Zwerge,* die beträchtlich kleiner sind als unsere Sonne, aber nicht so klein wie die Weißen Zwerge. Rote Zwerge sind relativ kühl und weisen keine ungewöhnlich hohe Dichte auf. Sie sind wahrscheinlich der verbreitetste Sternentyp überhaupt – mit einem Anteil von drei Vierteln an der Gesamtheit aller Sterne –, sind aber aufgrund ihrer Lichtschwäche genauso schwierig zu entdecken wie Weiße Zwerge. Ein Rotes Zwergenpaar, nur lächerliche sechs Lichtjahre von uns entfernt, wurde beispielsweise erst 1948 entdeckt. Wir kennen heute 36 Sterne, die weniger als 14 Lichtjahre von unserer Sonne entfernt sind; darunter finden sich 21 Rote und 3 Weiße Zwerge. Es befindet sich unter diesen 36 Sternen kein einziger Riese, und nur 2 von ihnen, nämlich Sirius A und Prokyon A, sind erheblich heller als unsere Sonne.)

Im Jahr nach der Entdeckung der erstaunlichen Eigenschaften von Sirius B stellte Albert Einstein seine *Allgemeine Relativitätstheorie* vor, deren wesentlicher Inhalt ein neues Verständnis der Gravitation war. Einstein gelangte aufgrund seiner Auffassung der Gravitation zu der Voraussage, daß Licht, das von einem Körper mit einem sehr starken Gravitationsfeld ausgesandt wird, eine leichte Frequenzverschiebung zum roten Ende des Spektrums hin aufweisen müßte (die sogenannte *relativistische Rotverschiebung*). Adams, fasziniert von den Weißen Zwergen, die er entdeckt hatte, analysierte sorgfältig das Spektrum von Sirius B und stellte fest, daß die von Einstein vorausgesagte Rotverschiebung tatsächlich vorhanden war. Dies sprach nicht nur für die Gültigkeit der Einsteinschen Theorie, sondern war auch ein weiteres Indiz für die ungeheure Dichte von Sirius B; denn bei einem gewöhnlichen Stern in der Art unserer Sonne wäre nur eine dreißig mal kleinere Rotverschiebung zu erwarten gewesen. Immerhin wurde Anfang der 60er Jahre auch diese von unserer Sonne bewirkte, gerade noch meßbare relativistische Rotverschiebung gemessen, wodurch die Allgemeine Relativitätstheorie einmal mehr eine Bestätigung erfuhr.

Der Leser wird sich inzwischen fragen, was die Weißen Zwerge mit den Supernovae zu tun haben, die den Ausgangspunkt dieser Darlegungen bildeten? Um den Zusammenhang zu erkennen, müssen wir uns noch einmal der Supernova des Jahres 1054 zuwenden.

1844 befaßte sich der Earl von Rosse näher mit dem Gebiet im Sternbild Stier, in dem nach den Berichten der fernöstlichen Astronomen die Supernova des Jahres 1054 aufgetaucht war; dabei fesselte ein kleines, wolkiges Gebilde seine Aufmerksamkeit, das er wegen seiner unregelmäßigen Form und seiner gliedmaßenartigen Auswüchse auf den Namen *Crab-Nebel* (»Krabben-Nebel«) taufte. Wie die kontinuierliche Beobachtung über Jahrzehnte hinweg ergab, dehnt sich dieses Nebelgebilde langsam aus. Die tatsächliche Ausdehnungsgeschwindigkeit ließ sich mit Hilfe des Doppler-Fizeau-Effekts berechnen, und aus ihr wiederum ließ sich, unter Berücksichtigung der scheinbaren Expansionsgeschwindigkeit, die Entfernung des Crab-Nebels von unserem Sonnensystem berechnen; sie beträgt 3500 Lichtjahre. Aus der Geschwindigkeit von 1300 km/Sekunde, mit der die Nebelwolke sich ausdehnt, ließ sich darüber hinaus der Zeitpunkt bestimmen, an dem die Expansionsbewegung von einem zentralen Punkt aus eingesetzt haben mußte – und zwar veranlaßt durch eine Explosion. Die Berechnungen ergaben, daß diese Explosion sich knapp 900 Jahre zuvor ereignet haben mußte – und das paßte sehr gut zu der Jahreszahl 1054. Es dürfte somit kaum zu bezweifeln sein, daß der Crab-Nebel, der heute ein Volumen mit einem Durchmesser von rund fünf Lichtjahren einnimmt, ein Überbleibsel jener Supernova ist.

An den Stellen, an denen Tycho und Kepler Supernova-Explosionen beobachteten, sind keine Gaswirbel in der Art des Crab-Nebels aufgefunden worden, aber immerhin sind kleine Nebelflecke in unmittelbarer Nähe dieser Orte zu sehen. An anderen Stellen des Himmels finden sich jedoch sogenannte Planetarische Nebel (insgesamt rund 150), ringförmige Gaswolken, die sich als Überbleibsel gewaltiger Sternexplosionen deuten lassen. Ein zu besonders großem Umfang angewachsener und bereits stark »verdünnter« Ringnebel, der sogenannte Schleiernebel im Sternbild Schwan, stellt möglicherweise die Hinterlassenschaft einer Supernova-Explosion dar, die vor 30000 Jahren stattgefunden hat. Sie muß noch näher und heller gewesen sein als die Supernova von 1054 – aber damals existierte auf der Erde noch keine Zivilisation, die die Kunde von diesem Schauspiel hätte überliefern können.

Es ist sogar die These aufgestellt worden, eine fast bis zur Unsichtbarkeit verdünnte Nebelwolke, die das Sternbild Orion einhüllt, könnte ein Überbleibsel einer noch weiter zurückliegenden Supernova sein.

Was geschah in allen diesen Fällen mit den Sternen, die als Supernovae explodierten? Verpufften

Der Crab-Nebel, Hinterlassenschaft einer Supernova. Mit Genehmigung des Palomar-Observatoriums in Kalifornien.

sie einfach zu riesigen Kugeln fein verteilten Gases? Ist beispielsweise der Crab-Nebel alles, was von der Supernova von 1054 übriggeblieben ist, und wird er sich einfach so lange weiter ausdehnen, bis jede sichtbare Spur des Sterns, aus dem er hervorgegangen ist, sich in den Weiten des Universums verliert? Oder ist vielleicht doch noch etwas anderes übrig – ein Stern, der nur zu klein und zu lichtschwach ist, als daß wir ihn wahrnehmen könnten? Hinterläßt, anders gefragt, eine Supernova einen Weißen Zwerg (oder eine vielleicht noch extremere Sternart), und sind die Weißen Zwerge die ausglühenden Überreste von Sternen, die einst unserer Sonne glichen? Diese Fragen führen mitten hinein in das Problem der Sternentstehung und Sternentwicklung.

Der Lebenslauf der Sterne

Von den uns nähergelegenen Sternen gewinnen wir den Eindruck, daß die helleren die heißeren, die dunkleren die kühleren sind; diese einfache Beziehung spiegelt sich in einer ziemlich regelmäßigen Helligkeits-Temperatur-Skala wider. Wenn wir die Oberflächentemperatur verschiedener Sterne und ihre absolute Helligkeit in einem Diagramm zueinander in Beziehung setzen, dann fallen die meisten der Sterne, über die wir Meßdaten besitzen, auf einen schmalen, diagonal verlaufenden Streifen des Diagramms, an dessen Enden sich die beiden Extreme »dunkel und kalt« bzw. »hell und heiß« befinden. Dieser Streifen wird als *Hauptreihe* bezeichnet. Erstmals dargestellt wurde das Diagramm im Jahr 1913 von dem amerikanischen Astronomen Henry N. Russell. Es fußt auf Vorarbeiten von Hertzsprung, dem Astronomen, der als erster die absolute Helligkeit der Cepheiden bestimmte. Eine graphische Darstellung, die die Hauptreihe zeigt, wird daher als *Hertzsprung-Russell-Diagramm* oder *H-R-Diagramm* bezeichnet *(Abb.)*.
Nicht alle Sterne liegen auf der Hauptreihe. Es gibt einige rote Sterne, die trotz ihrer verhältnismäßig niedrigen Oberflächentemperatur von großer absoluter Helligkeit sind, da ihre Materie zu riesigem Volumen aufgebläht ist und deren pro Flächeneinheit an und für sich geringe Hitzestrahlung sich aufgrund der enorm großen Oberfläche zu einer riesigen Strahlungssumme addiert. Die bekanntesten Exemplare dieser seltenen Gattung der *Roten Riesen* sind Beteigeuze und Antares. Die Roten Riesen sind, wie 1964 entdeckt wurde, so kühl, daß viele von ihnen über eine Atmosphäre mit hohem Wasserdampfanteil verfügen – bei höheren Temperaturen, wie sie etwa auf unserer Sonne herrschen, würde Wasser in seine Bestandteile Wasserstoff und Sauerstoff zerfallen. Auch die Weißen Zwerge mit ihrer hohen Oberflächentemperatur rangieren außerhalb der Hauptreihe.
1924 behauptete Eddington, daß jeder Stern in seinem Inneren sehr heiß sein müsse. Infolge der großen Masse, die die Sterne besitzen, müssen bei ihnen ungeheure Gravitationskräfte in Richtung ihres Zentrums wirken. Wenn es nicht zu einem gravitationsbedingten inneren Kollaps kommen soll, muß dieser immensen Kraft eine ausgleichende, von innen nach außen gerichtete Kraft entgegenwirken – in Form von Wärme und Strahlungsenergie. Je massereicher ein Stern, desto höher müsse die zur Neutralisierung der Schwerkraft benötigte Kerntemperatur sein. Um diesen hohen Temperatur- und Strahlungsdruck aufrecht zu erhalten, müssen die massereicheren Sterne mehr Verbrennungsenergie pro Zeiteinheit produzieren; das heißt, sie werden heller leuchten als Sterne von geringerer Masse. Dies ist die *Masse-Leuchtkraft-Beziehung*. Es ist eine sehr aussagekräftige Beziehung, insofern als die Leuchtkraft sich proportional zur Masse verändert, aber in der sechsten oder siebenten Potenz. Einer dreimal größeren Masse beispielsweise entspricht also eine um das 3^6fache oder das 3^7fache, d. h. eine etwa um das 750fache größere Helligkeit.
Daraus folgt, daß die massereichen Sterne verschwenderisch mit ihrem Wasserstoffvorrat umgehen und eine kürzere Lebensdauer haben. Unsere Sonne verfügt über genügend Wasserstoff, daß sie davon, eine gleichmäßige Strahlungsintensität auf ihrem gegenwärtigen Niveau vorausgesetzt, etliche Milliarden Jahre zehren kann. Ein heller Stern wie Capella hingegen müßte nach etwa 20 Millionen Jahren ausgebrannt sein, und einige der hellsten Sterne, Rigel beispielsweise, haben nach allem, was wir wissen, eine Lebensdauer von höchstens 1 oder 2 Millionen Jahre. Das heißt, daß die allerhellsten Sterne an unserem Himmel sehr jung sein müssen. Es ist sehr wahrscheinlich, daß heute noch neue Sterne entstehen – in Bereichen des Universums, wo genügend kosmischer

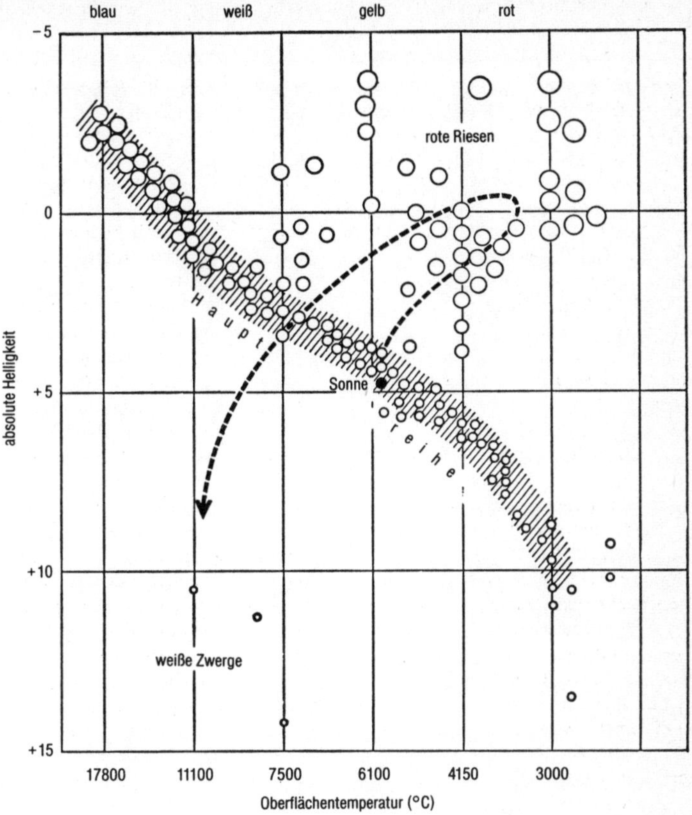

Das Hertzsprung-Russell-Diagramm. Die gestrichelte Linie symbolisiert den Lebensweg eines Sterns. Die Größenunterschiede zwischen den Sternen sind lediglich schematisch angedeutet und entsprechen nicht den wirklichen Relationen.

Staub vorhanden ist, um das Rohmaterial dafür zu liefern.

In der Tat spürte 1955 der amerikanische Astronom George Herbig im Staub des Orion-Nebels zwei Sterne auf, die auf den einige Jahre vorher aufgenommenen Fotografien dieser Region nicht sichtbar waren. Es ist denkbar, daß diese Sterne gleichsam unter unseren Augen geboren werden.

Bis zur Mitte der 60er Jahre hatten die Astronomen Hunderte von Sternen lokalisiert, die so kühl waren, daß sie nur sehr schwach leuchteten. Aufgespürt wurden diese Sterne aufgrund ihrer Infrarot-Strahlung; deshalb, und weil sie aus großen Materiemengen geringer Dichte bestehen, heißen sie *Infrarote Riesen*. Wahrscheinlich handelt es sich um Ansammlungen von Staub und Gas, die sich gegenwärtig allmählich verdichten und sich dabei erhitzen. Irgendwann werden sie heiß genug werden, um zu leuchten; ob sie sich dann an irgendeinem Punkt der Entwicklung der Hauptreihe anschließen werden, hängt von der Gesamtmasse der in ihnen enthaltenen Materie ab.

Der nächste Erkenntnisfortschritt in der Wissenschaft von der Entwicklung der Sterne ergab sich bei der Analyse von in Kugelhaufen organisierten Sternen. Die Sterne eines solchen Haufens sind alle ungefähr gleich weit von uns entfernt, so daß ihre scheinbare Helligkeit ihrer absoluten Leuchtkraft proportional ist (genau wie bei den Cepheiden der beiden Magellanschen Wolken). Diese Sterne können, da ihre Helligkeit bekannt ist, in ein H-R-Diagramm eingetragen werden. Dabei ergibt sich, daß die kühleren unter ihnen (die ihren Wasserstoffvorrat nur langsam verbrennen) auf der Hauptreihe liegen, während die heißeren dazu neigen, »auszureißen«. Entsprechend ihrer forcierten Verbrennung und ihrer raschen Alterung durchlaufen sie eine charakteristische, mehrere Zustandsänderungen beinhaltende Entwicklungslinie – zuerst in Richtung der Roten Riesen und dann zurück, die Hauptreihe kreuzend, in das Feld der Weißen Zwerge (*siehe Abb.* S. 59).

Aufbauend auf diese Erkenntnisse und auf gewisse theoretische Überlegungen hinsichtlich der Art und Weise, wie subatomare Teilchen sich bei hohen Temperaturen und Drücken miteinander verbinden können, hat Fred Hoyle ein detailliertes Bild vom Lebenslauf eines Sterns gezeichnet. Seiner Darstellung zufolge verändert ein Stern in der Frühphase seines Daseins seine Größe und Temperatur kaum. (In diesem Stadium befindet sich gegenwärtig und auch noch auf lange Sicht unsere Sonne.) In seinem extrem heißen Inneren wird ständig Wasserstoff zu Helium verbrannt, das sich im Sternzentrum ansammelt; diese Phase heißt *Wasserstoffverbrennung*. Wenn dieser Heliumkern eine bestimmte Größe erreicht hat, tritt der Stern in eine Phase dramatischer Größen- und Temperaturveränderungen ein: Seine Oberflächentemperatur kühlt ab und er bläht sich auf ein Vielfaches seiner bisherigen Größe auf. Anders gesagt: Er springt aus der Hauptreihe heraus und bewegt sich auf das Stadium eines Roten Riesen zu. Je massereicher ein Stern ist, desto schneller erreicht er diesen Zustand. In den Kugelhaufen haben die massereichsten Sterne schon unterschiedlich große Teile dieses Weges hinter sich.

Trotz seiner geringeren Temperatur strahlt ein Stern im Stadium des Roten Riesen dank seiner stark vergrößerten Oberfläche mehr Hitze ab als zuvor. In einer sehr fernen Zukunft, wenn unsere Sonne die Hauptreihe verlassen wird, oder vielleicht schon ein Weilchen vorher, wird sie so viel Hitze produzieren, daß auf der Erde kein Leben mehr existieren kann. Bis dahin vergehen aber noch Milliarden von Jahren.

Welcher Art ist nun aber im einzelnen der im Heliumkern ablaufende Prozeß, der das Anschwellen zu einem Roten Riesen verursacht? Hoyle hielt es für wahrscheinlich, daß der Heliumkern sich beständig verdichtet und sukzessive sich bis zu einer Temperatur erhitzt, bei der die Heliumkerne zu Kohlenstoffkernen verschmelzen; dieser Prozeß, die *Heliumverbrennung*, setzt zusätzliche Fusionsenergie frei. 1959 demonstrierte der amerikanische Physiker David E. Alburger im Laboratorium, daß diese Reaktion tatsächlich stattfinden kann. Es ist eine sehr selten auftretende und unwahrscheinliche Reaktion, aber ein Roter Riese enthält so viele Heliumatome, daß genügend Kernverschmelzungen dieser Art möglich sind, um die nötigen Energiemengen zu produzieren.

Dabei läßt es Hoyle aber nicht bewenden. Der neu gebildete Kohlenstoffkern heizt sich noch weiter auf, und es beginnen sich durch Kernfusion noch komplexere Atome, beispielsweise Sauerstoff- und Neonatome zu bilden. Im Zuge dieser Vorgänge verdichtet sich der Stern und wird auch als ganzer wieder heißer; er bewegt sich wieder auf die Hauptreihe zu. Inzwischen haben sich im Sterninneren eine Reihe konzentrischer Schalen gebildet, ähnlich wie bei einer Zwiebel. Der Wasserstoff-Neon-Kern ist eingeschlossen von einer Kohlenstoffschale, diese wiederum von einer Heliumschale, und um das Ganze hüllt sich eine äußere Schale aus noch nicht fusioniertem Wasserstoff.

Verglichen mit seinem langen Dasein als Wasserstoff-Fusionsreaktor, befindet sich der Stern, der dieses Stadium erreicht hat, auf einem hektischen Husarenritt durch die ihm noch verbleibenden Zyklen der Energieproduktion. Er kann seinen Stoffwechselbetrieb nicht mehr lange aufrechterhalten, denn die Heliumfusion und alle im Anschluß an sie möglichen weiteren Fusionen zu schwereren Atomkernen erzeugen zwanzigmal weniger Energie als die erste, die Wasserstoff-Helium-Fusion. In verhältnismäßig kurzer Zeit erreicht der Stern einen Punkt, an dem er nicht mehr in der Lage ist, die zum Ausgleich des von außen nach innen wirkenden Schwerkraftdrucks benötigte Strahlungsmenge zu produzieren, und es setzt eine sich beschleunigende Kontraktion ein. Der Stern schrumpft aber nicht nur auf seine ursprüngliche, normale Größe, sondern zieht sich weiter zusammen und wird zum Weißen Zwerg.

Im Zuge der Kontraktion können die äußersten Schichten oder Schalen des Sterns sich ablösen oder sogar, infolge der sich bei der Zusammenziehung entwickelnden Hitze, regelrecht abgesprengt werden. Weiße Zwerge sind daher von einem expandierenden Gasmantel eingehüllt; durch das Teleskop können wir diese Hülle erkennen, allerdings nur an den Rändern, wo sich das Gas, bedingt durch die sphärische Krümmung, scheinbar verdichtet. Es sieht daher so aus, als ob die Weißen Zwerge von einer Art »Dunstreifen« aus gasförmiger Materie umgeben seien. Diese Hüllen werden als *Planetarische Nebel* bezeichnet, weil sie sich wie die sichtbar gemachte Umlaufbahn eines Planeten um den Stern spannen. Je weiter ein solcher Gasring sich ausdehnt, desto dünner und durchsichtiger wird er, bis er sich schließlich verliert; übrigbleibt dann ein Weißer Zwerg vom Typ des Sirius B, bei dem keine Spur mehr von einer Gashülle zu entdecken ist.

Die Entwicklung zum Weißen Zwerg geht, wenn sie auf diese Weise verläuft, ziemlich friedlich und unauffällig vor sich; ein solcher verhältnismäßig friedlicher »Tod« ist für Sterne wie unsere Sonne sowie für Sterne geringerer Größe vorprogrammiert. Allerdings ist ihre Entwicklung noch nicht abgeschlossen, wenn sie das Stadium des Weißen Zwerges erreicht haben; sie können vielmehr, wenn keine Störung eintritt, über lange Zeiträume hinweg auf »Sparflammen-Niveau« weiterexistieren – in einer Art Koma. In dieser Phase kühlen sie allmählich weiter ab, bis sie schließlich, nach vielen Milliarden von Jahren, ihre Leuchtkraft ganz verlieren; damit werden sie zu *Schwarzen Zwergen* und haben in diesem Zustand noch einmal etliche Jahrmilliarden vor sich.

Gehört ein Weißer Zwerg als »Sozius« einem Doppelstern-System an, wie es bei Sirius B und Prokyon B der Fall ist, und ist der Partnerstern ein Hauptreihenstern und umkreist relativ nahe den Weißen Zwerg, dann können aufregende Dinge passieren. Wenn sich nämlich der Hauptreihenstern im Zuge seiner eigenen Entwicklung ausdehnt, kann sich Materie aus seiner äußersten Schicht unter dem Einfluß des starken Gravitationsfeldes des Weißen Zwergs ablösen und in eine Umlaufbahn um diesen einschwenken. Teile davon wiederum können sich, auf einer sich spiralförmig verengenden Umlaufbahn, der Oberfläche des Weißen Zwerges nähern und schließlich in diesen eintauchen; die bei einem solchen Einschlag entstehende Reibungswärme kann so groß sein, daß sie Fusionsreaktionen ermöglicht; in diesem Fall würde schlagartig eine mehr oder weniger große Menge von Strahlungsenergie frei. Wenn eine besonders große Materiemenge auf der Oberfläche des Weißen Zwerge einschlägt, ist die Energieemission leicht groß genug, um von der Erde aus sichtbar zu sein – die Astronomen sprechen dann von einer Nova. Ein solcher Vorgang kann sich natürlich wiederholen, und tatsächlich sind »wiederkehrende Novae« bereits beobachtet worden.

Wie verhält es sich nun aber mit den Supernovae? Wie kommen sie zustande? Um dies zu ergründen, müssen wir unser Augenmerk denjenigen Sternen zuwenden, die eine erheblich größere Masse besitzen als unsere Sonne. Solche Sterne sind verhältnismäßig selten (wie bei allen Arten von Himmelskörpern die großen Exemplare seltener sind als die kleinen); wahrscheinlich kommt auf jeweils 30 Sterne nur einer, der erheblich größer ist als unsere Sonne. Wenn diese Zahl stimmt, gibt es in unserer Galaxis allerdings immerhin rund 7 Milliarden solcher Riesensterne.

Bei massereichen Sternen ist der gravitationsbedingte, auf den Kern einwirkende Kompressionsdruck größer als bei Sternen mit geringerer Masse. Demzufolge ist die Kerntemperatur höher und ermöglicht Fusionsreaktionen über die Sauerstoff-Neon-Stufe hinaus, die bei kleineren Sternen das Endstadium bildet. Die Neonkerne können zu Magnesiumkernen fusionieren, diese können wiederum zu Silizium- und diese schließlich zu Eisenatomen verschmelzen. In einem späten Stadium seiner Entwicklung kann ein solcher Stern aus mehr als einem halben Dutzend konzentrischer Schalen aufgebaut sein, in denen jeweils ein anderer Fusionsbrennstoff verzehrt wird. Die Kerntemperatur dürfte in diesem Stadium einen Wert von 3 bis 4 Milliarden Grad erreicht haben. Wenn sich in einem Stern erst einmal Eisenatome bilden, so ist eine *Sackgasse* seiner Entwicklung erreicht, denn der Kern des Eisenatoms repräsentiert ein Maximum an Stabilität und ein Minimum an Energieinhalt. Eisenatome können nur durch Zufuhr von Energie in andere, sei es komplexere oder weniger komplexe, Atome umgewandelt werden. Dazu kommt, daß in dem Maße, wie sich mit zunehmender Lebensdauer eines Riesensterns dessen Kerntemperatur erhöht, der von innen nach außen wirkende Strahlungsdruck zunimmt, und zwar proportional mit der vierten Potenz zur Temperatur. Das heißt, wenn die Temperatur sich

verdoppelt, steigert sich der Strahlungsdruck auf das Sechzehnfache, und das Gleichgewicht zwischen ihm und dem in umgekehrter Richtung wirkenden Gravitationsdruck wird noch prekärer. Schließlich kann die Kerntemperatur, so die Theorie Hoyles, so hoch steigen, daß die Eisenatome sich in Heliumkerne spalten. Dieser Prozeß erfordert aber, wie soeben ausgeführt, eine Zufuhr von Energie. Die einzige Quelle, aus der der Stern in dieser Phase noch Energie beziehen kann, ist sein Gravitationsfeld. Wenn er sich zusammenzieht, kann die dabei freiwerdende Energie dazu dienen, die Aufspaltung der Eisen- in Heliumatome herbeizuführen. Dies erfordert freilich einen so enormen Energieaufwand, daß der Stern schlagartig auf einen Bruchteil seines bisherigen Volumens zusammenschrumpfen muß – und dies, so hat Hoyle errechnet, in einem Zeitraum von etwa einer Sekunde.
Stürzt ein Stern auf diese Weise in sich zusammen, hat das natürlich drastische Folgen für seine massereichen äußeren Schalen, die ja, anders als der Kern, nicht aus Eisenatomen bestehen, d. h. noch nicht einen Zustand maximaler Stabilität erreicht haben. In dem Augenblick, in dem diese Schichten nach innen stürzen und ihre Temperatur sich schlagartig erhöht, geraten alle die noch verschmelzungsfähigen Elemente augenblicklich »in Brand«. Die Folge ist eine Explosion, die den äußeren Materiemantel vom Kern des Sterns absprengt. Eine solche Explosion bezeichnen wir als *Supernova*. Aus einer solchen Explosion entstand der Crab-Nebel.
Die im Gefolge einer Supernova-Explosion in den Raum geschleuderte Materie ist von enormer Bedeutung für die Entwicklung des Universums. Zum Zeitpunkt des Urknalls bildeten sich lediglich Wasserstoff- und Heliumatome. Im Zentrum der Sterne fusionieren daraus andere, komplexer aufgebaute Atome, bis hinauf zum Eisen. Wenn es keine Supernova-Explosionen gäbe, würden diese komplexeren Atome in den Sternkernen verbleiben bzw. später in den Weißen Zwergen auf unbestimmte Zeit vergraben. Allenfalls geringe Mengen davon würden, als Bestandteile Planetarischer Nebel, im Universum verstreut.
Bei einer Supernova-Explosion hingegen wird Materie aus den inneren Schichten des explodierenden Sterns in den Raum geschleudert. Durch die ungeheure Energie der Explosion könnten sich sogar Atome mit noch höherer Atomzahl als Eisen, bis hinauf zu den Transuranen, bilden.
Diese in den Raum geschleuderte Materie kann sich mit den dort vorhandenen Staub- und Gaswolken vermischen und mit ihnen zusammen das Rohmaterial für die Bildung neuer Sterne abgeben; solche Sterne der *zweiten Generation* würden dann von vornherein beträchtliche Anteile an Eisen und anderen metallischen Elementen aufweisen. Unsere Sonne ist wahrscheinlich ein solcher Stern zweiter Generation, wesentlich jünger als die Sterne, aus denen sich einige der staubfreien Kugelhaufen zusammensetzen. Diese Sterne der ersten Generation weisen einen geringen Metall- und einen hohen Wasserstoffgehalt auf. Die Erde, die sich aus den gleichen Sternresten gebildet haben dürfte wie die Sonne, ist außerordentlich reich an Eisen – Eisen, das wahrscheinlich aus dem Kern eines Sterns stammt, der vor vielen Milliarden von Jahren explodiert ist.
Was aber wird aus dem schrumpfenden Kern eines Sterns, der als Supernova explodiert? Ein Weißer Zwerg? Werden aus größeren, massereicheren Sternen einfach schwerere, massereichere Weiße Zwerge?
Der erste negative Hinweis darauf, daß wir also nicht damit rechnen können, immer massereichere Weiße Zwerge zu entdecken, ergab sich 1939, als der indische Astronom Subrahmanyan Chandrasekhar, der am Yerkes-Observatorium in Wisconsin tätig war, aus Berechnungen den Schluß zog, daß kein Stern, der über mehr als das 1,4fache der Masse unserer Sonne verfügt (man bezeichnet diesen Wert heute als *Chandrasekhar-Grenze*), auf die von Hoyle beschriebene »normale« Weise zu einem Weißen Zwerg werden kann. In der Tat liegt die Masse aller bisher gefundenen Weißen Zwerge unterhalb der Chandrasekhar-Grenze.
Die physikalische Begründung der Chandrasekhar-Grenze läßt sich wie folgt zusammenfassen: Die zwischen den Elektronen (subatomaren Teilchen, auf die in Kapitel 7 ausführlich eingegangen wird) der Atomkerne wirksamen Abstoßungskräfte verhindern von einem bestimmten Punkt an ein weiteres Zusammenschrumpfen des Weißen Zwerges. Mit steigender Masse nimmt jedoch der Schwerkraftdruck zu; beim 1,4fachen der Masse der Sonne ist die Grenze erreicht, jenseits derer die Abstoßungskräfte der Elektronen nicht

mehr ausreichen und der Weiße Zwerg zu einem noch kleineren und dichteren Stern kollabiert; in diesem Zustand sind die subatomaren Teilchen gleichsam hautnah aneinandergerückt. Die Existenz solcher superdichten Sterne wurde zunächst nur theoretisch postuliert; daß es sie im Universum tatsächlich gibt, konnte erst nachgewiesen werden, als neue Methoden zur Enträtselung des Kosmos zur Verfügung standen, die sich die Tatsache zunutze machten, daß es außer dem sichtbaren Licht auch noch andere Arten von Strahlen gibt.

Neue Fenster zum Universum

Die großartigsten Werkzeuge der Wissenseroberung sind ein intelligenter Verstand und eine unersättliche Neugierde, die ihn vorwärts treibt. Forschende Geister haben immer wieder neue Instrumente hervorgebracht, mit deren Hilfe neue Horizonte erschlossen werden konnten, die für uns, stünden uns nur unsere naturgegebenen Sinnesorgane zur Verfügung, unzugänglich bleiben müßten.

Das Fernrohr

Das bekannteste Beispiel ist die Flut neuer Erkenntnisse, die sich nach der Erfindung des Fernrohrs im Jahr 1609 einstellte. Das Fernrohr ist im Grunde nichts anderes als ein vergrößertes und damit leistungsfähigeres Auge. Die Pupille des menschlichen Auges mißt einen knappen Zentimeter im Durchmesser; das 5-m-Teleskop auf dem Mount Palomar hat eine Lichteinfallfläche von über 20 m^2. Das bedeutet, daß dieses Teleskop einen Stern etwa eine Million mal heller »sieht« als das bloße menschliche Auge. 1948 in Betrieb genommen, ist das Palomar-Teleskop bis heute das größte in den USA benutzte geblieben. In der Sowjetunion wurde 1976 ein Teleskop mit einem Spiegeldurchmesser von 6 Metern in Dienst gestellt; es befindet sich in einem Observatorium im Kaukasus.

Damit scheint die maximale Größe für Teleskope dieser Art erreicht; das sowjetische Teleskop hat sogar die Erwartungen enttäuscht. Man kann jedoch die Leistung von Teleskopen auf andere Weise verbessern als dadurch, daß man sie einfach noch größer macht. In den 50er Jahren entwickelte Merle A. Ture eine Bildwandlerröhre, die in der Lage war, schwache, von einem Teleskop eingefangene Lichtsignale elektronisch um den Faktor Drei zu verstärken. Gruppen aufeinander abgestimmter kleinerer Teleskope können im Zusammenwirken Bilder produzieren, die den von einem einzelnen großen Teleskop erzeugten ebenbürtig sind. Sowohl in den USA als auch in der Sowjetunion ist man dabei, Anlagen nach diesem Prinzip zu errichten, die an Leistungsfähigkeit die besten Großteleskope weit übertreffen sollen. Eine weitere mögliche Variante wäre ein in einer Umlaufbahn um die Erde stationiertes Großteleskop, das, ungestört von atmosphärischen Einflüssen, den Himmel absuchen und klarere Bilder liefern könnte als jedes auf der Erde aufgestellte Teleskop. Dafür gibt es bereits konkrete Planungen.

Vergrößerung und Lichtverstärkung sind indes nicht alles, was die modernen Teleskope zu bieten haben. Eine erste Voraussetzung dafür, daß aus einem einfachen Gerät zur Sammlung und Bündelung von Lichtstrahlen ein Arsenal von Instrumenten mit viel weitergehenden Möglichkeiten entwickelt werden konnte, schuf im Jahr 1666 Isaac Newton mit seiner Entdeckung, daß Licht sich in ein, wie er es nannte, *Farbenspektrum* zerlegen ließ. Er lenkte einen Sonnenstrahl durch einen dreieckig geformten Glaskörper, ein Prisma, und stellte fest, daß der Strahl sich in ein vielfarbiges Streifenmuster auffächerte, das sich aus den Farben Rot, Orange, Gelb, Grün, Blau und Violett zusammensetzte, wobei die Übergänge von einer Farbe zur nächsten jeweils fließend waren *(Abb.)*. (Das Phänomen als solches war den Menschen natürlich seit jeher vertraut – in Gestalt des Regenbogens, der dadurch entsteht, daß das Sonnenlicht von Wassertropfen, die wie winzige Prismen wirken, gebrochen wird.)

Was Newton zeigte, war, daß Sonnenlicht oder weißes Licht ein Gemisch aus vielen Arten von Lichtstrahlen ist (von Lichtwellen unterschiedli-

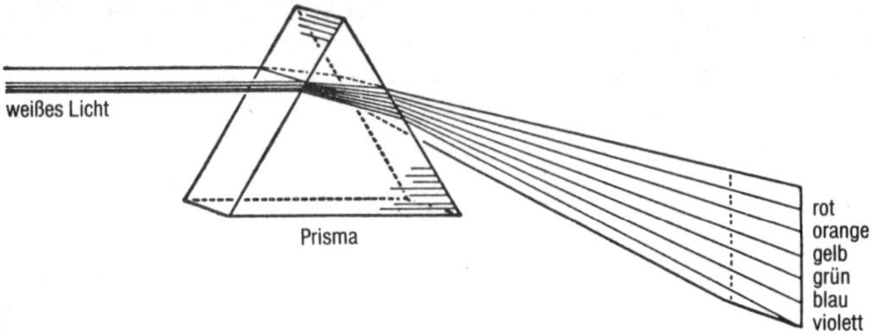

Die experimentelle Anordnung, mit der Newton das Spektrum des Sonnenlichts entdeckte.

cher Wellenlänge, wie man später erkannte), die sich dem Auge als ebenso viele unterschiedliche Farben darstellten. Ein Prisma zerlegt weißes Licht deshalb in seine einzelnen Farbanteile, weil Lichtstrahlen beim Übergang von Luft in Glas und von Glas in Luft abgelenkt oder *gebrochen* werden und weil das Ausmaß dieser Brechung sich mit der Wellenlänge verändert – je kürzer die Wellenlänge, desto größer der Brechungswinkel. Das kurzwellige violette Licht wird am stärksten gebeugt, das längerwellige rote am wenigsten.
Dieses Phänomen liefert unter anderem eine Erklärung für einen schwerwiegenden Mangel der früheren Fernrohre: daß nämlich Objekte, die man durch sie betrachtete, stets von störenden, farbigen Ringen umgeben waren, die nichts anderes waren als künstliche »Regenbögen«, erzeugt durch die teilweise Brechung und Streuung des Lichts beim Durchgang durch die Linsen.
Newton mußte zu seinem großen Verdruß einsehen, daß dieser unerwünschte Effekt sich nicht ausschalten ließ, solange man Linsen, gleich welcher Art, verwendete. Er entwarf und baute daher ein »reflektierendes« Fernrohr oder *Teleskop,* bei dem anstelle einer Linse ein parabolischer Spiegel die Vergrößerung übernahm. Durch die *Reflexion* wurde die Lichtbrechung umgangen, so daß kein Streulicht und demzufolge auch keine »Regenbögen« auftreten konnten.
Im Jahr 1757 fertigte der englische Optiker John Dollond Linsen aus zwei verschiedenen Glasarten an, von denen jedes das Streulicht des anderen neutralisierte. Damit war eine Methode gefunden, wie man *achromatische* (d. h. keine Spektralfarben produzierende) Linsensysteme bauen konnte. Mit der Verwendung solcher Linsen gewannen die Fernrohre wieder an Beliebtheit. Das größte Linsenfernrohr wurde 1897 für das Yerkes-Observatorium gebaut; seine Linse hat eine Brennweite von ca. 1 m. Linsenfernrohre mit noch größeren Brennweiten sind seither weder gebaut worden, noch ist es wahrscheinlich, daß sie in Zukunft gebaut werden, denn die Linsen würden so viel Licht verschlucken, daß dadurch ihre höhere Vergrößerungsleistung zunichte gemacht würde. Die großen Hochleistungsfernrohre von heute sind daher durchwegs Spiegelteleskope; die reflektierende Oberfläche eines Spiegels absorbiert nur sehr wenig Licht.

Das Spektroskop

Im Jahr 1814 machte der deutsche Optiker Joseph von Fraunhofer dort weiter, wo Newton aufgehört hatte. Er lenkte einen Sonnenstrahl durch einen schmalen Schlitz und anschließend durch ein Prisma. Das Spektrum, das sich dabei ergab, setzte sich im Grunde aus zahlreichen, einander überlappenden Abbildern des Schlitzes, jeweils in der für eine bestimmte Wellenlänge spezifischen Farbe, zusammen. Die Fraunhoferschen Prismen waren so exakt gefertigt und erzeugten so klare Abbilder des Schlitzes, daß man erkennen konnte, daß einige der Schlitzabbildungen fehlten. Fehlte ein bestimmter Wellenlängenbereich im Sonnenlicht, erschien an der dieser Wellenlänge entsprechenden Stelle des Auffangschirms kein Abbild des Schlitzes; statt dessen wurde das Spektrum dort von einer dunklen Linie unterbrochen.
Fraunhofer vermaß die genaue Lage aller dunklen Linien, die er im Sonnenspektrum fand, und zeichnete sie auf; er registrierte über 700 solcher Linien. Sie heißen seither *Fraunhofersche Linien.* 1842 wurden die Linien des Sonnenspektrums von dem französischen Physiker Alexandre E. Bec-

quercl erstmals fotografiert. Die Technik der Fotografie erleichterte das Studium der Spektrallinien erheblich; mit Hilfe modernster Instrumente sind mittlerweile 30000 dunkle Linien im Sonnenspektrum entdeckt und ihre Wellenlängen gemessen worden.

In den 1850er Jahren begannen einige Wissenschaftler mit dem Gedanken zu spielen, die Spektrallinien könnten vielleicht für die in der Sonne vorhandenen chemischen Elemente charakteristisch sein. Es schien denkbar, daß die dunklen Linien daher rührten, daß bestimmte Elemente Lichtstrahlen der betreffenden Wellenlänge absorbierten, und daß umgekehrt die hellen Teile des Spektrums solche Wellenlängen repräsentierten, die für das von bestimmten Elementen abgestrahlte Licht charakteristisch waren. In den Jahren nach 1859 entwickelten die deutschen Chemiker Robert Wilhelm Bunsen und Gustav Robert Kirchhoff ein Verfahren zur Identifizierung chemischer Elemente aufgrund ihrer charakteristischen Spektrallinien. Sie erhitzten verschiedene Stoffe, bis sie zu glühen begannnen, fächerten ihr Licht mit Hilfe eines Prismas in Spektren auf, stellten mit Hilfe einer auf dem Auffangschirm angebrachten Skala die genaue Lage der Spektrallinien fest (die sich in diesem Fall als helle, farbige *Emissionslinien* auf dunklem Hintergrund abzeichneten) und ordneten jede Linie einem bestimmten Element zu. Rasch stellte sich heraus, daß es mit diesem *Spektroskop* möglich war, anhand von Spektrallinien, die sich keinem der bekannten Elemente zuordnen ließen, die Existenz neuer Elemente vorauszusagen bzw. nachzuweisen. Bunsen und Kirchhoff entdeckten auf diese Weise die Elemente Cäsium und Rubidium.

Die Wissenschaftler setzten das Spektroskop sogleich auch zur Analyse des von der Sonne und den Sternen ausgesandten Lichts ein und gewannen bald eine erstaunliche Fülle neuer Erkenntnisse, unter anderem über die chemische Zusammensetzung der Himmelskörper. 1862 wies der schwedische Astronom Anders Jonas Ångström nach, daß es auf der Sonne Wasserstoff gab, indem er im Sonnenlicht die für Wasserstoff charakteristischen Spektrallinien fand.

Auch als Bestandteil der Sterne läßt sich Wasserstoff spektroskopisch nachweisen; es gibt allerdings bei den Sternspektren eine große Variationsbreite, bedingt durch Unterschiede in der chemischen Zusammensetzung und durch andere Faktoren. Die Sterne lassen sich, in Abhängigkeit von der allgemeinen Charakteristik ihres Spektrallinienmusters, sogar in Klassen einteilen. Eine solche Klassifizierung nahm als erster der italienische Astronom Pietro Angelo Secchi im Jahr 1867 vor; sein Katalog umfaßte rund 4000 Sternspektren. Der amerikanische Astronom Edward Charles Pickering studierte bis in die 1890er Jahre hinein die Spektren von Zehntausenden von Sternen und verfeinerte das von Secchi eingeführte Klassifikationsschema erheblich – zwei Frauen, Annie J. Cannon und Antonia C. Maury, assistierten ihm bei dieser mühevollen Fleißarbeit.

Secchi hatte für die einzelnen Spektralklassen eine Kennzeichnung durch Großbuchstaben in alphabetischer Reihenfolge eingeführt; als später immer genauere Meßergebnisse vorlagen, wurde es erforderlich, die Reihenfolge umzustellen, um die Spektralklassen in eine systematische Ordnung zu bringen. Wenn man als Ordnungskriterium die Temperatur eines Sterns nimmt, ergibt sich, nach abnehmender Temperatur geordnet, folgende Reihenfolge der Spektralklassen: O, B, A, F, G, K, M, R, N und S. Jede dieser Klassen ist wiederum in zehn mit arabischen Ziffern (0 bis 9) bezeichnete Unterklassen eingeteilt. Die Sonne ist ein Stern von mittlerer Temperatur und gehört der Spektralklasse G0 an, Alpha Centauri der Spektralklasse G2. Der etwas heißere Prokyon ist ein Stern der Klasse F5, der wesentlich heißere Sirius gehört der Klasse A0 an.

Ebenso wie auf der Erde, konnten mit dem Spektroskop auch im Weltraum neue Elemente identifiziert werden. 1868 beobachtete der französische Astronom Pierre J. C. Janssen in Indien eine totale Sonnenfinsternis und berichtete anschließend, er habe dabei eine Spektrallinie entdeckt, die sich mit keiner der von irgendeinem der bekannten Elemente hervorgerufenen Linien decke. Der englische Astronom Sir Norman Lockyer nahm als sicher an, daß diese Linie von einem unbekannten Element stammte und nannte dieses Element *Helium* (griechisches Wort für Sonne). Erst dreißig Jahre später wurde Helium auf der Erde identifiziert.

Das Spektroskop wurde schließlich auch als Instrument zur Messung der Radialgeschwindigkeit von Sternen und zur Erforschung zahlreicher weiterer Phänomene eingesetzt – der magnetischen

Eigenschaften von Sternen, ihrer Temperatur, ihres »Familienstandes« (d. h. ob es sich um Einzel- oder Doppelsterne handelte) usw.
Die Spektrallinien verhalfen darüber hinaus zu erweiterten Erkenntnissen über den Atomaufbau, Erkenntnisse, die allerdings erst nach der Jahrhundertwende wissenschaftlich fruchtbar gemacht werden konnten, als man Aufschluß über die subatomaren Teilchen gewonnen hatte. So zeigte beispielsweise der deutsche Physiker Johann Jakob Balmer 1885, daß Wasserstoff eine strukturierte Serie von Linien produziert, deren Abstände sich mittels einer einfachen Formel beschreiben lassen. Diese Erkenntnis wurde eine Generation später für die Erarbeitung eines wichtigen theoretischen Modells der Struktur des Wasserstoffatoms genutzt *(siehe Kap. 5)*.
Lockyer zeigte, daß die von einem bestimmten Element erzeugten Spektrallinien sich bei hohen Temperaturen verschieben. Dies deutete auf Veränderungen im atomaren Bereich hin. Auch diese Erkenntnis blieb so lange ohne greifbaren Nutzen, bis man wußte, daß ein Atom sich aus kleineren Teilchen zusammensetzt, von denen manche bei sehr hohen Temperaturen fortgeschleudert werden, wodurch sich die atomare Struktur und damit die Anordnung der von dem betreffenden Atom erzeugten Spektrallinien verändern. (Solche veränderten Linien wurden zuweilen als Belege für die Entdeckung eines neuen Elements mißverstanden; allein das Helium blieb das einzige Element, das nicht auf der Erde, sondern im Sonnenspektrum entdeckt wurde.)

Fotografie

Als der französische Künstler Louis J. M. Daguerre 1830 seine ersten *Daguerreotypien* herstellte und damit die Fotografie erfand, entwickelte sich auch diese bald zu einem unschätzbar wichtigen Werkzeug der astronomischen Forschung. Im Laufe der 1840er Jahre fotografierten mehrere amerikanische Astronomen den Mond, und eines der dabei zustande gekommenen Bilder, aufgenommen von George Phillips Bond, erregte bei der Großen Weltausstellung von London im Jahr 1851 riesiges Aufsehen. Auch die Sonne wurde fotografiert: 1860 gelang Secchi die erste Fotografie einer totalen Sonnenfinsternis. 1870 stand, dank der dafür gelieferten fotografischen Beweise, fest, daß die Korona und die Protuberanzen der Sonne angehören und nicht etwa dem Mond.
In den 50er Jahren begannen die Astronomen damit, auch Planeten und Fixsterne zu fotografieren. Dank der Pionierarbeiten des schottischen Astronomen David Gill gehörte die Sternfotografie von 1887 an zum kleinen Einmaleins der Astronomie. Die Fotografie war auf dem besten Wege, dem menschlichen Auge, soweit es die Beobachtung des Universums anging, den Rang abzulaufen.
Die Technik der fotografischen Fixierung der von Teleskopen gelieferten Bilder verbesserte sich ständig. Ein praktisches Problem bestand darin, daß die leistungsstarken Großteleskope immer nur einen sehr kleinen Bereich des Himmels abbilden. Wenn man versuchte, diesen Bereich zu vergrößern, schlichen sich an den Rändern des Bildes Verzerrungen ein. 1930 entwickelte der russisch-deutsche Optiker Bernhard Schmidt ein Verfahren, mit dem man, durch Einsetzung einer Korrekturlinse, solche Verzerrungen vermeiden konnte. Dieses Verfahren erlaubte es, einen größeren Teil des Himmels auf einen Streich zu fotografieren und das so erhaltene Bild nach interessanten Objekten abzusuchen, die man dann, direkt durchs Teleskop, näher analysieren kann. Man bezeichnet die mit der Korrekturlinse ausgestatteten Teleskope, da sie fast ausschließlich für fotografische Arbeiten verwendet werden, als Schmidt-Kameras.
Die größten derzeit im Gebrauch befindlichen Schmidt-Kameras stehen in Tautenberg in der DDR (135 cm, seit 1960 in Betrieb) und im Mount Palomar-Observatorium (122 cm). Die drittgrößte (100 cm) wurde 1961 an einem Observatorium in der Armenischen Sowjetrepublik in Betrieb genommen.
Um das Jahr 1800 herum führte Wilhelm Herschel (der Astronom, der als erster ein zutreffendes Bild von der Gestalt unserer Galaxis zeichnete) ein sehr einfaches, aber interessantes Experiment durch. Er lenkte einen Sonnenstrahl durch ein Prisma und brachte dort, wo das rote Ende des Spektrums zu Ende war, ein Thermometer an. Die Quecksilbersäule stieg hoch! Das konnte nur heißen, daß es außerhalb des sichtbaren Spektrums eine unsichtbare Strahlung gab. Die Strahlung, die Herschel auf diese Weise entdeckt hatte, wurde als *Infrarotstrahlung* (infra = unterhalb) bekannt. Wie wir heute

wissen, entfallen nicht weniger als 60% der von der Sonne ausgesandten Strahlung auf den infraroten Bereich.
Der deutsche Physiker Johann Wilhelm Ritter untersuchte 1801 das entgegengesetzte Ende des Spektrums. Er ging von dem bekannten Phänomen aus, daß Silbernitrat unter dem Einfluß blauen oder violetten Lichts metallisches Silber abscheidet, das eine schwärzliche Farbe annimmt. Er entdeckte nun, daß diese Reaktionen auch dann – und noch schneller – abliefen, wenn er das Silbernitrat der Strahlung aussetzte, die sich jenseits des violetten Lichts an das Spektrum der sichtbaren Farben anschloß. Damit hatte Ritter das entdeckt, was wir heute als *ultraviolettes Licht* (ultra = jenseits) oder *UV-Strahlung* bezeichnen. Herschel und Ritter hatten somit das altehrwürdige Spektrum nach beiden Seiten erweitert und waren in neue Strahlenwelten vorgestoßen.
Diese neue Welten bargen (und bergen noch) zahlreiche Geheimnisse. Der für das Auge unsichtbare ultraviolette Anteil des Sonnenspektrums läßt sich mit fotografischen Mitteln gut sichtbar machen. Wenn man ein Quarzprisma zur Hand nimmt (Quarz läßt ultraviolettes Licht durch, während gewöhnliches Glas es zum größten Teil absorbiert), kann man damit ein ziemlich nuancenreiches, ultraviolettes Spektrum erzeugen, wie als erster der britische Physiker George G. Stokes 1852 demonstrierte. Leider läßt die Erdatmosphäre nur das sogenannte *nahe* ultraviolette Licht durch, Strahlen mit Wellenlängen, die denen des violetten Lichts benachbart sind. Das *ferne* Ultraviolett mit seinen besonders kurzen Wellenlängen wird bereits in den oberen atmosphärischen Schichten absorbiert.

Radioastronomie

Im Jahr 1860 legte der schottische Physiker James Clerk Maxwell eine Theorie vor, die eine einheitliche, allen elektrischen und magnetischen Erscheinungen zugrundeliegende »Strahlungsfamilie« postulierte, wovon das sichtbare Licht nur einen kleinen Teil darstellte; er gebrauchte dafür den Begriff *elektromagnetische Strahlung*. Der erste eindeutige Beweis für die Richtigkeit dieser Auffassung wurde ein Vierteljahrhundert später erbracht, sieben Jahre nachdem Maxwell allzu früh an Krebs gestorben war. 1887 erzeugte der deutsche Physiker Heinrich Rudolf Hertz mit Hilfe eines elektrischen Oszillators (den er mit einer Induktionsspule auflud) eine Strahlung von extrem großer Wellenlänge – weit jenseits der Wellenlänge des infraroten Lichts. Für elektromagnetische Strahlung dieses Wellenlängenbereichs bürgerte sich die Bezeichnung *Radiowellen* ein.
Man kann die Wellenlänge sichtbaren Lichts in *Mikrometern* (ein Mikrometer ist der millionste Teil eines Meters) messen. Die Wellenlängen reichen von 0,39 Mikrometer (am violetten Ende des sichtbaren Spektrums) bis zu 0,78 Mikrometer (an seinem roten Ende). Daran schließen sich das nahe (0,78 bis 3 Mikrometer), das mittlere (3 bis 30 Mikrometer) und das ferne Infrarot (30 bis 1000 Mikrometer) an. Hier beginnen die Radiowellen: Die sogenannten Ultrakurz- oder Mikrowellen umfassen den Bereich zwischen 1000 und 160000 Mikrometern, und danach folgen Mittel- und Langwellen; letztere erstrecken sich bis zu Wellenlängen von vielen Milliarden Mikrometern.
Elekromagnetische Wellen lassen sich außer durch ihre Länge auch durch ihre *Frequenz* ausdrücken, d. h. durch die Anzahl der Wellen pro Sekunde. Diese ergibt beim sichtbaren Licht und auch noch im infraroten Bereich so große Zahlen, daß man dort gewöhnlich nicht mit der Frequenz als Meßgröße arbeitet. Bei den Radiowellen jedoch bewegen sich die Frequenzen in einem niedrigeren Zahlenbereich, so daß die Frequenz als Meßgröße hier zu Recht verwendet wird. Tausend Wellen pro Sekunde sind als ein Kilohertz definiert, eine Million Wellen pro Sekunde als ein Megahertz. Die Mikrowellen nehmen den Bereich zwischen 300000 und 1000 Megahertz ein. Die für den Rundfunk verwendeten, weit längeren Wellen bewegen sich im Kilohertz- und im unteren Megahertz-Bereich.
Weniger als ein Jahrzehnt, nachdem Hertz seine bahnbrechenden Entdeckungen gemacht hatte, fand das andere Ende des Spektrums eine ähnliche Erweiterung. 1895 entdeckte der deutsche Physiker Wilhelm Konrad Röntgen durch einen Zufall eine geheimnisvolle Strahlung, die er, da er sie zunächst nicht einordnen konnte, als X-Strahlung bezeichnete. Es stellte sich heraus, daß ihre Wellenlänge kürzer war als die des ultravioletten Lichts. Später zeigte Rutherford, daß die im Zusammenhang mit der Radioaktivität auftretenden

Gammastrahlen noch kürzere Wellenlängen aufweisen als die X-Strahlen (die im deutschen Sprachraum *Röntgenstrahlen* genannt werden).

Der sich an das violette Ende des sichtbaren Lichts anschließende Teil des elektromagnetischen Spektrums wird heute in folgende Bereiche eingeteilt: Die Wellenlängen zwischen 0,39 und 0,17 Mikrometer schließen das nahe Ultraviolett, die Wellenlängen zwischen 0,17 und 0,01 Mikrometer das ferne Ultraviolett ein; dann folgen, zwischen 0,01 und 0,00001 Mikrometer, die Röntgenstrahlen, und daran anschließend, bis zu Wellenlängen von weniger als 1 Milliardstel Mikrometer, die Gammastrahlen.

Das von Newton beschriebene Spektrum des Sonnenlichts hatte somit eine außerordentliche Ausweitung erfahren. Wenn wir jedes Intervall, das einer jeweils doppelt so großen Wellenlänge entspricht, als eine Oktave bezeichnen (wie wir es bei Schallwellen tun), umfaßt das bislang erforschte elektromagnetische Spektrum nahezu 60 Oktaven. Das sichtbare Licht nimmt dabei nur eine einzige Oktave in der Nähe der Spektrumsmitte ein.

Wenn wir uns eines erweiterten Spektrums bedienen, können wir natürlich auch ein vollständiges Bild von den Sternen gewinnen. Wir wissen beispielsweise, daß das Sonnenlicht große ultraviolette und infrarote Anteile enthält. Unsere Atmosphäre läßt davon nur den geringsten Teil durch; 1931 wurde jedoch, eher durch Zufall, ein *Radiofenster* zum Universum entdeckt.

Karl Jansky, ein junger Elektroingenieur, der im Forschungslabor der Firma Bell Telephone arbeitete, beschäftigte sich mit dem statischen Rauschen, das beim Rundfunkempfang unweigerlich störend in Erscheinung trat. Er stieß auf ein sehr schwaches, sehr gleichmäßiges Rauschen, das seiner Ansicht nach nicht aus einer der üblichen Störquellen stammen konnte. Er kam schließlich zu der Überzeugung, dieses Rauschen werde durch Radiowellen aus dem Weltall erzeugt.

Anfänglich schien es, als ob die stärksten Radiosignale, die man aus dem All empfangen konnte, aus der Richtung der Sonne kämen; aber dann stellte Jansky fest, daß der Ort, von dem die stärkste Radiostrahlung ausging, sich Tag für Tag ein Stückchen weiter von der Sonne entfernte und quer über den Himmel wanderte. Im Lauf des Jahres 1933 gelangte Jansky zu der Überzeugung, daß diese Radiowellen von der Milchstraße herrührten, und zwar vor allem aus der Richtung des Sternbilds Schütze – also dort, wo das Zentrum unserer Galaxis liegt.

Das war die Geburtsstunde der *Radioastronomie*. Die Astronomen vernachlässigten dieses Gebiet allerdings zunächst einmal, denn sein Nutzen erschien ihnen zweifelhaft. Mit den Mitteln der Radioastronomie konnte man keine hübschen Bilder erzeugen, sondern nur Schlangenlinien auf einem mit Koordinaten versehenen Blatt Papier, und diese Linien zu deuten, war nicht ganz einfach. Schwerer noch wog die Tatsache, daß Radiowellen viel zu lang sind, um ein eindeutiges Abbild einer so kleinen Strahlungsquelle, wie ein Stern sie darstellt, zu geben. Die aus dem Weltall empfangenen Radiosignale bewegten sich in Wellenlängenbereichen, die die Wellenlänge des sichtbaren Lichts um einen Faktor von mehreren Hunderttausend, ja mehreren Millionen übertrafen, und kein gewöhnlicher Radioempfänger konnte mehr, als eine allgemeine Vorstellung von der Richtung, aus der eine bestimmte Strahlung kam, zu vermitteln. Ein Radioteleskop müßte, um ein ebenso scharfes Bild vom Himmel zu erzeugen wie ein optisches Teleskop, über einen Empfangsspiegel mit einer eine Million mal so großen Fläche verfügen. Wenn man also ein Radioteleskop bauen wollte, das einem 5-m-Teleskop ebenbürtig wäre, müßte sein Spiegel einen Durchmesser von rund 5000 km und eine Fläche von der doppelten Größe der Vereinigten Staaten haben – also ein Ding der Unmöglichkeit.

Wegen dieser Makel blieben die Möglichkeiten und die Bedeutung der neuen Ideen zunächst unerkannt; einzig ein junger Funkamateur namens Grote Reber arbeitete auf dem Gebiet weiter, aus keinem anderen Motiv als persönlicher Wißbegier. Von seinem eigenen Geld und in seiner Freizeit baute er in seinem Hinterhof ein kleines Radioteleskop mit einem Parabolspiegel von rund 10 m Durchmesser, um damit die Radiowellen besser empfangen und bündeln zu können. Ende 1937 war das Gerät fertig, und schon Anfang 1938 entdeckte Reber eine Anzahl weiterer Radio-Strahlungsquellen (neben der starken Quelle im Sternbild Schütze) – unter anderem eine im Sternbild Schwan und eine andere im Sternbild Kassiopeia. (Man nannte solche Radio-Strahlungsquellen zunächst *Radiosterne,* gleich ob es sich bei einer Quelle wirklich um einen Stern handelte oder

nicht; heute lautet die gebräuchliche Bezeichnung *Radioquellen.*)
Britische Wissenschaftler, die während des Zweiten Weltkriegs an der Entwicklung der Radartechnik arbeiteten, mußten feststellen, daß die Sonne gelegentlich den Radarempfang störte, da sie Strahlung im Mikrowellenbereich abgab. Diese Entdeckung weckte neues Interesse für die Radioastronomie, und nach dem Krieg gingen britische Wissenschaftler daran, die Sonne als Radioquelle zu erforschen. 1950 fanden sie heraus, daß viele der von der Sonne ausgesandten Radiosignale mit dem Auftreten von Sonnenflecken zusammenhingen. (Jansky hatte seine Versuche in einer Periode minimaler Sonnenflecken-Aktivität durchgeführt und war daher der galaktischen anstelle der solaren Radiostrahlung auf die Spur gekommen.)
Da in der Radartechnik die gleichen Wellenlängen benutzt werden wie in der Radioastronomie, stand den Astronomen nach Ende des Zweiten Weltkriegs eine Vielzahl von Instrumenten für ihre Ziele zur Verfügung. Diese Instrumente, die es vor dem Krieg noch nicht gegeben hatte, für die friedlichen Zwecke der Radioastronomie umzubauen und zu verfeinern, war nicht schwierig, und so wurde die Radioastronomie plötzlich zu einem hochinteressanten Unternehmen.
Die Briten waren die ersten, die große Antennen bauten, um die Unschärfe der empfangenen Signale zu verringern. Bei Jodrell Bank in England errichteten sie, unter Leitung von Sir Bernard Lovell, das erste wirklich große Radioteleskop, mit einer Parabolschüssel von 75 m Durchmesser.
Wie sich zeigte, war es gar nicht nötig, erdteilgroße Radioteleskope zu bauen, um einen hohen Auflösungsgrad zu bekommen. Es gab eine viel elegantere Lösung: Man brauchte dazu zwei Radioteleskope normaler Größe, die weit genug voneinander entfernt sein mußten. Wenn beide Schüsseln von supergenauen Atomuhren in ihrer Bewegung synchronisiert werden, können sie im Zusammenwirken Resultate erzielen, die denen einer einzelnen Schüssel nahekommen, deren Durchmesser so groß wäre wie der Abstand zwischen den beiden. Man spricht bei solchen Gespannen von *Interferometern* mit *langer* bzw. *sehr langer Basis(linie).* Die Pionierarbeit für diese Technik wurde in Australien geleistet, wo den Astronomen ein ausgedehntes, relativ unbesiedeltes Land zur Verfügung steht; mittlerweile gibt es Arbeitspartnerschaften zwischen Radioteleskopen in Kalifornien und Australien mit einer Basis von 10600 km.
Man kann demnach Radioteleskope nicht mehr mit halbblinden Stümpern vergleichen, die den scharfäugigen optischen Teleskopen nicht das Wasser reichen können. Sie können im Gegenteil mehr Details erkennen als optische Teleskope. Gewiß, die Technik der sehr langen Basislinie hat die Grenze dessen, was auf der Erde möglich ist, schon nahezu erreicht; aber die Astronomen träumen schon davon, Radioteleskope an verschiedenen Orten im Weltraum zu stationieren und sie miteinander und mit erdgebundenen Partnerteleskopen zu synchronisieren, um noch längere Basislinien und noch höhere Auflösungen zu erzielen.
Aber auch schon bevor die Radioteleskopie ihr gegenwärtiges Leistungsniveau erreichte, gelangen ihr bedeutsame Entdeckungen. 1947 lokalisierte der australische Astronom John C. Bolton die drittstärkste kosmische Radioquelle – es war kein geringerer als der Crab-Nebel. Unter den an allen möglichen Stellen des Himmels georteten Radioquellen war dies die erste, die mit einem sichtbaren Objekt identifiziert werden konnte. Es schien sehr unwahrscheinlich, daß eine so intensive Strahlung von einem Stern ausging, da doch die meisten anderen Sterne keine ausgeprägten Radioquellen waren. Man mußte vielmehr annehmen, daß die expandierenden Gasschwaden des Nebels selbst die Quelle waren.
Diese Feststellung bestätigte die bereits aus anderen Indizien abgeleitete Annahme, daß kosmische Radiosignale von Gaswirbeln herrühren. Die stürmisch bewegten Gase, die die atmosphärische Hülle der Sonne durchströmen, senden Radiowellen aus; die *Radiosonne,* wie man sie nennt, ist daher viel größer als die sichtbare Sonne. Auch Jupiter, Saturn und Venus, die alle drei eine stürmisch bewegte Atmosphäre besitzen, sind als Radioquellen identifiziert worden.
Jansky, dem Begründer der Radioastronomie, blieb zu seinen Lebzeiten die Anerkennung versagt; er starb 1950 mit 44 Jahren, kurz bevor der Höhenflug der Radioastronomie einsetzte. Postum erwies man ihm die Ehre, eine Maßeinheit nach ihm zu benennen: Die Stärke kosmischer Radiostrahlung wird heute in *Janskies* gemessen.

Das Radioteleskop der Cornell University. Der Spiegel dieses Radio-Radar-Teleskops, das bei Arecibo auf Puerto Rico steht, hat einen Durchmesser von 300 m und ist in eine natürliche, tellerartige Mulde hineingebaut. Mit freundlicher Genehmigung der Cornell University und der Wissenschaftlichen Forschungsstelle der U.S. Air Force.

Extragalaktische Radioquellen

Die Radioastronomie greift mittlerweile weit ins Universum hinaus. Innerhalb unserer Galaxis existiert eine starke Radioquelle (die stärkste außerhalb des Sonnensystems), die auf den Namen Cass getauft worden ist, weil sie sich im Sternbild Kassiopeia befindet. Walter Baade und Rudolph Minkowski vom Palomar-Observatorium richteten das 5-m-Teleskop auf die Stelle, wo britische Radioteleskope die Quelle geortet hatten, und fanden Strähnen wirbelnden Gases. Möglicherweise gehören sie zu den Überresten der Supernova von 1604, die Kepler im Sternbild Kassiopeia beobachtete.

Eine noch abgelegenere Entdeckung wurde 1951 gemacht. Die zweitstärkste kosmische Radioquelle, die wir kennen, befindet sich im Sternbild Schwan (Cygnus). Reber wies 1944 als erster auf sie hin. Als später ihre Lage genauer bestimmt wurde, ergaben sich Hinweise, daß diese Radioquelle außerhalb der Milchstraße lag – die erste außergalaktische Radioquelle schien entdeckt. Und als Walter Baade 1951 den betreffenden Ausschnitt des Himmels mit dem 5-m-Teleskop absuchte, fand er im Zentrum dieses Gebiets tatsächlich eine außergewöhnlich geformte Galaxis. Sie hatte zwei Kerne und machte einen »verbeulten« Eindruck. Baade vermutete sogleich, daß es sich nicht um eine Galaxis handelte, sondern um zwei, die seitlich aneinandergeraten waren wie zwei Becken, die zusammengeschlagen werden. Baade hatte die Möglichkeit, daß zwei Galaxien im Raum zusammenstoßen könnten, mit anderen Astronomen bereits theoretisch erörtert; hier schien es nun, als hätte sich eine solche Kollision wirklich ereignet.

Die Astronomen akzeptierten diese Annahme Baades, und eine Zeitlang galt es als gesicherte Erkenntnis, daß Galaxien zusammenstoßen können. Da die meisten Galaxien in ziemlich kompakten Kohorten daherkommen, in denen sie sich bewegen wie Bienen in einem Schwarm, schienen gelegentliche Kollisionen nicht unwahrscheinlich.

Die Entfernung der Radioquelle im Schwan wurde mit rund 260000 Lichtjahren bestimmt; die von ihr ausgehenden Radiosignale waren gleichwohl stärker als die des in unserer stellaren Nachbarschaft beheimateten Crab-Nebels. Dies war der erste Beleg dafür, daß Radioteleskope größere Entfernungen zu überbrücken vermögen als optische Teleskope. Schon das 75-Meter-Teleskop von Jodrell Bank, nach heutigen Maßstäben ein einfaches Instrument, übertraf an Reichweite das optische 5-m-Teleskop.

Als indessen die Zahl der in weit entfernten galaktischen Haufen georteten Radioquellen immer weiter zunahm und schließlich die Hundert überschritt, begann sich bei den Astronomen Skepsis zu regen: Kaum zu glauben, daß dies alles von zusammengestoßenen Galaxien herrühren sollte. Das war doch wohl etwas zu viel verlangt.

Ohnehin hatte die Annahme, daß Galaxien kollidieren können, mittlerweile einen Dämpfer erlitten. Der sowjetische Astrophysiker Victor A. Ambartsumian äußerte 1955 die theoretisch begründete Vermutung, daß *Radiogalaxien* nicht kollidierende, sondern eher explodierende Galaxien seien.

Diese These erfuhr 1963 eine bedeutsame Bestätigung, als amerikanische Astronomen entdeckten, daß die Galaxis M 82 im Sternbild Großer Bär (eine etwa 10 Millionen Lichtjahre entfernte, starke Radioquelle) in der Tat eine *explodierende Galaxis* ist.

Eine Analyse von M 82 mit Hilfe des 5-m-Hale-Teleskops (wobei mit Licht einer bestimmten Wellenlänge gearbeitet wurde) zeigte riesige Materiesträhnen von bis zu 1000 Lichtjahren Länge, die sich vom galaktischen Kern nach außen ziehen. Aus der Menge dieses den Kern fliehenden Materials, der Entfernung, die es bislang zurückgelegt hat, und seiner aktuellen Geschwindigkeit läßt sich errechnen, daß die Explosion vor rund 1,5 Millionen Jahren stattgefunden haben muß.

Man nimmt an, daß galaktische Kerne im Regelfall aktiv sind, d. h. daß sich dort turbulente und sehr heftige Vorgänge abspielen. Im Universum geht es demnach nicht so friedlich und majestätisch zu, wie wir es uns haben träumen lassen, bevor die Radioastronomie uns eines Besseren belehrte. Daß der Himmel uns, wenn wir ihn mit bloßem Auge betrachten, als ein Hort der Ruhe und Unveränderlichkeit erscheint, liegt nur daran, daß unser Gesichtsfeld auf die Sterne unserer – in der Tat friedlichen – engeren kosmischen Umgebung und unser Überblick auf eine sehr begrenzte Zeitspanne beschränkt ist.

Auch im Zentrum unserer eigenen Galaxis gibt es eine mit einem Durchmesser von nur ein paar Lichtjahren vergleichsweise winzige Kernregion, von der eine intensive Radiostrahlung ausgeht. Noch ein Wort zu den kollidierenden Galaxien: Die Tatsache, daß es explodierende Galaxien gibt und daß aktive galaktische Kerne eine verbreitete Erscheinung und vielleicht sogar der Regelfall sind, schließt die Möglichkeit, daß Galaxien zusammenstoßen können, nicht aus. Es scheint nur logisch anzunehmen, daß in einem galaktischen Haufen große Galaxien sich kleinere einverleiben; und in vielen Haufen gibt es eine Galaxis, die ganz erheblich größer ist als alle anderen. Es gibt Anzeichen dafür, daß diese Galaxien dadurch so groß geworden sind, daß sie kleinere Galaxien »erbeutet« haben. Bei einer großen Galaxis, die fotografiert worden ist, sind andeutungsweise mehrere Kerne zu erkennnen, von denen offenbar nur einer ihr eigener ist, während die anderen früher zu selbständigen Galaxien gehört haben. Für diese Erscheinung hat sich der Begriff *Kannibalen-Galaxis* eingebürgert.

Die neuen Himmelskörper

In den 60er Jahren mag für die Astronomen die Versuchung nahegelegen haben, von der weiteren Erforschung des Universums keine großen Überraschungen mehr zu erwarten. Neue Theorien, neue Einsichten, ja. Aber sicher nicht irgendwelche verblüffenden neuartigen Sterne oder Galaxien; in dieser Beziehung schien der Weltraum nach drei Jahrhunderten der Beobachtung mit immer empfindlicheren Instrumenten im wesentlichen ausgelotet.

Die Astronomen, die so dachten, wurden freilich bald eines Besseren belehrt – der erste Schock ergab sich als Folge der genaueren Beschäftigung mit bestimmten Radioquellen, die sich durch außergewöhnliche, wenn auch nicht allzu aufregende Eigenschaften auszeichneten.

Quasare

Die zuerst entdeckten und untersuchten kosmischen Radioquellen schienen von ausgedehnten Gebilden aus turbulenter Gasmaterie herzurühren: vom Crab-Nebel, von fernen Galaxien, u. a. Bei einigen wenigen Radioquellen hatte es jedoch den Anschein, als müsse es sich um ungewöhnlich kleine Objekte handeln. In dem Maße, wie die Radioteleskope verfeinert wurden und immer schärfer konturierte Abbilder der Radioquellen lieferten, wurde die Annahme immer plausibler, daß auch einige Einzelsterne Radioquellen sein konnten.

Zu diesen punktförmigen Radioquellen gehörten, unter anderen, die Objekte mit den Bezeichnungen 3C48, 3C147, 3C196, 3C273, 3C286. 3C steht für »Dritter Cambridge-Katalog der Radiosterne«, eine von einem britischen Astronomenteam unter der Leitung von Martin Ryle zusammengestellte Liste; die anschließende Zahl bezeichnet den Platz der jeweiligen Radioquelle in dieser Liste.

1960 untersuchte Sandage mit dem 5-m-Teleskop systematisch die Bereiche, in denen diese punktförmigen Radioquellen geortet wurden; und in allen Fällen schien es sich tatsächlich um Einzelsterne zu handeln. Die erste Radioquelle, die als Stern identifiziert wurde, war die unter der Listennummer 3C48 geführte. Was 3C273 betraf, das hellste Objekt dieser Kategorie, so wurde seine genaue Position von dem Australier Cyril Hazard bestimmt, der den exakten Zeitpunkt des Aussetzens der Radiosignale ermittelte, als der Mond sich vor diese Quelle schob.

Die in diesem Zusammenhang interessanten Sterne waren schon bei früheren fotografischen Bestandsaufnahmen des Himmels registriert worden; man hatte sie für nichts weiter gehalten als lichtschwache Mitglieder unserer Galaxis. Genaueste fotografische Untersuchungen, angeregt durch ihre ungewöhnliche Radiostrahlung, erbrachten jedoch jetzt, daß es mit ihnen eine besondere Bewandtnis hatte. Einige der Objekte hingen mit lichtschwachen Nebelgebilden zusammen, und 3C273 wies Anzeichen eines sehr schmalen, nach außen gerichteten Materiestreifens auf. Es stellte sich heraus, daß es bei 3C273 in Wirklichkeit zwei Radioquellen gab: Eine war der Stern selbst, die andere war der Materiestreifen. Ein anderer interessanter Aspekt, der sich bei der eingehenden Analyse der punktförmigen Radioquellen

ergab, war, daß das von diesen Objekten ausgesandte Licht einen ungewöhnlich hohen ultravioletten Anteil aufwies.
Es schien demnach, als ob die punktförmigen Radioquellen, auch wenn sie wie Sterne aussahen, vielleicht gar keine gewöhnlichen Sterne waren. Man verlieh ihnen schließlich die Bezeichnung »quasi-stellare Radioquellen« (»quasi-stellar« heißt einfach »sternähnlich«). Als die Bezeichnung für die Astronomen immer wichtiger wurde, erwies sie sich als zu wenig mundgerecht, und man verkürzte sie deshalb auf *Quasar* (auf Vorschlag des chinesisch-amerikanischen Physikers Hong Yii Chiu); dieses Kunstwort mag zwar unschön klingen, ist aber heute im astronomischen Sprachgebrauch fest verankert.
Auf jeden Fall waren die Quasare interessant genug, um einen massiven Einsatz astronomischer Technik, vor allem der Spektroskope, zu ihrer Untersuchung lohnend erscheinen zu lassen. Astronomen wie Allen Sandage, Jesse L. Greenstein und Maarten Schmidt arbeiteten daran, ihre Spektren zu bestimmen. Als es 1960 soweit war, sahen sie sich mit etlichen unbekannten Linien konfrontiert, die sie nicht zu identifizieren vermochten. Außerdem stimmten die Linien im Spektrum des einen Quasars nicht mit denen eines anderen überein.
1963 wandte Schmidt sich noch einmal dem Spektrum von 3C273 zu, das als hellstes dieser Rätsel aufgebenden Objekte das klarste Spektrum lieferte. Es zeigte sechs Linien, von denen vier so angeordnet waren, daß sie möglicherweise einer Folge von Wasserstofflinien entsprachen, nur daß es dort, wo man sie fand, eine solche Folge eigentlich gar nicht geben durfte. Wenn nun aber diese Linien an ihrem gewohnten Platz im Spektrum entstanden waren und nur deshalb an der betreffenden Stelle auftauchten, weil sie gegen das rote Ende des Spektrums hin verschoben waren? Wenn ja, dann entsprach dies einer derart extremen Verschiebung, daß man daraus auf eine Fluchtbewegung dieser Objekte mit einer Radialgeschwindigkeit von mehr als 40000 km pro Sekunde schließen mußte. Das erschien kaum glaublich; andererseits, wenn man diese Möglichkeit einräumte, dann bot sie auch eine Erklärung für die beiden restlichen Spektrallinien: Die eine würde dann von ionisiertem Sauerstoff, die andere von ionisiertem Magnesium stammen.
Schmidt und Greenstein nahmen daraufhin die Spektren der anderen Quasare unter die Lupe und stellten fest, daß auch deren Linien identifizierbar wurden, wenn man nur genügend starke Rotverschiebungen voraussetzte.
Rotverschiebungen dieser Größenordnung konnten im Prinzip durch die allgemeine Expansion des Universums hervorgerufen werden; wenn man aber aus dem Ausmaß der Rotverschiebung der Quasare nach dem Hubbleschen Gesetz die Entfernung errechnete, dann ergab sich, daß die Quasare keinesfalls normale Sterne unserer Milchstraße sein konnten. Sie mußten vielmehr zu den am weitesten – Milliarden von Lichtjahren – entfernten unter den bis dato gefundenen Himmelsobjekten gehören.
Durch konzentrierte Suche orteten die Astronomen bis zum Ende der 60er Jahre 150 Quasare. Bei rund 110 von ihnen liegt eine Analyse des Spektrums vor. Bei allen zeigt sich eine erhebliche Rotverschiebung, in etlichen Fällen eine noch größere als die bei 3C273 gemessene. Einige Quasare sind nach groben Schätzungen etwa 9 Milliarden Lichtjahre von uns entfernt.
Wenn die Quasare wirklich so weit von uns entfernt sind, wie es die Rotverschiebung glauben macht, dann müssen sie über physikalische Abmessungen verfügen, die im Theoriengebäude der Astronomen eine außerordentliche Stellung beziehen. Diese Körper müssen beispielsweise außerordentlich leuchtstark sein, um auf solche Entfernung so hell zu erscheinen, wie sie es tatsächlich tun; sie müßten dreißig- bis hundertmal so leuchtstark sein wie eine ganze Galaxis normaler Größe!
Wenn dies so ist und wenn die Quasare demgemäß die Form und das Aussehen von Galaxien hätten, dann müßten sie bis zu hundertmal so viele Sterne enthalten wie eine normale Galaxis und in jede Richtung eine bis zu fünf- oder sechsmal größere Ausdehnung besitzen. Trotz ihrer enormen Entfernung müßten sie dann mit den leistungsfähigsten Teleskopen deutlich als ovale Lichtflecken zu erkennen sein. Da dies nicht der Fall ist, da sie sich nach wie vor als sternartige Punkte darbieten, muß man annehmen, daß sie trotz ihrer außerordentlichen Leuchtkraft viel kleiner sind als normale Galaxien.
Die Kleinheit der Quasare wirft noch in einer anderen Hinsicht Probleme auf. Schon 1963 wurde

entdeckt, daß sie ihre Energie mit wechselnder Intensität abstrahlen, sowohl im Bereich des sichtbaren Lichts als auch im Bereich der Radiostrahlung. Lichtschwankungen in der Größenordnung bis zu drei Helligkeitsklassen innerhalb weniger Jahre werden registriert.
Damit sich die Strahlungsintensität so kurzfristig so stark verändern kann, muß ein Körper klein sein. Kleine Veränderungen der Helligkeit können durch Aufhellungen und Eintrübungen in begrenzten Bereichen eines Körpers zustande kommen; bei größeren Veränderungen muß man jedoch davon ausgehen, daß daran das ganze Objekt beteiligt ist. Der die betreffende Veränderung verursachende Faktor oder Vorgang muß also in dem Zeitraum, währenddessen sich die Veränderung vollzieht, den gesamten Körper durchdringen und erfassen. Da aber keine Wirkung sich schneller als Licht fortbewegt, kann ein Quasar, der innerhalb weniger Jahre starke Veränderungen durchmacht, nicht viel mehr als einen Durchmesser von etwa einem Lichtjahr haben. Tatsächlich deuten Berechnungen darauf hin, daß Quasare vielleicht nur eine Lichtwoche (800 Milliarden km) groß sind.
Wenn Körper, die so klein sind, eine so gewaltige Leuchtkraft besitzen, dann muß ihr Energieverbrauch so ungeheuer hoch sein, daß ihre Brennstoffreserven nicht lange vorhalten können (es sei denn, sie verfügen über eine uns unbekannte Energiequelle, was nicht auszuschließen ist). Berechnungen deuten darauf hin, daß ein Quasar höchstens etwa 1 Million Jahre lang so große Energiemengen abstrahlen kann. In diesem Fall müßten die Quasare, mit denen wir es heute zu tun haben, erst vor – nach kosmischen Maßstäben – kurzer Zeit zu Quasaren geworden sein, und es müßte Körper geben, die einmal Quasare waren, es jetzt aber nicht mehr sind.
1965 gab Sandage die Entdeckung von Objekten bekannt, die tatsächlich gealterte Quasare sein könnten. Sie sehen wie normale bläuliche Sterne aus, zeigen aber die für Quasare charakteristische starke Rotverschiebung. Sie sind ebenso weit entfernt, hell und klein wie Quasare, senden aber keine Radiostrahlung aus. Sandage bezeichnete sie als *blaue stellare Objekte,* abgekürzt *BSO.*
BSO scheinen häufiger vorzukommen als Quasare; einer 1967 durchgeführten Schätzung zufolge beläuft sich die Gesamtzahl der mit unseren Teleskopen erfaßbaren BSO auf hunderttausend. Es gibt deshalb wesentlich mehr BSO als Quasare, weil die betreffenden Objekte das Quasar-Stadium in viel kürzerer Zeit durchlaufen als das BSO-Stadium.
Die Auffassung, daß es sich bei den Quasaren um sehr weit entfernte Objekte handelt, wird nicht von allen Astronomen geteilt. Theoretisch besteht die Möglichkeit, daß die enorme Rotverschiebung im Spektrum der Quasare nicht kosmologischen Ursprungs ist, d. h. daß sie nicht durch die allgemeine Expansion des Universums hervorgerufen wird. Könnte es nicht sein, daß sie uns relativ nahe sind und ihre immense Fluchtgeschwindigkeit durch ein lokales Ereignis erhalten haben? Könnten sie nicht beispielsweise durch eine Explosion aus einem galaktischen Kern herausgeschleudert und sehr stark beschleunigt worden sein?
Es gibt Astronomen, die dies so sehen, und am nachdrücklichsten vertritt diese Theorie der Amerikaner Halton C. Arp; er hat Beobachtungsdaten vorgelegt, aus denen hervorgeht, daß manche Quasare in einem physischen Zusammenhang mit relativ nahen Galaxien stehen. Da diese Galaxien eine relativ geringe Rotverschiebung zeigen, kann die ungleich stärkere Rotverschiebung der Quasare (die, wenn der behauptete Zusammenhang besteht, etwa ebenso weit von uns entfernt sein müssen) nicht kosmologisch bedingt sein.
Ein weiteres ungelöstes Problem ergab sich, als man Ende der 70er Jahre entdeckte, daß Radioquellen innerhalb eines Quasars (die sich durch die modernen Radioteleskope mit langer Basislinie separat orten lassen) sich offenbar mit mehrfacher Lichtgeschwindigkeit (!) voneinander wegbewegen. Eine höhere Geschwindigkeit als die des Lichts ist nach dem heutigen theoretisch-physikalischen Weltbild unmöglich; die betreffenden Beobachtungsdaten erzwingen den Schluß auf das Vorliegen einer Überlichtgeschwindigkeit allerdings nur dann, wenn man annimmt, daß die Quasare wirklich so weit entfernt sind, wie es den Anschein hat. Sollte sich herausstellen, daß sie uns in Wirklichkeit doch näher sind, so würde sich die scheinbare Geschwindigkeit ihres Auseinanderstrebens in eine unterhalb der Lichtgeschwindigkeits-Barriere liegende absolute Geschwindigkeit umrechnen.
Wenn die Quasare relativ nahe Objekte wären, bräuchte man ihnen nicht eine so enorme Leuchtkraft und einen so ungeheuren Energieverbrauch

zuweisen; insofern würde diese These ein weiteres ungelöstes Rätsel aus der Welt schaffen – dennoch haben sich die meisten Astronomen nicht zu ihr bekehren lassen. Die vorherrschende Ansicht ist nach wie vor die, daß die Anhaltspunkte, die für eine kosmologische Entfernung sprechen, überwiegen, daß die von Arp vorgelegten Hinweise auf physische Zusammenhänge mit nahen Galaxien nicht ausreichen und daß die scheinbare Überschreitung der Lichtgeschwindigkeit auf einer optischen Illusion beruht (mehrere plausible Erklärungen hierfür sind bereits zur Diskussion gestellt).

Wenn aber die Quasare wirklich so weit von uns entfernt sind, wie man es aufgrund ihrer Rotverschiebung annehmen muß, und wenn sie wirklich so klein und dabei so leuchtstark und energiereich sind, wie man ihnen in diesem Fall attestieren muß, was sind sie dann eigentlich?

Die plausibelste Antwort auf diese Frage nimmt Bezug auf eine Entdeckung, die der amerikanische Astronom Carl Seyfert 1943 machte: Er beobachtete eine eigenartige Galaxis mit einem sehr hellen und sehr kleinen Kern. Seither sind weitere Galaxien dieser Art entdeckt worden, die nach ihrem Entdecker *Seyfert-Galaxien* bezeichnet wurden. Ende der 60er Jahre war zwar erst ein rundes Dutzend Galaxien dieses Typs bekannt, aber es gibt Gründe für die Vermutung, daß bis zu 1% aller Galaxien Seyfert-Galaxien sind.

Könnte es sein, daß Seyfert-Galaxien eine Art Zwischenstufe zwischen gewöhnlichen Galaxien und Quasaren repräsentieren? Ihre hellen Kerne zeigen Lichtveränderungen, aus denen sich ableiten läßt, daß sie beinahe ebenso klein sein müssen wie die Quasare. Würden diese Kerne sich weiter zusammenziehen und verdichten und würde der restliche Teil der Galaxis weiter verblassen, dann ließen diese Galaxien sich von Quasaren nicht mehr unterscheiden; eine Seyfert-Galaxis, 3C120, hat in der Tat ein äußerst quasar-ähnliches Aussehen.

Die Seyfert-Galaxien zeigen eine nur mäßige Rotverschiebung und sind nicht übermäßig weit entfernt. Könnte es nicht sein, daß die Quasare nichts anderes sind als sehr weit entfernte Seyfert-Galaxien? So weit entfernt, daß wir nur den leuchtstarken, kleinen Kern erkennen können? So weit auch, daß wir nur die größten von ihnen sehen und somit den Eindruck gewinnen, Quasare seien ausnahmslos extrem leuchtstark?

Tatsächlich zeigen neueste Fotografien in der Umgebung einiger Quasare schwache Spuren nebliger Gebilde – es könnten »Extremitäten« einer Galaxis sein, die um den kleinen, aktiven und sehr leuchtstarken Kern herum angeordnet sind. Trifft es zu, dann dürfen wir vermuten, daß es in den weit entfernten Tiefen des Universums, Milliarden Lichtjahre von uns entfernt, ebenso von Galaxien wimmelt wie in unserer kosmischen Nachbarschaft. Die meisten dieser Galaxien sind jedoch viel zu lichtschwach, um für uns optisch erkennbar zu sein, und wir sehen nur die stark strahlenden Kerne der aktivsten und größten von ihnen.

Neutronensterne

Verdanken die Astronomen die Kenntnis jenes eigentümlichen und rätselhaften kosmischen Gebildes, des Quasars, der Radiowellenstrahlung, so führte eine Forschungsrichtung, die am anderen Ende des Spektrums ansetzte, auf die Spur eines anderen, ebenso eigentümlichen Himmelskörpers.

1958 entdeckte der amerikanische Astrophysiker Herbert Friedman, daß die Sonne in beträchtlichem Maß Röntgenstrahlung aussendet. Auf der Erdoberfläche ist diese Strahlung nicht wahrnehmbar, weil sie von der Atmosphäre absorbiert wird; aber eine mit geeigneten Instrumenten ausgerüstete Sonde, die außerhalb der Atmosphäre operierte, konnte problemlos Röntgenstrahlung messen.

Eine Zeitlang blieb unklar, wie die Röntgenstrahlung der Sonne zustande kam. Die Temperatur auf der Sonnenoberfläche beträgt nur 6000 °C, genug, um Materie jeder Art verdampfen zu lassen, aber nicht genug, um Röntgenstrahlen zu produzieren. Die Quelle mußte in der Sonnenkorona liegen; die Korona ist sozusagen die Atmosphäre der Sonne – eine gasförmige Hülle, die die Sonne umgibt und mehrere Millionen Kilometer weit in den Raum hinausreicht; ihre Dichte ist um ein Vielfaches geringer als die des Sonnenkörpers selbst. Obwohl die Korona eine Lichtmenge abgibt, die immerhin ausreichen würde, um auf der Erde halb so viel Helligkeit zu produzieren wie der Vollmond, wird sie von der Sonne so stark überstrahlt, daß sie nur bei einer Sonnenfinsternis sichtbar wird, jedenfalls unter normalen Bedingungen.

1930 stellte der französische Astronom Bernard Ferdinand Lyot ein von ihm erfundenes Teleskop, den Koronograph, vor, mit dem die Korona sich, allerdings nur von hochgelegenen Standorten aus und an klaren Tagen, auch ohne Sonnenfinsternis betrachten ließ.

Man hielt die Korona für die Quelle der Röntgenstrahlung, weil man ohnehin schon vor Beginn der raketengestützten Untersuchungen vermutet hatte, daß dort ungewöhnlich hohe Temperaturen auftreten. Spektren der Korona (bei Sonnenfinsternissen) hatten Spektrallinien erbracht, die zu keinem einzigen bekannten Element paßten. Man nahm an, daß es sich um ein neu entdecktes Element handelte und nannte es Koronium. 1941 stellte sich jedoch heraus, daß die Spektrallinien des »Koroniums« von Eisenatomen erzeugt werden können, die eine beträchtliche Anzahl subatomarer Teilchen verloren haben. Diese Teilchen aus dem Atom herauszubrechen, erfordert allerdings Temperaturen in der Größenordnung von einer Million °C. Bei solchen Temperaturen könnten in jedem Fall aber auch Röntgenstrahlen entstehen.

Die solare Röntgenstrahlung nimmt jedesmal sprunghaft zu, wenn eine Sonnenfackel in die Korona emporschießt. Die in solchen Momenten gemessene Intensität der Röntgenstrahlung ließ auf Temperaturen bis um 100 Millionen °C in dem von der Fackel zusätzlich aufgeheizten Bereich der Korona schließen. Wie es in der dünnen Gasatmosphäre der Korona zu so enormen Temperaturen kommen kann, ist eine noch umstrittene Frage. (Man muß hier Temperatur und Wärme auseinanderhalten. Die Temperatur ist ein Maß für die kinetische Energie der Atome oder Teilchen des Gases; da die Teilchen aber eine geringe Konzentration aufweisen, ist der Gesamtwärmegehalt pro Volumeneinheit niedrig. Die Röntgenstrahlen entstehen bei Kollisionen zwischen den extrem energiereichen Teilchen.)

Röntgenstrahlen kommen auch von außerhalb des Sonnensystems. 1963 versuchte ein Astronomenteam unter der Leitung von Bruno Rossi mit Hilfe raketengestützter Instrumente herauszufinden, ob solare Röntgenstrahlen von der Oberfläche des Mondes reflektiert werden. Dabei entdeckten sie zufällig zwei besonders konzentrierte Röntgenquellen an anderen Punkten des Himmels. Die schwächere davon (genannt Tau X-1, weil sie sich im Sternbild Stier [Taurus] befindet) konnte sehr schnell dem Crab-Nebel zugeordnet werden. Die stärkere, die aus der Gegend des Sternbilds Skorpion strahlte (und Sco X1 genannt wurde), konnte erst 1966 mit einem sichtbaren Objekt assoziiert werden; es handelte sich dabei, wie auch beim Crab-Nebel, um die Überbleibsel einer vor langer Zeit explodierten Nova. Seither sind viele weitere kosmische Röntgenstrahlenquellen aufgespürt worden.

Gibt ein Himmelskörper eine Röntgenstrahlung ab, die intensiv genug ist, um interstellare Entfernungen zu überwinden, so müssen erstens äußerst hohe Temperaturen im Spiel sein, und zweitens muß das betreffende Objekt eine sehr große Masse haben. Um eine Quelle von der Art der Sonnenkorona konnte es sich jedenfalls nicht handeln.

Die theoretischen Anforderungen, die an einen solchen Körper gestellt wurden – Massereichtum und eine Oberflächentemperatur von 1 Million °C –, ließen an etwas denken, das noch extremer verdichtet sein mußte als ein Weißer Zwerg. Schon 1934 hatte Zwicky den Gedanken vorgetragen, die subatomaren Teilchen der Materie eines Weißen Zwerges könnten sich unter gewissen Bedingungen zu ladungsfreien Teilchen zusammenschließen, zu *Neutronen*. Diese könnten dann komprimiert werden, bis sie sich praktisch berührten. Das Ergebnis wäre eine Kugel von nicht mehr als 15–20 km Durchmesser, die dennoch die Masse eines ausgewachsenen Sterns besäße. Der amerikanische Physiker J. Robert Oppenheimer entwickelte 1939 ein detailliertes theoretisches Modell der Eigenschaften, die ein solcher *Neutronenstern* haben müßte. Auf ihm würden, so berechnete Oppenheimer, zumindest in der ersten Zeit nach seiner Entstehung, so hohe Oberflächentemperaturen herrschen, daß er einen ungeheuren Strom von Röntgenstrahlen in Marsch setzen würde.

Friedman konzentrierte sich bei der Suche nach Belegen für die Existenz solcher Neutronensterne auf den Crab-Nebel, in der Hoffnung, die gewaltige Explosion, von der dieser Nebel herrührte, könnte anstelle eines hochdichten Weißen Zwerges möglicherweise einen superdichten Neutronenstern hinterlassen haben. Im Juli 1964 passierte der Mond den Crab-Nebel. Friedman und seine Mitarbeiter ließen zuvor eine Rakete aufsteigen, die jenseits der Atmosphäre registrieren sollte, was dabei mit der Röntgenstrahlung geschah. Falls sie tatsächlich von einem Neutronenstern stammte, dann war zu erwarten, daß sie in dem Moment, in dem der Mond sich vor dieses punktförmige Objekt schob, schlagartig und vollständig erlöschen würde. Wenn dagegen der Crab-Nebel als ganzer die Quelle der Röntgenstrahlung war, dann würde sie in einem fließenden Übergang allmählich nachlassen, während der Mond den Nebel durchwandern und immer nur einen Teil von ihm verdecken würde. So geschah es denn auch, und damit schien es, als ob der Crab-Nebel mit seinem Durchmesser von rund einem Lichtjahr einfach ein größeres und weit intensiver strahlendes Gegenstück zur Korona wäre.

Eine kurze Zeitlang verlor der Gedanke, daß Neutronensterne wirklich existieren und gefunden werden könnten, an Plausibilität; doch noch im gleichen Jahr, in dem der Test mit dem Crab-Nebel versagt hatte, kam aus einer anderen Ecke eine neue Entdeckung: Kosmische Radioquellen, deren Strahlung in einem sehr schnellen Rhythmus pulsierte. Es hatte den Anschein, als existierten an einigen Stellen des Universums so etwas wie Radiowellen aussendende Leuchttürme.

Die Astronomen konstruierten rasch instrumentelle Anordnungen, mit denen es möglich war, sehr kurze und schnell aufeinanderfolgende Radiowellenblitze aufzufangen und das Phänomen ausgiebig zu studieren. Einer der ersten, die sich auf diese Aufgabe konzentrierten, war Anthony Hewish vom Observatorium der Universität Cambridge. Unter seiner Leitung wurden 2048 separate Empfangsgeräte, verteilt über eine Fläche von 12000 m^2, installiert. Im Juli 1967 ging die Anlage in Betrieb. Bereits im Laufe des ersten Monats konnte eine junge britische Studentin, Jocelyn Bell, die am Kontrollpult der Anlage saß, Radiowellenimpulse empfangen, die von einem Punkt halbwegs zwischen den Sternen Wega und Altair herrührten. Diese Pulse waren an sich leicht zu empfangen und wären sicherlich schon Jahre früher entdeckt worden, wenn die Astronomen darauf eingestellt gewesen wären und sich die geeigneten Geräte dafür beschafft hätten. Die Pulse waren außerordentlich kurz; jeder von ihnen dauerte nur eine zwanzigstel Sekunde. Noch erstaunlicher war die absolute Regelmäßigkeit, mit der sie aufeinanderfolgten – in Intervallen von 1,33 Sekunden. Ihre Regelmäßigkeit war sogar so groß, daß das Intervall sich bis auf eine hundertmillionstel Sekunde genau bestimmen ließ: Es war exakt 1,33730109 Sekunden lang.

Natürlich hatte zunächst noch niemand eine Vorstellung davon, was hinter diesen Pulsen steckte. Hewish konnte sich nur vorstellen, daß sie von einem *pulsierenden* Stern ausgingen, der bei jedem »Atemzug« einen Energieimpuls aussandte. Sehr schnell bürgerte sich dafür die Kurzbezeichnung *Pulsar* ein; unter diesem Namen gingen die neuen Objekte in den wissenschaftlichen und den allgemeinen Sprachgebrauch ein.

Man konnte von den neuen Objekten bereits in der Mehrzahl sprechen, denn kaum hatte Hewish den ersten Pulsar identifiziert, so suchte er schon nach weiteren. Im Februar 1968, als er seine Entdeckung öffentlich bekanntmachte, hatte er bereits vier gefunden; für diese Leistung wurde ihm 1974 anteilig der Nobelpreis für Physik verliehen. Bis heute sind 400 Pulsare aufgefunden worden. Es ist denkbar, daß es in unserer Galaxis insgesamt ca. hunderttausend Objekte dieses Typs gibt. Manche sind vielleicht nicht weiter als 100 Lichtjahre von uns entfernt. (Es gibt keinen Grund, daran zu zweifeln, daß es auch in anderen Galaxien Pulsare gibt; aber sie sind vermutlich zu schwach, um auf solche großen Entfernungen auffindbar zu sein.)

Alle Pulsare zeichnen sich durch eine extrem gleichmäßige Pulsfolge aus; die Pulsperiode ist jedoch von Pulsar zu Pulsar verschieden. Die längste bislang gemessene Pulsperiode beträgt rund 3,75 Sekunden. Im November 1968 fanden Radioastronomen des Green-Bank-Observatoriums in West Virginia (USA) im Crab-Nebel einen Pulsar mit einer Periode von nur 0,033089 Sekunden. Er pulsierte also dreißigmal pro Sekunde!

Natürlich stellte sich jetzt die Frage: Wie konnten solche Radiowellenblitze in einer so absolut regelmäßigen Folge entstehen? Irgendein kosmisches Objekt mußte eine absolut regelmäßige Bewegung vollführen, und zwar in einem Rhythmus, der schnell genug war, um diese Pulse hervorzubringen. Konnte es ein Planet sein, der um einen Stern kreiste, derart, daß er bei jedem Umlauf hinter dem Stern verschwand (von der Erde aus gesehen) und sich beim Wiederauftauchen mit einem mächtigen Puls zurückmeldete? Oder konnte es ein schnell rotierender Planet sein, auf dessen Oberfläche sich irgendwo eine enorm starke

punktförmige Quelle von Radiowellen befand, deren Strahl bei jeder Umdrehung des Planeten einmal die Erde streifte?
Beides war nur möglich, wenn der betreffende Planet für die Umkreisung seines Muttersterns oder für eine Drehung um seine eigene Achse nur höchstens dreieinhalb Sekunden oder gar nur den Bruchteil einer Sekunde brauchte – das war unvorstellbar. Mit einer so enormen Geschwindigkeit rotieren konnte nur ein sehr kleiner Körper mit einer sehr hohen Oberflächentemperatur oder einem über alle Maßen starken Gravitationsfeld oder beidem.
Die Astronomen dachten natürlich sofort an die Weißen Zwerge; es war jedoch ausgeschlossen, daß Weiße Zwerge mit einer Periode von wenigen Sekunden, sei es einander umkreisten, sei es um die eigene Achse rotierten, sei es sonstwie pulsierten. Dafür waren sie um einiges zu groß und besaßen ein zu schwaches Gravitationsfeld.
Thomas Gold äußerte sogleich die Vermutung, die Pulsare könnten Neutronensterne sein. Er wies daraufhin, daß ein Neutronenstern klein und dicht genug wäre, um sich in weniger als vier Sekunden um seine Achse drehen zu können. Darüber hinaus war bereits theoretisch vorausgesagt worden, daß ein Neutronenstern ein enorm starkes Magnetfeld besitzen würde, dessen Pole nicht notwendig mit den Polen der Rotationsachse identisch sein müßten. Die immense Schwerkraft eines Neutronensterns würde die auf seiner Oberfläche vorhandenen Elektronen festhalten und am Entweichen hindern; lediglich an den Magnetpolen könnten sie austreten und den Stern verlassen. Beim Hinausgeschleudertwerden würden sie Energie in Form von Radiowellen abgeben. Von jedem der beiden einander gegenüberliegenden Magnetpole würde also ein stetiger Strom oder Strahl von Radiowellen ausgehen. Wenn nun ein solcher Stern gerade so rotiert, daß bei jeder Umdrehung einer dieser Strahlen (oder auch beide) genau jene Linie kreuzt, in deren Richtung die Erde liegt, dann werden die hier aufgestellten Radioteleskope bei jeder Umdrehung einen oder zwei Pulse empfangen. Wenn sich dies alles wirklich so verhält, dann ist klar, daß wir nur diejenigen Pulsare orten können, deren Rotationsachse zufällig so verläuft, daß mindestens einer ihrer Magnetpole bei jeder Umdrehung einen Punkt passiert, an dem er genau Richtung Erde weist. Manche Astronomen schätzen, daß nur einer von hundert Neutronensternen diese Bedingung erfüllt. Wenn es in unserer Galaxis wirklich hunderttausend Neutronensterne gibt, dann werden wir also vielleicht tausend von ihnen identifizieren können.
Gold hob noch einen weiteren Punkt hervor: Falls diese Theorie richtig wäre, müßten die Neutronensterne an ihren Magnetpolen Energie an den umgebenden Weltraum verlieren, demzufolge ihre Rotationsgeschwindigkeit allmählich abnimmt. Eine kurze Rotationsperiode mit hoher Pulsfrequenz würde demnach auf einen noch jungen Pulsar hinweisen, eine langsame Pulsfolge dagegen auf einen älteren.
Der Pulsar mit der kürzesten bisher gemessenen Periode ist der im Crab-Nebel geortete. Er könnte durchaus der jüngste bekannte Neutronenstern sein, liegt die Supernova-Explosion, aus der er allem Anschein nach hervorgegangen ist, doch erst knappe 1000 Jahre zurück.
Die Pulsperiode des Crab-Nebel-Pulsars wurde mit großer Aufmerksamkeit verfolgt; dabei stellte sich tatsächlich, wie Gold vorhergesagt hatte, eine allmähliche Verlangsamung der Pulsfolge heraus. Das Intervall zwischen zwei Impulsen wird Tag für Tag um 36,48 Milliardstel Sekunden länger. Entsprechende Ergebnisse erhielt man auch bei anderen Pulsaren, und an der Wende zu den 70er Jahren zweifelte kaum jemand mehr an der Richtigkeit der Neutronenstern-Theorie.
Gelegentlich kommt es vor, daß sich die Rotationsgeschwindigkeit eines Pulsars plötzlich geringfügig beschleunigt, wonach sich dann aber die normale Verlangsamung fortsetzt. Manche Astronomen vermuten, daß dies die Folge eines *Sternbebens* sein könnte, einer Umstrukturierung der Massenverteilung innerhalb des Neutronensterns. Vorstellbar ist aber auch, daß ein größerer kosmischer Körper auf die Oberfläche eines Neutronensterns aufprallt und dabei dessen Drehbewegung ein wenig beschleunigt.
Es gab keinen Grund, zu glauben, daß die aus einem Neutronenstern heraustretenden Elektronen Energie ausschließlich in Form von Radiostrahlung abgaben. Zu rechnen war vielmehr damit, daß sie Strahlen aus allen Bereichen des Spektrums, darunter sichtbares Licht, emittierten.
Die Astronomen durchforschten nun mit nochmals gesteigerter Aufmerksamkeit die Bereiche

des Crab-Nebels, in denen womöglich sichtbare Überreste der Supernova-Explosion von 1054 zu finden waren. Und tatsächlich entdeckte man im Januar 1969, daß ein sehr lichtschwacher Stern im Crab-Nebel Lichtblitze von sich gab, deren Rhythmus genau dem der Radiowellenpulse entsprach. Dieses Phänomen hätte schon früher entdeckt werden können, wenn die Astronomen nur geahnt hätten, daß sie nach einer so hohen Lichtblitzfrequenz suchen mußten. Der Crab-Nebel-Pulsar war der erste je entdeckte »optische Pulsar« – der erste sichtbare Neutronenstern.

Der Crab-Nebel-Pulsar sendet auch Röntgenstrahlen aus. Rund 5% aller vom gesamten Crab-Nebel herrührenden Röntgenstrahlung stammen von diesem winzigen flimmernden Stern. Der Zusammenhang zwischen Röntgenstrahlen und Neutronensternen, von dem man 1964 schon geglaubt hatte, man müsse ihn begraben, erlebte damit eine triumphale Wiedergeburt.

Es schien so, als wären von den Neutronensternen keine weiteren Überraschungen mehr zu erwarten; 1982 jedoch kam aus Puerto Rico die Nachricht, daß die mit dem 300-Meter-Radioteleskop von Arecibo arbeitenden Astronomen einen Pulsar mit einer Pulsfrequenz von 642 pro Sekunde – zwanzigmal mehr als der Crab-Nebel-Pulsar – geortet hatten. Er ist wahrscheinlich kleiner als die meisten anderen Pulsare, sein Durchmesser dürfte höchstens 5 km betragen; angesichts einer Masse, die vielleicht der doppelten oder dreifachen Masse unserer Sonne entspricht, muß er ein unerhört starkes Gravitationsfeld haben. Trotzdem müßte eine so schnelle Rotation ihn an den Rand des Zerberstens bringen. Eine andere, etwas rätselhafte Tatsache ist, daß seine Rotationsgeschwindigkeit nicht annähernd so schnell abnimmt, wie es angesichts der großen Energiemenge, die er ständig abgibt, eigentlich zu erwarten wäre.

Mittlerweile ist noch ein zweiter schneller Pulsar entdeckt worden. Die Astronomen sind mittlerweile eifrig dabei, Spekulationen über die Entstehung und das Verhalten dieser erstaunlichen Himmelskörper anzustellen.

Schwarze Löcher

Auch mit den Neutronensternen ist die Phänomenologie des Weltalls natürlich noch nicht erschöpft. Als Oppenheimer 1939 die Eigenschaften des Neutronensterns theoretisch ableitete, wies er auch auf die Möglichkeit hin, daß ein Stern, wenn er nur über genügend Masse verfügt (und zwar über mehr als das 3,2fache der Masse unserer Sonne), vollkommen in sich zusammenstürzen und zu einem einzigen Massepunkt oder einer *Singularität* zusammenschrumpfen kann. Wenn ein solcher Kollaps über das Neutronenstern-Stadium hinaus fortschritte, würde das Gravitationsfeld so stark werden, daß kein Materieteilchen, ja nicht einmal ein Lichtstrahl ihm entfliehen könnte. Da alles, was in den Einzugsbereich dieses unvorstellbar starken Gravitationsfeldes geriete, hineingesogen würde, ohne Hoffnung, jemals herauszukommen, kann man sich einen solchen Körper als ein unendlich tiefes »Loch« im Raum vorstellen. Da selbst Licht nicht mehr aus ihm entweichen kann, ist es ein *Schwarzes Loch* (engl.: black hole) – so jedenfalls nannte es als erster der amerikanische Physiker John Archibald Wheeler in den 60er Jahren.

Unter je tausend Sternen findet sich nur einer, der genug Masse besitzt, um die Voraussetzungen für die Entwicklung zu einem Schwarzen Loch oder *Kollapsar*, wie das Synonym heißt, zu erfüllen; und von denen, die groß genug sind, verlieren möglicherweise die meisten bei einer Supernova-Explosion einen so großen Teil ihrer Masse, daß sie unter die kritische Grenze fallen. Immerhin gibt es allein in der Milchstraße vermutlich Dutzende Millionen Sterne mit ausreichend großer Masse. Im Lauf der Geschichte unserer Galaxis könnte es ohne weiteres Milliarden von ihnen gegeben haben. Wenn auch nur jeder Tausendste dieser massereichen Sterne letztlich zu einem Schwarzen Loch kollabiert, müßten in der Milchstraße eine runde Million davon herumgeistern. Wenn dem so ist, wo sind sie?

Aufgrund ihrer physikalischen Eigenschaften sind Schwarze Löcher unheimlich schwer auszumachen. Sehen im herkömmlichen Sinn kann man sie nicht, weil sie kein Licht und auch keine Strahlung in anderer Form von sich geben. Und was ihr Schwerefeld betrifft, so ist es zwar in ihrer unmittelbaren Nähe überaus intensiv, aber über interstellare Distanzen hinweg entfaltet es auch nicht mehr Anziehungswirkung als ein gewöhnlicher Stern gleicher Masse.

Es sind aber bestimmte Bedingungen denkbar, un-

ter denen ein Kollapsar entdeckt und eindeutig als solcher identifiziert werden könnte. Stellen wir uns z. B einen Kollapsar vor, der einer der Partner in einem Doppelstern-System wäre, so daß er und sein Begleitstern um ein gemeinsames Gravitationszentrum rotieren würden; und nehmen wir weiter an, der Begleiter wäre ein normaler Stern.
Wenn die beiden einander nahe genug sind, könnte Materie von der Oberfläche des normalen Sterns Stück für Stück in Richtung des Kollapsars abdriften und eine Umlaufbahn um ihn einschlagen. Ein auf diese Weise entstehender Ring aus Materie, der sich um einen Kollapsar dreht, wird auch als *Akkretionsscheibe* bezeichnet. Nach und nach und Stück für Stück würde die auf ihr befindliche Materie sich in einer Spiralbahn dem Schwarzen Loch nähern und dabei (entsprechend einem gründlich erforschten Vorgang) Röntgenstrahlen aussenden.
Es empfahl sich daher, den Himmel nach einer Röntgenquelle abzusuchen, die nicht mit einem sichtbaren Stern verbunden war, aber sich so verhielt, als rotiere sie um einen nahegelegenen und sichtbaren anderen Stern.
1965 wurde im Sternbild Schwan eine besonders ausgeprägt strahlende Röntgenquelle entdeckt und unter der Bezeichnung Cygnus X-1 registriert. Man schätzt ihre Entfernung auf rund 10000 Lichtjahre. Sie war nur eine unter vielen Röntgenquellen, bis 1970 von der kenianischen Küste aus ein speziell für die Ortung von Röntgenquellen ausgerüsteter Satellit in eine Erdumlaufbahn geschossen wurde und von dort aus 161 neue Röntgenquellen entdeckte. Dieser Satellit registrierte 1971 unregelmäßige Veränderungen in der Intensität der von Cygnus X-1 kommenden Röntgenstrahlung. Solche sprunghaften Veränderungen waren genau das, was von einem Schwarzen Loch erwartet wurde, daß Materie aus einer Akkretionsscheibe in unregelmäßigen Zeitabständen und in ungleich großen Portionen in das gewaltige Gravitationsfeld des Kollapsars übertritt.
Cygnus X-1 wurde sogleich mit großer Sorgfalt überprüft, und dabei stellte sich heraus, daß die Röntgenquelle in unmittelbarer Nähe eines großen, heißen blauen Sterns von der rund 30fachen Masse unserer Sonne lag. Der Astronom C.T. Bolt von der Universität von Toronto konnte zeigen, daß dieser Stern und Cygnus X-1 sich gegenseitig umkreisten. Aus der Bahn, die sie dabei beschrieben, ließ sich errechnen, daß Cygnus X-1 die fünf- bis achtfache Masse unserer Sonne besitzen mußte. Wäre Cygnus X-1 ein normaler Stern, so müßte er demnach sichtbar sein. Da er nicht sichtbar ist, andererseits aber eine zu große Masse hat, um ein Neutronenstern oder gar ein Weißer Zwerg zu sein, müßte es sich bei ihm eigentlich um einen Kollapsar handeln. Ganz sicher sind sich die Astronomen dessen noch nicht, aber die meisten halten die Indizien für überzeugend genug und glauben, daß mit Cygnus X-1 erstmals ein Kollapsar entdeckt worden ist.
Man darf wohl annehmen, daß Kollapsare am ehesten in Bereichen entstehen, wo die größte Sterndichte herrscht und wo die Wahrscheinlichkeit, daß sich große Materiemassen zu Ansammlungen vereinigen, am größten ist. Da hohe Strahlungsintensitäten in der Regel den Kernbereichen von Galaxien und Kugelhaufen zugeordnet sind, kommen die Astronomen mehr und mehr zu der Überzeugung, daß es im Zentrum solcher Haufen und Galaxien Schwarze Löcher gibt.
Im Zentrum unserer eigenen Galaxis ist eine Quelle hoch intensiver und gebündelter Mikrowellenstrahlung entdeckt worden. Könnte dies auf die Existenz eines Schwarzen Lochs hindeuten? Manche Astronomen bejahen diese Frage. Es gibt Schätzungen, denen zufolge »unser« Kollapsar eine Masse besitzt, die der von 100 Millionen Sternen (oder einem Tausendstel der Masse der gesamten Galaxis) entspricht. Er hätte den 500fachen Durchmesser unserer Sonne bzw. eines großen Roten Riesen und würde damit eine genügend starke Gravitationswirkung ausüben, um durch Gezeitenwirkung ganze Sterne zur Auflösung zu bringen. Wenn Anziehung und Einfang sehr rasch vor sich gingen, würde er die Sternenmaterie auch direkt in sich einverleiben. Die Vorstellung von einem endgültigen Materiefriedhof scheint neuerdings in Frage gestellt; möglicherweise könnten doch Materieteilchen aus einem Kollapsar entweichen, allerdings nicht auf gewöhnliche Weise. Der englische Physiker Stephen Hawking zeigte 1970, daß sich im hochenergiereichen Milieu eines Kollapsars gelegentlich Paare von subatomaren Partikeln bilden können, von denen das eine Partnerteilchen entweichen kann. Das bedeutet praktisch, daß ein Kollapsar im Lauf der Zeit verdampfen könnte. Allerdings würde dieser Verdampfungsprozeß bei Kollapsaren von Sterngröße so lang-

sam vor sich gehen, daß unvorstellbar lange Zeiträume vergehen müßten (Billionen mal Billionen mal die gesamte bisherige Lebensdauer des Universums), bis sie vollständig verdampft wären.
Die Verdampfungsgeschwindigkeit würde sich allerdings mit kleiner werdender Masse beschleunigen. Ein *Zwergkollapsar,* nicht massereicher als ein Planet oder ein Asteroid (solche kleinen Kollapsare könnten durchaus existieren; sie müßten nur genügend dicht, d. h. auf ein genügend kleines Volumen zusammengepreßt sein), würde schnell genug verdampfen, um meßbare Mengen von Röntgenstrahlen auszusenden. Je weiter der Verdampfungsprozeß fortgeschritten und je geringer die verbliebene Restmasse wäre, desto mehr würde sich der Verdampfungsprozeß beschleunigen und desto stärker würde die freiwerdende Röntgenstrahlung. Wenn der Zwergkollapsar schließlich bis zu einer bestimmten Größe abgemagert wäre, würde er explodieren und dabei einen Röntgenstrahlen-Puls mit charakteristischen Eigenschaften erzeugen.
Aber, so könnte man fragen, wie sollen eigentlich kleine Körper jene unerhört hohe Dichte gewinnen, durch die sie erst zum Zwergkollapsar werden können? Massereiche Sterne werden durch die eigene Schwerkraft zusammengedrückt, aber bei einem Objekt von Planetengröße scheidet diese Möglichkeit aus; dazu kommt, daß zur Bildung eines Schwarzen Lochs aus einem kleinen Stern eine noch höhere Dichte erforderlich ist als bei einem großen Stern.
Hawking äußerte 1971 die Vermutung, daß Zwergkollapsare zum Zeitpunkt des Urknalls entstanden, als weit extremere Bedingungen herrschten, als zu jedem anderen Zeitpunkt seither. Einige der Zwergkollapsare waren damals vermutlich gerade so groß, daß sie jetzt, 15 Milliarden Jahre nach ihrer Entstehung, so weit verdampft sind, daß sie kurz vor der Explosion stehen. Vielleicht fangen unsere Astronomen einmal Röntgenblitze auf, die den Beweis für die Existenz dieser Objekte liefern. Hawkings Theorie ist bestechend, aber noch nicht empirisch erhärtet.

Der »leere« Raum

Nicht nur die im Universum vorhandenen kosmischen Körper sind für Überraschungen gut, sondern auch die weiten (und gar nicht so leeren) Zwischenräume zwischen den Sternen. Die Erkenntnis, daß der »leere« Raum in Wirklichkeit nicht leer ist, bereitet den Astronomen bereits bei ihren Aussagen über unsere nähere kosmische Umgebung Kopfzerbrechen.
In einem gewissen Sinn ist die für uns am schwersten wahrnehmbare und erkennbare Galaxis unsere eigene. Zum einen, weil wir in ihr gefangen sind, während wir andere Galaxien von außen und damit im ganzen sehen können. Vergleichbar ist diese Perspektive, wenn man sich eine große Stadt einmal vom Dach eines niedrigen Gebäudes und ein andermal vom Flugzeug aus ansieht. Dazu kommt, daß wir weitab vom Zentrum der Milchstraße in einem mit Staub durchsetzten Spiralarm wohnen. Wir befinden uns, um im Bild zu bleiben, auf dem Dach eines niedrigen Hauses in einem Randbezirk der Stadt, und zwar an einem nebligen Tag.
Der Raum zwischen den Sternen ist, allgemein gesagt, nirgendwo ein vollkommenes Vakuum. Der interstellare Raum (d. h. der Raum zwischen den Sternen innerhalb einer Galaxis) ist durch und durch von einem, allerdings sehr dünn verteilten, Gas erfüllt. Der deutsche Astronom Johannes Franz Hartmann entdeckte 1904 erstmals spektrale Absorptionslinien, die von diesem interstellaren Gas herrührten. In den Außenbezirken einer Galaxis findet sich dieses Gas (zusammen mit Staub) in erhöhter Konzentration. An den Rändern der nähergelegenen Galaxien können wir daher solche *Dunkelnebel* erkennen. Auch in unserer eigenen Galaxis sind die Gas- und Staubwolken auf quasi negative Weise sichtbar, nämlich als dunkle, sternlose Flecken. Beispiele sind der dunkle Pferdekopfnebel, der sich deutlich und scharf konturiert vor einem mit Millionen von leuchtenden Sternen übersäten Hintergrund abhebt, und der sogenannte Südliche Kohlensack nahe dem Kreuz des Südens, eine rund 400 Lichtjahre von uns entfernte Staubwolke mit einem Durchmesser von 30 Lichtjahren.
Gas- und Staubwolken verdecken zwar den Blick auf die Spiralarme der Milchstraße, aber mit dem Spektroskop kann man dieses Sichthindernis durchdringen und die Spiralstruktur sichtbar machen. Die in den Wolken enthaltenen Wasserstoffatome werden durch die energiereiche Strahlung, die von den in den Spiralarmen vorherrschenden

Sternen der Population I ausgeht, ionisiert (d. h. in elektrisch geladene, subatomare Teilchen aufgespalten). 1951 entdeckte der amerikanische Astronom William W. Morgan die spiralig gebogenen Strähnen ionisierten Wasserstoffs, die die Verbreitungsgebiete der blauen Riesensterne säumen – die Spiralarme. Ihre Spektren ähneln denen der Spiralarme der Andromeda-Galaxis.

Die nächstgelegene dieser Strähnen ionisierten Wasserstoffs zieht sich entlang der Reihe der blauen Riesensterne im Sternbild Orion und wird daher als Orion-Arm bezeichnet. Unser Sonnensystem gehört zu diesem Arm. Zwei weitere Arme wurden auf dieselbe Weise sichtbar gemacht. Einer verläuft in noch größerer Entfernung vom galaktischen Zentrum als der unsrige und schließt die Riesensterne im Sternbild Perseus ein; er wird daher Perseus-Arm genannt. Der andere verläuft auf einer dem galaktischen Zentrum nähergelegenen Linie und ist markiert durch helle Nebel im Sternbild Schütze; dies ist der Sagittarius-Arm. Jeder dieser Arme scheint rund 10000 Lichtjahre lang zu sein.

Dann erschloß die Radioastronomie neue Beobachtungshorizonte. Nicht nur weil Radiowellen die den Blick verstellenden Nebel durchdringen konnten, sondern auch weil sie zufällig genau die Sprache waren, in der diese Nebel uns einiges über sich selbst mitteilten. Die Entschlüsselung dieser Sprache ist der Arbeit des holländischen Astronomen H. C. van de Hulst zu verdanken. 1944, als der Krieg und die deutsche Besatzung ein normales astronomisches Arbeiten in den Niederlanden weitgehend unmöglich machten, widmete sich van de Hulst, aus der Not eine Tugend machend, der theoretischen Schreibtischarbeit. Er studierte die Eigenschaften gewöhnlicher, nicht ionisierter Wasserstoffatome, aus denen das interstellare Gas zum größten Teil besteht.

Er äußerte die Vermutung, daß es hin und wieder, wenn solche Atome zusammenstoßen, zu einer Veränderung ihres Energieniveaus und dabei zu einem schwachen Strahlungsereignis im Radiowellenbereich des Spektrums kommen konnte. Ein einzelnes Wasserstoffatom mochte eine solche Kollision und Energieänderung durchschnittlich nur einmal in 11 Millionen Jahren erfahren; aber angesichts der enormen Zahl dieser Atome im intergalaktischen Raum mußte es in jedem Augenblick genügend solcher Ereignisse geben, um eine kontinuierliche und nachweisbare Strahlung zu erzeugen.

Van de Hulst zog aus seinen Berechnungen den Schluß, daß diese Strahlung sich im Bereich einer Wellenlänge von etwa 21 cm bewegen mußte. Als nach dem Krieg die radioastronomische Technik weit genug entwickelt war, gelang es auch tatsächlich, das vorhergesagte »Wasserstoff-Rauschen« zu entdecken; den Physikern Edward M. Purcell und Harold I. Ewen an der Harvard University gelang 1951 der Nachweis der 21-cm-Strahlung.

Durch Abtasten der Bereiche, in denen diese Strahlung am stärksten war, konnten die Astronomen Lage und Verlauf der Spiralarme ermitteln und sie über weite Strecken verfolgen – in den meisten Fällen fast ganz um die Galaxis herum. Zusätzliche Arme wurden gefunden; danach angefertigte Karten, die die Bereiche hoher Wasserstoffkonzentration abbilden, zeigen ein halbes Dutzend oder mehr spiralig gebogene Strähnen.

Aber damit nicht genug: Das Wasserstoff-Rauschen verriet auch etwas über die Bewegungsgeschwindigkeit der jeweiligen Strahlungsquelle. Wie alle elektromagnetischen Wellen unterliegt auch diese Strahlung dem Doppler-Fizeau-Effekt. Er erlaubt es den Astronomen, die Geschwindigkeit der Wasserstoffsträhnen und damit unter anderem die Rotationsgeschwindigkeit unserer Galaxis zu ermitteln. Die mit der neuen Technik gefundenen Ergebnisse wiesen darauf hin, daß die Milchstraße sich (in dem Radius, auf dem sich unser Sonnensystem befindet) alle 200 Millionen Jahre einmal um sich selbst dreht.

In der Naturwissenschaft öffnet jede neue Entdekkung Türen, die zu neuen ungelösten Problemen führen. Den größten Wissensfortschritt bringt immer das Unerwartete – eine Entdeckung, die hergebrachte Vorstellungen über den Haufen wirft. Ein interessantes aktuelles Beispiel hierfür bietet jenes rätselhafte Phänomen, das kürzlich radioastronomische Untersuchungen über die Wasserstoffkonzentration im Kern unserer Galaxis zutage förderten. Der dort vorhandene Wasserstoff scheint zu expandieren, aber diese Ausdehnung ist offenbar auf die Äquatorebene der Milchstraße beschränkt. Die Tatsache der Expansion selbst ist überraschend, weil es dafür keine theoretische Erklärung gibt. Wenn der Wasserstoff nach außen strebt, warum ist er nicht angesichts der langen

Der Pferdekopfnebel im Sternbild Orion, südlich von Zeta-Orionis. Mit Genehmigung des Palomar-Observatoriums in Kalifornien.

Lebensdauer der Galaxis längst in alle Winde verstreut? Liegt hier ein Indiz dafür vor, daß, wie Oort vermutet, das Zentrum der Milchstraße vor rund 10 Millionen Jahren explodiert ist (wie das von M-82 vor weit kürzerer Zeit)? Die Ebene der Wasserstoff-Expansion ist übrigens nicht vollkommen flach. Sie biegt sich an einem Ende der Milchstraße nach unten, am anderen Ende nach oben. Warum? Niemand hat dafür bislang eine befriedigende Erklärung vorlegen können.

Wasserstoff ist nicht – oder dürfte es zumindest nicht sein – das einzige Element mit einer charakteristischen Radiowellenstrahlung. Auch jedes andere Atom oder Kombinationen von Atomen sind in der Lage, Radiowellen einer charakteristischen Frequenz auszusenden oder aus einem allgemeinen Strahlungshintergrund diese charakteristische Frequenz durch Absorption herauszufiltern. Dies machten sich die Astronomen zunutze, um nach den »verräterischen Fingerabdrücken« aller möglichen Atome oder Moleküle zu suchen.

Der allergrößte Teil des in der Natur vorkommenden Wasserstoffs gehört dem einfacheren von zwei möglichen Variationstypen oder Isotopen dieses Elements an, das als ^{1}H (Wasserstoff-1) bezeichnet wird. Das andere, komplexere Isotop heißt *Deuterium* (D) oder ^{2}H (Wasserstoff-2). Die Radiowellenstrahlung aus verschiedenen Bereichen des Himmels wurde systematisch nach den für Deuterium theoretisch vorausgesagten Wellenlängen abgesucht. 1966 konnten sie geortet werden, und die Ergebnisse deuten darauf hin, daß die Menge an ^{2}H-Isotopen im Universum ungefähr ein Zwanzigstel der Menge an ^{1}H-Isotopen beträgt.

Die nach den beiden Wasserstoff-Isotopen im Universum am häufigsten vertretenen Elemente sind Helium und Sauerstoff. Ein Sauerstoffatom kann sich mit einem Wasserstoffatom zu einer Hydroxyl-Gruppe (OH) verbinden. Diese Verbindung wäre auf der Erde nicht stabil, denn die Hydroxyl-Gruppe ist chemisch sehr aktiv und würde sich mit fast jedem anwesenden Atom oder Molekül verbinden. Sie würde sich vor allem mit einem zweiten Wasserstoffatom zu einem Wassermolekül zusammenschließen. Im interstellaren Raum jedoch, wo die Atome so dünn verteilt sind, daß Kollisionen selten vorkommen, kann eine Hydroxyl-Gruppe über lange Zeiträume hinweg existieren (worauf der sowjetische Astronom I. S. Schklowskij schon 1953 hinwies).

Wie Berechnungen ergaben, entsendet oder absorbiert eine Hydroxyl-Gruppe Radiowellen in vier verschiedenen Wellenlängenbereichen. Zwei davon entdeckte eine Gruppe von Radioingenieuren am M.I.T. (Massachusetts Institute of Technology) im Oktober 1963.

Da eine Hydroxyl-Gruppe siebzehnmal so viel Masse besitzt wie ein einzelnes Wasserstoffatom, ist sie viel träger und bewegt sich (und zwar bei jeder Temperatur) nur mit einem Viertel der Geschwindigkeit des Wasserstoffatoms. Da Wellen im allgemeinen eine mit der Bewegungsgeschwindigkeit der Strahlungsquelle zunehmende Verwischung aufweisen, bilden sich die Wellenlängen von Hydroxyl-Gruppen schärfer ab als die von Wasserstoffatomen; es läßt sich somit bei ersteren leichter feststellen, ob sie sich auf uns zu oder von uns weg bewegen. Auf diese Weise können Aussagen über die Radialgeschwindigkeit einer Gaswolke getroffen werden.

Die Astronomen waren erfreut, aber nicht allzu erstaunt, Hinweise auf das Vorhandensein zweiatomiger Moleküle in den unendlichen Weiten zwischen den Sternen zu finden. Es setzte natürlich sogleich eine Suche nach anderen Molekülen ein, ohne daß man große Hoffnungen gehegt hätte, welche zu finden. Da im interstellaren Raum die Atomdichte extrem gering ist, setzte man die Wahrscheinlichkeit, daß mehr als zwei Atome zusammentreffen und eine Verbindung eingehen, sehr niedrig an. Daß Atome, die im Weltraum noch seltener vorkommen als Sauerstoff (wie beispielsweise Kohlenstoff und Stickstoff, um die beiden nächsthäufigen zur Bildung von Verbindungen geeigneten Elemente zu nennen), an irgendwelchen Molekülverbindungen beteiligt sein könnten, schien ganz ausgeschlossen.

Doch dann, im Jahr 1965 und danach, folgten Schlag auf Schlag die Überraschungen. Im November 1965 wurden die für die Wellenlängen von Wassermolekülen (H_2O) charakteristischen Absorptionslinien entdeckt. Ein Wassermolekül besteht aus zwei Wasserstoffatomen und einem Sauerstoffatom, also aus insgesamt drei Atomen. Noch im gleichen Monat wurden, eine noch größere Überraschung, Ammoniak-Moleküle (NH_3) gefunden. Sie setzen sich aus vier Atomen zusammen: 3 Wasserstoff- und 1 Stickstoffatom.

1969 wurde ein weiteres aus vier Atomen, darunter auch ein Kohlenstoffatom, bestehendes Molekül entdeckt: Formaldehyd (HCHO).

1970 brachte eine Anzahl neuer Funde. Darunter ein Molekül aus fünf Atomen, Cyanacetylen (HCCCN), das eine Kette aus drei Kohlenstoffatomen enthält, und Methylalkohol (CH_3OH), dessen Molekül aus sechs Atomen besteht.

1971 fand man ein aus sieben Atomen zusammengesetztes Molekül, Methylacetylen (CH_3CCH), und 1982 schließlich eine Verbindung aus dreizehn Atomen: Cyanodecapentain ($HC_{11}N$), bestehend aus einer Kette von 11 Kohlenstoffatomen, die auf der einen Seite von einem Wasserstoff- und auf der anderen Seite von einem Stickstoffatom geschlossen wird.

Unversehens hatte sich der Astronomie eine völlig neue und unerwartete Spezialdisziplin erschlossen: die Astrochemie.

Auf welche Weise diese Atome sich zu komplexen Molekülen zusammenschließen, und wie diese Moleküle es fertigbringen, dem beständigen, von den Sternen ausgehenden Strahlenbeschuß zu trotzen, unter dem sie eigentlich früher oder später zerbrechen müßten, wissen die Astronomen nicht zu sagen. Vermutlich bilden sich diese Moleküle in Bereichen des Kosmos, die nicht so weitgehend von Materie entblößt ist, wie wir dies für den interstellaren Raum unterstellen – in denen womöglich Prozesse der Sternentstehung aus sich verdichtenden Staub- und Gaswolken im Gange sind.

Wenn es sich so verhält, dann ist zu erwarten, daß künftig noch komplexere Moleküle entdeckt werden. Die auf diesem Gebiet vielleicht bevorstehenden Entdeckungen könnten neue und umwälzende Erkenntnisse über die Entwicklung des Lebens auf unserem (und auf anderen) Planeten bringen, wie wir an späterer Stelle noch sehen werden.

Unser Sonnensystem

Die Geburt unseres Sonnensystems

So großartig und unerschöpflich auch sein mag, was die unvorstellbaren Weiten des Universums in sich bergen, wir können nicht endlos lange in seinen majestätischen Gefilden umherschweifen; kehren wir zurück aus den Bereichen der Lichtjahrmillionen in unsere kosmische Heimat, zu unserer Sonne – die nur ein Stern ist unter den Hunderten von Milliarden Sternen, aus denen unsere Galaxis besteht – und zu den sie umkreisenden Planeten, von denen die Erde einer ist.

Newton lebte in einer Zeit, in der es möglich geworden war, rationale Vermutungen über die Entstehung der Erde und unseres Sonnensystems anzustellen (neben der Beschäftigung mit dem Problem der Entstehung des Universums als Ganzes). Nach dem Bild, das man zu diesem Zeitpunkt von unserem Sonnensystem gewonnen hatte, stellte es sich als ein Gebilde mit bestimmten Gesetzmäßigkeiten dar:

1. Alle größeren Planeten umkreisen die Sonne ungefähr in derselben, durch den Sonnenäquator definierten Ebene. Wenn man ein dreidimensionales Modell der Sonne und ihrer Planeten anfertigen würde, so könnte man es in einer sehr flachen Kuchenform unterbringen.
2. Alle größeren Planeten umkreisen die Sonne in derselben Richtung – gegen den Uhrzeigersinn, wenn man beispielsweise vom Polarstern auf das Sonnensystem herabblicken würde.
3. Fast alle größeren Planeten rotieren um ihre Achse in derselben Richtung, in der sie auch die Sonne umkreisen; die Sonne selbst rotiert ebenfalls gegen den Uhrzeigersinn.
4. Die Umlaufbahnen der Planeten sind annähernd kreisförmig, und die Abstände zwischen jeweils benachbarten Planetenbahnen vergrößern sich ziemlich gleichmäßig von innen nach außen.
5. Von wenigen Ausnahmen abgesehen, umkreisen alle Planetenbegleiter ihren Mutterplaneten in annähernd kreisförmigen Bahnen, und zwar in der durch den Äquator des Mutterplaneten definierten Ebene gegen den Uhrzeigersinn.

Diese Homogenität des Gesamtsystems legte natürlich die Annahme nahe, daß es seine Entstehung einem singulären kosmischen Ereignis oder Prozeß verdankt.

Wie aber könnte dieser Prozeß, der zur Entstehung unseres Sonnensystems führte, ausgesehen haben? Alle bislang vorgeschlagenen Theorien lassen sich einer von zwei Grundkonzeptionen zuordnen: die evolutionäre oder die durch Katastropheneinwirkung bedingte Entwicklung. Letztere Konzeption besagt, daß die Sonne zunächst als einsamer Stern geboren wurde und erst in einem verhältnismäßig späten Stadium ihrer Lebensgeschichte durch irgendein plötzliches, katastrophales Ereignis zu einer Planetenfamilie kam. Der evolutionären Konzeption zufolge entstand das ganze System, die Sonne und alle ihre Planeten, gleichzeitig und im Zuge eines gesetzmäßigen, kausalen Prozesses.

Im 18. Jahrhundert, als die Naturwissenschaftler noch im Bann biblischer Berichte über große Weltkatastrophen wie die Sintflut standen, war die Auffassung gang und gäbe, daß die Geschichte der Erde von solchen katastrophenbedingten Zäsuren geprägt worden sei. Warum also nicht davon ausgehen, daß am Beginn der ganzen Entwicklung eine große Urkatastrophe stand? Eine

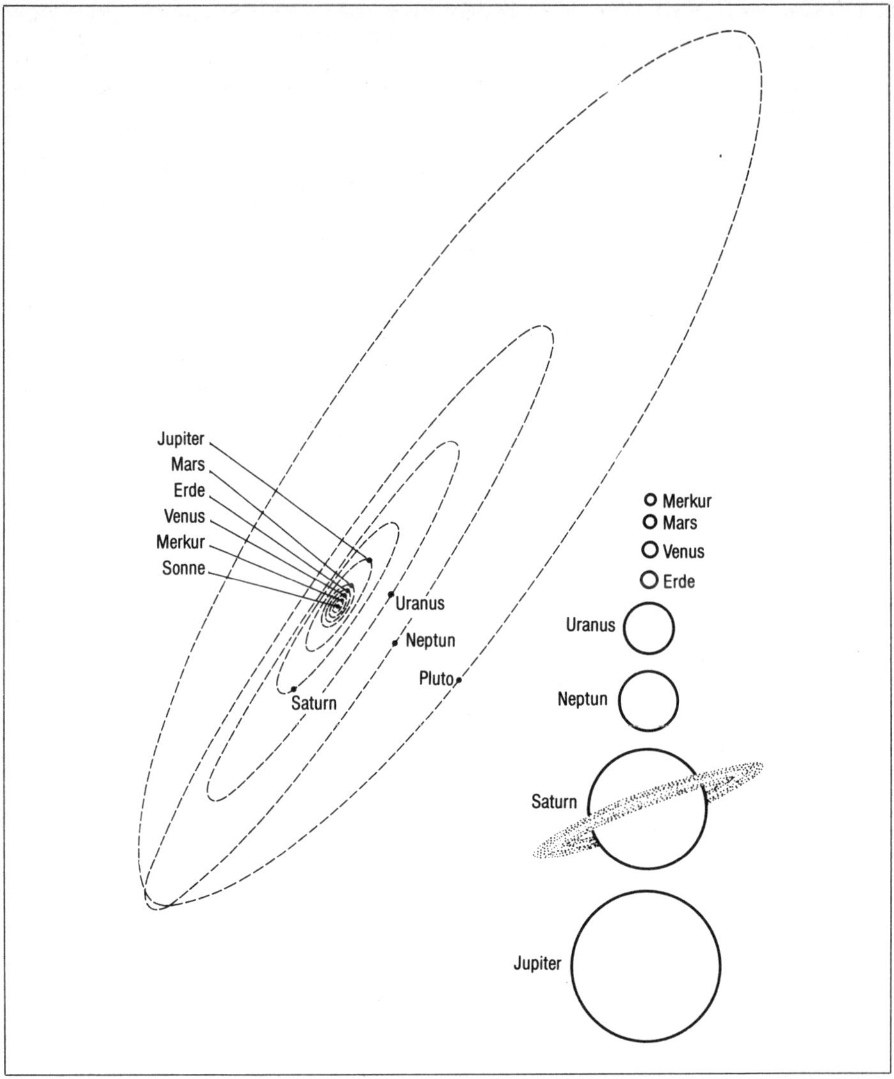

Schematische Zeichnung des Sonnensystems; rechts daneben sind die Planeten, nach ihrer relativen Größe geordnet.

beliebte Theorie, eingeführt 1745 von dem französischen Naturforscher Georges de Buffon, besagte, die Planeten hätten sich aus den beim Zusammenstoß der Sonne mit einem Kometen ins All geschleuderten Trümmern gebildet.

Buffon dachte dabei natürlich an eine Kollision zwischen der Sonne und einem Himmelskörper von vergleichbarer Masse. Er nannte diesen in Ermangelung einer anderen Bezeichnung einen *Kometen*. Heute verstehen wir unter Kometen winzige, von unbedeutenden Gas- und Staubschleiern eingehüllte Körper, aber das ist nur eine Frage der Terminologie und berührt nicht den Wert der Hypothese Buffons; denn 150 Jahre später kamen die Astronomen auf seine Theorie erneut zurück.

Manchen Naturforschern erschien es wissenschaftlicher, auf den Zufall einer Kollision zu verzichten und sich die Entstehung unseres Sonnensystems als einen mehr oder weniger langgezogenen Prozeß ohne eine punktuelle auslösende Katastrophe vorzustellen; dies schien irgendwie besser zu dem majestätischen Bild zu passen, das Newton von den die Bewegungen der Himmelskörper regierenden Naturgesetzen gezeichnet hatte.

Newton selbst hatte den Gedanken zur Diskussion gestellt, ob nicht das Sonnensystem aus einer dünnen Wolke aus Gas und Staub entstanden sein könnte, die sich unter dem Einfluß von Gravitationskräften allmählich verdichtete. Je näher die Partikel zusammenrückten, desto stärker wurde das Gravitationsfeld, und entsprechend beschleunigte sich der Verdichtungsprozeß, bis schließlich die gesamte vorhandene Masse sich zu einem Körper hoher Dichte – der Sonne – zusammenballte; die bei diesem Kontraktionsprozeß freiwerdende Energie erhitzte die Sonne und speiste ihre Wärmestrahlung.

Die heute gängigsten Theorien über die Entstehung unseres Sonnensystems sind im wesentlichen aus Newtons Konzept hervorgegangen. Allerdings mußten noch viele knifflige Probleme gelöst werden, um die Theorie mit bestimmten, im Lauf der Zeit gewonnenen Beobachtungsdaten und mit den bekannten Naturgesetzen in Einklang zu bringen. Wie sollte es beispielsweise gelingen, daß sich die Partikel eines feinverteilten Gases allein durch die minimalen, zwischen ihnen wirksamen Gravitationskräfte zusammenballen und verdichten? Von verschiedenen Astronomen ist neuerdings die Erklärung angeboten worden, den Anstoß könne die Explosion einer Supernova gegeben haben. Man stelle sich eine Gas- und Staubwolke von geringer Dichte und großer Ausdehnung vor, die bereits über Milliarden Jahre hinweg ohne nennenswerte Veränderungen im Raum schwebt. Zufällig gerät sie in die Nähe eines Sterns, der kurz zuvor als Supernova explodiert ist. Die Druckwelle dieser Explosion, die gewaltige Woge aus Staub und Gas, die über die friedlich schwebende Gaswolke hereinbräche, würde diese komprimieren. Die Folge wäre eine Zunahme der Gravitationskräfte, die den Verdichtungsprozeß in Gang setzen könnten, der am Ende zur Entstehung eines Sterns, der Sonne, führen würde.

Falls die Sonne so entstanden sein sollte, wie verhält es sich dann mit den Planeten? Woher kamen sie? Die ersten Versuche zur Beantwortung dieser Frage unternahmen Immanuel Kant im Jahr 1755 und, unabhängig von ihm, der französische Astronom und Mathematiker Pierre Simon de Laplace im Jahr 1796. Das von Laplace vorgelegte Denkmodell war das detailliertere.

Laplace ging zunächst einmal insofern über Newton hinaus, als in seiner Konzeption die Materiewolke rotierte. Während des Zusammenballens beschleunigte sich ihre Rotationsgeschwindigkeit, etwa wie sich die Drehgeschwindigkeit bei einem Eiskunstläufer beschleunigt, wenn er bei der Pirouette die Arme anlegt. (Diesem Phänomen liegt das Prinzip der Erhaltung des Drehimpulses zugrunde: Da der Drehimpuls das Produkt aus Rotationsgeschwindigkeit und Abstand vom Rotationszentrum ist, muß bei abnehmendem Abstand von der Rotationsachse die Drehgeschwindigkeit proportional zunehmen.) Als die rotierende Wolke eine bestimmte Drehgeschwindigkeit erreichte, lösten sich an ihrem Äquator, wo die Drehgeschwindigkeit am größten war, Materieteile; mit ihnen ging der Wolke auch ein Teil ihres Drehimpulses verloren. Mit zunehmender Zusammenballung erreichte sie bald wieder eine Rotationsgeschwindigkeit, bei der sich von ihrem Äquator ein Materiering losriß. Auf diese Weise lösten sich von der sich verdichtenden Sonne nacheinander mehrere reifenförmige Materiewolken. Diese Ringe verdichteten sich ihrerseits, so meinte Laplace, allmählich zu festen Körpern, den Planeten; dabei rissen sich auch von ihnen noch einmal kleinere Materieringe los, aus denen dann ihre Monde hervorgingen.

Da dieser Auffassung zufolge das Sonnensystem aus einer Wolke oder einem kosmischen Nebel entstand und da Laplace ausdrücklich auf den Andromeda-Nebel verwies (von dem man damals noch nicht wußte, daß er eine riesige Galaxis ist, den man vielmehr lediglich für eine rotierende Staub- und Gaswolke hielt), wurde seine Konzeption die *Nebular-Hypothese* genannt.

Die Laplacesche Nebular-Hypothese schien den wesentlichen Eigenschaften unseres Sonnensystems sowie auch einigen seiner sekundären Merkmale sehr gut gerecht zu werden. Die Saturn-Ringe beispielsweise ließen sich als herausgeschleuderte Materieringe erklären, die sich nicht zu Monden verdichtet hatten. (Würde sich die gesamte in ihnen verteilte Materie zusammenballen, ergäbe sich tatsächlich ein Mond von beachtlicher Größe.) Ebenso könnten die Asteroiden, die auf einem Gürtel zwischen Mars und Jupiter die Sonne umkreisen, Überbleibsel eines Rings sein, dessen Materie sich nicht zu einem Planeten verdichtet hatte. Als Helmholtz und Kelvin Theorien erarbeiteten, wonach die Sonne ihre Energie aus dem Prozeß ihrer allmählichen Verdichtung bezog, schienen auch diese sich nahtlos in den von Laplace vorgezeichneten Rahmen einzufügen.

Die Nebular-Hypothese behauptete sich fast bis zum Ende des 19. Jahrhunderts. Daß sie entscheidende Schwächen hatte, wurde freilich schon etliche Zeit vor der Jahrhundertwende erkannt. 1859 konnte James Clerk Maxwell durch eine mathematische Analyse der Saturn-Ringe zeigen, daß jeglicher von einem rotierenden Körper losgerissene Ring aus gasförmiger Materie allenfalls zu einer Ansammlung kleiner Materieteilchen in der Art der Saturn-Ringe kondensieren, niemals aber sich zu einem einzigen festen Körper verdichten kann, da der Ring, bevor es zu einer solchen Verdichtung kommen könnte, von Gravitationskräften zersprengt würde.

Dazu kam das Problem des Drehimpulses. Es stellte sich heraus, daß die Planeten, die nur etwas mehr als 0,1% der Gesamtmasse unseres Sonnensystems ausmachen, an dessen Gesamt-Drehimpuls einen Anteil von nicht weniger als 98% haben! Auf Jupiter allein entfallen 60% der im gesamten Sonnensystem vorhandenen Drehimpuls-Energie. Der Sonne verbleibt mithin nur ein kleiner Bruchteil des der ursprünglichen Wolke innewohnenden Drehimpulses. Wie konnte fast die gesamte Rotationsenergie auf die kleinen Ringe übergehen, die sich aus der kosmischen Nebelwolke lösten? Das Problem war um so irritierender, als im Falle von Jupiter und Saturn, die beide über mehrere Monde verfügen und somit wie kleine Sonnensysteme erscheinen, der größte Teil der Rotationsenergie beim Mutterplaneten verblieb, obwohl doch der Theorie zufolge diese Subsysteme auf die gleiche Art entstanden sein sollten wie das Sonnensystem selbst.

Um die Wende zum 20. Jahrhundert war die Nebular-Hypothese zusammen mit der Idee eines evolutionären Prozesses zu den Akten gelegt. Die Zeit war reif für eine Renaissance der Katastrophentheorie. 1905 legten zwei amerikanische Wissenschaftler, Thomas Chrowder Chamberlin und Forest Ray Moulton, unter Verzicht auf den Ausdruck »Komet« ein Erklärungsmodell vor, demzufolge die Entstehung der Planeten das Ergebnis eines Beinahe-Zusammenstoßes zwischen unserer Sonne und einem anderen Stern war. Als die beiden Sterne aneinander vorbeistrichen, rissen sich von ihren Rändern Fetzen gasförmiger Materie los, von denen einige im Schwerefeld unserer Sonne verblieben und in der Folge zu kleinen *Planetesimalen* und schließlich zu Planeten kondensierten. Dieses Modell nennt man die *Planetesimal-Hypothese*. Was das Problem des Drehimpulses betraf, so stellten die britischen Wissenschaftler James Hopwood Jeans und Harold Jeffreys 1918 die sog. *Gezeitenhypothese* auf, die besagte, daß das Schwerefeld des den Weg der Sonne kreuzenden Sterns den herausgerissenen Gasmassen einen seitlichen Drall mitgegeben hatten (einen »Rechtseffet«, wie man beim Billard sagen würde), der sie in Drehbewegung versetzte. Wenn diese katastrophentheoretische Konzeption zuträfe, müßte die Entstehung eines Planetensystems ein höchst seltenes kosmisches Ereignis sein. Die Abstände zwischen den Sternen sind so groß, daß die Wahrscheinlichkeit einer Kollision 10000mal geringer ist als die, ihrerseits schon recht geringe, Wahrscheinlichkeit einer Supernova-Explosion. Man schätzt, daß, seit unsere Galaxis existiert, nur etwa zehn Begegnungen der Art stattgefunden haben können, die zur Geburt eines Sonnensystems nach der Planetesimal-Hypothese hätten führen können.

Das wissenschaftliche Aus für diese Versuche, passende kosmische Katastrophen zu konstruieren, erfolgte von seiten der Mathematik. Wie Russell zeigte, müßten bei jeglichem Beinahe-Zusammenstoß der angenommenen Art die Planeten in einer um ein Mehrtausendfaches größeren Entfernung von der Sonne landen, als es ihrer tatsächlichen Bahn entspricht. Versuche, die Theorie diesen Parametern anzupassen, indem man anstelle von Beinahe-Zusammenstößen regelrechte Kollisionen verschiedener Art annahm, brachten keine überzeugenden Ergebnisse. In den 30er Jahren spekulierte Lyttleton über die Möglichkeit eines Zusammenstoßes dreier Sterne, während Hoyle die Version beisteuerte, die Sonne habe ursprünglich einen Begleiter gehabt, der zur Supernova geworden sei und als sein Vermächtnis die Planeten hinterlassen habe. 1939 konnte jedoch der amerikanische Astronom Lyman Spitzer zeigen, daß die unter beliebigen Bedingungen aus der Sonne herausgelösten Materiestücke so heiß gewesen wären, daß sie sich nicht zu Planetesimalen verdichtet, sondern sich im Gegenteil ausgedehnt und zu Gaswolken geringer Dichte entwickelt hätten. Damit schien ihrerseits die Katastrophen-Konzeption endgültig erledigt, wenngleich 1965 der britische Astronom M. M. Woolfson noch einmal einen Rettungsversuch unternahm, in dem er die Möglichkeit zur Diskussion stellte, daß die Sonne das Material für die Planetenbildung von einem sehr diffusen, kalten Stern bezogen haben könnte, so daß nicht unbedingt extreme Temperaturen im Spiel sein mußten.

Gewärtigend, daß sie mit der Planetesimal-Hypothese in eine Sackgasse geraten waren, wandten die Astronomen sich wieder der evolutionären Konzeption zu und nahmen noch einmal die Laplacesche Nebular-Hypothese unter die Lupe.

Inzwischen hatten sich viele neue Erkenntnisse über das Universum angesammelt. Die Astronomen sahen sich jetzt mit der Aufgabe konfrontiert, Aussagen über die Entstehung und den Aufbau von Galaxien zu machen; hierfür mußten natürlich weitaus größere Gas- und Staubwolken veranschlagt werden, als Laplace sie in bezug auf die Geburt unseres Sonnensystems vermutet hatte. Aus verschiedenen Gründen tauchten Erwägungen auf, daß es in solchen unvorstellbar großen Materiewolken zu Turbulenzen kam und daß der Gesamtverband sich in einzelne Wirbelsysteme teilte, von denen jedes zu einem eigenen Sonnensystem kondensieren konnte. 1944 unterzog der deutsche Physiker Carl Friedrich von Weizsäcker diesen Gedanken einer gründlichen Analyse. Seine Berechnungen ergaben, daß die größten Wirbel genügend Materie enthalten würden, um Galaxien

Carl F. von Weizsäckers Theorie der Entstehung des Sonnensystems, schematisch dargestellt. Im Innern der großen Ur-Materiewolke trennten sich Wirbel und »Ablegerwirbel« ab, aus denen sich dann durch Zusammenballung die Sonne, die Planeten und deren Trabanten bildeten.

bilden zu können. Im Zuge der stürmischen Kontraktionsphase eines solchen Wirbels würden »Ablegerwirbel« entstehen. Jeder Ableger wäre groß genug, ein Sonnensystem (mit einer oder mehreren Sonnen) zu erzeugen. In den Randbereichen des Sonnenwirbels selbst könnten sich wiederum Ablegerwirbel zweiter Generation bilden, aus denen Planeten entstehen könnten. Dies könnte man sich so vorstellen, daß überall dort, wo sich Ablegerwirbel zweiter Generation begegneten und aneinander vorbeidrehten (wie zwei ineinandergreifende Zahnräder), Staubteilchen aus beiden Wirbelsystemen miteinander kollidieren und zusammenbacken würden, zunächst Planetesimale und dann Planeten bildend. *(Abb.)*
An und für sich löste die Weizsäcker-Theorie das Problem des im Vergleich zur Sonne überproportionalen Drehimpulses der Planeten ebensowenig wie der wesentlich einfachere Laplacesche Ansatz. Der schwedische Astrophysiker Hannes Alfven konnte durch die Einbeziehung des Magnetfeldes der Sonne in Weizsäckers Theorie das Problem der ungleichen Drehimpulse abschwächen. Bei der äußerst schnellen Rotation der »jungen« Sonne wirkte deren Magnetfeld wie eine Bremse, die die Drehbewegung verlangsamte und dabei den Drehimpuls an die Planeten weitergab. Hoyle verfeinerte dieses Erklärungsmodell, so daß man die Weizsäcker-Theorie in ihrer modifizierten, neben den Wirkungen der Gravitation auch die magnetischen Effekte einbeziehenden Form wohl als die gegenwärtig einleuchtendste Theorie über die Entstehung des Sonnensystems bezeichnen kann.

Die Sonne

Die Sonne ist, das ist offensichtlich, die Spenderin des Lichts, der Wärme und des organischen Lebens auf der Erde. Kein Wunder also, daß schon die prähistorischen Menschen sie als Gottheit angebetet haben. Der Pharao Echnaton, der von 1364 bis 1347 v. Chr. regierte und der erste Monotheist war, von dem wir wissen, sah in der Sonne den einen und einzigen Gott. Im Mittelalter galt die Sonne als Symbol der Vollkommenheit; auch wenn sie selbst nicht als Gottheit verehrt wurde, so betrachtete man sie doch als sichtbares Zeugnis der Allmacht und Vollkommenheit Gottes.
Die alten Griechen waren die ersten, die eine ungefähre Vorstellung von der Entfernung zwischen Erde und Sonne gewannen; wie die Beobachtungen des Aristarchos von Samos zeigten, mußte diese Entfernung zum mindesten mehrere Millionen Kilometer betragen, und die Sonne mußte somit im Verhältnis zu ihrem Erscheinungsbild größer sein als die Erde. Die Größe allein war es jedenfalls nicht, was imponierte, lag doch die Vorstellung nahe, die Sonne sei vielleicht nur eine riesengroße, substanzlose Lichtkugel.
Erst zu Zeiten Newtons wurde klar, daß die Sonne nicht nur dem Umfang nach viel größer als die Erde sein, sondern auch eine um ein Vielfaches größere Masse besitzen mußte und daß die Erde deshalb um die Sonne kreiste, weil unter anderem deren starkes Schwerefeld sie auf der Bahn hielt. Wir wissen heute, daß die Sonne rund 149,6 Millionen Kilometer von der Erde entfernt ist und einen Durchmesser von 1392000 km (entsprechend 110 Erddurchmessern) aufweist. Ihre Masse beträgt das 330000fache der Masse der Erde und das 745fache der Masse aller sie umkreisenden Planeten, Monde, Planetoiden usw. Mit anderen Worten: Rund 99,86% aller in unserem Sonnensystem vorhandenen Materie entfallen auf die Sonne selbst, die also auch in dieser Beziehung das absolut dominierende Element innerhalb dieses Systems ist.
Von bloßer Größe sollten wir uns allerdings nicht blenden lassen. Gewiß ist die Sonne kein vollkommener Himmelskörper, wenn wir unter Vollkommenheit ein gleichmäßig helles und unbeflecktes Gestirn verstehen, wie die Gelehrten des Mittelalters es taten.
In den letzten Monaten des Jahres 1610 richtete Galilei sein Teleskop auf die dunstverhüllte untergehende Sonne und erblickte auf der rötlichen Scheibe jeden Tag dunkle Flecken. Er verfolgte die stetige Wanderung der Flecken über die Oberfläche der Sonne und schloß daraus (sowie aus der Tatsache, daß die Flecken bei Annäherung an den Rand der Scheibe zu schrumpfen schienen), daß

diese Flecken Teil der Sonnenoberfläche waren und daß die Sonne sich in einem Zyklus von etwas mehr als 25 Erdentagen einmal um sich selbst drehte.

Natürlich stieß Galilei mit diesen Befunden auf beträchtlichen Widerspruch, wirkten sie doch vor dem Hintergrund der traditionellen Auffassung geradezu blasphemisch. Der deutsche Astronom Christoph Scheiner, der die Sonnenflecken ebenfalls beobachtete, vertrat die Ansicht, es handle sich dabei nicht um einen Bestandteil des Sonnenkörpers, sondern um kleine Gebilde, die die Sonne umkreisten und sich dunkel gegen ihre leuchtende Oberfläche abhoben. Die Argumente Galileis behielten in dieser Debatte freilich die Oberhand.

1674 beobachtete der schottische Astronom Alexander Wilson einen großen Sonnenfleck, der, wenn er am Rand der Scheibe verschwand und sich von der Seite zeigte, eine konkave Form aufwies, als ob die Sonne an dieser Stelle eine kraterartige Eindellung aufwiese. Auf diese Beobachtung bezog sich 1795 Herschel, als er die These aufstellte, die Sonne sei ein dunkler kalter Himmelskörper, der von einer glühenden Gashülle umgeben sei. Die Sonnenflecken waren seiner Ansicht nach Löcher, durch die die dunkle Oberfläche des eingehüllten Sonnenkörpers einzusehen war. Herschel wagte sogar die Spekulation, die Sonne könne von Lebewesen bewohnt sein. (Man sieht daran, daß auch hervorragende Gelehrte äußerst gewagte Hypothesen aufstellen können, die nach dem Stand des zeitgenössischen Wissens vertretbar erscheinen mögen, sich aber in der Folge angesichts neuer Beobachtungs- und Meßdaten als groteske Irrtümer herausstellen.)

Sonnenflecken sind übrigens keineswegs schwarz. Es sind Bereiche der Sonnenoberfläche, die weniger heiß sind als ihre Umgebung und dadurch vergleichsweise dunkel wirken. Merkur oder Venus hingegen erscheinen, wenn sie sich zwischen Erde und Sonne schieben, als wirklich schwarze Punkte auf der Sonnenscheibe, und wenn sie einen Sonnenfleck passieren, erkennt man deutlich, daß dieser nicht wirklich schwarz ist. Aber auch völlig irrige Thesen können sich als nützlich erweisen, denn der Gedanke Herschels führte immerhin zu einem verstärkten Interesse an den Sonnenflecken.

Den eigentlichen Durchbruch aber brachte ein deutscher Apotheker namens Heinrich Samuel Schwabe, der Astronomie aus Liebhaberei betrieb. Da er tagsüber arbeiten mußte, konnte er nicht die ganze Nacht am Fernrohr sitzen und die Sterne beobachten. Er sah sich daher nach einer auch bei Tageslicht lohnenden Aufgabe um und beschloß, sich auf das Studium der Sonnenscheibe zu verlegen und nach noch nicht entdeckten, sonnennahen Planeten zu suchen, die vielleicht ihre Existenz im Vorbeiwandern vor der Sonne verraten würden.

1825 begann er mit seinen Sonnenbeobachtungen und wurde dabei zwangsläufig auch auf die Sonnenflecken aufmerksam. Nach einiger Zeit gab er seine Planetensuche auf und fing an, systematische Skizzen der Sonnenflecken zu machen, die ihre Position und Gestalt von Tag zu Tag änderten. Nicht weniger als siebzehn Jahre lang studierte er jeden Tag (sofern der Himmel den Blick freigab) die Sonne.

1843 konnte er die Ergebnisse seiner Beobachtungen bekanntgeben: Die Sonnenflecken traten nicht in willkürlicher Folge und Häufigkeit auf; ihre Zahl vermehrte sich Jahr für Jahr, bis ein bestimmtes Maximum erreicht war. Dann nahm die Zahl der Sonnenflecken wieder ab, bis nahezu keine mehr vorhanden waren. Dann setzte ein neuer Zyklus ein. Wir wissen heute, daß diese Zyklen nicht ganz regelmäßig ablaufen, im Durchschnitt aber eine Laufzeit von etwa elf Jahren haben. Die wissenschaftliche Welt ignorierte Schwabes Bericht (schließlich war er nur Apotheker), bis der bekannte Naturforscher Alexander von Humboldt 1851 in seinem Buch *Kosmos,* einem enzyklopädischen naturwissenschaftlichen Lehrbuch, den Sonnenflecken-Zyklus erwähnte.

Um diese Zeit war der schottisch-deutsche Astronom Johann von Lamont damit beschäftigt, die Stärke des irdischen Magnetfeldes zu messen, und stellte fest, daß sie in einem regelmäßigen Rhythmus zu- und abnahm. 1852 wies Edward Sabine, ein britischer Physiker, darauf hin, daß diese Schwankungen mit dem Sonnenflecken-Zyklus synchron gingen.

Daraus ließ sich der Schluß ziehen, daß die Sonnenflecken eine Wirkung auf irdische Vorgänge ausübten, und man begann sie mit gesteigertem Interesse zu studieren. Jedes Jahr innerhalb eines Zyklus erhielt nach einer 1849 von dem Züricher Astronomen Rudolf Wolf aufgestellten Formel eine sog. Sonnenflecken-Relativzahl zugeordnet. (Wolf war der erste, der darauf hinwies, daß auch

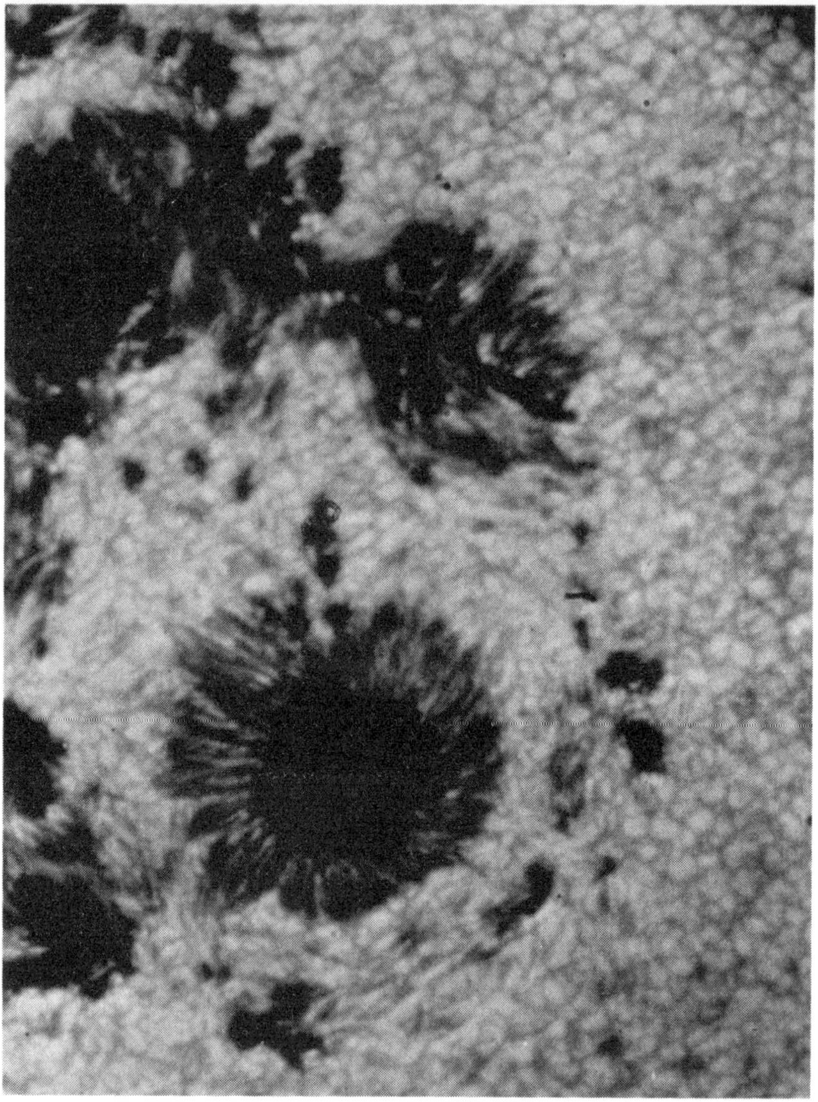

Sonnenflecken, in bis dahin unerreichter Bildschärfe fotografiert (aus 24 400 m Höhe über der Erdoberfläche, von einem Ballon aus). Die Flecken weisen einen dunklen Kernbereich aus vergleichsweise kühlen Gasen auf, der in ein starkes Magnetfeld eingebettet ist. Diese Gruppe äußerst aktiver Sonnenflecken erzeugte auf der Erde ein besonders helles Polarlicht und einen heftigen Magnetsturm.

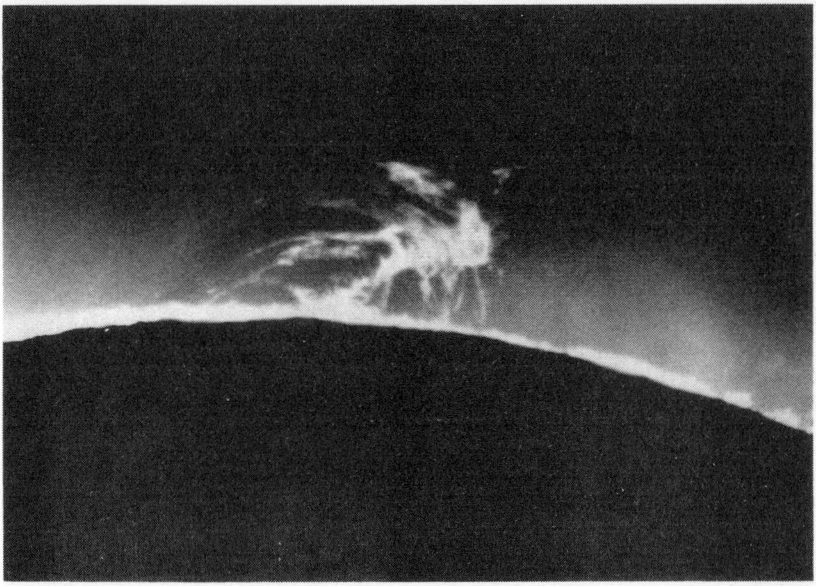

Sonnenprotuberanzen. Mit Genehmigung des Mount-Wilson-Observatoriums in Kalifornien.

die Häufigkeit von Polarlichtern synchron mit dem Sonnenflecken-Zyklus schwankt.)

Es bestehen Hinweise, auf einen Zusammenhang zwischen den Sonnenflecken und dem Magnetfeld der Sonne; offenbar erscheinen die Flecken genau dort, wo bestimmte magnetische Feldlinien die Sonnenoberfläche schneiden. 1908, drei Jahrhunderte nach Entdeckung der Sonnenflecken, fand G. E. Hale ein mit den Sonnenflecken korrespondierendes starkes Magnetfeld. Dieses solare Magnetfeld verhält sich allerdings überaus merkwürdig: Es sprießt an unerwarteten Stellen und zu unregelmäßigen Zeiten aus der Sonnenoberfläche hervor und wechselt in ungleichmäßigem Rhythmus seine Intensität. Warum es sich so verhält, ist eines der Rätsel, deren Lösung die Sonne bis heute noch nicht preisgegeben hat.

Im Jahre 1893 sichtete der englische Astronom Edward Walter Maunder die frühen astronomischen Beobachtungsberichte, um einen Überblick über die Sonnenflecken-Zyklen im ersten Jahrhundert nach ihrer Entdeckung durch Galilei zu gewinnen. Zu seinem Erstaunen stellte er fest, daß zwischen 1645 und 1715 praktisch keine Berichte über Sonnenflecken vorlagen. Bedeutende Astronomen wie Cassini hatten in jener Zeit nach Sonnenflekken gesucht und ihre Existenz verneint. Maunder veröffentlichte diesen Befund 1894 und nochmals 1922, aber man schenkte ihm keine Beachtung. Die Sonnenflecken-Zyklen waren ein so unbestrittenes Faktum, daß man es nicht für möglich hielt, daß es eine siebzig Jahre währende Periode fast ohne Sonnenflecken gegeben haben sollte.

In den 70er Jahren unseres Jahrhunderts stieß der amerikanische Astronom John A. Eddy auf Maunders Bericht, überprüfte ihn und stellte fest, daß es wohl tatsächlich ein *Maunder-Minimum,* wie man das Phänomen dann taufte, gegeben hatte. Er konsultierte nicht nur nochmals die von Maunder angeführten Quellen, sondern bezog darüber hinaus auch Berichte über mit bloßem Auge gemachte Beobachtungen besonders großer Sonnenflecken mit ein, Berichte aus vielen Weltregionen, einschließlich des Fernen Ostens. Manche dieser Aufzeichnungen reichten bis ins 5. Jahrhundert vor Christi Geburt zurück und enthielten

Die Sonnenkorona. Mit Genehmigung des Mount-Wilson-Observatoriums in Kalifornien.

durchschnittlich für jedes Jahrhundert fünf bis zehn Sichtungen. Aber an einigen Stellen klafften Lücken, von denen eine sich mit dem Maunder-Minimum deckte.

Eddy stellte auch die verfügbaren Berichte über das Auftreten von Polarlichtern zusammen. Deren Häufigkeit und Intensität steigt und fällt synchron mit dem Sonnenflecken-Zyklus. Wie sich zeigte, gab es für die Zeit nach 1715 viele, für die Zeit vor 1645 einige Berichte über Polarlichter, für die dazwischenliegende Zeit jedoch fast keine.

In Zeiten, in denen die Sonne magnetisch aktiv ist und viele Sonnenflecken auftreten, ist die Korona von tanzenden Lichtbändern erfüllt, was sich für den Beobachter als faszinierendes Schauspiel präsentiert. In Zeiten ohne Sonnenflecken dagegen nimmt die Korona sich wie eine unstrukturierte Dunsthülle aus. Die Korona läßt sich am besten während einer totalen Sonnenfinsternis beobachten; im 17. Jahrhundert hatten nur wenige Astronomen die Möglichkeit, dorthin zu reisen, wo eine Sonnenfinsternis jeweils optimal beobachtet werden konnte, und daher gibt es aus den sieben Jahrzehnten des Maunder-Minimums nur wenige

Berichte über das Aussehen der Korona; in diesen wenigen Berichten wird sie ausnahmslos so beschrieben, wie es für eine Phase geringer oder fehlender Sonnenflecken-Aktivität zu erwarten ist.

Eine weitere Beobachtung besagt, daß bei maximaler Sonnenflecken-Aktivität als Ergebnis einer Kette von Vorgängen in der hohen Erdatmosphäre das Kohlenstoff-Isotop ^{14}C (Kohlenstoff-14) (das im folgenden Kapitel nochmals erwähnt wird) in kleineren relativen Mengen als sonst erzeugt wird. Nun ist es möglich, die Jahresringe von Bäumen auf ihren Gehalt an ^{14}C hin zu untersuchen und von den dabei etwa feststellbaren Schwankungen auf ein analoges Pendeln der Sonnenflecken-Aktivität zwischen Minimum und Maximum zu schließen. Wie sich zeigte, bestätigen auch diese Analysen, daß es jenes Maunder-Minimum im 17. Jahrhundert tatsächlich gegeben hat – und darüber hinaus etliche gleichartige Minimum-Phasen in früheren Jahrhunderten.

Eddy fand heraus, daß es in den vergangenen 5000 Jahren offenbar 12 Perioden mit Sonnenflecken-Minima gegeben hat, die jeweils zwischen 50 und 200 Jahren andauerten. Eines davon erstreckte sich beispielsweise von 1400 bis 1510.

Wenn die Sonnenflecken-Aktivität Auswirkungen auf der Erde zeitigt, dann stellt sich die Frage, ob das auch nicht für Phasen eines Maunder-Minimums gilt. Möglicherweise stehen diese Phasen in Zusammenhang mit Kälteperioden. Im ersten Jahrzehnt des 18. Jahrhunderts waren die Winter in Europa so kalt, daß man von einer *kleinen Eiszeit* sprach. Außergewöhnlich tiefe Temperaturen herrschten auch zwischen 1400 und 1510; die norwegische Kolonie auf Grönland wurde in dieser Zeit aufgegeben, weil das Klima einfach zu lebensfeindlich wurde.

Der Mond

Als Kopernikus 1543 der Sonne den ihr gebührenden Platz im Zentrum des Sonnensystems zuwies, blieb der Erde, die man so lange als den Mittelpunkt der kosmischen Welt betrachtet hatte, nur noch der Mond als treuer Trabant übrig.

Der Mond umrundet die Erde (relativ zu den Sternen) in 27,32 Tagen. In genau derselben Zeit dreht er sich einmal um die eigene Achse. Diese Gleichheit zwischen Rotations- und Umlaufperiode bewirkt, daß er der Erde stets dieselbe Seite zuwendet, Daß diese beiden Perioden gleich lang sind, ist kein Zufall. Es hat mit dem Gezeiteneffekt zu tun, den die Erde auf den Mond ausübt und den ich weiter unten näher erläutern werde.

Die Phase eines Mondumlaufs relativ zu den Sternen nennt man einen *siderischen* Monat. In der Zeit, die der Mond braucht, um die Erde einmal zu umrunden, wandert jedoch die Erde auf ihrer Bahn um die Sonne ein Stück weiter. Nach Ablauf eines siderischen Monats steht somit, weil die Erde sich bewegt (und dabei den Mond mitzieht), die Sonne an einem anderen Punkt des Mondhimmels als einen (siderischen) Monat zuvor. Es dauert noch etwa weitere 2½ Tage, ehe der Mond diesen »Rückstand« wettgemacht hat und die Sonne wieder am gleichen Punkt seines Himmels steht wie vor Beginn des Umlaufs. Die Umlaufzeit des Mondes um die Erde relativ zur Sonne nennt man den *synodischen* Monat; seine Länge beträgt 29,53 Tage.

Der synodische Monat war für die Menschheit offensichtlicher und wichtiger als der siderische, denn während der Dauer eines Mondumlaufs zeigt der Mond dem irdischen Beobachter ein sich stetig veränderndes Antlitz, und dies hängt mit seiner relativen Position zur Sonne und dem damit gegebenen Einfallswinkel des Sonnenlichts auf die Mondoberfläche zusammen. Dahinter verbirgt sich der *Zyklus der Mondphasen* – seine Dauer entspricht der des synodischen Monats.

Zu Monatsbeginn befindet sich der Mond in unmittelbarer östlicher Nachbarschaft zur Sonne und zeigt sich nach Sonnenuntergang eine kurze Zeit als hauchdünne Sichel am Abendhimmel. Von Abend zu Abend entfernt er sich weiter von der Sonne, währenddessen sich die Sichel verdickt. Nach rund einer Woche nimmt der beleuchtete Teil des Mondes den Umfang eines Halbkreises ein. Wenn der Mond sich genau in dem der Sonne entgegengesetzten Teil des Himmels befindet, so daß die Sonne ihn sozusagen über die Schulter der Erde hinweg anleuchtet, erblicken wir von der Erde aus den in vollem Umfang in Sonnenlicht getauchten Mond – wir sprechen dann vom *Vollmond.*

In der Folge kriecht eine zunächst dünne, sich dann zunehmend verdickende Schattensichel von der Seite aus, der zu Beginn des Zyklus auch die Lichtsicht erschienen ist, über den Mond. Nacht für Nacht schrumpft der erleuchtete Teil des Mondes um ein Stück, bis wieder ein *Halbmond* erreicht ist (wobei diesmal im Vergleich zum zunehmenden Halbmond Licht- und Schattenseite vertauscht sind). Am Ende des Zyklus sehen wir am Mond wieder nur eine hauchdünne Lichtsichel (die sich im Vergleich zur Anfangs-Sichel am entgegengesetzten Rand des Mondes befindet), und zwar kurz vor Sonnenaufgang und in unmittelbarer westlicher Nachbarschaft zur Sonne. Dann »überholt« er die Sonne und zeigt sich wieder unmittelbar nach Sonnenuntergang als dünne Sichel am Abendhimmel. Damit beginnt der gesamte Phasenzyklus von vorn.

Der Mondphasen-Zyklus, dessen Dauer mit rund 29½ Tagen, wie gesagt, der des synodischen Monats entspricht, lieferte die Grundlage für die ersten Kalender in der Menschheitsgeschichte. Vermutlich nahmen die Menschen zunächst an, daß der Mond tatsächlich im Rhythmus der Phasen schrumpfe und wachse. Es gab sogar den Glauben, daß es sich jedesmal, wenn die Sichel des aufgehenden Mondes am westlichen Abendhimmel erschien, wirklich um einen neuen Mond handelte, einen *Neumond,* wie man auch heute noch sagt.

Doch schon die Astronomen der griechischen Antike erkannten, daß der Mond eine Kugel sein müsse und daß seine Phasen aus dem Umstand herrührten, daß er nicht aus sich selbst leuchtet, sondern lediglich von der Sonne beleuchtet wird; sie fanden heraus, daß sich die Mondphasen zwanglos aus der sich verändernden Stellung des Mondes am Himmel relativ zur Sonne ableiten ließen. Das war eine wichtige Erkenntnis. Die griechischen Philosophen, allen voran Aristoteles, hatten die Einmaligkeit der Erde im Vergleich zu anderen Himmelskörpern zu beweisen versucht, indem sie zeigten, daß die Erde völlig andere Eigenschaften aufwies, als man sie den sonstigen Himmelskörpern zusprach. So war die Erde beispielsweise dunkel und besaß keine Leuchtkraft, während die anderen Himmelskörper allesamt leuchteten. Aristoteles glaubte, letztere bestünden aus einer Substanz, die er Äther nannte (abgeleitet von dem griechischen Wort für »leuchten«) und die von grundlegend anderer Beschaffenheit sein sollte als die Stoffe, aus denen die Erde bestand. Der Zyklus der Mondphasen zeigte jedoch, daß auch der Mond, wie die Erde, nicht von sich aus leuchtete, sondern nur das Licht der Sonne reflektierte. Der Mond glich somit zumindest in dieser Beziehung der Erde.

Dazu kam, daß hin und wieder Sonne und Mond einander, relativ zur Erde, so exakt gegenüberstanden, daß der Schatten der Erde auf den Mond fiel und der Mond ganz oder teilweise unsichtbar wurde. Dies geschah immer nur bei Vollmond.

In vorgeschichtlicher Zeit glaubten die Menschen, daß im Verlauf einer Mondfinsternis der Mond von irgendeinem bösartigen Wesen verschlungen und nie mehr wiederkommen werde. Es war eine Erscheinung, die den Menschen jedesmal großen Schrecken einjagte. Es war ein früher Erfolg des menschlichen Geistes, als es gelang, Mondfinsternisse vorauszusagen und zu demonstrieren, daß es sich dabei um ein natürliches und leicht zu erklärendes Phänomen handelte. (Manche Wissenschaftler glauben, daß Stonehenge ein primitives Steinzeit-Observatorium war, mit dessen Hilfe sich, ausgehend von den Positionsveränderungen der Sonne und des Mondes in geometrischer Relation zu den regelmäßig aufgereihten Steinen der Anlage, Mondfinsternisse voraussagen ließen.)

Wenn der Mond eine Sichel bildet, ist es zuweilen möglich, auch den im Dunkeln liegenden Teil der Scheibe als schemenhaften Umriß zu erkennen. Es war Galilei, der als erster die Vermutung äußerte, daß, da die Erde ebenso wie der Mond das Sonnenlicht reflektieren müsse, der im Sonnenschatten liegende Teil der Mondoberfläche vom Widerschein der Erde erleuchtet wird, allerdings so schwach, daß es von der Erde aus nur wahrnehmbar sei, wenn von der sonnenbestrahlten Mondhälfte nur so wenig zu sehen ist, daß davon keine Blendwirkung ausgeht. Nach Galilei war also nicht nur der Mond, wie die Erde, ein nicht-leuchtender Himmelskörper; es glich auch umgekehrt die Erde dem Mond insofern, als sie, wie er, das Licht der Sonne reflektierte und, von einem auf dem Mond postierten Beobachter aus gesehen, einen den Mondphasen analogen Zyklus durchlaufen müßte.

Ein weiterer, vermeintlich grundlegender Unterschied zwischen der Erde und den anderen Himmelskörpern wurde darin gesehen, daß die Erde unvollkommen und stetigen Veränderungen unterworfen war, während die Sterne vollkommen und unwandelbar waren.

Sonne und Mond sind die einzigen Himmelskörper, bei denen auch mit bloßem Auge zu erkennen ist, daß sie mehr sind als nur Lichtpunkte im All. Von der Sonne gewinnt man den Eindruck, sie sei ein perfekt rundes Gebilde von strahlender, vollkommener Helligkeit. Der Mond hingegen wirkt in mancher Beziehung unvollkommen, von den Phasen einmal ganz abgesehen. Selbst bei Vollmond, wenn der Mond wie ein perfekt runder Körper wirkt, weist er eindeutig einige Schönheitsfehler auf: Auf seinem leuchtenden Antlitz zeichnen sich »Narben« ab, die den Eindruck der Vollkommenheit schmälern. Der primitive Mensch machte sich bildhafte Vorstellungen über diese Strukturen, wobei sich jede Kultur ihre eigenen Varianten schuf. Die Gewohnheit der Menschen, sich selbst als Maß aller Dinge zu setzen, brachte es mit sich, daß die Mondflecken oft als das Bild einer menschlichen Gestalt gedeutet wurden, etwa als »Mann im Mond«.

Galilei betrachtete 1609 als erster Mensch den Himmel durch ein Fernrohr und entdeckte dabei auf dem Mond Krater, Berge und Ebenen (letztere hielt er für Meere und gab ihnen daher die lateinische Gattungsbezeichnung *mare*). Damit war endgültig klar, daß der Mond kein »vollkommener« Himmelskörper mit grundlegend anderen Eigenschaften als die Erde war, sondern vielmehr eine erdähnliche Welt.

Durch diese Erkenntnis wurde freilich die hergebrachte Anschauung nicht sofort und nicht ganz außer Kraft gesetzt. Schon die alten Griechen hatten bemerkt, daß es einige wenige Himmelskörper gab, die ihre Position gegenüber den übrigen Sternen stetig veränderten und daß unter ihnen allen der Mond derjenige war, der die schnellste Wanderungsbewegung ausführte. Das erklärten sie sich damit, daß der Mond der Erde näher war als alle anderen Himmelskörper (womit sie natürlich recht hatten). Da dies so war, konnten sie sich, was die Unvollkommenheit des Mondes betraf, immerhin damit herausreden, daß dieser gewissermaßen von den Schönheitsfehlern der Erde angesteckt und von der Nähe zu ihr infiziert war. Erst nachdem Galilei Flecken auf der Sonne entdeckt hatte, ging es mit dem Dogma von der Vollkommenheit der Himmelsgestirne endgültig bergab.

Der Mond wird vermessen

Wenn nun der Mond der nächste kosmische Nachbar der Erde war, wie groß oder klein war die Entfernung zwischen den beiden? Unter den griechischen Astronomen, die die Entfernung zu bestimmen versuchten, war es Hipparchos, der die genaueste Schätzung erstellte. Der mittlere Abstand des Mondes von der Erde beträgt, wie wir heute wissen, 384 400 km; das entspricht etwa dem 30fachen des Erddurchmessers.

Wäre die Umlaufbahn des Mondes um die Erde kreisförmig, dann würde dieser Abstand stets gleich bleiben. In Wirklichkeit ist seine Bahn jedoch leicht elliptisch; die Erde befindet sich nicht im Mittelpunkt dieser Ellipse, sondern in einem ihrer beiden exzentrischen Brennpunkte. Der Mond nähert sich in der einen Halbzeit seines Umlaufs der Erde ein wenig, um sich in der anderen Halbzeit wieder ein wenig von ihr zu entfernen. Im erdnächsten Punkt *(Perigäum)* beträgt seine Entfernung von der Erde 356 410 km, im erdfernsten Punkt *(Apogäum)* liegen zwischen ihm und der Erde 406 740 km.

Wie die Griechen richtig erkannten, ist der Mond unter allen Himmelskörpern derjenige, der der Erde weitaus am nächsten steht. Selbst wenn wir die Sterne außer acht lassen und nur unser Sonnensystem betrachten, ist der Mond uns, relativ gesehen, zum Greifen nahe.

Der Durchmesser des Mondes, berechnet aus seiner Entfernung von der Erde und seinem scheinbaren Durchmesser, beträgt 3476 km. Zum Vergleich: Die Erde hat einen um das 3,65fache, die Sonne einen um das 412fache größeren Durchmesser. Nur weil die Sonne rund 390mal so weit von der Erde entfernt ist wie der Mond, und weil die Unterschiede der Entfernung und des Durchmessers einander deswegen ziemlich genau aufheben, erscheinen uns die beiden, obwohl in Wirklichkeit von extrem unterschiedlicher Größe, annähernd gleich groß. Diesem Umstand ist es zu verdanken, daß der Mond als der zwar kleinere, aber uns nähere Himmelskörper (wenn er sich vor die viel größere, aber weiter entferntere Sonne schiebt), diese so weitgehend verdecken kann, daß es zu jenem wunderbaren Schauspiel einer totalen Sonnenfinsternis kommt – ein erstaunlicher, aber höchst erfreulicher Zufall.

Der Mond wird besucht

Die relative Nähe des Mondes und seine unübersehbare Präsenz am Himmel haben die menschliche Phantasie immer wieder zu Eskapaden angeregt. Sollte es nicht irgendwie möglich sein, auf den Mond zu gelangen? (Man hätte natürlich ebenso mit dem Gedanken spielen können, auf die Sonne zu gelangen, aber die Hitze, die dort offensichtlich herrschen mußte, übte eine abkühlende Wirkung auf solche Sehnsüchte aus. Der Mond war offensichtlich ein weitaus gutmütigeres Reiseziel, und ein näher gelegenes dazu.)
In der Antike schien es durchaus nicht undenkbar, daß Menschen den Mond erreichen konnten, herrschte doch die Annahme vor, die Atmosphäre erstrecke sich in die Weiten des Weltalls hinaus, so daß es nur darauf ankomme, eine Möglichkeit zu finden, sich hoch genug in die Lüfte zu erheben.
Im 2. Jahrhundert n. Chr. schrieb der Syrer Lucian von Samosata die erste überlieferte Geschichte einer Fahrt zum Mond nieder. Es ist in dieser Geschichte ein Schiff, das, von einem Wasserwirbel erfaßt, hoch in die Lüfte emporgehoben wird, so hoch, daß es schließlich auf dem Mond landet.
Im Jahr 1638 erschien die Erzählung *Man in the Moon* aus der Feder des englischen Geistlichen Francis Godwin (der zum Zeitpunkt der Veröffentlichung schon verstorben war). Godwin läßt seinen Helden in einer Kutsche zum Mond reisen, die von großen Wildgänsen gezogen wird, die als irdische Zugvögel Jahr für Jahr den Mond besuchen.
Als das Jahr 1643 dann jedoch bahnbrechende Erkenntnisse über das Wesen des Luftdrucks brachte, setzte sich bald die Einsicht durch, daß die Erdatmosphäre nicht viel weiter als einige Kilometer in den Raum hineinreichen konnte. Zwischen der Erde und dem Mond lag zum größten Teil luftleerer Raum; es konnte dort weder Wasserfontänen noch Wildgänse geben. Auf dem Mond zu landen, war mit einem Mal zu einem wesentlich schwierigeren, allerdings noch immer nicht als unlösbar geltenden Problem geworden.
Im Jahr 1656 erschien, wiederum postum, die phantastische Reiseerzählung *Mondstaaten und Sonnenreiche* des französischen Schriftstellers und Haudegens Cyrano de Bergerac. Cyrano zählt darin sieben Mittel und Wege auf, wie Menschen auf den Mond gelangen könnten. Sechs davon wiesen irgendwelche Ungereimtheiten auf, wohingegen die siebente nicht von Haus aus unsinnig schien: Sie sah die Benutzung von Raketen vor. Dies war in der Tat die einzige Methode (und ist es auch heute noch), mit deren Hilfe eine Überwindung des luftleeren Raums möglich schien.
Das Funktionsprinzip der Rakete war allerdings erst von 1657 an bekannt. In diesem Jahr veröffentlichte Newton sein bedeutsames Buch *Principia Mathematica,* in dem er unter anderem seine drei Grundgesetze der Mechanik darlegte. Das dritte dieser Gesetze ist allgemein unter der Bezeichnung »Reaktionsprinzip« bekannt: Jeder in eine Richtung ausgeübten Kraft entspricht eine gleich große, in die Gegenrichtung wirkende Kraft. Wenn eine Rakete also eine bestimmte Materiemasse ausstößt, wird ihr Körper sich in die entgegengesetzte Richtung bewegen, und zwar unabhängig davon, ob dies in einem Vakuum geschieht oder in einem Medium wie Luft. In einem Vakuum fällt es der Rakete sogar noch leichter, da sie keinen Luftwiderstand überwinden muß. (Die verbreitete Meinung, eine Rakete brauche etwas, wovon sie sich »abstoßen« könne, ist falsch.)

Raketentechnik

Raketen waren keineswegs nur eine Sache der grauen Theorie. Sie waren, als Cyrano schrieb und Newton theoretisierte, schon seit Jahrhunderten praktisch erprobt.
Die Chinesen hatten bereits im 13. Jahrhundert kleine Raketen gebaut und zur psychologischen Kriegführung verwendet – um ihre Feinde zu erschrecken. Die abendländische Kultur bediente sich der Rakete zu blutigeren Zwecken. 1801 konstruierte William Congreve, ein britischer Artillerieexperte, der mit Raketen im Orient in Berührung gekommen war, wo indische Truppen sie in den 1780er Jahren gegen die Briten eingesetzt hatten, eine Reihe von Raketengeschossen mit tödli-

cher Wirkkraft. Einige davon wurden im Krieg von 1812 gegen die Vereinigten Staaten eingesetzt, vor allem bei der Bombardierung von Fort McHenry im Jahr 1814 (dieses Erlebnis inspirierte Francis Scott Key zu seinem Lied vom »Star-Spangled Banner«, der späteren Nationalhymne der USA, in der vom »roten Feuer der Raketen« die Rede ist). Später kamen Raketenwaffen außer Gebrauch, nicht zuletzt weil die Zielgenauigkeit, Reichweite und Zerstörungskraft herkömmlicher Artilleriewaffen beträchtlich erhöht werden konnte. Der Zweite Weltkrieg brachte dann aber die Entwicklung der amerikanischen »Bazooka« und der sowjetischen »Katuscha« hervor, die beide im Grunde nichts anderes waren als Sprengstoffpakete mit Raketenantrieb. Übrigens funktionieren auch Düsenflugzeuge nach dem dem Raketenantrieb zugrundeliegenden Prinzip der *actio* und *reactio*.

Bald nach der Wende zum 20. Jahrhundert veröffentlichten unabhängig voneinander zwei Techniker Vorschläge für eine neue und erfreulichere Nutzung der Raketentechnik – zur Erkundung der oberen Atmosphäre und des Weltraums. Es waren dies der Russe Konstantin E. Ziolkowski und der Amerikaner Robert H. Goddard. (Es mutet eingedenk der späteren Entwicklung wirklich merkwürdig an, daß ausgerechnet ein Russe und ein Amerikaner die ersten Vorboten des neuen Raketenzeitalters waren; gleichzeitig mit ihnen veröffentlichte allerdings auch ein phantasievoller deutscher Erfinder namens Hermann Ganswindt raketentechnische Visionen, die noch kühner, dafür aber weniger systematisch und weniger wissenschaftlich waren als die Ideen der beiden anderen.)

Ziolkowski veröffentlichte seine Spekulationen und Berechnungen früher, zwischen 1903 und 1913, wogegen Goddard erst 1919 an die Öffentlichkeit trat. Dafür war Goddard der erste, der den Schritt von der Theorie zur Praxis tat. Am 16. März 1926 löste sich eine von ihm gezündete Rakete vom schneebedeckten Boden einer Farm in Auburn (Massachusetts) und flog an die 70 m hoch in die Luft. Das bemerkenswerte an dieser Rakete war, daß sie mit einem flüssigen Brennstoff anstelle von Schießpulver angetrieben wurde. Während gewöhnliche Raketen, Bazookas, Düsenflugzeuge und dergleichen Sauerstoff aus der Umgebungsluft ansaugen und verbrennen, mußte Goddards Rakete, da sie ja für das Fliegen im luftleeren Raum gedacht war, einen eigenen Sauerstoffvorrat in Form von flüssigem Sauerstoff mitführen.

Jules Verne, der große Science-Fiction-Schriftsteller des 19. Jahrhunderts, hatte sich als Startvorrichtung für ein Mondgefährt eine Kanone vorgestellt; indes, eine Kanone verausgabt ihre gesamte Beschleunigungsenergie auf einen Schlag und am Anfang, wenn die Atmosphäre am dichtesten ist und den größten Widerstand leistet. Das Geschoß, das aus ihrem Rohr fährt, erreicht dabei eine solche Anfangsbeschleunigung, daß ein Mensch, der in einem auf solche Weise auf den Weg gebrachten Raumschiff säße, zu einem unförmigen Klumpen aus Fleisch und Knochen zusammengepreßt werden würde.

Die Raketen Goddards setzten sich zunächst langsam in Bewegung, beschleunigten dann und erreichten ihre Endgeschwindigkeit erst in den dünneren oberen Schichten der Atmosphäre, wo der Luftwiderstand gering ist. Bei einer solchen, allmählichen Steigerung der Geschwindigkeit entsteht ein gleichmäßigerer und damit geringerer Beschleunigungsdruck, was für bemannte Flüge ein wichtiger Gesichtspunkt ist.

Leider fanden die Leistungen Goddards so gut wie keine Beachtung, außer bei seinen aufgebrachten Nachbarn, die einen behördlichen Beschluß erwirkten, demzufolge er seine Experimente anderswohin verlegen mußte. Goddard verließ dieses Quartier und machte in einer menschenleeren Gegend weiter. Zwischen 1930 und 1935 führte er zahlreiche Flugversuche durch, bei denen seine Raketen Geschwindigkeiten von bis zu 900 km/h und Flughöhen von über 2 km erreichten. Er entwickelte ein System zur Steuerung seiner Raketen während des Fluges und ein *Gyroskop* (ein Navigationsgerät), das die Rakete auf der richtigen Bahn hielt. Goddard ließ sich auch das Prinzip der mehrstufigen Rakete patentieren. Da bei diesem Prinzip jede der nacheinander gezündeten Stufen nach dem Ausbrennen abgesprengt wird und die nächstfolgende Stufe somit weniger Gewichtsmasse beschleunigen muß (und dabei auf der von der vorhergehenden Stufe vorgelegten Geschwindigkeit aufbauen kann), vermag eine mehrstufige Rakete sehr viel höhere Geschwindigkeiten und sehr viel größere Höhen zu erreichen als eine Rakete, bei der dieselbe Treibstoffmenge in einer ein-

zigen Stufe verbrannt wird. Die US-Marine unterstützte während des Zweiten Weltkriegs eher halbherzig die weiteren Versuche Goddards.
Zur gleichen Zeit ließ die deutsche Regierung die Raketenforschung mit Nachdruck vorantreiben; sie bediente sich dabei einer Gruppe junger Enthusiasten, deren führender Kopf der aus Siebenbürgen gebürtige Mathematiker Hermann Oberth war. Er hatte 1923, ohne von Ziolkowski und Goddard gehört zu haben, Aufsätze über Raketen und Raumschiffe veröffentlicht. Das deutsche Forschungsprogramm setzte 1935 ein und gipfelte in der Entwicklung der V2. Unter Leitung des Raketenexperten Wernher von Braun (der seine Fähigkeiten nach Kriegsende den Vereinigten Staaten zur Verfügung stellte) wurde 1942 die erste ernstzunehmende Rakete abgefeuert. Die V2 wurde als militärische Waffe 1944 in Dienst gestellt, zu spät, um den Nazis noch den erhofften Endsieg zu bescheren; immerhin aber wurden 4300 Raketen gestartet, von denen 1230 in London niedergingen. Sie töteten 2511 Briten und fügten 5869 weiteren schwere Verletzungen zu.
Am 10. August 1945, ziemlich genau in dem Augenblick, in dem mit der Kapitulation Japans der Zweite Weltkrieg zu Ende ging, starb Goddard – er hatte gerade noch lange genug gelebt, um mitzubekommen, wie sein Funke endlich zündete: Die USA und die Sowjetunion stürzten sich, wachgerüttelt durch die erwiesene Flugtauglichkeit der V2, Hals über Kopf in die Raketenforschung; beide sicherten sich die Mitarbeit so vieler deutscher Raketenexperten, wie sie auf ihre Seite ziehen konnten.
Die Vereinigten Staaten arbeiteten anfänglich mit erbeuteten V2-Raketen, die sie zur Erkundung der oberen Atmosphäre einsetzten. 1952 war dieser Vorrat erschöpft. Um diese Zeit waren aber bereits größere und technisch fortgeschrittenere Raketentriebwerke im Bau, sowohl in den USA als auch in der Sowjetunion, und von da an war der Fortschritt nicht mehr aufzuhalten.

Die Satellitenerkundung des Mondes

Eine neue Ära brach an, als am 4. Oktober 1957 (weniger als einen Monat nach dem hundertsten Geburtstag Ziolkowskis) die Sowjetunion den ersten künstlichen Erdtrabanten, Sputnik I, in eine Erdumlaufbahn schoß. Sputnik I umkreiste die Erde in einer elliptischen Bahn – 251 km über dem Erdboden am erdnächsten und 900 km am erdfernsten Punkt. Eine elliptische Umlaufbahn ähnelt in gewisser Weise der Fahrt in einer Achterbahn. Auf dem Weg vom erdfernsten zum erdnächsten Punkt rollt der Satellit sozusagen bergab und verausgabt dabei einen Teil seines Schwerkraftpotentials. Das heißt, seine Geschwindigkeit nimmt bis zum Erreichen des erdnächsten Punktes seiner Bahn zu; dort erreicht er sein Geschwindigkeitsmaximum, wie eine Achterbahn in der Talsohle; danach geht es für den Satelliten wieder »aufwärts«, wobei seine Geschwindigkeit abnimmt und am erdfernsten Punkt ihr Minimum erreicht (wie eine Achterbahn in dem Augenblick, in dem sie den Scheitelpunkt einer Kuppe passiert). Dann geht es wieder »abwärts«.
Sputnik I kam am erdnächsten Punkt seiner Umlaufbahn mit Gaswölkchen aus den äußersten Randbezirken der Atmosphäre in Berührung; dabei bewirkte der Reibungswiderstand (der zwar äußerst gering war), daß der Satellit jedesmal ein kleines bißchen abgebremst wurde. Das führte dazu, daß sein erdfernster Punkt von Umrundung zu Umrundung ein wenig nach innen rückte, womit seine Bahn ständig enger wurde. Schließlich hatte er soviel Energie verloren, daß seine Fliehkraft nicht mehr ausreichte, um der Anziehungskraft der Erde zu widerstehen. Er geriet in immer tiefere, dichtere Schichten der Atmosphäre, in denen er so starken Reibungswiderständen ausgesetzt war, daß er verglühte.
Wie lange ein Satellit seine Bahn halten kann, hängt zum Teil von seiner Masse und seiner Gestalt und zum Teil von der Dichte des Mediums ab, durch das er sich bewegt. Die Dichte der Atmosphäre läßt sich für jede Flughöhe berechnen. Die ersten direkten Dichtemessungen für die obere Atmosphäre sind erst durch künstliche Satelliten möglich geworden. Es herrschen dort, wie sich zeigte, höhere Dichten, als man angenommen hatte; freilich, in einer Höhe von 240 km ist die Luft bereits zehn Millionen mal dünner als auf Meereshöhe, in 360 km Höhe ist sie eine Billion mal so dünn.
So dünn verteilt die Gasschwaden in der äußeren Atmosphäre auch sein mögen, ganz und gar vernachlässigbar sind sie nicht. 1600 km über dem Erdboden ist die Atmosphäre eine Billiarde mal

31. Januar 1958: Start der Rakete, die den ersten US-Satelliten, Explorer I, in eine Umlaufbahn brachte. Mit Genehmigung der U.S. Army.

dünner als auf Meereshöhe, aber immer noch eine Milliarde mal dichter als im interstellaren Weltraum. Man sieht, die Gashülle der Erde erstreckt sich weit ins All hinaus.

Die Sowjetunion blieb im Weltraum nicht lange allein; keine vier Monate nach dem Start von Sputnik I, am 30. Januar 1958, zogen die Vereinigten Staaten mit ihrem ersten Satelliten, Explorer I, nach.

Jetzt, da die ersten Satelliten um die Erde kreisten, richteten die Blicke sich sehnsüchtiger denn je auf den Mond. Gewiß, der Mond hatte ein Stück von seiner Faszination eingebüßt; denn wenn er auch längst über den Status eines bloßen Lichts am Himmel hinausgewachsen und als eine Welt für sich anerkannt war, so hatte man inzwischen doch erkannt, daß er eine ganz andere Welt war, als man in früheren Zeiten angenommen hatte.

Vor der Erfindung des Fernrohrs hatten die Menschen geglaubt, daß die Himmelskörper, wenn sie jeweils eine eigene Welt waren, sicherlich von Lebewesen irgendwelcher Art, vielleicht sogar von intelligenten, menschenartigen Wesen, bewohnt sein müßten. Die frühen Science-Fiction-Schriftsteller gingen, wie übrigens auch manche spätere Autoren des 20. Jahrhunderts, davon aus, daß dies auch für den Mond zutraf. 1835 schrieb der Engländer Richard Adams Locke eine Reihe von Artikeln für die New York Sun, die sich wie ernsthafte naturwissenschaftliche Beschreibungen der Mondoberfläche lasen und detaillierte Angaben über viele Lebensformen und Lebewesen enthielten, die der Autor dort entdeckt zu haben vorgab. Seine »Berichte« waren so realistisch geschrieben, daß Millionen von Menschen sie für bare Münze nahmen.
Dabei war schon recht bald, nachdem Galilei mit seinem Fernrohr den Mond inspiziert hatte, klar geworden, daß Leben dort eigentlich nicht existieren konnte. Nie verdeckten Wolken oder Nebel die Mondoberfläche. Die Grenzen zwischen der sonnenbeschienenen und der dunklen Mondhälfte war stets scharf gezeichnet; Streu- oder Dämmerlicht schien es demzufolge auf dem Mond nicht zu geben. Die dunkleren ebenen Flächen, die Galilei für wassergefüllte Meere gehalten hatte, entpuppten sich als übersät mit kleinen Kratern; wenn sie mit irgend etwas angefüllt waren, dann bestenfalls mit Sand. Mit zunehmender Zeit verdichtete sich die Gewißheit, daß es auf dem Mond weder Wasser noch Luft gab und somit auch kein Leben.
Aber vielleicht war das ein zu bequemer und voreiliger Schluß? Schließlich gab es noch eine Rückseite des Mondes, die kein Menschenauge je erblickt hatte. Und konnte es nicht vielleicht unterirdische Wasservorräte geben, die, wenn nicht höheren Lebensformen, so doch vielleicht irgendwelchen Mikroorganismen eine Existenzmöglichkeit erlaubten? Wenn es aber nichts dergleichen gab, dann vielleicht wenigstens im Mondboden chemische Verbindungen, die eine rudimentäre und möglicherweise steckengebliebene Entwicklung in Richtung Leben verkörperten? Aber selbst wenn es von alledem nichts gab, so harrten in bezug auf den Mond viele Fragen ihrer Beantwortung, die nichts mit organischem Leben zu tun hatten: Wie war der Mond entstanden? Wie war seine geologische Struktur? Wie alt war er?

Es dauerte nicht lange, bis die mit der Mission von Sputnik I erworbene Technik für erste Versuche einer Erkundung des Mondes eingesetzt wurde. Die erste erfolgreiche Mondmission wurde am 2. Januar 1959 von der Sowjetunion gestartet – Lunik I, der erste Satellit, der den Mond überflog und der erste von Menschen konstruierte Gegenstand, der eine Umlaufbahn um die Sonne einschlug. Keine zwei Monate später zogen die Vereinigten Staaten mit einer ähnlichen Mission nach.
Am 12. September 1959 brachten die Sowjets Lunik II auf den Weg – zum Mond. Zum ersten Mal in der Geschichte ging ein von Menschen gemachter Gegenstand auf dem Boden einer anderen Welt nieder. Dann, einen Monat später, umrundete der sowjetische Satellit Lunik III den Mond und richtete eine Fernsehkamera auf dessen erdabgewandte Seite. Vierzig Minuten lang war die Rückseite des Mondes zu sehen, aufgenommen aus 64000 km Höhe über dem Mondboden. Die Bilder waren alles andere als gestochen scharf, aber sie zeigten etwas Interessantes: Auf der anderen Seite des Mondes gab es nur ganz wenige jener »maria« oder Meere, die für die erdzugewandte Seite des Mondes so typisch sind. Der Grund für diese Asymmetrie ist bis heute nicht eindeutig geklärt. Vermutlich sind die »maria« in einem verhältnismäßig späten Abschnitt der Mondgeschichte entstanden, als der Mond in seiner Position zur Erde bereits fest verankert war, und die großen Meteore, durch die die »maria« entstanden, schlugen infolge der Anziehungskraft der Erde wesentlich häufiger auf der Vorderseite des Mondes ein als auf seiner Rückseite.
Das war erst der Anfang der Monderkundung. 1964 starteten die USA eine Mondmission. Ranger 7 sollte auf der Mondoberfläche aufschlagen und zuvor, während er sich näherte, Fotos zur Erde senden. Am 31. Juli 1964 brachte er seine Mission erfolgreich hinter sich; die Ausbeute waren 4316 Fotos von einer Region, die heute *Mare Cognitum* genannt wird. Anfang 1965 absolvierten Ranger 8 und Ranger 9 noch erfolgreichere Missionen, falls ein Komparativ hier zulässig ist. Sie lieferten den Beweis dafür, daß die Mondoberfläche nicht, wie manche Astronomen es für möglich gehalten hatten, von einer dicken Staubschicht bedeckt, sondern fest (schlimmstenfalls schrofig) war. Die Fotos zeigten, daß auch diejenigen Teile des Mondbodens, die durch das Teleskop eben-

mäßig flach wirken, mit Kratern übersät sind, die nur zu klein sind, um von der Erde aus sichtbar zu sein.
Mit der sowjetischen Sonde Luna IX gelang erstmals eine *weiche Landung* (d. h. eine Landung, bei der die niedergehende Sonde nicht zerschellte) auf dem Mond. Luna IX setzte am 3. Februar 1966 auf dem Mondboden auf und funkte »Landschaftsaufnahmen« zur Erde. Am 3. April 1966 dirigierten die Sowjets ihren Satelliten Luna X in eine Umlaufbahn um den Mond; er umrundete den Mond alle drei Stunden und maß die von der Mondoberfläche ausgestrahlte Radioaktivität. Die Art der Strahlung deutete darauf hin, daß das Gestein, aus dem die Mondkruste besteht, den Basalten unserer irdischen Meeresböden ähnelt.
Die amerikanischen Raketentechniker nahmen die Herausforderung an und beantworteten sie mit noch anspruchsvolleren Missionen. Die erste US-Sonde, die am 1. Juni 1966 weich auf dem Mond landete, hieß Surveyor 1. Im September 1967 klaubte Surveyor 5, von der Erde aus über Funk ferngesteuert, Bodenproben von der Mondoberfläche auf und analysierte sie. Das Material erwies sich in der Tat als basaltähnlich und enthielt Eisenteilchen, die wahrscheinlich meteoritischen Ursprungs waren.
Am 10. August 1966 brachten die Amerikaner den ersten von mehreren Mondsatelliten auf eine Umlaufbahn um den Mond. Mit Hilfe dieser Mondsatelliten wurde die gesamte Mondoberfläche systematisch fotografiert, so daß die Topographie des Erdtrabanten (einschließlich seiner erdabgewandten Hälfte) bis in alle Einzelheiten hinein studiert und kartiert werden konnte. Ferner entstanden aus der Mondperspektive atemberaubende Fotografien der Erde.
Die Mondkrater sind übrigens nach Astronomen und anderen großen Persönlichkeiten benannt worden. Da die meisten Namen schon um 1650 vergeben wurden (von dem italienischen Astronomen Giovanni Battista Riccioli), tragen die größten Krater die Namen älterer Astronomen wie Kopernikus, Tycho und Kepler oder griechischer Astronomen wie Aristoteles, Archimedes und Ptolemäus.
Als Lunik III erstmals die Rückseite des Mondes sichtbar machte, gab es neue Kraternamen zu verteilen. Die Russen tauften, wie es ihr Vorrecht war, einige der auffälligeren Oberflächenformen. Sie wählten nicht nur Ziolkowski, den großen Propheten der Raumfahrt, sondern auch Lomonossow und Popow, zwei russische Gelehrte des 18. Jahrhunderts, zu Namenspatronen. Aber auch westlichen Wissenschaftlern widmeten sie einige Krater, beispielsweise Maxwell, Hertz, Edison, Pasteur und den Curies, die allesamt in diesem Buch noch Erwähnung finden werden. Ein sehr passender Namenspatron für einen Krater auf der Rückseite des Mondes ist der Pionier der modernen Science-Fiction, der Franzose Jules Verne.
Die Satelliten-Fernerkundung der Mondrückseite war 1970 so weit fortgeschritten, daß man darangehen konnte, seine Topographie systematisch mit Namen zu versehen. Unter Leitung des amerikanischen Astronomen Donald H. Menzel vergab eine internationale Kommission Hunderte von Namen und ehrte auf diese Weise große Männer und Frauen, die auf diese oder jene Weise zum wissenschaftlich-technischen Fortschritt beigetragen haben. Russen wie Mendelejew, der als erster das Periodensystem der chemischen Elemente aufstellte (siehe dazu Kapitel 6) und Gagarin, der als erster Mensch in einem Raumschiff die Erde umkreiste (und später bei einem Flugzeugunglück ums Leben kam) wurden ebenso berücksichtigt wie der holländische Astronom Hertzsprung, der französische Mathematiker Galois, der italienische Physiker Fermi, der amerikanische Mathematiker Wiener und der britische Physiker Cockcroft. In einem etwas abgegrenzten Mondviertel finden wir in enger Nachbarschaft Nernst, Röntgen, Lorentz, Moseley, Einstein, Bohr und Dalton, die allesamt wichtige Beiträge zur Erforschung des Atomaufbaus und zur Entwicklung der Teilchenphysik geleistet haben.
Für das Interesse Menzels an wissenschaftlich-technischer Sach- und Erzählliteratur zeugt seine Entscheidung, einige Krater nach jenen Männern zu benennen, die zu einer Zeit, da die Schulwissenschaft den Gedanken, in den Weltraum vorzustoßen, ins Reich der Fabel verwies, mithalfen, eine ganze Generation für diesen Gedanken zu begeistern. So gibt es einen Krater, der zu Ehren von Hugo Gernsback benannt ist, der in den Vereinigten Staaten die ersten, ganz der Science-Fiction vorbehaltenen Zeitschriften herausbrachte; ein weiterer trägt den Namen von Willy Ley, der die Möglichkeiten und Triumphe der Raketentechnik so akkurat beschrieb wie kein anderer Autor.

Mondkarte. Mit Genehmigung der Nationalen Raumfahrtbehörde der USA.

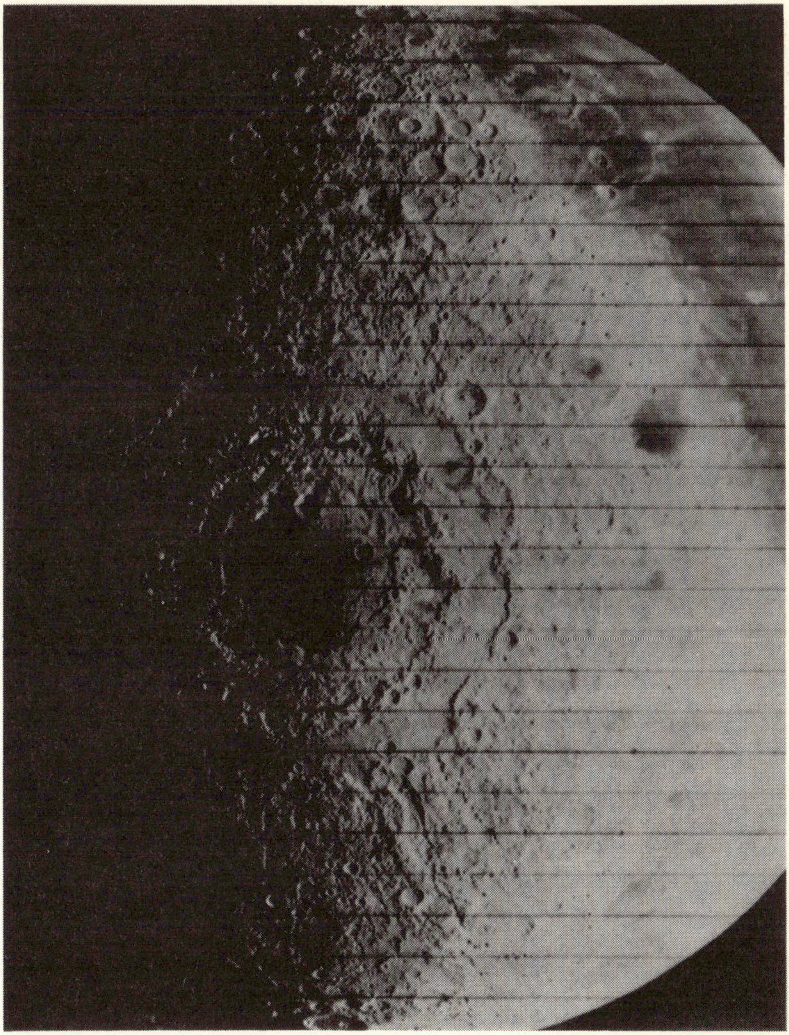

Das Mare Orientale, aufgenommen von Lunar Orbiter IV aus 2720 km Höhe über der Mondoberfläche. Mit Genehmigung der Nationalen Raumfahrtbehörde der USA.

Diese Fotografie des Kraters Copernicus wurde von Lunar Orbiter II aus 45,7 km Höhe über der Mondoberfläche aufgenommen. Mit Genehmigung der Nationalen Raumfahrtbehörde der USA.

Bemannte Raumfahrt und die Mondflüge

So aufregend und aufschlußreich die Erkenntnisse auch sein mochten, die die unbemannte Monderkundung erbrachte, sie stellte noch nicht das Nonplusultra dar. Konnten nicht Menschen in den Raketen mitfliegen? Und in der Tat dauerte es nach dem Start von Sputnik I nur dreieinhalb Jahre, bis der erste Schritt in diese Richtung erfolgte.
Am 12. April 1961 wurde der sowjetische Kosmonaut Juri A. Gagarin in eine Umlaufbahn um die Erde geschossen und kehrte wohlbehalten zurück. Drei Monate später, am 6. August, umkreiste ein weiterer sowjetischer Kosmonaut, German S. Titow, siebzehnmal die Erde, davon vierundzwanzig Stunden in »Freiflugbahn«, d. h. antriebslos. Am 20. Februar 1962 brachten die Amerikaner ihren ersten Astronauten auf eine Umlaufbahn: John H. Glenn umkreiste die Erde dreimal. Seither sind Dutzende von Astronauten und Kosmonauten durch den Raum geglitten, manche wochen- und monatelang. Am 16. Juni 1963 wurde als erste Frau die Sowjetrussin Valentina Tereschkowa in eine Umlaufbahn geschossen, umkreiste siebzehnmal die Erde und bewegte sich dabei 71 Stunden lang in Freiflugbahn. 1983 war Sally Ride die erste amerikanische Frau im Weltraum.
Längst sind von der Erde auch Raketen mit zwei oder drei Menschen an Bord gestartet. Das erste derartige Weltraumgespann bildeten die sowjetischen Kosmonauten Wladimir Komarow, Konstantin Feoktistow und Boris Jegorow (12. Oktober 1964). Virgil Grissom und John W. Young waren, am 23. März 1965, die Piloten der ersten mehrfachbemannten amerikanischen Weltraumkapsel.

Der erste Mensch, der im Weltraum aus seiner Raumkapsel ausstieg, war der sowjetische Kosmonaut Alexej Leonow (am 18. März 1965). Wenig später, am 3. Juni 1965, machte Edward White es ihm als erster Amerikaner nach.

Während bis 1965 die meisten Pionierleistungen in der Raumfahrt von den Sowjets vollbracht wurden, übernahmen danach die Amerikaner die Führung. Bemannte Raumschiffe manövrierten in der Erdumlaufbahn, näherten sich einander an (»Rendezvous«), koppelten an und tasteten sich weiter und weiter ins All hinaus vor.

Freilich blieben der Raumfahrt auch tragische Unfälle nicht erspart. Im Januar 1967 starben drei amerikanische Astronauten – Grissom, White und Roger Chaffee –, als bei einem Routinetest in Cape Canaveral in ihrer Raumkapsel ein Feuer ausbrach. Am 23. April 1967 kam Komarow ums Leben, als der Fallschirm der Kapsel sich bei der Landung nicht öffnete. Er war der erste Mensch, der bei einem Raumflug umkam.

Die amerikanischen Pläne, mit »dreisitzigen« Raumschiffen den Mond zu erreichen (im Rahmen des Apollo-Programms), wurden durch die Tragödie vom Januar 1967 zurückgeworfen, da die Raumkapseln zum Zwecke größerer Sicherheit neu konzipiert werden mußten; gleichwohl hielten die Amerikaner an ihrem Vorhaben fest. Das erste bemannte Apollo-Raumschiff, Apollo 7, startete am 11. Oktober 1968; Kommandant der dreiköpfigen Besatzung war Walter M. Schirra. Apollo 8, gestartet am 21. Dezember 1968, umflog unter dem Kommando von Frank Borman in relativ geringem Abstand den Mond. Auch das am 18. Mai 1969 auf den Weg gebrachte Raumschiff Apollo 10 stattete dem Mond einen Besuch ab und setzte eine mitgenommene *Mondfähre* aus, die sich der Mondoberfläche bis auf 14 Kilometer näherte.

Am 16. Juli 1969 schließlich startete Apollo 11, gesteuert von Neil A. Armstrong. Am 20. Juli stand Armstrong als erster Mensch auf dem Boden eines anderen Himmelskörpers.

Es gab danach noch sechs weitere Apollo-Missio-

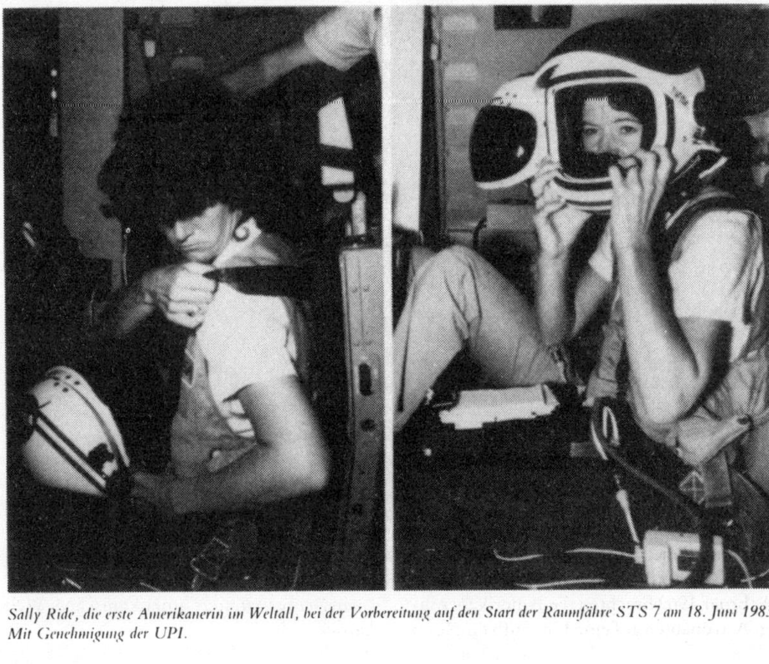

Sally Ride, die erste Amerikanerin im Weltall, bei der Vorbereitung auf den Start der Raumfähre STS 7 am 18. Juni 1983. Mit Genehmigung der UPI.

Die Trägerrakete des Raumschiffs Apollo 17 (gestartet am 28. August 1972). Mit Genehmigung der Nationalen Raumfahrtbehörde der USA.

Im Rahmen der Apollo-11-Mission bringt Edwin E. Aldrin auf der Mondoberfläche eine Vorrichtung zur Analyse des Sonnenwinds in Stellung. Mit Genehmigung der Nationalen Raumfahrtbehörde der USA.

Edwin E. Aldrin, Pilot der Mondlandefähre bei der Apollo-11-Mission, stellt sich wenige Meter vom Landeplatz der Fähre zum Erinnerungsfoto. Mit Genehmigung der Nationalen Raumfahrtbehörde der USA.

Ein Blick auf die aufgehende Erde erwartete die Astronauten von Apollo 8 jedesmal, wenn der Mond, den sie in ihrem Raumschiff umkreisten, den Blick auf unseren Planeten wieder freigab. In dem Moment, als dieses Bild entstand, verlief auf der 385000 km entfernten Erde die Sonnenuntergangslinie mitten durch Afrika. Mit Genehmigung der Nationalen Raumfahrtbehörde der USA.

nen. Fünf davon – Apollo 12, 14, 15, 16 und 17 – absolvierten ihr Pensum mit bemerkenswertem Erfolg. Bei Apollo 13 traten während des Flugs Probleme auf, die einen Abbruch der Mission erzwangen; die Kapsel mußte zurückkehren, ohne auf dem Mond gelandet zu sein, aber immerhin kehrte sie zurück, ohne daß ihre Insassen Schaden nahmen.

Die Sowjets haben bis heute im Rahmen ihres Raumfahrtprogramms keine bemannten Mondflüge durchgeführt. Am 12. September 1970 schossen sie einen unbemannten Flugkörper zum Mond. Er landete weich, sammelte Boden- und Gesteinsproben und brachte diese zur Erde zurück. Später schickten die Sowjets ein Gefährt zum Mond, das sich dort ferngesteuert bewegte und monatelang Daten zur Erde funkte.

Das wohl aufregendste Analysenergebnis der von den bemannten und unbemannten Mondmissionen auf die Erde mitgebrachten Gesteinsproben war, daß es auf dem Mond offenbar keinerlei Leben gibt. Seine Oberfläche scheint großer Hitze ausgesetzt gewesen zu sein, denn sie ist mit glasartigen Teilchen übersät, die darauf hindeuten, daß das Oberflächengestein einmal geschmolzen gewesen sein muß. Nichts fand sich, was darauf hindeutete, daß es auf dem Mond oder im Innern seiner Kruste Wasser gibt oder je gegeben hat. Es fand sich auch keine Spur von Leben oder von irgendwelchen chemischen Verbindungen, die zu den Grundbausteinen des Lebens in Beziehung stünden.

Seit Dezember 1971 hat es keine Mondlandungen mehr gegeben, und es sind derzeit auch keine geplant. Es besteht jedoch kein Zweifel mehr daran, daß die Menschheit sich die technischen Voraussetzungen dafür geschaffen hat, jederzeit, wenn es notwendig oder wünschenswert erscheint, Menschen und Gegenstände auf den Mond zu transportieren. Im übrigen wird natürlich die Raumfahrt als solche in Gestalt anderer Programme fortgeführt.

Venus und Merkur

Von den die Sonne umkreisenden Planeten stehen zwei – Venus und Merkur – der Sonne näher als die Erde. Während der mittlere Abstand zwischen Erde und Sonne 149,5 Millionen km beträgt, ist die Venus im Schnitt 108,1 und der Merkur im Schnitt 58 Millionen km von der Sonne entfernt. Die Folge ist, daß sich, von der Erde aus gesehen, weder Venus noch Merkur jemals sehr weit von der Sonne wegbewegen. Venus kann aus irdischer Perspektive nie weiter als 47 Bogengrade, Merkur nie weiter als 28 Bogengrade von der Sonne entfernt sein. Wenn sie östlich der Sonne stehen, treten sie nach Sonnenuntergang am westlichen Himmel in Erscheinung, um nach kurzer Zeit, der Sonne folgend, ebenfalls unterzugehen; in diesem Fall schlüpft Venus in die Rolle des »Abendsterns«.

Wenn die beiden sich im gegenüberliegenden Abschnitt ihrer Umlaufbahn, d. h. westlich der Sonne befinden, gehen sie, der Sonne vorauswandernd, kurz vor Morgendämmerung am östlichen Himmel auf, um kurz danach, wenn die Sonne erscheint, in deren Lichtfülle unterzutauchen. In dieser Konstellation fungiert Venus als »Morgenstern«.

Für die frühen Menschen war es naheliegend, zu glauben, daß es sich bei Abend- und Morgenstern (ebenso wie beim abendlichen und morgendlichen Merkur) um verschiedene Himmelskörper handelte. Erst allmählich dämmerte es den Himmelsbeobachtern, daß niemals derselbe Stern gleichzeitig am Abend- und am Morgenhimmel zu sehen war, und die Einsicht begann sich durchzusetzen, daß man es hier mit zwei Planeten zu tun hatte, die beide regelmäßig von einer Seite der Sonne zur anderen wanderten und abwechselnd als Abend- und Morgenstern in Erscheinung traten. Der erste Grieche, der diese Ansicht vertrat, war im 6. Jahrhundert v. Chr. Pythagoras – möglicherweise hatte er es von den Babyloniern gelernt.

Von den beiden Planeten ist die Venus der bei weitem leichter auszumachende. Zunächst einmal steht sie der Erde näher. Wenn Erde und Venus sich auf derselben Seite der Sonne befinden, kann ihr Abstand sich bis auf 40 Millionen km verringern. Die Venus ist dann nur noch hundertmal so weit von uns entfernt wie der Mond. Kein anderer Himmelskörper von nennenswerter Größe (außer dem Mond) kommt uns so nahe wie die Venus. Merkur ist von der Erde, wenn beide sich auf derselben Seite der Sonne befinden, im Mittel 92 Millionen km entfernt.

Venus ist, abgesehen von ihrer größeren Nähe zur Erde (zumindest solange beide auf der Seite der Sonne stehen), auch deswegen besser zu sehen, weil sie größer ist und daher mehr Sonnenlicht reflektiert als Merkur. Venus hat einen Durchmesser von 12109 km, Merkur nur einen von 4850 km. Der Umstand schließlich, daß die Venus von einer Wolkenschicht umgeben ist, bewirkt eine stärkere Reflexion des Sonnenlichts, als es beim Merkur der Fall ist. Dieser besitzt keine Atmosphäre, so daß das Sonnenlicht sich, wie beim Mond, an einer rauhen, steinigen Oberfläche bricht und nur zu einem geringeren Anteil zurückgeworfen wird.

Somit ist die Venus mit einer maximalen Helligkeit von −4,22 nicht weniger als 12,6mal so hell wie Sirius, der hellste Stern am Erdenhimmel, und neben der Sonne und dem Mond der für uns hellste Himmelskörper überhaupt. Venus ist in der Tat so hell, daß sie in einer dunklen, mondlosen Nacht einen sichtbaren Schatten werfen kann. Merkur hat dagegen eine maximale Helligkeit von nur −1,2, womit er zwar fast so hell ist wie Sirius, aber 17mal lichtschwächer als das Helligkeitsmaximum der Venus.

Aus der großen Nähe Merkurs zur Sonne folgt, daß dieser Planet immer nur in unmittelbarer Nähe des Horizonts und immer nur zu Tageszeiten sichtbar ist, an denen der Himmel vom Licht der Abend- oder Morgendämmerung erhellt ist. Deswegen ist Merkur trotz seiner Helligkeit nicht leicht auszumachen. Es wird vielfach behauptet, daß sogar Kopernikus den Merkur niemals gesehen habe.

Der Umstand, daß Venus und Merkur immer in der Nähe der Sonne und abwechselnd östlich und westlich von ihr zu finden sind, brachte natürlich manche Himmelsbeobachter auf den Gedanken, diese beiden Planeten würden nicht die Erde, sondern die Sonne umkreisen. Der erste, von dem wir wissen, daß er diese These vertrat, war um das Jahr 350 v. Chr. der griechische Astronom Herakleides; seine Auffassung blieb jedoch unbeachtet, bis Kopernikus sie 19 Jahrhunderte später in umfassenderer Form, nämlich für alle Planeten, wieder verbindlich machte.

Falls Kopernikus recht hatte und die Venus, wie der Mond, ein kugelförmiger, lediglich vom Licht der Sonne erleuchteter Körper war, dann mußte sie eigentlich auch, von der Erde aus gesehen, ähnliche Lichtwechselphasen durchmachen wie der Mond. Am 11. Dezember 1610 erkannte Galilei, als er die Venus durch sein Fernrohr betrachtete, daß tatsächlich nur ein Teil ihrer Oberfläche erleuchtet war. Er studierte sie weiterhin in regelmäßigen Abständen und stellte fest, daß sie wirklich einen den Mondphasen analogen Zyklus durchlief. Das war praktisch der endgültige Todesstoß für die herkömmliche geozentrische Auffassung des Planetensystems, die für die beobachtbaren Lichtwechselphasen der Venus keine Erklärung zu bieten hatte. Später konnten auch für den Merkur Lichtwechselphasen nachgewiesen werden.

Venus und Merkur werden vermessen

Beide Planeten ließen sich mit optischen Fernrohren nur schwer beobachten. Namentlich Merkur stand der Sonne so nahe, war so klein und so weit entfernt, daß über seine Oberflächengestalt kaum etwas herauszubekommen war. Der italienische Astronom Giovanni Schiaparelli nahm den Mercur ungeachtet dessen von Zeit zu Zeit, so gut es ging, unter die Lupe und kam aufgrund der regelmäßigen Veränderungen der Oberflächenstruktur, die er feststellte, zu dem Ergebnis, daß Merkur sich alle 88 Tage einmal um die eigene Achse drehte.
Dieser Befund, 1889 verkündet, hörte sich vernünftig an, umrundete doch Merkur die Sonne mit einer Periode von ebenfalls 88 Tagen. Er war der Sonne nahe genug, um von ihrem Schwerefeld so festgehalten zu werden wie der Mond von dem der Erde, so daß die Periode seines Umlaufs derjenigen seiner Eigendrehung entsprach.
Die Venus war zwar größer und näher, aber über ihre Oberflächengestalt ließ sich eigentlich nichts genaues sagen, weil sie vollständig von einer dichten Wolkendecke umschlossen war, die sich dem Betrachter als konturenlose, weiße Fläche darbot. Niemand wußte irgend etwas über die Rotationsperiode der Venus; manche Astronomen glaubten allerdings, auch sie stehe womöglich so stark im Bann des solaren Schwerefelds, daß die Periode ihrer Eigendrehung derjenigen ihres Umlaufs um die Sonne entspreche, also 224,7 Tage.
An dieser Sachlage änderte sich erst etwas durch die Entwicklung der Radartechnik, d. h. der Technik des Aussendens von Mikrowellenstrahlen, die von festen Körpern zurückgeworfen und dann wieder aufgefangen werden können. Im Zweiten Weltkrieg wurde das Radar zur Ortung von Flugzeugen benutzt, aber Himmelskörper reflektieren Mikrowellenstrahlung natürlich genauso. Schon 1946 etwa schickte Zoltan Layos Bay, ein ungarischer Wissenschaftler, einen Mikrowellenstrahl zum Mond und empfing das Echo.
Der Mond war ein vergleichsweise leicht zu ortendes Radarziel. 1961 gelang es gleich fünf Wissenschaftlerteams (drei amerikanischen, einem britischen und einem sowjetischen), Radarechos von der Venus zu empfangen. Die dabei verwendeten Mikrowellenstrahlen legten die Strecke mit Lichtgeschwindigkeit zurück. Da die Geschwindigkeit des Lichts um diese Zeit exakt bekannt war, ließ sich aus der Zeit, die ein solcher Strahl brauchte, um die Strecke Erde–Venus–Erde zurückzulegen, die momentane Entfernung Erde–Venus mit größerer Genauigkeit errechnen, als es bis dahin möglich gewesen war. Auf der Basis des gewonnenen Ergebnisses ließen sich alle anderen Entfernungen im Sonnensystem ebenfalls mit neuer Präzision errechnen, da die relative Stellung der Planeten zueinander und zur Sonne sehr genau bekannt war.
Alle Stoffe, deren Temperatur nicht beim absoluten Nullpunkt liegt (dieses Minimum wird von keiner Materie ganz erreicht), senden eine kontinuierliche Mikrowellenstrahlung aus. Aus der Frequenzbandbreite dieser Strahlung läßt sich jeweils die Temperatur des sie abgebenden Körpers errechnen.
1962 gelang es, Mikrowellen zu messen, die von der Nachtseite des Merkur ausgingen, d. h. von dem nicht von der Sonne bestrahlten Teil seiner der Erde zugewandten Hälfte. Falls die Rotationsperiode des Merkur wirklich 88 Tage betrug, so bedeutete dies, daß er der Sonne stets dieselbe Seite zuwenden und daß demzufolge diese seine »Vorderseite« sehr heiß sein mußte, während auf seiner der Sonne ständig abgewandten »Rückseite« sehr kalte Temperaturen herrschen mußten. Die von dort empfangenen Mikrowellen ließen jedoch auf eine beträchtlich höhere Oberflächentemperatur schließen, als man erwartet hatte, und dies ließ nur den Schluß zu, daß auch diese Seite hin und wieder dem Sonnenlicht ausgesetzt sein mußte.
Wenn ein Mikrowellenstrahl von einem rotierenden Körper zurückprallt, erfährt er, bedingt durch die Fortbewegung der Oberfläche, auf die er trifft, eine bestimmte charakteristische Veränderung. 1965 lieferten die zwei amerikanischen Elektroingenieure Rolf B. Dyce und Gordon H. Pettengill, die das Reflektionsverhalten von Mikrowellen untersuchten, den rechnerischen Beweis dafür, daß

der Merkur sich schneller drehte als bislang angenommen – nämlich mit einer Periode von 59 Tagen. Das hieß, daß alle Teile seiner Oberfläche gelegentlich in den Genuß des Sonnenlichts kamen. Die präzise Länge der Rotationsperiode des Merkur wurde etwas später mit 58,65 Tagen bestimmt; das sind genau 2/3 der Umlaufperiode von 88 Tagen. Dies deutet auf eine immerhin noch erhebliche Beeinflussung durch das Schwerefeld der Sonne hin, allerdings auf eine weniger extreme, als wenn Umlauf- und Rotationsperiode gleich wären.

Die Venussonden

Die Venus hielt noch verblüffendere Überraschungen bereit. Weil sie fast genauso groß ist wie die Erde (mit einem Durchmesser von 12110 km gegenüber den 12750 km der Erde), galt sie lange Zeit als planetarische »Zwillingsschwester« der Erde. Zwar, so meinte man, stand sie näher zur Sonne, besaß aber eine schützende Wolkenschicht, die verhindern konnte, daß es auf ihrer Oberfläche zu heiß wurde. Man ging davon aus, daß die Wolkenschicht aus Wasserdampf bestand und daß die Venusoberfläche demgemäß – vielleicht zu einem noch größeren Teil als die Erde – von einem Ozean bedeckt sein müsse, in dem es vielleicht ein reichhaltiges pflanzliches oder gar tierisches Leben geben könne. Viele Science-Fiction-Romane wurden geschrieben (darunter einige auch von mir), die auf einer wasserreichen, von Leben erfüllten Venus spielten.

Der erste Dämpfer kam 1956. Ein Team amerikanischer Astronomen unter Leitung von Cornell H. Mayer untersuchte die von der Nachtseite der Venus ausgesandten Mikrowellen und kam zu dem Schluß, daß auf dieser Seite eine Oberflächentemperatur herrschen mußte, die weit oberhalb des Siedepunkts von Wasser lag. Die Venus mußte sehr heiß sein, um eine derartig starke Strahlung abgeben zu können.

Dieser Befund war fast unannehmbar. Man glaubte, ihn auf etwas Festeres gründen zu müssen als bloß auf einen schwachen Strahl von Mikrowellen. Nachdem die Raumfahrttechnik einmal soweit war, daß Raketen zum Mond fliegen konnten, war es nur logisch, daß man nun auch andere Planeten auf diese Weise zu erkunden versuchte.

Am 27. August 1962 brachten die Vereinigten Staaten Mariner 2 auf den Weg, die erste erfolgreiche Venussonde. Sie hatte Instrumente an Bord, die in der Lage waren, von der Venus ausgesandte Mikrowellen zu empfangen und zu analysieren und die Ergebnisse zur Erde zu funken.

Am 14. Dezember 1962 überflog Mariner 2 in 35000 km Höhe die Wolkenschicht der Venus. Die übermittelten Funkdaten ließen keinen Zweifel mehr zu: Die Venus war auf ihrer gesamten Oberfläche höllisch heiß, an den Polen ebenso wie am Äquator, auf der Nachtseite ebenso wie auf der Tagseite. Die Oberflächentemperatur liegt bei etwa 475 °C, was mehr als ausreicht, um Zinn und Blei schmelzen und Quecksilber verdampfen zu lassen.

Das war noch nicht alles. Mikrowellen können Wolken durchdringen. Mikrowellen, die zur Venus geschickt wurden, wanderten ungehindert durch die Wolkendecke bis zur festen Oberfläche des Planeten und wurden von dieser zurückgeworfen. Mit diesen Wellen ließ sich die Oberfläche der Venus abtasten und einiges von dem sichtbar machen, was dem auf Lichtwellen angewiesenen menschlichen Auge wegen der Wolkendecke verborgen blieb. Aus dem Grad der Verzerrung, die die reflektierte Strahlung erlitt, folgerten Roland L. Carpenter und Richard M. Goldstein 1962, daß die Venus sich in etwa 250 Erdentagen einmal um sich selbst dreht. Später ermittelte der amerikanische Physiker Ira Shapiro die exakte Länge der Rotationsperiode mit 243,09 Tagen. Dieses langsame Rotationstempo ist nicht etwa dem Einfluß des solaren Schwerefeldes zuzuschreiben, denn die Umlaufzeit der Venus beträgt 224,7 Tage. Die Venus braucht also für eine einzige Drehung um die eigene Achse länger als für einen Umlauf um die Sonne.

Nicht nur das; die Venus dreht sich auch in die »falsche« Richtung. Während die Planeten unseres Sonnensystems sich im allgemeinen, von einem imaginären Aussichtspunkt hoch über dem Nordpol der Erde betrachtet, gegen den Uhrzeigersinn drehen, rotiert die Venus im Uhrzeigersinn um die eigene Achse. Für diese Rückwärtsdrehung ist bislang noch keine überzeugende Erklärung gefunden worden.

Ein anderer rätselhafter Umstand ist, daß zwischen dem Zeitpunkt, an dem Venus und Erde die größte Annäherung zueinander erreichen, und dem Zeitpunkt, an dem diese Konstellation sich erneut einstellt, jedesmal exakt fünf Venus-Rotationsperioden oder »Venustage« vergehen; die Venus zeigt der Erde in der Zeit der größten Annäherung stets dasselbe Gesicht. Offensichtlich stehen Venus und Erde in irgendeiner physikalischen Beziehung zueinander, doch ist die Erde viel zu klein, um über die große Entfernung zwischen beiden hinweg nennenswerte Gravitationseinflüsse auf die Venus auszuüben.

Nach Mariner 2 schickten sowohl die Vereinigten Staaten als auch die Sowjetunion noch weitere Missionen zur Venus. Im Mittelpunkt des sowjetischen Venusprogramms standen Sonden, die in die Atmosphäre der Venus eindringen und mittels eines Fallschirms eine weiche Landung versuchen sollten. Die Umweltbedingungen auf der Venus sind freilich so extrem, daß keine der sowjetischen Sonden ihren Eintritt in die Venusatmosphäre längere Zeit überlebte; dennoch lieferten sie einige aufschlußreiche Daten über die Beschaffenheit dieser Atmosphäre.

Zunächst einmal stellte sich heraus, daß die Venusatmosphäre eine überraschend hohe Dichte besitzt, nämlich die mehr als 90fache Dichte der Erdatmosphäre, und daß sie in der Hauptsache aus Kohlendioxid besteht (einem Gas, das in der Erdatmosphäre nur in sehr geringer Menge vorkommt). Die Venusatmosphäre setzt sich zu 96,6% aus Kohlendioxid und zu 3,2% aus Stickstoff zusammen (dennoch enthält sie, wegen ihrer großen Dichte, rund dreimal so viel Stickstoff wie die Erdatmosphäre).

Am 20. Mai 1978 starteten die Vereinigten Staaten das unbemannte Raumschiff Pioneer Venus, das am 4. Dezember 1978 seinen Zielplaneten erreichte und in eine Umlaufbahn um ihn einschwenkte. Pioneer Venus überflog ziemlich genau die Venuspole. Mehrere Sonden wurden vom Raumschiff abgekoppelt und drangen in die Venusatmosphäre ein; sie bestätigten und erweiterten die sowjetischen Befunde.

Die Hauptwolkenhülle der Venus ist rund 3,2 km dick und befindet sich in etwa 50 km Höhe über der Oberfläche des Planeten. Die Wolkenschicht besteht aus Wasser, das mit einem kleinen Anteil Schwefel angereichert ist; über der Hauptwolkenhülle liegt noch eine Nebelschicht, die aus aggressiver Schwefelsäure besteht.

Unterhalb der Wolkenhülle schließt sich eine Dunstschicht an, die bis auf eine Höhe von 32 km über dem Venusboden reicht; darunter scheint die Venusatmosphäre vollkommen ungetrübt zu sein. Offenbar befindet sich diese untere Atmosphäre in einem stabilen Zustand ohne Stürme oder meteorologische Veränderungen – ein stilles Meer der Hitze. Es wehen dort nur sanfte Winde; in Anbetracht der hohen Dichte der Atmosphäre müßte freilich ein sanfter Wind auf der Venus bereits die Gewalt eines irdischen Wirbelsturms entfalten. Alles in allem kann man sich wohl kaum eine unwirtlichere Welt vorstellen als auf der Oberfläche unserer »Zwillingsschwester«.

Von dem auf die Venus fallenden Sonnenlicht wird der allergrößte Teil von der Wolkenhülle reflektiert und absorbiert; nur 3% gelangen bis in die klare, untere Atmosphäre, und vielleicht 2,5% kommen am Boden an. Unter Berücksichtigung der Tatsache, daß die Venus der Sonne nähersteht als die Erde und damit von vornherein mehr Sonnenlicht abbekommt, kann man annehmen, daß die Venusoberfläche ungefähr ein Sechstel der die Erdoberfläche erreichende Lichtmenge erhält. Damit ist es auf der Venus, verglichen mit der Erde, sicherlich recht düster; aber wenn Menschen dort irgendwie überleben könnten, würden sie trotz der dicken und permanenten Wolkendecke eine durchaus ausreichende Helligkeit vorfinden.

Einer der sowjetischen Sonden gelang es, nach ihrer Landung Bilder von der Venusoberfläche zu machen. Sie zeigten eine mit scharfkantigen Steinen und Felsen übersäte Landschaft, ein Indiz dafür, daß es auf der Venus keine nennenswerte Erosion gibt.

Die Venusoberfläche läßt sich, wie gesagt, »sichtbar« machen, wenn man sie mit Radarstrahlen abtastet und das Echo mit geeigneten Instrumenten auffängt und analysiert. Mikrowellen, da viel länger als Lichtwellen, »sehen« auch viel unschärfer, sind aber besser als nichts. Durch Pioneer Venus war man in der Lage, mit Hilfe der Mikrowellenabtastung eine erste Karte der Venusoberfläche zu erstellen.

Der größte Teil der Venusoberfläche scheint aus einer, wie wir auf der Erde sagen würden, kontinentalen Landmasse zu bestehen. Während die Erde über riesige, wassergefüllte Meeresbecken verfügt, die sich über 70% ihrer Oberfläche erstrecken, ist es auf der Venus ein großer Superkontinent, der rund 5/6 der Gesamtoberfläche ein-

nimmt. Eine Anzahl kleinerer Senken, nicht mit Wasser gefüllt, machen zusammen das restliche Sechstel aus.
Der die Venusoberfläche beherrschende Superkontinent scheint ziemlich eben zu sein; er weist offenbar einige Krater auf, aber nicht viele. Es ist denkbar, daß frühere Krater auf der Venus durch die dichte Atmosphäre abgeschliffen und nivelliert wurden. In einigen Bereichen weist der Superkontinent Erhöhungen auf, darunter zwei von bemerkenswerter Größe.
In jener Venusregion, die auf unserer Erde der Arktis entspricht, befindet sich ein riesiges Hochland, das den Namen Ishtar Terra trägt und sich über eine Fläche von der Größe Australiens ausdehnt. Im östlichen Teil von Ishtar Terra erhebt sich die Gebirgskette der Maxwell Montes, deren höchste Gipfel das angrenzende Flachland um bis zu 11800 m überragen und die damit bedeutend höher sind als die höchsten Berge der Erde.
In der Äquatorialzone der Venus finden wir ein zweites, noch ausgedehnteres Hochplateau mit dem Namen Aphrodite Terra. Seine höchsten Gipfel ragen nicht ganz so hoch auf wie die von Ishtar Terra.
Es ist schwer zu sagen, ob sich unter den Bergen der Venus auch Vulkane befinden. Von zweien nimmt man an, daß sie Vulkane sein könnten – zumindest erloschene; einer davon, genannt Rhea Mons, nimmt eine Fläche von der zehnfachen Größe Belgiens ein.

Die Merkursonden

Beim Merkur bereitete die Erforschung der Oberfläche weniger Probleme als bei der Venus. Der Merkur hat keine Atmosphäre und keine Wolkenhülle. Man brauchte nur eine Sonde hinzuschikken.
Am 3. November 1973 wurde die Sonde Mariner 10 gestartet. Am 5. Februar 1974 flog sie in geringer Entfernung an der Venus vorbei, von der sie wertvolle Daten zur Erde funkte, und steuerte dann auf den Merkur zu.
Am 29. März 1974 überflog Mariner 10 den Merkur in einer Höhe von 700 km. Die Sonde schwenkte dann in eine Umlaufbahn um die Sonne ein, die so konzipiert war, daß sie für einen Umlauf 176 Tage benötigte, d. h. zwei Merkurjahre. Das bedeutete, daß sie dem Merkur an der gleichen Stelle wiederbegegnen würde, denn während eines Umlaufs von Mariner 10 um die Sonne würde der Merkur jeweils zwei Umläufe vollenden. Am 21. September 1974 passierte Mariner 10 den Merkur ein zweites Mal, am 16. März 1975 ein drittes Mal, wobei die Sonde sich der Merkuroberfläche bis auf 327 km näherte. Dann hatte Mariner 10 den Treibstoff aufgebraucht, mit dem sie auf einer stabilen Bahn gehalten worden war, und mußte abgeschrieben werden.
Bei den drei Begegnungen fotografierte Mariner 10 rund 3/8 der Merkuroberfläche; dabei kam eine Landschaft zum Vorschein, die in vielem der Oberfläche des Mondes ähnelte. Der Merkur ist mit Kratern übersät, von denen der größte einen Durchmesser von etwa 200 km hat. Es gibt jedoch auf dem Merkur nur sehr wenige »Meere«. Der größte, relativ kraterlose Bereich mißt rund 1400 km im Durchmesser. Er hat den Namen Caloris (»Hitze«) bekommen, weil er immer dann, wenn der Merkur auf seiner Bahn seinen sonnennächsten Punkt erreicht, fast genau der Sonne zugewandt ist. Auf dem Merkur gibt es daneben langgestreckte Felsenkliffs mit 160 km Länge oder mehr bei einer Höhe von etwa 2400 m.

Mars

Der Mars ist, von der Sonne aus gezählt, der vierte Planet – nach Merkur, Venus und Erde. Seine mittlere Entfernung von der Sonne beträgt 227,8 Millionen km. Wenn Erde und Mars sich auf derselben Seite der Sonne befinden, nähern die beiden sich im Durchschnitt bis auf 80 Millionen km; da jedoch die Marsbahn ziemlich elliptisch ist, kann es zu Konstellationen kommen, in denen zwischen Mars und Erde nur 48 Millionen km liegen. Zu einer solchen maximalen Annäherung kommt es alle 32 Jahre.
Während Sonne und Mond sich mehr oder weniger gleichförmig von West nach Ost durch den Erdenhimmel bewegen, beschreiben die Planeten

kompliziertere Bahnen. Gewiß wandern auch sie die meiste Zeit in west-östlicher Richtung über den Himmel. Aber phasenweise verlangsamt sich die Bewegung dieses oder jenes Planeten; sie scheint zunächst zu einem vollständigen Stillstand zu kommen, und dann beginnt der Planet »rückwärts« zu laufen, von Ost nach West. Diese *retrograde Bewegung* überwiegt niemals die Vorwärtsbewegung, so daß letztlich doch alle Planeten von Westen nach Osten wandern und schließlich das ganze Himmelsgewölbe durchlaufen. Die auffälligste und ausgeprägteste retrograde Bewegung zeigt unter allen Planeten der Mars.

Weshalb ist das so? Im Rahmen des alten astronomischen Weltbilds, das die Erde im Zentrum des Sonnensystems sah, war dieses vorübergehende Rückwärtswandern sehr schwierig zu erklären. Das Kopernikanische System, das die Sonne in den Mittelpunkt stellte, lieferte eine zwanglose Erklärung. Da die Erde auf einer engeren Bahn und in kürzerer Zeit um die Sonne läuft als der Mars, wird dieser von ihr jedesmal, wenn beide auf derselben Seite der Sonne sind, überholt. Von der Erde sieht es dann so aus, als ob der Mars sich rückwärts bewege. Ein Vergleich der Umlaufbahn und der Umlaufzeit der Erde mit den entsprechenden Daten der anderen Planeten liefert die Erklärung für alle beobachtbaren retrograden Bewegungen. Dieses gewichtige Argument trug viel dazu bei, daß das Kopernikanische Bild des Sonnensystems sich durchsetzte.

Der Mars ist weiter von der Sonne entfernt als die Erde und empfängt daher weniger Sonnenlicht. Er ist ein kleiner Planet mit einem Durchmesser von nur 6790 km (wenig mehr als die Hälfte des Erddurchmessers) und einer Atmosphäre von sehr geringer Dichte, so daß er von dem Sonnenlicht, das er bekommt, nicht annähernd so viel reflektiert wie etwa die Venus. In einer anderen Hinsicht jedoch ist er gegenüber der Venus im Vorteil: Wenn diese der Erde am nächsten ist, steht sie immer zwischen der Erde und der Sonne, so daß wir immer nur ihre Nachtseite sehen. Der Mars dagegen steht immer, wenn er uns am nächsten ist, gleichsam in unserem Rücken, und wir sehen seine sonnenbeschienene Seite (sozusagen einen »Vollmars«). In dieser Konstellation erreicht der Mars mit einer Helligkeit von $-2,8$ sein Helligkeitsmaximum; er leuchtet zu diesem Zeitpunkt heller als jeder andere Himmelskörper außer Sonne, Mond und Venus. Zu diesem Maximum kommt es aber nur alle 32 Jahre einmal, wenn der Mars den Punkt seiner größten Erdnähe erreicht. Wenn seine Bahn ihn auf die, von der Erde aus gesehen, gegenüberliegende Seite der Sonne führt, ist er ziemlich weit von uns entfernt und leuchtet nur noch so hell wie ein mittlerer Stern.

Der dänische Astronom Tycho Brahe führte von 1580 an systematische und präzise Marsbeobachtungen durch (ohne Fernrohr, denn dieses war noch nicht erfunden), um zu ergründen, auf welcher Bahn dieser Planet sich bewegte und um seine künftigen Bahndaten genauer voraussagen zu können. Nach seinem Tod machte sein Schüler, der deutsche Astronom Johannes Kepler, sich seine Aufzeichnungen zunutze, um ein Modell der Marsbahn zu entwickeln. Er stellte fest, daß die Vorstellung kreisrunder Umlaufbahnen, der die Astronomen zweitausend Jahre lang angehangen hatten, nicht zu halten war. 1609 legte er ein mathematisch wohlbegründetes Modell vor, nach dem die Planeten sich auf elliptischen Bahnen bewegten. Dieses Keplersche Modell des Planetensystems hat bis heute seine Gültigkeit bewahrt und wird sich zweifellos im wesentlichen als unbegrenzt gültig erweisen.

Noch ein zweites Mal leistete der Mars einen wichtigen Beitrag zur Erforschung des Sonnensystems: 1673 gelang es Cassini, die Parallaxe des Mars zu bestimmen und zum ersten Mal eine realistische Vorstellung von den wirklichen Ausmaßen des Sonnensystems zu gewinnen.

Bis zur Erfindung des Fernrohrs war der Mars nur ein leuchtender Punkt am Himmel. Danach eröffneten sich neue Perspektiven. Christian Huyghens machte 1659 auf dem Mars eine dunkle, dreieckige Zone aus, die er Syrtis Major (»Große Sandbank«) nannte. Indem er die Bewegung dieses markanten Gebildes verfolgte, konnte er zeigen, daß der Mars sich in rund 24 1/2 Stunden einmal um sich selbst dreht. (Der heute gültige Wert wird mit 24,623 Stunden angegeben.)

Da der Mars weiter von der Sonne entfernt ist als die Erde, hat er eine längere Wegstrecke zurückzulegen. Er wandert auf seiner Bahn auch langsamer als die Erde auf der ihren. Er braucht für einen Umlauf 687 Erdentage (oder 1,88 Erdenjahre) bzw. 668,61 Marstage.

Unter allen uns bekannten Planeten ist der Mars der einzige, der eine annähernd lange Rotationsperiode hat wie die Erde. Damit nicht genug, zeigte Wilhelm Herschel 1781, daß Mars und Erde auch eine sehr ähnliche Neigung der Rotationsachse aufweisen. Bei der Erde ist diese Achse um 23,45 Bogengrade gegen die Senkrechte geneigt, was die Ursache dafür ist, daß auf der Nordhalbkugel Frühling und Sommer herrschen, wenn der Nordpol der Sonne zugewandt ist, und Herbst und Winter, wenn er von ihr wegweist (und daß auf der Südhalbkugel dann jeweils die komplementären Jahreszeiten herrschen).

Beim Mars ist die Polachse um 25,17 Grad gegen die Vertikale geneigt. Herschel kam auf diesen Wert, indem er präzise Aufzeichnungen darüber anfertigte, in welche Richtung sich markante Bezugspunkte auf der Marsoberfläche im Zuge der Rotation des Planeten bewegten. Somit gibt es auf dem Mars Jahreszeiten wie auf der Erde auch, nur daß dort jede Jahreszeit fast doppelt so lang dauert wie bei uns und daß es im allgemeinen natürlich viel kälter ist.

Eine weitere Ähnlichkeit entdeckte Herschel 1784, als er feststellte, daß auch der Mars an beiden Enden seiner Rotationsachse vereiste Polkappen besitzt. Im großen und ganzen ist der Mars unter allen bisher bekannten Himmelskörpern der erdähnlichste. Anders als Mond und Merkur, besitzt er eine – erstmals von Herschel erkannte – Atmosphäre, allerdings nicht eine dichte, wolkenverhangene Atmosphäre wie etwa die Venus.

Die Ähnlichkeit zwischen Mars und Erde erstreckt sich nicht auf den Besitz von Trabanten. Während die Erde mit dem Mond über einen großen Trabanten verfügt, haben sowohl Merkur als auch Venus keinerlei Satelliten aufzuweisen. Auch der Mars galt lange Zeit als mondloser Planet. Jedenfalls ergaben sich in zweieinhalb Jahrhunderten teleskopischer Beobachtung keine Anhaltspunkte für die Existenz eines Marsbegleiters.

Als im Jahr 1877 wieder einmal die relativ seltene Konstellation einer maximalen Annäherung zwischen Mars und Erde heranrückte, beschloß der amerikanische Astronom Asaph Hall, die engere Umgebung des Mars nach Anzeichen für das Vorhandensein von Monden abzusuchen. Da bislang keine gefunden worden waren, ging er davon aus, daß sie, wenn überhaupt vorhanden, sehr klein seien und den Mars in sehr engen Bahnen umkreisen mußten, so daß die Blendwirkung seines Lichts sie unsichtbar machte.

Nacht für Nacht saß er am Fernrohr, und am 11. August 1877 beschloß er, die Suche aufzugeben. Seine Frau redete ihm zu, noch eine Nacht dranzuhängen – und in dieser Nacht entdeckte er, sehr nahe beim Mars, zwei winzige Begleiter. Er taufte sie auf die Namen Phobos und Deimos (»Angst« und »Schrecken«; so heißen im römischen Mythos bezeichnenderweise die Söhne des Kriegsgottes Mars).

Der innere der beiden Monde, Phobos, ist nur 9350 km vom Mittelpunkt des Mars entfernt und umkreist den Planeten in einer »Flughöhe« von knapp 6000 km. Auf seiner engen Bahn schafft er einen Umlauf in 7,65 Stunden, d. h. in weniger als einem Drittel der Zeit, die der Mars braucht, um sich einmal um die eigene Achse zu drehen. Phobos »überholt« somit ständig die sich langsamer fortbewegende Marsoberfläche. Von dieser aus betrachtet, geht er also im Westen auf und im Osten unter (und zwar ziemlich genau zweimal täglich). Deimos, der äußere Marsmond, läuft in 23500 km Entfernung vom Marsmittelpunkt um und braucht für einen Umlauf 30,3 Stunden.

Aufgrund ihrer geringen Größe können die Marsmonde selbst mit den besten Teleskopen nur als winzige Lichtpünktchen sichtbar gemacht werden, weshalb nach ihrer Entdeckung ein volles Jahrhundert lang außer ihrer Entfernung vom Mars und ihrer Umlaufzeit nichts über sie bekannt wurde. Aus ihrer Entfernung vom Marsmittelpunkt und ihrer Umlaufgeschwindigkeit ließ sich leicht die Fallbeschleunigung des Mars berechnen, und daraus wiederum seine Masse. Dabei kam heraus, daß der Mars fast genau ein Zehntel der Masse der Erde besitzt und daß an seiner Oberfläche eine Schwerkraft herrscht, die drei Achteln der irdischen Oberflächenschwerkraft entspricht. Ein Mensch, der auf der Erde 80 kg wiegt, würde auf dem Mars also 30 kg wiegen.

Gleichwohl ist der Mars ein wesentlich größerer Himmelskörper als der Mond. Er besitzt die 8,7fache Masse des Mondes und eine um das 2,25fache größere Oberflächenschwerkraft. In bezug auf diese physikalischen Daten nimmt der Mars, grob gesprochen, eine Mittelstellung zwischen Mond und Erde ein. (Bei Venus und Merkur konnten, da diese Planeten keine Trabanten besitzen, die Werte für Masse und Oberflächenschwerkraft nicht leicht ermittelt werden. Heute wissen wir jedoch, daß die Venus 4/5 der Masse der Erde, der Merkur

1/8 der Masse der Erde besitzt. Der Merkur ist somit, mit einer nur halb so großen Masse wie der Mars, der kleinste unter den acht »regulären« Planeten unseres Sonnensystems.)
Sind Größe und Masse eines Himmelskörpers bekannt, läßt sich daraus leicht seine Dichte errechnen. Merkur, Venus und Erde weisen durchweg eine mittlere Dichte auf, die mehr als das Fünffache der Dichte von Wasser beträgt: 5,48 bzw. 5,25 bzw. 5,52. Diese Werte liegen höher, als man sie erwarten könnte, wenn diese Planeten durch und durch aus Gesteinsmasse bestünden; daher muß man annehmen, daß alle drei über einen metallischen Kern verfügen. (Auf diesen Punkt gehe ich im nachfolgenden Kapitel ausführlicher ein.)
Unser Mond hat eine um das 3,34fache höhere Dichte als Wasser und kann von daher durchgängig aus Gesteinsmasse bestehen. Der Mars liegt mit einer Dichte vom 3,93fachen der Dichte des Wassers dazwischen, so daß man annehmen kann, daß er einen sehr kleinen metallischen Kern besitzt.

Marskartographie

Es konnte nicht ausbleiben, daß die Astronomen versuchten, die Marsoberfläche zu kartieren, d. h. das Hell-Dunkel-Muster der auf seiner Oberfläche erkennbaren Flecken, Linien usw. zu erfassen und abzubilden. Beim Mond war dies ganz gut möglich gewesen, aber der Mars ist selbst im günstigsten Fall 150mal weiter von uns entfernt als der Mond und besitzt eine wenn auch dünne, so doch lichtbrechende Atmosphäre, die beim Mond wegfällt.
Ungeachtet dessen wandte 1830 Wilhelm Beer, ein deutscher Astronom, der zuvor schon eine detaillierte Mondkarte erstellt hatte, sein Augenmerk dem Mars zu. Er zeichnete die erste Karte der Marsoberfläche; sie zeigte ein Muster dunkler und heller Stellen. Beer hielt die dunklen Flächen für Gewässer, die hellen für Landmassen. Zunehmende Verwirrung kam auf, als auch andere Astronomen sich an Marskarten versuchten und jeder mit einer eigenen Version der Marsoberfläche aufwartete.
Der erfolgreichste unter diesen »Marsographen« war Schiaparelli (der später die Rotationsperiode des Merkur fälschlich mit 88 Tagen bestimmte). 1877, zum Zeitpunkt der maximalen Annäherung des Mars, erstellte Schiaparelli eine Marskarte, die sich völlig von allen bis dahin gezeichneten unterschied. Doch dieses Mal gab es keine konkurrierenden Entwürfe. Die Teleskope waren kontinuierlich verbessert worden, infolgedessen alle Astronomen im wesentlichen dasselbe wie Schiaparelli sahen. Sie erklärten sich mit seiner Marskarte einverstanden, die dann auch fast ein Jahrhundert lang maßgeblich blieb. Schiaparelli bezeichnete etliche Marsregionen mit Namen, die er der Mythologie und Geographie der griechischen, römischen und ägyptischen Antike entlehnte.
Schiaparelli hatte auf dem Mars schmale, dunkle Linien ausgemacht; diese erstreckten sich wie Verbindungslinien zwischen den größeren dunklen Bereichen, die Beer als Meere interpretiert hatte. Schiaparelli bezeichnete diese Verbindungslinien als *Kanäle*. Nun bezeichnet das italienische Wort *canali*, das er benutzte, sowohl natürliche als auch künstliche Verbindungen zwischen zwei Gewässern. Schiaparelli wollte sicherlich nicht suggerieren, daß es auf dem Mars künstlich angelegte Kanäle gebe. Dennoch setzte sich diese Interpretation weitgehend durch. Die von Schiaparelli entdeckten Linien wurden in anderen Sprachen unter der Bezeichnung »Marskanäle« eingeführt, in denen der Begriff »Kanal« ausschließlich ein künstliches Bauwerk bezeichnet.
Nicht zuletzt aus diesem Grund entfachte Schiaparellis Marskarte sogleich ein reges neues Interesse an unserem äußeren Nachbarplaneten. Daß der Mars unserer Erde in vieler Hinsicht sehr ähnlich sei, galt ja schon lange als ausgemacht; andererseits war er kleiner als die Erde, hatte ein schwächeres Gravitationsfeld und war daher möglicherweise nicht in der Lage, eine erdähnliche Atmosphäre oder oberirdische Wasservorräte festzuhalten; falls er beides je besessen hatte, mochte er es in den vielen Millionen Jahren seines Bestehens möglicherweise eingebüßt haben und gleichsam vertrocknet sein. Wenn sich auf dem Mars irgendwelche intelligenten Lebensformen entwickelt hatten, dann kämpften sie vielleicht darum, dem Austrocknungstod zu entgehen.
Es war verführerisch, diesen Gedanken weiterzuspinnen: daß es nicht nur möglicherweise intelligentes Leben auf dem Mars geben könnte, sondern daß die dortigen Lebewesen über eine fortschrittlichere Technik verfügen könnten als die

Menschen. Beispielsweise war es denkbar, daß die Marsbewohner Kanäle gebaut hatten, mit denen sie Wasser, das sie von den vereisten Polkappen abzapften, zu ihren landwirtschaftlichen Anbaugebieten in der milderen Äquatorialregion leiteten.

Auch andere Astronomen sahen die Kanäle, und der Amerikaner Percival Lowell wurde zu ihrem begeistertsten Propagandisten. Lowell, ein reicher Mann, eröffnete 1894 in Arizona ein privates Observatorium. Dort, in der sauberen Luft eines hochgelegenen Wüstenplateaus, fern von Großstadtlichtern, herrschte eine ausgezeichnete Sicht. Lowell begann mit der Erstellung von Marskarten, die weit detaillierter waren als die von Schiaparelli. Am Ende hatte er über 500 Kanäle kartiert; in seinen Büchern verbreitete er die Idee von einem intelligenten Leben auf dem Mars.

1897 veröffentlichte der englische Science-Fiction-Autor H. G. Wells in einer populären Zeitschrift seinen Fortsetzungsroman *Krieg der Welten* und fachte damit die allgemeine Mars-Euphorie weiter an. Sehr viele Menschen glaubten nunmehr fest an die Existenz von »Marsmenschen«. Als Orson Welles am 30. Oktober 1938 den *Krieg der Welten* für den Hörfunk in Form einer pseudodokumentarischen Live-Reportage inszenierte und die Besucher vom Mars in New Jersey landen ließ, glaubten Tausende von Menschen, es handle sich um eine Direktübertragung eines authentischen Ereignisses und gerieten aus dem Häuschen.

Viele Astronomen waren und blieben indes den Lowellschen Marskanälen gegenüber skeptisch; sie konnten seine Beobachtungen nicht bestätigen. Maunder (der als erster die Perioden fehlender Sonnenflecken-Aktivität, die sogenannten Maunder-Minima, beschrieben hatte) hielt die »Kanäle« für eine optische Täuschung. 1913 führte er einen aufschlußreichen Test durch: Er bemalte eine durch einen Kreis eingeschlossene Fläche mit unregelmäßig angeordneten, verwischten und gemusterten Flecken und führte die so entstandenen Bilder dann Schulkindern vor. Er zeigte sie ihnen aus einer Entfernung, aus der sie nur noch ungefähr erkennen konnten, was sich in den Kreisen befand. Dann forderte er sie auf, zu zeichnen, was sie sahen; heraus kamen Ansammlungen gerader Linien, die sehr den Lowellschen Kanälen ähnelten.

Neue Beobachtungsdaten, die gewonnen wurden, deuteten darauf hin, daß man die Ähnlichkeiten zwischen Mars und Erde eher überschätzt hatte. 1926 gelang es zwei amerikanischen Astronomen, William W. Coblentz und Carl O. Lampland, Temperaturwerte für die Oberfläche des Mars zu messen. Sie fielen niedriger aus, als erwartet. Einiges sprach dafür, daß es in der Periode, in der der Mars der Sonne am nächsten kommt, tagsüber in der Gegend des Marsäquators womöglich recht mild war; die Nächte hingegen schienen überall auf dem Mars so kalt zu sein wie in den kältesten Zonen unserer Antarktis. Angesichts der erheblichen Differenz zwischen Tages- und Nachttemperaturen hatte es den Anschein, als ob die Marsatmosphäre dünner sei, als man geglaubt hatte.

1947 analysierte der holländisch-amerikanische Astronom Gerard P. Kuiper den Infrarotanteil des vom Mars zur Erde gelangenden Lichts und kam zu dem Ergebnis, daß die Marsatmosphäre hauptsächlich aus Kohlendioxid bestehen müsse. Er fand keine Anzeichen für das Vorhandensein von Stickstoff, Sauerstoff oder Wasserdampf. Die Chance, auf dem Mars komplexe Lebensformen anzutreffen, die denen auf der Erde auch nur entfernt ähnelten, schien sehr gering. Der Glaube an eine Marsvegetation und an die Marskanäle erwies sich gleichwohl als ziemlich zählebig.

Die Marssonden

Mit den ersten Raketen, die sich in und über die Erdatmosphäre erhoben, stiegen auch die Hoffnungen auf eine endliche Klärung der jahrhundertealten Frage nach Leben auf dem Mars.

Die erste erfolgreiche Marssonde, Mariner 4, wurde am 28. November 1964 auf den Weg gebracht. Am 14. Juli 1965 passierte sie den Planeten in einer Höhe von 10000 km über seiner Oberfläche. Dabei schoß sie zwanzig Fotografien, die in Funksignale umgewandelt, zur Erde gesendet und dort wieder in Fotografien zurückverwandelt wurden. Diese Fotos zeigten jede Menge Krater, aber kein Anzeichen für irgendwelche Kanäle.

Als Mariner 4, von der Erde aus betrachtet, hinter dem Mars verschwand, verstummten ihre Funksignale; vor Eintritt in den Funkschatten des Mars gab es jedoch eine kurze Phase, während derer die Funksignale auf ihrem Weg zur Erde durch die

Marsatmosphäre hindurch mußten; dies gab den irdischen Astronomen die Möglichkeit, die Dichte dieser Atmosphäre zu bestimmen; sie erwies sich als geringer, als alle Fachleute vermutet hatten: mehr als hundertmal geringer als die Dichte der Erdatmosphäre.

Ein anspruchsvolleres Programm hatten die beiden Marssonden Mariner 6 und Mariner 7, die am 24. Februar bzw. am 27. März 1969 gestartet wurden. Beide überflogen den Mars in rund 3000 km Höhe und funkten insgesamt 200 Fotografien zur Erde. Weite Teile der Marsoberfläche wurden fotografisch erfaßt, und es zeigte sich, daß zwar einige Gebiete mit Kratern übersät waren wie unser Mond, andere aber relativ konturenlos; wieder andere machten einen zerklüfteten und chaotischen Eindruck. Offenbar war die Marsoberfläche das Resultat einer komplexen geologischen Entwicklung.

Von Kanälen gab es allerdings keine Spur. Die Atmosphäre bestand wenigstens zu 95% aus Kohlendioxid; die Temperaturen erwiesen sich als noch niedriger, als Coblentz und Lampland es aufgrund ihrer Messungen angenommen hatten. Jede Hoffnung auf intelligente Lebensformen – oder auch nur irgendeine Form höheren Lebens – auf dem Mars schien dahin.

Das war jedoch nicht das Ende der Marsforschung. Die nächste erfolgreiche Marsmission mit Mariner 9 wurde am 30. Mai 1971 auf den Weg gebracht. Die Sonde erreichte den Mars am 13. November 1971 und schlug, statt ihn nur zu überfliegen, eine Umlaufbahn um ihn ein. Das war insofern ein Glück, als sich mittlerweile – während Mariner 9 schon unterwegs war – auf dem Mars ein globaler Staubsturm erhoben hatte und Fotografien für die Dauer vieler Monate nichts anderes gezeigt hätten als eine einzige große, den ganzen Planeten einhüllende Staubwolke. Mariner 9 konnte in der Umlaufbahn warten, bis der Sturm sich gelegt hatte; im Dezember klärte sich die Marsatmosphäre wieder, und die Sonde konnte an die Erfüllung ihrer Aufgaben gehen.

Sie lieferte eine ebenso gründliche topographische Bestandsaufnahme von der gesamten Marsoberfläche, wie sie für den Mond vorlag. Nach einem Jahrhundert war auch endlich das Mysterium der Marskanäle ein für allemal beseitigt – es gibt keine. Was man von der Erde aus »gesehen« und für Kanäle gehalten hatte, das waren in der Tat, wie Maunder behauptet hatte, optische Täuschungen gewesen. Alles war trocken, und die dunklen Gebiete waren eben nur dunkler wirkende Staubverwehungen, wie der amerikanische Astronom Carl Sagan schon einige Jahre zuvor vermutet hatte.

Zur Hälfte, hauptsächlich auf seiner Südhalbkugel, ist der Mars, ähnlich wie unser Mond, mit Kratern gesprenkelt. Die andere Hälfte scheint auch einmal Krater besessen zu haben, die wohl infolge vulkanischer Tätigkeit verschwunden sind; es gibt in diesen Gebieten einige große Berge, die eindeutig als – wenn auch vielleicht längst erloschene – Vulkane identifiziert werden konnten. Der größte davon erhielt 1973 den Namen Nix Olympica. Er überragt das Bodenniveau um 24 km, während sein Hauptkrater einen Durchmesser von 64 km besitzt. Er ist um ein Mehrfaches größer als die größten Vulkane der Erde.

Die Marsoberfläche weist an einer Stelle einen Riß oder Graben auf, der möglicherweise aus großer Ferne den Eindruck eines Kanals erwecken konnte. Es ist ein großer Canyon, der heute Valles Marineris heißt; er ist rund 3000 km lang, bis zu 500 km breit und 2000 m tief. Er ist neunmal so lang wie der Grand Canyon, vierzehnmal so breit und doppelt so tief. Er ist möglicherweise vor etwa 200 Millionen Jahren durch Vulkantätigkeit entstanden.

Auf dem Mars finden sich auch flache Rinnen, die sich über die Oberfläche des Planeten schlängeln und in die andere Rinnen einmünden, so daß das Ganze stark an ausgetrocknete Flußläufe erinnert. Könnte es nicht sein, daß der Mars gegenwärtig eine Eiszeit durchmacht und alles Wasser im Boden gefroren ist oder sich, ebenfalls in gefrorener Form, an den Polkappen gesammelt hat? Gab es einmal, in nicht unendlich ferner Vergangenheit, eine Zeit, in der es auf dem Mars Wasser in flüssiger Form gab, das in Flüssen strömte? Ist es denkbar, daß ein solcher Zustand in Zukunft, unter veränderten Bedingungen, wieder eintreten wird? Wenn ja, könnten nicht sehr primitive Lebensformen im Marsboden eine kümmerliche Existenz fristen?

Es führte kein Weg an einer weichen Marslandung vorbei. Viking 1 und Viking 2 wurden am 20. August bzw. am 9. September 1975 in den Raum geschickt. Viking 1 schwenkte am 19. Juni 1976 in

Der Mars, fotografiert am 19. Juni 1976 von Viking 1. Deutlich zu erkennen sind die Tharsis-Berge, drei riesige Vulkane. Der größte Vulkan auf dem Mars, Nix Olympica, befindet sich weiter oben. Mit Genehmigung der Nationalen Raumfahrtbehörde der USA.

eine Marsumlaufbahn ein und setzte ein Landeaggregat ab, das am 20. Juli weich auf dem Marsboden niederging. Einige Wochen später setzte Viking 2, weiter im Norden des Mars, ebenfalls ein Landegerät ab.

Beim Sinken durch die Marsatmosphäre analysierten die Landevehikel deren Zusammensetzung und stellten fest, daß sie außer Kohlendioxid noch 2,7% Stickstoff und 1,6% Argon enthält. Von Sauerstoff fand sich nicht die geringste Spur.

Als höchste Tagestemperatur auf der Marsoberfläche registrierten die Sonden − 29 °C. Es scheint ausgeschlossen, daß an irgendeiner Stelle der Marsoberfläche jemals eine Temperatur über dem Gefrierpunkt erreicht wird; es kann also dort nirgendwo Wasser in flüssiger Form geben. Für die Entwicklung von Leben ist es auf dem Mars zu kalt, so wie es auf der Venus zu heiß dafür ist. Allenfalls ganz primitive Lebensformen wären unter Marsbedingungen denkbar. In den kältesten Marsregionen sind die Temperaturen so niedrig, daß sogar Kohlendioxid gefriert, und es scheint, als ob die Polkappen zumindest teilweise aus gefrorenem Kohlendioxid bestehen. Die gelandeten Sonden funkten Fotografien der Marsoberfläche auf die Erde und analysierten Bodenproben. Es stellte sich heraus, daß der Marsboden einen höheren Eisen- und einen geringeren Aluminiumgehalt hat als die Erdkruste. Zu etwa 80% besteht der Marsboden aus einem stark eisenhaltigen Lehm; Eisen kommt darin möglicherweise in Form von *Limonit* vor, einer Eisenverbindung, die beispielsweise für die rötliche Farbe von Ziegelsteinen verantwortlich ist. Die rötliche Färbung des Mars, die den frühen Menschen so unheildrohend erschien, weil sie sie mit Blut in Verbindung brachten, hat nichts zu bedeuten. Der Mars ist einfach eine ziemlich »rostige« Welt.

Die Landesonden waren mit winzigen chemischen Laboratorien ausgestattet, die in der Lage waren, den Boden daraufhin zu untersuchen, ob die Anwesenheit lebender Zellen grundsätzlich möglich war. Drei unterschiedliche Experimente dazu wurden durchgeführt; keines davon brachte ein eindeutiges Ergebnis. Es ist nicht ganz auszuschließen, daß auf dem Mars Leben in primitiver Form existiert, aber es ist auch nicht sicher. Was die Wissenschaftler zweifeln läßt, ist die Tatsache, daß bei der Bodenanalyse keine meßbaren Spuren organischer Verbindungen erfaßt werden konnten – also keine der Verbindungen, die für das organische Leben auf der Erde charakteristisch sind. Daß es auf dem Mars nicht-organische Lebensformen geben könnte, ist eine theoretische, von den Wissenschaftlern aber mit Skepsis betrachtete Möglichkeit. Eine endgültige Beantwortung der noch offenen Fragen wird erst möglich sein, wenn es gelingt, noch besser ausgerüstete Sonden auf den Mars zu bringen, oder, noch besser, wenn Menschen selbst dort landen können.

Die Marsmonde

Ursprünglich war nicht vorgesehen gewesen, die Marsmissionen auch zur näheren Erforschung der beiden kleinen Marsmonde zu nutzen; als aber Mariner 9 seine Runden um den Mars drehte und wegen des Staubsturms keine Fotos machen konnte, richtete man ihre Kameras auf die beiden Trabanten aus. Wie die Fotografien zeigten, sind beide von unregelmäßiger Gestalt. (Himmelskörper stellt man sich normalerweise als Kugeln vor; sie nehmen aber nur dann Kugelform an, wenn sie so groß sind, daß ihr Schwerefeld stark genug ist, um alle größeren »Unwuchten« zu beseitigen.) Beide Marsmonde ähneln in ihrer Form sehr einer Kartoffel und besitzen sogar Krater, die an Kartoffelaugen erinnern.

Der Durchmesser von Phobos, dem größeren der beiden Trabanten, beträgt, je nach Meßrichtung, zwischen 19 und 27, der von Deimos zwischen 10 und 16 km. Es sind schlicht und einfach Berge, die um den Mars herumfliegen. Beide sind so ausgerichtet, daß ihr längster Durchmesser, wenn man ihn sich als Linie vorstellt, stets auf den Marsmittelpunkt weist; sie hängen also an den »Gravitationsfäden« des Mars, wie der Mond an denen der Erde.

Die beiden größten Krater des Phobos tragen die Namen Hall und Stickney, zum Gedenken an ihren Entdecker und seine Frau Angelina Stickney Hall, die ihn dazu brachte, noch eine weitere Nacht nach den Monden zu suchen. Die beiden größten Krater des Deimos heißen Voltaire und Swift; denn beide, der französische und der britische Satiriker, hatten in ihren Erzählungen dem Mars zwei Trabanten beigegeben.

Jupiter

Jupiter, der fünfte Planet von der Sonne aus gezählt, ist der Riese unter den Planeten unseres Sonnensystems. Sein Durchmesser ist mit 142800 km über elfmal so lang wie der der Erde. Seine Masse beträgt das 318fache der Erdmasse. Jupiter besitzt sogar mehr als doppelt so viel Masse wie alle anderen Planeten zusammengenommen. Wie ein Zwerg erscheint er dennoch neben der Sonne, deren Masse um das 1040fache größer ist als die seine.

Jupiters mittlere Entfernung von der Sonne liegt bei 777 Millionen km; das entspricht dem 5,2fachen der Entfernung Erde–Sonne. Er kommt der Erde nie näher als 630 Millionen km, auch nicht, wenn beide sich auf derselben Seite der Sonne befinden; auf dem Jupiter trifft das Sonnenlicht nur noch mit $1/27$ der Intensität ein, mit der es die Erde bestrahlt. Dank seiner Größe tritt der Jupiter dennoch als kräftig leuchtender Punkt am Himmel in Erscheinung.

Mit einer maximalen Helligkeit von $-2{,}5$ ist der Jupiter wesentlich heller als der hellste Fixstern. Venus und Mars können ihn, wenn sie ihr Helligkeitsmaximum erreichen, an Leuchtkraft übertreffen (die Venus überstrahlt ihn dann sogar erheblich). Andererseits verblassen ihm gegenüber Venus und Mars häufig, wenn sie sich in die erdferneren Teile ihrer Umlaufbahn verziehen. Jupiter dagegen verliert nur wenig an Helligkeit, wenn er sich von uns entfernt, denn seine Umlaufbahn verläuft in so großer Entfernung von der Sonne und den sonnennahen Planeten, daß es kaum einen

Unterschied macht, ob er sich auf unserer oder der gegenüberliegenden Seite der Sonne aufhält. Er ist daher oft der hellste Punkt an unserem Nachthimmel (außer dem Mond), zumal er manchmal die ganze Nacht zu sehen ist, was bei der Venus nie der Fall sein kann; er trägt also nicht zu unrecht den Namen des höchsten Gottes der römischen Götterwelt.

Die Jupitermonde

Als Galilei mit seinem ersten, selbstgebauten Fernrohr den Himmel durchstreifte, machte er natürlich bei Jupiter Station. Am 7. Januar 1610 entdeckte er, kaum daß er Jupiter ins Visier genommen hatte, in dessen Nähe drei kleine Lichtpunkte, zwei auf einer Seite und einen auf der anderen; alle drei schienen auf einer geraden Linie zu liegen. Nacht für Nacht beobachtete er nun den Planeten; stets fanden sich diese drei kleinen Begleiter, in stets veränderter Konstellation zueinander und regelmäßig von einer Seite des Jupiter auf die andere wechselnd. Am 13. Januar bemerkte Galilei einen vierten Begleiter.

Er gelangte zu dem Schluß, daß diese vier kleinen Körper den Jupiter umkreisten wie der Mond die Erde. Es waren die ersten dem Sonnensystem angehörenden Himmelskörper, die, dem bloßen Auge unsichtbar, mit Hilfe des Fernrohrs entdeckt wurden. Mit ihrer Entdeckung war zugleich der Beweis dafür erbracht, daß es im Sonnensystem Objekte gab, die nicht um die Erde kreisten.

Kepler führte für diese vier Jupitermonde die Bezeichnung *Satelliten** ein, nach einem lateinischen Wort für Bedienstete, die dem Troß eines reichen oder mächtigen Mannes angehören. Danach wurden alle einen Planeten umkreisenden Körper mit dieser Bezeichnung belegt.

Die vier von Galilei entdeckten Trabanten des Jupiter werden als Galileische Jupitermonde zusammengefaßt. Kurz nach ihrer Entdeckung verlieh ihnen ein holländischer Astronom, Simon Marius, eigene Namen. In der Reihenfolge ihrer Entfernung vom Jupiter gezählt, heißen sie Io, Europa, Ganymed und Callisto; es sind dies Namen von Figuren aus der römischen bzw. griechischen Mythologie, die in irgendeiner engen Beziehung zu Jupiter bzw. Zeus stehen.

Io ist rund 420000 km vom Mittelpunkt des Jupiters entfernt, also etwa so weit wie der Mond vom Mittelpunkt der Erde. Indes benötigt Io nur 1,77 Tage, um seinen Mutterplaneten einmal zu umrunden, während unser Mond das entsprechende Pensum bekanntlich in 27,32 Tagen bewältigt. Io ist um so viel schneller, weil er weit stärkeren Gravitationskräften ausgeliefert ist als unser Mond – Folge der größeren Masse des Jupiters. (Dessen Masse läßt sich in der Tat aus Ios Geschwindigkeit errechnen.)

Für Europa, Ganymed und Callisto lauten die entsprechenden Daten für Entfernung vom Jupitermittelpunkt und Umlaufzeit 671400 km (3,55 Tage), 1071000 km (7,16 Tage) und 1884000 km (16,69 Tage). Der Jupiter und seine vier Galileischen Monde ähneln einem Mini-Sonnensystem, durch deren Entdeckung das Kopernikanische Planetenmodell mit einem Schlage erheblich an Überzeugungskraft gewann.

Nachdem die Jupitermonde den Astronomen gestatteten, die Masse des Mutterplaneten zu bestimmen, gab es eine Überraschung: Man kam auf einen Schätzwert, der dem 318fachen der Erdmasse entsprach. Da Jupiter jedoch das 1400fache Volumen der Erde besitzt, wäre eigentlich zu erwarten gewesen, daß in diesem Volumen auch 1400mal so viel Materie Platz hätte und daß der Jupiter somit eine 1400mal größere Masse besitzen müßte als die Erde. Da die Jupitermasse jedoch weit weniger Erdmassen entspricht, konnte das nur bedeuten, daß jede Volumeneinheit Jupitermaterie eine kleinere Masse haben mußte als eine gleich große Volumeneinheit Erdmaterie. Mit anderen Worten: Jupiter muß eine geringere Dichte haben.

Tatsächlich liegt die mittlere Dichte des Jupiters nur beim 1,34fachen der Dichte von Wasser und ist somit etwa viermal geringer als die Dichte der Erde. Daraus geht eindeutig hervor, daß der Jupiter nicht aus Gestein und Metallen bestehen kann,

* Später kam als Synonym auch die Bezeichnung *Trabanten* in Gebrauch, abgeleitet von einem italienischen Wort, das wiederum bedeutungsgleich ist mit dem lateinischen Ausdruck *Satelliten*. Da schließlich auch der Name *Mond*, der ursprünglich nur den Trabanten der Erde bezeichnete, zu einem Gattungsbegriff für alle einen Planeten umkreisenden Körper geworden ist, stehen zur Bezeichnung dieser Körper im deutschen drei weitgehend synonyme Begriffe zur Verfügung. Für künstliche, d. h. von Menschen gemachte und in eine Planetenumlaufbahn gebrachte Himmelskörper hat sich dagegen allgemein die Bezeichnung *Satelliten* durchgesetzt, so daß es sinnvoll erscheint, diesen Ausdruck nur noch für *künstliche* und nicht mehr für natürliche Begleiter eines Planeten zu gebrauchen. Anm. d. Übers.

Der Jupiter und seine Monde: Eine Montage von Fotografien, die Voyager 1 1979 zur Erde funkte. Zu sehen sind die Monde Io (oben links), Ganymed (unten links), Europa (Mitte) und Callisto (unten rechts). Mit Genehmigung der Nationalen Raumfahrtbehörde der USA.

sondern sich aus Materialien von geringerer Dichte zusammensetzen muß.
Die Jupitertrabanten sind mit unserem Mond vergleichbar. Europa als kleinster Trabant des Quartetts hat einen Durchmesser von 3100 km und ist damit etwas kleiner als der Mond. Io, mit einem Durchmesser von 3650 km, entspricht größenmäßig unserem Mond. Callisto und Ganymed sind beide größer als der Mond. Der Durchmesser von Callisto beträgt 4850 km, der von Ganymed 5245 km.
Ganymed ist damit der größte Mond, den es in unserem Sonnensystem gibt; seine Masse übertrifft die des Erdmondes um das 2,5fache. Ganymed ist sogar deutlich größer als der Planet Merkur, während Callisto ungefähr die gleiche Größe hat wie Merkur. Letzterer besteht jedoch aus Materie höherer Dichte als Ganymed, so daß Ganymed trotz seines größeren Volumens nur etwa 3/5 der Masse des Merkur besitzt. Io und Europa, die beiden inneren Jupitermonde, haben etwa dieselbe Dichte wie der Mond und dürften aus Gesteinsmasse bestehen. Die Dichte von Ganymed und Callisto entspricht hingegen in etwa der des Jupiters; sie müssen demgemäß aus leichterer Materie bestehen.
Es ist keine Überraschung, daß der Jupiter vier große Monde hat und die Erde nur einen, bedenkt man, um wieviel größer er ist. Verwunderlich ist höchstens, daß der Jupiter nicht noch mehr Trabanten besitzt (oder die Erde nicht noch weniger).
Die vier Galileischen Jupitermonde besitzen zusammengenommen die 6,2fache Masse des Mondes, aber nur den 4200sten Teil der Masse des Jupiters, ihres Mutterplaneten. Dagegen besitzt der Mond immerhin 1/81 der Masse der Erde, seines Mutterplaneten.
Im allgemeinen sind die Trabanten im Vergleich zu ihren Mutterplaneten winzig – wie im Falle des Jupiter. Was die kleinen Planeten betrifft, so haben Venus und Merkur überhaupt keine Monde (obwohl die Venus fast so groß ist wie die Erde), während der Mars zwar zwei Trabanten hat, die aber ausgesprochene Winzlinge sind. Dagegen ist der Mond der Erde so groß, daß man die beiden fast schon als einen Doppelplaneten ansehen könnte. (Bis vor kurzem hielt man die Erde in dieser Beziehung für einen einmaligen Fall – fälschlicherweise, wie wir weiter unten in diesem Kapitel sehen werden.)
Nach den Entdeckungen Galileis wurden drei Jahrhunderte lang keine weiteren Jupitermonde gesichtet; dafür entdeckte man in diesem Zeitraum fünfzehn Trabanten anderer Planeten.
Dann, 1892, machte der amerikanische Astronom Edward E. Barnard in der Nähe des Jupiters ein Lichtpünktchen aus, das so schwach leuchtete, daß es vom Jupiter fast bis zur Unkenntlichkeit überstrahlt wurde. Es war der fünfte Jupitermond und der letzte Planetentrabant überhaupt, der durch klassische optische Beobachtung entdeckt wurde. Alle in der Folge noch gefundenen Planetenmonde sind auf Fotografien entdeckt worden, die entweder von der Erde oder von einem Raumfahrzeug aus gemacht wurden.
Dieser fünfte Mond erhielt den Namen Amalthea (nach einer Nymphe, von der Zeus als Säugling gestillt worden sein soll). Erst in den 1970er Jahren wurde dieser Name »amtlich«.
Amalthea umrundet den Jupiter in nur 180000 km Entfernung von seinem Mittelpunkt in 11,95 Stunden. Seine Umlaufbahn ist enger als die der Galileischen Monde, und dies ist ein Grund dafür, daß er so lange unentdeckt blieb: In dieser geringen Entfernung übt das vom Jupiter ausgestrahlte Licht eine Blendwirkung aus. Ein zweiter Grund ist, daß Amalthea nur einen Durchmesser von etwa 250 km hat und damit dreizehnmal kleiner ist als der kleinste der Galileischen Monde; entsprechend gering ist die von ihm reflektierte Lichtmenge.
In der Folge stellte sich heraus, daß Jupiter noch viele weitere Monde besitzt, die noch bedeutend kleiner und lichtschwächer sind als Amalthea. Die meisten von ihnen laufen in sehr großer Entfernung vom Jupiter um, auf Bahnen, die weit außerhalb der Bahnen der Galileischen Monde verlaufen. Acht dieser sogenannten äußeren Jupitermonde sind im 20. Jahrhundert entdeckt worden, der erste 1904, der bislang letzte 1974. Zu ihrer Benennung verwendet man römische Ziffern, und zwar, da bereits fünf Monde vorhanden waren, beginnend mit VI und in der Reihenfolge ihrer Entdeckung fortschreitend.
Jupiter VI wurde im Dezember 1904, Jupiter VII im Januar 1905 entdeckt, beide von dem amerikanischen Astronomen Charles D. Perrine. Jupiter VI mißt knapp 100 km, Jupiter VII rund 35 km (jeweils im Durchmesser).
1908 fand der britische Astronom P. J. Melotte

Jupiter VIII, der amerikanische Astronom Seth B. Nicholson 1914 Jupiter IX, 1938 Jupiter X und Jupiter XI und 1951 Jupiter XII. Die vier letztgenannten haben Durchmesser von jeweils ca. 25 km.

Am 10. September 1974 schließlich entdeckte der amerikanische Astronom Charles T. Kowal den nur 16 km großen Jupiter XIII.

Die acht äußeren Jupitermonde lassen sich in zwei Gruppen einteilen. Die vier inneren – Jupiter VI, VII, X und XIII – bewegen sich auf Bahnen mit einem Radius (d. h. einer Entfernung vom Jupitermittelpunkt), der durchwegs in der Größenordnung von etwa 11 Millionen km liegt; sie sind also etwa sechsmal so weit vom Jupiter entfernt wie Callisto, der äußerste der Galileischen Monde. Bei den vier äußeren liegt der Bahnradius in einem Bereich von etwa 22 Millionen km; sie sind vom Jupiter also doppelt so weit entfernt wie die vier inneren.

Die Galileischen Monde umrunden den Jupiter allesamt in Bahnen, die auf der durch seinen Äquator definierten Ebene liegen und fast vollkommen kreisförmig sind. Dies entspricht durchaus den Erwartungen und hat seine Ursache in dem vom Jupiter ausgeübten Gezeiteneffekt (auf dieses Phänomen werde ich im folgenden Kapitel näher eingehen). Trabanten, deren Bahn nicht auf der Äquatorebene liegt (also eine Neigung gegen diese aufweist) oder nicht kreisförmig ist (sondern exzentrisch), werden durch den Gezeiteneffekt so beeinflußt, daß ihre Bahn sich mit der Zeit immer mehr der Äquatorebene und der Kreisform nähert.

Der Gezeiteneffekt verhält sich proportional zur Masse des ihn ausübenden und zur Größe des ihn erleidenden Körpers; er schwächt sich mit zunehmender Entfernung sehr schnell ab. Daher ist der Gezeiteneffekt, den der Jupiter auf seine kleinen äußeren Monde ausübt, trotz seiner riesigen Masse sehr gering. Somit besteht, obwohl jeweils vier dieser Monde sich in etwa gleicher mittlerer Entfernung vom Jupiter bewegen, in absehbarer Zeit keine Gefahr, daß es zu Kollisionen zwischen den Mitgliedern dieser beiden Vierergruppen kommt. Da jeder dieser Trabanten auf einer anders geneigten und unterschiedlich exzentrischen Bahn umläuft, kommen sie einander nie ins Gehege.

Bei der äußeren Vierergruppe sind die Bahnneigungen so stark, daß die Bahnen gewissermaßen über die verlängerte Polachse des Jupiter hinübergekippt sind, so daß diese Monde nun in der falschen, nämlich in der Richtung des Uhrzeigersinns umlaufen (von einem fernen Beobachtungspunkt hoch über dem Jupiternordpol aus gesehen), statt, wie alle anderen Jupitermonde, gegen den Uhrzeigersinn.

Es ist denkbar, daß diese kleinen äußeren Monde eingefangene Asteroiden sind (zu diesen Himmelskörpern siehe weiter unten in diesem Kapitel); in diesem Fall könnte man ihre eigenartigen Bahnen darauf zurückführen, daß sie erst seit relativ kurzer Zeit dem Trabantensystem des Jupiter angehören – noch nicht lange genug, als daß dessen Gezeitenwirkung bereits wesentliche Korrekturen ihrer Bahneigenschaften hätte bewirken können. Es läßt sich übrigens zeigen, daß es für einen Planeten dann leichter ist, einen Asteroiden oder dergleichen einzufangen, wenn dieser sich ihm so nähert, daß ein Einschwenken auf eine retrograde Umlaufbahn möglich ist.

Der Jupitermond, der sich auf seiner Bahn am weitesten vom Mutterplaneten entfernt, ist Jupiter VIII (der jetzt Pasiphae heißt, denn in den letzten Jahren sind alle äußeren Jupitermonde nach obskuren, mythologischen Figuren benannt worden). Seine Umlaufbahn ist so stark exzentrisch, daß Pasiphae an ihrem äußersten Punkt über 33 Millionen km vom Jupiter entfernt steht; das ist mehr als achtzigmal so weit wie die für unseren Mond erreichbare maximale Entfernung von der Erde. Es ist zugleich die weiteste Entfernung von seinem Mutterplaneten, die irgendein heute bekannter Planetenmond erreicht.

Jupiter IX (Sinope) umkreist den Jupiter in einer etwas größeren mittleren Entfernung als Pasiphae und braucht daher für einen Umlauf etwas mehr Zeit, nämlich 758 Erdentage, das sind fast genau 2 Jahre und 1 Monat. Kein anderer bekannter Planetenmond hat eine so lange Umlaufperiode.

Form und Oberfläche des Jupiters

Und Jupiter selbst? 1691 bemerkte Cassini, als er den Jupiter durch sein Fernrohr betrachtete, daß er keine kreisrunde Scheibe war, sondern eindeutig eine elliptische Form aufwies. Diese Beobachtung konnte, auf dreidimensionale Verhältnisse bezogen, nur bedeuten, daß der Jupiter keine Kugel war, sondern ein abgeplattetes *Rotationsellipsoid* – etwa von der Form einer Mandarine.

Das war insofern eine Überraschung, als die Sonne und der Mond (bei Vollmond) als vollkommen runde Lichtscheiben in Erscheinung treten und man daher immer annahm, sie müßten vollkommen runde Kugeln sein. Cassini brauchte jedoch nur auf die Theorien Newtons zurückzugreifen (die damals noch ziemlich neu waren), um eine ganz einleuchtende Erklärung für den beobachteten Sachverhalt zu finden. Wie wir im folgenden Kapitel sehen werden, nimmt eine rotierende Kugel unter normalen Umständen immer die Form eines Rotationsellipsoids an. Die Drehbewegung bewirkt, daß die rotierende Kugel sich im Bereich ihres Äquators ausbaucht und sich an ihren Polen abplattet; je schneller die Drehbewegung, desto ausgeprägter die Deformierung.

Bei einem solchen Körper muß der Durchmesser, gemessen von einem Punkt am Äquator zu dem genau gegenüberliegenden Punkt, der sogenannte *Äquatordurchmesser,* größer sein als der *Poldurchmesser,* also die Strecke vom Nordpol zum Südpol. Beim Jupiter beträgt der Äquatordurchmesser 142700 km (dieser Wert wird in den astronomischen Lehrbüchern gewöhnlich als Durchmesser des Jupiter genannt), der Poldurchmesser dagegen nur 134000 km. Die Differenz beläuft sich also auf 8700 km; dieser Differenzbetrag, geteilt durch den Äquatordurchmesser, ergibt die sogenannte *Abplattung*. Der Jupiter hat eine Abplattung von 0,061 oder, als Bruch dargestellt, von ca. $1/16$.

Merkur, Venus und unser Mond, die sich alle sehr langsam drehen, weisen keine meßbare Abplattung auf. Die Sonne rotiert zwar mit mittlerer Geschwindigkeit, aber ihre enorme Schwerkraft verhindert eine nennenswerte Ausbauchung, so daß auch bei ihr keine meßbare Abplattung festzustellen ist. Bei der mit einer mittleren Geschwindigkeit rotierenden Erde finden wir eine Abplattung von 0,0033. Der Mars hat zwar eine mäßige Rotationsgeschwindigkeit, zeigt aber doch eine gewisse Ausbauchung (da sein Schwerefeld nicht stark genug ist, dies zu verhindern); seine Abplattung beträgt 0,0052.

Jupiter ist trotz eines viel stärkeren Schwerefeldes neunzehnmal so stark abgeplattet wie die Erde. Das läßt nur den Schluß auf eine sehr viel höhere Rotationsgeschwindigkeit des Jupiters zu. In der Tat hatte schon Cassini selbst 1665 durch Beobachtung der Bewegungen einiger markanter Punkte der Jupiteroberfläche seine Rotationsperiode auf knapp zehn Stunden geschätzt. (Heute geht man von 9,85 Stunden aus, das sind etwa $2/5$ eines Erdentages.)

Man muß die im Vergleich zur Erde kürzere Rotationsperiode des Jupiters zu der Tatsache in Beziehung setzen, daß der Jupiter viel größer ist als die Erde. Ein Punkt auf dem Erdäquator bewegt sich infolge der Erdrotation mit einer Geschwindigkeit von 1673 km/h vorwärts. Ein Punkt auf dem Jupiteräquator bewegt sich dagegen mit über 45000 km/h fort, um in 9,85 Stunden einmal den gesamten Äquatorumfang zurückzulegen.

Die von Cassini (und von anderen Astronomen nach ihm) beobachteten Flecken veränderten sich beständig, so daß nicht anzunehmen war, daß sie Teil einer festen Planetenoberfläche waren. Eher mußten die Astronomen vermuten, daß das, was sie sahen, eine Wolkenhülle war, wie auch die Venus eine besaß, und die abgegrenzten Flecken so etwas wie Sturmfronten oder Wirbelsysteme. Es waren auch farbige Streifen zu sehen, die parallel zum Jupiteräquator verliefen und die womöglich von der Existenz regelmäßiger Winde zeugten. Die vorherrschende Farbe des Jupiters ist Gelb, während die farbigen Streifen Schattierungen zwischen Orangerot und Braun aufweisen; in kleinen Beimischungen kommen auch noch die Farben Weiß, Blau und Grau vor.

Das markanteste Merkmal, das die Jupiteroberfläche zu bieten hat, wurde zuerst 1664 von dem Engländer Rober Hooke gesehen; 1672 fertigte Cassini eine Zeichnung des Jupiters an, auf der dieses »Mal« in Gestalt eines großen runden Flecks zu erkennen war. Der Fleck tauchte in der Folgezeit auch in anderen Jupiterdarstellungen auf, aber erst 1878 unternahm es ein deutscher Astronom, Ernst Wilhelm Tempel, dieses Gebilde plastisch zu beschreiben. Es wies in seinen Augen eine deutliche Rotfärbung auf und wird denn auch seither unter der Bezeichnung *Großer Roter Fleck* geführt. Das Gebilde ändert seine Farbe jedoch zeitweise und wird manchmal so blaß, daß es nur noch durch ein erstklassiges Fernrohr als Fleck wahrnehmbar ist. Es ist ein Oval, das rund 50000 km in west-östlicher und rund 13000 km in nord-südlicher Richtung mißt (Richtungsangaben nach irdischen Maßstäben).

Manche Astronomen vermuten, daß es sich bei dem Großen Roten Fleck um einen Wirbelsturm von riesiger Ausdehnung handeln könnte. Die enorme Größe und Masse des Jupiters lud zu der Spekulation ein, dieser Planet könne möglicherweise viel heißer sein als die anderen – heiß genug, um beinahe rotglühend zu sein. In diesem Fall war der Große Rote Fleck vielleicht eine besonders heiße und daher bereits rotglühende Region. Diese Annahme stellte sich jedoch bald als Irrtum heraus. Im Innern des Jupiter herrschen zwar sicherlich extrem hohe Temperaturen, aber an seiner Oberfläche keineswegs. 1926 konnte der amerikanische Astronom Donald H. Menzel zeigen, daß die äußere Jupiterhülle, die wir sehen können, eine Temperatur von – 135 °C aufweist.

Die Beschaffenheit des Jupiters

Wegen seiner niedrigen mittleren Dichte muß der Jupiter zu einem überwiegenden Teil aus Stoffen bestehen, die eine geringere Dichte als Gestein und Metalle haben.

Die im Universum ganz allgemein am weitesten verbreiteten Elemente sind Wasserstoff und Helium. 90% aller im Universum vorhandenen Atome sind Wasserstoffatome, 9% sind Heliumatome. Dies ist wohl nicht weiter überraschend, wenn man bedenkt, daß Wasserstoff unter allen Elementen den am einfachsten gebauten Atomkern und Helium den zweiteinfachsten besitzt. Alle anderen im Universum vorhandenen Elemente teilen sich das verbleibende eine Prozent. Innerhalb des großes Restes stellen die Elemente Kohlenstoff, Sauerstoff, Stickstoff, Neon und Schwefel wiederum den Löwenanteil. Sauerstoff- und Wasserstoffatome können sich zu Wassermolekülen verbinden, Wasserstoff- und Kohlenstoffatome zu Methanmolekülen, Wasserstoff- und Stickstoffatome zu Ammoniak-Molekülen.

Die Dichte aller dieser genannten Substanzen liegt unter normalen Bedingungen in etwa bei der des Wassers oder noch darunter. Unter hohem Druck, wie er im Innern des Jupiter zu erwarten ist, könnten sie so stark zusammengepreßt werden, daß ihre Dichte auf einen Wert über der Dichte von Wasser steigt; falls der Jupiter aus solchen Substanzen besteht, würde dies seine geringe Dichte erklären.

1932 untersuchte Rupert Wildt, ein deutscher Astronom, das vom Jupiter reflektierte Licht und stellte fest, daß bestimmte Wellenlängen fehlten, d. h. offenbar absorbiert wurden. Es handelte sich um jene Wellenlängen, die charakteristischerweise von Ammoniak und Methan absorbiert werden. Er folgerte daraus, daß diese beiden Substanzen in der Jupiteratmosphäre auf jeden Fall vorhanden sein mußten.

1952 kreuzte Jupiter auf seiner Bahn den Stern Sigma Arietis, ein Ereignis, das zwei amerikanische Astronomen, William A. Baum und Arthur D. Code, aufmerksam verfolgten. Als Jupiter sich vor den Stern schob, durchdrang dessen Licht auf dem Weg zur Erde die dünne Jupiteratmosphäre oberhalb der Wolkenhülle. Aus der Art und Weise, wie es sich dabei veränderte, ließ sich ableiten, daß die Jupiteratmosphäre hauptsächlich aus Wasserstoff und Helium bestehen mußte. 1963 zeigte der amerikanische Astronom Hyron Spinrad, daß sie auch Neon enthält.

Alle diese Substanzen sind unter irdischen Bedingungen Gase. Da sie einen wesentlichen Teil der Jupitermasse stellten, schien es nur recht und billig, den Jupiter einen »Gasriesen« zu nennen.

Die ersten Jupitersonden waren Pioneer 10 und Pioneer 11; sie wurden gestartet am 2. März 1972 bzw. am 5. April 1973. Pioneer 10 überflog den Jupiter am 3. Dezember 1973 in nur 137000 km Höhe über seiner sichtbaren Außenhülle. Ein Jahr später, am 2. Dezember 1974, passierte Pioneer 11 den Planeten in nur 42000 km Höhe und überflog dabei genau seinen Nordpol, der damit erstmals für menschliche Augen sichtbar gemacht wurde.

Das nächste, mit einem anspruchsvolleren Programm auf den Weg gebrachte Sondenpaar, bestehend aus Voyager 1 und Voyager 2, startete am 20. August bzw. am 5. September 1977 und passierte den Jupiter im März bzw. im Juli 1979.

Diese Missionen bestätigten die früher getroffenen Aussagen über die Jupiteratmosphäre. Sie besteht in der Tat weitgehend aus Wasserstoff und Helium, in einem Mischungsverhältnis von etwa 10:1 (was ziemlich genau der Elementverteilung im Universum entspricht). Als weitere Bestandteile, die von der Erde aus nicht hatten nachgewiesen werden können, wurden Ethan und Acetylen gefunden (beides sind Kohlenwasserstoffe), ferner Wasser, Kohlenmonoxid, Phosphin und Deuterium.

Die Jupiteratmosphäre besitzt zweifellos eine komplizierte chemische Beschaffenheit. Wir werden über sie erst dann einigermaßen Bescheid wissen, wenn es gelingt, eine Sonde in die Atmosphäre eindringen zu lassen, die diese Expedition lange genug überlebt, um Meßdaten zur Erde funken zu können. Der Große Rote Fleck ist, wie die meisten Astronomen vermutet hatten, ein riesiges, praktisch ununterbrochen aktives Wirbelsturmsystem – größer als die Erde.
Der Jupiter scheint durch und durch flüssig zu sein. In Richtung auf seinen Mittelpunkt steigen die Temperaturen sehr schnell an. Unter dem hohen Druck tief in seinem Innern gerinnt der Wasserstoff zu einer rotglühend heißen Flüssigkeit. In seinem Innersten besitzt der Jupiter möglicherweise einen festen Kern aus glühendweißem metallischem Wasserstoff. Die Bedingungen im Jupiterinneren sind zu extrem, als daß man sie derzeit auf der Erde simulieren könnte. Es wird daher noch einige Zeit dauern, bis darüber solidere Aussagen möglich sein werden.

Die Jupitersonden

Die Jupitersonden fotografierten die vier Galileischen Monde aus nächster Nähe. Zum ersten Mal waren sie für menschliche Augen mehr als nur winzige, konturenlose Scheiben.
Man erfuhr Genaueres über ihren Umfang und ihre Masse. Vor allem zeigte sich, daß die früheren Annahmen nur geringfügig korrigiert werden mußten; nur in bezug auf die Masse des Io, des innersten der Galileischen Monde, mußte erheblich nachgebessert werden: Sie war um ein Viertel größer, als man gedacht hatte.
Ganymed und Callisto bestehen, wie bei ihrer geringen Dichte nicht anders zu erwarten, aus leichten Substanzen, etwa Wasser. Bei der niedrigen Temperatur, die angesichts ihrer großen Entfernung von der Sonne und ihrer geringen Größe (die einen heißen Kern in der Art des Jupiter oder auch der Erde ausschließt) zu unterstellen sind, liegen diese Substanzen in fester Form vor und werden als *Eise* bezeichnet. Beide Monde sind mit Kratern übersät.
Die inneren Jupitermonde könnten theoretisch durch den vom Jupiter ausgeübten Gezeiteneffekt aufgeheizt werden, da dieser die Materie, aus der ein Trabant besteht, deformiert und dadurch indirekt Reibungswärme produziert. Der Gezeiteneffekt verliert indes mit zunehmender Entfernung rasch an Intensität. Ganymed und Callisto sind zu weit vom Jupiter entfernt, als daß eine nennenswerte Erwärmung eintreten könnte; an ihren Eispanzern verändert sich daher nichts.
Europa ist dem Jupiter näher und war in einem früheren Stadium zu warm, als daß sich auf ihm Eis hätte anlagern können; vielleicht auch waren anfangs Eise vorhanden, die dann zum großen Teil schmolzen, verdampften und im Lauf der Zeit in den Raum entwichen. (Die Galileischen Jupitermonde hätten ein zu schwaches Gravitationsfeld, um unter den Bedingungen einer gezeitenbedingten Aufheizung eine Atmosphäre festhalten zu können.) Gerade die Tatsache, daß Europa und Io nicht in der Lage waren, nennenswerte Eisschichten aufzubauen (oder daß sie sie zwar einmal besessen, dann aber wieder verloren haben), mag der Grund dafür sein, daß diese beiden jupiternächsten Trabanten wesentlich kleiner sind als Ganymed und Callisto.
Europa hat genug von seinen Eismassen zurückbehalten können, um einen globalen Ozean zu besitzen (wie man es einst bei der Venus erwartet hatte). Bei den auf Europa herrschenden Temperaturen ist dieser Ozean freilich durch und durch gefroren, ist also gleichsam ein globaler Gletscher. Die Oberfläche dieses Gletschers oder Eisozeans ist bemerkenswert glatt. (Europa ist unter allen von den Astronomen bislang erforschten Himmelskörpern derjenige mit der glattesten Oberfläche.) Sie ist allerdings von dünnen, dunklen Linien durchzogen, die ein wirres Muster bilden und auf bemerkenswerte Weise an die von Lowell verbreiteten Marskarten erinnern.
Die Tatsache, daß der Gletscher keine Kraternarben aufweist, läßt die Vermutung zu, daß es unter seiner Oberfläche vielleicht flüssiges, infolge gezeitenbedingter Erwärmung geschmolzenes Wasser gibt. Einschlagende Meteoriten könnten, wenn sie groß genug sind, in diesem Fall die Eiskruste durchbrechen; das so geschlagene Loch könnte sich dann von unten her mit Wasser auffüllen und wieder zufrieren, ohne eine sichtbare Narbe zu hinterlassen. Kleinere Meteoriteneinschläge könnten Risse verursachen, die vielleicht eine Erklärung der dunklen Linien darstellen. Risse könnten aber auch durch Gezeiteneffekte

oder andere Faktoren hervorgerufen werden. Im großen und ganzen jedoch würde unter diesen Voraussetzungen die Oberfläche glatt bleiben.
Io, der innerste der Galileischen Monde, erfährt die größte gezeitenbedingte Erwärmung und ist offenbar völlig trocken. Schon bevor Raumsonden den Jupiter besuchten, gab Io den Astronomen Rätsel auf. 1974 berichtete der amerikanische Astronom Robert Brown, Io sei von einem gelben, aus Natriumatomen bestehenden Schleier umhüllt. In der Tat schien es, als bewege er sich durch einen seine ganze Umlaufbahn entlangführenden, zarten Nebelwulst, der sich mithin wie ein Ring um den Jupiter spannte. Io mußte der Urheber dieses Nebels sein, aber niemand wußte, wie man sich dies vorzustellen hatte.
Wie die Pioneer-Missionen ergaben, besitzt Io tatsächlich eine dünne Atmosphäre (1/20000 der Dichte der Erdatmosphäre). Das Problem des Nebelrings klärten die Voyagersonden durch ihre Fotografien auf, die zeigten, daß es auf Io aktive Vulkane gibt. Es sind die einzigen bekannten aktiven Vulkane außer denen auf der Erde. Offensichtlich befinden sich unter der Io-Oberfläche Zonen aus geschmolzener Gesteinsmasse (als Wärmequelle kommt nur der von Jupiter ausgeübte Gezeiteneffekt in Frage). Dieses Magma bricht an verschiedenen Stellen durch die äußere Kruste und schleudert Natrium- und Schwefeldämpfe nach außen; hierdurch erklären sich die Atmosphäre und der Nebelring entlang der Umlaufbahn von Io. Ios Oberfläche ist mit Schwefel bedeckt, der ihr eine gelbe bis braune Färbung verleiht. Es gibt auf Io nicht viele Krater, da vorhandene Vertiefungen in vielen Fällen mit Vulkanmaterial aufgefüllt worden sein dürften. Nur einige wenige dunkle Flecken deuten auf Krater hin, die zu frisch sind, um bereits wieder aufgefüllt zu sein.
Auf einer noch engeren Umlaufbahn als Io bewegt sich Amalthea, ein Mond, der von der Erde aus nur als winziges Lichtpünktchen wahrnehmbar ist. Die Voyager-Sonden zeigten, daß Amalthea ein unregelmäßig geformter Körper ist – wie die beiden Monde des Mars, jedoch viel größer. Amaltheas größter und kleinster Durchmesser betragen 265 km bzw. 140 km.
Die Sonden entdeckten noch drei weitere Jupitermonde, die sich allesamt auf noch engeren Umlaufbahnen bewegen als Amalthea und auch beträchtlich kleiner sind. Sie erhielten die Bezeichnungen Jupiter XIV, Jupiter XV und Jupiter XVI und haben geschätzte Durchmesser von 24, 80 und 40 km. Beim gegenwärtigen Stand der Technik ist es undenkbar, daß irgendeiner dieser Trabanten von der Erde aus sichtbar gemacht werden kann, bedenkt man ihre Kleinheit und ihre Nähe zur leuchtenden Scheibe des Jupiter.
Jupiter XVI ist unter den dreien derjenige, der seinem Mutterplaneten am nächsten ist; er bewegt sich in nur 130000 km Entfernung vom Jupitermittelpunkt, d. h. in nur 58000 km Höhe über der Jupiter-Oberfläche. In nur 7,07 Stunden rast er einmal um den Jupiter. Jupiter XIV bewegt sich auf einer nur wenig weiteren Bahn und braucht für einen Umlauf 7,13 Stunden. Beide laufen schneller um den Jupiter um, als er sich um seine eigene Achse dreht. Wenn man einen Beobachter auf der Wolkenhülle des Jupiter postieren könnte, würde er diese beiden Monde im Westen auf- und im Osten untergehen sehen (wie ein auf dem Mars postierter Beobachter den Marsmond Phobos).
Auf einer noch engeren Umlaufbahn als die innersten Jupitermonde bewegt sich Bruchmaterial; es bildet einen dünnen, spärlich gefüllten Ring aus Materietrümmern, der um den Jupiter rotiert. Er ist zu dünn und fadenscheinig, um von der Erde aus sichtbar zu sein.

Saturn

Der Saturn war der am weitesten entfernte Planet, den die Menschen der Antike kannten; trotz seiner großen Entfernung leuchtet er mit beachtlicher Helligkeit. Die maximale Helligkeit, die er erreichen kann (bei größtmöglicher Annäherung an die Erde), ist −0,75; er ist dann heller als alle Fixsterne mit Ausnahme des Sirius. Er ist auch heller als Merkur und leichter zu beobachten als dieser, da er viel weiter von der Sonne entfernt umläuft als die Erde und daher nicht immer nur in unmittelbarer Sonnennähe zu finden ist, sondern wie Jupiter, häufig auch am nächtlichen Himmel leuchtet.

Seine mittlere Entfernung von der Sonne beträgt 1426700000 km; er ist damit fast doppelt so weit (genauer: 1,836mal so weit) von der Sonne entfernt wie Jupiter. Er benötigt für einen Umlauf um die Sonne 29,458 Jahre (während Jupiter dafür 11,862 Jahre braucht). Das Saturnjahr ist also zweieinhalbmal so lang wie das Jupiterjahr.
Der Saturn spielt in vieler Hinsicht die zweite Geige. So ist er zum Beispiel der zweitgrößte Planet nach Jupiter. Sein Äquatordurchmesser liegt bei 120000 km oder bei rund 5/6 des Jupiterdurchmessers. Diese geringe Größe bewirkt, zusammen mit der größeren Entfernung von der Sonne, daß nur halb so viel Sonnenlicht auf die Oberfläche des Saturn auftrifft wie auf die des Jupiter, so daß ersterer eine geringere absolute und scheinbare Helligkeit besitzt als letzterer. Andererseits ist der Saturn noch immer groß und hell genug, um einen respektablen Rang unter den Planeten unseres Sonnensystems zu behaupten.
Der Saturn hat die 95,2fache Masse der Erde und nimmt damit nach dem Jupiter gleichfalls den zweiten Rang ein. Er besitzt nur 3/10 der Masse des Jupiters, aber 6/10 von dessen Volumen.
Wenn ein so großes Volumen eine so vergleichsweise geringe Masse enthält, so bedeutet dies, daß der Saturn eine sehr niedrige Dichte haben muß; er ist in unserem Sonnensystem der Körper mit der geringsten mittleren Dichte – sie beträgt nur 7/10 der Dichte von Wasser. Wenn wir uns einen Augenblick lang vorstellen, daß wir den Saturn in eine Plastikfolie einschweißen könnten, um ihn am Zerfließen oder Zerstäuben zu hindern, und daß wir irgendwo einen genügend großen Ozean fänden, in den wir den wasserdicht verpackten Saturn hineinwerfen könnten, dann würde er auf dem Wasser schwimmen. Vermutlich besteht der Saturn zu einem noch größeren Teil als der Jupiter aus dem sehr leichten (d. h. gasförmigen oder flüssigen) Wasserstoff und weist einen entsprechend geringeren Anteil an anderen, schwereren Substanzen auf. Außerdem vermag das schwächere Schwerefeld des Saturn die Materie, aus der er sich zusammensetzt, nicht so dicht zusammenzupressen, wie dies beim Jupiter der Fall ist.
Der Saturn rotiert mit hoher Geschwindigkeit, aber doch nicht ganz so schnell wie der Jupiter, obgleich er kleiner ist. Er dreht sich alle 10,67 Tage einmal um die eigene Achse, so daß der Saturntag also um 8% länger ist als der Jupitertag.
Da beim Saturn die äußeren Schichten eine geringere Dichte aufweisen als beim Jupiter und da sein schwächeres Gravitationsfeld den rotationsbedingten Fliehkräften weniger entgegenzusetzen hat, ist beim Saturn, obwohl er sich langsamer dreht als Jupiter, eine stärkere äquatoriale Ausbauchung vorhanden; er ist der am stärksten abgeplattete Körper in unserem Sonnensystem. Seine Abplattung beträgt 0,102; der Saturn ist damit 1,6mal so stark abgeplattet wie der Jupiter und 30mal so stark wie die Erde. Seinem Äquatorialdurchmesser von 120000 km steht ein Poldurchmesser von nur 108000 km gegenüber. Die Differenz entspricht mit 12000 km immerhin fast dem Durchmesser der Erde.

Die Saturnringe

In einer Beziehung erweist der Saturn sich als einzigartig – und als einzigartig schön. Als Galilei mit seinem primitiven Fernrohr den Saturn erstmals ins Visier nahm, kam es ihm vor, als sehe er eine große Kugel, die von zwei kleineren Kugeln flankiert wurde. Während seiner weiteren Beobachtungen wurden aber die zwei kleinen Kugeln immer undeutlicher und waren schließlich gegen Ende des Jahres 1612 überhaupt nicht mehr auszumachen.
Auch andere Astronomen meldeten im Zusammenhang mit Saturn merkwürdige Beobachtungen. Es dauerte aber bis 1656, ehe Christian Huygens eine korrekte Deutung der Phänomene gab. Er erklärte, der Saturn sei von einem leuchtenden, dünnen *Ring* umgeben, der den Planeten nirgendwo berühre.
Die Rotations- oder Polachse des Saturns weist eine ganz ähnliche Neigung auf wie die der Erde; sie ist um 26,73° gegen die Senkrechte zur Bahnebene geneigt (die der Erde um 23,45°). Die Saturnringe liegen auf seiner Äquatorialebene, so daß sie sowohl gegen die Sonne als auch gegen die Erde schräg geneigt erscheinen. Wenn der Saturn sich an einer bestimmten Stelle seiner Umlaufbahn befindet, sehen wir den uns zugewandten Abschnitt seiner Ringe gewissermaßen von schräg oben, während der rückwärtige Teil der Ringe unserem Blick verborgen bleibt. Wenn er im gegenüberliegenden Teil seiner Umlaufbahn angelangt ist, sehen wir die diesseitige Hälfte seiner Ringe

von »schräg unten«, während die rückwärtigen Ringabschnitte wiederum unsichtbar sind. Der Saturn braucht etwas mehr als vierzehn Jahre, um von einer Seite seiner Umlaufbahn auf die gegenüberliegende zu gelangen. Während dieser Zeit wandert der für uns sichtbare Teil seiner Ringe von unten nach oben. Auf halbem Weg befinden die Ringe sich genau in der Mitte, und wir sehen sie nur von ihrer Schmalseite. Wenn der Saturn die andere Hälfte seiner Umlaufbahn zurücklegt, wandern die Ringe von oben wieder nach unten; auch hier wird auf halbem Weg ein Punkt erreicht, an dem wir sie lediglich von der Schmalseite sehen können. Zweimal während eines jeden Saturnumlaufs um die Sonne, also etwa alle vierzehn Jahre einmal sehen wir die Ringe genau von der Seite. Da sie so flach sind wie eine Sichel, werden sie in diesem Abschnitt für uns einfach unsichtbar. Als Galilei Ende 1612 seine Beobachtungen machte, erwischte er gerade eine solche Phase (Kantenstellung). Wenn man einer der überlieferten Galilei-Anekdoten Glauben schenken will, frustrierte dieses Erlebnis ihn so sehr, daß er sein Fernrohr niemals wieder auf den Saturn richtete.

Daß es nicht nur einen Saturnring gibt, sondern deren zwei, entdeckte erst Cassini im Jahr 1675; er machte einen durchgehenden dunklen Streifen aus, der das Ringband in einen inneren und einen äußeren Ring teilte. Seither spricht man nur noch im Plural von den »Saturnringen«. Die dunkle Trennlinie wird als *Cassini-Teilung* bezeichnet.

1826 schlug der deutsch-russische Astronom Friedrich G. W. von Struve vor, den äußeren Ring als Ring A, den inneren als Ring B zu bezeichnen. 1850 berichtete William C. Bond, ein amerikanischer Astronom, über einen dritten, noch weiter innen liegenden und sehr lichtschwachen Ring. Dieser, Ring C genannt, weist gegenüber Ring B keine scharfe Trennlinie auf.

Nirgendwo in unserem Sonnensystem – und auch nirgendwo sonst in den für uns überschaubaren Bereichen des Universums – gibt es etwas den Saturnringen Vergleichbares. Seit kurzem wissen wir, daß auch der Jupiter von einem dünnen Ring aus Materie umgeben ist; es ist deshalb denkbar, daß jeder Planet der Kategorie »Gasriese«, zu der Jupiter und Saturn gehören, einen solchen Reifen aus Materieteilchen besitzt. Wie die typische Erscheinungsform eines solchen Ringes aussähe, wissen wir nicht, aber es könnte sein, daß wir mit Jupiter und Saturn zwei extreme Varianten vor uns haben: Der Ring des Jupiters ist unansehnlich und schmächtig, das Ringsystem des Saturn dagegen imponierend und von herrlicher Schönheit. Von seinem diesseitigen bis zu seinem jenseitigen äußersten Rand erstreckt es sich über 270000 km. Das entspricht dem 21fachen des Erddurchmessers und immerhin fast dem doppelten Jupiterdurchmesser.

Woraus sind die Saturnringe beschaffen? Cassini hielt sie für glatte, feste Körper – gigantische Wurfscheiben sozusagen. 1785 wies jedoch Laplace (der später die Nebular-Hypothese aufstellte) darauf hin, daß die unterschiedlichen Abschnitte der Ringflächen unterschiedlich weit vom Saturnmittelpunkt entfernt und damit unterschiedlich stark der vom Saturn ausgeübten Anziehungskraft ausgesetzt seien. Diese entfernungsabhängige Anziehungskraft bedingt den bereits mehrmals erwähnten Gezeiteneffekt und müßte im Falle des Saturn bewirken, daß die Ringe, wären sie feste Körper, auseinanderbrächen. Laplace hielt es für möglich, daß die anscheinend festgefügten Ringe in Wirklichkeit aus vielen schmalen, sehr nahe beieinander liegenden Ringen bestanden, die, von der Erde aus gesehen, scheinbar eine einheitliche Fläche bildeten.

1855 konnte indes Maxwell (der später die Theorie eines einheitlichen elektromagnetischen Spektrums begründete) zeigen, daß auch diese Annahme physikalisch unhaltbar war. Er schloß die Möglichkeit aus, daß festgefügte Ringe, wie schmal auch immer, den vom Saturn ausgeübten Gezeiteneffekt unbeschadet überstehen könnten, und erklärte, es müsse sich bei den Saturnringen um Ansammlungen relativ kleiner Teilchen handeln. Er dachte an unzählige Meteorite, die so gleichmäßig über einen ringförmigen Streifen verteilt waren, daß von der Erde aus der Eindruck entstand, es handle sich um festgefügte flache Ringe. Diese Auffassung Maxwells ist seither niemals in Zweifel gezogen worden.

Edouard Roche, ein französischer Astronom, beschäftigte sich unter etwas anderen Vorzeichen mit dem Gezeiteneffekt. Er zeigte, daß jeder feste Körper, der sich einem anderen, beträchtlich größeren Körper nähert, in den Sog sehr starker Gezeitenkräfte hineingerät, die ihn schließlich einer solchen Belastung aussetzen, daß er in kleine Teile zerfällt. Die Grenze, bei deren Überschreiten der

sich annähernde kleine Körper zerbröckeln muß, wird als die *Rochesche Grenze* bezeichnet. Sie ist im allgemeinen definiert als der 2,44fache Äquatorialradius des größeren Körpers. (Der Äquatorialradius ist die Strecke vom Mittelpunkt zu einem beliebigen Punkt auf dem Äquator.)
Da der Äquatorialradius des Saturn 60000 km beträgt, können wir seine Rochesche Grenze mit 146400 km ansetzen. Der äußerste Rand von Ring A ist rund 136000 km vom Saturnmittelpunkt entfernt, so daß also das gesamte Ringsystem innerhalb der Rocheschen Grenze liegt. (Auch der Ring des Jupiter liegt innerhalb der Rocheschen Grenze.)
Offenbar setzen sich die Saturnringe aus Materieschutt zusammen, der nie die Gelegenheit hatte, sich zu einem Trabanten zu verdichten, wie es Materietrümmer außerhalb der Rocheschen Grenze tun würden (und offensichtlich auch getan haben); oder aber dieser Schutt stammt von einem Trabanten (oder mehreren), der dem Saturn aus irgendeinem Grund zu nahe kam und zerrieben wurde. Beide Möglichkeiten laufen auf dasselbe Ergebnis hinaus, nämlich auf eine Ansammlung loser, gleichmäßig verteilter Bruchstücke. (Der Gezeiteneffekt vermindert sich mit abnehmender Größe des ihn erleidenden Körpers; es gibt eine Grenze, jenseits derer die Bruchstücke so klein sind, daß sie nicht mehr weiter zerkleinert werden, außer vielleicht infolge gelegentlicher Zusammenstöße mit anderen Trümmern.) Manche Astronomen schätzen, falls die gesamte in den Saturnringen vorhandene Materie sich zu einem festen Körper verdichten würde, daß dabei ein kugelförmiger Körper von etwas mehr als der Größe unseres Mondes herauskäme.

Die Saturnmonde

Neben seinen Ringen besitzt der Saturn auch, wie der Jupiter, eine Familie von Trabanten. Ein erster Saturnmond wurde 1656 von Huygens entdeckt. (Im gleichen Jahr, in dem er auch die Ringe richtig identifizierte.) Zwei Jahrhunderte später wurde dieser Mond auf den Namen Titan getauft (Titan ist in der griechisch-römischen Mythologie ein eng mit Saturn [Kronos] verbundener Gott.) Titan ist ein großer Mond, fast so groß wie Ganymed. Da er eine geringere Dichte als Ganymed besitzt, ergibt sich ein beträchtlicher Masseunterschied zwischen den beiden. Gleichwohl ist Titan der zweitgrößte Planetenmond in unserem Sonnensystem, sowohl dem Volumen als auch der Masse nach.
In einer Hinsicht ist Titan (bis jetzt) der Primus unter den Monden. Weiter von der Sonne entfernt als die Jupitermonde und daher kälter, ist er besser als jene in der Lage, trotz seiner geringen Oberflächenschwerkraft Gasmoleküle (die durch die Kälte träge geworden sind) festzuhalten. 1944 konnte der holländisch-amerikanische Astronom Gerard P. Kuiper nachweisen, daß der Titan eine Atmosphäre besitzt und daß diese Atmosphäre Methan enthält. Das Methanmolekül besteht aus einem Kohlenstoff- und vier Wasserstoffatomen (CH_4) und bildet auf der Erde den Hauptbestandteil des Erdgases.
Zum Zeitpunkt der Entdeckung des Titan waren insgesamt nur fünf andere Planetenmonde bekannt: der Erdmond und die vier Galileischen Monde des Jupiter. Sie alle waren von ungefähr gleicher Größe und einander in dieser Beziehung viel ähnlicher als die Planeten selbst, zwischen denen es ja erhebliche Größenunterschiede gibt. Zwischen 1671 und 1684 jedoch entdeckte Cassini nicht weniger als vier weitere Saturnmonde, die durchwegs einen erheblich geringeren Durchmesser hatten als Europa, der kleinste der Galileischen Monde. Die Durchmesser variierten zwischen 1450 km beim größten der von Cassini gefundenen Trabanten (der heute Japetus heißt) und 1050 km beim kleinsten (Tethys). Von da an war klar, daß Monde unter Umständen ziemlich klein sein können.
Ende des 19. Jahrhunderts waren neun Saturntrabanten bekannt. Der zuletzt entdeckte unter ihnen war Phoebe, gefunden von dem amerikanischen Astronomen William H. Pickering. Er ist mit großem Abstand der äußerste aller Saturnmonde; seine mittlere Entfernung vom Saturn beträgt knapp 13 Millionen km. Er umrundet den Saturn in retrograder Richtung alle 549 Tage einmal. Mit einem Durchmesser von etwas weniger als 200 km ist er auch der kleinste Saturnmond (daher der späte Zeitpunkt seiner Entdeckung, da geringe Größe immer auch geringe Helligkeit bedeutet).
Zwischen 1979 und 1981 lieferten die drei Raumsonden, die zuvor den Jupiter passiert hatten – Pioneer 11, Voyager 1 und Voyager 2 –, Großaufnah-

Der Saturn und seine Ringe: Eine Montage aus Fotografien, die von den Sonden Voyager 1 und Voyager 2 übermittelt wurden. Das Bild zeigt die größeren, schon vor den Voyager-Missionen des Jahres 1977 bekannt gewesenen Trabanten des Saturn. Es sind (gegen den Uhrzeigersinn): Rhea, Mimas, Tethys und Japetus. Mit Genehmigung der Nationalen Raumfahrtbehörde der USA.

men vom Saturn, seinen Ringen und seinen Trabanten.

Titan stand wegen seiner Atmosphäre natürlich im Mittelpunkt des Interesses. Die Flugbahn von Voyager 1 war so angelegt, daß während einer gewissen Flugphase die von ihr ausgesandten Funksignale auf ihrem Weg zur Erde die Titanatmosphäre durchdringen mußten. Ein Teil ihrer Energie wurde dabei absorbiert. Aus der Charakteristik dieser Absorption ließ sich errechnen, daß die Titanatmosphäre eine unerwartet große Dichte besitzen muß. Aus dem von der Erde aus bestimmten Methananteil hatte man zunächst den Schluß gezogen, die Dichte der Titanatmosphäre entspreche in etwa der der Marsatmosphäre. Weit gefehlt: Sie erwies sich als 150mal dichter als die Marsatmosphäre und ist vermutlich sogar 1,5mal so dicht wie die Erdatmosphäre.

Die Ursache für diese Fehleinschätzung war, daß man von der Erde aus nur Methan gefunden und geglaubt hatte, dieses Gas bilde den hauptsächlichen oder gar ausschließlichen Bestandteil der Titanatmosphäre; in diesem Fall besäße sie in der Tat eine weit geringere Dichte. In Wirklichkeit beträgt der Methananteil aber nur 2%; der Rest ist Stickstoff, ein Gas, dessen Absorptionscharakteristik nur schwer erfaßbar ist.

Die dichte Titanatmosphäre ist so dunstig, daß keine der Sonden die feste Oberfläche dieses Mondes optisch aufnehmen konnte. Gerade dieser Dunst aber ist ein hochinteressantes Phänomen. Methan ist ein Molekül, das leicht sogenannte *Polymere* bilden, d. h. sich mit anderen Methanmolekülen zu Ketten verbinden kann. Die Astronomen können daher nach Herzenslust darüber spekulieren, ob Titan nicht vielleicht von flüssigen oder zähflüssigen, aus ziemlich komplexen, kohlenstoffhaltigen Verbindungen zusammengemischten Ozeanen bedeckt ist. Wir dürfen uns sogar die amüsante Möglichkeit ausdenken, daß Titan mit einer Glasur aus Asphalt überzogen ist, in die hin und da »Augen« aus gefrorenem Benzin eingestreut sind und in deren Mulden sich glitzernde Methan- und Ethanseen gebildet haben.

Die übrigen Saturntrabanten weisen, wie erwartet, Krater auf. Auf Mimas, dem innersten der neun Saturnmonde, gibt es einen so großen Krater (gemessen an der Größe des Trabanten selbst), daß der Meteoriteneinschlag, dem er vermutlich seine Entstehung verdankt, den kleinen Himmelskörper heftig durchgeschüttelt haben muß.

Enceladus, der zweitinnerste der neun, hat eine vergleichsweise glatte Oberfläche, was darauf hindeuten könnte, daß er infolge gezeitenbedingter Erwärmung zeitweise angeschmolzen war. Hyperion ist von allen Geschwistermonden der am unregelmäßigsten geformte; seine verschiedenen Durchmesser variieren zwischen 110 und 200 km. Er erinnert in der Form sehr an die Marsmonde, ist jedoch wesentlich größer als diese – eigentlich groß genug, um infolge der eigenen Schwerkraft eine einigermaßen vollkommene Kugelform aufzuweisen – vielleicht ist vor relativ kurzer Zeit ein Stück von ihm abgebröckelt.

Japetus fiel gleich nach seiner Entdeckung im Jahr 1671 durch eine ungewöhnliche Eigenschaft auf: Immer wenn er westlich des Saturn stand, leuchtete er fünfmal so hell, als wenn er im Osten des Planeten stand. Da Japetus dem Saturn immer dieselbe Seite zuwendet, sehen wir, wenn er sich, von uns aus gesehen, jenseits des Saturn befindet, seine Vorderseite (d. h. sein dem Saturn zugewandtes Antlitz), und seine Rückseite, wenn er sich zwischen uns und dem Saturn befindet. Eine naheliegende Annahme war, daß seine Vorderseite das Sonnenlicht fünfmal so gut reflektiert wie seine Rückseite. Die von Voyager 1 aufgenommenen Fotografien bestätigten diese Vermutung. Japetus hat eine helle und eine dunkle Seite – so als ob er auf der einen Seite vereist und auf der anderen von einer Schicht dunklen Staubes bedeckt sei. Die Ursache dieser Janusköpfigkeit ist unbekannt.

Die Saturnsonden fanden acht weitere Trabanten, die zu klein sind, um von der Erde aus wahrnehmbar zu sein; damit stieg die Gesamtzahl der Saturnmonde auf siebzehn. Von den acht neu entdeckten Trabanten haben fünf eine saturnnähere Umlaufbahn als Mimas. Der innerste dieser Trabanten ist nur 136000 km vom Mittelpunkt des Saturn entfernt und überfliegt somit die Gashülle des Saturn in nur 77000 km Höhe; er benötigt für einen Umlauf 14,43 Stunden.

Zwei Monde mit einer nur ein wenig engeren Umlaufbahn als Mimas sind insofern bemerkenswert, als sie sich *koorbital* bewegen; das heißt, daß sie sich dieselbe Umlaufbahn teilen und sich sozusagen eine endlose Verfolgsjagd um den Saturn herum liefern. Es war dies das erste jemals entdeckte »Zwillingspaar« dieser Art. Die Umlaufbahn, auf der die beiden den Saturn in 16,68 Stunden umrunden, ist 150000 km vom Mittelpunkt des Saturn entfernt. 1967 meldete der französische Astronom Audouin Dollfus die Entdeckung eines Saturnmondes mit einer ebenfalls engeren Umlaufbahn als Mimas, dem er den Namen Janus gab. Weitere Beobachtungen ergaben für diesen Neuling jedoch offensichtlich irreguläre Bahndaten, und es wurde bald deutlich, daß Dollfus wohl nur einen der bereits bekannten innersten Jupitermonde (bzw. zu unterschiedlichen Zeitpunkten einen jeweils anderen von ihnen) gesichtet hatte; Janus wird jedenfalls gegenwärtig in der Liste der Saturntrabanten nicht mehr geführt.

Mit den drei übrigen neuentdeckten Saturnmonden hat es ebenfalls eine besondere Bewandtnis. Der seit langem bekannte, bereits von Cassini entdeckte Dione besitzt, wie sich herausstellte, einen winzigen koorbitalen Gefährten. Während Dione

einen Durchmesser von 1100 km hat, beträgt derjenige seines Bahngefährten (Dione B) lediglich 320 km. Dione B hält, während er sich auf seiner Umlaufbahn fortbewegt, gegenüber Dione stets einen Vorsprung von 60 Bogengraden. Das bedeutet, daß Saturn, Dione und Dione B zu jeder Zeit ein gleichseitiges Dreieck bilden; man spricht von einer *Trojanischen Situation* (aus Gründen, die ich weiter unten erklären werde).
Eine solche Konstellation ist nur möglich, wenn der dritte Körper wesentlich kleiner ist als die ersten beiden. Sie tritt ein, wenn der kleine Körper sich 60 Bogengrade vor oder hinter dem größeren Körper befindet. Läuft er ihm voraus, so sagt man, er befinde sich in der L-4-Position, läuft er ihm hinterher, so sagt man, er befinde sich in der L-5-Position. Dione B ist mithin in der L-4-Position. (L leitet sich von dem italienisch-französischen Astronomen Joseph Louis Lagrange ab, der 1772 eine Begründung dafür lieferte, daß solche Konstellationen gravitativ besonders stabil sind.)
Tethys, ebenfalls einer der von Cassini entdeckten Begleiter, hat sogar zwei Bahngefährten: Tethys B in der L-4-Position und Tethys C in der L-5-Position.
Die Trabantenfamilie des Saturn ist eindeutig die zahl- und auch artenreichste, die es, jedenfalls nach unserem heutigen Wissensstand, im Sonnensystem gibt.
Auch mit den Saturnringen hat es übrigens viel mehr auf sich, als man ursprünglich dachte. Aus der Nähe betrachtet, bestehen sie aus Hunderten, vielleicht sogar Tausenden dünner Ringe, die angeordnet sind wie die Rillen einer Schallplatte. An manchen Stellen zeigen sich dunkle Bänder, die rechtwinklig zu den Ringen verlaufen, etwa wie Speichen bei einem Rad. Bei einem sehr blassen, weit außen gelegenen Ring hat es den Anschein, als bestehe er aus drei miteinander verzwirnten Einzelringen. Nichts von alledem hat bis heute eine befriedigende Erklärung gefunden; es gibt jedoch einen breiten Konsens darüber, daß man es hier nicht nur mit einfachen Gravitationswirkungen zu tun hat, sondern daß elektrische Kräfte komplizierend mitmischen.

Die äußeren Planeten

Vor der Erfindung des Fernrohrs war der Saturn der fernste bekannte Planet und derjenige, der sich am langsamsten vorwärtsbewegte. Er war der lichtschwächste der bekannten Planeten, aber immerhin noch ein Leuchtobjekt der ersten Größenklasse. Es scheint, daß die Menschen, nachdem sie erkannt hatten, daß Planeten existieren, Tausende von Jahren lang keine Vermutungen darüber anstellten, ob es nicht weitere Planeten geben könnte, die zu weit entfernt und daher zu lichtschwach wären, um sichtbar zu sein.

Uranus

Auch nachdem Galilei demonstriert hatte, daß es Myriaden von Sternen gibt, die nicht hell genug sind, um ohne Fernrohr sichtbar zu sein, schien der Gedanke an lichtschwache Planeten nicht aufgekommen zu sein.
Am 13. März 1781 nahm Wilhelm Herschel (damals noch unbekannt) Messungen zur Ortsbestimmung von Sternen vor, als er im Sternbild Zwillinge plötzlich ein Objekt im Visier hatte, das kein Lichtpunkt war, sondern eindeutig die Gestalt einer winzigen Scheibe zeigte. Herschel hielt den Fund zunächst für einen entfernten Kometen, waren doch Kometen außer den Planeten die einzigen Himmelskörper, die sich durch das Fernrohr als leuchtende Scheiben präsentierten. Kometen sind jedoch immer verschleiert, während dieses Objekt scharfe Umrisse darbot. Außerdem bewegte es sich, relativ zu den Sternen, langsamer als der Saturn und mußte somit weiter entfernt sein als dieser. Es war ein ferner Planet, viel weiter entfernt und viel lichtschwächer als der Saturn. Er erhielt später den Namen Uranus (oder, in der griechischen Form, Ouranos), nach dem Gott des Himmels und Vater des Saturn (Kronos) in der griechischen Mythologie.
Uranus mittlere Entfernung von der Sonne beträgt 2868850000 km und damit ziemlich genau das Doppelte der mittleren Sonnenentfernung des Saturn. Mit einem Durchmesser von knapp

52000 km ist er außerdem kleiner als Saturn. Immerhin hat er den vierfachen Durchmesser der Erde und gehört, wie Jupiter und Saturn, zur Kategorie der Gasriesen, wenn er auch beträchtlich kleiner ist als diese beiden. Er besitzt die 14,5fache Masse der Erde, aber weniger als 1/6 der Masse des Saturns und nur 1/22 der Masse des Jupiters.
Infolge seiner Entfernung und seiner vergleichsweise geringen Größe erscheint Uranus am Himmel weit weniger hell als Jupiter oder Saturn. Dennoch ist es nicht ausgeschlossen, ihn auch unbewaffneten Auges am Himmel wahrzunehmen. Wenn man in einer dunklen Nacht an der richtigen Stelle sucht, kann man Uranus ohne Fernrohr als einen sehr schwachen Lichtpunkt erkennen.
Hätten ihn dann nicht schon die Astronomen der Antike entdecken können? Zweifellos haben sie ihn gesehen, aber ein sehr lichtschwacher Stern erregte damals kein Interesse, glaubte man doch, daß Planeten auf jeden Fall sehr hell sein müßten. Dazu kommt, daß Uranus sich so langsam fortbewegt, daß selbst, wenn man ihn mehrere aufeinanderfolgende Nächte lang beobachtet hätte, seine Lageveränderung gar nicht bemerkt worden wäre. Und nicht zuletzt waren die frühen Fernrohre nicht allzu gut, so daß sie, selbst wenn sie auf die richtige Stelle gerichtet waren, die winzige Scheibe des Uranus nicht deutlich zeigten.
Immerhin registrierte der englische Astronom John Flamsteed im Jahr 1690 einen Stern im Sternbild Stier und gab ihm die Bezeichnung 34 Tauri. Spätere Astronomen vermochten diesen Stern nicht wiederzufinden; nachdem aber Uranus einmal entdeckt und seine Umlaufbahn bestimmt worden war, ließ sich durch Zurückrechnen ermitteln, daß er sich seinerzeit genau an der Stelle befunden hatte, an der Flamsteed den Stern 34 Tauri eingetragen hatte. Ein halbes Jahrhundert nach Flamsteed sah der französische Astronom Pierre Charles Lemonnier den Uranus zu dreizehn verschiedenen Zeitpunkten an dreizehn verschiedenen Stellen und glaubte, dreizehn verschiedene Sterne entdeckt zu haben.
Über die Rotationsperiode des Uranus gibt es widersprüchliche Angaben. Der am häufigsten genannte Wert lautet 10,82 Stunden; 1977 hieß es dann jedoch, seine Rotationsperiode betrage 25 Stunden. Wir werden vermutlich erst Gewißheit bekommen, wenn die Daten einer Uranussonde zur Verfügung stehen.
Gewißheit besteht dagegen über die Neigung der Rotationsachse des Uranus. Diese beträgt 98°, d. h. etwas mehr als ein rechter Winkel. Von der Sonne aus betrachtet, legt dieser Planet also seine Umlaufbahn seitlich rollend zurück; jeder seiner Pole liegt ein halbes Uranusjahr, also 42 Erdenjahre, in der Sonne und dann ebenso lange im Schatten.
In der Entfernung von der Sonne, in der Uranus sich bewegt, ist freilich der Unterschied zwischen Tag und Nacht oder zwischen Sommer und Winter nicht mehr sehr groß. Wenn die Erde eine derart stark geneigte Rotationsachse hätte, dann wären die Jahreszeiten so extrem, daß sich das Leben wahrscheinlich nie hätte entwickeln können.
Nachdem Herschel den Uranus entdeckt hatte, nahm er ihn regelmäßig ins Visier; 1787 fand er zwei Trabanten, die später die Namen Titania und Oberon erhielten. 1851 entdeckte der englische Astronom William Lassell zwei weitere, weiter innen umlaufende Uranusmonde, die auf die Namen Ariel und Umbriel getauft wurden. Schließlich fand 1948 Kuiper einen fünften, den Uranus noch enger umkreisenden Trabanten und nannte ihn Miranda.
Alle Uranusmonde umkreisen ihren Mutterplaneten in dessen Äquatorebene, so daß nicht nur der Planet selbst, sondern das Trabantensystem als Ganzes um 90° gekippt erscheint. Die Monde sind nördlich und südlich des Planeten zu sehen anstatt, wie es sonst die Regel ist, östlich und westlich davon.
Die Uranusmonde laufen durchwegs auf ziemlich nahen, d. h. engen Bahnen um. Es gibt, soweit man bis jetzt weiß, keine äußeren Uranusmonde. Der äußerste der fünf, die wir kennen, ist Oberon, der im Mittel 586000 km vom Uranusmittelpunkt entfernt ist (und damit nicht viel weiter als unser Mond vom Erdmittelpunkt). Die mittlere Entfernung von Miranda beträgt nur 130000 km.
Gemessen an den Galileischen Jupitermonden, am Titan oder an unserem Mond, ist keiner der Uranusmonde als groß zu bezeichnen. Der größte ist Oberon mit einem Durchmesser von rund 1600 km; der kleinste ist, mit einem Durchmesser von 240 km, Miranda.
Lange Zeit schien es, als gebe es am Uranus und seinem Trabantensystem nichts besonders Aufregendes zu erforschen. Im Jahr 1973 jedoch berech-

nete Gordon Tayler, ein britischer Astronom, daß Uranus sich genau auf einen Stern der neunten Größenklasse mit der Bezeichnung SA0158687 zubewegte. Dies brachte die Astronomen in Bewegung, war doch damit zu rechnen, daß unmittelbar bevor Uranus sich über diesen Stern schieben würde, dessen Licht für eine kurze Zeit die Atmosphäre des Planeten würde durchdringen müssen. Das gleiche würde kurz danach noch einmal eintreten, wenn Uranus den Stern wieder freigab. Die Veränderung, die das Licht des Sterns bei seinem Durchgang durch die Uranusatmosphäre wahrscheinlich erfahren würde, erlaubte den Astronomen womöglich Auskunft über Temperatur, Dichte und Zusammensetzung dieser Atmosphäre. Die Verdeckung wurde für den 10. März 1977 erwartet. Um sie genau beobachten zu können, richtete ein von dem Amerikaner James L. Elliot geleitetes Astronomenteam sich in dieser Nacht in einem Flugzeug ein, das hoch über der unteren Erdatmosphäre mit ihren verzerrenden und lichtbrechenden Wirkungen kreuzte.

Noch ehe Uranus den Stern ganz erreicht hatte, verdüsterte sich dessen Licht plötzlich für rund sieben Sekunden und wurde dann wieder heller. Im weiteren Verlauf der Annäherung kam es noch viermal zu kurzen, jeweils eine Sekunde dauernden Helligkeitsminderungen. Nachdem Uranus den Stern passiert hatte und ihn auf der anderen Seite wieder freigab, registrierten die Astronomen wieder dieselben Abblendphasen, diesmal in umgekehrter Reihenfolge. Die plausibelste Erklärung für dieses Phänomen bestand in der Annahme, daß Uranus von mehreren dünnen Materieringen umgeben ist. Von der Erde aus sind sie deswegen nicht sichtbar, weil ihre Materiedichte zu gering ist oder sie zu wenig Licht reflektieren.

Ein sorgfältiges Studium des Uranus bei weiteren Sternverdeckungen in den darauffolgenden Jahren, beispielsweise am 10. April 1978, ergab eine Gesamtzahl von neun Ringen. Der Radius des innersten Ringes (d. h. seine Entfernung vom Mittelpunkt des Uranus) beträgt 40500 km, der des äußersten 49100 km. Das ganze Ringsystem liegt innerhalb der Rocheschen Grenze.

Aufgrund verschiedener Anhaltspunkte kann man errechnen, daß die Uranusringe so dünn, so spärlich und so reflektionsarm sind, daß ihre Helligkeit sich zu der der Saturnringe wie 1:3000000 verhält. Somit nimmt es nicht wunder, daß die Uranusringe nur mit indirekten Methoden nachweisbar sind.

Als sich später herausstellte, daß auch Jupiter einen Ring besitzt, kamen die Astronomen zu dem Schluß, daß Ringe vielleicht gar kein so außergewöhnliches Phänomen sind. Vielleicht besitzen alle Gasriesen zusätzlich zu mehr oder weniger zahlreichen Monden ein Ringsystem. Was den Saturn so einzigartig macht, ist nicht der Umstand, daß er über Ringe verfügt, sondern die Tatsache, daß diese Ringe so breit sind und so hell leuchten.

Neptun

Bald nachdem Uranus entdeckt war, hatten die Astronomen seine Umlaufbahn berechnet. Im Lauf der folgenden Jahre stellte sich jedoch heraus, daß Uranus sich nicht ganz an die vorausberechneten Bahndaten hielt. 1821 nahm der französische Astronom Alexis Bouvard eine Neuberechnung vor, in die er frühere Sichtungen des Uranus wie die von Flamsteed einbezog. Allein, auch von der neu berechneten Umlaufbahn wich Uranus ein wenig ab.

Die (über die große Entfernung winzig kleine) Anziehungskraft der anderen Planeten beeinflußte, wie man wußte, die Bahnbewegung des Uranus und ließ ihn seiner theoretisch vorausberechneten Position zeitweise vorauseilen, zeitweise nachhinken, jedoch immer nur um einen sehr kleinen Betrag. Diese Abweichungen wurden sorgfältig berechnet und die Bahndaten entsprechend korrigiert, aber noch immer blieb eine kleine Diskrepanz zur tatsächlichen, beobachtbaren Uranusbahn. Der logische Schluß daraus war, daß es jenseits des Uranus womöglich einen weiteren, noch unbekannten Planeten gab, der mit seiner Anziehungskraft den Uranus beeinflußte.

1841 nahm sich an der Universität Cambridge in England der Mathematikstudent John C. Adams des Problems in seiner Freizeit an; im September 1845 hatte er eine Lösung gefunden. Er hatte berechnet, auf welcher Bahn ein unbekannter Planet sich bewegen müßte, um die beobachteten Bahnabweichungen des Uranus hervorzurufen. Es gelang Adams jedoch nicht, einen englischen Astronomen für sein Rechenexempel zu interessieren.

Gleichzeitig und unabhängig von Adams beschäftigte sich ein junger französischer Astronom namens Urbain J. J. Leverrier ebenfalls mit dem Problem. Er hatte ungefähr ein halbes Jahr nach Adams ein Ergebnis vorliegen, das dem von Adams sehr ähnlich war. Leverrier hatte das Glück, einen interessierten Astronomen, den Deutschen Johann Gottfried Galle, zu finden. Galle erklärte sich bereit, die von Leverrier bezeichnete Himmelsregion nach dem postulierten unbekannten Planeten abzusuchen. Zufällig besaß Galle eine ziemlich neue Bestandsaufnahme der in diesem Teil des Himmels sichtbaren Sterne. Er begann mit seiner Suche in der Nacht zum 23. September 1846. In der Tat brauchten er und sein Assistent Heinrich L. D'Arrest kaum eine Stunde, um ein Objekt der achten Größenklasse auszumachen, das in ihrem Sterneninventar nicht verzeichnet war.

Es war der Planet! Und er befand sich fast genau an der Stelle, wo Leverrier ihn aufgrund seiner Berechnungen vermutete. Er wurde später, wegen seiner grünlichen Farbe, nach Neptun, dem Meeresgott, benannt. Das Verdienst an seiner Entdekkung wird heute zu gleichen Teilen Adams und Leverrier zugeschrieben.

Neptun bewegt sich auf einer Umlaufbahn, die in rund 4,5 Milliarden km Entfernung von der Sonne verläuft; er ist mehr als eineinhalbmal weiter von der Sonne entfernt als Uranus – und dreißigmal weiter als die Erde. Er benötigt für einen Umlauf um die Sonne 164,8 Jahre.

Neptun ist in gewisser Hinsicht ein Zwillingsbruder des Uranus (so wie die Venus in mancher Beziehung eine Zwillingsschwester der Erde ist). Mit einem Durchmesser von 49600 km ist Neptun ein bißchen kleiner als Uranus; dafür besitzt er aber eine größere Dichte und 18% mehr Masse als Uranus. Neptun hat die 17,2fache Masse der Erde und ist der vierte Gasriese unseres Sonnensystems.

Am 10. Oktober 1846, weniger als drei Wochen nach der optischen Entdeckung des Neptun, wurde ein zu ihm gehöriger Trabant gefunden und mit dem Namen Triton belegt, nach einem Sohn des Neptun (Poseidon) in der griechischen Mythologie. Es zeigte sich, daß Triton mit einer Masse, die der des Titan fast gleichkommt, zu den großen Monden gehört. Er war der siebente Trabant dieser Kategorie, der im Sonnensystem entdeckt wurde. Die letzte Entdeckung eines Trabanten, die des Titans, lag nun schon zwei Jahrhunderte zurück.

Mit einem Durchmesser von knapp 3900 km ist Triton etwas größer als unser Mond; seine Entfernung vom Neptunzentrum entspricht mit 355000 km in etwa der Entfernung Erde–Mond. Infolge der beträchtlich größeren Anziehungskraft des Neptun vollzieht Triton einen Umlauf um seinen Mutterplaneten in nur 5,88 Tagen, d. h. in 1/5 der Zeit, die unser Mond dafür benötigt.

Triton umläuft den Neptun in retrograder Richtung. Er ist nicht der einzige Trabant, der diese Eigenart aufweist. Bei allen anderen jedoch (den vier äußersten Jupitermonden und dem äußersten Saturnmond) handelt es sich durchweg um sehr kleine und vom Mutterplaneten sehr weit entfernte Trabanten. Triton ist groß und bewegt sich auf einer engen Bahn. Weshalb er in verkehrter Richtung umläuft, bleibt vorläufig ein Rätsel.

Über ein Jahrhundert lang blieb Triton der einzige bekannte Neptunmond. 1949 aber machte Kuiper (der ein Jahr zuvor Miranda entdeckt hatte) in der Nähe des Neptun ein sehr kleines und sehr lichtschwaches Objekt aus. Es war ein weiterer Trabant, der den Namen Nereide erhielt (nach den Meeresnymphen der griechischen Mythologie). Nereide hat einen Durchmesser von 240 km und umrundet den Neptun in gewöhnlicher Richtung. Er hat jedoch die am stärksten exzentrische Umlaufbahn aller bekannten Planetenmonde. Am Punkt seiner größten Annäherung an den Neptun beträgt seine Entfernung 1,39 Millionen km, am anderen Extrem seiner Umlaufbahn wächst sie auf 9,734 Millionen km an. Am äußersten Punkt seiner Umlaufbahn ist er also siebenmal so weit vom Neptun entfernt wie am innersten. Seine Umlaufperiode beträgt 365,21 Tage, 45 Minuten weniger als ein Erdenjahr.

Der Neptun wurde bisher noch nicht von einer Raumsonde aufgesucht; so ist es nicht verwunderlich, daß wir nichts über etwaige weitere Monde von ihm oder über ein Ringsystem wissen. Wir wissen nicht einmal, ob Triton eine Atmosphäre besitzt; da jedoch Titan eine Atmosphäre hat, ist es gut möglich, daß auch Triton eine besitzt.

Pluto

Neptuns Masse und Bahn klärten den größten Teil der Diskrepanz zwischen der theoretischen und der tatsächlichen Umlaufbahn des Uranus auf. Da aber noch ein kleiner unerklärter Rest blieb, hielten manche Astronomen es für möglich, daß ein weiterer noch unentdeckter, noch weiter als Neptun entfernter Planet im Umlauf war. Der Astronom, der am besessensten nach diesem Planeten suchte, war Lowell (derselbe, der sich als Propagandist der Marskanäle hervortat).

Die Suche gestaltete sich nicht einfach. Jeglicher Planet, der sich auf einer Bahn jenseits des Neptun bewegte, leuchtete sicherlich so schwach, daß er sich in dem Meer der anderen, ähnlich lichtschwachen Sterne verlieren würde wie ein Wassertropfen im Ozean. Er würde sich auch so langsam fortbewegen, daß seine Bewegung sich nicht ohne weiteres feststellen ließe. Als Lowell 1916 starb, hatte er den Planeten noch nicht gefunden.

Nach seinem Tod setzten die Astronomen am Lowell-Observatorium in Arizona die Suche fort. 1929 übernahm Clyde W. Tombaugh, ein junger Astronom, diese Aufgabe. Er arbeitete mit einem neuen Teleskop, das in der Lage war, sehr scharfe Fotos von einem vergleichsweise großen Himmelsbereich zu machen.

Zusätzlich bediente er sich eines sogenannten *Blinkkomparators,* eines Geräts, das es gestattet, Fotografien eines bestimmten Himmelsabschnitts, die im Abstand von jeweils mehreren Tagen aufgenommen worden sind, so zu projizieren, daß sich jeweils ein exakt deckungsgleiches Bild ergibt. Wenn die Einzelbilder in sehr schneller Folge nacheinander projiziert werden, erscheint auf der Projektionsfläche ein ruhigstehendes Bild, da ja alle Fotos den identischen Himmelsausschnitt zeigen und die Sterne ihre Position zueinander nicht verändern. Befindet sich unter diesen Sternen aber ein Planet, so verrät er sich dadurch, daß seine Position von einem Foto zum anderen ein wenig verschoben ist; bei entsprechend schneller Bildfolge tritt er als blinkender Punkt in Erscheinung.

Das erleichterte die Suche zwar, machte sie aber noch lange nicht zum Kinderspiel, denn auf einem Foto waren ja Zehntausende von Sternen abgebildet. Wenn unter diesen Zehntausenden von Lichtpunkten einer dabei wäre, der möglicherweise blinkte, dann mußte man, um ihn zu finden, die Projektionsfläche in Planquadrate einteilen und diese der Reihe nach überprüfen.

Am 18. Februar 1930 um 16 Uhr entdeckte Tombaugh, als er gerade ein Gebiet im Sternbild Zwillinge absuchte, einen blinkenden Punkt. Er behielt das Objekt fast einen Monat lang im Auge und verkündete dann, am 13. März 1930, daß er den neuen Planeten gefunden habe. Der Findling erhielt den Namen Pluto, nach dem Gott der Unterwelt, weil er so weit vom Licht der Sonne entfernt war. Außerdem waren die ersten beiden Buchstaben dieses Namens identisch mit den Initialen von Percival Lowell.

Bei der Berechnung der Umlaufbahn des Pluto ergaben sich zahlreiche überraschende Aspekte. Zunächst einmal war seine Entfernung von der Sonne nicht so groß, wie Lowell und andere Astronomen vermutet hatten. Im Mittel beträgt diese Entfernung »nur« 5,9 Milliarden km, das ist lediglich 30% mehr als die mittlere Sonnenentfernung des Neptun.

Des weiteren zeigte sich, daß die Plutobahn eine wesentlich ausgeprägtere Exzentrizität aufweist als die irgendeines anderen Planeten. Am sonnenfernsten Punkt seiner Bahn liegen zwischen Pluto und der Sonne 7,4 Milliarden km, am entgegengesetzten, sonnennächsten Punkt jedoch nur 4,4 Milliarden km.

An seinem sonnennächsten Punkt steht Pluto der Sonne sogar um rund 160 Millionen km näher als der Neptun. Pluto benötigt für einen Umlauf um die Sonne 247,7 Jahre; innerhalb jeder dieser Umlaufperioden gibt es jedoch einen 20-Jahres-Zeitraum, währenddessen er der Sonne näher ist als Neptun und die Rolle des sonnenfernsten Planeten an diesen abtritt. Zufällig fällt eine solche Phase auf die letzten beiden Jahrzehnte des 20. Jahrhunderts.

Die Umlaufbahnen des Pluto und des Neptun kreuzen einander dennoch nicht; das liegt daran, daß die Plutobahn schräg zu der Ebene verläuft, in der die Bahnen der übrigen Planeten angeordnet sind. Gegen die Umlaufbahn der Erde ist die des Pluto um etwa 17,2° geneigt. (Auch die Bahn des Neptun verläuft nicht exakt in der gleichen Ebene wie die Erdumlaufbahn, aber ihre Schrägneigung ist sehr gering.) Wenn Pluto und Neptun einmal gleichzeitig den Punkt erreichen, an dem sie beide gleich weit von der Sonne entfernt sind (also gewissermaßen ihren Kreuzungspunkt), dann befinden sie sich in Wirklichkeit in zwei verschiedenen »Stockwerken« des Sonnensystems; sie kommen sich nie näher als 2,4 Milliarden km.

Die irritierendste Eigenschaft des Pluto war seine unerwartet geringe Helligkeit, die darauf hindeutete, daß er nicht zur Gruppe der Gasriesen gehört. Hätte er annähernd die Dimensionen eines Uranus oder eines Neptun besessen, so hätte er erheblich heller leuchten müssen. Die ersten Schätzungen beliefen sich auf die ungefähre Größe der Erde. Auch das stellte sich als zu hoch gegriffen heraus. 1950 gelang es Kuiper als erstem, Pluto in Form einer winzigen leuchtenden Scheibe abzubilden; aus dem Meßwert, den er für den scheinbaren Durchmesser dieser Scheibe ermittelte, schloß er auf einen realen Durchmesser von höchstens 5800 km – weniger als der Durchmesser des Mars. Manche Astronomen zweifelten an diesem Schätzwert; aber als Pluto am 28. April 1965 ziemlich genau über einen lichtschwachen Stern hinwegwanderte und diesen trotzdem nicht verdeckte, konnte kein Zweifel mehr bestehen: Wäre Pluto größer gewesen, als Kuiper es errechnet hatte, so hätte er den Stern verdunkeln müssen.

Somit war klar, daß Pluto viel zu klein ist, um die Umlaufbahn des Uranus in irgendeiner meßbaren Weise zu beeinflussen. Wenn jene letzte unerklärte Abweichung des Uranus von seiner theoretisch vorausberechneten Bahn von einem noch sonnenferneren Planeten hervorgerufen wurde, dann war dieser Planet jedenfalls nicht Pluto.

1955 wurde festgestellt, daß die Helligkeit des Pluto regelmäßigen Schwankungen unterworfen ist, die sich mit einer Periode von 6,4 Tagen wiederholen. Man schloß daraus zunächst, daß Pluto sich alle 6,4 Tage einmal um die eigene Achse dreht – eine ungewöhnlich lange Rotationsperiode. Bei Merkur und Venus ist die Rotationsperiode zwar noch länger, aber diese beiden stehen wegen ihrer Sonnennähe im Banne starker Gezeitenkräfte.

Welche Entschuldigung aber hatte Pluto? Am 22. Juni 1978 wurde eine Entdeckung gemacht, die die Frage zu beantworten schien. An diesem Tag bemerkte der amerikanische Astronom James W. Christy beim Studium von Plutoaufnahmen an dessen einer Seite eine deutlich auszumachende »Beule«. Er zog andere Fotografien zu Rate und kam schließlich zu der Gewißheit, daß Pluto einen Trabanten besitzt. Es ist ein sehr naher Trabant, nicht viel mehr als 20000 km entfernt (von Mittelpunkt zu Mittelpunkt). Gemessen an der Entfernung des Pluto von der Erde, ist dies in der Tat ein sehr geringer Abstand, und dies erklärt, warum der Trabant erst so spät entdeckt wurde. Christy gab ihm den Namen Charon, nach dem Fährmann, der die Schatten der Toten über den Fluß Styx in die Unterwelt, das Reich Plutos, befördert.

Charon benötigt 6,4 Tage, um Pluto zu umrunden, also genau so lange, wie Pluto für eine ganze Drehung um die eigene Achse benötigt. Dieser Gleichklang ist nicht zufällig. Es kann nur so sein, daß die beiden Körper, Pluto und Charon, einander durch Gezeitenwirkung so weit abgebremst haben, daß jetzt jeder dem anderen stets nur dieselbe Seite zuwendet. Sie kreisen um ein gemeinsames Gravitationszentrum, wie die beiden Hälften einer rotierenden Kugelhantel.

Außer Pluto und Charon kennen wir kein Planet-Mond-Gespann, das ein solches hantelartiges, rotierendes System bildet. Innerhalb des Systems Mond-Erde wendet der Mond zwar der Erde immer dieselbe Seite zu, aber die Erde ist noch nicht so weit abgebremst worden, daß auch sie dem Mond immer dieselbe Seite zuwenden würde. Das liegt daran, daß die Erde wesentlich größer ist als der Mond und dessen Bremswirkung sich bei ihr nur über sehr lange Zeiträume hinweg bemerkbar macht. Wäre der Größenunterschied zwischen Erde und Mond geringer, dann wären die beiden vielleicht schon zu einem hantelartigen Rotationsmodus übergegangen.

Aus ihrem Abstand und ihrer Rotationsperiode läßt sich die Gesamtmasse der beiden Körper errechnen: Sie beträgt nur etwa ein Achtel der Masse unseres Mondes. Pluto ist also viel kleiner, als es selbst nach den bescheidensten Schätzungen zu erwarten war.

Nach dem Helligkeitsverhältnis zwischen den beiden zu schließen, scheint Pluto einen Durchmesser von nur 2980 km zu besitzen, weniger als Europa, der kleinste der sieben »Großmonde« des Sonnensystems. Charon mißt 1200 km im Durchmesser und ist damit etwa gleich groß wie der Saturnmond Dione.

Der Größenunterschied zwischen dem Pluto und seinem Mond ist nicht allzugroß. Pluto hat wahrscheinlich nicht mehr als die 10fache Masse des Charon (während die Erde die 81fache Masse ihres Mondes besitzt). Diese Größenverhältnisse erklären, warum Pluto und Charon hantelartig umeinander rotieren, während die Erde und ihr Mond dies nicht tun. Glaubte man bis 1878, daß innerhalb unseres Sonnensystems das Gespann Erde-Mond dem, was man sich unter einem »Doppelplaneten« vorstellt, am nächsten kommt, so gebührt diese Ehre seither dem Gespann Pluto-Charon.

Die Asteroiden

Der Asteroidengürtel

Von einer Ausnahme abgesehen, gilt in unserem Sonnensystem die Regel, daß die Entfernung der Planetenbahnen von der Sonne, wenn man jeweils von einem Planeten zum nächst äußeren fortschreitet, um einen Faktor zwischen 1,3 und 2,0 zunimmt. Die eine Ausnahme ist Jupiter, der fünfte Planet; er ist 3,4mal so weit von der Sonne entfernt wie Mars, der vierte Planet.

Diese Lücke faszinierte die Astronomen besonders nach der Entdeckung des Uranus (da sich nun plötzlich die aufregende Vorstellung von noch unentdeckten Planeten breitmachte). Konnte es in der Lücke einen Planeten geben, den man bisher übersehen hatte? Ein deutscher Astronom, Heinrich W. M. Olbers, setzte sich an die Spitze einer Gruppe, die sich vornahm, den Himmel systematisch nach einem solchen Planeten abzusuchen.

Während sie ihre Vorbereitungen trafen, stieß der italienische Astronom Giuseppe Piazzi, der ohne bestimmte Absicht den Himmel beobachtete, auf ein Objekt, das von Tag zu Tag seine Position verlagerte. Der Geschwindigkeit nach zu schließen, mit der es sich bewegte, schien seine Umlaufbahn irgendwo zwischen Mars und Jupiter zu liegen; die geringe Helligkeit des Objekts deutete darauf hin, daß es sehr klein sein mußte. Die Entdeckung wurde am 1. Januar 1801 gemacht, am ersten Tag des neuen Jahrhunderts.

Aus den von Piazzi mitgeteilten Beobachtungen konnte der deutsche Mathematiker Karl Friedrich Gauß die Umlaufbahn des Objekts errechnen. Es handelte sich in der Tat um einen neuentdeckten Planeten, dessen Umlaufbahn in der Lücke zwischen Mars und Jupiter lag, genau dort, wo sie liegen mußte, um die Reihe der Planeten harmonisch zu vervollständigen. Piazzi, der auf Sizilien arbeitete, nannte den neuen Planeten Ceres, nach einer römischen Korngöttin, die mit dieser Insel auf besondere Weise verbunden war.

Aus seiner scheinbaren Helligkeit und seiner Entfernung ließ sich errechnen, daß Ceres sehr klein sein mußte, viel kleiner als alle anderen Planeten. Den jüngsten Messungen zufolge dürfte sein Durchmesser rund 1000 km betragen. Ceres besitzt wahrscheinlich nur rund $^1/_{50}$ der Masse unseres Mondes.

Es schien undenkbar, daß Ceres der einzige Körper sein sollte, der in der Lücke zwischen Mars und Jupiter seine Bahn zog, und so setzte Olbers trotz Piazzis Fund seine Suche fort. Und wirklich wurden bis 1807 in der Lücke drei weitere Planeten entdeckt. Sie erhielten die Namen Pallas, Juno und Vesta. Alle drei sind noch kleiner als Ceres. Juno, der kleinste, hat etwa einen Durchmesser von nur 240 km.

Diese neuen Planeten waren so klein, daß nicht einmal die besten Teleskope der Zeit in der Lage waren, sie als Scheiben abzubilden. Sie blieben winzige Lichtpunkte – wie die Fixsterne. Dies war der Grund, warum Herschel vorschlug, sie *Asteroiden* (»Sternähnliche«) zu nennen; diese Bezeichnung bürgerte sich ein.

Es dauerte bis 1845, ehe Karl L. Hencke, ein deutscher Astronom, einen fünften Asteroiden entdeckte, den er auf den Namen Astraea taufte; im Anschluß daran setzte eine stetige Folge neuer Entdeckungen ein. Bis heute sind über 2300 Asteroiden gefunden worden; sie sind ausnahmslos beträchtlich kleiner als Ceres. Zweifellos warten noch Tausende weiterer Asteroiden auf ihre Entdeckung. Fast alle bewegen sich in der Lücke zwischen Mars und Jupiter, in einem Bereich, den man heute den *Asteroidengürtel* nennt.

Wie ist das Vorhandensein der Asteroiden zu erklären? Olbers äußerte zu einer Zeit, als erst vier Asteroiden bekannt waren, die Vermutung, sie seien Bruchstücke eines explodierten Planeten. Diese These fand aber wenig Anklang. Die meisten Astronomen halten es für wahrscheinlicher, daß es im Bereich des Asteroidengürtels nie zu einer Planetenbildung gekommen ist. In den anderen Bereichen verdichteten sich dagegen die ursprünglich vorhandenen Nebel allmählich zu Planetesimalen (oder, was dasselbe bedeutet, zu Asteroiden) und diese wiederum zu Planeten, wobei die letzten Planetesimalen, die dazustießen, in Form von Kratern ihren »Fingerabdruck« hinterließen. Im Asteroidengürtel gelangte dieser Prozeß nie über die Stufe der Planetesimalenbildung hinaus. Die Schuld daran trägt nach vorherrschender Meinung der benachbarte Planetenriese Jupiter.

1866 waren schon so viele Asteroiden bekannt, daß man ihre unregelmäßige Verteilung über die ganze Breite des Gürtels hinweg erkennen konnte. Es gab bestimmte Zonen, die sogar asteroidenfrei waren. So fand man eine Ringzone mit einem Radius von 370 Millionen km (von der Sonne aus gemessen), die keine Asteroiden enthält. Dasselbe gilt für drei weitere Ringzonen mit Sonnenentfernungen von 440, 490 und 545 Millionen km.

Ein amerikanischer Astronom namens Daniel Kirkwood berechnete 1866, daß Asteroiden, deren Umlaufbahnen in diesen leeren Ringzonen verlaufen würden, eine Umlaufzeit um die Sonne hätten, die in einem einfachen ganzzahligen Verhältnis zur Umlaufzeit des Jupiter stünden (Kommensurabilität der Umlaufzeiten). Die vom Jupiter ausgeübten Gravitationswirkungen wären in allen diesen Fällen ungewöhnlich stark, und jeder auf einer dieser Bahnen umlaufende Asteroid würde dadurch entweder auf eine sonnennähere oder auf eine sonnenfernere Umlaufbahn gedrängt. Diese leeren Ringzonen, auch *Kommensurabilitäts-Lücken* genannt, ließen die Annahme plausibel erscheinen, daß der Jupiter zweifellos einen entscheidenden Einfluß ausübt und die Zusammenballung vieler kleiner Asteroiden zu einem größeren Planeten verhindert.

Ein noch engerer Zusammenhang zwischen Jupiter und den Asteroiden offenbarte sich, als der deutsche Astronom Max Wolf 1906 den Asteroiden mit der laufenden Nummer 588 entdeckte. Er war insofern ein außergewöhnliches Exemplar, als er sich mit überraschend kleiner Geschwindigkeit bewegte und folglich auf einer ungewöhnlich sonnenfernen Bahn umlaufen mußte. 588 war und ist der sonnenfernste Asteroid, der jemals entdeckt wurde. Er erhielt den Namen Achilles, nach dem Helden des Trojanischen Kriegs. (Während die Asteroiden gewöhnlich auf weibliche Namen getauft werden, verleiht man denen, die sich durch eine ungewöhnliche Umlaufbahn auszeichnen, männliche Namen.)

Sorgfältige Messungen ergaben, daß Achilles sich genau auf der Umlaufbahn des Jupiter bewegte, und zwar mit 60° Vorsprung vor diesem. Noch im gleichen Jahr wurde der Asteroid 617 entdeckt, der ebenfalls auf der Jupiterbahn, aber mit 60° Rückstand auf Jupiter, umlief; er erhielt den Namen Patroclus, nach dem Freund und Kampfgefährten des Achilles in Homers Ilias. In der Folge wurden weitere Asteroiden gefunden, die sich um Achilles bzw. um Patroclus gruppierten; sie alle wurden nach Helden aus dem Trojanischen Krieg benannt. Es war der erste bekanntgewordene Fall einer stabilen Konstellation zwischen drei Himmelskörpern, die dadurch entsteht, daß die drei ein gleichseitiges Dreieck bilden. Deshalb wurde für eine solche Konstellation die Bezeichnung *trojanische Position* eingeführt, und die betreffenden Asteroiden werden die *Trojaner* genannt. Achilles und seine Gruppe besetzen die sog. L-4-Position, Patroclus und seine Gruppe die L-5-Position.

Die äußersten, allem Anschein nach eingefangenen Jupitermonde waren vielleicht einmal Trojaner. Auch die äußersten Monde des Saturn und des Neptun, Phoebe und Nereide, könnten eingefangene Trabanten sein – ein Indiz dafür, daß es auch außerhalb der Jupiterbahn zumindest einzelne Asteroiden gibt. Möglicherweise bewegten sie sich früher im Rahmen des Asteroidengürtels, wurden dann infolge besonders starker, störender Kraftwirkungen aus ihrer Bahn geworfen und nach draußen verschlagen, um dann von einem der äußeren Planeten eingefangen zu werden.

1920 entdeckte Baade den Asteroiden 944, den er Hidalgo nannte. Als seine Bahndaten berechnet waren, stellte sich heraus, daß die Bahn dieses Asteroiden streckenweise weit außerhalb der Jupiterbahn verläuft und daß seine Umlaufzeit mit 13,7 Jahren dreimal so lang ist wie die eines durchschnittlichen Asteroiden – sie ist sogar länger als die des Jupiter. Die Bahn des Hidalgo weist eine starke Exzentrizität (Faktor 0,66) auf. An ihrem sonnennächsten Punkt (Perihel) beträgt die Entfernung zur Sonne nur rund 300 Millionen km; Hidalgo bewegt sich, wenn er diesen Teil seiner Bahn durchläuft, klar im Bereich des Asteroidengürtels. An seinem sonnenfernsten Punkt (Aphel) dagegen erreicht er einen Sonnenabstand von 1440 Millionen km, ist dann also so weit von der Sonne entfernt wie der Saturn. Die Bahn des Hidalgo weist eine so starke Schrägneigung auf, daß er sich in der Phase seiner größten Entfernung von der Sonne weit unterhalb des Saturn bewegt und so nicht in der Gefahr schwebt, eingefangen zu werden; ein anderer Asteroid mit einer ähnlich weit ausgreifenden Bahn hätte jedoch näher an den Saturn (oder zu einem anderen der äußeren Planeten) geraten und von diesem schließlich als Trabant vereinnahmt werden können.

War es nicht denkbar, daß ein Asteroid durch Gravitationskräfte so nachhaltig aus seiner Bahn geworfen wurde, daß er auf einer Umlaufbahn landete, die zur Gänze weit außerhalb des Asteroidengürtels verlief? 1977 entdeckte der amerikanische Astronom Charles Kowall ein sehr lichtschwaches Lichtpünktchen, das sich mit einem Drittel der Geschwindigkeit des Jupiters über den Himmel bewegte. Dieses Objekt mußte sich weit außerhalb der Jupiterbahn befinden.

Kowall blieb dem Objekt einige Tage lang auf der Spur, berechnete seine ungefähre Bahn und konnte auf Grundlage dessen damit beginnen, auf älteren astronomischen Fotografien nach ihm zu suchen. Er fand es auch auf etwa dreißig Fotos, darunter einem aus dem Jahr 1895. Er besaß damit genügend Positionsdaten, um die Bahn dieses Körpers präzise zu errechnen.

Es handelte sich um einen ansehnlichen Asteroiden mit einem Durchmesser von vielleicht knapp 200 km. Im sonnennächsten Teil seiner Bahn ist er etwa so weit von der Sonne entfernt wie Saturn, am entgegengesetzten Ende etwa so weit wie Uranus. Er mutet an wie ein Pendler zwischen der Saturn- und der Uranusbahn, kommt jedoch, da seine Bahn eine Schrägneigung hat, keinem der beiden Planeten jemals sehr nahe.

Kowall verlieh ihm den Namen Chiron, nach einem der Zentauren der griechischen Mythologie. Seine Umlaufperiode beträgt 50,7 Jahre, und er durchläuft zur Zeit den sonnenfernen Teil seiner Bahn. In 25 Jahren wird er nur noch halb so weit von uns entfernt sein wie heute, und dann werden wir ihn vielleicht besser beobachten können.

Erdstreifer und Apollo-Objekte

Wenn es Asteroiden gab, die jenseits der Jupiterbahn ihre Kreise zogen, konnte es dann nicht andere geben, deren Aktionsradius über die Marsbahn hinüber reichte, bis in Richtung Sonne?

Das erste Objekt dieser Art wurde am 13. August 1898 von einem deutschen Astronomen namens Gustav Witt gesichtet. Er entdeckte den Asteroiden Nr. 433 und errechnete für ihn eine Umlaufzeit von nur 1,76 Jahren – 44 Tage weniger als 1 Marsjahr. Somit mußte die mittlere Entfernung dieses Körpers von der Sonne geringer sein als die des Mars. Der neue Asteroid erhielt den Namen Eros.

Die Bahn des Eros ist, so stellte sich heraus, ziemlich stark exzentrisch. In seiner sonnenfernen Phase bewegt er sich innerhalb des Asteroidengürtels, doch an seinem sonnennächsten Punkt ist er nur noch 168 Millionen km von der Sonne entfernt, nicht viel weiter als die Erde. Da seine Umlaufbahn gegenüber derjenigen der Erde geneigt ist, nähert er sich dieser nicht so weit, wie es der Fall wäre, wenn beide Umlaufbahnen in einer Ebene lägen.

Immerhin können sich Eros und Erde, wenn sich beide gleichzeitig an den entsprechenden Punkten ihrer Umlaufbahn befinden, bis auf 22,4 Millionen km nähern. Das ist nur etwas mehr als die Hälfte des geringsten Abstands zwischen Erde und Venus. Wenn wir unseren eigenen Mond einmal nicht mitzählen, dürfte Eros zum Zeitpunkt seiner Entdeckung unser nächster kosmischer Nachbar gewesen sein.

Eros ist nicht groß. Nach den Schwankungen seiner Helligkeit zu schließen, könnte er die Form eines länglichen Brotlaibs mit einem mittleren Durchmesser von 16 km haben. Das sind sicherlich keine weltbewegenden Ausmaße – aber dennoch: Wenn Eros mit der Erde zusammenstieße, so wäre dies für die Menschheit eine Katastrophe unvorstellbaren Ausmaßes.

1931 näherte Eros sich einem Punkt, an dem ihn nur noch 26 Millionen km von der Erde trennten; die Astronomen machten sich dies zunutze, um im Rahmen eines aufwendigen Projekts die Parallaxe des Eros möglichst präzise zu bestimmen, um damit die Entfernungen innerhalb des Sonnensystems genauer als je zuvor berechnen zu können. Das Projekt war ein voller Erfolg: Die Genauigkeit der damals gewonnenen Daten wurde erst übertroffen, als es gelang, die Venus mit Radarstrahlen anzupeilen.

Ein Asteroid, der aus seiner Bahn der Erde näher

kommen kann als die Venus, wird mit anschaulicher Übertreibung bisweilen als *Erdstreifer* bezeichnet. Zwischen 1898 und 1932 wurden neben Eros nur drei weitere Erdstreifer entdeckt; darunter befand sich jedoch keiner, der der Erde so nahe kam wie Eros.

Entthront wurde Eros dann aber am 12. März 1932, als der belgische Astronom Eugène Delporte den Asteroiden 1221 entdeckte. Dessen Umlaufbahn ähnelt zwar der des Eros, doch nähert sie sich der Erdumlaufbahn an einem Punkt bis auf 16 Millionen km. Delporte nannte den neuen Asteroiden Amor (der lateinische Name für Eros).

Am 24. April 1932, also nur sechs Wochen später, stieß der deutsche Astronom Karl Reinmuth auf einen Asteroiden, den er Apollo nannte, weil auch er ein Erdstreifer war. Apollo ist ein erstaunlicher Asteroid, denn am sonnennächsten Punkt seiner Bahn ist er nur noch 96 Millionen km von der Sonne entfernt. Er überschreitet (in Richtung Sonne) nicht nur die Marsbahn, sondern auch die Bahnen der Erde und der Venus. Seine Bahn ist so stark exzentrisch, daß er an seinem sonnenfernsten Punkt einen Abstand von 342 Millionen km zur Sonne erreicht. Das ist mehr als der maximale Sonnenabstand des Eros; Apollo hat auch eine um achtzehn Tage längere Umlaufzeit als Eros. Am 15. Mai 1932 näherte sich Apollo der Erde bis auf 10,9 Millionen km, das ist etwas weniger als das 30fache der Entfernung Erde–Mond. Apollo hat einen Durchmesser von höchstens 1500 m – groß genug, um der Erde einen nicht ganz harmlosen »Streifschuß« beizubringen. Jeder Körper, der auf seiner Bahn der Sonne näher kommt als die Venus, wird seither als *Apollo-Objekt* bezeichnet.

Im Februar 1936 fand Delporte, der vier Jahre zuvor Amor entdeckt hatte, einen weiteren Erdstreifer, den er Adonis nannte. Wenige Tage vor seiner Entdeckung war Adonis in nur 2,4 Millionen km Entfernung an der Erde vorbeigestreift, einer Entfernung, die nur wenig mehr als dem 6,3fachen des Abstandes Erde–Mond entspricht. Wie sich weiter herausstellte, kommt dieser Erdstreifer am sonnennächsten Punkt seiner Bahn bis auf 57 Millionen km an die Sonne heran und berührt an diesem Punkt beinahe die Umlaufbahn des Merkur. Adonis war das zweite jemals entdeckte Apollo-Objekt.

Im November 1937 ortete Reinmuth (der Entdekker des Apollo) ein drittes Apollo-Objekt, dem er den Namen Hermes verlieh. Es hatte die Erde in 800000 km Entfernung passiert, das ist nur wenig mehr als das Doppelte der Entfernung Erde–Mond. Aus den ihm vorliegenden Daten errechnete Reinmuth die vermutliche Umlaufbahn von Hermes und kam zu dem Ergebnis, daß Hermes bei entsprechender Konstellation bis auf 300000 km an die Erde herankommen kann – das wäre weniger als der Abstand Erde–Mond! Seither ist Hermes allerdings nicht wieder aufgespürt worden.

Am 26. Juni 1949 entdeckte Baade das bislang außergewöhnlichste Apollo-Objekt. Es wies eine Umlaufzeit von nur 1,12 Jahren auf, während seine Bahnexzentrizität mit einem Faktor von 0,827 stärker war als die aller anderen bekannten Asteroiden. Im sonnenfernen Teil seiner Bahn bewegt dieses Objekt sich im Asteroidengürtel zwischen Mars- und Jupiterbahn; an seinem sonnennächsten Bahnpunkt jedoch nähert es sich der Sonne bis auf 28,3 Millionen km und kommt ihr damit näher als selbst der Merkur. Baade nannte diesen Asteroiden Ikarus, nach dem jungen Mann aus der griechischen Mythologie, der sich mit den von seinem Vater Daedalus konstruierten Flügeln in die Lüfte erhob und der Sonne zu nahe kam.

Seit 1949 sind einige weitere Apollo-Objekte gefunden worden, aber keines, das der Sonne näher kommt als Ikarus. Manche haben jedoch Umlaufzeiten von weniger als einem Jahr. Von mindestens einem weiß man sicher, daß es an jedem Bahnpunkt der Sonne näher steht als die Erde.

Manche Astronomen schätzen, daß es insgesamt rund 750 Apollo-Objekte mit einem Durchmesser von mehr als 800 m gibt. Daraus läßt sich mit statistischen Methoden errechnen, daß im Lauf von jeweils einer Million Jahren vier ansehnlich große Apollo-Objekte mit der Erde zusammenstoßen, drei mit der Venus und ein weiteres entweder mit dem Merkur oder mit dem Mars oder mit unserem Mond; sieben weitere erfahren infolge bestimmter Ereignisse eine solche Veränderung ihrer Bewegungsrichtung, daß sie ganz aus dem Sonnensystem hinausgeschleudert werden. Das bedeutet jedoch nicht, daß die Zahl der insgesamt vorhandenen Apollo-Objekte mit der Zeit abnimmt; es ist sehr wahrscheinlich, daß ihre Zahl durch neue Objekte aufgefüllt wird, die von Zeit zu Zeit infolge von *Perturbationen*, d. h. durch gravitative Einwirkung der Planeten, aus dem Asteroidengürtel losgesprengt werden.

Die Kometen

Es gibt in unserem Sonnensystem noch einen weiteren Typus von Himmelskörpern, von dem einzelne Exemplare der Sonne gelegentlich sehr nahe kommen können. Diese Körper können mit bloßem Auge als sanft leuchtende, etwas verschwommene Objekte wahrgenommen werden, die sich, wie schon in Kapitel 2 erwähnt, gleichsam wie flaumbehaarte Sterne mit einem wehenden Haarschwanz über den Himmel bewegen. Sie wurden denn auch von den alten Griechen aster kometes (»behaarte Sterne«) genannt, und daraus ist die heute für sie gebräuchliche Bezeichnung *Kometen* geworden.

Anders als die Sterne und die Planeten, scheinen die Kometen sich nicht auf leicht vorausberechenbaren Bahnen zu bewegen. Vielmehr wirkt ihr Flug willkürlich und regellos. Da die Menschen in den vorwissenschaftlichen Zeiten glaubten, daß von Sternen und Planeten Einflüsse auf die Geschicke der Menschen ausgingen, stellten sie auch Zusammenhänge her zwischen dem unvorhersehbaren Kommen und Gehen von Kometen und dem Eintreten unvorhersehbarer Ereignisse auf Erden – schicksalhafter Katastrophen beispielsweise.

Der erste Europäer, von dem wir wissen, daß er sich beim Erscheinen eines Kometen mehr einfallen ließ, als bloß in schaudernder Ehrfurcht zu erstarren, war ein deutscher Astronom namens Regiomontanus. 1473 beobachtete er »seinen« Kometen Nacht für Nacht und zeichnete seine Lageveränderungen gegenüber den Fixsternen auf.

1532 studierten zwei Astronomen – der Italiener Girolamo Fracastoro und der Deutsche Peter Apian – das Verhalten eines Kometen, der in diesem Jahr seine Aufwartung machte. Sie stellten fest, daß sein Schweif stets in die der Sonne entgegengesetzte Richtung wies.

Im Jahr 1577 tauchte erneut ein Komet auf. Tycho Brahe, der ihn beobachtete, unternahm den Versuch, durch Parallaxenmessung seine Entfernung zu bestimmen. Wenn es sich, wie Aristoteles gemeint hatte, um eine atmosphärische Erscheinung handelte, mußte die Parallaxe größer sein als die des Mondes. Dem war nicht so! Die Parallaxe war so klein, daß sie sich gar nicht messen ließ. Der Komet bewegte sich weit jenseits des Mondes und mußte ein kosmischer Körper sein.

Worin lag das Geheimnis des scheinbar so regellosen Verhaltens der Kometen? Nachdem Isaac Newton 1687 das allgemeine Gravitationsgesetz formuliert hatte, durfte man eigentlich nicht daran zweifeln, daß die Kometen, wie die anderen Mitglieder unseres Sonnensystems, im Schwerefeld der Sonne gefangen waren.

1682 war ein Komet aufgetreten, den Edmund Halley, ein Freund Newtons, beobachtete und seine Bahn aufzeichnete. Bei der Durchsicht älterer Aufzeichnungen gewann er den Eindruck, daß die Kometen von 1456, 1531 und 1607 sich auf ähnlichen Bahnen bewegt hatten. Zwischen dem Auftauchen dieser Kometen hatten jeweils 75 oder 76 Jahre gelegen.

Halley fragte sich, ob nicht die Kometen ebenso um die Sonne wanderten wie die Planeten, nur auf extrem elliptisch verzerrten Bahnen. Wenn ja, dann konnte man annehmen, daß sie sich die meiste Zeit in der Weite des sonnenfernen Teils ihrer jeweiligen Bahn verloren, wo sie von der Erde aus nicht mehr sichtbar waren. In regelmäßigen Abständen durchmaßen sie ihren sonnennahen Bahnabschnitt in relativ kurzer Zeit, und nur in dieser Phase traten sie sichtbar in Erscheinung, so daß ihr Kommen und Gehen also nicht regellos war, sondern einer, allerdings nicht leicht durchschaubaren, Gesetzmäßigkeit folgte.

Halley sagte voraus, daß der Komet von 1682 im Jahr 1758 wiederkehren werde. Er selbst erlebte das Ereignis nicht mehr, aber der Komet tauchte auf – am 25. Dezember 1758 wurde er erstmals gesichtet.

Er hatte ein klein wenig Verspätung, weil er beim Passieren des Jupiters durch dessen Anziehungskraft gebremst worden war. Man nennt diesen kosmischen Wanderer seither den *Halleyschen Kometen*. Er kehrte in den Jahren 1832 und 1910 wieder, sein nächster Auftritt ist für 1986 angesagt. Tatsächlich vermochten die Astronomen, nun da sie wußten, wo sie zu suchen hatten, ihn bereits Anfang 1983 als ganz, ganz schwaches, noch weit entferntes, aber näherkommendes Lichtpünktchen auszumachen.

In den drei Jahrhunderten seit der Identifizierung des Halleyschen Kometen sind weitere Kometen gefunden und ihre Umlaufbahnen berechnet worden; sie alle bewegen sich auf Bahnen, die in ihrer

Der Halleysche Komet, fotografiert am 4. Mai 1910 mit einer Belichtungszeit von 40 Minuten. Mit Genehmigung des Yerkes-Observatoriums in Wisconsin.

vollen Länge innerhalb des Planetensystems verlaufen. Der Halleysche Komet beispielsweise kommt am sonnennächsten Punkt seiner Bahn bis auf 87,4 Millionen km an die Sonne heran, also etwas näher als die Venus. Am entgegengesetzten Ende seiner Bahn erreicht er eine Sonnenentfernung von 3278 Millionen km, bewegt sich in dieser Phase also außerhalb der Neptunbahn.

Der Komet Encke weist unter allen bisher gefundenen Kometen die engste Umlaufbahn auf; er benötigt für einen Umlauf um die Sonne 3,3 Jahre. Sein geringster Sonnenabstand beträgt rund 50 Millionen km, liegt also im Bereich der Umlaufbahn des Merkur. Am sonnenfernsten Punkt seiner Bahn erreicht er einen Sonnenabstand von 608 Millionen km und bewegt sich damit im äußeren Bereich des Asteroidengürtels. Unter den heute bekannten Kometen ist Encke der einzige, dessen Bahn zur Gänze innerhalb der Jupiterbahn verläuft.

Man weiß inzwischen, daß es auf der anderen Seite auch Kometen gibt, deren Bahnen weit aus dem Planetensystem hinausragen und die nur in Zeitabständen von jeweils Hunderttausenden oder Millionen von Jahren ins Innere des Sonnensystems zurückkehren. 1973 entdeckte der tschechoslowakische Astronom Lajos Kohoutek einen neuen Kometen, der, da er außergewöhnlich hell zu werden versprach (was dann allerdings nicht der Fall war), großes Interesse weckte. Am sonnennächsten Punkt seiner Bahn betrug sein Sonnenabstand nur 37,65 Millionen km, also weniger als der Sonnenabstand des Merkur. Dagegen wird er an seinem sonnenfernsten Punkt (vorausgesetzt, daß die Berechnungen der Astronomen stimmen) einen Sonnenabstand von rund 500 Milliarden km erreichen, was dem 120fachen der Sonnenentfernung des Neptun entspricht. Die Umlaufzeit des Kometen Kohoutek um die Sonne veranschlagen die Astronomen mit 217000 Jahren. Zweifellos gibt es Kometen mit noch weiter ins Universum hinausreichenden Umlaufbahnen und noch längeren Umlaufzeiten.

Oort äußerte 1950 die Vermutung, daß es in einer Zone, die sich zwischen 6 und 13 Billionen km Entfernung von der Sonne erstreckt (also bis zum 25fachen der maximalen Sonnenentfernung des Kometen Kohoutek), 100 Milliarden kleiner Körper gibt, deren Durchmesser in der Regel irgendwo zwischen 800 und 8000 m liegt. Würden sie alle sich zu einem einzigen Planeten vereinigen, so besäße dieser nicht mehr als 1/8 der Erdmasse.

Diese Ansammlung von Körpern mit dem Namen *zirkumsolare Kometenwolke* ist so etwas wie ein Überbleibsel einer ursprünglichen Wolke aus Staub und Gas, aus der sich vor knapp 5 Milliarden Jahren durch Verdichtung das Sonnensystem bildete. Von den Asteroiden unterscheiden sich die Kometen insofern, als erstere aus Gesteinsmaterial bestehen, während letztere sich hauptsächlich aus vereisten Substanzen zusammensetzen, die, solange die Körper ihre angestammte Entfernung von der Sonne einhalten, ebenso fest sind wie Gestein. In dem Augenblick aber, in dem der Körper sich einer Wärmequelle nähert, wird er relativ leicht flüssig oder gasförmig. (Der amerikanische Astronom Fred L. Whipple äußerte 1949 als erster die Vermutung, daß Kometen im Prinzip nichts anderes sind als Eisbrocken mit – vielleicht – einem Gesteinskern oder mit untergemischtem Gesteinsmaterial.)

Unter normalen Umständen bleiben diese »schmutzigen Schneebälle«, wie sie unter Bezugnahme auf die Vermutung Whipples auch genannt werden, auf ihren angestammten fernen Bahnen, auf denen sie gemächlich, mit Umlaufzeiten von Millionen von Jahren, die Sonne umkreisen. Manchmal jedoch erfährt einer von ihnen infolge einer Kollision oder unter dem Einfluß der Anziehungskraft eines der nähergelegenen Sterne eine außerplanmäßige Beschleunigung, löst sich aus seiner Bahn und verschwindet für immer aus dem Sonnensystem. Andere erleiden eine Abbremsung und »fallen« ins Innere des Sonnensystems, schlagen einen mehr oder weniger engen Bogen um die Sonne und wandern dann zu ihrem Ausgangspunkt zurück, wo ihr Pendelzyklus dann von vorn beginnt. Sie werden als Kometen sichtbar, wenn sie sich dem Inneren des Sonnensystems nähern und nahe genug an der Erde vorbeikommen.

Da die Kometen aus einer sphärischen, d. h. kugelförmigen Wolke stammen, können sie sich dem Inneren des Sonnensystems aus jeder beliebigen Richtung nähern und sowohl »vorwärts« (d. h. gegen den Uhrzeigersinn) als auch »rückwärts« umlaufen. Der Halleysche Komet beispielsweise läuft in retrograder Richtung um.

Wenn ein Komet die innere Zone des Sonnensystems erreicht, läßt die Sonnenwärme die vereisten Substanzen, aus denen er besteht, verdampfen; dadurch werden Staubteilchen, die im Eis eingefroren waren, freigesetzt. Dämpfe und Stäube bilden zusammen eine Art dunstiger Atmosphäre um den Kometen (die sogenannte Koma) und lassen ihn wie eine große, leuchtende Nebelkugel aussehen.

Der Halleysche Komet dürfte in völlig gefrorenem Zustand nur einen Durchmesser von rund 2,5 km haben. Wenn er in die Nähe der Sonne kommt, kann der Dunstschleier, der sich um ihn herum bildet, einen Durchmesser von bis zu 400000 km erreichen und ein Volumen ausfüllen, das dem 20fachen Volumen des Jupiter, des Riesen unter den Planeten, entspricht; die Materie ist jedoch innerhalb dieses Dunstschleiers so dünn verteilt, daß man im Grunde von einem nebligen Vakuum sprechen kann.

Die Sonne sendet ununterbrochen winzige Teilchen aus, die, viel kleiner noch als Atome, in alle Richtungen davoneilen. (Sie werden in Kapitel 7 eingehend behandelt.) Wenn dieser sogenannte *Sonnenwind* auf die Koma trifft, reißt er große Teile davon mit sich, so daß sich der bekannte lange Kometenschweif bildet. Dieser kann dann unter Umständen ein größeres Volumen als das der Sonne ausfüllen, weist aber infolge der Auszehrung eine noch dünnere Materieverteilung auf als die ursprüngliche Koma. Es leuchtet ein, daß der Schweif eines Kometen immer in die der Sonne entgegengesetzte Richtung weisen muß, wie Fracastoro und Apian schon vor viereinhalb Jahrhunderten feststellten.

Bei jeder seiner Umläufe um die Sonne verliert ein

Komet einen Teil seiner Masse durch das Entweichen der Staub- oder Gasteilchen in den Schweif. Zu guter Letzt, nach einigen Vorbeiflügen, zerfällt der Komet schlicht und einfach zu Staub und löst sich in nichts auf. Oder aber er hinterläßt einen nackten Gesteinskern (wie der Komet Encke es zu tun im Begriff ist), der dann als Asteroid weiter seine Kreise zieht.

Im Lauf der langen Geschichte unseres Sonnensystems sind viele Millionen Kometen entweder durch einen Beschleunigungseffekt aus dem Sonnensystem hinausgeschleudert worden oder infolge eines bremsenden Effekts ins Innere des Sonnensystems hineingefallen, um dort einer langsamen Auszehrung zum Opfer zu fallen. Es sind aber noch viele Milliarden von ihnen »auf Lager«, so daß auf absehbare Zeit keine Gefahr besteht, daß die Kometen zur Neige gehen.

Kapitel 4

Die Erde

Gestalt und Ausmaße der Erde

Unser Sonnensystem besteht aus einer riesigen Sonne, vier großen und fünf kleineren Planeten, mehr als vierzig Monden, über hunderttausend Asteroiden und womöglich mehr als hundert Milliarden Kometen. Und doch gibt es, soweit wir wissen, nur auf einem einzigen von allen diesen Körpern Leben – auf unserer Erde. Wenden wir uns ihr also zu.

Die Erde als Kugel

Eine der großartigsten Intuitionen der alten Griechen war es, die Erde zu einer Kugel zu erklären. Sie gelangten zu dieser Auffassung ursprünglich – die Überlieferung datiert das erstmalige Aufkommen der Idee auf die Zeit um 525 v. Chr. und schreibt sie den Pythagoräern zu – aus philosophischen Überlegungen heraus, beispielsweise aus der Überzeugung, daß die Kugel der vollkommenste aller Körper sei. Die Griechen versuchten aber auch, diese Vorstellung durch Beobachtungsdaten zu verifizieren. Um 350 v. Chr. trug Aristoteles zwingende Gründe zusammen, die dafür sprachen, daß die Erde nicht flach war, sondern rund. Unter anderem wies er auf die Erfahrungstatsache hin, daß ein Reisender, der nach Norden oder Süden unterwegs war, vor sich am Horizont neue Sterne aufgehen sah, während hinter ihm welche unter dem Horizont verschwanden. Von Schiffen, die in See stachen, wurde, gleich in welche Richtung sie fuhren, immer erst der Rumpf unsichtbar, während die Segel noch längere Zeit über den Horizont ragten. Ferner war der Schatten der Erde, wenn er sich bei einer Mondfinsternis über den Mond schob, immer wie eine Kreislinie gekrümmt, ganz gleich in welcher Position der Mond stand. Alle diese Beobachtungsdaten führten zu der zwingenden Annahme, daß die Erde eine Kugel sein mußte.

Das Wissen um die Kugelgestalt der Erde ging, zumindest in den Gelehrtenkreisen, niemals ganz verloren, auch nicht während des finsteren Mittelalters. Der italienische Dichter Dante Alighieri sprach in seiner *Göttlichen Komödie,* diesem Vademekum mittelalterlicher Weltsicht, von einer kugelförmigen Erde.

Ganz anders verhielt es sich mit der Frage, ob die Erde eine *rotierende Kugel* sei. Schon 350 v. Chr. erklärte der griechische Philosoph Heraklides von Pontus, es sei viel einfacher, anzunehmen, daß die Erde sich um die eigene Achse drehe, als das gesamte Himmelsgewölbe sich um die Erde drehen zu lassen. Diesen Gedanken verschmähten jedoch die meisten antiken und mittelalterlichen Gelehrten, und noch im Jahr 1632 wurde Galilei wegen seiner Behauptung, daß die Erde nicht stillstehe, von der römischen Inquisition angeklagt und zum Widerruf gezwungen.

Das änderte nichts daran, daß die kopernikanische Theorie die Vorstellung von einer ruhenden Erde ad absurdum führte, und allmählich ging die Einsicht, daß die Erde sich drehte, in das allgemeine Bewußtsein über. Jedoch erst 1851 wurde die Erdrotation experimentell nachgewiesen. In diesem Jahr hängte der französische Physiker Jean B. L. Foucault im Innern der Kuppel einer Pariser Kirche ein überdimensionales Pendel auf und ließ es schwingen. Nach physikalischen Erkenntnissen mußte ein solches Pendel seine anfängliche

Schwingrichtung ungeachtet der Erddrehung beibehalten. Würde ein solches Pendel beispielsweise genau am Nordpol aufgestellt, so würde es, einmal in Schwingung versetzt, seine Schwingungsrichtung beibehalten, während die Erde sich unter ihm wegdrehen würde (gegen den Uhrzeigersinn). Für einen in Sichtweite des Pendels postierten Beobachter (der sich mit der – ihm unbewegt erscheinenden – Erde mitdrehen würde) würde es so aussehen, als ob das schwingende Pendel sich alle 24 Stunden einmal um sich selbst drehte (und zwar im Uhrzeigersinn). Am Südpol wäre dasselbe Phänomen zu beobachten, nur daß sich dort die scheinbare Drehung des Pendels gegen den Uhrzeigersinn vollzöge.

Bei einem irgendwo zwischen den Polen und dem Äquator aufgehängten Pendel wäre ebenfalls eine scheinbare Drehbewegung der Pendelrichtung zu beobachten (auf der Nordhalbkugel im Uhrzeigersinn, auf der Südhalbkugel gegen den Uhrzeigersinn), aber je weiter der Standort vom nächstgelegenen Pol entfernt wäre, desto langsamer würde sich die Drehbewegung vollziehen. Auf dem Äquator würde sich die Schwingungsebene des Pendels überhaupt nicht mehr verändern.

Bei Foucaults Experiment zeigte sich genau die theoretisch zu erwartende Drehbewegung der Pendelrichtung, sowohl was die Drehrichtung – im Uhrzeigersinn – als auch was den Betrag pro Zeiteinheit betraf. Die Beobachter sahen sozusagen mit eigenen Augen, wie die Erde sich unter dem Pendel wegdrehte.

Aus der Tatsache der Erdrotation ergeben sich vielerlei Konsequenzen. Die Erdoberfläche bewegt sich am schnellsten am Äquator fort, wo sie binnen 24 Stunden eine Strecke von etwas mehr als 40000 km zurücklegen muß, was einer Geschwindigkeit von über 1600 km/h entspricht. Je weiter man vom Äquator aus nach Norden oder Süden wandert, desto kürzer werden die Strecken, die ein Punkt der Erdoberfläche bei einer Erdumdrehung zurücklegen muß, und desto geringer wird die Geschwindigkeit, mit der dieser Punkt sich bewegt. Die einzigen beiden Punkte der Erdoberfläche, die trotz der Erdrotation stillstehen, sind die beiden Pole.

Die Luft nimmt an der Drehbewegung der Erdoberfläche (auf der sie gleichsam schwimmt) teil. Wenn eine Luftmasse vom Äquator aus nordwärts wandert, so entspricht die Geschwindigkeit, mit der sie sich in der Drehbewegung der Erde bewegt, zunächst der Drehgeschwindigkeit am Äquator, d. h. sie bewegt sich schneller nach Osten als die Erde unter ihr. Auf diese Weise überholt sie gewissermaßen die unter ihr liegende Erdoberfläche. Dieses Phänomen ist ein Beispiel für das Wirken der sogenannten *Coriolis-Kraft,* benannt nach dem französischen Mathematiker Gaspard G. de Coriolis, der sie 1835 als erster studierte und beschrieb.

Im Endeffekt führt die Coriolis-Kraft dazu, daß die ihrem Einfluß unterliegenden Luftmassen auf der nördlichen Erdhalbkugel in eine im Uhrzeigersinn verlaufende Wirbelbewegung versetzt werden. Auf der Südhalbkugel tritt der umgekehrte Effekt ein; dort werden Wirbel erzeugt, die sich gegen den Uhrzeigersinn drehen. Die Folge sind in beiden Fällen Wirbel- oder *Zyklonsysteme,* die, wenn sie eine bestimmte Stärke erreichen, im Nordatlantik als *Hurrikane,* im Nordpazifik als *Taifune* in Erscheinung treten. Bei kleineren, aber intensiveren Wirbelstürmen dieser Art spricht man von *Tornados* oder *Windhosen.* Auf dem Meer können solche gewaltigen Luftwirbel dazu führen, daß sich imposante *Wasserhosen* aufrichten.

Die aufregendste theoretische Schlußfolgerung aus der Tatsache der Erdrotation wurde allerdings schon zwei Jahrhunderte vor Foucaults Experiment gezogen – von Isaac Newton. Zu seiner Zeit währte die Vorstellung von der vollkommenen Kugelgestalt der Erde schon fast 2000 Jahre, aber Newton war souverän genug, sich gleichwohl einmal Gedanken darüber zu machen, was sich mit einer Kugel vollzieht, wenn sie rotiert. Er zog die Veränderung der Rotationsgeschwindigkeit mit zunehmender Entfernung vom Äquator in Betracht und überlegte sich, welche Folgen dies haben mußte.

Je größer die Rotationsgeschwindigkeit, desto stärker mußten die auf die entsprechenden Teile der Erdoberfläche wirkenden Fliehkräfte sein, also die vom Rotationsmittelpunkt her auf die weiter außen liegenden Materieschichten wirkenden Kräfte. Es lag auf der Hand, daß die Fliehkräfte von dem Wert Null aus, den sie an den beiden Polen haben, zum Äquator hin ständig zunehmen und dort ihr Maximum erreichen. Hier, am Äquator, mußte also die Erdmaterie am stärksten nach außen gedrückt werden; mit anderen Worten, die Erdkugel mußte hier eine Ausbauchung aufwei-

Paris 1851: Foucault präsentiert sein berühmtes Pendelexperiment zum Beweis der Erddrehung. Die Schwingungsebene des Pendels drehte sich gegen den Uhrzeigersinn. Mit Genehmigung des Bettmann-Archivs.

sen. Sie konnte demgemäß keine Kugel sein, sondern nur ein abgeplatteter Rotationskörper, d. h. ein *Ellipsoid*. Newton berechnete sogar das Ausmaß der Abplattung: Es müsse, so glaubte er, in etwa dem 230sten Teil des Gesamtdurchmessers der Erde entsprechen. Mit dieser Angabe kam er dem wirklichen Wert erstaunlich nahe.

Da die Erde sich relativ langsam dreht, ist ihre Abplattung zu gering, um ohne weiteres wahrnehmbar zu sein. Aber schon zu Newtons Zeiten gab es zwei astronomische Beobachtungstatsachen, die seine These stützten. Zum einen offenbarte die Beobachtung eindeutig, daß Jupiter und Saturn an ihren Polen abgeplattet waren (wie bereits im vorhergehenden Kapitel erwähnt).

Zum zweiten gilt, wenn die Erde wirklich zum Äquator hin ausgebaucht ist, daß die wechselnde Größe der Anziehungskraft, die der Mond (der ja bei seinem Umlauf um die Erde die meiste Zeit irgendwo nördlich oder südlich des Äquators steht) auf die Ausbauchung ausübt, dazu führen müßte, daß die Erdachse leicht um den Erdmittelpunkt trudelt und dabei die Rotationsfigur eines Doppelkegels beschreibt, so daß der Himmelspunkt, auf den die verlängerte Erdachse gerichtet ist, auf einer kreisförmigen Bahn über den Himmel wandert. Jeder Pol bzw. der ihm gegenüberliegende Himmelspunkt durchläuft diesen Kreis alle 25 750 Jahre einmal. Schon Hipparchos registrierte um 150 v. Chr. diese Bewegung, als er den Sternenhimmel, wie er ihn sah, mit Aufzeichnungen über die Positionen der Sterne, die rund 150 Jahre vorher angefertigt worden waren, verglich. Das Trudeln der Erdachse hat zur Folge, daß die Sonne den

Äquinoktialpunkt Jahr für Jahr etwa 50 Bogensekunden weiter östlich (d. h. in Richtung Morgen) erreicht. Da sich damit auch der Zeitpunkt der Tagundnachtgleiche Jahr für Jahr ein wenig nach vorne verschiebt, nannte Hipparchos dieses Phänomen die *Präzession der Tagundnachtgleichen* – unter dieser Bezeichnung kennen wir es noch heute.

Die Naturwissenschaftler suchten natürlich auch nach direkteren Beweisen für die Abplattung der Erde. Sie griffen auf ein Standardhilfsmittel für die Lösung geometrischer Probleme zurück: auf die Trigonometrie. Auf einer gekrümmten Oberfläche ergeben die Winkel eines Dreiecks eine Winkelsumme von mehr als 180 Grad. Je stärker die Krümmung, desto größer der Mehrbetrag. Wenn nun, so die Überlegung der Wissenschaftler, die Erde, wie Newton behauptet hatte, abgeplattet war, dann mußte die Winkelsumme eines Dreiecks im Bereich des stärker gekrümmten »Äquatorbauchs« größer sein als im Gebiet der beiden Pole. In den dreißiger Jahren des 18. Jahrhunderts machten französische Gelehrte eine erste Probe aufs Exempel, indem sie an verschiedenen Orten im Norden und im Süden Frankreichs geodätische Messungen vornahmen und die Ergebnisse verglichen. Der Astronom Jacques Cassini (der Sohn des Astronomen, der die Abplattung des Jupiter und des Saturn aktenkundig gemacht hatte) zog aus den Meßergebnissen den Schluß, daß die Erde nicht etwa zum Äquator, sondern zu den Polen hin ausgebaucht sein müsse! Um es in etwas übertriebener Weise anschaulich zu machen: Die Erde sollte also nicht einer Mandarine gleichen, sondern eher einer Aubergine.

Allein, der Unterschied im Krümmungsgrad der Erdoberfläche zwischen Nord- und Südfrankreich war ganz offenkundig zu gering, um interpretierbare Meßergebnisse zu liefern. Die Franzosen rüsteten daher 1735 bzw. 1736 Expeditionen aus, um trigonometrische Messungen an zwei weiter voneinander entfernten Orten durchzuführen – zum einen in Peru, nahe dem Äquator, und zum anderen in Lappland, jenseits des nördlichen Polarkreises. 1744 lag das eindeutige Ergebnis dieser Messungen vor: Die Erdoberfläche ist in Peru eindeutig stärker gekrümmt als in Lappland.

Nach den genauesten heute möglichen Messungen wissen wir, daß der Äquatorialdurchmesser der Erde um 42,93 km länger ist als die Erdachse, d. h. der Erddurchmesser von Pol zu Pol (12753,51 gegenüber 12710,58 km).

Das vielleicht wissenschaftlich bedeutsamste Ergebnis der im 18. Jahrhundert unternommenen Versuche, die Erde auszumessen, war, daß die Wissenschaftler sich dabei der Unzulänglichkeit ihrer Meßmethoden und ihrer Maßsysteme bewußt wurden. Es gab nicht einmal präzise definierte Maßeinheiten. Teilweise der Unzufriedenheit mit diesem Zustand war es zu verdanken, daß in der Zeit der Französischen Revolution, ein halbes Jahrhundert später, das in sich logische und wissenschaftlich erarbeitete metrische System eingeführt wurde. Dieses Systems bedienen sich heute die Wissenschaftler in aller Welt zu ihrer großen Zufriedenheit, und nicht nur die Wissenschaftler; das metrische System hat sich fast überall auch als allgemein gebräuchliches Maßsystem durchgesetzt – in allen zivilisierten Ländern außer den Vereinigten Staaten.

Wie wichtig präzise Maßeinheiten sind, kann nicht oft genug betont werden. Ein guter Teil der insgesamt geleisteten naturwissenschaftlichen Arbeit wird beständig darauf verwendet, Meßmethoden und Maßeinheiten zu verbessern. Der Standard-Meter und das Standard-Kilogramm wurden aus einer Platin-Iridium-Legierung hergestellt, die gegenüber chemischen Veränderungen unempfindlich ist. Beide werden in einem Institut bei Paris sehr sorgfältig aufbewahrt, wobei insbesondere auf eine konstante Temperatur geachtet wird, damit keine Ausdehnung oder Zusammenziehung des Materials stattfindet.

Neuartige Legierungen wie das sogenannte *Invar* (abgeleitet von »invariabel«), das Nickel und Eisen in einem bestimmten Mischungsverhältnis enthält, erwiesen sich als nahezu resistent gegenüber Temperatureinflüssen. Dies konnte man sich zunutze machen, um zuverlässigere Längenmaßstäbe herzustellen; der in der Schweiz gebürtige französische Physiker Charles E. Guillaume, der Invar entwickelte, erhielt hierfür 1920 den Nobelpreis für Physik.

Im Jahr 1960 beschloß die internationale Wissenschaftsöffentlichkeit jedoch, bei der Definition von Maßeinheiten auf physisch-gegenständliche Eichmaße ganz zu verzichten. Die Allgemeine Konferenz über Maße und Gewichte ernannte zur neuen Eichgröße die Länge einer von einer bestimmten Varietät des Edelgases Krypton erzeugten Lichtwelle. Ein Meter ist nunmehr definiert als die Länge einer Strecke, die genau 1650763,73 Lichtwellen dieser Art entspricht. Dieser Maßstab ist weitaus konstanter als irgendein von Menschen gemachter Gegenstand es sein könnte. Der Meter ist nunmehr mit einer tausendfach größeren Genauigkeit definiert als zuvor.

Die Vermessung des Geoids

Man kann sich alle Unebenheiten der Erdoberfläche, d. h. alle Land- und Eismassen wegdenken, so daß alle Punkte der Erdoberfläche genau auf Meereshöhe liegen; diesen vorgestellten Körper nennt man das *Geoid*. Schon bevor Newton die Frage nach der genauen Gestalt der Erdkugel aufwarf, hatten einzelne Gelehrte zu messen versucht, wie weit die vorhandenen Unebenheiten, z. B. die Berge oder Hochplateaus aus dem – wie sie glaubten – vollkommenen Kugelkörper herausragen. Sie machten sich dabei wiederum die Eigenschaften eines schwingenden Pendels zunutze. Galilei hatte 1581 als Siebzehnjähriger herausgefunden, daß ein Pendel gegebener Länge stets in gleichmäßigem Zeittakt hin- und herschwingt, gleich wie groß der Ausschlag ist; es heißt, er habe diese Erkenntnis gewonnen, als er im Dom von Pisa während des Gottesdienstes die hin- und herschwingenden Kronleuchter betrachtete. Im Dom zu Pisa hängt noch heute eine Lampe, die »Galileos Leuchter« genannt wird; sie wurde freilich erst 1584 installiert. (Huygens hängte ein Pendel so ins Laufwerk einer Uhr ein, daß das Gleichmaß der Pendelausschläge für einen regelmäßigen und präzise justierbaren Gang sorgte. 1656 stellte er die erste nach diesem Prinzip konstruierte Uhr vor, den Prototyp aller Perpendikeluhren; die Genauigkeit der Zeitmessung verbesserte sich dadurch mit einem Schlag um das Zehnfache.)

Die Schwingungsdauer eines Pendels hängt ab von seiner Länge und von der Größe der Schwerkraft. Auf Meereshöhe vollführt ein Pendel von 99,31 cm Länge eine Schwingung in genau einer Sekunde, wie 1644 ein Schüler Galileis, der französische Mathematiker Marcn Mersenne, herausfand. Die Gelehrten, die sich mit der Vermessung der Unebenheiten der Erdoberfläche befaßten, machten sich nun die Tatsache zunutze, daß bei einem Pendel gegebener Länge die Schwingungsdauer von der Intensität der an dem betreffenden Punkt wirkenden Schwerkraft abhängt. Ein Pendel beispielsweise, das darauf geeicht ist, auf Meereshöhe genau eine Schwingung pro Sekunde auszuführen, wird auf dem Gipfel eines hohen Berges, wo die Schwerkraft wegen der größeren Entfernung vom Erdmittelpunkt etwas geringer ist, für eine Schwingung etwas länger als eine Sekunde brauchen.

Eine französische Wissenschaftlergruppe stellte 1673 auf einer Expedition an die Nordküste Südamerikas (nicht weit vom Äquator) fest, daß in dieser Region das Pendel sogar auf Meereshöhe »nachging«. Newton interpretierte später diesen Befund als Beweis für die Richtigkeit seiner These von der Abplattung der Erdkugel, derzufolge die Entfernung zwischen Erdmittelpunkt und Erdoberfläche in Äquatornähe größer ist als anderswo. Nachdem die Expeditionen nach Peru und Lappland seine Theorie bestätigt hatten, entwickelte ein Mitglied der Lappland-Expedition, der französische Mathematiker Alexis Claude Clairault, ein Verfahren zur Berechnung des Abplattungsgrades der Erde aus den Differenzen der Schwingungsdauer eines Pendels. Auf diese Weise ließ sich das Geoid, d. h. der auf Meereshöhe nivellierte Körper, berechnen, und es stellte sich heraus, daß er an keinem Punkt um mehr als 100 m von der Form eines vollkommenen Rotationsellipsoids abweicht. Heutzutage wird die Stärke der Erdanziehung mit einem *Gravimeter* gemessen, das aus einem an einer sehr empfindlichen Feder aufgehängten Gewichtsstück besteht. Eine mit dieser Anordnung verbundene Meßskala erlaubt es, jede vertikale Lageveränderung des Gewichtsstückes abzulesen und daraus zu berechnen, mit welcher Kraft es nach unten gezogen wird; auf diese Weise läßt sich die Intensität der an jedem beliebigen Punkt wirkenden Gravitationskraft mit großer Genauigkeit angeben.

Die auf Meereshöhe gemessene Schwerkraft unterliegt Schwankungen in einem Bereich von rund 0,6%; die niedrigsten Werte ergeben sich natürlich am Äquator. Im täglichen Leben machen die Differenzen sich nicht bemerkbar, aber sie können beispielsweise durchaus sportliche Rekordleistungen beeinflussen. Es gibt nicht wenige Sportarten, in denen an hochgelegenen Austragungsorten bessere Resultate erzielt werden können als an tiefer gelegenen.

Eine genaue Kenntnis der Form des Geoids ist unbedingte Voraussetzung für die Herstellung präziser Landkarten. Noch bis in die 50er Jahre hinein galt, daß höchstens 7% der Landfläche der Erde kartographisch wirklich genau erfaßt waren. Angaben über größere Entfernungen (wie etwa die Distanz zwischen New York und London) waren mit Ungenauigkeiten in der Größenordnung von mehreren Kilometern behaftet. Im Zeitalter des Luftverkehrs und – leider! – der Raketenwaffen sind solche Abweichungen unerwünscht.

Mittlerweile sind jedoch wirklich präzise geodätische Messungen möglich geworden – freilich nicht durch bodengebundene Techniken, sondern durch neuartige astronomische Meßverfahren. Das erste im Rahmen dieser Verfahren eingesetzte Instrument war ein künstlicher Satellit namens Vanguard 1, den die Vereinigten Staaten am 17. März 1958 in eine Umlaufbahn schickten. Er umrundete die Erde alle 2½ Stunden einmal. Indem Vanguard 1 zu festgelegten Zeitpunkten von festgelegten Punkten der Erdoberfläche aus angepeilt und seine Position bestimmt wurde, ließen sich die Entfernungen zwischen allen diesen Punkten exakt berechnen. Auf diese Weise konnte man Entfernungen, die man bis dahin höchstens auf den Kilometer genau kannte, nunmehr auf etwa 100 Meter genau bestimmen. Mit dem Start eines weiteren US-Satelliten namens Transit 1 B am 13. April 1960 begann der Aufbau eines Meßsystems, mit dem die genaue Lage vieler Punkte der Erdoberfläche bestimmt werden konnte; der Erfolg war eine beträchtliche Verbesserung und Vereinfachung der Navigationstechnik im Schiffs- und Flugverkehr.

Wie der Mond umrundet auch Vanguard 1 die Erde in einer elliptischen und nicht in der Äquatorebene der Erde verlaufenden Bahn; und wie beim Mond, verschiebt sich auch bei Vanguard 1 der Punkt der größten Erdannäherung von Umlauf zu Umlauf als Folge der erhöhten Anziehungskraft der äquatorialen Ausbauchung. Da Vanguard 1 viel kleiner und der Erdoberfläche viel näher ist als der Mond, unterliegt er der Anziehungskraft der Ausbauchung in stärkerem Maß als dieser; und da der Satellit Hunderte von Umläufen pro Jahr vollführt, läßt sich der Einfluß der Ausbauchung an ihm trefflich untersuchen. 1959 stand fest, daß die Verschiebung des erdnächsten Bahnpunktes von Vanguard 1 über der Nord- und der Südhalbkugel unterschiedlich stark ist und daß demzufolge die Ausbauchung keine vollkommen symmetrische Figur (bezogen auf den Äquator) besitzt. Offenbar ist die Ausbeulung in einer Zone südlich des Äquators rund 7,5 Meter mächtiger als in der entsprechenden Zone nördlich des Äquators. Weitere Berechnungen ergaben, daß der Südpol des Geoids dem Erdmittelpunkt rund 15 Meter näher liegt als sein Nordpol.

Aus Daten über die Umlaufbahnen von Vanguard 1 und Vanguard 2 (gestartet am 17. Februar 1959), die 1961 erhoben wurden, ließ sich ferner der Schluß ziehen, daß der Äquator des Geoids kein vollkommener Kreis ist. Offenbar ist der Äquatordurchmesser an manchen Stellen bis zu 430 Meter länger als an anderen.

In manchen Zeitungen war davon die Rede, daß die Erde »birnenförmig« und der Äquator »eiförmig« sei. In Wirklichkeit sind die Abweichungen von der vollkommenen Kugel- bzw. Kreisform überhaupt nur mit feinsten Meßmethoden feststellbar. Niemand, der vom Weltall aus auf die Erde herunterblicken würde, käme auf die Idee, eine Birne oder ein Ei oder überhaupt etwas anderes als eine perfekte Kugel vor sich zu haben. Im übrigen haben eingehende Untersuchungen gezeigt, daß das Geoid eine so große Zahl geringfügiger Abplattungen und Ausbeulungen aufweist, daß, wenn es denn eines anschaulichen Vergleichs bedarf, der treffendste vielleicht der mit einem Golfball wäre.

Im Lauf der Zeit ist es mit Hilfe von Satelliten – unter anderem durch so simple und direkte Verfahren wie die systematische fotografische Erfassung der Erdoberfläche – gelungen, die Welt beinahe vollkommen exakt, d. h. mit einem Ungenauigkeitsspielraum von nur noch wenigen Metern, zu kartieren.

Flugzeuge und Schiffe, die herkömmlicherweise ihre Position nach den Sternen bestimmt hatten, konnten dies nunmehr mit Hilfe der von speziellen Navigationssatelliten ausgesandten Funksignale tun – unabhängig vom Wetter, da Mikrowellen Wolken und Nebel ungehindert durchdringen. Selbst getauchte U-Boote vermögen auf diese Weise zu navigieren. Dabei wird heute eine so hohe Genauigkeit erreicht, daß die Besatzung eines Ozeanriesen die Positionsdifferenz zwischen der Kommandobrücke und der Kombüse berechnen kann.

Die Masse der Erde

Die Kenntnis der genauen Außenmaße und der Form der Erde ermöglicht die Berechnung ihres Volumens; es liegt bei etwa $1{,}083 \cdot 10^{12}$ km³. Die Berechnung der Masse der Erde ist hingegen nicht so einfach; einen ersten Lösungsansatz bietet das Newtonsche *Gravitationsgesetz*. Nach Newton läßt sich die zwischen zwei beliebigen Körpern im Kosmos wirksame *Gravitationskraft* f nach folgender Gleichung berechnen:

$$f = \frac{Gm_1 \cdot m_2}{d^2}$$

wobei m_1 und m_2 die Massen der beiden betreffenden Körper bezeichnen und d für die Entfernung zwischen ihnen (von Mittelpunkt zu Mittelpunkt) steht. Der Ausdruck G repräsentiert die *Gravitationskonstante.*

Den Wert der Gravitationskonstante vermochte Newton nicht anzugeben. Wenn man freilich die Werte der anderen in der Gleichung vorkommenden variablen Größen in Erfahrung bringen könnte, ließe sich daraus G berechnen, denn wir können die obige Gleichung nach G auflösen:

$$G = \frac{fd^2}{m_1 \cdot m_2}$$

Wenn wir den Wert von G feststellen wollen, brauchen wir nichts weiter zu tun, als die zwischen zwei Körpern von bekannter Masse über eine bekannte Entfernung hinweg wirksame Gravitationskraft zu messen. Das Schwierige dabei ist, daß die Gravitationskraft die schwächste Kraft ist, die wir kennen. Die zwischen zwei Massen von handhabbarer Größe wirksame Anziehungskraft ist demgemäß so verschwindend gering, daß ihre Messung sehr große Schwierigkeiten bereitet.

Gleichwohl gelang es 1798 dem englischen Physiker Henry Cavendish (einem von Hause aus reichen, ebenso neurotischen wie genialen Mann, der in fast völliger Weltabgeschiedenheit lebte und starb, aber eines der scharfsinnigsten Experimente in der Geschichte der Naturwissenschaft ausführte), diese Kraft zu messen. Er befestigte an beiden Enden eines langen Stabs je eine Kugel bekannter Masse und hängte diese hantelartige Vorrichtung an einem dünnen Faden auf. Sodann brachte er je eine größere Kugel von ebenfalls bekannter Masse in die Nähe der beiden kleinen Kugeln – und zwar so gegen die Richtung des Stabes versetzt, daß die zwischen jeder der beiden großen Kugeln und der ihr benachbarten kleinen Kugel wirkende Anziehungskraft eine Drehung des Stabes in der horizontalen Ebene bewirken würde, die sich an einer entsprechenden Verdrehung des Fadens ablesen ließe *(Abb.)*. Tatsächlich zeigte das Pendel eine leichte Drehung. Cavendish stellte daraufhin experimentell fest, wieviel Kraft nötig war, um eine Verdrehung des Fadens um den beobachteten Wert herbeizuführen. Damit hatte er den Wert von f gefunden. Da er außerdem m_1 und m_2 – die Masse der Kugeln – und d – die Entfernung zwischen den beiden Kugeln eines jeden Paares – kannte, konnte er den Wert von G berechnen. Ausgehend von diesem Wert, konnte er sodann die Masse der Erde berechnen, da deren Anziehungskraft f auf jeden beliebigen Körper sich empirisch messen läßt. Cavendish war somit der erste, der die Erde »wog«.

Seither sind die Meßverfahren erheblich verfeinert worden. 1928 berechnete der amerikanische Physiker Paul R. Heyl den Wert von G mit $0{,}00000006673$ dyn·cm²·g⁻²; heute rechnet man im allgemeinen mit einem Wert von $6{,}670 \cdot 10^{-11}$ $\mathrm{N \cdot m^2 \cdot kg^{-2}}$. Es ist nicht nötig, sich diesen Wert zu merken. Bemerkenswert ist allerdings die Tatsache seiner Kleinheit. Es zeigt sich darin die geringe Intensität der Schwerkraft. Zwei in einer Entfernung von 8,17 cm voneinander aufgehängte 1-kg-Gewichte ziehen einander mit einer Kraft an, die einem Milliardstel Gramm entspricht.

Die Tatsache, daß die Erde ein solches Gewicht selbst noch in 6370 km Entfernung von ihrem Mittelpunkt mit einer Kraft von einem Kilogramm anzieht, ist ein Indiz dafür, wie groß die Masse der Erde sein muß. In der Tat ergibt sich für die Masse der Erde ein Betrag von $5{,}976 \cdot 10^{21}$ Tonnen.

Aus Masse und Volumen der Erde läßt sich leicht ihre durchschnittliche oder mittlere *Dichte* berechnen. Es ergibt sich ein Wert von 5,518 g/cm³, also das 5,518fache der Dichte von Wasser. Da die in der Erdkruste vorkommenden Gesteine lediglich eine mittlere Dichte von rund 2,8 g/cm³ aufweisen, muß das Erdinnere eine wesentlich höhere Dichte besitzen. Nimmt die Dichte bis zum Erdmittelpunkt stetig zu? Den ersten Beleg dafür, daß dies nicht der Fall ist – daß die Erde aus mehreren einander einschließenden Schalen besteht –, lieferte die Erdbebenforschung.

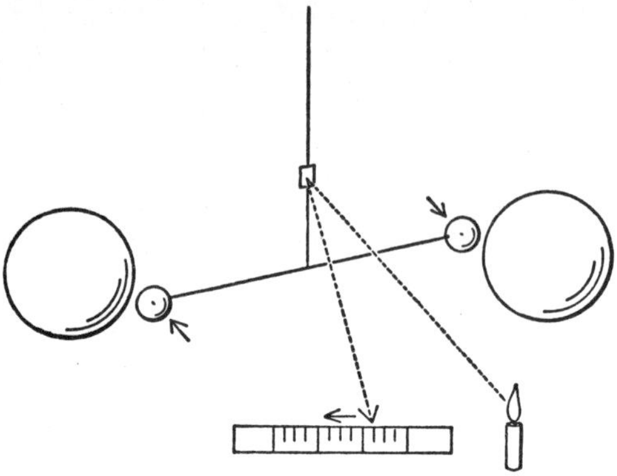

Henry Cavendishs Vorrichtung zur Messung der Gravitationskraft. Die beiden kleinen Kugeln werden von den beiden größeren angezogen, wodurch sich der Faden, an dem die beiden ersteren hängen, verdreht. Der fest mit dem Faden verbundene Spiegel überträgt diese Verdrehung auf die Skala, wobei der Lichtstrahl als Zeiger fungiert.

Der Schalenbau der Erde

Erdbeben

Es gibt nur wenige Arten von Naturkatastrophen, bei denen binnen fünf Minuten Hunderttausende von Menschen ums Leben kommen können. Am ehesten und häufigsten kommt dies bei Erdbeben vor.

Ungefähr eine Million mal erbebt die Erde pro Jahr; darunter sind mindestens hundert schwere und zehn katastrophale Erdbeben. Als das für die Menschen verhängnisvollste Erdbeben der Menschheitsgeschichte gilt jenes, das im Jahr 1556 die nordchinesische Provinz Shaan-xi (früher Schenhsi) erschütterte und 830000 Menschen den Tod brachte. Auch das zweit- und drittverheerendste Erdbeben ereigneten sich im Fernen Osten: am 30. Dezember 1703 in Tokio (mit 200000 Toten) und am 11. Oktober 1937 in Kalkutta (mit 300000 Toten).

Freilich schenkte man zu einer Zeit, als im abendländischen Raum die Naturwissenschaft noch in den Kinderschuhen steckte, Ereignissen, die sich auf der anderen Seite des Erdballs abspielten, wenig Beachtung. Es kam aber auch im eigenen Gesichtskreis zu Katastrophen, die man nicht ohne weiteres ignorieren konnte.

Am 1. November 1755 erschütterte ein schweres Erdbeben – vielleicht das schwerste der Neuzeit – die Stadt Lissabon; in ihrem tiefer gelegenen Teil stürzten sämtliche Häuser ein. Unmittelbar darauf brach vom Atlantik her eine seismische Woge über die Stadt herein. Es folgten zwei weitere Erdstöße, an vielen Stellen brachen Brände aus. 60000 Personen kamen ums Leben, während die Stadt ein Bild der Verwüstung bot.

Das Beben war im Umkreis von 500 Kilometern zu spüren und richtete außer in Portugal auch in Marokko erhebliche Schäden an. Da es sich am Allerseelentag ereignete, überraschte es viele Menschen beim Kirchenbesuch. Wie es heißt, hätten in ganz Südeuropa die Gläubigen in den Kirchen die frei hängenden Lampen und Leuchter schwingen und wackeln gesehen.

Das Erdbeben von Lissabon machte auf die damaligen Zeitgenossen, namentlich auf die Gelehrten unter ihnen, großen Eindruck. Es war ein optimistisches Zeitalter. Viele Denker waren der Überzeugung, die von Galilei und Newton neu begründete Naturwissenschaft werde der Menschheit die Macht verleihen, die Erde zu einem Paradies umzugestalten. Diese euphorische Stimmung wurde von dem Erdbeben insofern erschüttert, als es zeigte, daß die Erde noch ungeheure, unberechenbare und dem Menschen offenbar nicht wohlgesonnene Kräfte barg, die sich der Kontrolle und Zähmung durch den menschlichen Geist entzogen. Das Erdbeben von Lissabon inspirierte Voltaire, den beherrschenden literarischen Kopf seiner Zeit, zur Niederschrift seiner berühmten pessimistischen Satire *Candide* mit ihrer ironischen

Botschaft, daß in dieser besten aller denkbaren Welten alles zum Besten bestellt sei.

Mit dem Ausdruck Erdbeben verbinden wir gewöhnlich die Vorstellung eines mehr oder weniger starken Erzitterns des Erdbodens an einer bestimmten Stelle. Ebensogut – und mit womöglich noch verheerenderen Folgen – kann aber auch der Meeresboden erbeben. Die Schwingungen, in die er dabei gerät, versetzen die Wassermassen des Ozeans in eine sanfte, langwellige Bewegung. Wenn diese Schwingungen irgendwo eine Küste bzw. einen ihr vorgelagerten Flachwasserschelf erreichen, können sie sich in Form von Brandungswellen, insbesondere wenn sie in den umschlossenen Staubereich eines Hafens hineinlaufen, bis zu 20 oder gar 30 m hoch auftürmen. Wenn eine solche Welle ohne Vorwarnung über eine Hafenstadt hereinbricht, tötet sie zwangsläufig Tausende von Menschen.

Solche durch ein Seebeben erzeugte Wellen werden sehr oft als »Flutwellen« bezeichnet; dies ist eigentlich irreführend. Natürlich muten sie an wie überdimensionale, gezeitenbedingte Meereswellen, aber sie verdanken ihre Entstehung einer völlig anderen Ursache, nämlich der erdbebenbedingten Erschütterung des Meeresbodens. In letzter Zeit ist man dazu übergegangen, für sie die japanische Bezeichnung *Tsunami* (»Hafenwellen«) zu benutzen. Da die japanische Küste besonders anfällig ist für Riesenwellen dieses Typs, erscheint es mir nur recht und billig, den japanischen Begriff zu übernehmen.

Nach dem Lissaboner Erdbeben, zu dessen verheerender Wirkung auch ein Tsunami seinen Anteil beigetragen hatte, begannen die Wissenschaftler sich ernsthaft um die Erforschung der Bebenursachen zu kümmern. Die Naturphilosophen der griechischen Antike hatten sich über diese Frage bereits Gedanken gemacht. Die vergleichsweise beste ihrer Theorien (abgesehen von der Vorstellung, Erdbeben seien das Echo des wütenden Gepolters von im Erdinnern eingesperrten Riesen) stammte von Aristoteles und besagte, Erdbeben würden durch irgendwo unter der Erde gefangene Luftmassen hervorgerufen, die ins Freie zu gelangen versuchten. Die Naturwissenschaftler der Neuzeit nahmen dagegen an, Erdbeben entsprängen womöglich gewissen Druckbelastungen, denen das Gestein der Erdrinde von seiten des heißen Erdinneren ausgesetzt werde.

Der englische Geologe John Mitchell (der zuvor die bei der Torsion oder Verdrehung von Materialien auftretenden Kräfte untersucht hatte, die etwas später Cavendish zur Bestimmung der Masse der Erde heranzog) äußerte 1760 die Vermutung, Erdbeben seien das Resultat von Verschiebungen unterirdischer Gesteinsmassen; Mitchell stellte auch als erster die These auf, daß Tsunamis von unterseeischen Erdbeben oder, einfacher ausgedrückt, von Seebeben herrühren.

Voraussetzung für ein wissenschaftliches Studium von Erdbeben war, daß es gelang, ein Instrument zur Registrierung und Messung von Erschütterungen zu entwickeln; dazu kam es aber erst hundert Jahre nach dem Erdbeben von Lissabon. 1855 konstruierte der italienische Physiker Luigi Palmieri den ersten *Seismographen* (ein griechisches Kunstwort mit der Bedeutung »Erdbebenschreiber«).

Das von Palmieri erfundene Gerät bestand aus einer waagrecht gelagerten, an beiden Enden hochgebogenen Röhre, die bis zu einer gewissen Höhe mit Quecksilber gefüllt war. Wann immer der Erdboden bebte, schwappte das Quecksilber in der Röhre hin und her. Das Gerät zeigte natürlich nicht nur Erdbeben an, sondern auch Erschütterungen jedweder anderen Art, wie etwa das Vorbeirumpeln eines Wagens auf einer nahegelegenen Straße.

Eine weit effizientere Vorrichtung (das Urmodell aller seither entwickelten Seismographen) baute 1880 ein englischer Ingenieur namens John Milne. Fünf Jahre zuvor war er nach Tokio gekommen, wo er Geologie und Bergbaukunde lehrte und reichlich Gelegenheit fand, Erdbeben zu studieren (die in Japan ein fast alltägliches Ereignis sind). Sein Seismograph war das Ergebnis der in Japan gesammelten Erfahrungen.

In seiner einfachsten Ausführung besteht der Milnesche Seismograph aus einem massiven Quader, der, unter Zwischenschaltung einer relativ schwachen Feder, an einem fest und starr in felsigem Grund verankerten Ständer frei aufgehängt ist. Wenn der Boden in Bewegung gerät, verharrt der Quader dank seiner Trägheit reglos in seiner Position. Die mit dem festen Ständer verbundene Feder, an der der Quader hängt, dehnt sich jedoch (oder kontrahiert) entsprechend den Bewegungen des Untergrunds. Die Bewegungen der Feder werden auf einen Schreiber übertragen und mit ihm auf einer langsam rotierenden, mit geschwärztem Papier bespannten Trommel aufgezeichnet. Tatsächlich benutzt man zwei Quader: Einer ist so justiert, daß er Erdbebenwellen erfaßt, die in Nord-Süd-Richtung laufen, der andere soll die west-östliche Verlaufsrichtung abdecken. Oberflächliche und alltägliche Erschütterungen, die nicht aus dem Untergrund herrühren, werden vom Seismographen nicht registriert.

Heute sind die empfindlichsten Seismographen, wie etwa derjenige der Fordham University, anstelle eines Schreibstifts mit einer Lichtquelle ausgerüstet, die einen gebündelten Lichtstrahl auf das Papier wirft, so daß störende Reibungseffekte, wie sie zwischen Stift und Papier auftreten, vermieden werden. Dieser Lichtstrahl »schreibt« auf lichtempfindliches Papier, das dann entwickelt werden muß wie ein fotografischer Film, damit die »Schrift« sichtbar wird.

Milne war maßgeblich an der Errichtung von Forschungsstationen in verschiedenen Teilen der Welt, namentlich in Japan, beteiligt, die dem Studium von Erdbeben und ähnlichen Phänomenen dienten. An der Wende zum 20. Jahrhundert gab es 13 solcher seismographischen Stationen; heute gibt es über 500, flächendeckend verteilt auf alle Kontinente einschließlich der Antarktis. Binnen zehn Jahren nach der Errichtung der ersten dieser Stationen erwies sich die Richtigkeit der von Mitchell aufgestellten Hypothese, derzufolge Erdbeben von Erschütterungswellen hervorgerufen werden, die sich durch den Erdkörper fortpflanzen.

Dieses neue wissenschaftliche Verständnis der Erdbeben bedeutete natürlich nicht, daß sie nun weniger häufig aufgetreten wären oder sich, wenn sie sich ereigneten, weniger zerstörerisch ausgewirkt hätten. In den 70er Jahren unseres Jahrhunderts gab es beispielsweise eine überdurchschnittliche Zahl schwerer Erdbeben.

Am 27. Juli 1976 zerstörte ein Beben eine Großstadt südlich von Peking und tötete rund 650000 Menschen. Es war die schlimmste Katastrophe dieser Art seit dem Shaan-xi-Beben vier Jahrhunderte zuvor. Weitere schwere Erdbeben ereigneten sich in Guatemala, Nicaragua, Mexiko, Italien, den Philippinen, Rumänien und der Türkei.

Aus dieser Erdbebenhäufung ist nicht zu schließen, daß unser Planet nun etwa an innerer Stabilität verlöre. Die moderne Kommunikationstechnik macht es möglich und unausweichlich, daß wir über Erdbeben in aller Welt sofort und ausführlich informiert werden – oft mit aktuellen Fernsehbildern vom Ort des Geschehens, während in früheren Zeiten, auch noch vor einigen wenigen Jahrzehnten, Katastrophen in fernen Weltteilen von der Allgemeinheit kaum zur Kenntnis genommen wurden. Dazu kommt, daß Erdbeben heute tendenziell größere Schäden verursachen als in früherer Zeit (etwa noch vor hundert Jahren), weil es auf der Erde jetzt wesentlich mehr Menschen gibt, die sich zudem noch zahlreicher in großen Metropolen zusammendrängen, und weil die Gebäude, die bei einem Erdbeben zerstört werden können, wesentlich zahlreicher und wesentlich wertvoller sind als früher.

All dies sind Gründe genug, um die Entwicklung von Methoden zur rechtzeitigen Vorhersage von Erdbeben zu rechtfertigen. Die Seismologen suchen nach untrüglichen Vorboten für ein bevorstehendes Erdbeben, etwa daß sich in Bebengebieten da und dort der Erdboden hebt oder senkt oder daß unterirdische Gesteinsmassen gegeneinandergedrückt werden oder auseinanderrücken und dabei entweder Wasser ausgepreßt oder Wasser aufgesogen wird, so daß ein Ansteigen oder Absinken des Wasserstandes in Tiefbrunnen eine Signalfunktion ausüben könnte. Denkbar wären auch Veränderungen des natürlichen Magnetismus von Gesteinen oder ihrer elektrischen Leitfähigkeit. Tiere, die in der Lage sind, kleinste Vibrationen oder andere Veränderungen ihrer Umwelt wahrzunehmen, die den Menschen entgehen, können durch nervöse Reaktionen ein herannahendes Erdbeben ankündigen.

Insbesondere die Chinesen haben sich darauf spezialisiert, Hinweise auf alle erdenklichen auffälligen Vorkommnisse (und sei es nur das plötzliche Abblättern von Farbanstrichen) zu sammeln. Ihre Protokolle besagen, daß mit diesen Beobachtungsmethoden ein Erdbeben in Nordostchina, das sich am 4. Februar 1975 ereignete, rechtzeitig vorausgesagt werden konnte, so daß die Menschen in der Lage waren, ihre Häuser und die Stadt zu verlassen; Tausende von Menschenleben konnten gerettet werden. Ein anderes, schwereres Erdbeben konnte jedoch nicht vorhergesagt werden.

Ein berechtigtes Bedenken lautet, daß Voraussagen, solange sie noch mit dem derzeitigen Grad an Unsicherheit belastet sind, unter Umständen

mehr Schaden als Nutzen stiften. Ein falscher Alarm führt meist zu einer empfindlichen Störung des wirtschaftlichen Lebens und könnte unter dem Strich größere Verluste hervorrufen als ein mildes Erdbeben. Außerdem würde nach einem oder zwei falschen Alarmen eine zutreffende Prognose wahrscheinlich nicht mehr ernst genommen.
Daß ein Erdbeben schwere Schäden anrichten kann, wird niemanden verwundern. Bei den stärksten der bisher aufgetretenen Beben wurde nach Schätzungen jedesmal eine Energiemenge umgesetzt, die der Gesamtsprengkraft von hunderttausend gewöhnlichen Atombomben oder hundert großen Wasserstoffbomben entspricht. Nur dem Umstand, daß die bei einem Erdbeben verausgabten Energien sich über eine große Fläche verteilen, ist es zu verdanken, daß sie sich nicht noch verheerender auswirken, als sie es ohnehin tun. Immerhin sind sie in der Lage, den gesamten Erdball so in Schwingungen zu versetzen, als wäre er eine gigantische Stimmgabel. Das chilenische Erdbeben von 1960 versetzte unseren Planeten in Vibrationen mit einer Frequenz von nicht ganz einer Schwingung pro Stunde (das ist 20 Oktaven tiefer als das eingestrichene C und erzeugt natürlich keinen hörbaren Ton).
Die Stärke von Erdbeben wird auf einer mit 0 beginnenden und nach oben offenen Skala gemessen, wobei jede Zahl, verglichen mit der vorhergehenden, für einen etwa dreimal größeren Energieumsatz steht. (Ein Erdbeben der Stärke 9 ist noch nie registriert worden; das Beben, das sich am Karfreitag des Jahres 1964 in Alaska ereignete, erreichte aber immerhin die Stärke 8,5.) Man nennt sie die *Richter-Skala,* weil sie 1935 von dem amerikanischen Seismologen Charles F. Richter vorgeschlagen wurde.
Wenn den Erdbeben ein positiver Zug anhaftet, dann der, daß sie nicht alle Teile der Erdoberfläche gleichermaßen häufig heimsuchen (was natürlich für diejenigen, die in erdbebengefährdeten Regionen leben, kein Trost ist).
Rund 80% der insgesamt bei Erdbeben freigesetzten Energie toben sich an den Rändern des Pazifischen Ozeans aus. Weitere 15% werden in einem Gebietsstreifen umgesetzt, der sich in west-östlicher Richtung über den Mittelmeerraum erstreckt. Diese Erdbebengebiete *(Abb.)* decken sich weitgehend mit Zonen aktiver Vulkantätigkeit – ein Grund mehr, einen Zusammenhang zwischen Erdbeben und der Hitze im Erdinnern herzustellen.

Vulkane

Der Ausbruch eines Vulkans ist ein ebenso furchterregendes Naturereignis wie ein Erdbeben, und zumeist auch ein länger andauerndes; allerdings betreffen die Auswirkungen in der Regel nur ein kleineres Gebiet. Von rund 500 Vulkanen weiß man, daß sie im Lauf der überlieferten Geschichte tätig gewesen sind; zwei Drittel von ihnen liegen an den Rändern rings um den Pazifik. Wenn in einem Vulkan, was allerdings sehr selten geschieht, große Mengen von Wasser eingeschlossen und überhitzt werden, können daraus schreckliche Katastrophen resultieren. In der Nacht vom 26. zum 27. August 1883 explodierte die kleine, in der Meerenge zwischen Sumatra und Java gelegene Vulkaninsel Krakatau mit einem Donnerschlag, der als das lauteste seit Menschengedenken auf der Erde erzeugte Geräusch bezeichnet worden ist. So laut war die Explosion, daß sie von menschlichen Ohren noch in einer Entfernung von 5000 km wahrgenommen und von Meßinstrumenten sogar auf dem ganzen Erdball registriert wurde. Die von der Explosion erzeugten Schallwellen liefen mehrmals um die ganze Erde. Gesteinsmaterial mit einem Volumen von 16 km^3 (entsprechend einem Würfel mit einer Kantenlänge von 2,5 km) wurde pulverisiert und flog hoch in die Luft. Über eine Fläche von 768000 km^2 ging ein Ascheregen nieder. Im Umkreis von Hunderten von Kilometern verdunkelte Flugasche das Sonnenlicht; Staubmassen, die in die Stratosphäre gelangten, verdüsterten noch jahrelang die untergehende Sonne. An den Küsten Javas und Sumatras wurden von 30 Meter hohen Tsunamis 36000 Menschen getötet. Die beim Aufprall dieser Wassermassen auf die Küsten ausgelösten Schockwellen wurden ebenfalls überall auf der Erde registriert.
Eine ähnliche, nur noch folgenschwerere Katastrophe könnte sich vor über 3000 Jahren im Mittelmeerraum ereignet haben. 1967 entdeckten amerikanische Archäologen auf der kleinen Insel Thera, 130 km nördlich von Kreta, die aschebedeckten Überreste einer Stadt. Hier ist es offenbar um das Jahr 1400 v. Chr. zu einer ähnlichen Vulkanexplosion wie auf Krakatau gekommen, aller-

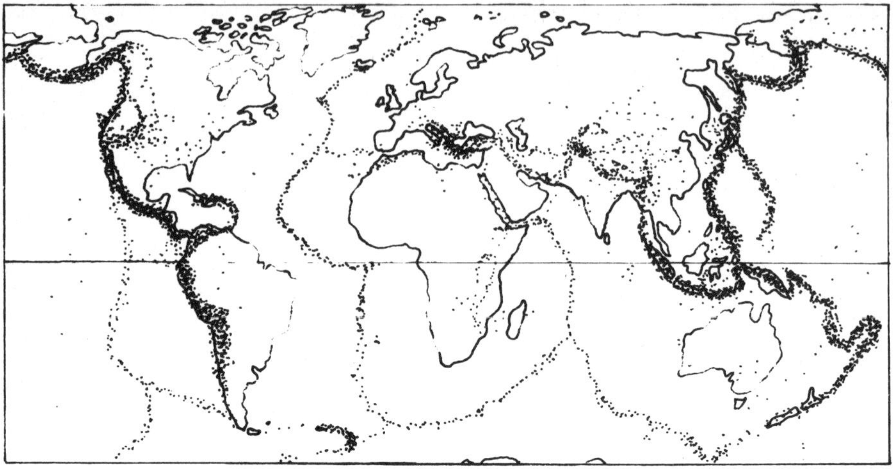

Weltkarte der Erdbeben (Epizentren). Aufzeichnungszeitraum 1961 bis 1967 (in Anlehnung an Barazangi & Dorman, Bull. Seismol. Soc. Amer., 59, 1969).

dings zu einer vielleicht noch gewaltigeren, lauteren und verheerenderen. Der Tsunami, den diese Explosion verursachte, begrub auf Kreta eine altehrwürdige und bewundernswerte Zivilisation unter sich – ein Schlag, von dem diese Zivilisation sich nie wieder erholte. Vorbei war es mit der kretischen Herrschaft über die Meere, und die sich anschließende Periode der Wirrnis und des Verfalls konnte erst nach vielen Jahrhunderten überwunden werden. Der plötzliche Untergang von Thera lebte in der Erinnerung der Überlebenden fort und wurde von Generation zu Generation weitererzählt – mit den unvermeidlichen Ausschmückungen. Es ist gut möglich, daß dieses historische Ereignis den Stoff zu Platos Bericht über den versunkenen Kontinent *Atlantis* lieferte, der rund elf Jahrhunderte nach dem plötzlichen Untergang Theras und der kretischen Zivilisation niedergeschrieben wurde.

Der vielleicht berühmteste Vulkanausbruch der Geschichte war im Vergleich zu Krakatau und Thera geradezu unbedeutend. Die Rede ist vom Ausbruch des Vesuv im Jahr 79 n. Chr., bei dem die Ortschaften Pompeji und Herculaneum, zwei Ferienstädte der römischen Gesellschaft, verwüstet wurden. Der berühmte Enzyklopädist Gaius Plinius Secundus (unter dem Namen Plinius bekannt) fand bei dieser Katastrophe den Tod, die von seinem Neffen, Plinius dem Jüngeren, der sie als Augenzeuge erlebte, für die Nachwelt festgehalten wurde.

Mit systematischen Ausgrabungen wurde in den beiden verschütteten Städten nach 1763 begonnen. Hier bot sich die seltene Gelegenheit, relativ vollständig erhaltene Überreste zweier Städte zu studieren, die in dem Zustand konserviert wurden, in dem sie sich während einer der Blütezeiten des Römischen Reichs befunden hatten.

Ein anderes, nicht alltägliches Phänomen ist die Geburt eines neuen Vulkans. Ein solches Ereignis vollzog sich am 20. Februar 1943 in unmittelbarer Nähe des Dorfes Paricutín, 320 km westlich von Mexiko City; an einer Stelle, wo sich ein Maisfeld befand, traten aus einer sich plötzlich öffnenden Erdspalte vulkanische Förderprodukte aus. Binnen acht Monaten hatte sich ein Aschenkegel von 450 Metern Höhe aufgeschüttet. Das Dorf mußte natürlich aufgegeben werden.

Der größte derzeit aktive Vulkan der Welt befindet sich auf der Insel Hawaii inmitten des Pazifiks. Der Kilauea hat einen Krater mit einer 10 km^2 großen Öffnung und bricht recht häufig aus. Diese Eruptionen erfolgen jedoch nie explosionsartig; wenn aus ihm auch gelegentlich Lava fließt,

so bewegt sich diese so langsam fort, daß zwar gelegentlich Sachwerte zerstört werden, aber fast nie Menschen umkommen. 1983 war der Kilauea ungewöhnlich aktiv.
Die Kaskaden-Gebirgskette, die sich entlang der nordamerikanischen Pazifikküste (etwa 160 bis 240 km landeinwärts) vom nördlichen Kalifornien bis ins südliche British Columbia erstreckt, weist zahlreiche bekannte Gipfel auf, von denen man weiß, daß es sich um erloschene Vulkane handelt (beispielsweise der Mount Hood oder der Mount Rainier). Da sie als erloschen gelten, schenkt man ihnen kaum Beachtung, obwohl man doch weiß, daß ein Vulkan manchmal jahrhundertelang keinen Mucks macht, um dann mit einem Donnerschlag ins Leben zurückzukehren.
Dies wurde der Welt, und insbesondere den Amerikanern, drastisch vor Augen geführt von einem Vulkan namens Mount Saint Helens im südlichen Teil des Bundesstaats Washington. Zwischen 1831 und 1854 war er aktiv gewesen, aber damals hatten noch nicht viele Menschen dort gelebt, so daß über seine Ausbrüche nichts Näheres überliefert ist. Fest stand, daß er gut 125 Jahre lang absolut ruhig geblieben war.
Dann aber, am 18. Mai 1980, nach einer kurzen Vorwarnung (bestehend aus dumpfem Grollen und einem kleinen Erdbeben), brach er mit plötzlicher Urgewalt aus. Zwanzig Personen, die es nicht für nötig gehalten hatten, sich sicherheitshalber aus der Umgebung des Berges zu entfernen, fanden den Tod, und über hundert Menschen wurden als vermißt gemeldet. Die vulkanische Aktivität des Mount Saint Helens hält bis heute an, wenn er auch keine spektakulären Eruptionen mehr zeigt, sondern nur noch auf kleiner Flamme schwelt.
Die Folgen eines Vulkanausbruchs erschöpfen sich nicht in den unmittelbaren Schäden für Leib und Leben. Bei jedem großen Ausbruch werden riesige Staubmengen hoch in die Atmosphäre geschleudert, und es können Jahre vergehen, ehe dieser Staub wieder auf die Erde herabgerieselt ist. Nach dem Krakatau-Ausbruch waren jahrelang wunderschöne Sonnenuntergänge zu beobachten, da der in der Atmosphäre schwebende Staub das Licht der sinkenden Sonne streute. Weniger schön ist, daß solche atmosphärischen Staubansammlungen einen Teil des einfallenden Sonnenlichts reflektieren bzw. absorbieren, so daß die Erdoberfläche eine Zeitlang ein vermindertes Maß an Sonnenwärme abbekommt.
Manchmal treten Spätfolgen auf, die zwar nur lokale Bedeutung erlangen, aber in ihrem Wirkungsbereich verheerende Folgen haben können. 1783 brach in Island der Vulkan Laki aus. Im Laufe einer zweijährigen, ununterbrochenen Aktivität deckte der Vulkan ein 560 km^2 großes Gebiet mit Lava ein, ohne daß jedoch gravierende, direkte Schäden entstanden. Doch fast über ganz Island und selbst noch über Teile Schottlands regnete es Asche und Schwefelverbindungen. Die Asche verdunkelte den Himmel, so daß die Feldfrüchte dann an Lichtmangel eingingen. Schwefeldioxid-Dämpfe töteten 3/4 aller auf der Insel gehaltenen Haus- und Nutztiere. Die Folge war, daß zehntausend Isländer – ein Fünftel der gesamten Bevölkerung der Insel – an Unterernährung und Krankheiten zugrunde gingen.
Am 7. April 1815 explodierte auf einer kleinen Insel östlich von Java der Vulkan Tambora. 150 km^3 Gesteinsschutt und Staub wurden in die höhere Atmosphäre geschleudert. Da dieses Material einen Teil des Sonnenlichts reflektierte bzw. verschluckte, blieben auf der Erde die Temperaturen etwa ein Jahr lang außergewöhnlich niedrig. In Neuengland beispielsweise war das Jahr 1816 ungewöhnlich kalt; sogar im Juli und August kam es zu Frosteinbrüchen. Man sprach von »dem Jahr ohne Sommer«.
Manchmal entfalten Vulkane unmittelbar tödliche Wirkungen, wobei aber nicht unbedingt Lava oder Ascheregen im Spiel sein müssen. Am 8. Mai 1902 brach auf der westindischen Insel Martinique der Vulkan Pelée aus. Die Eruption setzte eine dicke rotglühende Wolke aus Gasen und Dämpfen frei. Diese Gase wälzten sich in schnellem Tempo den Abhang des Berges hinunter und direkt auf Saint Pierre zu, die Hauptstadt der Insel. Binnen drei Minuten erstickten 38000 Menschen. Der einzige Überlebende war ein in einem unterirdischen Kerker eingesperrter Gefangener, dessen Hinrichtung an diesem Tag stattfinden sollte.

Wellenarten und Struktur des Erdkörpers

Die moderne Vulkanforschung sowie die damit verbundene Untersuchung der Rolle der Vulkane bei der Entstehung der Erdkruste setzte um die

Mitte des 18. Jahrhunderts ein; sie wurde von dem französischen Geologen Jean Etienne Guettard begründet. Gegen Ende des 18. Jahrhunderts gelang es dem deutschen Geologen Abraham Gottlob Werner, einem eigenwilligen Gelehrten, eine Zeitlang mit Erfolg die falsche Auffassung zu verbreiten, daß die meisten Gesteine aus den Sedimentablagerungen der Meere entstanden seien, die einst die gesamte Erdoberfläche bedeckten (man nennt diese Theorie daher den *Neptunismus*). Das Gewicht der, insbesondere von Hutton vorgelegten, empirischen Daten verhalf freilich bald der Erkenntnis zum Durchbruch, daß die meisten Gesteine vielmehr durch Vulkantätigkeit entstanden sind (diese Auffassung wird als *Plutonismus* bezeichnet). Sowohl der Vulkanismus als auch die Erdbeben erschienen als Äußerungsformen der im Erdinneren gespeicherten Energie. (Heute wissen wir, daß diese Energie zum größten Teil aus radioaktiven Zerfallsprozessen entsteht – siehe dazu Kapitel 7.)

Als der Seismograph erfunden und damit ein eingehendes Studium der Erdbebenwellen möglich geworden war, stellte sich heraus, daß die am leichtesten nachweisbaren unter diesen Wellen zwei Kategorien angehören: *Oberflächenwellen* und *Raumwellen*. Die Oberflächenwellen folgen der Krümmung der Erdoberfläche, während die Raumwellen sich quer durch die Erdkugel fortpflanzen und dank der kürzeren Lauflänge gewöhnlich die ersten sind, die bei den Seismographen ankommen. Von den Raumwellen gibt es wiederum zwei Arten: primäre oder *P-Wellen* und sekundäre oder *S-Wellen (Abb.)*. P-Wellen pflanzen sich, wie Schallwellen, durch die rasch aufeinanderfolgende Zusammenziehung und Ausdehnung des jeweiligen Mediums fort. Solche Wellen können jedes beliebige Medium, sei es fest oder flüssig, durchwandern. Die S-Wellen weisen hingegen die vertraute Form geschlängelter Windungen auf, die senkrecht zur Fortpflanzungsrichtung verlaufen; sie können weder Flüssigkeiten noch Gase durchwandern.

P-Wellen bewegen sich schneller vorwärts als S-Wellen und erreichen daher die seismographischen Meßstationen vor diesen (Name!). Aus dem zeitlichen Rückstand, mit dem die S-Wellen eintreffen, läßt sich annäherungsweise die Entfernung des Erdbebens errechnen. Der Ausgangspunkt eines Erdbebens, oder sein *Epizentrum* (das ist die Stelle auf der Erdoberfläche, die direkt über dem Bebenherd, dem *Hypozentrum*, liegt) läßt sich einkreisen, indem man Entfernungsschätzungen von drei oder mehr Meßstationen miteinander vergleicht: Wenn man um jede der Stationen einen Kreis mit dem der Entfernungsschätzung entsprechenden Radius beschreibt, schneiden die drei Kreise sich, mehr oder weniger genau, an einem Punkt, der dann das Epizentrum markiert.

Die Fortpflanzungsgeschwindigkeit sowohl der P-Wellen als auch der S-Wellen hängt, wie Laboruntersuchungen gezeigt haben, von Parametern wie Gesteinsart, Druck und Temperatur ab. Man kann somit ein Erdbeben als ein von der Natur eingerichtetes Großexperiment zur Erforschung der Struktur des Erdinnern benutzen.

Nahe der Erdoberfläche pflanzt sich eine P-Welle mit einer Geschwindigkeit von 8 km/h fort; in einer Tiefe von 1600 km müßte ihre Geschwindigkeit, nach den Ankunftszeiten zu schließen, bei annähernd 13 km/h liegen. Entsprechend hat eine S-Welle nahe der Erdoberfläche eine Fortpflanzungsgeschwindigkeit von unter 5 km/h, die in einer Tiefe von 1600 km auf 6,5 km/h anwächst. Diese Zunahme der Fortpflanzungsgeschwindigkeit ist ein Maß für die Erhöhung der Gesteinsdichte. Daraus können wir einen Schätzwert für die Dichte des Gesteinsmaterials in der jeweiligen Tiefe ableiten. An der Erdoberfläche beträgt die mittlere Dichte, wie bereits erwähnt, 2,8 g/cm^3. In 1600 km Tiefe erreicht sie einen Wert von 5 g/cm^3, in 2900 km Tiefe einen Wert von knapp 6 g/cm^3.

In einer Tiefe von ca. 2900 km kommt es zu einer abrupten Verhaltensänderung der Wellen: Die S-Wellen scheinen in dieser Tiefe auf ein Hindernis zu stoßen, das sie nicht durchdringen können. Der britische Geologe Richard D. Oldham äußerte 1906 die Vermutung, die hier beginnende Zone sei flüssig, d. h. die Wellen träfen hier auf den äußeren Rand eines flüssigen Erdkerns. P-Wellen, die diese Schwelle erreichen, ändern schlagartig ihre Richtung: Offenbar werden sie beim Eintritt in den flüssigen Kern gebeugt *(siehe Abb.)*.

Die Grenze, an der der flüssige Erdkern beginnt, wird als *Gutenberg-Diskontinuität** bezeichnet, nach dem amerikanischen Geologen Beno Guten-

* *Diskontinuität* bezeichnet die Grenzfläche zwischen zwei physikalisch und chemisch voneinander verschiedenen Materialbereichen.

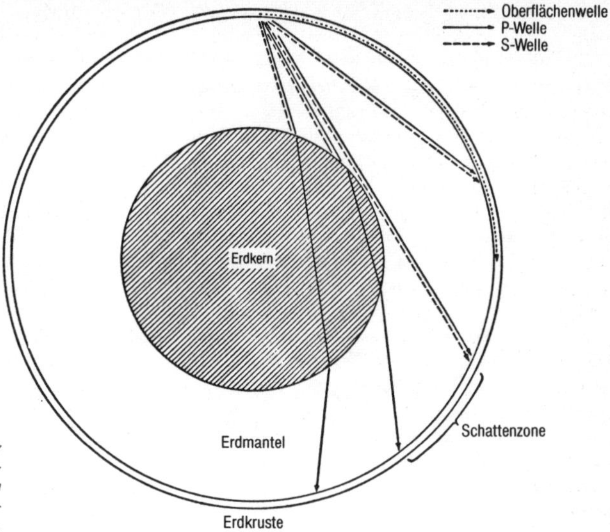

Schematische Darstellung der Verlaufswege von Erdbebenwellen. Oberflächenwellen folgen der Krümmung der Erdkruste. P-Wellen werden vom flüssigen Erdkern gebrochen. S-Wellen können den Kern nicht durchwandern.

berg, der sie 1914 definierte und zeigte, daß der Radius des Erdkerns, d. h. seine Schichtdicke vom Erdmittelpunkt an gerechnet, 3475 km beträgt. 1936 berechnete der australische Mathematiker Keith E. Bullen aus Erdbeben-Meßdaten die Dichte der verschiedenen inneren Schalen. Eine Bestätigung seiner Ergebnisse lieferten die Daten, die bei dem schweren chilenischen Erdbeben von 1960 erhoben wurden. Wir können somit sagen, daß an der Gutenberg-Diskontinuität die Dichte der Erdmaterie von 6 auf 9 g/cm³ springt; von da an steigert sie sich wieder kontinuierlich bis auf 11,5 g/cm³ am Erdmittelpunkt.

Der flüssige Erdkern

Was wissen wir über die Beschaffenheit des flüssigen Kerns? Er muß aus einem Material bestehen, das unter den dort obwaltenden Druck- und Temperaturbedingungen eine Dichte von 9 bis 11,5 g/cm³ aufweist. Der Druck reicht nach Schätzungen von 1400 t/cm² am äußeren Rand des flüssigen Kerns bis zu 3500 t/cm² in unmittelbarer Nähe des Erdmittelpunkts. Über die Temperatur weiß man weniger. Ausgehend von der Temperaturzunahme in Richtung Erdmittelpunkt, wie man sie von tiefen Schachtbohrungen her kennt, und von der Wärmeleitfähigkeit von Gesteinen, sind die Geologen zu der (ziemlich groben) Schätzung gelangt, daß die Temperaturen im flüssigen Erdkern bei 5000 °C liegen könnten. (Im Zentrum des viel größeren Planeten Jupiter herrschen möglicherweise Temperaturen bis nahezu 500000 °C.)

Bei dem Material des Erdkerns muß es sich um ein relativ verbreitetes Element handeln – häufig genug, um eine Kugel vom halben Durchmesser der Erde und mit einem Drittel ihrer Masse auszufüllen. Das einzige im Universum gehäuft auftretende schwere Element ist Eisen. An der Erdoberfläche hat es eine Dichte von nur 7,86 g/cm³, aber unter den Bedingungen des enormen Drucks, der im Erdinnern herrscht, müßte es eine Dichte aufweisen, die mit 9 bis 12 g/cm³ ziemlich genau dem geforderten Dichtebereich entspricht. Nicht nur das: Unter den im Erdkern herrschenden Bedingungen könnte Eisen in der Tat nur in flüssigem Zustand existieren.

Weitere Hinweise liefert uns der Aufbau der Meteorite. Diese scheiden sich in zwei Hauptgruppen: *Steinmeteorite,* die hauptsächlich aus Silika-

ten* bestehen, und Eisenmeteorite mit etwa 90% Eisen, 9% Nickel und 1% sonstiger Elemente. Viele Wissenschaftler halten die Meteorite für Bruchstücke auseinandergebrochener Asteroiden; manche dieser Asteroiden waren ursprünglich vielleicht groß genug, um in metallische und mineralische Bestandteile zu differenzieren. In diesem Fall müssen die ausgeschmolzenen metallischen Anteile aus Eisen und Nickel bestanden haben, und dasselbe könnte für den metallischen Kern der Erde gelten. (In der Tat veranlaßte die Beschaffenheit der Eisenmeteorite den französischen Geologen Gabriel Auguste Daubrée schon 1866, also lange bevor die Seismologen etwas über den inneren Aufbau der Erde wußten, zu der Vermutung, der Kern unseres Planeten bestehe aus Eisen.)
Heute akzeptieren die meisten Geologen den flüssigen Eisen-Nickel-Kern als beste aller Theorien. Eine nicht unbedeutende ergänzende Verfeinerung wurde jedoch 1936 vorgenommen: Die dänische Geologin Inge Lehmann zog aus der schwer erklärlichen Beobachtungstatsache, daß in einem »Schattenbereich« an der Erdoberfläche, in dem eigentlich weder P-Wellen noch S-Wellen auftreffen können *(siehe Abb. S. 165)*, doch einige P-Wellen ankommen, folgenden Schluß: Innerhalb des Kerns, in rund 1300 km Entfernung vom Erdmittelpunkt müßte es noch einmal eine Diskontinuität geben, die die Wellen beugt und einige wenige, sozusagen als Querschläger, in den Schattenbereich hinein ablenkt. Gutenberg pflichtete dieser Auffassung bei, und heute differenzieren viele Geologen zwischen einem *äußeren*, flüssigen Eisen-Nickel-Kern und einem *inneren* Kern, der sich vom äußeren in noch nicht geklärter Weise unterscheidet. Man glaubt, daß er sich in festem Zustand befindet oder eine etwas andere chemische Zusammensetzung aufweist. Das schwere chilenische Erdbeben von 1960 versetzte den gesamten Erdkörper in träge Schwingungen, deren Frequenz genau denjenigen theoretischen Voraussagen entsprach, in denen die Existenz eines inneren Kerns unterstellt worden war. Das war ein schwerwiegendes Indiz für die Richtigkeit dieser Annahme.

* Salze der Kieselsäure, sie stellen die Grundbausteine der meisten Minerale dar.

Der Erdmantel

Die den Eisen-Nickel-Kern umhüllende Schale wird als *Erdmantel* bezeichnet. Offenbar besteht der Mantel aus Silikaten; nach der Fortpflanzungsgeschwindigkeit der ihn durchwandernden Erdbebenwellen zu schließen, müssen jedoch, wie als erster der amerikanische Physikochemiker Leason H. Adams im Jahr 1919 zeigen konnte, diese Silikate andere physikalische Eigenschaften besitzen als jene, die wir von unserer Erdkrustenoberfläche her kennen. Vieles deutet darauf hin, daß es sich bei ihnen um Minerale aus der *Olivingruppe* (wegen ihrer olivgrünen Färbung) handelt, die vergleichsweise viel Magnesium und Eisen bei wenig Aluminium enthalten.
Der Mantel reicht nicht ganz bis zur Erdoberfläche. Ein kroatischer Geologe namens Adrija Mohorovičić kam beim Studium der von einem Erdbeben auf dem Balkan im Jahr 1909 ausgelösten Wellen zu dem Ergebnis, daß von einer bestimmten, rund 32 km unter der Erdoberfläche verlaufenden Grenze an die Wellen sich schlagartig mit erhöhter Geschwindigkeit fortpflanzen. Diese *Mohorovičić-Diskontinuität* (der Kürze halber auch einfach *Moho* genannt) wird heute von den Geologen als Grenzfläche zwischen Erdkruste und Erdmantel anerkannt.
Die Beschaffenheit der Kruste und des oberen Erdmantels läßt sich am besten mit Hilfe der bereits weiter oben erwähnten Oberflächenwellen erforschen. Es gibt bei ihnen, ähnlich wie bei den Raumwellen, zwei Varianten: *Love-Wellen* (benannt nach ihrem Entdecker A. E. H. Love) weisen einen waagrechten oder liegenden Verlauf auf, etwa wie die Spur einer Schlange, die sich auf ebener Erde vorwärtsbewegt; *Rayleigh-Wellen* (benannt nach dem englischen Physiker J. W. Strutt, Lord Rayleigh) verlaufen senkrecht oder stehend, ähnlich der Spur einer Seeschlange, die sich durch das Wasser bewegt.
Wie sich bei der Analyse dieser Oberflächenwellen – namentlich durch die Arbeiten von Maurice Ewing von der Columbia University – zeigte, ist die Erdkruste von wechselnder Mächtigkeit. Am dünnsten ist sie unterhalb der Ozeane, wo die Moho teilweise in nur 13 bis 16 km Tiefe (bezogen auf Meereshöhe) verläuft. Da die Meere selbst stellenweise 8 bis 11 km tief sind, bedeutet dies, daß sich unter ihnen zumindest stellenweise eine

nur 5 km starke Kruste befindet. Unter den Festlandsmassen hingegen verläuft die Moho in einer mittleren Tiefe von etwa 32 km (bezogen auf Meereshöhe). Unterhalb von Gebirgszügen ist sie eingebeult und erreicht Tiefen von 60 km. Dieser Umstand zeigt, wenn man zusätzlich die Ergebnisse von Schwerkraftmessungen hinzuzieht, daß die Gesteine der Gebirgswurzeln eine unter dem Mittelwert liegende Dichte aufweisen.

Die Erdkruste ist, grob gesprochen, eine zweilagige Schicht; die untere Lage besteht hauptsächlich aus Basaltgestein, die obere hauptsächlich aus Granit; der weniger dichte Granit sitzt der Basaltschicht auf, bildet Kontinente und – an Stellen, wo er besonders mächtig ist – Gebirge (wie ein großer Eisberg höher aus dem Wasser ragt als ein kleiner). Junge Gebirge tauchen mit ihren Granitwurzeln tief in die Basaltschicht ein; in dem Maß jedoch, wie sie durch Erosion abgetragen werden, heben sie sich als ganze ein wenig, so daß das Gleichgewicht der Massen, die sogenannte *Isostasie* (diesen Begriff prägte 1889 der amerikanische Geologe C. E. Dutton), erhalten bleibt. Bei den nordamerikanischen Appalachen, einem sehr alten Gebirge, ist so gut wie keine Granitwurzel mehr vorhanden.

Dort, wo die Basaltschicht unter den Meeresböden verläuft, fehlt ihre Granitauflage – dafür aber ist sie mit einer 400 bis 800 m dicken Schicht aus Sediment- oder Ablagerungsgesteinen bedeckt. Die relativ geringe Dicke der Erdkruste unter den Meeren hat den Anstoß zu einem kühnen Vorschlag gegeben: Wie wäre es, ein Loch in die ozeanische Kruste zu bohren, bis hinab zur Moho und in den Erdmantel hinein, so daß man feststellen könnte, woraus er besteht? Ein solches Unterfangen wäre sicherlich nicht einfach zu bewerkstelligen, würde es doch erfordern, daß man eine Bohrinsel inmitten eines Ozeanbeckens in Stellung bringt, ein Bohrgerät in mehrere Kilometer Wassertiefe absenkt und dann ein sehr tiefes Bohrloch durch hartes Gestein niederbringt. Der anfängliche Enthusiasmus für die Idee schwand mit der Zeit dahin, und heute liegt das Projekt, dem einst der Name »Mohole« (von Moho und hole = Loch) gegeben wurde, auf Eis.

Das »Reiten« des Granits auf der Basaltschicht legt die Möglichkeit einer *Kontinentaldrift* nahe. Im Jahr 1912 stellte der deutsche Meteorologe Alfred L. Wegener die These auf, die Kontinente hätten ursprünglich eine einzige, zusammenhängende Granitmasse gebildet, einen *Superkontinent*, den Wegener *Pangaea* (»All-Erde«) nannte. Irgendwann im Lauf der geologischen Erdgeschichte sei diese Tafel auseinandergebrochen, und die einzelnen Kontinente hätten sich voneinander gelöst. Er behauptete, dieser Prozeß sei noch immer im Gange – Grönland beispielsweise entferne sich mit einer Geschwindigkeit von 1 m pro Jahr von Europa. Auf diesen Gedanken gekommen war Wegener (wie andere vor ihm, als erster vielleicht Francis Bacon um das Jahr 1620) vor allem deswegen, weil der östliche Rand Südamerikas und der westliche Rand Afrikas ineinanderzupassen scheinen wie zwei Scherben eines zerbrochenen Kruges.

Wegener stieß mit seiner Theorie auf barsche Ablehnung, und dabei blieb es ein halbes Jahrhundert lang. Noch 1960, als die erste Ausgabe dieses Buches erschien, fühlte ich mich angesichts des damaligen geophysikalischen Diskussionsstandes berechtigt, sie in Bausch und Bogen zu verwerfen. Das plausibelste Argument gegen Wegener lautete, daß die Basaltschicht, die die Unterlage sowohl für die Ozeanbecken als auch für die Festlandsmassen bildet, einfach zu hart und starr ist, als daß die granitischen Kontinente sich auf ihr vorwärtsschieben könnten – und sei es auch noch so langsam.

Allein, mit der Zeit kam eine immer eindrucksvollere Menge an Beobachtungsdaten zusammen, die dafür sprachen, daß es in der Tat vor langer Zeit keinen Atlantischen Ozean gab und daß die heute getrennten Erdteile einst eine einzige zusammenhängende Landmasse bildeten. Wenn man die Umrisse der Kontinente aneinanderlegt, und zwar nicht ihre Küstenlinien (die Zufallsprodukt des heutigen Wasserstandes der Meere sind), sondern die Festlandssockel als Ganzes, d. h. einschließlich des den Kontinenten vorgelagerten Schelfs, so passen alle Teile des Puzzles nahtlos zusammen, sowohl im Bereich des nördlichen wie im Bereich des südlichen Atlantik. Dazu kommt, daß sich in Teilen des westlichen Afrika Gesteinsformationen finden, zu denen es in Teilen des östlichen Südamerika identische Entsprechungen gibt. Darüber hinaus lassen sich frühere Verlagerungen der Magnetpole der Erde wesentlich zwangloser erklären, wenn man annimmt, daß nicht die Pole, sondern die Kontinente sich verlagert haben. Es war auch nicht nur die Geographie, die Indizien für die einstige Existenz von Pangaea und für die Kontinentaldrift lieferte. Noch beweiskräftiger waren die Anhaltspunkte im paläontologischen Bereich. So wurde beispielsweise 1968 in der Antarktis ein versteinerter Knochen von einer ausgestorbenen Amphibienart gefunden. Daß ein solches Tier so nahe am Südpol gelebt haben könnte, ist undenkbar; der antarktische Kontinent muß also einst weiter vom Pol entfernt gewesen sein oder zumindest ein milderes Klima gehabt haben. Das Amphibium wäre nicht in der Lage gewesen, einen auch noch so schmalen Meerwasserstreifen zwischen zwei Landmassen zu überwinden; die Antarktis muß daher mit einer größeren, bis in wärmere Regionen hineinreichenden Landmasse verbunden gewesen sein. Das globale Fossilienarchiv (mit dem ich mich in Kapitel 16 befassen werde) erzählt eine Geschichte, die sich sehr gut mit der Theorie von Pangaea und seiner Aufspaltung in mehrere Kontinente vereinbaren läßt.

Es ist wichtig, an dieser Stelle die wesentlichen Gründe für den Widerwillen der Geologen gegen die These Wegeners zu benennen. Leute, die sich als wissenschaftliche Außenseiter betätigen, verteidigen ihre möglicherweise dubiosen Theorien oft mit dem Hinweis darauf, daß die Schulwissenschaftler zum Dogmatismus neigten und neuen Ansätzen gegenüber nicht aufgeschlossen seien (was in manchen Fällen und zu manchen Zeiten gewiß auch zutrifft, wenngleich niemals in dem Ausmaß, wie die Außenseiter es behaupten). Als Beispiel verweisen sie oft auf Wegener und seine Theorie von der Kontinentaldrift – und gerade in diesem Punkt liegen sie falsch.

Die Geologen hatten nämlich gar nichts gegen die Vorstellung von einem Urkontinent Pangaea, der dann in einzelne Teile auseinanderbrach. Tatsächlich wurden sogar noch weit radikalere Theorien zur Erklärung der Verteilung der Lebensformen über die verschiedenen Erdteile vorgetragen und wohlwollend geprüft. Ihr Einspruch richtete sich vielmehr gegen den von Wegener unterstellten Mechanismus der Kontinentaldrift, d. h. gegen die Vorstellung, daß riesige Granitschollen durch einen Basalt-»Ozean« getrieben seien (und noch heute treiben sollen). Die Einwände gegen diese Annahme waren durchaus gravierend und sind bis heute gültig geblieben. Die Kontinente schieben sich in der Tat nicht durch oder über den Basaltuntergrund.

Für die durch geographische und biologische Indizien wahrscheinlich gemachte Verlagerung der Kontinente muß somit ein anderer Mechanismus verantwortlich sein – ein Mechanismus, der physikalisch nachvollziehbar ist und für den es empirische Belege gibt. Ich werde auf diese Belege weiter unten in diesem Kapitel zu sprechen kommen; an dieser Stelle genügt es, zu sagen, daß um das Jahr 1960 der amerikanische Geologe Harry H. Hess auf der Basis neuer Erkenntnisse die Hypothese wagte, daß möglicherweise aus dem Erdmantel geschmolzene Materie nach oben dringt – beispielsweise im Bereich bestimmter Bruchlinien, die sich entlang der Längsachse des Atlantik erstrecken – und im hangenden Bereich des Mantels beidseitig auseinanderweicht, um schließlich abzukühlen und zu erhärten. Die Meeresböden werden quasi an solchen mittelozeanischen Längsachsen auseinandergezogen. Die Kontinente würden demnach nicht auseinanderdriften, sondern von den seitlich auseinanderstrebenden Meeresböden passiv mitgeschleppt.

So wie es sich heute darstellt, hat Pangaea tatsächlich einmal existiert, und zwar als zusammenhängendes Gebilde bis vor etwa 225 Millionen Jahren, als die Blütezeit der Dinosaurier einsetzte. Nach der Evolution und Verteilung von Pflanzen- und Tierarten zu schließen, muß der Zerfall sich vor rund 200 Millionen Jahren vollzogen haben. Pangaea brach damals in drei Teile auseinander: einen nördlichen (bestehend aus Nordamerika, Europa und Asien), den man als *Laurasia* bezeichnet, einen südlichen (bestehend aus Südamerika, Afrika und Indien), der *Gondwana* genannt wird (nach einer indischen Provinz), und einen dritten, der die Antarktis und Australien umfaßte.

Vor etwa 65 Millionen Jahren, zu einem Zeitpunkt also, an dem die Dinosaurier bereits ausgestorben waren und die Säugetiere die Erde beherrschten, lösten sich von Gondwana zwei Bruchstücke ab: ein großes im Westen, das heutige Südamerika, und ein kleineres im Osten, das heutige Indien, das in die Richtung der asiatischen Südküste driftete. Schließlich trennte sich Nordamerika von Europa, Indien traf auf Asien und verband sich mit ihm (wobei sich an der Nahtstelle das Himalaya-Gebirge auffaltete). Australien löste sich von der Antarktis ab, und schließlich stellte sich die uns heute vertraute Konstellation der Erdteile ein. (Einzelne Stationen dieses Prozesses siehe *Abb.*)

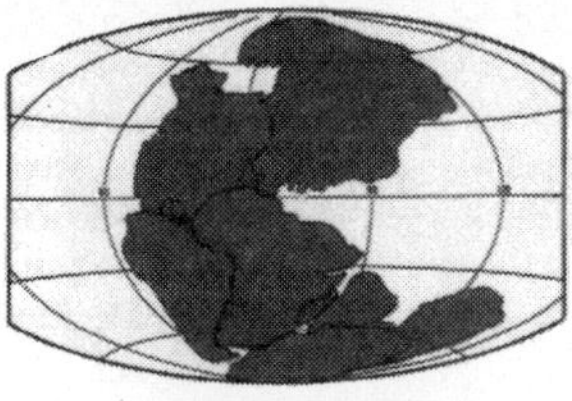

Perm (225 Mill. Jahre vor heute)

Trias (200 Mill. Jahre vor heute)

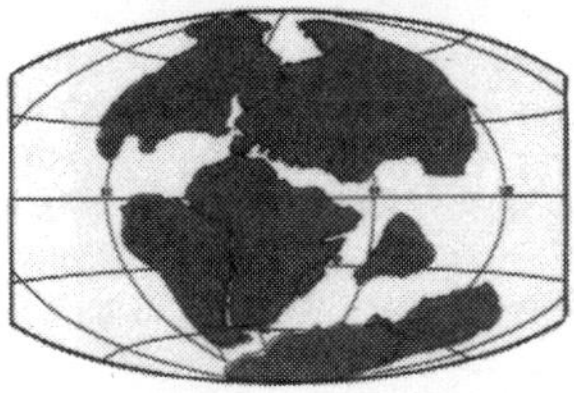

Jura (135 Mill. Jahre vor heute)

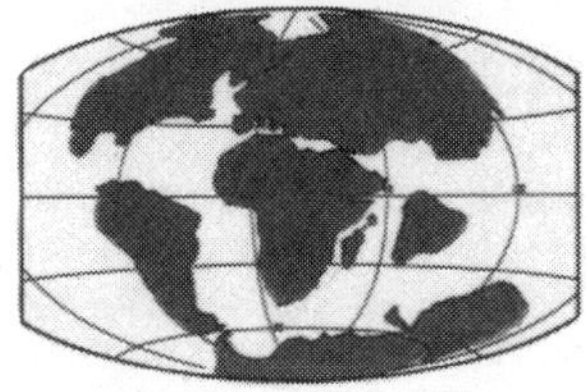

Kreide (65 Mill. Jahre vor heute)

Känozoikum (Gegenwart)

Die Drift der Kontinente im Spiegel der Erdgeschichte. Der einstige Superkontinent Pangaea teilt sich zunächst in den Nordkontinent Laurasia und in den Südkontinent Gondwana. Beide lösten sich im Verlauf des Mesozoikums und Känozoikums in die heutigen Erdteile und Inseln auf.

Die Entstehung des Mondes

Einen noch spektakuläreren Gedanken zur Erdgeschichte steuerte im Jahr 1879 der britische Astronom George H. Darwin, ein Sohn von Charles Darwin, bei. Er äußerte die Vermutung, der Mond sei aus einem Materiebrocken entstanden, der sich in grauer Vorzeit von der Erde losgerissen und als Narbe den Pazifischen Ozean (bzw. das Pazifische Becken) hinterlassen habe.

Es ist ein reizvoller Gedanke, stellt doch der Mond nur etwas mehr als 1% der Gesamtmasse des Erde-Mond-Systems, so daß er durchaus klein genug ist, um im Pazifischen Becken Platz zu finden. Hätte sich der Mond aus einem losgerissenen Stück der Erdkruste gebildet, so würde dies erklären, weshalb er keinen Eisenkern besitzt und eine viel geringere mittlere Dichte aufweist als die Erde, und es würde auch erklären, weshalb sich auf dem Grund des Pazifik keine Granitschicht findet.

Es gibt jedoch eine ganze Reihe von Gründen, die gegen diese Erklärung für die Herkunft des Mondes sprechen. Es gibt heute praktisch keinen Astronomen und Geologen, der die These noch für ernsthaft diskutierbar hält. Sicher scheint indes, daß der Mond der Erde früher näher war, als er es heute ist.

Der Mond übt kraft seiner Anziehung eine Gezeitenwirkung nicht nur auf unsere Ozeane, sondern auch auf die feste Erdkruste aus. Zusammen mit der Erddrehung bewirkt dies, daß die Meere regelmäßig ein wenig hin- und herschwappen und dabei kinetische Energie an die Küsten und, in den seichten Zonen, an den Meeresboden abgeben. Analog dazu vollführen auch die starren Gesteinsformationen der Erdkruste eine gezeitenbedingte Bewegung, d. h. sie heben und senken sich, wobei es zu Reibungen kommt. In beiden Fällen werden regelmäßig winzige Bruchteile der Rotationsenergie der Erde in Reibungswärme umgesetzt, infolgedessen die Erddrehung sich mit der Zeit verlangsamt. Nach menschlichen Zeitbegriffen geht dieser Prozeß unendlich langsam vor sich – ungefähr alle 62500 Jahre verlängert sich der Erdentag um eine Sekunde. Da der Drehimpuls innerhalb des Gesamtsystems in jedem Fall erhalten bleiben muß, bedeutet der Verlust an Rotationsenergie, den die Erde erleidet, daß an einer anderen Stelle des Systems ein Energiegewinn in gleicher Höhe auftreten muß. Dies ist auch tatsächlich der Fall: Die Geschwindigkeit, mit der der Mond die Erde umkreist, nimmt allmählich zu, was zur Folge hat, daß seine Umlaufbahn sich – nach menschlichen Maßstäben ebenfalls unendlich langsam – von der Erde entfernt.

Wenn wir einmal in Gedanken in die ferne Erdvergangenheit zurückgehen, sehen wir einen Erdball, der sich schneller um sich selber dreht und auf dem daher ein Tag beträchtlich kürzer ist als 24 Stunden, und einen Mond, der der Erde wesentlich näher steht, als es heute der Fall ist. Darwin versuchte auszurechnen, zu welchem Zeitpunkt in der Vergangenheit der Mond der Erde so nahe war, daß beide ein zusammenhängendes Ganzes bildeten; aber auch wenn wir weniger weit zurückgehen, müßten wir empirische Belege für eine kürzere Tagesdauer in der Vergangenheit finden. Wählen wir einmal die Zeit, die dem Alter der ältesten Fossilien entspricht, also 570 Millionen Jahre vor unserer Zeit; damals dürfte ein Tag nicht länger gewesen sein als 20 Stunden und einige Minuten, und ein Jahr dürfte 428 Tage gehabt haben.

Dies ist heute keine graue Theorie mehr. Bestimmte Korallenarten, die ihre Gehäuse mittels Anwachsringen aus Kalk aufbauen, tun dies zu manchen Jahreszeiten mit größerem Fleiß als zu anderen, so daß man an diesen Ringen die Jahre wie an den Jahresringen eines Baumes abzählen kann. Es gibt ferner Arten, die bei Tag erheblich mehr Kalk ablagern als bei Nacht, wodurch ein sehr feines Streifenmuster entsteht, an dem man die einzelnen Tage abzählen kann. 1963 zählte der amerikanische Paläontologe John W. Wells bei fossilen Korallen diese feinen Streifen aus und berichtete, er habe bei 400 Millionen Jahre alten Exemplaren innerhalb eines Jahresrings jeweils durchschnittlich 400 Tagesstreifen und bei Exemplaren, die nur 320 Millionen Jahre alt waren, innerhalb eines Jahresrings rund 380 Tagesstreifen gefunden.

Hier stellt sich natürlich die Frage: Wenn der Mond damals der Erde wesentlich näher stand und die Erde sich erheblich schneller drehte, wie sah es dann zu einem noch wesentlich früheren Zeitpunkt aus? Wenn die Theorie Darwins, der Mond sei aus dem Erdkörper hervorgegangen, nicht das Wahre ist, was ist dann wahr?

Eine Hypothese besagt, daß der Mond irgendwann von der Erde eingefangen worden ist. Wenn wir annehmen, daß dieses Ereignis vor 600 Millionen Jahren stattfand, dann könnte es die Erklärung liefern für die Tatsache, daß wir in Sedimentgesteinen mit einem Alter von bis zu 600 Millionen Jahren zahlreiche Fossilien finden, während bei älteren Sedimenten nichts zum Vorschein kommt als einige undeutliche Spuren von Kohlenstoffverbindungen. Denkbar ist, daß diese älteren Gesteine durch die starken Gezeitenströmungen, die durch das Einfangen des Mondes entstanden sein müssen, geschliffen wurden. (Es gab um diese Zeit kein Leben außerhalb des Wassers; wenn es eines gegeben hätte, wäre es ausgelöscht worden.) Wenn der Mond von der Erde eingefangen wurde, müßte er in der Tat eine wesentlich engere Umlaufbahn eingeschlagen haben, als er sie heute hat. Die allmähliche Erweiterung seiner Umlaufbahn und das damit zusammenhängende Längerwerden des Erdentags hätten seither in der von uns angenommenen Weise vor sich gehen können.

Eine andere Möglichkeit, die erörtert wird, besagt, daß der Mond aus derselben sich verdichtenden Staubwolke wie die Erde in deren unmittelbarer Nähe entstanden ist und sich seither stetig weiter von ihr entfernt, ohne jedoch jemals ein Teil der Erde gewesen zu sein.

Viele Wissenschaftler waren optimistisch genug, zu glauben, daß die Untersuchung des von den Astronauten 1969 und in den Jahren danach auf die Erde mitgebrachten Mondgesteins die Frage klären werde; dem war aber nicht so. Der Mond gab das Geheimnis seiner Entstehung nicht preis. Es fanden sich beispielsweise auf seiner Oberfläche Glassplitter, wie sie auf der Erde nicht vorkommen. Ferner enthält die äußere Kruste des Mondes überhaupt kein Wasser und nur sehr geringe Mengen (sehr viel geringere als die Erde) von Substanzen mit einem relativ niedrigen Schmelzpunkt. Dies kann als Indiz dafür gedeutet werden, daß der Mond in der Vergangenheit über längere Zeiträume hinweg hohen Temperaturen ausgesetzt war.

Nehmen wir einmal an, der Mond sei ursprünglich ein kleiner Planet gewesen und habe sich nach seiner Entstehung zunächst einmal auf einer stark elliptischen Bahn um die Sonne bewegt, einer Bahn, die an ihrem einen Ende etwa so nahe an die Sonne heranreichte wie die Umlaufbahn des Merkur und am anderen ungefähr die Sonnenentfernung der Erdbahn erreichte. Der Mond könnte auf dieser Bahn einige Milliarden Jahre lang umgelaufen sein, bis eine bestimmte Konstellation zwischen ihm selbst, der Erde und vielleicht auch der Venus dazu führte, daß er von der Erde eingefangen wurde. Der Mond hätte damit seinen Status als »unabhängiger« Kleinplanet gegen eine Trabantenrolle eingetauscht, aber seine Oberfläche würde noch von seiner Vergangenheit als Planet auf einer sehr nahe an der Sonne vorüberführenden Bahn zeugen.

Die Glasstückchen könnten sich andererseits auch infolge lokal begrenzter Hitzeentwicklung durch den Einschlag der Meteorite gebildet haben, denen der Mond seine vielen Krater verdankt. Oder sie könnten, in dem sehr unwahrscheinlichen Fall, daß der Mond sich doch von der Erde losgerissen hätte, ein Produkt der bei diesem gewaltigen Ereignis aufgetretenen Erhitzung sein.

Von den bislang vorgetragenen Theorien über die Entstehung des Mondes wirkt eigentlich keine besonders überzeugend; es soll Wissenschaftler geben, die behaupten, wenn man alle im Zusammenhang mit der Entstehung des Mondes relevanten Daten sorgfältig erwäge, dann sei der einzig zwingende Schluß der, daß der Mond überhaupt nicht entstanden sein und demzufolge auch nicht am Himmel stehen kann! Nun, auch wenn einzelne Wissenschaftler vor der Frage, wie der Mond entstanden ist, resignieren, so wird die Suche nach weiteren empirischen Anhaltspunkten doch weitergehen. Da es eine Antwort geben muß, wird sie eines Tages wohl auch gefunden werden.

Die schmelzflüssige Erde

Die Tatsache, daß die Erde zwei Hauptbestandteile aufweist – den Silikatmantel und den Eisen-Nickel-Kern (in ungefähr demselben Mengenverhältnis zueinander wie das Weiße und das Gelbe in einem Ei) –, hat die meisten Geologen zu der Überzeugung gebracht, daß die Erde früher einmal schmelzflüssig gewesen ist. Denkbar ist, daß sie aus zwei miteinander nicht mischbaren Schmelzflüssigkeiten bestand. Die Silikatschmelze als die leichtere wäre nach oben, d. h. nach außen, gedrungen und hätte ihre Wärme ins All abgestrahlt. Die darunterliegende Metallschmelze hätte, da von allen Seiten umschlossen und somit isoliert, ihre Wärme viel langsamer abgegeben und wäre deshalb bis zum heutigen Tag schmelzflüssig geblieben.

Will man erklären, wie die Erde heiß genug werden konnte, um zu einem Ball aus schmelzflüssiger Materie zu werden, so gibt es dafür, auch wenn man von einem völlig kalten Anfangszustand ausgeht, mindestens drei Möglichkeiten.

Die Voraussetzung ist dabei immer, daß die Erde sich aus einer Ansammlung von *Planetesimalen* (siehe Kap. 3) bildete. Im Prozeß der Verdichtung kam es zwischen diesen Körpern zu Kollisionen und Verklumpungen; dabei verwandelte sich ein Teil ihrer kinetischen (d. h. Bewegungs-)Energie in Wärme. Dann eröffnete die zunehmende Schwerkraft des sich bildenden Planeten eine weitere Energiequelle: Durch die gravitationsbedingte Zusammenballung entstand ebenfalls Reibungswärme. Zum dritten dürften die in der Erde vorhandenen radioaktiven Substanzen – Uran, Thorium und Kalium – im Lauf der Jahrmilliarden bei ihrem Zerfall große Wärmemengen freigesetzt haben. In der Anfangsphase, als sehr viel mehr radioaktives Material vorhanden war als heute, könnte der radioaktive Zerfall allein genug Wärme produziert haben, um die Erde in einem schmelzflüssigen Zustand zu halten.

Nicht für alle Wissenschaftler ist die Annahme eines schmelzflüssigen Stadiums in der Entwicklung der Erde ein absolutes Muß. Der amerikanische Chemiker Harold C. Urey beispielsweise behauptete, daß ein Großteil des Materials durchgehend im festen Zustand gewesen sei. Seiner Meinung nach konnte sich auch im Innern einer weitgehend aus festem Material bestehenden Erde durch eine allmähliche Eisenabscheidung ein Eisenkern bilden. Er hielt es für möglich, daß auch heute noch Eisen in einer Größenordnung von 50000 Tonnen pro Sekunde aus dem Erdmantel in den Kern strömt.

Die Meere

Die Erde ist insofern einzigartig unter den Planeten unseres Sonnensystems, als sie eine Oberflächentemperatur aufweist, bei der Wasser in allen drei Aggregatzuständen vorkommt – fest, flüssig und gasförmig. Einige weiter von der Sonne entfernte Himmelskörper bestehen zu einem erheblichen Teil aus Eis – Ganymed und Callisto zum Beispiel. Der Jupitermond Europa ist ringsum von einem Gletscher bedeckt, unter dem es zwar Wasser in flüssiger Form geben könnte, aber Wasserdampf ist wohl auf der Oberfläche aller dieser Himmelskörper allenfalls in unbedeutender Konzentration vorhanden.

Die Erde ist auch, soweit wir wissen, der einzige Himmelskörper unseres Sonnensystems, der über Ozeane verfügt – große, mit Wasser in flüssiger Form gefüllte, offen der Atmosphäre ausgesetzte Reservoire. Eigentlich dürfte man nicht von Ozeanen sprechen, denn im Grunde bilden Pazifik, Atlantik, Indischer Ozean, Nördliches und Südliches Polarmeer ein einziges zusammenhängendes Gewässer, aus dem die europäisch-asiatisch-afrikanische Landmasse, die beiden amerikanischen Subkontinente und die kleineren Erdteile Antarktis und Australien als Inseln herausragen.

Die statistischen Daten zu diesem Ozean sind eindrucksvoll. Seine Gesamtoberfläche beträgt 360 Millionen km^2; damit bedeckt er die Erdoberfläche zu 71%. Er füllt (wenn man die durchschnittliche Wassertiefe mit 3750 Metern ansetzt) ein Volumen von rund 1350 Millionen km^3. Er enthält 97,2% des gesamten auf der Erde vorhandenen Wassers und stellt übrigens auch das Reservoir dar, aus dem die Süßwasservorräte der Erde ergänzt werden. Pro Jahr verdampfen aus ihm 333000 km^3 Wasser, um in Form von Regen oder Schnee wieder auf die Erde niederzugehen. Dank dieser Niederschläge hat sich unter der Oberfläche der Kontinente ein Grundwasservorrat von 833000 km^3 angesammelt, während sich rund 125000 km^3 Süßwasser in Seen und Flüssen befinden.

Unter anderen Vorzeichen betrachtet, nimmt das Weltmeer sich weniger imposant aus. Riesig, wie es ist, stellt es doch nur wenig mehr als 1/4000 der Gesamtmasse der Erde. Wenn wir uns die Erde auf die Größe einer Billardkugel verkleinert denken, dann entspräche dem Ozean ein dünner Feuchtigkeitsfilm auf der Kugel. Ein Taucher, der bis an die tiefste Stelle des Ozeans vordringen würde, hätte erst den 580sten Teil der Entfernung zum Erdmittelpunkt zurückgelegt.

Und doch bedeutet dieser verschwindend dünne »Feuchtigkeitsfilm« für uns unendlich viel, ja alles. Die ersten lebenden Organismen entstanden hier, und rein quantitativ gesehen, enthält der Ozean noch immer den Löwenanteil des sich auf unserem Planeten tummelnden Lebens. An Land beschränkt sich das Leben auf einen Bereich, der von wenigen Metern unter der Erde bis zu einigen Dutzend Metern über dem Boden reicht (nur Vögel erheben sich zeitweise in größere Höhen). Dagegen ist das Meer in seiner gesamten Tiefe von fast 12000 m permanent von Leben erfüllt.

Allerdings wußten die Menschen bis vor kurzem so wenig über die Tiefen des Ozeans und namentlich über den Meeresboden, als befände sich der Ozean auf der Venus.

Die Meeresströmungen

Der Begründer der modernen Ozeanographie war ein amerikanischer Marineoffizier namens Matthew Fontaine Maury. Gerade Anfang Dreißig, erlitt er einen Unfall, bei dem er eine Lähmung davontrug – ein Unglück für ihn selbst, das jedoch indirekt der Menschheit zum Nutzen gereichte. Zum Leiter des Archivs für Karten und Instrumente ernannt, stellte er sich selbst die Aufgabe, so viel wie möglich über Meeresströmungen herauszufinden. Insbesondere studierte er den Weg des *Golfstroms,* den als erster bereits 1769 der amerikanische Gelehrte Benjamin Franklin erforscht hatte. Maury prägte in diesem Zusammenhang den klassisch gewordenen Satz: »Im Ozean fließt ein Fluß.« Der Golfstrom ist weit mächtiger als jeder an Land fließende Fluß. Er transportiert pro Sekunde tausendmal so viel Wasser wie der Mississippi. Er ist an seinem Ursprung 80 km breit, fast 800 Meter tief und fließt mit einer Geschwindigkeit von bis zu 6,5 km/h. Seine erwärmende Wirkung macht sich bis hin zur Insel Spitzbergen im hohen Norden Europas bemerkbar.

Maury regte eine internationale Zusammenarbeit beim Studium der Ozeane an; er war der maßgebliche Initiator einer historischen internationalen Konferenz, die 1853 in Brüssel stattfand. 1855 veröffentlichte er sein erstes ozeanographisches Lehrbuch, das den Titel *Physical Geography of the Sea* trug.

Seit den Tagen Maurys sind die Meeresströmungen gründlich erforscht und kartographisch dargestellt worden. Sie verlaufen nördlich des Äquators im Uhrzeigersinn, südlich des Äquators gegen den Uhrzeigersinn in großen, drehenden Kreiswirkungen – eine Folge der Coriolis-Kraft. Der Golfstrom ist nichts anderes als der nördliche Teil eines im Uhrzeigersinn rotierenden Strömungswirbels im Nordatlantik. Südlich von Neufundland wendet er sich ostwärts und durchströmt, hier auch *Atlantischer Strom* genannt, den nördlichen Atlantik. Die europäische Festlandsküste lenkt Teile von ihm nach Norden ab, um die britischen Inseln herum und die norwegische Küste entlang; der Rest wird nach Süden abgelenkt und streicht an der afrikanischen Nordwestküste entlang. Da dabei die Kanarischen Inseln berührt werden, wird dieser Ast als *Kanarien-Strom* bezeichnet. Der Verlauf der afrikanischen Westküste sorgt im Zusammenwirken mit der Coriolis-Kraft dafür, daß der Strom, nunmehr als *Nord-Äquatorialstrom,* den Atlantik westwärts durchquert und ins Karibische Meer zurückkehrt, wo der Kreislauf von vorne beginnt.

Einen größeren, gegen den Uhrzeigersinn drehenden Strömungswirbel finden wir im Südpazifik. Die Küsten der Kontinente streifend, fließt dieser Strom, von der Antarktis herkommend, in nördlicher Richtung an der Westküste Südamerikas entlang bis zur Höhe von Peru. Dieser sehr kalte und nährstoffreiche Teilstrom heißt hier *Humboldt-Strom* (nach dem deutschen Naturforscher Alexander von Humboldt, der um das Jahr 1810 als erster über ihn berichtete).

Durch den Verlauf der peruanischen Küste (wiederum im Zusammenwirken mit der Coriolis-Kraft) umgelenkt, fließt der Strom sodann, unmittelbar südlich des Äquators, als *Süd-Äquatorialstrom* gen Westen. Ein Teil des von ihm transportierten Wassers findet seinen Weg durch den indonesischen Archipel in den Indischen Ozean. Der restliche Teil wendet sich südwärts, streicht an der australischen Ostküste entlang und strömt dann in östlicher Richtung zum Ausgangspunkt zurück.

Diese Strömungen haben Anteil am Temperaturausgleich innerhalb der Weltmeere und damit auch an einer Mäßigung des Klimas an den Küsten der Kontinente. Natürlich gibt es trotzdem noch Temperaturunterschiede, aber sie sind nicht so groß, wie sie es wären, wenn es die Meeresströmungen nicht gäbe.

Die meisten Meeresströmungen fließen langsam, langsamer noch als der Golfstrom. Aber selbst bei geringer Fließgeschwindigkeit bewegen sie dank ihrer Breite und Tiefe enorme Wassermassen. Vor New York transportiert der Golfstrom pro Sekunde rund 40 Millionen Liter Wasser nach Nordosten.

Auch in den Polarmeeren gibt es Strömungen. Die jeweils spezifische Drehrichtung (mit dem Uhrzeigersinn auf der Nordhalbkugel, gegen ihn auf der Südhalbkugel) bewirkt, daß sowohl in der Arktis als auch in der Antarktis das Wasser auf der dem Pol zugewandten Seite des Wirbels von Westen nach Osten transportiert wird.

Im Süden der Kontinente Südamerika, Afrika und Australien fließt eine Strömung, die den antarktischen Kontinent in west-östlicher Richtung umkreist und dabei auf keinerlei Landmasse trifft. (Es ist dies die einzige Stelle auf der Erde, an der eine Wasserströmung ungehindert um den ganzen Globus wandern kann.) Diese sogenannte *Westwind-Trift* des Südpolarmeers ist die mächtigste Meeresströmung, die es auf der Erde gibt; sie transportiert pro Sekunde fast 90 Millionen Tonnen Wasser.

Im Gegensatz zur antarktischen stößt die arktische Westwind-Trift auf Landmassen, so daß wir hier eine *Nordpazifik-Trift* und eine *Nordatlantik-Trift* vorfinden. Letztere wird von der grönländischen Westküste in südliche Richtung abgelenkt und berührt mit ihrem eiskalten Wasser als *Labrador-Strom* die Küsten von Labrador und Neufundland. Südlich von Neufundland stößt der Labrador-Strom auf den Golfstrom; das Zusammentreffen der beiden macht diese Region daher besonders anfällig für Nebel und Stürme.

Der westliche und der östliche Rand des Atlantischen Ozeans bieten ein Bild der Gegensätze. Labrador im Westen, klimatisch vom Labrador-Strom geprägt, ist eine Einöde mit einer Gesamtbevölkerung von 25000 Menschen. Die britischen Inseln gegenüber, auf genau derselben geographischen Breite gelegen, haben dank des Golfstroms ein lebensfreundliches Klima; ihre Bevölkerung zählt 55 Millionen Einwohner.

Eine Strömung, die direkt am Äquator entlangzieht, unterliegt keinem Coriolis-Effekt und kann sich in gerader Linie fortbewegen. Eine solche schmale, schnurgerade Strömung wurde im Pazifischen Ozean aufgefunden; sie verläuft über eine Strecke von mehreren Tausend Kilometern längs des Äquators. Nach ihrem Entdecker, dem amerikanischen Ozeanographen Townsend Cromwell, ist sie auf den Namen *Cromwell-Strömung* getauft worden. Eine ähnliche, nur etwas langsamer fließende Strömung entdeckte der amerikanische Ozeanograph Arthur D. Voorhis 1961 im Atlantik.

Oberflächenströmungen sind nicht die einzigen Bewegungen, die sich im Meer vollziehen. Daß es in den tieferen Wasserschichten kein regloses Verharren auf der Stelle geben kann, ergibt sich aus mehreren Überlegungen. Zum einen verzehren die die Meeresoberfläche bewohnenden Pflanzen und Tiere beständig mineralische Nährstoffe – Phosphate und Nitrate – und nehmen, wenn sie nach ihrem Tod absinken, diese Stoffe mit in die Tiefe; gäbe es keine Zirkulation, so wären die obersten Wasserschichten bald von diesen Nährstoffen leergefegt. Ferner würde der Sauerstoff, den das Meerwasser aus der Luft aufnimmt, nicht in einer für die Aufrechterhaltung des Tiefseelebens ausreichenden Menge nach unten gelangen, wenn kein Transport sauerstoffreichen Wassers in die Tiefe stattfände. Tatsächlich findet sich aber Sauerstoff in ausreichender Konzentration auch noch in den tiefsten Abgründen der Ozeane. Dies legt die Vermutung nahe, daß es Stellen gibt, wo stark mit Sauerstoff angereichertes Wasser beständig nach unten sinkt.

Die Antriebskraft für diese konstante vertikale Zirkulation liefern Temperaturdifferenzen. Das Oberflächenwasser der Meere kühlt sich in den Polarregionen stark ab, wird spezifisch schwerer und sinkt daher ab. Dieses kontinuierlich nachströmende, eiskalte Sinkwasser breitet sich, auf dem Meeresboden angekommen, in alle Richtungen aus, so daß selbst in den tropischen Breiten das Tiefenwasser sehr kalt ist – nahe dem Gefrierpunkt. Wenn auf der einen Seite beständig abgekühltes Wasser nach unten sinkt, muß, da das Meer kein Faß ohne Boden ist, zugleich anderswo eine gleichgroße Menge kalten Tiefenwassers an die Meeresoberfläche gedrückt werden, wo es sich erwärmt und irgendwann der Arktis oder der Antarktis zuströmt, um dort wieder abzusinken. Man schätzt, daß diese vertikale Zirkulation das Wasser des Atlantischen Ozeans etwa alle tausend Jahre einmal völlig durchmischt. (Das heißt, wenn es gelänge, das Wasser einer Atlantikhälfte einzufärben, daß die beiden verschiedenfarbigen Wasserarten nach rund tausend Jahren völlig miteinander vermischt wären.) Beim größeren Pazifik findet eine vollständige Durchmischung vielleicht nur alle zweitausend Jahre statt.

Die Antarktis stellt weit größere Mengen kalten Wassers bereit als die Arktis. Die Eiskappe des Südpols ist zehnmal so groß wie die des Nordpols (das grönländische Festlandeis bei letzterer mit eingerechnet). Das Wasser in der Umgebung der Antarktis, das durch schmelzendes Polareis ständig eiskalt gehalten wird, dehnt sich nach Norden hin aus und stößt dort auf die aus tropischen Breiten kommenden warmen Oberflächenströmungen. Infolge seiner höheren Dichte taucht das kalte Polarwasser beim Kontakt mit dem warmen Tropenwasser unter dieses ab. Die Grenzfläche, entlang derer sich dies vollzieht, wird hier als *antarktischer Zusammenschluß* (analog existiert ein *arktischer Zusammenschluß*) bezeichnet. Sie reicht stellenweise bis fast an den 40. Grad südlicher Breite heran.

Das kalte Antarktiswasser breitet sich, wie gesagt, auf dem gesamten Meeresboden aus; es führt Sauerstoff (der sich, wie alle Gase, in kaltem Wasser leichter und in größeren Mengen löst als in warmem) und Nährstoffe mit sich. Die Antarktis als »Eisschrank der Erde« düngt gleichsam die Oze-

ane und beeinflußt maßgeblich das Wetter auf unserem Planeten.
Die Festlandsmassen, die die einzelnen Ozeane voneinander abriegeln, komplizieren diese im Prinzip einfachen Vorgänge. Um das tatsächliche Zirkulationsgeschehen im einzelnen erforschen zu können, bedienen sich die Ozeanographen des Sauerstoffs als Markierungsmittel. Während das sauerstoffreiche Polarwasser absinkt und sich in der Tiefe verteilt, wird sein Sauerstoffgehalt von sauerstoffzehrenden Organismen allmählich abgebaut. Wenn man daher an allen möglichen Orten die Sauerstoffkonzentration im Tiefenwasser mißt, kann man daraus die Verlaufsrichtung von Tiefseeströmungen rekonstruieren.
Diese Forschungen ergaben, daß eine Hauptströmung vom Nordpolarmeer aus südwärts, unter dem Golfstrom hindurch, in den Atlantik fließt und eine andere, parallel dazu, in die entgegengesetzte Richtung; entsprechend gibt es im Südatlantik eine von der Antarktis herrührende Tiefenströmung. Dem Pazifischen Ozean fließen dagegen aus dem Nordmeer keine nennenswerten Wassermengen zu, da der einzige Durchlaß zwischen beiden Meeren die enge und seichte Bering-Straße ist. An dieser Stelle ist natürlich für jegliche Tiefseeströmung Endstation. Daß der Nordpazifik in dieser Beziehung eine Sackgasse für Meeresströmungen darstellt, geht aus der Tatsache hervor, daß sein Tiefenwasser ziemlich sauerstoffarm ist. Große Teile dieses größten unserer Meere sind daher nur spärlich mit organischem Leben bevölkert und stellen gewissermaßen das Gegenstück zu den Wüsten auf dem Festland dar. Ähnliches gilt für größtenteils vom Land eingeschlossene Meere wie das Mittelmeer, wo nur eine eingeschränkte Sauerstoff- und Nährstoffzirkulation möglich ist.
Neue, unmittelbare Belege für die Richtigkeit des bis dahin gewonnenen Bildes von den Tiefenströmungen erbrachte eine britisch-amerikanische ozeanographische Expedition, die 1957 durchgeführt wurde. Die Wissenschaftler setzten ein von dem britischen Ozeanographen John C. Swallow konzipiertes Spezialgerät aus, das so konstruiert war, daß es in einer bestimmten Meerestiefe (1500 m oder wahlweise noch tiefer) schwebte und von den dort herrschenden Strömungen mitgenommen wurde. Das Gerät war mit einer Vorrichtung zur Erzeugung hochfrequenter Schallwellen ausgestattet. Mit Hilfe dieser Signale konnten die Forscher seinen Weg und damit den Verlauf der Tiefenströmungen verfolgen. So konnte die Tiefseeströmung, die, aus der Arktis kommend, am Westrand des Atlantik nach Süden zieht, auch direkt nachgewiesen werden.

Der Reichtum der Meere

Alle diese Erkenntnisse werden spätestens dann praktische Bedeutung erlangen, wenn eine sich weiter vermehrende Menschheit die Meere verstärkt als Nahrungsmittelreservoir nutzen möchte oder muß. Eine systematisch betriebene Meeresbewirtschaftung setzt eine Kenntnis der fruchtbaren Wasserströmungen ebenso voraus, wie der Ackerbau zu Lande die Kenntnis der Wetter- und der Grundwasserverhältnisse verlangt. Die heutige Jahresmenge an »geernteten« Meeresprodukten (1980 waren es rund 75 Millionen Tonnen) ließe sich nach Schätzungen der Fachleute durch sorgfältige Planung und effiziente Technik auf 200 Millionen Tonnen pro Jahr steigern, und zwar ohne Überbeanspruchung (und damit Gefährdung) der vorhandenen Bestände. (Dies gilt natürlich nur unter der Voraussetzung, daß wir schleunigst damit aufhören, die Meere rücksichtslos zu schädigen und zu verschmutzen, und zwar am meisten gerade die küstennahen Bereiche, die den reichsten Gehalt an wertvollen Organismen aufweisen. Bis heute haben wir es nicht nur nicht geschafft, die Meere systematischer als Nahrungsmittelreservoir zu nutzen, wir sind vielmehr auf dem besten Weg, sie so weit zu verderben, daß sie nicht einmal mehr die bisherigen Ertragsmengen liefern können.)
Außer aquatischen Nahrungsmitteln bergen die Ozeane auch andere Schätze. Das Meerwasser enthält in gelöster Form große Mengen anorganischer Stoffe; fast jedes chemische Element ist im Meer vertreten. 4 Milliarden Tonnen Uran, 300 Millionen Tonnen Silber und 4 Millionen Tonnen Gold schwimmen in den Ozeanen der Erde – freilich in zu dünner Konzentration, als daß sie sich auf lohnende Weise gewinnen ließen. Bei Magnesium und Brom gibt es jedoch schon heute wirtschaftlich rentable Extraktionsverfahren. Ein wichtiger Lieferant von Jod ist getrockneter Seetang – die lebende Tangpflanze entnimmt Jod dem Meerwasser und reichert es in so hoher Konzen-

tration an, daß bislang kein technisches Verfahren gefunden wurde, das mit diesem Naturprozeß wirtschaftlich konkurrieren könnte.

Aber auch weit unedlere Stoffe werden aus dem Meer gefördert. In den relativ seichten Gewässern vor den Küsten der USA werden Jahr für Jahr rund 20 Millionen Tonnen Austernschalen, wertvolles Ausgangsmaterial für die Produktion ungebrannten Kalks, abgebaut. Des weiteren liefern die US-Küstengewässer im Jahr über 30 Millionen m^3 Sand und Kies.

Auf dem Grund verschiedener Meeresbecken, insbesondere im Pazifik, liegen zahlreiche Knollen metallischer Zusammensetzung, die um einen Kondensationskern nach Ausfällung aus dem Meerwasser gewachsen sind – etwa um einen Kieselstein oder einen Haifischzahn. (Es ist ein ähnlicher Vorgang wie das Wachsen einer Perle um ein Sandkorn im Innern einer Auster.) Man spricht für gewöhnlich von *Manganknollen,* weil Mangan ihr Hauptbestandteil ist. Man schätzt, daß im Pazifik auf jedem Quadratkilometer Meeresboden Manganknollen von mindestens 10000 Tonnen zu finden sind. Eine Förderung dieser Knollen in großem Maßstab wäre technisch höchst schwierig und würde sich unter heutigen wirtschaftlichen Voraussetzungen gar nicht lohnen, ginge es allein um das Mangan. Die Knollen enthalten jedoch durchschnittlich auch 1% Nickel, 0,5% Kupfer und 0,5% Kobalt. Diese Beimengungen machen die Knollen weitaus interessanter, als sie es sonst wären.

Vergessen wir aber auch nicht jenes Element, aus dem die Meere zu 97% bestehen, das Wasser selbst.

Jeder Amerikaner verbraucht pro Jahr durchschnittlich 2500 m^3 Wasser, als Trinkwasser, im Haushalt, in der Landwirtschaft, in der Industrie. Die meisten anderen Völker gehen mit Wasser etwas sparsamer um, aber der weltweite Durchschnittsverbrauch beträgt immerhin noch 1500 m^3 pro Jahr und Person. Für alle menschlichen Verbrauchszwecke kommt jedoch nur Süßwasser in Frage. Meerwasser hilft hier zunächst einmal nicht weiter.

Die Erde birgt natürlich einen, absolut gesehen, riesigen Süßwasservorrat. Zwar beträgt der Anteil des Süßwassers an der Gesamtmenge des auf der Erde vorhandenen Wassers weniger als 3%, aber das addiert sich immerhin zu einer Menge von 10 Millionen m^3 pro Kopf der Erdbevölkerung zusammen. Drei Viertel davon sind dem menschlichen Zugriff freilich von vornherein entzogen, weil sie im ewigen Eis der Polargebiete und der Gletscher unserer Erde gebunden sind (die 10% der Landfläche des Planeten bedecken).

In flüssiger Form verfügbar sind auf der Erde, wiederum pro Kopf der Erdbevölkerung gerechnet, rund 2,4 Millionen m^3 Süßwasser. Dieses Wasser befindet sich in einem beständigen Kreislauf; die Niederschläge, durch die der Vorrat immer wieder aufgefüllt wird, belaufen sich auf rund 115000 m^3 pro Person und Jahr. Man könnte sagen, daß diese jährliche Niederschlagsmenge immerhin das 75fache dessen liefert, was die Menschheit derzeit verbraucht und daß es somit mehr als genug Süßwasser gibt.

Ein Großteil der Niederschläge geht jedoch auf den Meeren nieder oder fällt in Form von Schnee auf das Polar- und Gletschereis. Ein Teil des Wassers, das in flüssiger Form auf die Landgebiete niedergeht oder flüssig wird, wenn Tauwetter einsetzt, läuft ins Meer zurück, ohne von Menschen genutzt zu werden. Von dem Regenwasser, das auf die Urwälder des Amazonasgebiets niedergeht, unterliegt nur ein ganz geringer Teil menschlicher Verwendung. Leider zeigt sich auch, daß die ständig wachsende Weltbevölkerung die vorhandenen und nutzbaren Süßwasservorräte zunehmend stärker ausbeutet, belastet und verschmutzt.

Sauberes Süßwasser wird daher in absehbarer Zeit zur Mangelware werden. Angesichts dessen ist es unvermeidlich, daß die Menschheit sich ihren größten Wasserreservoiren, den Ozeanen, zuwendet. Es ist im Prinzip möglich, Meerwasser zu destillieren, d. h. es durch Erhitzen und Verdampfen von den in ihm gelösten Stoffen zu trennen – im Idealfall mit Hilfe der Sonnenwärme. Meerwasser-Entsalzungsanlagen, die nach diesem Prinzip Süßwasser produzieren, sind in der Tat im Gebrauch, und zwar in Regionen, in denen genügend Sonnenwärme oder andere billige Wärmequellen zur Verfügung stehen oder in denen es einfach nicht anders geht. Bei großen Ozeandampfern ist es seit langem üblich, daß sie mit ihrem Dieseltreibstoff nicht nur ihre Motoren antreiben, sondern auch Meerwasser destillieren.

Vor einigen Jahren ist sogar der Vorschlag gemacht worden, in den Polarmeeren Eisberge ins

Schlepptau zu nehmen und in Länder zu befördern, wo Trinkwasserknappheit herrscht.
Die beste Methode zur Sicherung einer ausreichenden Süßwasserversorgung (und sinngemäß gilt dies auch für alle anderen Rohstoffe) wäre jedoch ein intelligenter und sparsamer Umgang mit den vorhandenen Vorräten, eine konsequente Abkehr von den Untugenden der Verschwendung und der Verschmutzung und eine behutsam zu realisierende Eindämmung des Bevölkerungswachstums auf der Erde.

Die Ozeanbecken und die Wanderung der Kontinente

Wie kann man die Tiefe eines Meeres messen? Ein einsames Zeugnis aus der Antike ist erhalten geblieben (wenn der Bericht authentisch ist): Der griechische Philosoph Posidonios soll um 100 v. Chr. die Tiefe des Mittelmeers vor der sardischen Küste zu messen versucht haben; es heißt, er sei auf 1900 m gekommen.
Es dauerte jedoch bis zum 18. Jahrhundert, ehe systematische, mit wissenschaftlichen Methoden durchgeführte Messungen von Meerestiefen im Rahmen von Projekten zur Erforschung des Meereslebens vorgenommen wurden. Um 1770 konstruierte der dänische Biologe Otto F. Müller einen Schleppkorb, mit dem Meerestiere und -pflanzen aus größeren Tiefen zutage gefördert werden konnten.
Mit besonderem Erfolg bediente sich eines solchen Schleppkorbes der englische Biologe Edward Forbes jr. In den 30er Jahren des 19. Jahrhunderts fischte er Meereslebewesen aus der Nordsee und aus anderen Gewässern in der Umgebung der britischen Inseln. 1841 erhielt er Gelegenheit, auf einem britischen Kriegsschiff ins östliche Mittelmeer zu fahren. Dort gelang es ihm, aus einer Tiefe von 400 Metern einen Seestern zu fischen.
Pflanzliches Leben kann nur in der obersten Gewässerschicht der Meere existieren, da das Sonnenlicht höchstens bis in eine Wassertiefe von 75 m zu dringen vermag. Da Tiere letzten Endes immer auf pflanzliche Nahrung angewiesen sind, erschien es Forbes vernünftig, anzunehmen, daß in Tiefen, in denen sich keine Pflanzen mehr fanden, auch Tiere nicht dauerhaft leben konnten. Er war überzeugt davon, daß eine Tiefe von 400 Metern die untere Grenze des Lebens im Meer sei und daß es in größerer Tiefe keinerlei Leben geben könne.
Gerade aber als Forbes diese Schlußfolgerung zog, fischte der britische Entdecker James C. Ross, der die Küsten des antarktischen Kontinents erkundete, Lebewesen aus über 700 m Wassertiefe. Doch die Antarktis war weit weg, und die meisten Biologen schlossen sich Forbes' Urteil an.
Gegenstand praktischer menschlicher Interessen (im Gegensatz zur bloß intellektuellen Wißbegier einer Handvoll Wissenschaftler) wurde der Meeresgrund erst, nachdem der Beschluß gefaßt worden war, ein Fernmeldekabel durch den Atlantik zu verlegen. 1850 hatte Maury eine erste, eigens für das Projekt einer Kabelverlegung bestimmte Karte des atlantischen Meeresbodens fertiggestellt. Es dauerte danach noch fünfzehn, von vielen Unterbrechungen und Fehlschlägen gezeichnete Jahre, ehe das Atlantikkabel endlich verlegt war. Zu verdanken war diese Errungenschaft hauptsächlich der unglaublichen Zähigkeit, mit der der amerikanische Finanzmann Cyrus West Field das Projekt vorantrieb – es kostete ihn ein Vermögen. (Heute überspannen mehr als zwanzig Kabel den Atlantik.)
Es ist Maury zu verdanken, daß dieses Unterfangen den Beginn der systematischen Erforschung und Vermessung der Meeresböden markierte. Nach den Messungen Maurys zu schließen, war der Atlantische Ozean in der Mitte weniger tief als zu beiden Seiten dieser Erhöhung, die Maury zum Gedenken an das Kabelprojekt auf den Namen Telegraph-Plateau taufte.
Das britische Schiff Bulldog wurde dafür ausgerüstet, Maurys Forschungsarbeiten weiterzuführen. Es stach 1860 in See. An Bord befand sich George C. Wallich, ein britischer Physiker; er holte mit einem Schleppnetz 13 Seesterne aus einer Tiefe von 2200 Metern. Es waren nicht etwa eingegangene, nach ihrem Tod auf den Meeresgrund gesunkene Seesterne, sondern lebendige Exemplare. Wallich berichtete sofort über diesen Fund und äußerte die Überzeugung, daß auch in den eiskalten, finsteren Tiefen des Meeres, wo keine Pflanze wuchs, tierisches Leben existierte.
Die Biologen waren nach wie vor skeptisch. Ein schottischer Biologe namens Charles W. Thomson warf 1868 von Bord der Lightning sein

Schleppnetz aus. Er zog es durch tiefe Wasserschichten und förderte Tiere der unterschiedlichsten Art zutage. Damit waren alle Zweifel beseitigt, so daß das Forbessche Diktum von der biologisch leeren Tiefsee zu den Akten gelegt wurde. Thomson wollte nun vor allem verläßliche Daten über Meerestiefen sammeln und stach zu diesem Zweck am 7. September 1872 mit der Challenger in See. Die Reise dauerte insgesamt dreieinhalb Jahre und führte über eine Strecke von insgesamt 78000 Seemeilen. Zur Messung der Meerestiefe verfügte die Challenger über nichts weiter als das gute alte Kabellot – ein 6500 m langes Kabel mit einem daran befestigten Gewicht, das ins Wasser lassen und so lange abgesenkt wurde, bis es den Meeresboden erreichte. Über 370 Messungen nahm Thomson nach dieser Methode vor. Leider ist das Verfahren bei größeren Tiefen nicht nur extrem arbeitsaufwendig, sondern auch ziemlich ungenau.

Die Meerestiefenmessung wurde 1922 durch die Einführung des Echolots revolutioniert; um dessen Funktionsprinzip erklären zu können, muß ich zunächst einige Ausführungen über die Eigenschaften von Schallwellen einschieben. Mechanische Schwingungen erzeugen in festen, flüssigen oder gasförmigen Stoffen (Luft beispielsweise) longitudinale Wellen, vergleichbar den Schallwellen. Manche dieser Wellen können wir als Töne wahrnehmen, d. h. hören. Unterschiedliche Wellenlängen nehmen wir als unterschiedliche Tonhöhen wahr. Der tiefste Ton, den wir gerade noch hören können, hat eine Wellenlänge von 22 m bzw. eine Frequenz von 15 Hertz (d. h. 15 Schwingungen pro Sekunde). Der höchste Ton, den ein erwachsener Mensch normalerweise gerade noch wahrnehmen kann, hat eine Wellenlänge von 2,2 cm bzw. eine Frequenz von 15000 Hertz. (Kinder vermögen auch noch etwas höhere Töne zu hören.)

In welchem Grad Schallwellen von der Atmosphäre absorbiert werden, hängt von der Wellenlänge ab. Je größer die Wellenlänge, in desto geringerem Maß wird ein Ton durch eine Luftschicht gegebener Dicke gedämpft. Aus diesem Grund sind Nebelhörner so angelegt, daß sie sehr tiefe Töne erzeugen, die über große Entfernungen hinweg hörbar sind. Das Nebelhorn eines Ozeanriesen wie der alten Queen Mary brummt auf einer Frequenz von 27 Hertz, was etwa dem tiefsten Ton auf einem Klavier entspricht. Das Tuten dieses Nebelhorns ist noch in 10 Seemeilen Entfernung zu hören und wird von Horchinstrumenten noch in Entfernungen von 100 bis 150 Seemeilen registriert.

In der Natur gibt es auch Schwingungsfrequenzen unterhalb der tiefsten, von uns noch hörbaren Töne. Manche der Schallwellen, die von Erdbeben oder Vulkanausbrüchen herrühren, liegen in diesem sogenannten *Infraschall-Bereich*. Solche Schwingungen können mehrmals um die ganze Erde laufen, bis sie voll und ganz absorbiert sind.

Ein weiterer Zusammenhang besteht zwischen der Wellenlänge eines Tons und der Intensität, mit der er von einem festen Gegenstand reflektiert wird. Je kürzer die Wellenlänge, desto höher der Reflektionsgrad. Schallwellen, deren Frequenz höher ist als die der höchsten von unserem Ohr wahrnehmbaren Töne, zeichnen sich somit durch besonders gute Reflektionsfähigkeit aus. Manche Tiere, die solche hochfrequenten Schwingungen noch als Töne wahrnehmen können, machen sich diese gute Reflektionsfähigkeit zunutze. Fledermäuse beispielsweise stoßen Pfeiftöne aus, die im Ultraschallbereich (bis zu 130000 Hertz) liegen und fangen das Echo auf. Sie hören genau, aus welcher Richtung das lauteste Echo kommt und können daraus und aus dem Zeitintervall, das zwischen Pfiff und Echo liegt, »errechnen«, wo sich ein jagbares Insekt oder ein zu umfliegendes Hindernis befindet. Fledermäuse können daher, auch wenn man sie blind machen würde, perfekt fliegen, nicht aber wenn man sie taub macht. (Der italienische Biologe Lazzaro Spallanzani, der diesen Sachverhalt 1793 als erster bemerkte, fragte sich, ob die Fledermäuse wohl mit den Ohren sähen, und in einem gewissen Sinn hatte er damit sogar recht.)

Auch Tümmler und Guacharos (eine in Venezuela beheimatete, höhlenbewohnende Vogelart) haben einen auf Schallwellen ausgerichteten Echo-Orientierungssinn. Da die für sie wichtigen Ortungsobjekte größer sind als etwa bei den Fledermäusen, genügen ihnen die für diesen Zweck an sich etwas weniger geeigneten Schallwellen des hörbaren Frequenzbereichs. (Die komplexen »Melodien«, die Tümmler und Delphine von sich geben, könnten, wie man mittlerweile zu glauben beginnt, möglicherweise eine allgemeine Verständigungsfunktion haben – mit anderen Worten, diese Tiere, die sich ja durch ein relativ großes Gehirn auszeichnen, sprechen womöglich miteinander. Der amerikanische Biologe John C. Lilly hat dieses Phänomen gründlich erforscht, ohne jedoch zu eindeutigen Aussagen zu kommen.)

Bevor die Menschen sich die Eigenschaften von Ultraschallwellen zunutze machen konnten, mußten sie erst einmal in der Lage sein, solche Wellen zu produzieren. Eine Vorstufe hierzu war die 1883 erfundene Hundepfeife. Sie erzeugt Schallwellen im unteren Ultraschallbereich, die von Hunden, nicht aber von Menschen, als Töne gehört werden.

Ein Weg, der über diese bescheidenen Anfänge hinausführte, wurde von dem französischen Chemiker Pierre Curie eröffnet. Zusammen mit seinem Bruder Jacques entdeckte er 1880, daß gewisse Kristalle, z. B. Quarz, unter Druckeinwirkung ein elektrisches Potential aufbauen *(Piezoelektrizität)*. Der Effekt ließ sich auch umkehren: Wenn man an einen Quarzkristall eine elektrische Spannung anlegte, zeigte er eine leichte Verformung, als ob mechanischer Druck auf ihn ausgeübt würde *(Elektrostriktion)*. Als erst einmal Techniken zur Erzeugung sehr schneller Spannungsänderungen entwickelt waren, bot dies die Möglichkeit, Piezokristalle in so hochfrequente Schwingungen zu versetzen, daß sie Ultraschallwellen aussandten. Dies gelang als erstem im Jahr 1917 dem französischen Physiker Paul Langevin, der die ausgezeichneten Reflektionseigenschaften dieses kurzwelligen Schalls sogleich in ein Verfahren zur Aufspürung von U-Booten ummünzte; als das Verfahren einsatzreif war, war der Krieg allerdings vorbei. Im Zweiten Weltkrieg wurde die Technik dann perfektioniert und kam als SONAR zum Einsatz (von »sound navigation and ranging«, übersetzt etwa zu »Navigation und Entfernungspeilung durch Schall«).

Bei der Messung von Meerestiefen trat ein Gerät, das Ultraschallwellen aussandte und ihr Echo auffing, das *Echolot*, an die Stelle des Kabellots. Aus dem gemessenen Zeitabstand zwischen der Aussendung eines kurzen Signals (eines Schallpulses) und dem Eintreffen des Echos läßt sich die Strecke berechnen, die das Signal in dieser Zeit zurückgelegt hat, also die Strecke zum Meeresboden und zurück. (Es kann allerdings auch passieren, daß ein Signal, schon bevor es den Meeresboden erreicht, von einem anderen Hindernis, etwa einem festen Gegenstand oder einem dichten Fischschwarm, reflektiert wird – ein Echolot ist daher auch ein nützliches Hilfsgerät für Hochseefischer.)

Das Echolot läßt sich nicht nur schnell und bequem handhaben, sondern ermöglicht auch, das Profil des Meeresbodens, über den ein Schiff sich hinwegbewegt, kontinuierlich abzutasten und aufzuzeichnen, so daß die Ozeanographen, wenn sie das Meer streifenweise abfahren, ein scharfes Bild von der Topographie des Meeresbodens gewinnen können. Mit der Echolot-Methode lassen sich binnen fünf Minuten mehr und genauere Daten erheben, als die Challenger sie während ihrer dreieinhalbjährigen Reise sammeln konnte.

Das erste Schiff, das 1922 im Atlantischen Ozean ein Echolot zu Forschungszwecken einsetzte, war die deutsche Meteor. Bald wurde klar, daß der Meeresboden keineswegs flach und konturlos war und daß Maurys Telegraph-Plateau nicht etwa eine sanft ansteigende und abfallende Schwelle, sondern eine regelrechte Gebirgskette war, länger und zerklüfteter als irgendein Gebirge außerhalb des Meeres. Dieses Gebirge zieht sich der Längsachse des Atlantiks entlang; seine höchsten Gipfel durchstoßen die Wasseroberfläche und treten als Inseln in Erscheinung. Im Nordatlantik sind dies z. B. die Azoren, im Südatlantik beispielsweise Ascension und Tristan da Cunha. Man nennt diese Gebirgskette den Mittelatlantischen Rücken.

Seither sind weitere aufregende Entdeckungen hinzugekommen. Die Insel Hawaii ist nichts anderes als die Spitze eines 10000 m hohen, untermeerischen Vulkans (vom Meeresboden an gemessen). Man könnte daher mit gewissem Recht behaupten, daß Hawaii der höchste Berg der Erde ist *(Abb.)*. Es gibt auch, insbesondere auf dem Grund des Pazifiks, zahlreiche flacher geformte unterseeische Berge, die *Guyots* genannt werden (zu Ehren des schweizerisch-amerikanischen Geographen Arnold H. Guyot). Die ersten Guyots wurden während des Zweiten Weltkriegs von dem amerikanischen Geologen Harry H. Hess entdeckt, der in rascher Folge neunzehn von ihnen fand. Es gibt mindestens zehntausend Guyots, die meisten im Pazifik. Einer, der 1964 unmittelbar südlich der Insel Wake entdeckt wurde, ist über 4200 Meter hoch.

Die Meeresböden weisen darüber hinaus tiefe Furchen auf, die sogenannten Tiefseegräben, oder besser: *Tiefseerinnen*, die eine Tiefe von über

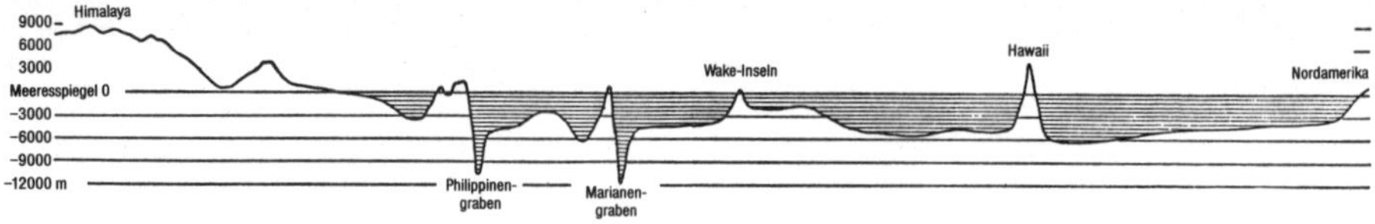

Profil des Pazifischen Beckens. Die tiefsten Stellen der großen Tiefseerinnen liegen tiefer unter dem Meeresspiegel als die höchsten Himalajagipfel sich über ihm erheben; der Hawaii-Vulkankegel ist höher als der Mt. Everest.

10000 m (vom Meeresspiegel aus gemessen) bzw. 5000 m (bezogen auf das mittlere Niveau des angrenzenden Meeresbodens) erreichen können – der Grand Canyon würde viele Male in eine solche Rinne hineinpassen. Die Tiefseerinnen, die teils Kontinentalränder, teils Inselbögen begleiten, weisen zusammen eine Fläche auf, die nicht ganz 1% des gesamten Meeresbodens ausmacht. Das mag nicht viel erscheinen, entspricht aber immerhin der Hälfte der Fläche der Vereinigten Staaten; sie enthalten fünfzehnmal so viel Wasser wie alle Flüsse und Seen der Erde zusammen. Die tiefsten gibt es im Pazifik; man findet sie an den Rändern der Philippinen, der Marianen, der Kurilen, der Salomon-Inseln, der Aleuten und der Anden *(Abb.)*. Im Atlantik befinden sich Tiefseerinnen bei den Karibischen und bei den Süd-Sandwich-Inseln; im Indik verläuft eine langgezogene Rinne südlich des indonesischen Archipels.

Außer den Rinnen haben die Ozeanographen auf dem Grund der Ozeane auch Schluchten entdeckt, die wie tief eingeschnittene Flußtäler aussehen und manchmal Tausende von Kilometern lang sind. Bei einigen scheint es sich in der Tat um die Fortsetzung eines Flußtales zu handeln, etwa bei einer unterseeischen Rinne, die sich in Verlängerung des Kongo in den Atlantik hinein erstreckt. Allein im Golf von Bengalen sind im Rahmen der ozeanographischen Erkundung des Indischen Ozeans in den 60er Jahren mindestens 20 solcher Riesenrinnen gefunden worden. Es ist verlockend, zu vermuten, daß dies in früherer Zeit, als der Meeresspiegel niedriger war als heute, regelrechte Flußtäler gewesen sind. Manche dieser Rinnen liegen jedoch so tief unter dem heutigen Meeresspiegel, daß es höchst unwahrscheinlich anmutet, daß sie zu irgendeiner Zeit nicht vom Meer bedeckt waren. Neuerdings haben mehrere Ozeanographen – namentlich William M. Ewing und Bruce C. Heezen – eine andere Theorie vorgeschlagen: Die unterseeischen Schluchten würden von reißenden *Suspensions-* oder *Trübeströmen* gegraben, die mit Geschwindigkeiten bis zu 100 km/h die Ränder der submarinen Schelfe herabrasen. Eine solche im Meerwasser gelöste Schlammlawine, die das Augenmerk der Wissenschaftler auf das Phänomen lenkte, löste sich 1929 nach einem Erdbeben vor Neufundland. Sie zerriß auf ihrem abschüssigen Weg einige Überseekabel und wirbelte große Mengen Sediment auf.

Der Mittelatlantische Rücken barg nach wie vor neue Überraschungen: Echolot-Messungen in anderen Regionen zeigten, daß er weit über den Atlantik hinausreicht. An dessen Südende läuft er als Atlantisch-Indischer-Rücken in einem Bogen um das südliche Afrika herum. Als Arabisch-Indischer-Rücken durchquert er den Indischen Ozean bis zur Arabischen Halbinsel. Auf halbem Weg dorthin verzweigt er sich, so daß er eine zweite Fortsetzung im Zentralindischen Rücken findet. Dieser setzt sich nach Süden als Indisch-Antarktischer-Rücken an Australien und Neuseeland vorbei fort und durchzieht dann in einem riesigen Bogen nordwärts als Ostpazifikrücken den Pazifik. Dieser unterseeische Gebirgszug, der alle drei großen Weltmeere unterteilt, unterscheidet sich in einer sehr grundlegenden Beziehung von den Gebirgen an Land: Diese bestehen meist aus aufgefalteten Gesteinen unterschiedlichster Herkunft, die riesigen, untermeerischen Rücken hingegen ausschließlich aus Basalt, der sehr wahrscheinlich tief aus dem Erdmantel emporsteigt.

Nach dem Zweiten Weltkrieg widmeten sich Ewing und Heezen mit neuer Energie dem Studium des Meeresbodens. Präzise Echolot-Messungen ergaben 1953 zu ihrem eigenen Erstaunen, daß die die Ozeane teilenden, *mittelozeanischen Rücken* selbst der Länge nach durch eine tiefe, schluchtartige Spalte geteilt sind. An einigen Stellen kommt dieser *Zentralgraben*, wie die Spalte auch heißt, dem Festland ziemlich nahe: Er durchläuft der Länge nach das Rote Meer zwischen Afrika und der Arabischen Halbinsel und zieht sich, die nordamerikanische Pazifikküste fast berührend, durch den Golf von Kalifornien und längs der kalifornischen Küste nach Norden.

Zunächst hatte es den Anschein, als könne es sich um einen durchgehenden Zentralgraben handeln, einen 6 500 km langen Riß in der Erdkruste. Bei näherer Untersuchung stellte sich aber heraus, daß er in zahlreiche kurze, jeweils geradlinig verlaufende Abschnitte zerstückelt ist, deren Enden gegeneinander versetzt sind, so als sei er im Lauf der Erdgeschichte durch vielfältige Zerscherungsprozesse der Erdkruste entstanden. Bezeichnenderweise säumen den Weg des Zentralgrabens die aktivsten Erdbeben- und Vulkangebiete unserer Erde – allerdings von geringer Intensität.

Es handelt sich in der Tat um eine Naht in der Erdkruste, durch die heißes, geschmolzenes Gesteinsmaterial oder *Magma* aus dem Erdmantel nach oben drückt. Nach dem Austritt kühlt es sich ab und lagert sich an den Rändern des Zentralgrabens als festes Basaltgestein ab. Auf diese Weise bildeten sich die mittelozeanischen Rücken, und auf diese Weise wachsen sie auch heute noch weiter, und zwar nicht so sehr in die Höhe als vielmehr in die Breite. Das Breitenwachstum kann bis zu 16 cm pro Jahr betragen, so daß in 100 Millionen Jahren möglicherweise der gesamte Ozeanboden des Pazifik von neugebildetem Basalt bedeckt sein wird. Sedimente vom Meeresboden, die zutage gefördert werden, sind in der Tat nur in seltenen Fällen älter als 100 Millionen Jahre, was angesichts eines 45mal höheren Erdalters höchst verwunderlich wäre, ließe es sich nicht mit der Tatsache einer kontinuierlichen *Ausbreitung der Meeresböden* (engl. *seafloor spreading*) erklären.

Die Beobachtungstatsachen legten die Vorstellung nahe, daß die Erdkruste aus mehreren gekrümmten Platten besteht und daß die Große Globale Riff-Furche und ihre Verzweigungen die Nahtlinien markieren, an denen diese Platten aneinanderstoßen. Die Geologen gaben diesen Platten die Bezeichnung *Krustenplatten*. Für das Studium und die Theorie der Entwicklung der Erdkruste im Sinne dieser Platten-Konzeption hat sich der Begriff *Plattentektonik** eingebürgert.

Die Erdkruste besteht aus sechs großen und einer Anzahl kleinerer tektonischer Krustenplatten; es verwundert nicht, daß Erdbeben zumeist entlang den Plattenrändern auftreten. In der Randzone der Pazifischen Platte (deren Umriß sich in etwa mit dem des Pazifischen Ozeans deckt) liegen die notorischen Erdbebengebiete Indochinas, Japans, Alaskas, Kaliforniens usw. Die im Mittelmeergebiet verlaufenden Nahtstellen zwischen der Eurasischen und der Afrikanischen Platte wird in punkto Erdbebenträchtigkeit nur noch von der Pazifik-Randzone übertroffen.

Die bekannten *Bruchzonen* in der Erdkruste, tiefgehende Gräben oder Risse, an denen es zwischen den dort aneinanderstoßenden Gesteinsschollen hin und wieder zu Reibungen kommen konnte, die sich auf der Erdoberfläche als Erdbeben bemerkbar machten, lassen sich nun ebenfalls als Teile bzw. Folgeerscheinungen tektonischer Nähte und ihrer Verzweigungen begreifen. Die berühmteste von allen, die *San-Andreas-Störung,* die zwischen San Francisco und Los Angeles längs der kalifornischen Küste verläuft, ist ein Teil der Grenzfläche zwischen der Amerikanischen und der Pazifischen Platte.

Wie läßt sich im Licht der Plattentektonik die Wegenersche Kontinentaldrift beurteilen? Wenn man eine einzelne Platte betrachtet, dann können Landmassen, die auf ihr »angewachsen« sind, nicht wandern oder ihre Lage verändern. Die Starrheit des Basaltfundaments läßt dies nicht zu (worauf die Gegner der Wegenerschen Theorie von Anfang an hingewiesen hatten). Aber auch die einander benachbarten Platten sind so fest ineinander verkeilt, daß man sich zunächst nur schwer vorstellen konnte, wie hier überhaupt eine Bewegung zustande kommen sollte.

Die Antwort kam aus einer unerwarteten Richtung. Die Randzonen der Platten sind ja nicht nur als Erdbebengebiete, sondern auch als Zentren vulkanischer Tätigkeit bekannt. Wenn man die Pazifische Platte betrachtet, stellt man in der Tat fest, daß sie ringsum von zahlreichen aktiven und erloschenen Vulkanen gesäumt ist; man nennt diese Anordnung auch den *zirkumpazifischen Feuerring*. Könnte es etwa so sein, daß Magma aus der Tiefe durch die Fugen, an denen die Krustenplatten aneinanderstoßen, aufsteigt, weil die Erdkruste an diesen Nahtlinien eben nicht ganz dicht ist? Dort, wo eine Plattengrenze unter einem Ozean verläuft, wie es im Atlantik der Fall ist, kühlt sich

* Tektonik = Lehre vom Bau der Erdkruste.

das austretende Magma beim Kontakt mit dem Meerwasser ab und erstarrt. Auf diese Weise dürfte der Mittelatlantische Rücken zu beiden Seiten der Nahtlinie entstanden sein.
Wir können noch weitergehen: Das von unten beständig aufsteigende und sich oben verfestigende und anlagernde Magma könnte die Platten auseinandergedrückt haben. Wenn dem so wäre, so würde dies bedeuten, daß im Süden Afrika und Südamerika, im Norden Europa und Nordamerika voneinander weggedrückt worden wären – ein plausibles Szenario für das Auseinanderbrechen von Pangaea, die Öffnung des Atlantischen Ozeans und dessen zunehmende und bis heute anhaltende Verbreiterung.
Auch Eurasien und Afrika könnten auf diese Weise, unter Öffnung des Mittelmeers und des Roten Meers, voneinander getrennt worden sein. Da sich im Verlauf dieses Prozesses die Meeresböden ausweiten, schlugen H. H. Hess und Robert S. Dietz 1960 vor, den Vorgang als *seafloor spreading* zu bezeichnen. (Die Eindeutschung »Meeresbodenausbreitung« o. ä. hat sich nicht eingebürgert.) Die Kontinente driften nicht auseinander, wie Wegener angenommen hatte; sie sind auf Platten festgewachsen, und *diese* werden durch emporsteigendes Magma auseinandergedrückt.
Wie ließ sich die These vom seafloor spreading verifizieren? 1963 begannen die Geologen, die vom Meeresboden zu beiden Seiten des Mittelatlantischen Rückens zutage geförderten Basaltproben auf ihre magnetischen Eigenschaften zu untersuchen. Diese Eigenschaften verändern sich mit zunehmender Entfernung vom Rücken, und zwar zu beiden Seiten in spiegelbildlicher Abfolge. Dies ist ein eindeutiges Indiz dafür, daß das Gestein unmittelbar am Rand des Zentralgrabens am jüngsten ist und desto älter wird, je weiter man sich nach beiden Seiten entfernt. Aus bestimmten Anhaltspunkten konnte man errechnen, daß der Atlantik sich an seinem Grund gegenwärtig mit einer Geschwindigkeit von 2½ cm pro Jahr ausdehnt. Daraus ließ sich, natürlich nur ganz grob, der Zeitpunkt errechnen, zu dem der Atlantik sich als schmale Rinne zwischen den auseinandergerissenen Teilen von Pangaea gebildet haben muß. In dieser und in vielerlei anderer Hinsicht hat das Konzept der Plattentektonik zu einer Umwälzung der geologischen Anschauungen im Verlauf der letzten beiden Jahrzehnte geführt.
Wenn zwei Platten an einer Plattengrenze auseinanderrücken, dann ist klar, daß es auf der jeweils gegenüberliegenden Seite zu Druckspannungen mit der nächst angrenzenden Platte kommen muß. Wenn sich auf diese Weise zwei Platten aufeinander zu bewegen, bauen sich diese Spannungen langsam und kontinuierlich auf (bei einer Wanderungsgeschwindigkeit der »aktiven« Platte von nicht mehr als 5 cm pro Jahr), und es kommt an der Kontaktfläche zu Stauchungen, Krustenüberschiebungen und Faltenbildungen; auf eine sehr komplizierte Weise entstehen hier Gebirge samt ihrer »Wurzeln«. Der Himalaya faltete sich auf, als die Platte, die den indischen Subkontinent trug, gegen den Südostrand der Eurasischen Platte gepreßt wurde.
Sehr häufig finden wir auch Fälle vor, in denen zwei Platten sich in einer Weise annähern, daß es nicht zu Deformationen, Stauchung und Faltung kommt, sondern daß die eine Platte sich mit ihrem Rand unter die andere schiebt und diese nach oben drückt; bei Vorgängen dieser Art entstehen die Tiefseerinnen und die ihnen parallel gelagerten Inselbögen mit ihrer ausgeprägten Neigung zu vulkanischer Aktivität, wie man sie beispielsweise im westlichen Pazifik findet.
So, wie infolge des seafloor spreading an manchen Stellen Platten aneinandergedrückt werden, werden an anderen welche auseinandergerissen. Der Mittelatlantische Rücken verläuft genau durch das westliche Island, das, wenn auch sehr langsam, auseinanderbricht. Ein anderer Dehnungsbereich ist das Rote Meer, das noch ziemlich jung ist und seine Existenz nur der Tatsache verdankt, daß Afrika und die Arabische Halbinsel sich voneinander entfernen. (Die gegenüberliegenden Küsten des Roten Meeres würden, wenn man sie zusammenschöbe, genau ineinanderpassen.) Dieser Prozeß hält an, so daß das Rote Meer gewissermaßen ein neuer, in der Entstehung begriffener Ozean ist. Daß am Boden des Roten Meeres Magma aufdringt, darauf deutet die Tatsache hin, daß es in der Tiefe dieses Gewässers, wie 1965 entdeckt wurde, Stellen gibt, wo die Temperatur 56 °C beträgt und der Salzgehalt mindestens fünfmal so hoch ist wie bei normalem Meerwasser.
Wahrscheinlich vollzieht sich innerhalb der Erdkruste ein sehr langsamer Kreislaufprozeß, bei dem an einigen Stellen die Krustenplatten durch emporquellendes Magma auseinandergedrückt

und an anderen Stellen auf- und untereinandergeschoben werden, wobei Krustenmaterial in die Tiefe abtaucht und schmilzt, d. h. wieder zu Magma wird. Wenn dieser Prozeß, was denkbar ist, schon seit Milliarden von Jahren anhält, dann haben sich in seinem Verlauf die Kontinente vielleicht schon mehrmals zu einer einzigen großen Landmasse vereinigt und sich dann wieder voneinander gelöst, wobei Gebirge geboren und wieder abgetragen wurden, Ozeane entstanden und wieder verschwanden, Vulkane aktiv wurden und wieder erloschen. Die Erde lebt nicht nur in biologischer Hinsicht, sondern auch in geologischer.
Die Geologen sind heute in der Lage, den Ablauf der bislang letzten Aufspaltung von Pangaea zu rekonstruieren, wenngleich vorerst nur in grober Annäherung. Eine erste Bruchlinie wurde in Ost-West-Richtung aktiv. Der nördliche Teil Pangaeas – der die heutigen Kontinente Nordamerika, Europa und Asien umfaßte – wird auch *Laurasia* genannt, weil die geologisch ältesten Oberflächengesteine Nordamerikas diejenigen der Laurentiden-Berge nördlich des St.-Lorenz-Stromes sind.
Der südliche Teil, der die heutigen Kontinente Südamerika, Afrika und Australien sowie Indien und die Antarktis umfaßte, wird als *Gondwanaland* bezeichnet. (Der Name, der einem Gebiet in Indien entlehnt ist, wurde Ende des letzten Jahrhunderts von dem österreichischen Geologen Eduard Suess eingeführt, der ihn im Kontext einer geologischen Entwicklungstheorie verwendete, die seinerzeit vernünftig erschien, sich später aber als falsch herausstellte.)
Vor rund 200 Millionen Jahren begann Nordamerika sich von Eurasien zu lösen, und vor 150 Millionen Jahren wurde Südamerika von Afrika abgespalten; irgendwann später schlossen die beiden Amerikas Verbindung über eine schmale Landbrücke, Zentralamerika. Beide Teile Laurasias wurden nach ihrer Trennung nach Norden abgedrängt, so daß sie schließlich die Nordpolarregion zwischen sich einschlossen.
Vor rund 110 Millionen Jahren zerbrach der östliche Teil von Gondwanaland in mehrere Teile: Madagaskar, Indien, Australien und die Antarktis. Madagaskar blieb ziemlich nahe bei Afrika, während Indien von allen Bruchteilen des ursprünglichen Pangaea die weiteste Strecke zurücklegte. Es wanderte 8800 km nordwärts, rammte die südasiatische Küste und gab damit den Anstoß zur Entstehung des Himalaya, des Pamir und der tibetischen Hochebene, die zusammen die jüngste, größte und eindrucksvollste Hochgebirgslandschaft der Erde bilden.
Australien und die Antarktis trennten sich möglicherweise erst vor 40 Millionen Jahren. Die Antarktis wanderte südwärts ihrem eisigen Geschick entgegen. Australien bewegt sich noch heute nordwärts.

Leben in der Tiefsee

Nach dem Zweiten Weltkrieg fuhren die Ozeanographen fort, die Meere auszuloten. Mit Hilfe eines Unterwasser-Horchgeräts, eines *Hydrophons,* hat man in den letzten Jahren festgestellt, daß die Geschöpfe der Tiefsee klappernde, seufzende, gurgelnde, klickende und andere Geräusche von sich geben und daß somit in den Ozeanen ein ähnliches Chaos von Tönen herrscht wie in jedem dichtbevölkerten Biotop an Land.
An Bord einer neuen Challenger suchte eine Gruppe von Tiefseeforschern 1951 den Marianengraben im Westpazifik auf und fand bei ihren Messungen heraus, daß dieser – und nicht, wie bis dahin angenommen – der Philippinengraben, die tiefste Depression in der Erdkruste darstellt. Die tiefste bis jetzt gelotete Stelle dieser Rinne, das sogenannte *Witjas-Tief,* liegt mehr als 11000 m unter dem Meeresspiegel. Würde man an dieser Stelle den Mount Everest versenken, so lägen zwischen seiner Spitze und dem Meeresspiegel mehr als 2000 m Wasser. Aus der Tiefe dieses Abgrunds förderte die Challenger Bakterien zutage, die einigen landlebenden Bakterienarten sehr ähnlich, aber in einem Milieu von weniger als 1000 Bar Überdruck nicht lebensfähig sind!
Die Geschöpfe der Tiefseerinnen sind dem dort herrschenden hohen Druck so angepaßt, daß sie dieses Milieu gar nicht mehr verlassen können; sie sind darin gefangen wie auf einer Insel. Sie verkörpern einen gesonderten Entwicklungsstrang. Andererseits sind sie mit bestimmten anderen Organismen in vieler Hinsicht nahe genug verwandt, daß man annehmen kann, ihre Evolution zu Bewohnern der tiefsten Tiefsee habe sich vor nicht allzu langen Zeiträumen vollzogen. Man kann sich leicht vorstellen, daß im Zeichen des biologi-

schen Konkurrenzkampfes einige Gruppen von Meereslebewesen Lebensräume in immer größerer Tiefe in Besitz nahmen, genau wie andere Gruppen infolge desselben Wettbewerbsdrucks immer weiter die Kontinentalsockel hinaufwanderten und schließlich das Land eroberten. Während erstere sich einem immer stärkeren Wasserdruck anpassen mußten, waren letztere gezwungen, die für ein Leben außerhalb des Wassers notwendigen Anpassungsmerkmale zu entwickeln. Dies war im großen und ganzen wohl eine schwieriger zu bewältigende Anpassungsleistung, so daß uns die Tatsache, daß es auch in der Tiefsee Lebewesen gibt, eigentlich nicht überraschen sollte.

Sicherlich gibt es in der Tiefsee keinen so großen Reichtum an Lebensformen wie in den oberen Wasserschichten. In Tiefen von über 7000 m enthält jede Volumeneinheit Meerwasser nur noch ein Zehntel der Biomasse einer gleichgroßen Volumeneinheit in 3000 m Tiefe. Außerdem leben in 7000 m Tiefe, wenn überhaupt, dann nur noch wenige Fleischfresser, da es für sie dort kein ausreichendes Nahrungsangebot gibt. Das typische Tiefseetier ist ein Allesfresser, d. h. es ernährt sich von jeglichem organischen Material, das es findet.

Seit wie kurzer Zeit die tiefen Depressionen unserer Ozeane erst biologisch bewohnt sind, geht aus der Tatsache hervor, daß keine der bisher dort gefundenen Arten entwicklungsgeschichtlich älter ist als 200 Millionen Jahre, ja daß die meisten sich erst vor maximal 50 Millionen Jahren entwickelt haben. Erst in dem Zeitraum, als an Land die Epoche der Dinosaurier begann, wurde die bis dahin wahrscheinlich unbelebte Tiefsee biologisch erobert.

Einige der Lebensformen, die die Tiefsee kolonisierten, überlebten dort, während ihre in geringeren Meerestiefen verbliebenen Verwandten ausstarben – wie ein aufregender Fund in den 30er Jahren deutlich machte. Am 25. Dezember 1938 fand sich im Netz eines vor der südafrikanischen Küste fischenden Trawlers ein rund 1,50 m langer, eigenartiger Fisch. Das eigenartige an ihm war, daß seine Flossen nicht direkt am Körper angewachsen waren, sondern an fleischigen Lappen. Der südafrikanische Zoologe J. L. B. Smith, der Gelegenheit erhielt, das Tier zu untersuchen, erkannte rasch, daß es sich um eine einzigartige Weihnachtsüberraschung handelte: Es war ein sogenannter Quastenflosser, ein urtümlicher Fisch, von dem die Zoologen bisher geglaubt hatten, daß er seit 70 Millionen Jahren ausgestorben sei. Ein lebendes Exemplar einer Tierart, die vermeintlich schon von der Erde verschwunden war, bevor die Blütezeit der Dinosaurier einsetzte!

Der Zweite Weltkrieg gebot der Suche nach weiteren Quastenflossern Einhalt; 1952 ging dann aber, in der Nähe von Madagaskar, ein weiteres, allerdings einer anderen Unterart angehörendes Exemplar ins Netz. Inzwischen sind zahlreiche weitere gefangen worden. Da der Quastenflosser an ein Leben in ziemlich tiefen Gewässern angepaßt ist, geht er, an die Oberfläche gebracht, stets nach kurzer Zeit ein.

Besonders interessant sind die Quastenflosser für die Paläontologen, weil sich aus diesem Fisch die ersten Amphibien entwickelt haben; die Quastenflosser sind also direkte Abkömmlinge der Fischarten, auf die, über viele Stufen hinweg, auch die menschliche Entwicklungslinie letzten Endes zurückführt.

Eine fast noch aufregendere Entdeckung wurde in der zweiten Hälfte der 70er Jahre gemacht: Es gibt am Meeresboden Warmwasserzonen, Stellen, an denen die feste Erdkruste so dünn ist, daß das darunter brodelnde Magma aus dem Erdmantel das darüberliegende Meerwasser erhitzt.

1977 begann ein Forschungsprojekt, in dessen Rahmen submarine Wärmeanomalien östlich der Galapagosinseln und am Ausgang des Golfs von Kalifornien mit Hilfe eines Tiefseetauchboots untersucht wurden. Im letztgenannten Gebiet entdeckten die Forscher »Kamine«, durch die ständig heiße Schlammwolken aus der Tiefe wie aus einem Schornstein quellen und das umgebende Meerwasser mit Mineralien anreichern.

Diese Mineralien weisen einen hohen Schwefelanteil auf. In der Umgebung dieser Kamine finden sich zahlreiche Bakterienarten, die ihre Energie aus chemischen Reaktionen beziehen, deren Hauptkomponenten Schwefel und Wärme sind; diese Bakterien sind weder direkt noch indirekt auf die Sonne als Energiequelle angewiesen. Kleine Tiere ernähren sich von diesen Bakterien und dienen ihrerseits größeren Tieren als Nahrung.

Die Wissenschaftler entdeckten hier eine ganz neuartige und eigenständige Nahrungspyramide, deren Nahrungszyklus völlig unabhängig ist von den Pflanzenzellen in den oberen Schichten des

Meerwassers. Selbst wenn die Sonne erlöschen würde, könnten diese kleinen Ökosysteme weiterexistieren, solange die sprudelnde Zufuhr von Wärme und Mineralien aus dem Erdinnern anhalten würde. Das bedeutet freilich zugleich, daß diese Lebewesen einzig und allein im Milieu dieser heißen Solequellen lebensfähig sind.
Unter den aus diesen spezifischen Biotopen zutage geförderten Lebewesen befanden sich Muscheln, Krabben und verschiedene, darunter auch einige ziemlich große, Wurmarten. Alle diese Tiere gedeihen in einer Wasserumwelt, die für jede nicht an die chemischen Eigenschaften dieser Zonen angepaßte Art giftig und lebensfeindlich ist.

Tiefseetauchen

Die optimale Methode für die Erforschung der Tiefsee ist, wie könnte es anders sein, die direkte Inspektion vor Ort. Das Wasser ist nun aber nicht gerade unser Element. Gleichwohl hat das Tauchen eine bis in die Antike zurückreichende Tradition; mit etwas Übung ist es einem Menschen möglich, bis zu 20 m tief zu tauchen und bis zu 2 Minuten unter Wasser zu bleiben. Eine nennenswerte Steigerung dieser Tauchleistungen ist ohne technische Hilfsmittel nicht möglich.
Als in den 30er Jahren unseres Jahrhunderts Taucherbrille, Gummiflossen und Schnorchel in Gebrauch kamen, wurden längere Tauchzeiten möglich; die Möglichkeiten der Unterwasser-Beobachtung verbesserten sich dadurch ganz allgemein. Die Schnorcheltechnik gestattet freilich nur ein seichtes Eintauchen.
Der französische Marineoffizier Jacques-Yves Cousteau entwickelte 1943 eine Technik, die ein tieferes Hinabtauchen ermöglichte; der Taucher schnallt sich dabei eine oder zwei Preßluftflaschen auf den Rücken, aus denen er mittels eines Schlauchs atmet. (Die ausgeatmete Luft kann in einen zusätzlichen Behälter geleitet werden, der Chemikalien enthält, die das ausgeatmete Kohlendioxid binden und wieder ein zum Einatmen geeignetes Gasgemisch produzieren.) Dank dieser Erfindung wurde das Tauchen nach dem Krieg zu einem beliebten Freizeitsport. Erfahrene Preßlufttaucher können bis in eine Wassertiefe von 60 m vordringen; das ist, gemessen an der Tiefe der Meere, natürlich immer noch sehr wenig.
Etwas größere Tauchtiefen sind möglich, wenn der Taucher einen gegen die Kälte schützenden Anzug trägt. Den ersten brauchbaren Taucheranzug konstruierte Augustus Siebe 1830. In einem modernen Taucheranzug kann ein Taucher eine Wassertiefe von rund 90 m erreichen. Ein guter Taucheranzug hüllt den menschlichen Körper völlig ein, aber man kann sich eine für einen Aufenthalt unter Wasser noch zweckmäßigere und obendrein bequemere Hülle vorstellen: einen manövrierbaren Behälter, d. h. ein *Unterseeboot*.
Das erste Unterseeboot, das eine nennenswerte Zeit ohne Wassereinbruch untergetaucht bleiben konnte, wurde schon 1620 von einem holländischen Erfinder namens Cornelis Drebbel konstruiert. Praktisch nutzbar konnten Unterseeboote so lange nicht sein, wie für ihren Antrieb nur ein mit Muskelkraft betätigter Propeller zur Verfügung stand. Eine Dampfmaschine kam als Antriebsaggregat nicht in Frage, da der geringe Luftvorrat, den ein Unterseeboot einschließt, Verbrennungsvorgänge nicht gestattet. Was man brauchte, war ein mit Strom aus einer Batterie betriebenes Antriebsaggregat.
Das erste U-Boot mit Elektromotor wurde 1886 gebaut. Die Batterien mußten natürlich regelmäßig nachgeladen werden, aber immerhin konnte ein solches Boot, frisch aufgeladen, rund 80 Seemeilen zurücklegen. Als der Erste Weltkrieg begann, verfügten alle europäischen Großmächte über U-Boote und setzten sie als Kriegswaffenträger ein. Diese frühen U-Boote waren jedoch zerbrechliche Konstruktionen, die nicht sehr tief tauchen konnten.
1934 erreichte Charles W. Beebe in seiner *Bathysphäre* (»Tauchkugel«), einem kleinen, dickwandigen, mit Sauerstoff und mit Chemikalien zur Bindung von Kohlendioxid gefüllten Gefährt, bereits eine Tauchtiefe von rund 900 m.
Die Bathysphäre war ein antriebsloser Behälter, der an einem Tau von Bord eines Schiffes in die Tiefe gelassen wurde. Ein gerissenes Tau bedeutete das Ende. Wessen es bedurfte, das war ein fahr- und steuerbares Tiefseevehikel. Ein solches konstruierte 1947 der Schweizer Physiker Auguste Piccard. Dickwandig gebaut, damit es jedem Wasserdruck standhielt, verfügte das Gefährt, als Sinkhilfe, über Ballastmaterial in Gestalt von Eisenkugeln (die bei Gefahr automatisch abgeworfen wurden) und über einen mit Benzin (das

leichter ist als Wasser) gefüllten »Ballon«, der für Auftrieb und Stabilität sorgte. Bei seinem ersten Probeeinsatz vor Dakar im Jahr 1948 erreichte das unbemannte *Bathyscaph*, wie es genannt wurde, eine Tauchtiefe von 1370 m. Im gleichen Jahr tauchte ein Mitarbeiter Beebes, Otis Barton, in einer Tauchkugel leicht abgewandelter Bauart, die er *Benthoskop* nannte, in eine Tiefe von ebenfalls 1370 m.

Später bauten Piccard und sein Sohn Jacques ein verbessertes Modell, das sie auf den Namen Trieste tauften, weil die Stadt Triest das Projekt finanziell unterstützte. 1953 erreichte Piccard mit der Trieste im Mittelmeer eine Tauchtiefe von 4000 m.

Die US-Marine erwarb die Trieste für Forschungszwecke. Am 14. Januar 1960 tauchte sie, mit Jacques Piccard und dem Marineoffizier Don Walsh an Bord, auf den Grund des Marianengrabens hinab – in eine Tiefe von rund 11000 m. Dort, am Grunde der tiefsten Rinne der Erde, wo ein Druck von 1100 Bar herrscht, trafen sie Wasserströmungen und Lebewesen an. Das erste Lebewesen, das ihnen vor Augen kam, war in der Tat sogar ein Wirbeltier: Ein rund 30 cm langer, flunderartiger Fisch mit Augen.

1964 unternahm ein französisches Team mit der Tauchkugel Archimède zehn Tauchfahrten auf den Grund des Puerto-Rico-Grabens, der tiefsten Rinne im Atlantik (mit einer Tiefe von bis zu 9200 m). Auch dort gibt es keinen Quadratmeter Meeresboden ohne lebende Organismen. Die französischen Forscher stellten fest, daß der Meeresboden nicht gleichmäßig in die Tiefseerinne hinein abfällt, wie etwa eine Bergflanke, sondern in Stufen – wie eine riesige Treppe.

Polkappen und Gletscher

Die Extremzonen unseres Planeten haben auf die Menschen immer eine faszinierende Anziehungskraft ausgeübt. Namentlich die Erkundung der Polargebiete zählt zu den abenteuerlichsten Kapiteln in der Geschichte der Naturforschung. Diese Zonen sind geschwängert mit erhabener Naturromantik, mit spektakulären Erscheinungen und Schicksalsfragen der Menschheit – man denke an die erstaunlichen Polarlichter am Himmel, an die extreme Kälte und insbesondere an die riesigen Eiskappen oder Gletscher, die eine Schlüsselrolle für das Klima auf unserer Welt und damit für unsere Existenz spielen.

Der Nordpol

Der Aufbruch zu den Polen war ein relativ spätes Ereignis in der Geschichte der Menschheit. Er setzte ein im Zeitalter der großen Entdeckungsfahrten, das Christoph Kolumbus mit der Entdekkung Amerikas eingeläutet hatte. Die ersten Arktiserforscher verfolgten hauptsächlich das Ziel, einen Seeweg um die Nordküste Nordamerikas herum zu finden. Auf der Suche nach diesem Phantom fand der in holländischen Diensten stehende britische Seemann Henry Hudson im Jahr 1610 die Hudson Bay und zugleich den Tod. Sechs Jahre später entdeckte ein anderer englischer Seemann, William Baffin, die später nach ihm benannte Baffin Bay und näherte sich dabei dem Nordpol bis auf 1300 km *(Abb.)*. Zwischen 1846 und 1848 schließlich tastete sich der britische Entdeckungsreisende John Franklin an der Nordküste Kanadas entlang und fand die Nordwest-Passage (die für die damaligen Schiffe nahezu unpassierbar war). Er starb auf dieser Reise.

Das darauffolgende halbe Jahrhundert erlebte zahlreiche Versuche, den Nordpol zu erreichen; hinter diesen Anläufen stand als ausschlaggebendes, wenn nicht einziges Motiv das Bestreben, als erster Mensch den Nordpol zu erreichen. 1873 näherten sich die Österreicher Julius Payer und Carl Weyprecht dem Pol bis auf 960 km und tauften eine Inselgruppe, auf die sie stießen, zu Ehren des österreichischen Kaisers auf den Namen Franz-Joseph-Land. 1896 kam der norwegische Entdecker Fridtjof Nansen, als er sein Schiff ins Polareis hineintreiben ließ, dem Nordpol bis auf 500 km nahe. Am 6. April 1909 schließlich setzte der Amerikaner Robert B. Peary als erster Mensch seinen Fuß auf den Nordpol.

Inzwischen hat der Nordpol einen Großteil seiner Faszination eingebüßt. Er ist zu Lande (genauer

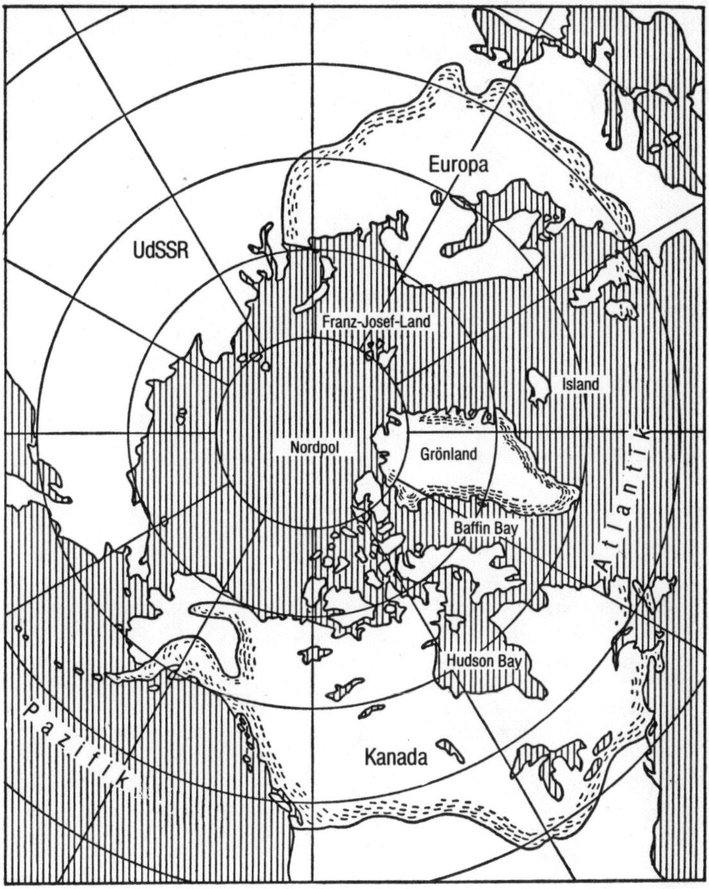

Nordpolargebiet und eiszeitliche Vergletscherung. Auf dem Höhepunkt der letzten Eiszeit erstreckten sich die Polargletscher über weite Teile Nord- und Westeuropas sowie des nordamerikanischen Kontinents.

gesagt: zu Eis) erreicht, von der Luft aus untersucht und zu Wasser, unter dem Eis, unterquert worden. Richard E. Byrd und Floyd Bennett waren 1926 die ersten, die ihn überflogen, und U-Boote tauchen heute fast routinemäßig unter ihm hindurch.

Die größte zusammenhängende Eismasse der Nordpolarzone, die sich über die Insel Grönland erstreckt, war in den vergangenen Jahrzehnten Gegenstand und Ziel mehrerer wissenschaftlicher Expeditionen. Bei einer davon fand 1930 Alfred Wegener den Tod. Von den 2,175 Millionen km^2 Bodenfläche, die Grönland umfaßt, sind rund 1,65 Millionen km^2 von diesem riesigen Gletscher bedeckt, dessen Eis an manchen Stellen eine Dicke von 1600 m erreicht.

Unter dem Druck der sich auf dem Gletscher unablässig neu bildenden Eisschichten rutschen die Eismassen an ihren Rändern zum Meer hinab und ins Meer hinein; hier brechen fortlaufend Stücke ab, die als Eisberge mit der Strömung abtreiben. Rund 16000 Eisberge bilden sich auf diese Weise Jahr für Jahr in der Nordpolarzone, 90% davon als Abkömmlinge des grönländischen Festlandseises. Die Eisberge driften langsam gen Süden, besonders entlang einer Route im Westatlantik. Etwa

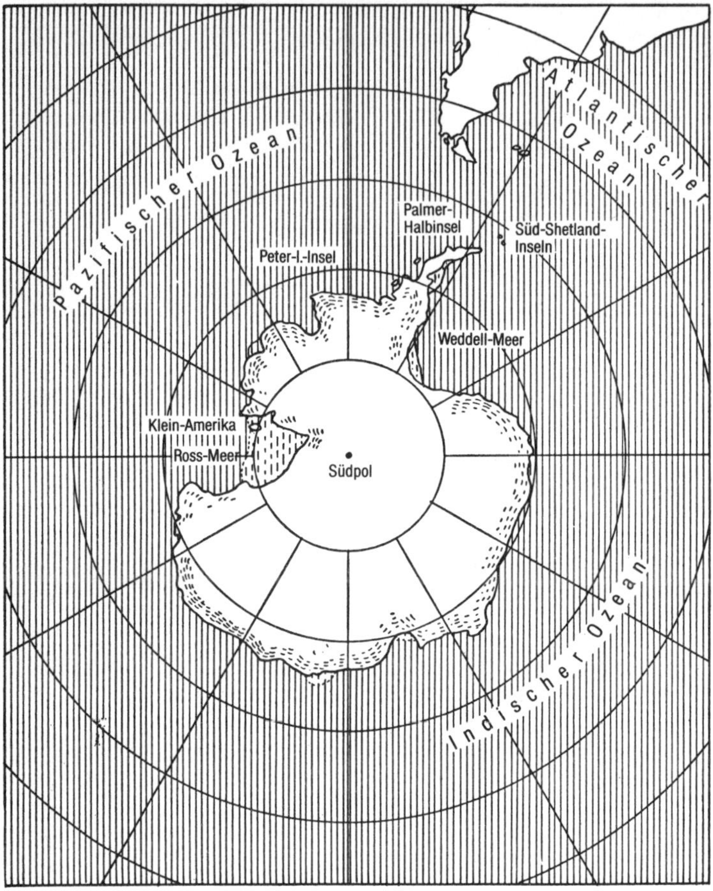

Antarktis. Praktisch die gesamte antarktische Landmasse ist von einer mächtigen Eisschicht bedeckt.

400 Eisberge pro Jahr passieren Neufundland und gelangen in den Bereich von Schiffahrtsrouten. Zwischen 1870 und 1890 wurden 54 Schiffe bei Zusammenstößen mit einem Eisberg beschädigt, 14 davon so stark, daß sie untergingen.
Das Unglück aller Unglücke ereignete sich 1912, als der Luxusdampfer Titanic auf seiner Jungfernfahrt mit einem Eisberg kollidierte und sank. Danach wurde zur Entschärfung dieser Gefahr ein internationales Eisberg-Frühwarnsystem eingerichtet. Seit dieser Warndienst existiert, hat es keinen einzigen, durch einen Eisberg verursachten Schiffsuntergang mehr gegeben.

Der Südpol

Über eine viel größere Fläche als das grönländische erstreckt sich das antarktische Festlandseis. Es besitzt eine siebenmal so große Flächenausdehnung und erreicht eine durchschnittliche Dicke von 2400 m, an vereinzelten Stellen sogar eine Mächtigkeit von knapp 5000 m. Das liegt an der Größe des antarktischen Kontinents mit fast 13 Millionen km^2. Diese Zahl ist mit einem Unsicherheitsfaktor behaftet, da man nicht genau weiß, wieviel von der eisbedeckten Fläche tatsächlich festes Land ist *(Abb.)*. Manche Geographen

sind der Meinung, daß zumindest der westliche Teil der Antarktis aus einer Gruppe großer, im Eis festsitzender Inseln besteht; die Annahme einer zusammenhängenden Festlandsmasse scheint aber noch die vorherrschende zu sein.
Der berühmte englische Entdeckungsreisende James Cook war der erste Europäer, der den südlichen Polarkreis überquerte. 1773 umschiffte er die Antarktis. (Vielleicht war es, neben anderem, diese Entdeckungsreise, die den englischen Dichter Samuel Taylor Coleridge zu seiner 1798 veröffentlichten Ballade *Der alte Matrose* inspirierte, die eine Reise vom Atlantik zum Pazifik durch die Eisregionen der Antarktis schildert.)
1819 entdeckte der Engländer William Smith die Süd-Shetland-Inseln, die nur 80 km von der bereits zur Antarktis gehörenden Antarktischen Halbinsel entfernt sind; 1821 sichtete eine russische Expedition unter Leitung von Fabian Gottlieb Bellingshausen eine kleine Insel innerhalb des südlichen Polarkreises und nannte sie Peter-I.-Insel; im gleichen Jahr erblickten der Engländer George Powell und der Amerikaner Nathaniel B. Palmer als erste Menschen einen Zipfel des antarktischen Festlands – jene Halbinsel, die zunächst nach Palmer benannt wurde und heute Antarktische Halbinsel heißt.
In den darauffolgenden Jahrzehnten rückte der Südpol selbst in den Mittelpunkt der Entdecker-Ambitionen. 1840 verkündete der amerikanische Marineoffizier Charles Wilkes seine Überzeugung, daß die bis dahin gesichteten Landzipfel Teil einer zusammenhängenden Festlandsmasse sein müßten; wie sich im weiteren Verlauf zeigte, hatte er recht. Der britische Seefahrer James Weddell drang in eine große Bucht östlich der Antarktischen Halbinsel ein (die heute Weddell-Meer heißt) und näherte sich dem Pol bis auf 1400 km. Ein weiterer britischer Entdecker, James C. Ross, fand die zweite große Bucht der Antarktis (das Ross-Meer) und kam bis auf 1100 km an den Pol heran. Zwischen 1902 und 1904 erkundete Robert F. Scott, ebenfalls ein Brite, das Ross-Schelfeis, den ständig vereisten Teil des Ross-Meers, dessen längster Durchmesser gut 600 km beträgt, und näherte sich dem Pol bis auf 800 km. Ernest Shackleton, ebenfalls Brite, überwand 1909 Schelf- und Gletschereis; der Punkt, an dem er kehrtmachte, war nur noch 160 km vom Südpol entfernt.
Am 16. Dezember 1911 war es der Norweger Roald Amundsen, der endlich als erster Mensch den Südpol erreichte. Scott, der Amundsen einen erbitterten Wettlauf lieferte, fand, als er drei Wochen später am Südpol eintraf, die von Amundsen gesetzte Flagge vor. Auf dem Rückweg verfehlten Scott und seine Männer eines ihrer Depots und kamen im Eis um.
Gegen Ende der 20er Jahre konnte die Erkundung des antarktischen Kontinents mit Hilfe des Flugzeugs fortgesetzt werden. Der Australier George H. Wilkins flog fast 2000 km Küstenlinie entlang; Richard E. Byrd überflog 1929 den Südpol. Zu diesem Zeitpunkt gab es bereits einen ersten Stützpunkt auf dem antarktischen Festland, genannt Little America 1.

Das Internationale Geophysikalische Jahr

Das Nord- und das Südpolargebiet waren der Ort einiger der größten internationalen Forschungsprojekte der Wissenschaftsgeschichte. Das erste dieser Projekte war, in den Jahren 1882–83, das von einer Reihe von Staaten getragene *Internationale Polarjahr,* in dessen Mittelpunkt die Erforschung von Phänomenen wie den Polarlichtern und dem Erdmagnetismus stand. Das Unternehmen war ein so großer wissenschaftlicher Erfolg, daß 50 Jahre später, 1932–33, ein zweites Internationales Polarjahr veranstaltet wurde. 1950 schlug der amerikanische Geophysiker Lloyd Berkner (der der ersten Antarktis-Expedition von Byrd angehört hatte) ein drittes solches Jahr vor. Der Vorschlag fand international begeisterte Zustimmung. Zu diesem Zeitpunkt konnten die Forscher auf qualitativ neue, leistungsfähigere Verfahren und Instrumente zurückgreifen, und sie hatten zahlreiche neue Fragen, deren Beantwortung sie sich erhofften – über kosmische Strahlung, über die obere Atmosphäre, die Tiefsee, ja sogar über Möglichkeiten der Erkundung des Weltraums. Ein ehrgeiziges Forschungsprogramm unter der Bezeichnung *Internationales Geophysikalisches Jahr (IGJ)* wurde zusammengestellt, und als Zeitrahmen wurden die 18 Monate vom 1. Juli 1957 bis zum 31. Dezember 1958 gewählt (die mit einer Periode maximaler Sonnenflecken-Aktivität zusammenfielen). Das Projekt wurde zu einem ermutigenden Beispiel für funktionierende internationale

Zusammenarbeit; selbst die Hauptkontrahenten im Kalten Krieg, die Sowjetunion und die Vereinigten Staaten, brachten es über sich, zum Wohle der Wissenschaft vorübergehend das Kriegsbeil zu begraben.
Das in den Augen der Öffentlichkeit spektakulärste Ereignis des IGJ war zwar der geglückte Start eines künstlichen Erdsatelliten, zunächst durch die Sowjetunion und dann durch die USA, aber für die Wissenschaft stellten sich noch zahlreiche weitere fruchtbare und nicht weniger wichtige Erfolge ein. Mit am beeindruckendsten war das in diesem Rahmen veranstaltete internationale Antarktis-Forschungsprojekt. Die Vereinigten Staaten allein richteten sieben Antarktisstationen ein; unter anderem führten sie Meßbohrungen im Eis durch und förderten aus mehreren Kilometern Tiefe Luft zutage, die in Blasen eingeschlossen war und Millionen von Jahren alt sein mußte. In allen Tiefen wurden Bakterien gefunden; einige, die in 30 m Tiefe unter der Eisoberfläche eingefroren und vielleicht 100 Jahre alt waren, ließen sich wieder zum Leben erwecken und entwickelten sich normal weiter. Im Januar 1958 richtete das sowjetische Team am Unzugänglichkeitspol – dem am weitesten landeinwärts gelegenen Punkt auf der Antarktis – einen Stützpunkt ein und maß dort, fast 1000 km vom Südpol entfernt, neue Niedrigtemperatur-Rekorde. Im August 1960, mitten im antarktischen Winter also, wurde eine Temperatur von −88 °C gemessen, kalt genug, um Kohlendioxid gefrieren zu lassen. Das nachfolgende Jahrzehnt hindurch waren in der Antarktis Dutzende ganzjährig besetzter Forschungsstationen in Betrieb.
Aber auch das Zeitalter der individuellen Pioniertaten war noch nicht zu Ende: Ein britisches Expeditionsteam unter Leitung von Vivian Ernest Fuchs und Edmond P. Hillary durchquerte erstmals den antarktischen Kontinent – ausgerüstet freilich mit Spezialfahrzeugen und mit allen Hilfsmitteln, die die moderne Wissenschaft und Technik bereitzustellen vermochte. (Es war derselbe Hillary, der 1953 zusammen mit dem Sherpa Tensing Norgay erstmals den Mount Everest, den höchsten Berg der Erde, bestieg.)
Der Erfolg des IGJ und die vertrauensbildende Wirkung dieses Demonstrationsbeispiels für eine gelungene internationale Kooperation inmitten des Kalten Krieges führten zu dem erfreulichen Ergebnis, daß 1959 eine Vereinbarung zwischen zwölf Staaten zustande kam, die im wesentlichen die Verpflichtung beinhaltete, die Antarktis von militärischen Aktivitäten im weitesten Sinn (also auch von atomaren Testversuchen) freizuhalten und sie auch nicht als Deponie für radioaktive Abfälle zu benutzen. Die Antarktis »gehört« also einstweilen der Wissenschaft, und es ist nur zu hoffen, daß es auch künftig dabei bleibt.

Gletscher

Der Eisvorrat der Erde, der sich auf rund 36 Millionen km^3 beläuft, bedeckt eine Fläche, die etwa 10% der Landfläche der Erde entspricht. Rund 86% der Gesamteismenge sind im antarktischen Festlandseis, 10% im grönländisch-arktischen Polargletscher gespeichert. Die restlichen 4% verteilen sich auf die kleineren Gletscherregionen in Island, Alaska, dem Himalaja, den Alpen und einigen anderen Gebirgen.
Seit langer Zeit schon Gegenstand wissenschaftlicher Aufmerksamkeit sind die Alpengletscher. In den 20er Jahren des 19. Jahrhunderts stellten zwei Schweizer Geologen, Ignatz Venetz und Johann von Charpentier, fest, daß Steine und Felsbrocken aus einem für die Zentralalpen charakteristischen Gesteinsmaterial sich an weitverstreuten Stellen des Flachlands nördlich der Alpen fanden. Wie waren sie dahin gelangt? Die beiden Geologen äußerten die Vermutung, daß die Gebirgsgletscher einstmals eine viel größere Fläche bedeckt und bei ihrem Rückzug Felsbrocken und Geröllhalden zurückgelassen hatten.
Der Schweizer Jean Louis Agassiz griff diesen Gedanken auf. Er bohrte Stangen, in Linie geordnet, in das Eis der Gletscher, um so feststellen zu können, ob sie sich bewegten. 1840 war der zweifelsfreie Nachweis dafür erbracht, daß Gletscher in der Tat fließen wie Flüsse, nur sehr viel langsamer, nämlich mit einer Geschwindigkeit von rund 65 m pro Jahr. Agassiz war in der Zwischenzeit durch ganz Europa gestreift und hatte in Frankreich und England Gletscherspuren entdeckt. Er fand Felsbrocken, die von ihrer Beschaffenheit her nicht zu der Umgebung paßten, in der sie sich befanden, und Gesteinsflächen, die Schleifspuren aufwiesen, beispielsweise Rillenspuren, wie sie eigentlich nur ein wandernder Gletscher verursacht

haben konnte, der an seinem Boden eingefrorene Gesteinsbrocken mitgeschleppt hatte.
Agassiz nahm 1846 eine Professur an der Harvard University an. In Neu-England und im Mittelwesten der USA fand er ebenfalls Anzeichen für eine einstige Vergletscherung. 1850 schien kein Zweifel mehr daran möglich, daß ein großer Teil der nördlichen Erdhalbkugel in der Vergangenheit einmal von großen Inlandgletschern bedeckt war. Die von diesen Gletschern hinterlassenen Ablagerungen sind seit den Tagen von Agassiz eingehend untersucht worden. Dabei hat sich gezeigt, daß die Gletscher im Lauf der jüngsten Jahrmillion, die im Kalender der Erdzeitalter als *Pleistozän* bezeichnet wird, mehrmals vorgedrungen sind und sich wieder zurückgezogen haben. Die Geologen sprechen heute, wenn sie das bezeichnen wollen, was im allgemeinen Sprachgebrauch Eiszeit genannt wird, gewöhnlich von der pleistozänen Vereisung, schon deshalb, weil es auch schon vor dem Pleistozän Eiszeiten gegeben hat. So hat beispielsweise vor 250 Millionen Jahren eine Eiszeit stattgefunden, ebenso vor 600 Millionen Jahren und vielleicht auch noch eine zwischendurch, vor etwa 400 Millionen Jahren. Wir wissen nur wenig über diese frühen Eiszeiten, da der Zahn der Zeit die meisten geologischen Spuren beseitigt hat. Auf jeden Fall kann man sagen, daß Eiszeitalter erdgeschichtlich selten auftreten und die Zeiträume, über die sie sich erstrecken, zusammengenommen nur einen Promille-Bruchteil der Erdgeschichte ausmachen.
Was die pleistozäne Vereisung, also die jüngste Eiszeit betrifft, so scheint es, als habe das antarktische Festlandseis, das heute das bei weitem größte Eispaket der Erde darstellt, an ihr keinen nennenswerten Anteil gehabt. Das Antarktiseis kann sich nur ins Meer hinein ausdehnen und dort in Eisberge auseinanderbrechen. Die Zahl der antarktischen Eisberge kann sich in einer Eiszeit natürlich spürbar erhöhen, mit der Folge, daß die Wassertemperatur des Meeres abnimmt, aber die Landmassen der südlichen Erdhalbkugel sind von der Antarktis zu weit entfernt, als daß sie von dort her vergletschern könnten.
Ganz anders liegen die Verhältnisse auf der Nordhalbkugel, wo weit nach Norden reichende Landmassen den Pol von allen Seiten einschließen. Hier finden sich ausdehnende Eismassen Bedingungen vor, die eine drastische, großflächige Vergletscherung zulassen. Wenn von der letzten Eiszeit die Rede ist, sind somit eigentlich immer nur die Ereignisse auf der Nordhalbkugel gemeint. Es gab in dieser jüngsten Eiszeit zusätzlich zu der heute einzig noch übrigen, der grönländischen, drei weitere Riesengletscher, von denen jeder eine Fläche von 2,5 Millionen km^2 bedeckte; sie reichten weit ins Landesinnere von Kanada, Skandinavien und Sibirien hinein.
Kanada war, vielleicht weil Grönland das Kerngebiet der nördlichen Vergletscherung war, weit stärker vergletschert als das weiter entferntere Skandinavien oder das noch weiter entfernte Sibirien. Die sich von Nordosten her ausbreitende kanadische Eisdecke ließ einen beträchtlichen Teil Alaskas und des pazifischen Küstengebietes unberührt, erstreckte sich aber so weit nach Süden, daß sie den Nordteil der heutigen USA fast vollständig bedeckte. Zum Zeitpunkt ihrer maximalen Südausdehnung verlief ihr Rand etwa auf der Linie Seattle–Bismarck (North Dakota)–Omaha–St. Louis–Cincinnati–Philadelphia–New York. Im Gebiet von New York scheint der südliche Gletscherrand sich genau mit dem Verlauf der Südküste von Long Island gedeckt zu haben.
Alles zusammengenommen bedeckte das Eis zum Zeitpunkt seiner größten Ausdehnung rund 45 Millionen km^2 Land (die Antarktis eingeschlossen), d. h. rund 30% der gegenwärtigen Landfläche der Erde. Heute ist nur noch ein Drittel dieser Fläche eisbedeckt.
Genauere Aufschlüsse über den Ablauf der letzten Eiszeit lassen sich aus der Analyse der Bodenbeschaffenheit in den von der Vergletscherung betroffenen Gebieten gewinnen; die Schichtung der Bodensedimente läßt darauf schließen, daß das Eis im Verlauf der Eiszeit mindestens viermal vorgedrungen ist und sich wieder zurückgezogen hat, daß es also gewissermaßen vier *Glaziale,* d. h. Kaltzeiten innerhalb der Eiszeit gegeben hat; jede dauerte zwischen 40000 und 100000 Jahren. Dazwischen lagen drei *interglaziale* Perioden, d. h. Warmzeiten, in denen ein mildes oder sogar wärmeres Klima als heute herrschte.
Das vierte und jüngste Glazial erreichte seinen Höhepunkt vor etwa 20000 Jahren; der Südrand der skandinavischen Vereisung in Mitteleuropa verlief zu diesem Zeitpunkt in etwa nördlich der Elbe, südlich Berlin, südlich Posen und nördlich Warschau. Dann setzte ein langsamer Rückzug ein.

Eine Vorstellung davon, wie langsam dieser Rückzug verlief, erhält man, wenn man sich vergegenwärtigt, daß das Eis über längere Zeiträume hinweg um etwa 75 m pro Jahr zurückwich, zwischendurch aber immer wieder einmal kurzfristig erneut vorrückte: es oszillierte.

Vor etwa 10000 Jahren, als im heutigen Nahen Osten sich bereits die erste menschliche Zivilisation entwickelte, setzten die Gletscher zu ihrem endgültigen Rückzug an. Vor etwa 8000 Jahren gaben sie die Großen Seen Nordamerikas frei, und vor 5000 Jahren, als im Nahen Osten schon die Schrift erfunden war, hatte das Eis sich auf die Positionen zurückgezogen, die es im großen und ganzen noch heute einnimmt.

Der Vormarsch und Rückzug der Gletscher ist nicht nur für das Klima auf der Erde von Bedeutung, sondern beeinflußt auch das Gesicht der Erde, genauer gesagt, die Oberflächenformen der Kontinente. Wenn beispielsweise die heute auf dem Rückzug begriffenen Eismassen Grönlands und der Antarktis zur Gänze schmelzen würden, so würde weltweit der Meeresspiegel um nahezu 60 m ansteigen. Die Küstengebiete aller Kontinente würden überflutet, damit auch viele der größten Städte der Welt. Andererseits bekämen Alaska, Kanada, Sibirien, Grönland und auch die Antarktis ein milderes, wohnlicheres Klima.

Der umgekehrte Vorgang tritt auf dem Höhepunkt einer Eiszeit ein: Wasser in solchen Mengen (bis zu drei- oder viermal so viel wie heute) lagert dann in gefrorener Form auf den vergletscherten Landgebieten, daß der Wasserspiegel der Meere um bis zu 135 m niedriger liegt als heute und große Teile der Schelfe trockenfallen.

Die Schelfe, die allen Kontinenten vorgelagert sind, weisen zur Seeseite hin ein nur geringes, bis zu einer Wassertiefe von ca. 130 m mehr oder weniger gleichmäßiges Gefälle auf. Dann folgt eine Kante, jenseits der es ziemlich steil und rasch in größere Wassertiefen hinabgeht. Die Schelfe sind eine Art Fundament, aus dem die Kontinente herausragen. Die wirklichen Ränder der Kontinente sind eigentlich die Kanten der dazugehörigen Schelfe. Gegenwärtig ist so viel Wasser in den Meeresbecken, daß die Schelfe der Kontinente überspült sind.

Die Schelfe verkörpern eine durchaus nicht gering zu schätzende Fläche. Sie sind stellenweise breiter, stellenweise schmäler; der Ostküste der Vereinigten Staaten ist beispielsweise ein sehr breiter Schelf vorgelagert, der amerikanischen Westküste (die sich mit dem Rand einer Platte deckt) nur ein sehr schmaler. Im Mittel liegt die Breite der Schelfe bei 80 km, was eine Gesamtschelffläche von 25 Millionen km^2 ergibt. Das bedeutet, daß potentielle Festlandsfläche von einer Fläche größer als die Sowjetunion gegenwärtig von Meerwasser überschwemmt ist. Diese Flächen fallen also in Perioden maximaler Vergletscherung trocken und lagen in der Tat auch im Verlauf des jüngsten Glazials, der *Würmeiszeit,* trocken. Fossilien von Landtieren (beispielsweise Elefantenstoßzähne) sind viele Kilometer meereinwärts in mehreren Metern Wassertiefe aus dem Schelfboden geborgen worden. Außerdem führte die Vergletscherung im Norden dazu, daß weiter südlich mehr Regen fiel, so daß etwa die Sahara zu jener Zeit eine periodisch grünende Savanne war. Die Austrocknung der Sahara zur Wüste ging mit dem Rückzug der Gletscher parallel und setzte nicht sehr lange vor Beginn unserer geschichtlichen Überlieferung ein.

Wir können somit einen Pendelrhythmus der Bewohnbarkeit konstatieren. Wenn der Meeresspiegel sinkt, werden weite Festlandsgebiete zu Eiswüsten, aber dafür werden die Schelfgebiete ebenso bewohnbar wie Gebiete, die gegenwärtig Wüsten sind. Wenn der Meeresspiegel über sein heutiges Niveau ansteigt, werden ausgedehnte Gebiete überflutet, aber dafür wird in den Polarregionen ein wirtlicheres Klima einkehren, und es wird wiederum weniger Wüstengebiete geben.

Man ersieht hieraus, daß die Eiszeiten nicht notwendigerweise lebensfeindliche und katastrophenschwere Epochen sein müssen. Der gesamte auf dem Höhepunkt der Eiszeit in der Gletschermasse gespeicherte Wasservorrat beläuft sich auf lediglich 0,35% des Gesamtinhalts der Ozeane. Das bedeutet, daß das Meer von der zunehmenden und abnehmenden Vergletscherung kaum beeinflußt wird. Zugegeben, die an pflanzlichem und tierischem Leben besonders reichen Flachwasserzonen verschwinden zu einem großen Teil. Andererseits ist in einer Eiszeit das Meerwasser in den tropischen Zonen um einige Grade kälter als heute; das bedeutet, mehr darin gelösten Sauerstoff und folglich mehr Leben.

Dazu kommt, daß die eiszeitlichen Gletscher sich sehr langsam vorschieben bzw. zurückziehen, so

daß zumindest die im allgemeinen sehr anpassungsfähige Pflanzen- und Tierwelt ihre Lebensräume Zug um Zug Richtung Süden bzw. Norden verlagern kann. Sogar für evolutionäre Anpassungsleistungen reicht die Zeit – das Mammut erlebte seine Blüteperiode während der letzten Eiszeit.
Schließlich und endlich fallen die Pendelschläge nicht so kraß aus, wie es vielleicht scheinen könnte, denn das Polareis schmilzt nie zur Gänze dahin. Die antarktische Eiskappe besteht relativ unverändert seit rund 20 Millionen Jahren und trägt dazu bei, die Fluktuationen des Meeresspiegels und des Klimas in Grenzen zu halten.
Mit all dem möchte ich nicht sagen, daß wir der Zukunft völlig sorglos entgegensehen können. Es ist keineswegs auszuschließen, daß ein fünftes Glazial irgendwann auf uns zukommt und uns die entsprechenden Probleme beschert. Die wenigen Menschen, die während des letzten Glazials die Erde bewohnten, waren Sammler und Jäger, die ohne Schwierigkeiten nach Süden ausweichen bzw. nach Norden zurückkehren konnten – stets auf den Spuren ihrer bevorzugten Beutetiere. Das nächste Glazial, wenn es kommt, wird eine Menschheit, die gewiß nicht viel weniger zahlreich sein wird als die heutige und mit ihren Großstädten und technischen Strukturen ziemlich unbeweglich sein wird, sicherlich vor Probleme stellen. Außerdem ist es denkbar, daß irgendwelche Auswirkungen menschlicher Technik das Vordringen oder den Rückzug der Gletscher beschleunigen.

Warum gibt es Eiszeiten?

Die wesentlichste Frage im Zusammenhang mit den Eiszeiten ist natürlich die nach ihren Ursachen. Was veranlaßt die polaren Eismassen, sich auszudehnen und wieder zurückzuziehen, und warum sind die Perioden der Vergletscherung jeweils relativ kurz gewesen (wie die letzte, die 100 Millionen Jahre auf sich warten ließ und dann nur 1 Million Jahre dauerte)?
Schon eine kleine Veränderung der jährlichen Durchschnittstemperatur genügt, um eine Eiszeit anbrechen oder enden zu lassen – die Temperatur braucht nur um so viel zu fallen, daß sich den Winter über ein wenig mehr Schnee ansammelt, als im Sommer wegschmelzen kann, bzw. um so viel zu steigen, daß im Sommer ein wenig mehr Schnee schmilzt, als der Winter nachliefern kann. Man schätzt, daß ein Rückgang der mittleren globalen Jahrestemperaturen in einer Größenordnung von nur 3,5 °C ausreichen würde, um die Gletscher wachsen zu lassen, während ein Temperaturanstieg in gleicher Größenordnung die Antarktis und Grönland im Verlauf weniger Jahrhunderte eisfrei machen würde.
Ein kleiner Temperaturrückgang, gerade stark genug, um im Verlauf einiger Jahre zu einer leichten Flächenausdehnung des Polareises zu führen, würde genügen, um den Prozeß in Gang zu setzen: Eis reflektiert Sonnenlicht in wesentlich stärkerem Maß als Gestein, Vegetation oder der Boden; während letzterer Licht, das auf ihn fällt, zu weniger als 10% reflektiert, hat Eis eine Reflektionsfähigkeit von 90%. Eine Ausdehnung der Eisoberfläche führt demzufolge dazu, daß ein etwas größerer Anteil des auf die Erde einfallenden Sonnenlichts reflektiert wird und die Durchschnittstemperatur um einen entsprechenden Bruchteil sinkt; dadurch wird wiederum der Vergletscherungsprozeß beschleunigt.
Ein ähnlicher, sich selbst beschleunigender Prozeß ist auch in umgekehrter Richtung möglich: Wenn die mittlere Globaltemperatur aus irgendeinem Grund leicht zunimmt, gerade eben so viel, daß die Vereisung leicht zurückgeht, wird ein geringerer Teil des einfallenden Sonnenlichts reflektiert und ein entsprechend größerer absorbiert, was eine weitere Temperaturerhöhung und ein verstärktes Abtauen der Gletscher zur Folge hat.
Welche Faktoren sind es nun aber, die diesen Prozeß in die eine oder andere Richtung in Gang setzen?
Eine mögliche Erklärung läge in der Tatsache, daß die Erde ihre Umläufe um die Sonne nicht unter stets und absolut gleichbleibenden Bedingungen wiederholt, sondern daß dabei gewisse periodische Veränderungen auftreten. So unterliegen beispielsweise Ort und Zeitpunkt der größten Annäherung der Erde an die Sonne einer regelmäßigen, wenn auch sehr geringfügigen Verschiebung. Gegenwärtig ist es so, daß die Erde den sonnennächsten Punkt ihrer Umlaufbahn kurz nach der Wintersonnenwende erreicht. Dieser Punkt verschiebt sich jedoch entlang der Erdbahn und durchwandert sie alle 21 310 Jahre einmal. Auch die Erdachse

durchläuft eine periodische Lageveränderung; sie vollführt eine trudelnde Bewegung, derart, daß ihre gedachte Verlängerung alle 25780 Jahre einen vollständigen Kreis an den Himmel zeichnen würde (die Erklärung für diese sogenannte Präzession der Tagundnachtgleichen findet sich am Beginn von Kap. 4). Schließlich unterliegt auch die Neigung der Erdachse an sich (d. h. die Präzession vernachlässigt) einer periodischen, wenn auch sehr geringfügigen und langsamen Schwankung. Alle diese zyklischen Veränderungen wirken sich auf die Durchschnittstemperatur auf unserer Erde aus – nicht drastisch, aber doch so, daß daraus hin und wieder eine Situation entsteht, aufgrund der der Prozeß der Vergletscherung bzw. der Rückzug der Gletscher mitbeeinflußt werden kann.

Der jugoslawische Physiker Milutin Milanković äußerte 1920 die Vermutung, daß die Erde unter dem Einfluß solcher Faktoren einen Zyklus von etwa 40000 Jahren Dauer durchläuft, mit einem »großen Frühling«, einem »großen Sommer«, einem »großen Herbst« und einem »großen Winter«, die alle 10000 Jahre dauern. Die Erde wäre dieser Hypothese zufolge in Zeiten des »großen Winters« besonders anfällig für Gletscherbildung und würde, sofern bestimmte andere notwendige Faktoren hinzuträfen, tatsächlich auch vereisen. Umgekehrt würde ein Rückzug der Eismassen am ehesten in der Zeit des »großen Sommers« einsetzen, sofern entsprechende zusätzliche Faktoren hinzukommen.

Die These Milankovićs fand zu dem Zeitpunkt, als er sie veröffentlichte, keine günstige Aufnahme; dann, 1976, nahmen sich die Amerikaner J. D. Hays und John Embrie und der Brite N. J. Shackleton des Problems an. Sie analysierten Bodenproben, die an zwei verschiedenen Stellen dem Meeresboden des Indischen Ozeans entnommen worden waren; diese Proben lagen ihnen vor in Gestalt langer Bohrkerne, die einen getreuen Aufschluß über die sedimentäre Schichtung des Meeresbodens an den betreffenden Stellen gaben (die Proben waren an relativ flachen, aber gleichwohl weit von der Küste entfernten Stellen entnommen worden, um sicherzugehen, daß sie keine »verunreinigten«, d. h. vom Festland herrührenden Ablagerungen enthielten).

Die Proben boten einen Längsschnitt durch einen im Lauf von 450000 Jahren durch stetige Ablagerungen gewachsenen Boden. Eine Analyse der Proben von oben nach unten entsprach also einer Reise durch 450000 Jahre Erdgeschichte. Das Material enthielt fossile Reste winziger einzelliger Tiere, von denen man genau weiß, daß bestimmte Arten nur bei bestimmten Temperaturen gedeihen. Auf diese Weise ließ sich ermitteln, welche Temperaturen in den aufeinander folgenden Epochen geherrscht hatten.

Sauerstoffatome kommen hauptsächlich in zwei Variationstypen vor. Ihr Mischungsverhältnis zueinander verändert sich in Abhängigkeit von der herrschenden Temperatur. Dieses *Isotopenverhältnis* liefert einen zweiten Indikator für die Bestimmung der Temperatur des Meerwassers zu unterschiedlichen Zeitpunkten.

Beide Indikatoren zeigten übereinstimmende Temperaturwerte, und beide deuteten auf einen Zyklus hin, der dem von Milanković postulierten sehr nahe kam. Die Möglichkeit ist somit nicht von der Hand zu weisen, daß auf der Erde regelmäßig, wenn auch nur in sehr langen Zeitabständen, ein »großer«, sehr folgenschwerer Eiszeit-Winter einkehrt, so wie Jahr für Jahr ein »kleiner«, relativ harmloser Winter wiederkehrt.

Nun ist aber nicht ohne weiteres einzusehen, weshalb der Milanković-Zyklus den Verlauf des Pleistozäns bestimmt haben soll, wenn er aber andererseits über einen mehrere hundert Millionen Jahre andauernden Zeitraum hinweg, in dem es keine einzige Eiszeit gab, überhaupt nicht in Erscheinung getreten sein kann. Auf diese Frage gaben 1953 Maurice Ewing und William L. Donn eine Antwort, die die besondere Geographie der nördlichen Erdhalbkugel in Rechnung stellte. Das vom nördlichen Polarkreis eingeschlossene Gebiet ist fast zur Gänze mit Wasser bedeckt, doch ist dieses Gewässer, der arktische Ozean, ringsum von großen Festlandsmassen eingeschlossen.

Stellen wir uns den arktischen Ozean einmal ein wenig wärmer vor, als er heute ist, überhaupt nicht oder zu einem geringen Teil zugefroren, so daß er eine ausgedehnte Wasserfläche darbieten würde. In diesem Falle würde der arktische Ozean durch Verdunstung eine beträchtliche Menge Wasserdampf an die Atmosphäre abgeben, der in größerer Höhe kondensieren und kristallisieren und in Form von Schnee wieder niedergehen würde. Soweit dieser Schnee ins Meer fiele, würde er schmelzen, soweit er aber auf das umliegende Festland niederginge, würde er sich dort sammeln

und zu Eis gefrieren, so daß der Prozeß der Vergletscherung in Gang käme: Die mittlere Temperatur würde absinken, und der arktische Ozean würde zugefrieren.
Eis gibt nicht so viel Wasserdampf ab wie flüssiges Wasser bei gleicher Temperatur. Wenn das Nordpolarmeer also zugefriert, gelangt weniger Wasserdampf in die Atmosphäre – es fällt weniger Schnee. Die Gletscher beginnen zurückzugehen, und wenn dann die mittlere Temperatur wieder steigt, springt der bereits erörterte Prozeß des sich beschleunigenden Eisrückzugs an.
Von da her scheint die Annahme möglich, daß der Milankovič-Zyklus dann und nur dann mit periodischen Eiszeiten verbunden ist, wenn es an einem der beiden Pole einen von Landmassen eingeschlossenen Ozean gibt. Es kann Perioden von Hunderten Jahrmillionen Dauer geben, in denen kein solches von Land umgebenes Polarmeer existiert und dann eben auch keine Vergletscherung eintritt. Im Lauf der Erdgeschichte läßt die Verschiebung der Krustenplatten irgendwann eine solche Konstellation entstehen, und es bricht eine, vielleicht eine Million Jahre oder länger währende, Epoche an, während der es zu periodischen Glazialen und Interglazialen kommt. Diese interessante Hypothese erfreut sich gegenwärtig jedoch noch nicht einhelliger Anerkennung.
Über all dem ist natürlich nicht zu vergessen, daß Temperaturveränderungen auf der Erde auch von anderen, weniger regelmäßig wirkenden Faktoren hervorgerufen werden können. In Zusammenarbeit mit H. C. Urey ermittelte der amerikanische Chemiker Jacob Bigeleisen in den 40er Jahren das Mischungsverhältnis der beiden Sauerstoffisotopen der fossilen Kalkschalen von Meerestieren, um auf diese Weise die Temperatur des Wassers, in dem diese Tiere gelebt haben, bestimmen zu können. Am Ende des Jahrzehnts hatten Urey und sein Team ihre Analysetechnik so weit verfeinert, daß sie aufgrund der Analyse eines Millionen von Jahren alten Fossils (einer ausgestorbenen Tintenfischart) feststellen konnten, daß das betreffende Tier in einem Sommer geboren war, vier Jahre gelebt hatte und im Frühling eingegangen war.
Dank dieses indirekten Thermometers wissen wir heute, daß vor 100 Millionen Jahren die mittlere Wassertemperatur der Weltmeere rund 21 °C betrug. Sie ging dann im Lauf von 10 Millionen Jahren auf 16 °C zurück, um im Verlauf der folgenden 10 Millionen Jahre wieder auf 21 °C anzusteigen. Seitdem ist die Durchschnittstemperatur der Ozeane stetig zurückgegangen. Der für diesen Rückgang ursächliche Faktor, welcher es auch immer sei, war möglicherweise auch mit verantwortlich für das Aussterben der Saurier (die vermutlich an ein gleichmäßig mildes Klima angepaßt waren) und begünstigte die warmblütigen Vögel und Säuger, die in der Lage sind, eine konstante Körpertemperatur aufrechtzuerhalten.
Sich des von Urey entwickelten Verfahrens bedienend, untersuchte Cesare Emiliani fossile Kalkschalen von Foraminiferen des Tiefseemeeresbodens. Er stellte fest, daß die mittlere Wassertemperatur der Weltmeere vor 30 Millionen Jahren bei etwa 10 °C und vor 20 Millionen Jahren bei 6 °C lag; heute beträgt sie 1,7 °C *(Abb.)*.
Was ist die Ursache für diesen anhaltenden Temperaturrückgang? Eine denkbare Erklärung böte der sogenannte *Treibhaus-Effekt*, den das Kohlen-

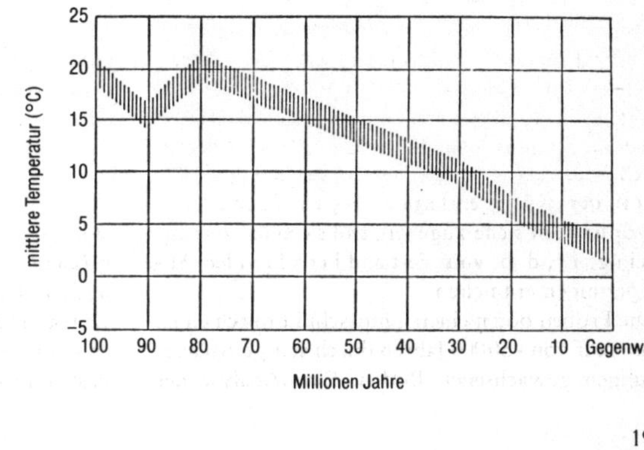

Die Entwicklung der mittleren Meerestemperatur im Verlauf der letzten 100 Millionen Jahre.

dioxid in der Erdatmosphäre hervorruft. Kohlendioxid ist in der Lage, infrarote Strahlung zu absorbieren. Wenn sich nennenswerte Mengen Kohlendioxid in der Erdatmosphäre befinden, stellen sie für die Wärmestrahlung, die die von der Sonne erhitzte Erdoberfläche nachts abgibt, ein Hindernis dar. Die Folge ist eine allmähliche Erwärmung der Erdatmosphäre. Wenn hingegen der Kohlendioxidgehalt der Atmosphäre sinkt, führt dies zu einer allmählichen Abkühlung der Gashülle.

Würde sich der gegenwärtige Kohlendioxidanteil unserer Luft verdoppeln (von heute 0,03% auf 0,06%), so genügte dieser kleine Anstieg schon, um eine Erhöhung der irdischen Durchschnittstemperatur um 1,7 °C herbeizuführen – das hieße, daß die außerpolaren Gletscher rasch und vollständig dahinschmelzen würden. Wenn die Kohlendioxidkonzentration auf die Hälfte des gegenwärtigen Standes absänke, so träte ein Temperaturrückgang ein, der ausgeprägt genug wäre, um eine neue Eiszeit mit einer sich bis nach Mitteleuropa ausdehnenden Vergletscherung einzuläuten.

Wenn Vulkane ausbrechen, geben sie große Mengen Kohlendioxid an die Atmosphäre ab; bei der Verwitterung von Gesteinen wird dagegen Kohlendioxid gebunden (auf diese Weise entsteht Kalkstein). Hier haben wir also zwei gegeneinander wirkende Mechanismen vor uns, die möglicherweise für langfristige Klimaänderungen mitverantwortlich sind. In einer Periode überdurchschnittlich starker Vulkantätigkeit gelangen große Mengen Kohlendioxid in die Luft, die durch eine Intensivierung des Treibhaus-Effekts eine Erwärmung bewirken. In einer Epoche der Gebirgsbildung, in der unverwittertes Gestein großflächig an die Oberfläche tritt und mit der Luft in Kontakt kommt, könnte dagegen die Kohlendioxidkonzentration in der Atmosphäre absinken. Ein Prozeß der letzteren Art könnte gegen Ende des *Mesozoikums* (des Zeitalters der Reptilien), also vor etwa 80 Millionen Jahren, eingesetzt haben, als der anhaltende, gleichmäßige Rückgang der mittleren Erdtemperaturen seinen Anfang nahm.

Was immer die Ursachen für die früheren Eiszeiten gewesen sein mögen, heute sieht es so aus, als könnte die Menschheit selbst für weit drastischere Klimaveränderungen sorgen, als die Natur es bislang getan hat. Der amerikanische Physiker Gilbert N. Plass hat bereits die Vermutung geäußert, daß die Eiszeiten ihre Zukunft hinter sich haben, weil die Schornsteine unserer technischen Zivilisation die Atmosphäre mit Kohlendioxid schwängern. Aus 100 Millionen Kaminen quillt unaufhörlich Kohlendioxid, rund 5,5 Milliarden Tonnen pro Jahr – 200mal mehr, als alle derzeit aktiven Vulkane zusammen auspusten. Plass hat darauf hingewiesen, daß der Kohlendioxidgehalt unserer Atmosphäre sich seit dem Jahr 1900 um etwa 10% erhöht hat und sich bis zum Jahr 2000 womöglich um weitere 10% erhöhen wird. Diese weitere Verstärkung des irdischen Treibhaus-Effekts würde nach seinen Berechnungen eine Erhöhung der Durchschnittstemperatur auf der Erde in einer Größenordnung von 1,1 °C pro Jahrhundert bewirken. In der ersten Hälfte des 20. Jahrhunderts ist, nach den verfügbaren Aufzeichnungen (vor allem aus Nordamerika und Europa) zu schließen, tatsächlich ein Temperaturanstieg um diesen Faktor eingetreten. Wenn die Erwärmung im selben Tempo weitergeht, könnten die außerpolaren Gletscher in hundert oder zweihundert Jahren verschwunden sein.

Die im Rahmen des IGJ angestellten Messungen ergaben, daß die Gletscher offenbar fast überall auf dem Rückzug sind. Von einem der großen Himalaja-Gletscher hieß es 1959, er habe sich seit 1935 um über 200 m zurückgezogen. Andere waren gar um 300 oder 600 m zurückgewichen. Fische, die an das Leben im eiskalten Wasser angepaßt sind, wandern ebenso nordwärts wie Baumarten, die in warmen Klimazonen beheimatet sind. Der Meeresspiegel erhöht sich Jahr um Jahr geringfügig, genau wie man es bei einem Abschmelzen der Gletscher erwarten würde.

Bei all dem scheint es jedoch, als sei seit Beginn der 40er Jahre die Durchschnittstemperatur wieder leicht zurückgegangen, und zwar so, daß die Hälfte des zwischen 1880 und 1940 verzeichneten Temperaturanstiegs wieder rückgängig gemacht worden ist. Diese Trendwende ist möglicherweise auf die Zunahme der Luftverschmutzung durch Staub und Rauch seit 1940 zurückzuführen. In der Luft enthaltene Partikel, die Sonnenlicht streuen, gewähren der Erde gewissermaßen Schatten. Es hat somit den Anschein, als ob zwei verschiedene Arten menschlich verursachter Luftverschmutzung einander derzeit in der Wirkung aufheben, zumindest in einer bestimmten Beziehung und zumindest temporär.

Kapitel 5

Die Atmosphäre

Die Luftschichten

Für Aristoteles bestand die Welt aus vier Schalen oder Schichten, die zugleich die vier Grundelemente verkörperten: Erde (die feste Kugel), Wasser (das Meer), Luft (die Atmosphäre) und Feuer (eine unsichtbare äußere Hülle, die sich nur hin und wieder durch Blitze zu erkennen gab). Jenseits dieser Schalen sei, so meinte er, das Universum mit einem unirdischen, vollkommenen fünften Element angefüllt, das er Äther nannte. (Im Lateinischen kam später, in synonymer Bedeutung, die Bezeichnung Quintessenz – »fünftes Element« – in Gebrauch.)

Dieses Weltbild sah keinen leeren Raum vor: Dort, wo die Erde endete, begann das Meer; an beide schloß sich die Luft an, und an sie wiederum das Feuer; und wo das Feuer endete, begann der Äther, der das Universum bis an sein Ende ausfüllte. »Die Natur«, so sagten die Gelehrten der Antike, »verabscheut das Vakuum« (lateinisch für »das Leere«).

Die Luft auf der Waage

Die Saugpumpe, eine schon früh erfundene Vorrichtung zur Förderung von Wasser aus Brunnen, schien eine ausgezeichnete Illustration für diesen *horror vacui* abzugeben *(Abb.)*. In einen Zylinder wird, dicht schließend, ein beweglicher Kolben eingesetzt. Wenn der Pumpenschwengel nach unten gedrückt wird, geht der Kolben nach oben, wodurch im unteren Teil des Zylinders ein Vakuum entsteht. Da aber die Natur das Vakuum scheut, strömt von unten her durch ein Einlaßventil Wasser in den Zylinder und füllt das Vakuum. Durch wiederholtes Pumpen steigt schließlich so viel Wasser in den Zylinder, daß es sich bei jeder Hebung des Kolbens aus dem oben angebrachten Auslauf ergießt.

Nach der Theorie des Aristoteles hätte es möglich sein müssen, mit dieser Methode Wasser in jede beliebige Höhe zu pumpen. Allein, Bergwerksingenieure, die die Aufgabe hatten, Wasser aus tief unter der Erde gelegenen Stollen zu pumpen, mußten feststellen, daß, sie mochten pumpen, so viel sie wollten, das Wasser nie höher als 10 m über seinen Ausgangspegel stieg.

Galileo Galilei beschäftigte sich gegen Ende seines langen Forscherlebens mit diesem Problem. Er fand keine andere Erklärung, als daß die Natur das Vakuum offenbar nur bis zu einer bestimmten Grenze verabscheut. Er fragte sich, ob diese Grenze bei einer Flüssigkeit von größerer Dichte als Wasser niedriger liegen würde; noch bevor er Gelegenheit fand, dies experimentell auszuprobieren, starb er.

Zwei seiner Schüler, Evangelista Torricelli und Vincenzo Viviani, machten 1644 die Probe aufs Exempel. Sie füllten einen schmalen, etwa 1 m langen Glaskolben mit Quecksilber (das eine rund 13,6mal größere Dichte als Wasser besitzt), schlossen den Kolben mit einem Stöpsel, tauchten ihn mit dem Stöpselende nach unten in eine mit Quecksilber gefüllte Wanne und zogen dann den Stöpsel ab. Das Quecksilber begann aus dem Kolben in die Wanne zu strömen, aber als die Quecksilbersäule im Kolben auf eine Höhe von 76 cm (gemessen vom Quecksilberspiegel in der Wanne) geschrumpft war, kam der Fließvorgang zum Stehen.

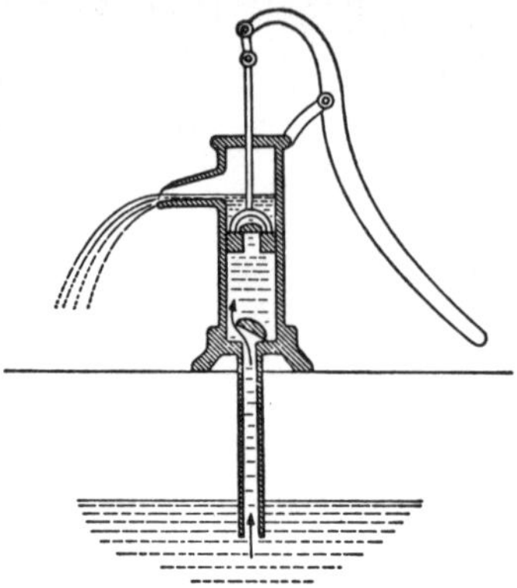

Funktionsweise der Wasserpumpe. Wenn mit dem Schwengel der Kolben gehoben wird, entsteht im Zylinder ein Unterdruck (Teilvakuum), der das Wasser von unten durch die mit einem Einwegventil versehene Öffnung in den Zylinderraum saugt. Nach mehrmaligem Pumpen steht das Wasser hoch genug, um durch den Schnabel abzufließen.

Damit war das erste *Barometer* geboren. Heutige Quecksilber-Barometer arbeiten im wesentlichen nach dem gleichen Prinzip. Es dauerte nicht lange, bis klar wurde, daß die Quecksilbersäule keine ganz konstante Höhe wahrte. Der englische Naturforscher Robert Hooke machte um 1660 darauf aufmerksam, daß die Quecksilbersäule vor einem Gewitter etwas an Höhe verliert. Damit war der Weg zur wissenschaftlichen Wettervorhersage oder *Meteorologie* gewiesen.

Warum blieb das Quecksilber in dem Glasrohr stehen? Viviani wagte die Vermutung, es sei das Gewicht der Atmosphäre, das auf die Flüssigkeit in der Wanne drücke. Das war ein revolutionärer Gedanke, lehrte doch die aristotelische Physik, daß die Luft kein Gewicht besaß. Nun aber wurde offenkundig, daß eine 10 m hohe Wasser- oder eine 76 cm hohe Quecksilbersäule Äquivalente waren für das Gewicht der Atmosphäre, d. h. für das Gewicht einer Luftsäule von gleichem Querschnitt und von unbekannter Höhe (nämlich von der Erdoberfläche bis zum äußeren Rand der irdischen Gashülle).

Das Experiment zeigte auch, daß die Natur keineswegs unter allen Umständen das Vakuum scheut. Der vom Quecksilber verlassene obere Teil des geschlossenen Glaskolbens war ein Vakuum, das nichts enthielt außer einer sehr geringen Menge Quecksilberdampf. Dieses *Torricelli-Vakuum* war das erste künstlich hergestellte Vakuum.

Das Vakuum wurde fast unverzüglich in den Dienst der Wissenschaft gestellt. Der deutsche Gelehrte Athanasius Kircher demonstrierte 1650, daß Schall sich im Vakuum nicht fortpflanzt – wie es schon Aristoteles (diesmal ausnahmsweise richtig) vorausgesagt hatte. Ein paar Jahre später zeigte Robert Boyle, daß sehr leichte Gegenstände im Vakuum ebenso schnell fallen wie schwere, und brach damit eine Lanze für die galileischen Theorien der Bewegung und gegen die aristotelische Physik.

Wenn die Luft ein endliches Gewicht hatte, dann mußte sie auch eine endliche Höhe haben. Für das Gewicht der Atmosphäre ergab sich ein Wert von 1,0333 kg auf 1 cm^2. Demzufolge mußte die Atmosphäre etwa 8000 m hoch sein – eine gleichmäßige Dichte in allen Höhen vorausgesetzt. Diese Voraussetzung war aber unrealistisch, wie Boyle 1662 zeigte. Die Dichte von Luft, die zusammengedrückt wird, erhöht sich nämlich. Boyle füllte in ein J-förmiges Glasrohr Quecksilber, das im kurzen, mit einem Stopfen verschlossenen Schenkel des J ein wenig Luft einschloß. Als er mehr Quecksilber nachgoß, schrumpfte die Luftblase ein wenig. Zugleich erhöhte sich, wie Boyle entdeckte, der Druck der eingeschlossenen Luft, denn sie schrumpfte nicht im gleichen Maße, wie der Druck des Quecksilbers durch zusätzliches Nachfüllen zunahm. Mittels direkter Messungen konnte Boyle zeigen, daß sich der Druck eines Gases verdoppelt, wenn es auf die Hälfte seines ursprünglichen Volumens zusammengedrückt wird; anders gesagt: Volumen und Druck verhalten sich umgekehrt proportional zueinander *(Abb.)*. Diese epochemachende Entdeckung, die später als das *Boyle-Mariottesche Gesetz* bekannt geworden ist, bildete den Auftakt zu einer langen Reihe von Entdeckungen über das Wesen der Materie, an deren Ende schließlich die Atomtheorie stand.

Wenn Luft sich unter Druck verdichtete, mußte sie auf Meereshöhe am dichtesten sein und sich mit zunehmender Höhe immer mehr verdünnen. Der erste, der diesen Sachverhalt aufzeigte, war 1648 der französische Mathematiker Blaise Pascal; er schickte seinen Schwager Florin Périer 1500 Höhenmeter den Berg hinauf und gab ihm ein Baro-

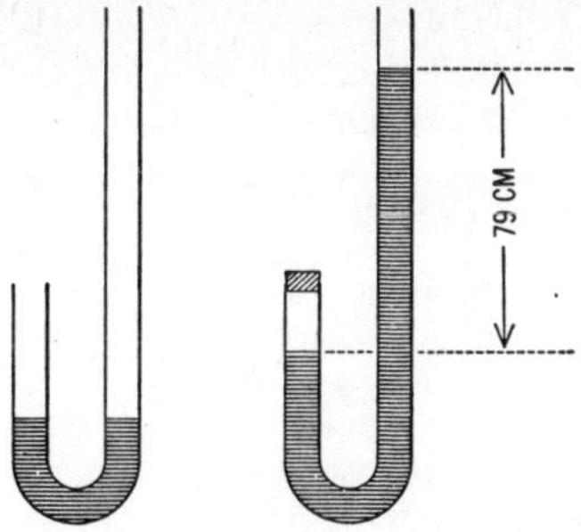

Schematische Darstellung des Boyleschen Experiments. Wenn man den kurzen Schenkel des Glasrohrs verschließt und in den langen weiteres Quecksilber nachgießt, wird die im kurzen Schenkel eingeschlossene Luft zusammengedrückt. Das Experiment zeigte, daß das Volumen der eingeschlossenen Luft sich in dem Maße verringert, wie der Druck zunimmt. Diesen Sachverhalt formuliert das Boyle-Mariottesche Gesetz.

meter mit, damit er feststellen konnte, ob und um wieviel die Quecksilbersäule mit zunehmender Höhe fiel.

Wie theoretische Berechnungen ergaben, würde – eine gleichmäßige Temperatur in allen Höhen vorausgesetzt – der Luftdruck mit zunehmender Höhe zurückgehen, und zwar alle 20 km um den Faktor 10. Das heißt, daß in 20 km Höhe die Atmosphäre nur noch einer Quecksilbersäule von 7,6 cm (statt 76 cm) Höhe das Gleichgewicht halten könnte; in 40 km Höhe wäre die Quecksilbersäule nur noch 0,76 cm, in 60 km Höhe nur noch 0,076 cm hoch usw. 180 km über dem Meeresspiegel wäre die Quecksilbersäule auf 0,0000000076 cm geschrumpft. Das mag zwar schon in den Bereich des nicht mehr Meßbaren eintreten, aber auf die ganze Erdatmosphäre hochgerechnet, wöge die Luft oberhalb der 180-km-Marke immerhin noch 5,5 Millionen Tonnen.

In Wirklichkeit sind diese Zahlen nur Annäherungswerte, da die Temperatur sich mit zunehmender Höhe verändert. Immerhin vermitteln sie ein prinzipiell zutreffendes Bild und lehren uns verstehen, daß die Atmosphäre keine scharfe Grenze hat – sie erstreckt sich vielmehr, sich immer mehr verdünnend, sehr weit in den (fast) leeren Raum hinaus. Meteorleuchtspuren sind in Höhen von 160 km gesichtet worden, wo nur noch ein Millionstel des irdischen Normalluftdrucks herrscht und die Luft nur noch ein Milliardstel ihrer irdischen Dichte besitzt. Das ist wirklich dünne Luft, aber sie bietet durchrasenden Meteoriten immer noch genug Reibungswiderstand, um sie bis zur Weißglut zu erhitzen. *Polarlichter,* die dadurch entstehen, daß Teilchenströme aus dem All die Gase der oberen Atmosphäre ionisieren und dadurch zum Leuchten bringen, sind in Höhen von 800 bis 1000 km über dem Meeresspiegel registriert worden.

Die Luftfahrt

Von frühester Zeit an war, so scheint es, in den Menschen ein unbändiger Wunsch lebendig, sich in die Lüfte zu erheben. Der Wind kann leichte Gegenstände – Blätter, Federn, Sporen – durch die Luft tragen. Eindrucksvoller noch sind die Tiere, die sich durch die Luft fortbewegen – Flughörnchen, Flugbeutler, ja sogar fliegende Fische, und allen voran natürlich die wahren Flieger wie Insekten, Fledermäuse und Vögel.

Die Sehnsucht der Menschen, es diesen Flugkünstlern nachzutun, hat ihre Spuren im Mythen- und Sagenschatz der Völker hinterlassen. Götter und andere himmlische Geschöpfe können wie selbstverständlich fliegen: Engel und Elfen sind auf Bildern immer mit Flügeln bestückt; auch die Figur des Ikarus, nach dem ein Asteroid benannt worden ist *(s. Kap. 3),* das fliegende Pferd Pegasus und der Topos des fliegenden Teppichs in den orientalischen Sagen sind Zeugnisse für den menschlichen Wunsch, zu fliegen.

Der erste von Menschenhand gemachte Gegenstand, der wenn nicht fliegen, so doch sich für eine begrenzte Zeit in nennenswerte Höhen erheben konnte, war der *Drachen,* ein mit Papier oder einem ähnlichen Material bespanntes, leichtes Holzgestell mit einem stabilisierenden Schwanz und einer langen Halteschnur. Es heißt, der erste Drachen sei im 4. Jahrhundert v. Chr. von dem griechischen Philosophen Archytas gebaut worden.

Drachen haben seit jeher hauptsächlich als Spielzeuge für Kinder und Erwachsene gedient, wenngleich auch praktische Nutzanwendungen möglich waren. Ein Drachen kann eine Laterne in der Luft halten, die so als weithin sichtbares Signallicht dienen kann. Er ist in der Lage, ein leichtes Seil über einen Fluß oder eine Schlucht zu tragen; an diesem Seil können dann schwerere Seile, bei-

spielsweise die Tragseile einer Hängebrücke, hinübergezogen werden.
Den ersten Versuch, Drachen für wissenschaftliche Zwecke einzuspannen, unternahm 1749 der schottische Astronom Alexander Wilson; er ließ Drachen steigen, an denen Thermometer befestigt waren, und hoffte, auf diese Weise Temperaturen in höheren Luftschichten messen zu können. Bedeutsamere Ergebnisse zeitigten die Experimente, die Benjamin Franklin 1752 unter Verwendung von Drachen durchführte (ich komme darauf in Kapitel 9 zu sprechen).
Ehe Drachen (bzw. andere, ähnlich konstruierte Luftgleiter) groß und leistungsfähig genug wurden, um auch Menschen tragen zu können, sollten noch eineinhalb Jahrhunderte vergehen; aber noch zu Lebzeiten Franklins wurde das Problem mit einer anderen Technik gelöst.
1782 bastelten zwei Franzosen, die Gebrüder Joseph und Jacques Montgolfier, eine große, an einer Stelle mit einer Öffnung versehene Ballonhülle und füllten sie von unten her mit heißer Luft, die sie durch ein Feuer erzeugten. Als genug Heißluft in der Hülle war, begann sie langsam hochzusteigen: Die Brüder Montgolfier hatten den ersten Flugballon, einen *Heißluftballon,* gestartet. Einige Monate später gab es schon Ballone, die mit Wasserstoff gefüllt waren, einem Gas mit einer 14mal geringeren Dichte als Luft, was bedeutete, daß jedes Kilogramm Wasserstoff eine Nutzlast von 13 Kilogramm zu tragen vermochte. Es war nunmehr möglich, an Ballonen Gondeln zu befestigen, in denen Fahrgäste Platz nehmen konnten; nach einigen Versuchen mit Tieren als Passagiere gingen auf diese Weise bald auch Menschen in die Luft.
Weniger als ein Jahr nach dem Start des ersten Ballons machte ein Amerikaner namens John Jeffries einen Ballonflug über London; er führte an Bord ein Barometer und andere Meßinstrumente sowie eine Vorrichtung zum Sammeln von Luftproben in unterschiedlichen Lufthöhen mit. 1804 stieg der französische Forscher Joseph Louis Gay-Lussac in eine Höhe von 7000 m auf und brachte Luftproben mit. Zur Minderung des Risikos, das diesen abenteuerlichen Unternehmungen innewohnte, trug eine Erfindung des französischen Ballonfahrers Jean Pierre Blanchard bei. Er bastelte 1785, im frühesten Stadium des Ballonzeitalters also, den ersten *Fallschirm.*
Sehr bald schon stieß die Technik der Ballonfahrt (genauer: der Mitfahrt von Menschen in einer offenen Gondel) an ihre Grenzen: 1875 erreichten drei Männer eine Höhe von 9600 m, aber nur einer von ihnen, Gaston Tissandier, überstand das Abenteuer lebend; seine beiden Mitfahrer starben an Sauerstoffmangel. Tissandier konnte die in solchen Höhen auftretenden Atemnot-Symptome beschreiben, und damit hatte eigentlich die Geburtsstunde der *Luftfahrtmedizin* geschlagen. Ab 1892 wurden unbemannte, mit Instrumenten bestückte Forschungsballone gebaut und zum Einsatz gebracht; sie konnten in größere Höhen aufsteigen und brachten Daten über Temperaturen und Druckverhältnisse in bis dato unerforschten Sphären zurück.
Während der ersten Steigkilometer nahm die Temperatur stetig ab, wie man es erwartet hatte. In 12 km Höhe lag sie bei −55 °C. Dann aber kam etwas Überraschendes: Von dieser Höhe an fiel die Temperatur nicht weiter, sondern stieg sogar wieder leicht an.
Der französische Meteorologe Teisserenc de Bort äußerte 1902 die Vermutung, die Erdatmosphäre könne womöglich aus zwei Schichten bestehen: einer unteren, in der Wolken, Wind, Stürme und alle die uns vertrauten Wettererscheinungen herrschten (1908 nannte er diese Schicht die *Troposphäre,* was im Griechischen sinngemäß »Sphäre der Veränderung« bedeutet), sowie einer äußeren, unbewegten Hülle, bestehend aus übereinander angeordneten Schichten leichterer Gase wie Helium und Wasserstoff (diese nannte er die *Stratosphäre,* also die »Sphäre der Schichten«). Teisserenc de Bort nannte den Höhenbereich, in dem der Temperaturabfall aufhörte, die *Tropopause* (»Ende der Veränderung«). Die Tropopause markiert also die Grenze zwischen der Troposphäre und der Stratosphäre. Ihre Höhe variiert, wie man mittlerweile festgestellt hat, zwischen etwa 16 km über Meereshöhe am Äquator und etwa 8 km über Meereshöhe an den Polen.
Hochfliegende amerikanische Bomber entdeckten im Zweiten Weltkrieg ein erstaunliches, dicht unterhalb der Tropopause angesiedeltes Phänomen, den sogenannten *Jetstream,* einen sehr kräftigen, sehr gleichmäßigen west-östlichen Luftstrom, der mit einer Geschwindigkeit von bis zu 800 km/h um die Erde eilt. Eigentlich gibt es zwei Jetströme, einen über der nördlichen Erdhalbkugel, etwa auf

Versailles, 19. September 1783: Die Gebrüder Montgolfier lassen einen Heißluftballon starten. Mit Genehmigung des Bettmann-Archivs.

der Höhe der Vereinigten Staaten, des Mittelmeers und Nordchinas, und einen über der südlichen, auf der Höhe von Neuseeland und Argentinien. Innerhalb dieser Ströme treten Wirbel und Ausläufer auf, die den Hauptstrom verlassen können und oft weit südlich oder nördlich davon in Erscheinung treten. Die Piloten heutiger Düsenflugzeuge nutzen, wenn es geht, die Möglichkeit, auf diesen schnellen Luftströmen »mitzureiten«. Weit bedeutsamer war jedoch die Entdeckung, daß die Jetströme einen starken Einfluß auf die Bewegung tieferliegender Luftmassen ausüben. Diese Erkenntnis schlug sich in verbesserten Methoden der Wettervorhersage nieder.

Da Menschen in großen Höhen wegen der Kälte und der dünnen Luft nicht überleben können, mußte eine luftdichte Kabine entwickelt werden, in deren Innerem die Temperatur- und Druckverhältnisse der Erdoberfläche aufrechterhalten werden konnten. In einer solchen geschlossenen Gondel erreichten 1931 die Gebrüder Auguste und Jean Piccard (von denen ersterer später die erste manövrierbare Tiefsee-Tauchkugel konstruierte) eine Höhe von knapp 18 km. Dann schufen neue Ballonstoffe aus Plastik, leichter und weniger porös als die bis dahin verwendete Seide, die Möglichkeit, in noch größere Höhen aufzusteigen und länger oben zu bleiben. 1938 erreichte ein Ballon namens Explorer II eine Höhe von 21 km, während heute der Rekord für bemannte Ballone bei 37,8 und für unbemannte Ballone bei über 50 km steht.

Wie diese Ballonexpeditionen in große Höhen ergaben, erstreckt sich die Zone, in der annähernd konstante Temperaturen herrschen, keineswegs unendlich weit nach oben. Die Stratosphäre endet

in einer Höhe von etwa 32 km, und darüber wird es allmählich wieder wärmer!
In diese sich jenseits der Stratosphäre ausdehnende »obere Atmosphäre«, die nur 2% des gesamten irdischen Luftvorrats enthält, stieß erstmals in den 40er Jahren unseres Jahrhunderts ein von Menschenhand gemachtes Objekt vor, ein Fahrzeug ganz neuer Art: die Rakete *(siehe dazu Kap. 3)*.
Wenn man an Meßdaten herankommen will, die von Instrumenten in großer Höhe registriert werden, so kann man dies am einfachsten dadurch bewerkstelligen, daß man die Instrumente herunterholt und sie abliest. Bei einem an einem Drachen befestigten Instrument ist das relativ einfach; bei Ballonen ist das Zurückholen schon schwieriger, während Raketen vielleicht überhaupt nicht auf die Erde zurückkommen. Natürlich kann man es so einrichten, daß eine Rakete ihren Instrumentenblock ausstößt und dieser an einem Fallschirm zur Erde niedergeht, aber dieses Verfahren ist mit Unsicherheiten und Risiken behaftet. In der Tat hätten Raketen allein für die Erforschung der oberen Atmosphäre nicht viel gebracht, wenn nicht gleichzeitig mit ihnen die *Fernmessung* erfunden worden wäre. Der erste, der sich bei der Erforschung der Atmosphäre mittels Ballonen der Fernmessung bediente, war im Jahr 1925 der russische Wissenschaftler Pjotr A. Molchanow.
Fernmessung bedeutet nichts anderes, als daß gemessene Daten (z. B. Temperaturwerte) in elektrische Impulse umgewandelt und in Form von Funksignalen zur Erde übermittelt werden. Die übermittelte Information erscheint in Gestalt von Veränderungen der Intensität oder der Frequenz der Impulse. Durch eine Temperaturveränderung kann sich beispielsweise die elektrische Leitfähigkeit eines Drahtes – und damit die Charakteristik der ihn durchfließenden elektrischen Impulse – verändern; oder eine Luftdruckveränderung kann sich, infolge der Tatsache, daß Luft den Draht kühlt (wobei die kühlende Wirkung vom Luftdruck abhängig ist), in Form einer bestimmten Pulscharakteristik niederschlagen; oder eine von einem Detektor aufgefangene Strahlung wird in elektrische Signale »übersetzt«, usw. Heutzutage ist die Fernmessung so weit fortgeschritten, daß man beinahe sagen kann: Das einzige, was Raketen noch nicht können, ist reden. Aber auch so übermitteln sie einen derartigen Schwall von Daten, daß es zu deren Entschlüsselung, Ordnung und Deutung leistungsfähiger Rechnersysteme bedarf.
Dank Raketen und Fernmessung wissen wir heute, daß jenseits der Stratosphäre die Temperatur stetig ansteigt, in einer Höhe von rund 50 km einen Maximalwert von etwa −10 °C erreicht, um dann wieder bis auf −90 °C in 80 km Höhe abzufallen. Diese Zone steigender und wieder sinkender Temperatur wird, mit einem 1950 von dem britischen Geophysiker Sydney Chapman geprägten Begriff, die *Mesosphäre* genannt.
Was außerhalb der Mesosphäre noch an Atmosphärengasen vorhanden ist, beläuft sich auf lediglich einige Tausendstelbruchteile eines Prozents der Gesamtmasse der Erdatmosphäre. In dieser Zone dünn verteilter Gasatome findet mit zunehmender Höhe ein Temperaturanstieg bis auf schätzungsweise 1000 °C in 500 km Höhe statt, der sich mit weiter zunehmender Höhe vielleicht noch fortsetzt. Diese Zone heißt bezeichnenderweise *Thermosphäre* – eine entfernte Assoziation zur aristotelischen »Sphäre des Feuers« stellt sich ein. Hohe Temperatur bedeutet in diesem Zusammenhang natürlich nicht Hitze im landläufigen Sinn; sie ist vielmehr lediglich ein Maß für die Bewegungsenergie der einzelnen Partikel.
In 500 km Höhe beginnt die *Exosphäre* (ein von Lyman Spitzer 1949 eingeführter Terminus), die möglicherweise bis in 1600 km Höhe hinaufreicht und allmählich in den interplanetaren Raum übergeht.
Mit zunehmender Kenntnis der Bedingungen und Vorgänge in der Atmosphäre werden wir vielleicht eines Tages in der Lage sein, über das Wetter nicht immer nur zu reden, sondern es auch zu beeinflussen. Ein kleiner Anfang ist schon gemacht. Die amerikanischen Chemiker Vincent J. Schaefer und Irving Langmuir entdeckten Anfang der 40er Jahre, daß sich in Wolken bei sehr niedriger Temperatur Körnchen bilden können, um die herum Wasserdampf zu Regentropfen kondensiert. 1946 wurde erstmals von einem Flugzeug aus gefrorenes, pulverisiertes Kohlendioxid in eine Wolkenbank hinein abgeworfen, um dort zunächst Körnchen und dann Regentropfen zu erzeugen. Eine halbe Stunde später regnete es. Bernhard Vonnegut entdeckte einige Jahre später eine noch wirksamere Technik: Mit pulverisiertem Silberjodid, von unten her in eine Wolkenschicht eingebracht, funktionierte die Sache noch besser. Wissenschaft-

lich fundierte Techniken des Regenmachens werden heute angewandt, wenn es darum geht, Dürreperioden zu beenden; der Erfolg ist freilich nicht garantiert, denn bevor man Wolken mit Silberjodid impfen kann, müssen erst einmal welche da sein. Sowjetische Astronomen bedienten sich 1961 der Technik des Wolkenimpfens mit teilweisem Erfolg, um einen Bereich des Himmels, in dem sie eine Sonnenfinsternis beobachten wollten, wolkenfrei zu machen.

Im Zuge weiterer Versuche zur Wetterbeeinflussung hat man auch Wirbelsturmsysteme geimpft, um sie aufzulösen oder ihnen wenigstens einen Teil ihrer zerstörerischen Kraft zu nehmen; ferner wendet man die Technik an, um Hagelstürme abzuwenden, Nebelbänke aufzulösen usw. Die Resultate sind bislang in allen Fällen bestenfalls ermutigend gewesen, ein durchschlagender Erfolg ist noch in keinem Fall erzielt worden. Zu bedenken ist überdies, daß jede gelungene Wetterbeeinflussung, die irgend jemandem Nutzen bringt, möglicherweise jemand anderem Schaden zufügt. (Man stelle sich nur vor, was der Besitzer eines Vergnügungsparks davon hielte, wenn ein benachbarter Landwirt sich Regen bestellen würde.) Jeder, der am Wetter herumdoktert, riskiert somit, auf Schadenersatz verklagt zu werden. Was die Zukunft in dieser Beziehung bringen wird, ist demnach noch keineswegs abzusehen.

Raketen können nicht bloß der Erkundung der Atmosphäre und des Weltraums dienen (wenngleich ich sie in Kap. 3 einzig in dieser Funktion vorgestellt habe). Man kann sie natürlich auch – und tut dies bereits – den praktischen Zwecken der Menschheit dienstbar machen. Tatsächlich sind auch bei explorativen Missionen unmittelbare Nutzanwendungen möglich. Manche Satelliten, die in eine Umlaufbahn geschossen werden, spähen von dort weniger in den Raum hinaus, sondern haben ihre künstlichen Sinnesorgane auf die Erde ständig gerichtet. So ist es mittels künstlicher Satelliten erstmals möglich geworden, unseren Planeten – oder doch zumindest zu jedem beliebigen Zeitpunkt einen guten Teil von ihm – und die auf ihm ablaufenden Wettervorgänge als einheitliches Ganzes zu betrachten und zu studieren.

Am 1. April 1960 starteten die Vereinigten Staaten den ersten Wetterbeobachtungs-Satelliten, Tiros I (Tiros stand für »*T*elevision *I*nfrared *O*bservation *S*atellite«). Im November desselben Jahres wurde Tiros II in eine Umlaufbahn gebracht und funkte im Verlauf von zehn Wochen über 20000 Fotos zur Erde, die weite Bereiche der Erdoberfläche und zahlreiche Wetterphänomene sichtbar machten, unter anderem einen Zyklon über Neuseeland und ein Wolkengebilde über Oklahoma, aus dem offenbar Tornados hervorgingen. Tiros III, gestartet im Juli 1961, fotografierte 18 tropische Stürme und entdeckte im September den sich in der Karibik entwickelnden Wirbelsturm Esther, zwei Tage bevor er mit den herkömmlichen Methoden registriert werden konnte. Ein mit noch empfindlicheren Sensoren ausgerüsteter Satellit namens Nimbus I, gestartet am 28. August 1964, war in der Lage, auch nachts aufgenommene Wetterbilder zur Erde zu schicken. Mit der Zeit entstanden, über Dutzende von Ländern verteilt, Hunderte von automatischen Stationen zum Empfang und zur Weiterleitung von Satellitenbildern. Eine Wettervorhersage ohne die von Satelliten gelieferten Daten ist heute gar nicht mehr vorstellbar. Im Fernsehen können wir Abend für Abend nur wenige Stunden alte Momentaufnahmen der regionalen Gesamtwetterlage betrachten. Was die Wetterprognosen betrifft, so sind sie zwar noch immer mit einer gewissen Unsicherheit behaftet, aber doch keineswegs mehr das Ratespiel, das sie noch vor einem Vierteljahrhundert waren.

Der faszinierendste und segensreichste Aspekt der satellitengestützten Meteorologie ist, daß sie es möglich gemacht hat, Wirbelstürme frühzeitig zu erkennen und ihre Bahn zu verfolgen. Diese Stürme besitzen heute eine potentiell weit verheerendere Wirkung als in der Vergangenheit, da die Bebauung und Bevölkerung der Küstengebiete seit dem Zweiten Weltkrieg stark zugenommen hat. Ließe sich die Bahn eines Hurrikans nicht mit ziemlicher Genauigkeit voraussagen, dann würden diese Stürme zweifellos weit mehr Menschenleben fordern und Sachschäden anrichten, als sie es tatsächlich tun. (Was die manchmal gestellte Frage betrifft, ob die Raumfahrt den ganzen Aufwand überhaupt lohnt, so ist dazu zu sagen, daß allein die satellitengestützte Beobachtung von Wirbelstürmen weit mehr Geld einbringt – durch Schadenabwendung nämlich –, als das Raumfahrtprogramm kostet.)

Weitere nützliche Anwendungen der Satellitentechnik sind hinzugekommen: Satelliten können,

worauf der britische Science-Fiction-Autor Arthur C. Clarke schon 1945 hinwies, als Relaisstationen dienen, mit deren Hilfe Funksignale von Kontinent zu Kontinent übertragen werden können. Nur drei strategisch günstig stationierte Satelliten würden, so Clarke, genügen, um die Möglichkeit einer ständigen Funkverbindung zwischen allen Punkten der Erdoberfläche zu schaffen. Was damals noch wie ein kühner Traum anmutete, begann fünfzehn Jahre später greifbare Wirklichkeit zu werden: Am 12. August 1960 schossen die Vereinigten Staaten den Satelliten Echo I in eine Umlaufbahn, einen dünnen, mit Aluminium verkleideten Polyesterballon, der, nachdem er seine Flugbahn erreicht hatte, zu einem Ball mit 30 m Durchmesser aufgeblasen wurde und als passiver Radiowellen-Reflektor diente.
Am 10. Juli 1962 brachten die Vereinigten Staaten Telstar I in eine Umlaufbahn. Er war mehr als ein bloßer Reflektor: Er konnte Funksignale empfangen, verstärken und weiterleiten. Telstar ermöglichte erstmals die drahtlose Übertragung von Fernsehsendungen von Kontinent zu Kontinent. (Die Qualität der Programme wurde dadurch leider nicht besser.) Am 26. Juli 1963 wurde Syncom II in eine Umlaufbahn besonderer Art manövriert: In 35 880 km Höhe umrundete er die Erde genau alle 24 Stunden einmal. Da er in der Rotationsrichtung der Erde umlief, bedeutete dies, daß er unverwandt an einem bestimmten Punkt über dem Atlantik stehenblieb. Syncom III, der ebenfalls in eine solche *geostationäre Umlaufbahn* gebracht wurde und seinen Standort über dem Indischen Ozean hatte, übertrug im Oktober 1964 Fernsehbilder von den in Tokio stattfindenden Olympischen Spielen in die Vereinigten Staaten.
Early Bird, ein noch leistungsfähigerer Fernmeldesatellit, der am 6. April 1965 in Dienst gestellt wurde, eröffnete 240 Telefonverbindungen und einen Übertragungskanal für Fernsehbilder. (Im selben Jahr begann auch die Sowjetunion mit der Stationierung von Fernmeldesatelliten.) In den 70er Jahren waren Fernsehen, Hörfunk und Telefonsysteme dank der Satellitentechnik zu einem weltweiten Verbundnetz zusammengewachsen. Kommunikationstechnisch ist die Welt mittlerweile wenn nicht zum Dorf, so doch zu einer kleinen, überschaubaren Welt geworden. Diejenigen politischen Kräfte, die an dieser unentrinnbaren Tatsache vorbeihandeln, werden in zunehmendem Maß zu einem archaischen, anachronistischen und lebensgefährlichen Faktor.
Wie mit Hilfe von Satelliten die Erdoberfläche kartographiert und die atmosphärischen Vorgänge studiert werden können, ist ohne weiteres einsehbar. Nicht ganz so offensichtlich, aber ebenfalls Tatsache ist, daß Satelliten dazu dienen, die Bewegungen von Gletschern, die Beschaffenheit von Schneedecken und viele andere geophysikalische Phänomene eingehend zu analysieren. An bestimmten, auf Satellitenfotos sichtbaren Details können Geologen erkennen, in welchen Regionen Ölvorkommen oder andere Bodenschätze zu vermuten sind. Landwirtschaftsexperten können aufgrund von Satellitenbildern Aussagen über den Zustand von Anbaugebieten, den Reifegrad von Feldfrüchten usw. oder auch den Gesundheitszustand von Wäldern prüfen und Gebiete lokalisieren, in denen Schäden oder Krankheiten gehäuft auftreten. Waldbrände können frühzeitig entdeckt, bewässerungsbedürftige Zonen ausgemacht werden. Auch das Meeresgeschehen läßt sich beobachten und verfolgen – etwa der Verlauf von Strömungen oder die Bewegungen von Fischschwärmen. Solche *Erderkundungssatelliten* stellen die probate Antwort auf die Einwände derjenigen Kritiker dar, die angesichts der vielen schweren Probleme »hier unten auf der Erde« den Sinn der teuren Weltraumfahrt in Frage stellen. Nicht selten lassen sich die »Probleme hier unten« gerade von oben am besten studieren; bei deren Lösung können gerade die Satelliten sehr hilfreich sein.
Schließlich wird die Erde auch von zahlreichen *Spionagesatelliten* umkreist, deren Aufgabe es ist, militärische Bewegungen, Truppenkonzentrationen, Raketenabschußrampen, Waffen- und Munitionsdepots usw. aufzuspüren. Es gibt mehr als genug Leute, die den Weltraum zu einem neuen Kriegsschauplatz oder zumindest zu einer neuen Arena des Wettrüstens machen möchten, etwa durch die Entwicklung sogenannter Killer-Satelliten, die in der Lage wären, feindliche Satelliten zu zerstören, oder durch die Stationierung technisch fortgeschrittener Waffensysteme im Weltraum, die im Ernstfall ein schnelleres Zuschlagen ermöglichen, als es mit erdgebundenen Waffen möglich ist.

Dieses von einem Wettersatelliten übermittelte Bild zeigt Stürme über dem Pazifik und über dem Karibischen Meer. Mit Genehmigung des US-Wirtschaftsministeriums.

Dies ist die dunkle, die unheilvolle Seite der Eroberung des Weltraums, wenngleich man sagen muß, daß ein mit Hilfe von im Weltraum stationierten Waffensystemen geführter Atomkrieg nicht verheerender wäre als ein mit erdgebundenen Waffen ausgefochtener, sondern allenfalls technisch eleganter und ein wenig schneller ablaufen würde.

Beide Supermächte, die Vereinigten Staaten wie die Sowjetunion, verkünden bei jeder Gelegenheit ihren Willen, »den Frieden zu bewahren«, indem man für die andere Seite das Risiko eines Angriffs untragbar macht. Das Schlagwort, das diese Methode der Friedenserhaltung charakterisiert, heißt »Mutual Assured Destruction« (MAD) – jede Seite soll wissen, daß im Kriegsfall dem angreifenden Land ebenso sicher die Zerstörung droht wie dem angegriffenen. Diese Doktrin heißt nicht nur MAD, sie ist auch »mad«, wahnwitzig; denn die Anhäufung einer immer größeren Zahl immer tödlicherer Waffen hat bisher noch niemals Kriege verhindern können.

Die untere Atmosphäre

Bis in die Neuzeit hinein galt den Menschen die Luft als einfache, homogene Substanz. Zu Beginn des 17. Jahrhunderts war es der flämische Chemiker Jan Baptista van Helmont, der auf die Idee kam, es könne vielleicht mehrere unterschiedliche Gase geben. Er untersuchte die Ausdünstungen eines in Gärung befindlichen Fruchtsaftes und erkannte, daß es sich um eine bis dahin nicht identifizierte Substanz handelte *(Kohlendioxid)*. Es war übrigens auch van Helmont, der um das Jahr 1620 herum das Wort *Gas* prägte; man nimmt an, daß er es von dem griechischen Wort *chaos* ableitete, mit dem die Gelehrten der Antike jene »Ursubstanz« bezeichnet hatten, aus der das Universum ihrer Ansicht nach erschaffen worden war. 1756 kam der schottische Chemiker Joseph Black aufgrund eingehender Untersuchungen an und mit Kohlendioxid zu der sicheren Erkenntnis, daß es sich um einen von Luft verschiedenen Stoff handelte. Er konnte sogar zeigen, daß die Luft einen kleinen Anteil dieses Gases enthält. Zehn Jahre später studierte Henry Cavendish ein in der Erdatmosphäre nicht vorhandenes brennbares Gas. Es wurde später *Wasserstoff* genannt. Damit war eindeutig erwiesen, daß es mehr als nur ein Gas gab.

Der erste, der erkannte, daß die Luft ein Gemisch aus mehreren Gasen ist, war der französische Chemiker Antoine-Laurent Lavoisier. Im Rahmen von Experimenten, die er in den 70er Jahren des 18. Jahrhunderts durchführte, erhitzte er in einem geschlossenen Gefäß Quecksilber und stellte fest, daß es sich mit einem Bestandteil der Luft verband, wobei sich ein rotes Pulver bildete *(Quecksilberoxid)*; vier Fünftel der Luft blieben von dieser Reaktion unberührt. So sehr Lavoisier das Gefäß auch erhitzen mochte, dieses restliche Gas zeigte keinerlei chemische Reaktion und blieb voll erhalten. Eine ihm ausgesetzte Kerze verlöschte sofort, auch Mäuse konnten darin nicht leben.

Für Lavoisier stand damit fest, daß die Luft sich aus zwei Gasen zusammensetzte. Das eine Fünftel, das sich in seinem Experiment mit dem Quecksilber verbunden hatte, repräsentierte den Luftanteil, der die Lebens- und Verbrennungsvorgänge speiste; für dieses Gas prägte er aus griechischen Wortbestandteilen den Namen *oxygene* (sinngemäß »der Säurebildner«), weil die Reaktionsprodukte dieses Stoffes zumeist chemisch sauer waren. Im Deutschen bürgerte sich für das Gas der Name *Sauerstoff* ein. Den anderen Bestandteil der Luft nannte Lavoisier *azote,* wiederum abgeleitet aus griechischen Wörtern mit der Bedeutung »kein Leben«. Im deutschen Sprachraum erhielt dieses Gas den Namen *Stickstoff*. Lavoisier war zwar der erste, der die Zusammensetzung der Luft im Prinzip richtig erkannte, er war aber nicht eigentlich der Entdecker des Sauerstoffs und des Stickstoffs. Letzteren hatte 1772 der schottische Physiker Daniel Rutherford, den Sauerstoff 1774 der englische Unitarierpfarrer Joseph Priestley entdeckt.

Dies über unsere Luft zu wissen, genügt schon, um aufzeigen zu können, daß es in unserem Sonnensystem nichts der Atmosphäre der Erde Vergleichbares gibt. Außer der Erde gibt es in unserem Sonnensystem sieben weitere Körper, von denen man weiß oder annimmt, daß sie eine nennenswerte Atmosphäre besitzen. Jupiter, Saturn, Uranus und Neptun haben (die beiden ersten bestimmt, die beiden letzten wahrscheinlich) eine Wasserstoffatmosphäre, vermutlich mit einem mehr oder weniger geringen Heliumanteil; Mars und Venus haben eine Kohlendioxid-Atmosphäre mit einem mehr oder weniger geringfügigen Stickstoffanteil. Titan hat eine Stickstoffatmosphäre mit einem kleinen Methan-Anteil. Einzig die Erde verfügt über eine Atmosphäre, an der auch die kleinere Komponente einen erheblichen quantitativen Anteil hat – und einzig die Erdatmosphäre enthält Sauerstoff. Da Sauerstoff ein relativ reaktionsfreudiges Gas ist, ergäbe sich aus grundlegenden chemischen Überlegungen eigentlich die Schlußfolgeruung, daß der Luftsauerstoff Verbindungen mit anderen Elementen eingehen und in seiner ungebundenen Form aus der Atmosphäre verschwinden müßte. Auf die Frage, warum dies nicht geschieht, werde ich weiter unten in diesem Kapitel noch zurückkommen; befassen wir uns erst einmal mit der chemischen Zusammensetzung der Luft.

Um die Mitte des 19. Jahrhunderts analysierte der französische Chemiker Henri V. Regnault Luftproben, die er aus allen Teilen der Welt zusammentrug. Er stellte fest, daß die Zusammensetzung der Luft überall gleich war. Der Sauerstoff-

gehalt betrug 20,9%, während man annahm, daß der gesamte Rest, mit Ausnahme eines winzigen Kohlendioxid-Anteils, aus Stickstoff bestand.
Stickstoff ist chemisch verhältnismäßig träge, d. h. er verbindet sich nicht leicht mit anderen Stoffen. Man kann ihn freilich zu seinem Glück zwingen, indem man ihn beispielsweise in Gegenwart von metallischem Magnesium erhitzt; er verbindet sich dann mit diesem zu Magnesiumnitrit, einem festen Stoff. Einige Jahre nachdem Lavoisier seine grundlegende Erkenntnis bekanntgegeben hatte, versuchte Henry Cavendish, den gesamten in einem luftgefüllten Behälter vorhandenen Stickstoff chemisch zu binden, indem er ihn mittels elektrischer Funken zur Reaktion mit Sauerstoff zwang. Es gelang nur zum Teil. Was er auch anstellte, stets blieb eine kleine Gasmenge übrig, weniger als 1% der ursprünglichen Menge zwar, aber hartnäckig jede Bindung verweigernd. Cavendish hielt es für möglich, daß er ein neues Gas entdeckt hatte, das noch reaktionsträger war als Stickstoff. Allein, nicht alle Chemiker waren so neugierig wie Cavendish, und niemand nahm sich der Erforschung dieser Sache an; so verging noch ein Jahrhundert, ehe dieser Restbestandteil der Luft identifiziert wurde.
1882 untersuchte der britische Physiker Robert J. Strutt, Lord Rayleigh, Stickstoff aus der Luft sowie Stickstoff, der bei bestimmten chemischen Reaktionen angefallen war. Beim Vergleich der Dichte stellte er zu seiner Überraschung fest, daß der Luftstickstoff eindeutig eine größere Dichte aufwies. Konnte es sein, daß der aus der Luft stammende Stickstoff nicht rein war, sondern einen kleinen Anteil eines anderen, schwereren Gases enthielt? Der schottische Chemiker Sir William Ramsay half Lord Rayleigh bei der Klärung des Problems. Den beiden stand um diese Zeit bereits die Technik der *Spektroskopie* zur Verfügung. Als sie den kleinen, nach der chemischen Entfernung des Stickstoffs noch verbliebenen Gasrest erhitzten und sein Spektrum studierten, fanden sie ein neuartiges Muster heller Linien, ein Muster, wie keines der bekannten Elemente es aufwies. Sie tauften ihre Entdeckung, ein höchst reaktionsträges Gas, auf den Namen *Argon* (abgeleitet von einem griechischen Wort mit der Bedeutung »träge«).
Der rund einprozentige, nicht identifizierte Luftanteil besteht in der Tat ganz überwiegend aus Argon, aber doch nicht ganz. In verschwindend geringen Mengen (in der Größenordnung von wenigen Teilchen pro Million) enthält die Erdatmosphäre noch weitere gasförmige Bestandteile. Vier davon, durchweg reaktionsträge Gase, entdeckte Ramsay in den Jahren nach 1890: *Neon* (»das Neue«), *Krypton* (»das Verborgene«), *Xenon* (»das Fremde«) und *Helium*, das schon dreißig Jahre zuvor im Sonnenspektrum entdeckt worden war. In jüngerer Zeit sind mit Hilfe des *Infrarot-Spektroskops* drei weitere Luftbestandteile identifiziert worden: *Distickstoffoxid* (»Lachgas«), dessen Herkunft unklar ist; *Methan*, das beim Zerfall organischer Materie entsteht, sowie *Kohlenmonoxid*. Methan tritt aus Mooren und Sümpfen aus, und man schätzt, daß der Atmosphäre Jahr für Jahr darüber hinaus 40 Millionen Tonnen (!) dieses Gases zugeführt werden – in Gestalt von Blähungen aus dem Gedärm von Rindern und anderen großen Tieren. Für das Kohlenmonoxid sind wahrscheinlich wir Menschen verantwortlich – es entsteht bei unvollständiger Verbrennung von Holz, Kohle, Benzin usw.

Die Stratosphäre

Bisher war die Rede von der Zusammensetzung der untersten Schicht der Erdatmosphäre. Wie steht es mit der Stratosphäre? Teisserenc de Bort hielt es für möglich, daß weiter oben, gleichsam schwimmend auf den schwereren Gasen darunter, Helium und Wasserstoff in nennenswerten Mengen vorhanden sind. Er irrte sich. Russische Ballonfahrer brachten in den 30er Jahren Luftproben aus der obersten Stratosphäre mit; ihre Analyse ergab dasselbe 80:20-Gemisch aus Stickstoff und Sauerstoff, wie es für die Luft der Troposphäre kennzeichnend ist.
Gleichwohl gab es Gründe, die für das Vorhandensein irgendwelcher anderen Gase in noch größerer Höhe sprachen. Einer dieser Gründe war die sogenannte *nächtliche Himmelsstrahlung*. Es handelte sich dabei um ein sehr schwaches, gleichmäßiges Leuchten aller Bereiche des Nachthimmels, auch in Abwesenheit jeglichen Mondlichtes. Die von ihr produzierte Gesamthelligkeit ist zwar wesentlich größer als die von den Sternen auf die Erde einfallende Lichtmenge, da es sich aber um ein vollkommen diffuses Licht handelt, wird es

nur von den empfindlichen optischen Instrumenten der Astronomen, nicht aber vom menschlichen Auge registriert.
Die Herkunft dieser Strahlung war lange Zeit ungeklärt. 1928 vermochte der Astronom V. M. Slipher im Licht der nächtlichen Himmelsstrahlung einige geheimnisvolle Spektrallinien nachzuweisen, wie sie auch schon 1864 William Huggins in einigen kosmischen Nebeln gefunden hatte. Damals hatte man geglaubt, diese Linien stammten von einem unbekannten Element (dem man sogleich den Namen Nebulium verlieh.) 1927 konnte der US-Astronom Ira Sprague Bowen mittels Laborexperimenten zeigen, daß die eigentümlichen Spektrallinien von atomarem Sauerstoff stammten, also von Sauerstoff, der in Gestalt einzelner Atome vorhanden war anstatt, wie üblich, in der zweiatomigen Molekülform. Andere neuartige, im Licht der Morgenröte gefundene Spektrallinien stammten, wie sich zeigte, von atomarem Stickstoff. Sowohl der atomare Sauerstoff als auch der atomare Stickstoff in der oberen Atmosphäre werden durch energiereiche Sonnenstrahlung erzeugt, die in der Lage ist, Moleküle in ihre Einzelatome aufzuspalten – der erste, der diese Deutung vorschlug, war 1931 Sydney Chapman. Zum Glück wird jene hoch energiereiche Strahlung auf diese Weise absorbiert oder zumindest abgeschwächt, bevor sie die untere Atmosphäre erreicht.
Die nächtliche Himmelsstrahlung erklärte Chapman damit, daß die tagsüber durch die Sonnenstrahlung aus ihren Molekülbindungen gerissenen Atome sich nachts wieder zu Molekülen verbinden und dabei einen Teil der bei der Aufspaltung absorbierten Energie wieder abgeben; die nächtliche Himmelsstrahlung wäre demnach so etwas wie ein verspäteter und sehr schwacher Nachklang des Sonnenlichts, in sozusagen transponierter Form. Direkte Beweise für die Richtigkeit dieser Annahme erbrachten Experimente, die 1956 unter Leitung von Murray Zelikoff durchgeführt wurden, nicht nur im Labor, sondern auch, unter Zuhilfenahme von Raketen, in der oberen Atmosphäre selbst. Die von den Raketen mitgeführten Spektroskope registrierten die von atomarem Sauerstoff erzeugten grünen Spektrallinien besonders gehäuft in 100 km Höhe über dem Erdboden. Beim Stickstoff war der in atomarer Form vorhandene Anteil geringer als beim Sauerstoff, weil Stickstoffmoleküle etwas stabiler sind; gleichwohl waren die roten Linien des atomaren Stickstoffs in einer Höhe von 150 km stark vertreten.
Slipher hatte im Licht der nächtlichen Himmelsstrahlung auch Spektrallinien aufgefunden, die verdächtige Ähnlichkeit mit den wohlbekannten Linien des Elements Natrium hatten. Das Vorhandensein von Natrium in der Atmosphäre erschien jedoch so unwahrscheinlich, daß man die Sache zunächst wie einen wissenschaftlichen Fauxpas überging. Wie sollte ausgerechnet Natrium in die obere Atmosphäre gelangt sein? Es war ja nicht einmal ein Gas, sondern ein sehr reaktionsfreudiges Metall, das nirgendwo auf der Erde in ungebundener Form vorkam. (Natrium tritt stets nur in Verbindung mit anderen Elementen auf, am häufigsten in Form von Natriumchlorid – Kochsalz.) 1938 jedoch wiesen französische Forscher nach, daß die Linien in der Tat mit denen des Natriums identisch waren. Unwahrscheinlich oder nicht, Natrium mußte in der oberen Atmosphäre vorhanden sein. Auch diesmal wurde die Frage mit Hilfe von Raketen entschieden: Ihre Bord-Spektroskope identifizierten eindeutig das gelbliche Licht des Natriums, das am intensivsten in 90 km Höhe in Erscheinung trat. Woher dieses Natrium kommt, ist bis heute ein Rätsel geblieben – vielleicht aus umherwirbelnden Schwaden verdunsteten Meerwassers, vielleicht von verglühten Meteoren. Fast noch rätselhafter ist, daß, wie 1958 entdeckt wurde, Lithium ebenfalls einen Beitrag zur Himmelsstrahlung leistet.
Im Rahmen seiner Experimente gelang es dem von Zelikoff geleiteten Team, eine künstliche Himmelsstrahlung zu erzeugen. Die Forscher feuerten eine Rakete ab, die auf ihrem Weg eine Stickoxidwolke ausstieß; diese übte eine katalytische, d. h. beschleunigte Wirkung auf die Wiedervereinigung von Sauerstoffatomen zu Molekülen in der oberen Atmosphäre aus. Der dadurch hervorgerufene Leuchteffekt war von der Erde aus leicht mit bloßem Auge wahrzunehmen. Ein ähnliches Experiment mit Natriumdampf verlief ebenfalls erfolgreich: Es ließ eine gut sichtbare, gelblich leuchtende Wolke entstehen. Als sowjetische Wissenschaftler im Oktober 1959 Lunik III zum Mond losschickten, richteten sie es so ein, daß der Satellit, als sichtbares Zeichen, daß er in eine Umlaufbahn eingeschwenkt war, eine Wolke aus Natriumdampf ausstieß.

In den tieferliegenden Schichten der Atmosphäre findet sich kein atomarer Sauerstoff mehr; die Sonnenstrahlung ist freilich auch hier noch energiereich genug, um die Bildung einer dreiatomigen Molekülvariante des Sauerstoffs zu gestatten, des sogenannten *Ozons*. Die höchste Ozon-Konzentration findet sich in 24 km Höhe. Auch in diesem, 1913 von dem französischen Physiker Charles Fabry erstmals lokalisierten und als *Ozonosphäre* bezeichneten Bereich sind die Ozonmoleküle sehr dünn gesät – 0,25 Teile pro Million; aber selbst diese hohe Verdünnung bewirkt noch eine hinreichend starke Absorption ultravioletten Lichtes, um das Leben auf der Erde zu schützen.

Ozon entsteht dadurch, daß sich atomarer Sauerstoff mit molekularem, zweiatomigem Sauerstoff verbindet. Ozon sammelt sich niemals in größerer Konzentration an, denn es ist instabil. Unter dem Einfluß des Sonnenlichts, der in winzigen Mengen in der Atmosphäre vorhandenen Stickoxide oder anderer Stoffe spaltet sich das Ozonmolekül sehr leicht in die viel stabilere zweiatomige Variante auf (unter Freisetzung eines ungebundenen Sauerstoffatoms). Das Gleichgewicht zwischen Erzeugung und Aufspaltung hat sich in der Ozonosphäre auf dem vorhin bezifferten geringen Konzentrationsniveau eingependelt; es stellt den Schutzschild gegen die ultraviolette Sonnenstrahlung dar (die, wenn sie bis zur Erdoberfläche vordränge, viele der empfindlichen Moleküle, die als Grundbausteine des Lebens dienen, zerstören würde), einen Schutzschild, der das Leben auf der Erde beschirmt, seit erstmals Sauerstoff in nennenswerter Menge in der Erdatmosphäre aufgetreten ist.

Die Ozonosphäre liegt nicht weit oberhalb der Tropopause und verläuft, wie diese, in wechselnder Höhe; am tiefsten hängt sie über den Polen, am höchsten über dem Äquator. Am ozonreichsten ist die Ozonosphäre über den Polen, während sie über dem Äquator, wo das Sonnenlicht naturgemäß die intensivste Spaltungsarbeit verrichtet, das Minimum ihrer Ozonkonzentration aufweist.

Es wäre eine gefährliche Entwicklung, wenn die Menschen durch technische Prozesse eine Beschleunigung des Ozonzerfalls in der oberen Atmosphäre und eine Schwächung des Ozonschilds herbeiführen würden. In diesem Fall würde eine verstärkte Ultraviolettstrahlung auf die Erdoberfläche niedergehen, und dies würde zu einer Zunahme der Hautkrebserkrankungen führen, namentlich bei hellhäutigen Personen. Es gibt Schätzungen, denen zufolge ein nur fünfprozentiger Abbau des Ozonschirms zu weltweit 500000 zusätzlichen Hautkrebsfällen pro Jahr führen würde. Eine verstärkte Ultraviolettstrahlung könnte sich auch auf das mikroskopische Leben in den oberen Meeresschichten, das Plankton, auswirken – auf eine potentiell verhängnisvolle Weise, da Plankton das unterste Glied der ozeanischen Nahrungskette (und in einem gewissen Sinn auch eine Grundlage des Lebens zu Lande) darstellt.

Die Gefahr, daß die Ozonosphäre durch vom Menschen gemachte Einflüsse geschädigt wird, ist in der Tat nicht von der Hand zu weisen. In zunehmender Zahl durchfliegen Düsenflugzeuge die Stratosphäre, Raketen bahnen sich ihren Weg durch die gesamte Atmosphäre ins All hinaus. Die in den Abgasen dieser Fahrzeuge enthaltenen Chemikalien könnten den Ozonzerfall möglicherweise beschleunigen. Dieses Risiko wurde von manchen Wissenschaftlern so ernst genommen, daß sie sich zu Anfang der 70er Jahre gegen die Entwicklung von Überschall-Düsenflugzeugen wandten.

Auch die Sprühdosen, wie sie in fast jedem Haushalt verwendet werden, wurden 1974 überraschenderweise als potentielle Gefahrenquelle entlarvt. Manche von ihnen enthalten als Treibmittel Freon (ein Gas, das an späterer Stelle dieses Buches nochmals besprochen wird). Das Treibmittel sorgt für den Überdruck in der Dose und befördert den eigentlichen Wirkstoff (Haarspray, Deodorant, Raumspray und dergleichen mehr) durch die Strahldüse nach außen. Auf der Erdoberfläche ist Freon chemisch völlig harmlos – farblos, geruchlos, reaktionsträge, bar jeder positiven oder negativen Wirkung auf Menschen. Zu dem Zeitpunkt, als das Freon als mögliche Gefahrenquelle erkannt wurde, gelangten fast 700 Millionen kg davon Jahr für Jahr aus Spraydosen und anderen Vorrichtungen in die Atmosphäre.

Da das Gas mit keiner anderen Substanz reagiert, steigt es langsam durch die Atmosphäre nach oben und erreicht schließlich die Ozonosphäre, wo es womöglich dazu beiträgt, den Ozonzerfall zu beschleunigen. Diese Möglichkeit mußte aufgrund von Laborversuchen in Betracht gezogen werden. Ob der im Labor beobachtete Vorgang sich unter den Bedingungen, wie sie in der oberen Atmosphäre herrschen, tatsächlich in analoger Weise vollzieht, ist nicht ganz klar; aber solange die Möglichkeit besteht, muß man das Problem sehr ernst nehmen. Der Einsatz von Freon als Treibmittel in Spraydosen hat, seit das Problem öffentlich diskutiert wurde, stark abgenommen.

Der Löwenanteil des auf der Erde produzierten Freons wird jedoch nach wie vor in der Klimaanlagen- und Gefriertechnik eingesetzt, wo die Bereitschaft, auf dieses Gas zu verzichten oder es wenigstens durch ein anderes zu ersetzen, offenbar noch immer gering ist. Die Ozonosphäre bleibt daher bedroht, denn früher oder später wird all das Freon, das wir produzieren und in technischen Prozessen einsetzen, frei werden und in die Atmosphäre gelangen.

Die Ionosphäre

Ozon ist nicht der einzige Bestandteil der Atmosphäre, der in größeren Höhen stärker konzentriert ist als in der Nähe der Erdoberfläche. Wie Raketenerkundungsflüge zeigten, lag Teisserenc de Bort mit seiner Vermutung bezüglich einer Helium- und Wasserstoffhülle nicht absolut falsch, sondern hatte lediglich entfernungsmäßig danebengetippt. In einer Höhe von 300 bis 1000 km, wo die Atmosphäre bereits so dünn ist, daß sie einem vollkommenen Vakuum nahekommt, dehnt sich eine Heliumschicht aus, die sogenannte *Heliosphäre*. Die Existenz dieser Schicht wurde erstmals 1961 von dem belgischen Physiker Marcel Nicolet postuliert, der ihr Vorhandensein aus der reibungsbedingten Verlangsamung des künstlichen Satelliten Echo I erschloß. Bestätigt wurde seine Vermutung durch empirische Analysen an Ort und Stelle, die der am 2. April 1962 gestartete Satellit Explorer XVII durchführte.

Jenseits der Heliosphäre erstreckt sich eine noch stärker verdünnte Wasserstoffhülle, die *Protonosphäre,* die sich möglicherweise über 60000 km weit ins All hinaus erstreckt, ehe sie endgültig in die allgemeine Leere des interplanetarischen Raums übergeht.

Hohe Temperaturen und energiereiche Strahlung vermögen nicht nur Moleküle in Atome zu zerspalten oder Atome zu neuen Molekülverbindungen anzuregen. Sie können beispielsweise einem Atom ein Elektron aus der Hülle schießen und das Atom auf diese Weise *ionisieren*. Das Atom wird dadurch in eine Zustandsform überführt, in der es als *Ion* bezeichnet wird und das sich von seinem Normalzustand dadurch unterscheidet, daß es nunmehr Träger einer elektrischen Ladung ist. Der Ausdruck Ion, den der englische Gelehrte William Whewell in den 30er Jahren des 19. Jahrhunderts prägte, ist aus einem griechischen Wort mit der Bedeutung »Reisender« abgeleitet. Wenn durch eine Ionen enthaltende Lösung ein elektrischer Strom geleitet wird, wandern die positiv geladenen Ionen in die eine und die negativ geladenen Ionen in die andere Richtung – darauf geht der Begriff Ion zurück.

Ein junger schwedischer Chemiestudent namens Svante August Arrhenius äußerte 1884 als erster die Vermutung, daß Ionen nichts anderes seien als elektrisch geladene Atome; dies schien ihm die einzige Annahme zu sein, mit der sich das Verhalten bestimmter Lösungen, die einer elektrischen Spannung ausgesetzt wurden, erklären ließ. Die Ansichten, die Arrhenius vertrat – übrigens in seiner 1884 an der philosophischen Fakultät eingereichten Doktorarbeit –, klangen so revolutionär, daß seine Prüfer es nur schwer über sich brachten, ihm die Arbeit als ausreichend durchgehen zu lassen. Die den Atomkern umhüllenden, elektrisch geladenen Teilchen waren zu diesem Zeitpunkt noch nicht entdeckt – die Vorstellung eines elektrisch geladenen Atoms erschien lächerlich. Arrhenius bekam seinen Doktortitel, aber nur mit Ach und Krach.

Als kurz vor der Jahrhundertwende das Elektron entdeckt wurde *(s. Kap. 6),* ergaben die Thesen des Doktoranden Arrhenius plötzlich einen aufregenden Sinn. 1903 erhielt er den Nobelpreis zuerkannt – für eben jene Doktorarbeit, mit der er sich neunzehn Jahre zuvor beinahe die Promotion vermasselt hatte. (Das klingt zugegebenermaßen wie eine fabrizierte Anekdote, aber die Geschichte der Wissenschaft ist reich an solchen Episoden, die man einem Drehbuchautor wahrscheinlich niemals abnehmen würde.)

Das Vorhandensein von Ionen in der Erdatmosphäre wurde erst entdeckt, nachdem Guglielmo Marconi mit seinen Experimenten zur drahtlosen Telegraphie begonnen hatte. Als es ihm am 12. Dezember 1901 gelang, Funksignale von Cornwall nach Neufundland zu übermitteln – über 3400 km Atlantik hinweg –, waren die Physiker höchst erstaunt. Radiowellen bewegen sich immer nur in gerader Linie fort. Wie konnte es zugehen, daß sie von England aus das hinter der Erdkrümmung verborgene Neufundland erreichten?

Der britische Physiker Oliver Heaviside und der amerikanische Elektroingenieur Arthur Edwin Kennelly legten alsbald einen Lösungsvorschlag vor: Sie meinten, die Funksignale könnten von einer hoch oben in der Atmosphäre angesiedelten Schicht aus geladenen Teilchen zur Erde zurückgeworfen werden. Diese *Kennelly-Heaviside-Schicht,* wie sie seitdem genannt wird, wurde 1922 tatsächlich nachgewiesen. Der britische Physiker Edward V. Appleton entdeckte sie, als er einem eigenartigen Phänomen nachging, das bei Funksignalübertragungen am Erdboden gelegentlich auftritt: einer mehr oder weniger ausgeprägten Dämpfung der Signalintensität. Er kam zu dem Schluß, daß dieses Wegsacken der Signalstärke die Folge von Interferenzen zwischen zwei konkurrierenden Exemplaren desselben Signals sein müsse: Das eine erreichte den Empfänger direkt und auf dem kürzesten Weg, das andere auf dem Umweg über die reflektierende Schicht in der oberen Atmosphäre. Die Trägerwelle des verzögert eintreffenden Signals überlagerte sich mit der des ersten derart, daß beide einander teilweise aufhoben, und so kam die Dämpfung zustande.

Nun war es nicht mehr schwierig, herauszufinden, in welcher Höhe sich die reflektierende Schicht befand. Appleton brauchte nur noch durch Probieren eine Wellenlänge zu finden, bei der sich das direkte und das reflektierte Signal gegenseitig völlig auslöschten; das war genau dann der Fall, wenn die Signale beim Eintreffen um genau eine halbe Wellenlänge gegeneinander versetzt waren. Aus der benutzten Wellenlänge und der bekannten Geschwindigkeit von Radiowellen konnte Appleton die Länge des Umwegs berechnen, den das zweite Signal zurückgelegt haben mußte. Nach diesem Verfahren errechnete er 1924, daß die Kennelly-Heaviside-Schicht sich in rund 100 km Höhe über der Erdoberfläche befinden mußte.

Das Phänomen des Signalschwunds trat hauptsächlich bei Nacht auf. 1926 fand Appleton heraus, daß es einen kurzen Zeitraum gibt, nämlich unmittelbar vor Morgengrauen, währenddem Radiowellen nicht von der Kennelly-Heaviside-Schicht reflektiert werden, sondern von in noch größeren Höhen angesiedelten Schichten (die heute zuweilen als *Appleton-Schichten* bezeichnet werden); die Untergrenze dieser Schichten liegt bei 220 km *(Abb.).*

Für alle diese Entdeckungen erhielt Appleton 1947 den Physik-Nobelpreis. Er hatte jenen wichtigen Bereich der Atmosphäre definiert, der seit 1930 auf Vorschlag des schottischen Physikers Robert A. Watson-Watt die *Ionosphäre* genannt wurde. Sie schließt in sich die Mesosphäre und die Thermosphäre, die beide später definiert und benannt wurden. An die Stratosphäre schließt sich, bis in ca. 100 km Höhe reichend, die *D-Region* an. Auf sie folgt die Kennelly-Heaviside-Schicht, auch *D-Schicht* genannt. An sie schließt sich, bis 225 km Höhe reichend, die *E-Region* an, eine relativ ionenarme Zwischenschicht. Dann folgen die Appleton-Schichten: die *F_1-Schicht,* beginnend bei 225, und die *F_2-Schicht,* beginnend bei 320 km Höhe. Während F_1 reich an Ionen ist, besitzt F_2 nur tagsüber eine nennenswerte Reflektionsfähigkeit. Jenseits dieser Schichten erstreckt sich die *F-Region.* Diese Schichten reflektieren und absorbieren nur die relativ langen Radiowellen, die im Funkverkehr und im Radiorundfunk Verwendung finden. Kürzere Wellen, wie die beim Fernsehrundfunk verwendeten, dringen zum größten Teil durch. Das ist ein Grund dafür, warum Fernsehsender jeweils nur einen begrenzten Empfangsbereich bestreichen können – ein Nachteil, der freilich durch die Stationierung von Relais-Satelliten zur weltumspannenden Übertragung von Fernsehprogrammen wettgemacht werden kann. Auch die aus dem All (von Radiosternen beispielsweise) kommenden Radiowellen durchdringen die Ionosphäre – zum Glück, denn andernfalls gäbe es keine Radioastronomie.

Am stärksten geladen ist die Ionosphäre am Abend, nachdem die Sonne den Tag über ihre ionisierende Wirkung ausgeübt hat; danach schwächt sie sich bis Tagesanbruch zunehmend ab, weil viele Ionen im Lauf der Nacht wieder Elektronen einfangen. Wenn auf der Sonne Stürme toben, kommt es infolge der Intensivierung der die Erde erreichenden Partikelströme und hochenergiereichen Strahlen zu einer Verstärkung und Verdickung der ionisierten Schichten. In den Regionen oberhalb der Ionosphäre treten aurora-artige Leuchterscheinungen auf. Während

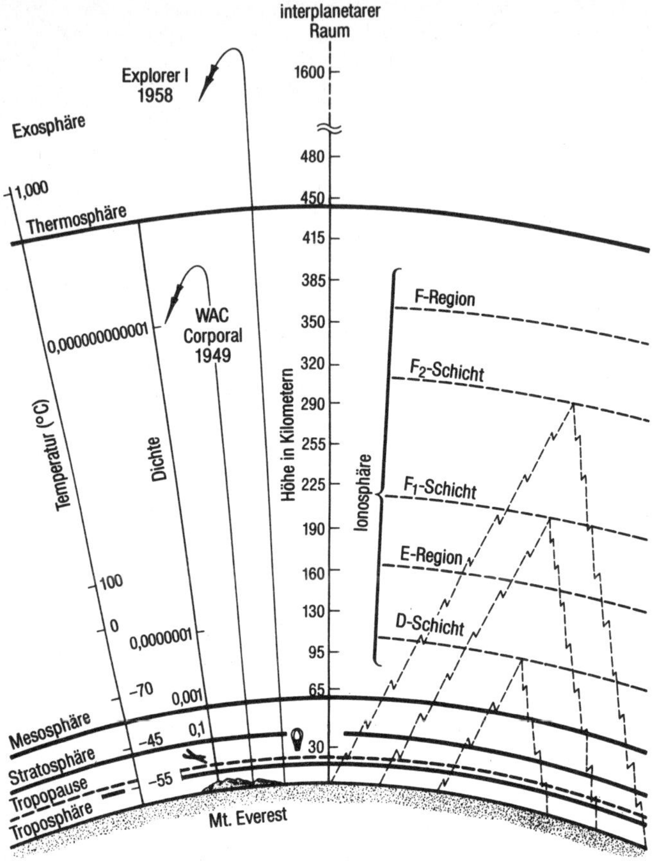

Die Erdatmosphäre im Längsschnitt. Die gezackten Linien sollen Radiowellen symbolisieren, die von der Kennelly-Heaviside- und von der Appleton-Schicht der Ionosphäre zurückgeworfen werden. Die Dichte der Luft nimmt mit zunehmender Höhe ab; sie ist in Prozentzahlen angegeben, die sich auf den Luftdruck in Meereshöhe beziehen.

der Dauer dieser elektrischen Stürme kommt es bei der Fernübertragung von Radiowellen auf der Erde zu Störungen, die bis zum vollständigen Ausfall gehen können.

Wie sich herausgestellt hat, ist die Ionosphäre lediglich einer von mehreren die Erde umhüllenden Strahlungsgürteln. 1958 machten Satelliten außerhalb der Atmosphäre, im bis dahin als »leer« geltenden Raum, eine erstaunliche Entdeckung. Um diese verstehen zu können, müssen wir einen Ausflug in die Theorie des Magnetismus unternehmen.

Der Magnetismus

Die Bezeichung *Magnet* geht auf den Namen der griechischen Landschaft Magnesia zurück, wo die ersten *Magneteisensteine* entdeckt wurden. Magneteisenstein oder Magnetit ist ein von Natur aus magnetisches Eisenoxid. Die Überlieferung behauptet, Thales von Milet sei, um 550 v. Chr., der erste Philosoph gewesen, der die Eigenschaften dieses Stoffes beschrieb.

Magnete hörten auf, bloß eine kuriose Laune der Natur zu sein, als die Menschen herausfanden, daß eine mit einem Magneteisenstein bestrichene stählerne Nadel ihrerseits magnetisch wurde und, wenn man sie in waagerechter Stellung frei beweglich aufhängte, sich stets etwa in nord-südliche Richtung stellte. Eine solche Nadel war natürlich ein ungeheuer nützliches Ding für Seeleute; sie wurde denn auch zu einem unersetzlichen Instrument der Navigation auf hoher See. (Die Polynesier allerdings überwanden den Pazifik ohne Kompaß.)

Wer als erster eine solche magnetisierte Nadel auf einen Drehzapfen setzte und das Ganze in einem Gehäuse unterbrachte, ist nicht überliefert. Allgemein wird angenommen, daß der Kompaß in China erfunden wurde. Die Chinesen gaben ihn an die Araber weiter, die wiederum die Europäer damit beglückten. Dies alles ist sehr ungewiß und vielleicht nur legendäre Überlieferung. Fest steht jedenfalls, daß der Kompaß im 12. Jahrhundert in Europa in Gebrauch kam und im Jahr 1269 von einem französischen Gelehrten, der unter seinem latinisierten Namen Peter Peregrinus am besten bekannt ist, erstmalig eingehend beschrieben wurde. Peregrinus nannte die nach Norden weisende Spitze der Magnetnadel den Nordpol, die nach Süden weisende Spitze den Südpol.

Natürlich machten sich die Menschen Gedanken darüber, weshalb eine magnetische Nadel sich in nord-südlicher Linie ausrichtet. Da man wußte, daß Magnete andere Magnete anziehen, vermuteten manche, es müsse weit im Norden einen gigantischen Magneteisenberg geben, der die Nadel anzog. (Ein solcher Berg spielt in der Erzählung von Sindbad dem Seefahrer eine sehr wichtige Rolle.) Andere, die romantischer dachten, sprachen den Magneten eine »Seele« und eine Art Innenleben zu.

Die wissenschaftliche Erforschung des Magnetismus setzte ein mit William Gilbert, dem Hofphysiker von Königin Elizabeth I. Gilbert war es, der herausfand, daß die Erde selbst ein großer Magnet ist. Er hängte eine magnetisierte Nadel in senkrechter Stellung so auf, daß sie sich frei drehen konnte (Inklinationsnadel): Sie stellte sich stets so, daß ihr Nordpol nach unten zeigte (Inklination). Als er als Simulationsmodell für den Erdball einen kugelförmigen Magneteisenstein benutzte, stellte er fest, daß die Nadel sich wie gehabt verhielt, solange er sie über der nördlichen Halbkugel seines Modells anbrachte. Gilbert veröffentlichte seine Befunde im Jahr 1600 in einem klassisch gewordenen Buch mit dem Titel *De Magnete*.

Lange Zeit behalfen sich die Naturwissenschaftler mit der Vermutung, die Erde besitze einen riesigen magnetischen Eisenkern. Obwohl sich später herausstellte, daß die Erde in der Tat einen eisernen Kern hat, steht heute fest, daß dieser Kern nicht magnetisch sein kann, da Eisen die Fähigkeit, magnetisch zu werden, bei einer Temperatur von über 760 °C fast vollständig einbüßt. Im Erdinneren herrschen nämlich Temperaturen von mindestens 1000 °C.

Die Temperatur, bei der ein Stoff seine Magneteigenschaften verliert, wird als *Curie-Temperatur* bezeichnet (da Pierre Curie das Phänomen 1895 entdeckte). Kobalt und Nickel, die dem Eisen in vieler Hinsicht ähnlich sind, lassen sich ebenfalls magnetisieren. Die Curie-Temperatur des Nickels liegt bei 356 °C, die des Kobalts bei 1075 °C. Andere Metalle werden erst bei sehr niedriger Temperatur magnetisch, Dysprosium beispielsweise bei −188 °C.

Der Magnetismus ist eine Eigenschaft der einzelnen Atome selbst; bei den meisten Stoffen ist die Ausrichtung der winzigen Atom-Magnete freilich zufallsverteilt, so daß sie einander wechselseitig aufheben. Ein kleiner magnetischer Nettoeffekt bleibt trotzdem in vielen Fällen übrig, und man bezeichnet diesen schwachen Magnetismus als *Paramagnetismus*. Es gibt ein Stärkemaß für den Magnetismus einer Substanz, die sogenannte *Permeabilität*. Die Permeabilität eines Vakuums beträgt 1,00, diejenige paramagnetischer Substanzen liegt zwischen 1,00 und 1,01.

Die »richtigen« Magnete hingegen (man nennt sie zur Unterscheidung von den paramagnetischen auch *ferromagnetische* Substanzen, nach dem lateinischen Wort *ferrum*, »Eisen«) weisen viel höhere Permeabilitäten auf: Nickel hat eine Permeabilität von 40, Kobalt eine von 55 und Eisen eine in der Größenordnung von mehreren Tausend. Der französische Physiker Pierre Weiss postulierte 1907 die Existenz von sog. *Domänen*, winzigen Zonen von ca. 0,001 bis 0,1 cm Durchmesser, innerhalb derer die Magnetatome so gleichgerichtet angeordnet sind, daß sie einander in der Magnetwirkung verstärken und ein starkes, weit ausstrahlendes Feld erzeugen. (Die Existenz dieser nach ihm benannten *Weissschen Bezirke* wurde später empirisch nachgewiesen.) Bei gewöhnlichem nicht magntischem Eisen finden sich die Weissschen Bezirke in unregelmäßiger, willkürlicher Anordnung, und ihre Magnetwirkungen heben sich gegenseitig auf. Wenn sie durch Einwirkung eines anderen Magneten parallel ausgerichtet werden, tritt eine magnetische Polarisierung ein. Der Vorgang der Ausrichtung der Weissschen Bezirke im Magnetisierungsprozeß geht übrigens mit klickenden und zischenden Geräuschen einher, die mit geeigneten Verstärkungstechniken hörbar gemacht werden können; dieses Phänomen wird als *Barkhausen-Effekt* bezeichnet, nach seinem Entdecker, dem deutschen Physiker Heinrich Barkhausen.

Bei *antimagnetischen* Substanzen, wie beispielsweise Mangan, richten sich die Weissschen Bezirke zwar ebenfalls parallel aus, aber nicht in gleicher Pol-Orientierung, so daß auch hier der größte Teil der Magnetwirkung durch gegenseitige Annullierung aufgehoben wird. Oberhalb einer jeweils spezifischen Temperatur verlieren solche Substanzen ihre antimagnetischen Eigenschaften und werden paramagnetisch.

Wenn der Eisenkern der Erde kein andauernd wirksamer Magnet sein kann, weil seine Temperatur über der Curie-Temperatur liegt, dann muß es für das Phänomen des Erdmagnetismus eine andere Erklärung geben. Eine mögliche Erklärung schälte sich aus der Arbeit des englischen Naturforschers Michael Faraday heraus, der den Zusammenhang zwischen Magnetismus und Elektrizität entdeckte.

Faraday begann seine Studien in den 20er Jaren des 18. Jahrhunderts mit einem Experiment, das als erster Peter Peregrinus beschrieben hatte (und mit dem Physiklehrer noch heute ihre Schüler unterhalten). Die Versuchsanordnung besteht aus einem Magnet und einem daraufliegenden Blatt Papier, auf das feine Eisenfeilspäne gestreut werden. Wenn man sachte auf das Papier klopft, ordnen sich die Eisenfeilspäne in Linien an, die sich in aufsteigenden Bögen vom Nord- zum Südpol des Magneten ziehen. Faraday gelangte zu der Überzeugung, daß es sich dabei um *magnetische Kraftlinien* handelte, die ein *magnetisches Feld* bildeten.

Faraday, dessen Interesse für den Magnetismus durch die Forschungen des dänischen Physikers Hans Christian Oersted geweckt wurde (der 1820 herausfand, daß ein durch einen Draht fließender elektrischer Strom eine daneben angebrachte Kompaßnadel ablenkte), gelangte zu der Schlußfolgerung, der Strom müsse um den Leiter herum magnetische Kraftlinien aufbauen.

Bestärkt wurde er in dieser Überzeugung durch die Experimente des französischen Physikers André Marie Ampère, der gleich im Anschluß an die Oerstedsche Entdeckung die Eigenschaften stromführender Drähte systematisch zu untersuchen begonnen hatte. Wie Ampère zeigen konnte, ziehen zwei parallel liegende Drähte, durch die ein Strom in der gleichen Richtung fließt, einander an, während sie einander bei entgegengesetzt fließendem Strom abstoßen. Dieses Phänomen erinnerte Faraday an das Verhalten von Magneten: Zwei Magnetnordpole (und desgleichen zwei Südpole) stoßen einander ab, während ein Nord- und ein Südpol einander anziehen. Wichtiger noch war die Entdeckung Ampères, daß ein zu einer zylindrischen Spule gewickelter Draht, durch den ein elektrischer Strom fließt, sich wie ein Stabmagnet verhält. Zu Ehren dieses großen Physikers wurde 1881 die Maßeinheit für die Stärke des elektrischen Stroms nach ihm benannt; seither wird die Stromstärke in Ampere gemessen.

Faraday hatte nun eine der folgenreichsten intuitiven Ideen in der Geschichte der Naturwissenschaft: Wenn elektrischer Strom, so dachte er sich, ein Magnetfeld zu erzeugen vermag, das in fast jeder Beziehung einem »richtigen« Magnetfeld gleicht, sollte dann nicht auch das umgekehrte gelten? Müßte nicht ein Magnet in der Lage sein, einen elektrischen Strom zu erzeugen, der dem aus einer chemischen Batterie fließenden Strom ähnelte?

Im Jahr 1831 führte Faraday das Experiment durch, das eine neue Epoche der Menschheitsgeschichte einleiten sollte. Er brachte einen spiralförmig gewickelten Draht um ein Segment eines eisernen Ringes herum an, ebenso eine andere Drahtspirale um ein anderes Segment des Ringes. Dann schloß er die erste Drahtwicklung an eine Batterie an. Sein Gedanke dabei war folgender: Wenn er durch die erste Wicklung einen Strom schickte, würden magnetische Kraftlinien erzeugt werden, die sich in dem eisernen Ring konzentrieren würden; die auf diese Weise induzierte magne-

tische Energie müßte ihrerseits in der zweiten Drahtwicklung einen elektrischen Strom hervorrufen. Um diesen darstellen zu können, schloß er an die zweite Wicklung ein *Galvanometer* an, ein 1820 von dem deutschen Physiker Johann Schweigger erdachtes und konstruiertes Instrument zur Messung elektrischer Ströme.
Der Versuch verlief nicht so, wie Faraday es erwartet hatte. Der Stromfluß durch die erste Wicklung rief keinen Stromfluß in der zweiten hervor. Wie Faraday jedoch bemerkte, schlug die Nadel des Galvanometers in dem Augenblick, da er den Strom anschaltete, kurz aus, und das gleiche tat sie, und zwar in umkehrter Richtung, wenn er den Strom wieder abdrehte. Sogleich kam ihm die Vermutung, nicht das Vorhandensein magnetischer Energie an sich setze einen Strom in Gang, sondern die Wanderung magnetischer Feldlinien durch eine Drahtwicklung. Wenn der Strom in der ersten Wicklung zu fließen begann, baute er ein Magnetfeld auf, das im Prozeß seiner Ausdehnung die zweite Wicklung durchdrang und dabei einen momentanen Stromstoß erzeugte. Wenn umgekehrt der Batteriestrom abgestellt wurde, brachen die magnetischen Kraftlinien zusammen und durchquerten dabei wiederum die Drahtspirale der zweiten Wicklung, wodurch erneut ein momentaner Stromstoß, aber in umgkehrter Richtung als beim ersten Mal, ausgelöst wurde.
Damit hatte Faraday das Prinzip der *magnetischen Induktion* entdeckt und den ersten *Transformator* konstruiert. In der Folge demonstrierte er das Phänomen noch klarer, indem er sich eines Stabmagneten bediente, den er in eine Drahtwicklung hineinschieben und wieder herausziehen konnte; obwohl diese Versuchsanordnung keine Stromquelle enthielt, floß in der Wicklung jedesmal ein Strom, solange die Kraftlinien des sich bewegenden Magneten die Drahtspirale durchwanderten *(Abb.)*
Die Entdeckungen Faradays zogen nicht nur unmittelbar die Erfindung des Dynamos zur Erzeugung von elektrischem Strom nach sich, sondern legten auch das Fundament, auf dem James Clerk Maxwell einige Jahrzehnte später seine *elektromagnetische Theorie* errichtete, die das Licht und andere Formen von Strahlung (wie etwa die Radiowellen) als Bestandteil einer einheitlichen *elektromagnetischen* Strahlungsfamilie verständlich machte.

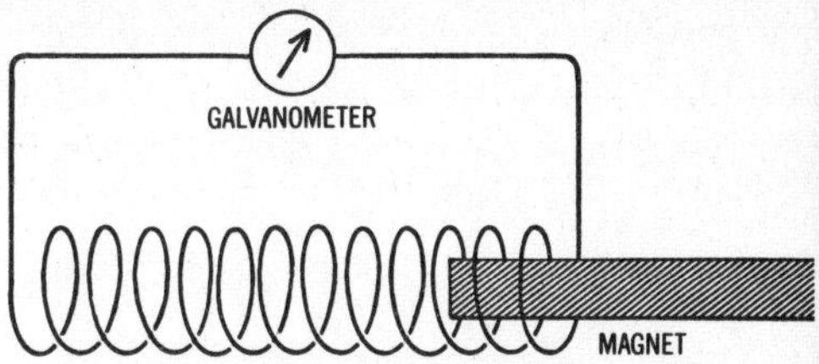

Eines von Faradays Experimenten zur elektrischen Induktion. Wenn der Stabmagnet in der Drahtspirale hin und her bewegt wird, schneiden seine Kraftlinien die Wicklungen des Drahtes; dadurch wird in der Drahtspule ein elektrischer Strom erzeugt (induziert).

Das Magnetfeld der Erde

Die enge Verwandtschaft zwischen Magnetismus und Elektrizität weist den Weg zu einer möglichen Erklärung des Erdmagnetismus. In der Stellung der Kompaßnadel schlägt sich die Verlaufsrichtung der magnetischen Kraftlinien der Erde nieder, die sich vom magnetischen Nordpol (der zwischen Nordkanada und dem geographischen Nordpol liegt) zum magnetischen Südpol spannen (der sich am Rande der Antarktis befindet; beide Magnetpole liegen etwa 15 Breitengrade abseits des geographischen Pols). Die Existenz eines irdischen Magnetfeldes ist eine empirisch gesicherte Tatsache: Mit Magnetometern bestückte Raketen haben bis in große Höhen hinauf Kraftlinien dieses Feldes aufgespürt. Was die Herkunft des Erdmagnetismus betrifft, so nimmt man heute an, daß er möglicherweise eine Folge elektrischer Strömungen tief im Erdinnern ist.
Der Physiker Walter M. Elsasser hat ein hypothetisches Erklärungsmodell vorgelegt, demzufolge im äußeren flüssigen Eisenkern der Erde, ausgelöst von der Erdrotation, langsame, in west-östlicher Richtung kreisende Wirbelströme erzeugt werden. Diese Wirbel erzeugen einen elektrischen Strom, der ebenfalls in west-östlicher Richtung läuft. Ebenso wie Faradays Drahtwicklung magnetische Kraftlinien innerhalb der Drahtspirale erzeugte, tut dies der um den Erdkern herumlaufende elektrische Strom. Die Wirkung ist dieselbe, als befände sich im Innern der Erde, annähernd parallel zur Erdachse, ein Stabmagnet: Es baut sich ein umfassendes Magnetfeld auf, dessen Symmetrieachse ungefähr mit der Rotationsachse der Erde zusammenfällt, so daß die Magnetpole sich

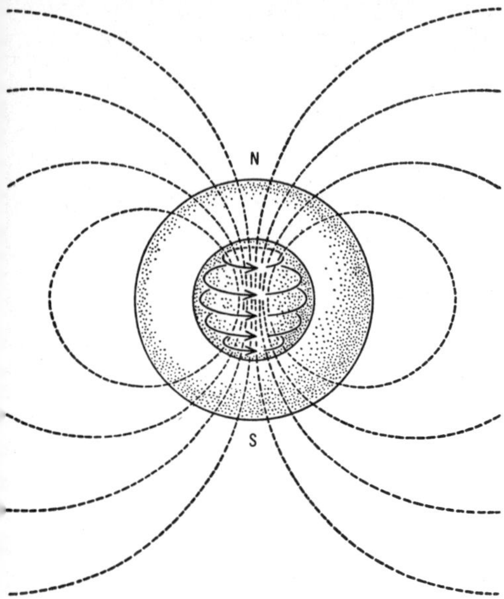

Elsassers Theorie vom Ursprung des Magnetfeldes der Erde. Materieströmungen im schmelzflüssigen Eisen-Nickel-Kern setzen elektrische Ströme in Gang, die ihrerseits magnetische Kraftlinien erzeugen. Die gestrichelten Linien zeigen die Kraftlinien des Erdmagnetfeldes.

in der Nähe der geographischen Pole befinden *(Abb.)*.

Auch die Sonne besitzt ein Magnetfeld, das zwei- oder dreimal so stark ist wie das der Erde. Dazu kommen auch noch lokal begrenzte Magnetfelder, die offenbar in engem Zusammenhang mit den Sonnenflecken stehen und mehrere tausendmal stärker sein können. Wie die Analyse dieser Magnetfelder (möglich geworden durch die Entdeckung, daß starke Magnetkräfte die Wellenlänge hindurchgehender Lichtstrahlen beeinflussen) vermuten ließ, gibt es auf der Sonne kreisförmig fließende Felder elektrischer Ladung.

Im Zusammenhang mit den Sonnenflecken treten viele rätselhafte Phänomene auf, die vielleicht einmal ihre Erklärung finden werden, wenn eine allgemeine, für den gesamten astronomischen Forschungsbereich gültige Theorie der Entstehung von Magnetfeldern vorliegt. Was die Sonnenflekken betrifft, so treten sie im Verlauf eines Zyklus nur in einem bestimmten Breitengradbereich der Sonne auf, der sich jedoch mit Fortschreiten des Zyklus verlagert. Die Flecken weisen eine bestimmte magnetische Orientierung auf, die sich mit jedem neuen Zyklus derart umkehrt, daß die Dauer eines Gesamtzyklus – vom Maximum einer bestimmten magnetischen Orientierung bis zum Wiedererreichen desselben Maximums – im Mittel etwa 21 Jahre beträgt. Die Ursachen der Sonnenflecken-Aktivität und ihr zyklischer Verlauf sind noch unerforscht.

Um auf ungelöste Probleme im Zusammenhang mit Magnetfeldern zu stoßen, brauchen wir nicht unbedingt bis zur Sonne zu sehen. Wir finden sie auch hier auf der Erde. Warum beispielsweise fallen die Magnetpole nicht mit den geographischen Polen zusammen? Der nördliche Magnetpol ist rund 1600 km vom Nordpol entfernt, der südliche Magnetpol ebenso weit vom Südpol. Außerdem liegen die Magnetpole einander nicht ganz genau gegenüber. Verbindet man sie mit einer geraden Linie (der Magnetachse) so schneidet diese Linie den Erdmittelpunkt nicht.

Die Abweichung der Kompaßnadel von der *wahren* Nordrichtung (d. h. von der Richtung des Nordpols) unterliegt, wenn man in östlicher oder westlicher Richtung fährt, einem unregelmäßigen Wechsel. Bei Kolumbus' erster Atlantiküberquerung traten solche Kompaßabweichungen auf – Kolumbus hielt dies vor seinen Leuten geheim, in der Befürchtung, sie könnten sonst einen Schrekken bekommen und ihn zur Umkehr zwingen.

Das ist einer der Gründe dafür, daß der Magnetkompaß ein relativ ungenaues Instrument zur Richtungsbestimmung ist. 1911 stellte der amerikanische Erfinder E. A. Sperry eine nicht an das irdische Magnetfeld gebundene Methode zur Bestimmung der Himmelsrichtungen vor. Sie macht sich die Tatsache zunutze, daß ein sich schnell drehendes Schwungrad (ein sogenanntes *Gyroskop*, dessen Eigenschaften erstmals von demselben Foucault untersucht wurden, der die Erddrehung anschaulich demonstrierte) sich jeder Veränderung, die auf seine Rotationsebene einwirkt, »widersetzt«. Diesen Trägheitseffekt kann man sich zunutze machen, um einen *gyroskopischen Kompaß* zu konstruieren, der, auf einem Schiff oder in einer Rakete angebracht, allen Richtungsänderungen des Fahrzeugs zum Trotz seine ursprüngliche Rotationsebene beibehält und somit jederzeit eine exakte Richtungsbestimmung ermöglicht.

Wenn der Magnetkompaß auch kein vollkommen genaues Meßinstrument ist, so hat er doch den Menschen jahrhundertelang wertvolle Dienste geleistet. Die Abweichung der Magnetnadel von der wahren Nordrichtung, die sogenannte *magnetische Deklination,* kann gemessen und berücksichtigt werden. Ein Jahrhundert nach Kolumbus, im Jahr 1581, brachte der Engländer Robert Norman die erste Karte heraus, aus der sich die Größe der magnetischen Deklination in einigen ausgewählten Bereichen der Erde ablesen ließ. Wenn man diejenigen Punkte auf der Erdoberfläche, die sich durch gleiche magnetische Deklination auszeichnen, verbindet, ergeben sich Linien – die sogenannten *Isogonen* –, die sich mit mehr oder weniger starken Krümmungen und Kurven vom nördlichen zum südlichen Magnetpol ziehen.

Leider müssen solche Karten periodisch neu gezeichnet werden, denn die magnetische Deklination verändert sich beständig. In London beispielsweise zeigte ein Magnetkompaß im Jahr 1600 eine östliche Deklination (d. h. eine nach Osten tendierende Abweichung von der wahren Nordrichtung) von 8°; im Verlauf der beiden darauffolgenden Jahrhunderte wanderte die Deklination dann stetig gegen den Uhrzeigersinn und lag im Jahr 1880 bei 24° West. Danach begann sie zurückzuwandern, und 1950 hatte London nur noch eine westliche Deklination von 8°.

Auch die *magnetische Inklination,* d. h. die Neigung zur Erdoberfläche, die eine in senkrechter Drehebene aufgehängte Magnetnadel einnimmt, ist an allen Orten der Erde einem zeitlichen Wandel unterworfen, so daß auch die Karten, auf denen die Linien gleicher Inklination, die sogenannten Isoklonen, verzeichnet sind, beständig erneuert werden müssen. Das irdische Magnetfeld weist darüber hinaus auch große Intensitätsunterschiede auf: In der Nähe der Magnetpole ist es dreimal so stark wie im Bereich des Äquators. Da die Intensitätsverteilung ebenso einer zeitlichen Veränderung unterliegt, bedürfen auch die Karten, auf denen die Linien gleicher magnetischer Intensität, die sogenannten *isodynamischen Linien,* verzeichnet sind, periodisch der Revision.

Wie in allen seinen anderen Charakteristika, unterliegt das irdische Magnetfeld auch in bezug auf seine allgemeine Intensität beständigen Veränderungen. Schon seit einiger Zeit schwächt es sich beständig ab. Von 1670 bis heute hat die allgemeine Intensität des Magnetfeldes um 15% abgenommen; wenn dieser Rückgang anhält, wird um das Jahr 4000 herum der Wert Null erreicht sein. Was dann? Wird der Prozeß dergestalt weitergehen, daß ein »negatives« Magnetfeld entsteht, mit einem nördlichen Magnetpol in der Antarktis und einem südlichen in der Arktis? Mit anderen Worten: Durchläuft das Magnetfeld der Erde einen zyklischen Prozeß der Abnahme, Umpolung, Zunahme, Abnahme, Umpolung usw. usw.?

Eine Antwort auf diese Frage könnte sich aus der Untersuchung vulkanischer Gesteine ergeben. Wenn Lava erkaltet, richten sich die kristallisierenden, eisenhaltigen Minerale nach dem Magnetfeld aus. Schon im Jahr 1906 berichtete der französische Physiker Bernard Brunhes von Gesteinen, die gegenpolig zum heutigen Magnetfeld der Erde magnetisiert sind. Dieser Befund wurde seinerzeit praktisch ignoriert, da man sich keinen Reim darauf machen konnte; heute führt jedoch kein Weg mehr an diesem Befund vorbei. Die magnetisierten Vulkangesteine verraten uns, daß das irdische Magnetfeld sich in der Tat umgepolt hat, und zwar nicht nur einmal, sondern, in unregelmäßigen Abständen, neunmal im Verlauf der letzten 4 Milllionen Jahre.

Die in diesem Zusammenhang spektakulärste Erkenntnis ergab sich aus dem Studium des Meeresbodens. Wenn aus dem weltumspannenden Zentralgraben der mittelozeanischen Rücken tatsächlich beständig Magma gefördert wird und sich zu beiden Seiten des Rückens anlagert, dann ist klar, daß man östlich und westlich der Rücken, je weiter man sich von diesen entfernt, auf Gestein stoßen muß, das vor zunehmend längerer Zeit erkaltet ist. Die Untersuchung der magnetischen Eigenschaften dieser Gesteine zeigt in der Tat eine Aufeinanderfolge von Streifen mit jeweils umgekehrter magnetischer Polung, wobei der Altersunterschied zwischen jeweils zwei benachbarten, gegensätzlich magnetisierten Streifen irgendwo zwischen 50000 und 20 Millionen Jahren liegt. Die Streifenmuster östlich und westlich der Rücken verhalten sich spiegelgleich zueinander. Die einzige gegenwärtig sinnvoll erscheinende Erklärung hierfür ist die Annahme, daß der Meeresboden sich entlang dem globalen Zentralgraben ausdehnt und das irdische Magnetfeld sich in der Tat periodisch umpolt.

Die Tatsache dieser Umpolung festzustellen ist

freilich leichter, als die Gründe dafür zu erkennen.
Abgesehen von den langfristigen Veränderungstendenzen des irdischen Magnetfelds, gibt es auch kleine, mit dem irdischen Tag-und-Nacht-Rhythmus einhergehende Schwankungen. Dies legt die Vermutung nahe, daß das Magnetfeld von der Sonne beinflußt wird. Es gibt auch Tage, an denen die Kompaßnadel mit ungewöhnlicher Heftigkeit hin und her springt. Man spricht in solchen Fällen von einem *magnetischen Sturm,* der die Erde heimsucht. Magnetische Stürme sind identisch mit elektrischen Stürmen und gehen normalerweise mit einer Intensivierung der Morgenröte einher, wie schon 1759 der englische Naturforscher John Canton berichtete.
Die *aurora borealis* (lateinisch für »nördliche Morgenröte«, als Begriff 1621 von dem französischen Philosophen Pierre Gassendi eingeführt), auch *Polarlicht* genannt, ist ein schönes, aus bewegten Bändern oder Fahnen farbigen Lichtes bestehendes Naturschauspiel von unirdischer Großartigkeit. Sein antarktisches Gegenstück ist die sogenannte *aurora australis* (»südliche Morgenröte«). Der schwedische Astronom Anders Celsius machte 1741 auf die Zusammenhänge zwischen dieser Naturerscheinung und dem irdischen Magnetfeld aufmerksam. Es scheint, als ob die Leuchtbänder des Polarlichts dem Verlauf der Kraftlinien des irdischen Magnetfeldes folgen und sich an jenen Punkten konzentrieren und sichtbar werden, an denen diese Linien zu einem dichten Büschel zusammenlaufen – also an den Magnetpolen. In Zeiten magnetischer Stürme ist das nördliche Polarlicht manchmal noch in Boston und New York zu sehen *(Abb. S. 219)*.
Welchen Ursachen das Polarlicht seine Entstehung verdankt, war, nachdem einmal die Ionosphäre entdeckt war, unschwer zu ergründen; es konnte nur so sein, daß irgend etwas (vermutlich irgendeine von der Sonne herrührende Strahlung) die Atome von der oberen Atmosphäre energetisch auflud und sie in elektrisch geladene Teilchen, in Ionen verwandelte. Im Lauf der Nacht gaben diese Ionen ihre Ladung und ihre Energie ab, und das sichtbare Zeugnis dieses Prozesses war das Polarlicht. Dieses war somit eine Art besonders konzentrierter nächtlicher Himmelsstrahlung, gebunden an die Kraftlinien des irdischen Magnetfeldes mit besonderer Intensität in der Nähe der Magnetpole, wie bei elektrisch geladenen Ionen an sich nicht anders zu erwarten. (Bei der gewöhnlichen nächtlichen Himmelsstrahlung sind ungeladene Atome beteiligt, die durch das Magnetfeld unbeeinflußt bleiben.)

Der Sonnenwind

Wie erklären sich die magnetischen Stürme? Auch hier richtet sich der Hauptverdacht gegen die Sonne.
Eine gesteigerte Sonnenflecken-Aktivität scheint magnetische Stürme nach sich zu ziehen. Wie Vorgänge auf der 150 Millionen km entfernten Sonne auf der Erde solche Wirkungen hervorrufen können, ist nicht ohne weiteres einzusehen, dennoch muß es der Fall sein, da solche Stürme stets in Zeiten erhöhter Sonnenflecken-Aktivitäten gehäuft auftreten.
Den ersten Hinweis einer Antwort auf diese Frage erhaschte 1859 der englische Astronom Richard C. Carrington; er beobachtete, wie ein sternartiger Lichtpunkt sich von der Sonnenoberfläche löste, fünf Minuten lang leuchtete und dann verschwand. Es war dies die erste festgehaltene Beobachtung einer *Sonnenfackel.* Carrington selbst bot dafür die spekulative Erklärung an, daß ein großer Meteor in die Sonne gestürzt sei; er glaubte, ein sehr ungewöhnliches und seltenes Phänomen beobachtet zu haben *(Abb. S. 221)*.
Im Jahr 1889 jedoch erfand George B. Hale den *Spektroheliographen,* der es gestattete, die Sonne wie durch die Brille eines bestimmten Spektralbereichs zu fotografieren. Auf diese Weise ließen sich Sonnenfackeln leicht und gut sichtbar machen; es zeigte sich, daß sie häufig auftreten und mit Sonnenflecken zusammenhängen. Sonnenfackeln sind, soviel ist klar, außerordentlich energiereiche Eruptionen und beruhen auf denselben Phänomenen, von denen auch die Sonnenflecken herrühren. (Die genaue Ursache der Fackeln ist bis heute unbekannt.) Wenn eine Sonnenfackel sich in der Mitte der Sonnenscheibe (von der Erde aus gesehen) ereignet und somit in Richtung Erde weist, bewegt sich alles, was sie nach außen schleudert, auf die Erde zu. Solche zentralen Sonnenfackeln ziehen mit Sicherheit einige Tage später, wenn die aus der Sonne herausgeschleuderten Partikelmassen die obere Erdatmosphäre erreichen, magneti-

Aurora borealis (Nordpolarlicht). Mit Genehmigung der National Oceanic and Atmospheric Administration.

sche Stürme nach sich. Der norwegische Physiker Olaf Kristian Birkeland äußerte eine dahingehende Vermutung bereits im Jahr 1896.
Zu jener Zeit lagen bereits eine Menge Anhaltspunkte vor, die dafür sprachen, daß die Erde in eine Aura von Partikeln (wo immer diese herstammen mögen) eingehüllt ist, die sich recht weit in den Raum hinaus erstreckt. Wie man entdeckt hat, wandern von Blitzen erzeugte Radiowellen in großen Höhen über der Erdoberfläche entlang den Kraftlinien des irdischen Magnetfelds. (Diese Breitbandstrahlung, im Englischen »Pfeifer« genannt, weil sie von Funkempfangsgeräten als eigentümliche pfeifende Geräusche wiedergegeben werden, entdeckte der deutsche Physiker Heinrich Barkhausen zufällig während des Ersten Weltkrieges.) Der an den magnetischen Feldlinien angelehnte Wellenverlauf wäre nicht denkbar, wenn keine geladenen Partikel vorhanden wären.
Es schien allerdings nicht so zu sein, daß diese geladenen Teilchen von der Sonne ausschließlich in einzelnen energiereichen Salven abgefeuert wurden. Als Sydney Chapman sich 1931 mit der Sonnenkorona beschäftigte, wurde ihm deren imposante Ausdehnung zunehmend klarer. Was wir bei einer totalen Sonnenfinsternis von der Korona sehen, ist nur ihr innerster Teil. Chapman erkannte, daß die in der Umgebung der Erde ständig in meßbarer Konzentration vorhandenen Partikel zur Korona gehören. Die Erdumlaufbahn liegt also in einem gewissen Sinn im Bereich der äußeren, extrem verdünnten atmosphärischen Hülle der Sonne. Chapman konzipierte das Bild einer von der Sonne aus in den Raum hinauswabernden, durch stetigen Teilchennachschub von der Sonnenoberfläche beständig sich erneuernden Korona. Ein kleiner Teil der nach allen Richtungen ausströmenden Partikel streift oder trifft die Erde und verursacht Störungen in deren Magnetfeld.
Stark untermauert wurde diese Theorie in den 50er Jahren durch die Arbeit des deutschen Astrophysikers Ludwig Franz Biermann. Ein halbes Jahrhundert lang hatte man geglaubt, die Schweife von Kometen, die sich immer in die von der Sonne abgewandte Richtung erstrecken und deren Länge bei zunehmender Annäherung eines Kometen an die Sonne wächst, seien das Resultat eines von der Sonne ausgehenden »Lichtdrucks«. Daß Licht einen solchen Druck auszuüben vermag, steht fest, doch konnte Biermann zeigen, daß er bei weitem nicht ausreichen würde, um einen Kometenschweif zu erzeugen. Es mußte einen intensiveren, druckvolleren Wirkfaktor geben. Das einzige Phänomen, das für diese Rolle in Frage kam, war im Grunde jener von der Sonne ausgehende »Wind« aus geladenen Teilchen. Der amerikanische Physiker Eugene N. Parker brachte weitere Anhaltspunkte für die Richtigkeit des von Chapman entworfenen Modells bei und verlieh dem Phänomen 1958 die Bezeichnung *Sonnenwind.* Empirische Beweise für die Existenz dieses Sonnenwindes lieferten schließlich die sowjetischen Satelliten Lunik I und Lunik II, die 1959 bzw. 1960 den Mond anflogen, sowie die amerikanische Raumsonde Mariner II, die 1962 die Venus passierte.
Der Sonnenwind ist kein auf den sonnennahen Raum begrenztes Phänomen. Vieles spricht dafür, daß er noch im Bereich der Saturnbahn, und vielleicht darüber hinaus, in meßbarer Intensität vorhanden ist. In der Nähe der Erde sind die Teilchen, aus denen der Sonnenwind besteht, mit Geschwindigkeiten von 350 bis 800 km pro Sekunde unterwegs, so daß sie im Mittel dreieinhalb Tage brauchen, um den Weg von der Sonne zur Erde zurückzulegen. In Gestalt des Sonnenwindes verliert die Sonne in jeder Sekunde 1 Million Tonnen Materie, ein Verlust, der nach irdischen Maßstäben ungeheuer anmutet, für die Sonne jedoch praktisch bedeutungslos ist. Die Dichte des Sonnenwindes ist rund eine Trillion mal geringer als die Dichte unserer Atmosphäre; im Laufe ihres bisherigen Bestehens hat die Sonne weniger als den zehntausendsten Teil ihrer Masse durch den Sonnenwind abgegeben.
Es ist keineswegs auszuschließen, daß vom Sonnenwind Einflüsse auf unser Alltagsleben ausgehen. Abgesehen von seinen Auswirkungen auf das irdische Magnetfeld, modifizieren seine geladenen Teilchen möglichwerweise die Wettervorgänge auf der Erde. Falls sich dies bestätigen sollte, stünde den Meteorologen in Gestalt des Sonnenwindes mit seinem zyklischen Auf und Ab ein neues Hilfsmittel der Wetterprognose zur Seite.

Die Magnetosphäre

Überraschende Aufschlüsse über einen nicht erwarteten Folgeeffekt des Sonnenwindes ergaben

sich im Rahmen einiger früher Raumfahrtmissionen. Eine der vorrangigen Aufgaben, die den ersten künstlichen Satelliten mit auf den Weg gegeben wurden, beinhaltete die Strahlungsmessung in der oberen Atmosphäre und im angrenzenden Raum, insbesondere die Messung der Intensität der sogenannten *kosmischen Strahlen* (d. h. elektrisch geladener Teilchen von besonders hoher Energie). Wie intensiv war diese Strahlung dort oben, jenseits des atmosphärischen Schutzschilds? Die Raumfahrzeuge waren mit *Geigerzählern* (1907 von dem deutschen Physiker Hans Geiger konzipiert und 1928 wesentlich verbessert) bestückt, Geräten, die Teilchenstrahlung auf folgende Weise messen können: Das Herzstück des Gerätes ist ein Behälter, der Gas enthält, das unter eine elektrische Spannung gesetzt ist, die nicht ganz stark genug ist, um einen Stromfluß durch das Gas zu ermöglichen. Wenn sich ein hoch energiereiches Teilchen in den Behälter verirrt, verwandelt es eines der Gasatome in ein Ion. Dieses Ion, das durch die Energie des aufprallenden Teilchens in Bewegung gesetzt wird, kollidiert mit benachbarten Atomen und macht sie dadurch zu Ionen, die wiederum auf benachbarte Atome prallen und sie ionisieren. Die so entstehende Ionenwolke ist in der Lage, einen elektrischen Strom zu übertragen; für den Bruchteil einer Sekunde fließt ein Strom durch den Zähler. Dieser Stromstoß wird telemetrisch zur Erde zurückgemeldet. Das

Instrument mißt somit für den Ort, an dem es sich jeweils befindet, die Vorkommenshäufigkeit geladener Teilchen, d. h. die Intensität der kosmischen Strahlung.

Als die USA am 31. Januar 1958 mit Explorer I erstmals einen Satelliten in eine Erdumlaufbahn brachten, meldete dieser aus Höhen bis 800 km in etwa die erwarteten Teilchenkonzentrationen. In größeren Höhen jedoch (und Explorer I erreichte eine Höhe von 2530 km) sank die Zählquote ab und fiel zeitweise bis auf Null! Mochte man in diesem Fall noch an ein technisches Versagen des Geigerzählers glauben, so ergab sich bei Explorer III, der am 26. März 1958 gestartet wurde und eine maximale Bahnhöhe von 3380 km erreichte, dasselbe Bild. Auch der sowjetische Sputnik III, gestartet am 15. Mai 1958, lieferte ähnliche Meßdaten.

An der staatlichen Universität von Iowa gelangten James A. Van Allen und seine Mitarbeiter, die das Strahlungsmessungs-Programm betreuten, zu der Überzeugung, daß die Zählquote nicht etwa deshalb praktisch auf Null absank, weil in größeren Höhen wenig oder gar keine Strahlung vorhanden war, sondern daß im Gegenteil dieser Effekt durch ein Zuviel an Strahlung hervorgerufen wurde! Die Instrumente konnten die auf sie eintrommelnde Teilchenmenge nicht verkraften und zeigten daher gar nichts mehr an. (Etwa wenn unsere Augen von einem zu hellen Lichtblitz geblendet werden.)

Als am 26. Juli 1958 Explorer IV von der Erde abhob, hatte er speziell für die Bewältigung starker Strahlungsdosen ausgelegte Zähler an Bord. Einer davon war beispielsweise mit einer dünnen Bleihaut verkleidet, die den größten Teil der auftreffenden Strahlung abhalten würde (analog der Wirkungsweise dunkler Brillengläser gegenüber Lichtstrahlen). In der Tat erzählten die Meßinstrumente dieses Mal eine andere Geschichte: Sie bestätigten die Richtigkeit der Theorie von der zu großen Strahlungsmenge. Explorer IV, der eine Bahnhöhe von 2200 km erreichte, meldete Zählergebnisse auf die Erde, die, um die filternde Wirkung der Blendschutzvorrichtungen bereinigt, auf eine weit höhere Strahlungsintensität schließen ließen, als die Wissenschaftler sie für möglich gehalten hatten.

Es wurde klar, daß die Explorer-Satelliten nur den unteren Bereich dieses Gebiets intensiver Strahlung berührt hatten. Als die USA im Herbst 1958 zwei Raumsonden auf den Weg zum Mond schickten – Pioneer I, die 110000 km, und Pioneer III, die 104000 km weit kam –, registrierten sie zwei die Erde umhüllende Hauptstrahlungsgürtel. Man nannte sie zunächst die *Van-Allen-Strahlungsgürtel,* faßte sie aber später unter der Bezeichnung *Magnetosphäre* zusammen, in Analogie zu den eingeführten Namen der anderen definierten Bereiche des erdnahen Raums *(Abb.).*

Man ging anfänglich von einer symmetrisch geformten, d. h. wie eine kugelförmige Schale die Erde umspannenden Magnetosphäre mit einer symmetrischen Anordnung der magnetischen Feldlinien aus. Die von den Satelliten gelieferten Daten verwarfen aber diese Vorstellung. Wesentliche Aufschlüsse lieferten insbesondere die 1963 gestarteten Satelliten Explorer XIV und Imp-I, die in stark elliptische Bahnen geschossen wurden, auf denen sie, so hoffte man, den Bereich der Magnetosphäre zeitweilig verlassen würden.

Es stellte sich heraus, daß die Magnetosphäre eine klar definierte äußere Grenze besitzt, die sogenannte *Magnetopause.* Auf der der Sonne zugekehrten Seite der Erde wird die Magnetosphäre durch den Sonnenwind in Richtung Erde gedrückt, während sie sich auf der sonnenabgewandten Seite weit in den Raum hinauszieht. In Sonnenrichtung befindet sich die Magnetopause in einer Höhe von rund 65000 km über der Erdoberfläche; der tropfenförmige Schweif der Magnetosphäre hingegen erstreckt sich vermutlich 1,5 Millionen km oder noch weiter ins All hinaus. 1966 registrierte der sowjetische Satellit Luna X, der den Mond umkreiste, in der Umgebung des Erdtrabanten ein schwaches Magnetfeld; womöglich war das nichts anderes als der Schweif der irdischen Magnetosphäre, den der Mond auf seiner Bahn gerade durchwanderte.

Das Phänomen des Einfangens elektrisch geladener Teilchen entlang den Kraftlinien des irdischen Magnetfeldes wurde schon 1957 von einem in den USA geborenen griechischen Amateurwissenschaftler namens Nicholas Christofilos vorausgesagt, der seinen Lebensunterhalt als Vertreter im Dienst einer amerikanischen Aufzugsfirma verdiente. Er hatte seine Berechnungen an mehrere auf diesem Gebiet forschende Wissenschaftler geschickt, damit jedoch kaum Beachtung gefunden. (Wie anderswo, neigen auch in der Wissenschaft

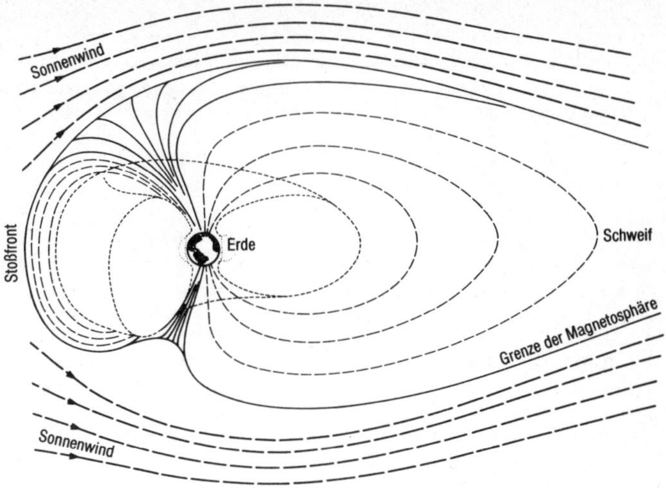

Die Magnetosphäre der Erde (auch Van-Allen-Strahlungsgürtel genannt), rekonstruiert nach Meßdaten von Satelliten und Raumsonden. Die »Feldlinien« (die nur im Querschnitt als Linien erscheinen, in Wirklichkeit aber Schalen sind) des Erdmagnetfelds werden auf der sonnenzugewandten Seite zusammengepreßt, während sie auf der gegenüberliegenden Seite vom Sonnenwind zu einem langen Schweif ausgezogen werden.

die Profis dazu, die Amateure geringzuschätzen.) Erst als die akademischen Profis unabhängig von Christofilos zu denselben Resultaten gelangten wie er, wurde ihm neben einer Berufung an eine amerikanische Universität die gebührende Anerkennung zuteil. Das von ihm erstmals postulierte Phänomen wird heute als *Christofilos*-Effekt bezeichnet.

Im August und September 1958 ließen die Amerikaner, um zu testen, ob der Effekt im Raum auch wirklich auftritt, drei mit Atombomben beladene Raketen aufsteigen und die Bomben in 500 km Höhe zünden. Die bei den Explosionen massenhaft freigesetzten geladenen Partikel breiteten sich in der Tat entlang den magnetischen Kraftlinien aus und blieben an ihnen »hängen«. Die so entstandenen Teilchenbänder blieben eine beträchtliche Zeit bestehen; Explorer IV registrierte sie über mehrere hundert Erdumkreisungen hinweg. Die bei den Atomexplosionen anfallenden Partikelwolken riefen daneben geringfügige Aurora-Erscheinungen hervor und störten eine Zeitlang die irdischen Radarsysteme.

Dies war der Auftakt zu weiteren Experimenten, die die Umweltbedingungen im erdnahen Raum beeinflußten oder sogar veränderten; einige dieser Experimente stießen deshalb auf den entrüsteten Widerstand vieler Wissenschaftler. Die Zündung einer Atombombe im Raum am 9. Juli 1962 führte zu nachhaltigen Veränderungen in der Magnetosphäre, Veränderungen, die Anstalten machten, über einen längeren Zeitraum hinweg anzuhalten, wie einige kritische Wissenschaftler, unter ihnen Fred Hoyle, es prophezeit hatten. Die Sowjetunion führte 1962 ähnliche Bombentests in großer Höhe durch. Ein solches Herumexperimentieren an empfindlichen natürlichen Gleichgewichten, wie sie in der hohen Atmosphäre bestehen, birgt natürlich die Gefahr, daß die Erforschung der Magnetosphäre erschwert wird. Dieser und andere Gründe veranlaßten die Atommächte, daß Experimente dieser Art in absehbarer Zukunft nicht wiederholt werden.

Es wurden des weiteren Versuche unternommen, ein breites Band dünner Kupfernadeln in eine Umlaufbahn um die Erde zu bringen und auszuprobieren, ob sie sich als Reflektoren für Funksignale eigneten; dahinter stand die Absicht, Voraussetzungen für eine garantiert störungsfreie drahtlose Fernkommunikation zu schaffen. (Da die Ionosphäre gelegentlich von magnetischen Stürmen durchgeschüttelt wird, könnte es theoretisch passieren, daß einmal in einem entscheidenden Augenblick die irdischen Funkverbindungen versagen.) Trotz der Einwände von Radioastronomen, die negative Auswirkungen auf den Empfang von Radiosignalen aus dem All befürchteten, wurde das Projekt am 9. Mai 1963 gestartet: Ein Satellit, der 400 Millionen Kupfernadeln enthielt (jede 19 mm lang und dünner als ein Menschenhaar – die ganze Ladung wog weniger als 1 Zentner), wurde in eine Umlaufbahn gebracht. Die Nadeln wurden ausgestoßen und verteilten sich dann langsam, bis sie ein weltumspannendes Band bildeten, das in der Tat, genau wie erwartet, Radiowellen reflektierte. Dieses Band hielt drei Jahre lang seine Bahn. Für praktische Aufgaben bräuchte man allerdings ein wesentlich dichter mit Nadeln besetztes Band; es ist jedoch zweifelhaft, ob sich dies gegen den Widerstand der Radioastronomen wird durchsetzen lassen.

Magnetosphären anderer Planeten

Es konnte nicht ausbleiben, daß die Wissenschaftler herausfinden wollten, ob neben der Erde auch andere Himmelskörper über Strahlungsgürtel verfügen. Nach der Theorie Elsassers muß ein Planet, um eine Magnetosphäre von nennenswerter Intensität besitzen zu können, zwei Voraussetzungen erfüllen: Er muß über einen flüssigen, elektrisch leitfähigen Kern verfügen, in dem sich Wirbel bilden können, und er muß schnell genug rotieren, damit die Bildung solcher Wirbel in Gang kommt. Der Mond beispielsweise hat eine geringe Dichte und er ist zu klein, um in seinem Innern die erforderlich hohen Temperaturen zu erzeugen; es ist ziemlich sicher, daß er keinen flüssigen Metallkern besitzt. Selbst wenn er einen besäße, ist doch seine Rotationsgeschwindigkeit viel zu gering, um die magnetfeldbildenden Wirbel hervorzubringen. Somit erfüllt der Mond keine der beiden Voraussetzungen für ein eigenes Magnetfeld. Indes, so eindeutig solche theoretischen Ableitungen auch sein mögen, ist es doch immer hilfreich, direkte Messungen anzustellen.

Die beiden ersten Mondsonden, Lunik I (Januar 1959) und Lunik II (September 1959), entdeckten keinerlei Anhaltspunkte für das Vorhandensein von Strahlungsgürteln im Umkreis des Mondes. Dieser Befund ist seither vielfach bestätigt worden.

Die Venus ist da schon ein interessanterer Fall. Sie kommt in punkto Masse und Dichte der Erde nahe und besitzt ziemlich sicher einen ähnlichen flüssigen Metallkern wie unser Planet. Jedoch dreht die Venus sich sehr langsam um die eigene Achse, langsamer noch als der Mond. Angefangen mit Mariner 2 im Jahr 1962, haben alle bisher auf den Weg gebrachten Venussonden übereinstimmend registriert, daß die Venus praktisch kein Magnetfeld besitzt. Das Wenige, das sie in dieser Beziehung aufweist – magnetische Effekte, die vermutlich aus elektrischen Strömungen in ihrer dichten Ionosphäre resultieren –, ist jedenfalls mehr als 20000mal schwächer als das Magnetfeld der Erde.

Der Merkur hat ebenfalls eine hohe Dichte und muß über einen Metallkern verfügen; aber er rotiert, wie die Venus, sehr langsam. Als Mariner 10 1973 und 1974 den Merkur passierte, registrierte die Sonde ein schwaches Magnetfeld (von immerhin etwas größerer Intensität als das der Venus), ohne daß hier eine als Verursacherin in Frage kommende Atmosphäre vorhanden wäre. Schwach ausgeprägt zwar, ist das Magnetfeld des Merkur doch etwas zu stark, als daß es sich durch seine langsame Rotationsgeschwindigkeit erklären ließe. Denkbar ist, daß der metallische Kern wegen der geringen Größe des Merkur (der beträchtlich kleiner ist als Venus und Erde) kühl genug ist, um ferromagnetische Eigenschaften zu haben, und daß er als schwacher permanenter Magnet wirkt. Das ist jedoch bloße Spekulation.

Der Mars rotiert ziemlich schnell, ist aber kleiner als die Erde und hat eine geringere Dichte. Er verfügt wahrscheinlich nicht über einen flüssigen Metallkern von nennenswerter Größe. Allerdings müßte selbst ein sehr kleiner Kern irgendwelche Auswirkungen zeitigen; in der Tat scheint der Mars ein kleines Magnetfeld zu besitzen, das stärker ist als das der Venus, aber viel schwächer als das der Erde.

Ganz anders wiederum liegen die Dinge beim Jupiter. Mit seiner ungeheuren Masse und seiner schnellen Rotationsgeschwindigkeit wäre er eigentlich der gegebene Kandidat für ein Magnetfeld, doch fehlten zunächst noch sichere Erkenntnisse über die elektrische Leitfähigkeit seines Kernmaterials. 1955, als die Möglichkeit, solche Erkenntnisse mit Hilfe von Raumsonden zu gewinnen, noch in weiter Ferne lag, empfingen zwei amerikanische Astronauten, Bernhard Burke und Kenneth Franklin, vom Jupiter stammende Radiowellen, die nicht-thermischer Natur waren, die also, anders gesagt, nicht ausschließlich aus Temperatureffekten resultierten. Es mußte für sie noch einen zweiten ursächlichen Faktor geben, vielleicht energiereiche, in einem Magnetfeld gefangene Teilchen. Eine diesbezügliche Deutung der Radiowellen vom Jupiter gab 1959 Frank D. Drake.

Die ersten Jupitersonden, Pioneer 10 und Pioneer 11, bestätigten diese Annahme vollauf. Das Magnetfeld des Jupiters zu finden, fiel ihnen nicht schwer, war es doch im Vergleich zu dem der Erde riesenhaft; es erwies sich zudem als stärker, als die Experten es erwartet hatten. Die Magnetosphäre des Jupiters hat eine rund 1200mal größere Ausdehnung als die der Erde. Wenn wir sie sehen könnten, so würde sie am Himmel als ein Gebilde von der mehrfachen (scheinbaren) Größe des Vollmondes in Erscheinung treten. Noch erstaunlicher mutet es an, daß die Magnetosphäre des Jupiters 19000mal so stark ist wie die der Erde; wenn jemals bemannte Raumschiffe bis zu diesem Planeten vordringen sollten, würden sie auf eine tödliche Barriere in Gestalt seiner Magnetosphäre stoßen.

Auch Saturn verfügt über ein sehr starkes Magnetfeld, das größenmäßig in der Mitte zwischen dem des Jupiter und dem der Erde liegt. Uranus und Neptun dürften, auch wenn noch keine direkten Beobachtungs- oder Meßdaten vorliegen, ebenfalls Magnetfelder besitzen, womöglich sogar stärkere als die Erde. Bei den Gasriesen kann man in der Regel davon ausgehen, daß der flüssige, leitfähige Kern entweder aus schmelzflüssigem Metall oder aus flüssigem metallischem Wasserstoff besteht – letzteres ist bei Jupiter und Saturn mit ziemlicher Sicherheit der Fall.

Meteore und Meteorite

Schon die alten Griechen vermuteten, daß *Sternschnuppen* keine richtigen Sterne sein konnten, blieb doch die Zahl der sichtbaren Sterne am Himmel, so viele Sternschnuppen auch fallen mochten, unverändert. Aristoteles erklärte die Sternschnuppen, da sie vergänglicher Natur seien, zu Erscheinungen der Erdatmosphäre (und diesmal hatte er recht). Die Griechen nannten diese Erscheinungen daher *Meteore,* was gleichviel bedeutet wie »Dinge in der Luft«. Meteore, die bis zur Erdoberfläche vorstoßen, werden Meteorite genannt.

Die Menschen der Antike sahen Meteorite zur Erde fallen und stellten fest, daß es sich dabei manchmal um Eisenklumpen handelte. Hipparchos von Nikäa soll über einen Meteoriteneinschlag berichtet haben. Der heilige schwarze Stein der Kaaba in Mekka ist vermutlich ein Meteorit, der seine Heiligkeit seiner himmlischen Herkunft verdankt. In der *Ilias* findet sich ein Hinweis auf einen Klumpen rohen Eisens, der bei den Wettspielen anläßlich des Begräbnisses von Patroklos als Siegerpreis vergeben wurde; dies kann nur ein Meteorit gewesen sein, denn man schrieb damals die Bronzezeit, in der die Kunst der Verhüttung von Eisenerz noch nicht bekannt war. Eisen meteoritischen Ursprungs war den Menschen vermutlich schon 3000 v. Chr. bekannt und wurde von ihnen benutzt.

Hinsichtlich meteoritischer Phänomene machte die Wissenschaft im 18. Jahrhundert, in der Hochblüte der Aufklärung, einen Schritt nach rückwärts. Die Rationalisten spotteten über die vermeintlich vom Aberglauben inspirierten Geschichten über »Steine aus dem Himmel«. Bauern, die mit gefundenen Meteoriten bei der Académie Française anklopften, wurden höflich, aber ungeduldig abgewiesen. Als zwei amerikanische Gelehrte (einer war der junge Chemiker Benjamin Silliman) 1807 über einen Meteoriteneinschlag berichteten, den sie selbst erlebt hatten, erklärte Präsident Thomas Jefferson, er glaube lieber, daß zwei Yankee-Professoren eine Lüge auftischten, als daß Steine vom Himmel fielen.

Jefferson war einfach nicht auf dem laufenden: Schon 1803 hatte in Frankreich der Physiker Jean Baptiste Biot, angeregt durch Berichte über Meteoriteneinschläge, mit der Erforschung dieser Beobachtungen und Funde begonnen. Seine nüchternen und gründlichen Untersuchungen trugen viel dazu bei, die wissenschaftliche Welt davon zu überzeugen, daß es vom Himmel fallende Steine wirklich gab.

Dann, am 13. November 1833, wurde der Bevölkerung der USA das Spektakel eines *Meteorschauers* beschert: Für die Dauer einiger Stunden veranstalteten zahllose Meteore der Gattung *Leoniden* (so genannt, weil sie aus einem Punkt im Sternbild Löwe hervorzugehen scheinen) am Himmel einen Funkenreigen, wie er in dieser Pracht vorher nicht beobachtet worden war. Zwar erreichten, soweit bekannt ist, keine Meteorite den Erdboden, aber das Schauspiel regte die Wissenschaftler zur Erforschung des Phänomens an; erstmals wandten die Astronomen sich in aller Ernsthaftigkeit den Meteoren und Meteoriten zu.

Im Jahr darauf begann der schwedische Chemiker Jöns Jacob Berzelius mit langfristig angelegten Untersuchungen zur chemischen Zusammensetzung von Meteoriten. Solche Analysen lieferten in der Folge wertvolle Informationen über das Alter des Sonnensystems und über die chemische Beschaffenheit des Universums.

Meteorströme und Mikrometeorite

Durch die Registrierung der Zeitpunkte, an denen Meteore gehäuft auftraten, und der Himmelsbereiche, aus denen sie zu kommen schienen, schufen die Meteorforscher die Voraussetzungen für eine ungefähre Berechnung der Flugbahnen verschiedener Meteorströme. Zu einem Meteorschauer, so stellten sie auf diese Weise fest, kommt es, wenn die Erde auf ihrer Umlaufbahn die Flugbahn eines *Meteorstroms* kreuzt.

Meteorströme bewegen sich wie Kometen auf stark exzentrischen Bahnen; es liegt daher nahe, in ihnen die Trümmer zerbrochener Kometen zu sehen. Kometen können, dem Whippleschen Modell der Kometenstruktur zufolge, zu Staub und Steinbrocken zerfallen. Bei manchen Kometen ist dieser Zerfallsprozeß in der Tat beobachtet worden.

Wenn die von einem Kometen hinterlassene Trümmerwolke in die Erdatmosphäre eintaucht, kann es, wie 1833, zu solch einem »Feuerwerk« kommen. Ein Materiestückchen im Gewicht von nur einem Gramm (!) kann als Sternschnuppe die Helligkeit der Venus erreichen. Manche sichtbaren Meteoriten haben nur eine Masse von weniger als einem Milligramm!

Die Gesamtzahl der in die Erdatmosphäre eindringenden Meteorite läßt sich berechnen; es ergibt sich dabei eine unglaublich große Zahl. Jeden Tag kommen mindestens 20000 Meteorite mit einem Gewicht von mindestens einem Gramm an, dazu fast 200 Millionen, die kleiner sind, aber groß genug, um ein mit bloßem Auge wahrnehmbares Leuchten zu erzeugen. Viele Milliarden weitere von noch geringerer Größe kommen hinzu.

Wir wissen über diese sehr kleinen *Mikrometeorite* deshalb Bescheid, weil in der Luft Staubteilchen gefunden worden sind, die ungewöhnliche Formen und einen hohen Nickelgehalt aufweisen, also ganz anders beschaffen sind als normaler irdischer Staub. Ein weiterer Beleg für das Vorhandensein großer Massen von Mikrometeoriten ist das sogenannte *Zodiakallicht* (das G. D. Cassini um 1700 als erster wissenschaftlich beschrieb), ein schwaches Leuchten am Himmel, dessen Name von der Tatsache herrührt, daß es entlang der Ebene der Erdumflaufbahn, wo sich die Tierkreiszeichen (griechisch: »Zodiaka«) aneinanderreihen, besonders gut sichtbar ist. Das Zodiakallicht ist sehr schwach und selbst in mondlosen Nächten nur unter günstigen Bedingungen wahrnehmbar. Am hellsten leuchtet es nahe dem Horizont, wo die Sonne untergegangen ist oder aufgehen wird. Auf der genau gegenüberliegenden Seite des Himmels ist, quasi spiegelbildlich, ein ähnlicher Glanz zu beobachten, der sogenannte *Gegenschein*. Das Zodiakallicht weist andere Eigenschaften auf als die nächtliche Himmelsstrahlung: In seinem Spektrum finden sich keine auf atomaren Sauerstoff oder atomares Natrium zurückgehende Linien; es besteht vielmehr schlicht und einfach aus reflektiertem Sonnenlicht. Wovon wird es reflektiert? Vermutlich von Ansammlungen kosmischen Staubes, die in der Ebene der Erdumlaufbahn vorhanden sind – eben von Mikrometeoriten. Ihre Zahl und Größe läßt sich aus der Intensität des Zodiakallichtes annäherungsweise berechnen.

Neuerdings sind, mit Hilfe von Satelliten wie Explorer XVI (Dezember 1962) und Pegasus I (Februar 1965), Mikrometeoritenzählungen von bislang unbekannter Präzision möglich geworden. Eine der Zählmethoden besteht darin, daß man einen Teil der Außenfläche eines Satelliten mit einem Material bespannt, das auf den Aufprall eines noch so kleinen Meteors mit einer Veränderung seines elektrischen Widerstandes reagiert, eine andere darin, daß unter der Außenhülle eines Satelliten ein empfindliches Mikrofon installiert wird,

das jedes von einem aufprallenden Steinchen oder Stäubchen erzeugte Geräusch registriert. Aus diesen satellitengestützten Zählungen läßt sich ableiten, daß Tag für Tag 3000 Tonnen Meteoritenmaterial in die Erdatmosphäre eintauchen; 5/6 davon bestehen aus Mikrometeoriten, die zu klein sind, um als Sternschnuppen in Erscheinung zu treten. Es ist denkbar, daß diese Mikrometeoriten in den Außenbezirken der Atmosphäre abgebremst werden, dort über kürzere oder längere Zeit verweilen und eine dünne, die Erde einhüllende Staubwolke bilden, die sich, mit abnehmender Dichte, an die 150000 km in den Raum hinaus erstreckt, um in die dünne Materiekonzentration des interplanetarischen Raums überzugehen.
Wie die Venussonde Mariner 2 zeigte, ist die durchschnittliche Staubkonzentration im interplanetaren Raum 10000mal geringer als in der Umgebung der Erde. Fred Whipple hat die Vermutung geäußert, der Materiallieferant für die irdische Staubanhäufung sei der Mond, von dessen Oberfläche infolge des beständigen Meteoritenbeschusses ständig Staub aufgewirbelt wird. Die Venus, die keinen Mond hat, besitzt auch keinen derartigen Staubschleier.
Der Geophysiker Hans Petterson, der sich besonders für diesen meteoritischen Staub interessierte, sammelte 1957 auf dem Gipfel eines hohen hawaiischen Berges – so fern aller Industrie- und Autoabgase, wie es auf dieser Erde überhaupt nur möglich ist – eine Anzahl Luftproben. Er gelangte aufgrund ihrer Analyse zu der Annahme, daß Jahr für Jahr rund 5 Millionen Tonnen meteoritischen Staubes auf die Erde niedergehen. (Eine ähnliche Messung, 1964 von James M. Rosen unter Verwendung ballongestützter Instrumente durchgeführt, erbrachte einen Schätzwert von 4 Millionen Tonnen; andere Forscher gehen von lediglich 100000 Tonnen pro Jahr aus.) Hans Petterson versuchte, sich ein Bild vom Ausmaß des Staubniederschlags in der Erdgeschichte zu machen, und analysierte zu diesem Zweck Bohrkerne aus dem Tiefseeboden gezielt auf ihren Gehalt an stark nikkelhaltigen Staubpartikeln. Er stellte fest, daß im großen und ganzen die oberen Sedimentschichten einen höheren Anteil solcher Partikel aufweisen als die älteren, tiefer gelegenen Schichten; dies läßt womöglich den Schluß zu, daß das Ausmaß des meteoritischen Niederschlags in den jüngeren Erdzeitaltern zugenommen hat. Man muß allerdings sagen, daß die Beweislage noch unbefriedigend ist.
Der auf die Erde niedergehende meteoritische Staub ist, wenn man einer 1953 von dem australischen Physiker Edward G. Bowen zur Diskussion gestellten These Glauben schenken will, möglicherweise von unmittelbarer Bedeutung für uns alle. Nach Bowens Ansicht fungieren diese Staubpartikel als Kondensationskerne, um die herum sich die Regentropfen bilden. Wenn dies zutrifft, dann könnten die Niederschlagsschwankungen auf der Erde das Auf und Ab in der Intensität des auf uns niedergehenden Mikrometeoriten-Bombardements widerspiegeln.

Meteorite

Hin und wieder dringen in die Erdatmosphäre Materiebrocken ein, die größer, manchmal sogar beträchtlich größer sind als das Gros der Meteorite. Einzelne Klumpen sind mitunter so groß, daß sie durch die Reibungshitze, die entsteht, wenn sie mit Geschwindigkeiten von 12 bis 72 km pro Sekunde in die Atmosphäre eintauchen, nicht vollständig verdampfen und bis zum Erdboden durchkommen. Man spricht in diesem Fall, wie bereits gesagt, von Meteoriten. Die Astronomen nehmen an, daß es sich bei den Meteoriten in der Regel um kleine Asteroiden handelt, namentlich um Erdstreifer, die der Erde zu nahe gekommen sind und von ihr eingefangen werden.
Die meisten bislang auf der Erde entdeckten Meteorite (insgesamt kennt man 1700 Stück, von denen 35 über 1 t wiegen) bestehen aus Eisen. Die Astronomen glaubten daher lange Zeit, daß die *Eisenmeteorite* weit zahlreicher sein müßten als die aus Gesteinsmaterial bestehenden. Diese Annahme erwies sich jedoch als falsch. Ein Eisenklumpen, der irgendwo aus dem Boden ragt, sticht viel mehr ins Auge als ein Gesteinsbrocken; wenn jedoch ein *Steinmeteorit* einmal als solcher erkannt ist und untersucht wird, offenbart er charakteristische Merkmale, die ihn von irdischen Steinen unterscheiden.
Bei der Zählung von Meteoriten, deren Einschlag in flagranti beobachtet wurde, stellte sich heraus, daß das Verhältnis Steinmeteorite zu Eisenmeteorite sogar 9:1 betrug. (Eine Zeitlang wurden merkwürdigerweise die weitaus meisten Meteori-

tenfunde aus dem amerikanischen Bundesstaat Kansas gemeldet; diese Tatsache erscheint aber ganz logisch, wenn man sich vergegenwärtigt, daß im steinlosen Sedimentboden von Kansas ein Stein ein ebenso auffälliges Fundstück ist wie anderswo ein Eisenklumpen.)

Man stellt sich die Entstehung dieser beiden Meteoritarten heute folgendermaßen vor: In der Frühzeit des Sonnensystems waren die Asteroiden vielleicht größer, als sie es heute sind. Nachdem sie sich einmal gebildet hatten, durch die Gravitationseinflüsse des Jupiters jedoch an weiterer Konsolidierung gehindert wurden, erlitten sie Zusammenstöße untereinander und Absprengungen. Vielleicht hatten manche von ihnen schon während ihrer Zusammenballung eine Kerntemperatur erreicht, die eine Auftrennung der chemischen Komponenten ermöglichte, bei der das Eisen sich im Zentrum sammelte und das Gestein die Außenschale, ähnlich unserer Erde, bildete. Als solche Asteroiden dann zerbarsten, entstanden sowohl steinere als auch metallische Trümmerstücke; auf sie gehen die beiden unterschiedlichen Meteorittypen zurück, die sich auf der Erde finden.

Es gibt noch einen dritten Meteorittypus, die sogenannten *kohlenstoffhaltigen Chondriten,* die allerdings ziemlich selten sind. Auf sie werde ich an angemessener Stelle, in Kapitel 13, eingehen.

Meteorite richten selten Schaden an. Wenn auch jährlich 500 Meteorite von nennenswerter Größe auf dem Erdboden einschlagen (von denen leider nur etwa 20 gefunden werden), so verteilt sich diese Zahl doch auf eine riesige Oberfläche. Soweit wir wissen, ist noch niemals ein Mensch von einem Meteorit erschlagen worden; in Alabama soll allerdings eine Frau am 30. November 1955 von einem Meteorit gestreift und verletzt worden sein. Und 1982 schlug ein Meteorit in einer Kleinstadt in Connecticut in ein Haus ein, ohne jedoch die Bewohner zu verletzen. Im selben Ort war merkwürdigerweise bereits elf Jahre zuvor ein Meteorit niedergegangen, ohne Schaden anzurichten.

Gleichwohl sollte man die potentiell verheerenden Wirkungen von Meteoriten nicht unterschätzen. Im Jahr 1908 beispielsweise wurde bei einem Einschlag in Sibirien ein Krater von 50 m Durchmesser gerissen, und im Umkreis von 32 km knickten die Bäume um. Zum Glück ging dieser Meteorit mitten in einer Einöde nieder; er vernichtete zwar eine Wildtierherde, tötete aber keinen einzigen Menschen. Wäre er fünf Stunden später gekommen, so hätte sich die Erde mittlerweile um so viel weiter gedreht, daß er möglicherweise auf St. Petersburg, der damaligen Hauptstadt Rußlands, niedergegangen wäre. In diesem Fall wäre die Stadt ebenso gründlich in Schutt und Asche gelegt worden wie bei der Explosion einer Wasserstoffbombe. Man schätzt, daß der Meteorit 36000 t wog.

Dieses sogenannte *Tunguska-Ereignis* (nach dem Namen des Flusses, in dessen Umgebung der Meteorit einschlug) hat den Forschern manches Rätsel aufgegeben. Die Unzugänglichkeit des Schauplatzes, der wenig später ausbrechende Krieg und die Wirren der Revolution und des Bürgerkriegs verhinderten viele Jahre lang eine wissenschaftliche Untersuchung der Einschlagstelle. Als man dann endlich dazu kam, fand sich merkwürdigerweise keine Spur des Meteoritmaterials. Vor einiger Zeit fabulierte ein sowjetischer Science-Fiction-Autor etwas von radioaktiver Strahlung an der Stelle des Einschlags; dieses für eine fiktive Geschichte erdachte Detail wurde von vielen Leuten, denen ihre Vorliebe für Sensationelles einen Streich spielte, für bare Münze genommen, und in der Folge wurden viele tolldreiste Theorien verbreitet – vom Einschlag eines Schwarzen Mini-Lochs bis zu einer extraterristischen Atomexplosion. Die rationale Erklärung, die am meisten für sich hat, ist die, daß der niedergehende Meteorit aus eisiger Materie bestand – wahrscheinlich war es ein sehr kleiner Komet oder ein Bruchstück eines größeren Kometen (möglicherweise des Kometen Encke). Vermutlich explodierte er kurz vor dem Moment des Aufschlags in der Luft, ohne eine Spur steiniges oder metallisches Meteoritmaterial zu hinterlassen.

Der größte Einschlag seit dem Tunguska-Ereignis ist 1947 in der Nähe von Wladiwostok (wieder in Sibirien) verzeichnet worden.

Es gibt Spuren, die von noch schwereren Einschlägen in prähistorischer Zeit zeugen. Im Coconino County in Arizona gibt es einen rund 1300 m breiten und 180 m tiefen, kreisrunden Krater, der von einem Erdwall von 30 bis 45 m Höhe umgeben ist. Er sieht aus wie die Miniaturausgabe eines Mondkraters. Man hielt ihn lange Zeit für die Öffnung eines erloschenen Vulkans, aber ein Bergbauingenieur namens Daniel M. Barringer bestand hartnäckig darauf, ihn als Resultat eines Meteoriteinschlags zu deuten; das Gebilde trägt heute den Namen Barringer-Krater. Im Umkreis des Kraters finden sich Klumpen aus meteoritischem Eisen – insgesamt Tausende (oder vielleicht sogar Millionen) von Tonnen. Obwohl bis jetzt nur ein kleiner Teil dieses Eisens geborgen ist, haben dieser Krater und seine Umgebung schon mehr meteoritisches Eisen geliefert, als auf der ganzen übrigen Welt insgesamt gefunden worden ist. Eine Bestätigung dafür, daß der Krater tatsächlich durch einen Meteoriteinschlag entstanden ist, ergab sich 1960, als man in ihm zwei Quarzvarietäten namens *Coesit* und *Stishovit* fand, die nur unter den Bedingungen extremen Drucks und sehr hoher Temperatur entstanden sein können, Bedingungen, wie sie für einen Meteoriteinschlag anzunehmen sind.

Der Barringer-Krater, der vor schätzungsweise 25000 Jahren von einem Eisenmeteorit von rund 45 m Durchmesser geschlagen wurde, ist ziemlich gut erhalten geblieben. In vielen Gebieten der Erde wären Krater wie dieser durch Wassereinwirkung und Pflanzenwuchs unkenntlich geworden. Vom Flugzeug aus sind in den letzten Jahrzehnten allerdings etliche bis dahin unerkannt gebliebene kreisrunde Vertiefungen entdeckt worden, die teilweise mit Wasser gefüllt, teilweise überwuchert sind und mit ziemlicher Sicherheit von Meteoriteinschlägen stammen. Einige dieser Funde sind in Kanada gemacht worden, beispielsweise der Brent-Krater in Ontario oder der Chubb-Krater im nördlichen Quebec, beide mit einem Durchmesser von mehr als 3 km; der Ashanti-Krater in Ghana ist fast 10 km breit. Diese Krater sind vermutlich über 1 Million Jahre alt. Insgesamt kennt man bislang rund 70 solcher *fossiler* Krater mit Durchmessern bis zu 135 km.

Auf dem Mond finden wir Krater aller Größen, von winzigen Löchern bis zu Giganten mit Durchmessern von 240 km oder mehr. Der Mond, auf dem es weder Luft noch Wasser noch Leben gibt, ist ein fast perfektes Museum für Krater, da sie dort keinen erodierenden Einflüssen unterliegen, sieht man einmal von den sich äußerst langsam vollziehenden Veränderungen ab, die aus dem vierzehntägigen Rhythmus von Mondtag und Mondnacht und den damit einhergehenden Temperaturänderungen resultieren. Vielleicht hätte die Erde ein ebenso pockennarbiges Gesicht wie der Mond, würden nicht Wind, Wasser und Pflanzen ihre »heilende« Wirkung tun.

Eine Zeitlang war man der Meinung, die Krater auf dem Mond seien vulkanischen Ursprungs; sie haben freilich wenig Ähnlichkeit mit den Vulkanen der Erde. Seit den 90er Jahren des 19. Jahrhunderts gewann die Auffassung, daß die Mondkrater von Meteoriteinschlägen herrühren, zunehmend an Boden und wird inzwischen allgemein akzeptiert.

Die großen »Meere« (maria) auf dem Mond, ausgedehnte, annähernd kreisförmige Gebiete mit relativ wenig Kratern, müssen dieser Auffassung zufolge durch den Einschlag besonders großer Meteorite entstanden sein. Diese These gewann an Plausibilität, als sich 1968 zeigte, daß bei Satelliten, die in eine Mondumlaufbahn gebracht worden waren, unerwartete Abweichungen von der berechneten Flugbahn auftraten. Die Charakteristik dieser Abweichung legte zwingend den Schluß nahe, daß Teile der Mondoberfläche eine überdurchschnittliche Dichte besitzen und eine etwas stärkere Anziehungskraft ausüben als andere Regionen; die Satelliten reagierten auf diese Ungleichförmigkeit der Gravitationskräfte. Man verlieh diesen *Schwerehochs,* die offenkundig mit den Mondmeeren zusammenfielen, die Bezeichnung *mascons* (ein Kürzel für »mass concentration«). Die nächstliegende Schlußfolgerung war, daß die großen Eisenmeteorite, durch deren Einschlag die *maria* entstanden sind, nach wie vor unter der Oberfläche begraben liegen und eben von beträchtlich höherer Dichte sind als das Gesteinsmaterial, aus dem die Mondkruste ansonsten besteht. Binnen eines Jahres nach der Entdeckung der ersten mascons wurden mindestens ein Dutzend weitere identifiziert.

Die Vorstellung vom Mond als einer »toten Welt«, in der es keine Vulkantätigkeit geben könne, ist andererseits sicherlich überzogen. Am 3. November 1958 sichtete der russische Astronom N. A. Kosyrew im Krater Alphonsus eine rötliche Stelle. (Wilhelm Herschel hatte schon 1780 über rötliche Flecken auf dem Mond berichtet.) Die spektroskopischen Untersuchungen Kosyrews deuteten darauf hin, daß an der betreffenden Stelle Gas und Staub ausgetreten waren. Seither sind an verschiedenen anderen Stellen des Mondes kurzzeitig weitere rötliche Flecken gesichtet worden. Es erscheint offenkundig, daß sich

auf dem Mond zumindest sporadisch vulkanische Aktivitäten vollziehen. Messungen, die während der totalen Mondfinsternis vom Dezember 1964 durchgeführt wurden, ergaben, daß nicht weniger als 300 Krater eine höhere Temperatur aufwiesen als ihre Umgebung – allerdings war keiner davon heiß genug, um zu glühen.
Im allgemeinen gilt, daß atmosphärenlose Welten wie der Merkur oder die Monde des Mars, des Jupiter und des Saturn dicht mit Kratern übersät sind, die von jener 4 Milliarden Jahre und länger zurückliegenden Zeit zeugen, in der diese Welten durch die Zusammenballung von Planetesimalen entstanden und einem Hagel einschlagender Körper ausgesetzt gewesen sind. Nichts ist dort seither geschehen, das geeignet gewesen wäre, diese alten Zeugen zu beseitigen.
Die Venus ist arm an Kratern, vielleicht eine Folge der erodierenden Wirkungen ihrer dichten Atmosphäre. Auch auf einer Hemisphäre des Mars finden sich wenige Krater, vielleicht weil sich dort durch vulkanische Aktivität eine neue Kruste gebildet hat. Io weist, dank der von seinen aktiven Vulkanen ausgeschütteten Lava, praktisch keine Krater auf. Daß Europa keine Krater besitzt, liegt vermutlich daran, daß einschlagende Meteorite die Oberflächeneisschicht durchbrechen und in die darunter liegende flüssige Masse eintauchen; das Einschlagloch füllt sich daraufhin von unten mit flüssigem Material, das rasch wieder gefriert und die geschlagene Wunde versiegelt.
Als Kostproben außerirdischer Materie sind Meteorite nicht nur für Astronomen, Geologen, Chemiker und Metallurgen von höchstem Interesse, sondern auch für Kosmologen, also für jene Wissenschaftler, die sich mit der Frage nach der Entstehung des Universums und des Sonnensystems befassen. Zu den bislang rätselhaftesten Meteoriten gehören glasartige Körper, die an verschiedenen Stellen der Erdoberfläche gefunden worden sind. Der erste Fund dieser Art wurde 1787 in Böhmen gemacht, dann folgten 1864 mehrere Funde in Australien. Man verlieh diesen Objekten schließlich den Namen *Tektite,* abgeleitet aus einem griechischen Wort für »Schmelze«, da sie den Eindruck machen, beim Durchgang durch die Erdatmosphäre angeschmolzen worden zu sein.
Der amerikanische Astronom Harvey H. Nininger äußerte 1936 die Vermutung, daß es sich bei den Tektiten um Überreste von Materiebrocken handelt, die durch auf der Mondoberfläche einschlagende große Meteorite losgeschlagen und fortkatapultiert und sodann vom Schwerefeld der Erde eingefangen wurden. Besonders dicht gesät finden sich Tektite in einer ausgedehnten Region, die Südostasien und Australien umfaßt (viele Tektite werden und wurden dort vom Grund des Indischen Ozeans geborgen). Es scheint, daß die dort gefundenen Tektite zu den jüngsten ihrer Art gehören; sie sind nur 700000 Jahre alt. Es mag sein, daß sie durch den Einschlag jenes großen Meteoriten entstanden sind, der den Krater Tycho geschlagen hat, den jüngsten der großen Mondkrater. Die Tatsache, daß dieser Einschlag allem Anschein nach zeitlich mit der letzten Umpolung des irdischen Magnetfeldes zusammengefallen ist, hat zu der Vermutung Anlaß gegeben, daß der so merkwürdig unregelmäßige Rhythmus der Umpolungen vielleicht eine Art Chronik derartiger Erde-Mond-Katastrophen darstellt.
Ein anderer außergewöhnlicher Typus von Meteoriten findet sich vorzugsweise in der Antarktis. In der riesigen antarktischen Schnee- und Eiswüste fällt ein Meteorit, ob aus Stein oder Metall, unweigerlich ins Auge (vorausgesetzt er liegt an der Oberfläche). Man kann geradezu sagen, daß jeder feste Körper, der sich auf diesem Kontinent findet, so er nicht aus Eis besteht oder von Menschen gemacht ist, nichts anderes sein kann als ein Meteorit. Einmal auf der Oberfläche der Antarktis gelandet, bleibt ein Meteorit normalerweise unberührt liegen (zumindest war das während der letzten 20 Millionen Jahre so), es sei denn, ein Kaiserpinguin stolpert über ihn.
Auf der Antarktis halten sich nie viele Menschen gleichzeitig auf; auch ist nur ein kleiner Teil des Kontinents bislang näher untersucht worden. So wundert es nicht, daß bis 1969 nur vier Meteorite entdeckt wurden – alle durch Zufall. 1969 stieß dann eine Gruppe japanischer Geologen auf neun unweit voneinander gelegene Meteorite. Dieser Fund weckte ein breites wissenschaftliches Interesse, worauf in der Folgezeit die Zahl der Meteoritenfunde zunahm. Bis 1983 wurden auf dem eisigen Kontinent über 5000 Meteoritfragmente entdeckt, viel mehr als auf der ganzen übrigen Erde zusammen. (Sicherlich gehen in der Antarktis nicht mehr Meteorite nieder als anderswo, aber sie sind dort eben viel leichter zu finden.)
Einige der in der Antarktis gefundenen Meteorite

geben neue Rätsel auf. Im Januar 1982 wurde ein grünlich gefärbtes Meteoritfragment entdeckt, das in seiner chemischen Zusammensetzung, wie die Analyse ergab, bemerkenswert einigen der Gesteinsproben ähnelte, die die Astronauten vom Mond mitgebracht hatten. Es ist nicht leicht, eine zwanglose Erklärung dafür zu finden, wie ein Stück Mondgestein es hätte anstellen sollen, sich vom Mond loszureißen und auf die Erde zu gelangen, aber sicherlich muß man diese Möglichkeit in Rechnung stellen.

Einige Meteoritfragmente aus der Antarktis setzten bei Erwärmung Gase frei, die in ihrer Zusammensetzung sehr den Gasen der Marsatmosphäre ähnelten. Dazu kam, daß diese Meteorite offenbar nur 1,3 Milliarden Jahre alt waren statt, wie sonst bei Meteoriten üblich, 4,5 Milliarden Jahre. Möglicherweise waren vor 1,3 Milliarden Jahren die Vulkane des Mars außerordentlich aktiv. Gut möglich, daß manche Meteorite Brocken erkalteter Lava sind, die ein Marsvulkan ausgespien hat und die irgendwie ihren Weg zur Erde gefunden haben.

Die Altersbestimmung von Meteoriten (mit Methoden, die ich in Kapitel 7 erläutern werde) liefert im übrigen wichtige Aufschlüsse im Hinblick auf die Berechnung des Alters der Erde und unseres Sonnensystems im allgemeinen.

Luft: Wie die Erde sie behält und wie sie sie bekam

Bevor wir uns Gedanken darüber machen, wie die Erde zu ihrer Atmosphäre kam, sollten wir uns vielleicht überlegen, wie die Erde es fertiggebracht hat, sie im Lauf der Jahrmilliarden ihres Rollens und Wanderns durch den Weltraum zu behalten. Bei der Beantwortung dieser Frage spielt ein Sachverhalt eine Rolle, der mit dem Begriff *Entweichgeschwindigkeit* bezeichnet wird.

Entweichgeschwindigkeit

Wenn ein Objekt von der Erdoberfläche nach oben geschleudert wird, verringert sich seine Aufstiegsgeschwindigkeit unter dem Einfluß der Schwerkraft allmählich, bis es für einen kurzen Augenblick zum Stillstand kommt und danach wieder auf die Erde zurückfällt. Bliebe die Schwerkraft mit zunehmender Höhe stets gleich, so wäre die Höhe, die das Objekt erreicht, genau proportional zu seiner Anfangsgeschwindigkeit – es würde bei einer Anfangsgeschwindigkeit von 2 km/min viermal so hoch fliegen wie bei einer Anfangsgeschwindigkeit von 1 km/min (da die Energie mit dem Quadrat der Geschwindigkeit zunimmt).

Die Schwerkraft bleibt aber nicht auf dem ganzen Weg konstant; sie schwächt sich mit zunehmender Höhe ab, und zwar in einer Progression, die dem Quadrat der Entfernung vom Erdmittelpunkt entspricht. Nehmen wir an, wir schießen einen Gegenstand mit einer Anfangsgeschwindigkeit von 1 km/s nach oben; er wird (wenn wir den Luftwiderstand außer acht lassen) eine Höhe von 80 km erreichen, ehe er zum Stillstand kommt und zurückzufallen beginnt. Wenn wir denselben Gegenstand mit einer Anfangsgeschwindigkeit von 2 km/s auf den Weg brächten, würde er eine mehr als 4mal so große Höhe erreichen. 80 km über der Erdoberfläche übt die Erde eine meßbar geringere Anziehung aus als am Erdboden, so daß ihre bremsende Wirkung auf den Gegenstand in dieser Höhe nicht mehr so stark ist. Unser Geschoß würde also statt 320 vielleicht 350 km hoch fliegen.

Ein mit einer Anfangsgeschwindigkeit von 10,46 km/s von der Erdoberfläche senkrecht nach oben geschossener Körper würde eine Höhe von 41 500 km erreichen. In dieser Höhe übt die Erdanziehung nur noch 1/40 der Kraft aus, die sie an der Erdoberfläche entfaltet. Wenn wir die Anfangsgeschwindigkeit unseres Geschosses nun um lediglich 1% steigern (d. h. sie auf 10,56 km/s erhöhen), würde es eine Höhe von 54 700 km erreichen, also eine über 30% größere Höhe.

Es läßt sich berechnen, daß ein mit einer Anfangsgeschwindigkeit von 11,2 km von der Erdoberfläche abgefeuerter Körper nicht mehr zur Erde zurückkehren wird. Die Erdanziehung wird zwar auch den Aufstieg dieses Geschosses abbremsen, aber nicht stark genug, um das Objekt jemals zum Stillstand zu bringen.

Die Geschwindigkeit von 11,2 km/s ist demnach die für die Erde spezifische Entweichgeschwindigkeit. Jeder kosmische Körper hat eine spezifische Entweichgeschwindigkeit, die sich aus seiner Masse und seinem Volumen berechnen läßt. Für den Mond beträgt sie 2,38 km/s, für den Mars 5,02, für den Saturn 36,12 und für Jupiter, den massereichsten Planeten unseres Sonnensystems, 60,08 km/s.

All dies ist von unmittelbarer Bedeutung für die Fähigkeit der Erde, ihre Atmosphäre festzuhalten. Die Gasatome und -moleküle, aus denen die Luft besteht, schwirren beständig umher wie verirrte Geschosse. Ihre individuelle Geschwindigkeit variiert sehr stark und läßt sich nur in Form statistischer Mittelwerte ausdrücken, indem man beispielsweise angibt, ein wie großer Prozentsatz der Moleküle sich schneller als mit einer bestimmten Geschwindigkeit bewegt. Die Formel, nach der sich diese Werte berechnen lassen, wurde im Jahr 1860 von James Clerk Maxwell aufgestellt und einige Jahre später von dem österreichischen Physiker Ludwig Boltzmann ausgearbeitet; sie wird als *Maxwell-Boltzmannsches Verteilungsgesetz* bezeichnet.

Die Durchschnittsgeschwindigkeit von Sauerstoffmolekülen in der Luft beträgt bei Zimmertemperatur 0,48 km/s. Das sechzehnmal leichtere Wasserstoffmolekül bewegt sich mit viermal größerer Durchschnittsgeschwindigkeit, d. h. mit 1,92 km/s. (Nach dem Maxwell-Boltzmannschen Verteilungsgesetz verhält sich die Geschwindigkeit eines Gasteilchens bei gegebener Temperatur umgekehrt proportional zur Quadratwurzel seines Molekulargewichts.)

Es ist wichtig nicht zu vergessen, daß wir es hier ausschließlich mit Durchschnittsgeschwindigkeiten zu tun haben. Die Hälfte der Moleküle einer beliebigen Gasmenge hat stets eine über dem Durchschnitt liegende Geschwindigkeit, ein bestimmter Anteil der Moleküle bewegt sich mehr als doppelt so schnell wie der Durchschnitt, ein noch kleinerer Teil mehr als dreimal so schnell usw. Ein winziger Prozentsatz der Sauerstoff- und Wasserstoffmoleküle in der Atmosphäre ist sogar schneller als 11,2 km/s und übertrifft somit die Entweichgeschwindigkeit.

Solange solche »Raser« in der unteren Atmosphäre auftreten, haben sie keine Chance, der Erdanziehung zu entkommen, denn durch Zusammenstöße mit ihren langsameren Nachbarn werden sie früher oder später abgebremst. Ganz anders in der oberen Atmosphäre. Zum einen sorgt die dort noch ungehindert einflutende Sonnenstrahlung dafür, daß ein verhältnismäßig großer Anteil der Moleküle ein enormes Energieniveau erreicht und auf hohe Geschwindigkeiten beschleunigt. Zum zweiten ist in den dünneren Luftschichten die Kollisionswahrscheinlichkeit sehr viel geringer. Während in der Nähe der Erdoberfläche ein Molekül durchschnittlich nur 64 Millionstel Millimeter zurücklegt, ehe es mit einem anderen zusammenstößt, beträgt der durchschnittliche kollisionsfreie Weg in 100 km Höhe kanpp 10 cm und in 225 km Höhe schon 1000 m. Dort oben liegt die Zahl der Zusammenstöße, die ein Atom oder Molekül erlebt, bei durchschnittlich einem pro Sekunde, gegenüber fünf Milliarden pro Sekunde auf Meereshöhe. In Höhen von 150 km und mehr besitzt ein schnelles Teilchen also eine reelle Chance, dem Schwerefeld der Erde zu entweichen. Wenn es sich zufällig nach oben bewegt, dann kommt es in Schichten mit immer geringerer Luftdichte, wo die Wahrscheinlichkeit von Zusammenstößen sinkt, so daß durchaus die Möglichkeit gegeben ist, daß es schließlich den interplanetarischen Raum erreicht und auf Nimmerwiedersehen verschwindet.

Die Erdatmosphäre ist also, anders ausgedrückt, undicht. Was entweicht, sind allerdings fast ausschließlich die leichtesten Moleküle. Sauerstoff und Stickstoff sind so schwer, daß nur ein winziger Bruchteil ihrer Moleküle jemals die Entweichgeschwindigkeit erreicht; daher hat die Erde seit ihrer Entstehung weder viel Sauerstoff noch viel Stickstoff an das Weltall verloren. Wasserstoff- und Heliumteilchen beschleunigen dagegen relativ leicht auf Geschwindigkeiten jenseits der Entweichgeschwindigkeit. Unter diesem Gesichtspunkt ist es nicht verwunderlich, daß die Erdatmosphäre heute keinen nennenswerten Wasserstoff- und Heliumanteil enthält.

Die massereicheren Planeten wie Jupiter und Saturn können auch Wasserstoff und Helium festhalten; sie besitzen daher beide eine mächtige, hauptsächlich aus diesen beiden Elementen (die ja schließlich die im Universum am häufigsten auftretenden sind) zusammengesetzte Atmosphäre. Normalerweise reagiert der vorhandene Wasserstoff mit anderen anwesenden Elementen, so daß

Kohlenstoff, Stickstoff und Sauerstoff nur innerhalb wasserstoffhaltiger Verbindungen wie Methan (CH_4), Ammoniak (NH_3) oder Wasser (H_2O) vorkommen. In der Jupiteratmosphäre sind zwar nur so geringe Mengen Ammoniak und Methan vorhanden, daß man sie als Beimischungen oder Verunreinigungen bezeichnen kann; daß sie gleichwohl schon 1931 entdeckt wurden (von dem deutsch-amerikanischen Astronomen Rupert Wildt), verdankte sich der Tatsache, daß diese Verbindungen im Spektrum leicht identifizierbare Absorptionslinien erzeugen, während Wasserstoff und Helium dies nicht tun. Die Gegenwart von Wasserstoff und Helium wurde erst 1952 mit indirekten Methoden nachgewiesen. Nach 1973 bestätigten die Jupitersonden diese Befunde und lieferten darüber hinaus weitere Details.

Auf der anderen Seite haben wir kleine Planeten wie den Mars, der sich schwertut, selbst vergleichsweise schwere Moleküle festzuhalten, und der infolgedessen auch nur eine Atmosphäre von hundertmal geringerer Dichte als die Erde besitzt. Der Mond mit seiner noch geringeren Entweichgeschwindigkeit vermag überhaupt keine Atmosphäre festzuhalten, die diesen Namen verdiente.

Ein ebenso wichtiger Faktor wie die Masse (und damit die Anziehungskraft) ist die Temperatur. Die Maxwell-Boltzmannsche Gleichung besagt, daß die Durchschnittsgeschwindigkeit von Gasteilchen der Quadratwurzel ihrer absoluten Temperatur proportional ist. Wenn auf der Erde Temperaturen wie auf der Sonne herrschen würden, würden alle in der Atmosphäre vorhandenen Atome und Moleküle auf das Vier- bis Fünffache ihrer jetzigen Geschwindigkeit beschleunigen; die Erde könnte dann Sauerstoff und Stickstoff ebensowenig festhalten wie ihren Wasserstoff und ihr Helium.

Der Merkur mit einer 2,2mal höheren Oberflächenschwerkraft als der Mond müßte eigentlich eher als dieser in der Lage sein, eine Atmosphäre festzuhalten. Da es auf ihm jedoch erheblich wärmer ist als auf dem Mond, präsentiert er sich ebenso nackt wie dieser.

Der Mars besitzt zwar eine nur geringfügig größere Oberflächenschwerkraft als der Merkur, aber dafür herrschen wesentlich niedrigere Temperaturen (niedriger als auf der Erde und dem Mond). Daß der Mars eine dünne Atmosphäre sein eigen nennt, liegt weniger an seiner passablen Oberflächenschwerkraft als an seiner Kälte. Die Jupitermonde sind noch kälter als der Mars, besitzen aber nur eine Oberflächenschwerkraft in der Größenordnung unseres Mondes und können daher keine Atmosphäre festhalten. Titan freilich, der große Saturnmond, ist so kalt, daß er mit einer dichten Stickstoffatmosphäre ausgestattet ist. Eine solche könnte auch Triton besitzen, der große Neptunmond.

Die Ur-Atmosphäre der Erde

Die bloße Tatsache, daß die Erde eine Atmosphäre besitzt, kann als gewichtiges Argument gegen jene Theorie gewertet werden, wonach sie und die anderen Planeten unseres Sonnensystems Produkte einer kosmischen Katastrophe sind, etwa eines Beinahezusammenstoßes zwischen unserer Sonne und einem anderen Stern. Sie spricht vielmehr für die Theorie der Planetenentstehung aus sich verdichtenden Staubwolken und Planetesimalen. Während die Stäube und Gase der Wolken zu Planetesimalen kondensierten und diese sich wiederum zu planetarischen Gebilden zusammenballten, könnten im Innern einer zunächst schwammartig porösen Masse Gase eingeschlossen worden sein, wie Luft in einer Schneewächte. Im Zuge der anschließenden, gravitationsbedingten Kontraktion der Masse dürften die Gase dann nach außen, in Richtung Oberfläche, gedrückt worden sein. Ob ein bestimmtes Gas der Erde erhalten blieb oder nicht, hing dabei zum Teil von seinen chemischen Eigenschaften, insbesondere seiner Reaktionsbereitschaft, ab. Helium und Neon sind so reaktionsträge, daß sie keine Verbindungen eingingen und sich, obwohl sie sicherlich zu den in der ursprünglichen Wolke am häufigsten vertretenen Gase gehörten, binnen kurzer Zeit verflüchtigten. Die Konzentrationen, in denen sich Helium und Neon auf der Erde finden, sind denn auch um ein Vielfaches geringer als ihr sonstiger prozentualer Anteil an der Gesamtmasse des Universums. Es gibt Berechnungen, denen zufolge die Erde nur eines von jeweils 50 Milliarden in der ursprünglichen Gaswolke vorhandenen Neonatomen bei sich behalten hat; in unserer Atmosphäre sind dagegen noch viel weniger, wenn überhaupt welche, übriggeblieben. Ich sage »wenn überhaupt welche«, weil das wenige He-

lium, das sich heute in der Erdatmosphäre findet, möglicherweise zur Gänze aus dem Zerfall radioaktiver Elemente stammt oder aus unterirdischen Hohlräumen, in denen es eingeschlossen war, entwichen ist.
Ihren Wasserstoff hingegen hat die Erde, obwohl er leichter ist als Helium und Neon, sehr viel besser festzuhalten vermocht, weil er sich mit anderen Elementen verband, vor allem natürlich mit Sauerstoff zu Wasser. Man schätzt, daß die Erde von jeweils 5 Millionen in der Ur-Wolke vorhanden gewesenen Wasserstoffatomen heute noch eines besitzt.
Am Beispiel des Stickstoffs und des Sauerstoffs läßt sich das chemische Bindungsverhalten noch drastischer veranschaulichen. Obgleich das Stickstoff- und das Sauerstoffmolekül etwa gleich schwer sind, ist von je sechs Atomen des außerordentlich reaktionsfreudigen Sauerstoffs, die in der Ur-Wolke enthalten waren, eines auf der Erde geblieben, während bei dem reaktionsträgeren Stickstoff das Verhältnis zwischen behaltenen und verlorengegangenen Atomen auf 1:800000 veranschlagt wird.
Wenn wir von den Gasen der Erdatmosphäre sprechen, dürfen wir den Wasserdampf nicht außer acht lassen; hier stoßen wir unweigerlich auf die interessante Frage nach der Entstehung der Ozeane. Wir müssen davon ausgehen, daß in der Frühzeit der Erdgeschichte (selbst wenn unser Planet damals nur mäßig heiß war) sämtliches auf der Erde vorhandene Wasser in dampfförmigem Zustand war. Manche Geologen glauben, das Wasser sei damals als dichte und mächtige Dampfwolke in der Atmosphäre konzentriert gewesen; später, als die Erde weit genug abgekühlt war, habe es sich in tosenden Regenfällen auf die Erdoberfläche ergossen und die Meeresbecken gefüllt. Es gibt andererseits Geologen, die der Überzeugung sind, daß unsere Meere ihre Entstehung in erster Linie dem Wasser verdanken, das aus dem Erdinneren nach außen trat. Wie sich bei Vulkanausbrüchen immer wieder zeigt, enthält die Erdkruste nach wie vor sehr viel gebundenes Wasser, denn die Gasmassen, die dabei austreten, bestehen zum größten Teil aus Wasserdampf. Wenn dem so ist, dann sind die Meere vielleicht noch im Wachsen begriffen, wenn auch nur noch sehr langsam.
War denn aber die Erdatmosphäre von Anfang an – zumindest seit sie sich gebildet hat – so beschaffen, wie sie es heute ist? Das ist unwahrscheinlich. Was dagegen spricht, ist zunächst einmal die Tatsache, daß die Atmosphäre zu einem Fünftel ihres Volumens aus molekularem Sauerstoff besteht; dieses Gas ist so reaktionsfreudig, daß sein Vorhandensein in ungebundener Form nur mit der Annahme zu erklären ist, daß ein beständiger Sauerstoffnachschub erfolgt. Ferner ist zu bedenken, daß kein anderer Planet eine mit der unsrigen auch nur annähernd vergleichbare Atmosphäre besitzt, so daß man stark versucht ist, in der Erdatmosphäre ein Produkt einzigartiger Umstände und Vorgänge zu sehen (wie beispielsweise des Vorhandenseins von Leben).
Harold Urey hat die These aufgestellt und eingehend begründet, daß die Ur-Atmosphäre der Erde sich aus Ammoniak und Methan zusammensetzte. Wasserstoff, Helium, Kohlenstoff, Stickstoff und Sauerstoff sind die im Universum am häufigsten vorkommenden Elemente, wobei Wasserstoff einsam an der Spitze steht. Unter den Bedingungen einer solchen Wasserstoffübermacht dürfte Kohlenstoff sich mit Wasserstoff zu Methan (CH_4), Stickstoff sich mit Wasserstoff zu Ammoniak (NH_3) und Sauerstoff sich mit Wasserstoff zu Wasser (H_2O) verbunden haben. Was an Helium und freiem, überschüssigem Wasserstoff vorhanden war, hatte sich natürlich verflüchtigt. Da das Wasser sich in den Meeren sammelte, waren zunächst nur Methan und Ammoniak als vergleichsweise schwere Gase, die von der Erdanziehungskraft festgehalten werden konnten, zur Bildung der Atmosphäre übriggeblieben.
Wenn bei allen Planeten, die überhaupt in der Lage waren, eine Atmosphäre festzuhalten, am Anfang der Entwicklung eine Atmosphäre diesen Typs stand, so war natürlich keineswegs gesagt, daß ihnen diese in jedem Fall erhalten blieb. Schon die ultraviolette Strahlung von der Sonne sorgte für Veränderungen. Bei den äußeren Planeten, die vergleichsweise wenig Sonnenbestrahlung abbekamen, konnten diese Veränderungen miminal sein, zumal sie als große Planeten eine mächtige Atmosphäre besaßen, die in der Lage war, beträchtliche Strahlungsmengen zu absorbieren, ohne sich merklich zu verändern. Den äußeren Planeten wäre demnach ihre Wasserstoff-Helium-Ammoniak-Methan-Atmosphäre bis heute erhalten geblieben.
Anders lagen die Dinge bei den vier inneren Plane-

ten Mars, Erde, Venus und Merkur sowie bei unserem Mond. Die letzteren beiden sind zu klein bzw. zu heiß (oder beides), um etwas festhalten zu können, das die Bezeichnung Atmosphäre verdient. Bleiben also noch Mars, Erde und Venus mit, am Anfang der Entwicklung, jeweils einer dünnen, hauptsächlich aus Ammoniak, Methan und Wasser(dampf) bestehenden Atmosphäre.

Welche Entwicklung setzte hier ein? Wenn ultraviolette Strahlung auf Wassermoleküle trifft, kann sie sie in Wasserstoff und Sauerstoff aufspalten *(Photodissoziation)*. Während bei dieser Reaktion der Wasserstoff sich verflüchtigte, blieb der Sauerstoff in der Atmosphäre. Als reaktionsfreudiger Stoff ging er jedoch mit fast allen in der Umgebung vorhandenen Molekülen Verbindungen ein. So beispielsweise mit Methan (CH_4) unter Bildung von Kohlendioxid (CO_2) und Wasser (H_2O); oder mit Ammoniak (NH_3) unter Bildung von freiem Stickstoff (N_2) und Wasser. Sehr langsam, aber stetig könnte sich die Methan-Ammoniak-Atmosphäre zu einer Stickstoff-Kohlendioxid-Atmosphäre entwickelt haben. Der Stickstoff hätte sich, ebenfalls eher gemächlich, mit Mineralien der Erdkruste zu Nitraten verbunden, so daß das Kohlendioxid in der Atmosphäre nach und nach die Oberhand gewann.

Ginge unter diesen Bedingungen der Prozeß der Photodissoziation von Wassermolekülen immer weiter? Würde weiterhin Wasserstoff ins All entweichen und Sauerstoff sich in der Atmosphäre anreichern? Und wenn Sauerstoff sich ansammeln und keine Reaktionspartner mehr finden würde (mit Kohlendioxid kann er keine weiteren Verbindungen mehr bilden), würde dann nicht neben das produzierte Kohlendioxid ein mehr oder weniger großer Anteil molekularen Sauerstoffs treten (womit das heutige Vorhandensein von Sauerstoff in der Erdatmosphäre erklärt wäre)? Die Antwort auf alle diese Fragen ist ein eindeutiges Nein.

Ist Kohlendioxid erst einmal zum Hauptbestandteil der Atmosphäre geworden, kann die ultraviolette Strahlung keine weiteren Veränderungen durch Photodissoziation der Wassermoleküle mehr in Gang setzen. Wenn freier Sauerstoff zu akkumulieren beginnt, bildet sich in der oberen Atmosphäre alsbald eine dünne Ozonschicht. Diese absorbiert die Ultraviolettstrahlung und hindert sie daran, in die untere Atmosphäre vorzudringen und dort dissoziierend zu wirken. Eine Kohlendioxid-Atmosphäre ist stabil.

Kohlendioxid begünstigt *(siehe Kap. 4)* jedoch den Treibhauseffekt. Falls die Kohlendioxid-Atmosphäre dünn ist und die Entfernung von der Sonne relativ groß, und wenn ohnehin wenig Wasser vorhanden ist, zeitigt dieser Effekt keine nennenswerten Folgen – wie man am Beispiel des Mars studieren kann. Stellen wir uns hingegen einen Planeten vor, dessen Atmosphäre in etwa so dicht ist wie die der Erde und der der Sonne so nahe steht wie sie (oder noch näher). In diesem Fall hätte der Treibhauseffekt gravierende Auswirkungen: Die Oberflächentemperatur würde steigen und damit der Verdunstungsgrad auf der Meeresoberfläche. Der aufsteigende Wasserdampf würde den Treibhauseffekt verstärken und die in Gang gekommene Entwicklung beschleunigen – einmal durch eine Vermehrung des Kohlendioxidanteils in der Luft, zum andern durch vermehrte Wärmeproduktion am Boden. Am Ende wäre die Gashülle dieses Planeten außerordentlich heiß, seine gesamten Wasservorräte würden in Form von Dampf in der Atmosphäre schweben (und eine immerwährende, die Oberfläche des Planeten unsichtbar machende Wolkenhülle bilden), und er hätte eine dichte Atmosphäre aus Kohlendioxid.

Genau diese Entwicklung vollzog sich im Fall der Venus, bei der ein sich selbst verstärkender Treibhauseffekt eintrat. Das bißchen mehr Wärmestrahlung, das sie dank ihrer (im Vergleich zur Erde) größeren Sonnennähe abbekam, reichte aus, um den Prozeß in Gang zu setzen.

Die Erde ging weder den Weg des Mars noch den der Venus. Weder versickerten die Stickstoffanteile ihrer Atmosphäre unter Zurückbleiben einer dünnen, kalten Kohlendioxidschicht in der Kruste, wie es beim Mars geschah, noch verwandelte ein sich selbst verstärkender Treibhauseffekt sie in eine von brütender Hitze erfüllte Kohlendioxidglocke nach Art der Venus. Auf der Erde vollzog sich etwas ganz anderes. Dieses andere war die Entwicklung des Lebens, die vielleicht schon einsetzte, als die Atmosphäre sich noch in ihrem Ammoniak-Methan-Stadium befand.

An das Leben gebundene chemische Reaktionen im Wasser der Ur-Ozeane führten zur Zersetzung von Stickstoffverbindungen unter Freisetzung molekularen Stickstoffs, von dem folglich große

Mengen in der Atmosphäre verblieben. Darüber hinaus entwickelten Pflanzenzellen unter Ausnutzung der Energie des sichtbaren Lichts die Fähigkeit, Wassermoleküle in Wasserstoff und Sauerstoff aufzuspalten. Aus dem Wasserstoff und aus Kohlendioxid bauten die Pflanzen jene komplizierten Moleküle auf, aus denen ihre Zellen bestanden, während sie den Sauerstoff in die Atmosphäre entließen. Nur dem organischen Leben ist es zu verdanken, daß die Stickstoff-Kohlendioxid-Atmosphäre der Erde sich in eine Stickstoff-Sauerstoff-Atmosphäre verwandelte. Der Treibhauseffekt wurde demzufolge auf ein geringfügiges Maß gedrückt; die Erde blieb kühl – gerade kühl genug, um sich ihre einzigartigen Errungenschaften eines Ozeans aus flüssigem Wasser und einer sauerstoffreichen Atmosphäre zu bewahren.

Letztere ist womöglich erst im jüngsten Zehntel der bisherigen Lebensgeschichte der Erde zu einem ihrer charakteristischen Merkmale geworden; es ist sogar wahrscheinlich, daß unsere Atmosphäre noch vor 600 Millionen Jahren erst ein Zehntel ihres heutigen Sauerstoffanteils besessen hat.

Heute können wir uns jedenfalls unserer sauerstoffreichen Atmosphäre erfreuen; wir täten gut daran, dankbar zu sein für das Leben, das der Atmosphäre so viel ungebundenen Sauerstoff lieferte, und auch für das Leben, das dieser Sauerstoff seinerseits möglich machte und macht.

Die Elemente

Das Periodensystem

In den bisherigen Kapiteln habe ich mich mit den sozusagen handfesten Gegenständen des Universums, dem *Makrokosmos,* befaßt – mit den Sternen und Galaxien, mit dem Sonnensystem, mit der Erde und ihrer Atmosphäre. Wenden wir uns nun der inneren Beschaffenheit der Stoffe zu, aus denen alle diese Körper bestehen: dem *Mikrokosmos.*

Frühe Theorien

Die Philosophen der griechischen Antike, die den meisten Problemen auf theoretische und spekulative Art zu Leibe rückten, beschränkten sich darauf, daß die Erde aus einigen wenigen *Elementen* oder Grundsubstanzen bestehe. Um das Jahr 430 v. Chr. bezifferte Empedokles von Akragas die Zahl der Elemente auf vier – Erde, Luft, Wasser und Feuer. Ein Jahrhundert später fügte Aristoteles ein fünftes Element hinzu, den *Äther,* aus dem seiner Ansicht nach der Himmel bestand. Die geistigen Erben der alten Griechen in bezug auf die Erforschung der Materie, die *Alchimisten* des Mittelalters, verfingen sich zwar in magischen Vorstellungen und obskuren Praktiken, gelangten aber dennoch zu vernünftigeren Einsichten als die Griechen, weil sie mit den Stoffen, über die sie ihre Spekulationen anstellten, wenigstens handgreiflich umgingen.

Auf der Suche nach Erklärungen für die spezifischen Eigenschaften unterschiedlicher Substanzen postulierten die Alchimisten bestimmte zusätzliche, ihrer Ansicht nach für jene Eigenschaften verantwortliche Elemente. Sie proklamierten das Quecksilber zu demjenigen Element, das anderen Stoffen metallische Eigenschaften verlieh, den Schwefel zu dem, das ihnen die Eigenschaft der Brennbarkeit gab. Einer der letzten und besten Alchimisten, der Schweizer Physiker Theophrastus Bombastus von Hohenheim, der im 16. Jahrhundert lebte und unter dem Namen Paracelsus besser bekannt ist, fügte das Salz als Feuerfestigkeit verleihendes Element hinzu.

Die Alchimisten glaubten, verschiedene Substanzen ließen sich dadurch ineinander überführen, daß man dieses oder jenes Grundelement in der richtigen Menge dazugab oder wegnahm. Ein unedles Metall, Blei beispielsweise, glaubten sie in Gold verwandeln zu können, indem sie ihm die richtige Menge Quecksilber zusetzten. Die Suche nach einem funktionierenden Verfahren zur Umwandlung unedler Metalle in Gold erstreckte sich über Jahrhunderte. Im Rahmen ihrer vielen Versuche entdeckten die Alchimisten Substanzen, die letztlich viel wichtiger waren als Gold – etwa die mineralischen Säuren und den Phosphor.

Die mineralischen Säuren – Salpetersäure, Salzsäure und insbesondere die erstmals um das Jahr 1300 herum zubereitete Schwefelsäure – leiteten eine Revolution in der alchimistischen Experimentiertechnik ein. Diese Substanzen waren viel stärkere Säuren als die stärkste bis dahin bekannte, die Essigsäure; sie erlaubten es, Substanzen ohne Anwendung hoher Temperaturen und ohne lange Wartezeiten in ihre Bestandteile aufzuspalten. Auch heute noch sind die mineralischen Säuren, namentlich die Schwefelsäure, von grundlegender industrieller Bedeutung. Man sagt, der Industrialisierungsgrad eines Landes lasse sich an seinem jährlichen Schwefelsäureverbrauch ablesen.

Gleichwohl ließen sich nur wenige Alchimisten durch diese bedeutsamen »Abfallprodukte« von dem ablenken, was sie als ihre Hauptaufgabe betrachteten. Skrupellose Mitglieder der Zunft zogen regelrecht alchimistische Schwindelunternehmen auf, indem sie durch Taschenspielertricks Gold »produzierten«, mit dem Ziel, von reichen Gönnern »Forschungsstipendien«, wie wir heute sagen würden, zu ergattern. Das brachte die Alchimie so sehr in Mißkredit, daß die Berufsbezeichnung Alchimist als solche verpönt wurde und aufgegeben werden mußte. Im 17. Jahrhundert gab es keine Alchimisten mehr, sondern an ihrer Stelle *Chemiker*, und aus der Alchimie war eine naturwissenschaftliche Disziplin namens *Chemie* geworden.

In jenen glorreichen Kindheitstagen der Naturwissenschaft trat als einer der ersten dieser neuen Chemiker Robert Boyle hervor, der Mitentdecker des Boyle-Mariotteschen Gesetzes *(s. Kap. 5)*. In seinem 1661 veröffentlichten Werk *The Sceptical Chymist* formulierte Boyle erstmals die moderne Definition eines chemischen Elements: ein Grundstoff, der sich mit anderen Elementen zu *chemischen Verbindungen* zusammenschließen kann und der andererseits, wenn er aus einer Verbindung herausgelöst ist, nicht mehr in irgendwelche einfacheren Substanzen zerlegt werden kann.

Boyle blieb übrigens in mittelalterlichen Anschauungen über die Zahl und die Identität der Elemente befangen. So glaubte er beispielsweise, daß Gold kein Element sei, sondern sich irgendwie aus anderen Metallen herstellen lasse. Diese Überzeugung teilte übrigens auch sein Zeitgenosse Isaac Newton, der der Alchimie sehr viel Zeit widmete. (Der österreichische Kaiser Franz Joseph finanzierte sogar noch 1867 Experimente von Goldmachern.)

Im Laufe des Jahrhunderts nach Boyle wurde durch die praktische chemische Arbeit nach und nach klar, welche Substanzen sich in einfachere Bestandteile zerlegen ließen und welche nicht. Henry Cavendish zeigte, daß Wasserstoff sich mit Sauerstoff zu Wasser verbinden kann und wies damit nach, daß Wasser kein Element sein konnte. Später zerlegte Lavoisier das vermeintliche Element Luft in Sauerstoff und Stickstoff. Es stellte sich heraus, daß keines der Elemente der griechischen Philosophie der Boyleschen Definition nach ein Element war.

Was die Elemente der Alchimisten anging, so erwiesen sich Quecksilber und Schwefel in der Tat auch im Boyleschen Sinne als Element. Das gleiche galt für Eisen, Zinn, Blei, Kupfer, Silber, Gold und für solche nichtmetallischen Stoffe wie Phospor, Kohlenstoff und Arsen. Das von Paracelsus eingeführte »Element« Salz erwies sich schließlich als aus zwei einfacheren Substanzen zusammengesetzt. Welche Stoffe als Elemente anerkannt wurden, hing natürlich vom chemischen Wissensstand zum jeweiligen Zeitpunkt ab. Solange ein Stoff sich mit den bekannten chemischen Verfahren nicht weiter zerlegen ließ, durfte man ihn zu den Elementen zählen. Lavoisier fertigte eine Liste von 33 Elementen an, auf der auch Substanzen wie Kalk und Magnesia (Magnesiumoxid) verzeichnet waren. Vierzehn Jahre nach Lavoisiers Tod (er starb während der Französischen Revolution unter der Guillotine) trennte der englische Chemiker Humphry Davy mit Hilfe von elektrischem Strom Kalk in Sauerstoff und ein neues Element, das er *Calcium* nannte; auf ähnliche Weise zerlegte er Magnesia in Sauerstoff und ein weiteres neues Element, dem er den Namen *Magnesium* gab.

Auf der anderen Seite konnte Davy zeigen, daß ein grünliches Gas, das der schwedische Chemiker Carl Wilhelm Scheele aus Salzsäure gewonnen hatte, nicht, wie man angenommen hatte, eine Verbindung aus Salzsäure und Sauerstoff war, sondern ein regelrechtes Element; er nannte es *Chlor* (abgeleitet von dem griechischen Wort »grün«).

Theorie des Atoms

Zu Beginn des 19. Jahrhunderts entwickelte sich eine radikale neue Theorie der Elemente, die auf eine Vorstellung zurückgriff, die bereits bei einigen der griechischen Philosophen anzutreffen war. Es war eine Vorstellung, die sich als die für unser Verhältnis der Materie vielleicht wichtigste Einzelerkenntnis erwiesen hat.

Die Griechen waren von der Frage ausgegangen, ob Materie kontinuierlich oder aber diskontinuierlich strukturiert sei, d. h. ob sie sich unaufhörlich in immer kleinere Bestandteile zerkleinern lasse oder letzten Endes aus einzelnen, nicht mehr teilbaren Partikeln bestehe. Leukippos von Milet und sein Schüler Demokrit von Abdera, die im 5. Jahrhundert v. Chr. lehrten, vertraten die letztgenannte Auffassung. Demokrit verlieh den kleinsten, nicht mehr teilbaren Teilchen einen Namen: Er nannte sie *Atome* (was nichts anderes bedeutet als »Unteilbare«). Er äußerte sogar die Vermutung, daß unterschiedliche Substanzen aus unterschiedlichen Atomen oder Atomkombinationen bestünden und daß ein Stoff sich durch Rekombination der Atome in einen anderen umwandeln ließe. Wenn man bedenkt, daß all dies nur theoretische Mutmaßungen waren, mutet es äußerst verblüffend an, wie nahe Demokrit mit seinen intuitiven Schlüssen der Wahrheit gekommen war. Heute mag der Gedanke ziemlich selbstverständlich erscheinen, aber zu anderen Zeiten war ein Gedanke, den Männer wie Plato und Aristoteles kategorisch verworfen hatten, alles andere als selbstverständlich.

Die Idee von den Atomen lebte jedoch in der Lehre des Philosophen Epikur von Samos fort, der um 300 v. Chr. schrieb; nach ihm wurde sie von den Anhängern der von ihm begründeten und nach ihm benannten philosophischen Schule gepflegt.

Ein bedeutender Epikuräer war der römische Philosoph Lukrez, der um das Jahr 60 v. Chr. in einem langen Gedicht mit dem Titel *De Rerum Natura* (»Über die Natur der Dinge«) eine Lanze für die atomistische Theorie brach. Ein zerschlissenes Exemplar dieses Gedichts wurde über das Mittelalter hinweggerettet, und nach der Erfindung der Drucktechnik war *De Rerum Natura* eines der ersten Werke, die gedruckt wurden.

Die atomistische Anschauung verschwand also nie ganz aus der Vorstellungswelt der abendländischen Naturphilosophie. Bedeutende Anhänger des Atomismus waren am Beginn der Epoche der modernen Naturwissenschaft der italienische Philosoph Giordano Bruno und der französische Philosoph Pierre Gassendi. Bruno vertrat in vielen wissenschaftlichen Fragen unorthodoxe Ansichten; so glaubte er etwa an ein unendliches Universum und hielt die Sterne für ferne Sonnen, die von Planeten umkreist werden. Er vertrat seine Auffassungen mit kompromißloser Kühnheit und wurde schließlich auch im Jahr 1600 als Ketzer verbrannt – ein bedeutender Märtyrer, der sein Leben für die naturwissenschaftliche Revolution ließ. Die Sowjetrussen haben ihn geehrt, indem sie einen Krater auf der Rückseite des Mondes nach ihm benannten.

Gassendis Schriften machten Eindruck auf Boyle, der mit seinen eigenen Experimenten demonstriert hatte, daß Gase sich unschwer zusammendrücken und dehnen lassen, was als Indiz dafür gelten konnte, daß sie aus Teilchen bestanden, zwischen denen leere Zwischenräume lagen. Sowohl Boyle als auch Newton gehörten zu den überzeugten Atomisten des 17. Jahrhunderts.

1799 wies der französische Chemiker Joseph Louis Proust nach, daß Kupferkarbonat die drei Bestandteile Kupfer, Kohlenstoff und Sauerstoff stets in einem ganz bestimmten Mengenverhältnis enthielt, gleich auf welche Weise es hergestellt wurde. Dieses Mengenverhältnis ließ sich in kleinen, ganzen Zahlen ausdrücken und betrug 5:4:1. In der Folge zeigte Proust, daß es sich bei anderen Verbindungen entsprechend verhielt.

Dieser Befund ließ sich am besten mit der Annahme erklären, daß Verbindungen durch den Zusammenschluß kleiner Grundbausteine aller beteiligten Elemente zustandekamen, die sich nur als intakte Objekte und daher nur in ganzzahligem Verhältnis miteinander verbinden konnten. Der englische Chemiker John Dalton formulierte diesen Gedanken 1803 und veröffentlichte 1808 ein Buch, in welchem er zeigte, daß alle in den verflossenen eineinhalb Jahrhunderten neu gewonnenen chemischen Erkenntnisse einen guten Sinn ergaben, wenn man unterstellte, daß alle Substanzen sich aus unteilbaren Atomen zusammensetzten. (Als Tribut an die Denker der Antike behielt Dalton das alte griechische Wort bei.) Nicht lange, und die meisten Chemiker waren zur *Atomtheorie*, bekehrt.

Nach der Lehre Daltons ist jedem Element eine bestimmte spezifische Atomart eigen; jede beliebige Menge eines jeden Elements besteht aus einer entsprechend großen Zahl identischer Atome. Was ein Element von einem anderen unterscheidet, ist die Eigenart seiner Atome. Der grundlegende physikalische Unterschied zwischen Atomen des einen und solchen eines anderen Elements liegt in ihrem Gewicht. So sind etwa Schwefelatome schwerer als Sauerstoffatome und diese ihrerseits schwerer als Stickstoffatome; diese wiederum sind schwerer als Kohlenstoffatome und diese endlich schwerer als Wasserstoffatome.

Der italienische Chemiker Amedeo Avogadro leitete aus der Atomtheorie die These ab, daß zwei gleich große Volumina irgendwelcher Gase eine gleich große Anzahl von Teilchen enthalten (ganz gleich, welche Gase man miteinander vergleicht). Dies ist die sogenannte *Avogadrosche Hypothese*. Während man zunächst unterstellt hatte, daß diese Teilchen Atome seien, stellte sich im Lauf der Zeit heraus, daß es sich in den meisten Fällen um kleine Atomgruppen handelt, um sogenannte *Moleküle*. Wenn ein Molekül Atome verschiedenen Typs enthält (wie das Wassermolekül, das aus einem Sauerstoffatom und zwei Wasserstoffatomen besteht), ist es ein Molekül einer *chemischen Verbindung*.

Natürlich konzentrierten sich die Bemühungen der Chemiker alsbald darauf, die relativen Gewichte verschiedener Atome zu messen, ihr *Atomgewicht,* wie wir heute sagen. Die winzigen Atome selbst zu wiegen, wäre mit den im 19. Jahrhundert zur Verfügung stehenden Techniken ein hoffnungsloses Unterfangen gewesen. Was sich jedoch messen ließ, waren Volumen und Gewicht von Elementen, die man aus einer Verbindung herausgelöst hatte; ferner konnte man theoretische Schlüsse aus dem chemischen Verhalten eines Elements ziehen; auf diese Weise ergaben sich Anhaltspunkte, aus denen sich das *relative Atomgewicht* verschiedener Elemente ableiten ließ. Der erste, der systematisch an diese Aufgabe heranging, war der schwedische Chemiker Jöns Jacob Berzelius. Er veröffentlichte 1828 eine Liste von Atomgewichten, die auf zwei willkürlich gewählten Standardgewichten beruhte – dem Atomgewicht des Sauerstoffs, das Berzelius auf 100 festsetzte, und dem des Wasserstoffs, dem er den Wert 1 gab.

Das System von Berzelius fand nicht sofort Anklang; im Jahr 1860 jedoch, beim ersten Internationalen Chemikerkongreß in Karlsruhe, stellte der Italiener Stanislao Cannizzaro neue Methoden zur Bestimmung von Atomgewichten vor, Methoden, die sich auf die bis dahin stiefmütterlich behandelte Avogadrosche Hypothese stützten. Cannizzaro trug seine Anschauungen so überzeugend vor, daß die Chemikergemeinde im Nu bekehrt war.

Damals fiel auch die Entscheidung, nicht das Atomgewicht des Wasserstoffs, sondern das des Sauerstoffs als Standard zu nehmen. Der Grund war vor allem, weil Sauerstoff leichter Verbindungen mit den unterschiedlichsten Elementen eingeht (die Herstellung bzw. Trennung solcher Verbindungen mit anderen Elementen war ein Kernstück der gebräuchlichen Methode zur Bestimmung von Atomgewichten). 1850 setzte der belgische Chemiker Jean Servais Stas das Atomgewicht des Sauerstoffs willkürlich auf den Wert 16 fest, so daß der Wasserstoff, das leichteste unter allen bekannten Elementen, ziemlich genau das Atomgewicht 1 erhielt – 1,0080, um genau zu sein.

Seit Cannizzaro haben die Chemiker nicht aufgehört, die Atomgewichte mit immer größerer Genauigkeit zu bestimmen. Das Maximum dessen, was mit rein chemischen Methoden möglich war, erreichte in dieser Beziehung der amerikanische Chemiker Theodore William Richards, der in den Jahren nach 1904 die Atomgewichte der bekannten Elemente mit bis dahin ungekannter Genauigkeit bestimmte. Für diese Arbeit erhielt er 1914 den Nobelpreis für Chemie. Später gewonnene Erkenntnisse über den physikalischen Aufbau der Atome haben eine weitere Verbesserung und Verfeinerung der von Richards gefundenen Werte ermöglicht.

Obwohl das 19. Jahrhundert zahlreiche Erkenntnisse brachte, die zur Vervollständigung und Abrundung der Atom- und Molekulartheorie beitrugen, und obwohl das Gros der Wissenschaftler von der realen Existenz dieser kleinsten Materiebausteine überzeugt war, blieben Atome und Moleküle zunächst einmal nur abstrakt definierte Begriffe. Das, wofür diese Begriffe standen, konnte weder sinnlich wahrnehmbar gemacht noch auf andere Weise empirisch nachgewiesen werden. Manche namhaften Gelehrten, wie etwa der deutsche Chemiker Wilhelm Ostwald, weigerten sich, ihnen eine andere als bloß abstrakte Existenzform zuzubilligen; in seinen Augen waren sie nützlich, aber nicht »wirklich«.

Den Beweis für die »Wirklichkeit« der Moleküle lieferte die sogenannte *Brownsche Bewegung*. Der erste, der dieses Phänomen beobachtete, war 1827 der schottische Botaniker Robert Brown; er bemerkte, daß ins Wasser gestreute Pollenkörnchen ungeregelte Bewegungen vollführten. Und er glaubte zunächst, in diesen »Zuckungen« äußere sich das in den Pollen innewohnende Leben; doch dann zeigte sich, daß auch andere Körnchen derselben Größe diese Bewegung zeigten.

Im Jahr 1863 wurde erstmals die Vermutung geäußert, die Brownsche Bewegung sei die Folge eines unregelmäßigen »Beschusses« der Partikel seitens der benachbarten Wassermoleküle. Jenseits einer bestimmten Partikelgröße hat eine geringfügige Diskrepanz in der Zahl der von links bzw. von rechts her auftreffenden Moleküle keine sichtbaren Folgen. Bei mikroskopisch kleinen Teilchen jedoch, die vielleicht nur von ein paar hundert Molekülen pro Sekunde angestoßen werden, kann eine geringfügige Überzahl auf der einen oder anderen Seite eine sichtbare Stoßwirkung erzeugen. Die ungeregelte Bewegung winziger Partikel in Wasser ist ein fast handgreifliches Indiz für die »körnige« Konsistenz dieser Flüssigkeit, ja aller Materie schlechthin.

Einstein unterzog dieses Erklärungsmodell für die Brownsche Bewegung einer theoretischen Analyse und zeigte, daß man aus der Intensität der zuckenden Bewegungen der Farbstoff-Partikel die Größe der Wassermoleküle berechnen kann. 1908 studierte der französische Physiker Jean Perrine das Verhalten von Partikeln, die, in Wasser eingestreut, unter dem Einfluß der Schwerkraft nach unten sinken. Sie werden bei ihrem »Fall« durch Zusammenstöße mit Molekülen gebremst, so daß in diesem Fall die Brownsche Bewegung der Erdanziehung entgegenwirkt. Auf dieser Einsicht aufbauend, berechnete Perrine mit Hilfe der von Einstein ausgearbeiteten Gleichung die Größe der Wassermoleküle; nun mußte selbst Ostwald seine Vorbehalte aufgeben. Perrine erhielt für seine Forschungen 1926 den Physik-Nobelpreis.

So wandelte sich das Bild über die Atome von zunächst quasi-mystischen, abstrakten Gebilden allmählich zu wenn nicht sicht- und faßbaren, so doch nachweisbaren und anschaulich beschreibbaren Bausteinen der Materie. In gewisser Beziehung kann man sogar behaupten, daß das Atom sichtbar gemacht worden ist: Es gelang mit Hilfe des 1955 von Erwin W. Mueller von der Pennsylvania State University erfundenen *Feldionenmikroskops*. In diesem Gerät werden von einer extrem dünnen Nadelspitze positiv geladene Ionen abgestreift und so gegen eine Fluoreszenzscheibe geschossen, daß auf dieser ein fünfmillionenfach vergrößertes Bild der Nadelspitze entsteht. Auf diesem Bild sind die Einzelatome, aus denen die Nadelspitze besteht, als kleine helle Pünktchen zu sehen. Das Verfahren ist mittlerweile so verfeinert worden, daß es Abbilder einzelner Atome zu liefern vermag. Der amerikanische Physiker Albert Victor Crewe berichtete 1970 über eine gelungene Sichtbarmachung einzelner Uran- und Thoriumatome mit Hilfe eines Rasterelektronenmikroskops.

Mendelejews Periodensystem

Angesichts einer immer länger werdenden Liste von Elementen bemächtigte sich der Chemiker des 19. Jahrhunderts nach und nach das Gefühl, ein Chaos an Puzzleteilen vor sich zu haben, von denen nicht einmal sicher war, ob sie sich zu einem geordneten Bild würden zusammensetzen lassen. Jedes Element hatte seine eigenen spezifischen Eigenschaften, ohne jedoch in der Zuordnung dieser Eigenschaften irgendeine Systematik erkennen zu lassen. Da ein Wesensmerkmal wissenschaftlicher Tätigkeit darin besteht, die Ordnung im scheinbar Ungeordneten aufzufinden, begaben die Forscher sich auf die Suche nach einer für alle Elemente gültigen Systematik.

Nachdem Cannizzaro das Instrumentarium der Chemie um den wichtigen Parameter des Atomgewichts erweitert hatte, war es der französische Geologe Alexandre E. Béguyer de Chancourtois, der als erster die Elemente in der Reihenfolge ihres zunehmenden Atomgewichts in tabellarischer Form aufführte, derart, daß Elemente mit ähnlichen Eigenschaften in dieselbe senkrechte Spalte zu stehen kamen. Zwei Jahre später gelangte John A. R. Newlands, ein britischer Chemiker, unabhängig von Béguyer zu demselben Ordnungsschema. Indes, beide Entwürfe wurden ignoriert oder gar belächelt; keiner der beiden Wissenschaftler schaffte es, ihrer Erkenntnis Publizität zu verschaffen. Erst viele Jahre später, nachdem die Bedeutung des Periodensystems allgemein anerkannt war, wurden ihre Arbeiten veröffentlicht. Es war schließlich der russische Chemiker Dimitrij I. Mendelejew, dem das Verdienst zuteil wurde, das Elemente-Puzzle zu einem geordneten Bild zusammengesetzt zu haben. 1869 legten er und der deutsche Chemiker Julius Lothar Meyer Tafeln der chemischen Elemente vor, die im wesentlichen auf dem gleichen Gedanken beruhten, den schon Béguyer de Chancourtois und Newlands gehabt hatten. Mendelejew heimste jedoch

1 Wasserstoff (H) 1.008								
3 Lithium (Li) 6.939	4 Beryllium (Be) 9.012							
11 Natrium (Na) 22.990	12 Magnesium (Mg) 24.312							
19 Kalium (K) 39.102	20 Calcium (Ca) 40.08	21 Scandium (Sc) 44.956	22 Titan (Ti) 47.90	23 Vanadium (V) 50.942	24 Chrom (Cr) 51.996	25 Mangan (Mn) 54938	26 Eisen (Fe) 55.847	27 Kobalt (Co) 58.933
37 Rubidium (Rb) 85.47	38 Strontium (Sr) 87.62	39 Yttrium (Y) 88.905	40 Zirkonium (Zr) 91.22	41 Niob (Nb) 92.906	42 Molybdän (Mo) 95.94	43* Technetium (Tc) 98.91	44 Ruthenium (Ru) 101.07	45 Rhodium (Rh) 102.905
55 Cäsium (Cs) 132.905	56 Barium (Ba) 137.34	57 Lanthan (La) 138.91	58 Cer (Ce) 140.12	59 Praseodym (Pr) 140.907	60 Neodym (Nd) 144.24	61* Promethium (Pm) 145	62 Samarium (Sm) 150.35	63 Europium (Eu) 151.96
			72 Hafnium (Hf) 178.49	73 Tantal (Ta) 180.948	74 Wolfram (W) 183.85	75 Rhenium (Re) 186,2	76 Osmium (Os) 190,2	77 Iridium (Ir) 192,2
87* Francium (Fr) 223	88* Radium (Ra) 226.05	89* Actinium (Ac) 227	90* Thorium (Th) 232.038	91* Protactinium (Pa) 231	92* Uran (U) 238.03	93* Neptunium (Np) 237	94* Plutonium (Pu) 242	95* Americium (Am) 243
			104* Rutherfordium (Rf) 259	105* Hahnium (Ha) 260				

Das Periodensystem der Elemente.
Das Periodensystem der Elemente. Die beiden dunklen Streifen nehmen ab dem Lanthan (Nr. 57) die Lanthaniden *bzw. ab dem Actinium (Nr. 89) die* Actiniden *ein. In der jeweiligen Fußzeile sind links die* Abkürzung *und rechts das* Atomgewicht *vermerkt. Mit * versehene Elemente sind* radioaktiv. *Die Zahlenfolge von 1 bis 105 repräsentiert die* Ordnungszahlen *der Elemente.*

								2 Helium (He) 4.003
			5 Bor (B) 10.811	6 Kohlenstoff (C) 12.011	7 Stickstoff (N) 14.007	8 Sauerstoff (O) 15.999	9 Fluor (F) 18.998	10 Neon (Ne) 20.183
			13 Aluminium (Al) 26.982	14 Silizium (Si) 28.086	15 Phosphor (P) 30.974	16 Schwefel (S) 32.064	17 Chlor (Cl) 35.453	18 Argon (A) 39.948
28 Nickel (Ni) 58.71	29 Kupfer (Cu) 63.54	30 Zink (Zn) 65.37	31 Gallium (Ga) 69.72	32 Germanium (Ge) 72.59	33 Arsen (As) 74.922	34 Selen (Se) 78.96	35 Brom (Br) 79.909	36 Krypton (Kr) 83.80
46 Palladium (Pd) 106,4	47 Silber (Ag) 107.870	48 Cadmium (Cd) 112.40	49 Indium (In) 114.82	50 Zinn (Sn) 118.69	51 Antimon (Sb) 121.75	52 Tellur (Te) 127.60	53 Iod (I) 126.904	54 Xenon (Xe) 131.30
64 Gadolinium (Gd) 157.25	65 Terbium (Tb) 158.924	66 Dysprosium (Dy) 162.50	67 Holmium (Ho) 164.930	68 Erbium (Er) 167.26	69 Thulium (Tm) 168.934	70 Ytterbium (Yb) 173.04	71 Lutetium (Lu) 174.97	
78 Platin (Pt) 195.09	79 Gold (Au) 196.967	80 Quecksilber (Hg) 200.59	81 Thallium (Tl) 204.37	82 Blei (Pb) 207.19	83 Wismut (Bi) 208.98	84* Polonium (Po) 210	85* Astat (At) 210	86* Radon (Rn) 222
96* Curium (Cm) 244	97* Berkelium (Bk) 245	98* Californium (Cl) 246	99* Ensteinium (Es) 253	100* Fermium (Fm) 255	101* Mendelevium (Md) 256	102* Nobelium (No) 255	103* Lawrencium (Lw) 257	

die Anerkennung ein, weil er den Mut und das Selbstbewußtsein besaß, den Gedanken konsequenter weiterzufolgen als die anderen.
Zum ersten war das von Mendelejew entworfene *Periodensystem* der Elemente (so genannt, weil es das periodische Wiederauftreten ähnlicher chemischer Eigenschaften veranschaulicht) komplexer als die Tafel von Newlands und kam dem, was wir heute als zutreffend erachten, näher *(Tabelle)*.
Zum zweiten war Mendelejew kühn genug, um dort, wo die Eigenschaften eines Elements seiner Einordnung nach der Reihenfolge der Atomgewichte widersprachen, die Ordnung umzustellen – mit der Begründung, die Eigenschaften seien wichtiger als das Atomgewicht. Diese Vorgehensweise erwies sich als richtig, wie wir weiter unten in diesem Kapitel noch sehen werden. Um ein Beispiel zu geben: Tellur, mit einem Atomgewicht von 127,61, müßte, nach dem Atomgewicht zu urteilen, eigentlich auf Jod (mit einem Atomgewicht von 126,91) folgen; wenn man jedoch die Reihenfolge umkehrt, das Tellur also um einen Platz vorzieht, kommt es in der senkrechten Spalte unter das Selen zu stehen, mit dem es merkmalsmäßig eng verwandt ist. Das Jod rangiert dann ebenfalls unterhalb seinem »Geschwisterelement« Brom.
Schließlich und vor allem zögerte Mendelejew nicht, an den Stellen, an denen seine Ordnung aus irgendwelchen Gründen nicht aufging, Lücken in der Systemtafel zu lassen. Mit einer geradezu tollkühn erscheinenden Selbstgewißheit prophezeite er, daß es Elemente geben müsse, die in diese Lücken paßten, und daß sie irgendwann entdeckt werden würden. Damit nicht genug, sagte er für drei konkrete Lücken die Eigenschaften der noch fehlenden Elemente voraus, wobei er sich an den bekannten Merkmalen der beiden unmittelbaren Nachbarelemente in der betreffenden Spalte orientierte. Damit landete Mendelejew in der Tat eine Serie von Volltreffern! Alle drei von ihm vorhergesagten Elemente wurden noch zu seinen Lebzeiten empirisch nachgewiesen, so daß er den Triumph seines Systems auskosten konnte. 1875 war es der französische Chemiker Lecoqu de Boisbaudran, der das erste dieser fehlenden Elemente entdeckte und auf den Namen *Gallium* taufte (nach dem lateinischen Namen für Frankreich). 1879 fand der schwedische Chemiker Lars Fredrik Nilson das zweite und nannte es *Scandium* (abgeleitet von Skandinavien). Und 1886 isolierte der deutsche Chemiker Clemens Alexander Winkler das dritte und verlieh ihm den Namen *Germanium*. Alle drei Elemente wiesen fast exakt die von Mendelejew vorausgesagten Eigenschaften auf.

Die Ordnungszahlen

Die Entdeckung der *Röntgenstrahlen* eröffnete ein neues Kapitel in der Geschichte des Periodensystems. 1911 stellte der britische Physiker Charles Glover Barkla fest, daß Röntgenstrahlen, die durch ein Metallhindernis abgelenkt und zerstreut werden, je nach Art des streuenden Metalls, charakteristische Penetrationseigenschaften aufweisen; daraus entwickelte Barkla die Gesetzmäßigkeit, daß jedes Element seine eigenen, spezifischen Röntgenstrahlen produziert. Für diese Entdekkung erhielt er 1917 den Physik-Nobelpreis.
Gerätselt wurde eine Zeitlang darüber, ob Röntgenstrahlen aus Strömen winziger Partikel bestanden oder aber ein dem sichtbaren Licht analoges Wellenphänomen waren. Um dies zu überprüfen, bot sich die Methode an, Röntgenstrahlen zu beugen oder zu streuen (d. h. sie zu einer Richtungsänderung zu zwingen); man lenkte sie auf ein *Beugungsgitter,* im Prinzip ein Metallblech mit sehr vielen schmalen Schlitzen. Um ihren Zweck zu erfüllen, mußten die Schlitze allerdings in einem Abstand zueinander angeordnet sein, der ungefähr der Länge der bei der Strahlung auftretenden Wellen entsprach. Die feinsten technisch realisierbaren Schlitze reichten gerade für sichtbares Licht aus; was aber Röntgenstrahlen betraf, so mußte man aufgrund ihrer Penetrationseigenschaften annehmen, daß sie, wenn sie überhaupt ein Wellenphänomen waren, eine wesentlich kürzere Wellenlänge besaßen als sichtbares Licht. Von daher war klar, daß die gebräuchlichen Beugungsgitter nicht in der Lage sein würden, Röntgenstrahlen zu beugen.
Kurz zuvor hatte jedoch der deutsche Physiker Max T. F. von Laue herausgefunden, daß Kristalle ein natürliches und dabei sehr viel feineres Beugungsgitter darstellen als alle künstlich gefertigten. Ein *Kristall* ist ein Feststoff von oft makellos geometrischer Form. Die Kristalloberflächen stoßen in charakteristischen Winkeln aufeinander, so daß sich für jede Kristallart charakteristische Sym-

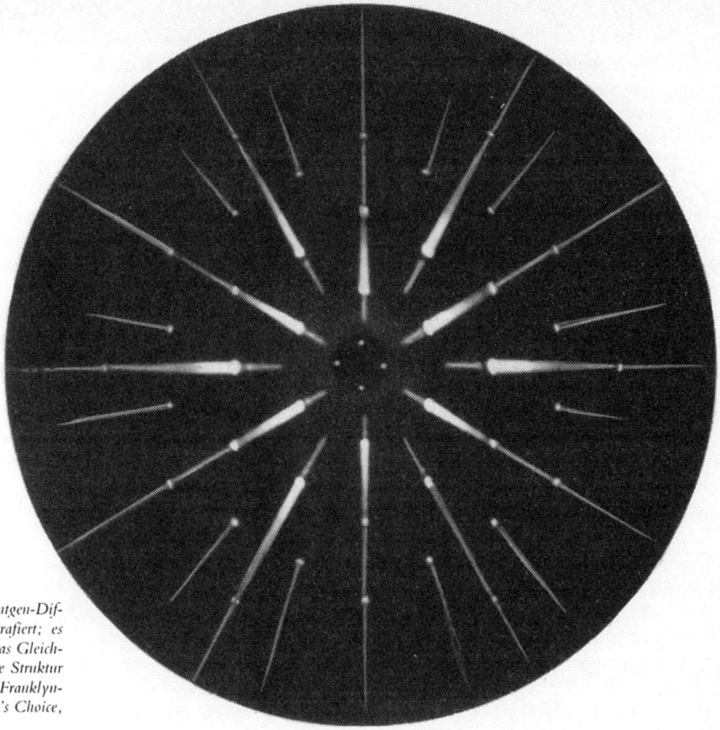

Ein Eiskristall, mit Röntgen-Diffraktometer-Technik fotografiert; es zeigt die Symmetrie und das Gleichmaß der Kräfte, welche die Struktur zusammenhalten. Aus: Franklyn-Branley (Hrsg.), Scientist's Choice, New York o.J.

metrieeigenschaften ergeben. Die ins Auge fallende Regelmäßigkeit der Kristallstruktur ist Ausdruck und Ergebnis einer regelmäßigen, gitterartigen Anordnung der den Kristall aufbauenden Atome. Es existierte bereits die Vermutung, daß der Abstand zwischen zwei benachbarten Ebenen eines Kristallgitters ungefähr der Wellenlänge der Röntgenstrahlung entsprach. Wenn dies zutraf, mußten Kristalle in der Lage sein, Röntgenstrahlen zu beugen.

Laue experimentierte in diese Richtung und stellte fest, daß Röntgenstrahlen, die er durch einen Kristall lenkte, tatsächlich gestreut wurden und auf einer fotografischen Platte ein Muster hinterließen, das eindeutig von ihrem Wellencharakter zeugte. Im gleichen Jahr noch entwickelten der englische Physiker William Lawrence Bragg und sein kongenialer Vater William Henry Bragg eine präzise Methode zur Berechnung der Wellenlänge spezifischer Röntgenstrahlen; sie stützte sich auf die Auswertung ihres Beugungsmusters. Umgekehrt wurden später die Beugungsfiguren spezifischer Röntgenstrahlen dazu benutzt, die genaue Anordnung verschiedener Kristallgittertypen zu bestimmen. Für ihre Arbeiten mit und über Röntgenstrahlung erhielten Laue 1914, die beiden Braggs 1915 den Physik-Nobelpreis.

1914 bestimmte der junge englische Physiker Henry G. J. Mosley die Wellenlängen bestimmter charakteristischer Röntgenstrahlen, wie sie von verschiedenen Metallen produziert werden. Er machte die wichtige Entdeckung, daß die spezifische Wellenlänge stetig abnimmt, je weiter hinten ein Element im Periodensystem steht.

Damit war ein Kriterium gefunden, das den Elementen eine definitive Position im Periodensystem zuwies. Wenn die spezifischen Röntgenstrahlungen zweier Elemente, die man für unmittelbare Nachbarn im Periodensystem hielt, in ihrer Wellenlänge um das Doppelte des erwarteten Werts auseinanderklafften, so war dies ein untrügliches Indiz dafür, daß zwischen ihnen ein Platz frei war, der einem noch unbekannten Element gebührte. Wenn sie um das Dreifache des erwarteten Werts auseinanderklafften, mußten zwei leere Plätze dazwischenliegen. Wenn andererseits die spezifischen Röntgenwellenlängen zweier Elemente lediglich um den erwarteten Betrag differierten, durfte man sicher sein, daß es zwischen ihnen kein anderes, noch unbekanntes Element gab.

Damit war die Möglichkeit gegeben, den Elementen endgültige *Ordnungszahlen* zuzuteilen. Bis dahin hatte man stets mit der Möglichkeit rechnen müssen, daß sich ein neuentdecktes Element in die Reihe drängte und das eingeführte Numerierungssystem über den Haufen warf. Unverhoffte Lücken konnte es jetzt nicht mehr geben.

Die Chemiker kennzeichneten die Elemente nunmehr mit fortlaufenden Nummern, von 1 (Wasserstoff) bis 92 (Uran). Wie sich zeigte, stehen diese Ordnungszahlen in einem engen und bedeutungsvollen Zusammenhang mit der inneren Struktur der Atome *(s. Kap. 7)* und sind in dieser Beziehung ein grundlegenderer Parameter als die Atomgewichte. So lieferte die Röntgenstrahlen-Klassifikation beispielsweise den Beweis dafür, daß Mendelejew zurecht das Tellur (mit der Ordnungszahl 52) vor das Jod (53) gesetzt hatte, ohne sich darum zu kümmern, daß Tellur das höhere Atomgewicht besitzt.

Das von Moseley begründete neue System stellte seine Nützlichkeit alsbald unter Beweis. Der französische Chemiker Georges Urbain, der das *Lutetium* (abgeleitet aus dem alten lateinischen Namen von Paris) entdeckt hatte, verkündete einige Zeit später die Entdeckung eines weiteren Elements, das er Celtium nannte. Im Moseley-System kam dem Lutetium die Ordnungszahl 71 zu, und die Position 72 sollte nun das Celtium einnehmen. Als aber Moseley die spezifische Röntgenstrahlung des Celtiums analysierte, stellte er fest, daß er es in Wirklichkeit wieder mit Lutetium zu tun hatte. Das Element 72 wurde erst im Jahr 1923 von dem dänischen Physiker Dirk Coster und dem ungarischen Chemiker Georg von Hevesy in einem Kopenhagener Laboratorium entdeckt und auf den Namen *Hafnium* getauft (abgeleitet von dem latinisierten Namen der Stadt Kopenhagen).

Moseley erlebte diese Demonstration des präzisen Funktionierens seines Systems nicht mehr mit; er fiel, erst 28 Jahre alt, 1915 bei Gallipoli – sein Leben war sicherlich eines der wertvollsten unter den vielen, die im Ersten Weltkrieg vergeudet wurden. Wahrscheinlich wäre er sogar mit einem Nobelpreis ausgezeichnet worden. Der schwedische Physiker Karl M. G. Siegbahn führte Moseleys Arbeiten weiter, entdeckte neue Röntgenstrahlensequenzen und bestimmte die spezifischen Röntgenstrahlenspektren der einzelnen Elemente mit größerer Genauigkeit. Er erhielt 1924 den Physik-Nobelpreis.

1925 gelang es den Deutschen Walter Noddack, Ida Tacke und Otto Berg, eine weitere Lücke im Periodensystem zu schließen. Drei Jahre lang analysierten sie Proben von Erzen, die Elemente enthielten, die mit dem von ihnen gesuchten verwandt waren. Endlich konnten sie das Element 75 präsentieren; sie nannten es *Rhenium*, zu Ehren des Flusses Rhein. Danach waren im Periodensystem nur noch vier Plätze unbesetzt: 43, 61, 85 und 87.

Es sollten noch zwei Jahrzehnte vergehen, ehe diese vier Elemente dingfest gemacht waren. In der Tat war mit dem Rhenium das letzte *stabile* Element entdeckt worden (was die Chemiker zu jenem Zeitpunkt natürlich nicht wissen konnten). Die noch fehlenden waren *instabil* und auf der Erde nur in so verschwindend geringen Mengen vorhanden, daß sie mit Ausnahme eines einzigen im Labor erzeugt werden mußten, um überhaupt dargestellt werden zu können. Und das sollte Folgen haben.

Radioaktive Elemente

Die Entdeckung der Radioaktivität

Die Entdeckung der Röntgenstrahlen im Jahr 1895 animierte viele Wissenschaftler dazu, sich intensiv mit diesen neuen und so unerhört durchschlagskräftigen Strahlen zu befassen. Einer von ihnen war der französische Physiker Antoine-Henri Becquerel. Sein Vater Alexandre Edmond (der

Physiker, der als erster das Sonnenspektrum fotografiert hatte) war besonders stark an Fragen der *Fluoreszenz* interessiert gewesen; letztere ist eine sichtbare Strahlung, die gewisse Substanzen abgeben, nachdem man sie der im Sonnenlicht enthaltenen ultravioletten Strahlung ausgesetzt hat.
Besonders intensiv hatte sich der ältere Becquerel mit einer fluoreszierenden Substanz namens Kaliumuranylsulfat beschäftigt (deren Moleküle jeweils ein Atom Uran enthalten). Becquerel jun. wollte herausfinden, ob die Fluoreszenzstrahlung des Kaliumuranylsulfats Röntgenstrahlung enthielt. Zu diesem Zweck setzte er die Substanz zunächst dem Sonnenlicht aus (dessen ultravioletter Anteil sie zur Fluoreszenz anregen würde), und zwar in der Weise, daß er das Sulfat auf eine fotografische Platte legte, die er zuvor in lichtundurchlässiges schwarzes Papier eingeschlagen hatte. Damit war sichergestellt, daß das Sonnenlicht selbst die Platte nicht schwärzen würde; wenn aber die vom Sonnenlicht angeregte Fluoreszenzstrahlung Röntgenstrahlen enthielt, würden diese das Papier durchdringen und die Platte schwärzen. Becquerel führte das Experiment 1896 durch und erzielte das erhoffte Ergebnis. Offenbar sandte das fluoreszierende Material neben sichtbarem Licht auch Röntgenstrahlen aus. In der Folge zeigte Becquerel, daß die vermeintlichen Röntgenstrahlen auch dünne Aluminium- und Kupferfolien durchdrangen, damit schien die Sache endgültig geklärt, denn nach allem was man wußte, besaßen nur Röntgenstrahlen diese Fähigkeit.
Nun trat ein zufälliges Ereignis ein, das sich als ungeheurer Glücksfall erwies, wenngleich Becquerel es in diesem Moment sicherlich ganz anders sah: Wolken zogen auf und verdeckten tagelang die Sonne. Becquerel entschloß sich, auf besseres Wetter zu warten und legte seine fotografischen Platten mitsamt den daraufliegenden Kaliumuranylsulfat-Proben in eine Schublade. Nach einigen Tagen wurde er ungeduldig und entschloß sich, seine Platten auf jeden Fall einmal zu entwickeln – vielleicht hatte sich auch ohne Zutun direkten Sonnenlichts eine geringfügige Röntgenstrahlung entwickelt. Beim Anblick der entwickelten Aufnahmen wurde Becquerel eines jener seltenen Erlebnisse beschert, von denen jeder Forscher träumt: Zu seinem höchsten Erstaunen und Entzücken war die fotografische Platte intensiv geschwärzt, ein Zeichen dafür, daß eine starke Strahlung auf sie eingewirkt haben mußte! Weder das Sonnenlicht noch Fluoreszenzeffekte konnten dafür verantwortlich sein. Becquerel vermutete – und Experimente lieferten alsbald den Beweis dafür – daß das im Kaliumuranylsulfat enthaltene Uran die Strahlungsquelle war.
Diese Entdeckung elektrisierte die noch von der Entdeckung der Röntgenstrahlung euphorisierten Physiker. Unter denen, die sich sofort daranmachten, die vom Uran ausgehende seltsame Strahlung zu erforschen, war eine junge polnischstämmige Chemikerin namens Marie Sklodowska, die gerade ein Jahr zuvor den Entdecker der Curie-Temperatur *(s. Kap. 5)*, Pierre Curie, geheiratet hatte.
Pierre Curie hatte in Zusammenarbeit mit seinem Bruder Jacques entdeckt, daß bestimmte Kristalle, wenn man sie einem Druck aussetzt, auf einer Seite eine positive und auf der anderen eine negative elektrische Ladung entwickeln. Dieses Phänomen wird als *Piezoelektrizität* bezeichnet (abgeleitet von einem griechischen Wort mit der Bedeutung »drücken«). Marie Curie beschloß, die vom Uran abgegebene Strahlung mit Hilfe der Piezoelektrizität zu messen. Zu diesem Zweck bastelte sie eine Anordnung, die so gestaltet war, daß die Uranstrahlung die Luft zwischen zwei Elektroden ionisieren würde; daraufhin würde ein Strom fließen, dessen Stärke sich daran ablesen ließ, wieviel Druck man auf einen Kristall ausüben mußte, um einen ausgleichenden Gegenstrom zu erzeugen. Dieses Verfahren funktionierte so gut, daß Pierre Curie seine eigene Arbeit unverzüglich unterbrach, um fortan – und bis an sein Lebensende – Seite an Seite mit Marie zu arbeiten, sozusagen als ihr eifrigster Assistent.
Es war Marie Curie, die für die Fähigkeit des Urans, Strahlung abzugeben, den Ausdruck *Radioaktivität* vorschlug. Kurz danach zeigte sie ferner, daß auch ein anderes Element diese Fähigkeit besaß: *Thorium*. Nun folgten Schlag auf Schlag, auch von anderen Forschern, äußerst wichtige Entdekkungen. Die von radioaktiven Stoffen ausgesandten Strahlen – man nennt sie heute *Gammastrahlen* – erwiesen sich als noch energiereicher und durchschlagskräftiger als die Röntgenstrahlen. Man fand in der radioaktiven Strahlung auch noch andere Strahlenarten, die wichtige Aufschlüsse über die innere Struktur des Atoms lieferten; aber dieser Aspekt gehört in ein anderes Kapitel *(s. Kap. 7)*.

Der (dort behandelte) wichtigste Aspekt der Radioaktivität war die Entdeckung, daß die radioaktiven Elemente sich durch die Strahlungsemission in andere Elemente verwandeln – eine unverhoffte Aktualisierung des alten alchimistischen Traums von der Elementumwandlung.

Marie Curie war die erste, die auf eine bedeutsame Konsequenz stieß, die dieses Phänomen in sich barg; dabei half der Zufall mit. Zusammen mit ihrem Mann untersuchte sie Pechblende auf ihren Urangehalt, um festzustellen, ob die vorhandenen Proben genug Uran enthielten, um ihre Aufbereitung lohnend erscheinen zu lassen; zu ihrer Überraschung stellten sie fest, daß einige der Stücke stärker strahlten, als es selbst dann zu erwarten gewesen wäre, wenn sie aus reinem Uran bestanden hätten. Dies legte natürlich die Mutmaßung nahe, daß die Pechblende noch andere radioaktive Elemente enthielt. Diese unbekannten Elemente konnten nur in geringen Mengen präsent sein, da sie mit gewöhnlichen chemischen Analysemethoden nicht nachweisbar waren; um so mehr galt, daß sie äußerst stark radioaktiv sein mußten. Vom Entdeckerfieber befallen, ließen die Curies sich tonnenweise Pechblende liefern, richteten sich in einer kleinen Hütte ein und durchkämmten – unter primitiven äußeren Bedingungen und mit einem unzähmbaren Enthusiasmus als einziger Triebfeder – das schwere, schwarze Erz nach Restmengen neuer Elemente. Im Juli 1898 hatten sie es geschafft, eine Dosis schwarzen Pulvers zu isolieren, die 400mal stärker radioaktiv strahlte als eine gleich große Menge Uran.

Diese Probe enthielt ein neues Element mit chemischen Eigenschaften, die denen des Tellurs ähnelten; somit gehörte es im Periodensystem wahrscheinlich auf den Platz unterhalb des Tellurs. (Es erhielt später die Ordnungszahl 84.) Die Curies nannten dieses Element *Polonium,* nach Maries Herkunftsland.

Doch das Polonium trug nur einen Teil zu der gemessenen radioaktiven Strahlung bei. Nach einigen weiteren Monaten Arbeit, im Dezember 1898, hatten die Curies ein Präparat isoliert, das noch stärker radioaktiv strahlte als Polonium. Es enthielt ein weiteres neues Element, dessen Eigenschaften denen des Bariums ähnelten (und das schließlich auf den Platz unterhalb des Bariums gesetzt wurde und die Ordnungszahl 88 erhielt). Die Curies tauften dieses Element wegen seiner starken Radioaktivität auf den Namen *Radium.* Weitere vier Jahre Arbeit waren vonnöten, ehe die beiden genügend reines Radium isoliert hatten, um es anschauen zu können. Dann, im Jahre 1903, legte Marie Curie eine zusammenfassende Darstellung ihrer Arbeit vor, die sie als Doktorarbeit einreichte. Es war vermutlich die bedeutsamste Doktorarbeit in der Geschichte der Wissenschaft. Ihrer Verfasserin brachte sie nicht nur einen, sondern zwei Nobelpreise ein. 1903 erhielten Marie und ihr Mann zusammen mit Becquerel für ihre Untersuchungen zur Radioaktivität den Physik-Nobelpreis; 1911 wurde Marie allein (ihr Mann war 1906 bei einem Verkehrsunfall ums Leben gekommen) für die Entdeckung des Poloniums und des Radiums mit dem Chemie-Nobelpreis geehrt.

Polonium und Radium sind weit weniger stabil als Uran und Thorium, was nichts anderes heißt, als daß sie viel stärker radioaktiv sind, d. h. viel schneller zerfallen. Die Lebenszeit von Polonium- und Radiumatomen ist so kurz, daß irgendwelche im Universum vorhandenen Mengen dieser Elemente im Lauf weniger Jahrmillionen hätten abgebaut werden müssen. Warum finden wir auf der mehrere Milliarden Jahre alten Erde immer noch Spuren von ihnen? Die Antwort ist, daß Radium und Polonium beständig neu erzeugt werden, und zwar im Verlauf des Zerfalls von Uran und Thorium zu Blei. Überall, wo sich Uran und Thorium finden, stößt man auch auf geringe Mengen von Polonium und Radium. Sie sind Zwischenprodukte auf dem Weg zum Endprodukt Blei.

Bald wurden, teils durch eingehende Analysen von Pechblendeproben, teils durch die systematische Erforschung radioaktiver Substanzen, drei weitere instabile Elemente entdeckt, die als Zerfallsprodukte den Weg vom Uran bzw. Thorium zum Blei säumen. 1899 untersuchte André Louis Debierne auf Anraten der Curies Pechblende daraufhin, ob sie noch weitere Elemente enthielt, und fand tatsächlich eines, das er *Actinium* nannte (von dem griechischen Wort für »Strahl«). Es erhielt die Ordnungszahl 89. Im Jahr darauf zeigte der deutsche Physiker Friedrich Ernst Dorn, daß beim Zerfall des Radiums unter anderem ein gasförmiges Element entstand. Ein radioaktives Gas, das war etwas Neues! Das Element erhielt den Namen *Radon* (zusammengesetzt aus Radium und Argon, seinem nächsten chemischen Verwandten) und die

Ordnungszahl 86. 1917 schließlich gelang es zwei unabhängig voneinander arbeitenden Forscherteams, Otto Hahn und Lise Meitner in Deutschland sowie Frederick Soddy und John Arnold Cranston in England, aus Pechblende das Element 91 zu extrahieren; es wurde *Protactinium* genannt.

Auf der Suche nach den fehlenden Elementen

Im Jahr 1925 präsenteirte sich das Periodensystem folgendermaßen: 88 Elemente waren identifiziert, 81 stabile und 7 instabile. Die Suche nach den vier fehlenden, mit den Ordnungszahlen 43, 61, 85 und 87, spitzte sich jetzt endgültig zu.

Da alle bekannten Elemente der Ordnungszahlen 84 bis 92 radioaktiv waren, nahm man als ziemlich sicher an, daß auch die Elemente 85 und 87 radioaktiv sein würden. 43 und 61 hingegen waren von stabilen Elementen umgeben, und es lag kein ersichtlicher Grund für die Annahme vor, daß sie selbst instabil sein könnten; infolgedessen mußten sie sich, so glaubte man, in der Natur finden.

Von Element 43, das in der Periodentafel genau über dem Rhenium rangierte, erwartete man, daß es ähnliche Eigenschaften aufwies wie das Rhenium und sich in denselben Erzen fand. Noddack, Tacke und Berg, die das Rhenium entdeckt hatten, waren sich in der Tat sicher, auch Röntgenstrahlen von einer Wellenlänge aufgespürt zu haben, die zu Element 43 paßte. So gaben sie die Entdeckung dieses Elements bekannt und nannten es Masurium (nach der Landschaft Masuren in Ostpreußen). Ihr Befund fand jedoch keine Bestätigung, und in der Naturwissenschaft ist eine Entdeckung erst dann eine Entdeckung, wenn sie von mindestens einem anderen Forscher unabhängig bestätigt wird.

1926 gaben zwei Chemiker von der University of Illinois bekannt, sie hätten Element 61 in Erzen gefunden, die seine Nachbarelemente (60 und 62) enthielten; sie tauften ihre Entdeckung auf den Namen Illinium. Im gleichen Jahr erhob auch ein Gespann italienischer Chemiker an der Universität von Florenz den Anspruch, Element 61 isoliert zu haben und machte den Namensvorschlag Florentium. Indes konnten weder die Resultate des amerikanischen noch die des italienischen Teams durch andere Chemiker bestätigt werden.

Ein paar Jahre später berichtete ein am Polytechnischen Institut von Alabama tätiger Physiker, er habe mit Hilfe einer neuen, von ihm selbst konzipierten Analysemethode kleine Spuren von Elemente 87 und 85 gefunden; er nannte sie Virginium (nach dem Bundesstaat, in dem er geboren war) und Alabamin. Aber auch diese Entdeckungen konnten nicht bestätigt werden.

Wie sich in der Folge zeigte, beruhten diese »Entdeckungen« der Elemente 43, 61, 85 und 87 allesamt auf Irrtümern.

Das erste der vier, das zweifelsfrei identifiziert wurde, war Element 43. Der amerikanische Physiker Ernest Orlando Lawrence, der später für die Entwicklung des Zyklotrons *(s. Kap. 7)* den Nobelpreis erhalten sollte, stellte das Element in einem Teilchenbeschleuniger her, indem er Molybdän (Element 42) mit superschnellen Partikeln beschoß. Das so beschossene Material wurde radioaktiv, und Lawrence schickte es zur Analyse dem italienischen Chemiker Emilio Gino Segrè, der sich für die Suche nach Element 43 interessierte. Segrè und sein Mitarbeiter Carlo Perrier stellten, nachdem sie die radioaktiv strahlenden Teile von dem Molybdän getrennt hatten, fest, daß es sich dabei um eine Substanz handelte, die in ihren Eigenschaften dem Rhenium ähnelte, aber nicht Rhenium war. Sie kamen zu dem Schluß, daß es sich nur um Element 43 handeln konnte, und daß dieses Element, anders als seine Nachbarn im Periodensystem, radioaktiv war. Da es in keiner radioaktiven Zerfallsreihe als Produkt auftritt, ist es in der Erdkruste praktisch nicht mehr vorhanden. Noddack und seine Mitarbeiter befanden sich zweifellos im Irrtum, als sie glaubten, es gefunden zu haben. Schließlich waren es Segrè und Perrier, denen das Privileg zuerkannt wurde, das Element 43 zu benennen; sie gaben ihm den Namen Technetium (abgeleitet von dem griechischen Wort für »künstlich«), weil es das erste im Laboratorium erzeugte Element war. 1960 hatte man eine genügend große Menge Technetium hergestellt, um den Schmelzpunkt der Substanz bestimmen zu können – er liegt bei knapp 2200 °C. (Segrè erhielt später einen Nobelpreis, aber für eine ganz andere Entdeckung, die freilich auch etwas mit einem in der Retorte erzeugten Stück Materie zu tun hatte – *s. Kap. 7*).

Das Element 87 wurde schließlich, im Jahr 1939, in der Natur entdeckt. Die französische Chemikerin Marguerite Perey fand es unter den Zerfallsprodukten des Urans in extrem kleinen Mengen. Seine Entdeckung war hauptsächlich einem neuen und besseren technischen Instrumentarium zu verdanken, das es ermöglichte, das Element dort aufzuspüren, wo man es früher übersehen hatte. Frau Percy nannte das neue Element *Francium*, nach ihrem Geburtsland.

Das Element 85 wurde, wie das Technetium, im Zyklotron erzeugt, und zwar durch Beschuß von Wismut (Element 83). Es waren Segrè, Dale Raymond Corson und Kenneth Ross MacKenzie, die 1940 an der University of California das Element 85 isolierten. (Segrè war inzwischen aus Italien in die Vereinigten Staaten ausgewandert.) Der Zweite Weltkrieg zwang sie, ihre Arbeit an dem neuen Element zu unterbrechen, aber nach dem Krieg wandten sie sich ihm wieder zu und schlugen vor, es *Astat* zu nennen, abgeleitet von einem griechischen Wort mit der Bedeutung »instabil«. (Zu dieser Zeit waren winzige Spuren von Astat, wie auch von Francium in der Natur aufgefunden worden – wiederum in Zerfallsprodukten des Urans.)

Auch das vierte und letzte noch fehlende Element, Nummer 61, war unterdessen entdeckt worden; es fand sich unter den bei der technischen Uranspaltung auftretenden Produkten. (Auch Technetium fand sich unter diesen Spaltprodukten – der Prozeß der Uranspaltung wird in Kapitel 10 erläutert.) Drei Chemiker des Oak Ridge National Laboratory – J. A. Marinsky, L. E. Glendenin und C. DuBois Coryell – isolierten Element 61 im Jahr 1945. Sie nannten es *Promethium*, nach dem griechischen Halbgott Prometheus, der das Feuer von der Sonne stahl, um es den Menschen zu bringen. Element 61 war schließlich dem sonnenartigen Feuer atomarer Brennöfen abgerungen worden.

Somit lagen die Elemente 1 bis 92 endlich vollständig vor. Indessen hatte in gewissem Sinn der aufregendste Teil des Abenteuers gerade erst begonnen. Denn mittlerweile hatten die Wissenschaftler die Grenzen des Periodensystems gesprengt: Das Uran war, wie sich herausstellte, nicht die Endstation.

Die Transurane

Die Suche nach Elementen jenseits des Urans, nach sogenannten *Transuranen*, hatte schon 1934 eingesetzt. In Italien hatte Enrico Fermi die Beobachtung gemacht, daß ein Element, wenn es mit einem neuentdeckten subatomaren Teilchen, einem sogenannten *Neutron (s. Kap. 7)*, beschossen wurde, sich oft in das Element mit der nächsthöheren Ordnungszahl verwandelte. Konnte man auf diese Weise aus Uran das Element 93 aufbauen – ein ganz und gar synthetisches Element, das nach allem, was man wußte, in der Natur nicht existierte? Fermi und seine Mitarbeiter machten die Probe aufs Exempel: Sie nahmen Uran unter Neutronenbeschuß und erhielten ein Produkt, von dem sie glaubten, daß es tatsächlich das Element 93 sein könne. Sie nannten es *Uran X*.

1938 erhielt Fermi für seine Pionierarbeiten auf dem Gebiet des Neutronenbeschusses den Physik-Nobelpreis. Von den wirklichen Dimensionen seiner Entdeckung und von ihren Konsequenzen für die Menschheit ahnte zu diesem Zeitpunkt noch niemand etwas. Wie sein italienischer Landsmann Kolumbus hatte Fermie nicht das gefunden, wonach er gesucht, sondern etwas viel Wichtigeres, über dessen wahre Natur er sich nicht bewußt war.

Wir wollen es an dieser Stelle kurz machen und nur sagen, daß es sich nach einer ganzen Reihe erfolgloser Streifzüge entlang falscher Fährten herausstellte, daß Fermi gar kein neues Element entdeckt, sondern das Uranatom in zwei nahezu gleich große Teile gespalten hatte. Als die Physiker sich 1940 dem Studium dieses Prozesses zuwandten, stellte sich das Element 93 als fast beiläufiges Resultat ihrer Experimente ein. In dem Sammelsurium von Elementen, die beim Beschuß von Uran mit Neutronen entstanden, fand sich eines, dessen Identifizierung zunächst nicht gelingen wollte. Schließlich dämmerte es dem Physiker Edwin McMillan von der University of California, daß die im Prozeß der Spaltung freigesetzten Neutronen möglicherweise einige der Uranatome in ein Element mit höherer Ordnungszahl verwandelt hatten, wie Fermi es ursprünglich gehofft hatte. Zusammen mit dem Physikochemiker Philip Abelon konnte McMillan zeigen, daß es sich bei der unidentifizierten Substanz tatsächlich um das Element 93 handelte. Seine Identität verriet es durch die spezifische Art seiner Radioaktivität (wie dies auch bei allen anderen in der Folge entdeckten Transuranen der Fall sein sollte).

McMillan vermutete, daß dem Element 93 noch

ein weiteres Element der Transurane beigemengt war. Der Chemiker Glenn Theodore Seaborg und seine Mitarbeiter A. C. Wahl und J. W. Kennedy zeigten bald darauf, daß dies tatsächlich zutraf und daß es sich bei dem neuen Transuran um das Element 94 handelte.

Da das Uran, der vermeintliche Schlußstein des Periodensystems, zum Zeitpunkt seiner Entdekkung nach dem damals gerade erst ausfindig gemachten Planeten Uranus benannt worden war, wählte man bei der Benennung der Elemente 93 und 94 die nach dem Uranus entdeckten Planeten Neptun und Pluto zu Namenspaten; daher die Namen *Neptunium* und *Plutonium*. Es stellte sich heraus, daß diese Elemente in der Natur vorkommen – winzige Mengen sowohl von Neptunium als auch von Plutonium wurden später in Uranerzen gefunden. Uran büßte damit seinen Ruf, das schwerste natürliche Element zu sein, ein.

An der University of California arbeiteten Seaborg und ein Forscherteam, dessen führender Kopf Albert Ghiorso war, systematisch daran, weitere transuranische Elemente darzustellen. 1944 gewannen sie durch Beschuß von Plutonium mit subatomaren Teilchen die Elemente 95 und 96 und nannten sie *Americium* (nach Amerika) und *Curium* (nach den Curies). Nachdem sie ausreichende Mengen Americium und Curium gewonnen hatten, beschossen sie sie und erzeugten auf diese Weise zwei weitere neue Elemente: Element 97 im Jahr 1949 und Element 98 im Jahr 1950. Diese beiden Transurane erhielten die Namen *Berkelium* und *Californium,* nach der Universitätsstadt Berkeley und dem US-Bundesstaat Kalifornien. Für diese Kette wissenschaftlicher Erfolge wurden Seaborg und McMillan 1951 gemeinsam mit dem Chemie-Nobelpreis ausgezeichnet.

Die nächstfolgenden neuen Elemente wurden in einem leider sehr unfriedlichen Zusammenhang entdeckt: Die Transurane 99 und 100 traten bei der ersten Zündung einer Wasserstoffbombe, im November 1952 im Pazifik, auf. Ihr Vorhandensein im Trümmermaterial der Explosion wurde zwar sogleich erkannt, doch wurden die neuen Elemente erst offiziell bestätigt und benannt, nachdem es dem Team von der University of California 1955 gelungen war, kleine Mengen von beiden im Labor darzustellen. Als Namen für sie wählte man *Einsteinium* und *Fermium,* zu Ehren Albert Einsteins und Enrico Fermis, die beide einige Monate zuvor gestorben waren. Dann beschoß die Gruppe geringe Menge Einsteinium und gewann so das Element 101, das auf den Namen *Mendelevium* getauft wurde, nach dem Schöpfer des Periodensystems. Der nächste Durchbruch war das Produkt einer Zusammenarbeit zwischen den Kaliforniern und dem schwedischen Nobel-Institut. Das Institut führte eine besonders schwierige Teilchenbeschuß-Operation durch, deren Resultat eine geringe Menge des Elements 102 war. Es erhielt, zu Ehren des Instituts, den Namen *Nobelium*. Da dieses Element in der Folge mit anderen als den von seinen Entdeckern beschriebenen Methoden dargestellt wurde, dauerte es einige Zeit, bis der Name Nobelium offiziell sanktioniert wurde.

1961 wurden an der University of California einige wenige Atome des Elements 103 nachgewiesen; es erhielt den Namen *Lawrencium,* nach E. O. Lawrence, der kurz zuvor verstorben war. Ein von Georgii N. Flerow geleitetes sowjetisches Forscherteam berichtete 1964 über die geglückte Darstellung des Elements 104 und 1967 über den Nachweis des Elements 105. In keinem der beiden Fälle konnten die verwendeten Darstellungsmethoden bestätigt werden; amerikanische Teams unter Leitung von Albert Ghiorso erzeugten beide Elemente auf anderem Weg. Die sowjetische Gruppe taufte das Element 104 auf den Namen Kurtschatowium, nach Igor W. Kurtschatow, den 1960 verstorbenen Leiter der Forschergruppe, die die erste sowjetische Atombombe entwickelt hatte. Die amerikanische Gruppe wählte für 104 die Bezeichnung Rutherfordium und für 105 den Namen Hahnium, nach Ernest Rutherford und Otto Hahn, denen bahnbrechende Entdeckungen zum Aufbau des Atoms zu verdanken sind. Seither ist über die Darstellung weiterer Elemente, bis hinauf zur Ordnungszahl 109, berichtet worden.

Superschwere Elemente

Jede nächsthöhere Sprosse auf der Leiter der Transurane war schwerer zu erklimmen als die vorausgegangene. Je höher die Ordnungszahl, desto schwieriger war die Synthese und desto instabiler wurde das betreffende Element. Für die Identifizierung des Mendeleviums standen sage und schreibe siebzehn Atome zur Verfügung. Zum Glück waren die Techniken der Strahlungsmessung um diese Zeit (1955) bereits sehr weit fortgeschritten. In Berkeley waren die Meßinstrumente übrigens eine Zeitlang an eine Feuerglocke angeschlossen, so daß jedesmal, wenn ein Mendelevium-Atom erzeugt wurde und bei seinem anschließenden Zerfall die entsprechende charakteristische Strahlung aussandte, ein lautes und triumphales Läuten der Glocke das freudige Ereignis bekanntmachte. (Die Feuerwehr sorgte alsbald dafür, daß diese Praxis abgestellt wurde.)

Die höheren Elemente wurden mit noch ausgeklügelteren Methoden dargestellt. Durch eine genaue Analyse der jeweils auftretenden Zerfallsprodukte kann man heute ein Element, auf das man es abgesehen hat, auch dann nachweisen, wenn nur ein Atom davon erzeugt wird.

Hat es überhaupt noch einen Sinn, nach immer höheren Elementen zu suchen, abgesehen von dem Reiz, den es gewährt, Neuland zu betreten und in den Annalen der Wissenschaft als Entdekker eines Elements verewigt zu werden? (Lavoisier, dem größten aller Chemiker, gelang niemals eine solche Entdeckung, was ihm sehr zu schaffen machte.)

Eine wichtige Entdeckung steht möglicherweise noch bevor. Die Instabilität der Elemente nimmt nämlich keineswegs mit steigender Ordnungszahl linear zu. Das höchste noch stabile Element im Periodensystem ist das *Wismut* (83). Die sechs nachfolgenden Elemente (84 bis 89) sind so instabil, daß jegliche Mengen von ihnen, die bei der Entstehung der Erde vorhanden gewesen sein mögen, längst dahingeschmolzen wären. Doch dann folgen überraschenderweise mit Thorium (90) und Uran (92) zwei nahezu stabile Elemente. Von dem zum Zeitpunkt der Entstehung der Erde auf ihr vorhandenen Thorium und Uran sind heute noch 80 bzw. 50 Prozent vorhanden. Die mittlerweile ausgearbeiteten Theorien zur Struktur von Atomen erlauben eine Erklärung dieses Phänomens (näheres dazu im folgenden Kapitel); wenn diese Theorien richtig sind, müßten die Elemente 110 und 114 stabiler sein, als man es allein aufgrund ihrer hohen Ordnungszahl erwarten darf. Es besteht von daher ein beträchtliches Interesse daran, bis zu diesen Elementen vorzustoßen, und sei es nur, um jene Theorien auf eine praktische Probe zu stellen.

Einem Bericht aus dem Jahre 1976 zufolge könnten gewisse *Halos,* runde schwarze Flecke in Glimmermineralen, auf das Vorhandensein solcher *superschwerer* Elemente hindeuten. Diese Halos verdanken ihre Entstehung in der Regel der von kleinen eingeschlossenen Thorium- oder Uranmengen abgegebenen Strahlung; es gibt jedoch einige wenige sehr große Halos, die von viel stärker strahlenden Atomen herrühren müssen, Atomen, die andererseits stabil genug sein müssen, um bis in die Gegenwart überdauert zu haben. Das könnten die superschweren Elemente sein. Leider fand diese Hypothese in der wissenschaftlichen Welt keinen allgemeinen Anklang und wurde bald auch fallengelassen. Die Forscher sind noch auf der Suche.

Das Elektron

Als Mendelejew und seine Zeitgenossen herausfanden, wie die Elemente sich zu einem Periodensystem, zu Familien von Stoffen mit ähnlichen Eigenschaften ordnen ließen, da hatten sie noch keine Ahnung davon, weshalb die Elemente solche Gruppen bildeten und worauf die Ähnlichkeit der Eigenschaften innerhalb der Gruppen beruhten. Am Ende fand sich dafür eine recht einfache und klare Erklärung, aber bis es soweit war, bedurfte es einer langen Reihe von Entdeckungen, die mit der Chemie zunächst nichts gemein zu haben schienen.

Es begann alles mit Untersuchungen über die Elektrizität. Faraday führte alle nur erdenklichen Experimente mit der Elektrizität durch; eines der Dinge, an denen er sich versuchte, war eine elektrische Entladung in einem Vakuum. Er schaffte es nicht, ein Vakuum herzustellen, das für den beabsichtigten Zweck gut genug war. Im Jahr 1854 gelang es einem deutschen Glasbläser namens Heinrich Geißler, der eine leistungsfähige Vakuumpumpe erfunden hatte, in einer Glasröhre ein Vakuum von bis dahin nicht gekannter Reinheit herzustellen; um damit elektrische Versuche machen zu können, ließ er in die Glasröhre metallische Elektroden ein. Forscher, denen es gelang, in einer solchen *Geißler-Röhre* elektrische Entladungsvorgänge zu erzeugen, bemerkten an der der negativen Elektrode gegenüberliegenden Wand der Röhre einen grünlichen Schimmer. Der deutsche Physiker Eugen Goldstein äußerte 1876 die Vermutung, dieses grüne Leuchten werde durch eine auf das Glas auftreffende Strahlung hervorgerufen, die von der negativen Elektrode ausging. Da Faraday für diese die Bezeichnung *Kathode* eingeführt hatte, nannte Goldstein die vermeintlichen Strahlen *Kathodenstrahlen*.

Waren die Kathodenstrahlen eine Erscheinungsform elektromagnetischer Strahlung? Goldstein glaubte es, aber der englische Physiker William Crookes und einige andere bezweifelten es; ihrer Ansicht nach handelte es sich um einen Strom von Teilchen irgendwelcher Art. Crookes konstruierte eine Weiterentwicklung der Geißler-Röhre, die sogenannte *Crookessche Röhre,* und konnte mit ihrer Hilfe zeigen, daß die Strahlen von einem Magneten abgelenkt wurden. Dies sprach dafür, daß es sich um elektrisch geladene Teilchen handelte.

1897 schuf der Physiker Joseph John Thomson endgültige Klarheit, indem er demonstrierte, daß auch elektrische Ladungen imstande waren, die Kathodenstrahlen abzulenken. Worum handelte es sich nun bei diesen Kathoden-»Teilchen«? Die einzigen negativ geladenen Teilchen, die man zu diesem Zeitpunkt kannte, waren die negativ geladenen Ionen bestimmter Atome. Die Partikel, aus denen der Kathodenstrahl bestand, konnten, wie Experimente zeigten, auf keinen Fall Ionen sein, denn ihre Ablenkung unter dem Einfluß eines elektromagnetischen Feldes war so stark, daß sie entweder eine unvorstellbar hohe elektrische Ladung besitzen oder extrem klein und leicht – rund tausendmal leichter als ein Wasserstoffatom – sein mußten. Wie sich zeigte, paßte die letztere Interpretation am besten mit den Beobachtungstatsachen zusammen. Die Physiker hatten bereits vorher auf die Möglichkeit getippt, daß elektrische Ströme von Teilchen transportiert werden, und so lag es nahe, in diesen Kathodenstrahl-Teilchen die eigentlichen Träger der Elektrizität zu sehen. Man nannte sie *Elektronen* – die Bezeichnung ging auf einen 1891 gemachten Vorschlag des irischen Physikers George Johnsten Stoney zurück. Für die Masse des Elektrons wurde später ein Wert gefunden, der dem 1837sten Teil der Masse eines Wasserstoffatoms entsprach. (Für den Nachweis der Existenz des Elektrons erhielt Thomson 1906 den Physik-Nobelpreis.)

Nach der Entdeckung des Elektrons tauchte sofort die Vermutung auf, daß es sich dabei um einen Bestandteil des Atoms handeln könne; mit anderen Worten, daß das Atom doch nicht der letzte, unteilbare Baustein der Materie war, wie Demokrit und John Dalton es behauptet hatten.

Das war eine bittere und schwer zu schluckende Pille, aber die Beweiskette schloß sich unaufhaltsam. Eines der überzeugendsten Indizien lieferte Thomson, indem er zeigte, daß negativ geladene Teilchen, die sich aus einer von ultravioletter Strahlung getroffenen Metallplatte lösten (es war dies der sogenannte *fotoelektrische Effekt*), mit den Elektronen des Kathodenstrahls identisch waren. Die fotoelektrisch erzeugten Elektronen mußten zweifellos aus den Atomen der Metallplatte herausgesprengt worden sein.

Die Perioden des Periodensystems

Da Elektronen sich relativ leicht von Atomen abspalten ließen (sowohl im Rahmen des fotoelektrischen Effekts als auch auf andere Weise), lag der Schluß nahe, daß sie im äußeren Bereich der Atome angesiedelt waren. Wenn dem so war, dann mußte es im Zentrum des Atoms einen positiv geladenen Bereich geben, der der negativen Ladung der Elektronen das Gleichgewicht hielt, denn Atome als Ganzes sind stets elektrisch neutral. Von diesem Gedankengang her öffnete sich den Wissenschaftlern allmählich der Weg zur Lösung des Rätels Periodensystem.

Einem Atom ein Elektron abzutrennen, erfordert einen gewissen, wenn auch geringen, Energieaufwand. Umgekehrt muß daher ein Elektron beim Wiederbesetzen dieses Platzes eine gleich große Energiemenge abgeben. (Die Natur operiert in der Regel mit Gleichgewichten, insbesondere wo es um Energie geht.) Diese Energie wird in Form elektromagnetischer Strahlung abgegeben. Nun gilt als Maß für die Energie einer Strahlung ihre Wellenlänge; die Wellenlänge der Strahlung, die bei der Platznahme eines Elektrons abgeben wird, gibt somit Auskunft über die Kraft, mit der das

Atom dieses Elektron festhält. Dabei gilt die Beziehung: Je kürzer die Wellenlänge, desto größer die Energie.

An dieser Stelle müssen wir uns an die Entdeckung Moseleys erinnern, daß Metalle Röntgenstrahlen von jeweils charakteristischer Wellenlänge produzieren und daß die Wellenlänge mit ansteigender Ordnungszahl der Elemente zunimmt. Es drängt sich somit der Schluß auf, daß von den im Periodensystem aufeinanderfolgenden Elementen jedes seine Elektronen mit größerer Kraft festhält als das im Periodensystem unmittelbar vor ihm stehende Element – anders gesagt, daß mit ansteigender Ordnungszahl auch die positive Ladung im Zentrum der Atome zunahm.

Wenn man annahm, daß die positive Ladung pro Ordnungszahl um eine stets gleich große Einheit zunahm und daß diese Einheit der negativen Ladung eines Elektrons entsprach, so folgte daraus, daß das Atom eines Elements immer genau ein Elektron mehr aufweisen mußte als das Atom des vorausgegangenen Elements. Die einfachste Deutung des Periodensystems bestand dann darin, anzunehmen, daß das erste Element, Wasserstoff, 1 positive Ladungseinheit und 1 Elektron, das zweite Element, Helium, 2 positive Ladungseinheiten und 2 Elektronen, das dritte, Lithium, 3 positive Ladungseinheiten und 3 Elektronen besaß, und so immer weiter bis zum Uran mit 92 positiven Ladungseinheiten und 92 Elektronen. In diesem Fall wären die Ordnungszahlen des Periodensystems unmittelbar als Maßzahlen für die Menge der Elektronen zu interpretieren, die ein intaktes Atom des betreffenden Elements enthält.

Noch eine wichtige Erkenntnis, und die Atomforscher hatten den Schlüssel zum Verständnis des Periodensystems in der Hand. Die Elektronenstrahlung eines Elements beschränkt sich, wie im Lauf der Zeit deutlich wurde, nicht notwendigerweise auf eine einzige Wellenlänge; ein Element kann Strahlung mit zwei, drei, vier oder noch mehr verschiedenen Wellenlängen abgeben. Man verlieh diesen verschiedenen Strahlungsarten die Bezeichnung *K-Reihe, L-Reihe, M-Reihe* und so weiter. Die Physiker gelangten zu der Auffassung, daß die Elektronen in *Schalen* um den positiv geladenen Kern des Atoms herum angeordnet sind. Die Elektronen der innersten Schale werden mit der größten Kraft festgehalten; ihre Loslösung erfordert daher die meiste Energie. Ein Elektron, das sich auf einem freien Platz in dieser Schale niederließe, würde die energiereichste Strahlung abgeben, also Strahlung der kürzesten Wellenlänge oder der K-Reihe. Die Elektronen der zweitinnersten Schale würden eine Strahlung der L-Reihe aussenden, die der nächsten Schale eine Strahlung der M-Reihe usw. Der Einfachheit halber führte man für die Schalen denn auch die Bezeichnung *K-Schale, L-Schale, M-Schale* usw. ein.

1925 stellte der österreichische Physiker Wolfgang Pauli sein *»Ausschließungsprinzip«*, besser bekannt geworden als *Pauli-Prinzip*, vor, ein Erklärungsmodell für die Verteilung der Elektronen in jeder Schale. Diesem Prinzip zufolge können zwei Elektronen niemals eine exakt gleiche Quantenzahl aufweisen. Pauli wurde für diese Leistung 1945 mit dem Physik-Nobelpreis ausgezeichnet.

Die Edelgase

Der amerikanische Chemiker Gilbert Newton Lewis legte 1916 eine Arbeit vor, in der er gewisse Ähnlichkeiten zwischen einigen der einfacheren Elemente und auch deren chemisches Verhalten aus ihrer Schalenstruktur herzuleiten versuchte. Sowohl theoretische Gesichtspunkte (vor allem das Pauli-Prinzip) als auch zahlreiche empirische Anhaltspunkte sprachen dafür, daß die innerste Schale nur zwei Elektronen aufweisen kann. Das Wasserstoffatom hat nur ein Elektron; die K-Schale ist bei ihm daher nicht ausgefüllt. Das Atom strebt aber gewissermaßen danach, diese Schale aufzufüllen, und es vermag dies auf eine Reihe unterschiedlicher Arten zu tun. Beispielsweise können zwei Wasserstoffatome ihr jeweils einzelnes Elektron gemeinsam nutzen und einander so wechselseitig die K-Schale auffüllen. Auf diese Weise wird verständlich, daß und warum Wasserstoff fast immer in Form eines zweiatomigen Moleküls vorkommt. Die zwei Atome dieses Moleküls auseinanderzureißen, so daß sie atomaren Wasserstoff bilden, erfordert ziemlich viel Energie. Irving Langmuir von der Firma General Electric, der unabhängig von Lewis ein ähnliches Modell für die Ableitung des chemischen Verhaltens aus der Schalenverteilung der Elektronen erarbeitete, gab eine praktische Demonstration des starken »Bedürfnisses« des Wasserstoffatoms, seine Elektronenschale vollbesetzt zu erhalten. Er erzeugte eine »Fackel« atomaren Wasserstoffs, indem er normalen gasförmigen Wasserstoff durch einen Lichtbogen blies, der die Moleküle in ihre beiden Teilatome aufspaltete; als die Atome sich nach Durchgang durch den Bogen wieder zu Molekülen vereinigten, strahlten sie die beim Spaltungsvorgang aufgenommene Energie wieder ab; dabei entstanden Temperaturen von bis zu 3400 °C!

Beim Helium (Ordnungszahl 2) ist die K-Schale mit zwei Elektronen gefüllt; Heliumatome sind daher stabil und verbinden sich nicht mit anderen Atomen. Wenn wir uns dem Element 3 zuwenden, dem Lithium, finden wir von seinen drei Elektronen zwei in der K-Schale (die somit vollständig besetzt ist), während das dritte die L-Schale eröffnet. Die darauffolgenden Elemente weisen jeweils ein Elektron mehr in der L-Schale auf: das Beryllium 2, das Bor 3, der Kohlenstoff 4, der Stickstoff 5, der Sauerstoff 6, das Fluor 7 und das Neon 8. Acht ist die maximale Elektronenzahl der L-Schale, wie Pauli gezeigt hat; das Neon entspricht daher insofern dem Helium, als auch es eine vollbesetzte äußerste Schale aufweist. Und tatsächlich erweist Neon sich als ein reaktionsträges Gas mit Eigenschaften ähnlich dem Helium.

Jedes Atom mit einer nicht voll besetzten äußersten Schale neigt dazu, sich auf eine solche Weise mit anderen Atomen zu verbinden, daß diese Schale mit Elektronen gefüllt wird. Das Lithiumatom beispielsweise tritt sein einzelnen L-Schalen-Elektron bereitwillig ab und entledigt sich damit sozusagen seiner unvollständig besetzten äußersten Schale; Fluor andererseits neigt dazu, ein Elektron an sich zu reißen, um seine nur mit sieben Elektronen besetzte L-Schale zu komplettieren. Zwischen Lithium und Fluor besteht daher eine chemische Affinität; wenn sie sich verbinden, stellt das Lithium sein L-Elektron dem Fluor zur Auffüllung seiner L-Schale zur Verfügung. Da sich an den positiven Kernladungen der Atome nichts ändert, ist das um ein Elektron ärmer gewordene Lithiumatom nunmehr Träger einer positiven, das um ein Elektron bereicherte Fluoratom Träger einer negativen elektrischen Ladung. Die durch diese entgegengesetzten Ladungen bewirkte wechselseitige Anziehung hält die beiden Ionen zusammen. Die Verbindung heißt *Lithiumfluorid (Abb.)*.

Elektronen der L-Schale können nicht nur übertragen, sondern auch von mehreren Atomen gemeinsam genutzt werden. So können beispielsweise zwei Fluoratome jeweils eines ihrer Elektronen miteinander teilen, so daß jedes Atom in seiner L-Schale insgesamt acht Elektronen aufweist (die beiden gemeinsam genutzten mitgezählt; *Abb.*). In ähnlicher Weise können zwei Sauerstoffatome ihre L-Schalen auffüllen, indem sie sich insgesamt vier Elektronen teilen; oder desgleichen zwei Stickstoffatome, indem sie insgesamt sechs Elektronen gemeinsam nutzen. Fluor, Sauerstoff und Stickstoff bilden infolgedessen vorzugsweise zweiatomige Moleküle.

Das Kohlenstoffatom, das nur vier Elektronen in seiner L-Schale hat, teilt sich jedes von diesen mit je einem Wasserstoffatom und füllt auf diese Weise nicht nur seine eigene L-Schale auf, sondern auch

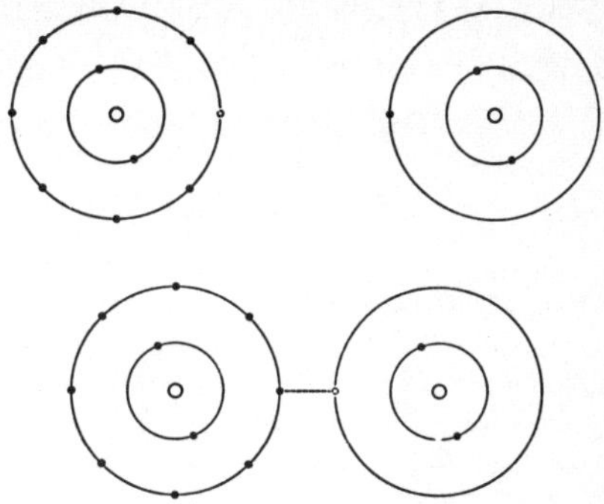

FLUOR LITHIUM

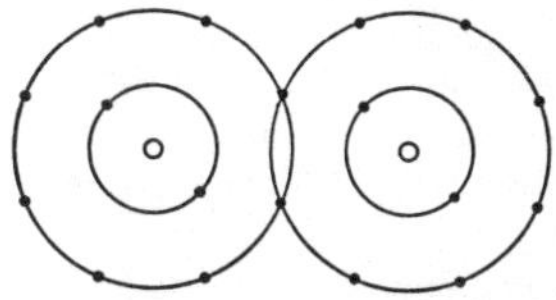

FLUOR FLUOR

Elektronenübertragung und gemeinsame Elektronennutzung. Wenn Lithium und Fluor sich zu Lithiumfluorid verbinden, überträgt das Lithiumatom das eine Elektron seiner äußersten Schale auf die äußerste Schale des Fluoratoms; damit haben beide Atome eine vollbesetzte äußere Schale. Beim Fluormolekül (F_2) werden zwei Elektronen von den beiden Atomen gemeinsam genutzt, so daß auch hier vollbesetzte äußere Schalen entstehen.

die K-Schalen der vier Wasserstoffatome. Diese stabile Konfiguration stellt das Methanmolekül (CH_4) dar.

Auf ähnliche Weise verbindet sich ein Stickstoffatom unter Elektronenteilung mit drei Wasserstoffatomen zu Ammoniak, ein Sauerstoffatom mit zwei Wasserstoffatomen zu Wasser, ein Kohlenstoffatom mit zwei Sauerstoffatomen zu Kohlendioxid usw. Fast alle chemischen Verbindungen zwischen Elementen mit niedriger Ordnungszahl lassen sich im Rahmen dieses Strebens der Atome deuten, eine vollständig besetzte äußerste Schale zu erlangen, indem sie Elektronen abgeben, aufnehmen oder miteinander teilen.

Das auf das Neon folgende Element, das Natrium, verfügt über elf Elektronen, von denen das elfte eine neue Schale, die M-Schale, eröffnen muß. Es folgen Magnesium mit zwei Elektronen in der M-Schale, Aluminium mit deren drei, Silizium mit vier, Phosphor mit fünf, Schwefel mit sechs, Chlor mit sieben und Argon mit acht.

Jedes Element dieser Gruppe oder Periode weist Gemeinsamkeiten mit einem Mitglied der vorangehenden Periode (Elemente 3–10) auf. Das Argon, mit acht Elektronen in der M-Schale, ähnelt dem Neon (mit acht Elementen in der L-Schale) und ist ein reaktionsträges Gas. Das Chlor mit seinen sieben Elektronen in der äußersten Schale erinnert in seinen chemischen Eigenschaften stark an das Fluor. Das Silizium ähnelt dem Kohlenstoff, das Natrium dem Lithium usw.

Und so setzt sich dies durch das ganze Periodensystem hindurch fort. Da das chemische Verhalten eines Elements von Zahl und Anordnung der Elektronen in seiner äußersten Schale abhängt, zeigen alle Elemente, die beispielsweise ein Elektron in der äußersten Schale aufweisen, ein sehr ähnliches chemisches Reaktionsverhalten. Demgemäß sind alle Elemente in der ersten Spalte des Periodensystems – Lithium, Natrium, Kalium, Rubidium, Cäsium und sogar das radioaktive Francium – einander in ihren chemischen Eigenschaften bemerkenswert ähnlich. Bei Lithium finden wir 1 Elektron in der L-Schale, bei Natrium 1 Elektron in der M-Schale, bei Kalium 1 Elektron in der N-Schale, bei Rubidium 1 Elektron in der O-Schale, bei Cäsium 1 Elektron in der P-Schale und bei Francium 1 Elektron in der Q-Schale. Ebenso weisen alle Elemente mit sieben Elektronen in ihrer jeweils äußersten Schale – Fluor, Chlor, Brom, Jod und Astat – Ähnlichkeiten untereinander auf. Dasselbe gilt für die letzte Spalte des Periodensystems, in der die Elemente mit vollständig besetzter Außenschale versammelt sind: Helium, Neon, Argon, Krypton, Xenon und Radon. Das Lewis-Langmuir-Modell hat sich so gut bewährt, daß es noch heute unverändert geeignet ist, in den unkomplizierteren Fällen die Verteilung chemischer Eigenschaften und Verhaltensweisen unter den Elementen zu erklären. Die gemachte Einschränkung bezieht sich auf die Tatsache, daß die Verhältnisse nicht ganz so unkompliziert liegen, wie man es aufgrund der bisherigen Darstellung annehmen könnte.

Um ein Beispiel zu geben: Jedes der Edelgase (oder reaktionsträgen Gase) Helium, Neon, Argon, Krypton, Xenon und Radon weist in der äußersten Schale 8 Elektronen auf (abgesehen von Helium, das in seiner einzigen Schale 2 Elektronen hat); das ist unter allen Konstellationen die denkbar stabilste. Die Atome dieser Elemente haben nur eine minimale Neigung, Elektronen abzugeben oder aufzunehmen, d. h. nur eine minimale Neigung, chemische Verbindungen einzugehen. Deshalb werden sie auch als reaktionsträge Gase oder als *inerte* Gase bezeichnet.

Eine minimale Neigung zu haben, ist jedoch nicht ganz dasselbe, wie gar keine Neigung zu haben; die meisten Chemiker vergaßen diesen kleinen Unterschied und taten so, als sei es ganz und gar unmöglich, daß ein Edelgas eine Verbindung eingeht. Das gilt aber nicht für alle Edelgase. Schon 1932 stellte der amerikanische Chemiker Linus Pauling Überlegungen zu der relativen Leichtigkeit an, mit der sich unterschiedliche Elemente von Elektronen trennen. Er kam zu dem Schluß, daß ausnahmslos alle Elemente, also auch die Edelgase, dazu gebracht werden können, Elektronen abzugeben. Allerdings ist bei den Edelgasen mehr Energie aufzuwenden als bei anderen, ihnen im Periodensystem nahestehenden Elementen.

Innerhalb einer bestimmten Familie von Elementen nimmt die Energiemenge, deren es bedarf, um Elektronen herauszulösen, mit ansteigendem Atomgewicht ab; bei den schwersten Edelgasen, Xenon und Radon, ist der erforderliche Energieaufwand nicht mehr außerordentlich groß. Einem Xenonatom ein Elektron abspenstig zu machen, ist beispielsweise nicht schwieriger, als dasselbe bei einem Sauerstoffatom zu tun.

Pauling sagte demgemäß voraus, daß die schwereren Edelgase durchaus chemische Verbindungen mit Elementen eingehen können, die besonders geneigt sind, Elektronen aufzunehmen. Das Element mit der stärksten Affinität nach einem zusätzlichen Elektron ist das Fluor, das sich somit als gegebener Partner für eines der schweren Edelgase anbot.

Das Radon, das schwerste Edelgas, ist radioaktiv und steht nur in verschwindenden Mengen zur Verfügung. Das zweitschwerste jedoch, das Xenon, ist stabil und in geringen Mengen in der Atmosphäre vorhanden. Es schien somit am aussichtsreichsten, zu versuchen, eine Verbindung zwischen Xenon und Fluor herzustellen. Allein, 30 Jahre lang wurde in dieser Richtung nichts unternommen, hauptsächlich weil Xenon teuer und Fluor sehr schwierig zu handhaben war und die Chemiker Besseres zu tun zu haben glaubten, als diese extravagante Frage einer Klärung zuzuführen.

1962 machte der britisch-kanadische Chemiker Neil Bartlett bei der Arbeit mit einer neuen Verbindung namens Platin-Hexafluorid (PtF_6) die Beobachtung, daß diese Substanz sehr stark Elektronen anzieht, fast so stark wie das Fluor selbst. Sie war sogar in der Lage, dem Sauerstoff Elektronen wegzunehmen, einem Element also, das normalerweise lieber Elektronen aufnimmt, als welche abzugeben. Wenn Platin-Hexafluorid dem Sauerstoff Elektronen abspenstig machen konnte, mußte es wohl auch in der Lage sein, dem Xenon welche wegzunehmen. Man machte die Probe aufs Exempel, und bald konnten die Wissenschaftler über die Darstellung von Xenon-Hexafluoroplatinat ($XePtF_6$) berichten, die erste ein Edelgas enthaltende Verbindung.

Andere Chemiker nahmen den Faden sogleich auf und kreierten in der Folge eine Reihe von Xenonverbindungen mit Fluor, mit Sauerstoff oder mit beiden zusammen; am stabilsten davon erwies sich Xenondifluorid (XeF_2). Mittlerweile ist auch eine Verbindung aus Krypton und Fluor dargestellt worden, das Kryptontetrafluorid (KrF_4), ferner auch ein Radonfluorid. An Edelgasverbindungen, an denen Sauerstoff beteiligt war, wurden unter anderem dargestellt: Xenonoxytetrafluorid ($XeOF_4$), Xenonsäure (H_2XeO_4) und Natriumperxenat (Na_4XeO_6). Die vielleicht interessanteste der bislang hergestellten Edelgasverbindungen ist das Xenontrioxid (Xe_2O_3), eine gefährliche, da leicht explodierende Substanz. Die leichteren Edelgase Argon, Neon und Helium wiedersetzen sich der Aufteilung ihrer Elektronen stärker als die schwereren und sind bis heute allen Künsten der Chemiker zum Trotz verbindungslos geblieben.

Die Chemiker erholten sich rasch von dem momentanen Schock, den es ihnen bereitet hatte, daß auch die trägen Gase Verbindungen eingehen können; solche Verbindungen sprengten schließlich den Rahmen des chemischen Weltbildes. Allerdings bezeichnet man die Edelgase heute nicht mehr so gern als *träge Gase.* (Ich persönlich ziehe nach wie vor diese Bezeichnung vor. Schließlich sind diese Gase, wenn auch nicht völlig reaktionsunfähig, so doch relativ reaktionsträge. Der Ausdruck Edelgas suggeriert die Vorstellung von etwas Unnahbarem, das sich nicht zu Verbindungen mit »gemeinen« Elementen herabläßt. Das ist nicht nur irreführend, sondern paßt auch nicht zu einer demokratischen Gesellschaft.)

Die Seltenen Erden

Nicht genug damit, daß das Lewis-Langmuir-Schema in bezug auf die Edelgase zu starr gehandhabt wurde – es läßt sich auf viele Elemente jenseits der Ordnungszahl 20 überhaupt nicht anwenden. Insbesondere einem bestimmten, sehr eigenartigen Aspekt des Periodensystems wurde das Schema ohne zusätzliche Verfeinerungen nicht gerecht – die Rede ist von den sogenannten *Seltenen Erden,* den Elementen 57 bis 71.

Die frühen Chemiker bezeichneten jede Substanz, die sich nicht in Wasser lösen und durch Wärmeeinwirkung nicht verändern ließ, als eine »Erde« (ein Vermächtnis der griechischen Auffassung der »Erde« als Element). Dazu gehörten Stoffe wie Calciumoxid, Magnesiumoxid, Siliziumdioxid, Eisenoxid, Aluminiumoxid (um die modernen wissenschaftlichen Namen zu verwenden) und andere Verbindungen, die zusammen rund 90% des Materials der Erdkruste ausmachen. Calciumoxid und Magnesiumoxid sind in geringem Maße löslich und zeigen, in Lösung gebracht, *alkalische* Eigenschaften (alkalische Lösungen sind das gegensätzliche Extrem zu Säuren), und so nannte man sie *alkalische Erden:* als Humphry Davy die Metalle Calcium und Magnesium aus diesen Erden isolierte, erhielten sie die Gattungsbezeichnung *Erdalkalimetalle*. Unter diesem Namen wurden später alle Elemente zusammengefaßt, die sich in derselben Spalte der Periodensystemtafel befinden wie Magnesium und Calcium, also Beryllium, Strontium, Barium und Radium.

Die Eigentümlichkeiten, von denen ich weiter oben gesprochen habe, kündigten sich im Jahr 1794 an, als der finnische Chemiker Johan Gadolin einen außergewöhnlichen Gesteinsbrocken untersuchte, der in der Nähe des schwedischen Weilers Ytterby gefunden worden war. Gadolin kam zu dem Ergebnis, daß es sich bei diesem Gesteinsmaterial um eine neue »Erde« handle und taufte diese »seltene Erde« auf den Namen *Yttria* (nach dem Fundort). Später stellte der deutsche Chemiker Martin Heinrich Klaproth fest, daß Yttria in Wirklichkeit aus zwei »Erden« bestand, für deren eine er den Namen Yttria beibehielt, während er die andere *Ceria* nannte (nach dem gerade neu entdeckten Planetoiden Ceres). Später entdeckte der schwedische Chemiker Carl Gustaf Mosander, daß Yttria und Ceria sich noch weiter in Teilkomponenten aufspalten ließen. Alle Bestandteile erwiesen sich als Oxide bis dato unbekannter Elemente, denen man nunmehr die Gruppenbezeichnung *Seltene Erden-Metalle* verlieh. Bis 1907 wurden vierzehn Metalle dieser Gruppe identifiziert. Es waren, nach zunehmendem Atomgewicht geordnet:

Lanthan (abgeleitet von einem griechischen Wort mit der Bedeutung »verborgen«)
Cer (von Ceres)
Praseodym (von dem griechischen Ausdruck für »grüner Zwilling«, nach einer grünen Linie in seinem Spektrum)
Neodym (»neuer Zwilling«)
Samarium (von »Samarskit«, dem Mineral, in dem es gefunden wurde)
Europium (von Europa)
Gadolinium (zu Ehren von Johan Gadolin)
Terbium (von Ytterby)
Dysprosium (von einem griechischen Ausdruck mit der Bedeutung »schwer zu erlangen«)
Holmium (von Stockholm)
Erbium (von Ytterby)
Thulium (von »Thule«, einer alten Bezeichnung für Skandinavien)
Ytterbium (von Ytterby)
Lutetium (von Lutetia, dem alten Namen für Paris).

Auf der Basis ihrer charakteristischen Röntgenstrahlung wurden diesen Elementen die Ordnungszahlen 57 (Lanthan) bis 71 (Lutetium) zugeordnet. Der Platz 61 war, wie bereits an früherer Stelle berichtet, unbesetzt, bis bei der Uranspaltung das an diese Stelle gehörende Promethium anfiel. Mit ihm umfaßt die Liste der Seltenen Erden fünfzehn Elemente.

Das Dumme an den Seltenen Erden ist, daß sie sich offensichtlich nicht in das Schema des Periodensystems einpassen lassen. Es war ein Glück, daß nur vier von ihnen definitiv bekannt waren, als Mendelejew sein System vorstellte; wären sie alle damals bereits mit von der Partie gewesen, die Tafel wäre vielleicht so unübersichtlich ausgefallen, daß sie keine Anerkennung gefunden hätte. Es gibt Situationen, auch im wissenschaftlichen Bereich, in denen Unwissenheit ein Segen sein kann.

Das erste Seltenerd-Metall, das Lanthan *(Abb.)*, weist die erwartete chemische Ähnlichkeit mit dem Yttrium (Ordnungszahl 39) auf, dem in der Periodentafel unmittelbar über ihm stehenden Element. (Das Yttrium findet sich zwar in denselben Erzen wie die Seltenen Erden und ähnelt ihnen in mancher Hinsicht, ist aber selbst kein Seltenerd-Metall. Sein Name ist von Ytterby abgeleitet. Vier Elemente wurden nach diesem Dörfchen benannt, was sicherlich zuviel des Guten ist.) Kompliziert wird es bei der auf das Lanthan folgenden Seltenen Erde, dem Cer, das eigentlich dem auf das Yttrium folgenden Element, dem Zirkon, ähnlich sein müßte. Dem ist jedoch ganz und gar nicht so; das Cer ähnelt vielmehr wiederum dem Yttrium. Und das gleiche gilt für alle fünfzehn Seltene Erden: Sie sind eng mit dem Yttrium und demzufolge auch eng miteinander verwandt (sie sind einander chemisch so ähnlich, daß sie anfangs nur durch höchst beschwerliche Verfahren voneinander geschieden werden konnten). Irgendwelchen anderen, im Periodensystem vorausgehenden Elementen lassen sie sich nicht zuordnen. Will man das Element finden, das im Periodensystem unter das Zirkon gehört, muß man die ganze Seltene Erden-Gruppe überspringen und bis zum Hafnium (Ordnungszahl 72) gehen.

Angesichts dieser extravaganten Sachlage blieb den Chemikern nichts anderes übrig, als alle Selte-

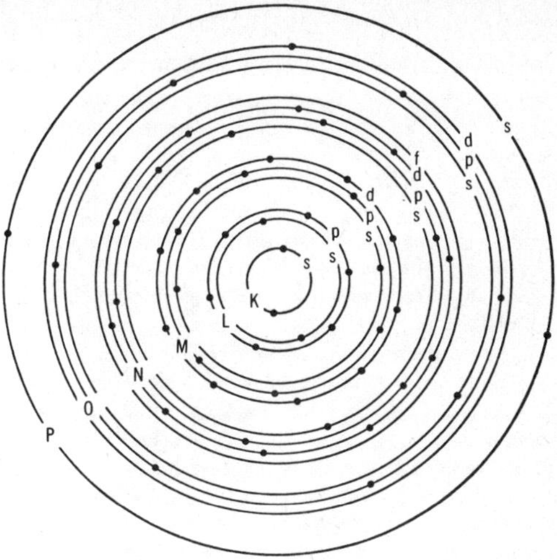

Die Elektronenschalen des Lanthan-Atoms. Man beachte, daß die vierte Teilschale der N-Schale übersprungen und unbesetzt geblieben ist.

nen Erden in ein und demselben Kästchen unterhalb des Yttriums unterzubringen und ihre individuelle Auflistung in einer der Periodentafel quasi als Fußnote angehängten Zeile nachzuholen.

Die Übergangselemente

Die Lösung des Rätsels ergab sich schließlich im Gefolge von Erkenntnissen, die sich in einer Ergänzung und Verfeinerung des Lewis-Langmuir-Modells der Elektronenschalenstruktur niederschlugen.

Im Jahr 1921 äußerte C. R. Bury die Vermutung, daß acht Elektronen nicht unbedingt das Maximum dessen sein müssen, was eine Elektronenschale aufnehmen kann. Zwar würden, so meinte Bury, für die Sättigung der äußersten Schale acht Elektronen stets genügen, aber wenn eine Schale nicht die äußerste sei, habe sie womöglich ein größeres Fassungsvermögen. In dem Moment, da außen eine neue Schale angelegt würde, könnten die inneren Schalen, so das neue Modell, zusätzliche Elektronen aufnehmen, und zwar jede Schale mehr als die vorhergehende. Demnach läge die Maximalkapazität der K-Schale bei zwei Elektronen, die der L-Schale bei acht, die der M-Schale bei achtzehn, die der N-Schale bei zweiunddreißig usw. – die Steigerung folgt einer einfachen, durch verdoppelte Quadratzahlen definierten Reihe (2 × 1, 2 × 4, 2 × 9, 2 × 16 etc.).

Eine Stütze fand diese Vermutung in den Ergebnissen detaillierter Untersuchungen von Elementspektren. Wie der dänische Physiker Niels Bohr zeigen konnte, zerfällt jede Elektronenschale in Teilschalen von geringfügig unterschiedlichem Energieniveau. Mit jeder hinzukommenden Schale wächst nicht nur die jeweilige Zahl der Teilschalen, sondern auch der Raum, den diese einnehmen, so daß es von einem bestimmten Punkt an zu Überlappungen kommt. Beispielsweise kann die äußerste Teilschale der M-Schale weiter außen liegen als die innerste Teilschale der N-Schale. Wenn dies so ist, dann wird die innereste Teilschale der N-Schale möglicherweise mit Elektronen aufgefüllt, während die äußerste Teilschale der M-Schale noch unbesetzt ist.

Ich möchte dies an einem Beispiel verdeutlichen. Die M-Schale zerfällt dem revidierten Modell zufolge in drei Teilschalen, deren Fassungsvermögen 2 bzw. 6 bzw. 10, insgesamt also 18 Elektronen beträgt. Betrachten wir nun das Argon, das in seiner M-Schale 8 Elektronen aufweist, so können wir annehmen, daß bei ihm nur die beiden inneren Teilschalen der M-Schale gefüllt sind (mit 2 bzw. 6 Elektronen). Beim Fortschreiten zu dem Element mit der nächst höheren Ordnungszahl wird es nun aber nicht die dritte, äußerste Teilschale der

M-Schale sein, die das nächste Elektron erhält, denn sie liegt weiter außen als die innerste Teilschale der N-Schale. Das bedeutet, daß beim Kalium, dem nächstfolgenden Element nach dem Argon, das 19. Elektron in der innersten Teilschale der N-Schale untergebracht wird. Mit 1 Elektron in der N-Schale ähnelt das Kalium dem Natrium, das 1 Elektron in der M-Schale aufweist. Das Calcium, das nächstfolgende Element (Ordnungszahl 20), hat 2 Elektronen in der N-Schale und ähnelt damit dem Magnesium, das 2 Elektronen in der M-Schale besitzt. Nun ist jedoch die innerste Teilschale der N-Schale, die ja nur 2 Elektronen aufnehmen kann, voll besetzt. Die nächsten hinzukommenden Elektronen können in der bislang noch unbesetzten äußersten Teilschale der M-Schale untergebracht werden. Das Scandium (21) markiert den Anfang, das Zink (30) den Abschluß dieses Prozesses. Beim Zink ist die maximale Kapazität der äußersten Teilschale der M-Schale mit 10 Elektronen ausgeschöpft. Die 30 Elektronen des Zinkatoms verteilen sich demnach wie folgt: 2 in der K-Schale, 8 in der L-Schale, 18 in der M-Schale und 2 in der N-Schale. Nun kann die Auffüllung der N-Schale fortgesetzt werden. Das als nächstes hinzukommende Elektron gesellt sich zu den 2 bereits plazierten Elektronen der N-Schale und konstituiert das Element Gallium (31), das dem Aluminium (mit 3 Elektronen in der M-Schale) ähnelt.

Die Elemente 21 bis 30, die im Zuge der Auffüllung einer zuvor übergangenen Teilschale konstituiert werden, sind als sogenannte *Nebengruppen-* oder *Übergangselemente* definiert. Was dies heißt, wird deutlich, wenn man bedenkt, daß das Calcium dem Magnesium und das Gallium dem Aluminium ähnelt. Magnesium und Aluminium (mit den Ordnungszahlen 12 und 13) sind im Periodensystem unmittelbare Nachbarelemente. Bei Calcium und Gallium (20 und 31) ist dies nicht der Fall; zwischen sie schieben sich die Übergangselemente, die somit so etwas wie einen Keil in die bis dahin kohärente Struktur des Periodensystems treiben.

Die N-Schale ist größer dimensioniert als die M-Schale und weist nicht nur 3, sondern 4 Teilschalen auf, die 2 bzw. 6 bzw. 10 bzw. 14 Elektronen fassen. Beim Krypton (Element 36) sind die beiden innersten Teilschalen der N-Schale voll besetzt, doch drängt sich an dieser Stelle die innerste Teilschale der überlappenden O-Schale dazwischen; sie muß zunächst mit Elektronen besetzt werden, bevor die Auffüllung der nächstäußeren N-Teilschalen fortgesetzt werden kann. Das auf das Krypton folgende Element, das Rubidium (37), hat sein 37. Elektron in der O-Schale. Beim Strontium (38) ist die innerste, 2 Elektronen fassende O-Teilschale voll besetzt. Es schließt sich nun eine neue Reihe von Übergangselementen an, die die Auffüllung der zunächst übersprungenen dritten Teilschale der N-Schale repräsentieren. Mit dem Cadmium (48) ist dieser Vorgang abgeschlossen; als nächstes wird nun aber die zweitinnerste O-Teilschale (die 6 Elektronen faßt) aufgefüllt, während die vierte und äußerste N-Teilschale noch warten muß; das Edelgas Xenon (Element 54) bildet den Abschluß dieses Vorgangs. Aber damit ist die vierte N-Teilschale noch längst nicht am Zuge; in diesem Bereich ist die Überlappung der Schalen nämlich bereits so stark, daß sich sogar die P-Schale dazwischendrängt und ihre innerste Teilschale aufgefüllt haben will. Auf das Xenon folgen daher das Cäsium (55) und das Barium (56) mit 1 bzw. 2 Elektronen in der P-Schale. Aber auch jetzt kommt die N-Schale noch nicht an die Reihe: Das 57. Elektron läßt sich überraschenderweise in der drittinnersten Q-Teilschale nieder und konstituiert das Element Lanthan *(Abb.)*. Erst jetzt beginnt die Auffüllung der äußersten N-Teilschale. Es sind die Elemente der Seltenen Erden, die nun unter Beisteuerung jeweils eines zusätzlichen Elektrons die N-Schale komplettieren, ein Prozeß, der mit dem Lutetium (Element 71) seinen Abschluß findet. Die Elektronen des Lutetiumatoms sind wie folgt verteilt: 2 in der K-Schale, 8 in der L-Schale, 18 in der M-Schale, 32 in der N-Schale, 9 in der O-Schale (2 Teilschalen voll besetzt plus 1 Elektron in der 3. Teilschale) sowie 2 in der P-Schale (innerste Teilschale voll besetzt). Jetzt leuchtet uns vielleicht allmählich ein, weshalb die Seltenen Erden (und in etwas geringerem Maß auch die Elemente der anderen Übergangsgruppen) einander so ähnlich sind. Der Faktor, der die chemische »Persönlichkeit« eines Elements am stärksten bestimmt, ist die Konfiguration der Elektronen in seiner äußersten Schale. So weisen beispielsweise der Kohlenstoff (mit 4 Elektronen in der äußersten Schale) und der Stickstoff (mit deren 5) vollkommen unterschiedliche chemische Eigenschaften auf. Wenn andererseits bei einer

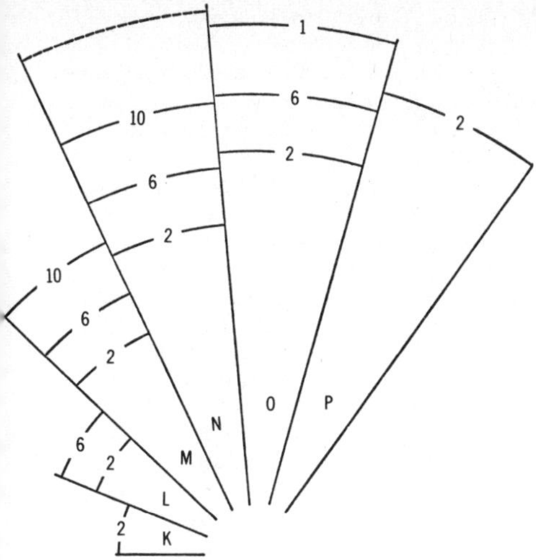

Schematische Darstellung der Überlappungen zwischen den Elektronenschalen und ihren Teilschalen im Lanthan-Atom. Die äußerste Teilschale der N-Schale (gestrichelt) ist noch unbesetzt.

Reihe aufeinanderfolgender Elemente tieferliegende Teilschalen aufgefüllt werden, während die äußerste Schale unverändert bleibt, sind die Merkmalsunterschiede von Element zu Element gering. So weisen beispielsweise Eisen, Kobalt und Nickel (mit den Ordnungszahlen 26, 27 und 28), die allesamt als äußerste Schale eine mit 2 Elektronen besetzte erste N-Teilschale besitzen, in ihrem chemischen Verhalten weitgehende Parallelen auf. Die Unterschiede in ihrer inneren Elektronen-Konfiguration (genauer: in der Elektronenbesetzung der 3. M-Teilschale) werden weitgehend verdeckt durch die Gleichartigkeit ihres äußeren Elektronenbesatzes. Dies gilt erst recht für die Seltenerd-Elemente. Die Unterschiede zwischen ihnen (angesiedelt auf der Ebene der N-Schale) sind unter nicht nur einer, sondern zwei darüberliegenden (nämlich in der O- und der P-Schale) Elektronen-Konfigurationen begraben, die über alle Elemente der Gruppe hinweg gleichbleiben. Was Wunder, daß diese Elemente einander chemisch so ähnlich sind wie Äpfel vom selben Baum.

Da die Seltenen Erden kaum Nutzanwendungen hatten und so schwierig zu isolieren waren, gaben die Chemiker sich wenig Mühe, sie großtechnisch herzustellen bzw. Verfahren hierfür zu entwickeln – bis die Spaltung des Uranatoms eine neue Sachlage schuf. Jetzt wurde es zu einer dringlichen Aufgabe, sie in den Griff zu bekommen, weil einige Isotope dieser Gruppe zu den dominierenden Spaltprodukten gehörten; im Rahmen der Vorbereitungen zum Bau der ersten Atombombe erwies es sich als notwendig, diese rasch und sauber zu isolieren und eindeutig zu identifizieren.

Das Problem wurde binnen kurzem mit Hilfe eines chemischen Verfahrens gelöst, das 1906 als erster der russischen Botaniker Michail S. Tswett entwickelt und *Chromatographie* genannt hatte. Tswett hatte herausgefunden, daß er einander chemisch sehr ähnliche Pflanzenpigmente voneinander trennen konnte, indem er sie mit Hilfe eines Lösungsmittels durch eine Säule aus fein gemahlenem ungebranntem Kalk durchsickern ließ. Er löste das Gemisch aus Pflanzenpigmenten in Petroleumether und goß die Lösung in das Gefäß mit der Kalksäule. Anschließend träufelte er das reine Lösungsmittel nach. Während die Pigmente auf diese Weise langsam durch das Kalkpulver nach unten sickerten, zeigte sich, daß dies bei jedem Pigment mit unterschiedlicher Geschwindigkeit geschah, da die zwischen ihnen und dem Kalkpulver wirksamen Adhäsionskräfte von Pigment zu Pigment differierten. Die Folge war, daß sie sich über die Länge der Kalksäule auffächerten und sich auf ihr als farbige Abschnitte oder Bänder abzeichneten. Wurde weiterhin Lösungsmittel nachgegossen, so traten die voneinander getrennten Substanzen, eine nach der anderen, am unteren Ende der Kalksäule aus.

Die wissenschaftliche Welt ignorierte diese Entdeckung Tswetts ein Vierteljahrhundert lang, vielleicht weil er nur Botaniker und nur Russe war, während es zu jener Zeit die deutschen Biochemiker waren, die als Kapazitäten auf dem Gebiet der Darstellung schwierig zu isolierender Substanzen galten. 1931 jedoch entdeckte Richard Willstätter, ein deutscher Biochemiker, das Tswettsche Verfahren neu, woraufhin es allgemeine Anerkennung und praktische Verbreitung fand. (Willstätter hatte 1915 für seine ausgezeichneten Arbeiten über pflanzliche Pigmente den Chemie-Nobelpreis erhalten. Dem guten Tswett wurde, soweit mir bekannt ist, keine Auszeichnung zuteil.)

Die Chromatographie mit Hilfe von Pulversäulen

erwies sich als wirksames Verfahren zur Zerlegung von Mischungen aller Art in ihre Bestandteile, gleich ob es sich um farbige oder farblose Komponenten handelte. Wie sich zeigte, lieferten Aluminiumoxid und Stärke bei der Trennung gewöhnlicher Moleküle noch bessere Resultate als pulverisierter Kalk. Wenn Ionen abgetrennt werden, wird der Vorgang als *Ionenaustausch* bezeichnet. Gewisse als *Zeolithe* bezeichnete Verbindungen waren die ersten für diesen Zweck effektiv nutzbaren Agenzien. So ließen sich beispielsweise aus hartem Wasser Calcium- und Magnesiumionen entfernen, indem man das Wasser durch eine Zeolithsäule hindurchsickern ließ. Die im Wasser vorhandenen Calcium- und Magnesiumionen bleiben an den Zeolithen haften, wobei sie die dort ursprünglich befindlichen Natriumionen verdrängen, die an ihrer Stelle in Lösung gehen; am unteren Ende der Säule tritt weiches Wasser aus. Die Zeolithe müssen dafür von Zeit zu Zeit wieder mit Natriumionen aufgefrischt werden; dies geschieht beispielsweise durch Eintauchen in eine konzentrierte Natriumchlorid-(=Kochsalz)Lösung. Eine Verbesserung ergab sich 1935 durch die Entwicklung sogenannter *organischer Ionenaustauscher;* dies sind kunstharzähnliche Stoffe, die speziell für eine bestimmte zu lösende Aufgabe präpariert werden können. Manche dieser Substanzen tauschen beispielsweise Wasserstoffionen gegen positiv geladene Ionen *(Kationen)* aus, andere wiederum Hydroxyl-Ionen gegen negativ geladene Ionen *(Anionen)*. Mit einer Kombination beider Typen kann man Meerwasser weitgehend entsalzen. Kleine Mengen solcher Ionenaustauscher gehörten im Zweiten Weltkrieg zur Standardausrüstung von Rettungsschlauchbooten.
Es war der amerikanische Chemiker Frank H. Spedding, der die Ionenaustausch-Chromatographie für die Trennung und Identifizierung der Seltenen Erden nutzbar machte. Wie er feststellte, treten diese Elemente aus einer Ionenaustauschersäule in der Reihenfolge abnehmender Ordnungszahlen aus, so daß sie sich nicht nur rasch trennen, sondern auch ohne weiteres identifizieren lassen.
Das Promethium, das so lange vermißte Element 61, wurde übrigens mit Hilfe dieses Verfahrens in winzige Mengen unter den Spaltprodukten des Urans nachgewiesen.
Dank der Chromatographie lassen sich heute die Seltenerd-Elemente in reiner Form kilo- oder gar tonnenweise herstellen. Wie sich zeigt, sind die Seltenen Erden gar nicht so ausnehmend selten. Noch die seltensten unter ihnen (das Promethium einmal außer acht gelassen) kommen in größeren Häufigkeiten vor als Gold oder Silber, und die häufigsten – Lanthan, Cer und Neodym – sind in größeren Mengen vorhanden als Blei. In ihrer Gesamtheit haben die Seltenen Erden einen größeren Prozentanteil an der Erdkruste als Kupfer und Zinn zusammen. Die Wissenschaftler sind denn auch inzwischen von der Bezeichnung »Seltene Erden« weitgehend abgekommen und nennen diese Gruppe von Elementen heute *Lanthaniden* (nach dem ihre Reihe eröffnenden Lanthan). Bis vor kurzem ist von den einzelnen Lanthaniden, wie gesagt, nur wenig praktischer Gebrauch gemacht worden. Dank des wesentlich erleichterten Trennungsverfahrens haben sich jedoch die Anwendungen mittlerweile vervielfacht; in den 70er Jahren lag die verbrauchte Menge bereits bei mehr als 10000 Tonnen. Die Zündsteine von Feuerzeugen bestehen heute zu drei Vierteln ihres Gewichts aus *Mischmetall,* einer Legierung, deren Hauptbestandteile Cer, Lanthan und Neodym sind. Ein Gemisch aus Lanthanidenoxiden wird für das Polieren von Glas verwendet, und auch bei der Glasherstellung finden verschiedene Oxide dieser Gruppe als Zutaten für die Erzielung bestimmter gewünschter Eigenschaften Verwendung. Verschiedene Mischungen aus Europium und Yttriumoxid finden als rotempfindlicher Phosphor in Farbmonitoren Verwendung, und dergleichen mehr.

Die Actiniden

Die Vorteile, die sich aus dem verbesserten Verständnis der Lanthaniden ergeben, beschränken sich nicht auf die Möglichkeiten der praktischen Nutzung dieser Metalle. Die neuen Erkenntnisse haben auch einen Zugang zum Verständnis der Elemente am Ende des Periodensystems (einschließlich der synthetischen) eröffnet.
Die Reihe der betreffenden schweren Elemente beginnt mit dem Actinium (Ordnungszahl 89). In der Periodentafel steht es unter dem Lanthan. Das Actiniumatom weist in der Q-Schale 2 Elektronen auf, wie das Lanthan 2 Elektronen in der P-Schale.

Das 89. und letzte Elektron des Actiniumatoms hat sich in der P-Schale niedergelassen, wie das 57. und letzte des Lanthanatoms in der O-Schale. Nun stellt sich die Frage: Wird bei den auf das Actinium folgenden Elementen die P-Schale mit weiteren Elektronen aufgefüllt, und bilden diese Elemente somit eine weitere Reihe gewöhnlicher Übergangselemente? Oder folgen sie dem Vorbild der auf das Lanthan folgenden Elemente, bei denen die hinzukommenden Elektronen eine zuvor leer gebliebene innere Teilschale besetzen? Falls letzteres zuträfe, würde das Actinium vielleicht den Ausgangspunkt einer neuen Reihe von Seltenerd-Metallen bilden, die nach ihrem Anfangselement *Actiniden* genannt würden.
Die in der Natur vorkommenden Elemente aus dieser Actiniden-Reihe sind das Actinium, das Thorium, das Protactinium und das Uran. Vor 1940 war das wissenschaftliche Interesse an diesen Elementen nicht sehr groß, das wenige, das man über ihre chemischen Eigenschaften wußte, deutete darauf hin, daß es sich um gewöhnliche Übergangselemente handelte. Als dann aber die künstlich hergestellten Elemente Neptunium und Plutonium hinzukamen und intensiv studiert wurden, zeigte sich, daß beide dem Uran chemisch sehr ähnlich waren. Glenn Seaborg gab daraufhin seiner Überzeugung Ausdruck, daß diese schweren Elemente es in der Tat den Lanthaniden nachmachten und die verdeckte und noch unbesetzte vierte Teilschale der O-Schale auffüllten. Beim Lawrencium ist dieser Nachholbedarf gesättigt, was zusammen 15 Actiniden macht, ganz analog zu den 15 Lanthaniden. Eine wichtige Bestätigung dafür, daß es sich so verhält, ist die Tatsache, daß die Actiniden sich mit dem Verfahren der Ionenaustausch-Chromatographie ganz genau so trennen lassen wie die Lanthaniden.
Die Elemente Rutherfordium (104) und Hahnium (105) sind *Transactiniden* und gehören nach der ziemlich festen Überzeugung der Chemiker in der Periodensystemtafel unter das Hafnium und das Tantal, also unter die beiden unmittelbar auf die Lanthaniden folgenden Elemente.

Die Gase

Von den Kindertagen der Chemie an galt es als unstrittig, daß zahlreiche Stoffe, je nach ihrer Temperatur, einen gasförmigen, flüssigen oder festen Zustand annehmen können. Das nächstliegende Beispiel ist das Wasser: Unterhalb einer bestimmten Temperatur wird es zu festem Eis; erhitzt man es dagegen weit genug, verflüchtigt es sich in gasförmigen Dampf. Van Helmont, der den Begriff *Gas* prägte, differenzierte zwischen Substanzen, die bei Normaltemperatur gasförmig sind, wie etwa Kohlendioxid, und solchen, die wie Wasserdampf erst durch Erhitzen gasförmig werden. Die letzteren nannte er *Dämpfe,* und noch heute sprechen wir nicht von Wassergas, sondern von Wasserdampf.
Die Beschäftigung mit Gasen oder Dämpfen faszinierte die Chemiker nicht zuletzt deshalb, weil diese Stoffe sich besonders gut für quantitative Messungen eigneten. Die ihr Verhalten regelnden Gesetze waren einfacher und leichter erkennbar als diejenigen, die das Verhalten von Flüssigkeiten und Festkörpern steuerten.

Verflüssigung

1787 fand der französische Physiker Jacques A. C. Charles heraus, daß ein Gas, wenn es abgekühlt wird, mit jedem Grad zusätzlicher Kühlung um 1/273 des Volumens schrumpft, das es bei 0 °C besaß; umgekehrt bewirkte jede Erwärmung um 1 °C eine Ausdehnung um denselben Betrag. Die wärmebedingte Ausdehnung warf keine logischen Probleme auf, aber wenn das Schrumpfen des Volumens mit abnehmender Temperatur, dem *Charlesschen Gesetz* (wie es bis heute heißt) folgend, immer weiterginge, dann müßte ein Gas bei −273 °C auf das Volumen Null geschrumpft sein! Dieses Paradoxon bereitete den Chemikern kein besonderes Kopfzerbrechen, waren sie doch sicher, daß das Charlessche Gesetz nicht die gesamte Temperaturskala hinab gültig sein konnte, da doch jedes Gas bei sinkender Temperatur irgendwann einmal in den flüssigen Zustand übergeht und Flüssigkeiten sich bei Abkühlung nicht so stark zusammenziehen. Außerdem hatten die

Chemiker lange Zeit überhaupt nicht die Möglichkeit, sehr tiefe Temperaturen zu erzeugen, um mit eigenen Augen zu sehen, was dann passiert.
Im Lichte der sich entwickelnden Atomtheorie, die die Gase als Ansammlungen von Molekülen interpretierte, präsentierte sich die Sache von einer neuen Seite. Man erkannte nun, daß das Volumen eines Gases von der Bewegungsgeschwindigkeit der Moleküle abhängt; je höher die Temperatur, desto schneller bewegen sich die Moleküle, desto mehr »Ellenbogenfreiheit« brauchen sie, und desto größer ist demgemäß das von der gesamten Gasmenge eingenommene Volumen. Umgekehrt gilt: Je niedriger die Temperatur, desto langsamer bewegen sich die Moleküle, desto weniger Platz brauchen sie und desto kleiner ist das Gesamtvolumen. In den 1860er Jahren äußerte der britische Physiker William Thomson (kurz zuvor zum Lord Kelvin ernannt) die Vermutung, daß es das durchschnittliche Energieniveau der Moleküle sei, das mit jedem Grad zusätzlicher Abkühlung um 1/273 abnahm. Während es undenkbar war, daß ein Volumen sich auf Null reduzieren konnte, war dies bei Energie sehr wohl möglich. Thomson glaubte, daß bei −273 °C die Energie von Gasmolekülen auf den Wert Null sinken würde. Somit mußte eine Temperatur von −273 °C das *absolute Temperaturminimum* sein. Dieser Temperaturwert (der inzwischen mit Hilfe verfeinerter Meßmethoden auf −273,16 °C festgelegt worden ist) heißt *absoluter Nullpunkt*. Auf einer an diesem Punkt beginnenden absoluten Temperaturskala, auch *Kelvin-Skala* genannt, liegt der Schmelzpunkt von Eis bei 273 °K. (Zum Vergleich zwischen Celsius-, Fahrenheit- und Kelvin-Skala s. *Abb.*)
Hiernach schien es erst recht gewiß, daß alle Gase sich bei Annäherung an den absoluten Nullpunkt verflüssigen würden. Mit abnehmender Bewegungsenergie würden die Gasmoleküle nur noch so wenig Ellbogenfreiheit benötigen, daß sie einander näherrücken und schließlich auf Tuchfühlung miteinander kommen würden. Sie würden, anders gesagt, zu Flüssigkeiten gerinnen. Die Eigenschaften von Flüssigkeiten lassen sich recht anschaulich erklären, wenn man annimmt, daß sie aus Molekülen bestehen, die zwar miteinander in Kontakt sind, andererseits aber noch genug Energie besitzen, um ungehindert übereinander, untereinander und aneinander vorbeischlüpfen zu können. Aus diesem Grund lassen Flüssigkeiten sich gießen und passen sich sofort jedem Behälter an, in den sie geschüttet werden.

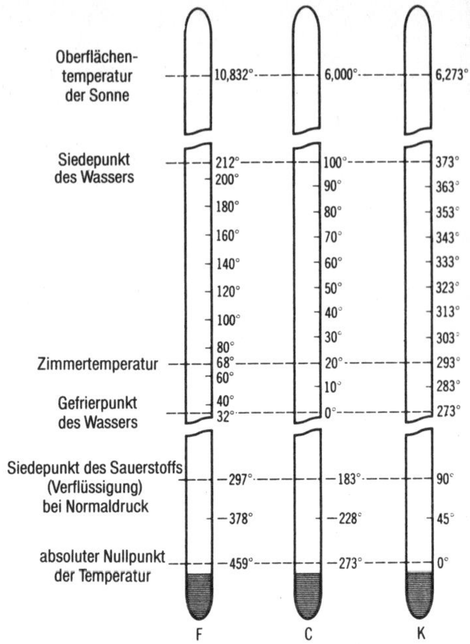

Fahrenheit-, Celsius- und Kelvin-Skala im Vergleich.

Mit noch weiter zurückgehender Temperatur verlieren die Moleküle immer mehr Energie, bis ihnen schließlich nicht mehr genug verbleibt, um sich aneinander vorbeibewegen zu können; ein jedes nimmt dann einen festen Platz ein, auf dem es sich noch stationär bewegen, den es aber nicht mehr verlassen kann. Anders gesagt: Die Flüssigkeit ist zu einer festgefrorenen Masse geworden. Für Kelvin war klar, daß spätestens in der Nähe des absoluten Nullpunkts alle Gase nicht nur flüssig werden, sondern auch gefrieren würden.
Natürlich hegten die Chemiker den Wunsch, die Richtigkeit der Auffassung Kelvins unter Beweis zu stellen, d. h. Temperaturen zu erzeugen, die niedrig genug waren, um alle Gase zunächst flüssig werden und dann gefrieren zu lassen – und natürlich wollte man möglichst nahe an den absoluten Nullpunkt herankommen. (Von jeder Grenze geht etwas aus, das in den Menschen den Wunsch

erweckt, sie zu erreichen oder sie zu überschreiten.)
Mit tiefen Temperaturen hatten etliche Forscher schon operiert, bevor Kelvin diese endgültige Grenze definiert hatte. Michael Faraday hatte herausgefunden, daß manche Gase schon bei relativ normaler Temperatur verflüssigt werden konnten, wenn man sie unter Druck setzte. Er bediente sich bei seinen Versuchen einer dickwandigen, in der Form eines Bumerangs gebogenen Glasröhre. In den unteren, geschlossenen Schenkel füllte er eine Substanz, die das Gas, um das es ihm ging, freisetzen würde. Dann verschloß er die Öffnung am Ende des anderen Schenkels. Er tauchte den mit dem festen Material gefüllten Teil der Glasröhre in heißes Wasser, woraufhin die Substanz das in ihr gebundene Gas fortlaufend freigab; da das Gas die geschlossene Röhre nicht verlassen konnte, entstand in dem Gefäß ein zunehmend stärkerer Druck. Den zweiten Schenkel der Röhre tauchte Faraday in einen mit gestoßenem Eis gefüllten Eimer. In dem gekühlten Bereich sah das Gas sich sowohl einem hohen Druck als auch einer niedrigen Temperatur ausgesetzt und wurde flüssig. 1823 verflüssigte Faraday auf diese Weise Chlorgas. Unter normalen Druckverhältnissen liegt der Siede- bzw. Verflüssigungspunkt von Chlor bei −34,5 °C (238,7 °K).
1835 benutzte der französische Chemiker C. S. A. Thilorier die von Faraday erfundene Methode, um Kohlendioxid unter Druck zu verflüssigen; anstelle von Glasröhren verwendete er Metallzylinder, die einem höheren Druck standhalten konnten. Er erzeugte beträchtliche Mengen flüssigen Kohlendioxids und ließ es dann durch eine feine Düse aus dem Gefäß ausströmen, wobei es natürlich seinen gasförmigen Zustand wiedergewann.
Wenn eine Flüssigkeit verdampft, d. h. gasförmig wird, geht das so vor sich, daß einzelne Moleküle sich aus dem Verband der übrigen lösen und freibeweglich werden. Zwischen den Molekülen einer Flüssigkeit wirken jedoch gewisse Anziehungskräfte: Wenn ein Molekül sich aus der Flüssigkeit lösen will, bedarf es dazu eines bestimmten Energieaufwands. Wenn der Verdunstungsprozeß schnell abläuft, so hat das Gesamtsystem nicht genug Zeit, die nötige Energie (in Form von Wärme) aus der Umgebung aufzunehmen; als einzige Quelle für die den Verdunstungsprozeß speisende Energie bleibt dann die Flüssigkeit selbst. Wenn eine Flüssigkeit schnell verdunstet, sinkt daher die Temperatur des noch nicht verdunsteten Rests.
(Dieses Phänomen ist uns Menschen wohl vertraut: Der menschliche Körper schwitzt ständig in mehr oder weniger geringfügigem Maß. Die dadurch erzeugte dünne Wasserschicht auf unserer Haut entzieht durch Verdunstung der Haut Wärme und hält uns kühl. Je wärmer es ist, desto mehr müssen wir schwitzen; falls jedoch eine so hohe Luftfeuchtigkeit herrscht, daß keine Verdunstung mehr stattfinden kann, sammelt der Schweiß sich auf unserer Haut, so daß wir uns in derselben ganz und gar nicht mehr wohl fühlen. Auch jede körperliche Anstrengung führt, indem sie die wärmeerzeugenden Reaktionen in unserem Körper antreibt, zu verstärkter Schweißbildung; bei hoher Luftfeuchtigkeit ist körperliche Betätigung daher kein Vergnügen.)
Thilorier stellte fest, daß jedesmal, wenn er etwas von seinem verflüssigten Kohlendioxid verdunsten ließ, die Temperatur der zurückbleibenden Flüssigkeit kontinuierlich absank, und zwar mitunter soweit, daß das Kohlendioxid gefror. Erstmals war der Nachweis erbracht, daß Kohlendioxid in festen Zustand übergehen kann.
Flüssiges Kohlendioxid ist nur unter Druck stabil. Wenn man festes, d. h. gefrorenes Kohlendioxid normalen Druckverhältnissen aussetzt, *sublimiert* es, d. h. es geht vom festen direkt in den gasförmigen Zustand über, ohne zuvor zu schmelzen. Der Sublimationspunkt von festem Kohlendioxid liegt bei −78,5 °C (194,7 °K).
Festes Kohlendioxid sieht aus wie trübes Eis; da es sich nicht verflüssigt, wird es auch *Trockeneis* genannt. Knapp 400000 Tonnen davon werden Jahr für Jahr erzeugt und finden vor allem im Bereich der Tiefkühllagerung von Lebensmitteln Verwendung. Die Technik der Kühlung durch Verdunstung hat das Leben der Menschen revolutioniert. Bis zum 19. Jahrhundert konnte man Eis, sofern überhaupt welches verfügbar war, allenfalls zur Konservierung von Lebensmitteln benutzen. Man konnte Eis im Wasser gewinnen und an einem gut isolierten Ort bis zum Sommer aufbewahren. Oder man konnte es sich aus dem Hochgebirge holen. Seine Beschaffung bzw. Konservierung war in jedem Fall mühevoll und schwierig. Die meisten Menschen mußten eben irgendwie mit der sommerlichen (oder auch ganzjährigen, je

nach Klimazone) Hitze und ihren Begleitumständen leben.

Der schottische Chemiker William Cullen hatte schon 1755 Eis hergestellt, indem er über einem mit Wasser gefüllten Behälter ein Vakuum erzeugte und daher eine rasche Verdunstung erzwang, die das Wasser bis unter den Gefrierpunkt erkalten ließ. Das so gewonnene Eis konnte jedoch mit Natureis nicht konkurrieren, da sein Herstellungsprozeß zu aufwendig war. Man konnte das Verfahren auch nicht direkt zur Kühlung von Lebensmitteln anwenden, da die Absaugröhren ständig durch Eisbildung verstopften.

Heutzutage wird ein geeignetes Gas mittels eines Kompressors verflüssigt und dann durch ein System von Röhren gepumpt, das einen Behälter umgibt, in dem Lebensmittel verwahrt werden können. Ein Teil des Gases verdunstet und entzieht dem Behälter Wärme. Das verdunstete und aufgefangene Gas wird vom Kompressor erneut verflüssigt und wieder in den Kreislauf gepumpt. Der Prozeß läuft kontinuierlich ab und hat unter dem Strich den Effekt, daß Wärme dem geschlossenen Behälter entnommen und an die Umgebung abgeführt wird. Die Vorrichtung ist nichts anderes als unser Kühlschrank, der die Stelle der alten Eiskästen eingenommen hat.

1834 meldete der amerikanische Erfinder Jacob Perkins in Großbritannien ein Patent auf die Verwendung von Ether (veraltet: Äther) als Gefriermittel an. Auch andere Gase wie Ammoniak und Schwefeldioxid kamen für diesen Zweck in Gebrauch. Alle diese Gefriermittel hatten jedoch den Nachteil, giftig oder feuergefährlich zu sein. Dann jedoch, im Jahr 1930, stieß der amerikanische Chemiker Thomas Midgely auf das Gas Dichlordifluormethan (CF_2Cl_2), besser bekannt unter dem Markennamen Freon. Dieser Stoff ist ungiftig (wovon Midgely das Publikum überzeugte, indem er öffentlich seine Lunge damit füllte), nicht brennbar und zum Kühlmittel geradezu prädestiniert. Das Freon machte den Kühlschrank zum selbstverständlichen Haushaltsgerät.

(Wenngleich Freon und andere Fluorkohlenstoffe sich stets als vollkommen unschädlich für die Menschen erwiesen haben, tauchten in den 1970er Jahren Bedenken wegen ihrer möglichen Auswirkungen auf die Atmosphäre auf; ich bin darauf bereits im vorigen Kapitel eingegangen.)

Die Technik des Kühlschranks, auf Behälter mit größerem Volumen übertragen (und auf den Bereich wohliger Temperaturen beschränkt), führte zur sogenannten Klimaanlage, mit der die Raumluft auf einem konstanten Temperatur- und Feuchtigkeitsniveau gehalten und auch noch ständig gereinigt wird. Die erste, praktisch einsatzfähige Klimaanlage konstruierte 1902 der amerikanische Erfinder Willis H. Carrier; in den letzten zwanzig Jahren sind Klimaanlagen in vielen Städten der westlichen Welt zu einem fast selbstverständlichen Ausstattungselement geworden, zumindest bei Hotels, Bürohochhäusern und anderen Großbauten.

Um noch einmal auf Thilorier zurückzukommen: Er brachte festgefrorenes Kohlendioxid mit einer Flüssigkeit namens Diethylether zusammen (die wir heute in erster Linie als Narkosemittel kennen; *siehe dazu Kap. 11*). Diethylether hat einen niedrigen Siedepunkt und verdunstet sehr leicht. Thilorier erzeugte, indem er diesen Stoff mit dem gefrorenen, sublimierenden und dabei weiter abkühlenden Kohlendioxid kombinierte, eine Temperatur von −110 °C (163,2 °K).

1845 wandte Faraday sich nochmals dem Unterfangen zu, Gase unter der vereinten Wirkung niedriger Temperaturen und hohen Drucks zu verflüssigen; dabei verwendete er festes Kohlendioxid und Diethylether als Kühlmittelgemisch. Trotz dieses wirksamen Kühlmittels und der Anwendung noch höherer Drücke mußte er feststellen, daß er sechs Gase nicht zu verflüssigen vermochte: Wasserstoff, Sauerstoff, Stickstoff, Kohlenmonoxid, Stickstoffmonoxid und Methan; er nannte sie *permanente Gase*. Wir könnten der Aufzählung fünf weitere Gase hinzufügen, die Faraday nicht kannte: einmal das Fluor, zum andern die Edelgase Helium, Neon, Argon und Krypton.

1869 kam der irische Physiker Thomas Andrews aufgrund von Experimenten zu dem Schluß, daß es für jedes Gas eine *kritische Temperatur* gibt, oberhalb der es sich auch unter Druck nicht verflüssigen läßt. Diese Vermutung stellte einige Jahre später der holländische Physiker Johannes Diderik van der Waals auf eine solide theoretische Grundlage; diese Leistung brachte ihm 1910 den Physik-Nobelpreis ein.

Wenn man nunmehr irgendein Gas verflüssigen wollte, mußte man sicher sein, daß man in einem

Bereich unterhalb der kritischen Temperatur arbeitete, sonst war die Mühe von vornherein vergeudet. Die Versuche, mit noch niedrigeren Temperaturen auch den Gasen beizukommen, die sich bis dahin spröde gezeigt hatten, gingen weiter. Ein sogenanntes *Kaskaden-Verfahren,* bei dem die Temperaturen schrittweise gesenkt wurden, löste das Problem. Zunächst wurde mit Hilfe von verflüssigtem, durch Verdunstung weiter abkühlendem Schwefeldioxid Kohlendioxid verflüssigt; dieses wurde sodann zur Verflüssigung eines noch resistenteren Gases benutzt, und so fort. 1877 gelang es schließlich dem Schweizer Physiker Raoul Pictet, Sauerstoff zu verflüssigen, und zwar bei einer Temperatur von −140 °C (133 °K) und einem Druck von 500 bar. Der französische Physiker Louis Paul Cailletet verflüssigte ungefähr um die gleiche Zeit neben Sauerstoff auch noch Stickstoff und Kohlenmonoxid. Diese Erfolge bedeuteten natürlich, daß man nun in bis dato unerreichbare Temperaturtiefen vorstoßen konnte. Der Siedepunkt von Sauerstoff bei Normaltemperatur wurde schließlich auf −183 °C (90 °K), der von Kohlenmonoxid auf −190 °C (83 °K) und der von Stickstoff auf −195 °C (78 °K) festgelegt.

1895 entwickelten unabhängig voneinander der englische Chemieingenieur William Hampson und der deutsche Physiker Karl von Linde ein Verfahren zur Luftverflüssigung in großtechnischem Maßstab. Die Luft wurde zunächst komprimiert und auf Normaltemperatur abgekühlt. Dann ließ man sie sich ausdehnen, wobei sie beträchtlich abkühlte. Mit der so gewonnenen Kaltluft kühlte man dann einen mit Preßluft gefüllten Behälter, bis die darin befindliche Luft ebenfalls so weit wie möglich abgekühlt war. Sodann ließ man diese Preßluft sich ausdehnen, wobei sie wiederum ein gutes Stück kälter wurde. Dieser Vorgang wurde so lange wiederholt, bis die immer kälter werdende Luft schließlich flüssig wurde.

Die flüssige Luft, die man mit diesem Verfahren billig und in großen Mengen gewinnen konnte, ließ sich ohne weiteres in flüssigen Sauerstoff und flüssigen Stickstoff scheiden. Der Sauerstoff fand Verwendung in Lötlampen und für medizinische Zwecke, der Stickstoff wurde in technischen Anwendungen genutzt, in denen seine chemische Reaktionsträgheit von Vorteil ist. So hielten beispielsweise in mit Stickstoff gefüllten Glühbirnen die Glühfäden länger als in luftleer gepumpten Birnen. Außerdem diente flüssige Luft als Grundstoff für die Gewinnung der selteneren Komponenten der Luft – des Argons und der anderen Edelgase.

Der Wasserstoff widerstand bis an die Wende zum 20. Jahrhundert allen Bemühungen, ihn zu verflüssigen. Erst der schottische Chemiker James Dewar vollbrachte das Kunststück, als er eine neue Strategie ins Spiel brachte. Lord Kelvin (William Thomson) und sein englischer Physikerkollege James Prescott Joule hatten gezeigt, daß ein Gas auch ohne vorherige Verflüssigung abgekühlt werden kann, indem man es sich ausdehnen läßt und dafür sorgt, daß es dabei aus der Umgebung keine Wärme aufnehmen kann. Voraussetzung für das Funktionieren dieser Methode ist eine bestimmte Minimaltemperatur, andernfalls kann der Prozeß gar nicht in Gang gesetzt werden. Dewar kühlte in einem in flüssigen Stickstoff getauchten Gefäß komprimierten Wasserstoff auf −200 °C ab, erlaubte ihm dann, sich unter weiterer Abkühlung auszudehnen, und wiederholte den Vorgang stets von neuem, wobei er den nach jedem Durchlauf um ein Stück kälteren Wasserstoff durch Röhren in den Kompressor zurückführte. Diese konsequente Ausnutzung des *Joule-Thomson-Effekts* brachte schließlich das erhoffte Ergebnis: Bei etwa −240 °C (33 °K) wurde der komprimierte Wasserstoff flüssig. Auf einer noch niedrigeren Temperaturebene gelang Dewar etwas später auch die Herstellung festen Wasserstoffs.

Für die Aufbewahrung seiner superkalten Flüssigkeiten entwarf und fertigte er spezielle, mit Silber beschichtete Glasflaschen mit einer doppelten, ein Vakuum einschließenden Wandung. Da Wärme ein Vakuum nur in Form von Wärmestrahlung überbrücken kann, und da der Silberbelag die ohnehin relativ geringe Quote der durch Strahlung zugeführten (oder auch abgegebenen) Wärme zusätzlich reduzierte, veränderten Flüssigkeiten, die in solchen *Dewar-Gefäßen* aufbewahrt wurden, ihre Temperatur nur sehr langsam. Diese Gefäße waren die unmittelbaren Vorläufer der bekannten Thermosflaschen.

Flüssiggase als Raketentreibstoffe

Mit dem Aufschwung der Raketentechnik kamen die Methoden der Gasverflüssigung und ihre Produkte zu ganz ungeahnten Ehren. Zum Antrieb von Raketen benötigt man extrem schnell ablaufende, in kürzester Zeit große Energiemengen erzeugende chemische Reaktionen. Am meisten verbreitet als Raketentreibstoffe sind heutzutage Mischungen aus einem flüssigen Brennstoff wie Alkohol oder Kerosin und flüssigem Sauerstoff. Sauerstoff oder ein ebenbürtig wirkendes Oxidationsmittel muß eine Rakete in jedem Falle mitführen, da ihr nach dem Verlassen der Erdatmosphäre kein natürlicher Sauerstoffvorrat mehr zur Verfügung steht. Der Sauerstoff muß außerdem in flüssiger Form mitgenommen werden, da Flüssigkeiten dichter sind als Gase und die Tanks daher wesentlich mehr Sauerstoff aufnehmen können, als wenn er im gasförmigen Zustand mitgeführt werden würde. Entsprechend stark ist die Nachfrage nach Flüssigsauerstoff seitens der Raumfahrt- und Rüstungsindustrie gestiegen.

Die Schubkraft, die mit einem Gemisch aus Brennstoff und Oxidationsmittel erreicht werden kann, wird durch eine Meßgröße, den *spezifischen Impuls,* ausgedrückt. Der spezifische Impuls ist definiert als die von 1 US-Pfund des Treibstoffgemischs in 1 Sekunde erzeugte Schubkraft (ein US-Pfund = 453,529 g). Bei einem Kerosin-Sauerstoff-Gemisch beträgt der spezifische Impuls 242 Einheiten. Da die Nutzlast, die eine Rakete tragen kann, vom spezifischen Impuls abhängt, suchen die Raketentechniker laufend nach leistungsfähigeren Gemischen. Der unter diesem Gesichtspunkt beste Flüssigtreibstoff ist verflüssigter Wasserstoff. Im Gemisch mit flüssigem Sauerstoff kann er einen spezifischen Impuls in der Größenordnung von 350 Einheiten entfalten. Wenn anstelle des Sauerstoffs verflüssigtes Ozon oder verflüssigtes Fluor verwendet werden könnte, würde sich der spezifische Impuls bis auf etwa 370 steigern lassen.

Bestimmte Leichtmetalle, beispielsweise Lithium, Bor, Magnesium, Aluminium und vor allem auch Beryllium, setzen bei der Vereinigung mit Sauerstoff sogar noch mehr Energie frei als der Wasserstoff. Einige dieser Metalle sind jedoch recht selten, und bei allen treten im Zusammenhang mit dem Verbrennungsvorgang technische Probleme auf – Rauchbildung, Ablagerung von Oxiden usw.

Es gibt feste Brennstoffe, die gleichzeitig als ihr eigenes Oxidationsmittel fungieren – wie das Schießpulver, das der erste Raketentreibstoff gewesen ist, nur viel leistungsfähiger. Solche *Einfach-Treibstoffe* sind leicht zu lagern und zu handhaben und gewährleisten einen raschen, aber gleichwohl gut kontrollierbaren Verbrennungsvorgang. Wahrscheinlich besteht das Hauptproblem darin, einen Einfach-Treibstoff zu entwikkeln, der einen ähnlich hohen spezifischen Impuls aufwiese wie die Zweikomponenten-Treibstoffe.

Eine weitere Option ist atomarer Wasserstoff, wie Langmuir ihn für die von ihm erfundene Lötlampe benutzte. Man hat berechnet, daß ein Raketentriebwerk, das seine Energie aus der Wiedervereinigung von Wasserstoffatomen zu Molekülen bezöge, einen spezifischen Impuls in der Größenordnung von über 1300 entwickeln würde. Die Hauptschwierigkeit besteht in der Bereithaltung des atomaren Wasserstoffs. Am meisten zu versprechen scheint in dieser Hinsicht die Idee, die freien Wasserstoffatome unmittelbar nach ihrer Bildung sehr schnell und sehr tief abzukühlen. Wie Untersuchungen gezeigt haben, lassen sich freie Wasserstoffatome offenbar am besten dadurch konservieren, daß man sie einem extrem kalten festen Stoff zusetzt – gefrorenem Sauerstoff beispielsweise oder gefrorenem Argon. Wenn man dann sozusagen auf Knopfdruck eine Erwärmung der gefrorenen Gase in Gang setzen könnte, würden in dem Maß, wie sie verdunsten, die Wasserstoffatome freigesetzt und könnten sich zu Molekülen wiedervereinigen. Wenn ein solcher extrem gekühlter Feststoff in der Lage wäre, auch nur eine 10% seines Eigengewichts entsprechende Menge freier Wasserstoffatome zu binden, wäre ein solches Gemisch besser als alle Treibstoffe, die wir heute besitzen. Die Temperaturen, die diese Technik erfordern würde, müßten wirklich extrem niedrig sein – erheblich tiefer als die Temperatur flüssigen Wasserstoffs. Man müßte die Feststoffe konstant auf etwa −272 °C halten, das ist nur 1 °K über dem absoluten Nullpunkt.

In einem etwas anderen Zusammenhang ist die Möglichkeit von Interesse, Schubkraft durch den Ausstoß von Ionen (statt durch den Ausstoß der Rückstände verbrannter Treibstoffe) zu gewinnen. Die einzelnen Ionen würden mit ihrer vergleichsweise winzigen Masse vergleichsweise winzige Beschleunigungsimpulse produzieren, könnten aber über lange Zeiträume abgestrahlt werden. Ein Raumschiff, das zunächst einmal mit Hilfe der hohen, aber kurzlebigen Schubkraft chemischer Treibstoffe den unmittelbaren Wirkungsbereich der Erdanziehungskraft hinter sich gelassen hätte, könnte dann, unter den Bedingungen des praktisch keinen Reibungswiderstand bietenden interplanetarischen und interstellaren Raums, beschleunigt von einem beständigen und langanhaltenden Trommelfeuer von Ionen, sein Reisetempo bis in die Nähe der Lichtgeschwindigkeit steigern. Das für einen derartigen Ionenantrieb am besten geeignete Material wäre Cäsium, ein Metall, das leichter als alle anderen Substanzen dazu gebracht werden kann, Elektronen abzugeben und Ionen zu bilden. Mittels eines elektrischen Feldes könnten die Cäsium-Ionen beschleunigt und durch Austrittsöffnungen gelenkt werden, aus denen sie nach hinten austreten könnten.

Supraleiter und Supraflüssigkeiten

Doch kehren wir in die Welt der niedrigen Temperaturen zurück. Auch die Verflüssigung und Verfestigung des Wasserstoffs bedeutete noch nicht den endgültigen Triumph. Zu dem Zeitpunkt, als der Siedepunkt des Wasserstoffs gefunden wurde, waren bereits die Edelgase entdeckt; das leichteste unter ihnen, das Helium, widerstand selbst bei den niedrigsten erreichbaren Temperaturen hartnäckig, flüssig zu werden. 1908 dann schaffte es der holländische Physiker Heike Kamerlingh Onnes endlich, das Helium zu verflüssigen. Was er machte war nichts anderes, als das Dewar-Verfahren einen Schritt weiterzuführen. Mit Hilfe flüssigen Wasserstoffs kühlte er Helium unter Druck auf etwa −255 °C (18 °K) ab und ließ das Gas sich ausdehnen, wobei es sich selbst weiter abkühlte. Auf diese Weise verflüssigte er das Gas schließlich. Danach erreichte er, indem er einen Teil des verflüssigten Heliums verdunsten ließ, bei der Restflüssigkeit jene Temperatur, bei der Helium sich auch ohne Anwendung von Überdruck verflüssigen ließ: 4,2 °K, eine Temperatur, bei der *alle* anderen Stoffe fest sind. In der Folge schraubte Onnes den Tiefsttemperatur-Rekord bis auf 0,7 °K herunter. Für seine Arbeiten im Bereich der Niedrigtemperaturen wurde er 1913 mit dem Physik-Nobelpreis ausgezeichnet. (Die Verflüssigung von Helium ist mittlerweile Routine. Der 1947 von dem amerikanischen Chemiker Samuel C. Collins erfundene *Cryostat,* der nach dem Prinzip der abwechselnden Kompression und Ausdehnung arbeitet, kann pro Stunde bis zu 7,5 Liter flüssiges Helium herstellen.)

Onnes beschränkte sich übrigens nicht darauf, neue Temperaturtiefen auszuloten. Er zeigte darüber hinaus als erster, daß viele Stoffe in diesen Temperaturbereichen mit neuen, überraschenden Eigenschaften aufwarten. Dazu gehört, neben anderem, daß seltsame Phänomen der sogenannten *Supraleitfähigkeit.* 1911 untersuchte Onnes den elektrischen Widerstand des Quecksilbers bei niedrigen Temperaturen. Man ging zu dieser Zeit davon aus, daß der Widerstand, den ein Material einem elektrischen Strom entgegensetzt, bei abnehmender Temperatur infolge der geringer werdenden Eigenschwingung der Atome stetig abnimmt. Bei 4,12 °K sackte jedoch der elektrische Widerstand des Quecksilbers unvermittelt auf Null ab! Elektrische Ströme durchliefen das Metall ohne jeglichen Energieverlust. Bald stellte sich heraus, daß auch andere Metalle auf diese Weise supraleitend gemacht werden konnten. Blei beispielsweise wurde bei 7,22 °K supraleitend. Ein elektrischer Strom von mehreren hundert Ampere Stromstärke, als einmaliger Stromstoß in einen durch flüssiges Helium auf der erforderlichen Temperatur gehaltenen Ring aus Blei eingeleitet, durchlief den Ring zweieinhalb Jahre lang ohne jeden meßbaren Intensitätsverlust.

Je tiefer die Temperaturen, die man erreichte, desto länger wurde die Liste der supraleitenden Materialien. Zinn nimmt diese Eigenschaft bei 3,73 °K an, Aluminium bei 1,20 °K, Uran bei 0,8 °K, Titan bei 0,53 °K, Hafnium bei 3,35 °K. (Bis heute weiß man von etwa 1400 Elementen und Legierungen, daß sie supraleitend werden können.) Bei Eisen, Nickel, Kupfer, Gold, Natrium und Kalium allerdings muß – wenn diese Elemente überhaupt supraleitend gemacht werden können – die Schwellentemperatur, die sogenannte *Sprungtemperatur,* noch niedriger liegen, denn selbst bei den niedrigsten bislang erreichten Temperaturen konnte keines von ihnen in diesen Zustand überführt werden. Unter den elementaren Metallen hat sich das Technetium als dasjenige mit der vergleichsweise höchsten Sprungtemperatur erwiesen: Es wird bei 11,2 °K supraleitend.

Ein verflüssigter Stoff mit extrem niedrigem Siedepunkt eignet sich hervorragend als Kühlmittel, insofern als er eine in ihn eingetauchte Substanz ohne weiteres Zutun auf dem Temperaturniveau seines Siedepunkts hält. Will man die betreffende Substanz noch weiter abkühlen, muß man als Kühlmittel eine Flüssigkeit mit einem noch niedrigeren Siedepunkt wählen. Flüssiger Wasserstoff siedet bei 20,4 °K, und es wäre sehr praktisch, wenn es gelänge, eine supraleitende Substanz zu finden, deren Sprungtemperatur oberhalb dieser Schwelle läge, denn nur dann könnte man das Phänomen der Supraleitfähigkeit in einem von flüssigem Wasserstoff gekühlten System nutzen. Solange dies nicht gelingt, kommt als Kühlmittel nur das bei noch niedrigeren Temperaturen siedende flüssige Helium in Frage, das freilich weit seltener, teurer und schwerer zu handhaben ist. Einige wenige Legierungen, namentlich solche, an denen das Metall Niob beteiligt ist, haben höhere Sprungtemperaturen als alle reinen, d. h. elementaren Metalle. 1968 gelang es schließlich, eine Legierung aus Niob, Aluminium und Germanium zu finden, die auch noch bei 21 °K supraleitend blieb. Die Herstellung von Supraleitfähigkeit im Temperaturbereich des flüssigen Wasserstoffs war damit in greifbare Nähe gerückt – mehr allerdings nicht.

Eine Nutzanwendung der Supraleitfähigkeit drängt sich im Zusammengang mit dem Magnetismus auf. Ein elektrischer Strom, durch eine einen Eisenkern umhüllende Drahtspule geschickt, kann ein starkes Magnetfeld erzeugen: Je stärker der Strom, desto stärker das Feld. Leider gilt für gewöhnlich auch der Satz: Je stärker der Strom, desto stärker die Wärmeentwicklung; die Erzeugung immer stärkerer Magnetfelder stößt daher an gewisse natürliche Grenzen. In einem supraleitend gemachten Draht erzeugt ein fließender Strom jedoch keine Wärme; demnach müßte es möglich sein, durch einen solchen Draht einen außerordentlich starken Strom zu schicken und auf diese Weise unter Aufwendung nur eines Bruchteils der normalerweise erforderlichen Energie beispiellos starke Magnetfelder elektrisch zu erzeugen. Die Sache hat jedoch einen Haken.

Im Gefolge der Supraleitfähigkeit tritt nämlich eine andere magnetisch bedingte Eigenschaft auf. Im gleichen Augenblick, in dem eine Substanz supraleitend wird, wird sie auch vollkommen *diamagnetisch,* d. h. sie schließt die Kraftlinien eines Magnetfeldes gleichsam aus. Dieses Phänomen entdeckte 1933 der deutsche Physiker Walther Meißner, und man bezeichnet es daher als *Meißner-Effekt.* Wenn man das Magnetfeld über einen gewissen Punkt hinaus verstärkt, kann die Supraleitfähigkeit des Materials – und mit ihr die Hoffnung auf einen Supermagneten – verlorengehen, auch bei Temperaturen unterhalb der Sprungtemperatur. Es ist so, als würden, wenn sich erst einmal ringsum genügend Feldlinien angesammelt haben, einige von ihnen es schließlich schaffen, in die Substanz einzudringen – und dann ist es mit deren Supraleitfähigkeit vorbei.

Man hat versucht, supraleitende Verbindungen zu finden, die starke Magnetfelder vertragen. Es gibt beispielsweise eine Zinn-Niob-Legierung mit der relativ hohen Sprungtemperatur von 18 °K. Sie ist in der Lage, ein beachtliches Magnetfeld in der Größenordnung von 250000 Gauß aufzubauen. Im Prinzip war dies schon seit 1954 bekannt, doch konnte erst 1960 ein Verfahren zur Erzeugung von Drähten aus dieser gewöhnlich ziemlich spröden Legierung entwickelt werden. Als noch leistungsfähiger hat sich mittlerweile eine Verbindung aus Vanadium und Gallium erwiesen, die die Herstellung supraleitender Elektromagneten mit Feldstärken von maximal 500000 Gauß ermöglicht hat.

Ein weiteres verblüffendes Niedrigtemperatur-Phänomen offenbarte sich beim Umgang mit flüssigem Helium. Es wird als *Suprafluidität* bezeichnet.

Helium ist die einzige bekannte Substanz, die nicht gefriert, nicht einmal am absoluten Nullpunkt. Helium bewahrt auch bei 0 °K einen kleinen, nicht weiter reduzierbaren Energieinhalt, der sich ihm nicht entziehen läßt (so daß sein Energiegehalt in einem praktischen Sinn gleich Null wäre), der jedoch genügt, um den extrem »glatten« Heliumatomen eine gewisse gegenseitige Bewegungsfreiheit zu bewahren und die Substanz damit flüssig zu erhalten. Tatsächlich zeigte der deutsche Physiker Walther Nernst schon 1905, daß es nicht der Energiegehalt einer Substanz ist, der am absuluten Nullpunkt gleich null wird, sondern eine andere, mit ihm eng verwandte Größe: die *Entropie.* Nernst erhielt für diese Leistung 1920 den Chemie-Nobelpreis. Übrigens wäre es falsch, aus dem Gesagten zu schließen, daß Helium unter gar keinen Umständen in den festen Zustand

übergehen kann – 1926 wurde festes Helium bei einer Temperatur unter 1 °K und einem Druck von 25 bar erzeugt.
Willem H. Keesom, der diese Tat vollbrachte, arbeitete zusammen mit seiner Schwester A. P. Keesom am Onnes-Laboratorium in Leiden. 1935 entdeckten die beiden, daß flüssiges Helium bei einer Temperatur von unter 2,2 °K zu einem nahezu perfekten Wärmeleiter wird. Es leitet Wärme dann so schnell weiter – mit Schallgeschwindigkeit, um genau zu sein –, daß alle Teilchen einer gegebenen Menge Helium stets dieselbe Temperatur aufweisen. Das Sieden geht bei dieser Substanz nicht, wie bei jeder anderen Flüssigkeit, so vor sich, daß sich an einzelnen, örtlich begrenzten Wärmezentren Dampfblasen bilden und aus der Flüssigkeit lösen – es gibt bei flüssigem Helium einfach keine begrenzte Wärmezentren (wenn man bei Temperaturen von unter 2 °K überhaupt von Wärmezentren sprechen kann). Helium dieser Temperatur verdampft vielmehr, indem sich die jeweils oberste Flüssigkeitsschicht unauffällig verflüchtigt – sich gleichsam »scheibchenweise« abhebt.
Der russische Physiker Peter L. Kapitza untersuchte diese Eigenschaft näher und fand heraus, warum Helium ein so ausgezeichneter Wärmeleiter ist: Es ist extrem dünnflüssig, d. h. von so großer innerer Beweglichkeit, daß der Ausgleich von Temperaturunterschieden praktisch ohne Zeitverlust vor sich geht, mindestens 200mal schneller als beim Kupfer, dem nächstbesten Wärmeleiter. Superfluides Helium fließt sogar wesentlich leichter als jedes Gas (seine Viskosität ist 1000mal geringer als die von gasförmigem Wasserstoff) und sickert durch Öffnungen, die winzig genug sind, um Gase nicht durchzulassen. Damit nicht genug, hat superfluides Helium die Eigenschaft, auf Glas einen Film zu bilden und dort ebensoschnell entlangzulaufen, wie es durch ein Loch rinnt. Wenn man es in einen oben offenen gläsernen Behälter füllt und diesen in einen größeren Behälter hineinstellt, der ebenfalls, aber weniger hoch, mit superfluidem Helium gefüllt ist, kriecht die Flüssigkeit an der Innenseeite des kleineren Glases hinauf und strömt über dessen Rand in das größere, bis ein Gleichstand der Flüssigkeitspegel erreicht ist.
Helium ist der einzige Stoff, bei dem dieses Phänomen der Superfluidität auftritt. In der Tat weist superfluides Helium ganz andere Eigenschaften auf als flüssiges Helium mit einer Temperatur von mehr als 2,2 °K, so daß man letzteres als Helium I, ersteres als Helium II bezeichnet.
Da nur Helium Forschungen im Nahbereich des absoluten Temperatur-Nullpunkts ermöglicht, ist es sowohl für die Grundlagenforschung als auch für die angewandte Wissenschaft zu einem sehr wichtigen Element geworden. Sein Vorkommen in der Atmosphäre ist verschwindend gering; als wichtigste Heliumquellen gelten derzeit unterirdische Erdgasvorkommen, die zuweilen Helium, das beim natürlichen Zerfall von Uran und Thorium entstanden ist, in beachtlicher Konzentration enthalten. Das in dieser Hinsicht ergiebigste derzeit ausgebeutete Erdgasfeld (im US-Bundesstaat New Mexico) liefert ein Gas mit einem Heliumanteil von 7,5%.

Kryogenik

Elektrisiert von den im Nahbereich des absoluten Nullpunkts entdeckten Phänomenen, unternahmen die Physiker natürlich jeden erdenklichen Versuch, dieser absoluten Grenze so nahe wie nur möglich zu kommen und die Kenntnisse auf diesem heute als *Kryogenik* bezeichneten Gebiet zu vertiefen. Durch Verdunsten flüssigen Heliums lassen sich unter bestimmten Bedingungen Tieftemperaturen von bis zu 0,5 °K erzeugen. (Bei Temperaturmessungen in diesem Bereich bedient man sich übrigens spezieller Methoden; man mißt zum Beispiel die Stärke des in einem Thermoelement erzeugten Stroms oder den Widerstand eines aus einem nicht-supraleitenden Metall gefertigten Drahts oder die Veränderung gewisser magnetischer Merkmale oder auch die Fortpflanzungsgeschwindigkeit von Schallwellen in flüssigem Helium. Extrem niedrige Temperaturen genau zu messen, ist beinahe so schwer, wie sie zu erzeugen.) Zu Temperaturen, die beträchtlich unterhalb von 0,5 °K liegen, gelangt man mit Hilfe einer Technik, die erstmals 1925 der holländische Physiker Peter J. W. Debye vorschlug: Eine paramagnetische Substanz (d. h. ein Material, das magnetische Kraftlinien bündelt) wird so nahe an flüssiges Helium herangebracht, daß beide nur durch einen schmalen, von Heliumgas erfüllten Zwischenraum getrennt sind; die Temperatur des ganzen Systems wird auf rund 1 °K abgesenkt.

Sodann wird die Anordnung einem magnetischen Feld ausgesetzt. Die Moleküle der paramagnetischen Substanz richten sich parallel zu den Kraftlinien des Magnetfeldes aus und geben dadurch Wärme ab. Diese Wärme wird dem Gesamtsystem dadurch entzogen, daß das umgebende Helium einer kontinuierlichen geringfügigen Verdunstung unterliegt. Nun entfernt man das Magnetfeld. Die paramagnetischen Moleküle fallen sofort aus ihrem geordneten in einen ungeordneten Orientierungszustand zurück; dabei müssen sie Wärme aufnehmen, und die einzige Quelle, aus der sie sie beziehen können, ist das flüssige Helium. Demgemäß sinkt dessen Temperatur ab.
Dieser Vorgang läßt sich beliebig oft wiederholen, wobei das flüssige Helium jedesmal ein Stückchen weiter abkühlt. Es war der amerikanische Chemiker William F. Giauque, der dieses Verfahren perfektionierte und dafür 1949 mit dem Chemie-Nobelpreis ausgezeichnet wurde. 1957 gelangte man mit dieser Methode zu einer Temperatur von 0,00002 °K.
1962 schlugen der deutsch-britische Physiker Heinz London und seine Mitarbeiter ein neues Verfahren zur Erzielung noch niedrigerer Temperaturen vor. Helium tritt in zwei Varietäten auf: als *Helium 4* und als *Helium 3*. Die beiden mischen sich normalerweise völlig problemlos, aber bei Temperaturen unterhalb von 0,8 °K sondert sich das Helium 3 als obenauf schwimmende Schicht ab. Einige Helium-3-Moleküle verbleiben jedoch in der unteren Helium-4-Schicht; es besteht nun die Möglichkeit, das System so zu beeinflussen, daß ein Teil des Heliums 3 ständig zwischen den beiden Schichten hin- und herpendelt, wobei die Temperatur des Systems jedesmal ein bißchen weiter absinkt (wie es in analoger Wiese auch bei einem gewöhnlichen Kühlmittel wie Freon durch ständigen Wechsel zwischen flüssigem und dampfförmigem Zustand bewirkt wird). Nach diesem Prinzip arbeitende Kühlaggregate wurden erstmals 1965 in der Sowjetunion gebaut.
Der russische Physiker Isaak J. Pomerantschuk schlug 1950 ein Verfahren zur Erzeugung niedrigster Temperaturen vor, das auf einer anderen Eigenschaft von Helium 3 beruhte; schon 1934 hatte der ungarisch-britische Physiker Nicholas Kurti die Nutzung gewisser magnetischer Eigenschaften angeregt. Er hatte ein ähnliches Verfahren im Auge, wie es Giauque später entwickelte, nur daß dabei nicht Vorgänge auf der Ebene der Atome und Moleküle, sondern auf derjenigen der Atomkerne, also der innersten Bausteine der Atome, eine Rolle spielten.
Diese Verfahren wurden in der Folge anwendungsreif gemacht, und mittlerweile sind mit ihrer Hilfe Temperaturen bis zu 0,000001 °K erreicht worden. Da die Physiker nur noch ein Millionstel Grad vom absoluten Nullpunkt entfernt sind, könnten sie nicht diesen winzigen noch verbleibenden Rest an Entropie auch noch überwinden und die Zielmarke endgültig erreichen?
Die Antwort lautet: Nein! Der absolute Nullpunkt ist unerreichbar, wie schon Nernst in seiner nobelpreiswürdigen Arbeit über dieses Thema nachwies. (Man bezeichnet dieses von Nernst aufgestellte Prinzip auch als den *Dritten Hauptsatz der Thermodynamik*.) Bei Temperatursenkungen kann immer nur ein Teil der dem betreffenden System innewohnenden Entropie entzogen werden. Einem System die Hälfte seiner Entropie zu entziehen, ist, so die allgemeine Regel, immer gleich schwierig, egal von welchem Anfangszustand man ausgeht. Von 300 °K (das sind 26,85 °Celsius) auf 150 °K (d. i. kälter als die niedrigsten auf der Erdoberfläche vorkommenden Temperaturen) zu kommen, erfordert also einen ebenso großen Aufwand, wie von 20 °K auf 10 °K, von 10 °K auf 5 °K, von 5 °K auf 2,5 °K zu gelangen usw. Wenn man sich dem absoluten Nullpunkt bis auf ein Millionstel Grad genähert hat, ist der Aufwand für den nächsten Schritt, zu einem halben Millionstel Grad, wiederum ebenso groß, und wenn man das geschafft hat, erfordert es wiederum gleich viel Mühe, von einem halben zu einem viertel Millionstel Grad fortzuschreiten usw. Der absolute Nullpunkt bleibt immer unendlich weit entfernt, gleich wie nahe man sich ihm glaubt.
Die auf dem Weg zum absoluten Nullpunkt zuletzt zurückgelegten Etappen haben die Forscher übrigens zu eingehender Beschäftigung mit Helium 3, einer extrem seltenen Substanz, angeregt. Helium ist auf der Erde an sich schon ein rares Element. Hat man eine nennenswerte Menge davon in reiner Form isoliert, so finden sich darin auf jeweils 10 Millionen Atome nur 13 vom Typ Helium 3; der Rest besteht aus Helium-4-Atomen. Das Helium-3-Atom ist etwas einfacher gebaut als das Helium-4-Atom und besitzt nur drei Viertel von dessen Masse. Der Siedepunkt von Helium 3

liegt bei 3,2 °K, ein ganzes Grad tiefer als der von Helium 4. Während Helium 4 bei Temperaturen unterhalb von 2,2 °K supraflüssig wird, glaubte man dem Helium 3 (dessen Molekül zwar einfacher gebaut, aber dafür auch weniger symmetrisch ist) diese Fähigkeit zunächst absprechen zu müssen. Es handelte sich indes nur um eine Frage der Beharrlichkeit: 1972 schließlich stellte sich heraus, daß Helium 3 bei Temperaturen unter 0,0025 °K in einen superfluiden Helium-II-Zustand übergeht.

Hochdruckphysik

Zu den neuen wissenschaftlichen Horizonten, die im Zuge der Arbeiten zur Verflüssigung von Gasen erschlossen wurden, gehörten die Theorie und Praxis der Erzeugung hoher Drücke. Aus dem Verhalten verschiedenartiger (und nicht nur gasförmiger) Stoffe unter hohem Druck würden sich, so hoffte man, grundlegende Einsichten in das Wesen der Materie und auch in die Beschaffenheit des Erdinneren gewinnen lassen. In 11 km Tiefe unter der Erdoberfläche herrscht ein Druck von 1000 bar, in 650 km Tiefe einer von 200000, in 3200 km Tiefe einer von 1400000 und am Erdmittelpunkt, in 6400 km Tiefe, ein Druck von 3500000 bar. (Die Erde ist freilich ein ziemlich kleiner Planet. Den Druck, der am Mittelpunkt des Saturn herrscht, schätzt man auf über 50000000 bar, den im Zentrum des noch größeren Jupiter herrschenden Druck auf 100000000 bar.)
Das Höchste, was in den Labors des 19. Jahrhunderts an Druck erzeugt werden konnte, lag bei etwa 3000 bar (erzielt in den 1880er Jahren von Emile H. Amagat). Von 1905 an entwickelte dann aber der amerikanische Physiker Percy Williams Bridgman neue Verfahren, mit denen er bald Drücke von 20000 bar erzeugte, wobei die winzigen Metallkammern, die er für seine Experimente benutzte, zerfetzt wurden. Er ging zu stabileren Materialien über und stieß schließlich bis zu einem Druck von einer halben Million bar vor. Für seine hochdruckphysikalische Pionierarbeit erhielt er 1946 den Physik-Nobelpreis.
Mit Hilfe seiner extrem hohen Drücke konnte Bridgman die Atome uand Moleküle etlicher Substanzen zu kompakteren Strukturen zusammenpressen, die manchmal auch nach Beseitigung des Überdrucks bestehen blieben. Er wandelte beispielsweise gewöhnlichen gelben Phosphor, einen nicht elektrisch leitfähigen Stoff, in eine schwarze, leitfähige Zustandsform um. Verblüffende Zustandsänderungen führte er auch bei Wasser herbei. Gewöhnliches Eis hat eine geringere Dichte als flüssiges Wasser. Mit Hilfe hohen Drucks erzeugte Bridgman eine Reihe von Eissorten (Eis II, Eis III usw.), die nicht nur eine größere Dichte als flüssiges Wasser aufwiesen, sondern auch bei Temperaturen weit über dem Gefrierpunkt des Wassers eisförmig waren. Eis VII ist noch bei Temperaturen über dem Siedepunkt von Wasser ein fester Stoff.
Der Diamant führt uns das Spektakulärste vor Augen, was die Hochdruckphysik zu bieten hat. Diamanten bestehen, wie Graphit, aus nichts anderem als kristallisiertem Kohlenstoff. Wenn ein Element in zwei verschiedenen Zustandsformen auftritt, spricht man von *Allotropie*. Diamanten und Graphit sind die eindrucksvollsten Beispiele für dieses Phänomen. Ozon und gewöhnlicher Sauerstoff verkörpern ein weiteres Beispiel. Gelber Phosphor und schwarzer Phosphor bieten, wie soeben bereits erwähnt, ein weiteres Beispiel (darüber hinaus gibt es auch noch roten Phosphor).
Allotrope Formen können höchst unterschiedliche Eigenschaften und äußere Merkmale besitzen; es gibt für diese Unterschiedlichkeit kein schlagenderes Beispiel als das von Graphit und Diamant – abgesehen vielleicht von Kohle und Diamant (Anthrazitkohle ist, chemisch gesehen, eine unreine Varietät von Graphit).
Daß ein Diamant sich von Graphit oder Kohle nur durch einen anderen inneren Aufbau unterscheiden soll, mutet auf den ersten Blick völlig unglaubhaft an; den Chemismus des Diamanten wiesen indes schon 1772 Lavoisier und einige seiner französischen Chemikerkollegen nach. Sie legten zusammen, um sich einen Diamanten kaufen zu können und erhitzten ihn so lange, bis er verbrannte.
Das Gas, das dabei entstand, erwies sich als Kohlendioxid. Später zeigte der britische Chemiker Smithson Tennant, daß die Menge des bei einer solchen Verbrennung entstehenden Kohlendioxids nur unter der Voraussetzung erklärbar ist, daß der Diamant ausschließlich aus Kohlenstoff besteht (ebenso wie Graphit). 1799 schließlich beseitigte der französische Chemiker Guyton de

Morveau alle Zweifel, indem er einen Diamanten in ein Klümpchen Graphit überführte.
Daraus ließ sich nun wirklich kein Geschäft machen; aber weshalb nicht das Umgekehrte probieren? Diamant weist eine um 55% höhere Dichte auf als Graphit. Weshalb nicht einen Brocken Graphit unter Druck setzen und die Atome, aus denen er besteht, zu der für Diamant charakteristischen Struktur zusammenpressen?
Viele Experimentatoren versuchten sich darin, und einige verbreiteten alsbald, wie einst die Alchimisten, Erfolgsmeldungen. Die größte Publizität erlangte der französische Chemiker Ferdinand F. H. Moissan. Er löste Graphit in flüssiger Eisenschmelze auf und berichtete 1893, er habe in der Masse nach dem Abkühlen kleine Diamanten gefunden. Die meisten der Fundstücke waren schwarz, unrein und winzig, aber eines fand sich darunter, das farblos und fast einen Millimeter lang war. Dieser Erfolg fand breite Anerkennung, und lange Zeit galt Moissan als der Mann, der als erster künstliche Diamanten hergestellt hatte. Allerdings konnte sein Versuch niemals erfolgreich wiederholt werden.
Auf der Suche nach dem synthetischen Diamanten blieben wertvolle Zufallsfunde nicht aus. 1891 beispielsweise stieß der amerikanische Erfinder Edward G. Acheson beim Erhitzen von Graphit unter Bedingungen, die er für diamantenträchtig hielt, auf die Verbindung Siliziumkarbid, die er dann unter dem Markenzeichen Carborundum vermarktete. Diese Substanz war, wie sich zeigte, härter als alle bis dahin bekannten Materialien außer Diamant; bis heute ist Siliziumkarbid ein vielbenutztes Schleif- und Poliermittel geblieben.
Wie gut ein Schleifmittel ist, hängt von seiner Härte ab. Mit einem Schleifmittel kann man immer nur Substanzen abschleifen oder polieren, die weniger hart sind als das Mittel selbst; Diamant als das härteste aller Materialien stellt somit das universellste Schleifmittel dar. Die Härte verschiedener Materialien wird gewöhnlich mit Hilfe der *Mohs-Skala* angegeben, die 1818 von dem deutschen Mineralogen Friedrich Mohs eingeführt wurde. Darin sind den Mineralien Zahlen zwischen 1 (Talk) und 10 (Diamant) zugewiesen. Ein Mineral, das eine bestimmte Mohs-Zahl hat, kann alle Stoffe mit niedrigerer Mohs-Zahl ritzen. Carborundum ist in der Mohs-Skala mit der Zahl 9 bedacht. Die Skaleneinteilung ist allerdings nicht linear. Wäre sie es, dann müßte der Härteunterschied zwischen 10 (Diamant) und 9 (Carborundum) viermal so groß sein wie der zwischen 9 (Carborundum) und 1 (Talk).
Warum der Diamant so hart ist, läßt sich an sich unschwer erklären. Beim Graphit sind die Kohlenstoffatome schichtweise angeordnet. Innerhalb jeder Schicht fügen sich die Kohlenstoffatome zu sechseckigen Wabenmustern zusammen, die mosaikartig aneinanderliegen wie Bodenfliesen. Jedes Kohlenstoffatom ist auf symmetrische Weise mit drei anderen verbunden. Da das Kohlenstoffatom klein ist, liegen die Nachbaratome eng beieinander und weisen untereinander starke Bindungen auf. Das Mosaik läßt sich nur schwer auseinanderreißen, aber, da es sehr dünn ist, sehr leicht brechen. Der Abstand zwischen einzelnen »Mosaikflächen« oder Schichten ist verhältnismäßig groß, die Bindungen zwischen den Schichten entsprechend schwach, so daß eine »Schicht« sich unschwer gegen die nächstliegende verschieben läßt. Daher ist Graphit nicht nur recht weich, sondern eignet sich sogar als Schmier- und Gleitmittel.
Beim Diamanten dagegen sind die Kohlenstoffatome in einer absolut symmetrischen, dreidimensionalen Struktur angeordnet. Jedes Kohlenstoffatom ist mit vier anderen Kohlenstoffatomen so verbunden, daß diese vier die Ecken eines gleichförmigen Tetraeders bilden, in dessen Mittelpunkt das erstgenannte Kohlenstoffatom steht. Dies ist eine sehr kompakte Struktur, dank derer der Diamant eine erheblich größere Dichte aufweist als der Graphit. Ein solches Gebilde läßt sich in keine Richtung auseinanderziehen oder brechen, es sei denn mit Brachialgewalt. Auch andere Atome können solche Raumgitter bilden, doch von allen, die hierzu in der Lage sind, ist das Kohlenstoffatom das kleinste und entfaltet somit die stärksten Bindungskräfte. Daher ist Diamant unter den auf der Erdoberfläche herrschenden Bedingungen die härteste Substanz überhaupt.
Beim Siliziumkarbid sind die Kohlenstoffatome zur Hälfte durch Siliziumatome ersetzt. Da diese wesentlich größer sind als erstere, können sie nicht so eng mit ihren Nachbaratomen zusammenrükken – entsprechend schwächer sind die zwischen ihnen wirkenden Bindungskräfte. Daher ist Siliziumkarbid nicht so hart wie Diamant (wenn auch hart genug für viele nützliche Zwecke).
Unter den auf der Erdoberfläche herrschenden

Bedingungen ist die Graphitstruktur des Kohlenstoffs stabiler als die Diamantstruktur. Von daher besteht prinzipiell die Möglichkeit, daß Diamantmaterial sich spontan in Graphit umwandelt. Aber keine Angst, niemand braucht zu befürchten, daß er eines Morgens aufwacht und feststellen muß, daß sein Diamantschmuck über Nacht wertlos geworden ist. Der Zusammenhalt zwischen den Kohlenstoffatomen ist selbst in der weniger stabilen Diamantstruktur so stark, daß ein solcher Umwandlungsprozeß viele Millionen Jahre dauern würde.

Dieser Stabilitätsunterschied macht es um so schwieriger, aus Graphit Diamanten zu machen. Es dauerte bis in die 30er Jahre, ehe die Chemiker endlich das »Druckrezept« für die Umwandlung von Graphit in Diamant erarbeitet hatten. Wie sich zeigte, erforderte eine solche Gitterumwandlung einen Druck von mindestens 10000 bar; auch dann noch ging der Prozeß viel zu langsam vonstatten. Die Anwendung höherer Temperaturen beschleunigte zwar die Umwandlung, erforderte aber auch einen höheren Druck. Bei 1500 °C würde, so die Berechnungen, ein Druck von mindestens 30000 bar erforderlich sein. All dies bewies, daß Moissan und seine Zeitgenossen mit den ihnen zur Verfügung stehenden Mitteln ebensowenig einen Diamanten erzeugt haben konnten, wie die Alchimisten ein Körnchen Gold. (Es gibt Anhaltspunkte dafür, daß Moissan einem seiner eigenen Assistenten auf den Leim ging, der, der ermüdenden Experimente überdrüssig, beschloß, der Sache ein Ende zu machen, indem er einen echten Diamanten in die Eisenschmelze praktizierte.)

Von der Pionierarbeit Bridgmans mit hohen Temperaturen und hohem Druck profitierend, vollbrachte ein Forscherteam der amerikanischen Firma General Electric 1955 das ersehnte Kunststück: Zusammen mit Temperaturen von bis zu 2500 °C wurde ein Druck von 100000 bar und mehr erzeugt. Ferner wurden geringe Mengen eines geschmolzenen Metalls, wie etwa Chrom, verwendet, um einen Flüssigkeitsfilm über das Graphit zu legen. Im Kontakt mit diesem Film wandelte sich Graphit dann in Diamantmaterial um.

1962 war man soweit, einen Druck von 200000 bar bei einer Temperatur von 5000 °C zu erzeugen. Unter diesen Bedingungen läßt sich Graphit direkt, ohne Verwendung eines Katalysators, in Diamantmaterial umwandeln.

Synthetische Diamanten sind zu klein und zu unrein, um als Edelsteine Verwendung finden zu können; sie werden jedoch heute auf kommerzieller Basis für verschiedene prosaischere Verwendungszwecke produziert, vor allem zur Bestükkung von Schleif-, Polier- und Schneidewerkzeugen, für die sie in der Tat den wichtigsten Grundstoff darstellen. Zu Beginn der 70er Jahre war die Technik so weit gediehen, daß gelegentlich ein kleiner Diamant von Schmuckqualität mitproduziert wurde.

Eine erst in jüngerer Zeit unter ähnlichen Temperatur- und Druckbedingungen produzierte Substanz könnte in manchen Anwendungsbereichen an die Stelle der Diamanten treten. Die Rede ist von *Bornitrid,* einer Bor-Stickstoff-Verbindung mit Eigenschaften, die denen von Graphit sehr ähnlich sind (außer daß Bornitrid nicht schwarz ist, sondern weiß). Den gleichen Bedingungen ausgesetzt, unter denen Graphit sich in Diamant umwandelt, vollzieht sich mit Bornitrid eine ähnliche Konversion. Aus einer graphitähnlichen Kristallstruktur gehen die Bornitrid-Moleküle in eine diamantartige Konfiguration über. In dieser neuen Zustandsform wird die Substanz *Borazon* genannt. Borazon ist ungefähr viermal so hart wie Carborundum. Es hat zusätzlich den großen Vorzug, hitzebeständiger zu sein. Während Diamanten bei 900 °C verbrennen, übersteht Borazon diese Temperatur unversehrt.

Bor hat ein Elektron weniger als Kohlenstoff, Stickstoff ein Elektron mehr. Die beiden bauen in Verbindung miteinander eine Struktur auf, die große Ähnlichkeit mit dem Kohlenstoff-Raumgitter hat; die perfekte Symmetrie der Diamant-Konfiguration wird allerdings nicht ganz erreicht, weswegen Bornitrid nicht ganz so hart wie Diamant ist.

Die Arbeiten Bridgmans zur Erzeugung hoher Drücke waren natürlich nicht die letzten. Zu Beginn der 80er Jahre experimentierte Peter M. Bell von der Carnegie Institution mit einer Vorrichtung, die es ermöglicht, eine Substanz zwischen zwei Diamanten zu fixieren und zusammenzuquetschen; er hat dabei einen Druck von 1500000 bar erzeugt, was 40% des am Erdmittelpunkt herrschenden Drucks entspricht. Er traut seinem Instrument noch eine Steigerung bis auf 17000000

bar zu, bevor die Belastbarkeitsgrenze der Diamanten selbst erreicht ist.
Am California Institute of Technology werden mit Hilfe von Schockwellen noch höhere, allerdings nur für kurze Momente auftretende Drücke erzeugt – möglicherweise bis zu 75000000 bar.

Die Metalle

Die meisten Elemente des Periodensystems sind Metalle. Im Grunde kann man nur von etwa 20 der 102 Elemente definitiv sagen, daß sie nichtmetallisch sind. Gleichwohl brauchte die Menschheit relativ lange, bis sie die Metalle zu nutzen begann. Ein Grund hierfür war, daß die metallischen Elemente, von seltenen Ausnahmen abgesehen, in der Natur normalerweise nur in Verbindung mit anderen Elementen vorkommen und weder leicht zu erkennen noch leicht zu gewinnen sind. Der primitive Mensch pflegte zunächst nur Umgang mit solchen Materialien, die sich mit einfachen Techniken wie Schnitzen, Spalten, Zerstoßen und Mahlen oder Schleifen bearbeiten ließen; seine Werkstoffe beschränkten sich daher auf Knochen, Steine und Holz.
Erstmals mit Metallen in Berührung kamen die vorzeitlichen Menschen vielleicht dadurch, daß sie Meteorite oder kleine Goldklümpchen fanden oder in der Asche von Feuern, die auf einem steinigen, ein Kupfererz enthaltenden Untergrund gebrannt hatten, metallisches Kupfer entdeckten. Wie auch immer, diejenigen, die neugierig genug waren bzw. das Glück hatten, Stücke von diesen seltsamen neuen Substanzen zu finden und sich näher mit ihnen beschäftigten, konnten die vielen Vorzüge, die diese Materialien auf sich vereinigten, unschwer erkennen. Metall unterscheidet sich von gewöhnlichem Gestein zunächst einmal dadurch, daß es sich glattpolieren läßt und dann eine schön schimmernde Oberfläche zeigt. Ferner läßt es sich zu dünnem Blech hämmern oder zu Drähten ziehen. Man kann es einschmelzen, in eine Form gießen und wieder fest werden lassen. Es ist viel schöner und flexibler als Gestein und eignet sich für die Herstellung kunstvoller Formen. Das Schmieden von Ornamenten war vermutlich der erste und lange Zeit einzige praktische Zweck, für den Metalle genutzt wurden.
Wegen ihrer Seltenheit, ihrer Attraktivität und ihrer Beständigkeit wurden die Metalle hoch geschätzt und als Waren gehandelt – schließlich wurden sie zu anerkannten Tauschmitteln. Ursprünglich mußten Metallstücke (aus Gold, Silber und Kupfer), die als Zahlungsmittel dienen sollten, einzeln abgewogen werden; um das Jahr 700 v. Chr. herum kamen jedoch in dem kleinasiatischen Königreich Lydien und auf der griechischen Insel Ägina gleichförmige Metallstücke von standardisiertem Gewicht in Gebrauch, die mit einem amtlichen Stempel des Herrschers versehen waren. Noch heute sind Münzen unentbehrlich.
Was den Metallen endgültig zum Durchbruch verhalf, war die Entdeckung, daß man aus manchen von ihnen Werkzeuge oder Waffen formen konnte, die eine schärfere und härtere Schneide hatten als entsprechende Gegenstände aus Stein, und die außerdem diese Schneide auch unter Belastungen beibehielten, die eine steinerne Axt zuschanden gemacht hätten. Für die Metalle sprach darüber hinaus ihre Zähigkeit: Ein Hieb, der eine Holzkeule spalten oder eine steinerne Axt zersplittern lassen würde, fügte einem metallischen Gegenstand gleicher Größe nur eine geringfügige Scharte zu. Diese Vorzüge machten den Nachteil mehr als wett, daß Metalle schwerer waren als Steine und ihre Gewinnung Schwierigkeiten bereitete.
Das erste in nennenswerten Mengen gewonnene Metall war Kupfer; um 4000 v. Chr. war der Umgang mit diesem Metall bereits gang und gäbe. Kupfer selbst ist zu weich, um brauchbare Waffen oder Rüstungen abzugeben (dagegen ist es ein gutes Material für Ornamente), aber wie Funde zeigen, wurde es oft mit ein wenig Arsen oder Antimon zu Legierungen gemischt, die härter waren als das reine Metall. Dann müssen irgendwo Kupfererze geschürft worden sein, die auch Zinn enthielten. Eine Legierung aus Kupfer und Zinn, die *Bronze*, erwies sich als hart genug, um für die Herstellung von Waffen zu taugen. Alsbald lernten die Menschen, das Zinn in gezielten Mengen beizumischen. Die Bronzezeit löste die Steinzeit ab, in Ägypten und im westlichen Asien um 3000

v. Chr., im südöstlichen Europa um 2000 v. Chr. Die Dichtungen Homers, die *Ilias* und die *Odyssee,* bewahren die Erinnerung an diese Epoche der Kulturgeschichte.

Das Eisen war den Menschen schon ebenso früh bekannt wie die Bronze, doch konnte es lange Zeit ausschließlich nur aus Meteoriten gewonnen werden. Es war vorläufig nur ein seltenes und daher wertvolles, auf sporadische Nutzanwendungen beschränktes Metall – bis Techniken für das Einschmelzen von Eisenerz entdeckt und damit praktisch unerschöpfliche Eisenvorräte erschlossen wurden. Das Schwierige daran war, daß die Menschen lernen mußten, ausreichend hohe Temperaturen zu erzeugen und mit ihnen umzugehen. Dazu mußten sie Verfahren entwickeln, mit denen dem Eisen Kohlenstoff zugesetzt und es in die härtere Variante überführt werden konnte, die wir heute *Stahl* nennen. Die Eisenverhüttung setzte um 1400 v. Chr. irgendwo in Kleinasien ein und breitete sich von dort allmählich weiter aus.

Eine mit eisernem Gerät bewaffnete Streitmacht war vom Material her einem mit Bronzewaffen ausgerüsteten Heer haushoch überlegen, vermochte doch ein eisernes Schwert beispielsweise einen bronzenen Schild zu durchbohren. Die kleinasiatischen Hetither waren die ersten, die in größerem Umfang eiserne Waffen einsetzten; so errangen sie denn auch eine Zeitlang die Vorherrschaft im westlichen Asien. Ihre Nachfolge traten dann die Assyrer an; sie verfügten um 800 v. Chr. über eine vollständig eisenbewehrte Streitmacht, die das westliche Asien und den ägyptischen Raum zwei Jahrhunderte lang beherrschte. Etwa um die gleiche Zeit brachten die Dorer das Eisen nach Europa, als sie in Griechenland einfielen und die Achäer besiegten, die den Fehler begangen hatten, der Bronze die Treue zu halten.

Eisen und Stahl

Der Prozeß der Eisengewinnung funktioniert im wesentlichen so, daß Eisenerz (gewöhnlich ein Eisenoxid) im Beisein von Kohlenstoff erhitzt wird. Die Kohlenstoffatome binden den im Eisenoxid enthaltenen Sauerstoff an sich, und zurück bleibt ein Klumpen reinen Eisens. In frühgeschichtlicher Zeit reichten die Temperaturen, die man erzeugen konnte, nicht aus, um das Eisen zum Schmelzen zu bringen. Das Produkt der Verhüttung war kaum mehr als eine zähe Metallmasse, die nur durch Schmieden, d. h. Hämmern in die gewünschte Form gebracht werden konnte: *Schmiedeeisen* also. Eine verbesserte und in größerem Rahmen betriebene Eisenverhüttung setzte im Mittelalter ein. Man bediente sich spezieller Schmelzöfen, deren höhere Betriebstemperatur das Eisen zum Schmelzen brachte. Das glutflüssige Eisen wurde in vorgefertigte Formen geleitet oder gegossen, in denen es erkaltete – man nannte es daher *Gußeisen*. Gußeisen war wesentlich billiger als Schmeideeisen und zudem viel härter, aber es war andererseits spröde und ließ sich nicht schmieden. Die zunehmende Nachfrage nach Eisen beider Sorten trug übrigens zur Entwaldung Englands bei, da alles erreichbare Holz in den Hochöfen verheizt wurde. Im Jahr 1780 demonstrierte der englische Hüttenarbeiter Abraham Darby, daß Koks (kohlenstoffreiche Kohle) einen genauso guten oder gar besseren Brennstoff abgab als *Holzkohle* (verkoktes, d. h. kohlenstoffreiches Holz). Der Raubbau an den Wäldern ließ, zumindest aus dieser Richtung, nach und die länger als ein Jahrhundert währende Vorherrschaft der Kohle als Energieträger begann.

Erst gegen Ende des 18. Jahrhunderts erkannten die Chemiker (dank der Arbeit des französischen Physikers René A. Ferchault de Réaumur), daß die Zähigkeit und Härte von Eisen etwas mit seinem Kohlenstoffgehalt zu tun hat. Um eine in beiderlei Hinsicht maximale Eisenqualität zu erzielen, mußte der Kohlenstoffgehalt zwischen 0,2 und 1,5% liegen; der unter diesen Bedingungen entstehende Stahl ist härter und zäher und ganz allgemein stabiler als Gußeisen und Schmiedeeisen. Bis zur Mitte des 19. Jahrhunderts stand für die Erzeugung von Qualitätsstahl nur eine relativ komplizierte Prozedur zur Verfügung, bei der es darauf ankam, Schmiedeeisen (das an sich schon verhältnismäßig teuer war) mit sorgfältig abgemessenen Dosierungen Kohlenstoff anzureichern. Stahl blieb daher ein Luxusmetall, das nur dort verarbeitet wurde, wo es durch nichts zu ersetzen war – bei der Herstellung von Schwertern und Sprungfedern beispielsweise.

Ein britischer Ingenieur namens Henry Bessemer läutete das Stahlzeitalter ein. Bessemer, der sich ursprünglich vor allem für Kanonen und Projektile interessierte, erfand ein Verfahren zur Herstellung von Geschützrohren, die eine größere Schußweite und höhere Zielgenauigkeit gewährleisten sollten. Napoleon III. von Frankreich zeigte sich interessiert und erbot sich, weitere Entwicklungsarbeiten zu finanzieren. Doch dann machte ein französischer Artillerieexperte das Projekt zunichte, indem er darauf hinwies, daß der für den Vortrieb, der Bessemer vorschwebte, erforderliche Pulvergasdruck die in jener Zeit verwendeten gußeisernen Geschützrohre zerreißen würde. Enttäuscht wandte Bessemer sich der Frage zu, wie sich haltbareres Eisen für Geschütze erzeugen ließ. Er verstand nichts von Metallverhüttung, was immerhin den Vorteil hatte, daß er unvoreingenommen an das Problem herangehen konnte. Gußeisen war spröde wegen seines Kohlenstoffgehalts. Also bestand die Aufgabe darin, den Kohlenstoffgehalt zu verringern.

Konnte man den Kohlenstoff nicht dadurch austreiben, daß man Luft durch die geschmolzene Eisenmasse hindurchblies? Auf den ersten Blick mutete dieser Gedanke lächerlich an. Würde das geschmolzene Metall nicht durch die eingeblasene Luft abgekühlt und fest werden? Bessemer versuchte es trotzdem und stellte fest, daß genau der gegenteilige Effekt eintrat: Die zugeführte Luft bewirkte, daß der Kohlenstoff verbrannte; da bei diesem Verbrennungsprozeß Wärme frei wurde, stieg die Temperatur des Schmelzgutes eher noch an, anstatt abzusinken. Der Kohlenstoff ließ sich austreiben. Durch richtige Steuerung des Prozesses ließ sich mit diesem Verfahren hochwertiger Stahl in größerer Menge und zu verhältnismäßig geringen Kosten produzieren.

1856 stellte Bessemer seinen *Blashochofen* der Öffentlichkeit vor. Die Eisenhersteller stiegen begeistert auf das Verfahren ein und ließen es dann ebenso schnell enttäuscht wieder fallen, als sie feststellen mußten, daß sie damit nur minderwertigen Stahl zustande brachten. Bessemer fand zwar heraus, daß das von der Industrie verwendete Eisenerz Phosphor enthielt (was bei dem Erz, mit dem er arbeitete, nicht der Fall war), und versuchte die Eisenverhütter davon zu überzeugen, daß dies der Grund für den Mißerfolg war. Aus ihrer Enttäuschung heraus wollten sie sich auf einen zweiten Versuch aber lieber nicht einlassen. Bessemer richtete daraufhin mit geborgtem Geld in Sheffield ein eigenes Stahlwerk ein. Aus phosphorfreiem Eisenerz, das er aus Schweden importierte, erzeugte er bald darauf guten Stahl zu einem Preis, mit dem er alle anderen Eisenhütten unterbieten konnte.

1850 fand der britische Metallurge Sidney Gilchrist Thomas heraus, daß er den in geschmolzenem Eisen enthaltenen Phosphor ohne weiteres dadurch aus dem Verkehr ziehen konnte, daß er den Hochofen innen mit Kalkstein und Magnesia auskleidete. Von nun an ließ sich aus fast allen Eisenerzen Stahl erzeugen. Unterdessen hatte der deutsch-britische Erfinder Karl Wilhelm Siemens ein anderes Verfahren zur Beseitigung störender Phosphorbeimengungen enwickelt; dabei wurden in einem offenen »Herd« Roheisen und Eisenerz zusammen erhitzt. Das Zeitalter des Stahls war angebrochen. Dies ist nicht nur eine hochtrabende Phrase. Ohne Stahl wären Wolkenkratzer, Hängebrücken, Ozeanriesen, Eisenbahnen und viele andere Wahrzeichen unserer Epoche fast undenkbar; obwohl inzwischen auch andere Metalle Karriere gemacht haben, ist Stahl für eine Vielzahl von Gebrauchsgegenständen – vom Fahrzeugrahmen bis zum Taschenmesser – nach wie vor der bevorzugte Werkstoff.

(Es wäre selbstverständlich ein Fehler, zu glauben, daß irgendeine einzelne Erfindung zu einer Umwälzung in der Lebensweise der Menschheit führen könnte. Solche Umwälzungen sind immer das Ergebnis eines ganzen Komplexes miteinander verzahnter Erfindungen und Fortschritte. So wären beispielsweise Wolkenkratzer trotz allen Stahls dieser Welt ein Unding, gäbe es nicht jenes uns allzuoft selbstverständlich gewordene Vehikel, den Aufzug. Im Jahr 1861 ließ sich der amerikanische Erfinder Elisha G. Otis einen hydraulischen Aufzug patentieren, und 1889 installierte die von ihm gegründete Firma in einem New Yorker Bürogebäude den ersten elektrisch betriebenen Aufzug.)

Nachdem Stahl zu einem preiswerten Allerweltswerkstoff geworden war, konnte auf breiter Basis mit der Beimischung von Zusatzmetallen experimentiert werden, mit dem Ziel, auf diese Weise Legierungen zu finden, die den Stahl womöglich in der einen oder der anderen Hinsicht noch übertrafen. Der britische Metallurge Robert A. Hadfield leistete auf diesem Gebiet Pionierarbeit. Schon 1882 stellte er fest, daß sich durch Beimischung von Mangan (in einem Mengenanteil von bis zu 13%) eine härtere Stahllegierung erzeugen ließ, mit der man beispielsweise Werkzeuge und Maschinen für besonders harte Einsätze bestücken konnte. Im Jahr 1900 entdeckte man, daß eine Wolfram und Chrom enthaltende Stahllegierung ihre Härte auch bei hohen Temperaturen, selbst in rotglühendem Zustand beibehielt; diese Legierung erwies sich in der Folge als Idealwerkstoff für hochdrehzahlige Werkzeuge – wir zählen sie heute zur Gruppe der *Schnelldrehstähle*. Heutzutage stehen für besondere Verwendungszwecke unzählige weitere Stahllegierungen zur Verfügung, an denen Metalle wie Molybdän, Nickel, Kobalt und Vanadium beteiligt sind.

Das große Problem bei Stahl ist seine Korrosionsanfälligkeit; das *Korrodieren* oder *Rosten* ist ein Prozeß, der auf die Rückkehr elementaren Eisens zu seinem ursprünglichen Rohzustand, dem Eisenoxid, hinausläuft. Man kann dies dadurch zu verhindern versuchen, das Metall durch Aufbringung einer Außenhaut vor dem direkten Kontakt mit der Luft zu schützen, sei es mit einem Lacküberzug oder mit einer Beschichtung aus einem weniger zur Korrosion neigenden Metall wie etwa Nickel, Chrom, Cadmium oder Zink. Eine befriedigendere Lösung des Problems wäre es freilich, eine Legierung zu finden, die erst gar nicht rostet. Im Jahr 1913 stieß der britische Metallurge Harry Brearley zufällig auf eine solche Legierung. Er war auf der Suche nach Stahllegierungen, die sich besonders gut für die Herstellung gezogener Gewehrläufe und Geschützrohre eignen würde. Unter den Proben, die er als ungeeignet verwarf, befand sich eine Nickel-Chrom-Legierung. Monate später bemerkte er unversehens, daß die aus dieser Legierung gefertigten Stücke, die er zusammen mit anderen in einem Schrottbehälter gesammelt hatte, noch völlig blank waren, während alle anderen Rost angesetzt hatten. Das war die Geburtsstunde des *rostfreien* Stahls. Er ist zu weich und zu teuer, um etwa als Baumaterial Verwendung finden zu können, hat sich aber als Werkstoff für Bestecke und kleine Einrichtungsgegenstände, bei denen es eher auf Korrosionsbeständigkeit als auf Härte ankommt, hervorragend bewährt.

Da auf der Welt Jahr für Jahr rund 1 Milliarde Dollar in dem nicht allzu erfolgreichen Bemühen ausgegeben wird, Eisen- und Stahlteile am Rosten zu hindern, ist die Suche nach einem wirksamen Anti-Korrosionszusatz nach wie vor in vollem Gang. Eine interessante Entdeckung aus jüngster Zeit ist die, daß Verbindungen, die Technetium enthalten (man nennt sie auch Pertechnetate), Eisen vor Korrosion schützen. Es ist natürlich sehr unwahrscheinlich, daß dieses seltene, künstlich erzeugte Element jemals in so großen Mengen zur Verfügung stehen wird, daß ein kommerzieller Einsatz möglich wäre; das Studium seines Verhaltens wird aber möglicherweise ungeahnte Einsichten eröffnen. Seine Radioaktivität ermöglicht es den Chemikern, seine Legierungseigenschaften zu verfolgen und nachzuvollziehen, was sich auf der Eisenoberfläche mit ihm vollzieht.

Eine der nützlichsten Eigenschaften des Eisens ist sein kräftiger *Ferromagnetismus*. Das Eisen selbst ist ein idealtypischer *Weichmagnet*, d. h. es wird unter dem Einfluß eines elektrischen oder magnetischen Feldes verhältnismäßig leicht magnetisch; der Grund dafür ist, daß seine Weissschen Bezirke *(s. Kap. 5)* sich bereitwillig parallel ausrichten. Wenn es dem Einfluß des Feldes entzogen wird, baut es seine Magnetisierung ebenso leicht wieder ab, d. h. die Weissschen Bezirke fallen in einen ungeordneten Orientierungszustand zurück. Diese Fähigkeit zur raschen Entmagnetisierung kann nützlich und wünschenswert sein, etwa bei Elektromagneten, bei denen der Eisenkern in dem Moment, da der Strom zu fließen beginnt, rasch magnetisch wird und sich, wenn der Strom abgeschaltet wird, ebenso rasch wieder entmagnetisiert.

Nach dem Zweiten Weltkrieg kam eine neue Klasse weicher Magneten zur Entwicklung, die sogenannten *Ferrite*. Nickelferrit ($NiFe_2O_4$) und Manganferrit ($MnFe_2O_4$), um nur zwei Beispiele zu nennen, finden in Computern Verwendung – als Bauelemente, die imstande sind, sich mit größtmöglicher Leichtigkeit und Schnelligkeit zu magnetisieren und wieder zu entmagnetisieren.

Hartmagnete, deren Weisssche Bezirke sich nur unter Schwierigkeiten ausrichten (oder, wenn sie erst einmal ausgerichtet sind, nur unter Schwierigkeiten wieder in Unordnung bringen) lassen, haben die Tendenz, die einmal aufgebauten magnetischen Eigenschaften über einen langen Zeitraum zu bewahren. Zu den bekanntesten Vertretern dieser Klasse zählen einige Stahllegierungen, wiewohl sich gerade auch unter Legierungen, die wenig oder gar kein Eisen enthalten, einige besonders starke harte Magneten gefunden haben. Das beste Beispiel hierfür ist das 1931 gemischte *Alnico,* be-

stehend (wie am Namen abzulesen) aus Aluminium, Nickel und Kobalt sowie einem geringen Kupferzusatz.
Die 50er Jahre sahen die Entwicklung von Techniken, mittels derer Magnete auf der Basis von Eisenstaub hergestellt werden konnten. Die verwendeten Eisenteilchen waren so klein, daß jedes von ihnen nur aus einem einzigen Weissschen Bezirk bestand. Die Staubteilchen wurden in geschmolzenen Kunststoff eingerührt und magnetisch ausgerichtet; dann ließ man die Kunststoffmasse fest werden, so daß die ausgerichteten Bezirke in ihrer Stellung fixiert wurden. Solche *Plastikmagnete* lassen sich sehr leicht in allen erdenklichen Formen herstellen und können auch eine beachtliche Stärke erreichen.

Neue Metalle

In den letzten Jahrzehnten erlangte eine Reihe neuer Metalle einen außerordentlichen Aufschwung – Metalle, die vor hundert Jahren und zum Teil noch vor wesentlich kürzerer Zeit als praktisch wertlos galten oder gänzlich unbekannt waren. Das schlagendste Beispiel ist das *Aluminium*. Es ist das verbreitetste Metall überhaupt – die Erdkruste birgt 60% mehr Aluminium als Eisen. Es läßt sich dafür auch außerordentlich schwer aus seinen Erzen lösen. 1825 isolierte Hans Christian Oersted (der den Zusammenhang zwischen Elektrizität und Magnetismus entdeckt hatte) erstmals eine geringe Menge elementaren, wenn auch unreinen, Aluminiums. In der Folge bemühten sich viele Chemiker, das Metall in reiner Form zu gewinnen, bis 1854 der Franzose Henri E. Sainte-Claire Deville ein Verfahren entdeckte, das die Extraktion reinen Aluminiums in nennenswerten Mengen erlaubte. Aluminium ist chemisch so aktiv, daß Deville metallisches Natrium einsetzen mußte (das noch aktiver ist), um die Bindungen der Aluminiumatome zu ihren Nachbaratomen aufzubrechen. Eine ganze Zeitlang kostete ein Pfund Aluminium den stolzen Preis von 100 Dollar, war also sozusagen ein Edelmetall. Napoleon III. deckte sich mit Aluminiumbesteck ein und ließ für seinen neugeborenen Sohn eine Rassel aus diesem Metall fertigen. Die Amerikaner setzten, als Zeichen ihrer Verehrung für ihren ersten Präsidenten, dem Washington-Denkmal 1885 einen Baldachin aus gediegenem Aluminium auf.
1886 hörte Charles Martin Hall, Schüler am Oberlin College, seinen Chemielehrer sagen, derjenige, der eine preiswerte Methode zur Herstellung von Aluminium fände, könnte damit ein Vermögen machen; dies beeindruckte ihn so, daß er beschloß, es zu versuchen. In dem Hobbylabor, das er sich in seiner Holzhütte eingerichtete hatte, ging Hall an die Lösung der selbstgestellten Aufgabe, indem er auf die jahrzehntealte Entdeckung Humphry Davys zurückgriff, daß ein durch geschmolzenes Metall geleiteter elektrischer Strom die Metallionen veranlassen kann, sich an der Kathode anzulagern. Auf der Suche nach einem Material, in dem sich Aluminium lösen ließ, stieß er auf Kryolith, ein Mineral, von dem sich nennenswerte Mengen nur in Grönland fanden. (Heutzutage steht synthetisches Kryolith zur Verfügung.) Hall vermischte Aluminiumoxid mit Kryolith, brachte das Gemisch zum Schmelzen und leitete einen elektrischen Strom hindurch. Tatsächlich sammelte sich an der Kathode reines, elementares Aluminium. Mit den ersten auf diese Weise erzeugten Aluminiumbarren in der Tasche, eilte Hall zu seinem Lehrer. (Bei der Aluminium Company of America sind diese Barren noch heute zu bewundern.)
Zufälligerweise entdeckte ein junger französischer Chemiker namens Paul. L. T. Héroult, der genauso alt war wie Hall (22 Jahre), dasselbe Verfahren unabhängig von Hall und im gleichen Jahr. (Um die Duplizität noch weiter zu treiben, starben sowohl Hall als auch Héroult im Jahr 1914.)
Obwohl Aluminium durch das *Hall-Héroult-Verfahren* zu einem preiswerten Metall wurde, blieb es immer teurer als Stahl, einmal weil es weniger abbauwürdige Vorkommen von Aluminiumerzen als von Eisenerzen gibt, und zweitens weil Elektrizität (der Schlüssel zum Aluminium) teurer ist als Kohle (der Schlüssel zum Stahl). Davon abgesehen, hat das Aluminium gegenüber dem Stahl gewichtige Vorzüge. Zum ersten bringt es nur ein Drittel des spezifischen Gewichts von Stahl auf die Waage. Zum zweiten tritt Korrosion beim Aluminium nur in Form eines dünnen, durchsichtigen Oberflächenfilms auf, der die darunterliegenden Schichten vor tiefergehender Korrosion schützt, ohne das Metall äußerlich zu verunstalten.
Reines Aluminium ist zwar ziemlich weich, aber

durch Legierung mit anderen Metallen kann man wesentlich härtere Varianten erzielen. 1906 stellte der deutsche Metallurge Alfred Wilm durch Beimischung einer kleinen Menge Kupfer und einer noch kleineren Menge Magnesium eine Aluminiumlegierung her, die sich durch große Zähigkeit auszeichnete. Er verkaufte sein Patent an die Dürener Metallwerke, die das Produkt unter dem Markennamen Duralumin vermarkteten.
Einige Ingenieure erkannten bald die Bedeutung leichter, aber stabiler Metalle im Flugzeugbau. Nachdem die Deutschen Duralumin im Ersten Weltkrieg beim Bau von Zeppelin-Luftschiffen verwendet und die Briten die Zusammensetzung der Legierung herausbekommen hatten (durch Analyse von Bruchteilen eines abgestürzten Zeppelins), breitete sich dieses neue Metall rasch über die ganze Welt aus. Da Duralumin nicht ganz so korrosionsbeständig war wie Aluminium selbst, beschichteten die Metallurgen es mit einem dünnen Überzug aus reinem Aluminium; das so entstandene Produkt erhielt den Namen Alclad.
Heute gibt es Aluminiumlegierungen, die, auf gleiche Gewichtsmassen bezogen, manche Stähle an Festigkeit übertreffen. Die Entwicklung läuft darauf hinaus, daß Aluminium überall dort an die Stelle von Stahl tritt, wo es mehr auf Leichtigkeit und Korrosionsbeständigkeit ankommt als auf Härte und Stabilität. Aluminium ist, wie jedermann weiß, fast zu einem Universalmetall geworden: zu einem Hauptbestandteil von Flugzeugen und Raketen, von Eisenbahnwaggons und Automobilen, von Haustüren, Gebäudefassaden, Hausdächern und Küchengeräten – ganz zu schweigen von der allgegenwärtigen Alufolie.
Ein noch leichteres Metall als das Aluminium ist das *Magnesium*. Sein Hauptanwendungsgebiet liegt im Flugzeugbau, wie vielleicht nicht anders zu erwarten. Deutsche Flugzeugingenieure experimentierten schon 1910 mit Magnesium-Zink-Legierungen. Nach dem Ersten Weltkrieg ging man immer mehr zu Magnesium-Aluminium-Legierungen über.
Das Magnesium, das auf der Erde viermal seltener vorkommt als das Aluminium, läßt sich, da es chemisch aktiver ist als letzteres, noch schwerer aus seinen Erzen lösen. Glücklicherweise gibt es jedoch eine andere Magnesiumquelle: das Meer. Anders als Aluminium oder Eisen, ist Magnesium im Meereswasser in nennenswerter Konzentration vorhanden. Das Meerwasser enthält in gelöster Form eine große Anzahl von Stoffen; sie machen zusammen etwa 3,5% der Gesamtmasse der Ozeane aus. Unter diesen gelösten Stoffen befindet sich wiederum ein kleines, 3,7% betragendes Kontingent von Magnesiumionen. Die Weltmeere als ganze enthalten somit etwa 2 Billiarden Tonnen Magnesium, mehr, als wir in aller absehbarer Zukunft verbrauchen können.
Schön und gut, aber das Problem war, das Magnesium aus dem Meer zu extrahieren. Man entschied sich für das Verfahren, Meerwasser in große Tanks zu pumpen und Calciumoxid hinzuzugeben (das ebenfalls aus dem Meer gewonnen wird, nämlich aus Austernmuscheln). Das Calciumoxid bildet mit Wasser und den Magnesiumionen Magnesiumhydroxid, das unlöslich ist und daher ausfällt. Mit Hilfe von Salzsäure wird das Magnesiumhydroxid dann in Magnesiumchlorid umgewandelt; dieses wird schließlich mit Hilfe elektrischen Stroms in Chlor und metallisches Magnesium zerlegt.
Im Jahr 1941 präsentierte die amerikanische Firma Dow Chemical die ersten Barren elementaren Magnesiums, das nach diesem Verfahren dem Meer entnommen worden war; damit war der Weg für eine Verzehnfachung der Magnesiumproduktion in den Jahren bis Kriegsende geebnet.
Im Grund können wir jedes Element, das sich auf wirtschaftlich vertretbare Weise aus dem Meerwasser gewinnen läßt, als unerschöpflich betrachten, da es, nachdem es seinen Gebrauchszyklus durchlaufen hat, irgendwann wieder ins Meer zurückkehrt. Unter Berücksichtigung dieser Tatsache hat man Schätzungen angestellt, denen zufolge der Magnesiumgehalt der Meere, wenn die Menschheit dem Meerwasser eine Million Jahre lang hundert Millionen Tonnen Magnesium pro Jahr entzöge, von gegenwärtig 0,13 lediglich auf 0,12% absinken würde.
Wenn Stahl das »Wundermetall« des 19. Jahrhunderts, Aluminium das des frühen 20. und Magnesium das des mittleren 20. Jahrhunderts gewesen ist, was könnte dann der nächste Star unter den Metallen werden? Die Auswahl ist nicht allzu groß. Es gibt nur sieben Metalle, die in der Erdkruste wirklich reichlich vorhanden sind. Außer Eisen, Aluminium und Magnesium sind dies Natrium, Kalium, Calcium und Titan. Natrium, Kalium und Calcium sind chemisch viel zu aktiv, um

zu metallischen Konstruktionselementen verarbeitet werden zu können. (Man denke etwa nur daran, wie heftig sie mit Wasser reagieren.) Übrig bleibt Titan, das auf der Erde in ungefähr achtmal geringerer Menge vorkommt als Eisen.

Titan weist eine ungewöhnliche Häufung guter Eigenschaften auf. Es ist nur wenig mehr als halb so schwer wie Stahl; es hat, auf gleiche Gewichtseinheiten bezogen, eine höhere Festigkeit als Aluminium und Stahl; es ist rostfrei und temperaturbeständig. Aus all diesen Gründen wird Titan heute beim Bau von Flugzeugen, Schiffen und Raketen verwendet, wo immer die genannten Eigenschaften von Nutzen sind.

Warum dauerte es so lange, bis die Qualitäten des Titans erkannt wurden? Weitgehend aus den gleichen Gründen, die auch das Aluminium und das Magnesium zu Spätzündern machten: Titan reagiert zu bereitwillig mit anderen Substanzen und präsentiert sich in seinen unreinen Formen – d. h. in seinen Verbindungen mit Sauerstoff und Stickstoff – als wenig eindrucksvolles Metall – stumpf, spröde und scheinbar nutzlos. Seine Festigkeit und seine übrigen imposanten Qualitäten offenbart es erst in seinem reinen, elementaren Zustand. Es in diesen Zustand zu bringen, erfordert anspruchsvolle chemische Verfahren, die nur im Vakuum oder nur in einem Edelgasmilieu vor sich gehen können. Um so mehr muß man den Metallurgen gute Arbeit bescheinigen, wenn man bedenkt, daß ein US-Pound Titan, das 1947 3000 Dollar gekostet hätte, 1969 für 2 Dollar zu haben war.

Man braucht indes gar nicht unbedingt nach neuen Wundermetallen zu suchen. An so manchen altvertrauten Metallen (und auch an manchen Nichtmetallen) gibt es Eigenschaften zu entdecken, die sie für uns in Zukunft weit »wunderbarer« machen könnten, als sie es heute sind.

Oliver Wendell Holmes erzählt in seinem Gedicht *The Deacon's Masterpiece* die Geschichte eines einspännigen Pferdewagens, der mit sorgfältigem Bedacht darauf gefertigt wurde, daß er absolut keinen schwachen Punkt aufweise. Am Ende gingen alle Teile des Vehikels gleichzeitig zu Bruch – es zerfiel zu Staub. Doch zuvor hatte es 100 Jahre gehalten.

Der Gedanke dieses Gedichts läßt sich auf die Mikrostruktur kristalliner Festkörper, seien sie metallisch oder nichtmetallisch, übertragen. Jedes Kristall ist von submikroskopisch kleinen Kratzern und Rissen gezeichnet und durchzogen. Setzt man es einem genügend hohen Druck aus, so wird die Kristallstruktur an einer dieser schwachen Stellen brechen und der Bruch sich durch den gesamten Kristall fortsetzen. Wenn ein Kristall jedoch, wie Holmes wunderbarer Einspänner, so makellos gebaut werden könnte, daß es keinen schwachen Punkt aufwiese, so könnte es einem weit größeren Druck standhalten.

Solche makellosen Kristalle bilden sich tatsächlich als winzige, *Whisker* genannte Haarkristalle auf der Oberfläche von Kristallen. Man hat bei Kohlenstoffibern Zugfestigkeiten bis zu 198 Tonnen pro cm^2 gemessen – das entspricht dem 15- bis 70fachen der Zugfestigkeit von Stahl. Wenn es gelänge, Verfahren zur Erzeugung defektfreier Metalle (in größeren Mengen) zu entwickeln, sähen wir uns mit Materialien von erstaunlicher Festigkeit konfrontiert. 1968 präsentierten sowjetische Forscher einen winzigen makellosen Wolframkristall, der einem Druck von 230 Tonnen pro cm^2 standhalten könnte (für die besten Stähle liegt der entsprechende Wert bei 30 Tonnen pro cm^2). Aber auch wenn defektfreie Substanzen nicht in großem Maßstab herstellbar wären, so könnten doch gewöhnliche Metalle durch defektfreie Whisker verstärkt werden.

1968 wurde ein neues interessantes Verfahren zur Kombination von Metallen gefunden. Die beiden bestehenden Methoden von Bedeutung waren die Legierung, bei der zwei oder mehr Metalle im geschmolzenen Zustand vermischt werden und zu einer mehr oder weniger homogenen Mischung erkalten, und das Galvanisieren, bei dem ein Metall auf das andere aufgebracht und fest mit ihm verbunden wird. (Gewöhnlich wird eine dünne Schicht eines wertvollen Metalls auf die Oberfläche eines massiven Körpers aus einem billigeren Metall aufgebracht wie beispielsweise bei der Vergoldung eines unedlen Metalls.)

1968 unternahmen der amerikanische Metallurge Newell Cook und seine Mitarbeiter den Versuch, die Oberfläche eines Platinstücks mit Silizium zu beschichten. Als Flüssigkeit, in die das Platin eingetaucht lag, diente eine Alkalifluoridschmelze. Der erwartete Beschichtungsvorgang vollzog sich nicht. Was an seiner Stelle offenbar passiert war, daß das geschmolzene Fluorid den sehr dünnen Film aus gebundenem Sauerstoff, der normalerweise selbst den korrosionsbeständigen Metallen anhaftet, auflöste und die Oberfläche des Platinstücks für die Siliziumatome entblößte. Diese setzten sich, statt sich im Verbund mit den Sauerstoffatomen auf die Oberfläche des Platins zu legen, regelrecht in derselben fest. Das Ergebnis war, daß eine dünne äußere Schicht des Platins zur Legierung wurde.

Cook blieb am Ball und fand heraus, daß viele Substanzen auf diese Weise dazu veranlaßt werden können, in die Oberfläche eines reinen (oder auch eines legierten) Metalls einzudringen und eine dünne »Legierungs-Beschichtung« entstehen zu lassen. Cook nannte den Vorgang *Metallidierung* und zeigte bald Möglichkeiten seiner Nutzbarmachung auf. Kupfer, dem im normalen Legierungsvorgang ein zwei- bis vierprozentiger Beryllium-Anteil beigemischt wird, gewinnt dadurch beträchtlich an Festigkeit. Dasselbe Resultat läßt sich erreichen, wenn man Kupfer *beryllidiert,* wozu man eine weit geringere Menge des verhältnismäßig kostbaren Berylliums benötigt. In ähnlicher Weise gewinnt Stahl, der mit Bor metallidiert (d. h. *boridiert*) wird, an Härte. Der Zusatz von Silizium, Kobalt oder Titan nach dem Metallidierungsverfahren bringt ebenfalls verschiedenartige Qualitätsverbesserungen hervor.

Wie all dies zeigt, können Wundermetalle, wenn man sie nicht in der Natur findet, notfalls auch als Produkt menschlichen Schöpfergeistes erzeugt werden.

Das Atom und seine Teilchen

Das Atom

Wie im vorigen Kapitel erwähnt, war man sich um die Jahrhundertwende darüber klar, daß das Atom nicht der einfache, unteilbare letzte Baustein der Materie war, sondern daß es mindestens ein subatomares Teilchen enthielt – das von J. J. Thomson identifizierte Elektron. Thomson äußerte die Vorstellung, die Elektronen steckten in dem (positiv geladenen) Hauptkörper des Atoms wie Speckstücke in einem Knödel.

Die Entdeckung der Teilchen

Sehr bald wurde jedoch deutlich, daß das Atom noch aus weiteren Teilchen bestand. Als Becquerel die Radioaktivität entdeckte, konnte er zeigen, daß radioaktive Stoffe eine aus Elektronen bestehende Strahlung aussandten; daneben wurden aber auch andere Strahlungsarten entdeckt. Die Curies in Frankreich und Ernest Rutherford in England stießen auf eine, die weniger durchdringend war als die Elektronenstrahlung. Rutherford schlug für sie die Bezeichnung *Alphastrahlen* und für die Elektronen die Bezeichnung *Betastrahlen* vor. Die strömenden Elektronen, aus denen sich die Betastrahlung zusammensetzt, heißen einzeln betrachtet auch *Betateilchen*. Als sich herausstellte, daß auch die Alphastrahlung aus Partikeln bestand, gab man diesen den Namen *Alphateilchen*. Alpha (α) und Beta (β) sind die beiden ersten Buchstaben des griechischen Alphabets.
Der französische Chemiker Paul Ulrich Villard entdeckte einen dritten Typus radioaktiver Strahlen; diese wurden, nach dem dritten Buchstaben des griechischen Alphabets (γ), *Gammastrahlen* benannt. Die Gammastrahlung wurde rasch als eine elektromagnetische Strahlung identifiziert, die der Röntgenstrahlung ähnlich, aber in einem Bereich noch kürzerer Wellenlängen angesiedelt war.
Mit Hilfe von Experimenten stellte Rutherford fest, daß Alphateilchen von einem Magnetfeld nicht annähernd so stark abgelenkt wurden wie Betateilchen. Außerdem wurden sie nach der entgegengesetzten Richtung abgelenkt, woraus man schließen konnte, daß die Alphateilchen im Gegensatz zu den Betateilchen (= Elektronen) positiv geladen sein mußten. Aus dem Ausmaß der Ablenkung ließ sich errechnen, daß ein Alphateilchen mindestens die zweifache Masse eines Wasserstoffions – des Teilchens mit der geringsten bis dahin bekannten positiven Ladung – besitzen mußte. Wie stark ein Teilchen von einem Magnetfeld abgelenkt wird, hängt sowohl von seiner Masse als auch von seiner Ladung ab. Wenn also die positive Ladung eines Alphateilchens derjenigen eines Wasserstoffions entsprach, so mußte ersteres die doppelte Masse des letzteren besitzen; wenn seine Ladung doppelt so groß war, mußte es die vierfache Masse eines Wasserstoffions besitzen usw. *(Abb.)*.
1909 schuf Rutherford in dieser Frage Klarheit, als er erstmals Alphateilchen isolierte. Er füllte etwas radioaktives Material in ein dünnwandiges Glasröhrchen, das in einem dickwandigen, luftleer gepumpten Glaszylinder eingeschlossen war. Die Alphateilchen konnten die dünne Wand des inneren, nicht aber die dicke des äußeren Glasbehälters durchdringen. Von letzterer prallten sie sozusagen zurück und verloren dabei Energie, so daß sie nun auch nicht mehr imstande waren, das dünne Glas

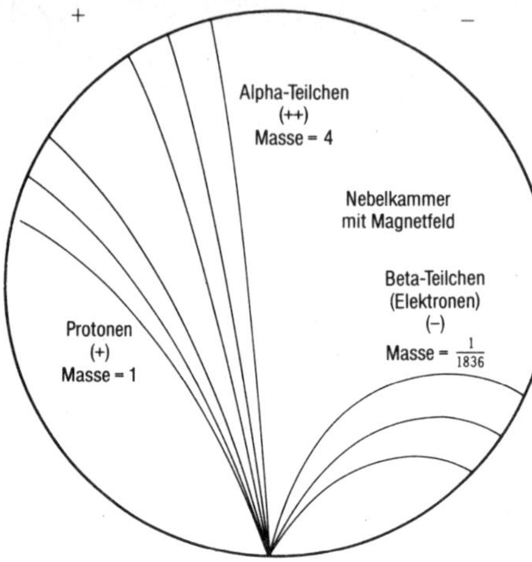

Ablenkung elektrisch geladener Teilchen durch ein Magnetfeld.

zu durchdringen. Sie waren also gleichsam in dem luftleeren Zwischenraum eingesperrt. Jetzt schickte Rutherford einen elektrischen Strom durch das Vakuum, der die Alphateilchen zum Glühen anregte. Als Rutherford ihre Spektrallinien untersuchte, stellte sich heraus, daß es genau diejenigen von Helium waren. (Seither ist deutlich geworden, daß es die in der Erdkruste vorhandenen radioaktiven Minerale sind, die Alphateilchen aussenden, und für das Vorhandensein von Helium in manchen Erdgaslagerstätten verantwortlich sind.) Wenn ein Alphateilchen nichts anderes ist als ein Heliumatom, dann muß es die vierfache Masse eines Wasserstoffions besitzen. Das bedeutet, daß seine positive Ladung zwei Einheiten betragen muß (wenn man die Ladung des Wasserstoffions als Maßeinheit zugrunde legt).

Später identifizierte Rutherford noch ein weiteres positiv geladenes subatomares Teilchen. Tatsächlich waren Partikel dieses Typs schon viele Jahre zuvor registriert worden, damals aber unerkannt geblieben. 1886 hatte der deutsche Physiker Eugen Goldstein bei Versuchen mit einer Kathodenstrahlröhre, in die er eine perforierte Kathode eingebaut hatte, eine neue Strahlung entdeckt, die durch die Perforationslöcher der Kathode in die der Strömungsrichtung der Kathodenstrahlung selbst entgegengesetzte Richtung verlief. Er prägte dafür die vorläufige Bezeichnung *Kanalstrahlen*. Es waren Strahlen dieses Typs, anhand derer er 1902 erstmals gelang, den Doppler-Fizeau-Effekt *(s. Kap. 2)* an Licht aus einer irdischen Quelle zu demonstrieren. Der deutsche Physiker Johannes Stark »beschoß« mit den Strahlen ein Spektroskop und konnte zeigen, daß die auf das Gerät zurasenden Strahlen die erwartete Violettverschiebung aufwiesen. Für diesen Nachweis erhielt er 1919 den Physik-Nobelpreis.

Da die Kanalstrahlen sich genau in die Gegenrichtung der negativ geladenen Kathodenstrahlen bewegten, schlug Thomson vor, sie *positive Strahlen* zu nennen. Es stellte sich heraus, daß die Teilchen, aus denen sie bestanden, ohne Schwierigkeiten durch Materie hindurchdringen konnten. Daraus durfte man schließen, daß sie wesentlich kleiner waren als gewöhnliche Ionen oder Atome. Aus dem Ausmaß der Ablenkung, die sie durch ein Magnetfeld erfuhren, ergab sich, daß die kleinsten dieser Partikel dieselbe Ladung und Masse wie ein Wasserstoffion haben mußten. Wenn man nun annahm, daß das Wasserstoffion Träger der kleinstmöglichen positiven Ladung überhaupt war, dann bedeutete dies, daß das die positive Strahlung konstituierende Teilchen das positive Elementarteilchen schlechthin sein mußte – das Gegenstück zum Elektron. Rutherford taufte es auf den Namen *Proton* (nach dem griechischen Wort für »das Erste«).

Das Proton und das Elektron sind in der Tat Träger einer gleich großen, wenn auch entgegengesetzten elektrischen Ladung – obwohl das Proton eine 1836mal größere Masse besitzt als das Elektron. Somit lag die Vermutung auf der Hand, daß ein Atom sich aus Protonen und Elektronen zusammensetzt, deren Ladungen einander die Waage halten. Die Tatsache, daß Elektronen sich verhältnismäßig leicht aus einem Atom heraussprengen lassen, Protonen jedoch nicht, deutete darauf hin, daß die Protonen das Innere, den Kern, eines Atoms bilden mußten. Die große Frage lautete nun: Wie genau baut sich ein Atom aus diesen nunmehr identifizierten Teilchen auf?

Der Atomkern

Rutherford selbst kam der Antwort auf die Spur. Zwischen 1906 und 1908 beschäftigte er sich kaum

mit etwas anderem, als dünne Metallfolien (aus Gold, Platin und anderen Metallen) mit Alphateilchen zu beschießen; er hoffte, auf diese Weise etwas über die atomare Struktur dieser Metalle herauszufinden. Die meisten seiner »Geschosse« durchdrangen die Folien ohne anzustoßen (wie etwa Gewehrkugeln das Blätterwerk eines Baumes durchdringen können). Aber es gab auch Ausnahmen: Wie Rutherford feststellte, zeichnete sich auf der fotografischen Platte, die hinter der Metallfolie als Auffangschirm diente, im Umkreis des zentralen Trefferbereichs eine Streuzone ab, die Einschläge vereinzelter, mehr oder weniger weit vom Weg abgekommener Alphateilchen aufwies – einige wenige Teilchen prallten sogar geradewegs zurück! Es schien so, als ob ein Teil der Geschosse nicht nur auf »Blätterwerk« gestoßen wäre, sondern auf ein weit massiveres Hindernis.
Rutherford mutmaßte, daß sie auf so etwas wie einen kompakten Kern geprallt waren, der nur einen sehr kleinen Teil des Gesamtvolumens des Atoms ausfüllte. Der weitaus größte Teil eines Atoms mußte wohl, so schien es, von Elektronen besetzt sein. Alphateilchen, die sich ihren Weg durch eine Metallfolie bahnten, trafen in der Regel nur auf Elektronen. Und diese extrem leichten Teilchen schubsten sie beiseite, ohne selbst von ihrer Bahn abgelenkt zu werden. Hin und wieder traf jedoch ein Alphateilchen zufällig auf den kompakteren Kern eines Atoms und prallte an ihm ab. Daß dies nur sehr selten vorkam, war ein Zeichen dafür, daß die Atomkerne wirklich sehr klein sein mußten, denn selbst auf dem Weg durch eine dünne Metallfolie mußte ein Alphateilchen vielen Tausenden Atomen begegnen.
Es war logisch anzunehmen, daß der massive Kern eines Atoms aus Protonen bestand. Rutherford stellte sich die Sache so vor, daß die Protonen eines Atoms sich in dessen Zentrum zu einem winzigen *Atomkern* zusammenballten. (Mittlerweile ist nachgewiesen worden, daß der Durchmesser dieses Kerns nicht viel mehr als den 100000sten Teil des Durchmessers des Gesamtatoms ausmacht.)
So sieht also das Grundmodell eines Atoms aus: ein positiv geladener Kern, der nur sehr wenig Raum einnimmt, aber fast die gesamte Masse des Atoms auf sich vereinigt, sowie ein Schwarm von Elektronen, der fast das gesamte Volumen des Atoms für sich beansprucht, aber nur einen verschwindend geringen Anteil an seiner Masse hat. Für seine bedeutenden Pionierarbeiten zur Enträtselung des inneren Aufbaus der Materie wurde Rutherford 1908 mit dem Nobelpreis für Chemie ausgezeichnet.
Damit hatten die Physiker eine tragfähige Grundlage für die Erklärung des Verhaltens verschiedener Atome. Das Wasserstoffatom beispielsweise besitzt nur ein einziges Elektron. Wenn dieses ihm abhanden kommt, schließt sich das entblößte Proton, so schnell es kann, mit einem benachbarten Molekül zusammen. Wenn es ihm aber in Ermangelung eines solchen Partners nicht gelingt, an einem fremden Elektron zu partizipieren, verhält es sich wie ein Proton (also ein subatomares Teilchen) und kann in dieser Zustandsform Materie durchdringen und, sofern es über genügend Energie verfügt, mit anderen Atomkernen reagieren.
Helium ist viel zurückhaltender im Abgeben von Elektronen. Seine beiden Elektronen bilden, wie im vorigen Kapitel ausgeführt, eine voll besetzte Schale, demzufolge sich das Atom durch seine Reaktionsträgheit auszeichnet. Wenn ein Heliumatom jedoch seiner beiden Elektronen beraubt wird, wird es zu einem Alphateilchen, d. h. zu einem subatomaren Partikel, das Träger zweier positiver Ladungseinheiten ist.
Das dritte Element des Periodensystems, das Lithium, weist in jedem Atom drei Elektronen auf. Verliert es eines oder zwei von ihnen, so wird es zum Ion. Verliert es alle drei, so wird es ebenfalls zu einem entblößten, drei positive Ladungseinheiten tragenden Kern.
Die Zahl der in einem Atomkern vereinigten positiven Ladungseinheiten muß natürlich genau der Sollzahl der Elektronen des betreffenden Atoms entsprechen, damit es als Ganzes elektrisch neutral ist. Die Ordnungszahlen der Elemente spiegeln die Anzahl der positiven Ladungseinheiten ihrer Atomkerne wider und nicht unbedingt die Anzahl der Elektronen, denn diese kann variieren, während die Zahl der Protonen in der Regel unveränderlich ist.
Kaum war dieser strukturell befriedigende Bauplan des Atoms ausgearbeitet, als eine neue Komplikation auftauchte. Zwischen der Anzahl der in einem Kern vereinigten Ladungseinheiten und der Masse des Kerns bestand ganz und gar keine Entsprechung, außer im Falle des Wasserstoffatoms. Der Heliumkern beispielsweise hatte zwei posi-

tive Ladungseinheiten, aber die vierfache Masse des Wasserstoffkerns. Diese Diskrepanz wurde größer und größer, je weiter man sich im Periodensystem nach hinten bewegte. Beim Uran stand eine Masse, die 238 Protonen entsprach, einer Ladungszahl von 92 gegenüber.

Wie konnte ein Kern, der vier Protonen enthielt (wie man es vom Heliumkern annahm), nur zwei positive Ladungseinheiten aufweisen? Die erste und einfachste Hypothese lautete, der Kern enthalte eigentlich vier positive Ladungseinheiten, von denen jedoch zwei durch die Gegenwart negativ geladener Teilchen von vernachlässigbarer Masse neutralisiert wurden. Natürlich dachte man dabei sofort an Elektronen. Die Ungereimtheiten ließen sich beseitigen, indem man einfach annahm, daß der Heliumkern aus vier Protonen und zwei neutralisierenden Elektronen bestand, was unter dem Strich zwei positive Ladungseinheiten ergab. Entsprechendes galt bei den übrigen Elementen bis hin zum Uran, dessen Kern neben 238 Protonen 146 Elektronen enthalten mußte, was eine Nettosumme von 92 positiven Ladungseinheiten ergab. Zusätzliche Plausibilität erhielt diese Vorstellung dadurch, daß, wie man wußte, radioaktive Elemente Elektronen – oder, anders gesagt, Betateilchen – abstrahlten.

Dieses Strukturmodell des Atoms blieb über ein Jahrzehnt lang der Weisheit letzter Schluß, bis sich aus einer unerwarteten Richtung eine befriedigendere Lösung des Problems anbot. Schon vorher allerdings waren einige ernsthafte Einwände gegen das Modell erhoben worden. Wenn der Atomkern nur aus Protonen und den leichten, zur Kernmasse praktisch nichts beitragenden Elektronen bestand, warum standen dann die Massen der verschiedenen Atomkerne nicht in ganzzahligen Verhältnissen zueinander? Atomgewichtsmessungen besagten beispielsweise, daß der Kern des Chloratoms die 35,5fache Masse des Wasserstoffkerns besaß. Hieß das, daß das Chloratom 35,5 Protonen enthielt? Kein Wissenschaftler konnte sich mit der Vorstellung anfreunden, daß es ein halbes Proton geben könnte.

Die Antwort auf diese spezifische Frage wurde gefunden, bevor das Problem auf genereller Ebene gelöst wurde. Es lohnt sich, diese Geschichte nachzuerzählen.

Isotope

Gleichartige Bausteine

Schon 1816 hatte ein engischer Arzt namens William Prout die These aufgestellt, die Atome aller Elemente seien aus Wasserstoffatomen zusammengebaut. Als im Lauf der Zeit immer mehr Atomgewichte bestimmt wurden, legte man die These Prouts zu den Akten, zeigte es sich doch, daß die Atomgewichte vieler Elemente, bezogen auf den Sauerstoff (dessen Atomgewicht auf 16 festgesetzt wurde), keine ganzzahligen Werte aufwiesen. Chlor beispielsweise hatte das Atomgewicht 35,453, Antimon hatte 121,75, Barium 137,34, Bor 10,811, Cadmium 112,40.

Um die Jahrhundertwende herum stellten sich dann einige verblüffende Befunde ein, aus denen sich letzten Endes die Lösung des Rätsels ergab. Der Engländer William Crookes (derselbe, der die Crookessche Röhre erfunden hatte) isolierte aus einer Uranprobe eine geringe Menge einer Substanz, die sich als viel stärker radioaktiv erwies als das Uran selbst. Er äußerte die Vermutung, das Uran selbst sei gar nicht radioaktiv, sondern nur diese Beimischung, die er als Uran X bezeichnete. Henri Becquerel wiederum entdeckte, daß das um jenen stark strahlenden Anteil bereinigte, nur schwach radioaktive Uran mit der Zeit irgendwie an Radioaktivität hinzugewann. Ließ man es stehen, so konnte man daraus nach einiger Zeit wieder hoch aktives Uran X extrahieren. Uran verwandelte sich also durch seinen Zerfall in das noch weit radioaktivere Uran X.

Dann gelang es Rutherford, ein ähnlich stark radioaktives Thorium X aus einer Menge normalen Thoriums zu isolieren; er stellte fest, daß auch bei Thorium, analog zum Uran, eine ständige Neuproduktion von Thorium X stattfand. Es war zu dieser Zeit bereits bekannt, daß das bekannteste radioaktive Element überhaupt, das Radium, beim Zerfall das radioaktive Gas Radon bildete. Aus all dem zogen Rutherford und sein Assistent, der Chemiker Frederick Soddy, den generellen

Schluß, daß radioaktive Atome sich, indem sie ihre Teilchenstrahlung abgaben, in radioaktive Atome zweiter Generation verwandelten.

Die Chemiker begaben sich auf die Suche nach den Produkten solcher Verwandlungsprozesse und warteten mit einer ganzen Garnitur neuer Substanzen auf, die sie mit Namen belegten wie Radium A, Radium B, Mesothorium I, Mesothorium II und Aktinium C. Diese Substanzen wurden, sortiert nach dem Element, von dem sie abstammten, drei verschiedenen Reihen zugeordnet. Die eine Reihe nahm ihren Anfang beim Uran, die andere beim Thorium, und eine dritte ging von Aktinium aus. (Später stellte sich heraus, daß das Aktinium selbst ein radioaktives Mutterelement hatte, das *Protaktinium*.) Alles in allem enthielten diese Reihen rund 40 identifizierte Substanzen, von denen jede eine eigene, individuelle Strahlungscharakteristik aufwies. Alle drei Reihen mündeten in einen Punkt ein: Bei allen stand am Ende des fortlaufenden Zerfallprozesses das stabile Element Blei.

Nun lag auf der Hand, daß diese 40 Substanzen nicht lauter verschiedene Elemente sein konnten, denn schließlich lagen zwischen dem Uran (92) und dem Blei (82) im Periodensystem nur 10 Plätze, die noch dazu bis auf zwei von bekannten Elementen besetzt waren. In der Tat fanden die Chemiker heraus, daß ungeachtet ihrer unterschiedlichen radioaktiven Eigenschaften einige der Substanzen sich in ihrer chemischen Beschaffenheit aufs Haar glichen. So wiesen beispielsweise schon 1907 die amerikanischen Chemiker Herbert N. McCoy und William H. Ross nach, daß das Radiothorium, eines der Zerfallsprodukte des Thoriums, sich chemisch völlig gleich verhielt wie Thorium selbst. Radium D verhielt sich chemisch ganz genauso wie Blei; es wurde denn auch vielfach als Radioblei bezeichnet. All dies deutete darauf hin, daß die fraglichen Substanzen in Wirklichkeit Varianten anderer Elemente waren: das Radiothorium eine Variante des Thoriums, das Radioblei eine Unterart des Bleis usw.

1913 legte Soddy diesen Gedanken in klarer und einleuchtender Form dar und entwickelte ihn weiter. Er zeigte, daß ein Atom, das ein Alphateilchen aussendet, sich dadurch in eine Varietät des im Periodensystem zwei Plätze tiefer rangierenden Elements verwandelt, während ein Atom, das ein Betateilchen abstrahlt, zu einer Variante des einen Platz höher rangierenden Elements wird. Dieser Anschauung zufolge gehörte das Radiothorium in einen Topf mit dem Thorium, desgleichen die Substanzen mit den Bezeichnungen Uran X_1 und Uran Y – alle drei waren demnach nichts anderes als Varianten des Elements 90. Analog waren Radium D, Radium B, Thorium B und Aktinium B allesamt Varianten des Elements 82, Blei.

Für die Mitglieder einer Gruppe chemisch gleichartiger, auf derselben Stufe des Periodensystems rangierender Substanzen schuf Soddy die Bezeichnung *Isotope* (abgeleitet von einem griechischen Ausdruck mit der Bedeutung »gleiche Position«). Er erhielt 1921 den Chemie-Nobelpreis.

Das Protonen-Elektronen-Modell des Atomkerns fügte sich mit Soddys Isotopentheorie ausgezeichnet zusammen (es erwies sich später gleichwohl als falsch). Wenn einem Kern ein Alphateilchen verloren ging, so verringerte sich die Zahl seiner positiven Ladungseinheiten um 2, also genau um den Betrag, der bewirkte, daß es im Periodensystem 2 Plätze nach unten rutschte. Auf der anderen Seite vermehrte der Verlust eines Elektrons (das als Betateilchen abstrahlt) die Zahl der nichtneutralisierten, d. h. positiv geladenen Protonen im Kern, und damit dessen Kernladungszahl, um eins. Das bedeutete, daß das betreffende Element um eine Ordnungszahl nach oben rutschte.

Wie geht es zu, wenn Thorium über zwei Zwischenstationen hinweg zu Radiothorium zerfällt, daß das Zerfallsprodukt immer noch ein Thorium-Isotop ist? Nun, im Verlauf dieses Zerfallsprozesses verliert das Thoriumatom zunächst ein Alphateilchen, dann ein Betateilchen und dann ein zweites Betateilchen. Wenn wir die seinerzeit herrschende Vorstellung von der Struktur des Atomkerns zugrunde legen, dann hat das Thoriumatom vier Protonen und vier Elektronen verloren (zwei der letzteren zusammen mit dem Alphateilchen – in Wirklichkeit verhält es sich anders, aber für das Ergebnis tut das nichts zur Sache). Der Thoriumkern hatte ursprünglich 232 Protonen und 142 Elektronen (wiederum in der Sichtweise des mittlerweile überholten Modells). Nach dem Verlust von vier Protonen und vier Elektronen weist es noch 228 Protonen und 138 Elektronen auf. In beiden Fällen beträgt die Zahl der nicht neutralisierten Protonen 90 (232 − 142 bzw. 228 − 138). Die Ordnungszahl 90 ist also trotz des Zerfalls bestehen geblieben. Das Radiothorium weist, wie das Thorium, 90 den Kern umkreisende Elektronen auf. Da die chemischen Eigenschaften eines Atoms durch Zahl und Anordnung seiner Elektronen bestimmt werden, verhalten Thorium und Radiothorium sich in chemischer Hinsicht identisch, ungeachtet der Diskrepanz zwischen ihren Atomgewichten (232 gegenüber 228).

Die Isotope eines Elements sind durch ihr Atomgewicht, auch *Massenzahl* genannt, definiert. So wird etwa normales Thorium als ^{232}Th bezeichnet und Radiothorium als ^{228}Th. Die radioaktiven Isotope des Bleis heißen ^{210}Pb (Radium D), ^{214}Pb (Radium B), ^{212}Pb (Thorium B) und ^{211}Pb (Aktinium B).

In der Folge stellte sich heraus, daß Isotope nicht nur bei radioaktiven, sondern auch bei stabilen Elementen vorkommen. Man erkannte beispielsweise, daß die drei vorhin erwähnten radioaktiven Zerfallsreihen zu drei unterschiedlichen Blei-Isotopen hinführen. Die Endstation der Uranreihe ist ^{206}Pb, die der Thoriumreihe ^{208}Pb und die der Aktiniumreihe ^{207}Pb. Jedes dieser drei ist ein »normales«, stabiles Blei-Isotop; zu unterscheiden sind die drei nur an ihrem unterschiedlichen Atomgewicht.

Nachweisen ließ sich die Existenz stabiler Isotope mit Hilfe eines Geräts, dessen Erfinder Francis W. Aston, ein Assistent von J. J. Thomson, war. Es war eine Vorrichtung, die die feinen Unterschiede maß, die auftraten, wenn Ionen verschiedener Isotope durch ein Magnetfeld abgelenkt wurden. Aston nannte das Gerät *Massenspektrograph*. 1919 konnte Thomson mit Hilfe eines der ersten Geräte dieser Art zeigen, daß das Edelgas Neon aus Atomen zweier unterschiedlicher Varietäten bestand, von denen eines die Massenzahl 20, das andere die Massenzahl 22 hatte. ^{20}Ne war das häufigere Isotop, während die ^{22}Ne-Variante nur einen Anteil von rund 10% hielt. (Später wurde noch ein drittes Isotop entdeckt, ^{21}Ne, das jedoch – wenigstens bei dem in der Atmosphäre vorhandenen Neon – durchschnittlich unter 400 Neonatomen nur einmal auftritt.)

Jetzt löste sich endlich das Rätsel der nicht ganzzahligen Atomgewichte so vieler Elemente. Der für das Atomgewicht des Neons festgestellte Wert von 20,183 verkörpert lediglich das Durchschnittsgewicht der drei unterschiedlich schweren (und in unterschiedlichen Anteilen vertretenen) Isotope, aus denen sich dieses Element normalerweise zusammensetzt. Jedes Einzelatom hat eine ganzzahlige Massenzahl, aber die unter dem Strich resultierende durchschnittliche Massenzahl – das Atomgewicht – stellt sich als Bruch dar.

Wie Aston in der Folge zeigen konnte, gab es auch unter den häufigeren stabilen Elementen etliche, bei denen sich zwei oder mehr Isotopen mischten. So bestand etwa Chlor mit seinem Atomgewicht von 35,453 aus den Isotopen ^{35}Cl und ^{37}Cl, gemischt im Häufigkeitsverhältnis von 3 zu 1. Aston erhielt 1922 den Nobelpreis für Chemie.

In der Rede, die er anläßlich der Preisverleihung hielt, sagte Aston ausdrücklich voraus, daß es eines Tages möglich sein werde, die im Atomkern gebundene Energie nutzbar zu machen; er sah sowohl das Atomkraftwerk als auch die Atombombe voraus *(s. Kap. 10)*. 1935 gelang es dem kanadisch-amerikanischen Physiker Arthur J. Dempster mit Hilfe des von Aston erfundenen Massenspektrographen, einen großen Schritt in diese vorgezeichnete Richtung zu tun. Er zeigte, daß unter jeweils 1000 Uranatomen 993 Isotope vom Typ ^{238}U und 7 vom Typ ^{235}U waren. Von welcher Tragweite diese Erkenntnis war, blieb den Atomphysikern nicht lange verborgen.

Somit war, nach hundert Jahren des Pirschens auf falschen Fährten, die Idee des Arztes Prout rehabilitiert. Die Elemente sind aus einheitlichen Bausteinen zusammengesetzt – wenn auch nicht aus Wasserstoffatomen, wie Prout glaubte, so doch aus Bauelementen von der Masse eines Wasserstoffatoms. Daß sich dies im Gewicht der Elemente nicht exakt widerspiegelt, liegt daran, daß gegebene Mengen eines Elements in der Regel stets ein Gemisch aus Isotopen darstellen, die aus einer unterschiedlichen Zahl von Einheitsbausteinen bestehen. Tatsächlich ist nicht einmal der Sauerstoff, dessen Atomgewicht (16) als Bezugsgröße zur Messung der relativen Gewichte der anderen Elemente diente, ein vollkommen »reines« Element. Auf jeweils 10000 »normale« Sauerstoffatome mit der Massenzahl 16 kommen 20 ^{18}O und 4 ^{17}O-Isotope.

Es gibt auch einige wenige Elemente, von denen nur ein einziges Isotop existiert. (Von einem »einzigen Isotop« zu sprechen, ist eigentlich ein sprachlicher Fauxpas und etwa ebenso unsinnig, als wenn man sagen würde, eine Frau habe einen »einzelnen Zwilling« geboren.) Zu diesen Elementen gehören das Beryllium, dessen Atome allesamt die Massenzahl 9 aufweisen, das Fluor, das ausschließlich aus ^{19}F-Kernen besteht, das Aluminium, das nur als ^{27}Al auftritt, und einige weitere. Ein durch seine Massenzahl näher bestimmter Atomkern wird nach einem Vorschlag, den der amerikanische Chemiker Truman Paul Kohman 1947 machte, heute als *»Nuklid«* bezeichnet. In korrekter Redeweise gesprochen, weist ein Element wie das Aluminium nur ein einziges Nuklid auf.

Auf der Suche nach Teilchen

Seit der Enteckung des ersten subatomaren Teilchens durch Rutherford, des Alphateilchens, stochern die Physiker eifrig im Atomkern herum, in dem steten Bemühen, entweder ein Atom in ein anderes zu überführen oder es zu zertrümmern, um feststellen zu können, wie sein Innenleben aussieht. Am Anfang stand ihnen nur das Alphateilchen als Anhaltspukt zur Verfügung. Rutherford verstand es, einen ausgezeichneten Gebrauch von ihm zu machen.

Eines der fruchtbarsten Experimente, die Rutherford und seine Mitarbeiter durchführten, bestand darin, daß sie einen mit Zinksulfid beschichteten Schirm mit Alphateilchen beschossen. Jeder Treffer erzeugte eine winzige *Szintillation*. (d. h. einen Lichtblitz – es war Crookes, der diesen Effekt 1903 entdeckt hatte), so daß das Auftreten einzelner Teilchen auf dem Schirm mit dem bloßen Auge beobachtet und die Treffer gezählt werden konnten. Die Experimentatoren stellten sodann vor dem Zinksulfidschirm eine Metallplatte auf, die die Alphateilchen abfing, so daß die Szintillationen aufhörten. Als diese ganze Anordnung in Wasserstoff getaucht wurde, erschienen auf dem Schirm trotz der als Schutzschild fungierenden Metallplatte wieder Szintillationen. Diese unterschieden sich jedoch bereits äußerlich von denen, die die Alphateilchen hervorgerufen hatten. Da die Metallplatte Alphateilchen nicht durchließ, konnten die Lichtblitze auf dem Schirm nur von irgendeiner anderen, das Metall durchdringenden Strahlung herrühren. Die Strahlung mußte, so resümierten Rutherford und seine Leute, aus schnellen Protonen bestehen. Man mußte sich das so vorstellen, daß hin und wieder ein Alphateilchen voll (d. h. genau »von hinten«) auf den Kern eines Wasserstoffatoms prallte (der, wir erinnern uns, aus einem Proton besteht) und ihn vorwärts katapultierte, ähnlich wie eine ruhende Billardkugel von einer anderen, die auf sie aufprallt, vorwärtsgeschleudert wird. Als relative Leichtgewichte sausten die so getroffenen Protonen mit großer Geschwindigkeit nach vorn und schafften es so, die Metallplatte zu durchdringen und auf dem Zinksulfidschirm Szintillationen auszulösen.

Diese Vorrichtung war der erste *Szintillationszähler* zum Auszählen einzelner Teilchen einer Strahlung. Rutherford und seine Mitarbeiter mußten, um Auszählungen vornehmen zu können, zunächst fünfzehn Minuten lang im Dunkeln sitzen, bis ihre Augen sensibilisiert genug waren, um die winzigen Lichtblitze wahrnehmen zu können. Diese für Auge und Gehirn so mühevolle Kleinarbeit wird heute von vollautomatisch arbeitenden Szintillationszählern geleistet. Bei ihnen werden die Szintillationen in elektrische Impulse umgewandelt, die dann elektronisch gezählt werden. Das fertige Meßergebnis braucht dann nur noch abgelesen zu werden. In Fällen, in denen man es mit sehr vielen Szintillationen pro Zeiteinheit zu tun hat, kann man den Zählvorgang durch Zwischenschaltung von Stromkreisen vereinfachen, die bewirken, daß nur jede zweite oder jede vierte oder auch nur jede zehnte Szintillation gezählt wird. Der erste solche Impulsteiler wurde 1931 von dem englischen Physiker Charles E. Wynn-Williams gebaut. An die Stelle des Zinksulfids sind nach dem Zweiten Weltkrieg organische Substanzen, die sich als geeigneter erwiesen haben, getreten.

Bei einem der vielen Szintillationsexperimente, die Rutherford und sein Team durchführten, stellte sich ein unerwartetes Ergebnis ein. Als sie ihre Alphateilchen durch eine Stickstoff- anstelle der gewohnten Wasserstoffatmosphäre schossen, zeigten sich auf dem Zinksulfidschirm die vertrauten, von Protonen herrührenden Szintillationen. Rutherford konnte daraus nur den Schluß ziehen, daß die Alphateilchen Protonen aus den Stickstoffkernen herausgeschossen hatten.

Um diese Hypthese zu überprüfen, griff Rutherford auf die sogenannte *Wilsonsche Nebelkammer* zurück, eine Vorrichtung, die der schottische Physiker Charles Wilson 1895 kreiert hatte. Ein gläserner Behälter, in den ein massiver Kolben eingepaßt ist, wird mit feuchtigkeitsgesättigter Luft gefüllt. Wenn der Kolben nach oben bewegt wird, dehnt die Luft sich abrupt aus und kühlt dabei ab. Auf dem so reduzierten Temperaturniveau ist die Luft mit Feuchtigkeit übersättigt. Unter diesen Bedingungen wird jedes elektrisch geladene Teilchen zum Keimpunkt von kondensierendem Wasserdampf. Wenn daher ein Teilchen durch die Kammer rast und auf seinem Weg Atome ionisiert, zieht es einen dünnen Kondensstreifen aus winzigen Wassertropfen nach sich.

Aus der Beschaffenheit dieses Streifens lassen sich weitgehende Rückschlüsse auf die Identität des auslösenden Teilchens ableiten. Die leichten Betateilchen hinterlassen einen sehr dünnen, unregelmäßig gezackten Streifen – sie werden schon abgelenkt, wenn sie nur in die Nähe eines Elektrons kommen. Das viel größere Alphateilchen hinterläßt einen dickeren, geradlinien Streifen. Wenn es auf einen Kern trifft und abprallt, so zeigt sich dies in einer scharfen Abwinkelung des seinen Weg markierenden Kondensstreifens. Wenn es zwei Elektronen einfängt und zu einem neutralen Heliumatom wird, bricht der Kondensstreifen ab. Zusätzlich zu den Merkmalen des Streifens gibt es noch andere Kriterien, anhand derer sich ein Teilchen in der Nebelkammer identifizieren läßt. Seine Reaktion in einem angelegten Magnetfeld verrät, ob es positiv oder negativ geladen ist, und das Ausmaß der Bahnkrümmung läßt auf seine Masse und seine Energie schließen. Heute sind die Physiker mit fotografischen Aufnahmen der von allen erdenklichen Teilchen hinterlassenen Wegspuren so vertraut, daß sie sie wie Klartext lesen können. Für die Entwicklung der Nebelkammer erhielt Wilson 1927 anteilig den Physik-Nobelpreis.

Das Prinzip der Nebelkammer ist seither auf mannigfache Weise variiert, und mit ihr verwandte oder aus ihr abgeleitete Vorrichtungen sind konstruiert worden. Das Originalgerät mußte nach jeder Meßreihe neu präpariert werden, ehe es wieder benutzt werden konnte. 1939 entwickelte der US-Physiker Alexander Langsdorf eine *Diffusions-Nebelkammer,* in der kontinuierlich heißer Alkoholdampf in einen kühleren Bereich diffundierte, so daß es in der Kammer immer einen flüssigkeitsübersättigten Bereich gab, was eine kontinuierliche Beobachtung von Teilchenspuren ermöglichte.

Dann kam die nach einem ähnlichen Prinzip funktonierende *Blasenkammer.* Bei ihr tritt an die Stelle eines feuchtigkeitsübersättigten Gases eine unter Druck über ihren Siedepunkt erhitzte Flüssigkeit. Der Weg eines geladenen Teilchens zeichnet sich hier in Gestalt einer Kette von Dampfbläschen in der Flüssigkeit ab. Es heißt, daß dem Erfinder dieser Vorrichtungen, dem amerikanischen Physiker Donald A. Glaser, der entscheidende Einfall 1953 beim Studium eines gefüllten Bierglases kam. Wenn dem so ist, dann war das sicherlich für die Physiker das segensreichste Bier, das jemals eingeschenkt wurde, denn immerhin erhielt Glaser für die Entwicklung der Blasenkammer 1960 den Physik-Nobelpreis.

Die erste Blasenkammer hatte einen Durchmesser von weniger als 10 cm. Das Jahrzehnt nach ihrer Erfindung sah den Einsatz von Blasenkammern mit einer Länge von knapp 2 m. Blasenkammern sind, wie Diffusions-Nebelkammern, ständig arbeitsbereit. Ein weiterer Vorteil ist, daß eine Flüssigkeit erheblich mehr Atome pro Volumeneinheit enthält als ein Gas und daß demzufolge in einer Blasenkammer die durch den Teilchenbeschuß erzeugten Ionen wesentlich dichter gedrängt liegen. Aus diesem Grund eignen Blasenkammern sich besonders gut für das Studium schneller und kurzlebiger Teilchen. Zehn Jahre nach ihrer Erfindung produzierten überall auf der Welt Blasenkammern Woche für Woche Hunderttausende von Fotografien. In den 60er Jahren wurden ultrakurzlebige Teilchen entdeckt, deren Existenz ohne die Blasenkammer unbekannt geblieben wäre.

Flüssiger Wasserstoff eignet sich hervorragend als Füllung für Blasenkammern, weil der Wasserstoffkern nur aus einem einzigen Proton besteht und von daher nur minimale Komplikationen auftreten. 1973 wurde in den USA eine Blasenkammer mit einem Durchmesser von 5 m und einem Fassungsvermögen von 27600 Litern flüssigen Wasserstoffs gebaut. Manche Blasenkammern sind mit flüssigem Helium gefüllt.

Wenngleich die Blasenkammer besser zur Aufspürung kurzlebiger Teilchen taugt als die Nebelkammer, so hat sie dieser gegenüber doch auch ihre Nachteile. In der Blasenkammer lassen sich, anders als in der Nebelkammer, Strahlungsereignisse nicht gezielt und isoliert provozieren. Die Gesamtheit dessen, was sich tut, wird registriert,

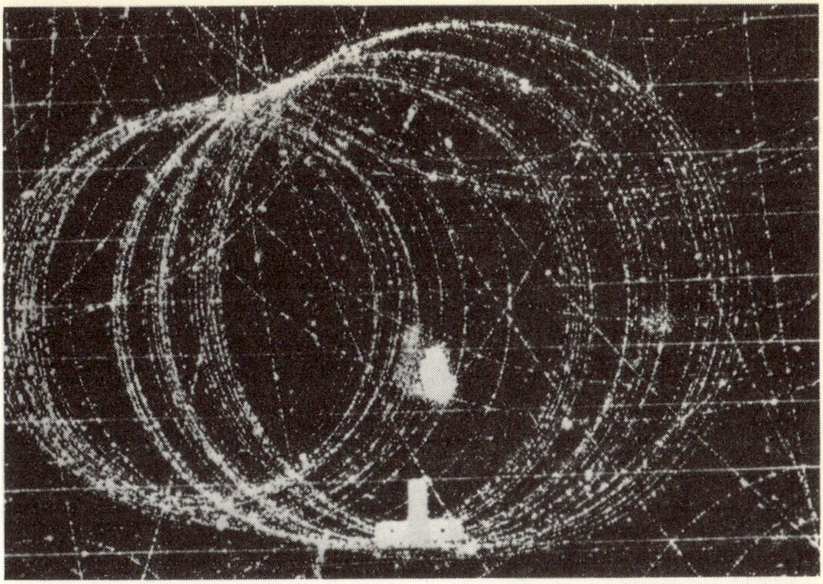

Wegspuren von Elektronen und Positronen, in einer Blasenkammer von hoch energiereichen Gammastrahlen erzeugt. Die ringförmigen Spuren stammen von einem Elektron, das von einem Magnetfeld zum Einschlagen einer gekrümmten Bahn gezwungen wurde. Mit Genehmigung der University of California in Berkeley.

Spaltung eines Uranatoms. Die weiße Spur, die sich schräg über die fotografische Platte zieht, zeigt den Weg zweier Atome, die von einem Punkt in der Mitte, an dem das Uranatom sich in zwei Kerne spaltete, in entgegengesetzte Richtungen auseinanderstreben. Die Platte wurde in eine Uranverbindung getaucht und mit Neutronen beschossen, wodurch das auf diesem Bild festgehaltene Spaltungsereignis ausgelöst wurde. Bei den übrigen weißen Punkten handelt es sich um ungewollt belichtete und entwickelte Silberkörnchen. Die Fotografie entstand im Forschungslabor der Firma Eastman Kodak. Mit Genehmigung der UPI.

und die Wissenschaftler müssen sodann aus unzähligen Wegspuren von Teilchen die für sie relevanten heraussuchen. Es galt, ein Verfahren zu finden, das die Selektivität der Nebelkammer mit der Sensibilität der Blasenkammer vereinigte.
Ein diesen Anforderungen genügendes Instrument stellte sich schließlich in Gestalt der sogenannten *Funkenkammer* ein, bei der eingeschossene Teilchen Gasatome ionisieren und elektrische Ströme initiieren, die durch einen Nebel aus Neongas wandern, in dem hintereinander zahlreiche Metallplatten aufgestellt sind. Die Ströme zeichnen sich als sichtbare Funkenspuren ab, die den Weg der Teilchen markieren, und das Gerät läßt sich so einstellen, daß es nur auf die jeweils interessierenden Teilchen anspricht. Die erste für den praktischen Gebrauch taugliche Funkenkammer wurde 1959 von den japanischen Physikern Saburo Fukui und Shotaro Miyamoto gebaut. Sowjetische Physiker präsentierten 1963 eine Weiterentwicklung, die sich durch höhere Empfindlichkeit und größere Flexibilität auszeichnete. In dieser Vorrichtung erzeugen eingeschossene Teilchen kurze, schmale Lichtbändchen, die sich zu einem praktisch kontinuierlichen Lichtstrahl aneinanderreihen (im Unterschied zu den einzelnen punktförmigen Funken der Funkenkammer). Dieses modifizierte Instrument erhielt die Bezeichnung *Streamer-Kammer*. Sie registriert neben Ereignissen, die im Innern der Kammer entstehen, auch Teilchen, die sich als Querschläger in irgendeine Richtung verirren – zwei Dinge, die die ursprüngliche Funkenkammer nicht konnte.

Atomumwandlung

Von den ausgeklügelten modernen Verfahren zur Untersuchung der Flugbahnen subatomarer Teilchen müssen wir nun noch einmal zu Rutherford und seinem ein halbes Jahrhundert zuvor durchgeführten Experiment des Beschusses von Stickstoffkernen mit Alphateilchen in einer der ersten Wilsonschen Nebelkammern zurückkehren. Die Spur mancher Alphateilchen endete unvermittelt in einer Gabelung – offensichtlich Folge eines Zusammenstoßes mit einem Stickstoffkern. Eine der beiden Zweigspuren war verhältnismäßig dünn; sie schien von einem davonschießenden Proton zu stammen. Die andere, kurz und gedrungen, repräsentierte offenbar den durch die Kollision in Bewegung versetzten Stickstoffkern. Von dem Alphateilchen selbst war keine Spur mehr zu entdekken. Es schien, als sei es von dem Stickstoffkern verschluckt worden – diese Hypothese wurde später von dem britischen Physiker Patrick M. S. Blackett verifiziert, der angeblich mehr als 20000 fotografische Aufnahmen machte, um schließlich Bilder von acht Zusammenstößen dieser Art vorweisen zu können (gewiß ein Beispiel für ein übermenschliches Maß an Geduld, Zuversicht und Beharrlichkeit). Für diese und andere Arbeiten auf dem Gebiet der Kernphysik wurde Blackett 1948 mit dem Physik-Nobelpreis ausgezeichnet.
Nunmehr ließ sich rekonstruieren, was mit dem Stickstoffkern geschehen war. Als er das Alphateilchen absorbierte, vermehrten sich dadurch seine Massenzahl von 14 auf 18 und die Zahl seiner positiven Ladungseinheiten von 7 auf 9. Da aber dieses neue Gebilde sogleich ein Proton verlor, sanken Massenzahl und positive Ladungszahl auf 17 bzw. 8. Das Element mit 8 positiven Ladungseinheiten ist aber der Sauerstoff, und die Massenzahl 17 gehört zum ^{17}O-Isotop. Das hieß nichts anderes, als daß Rutherford Stickstoff in Sauerstoff überführt hatte, und dies im Jahr 1919. Es war die erste von Menschen herbeigeführte Atomumwandlung überhaupt. Der Traum der Alchimisten hatte sich erfüllt, wenn auch auf eine Art und Weise, die sie unmöglich hatten erahnen können – und selbst wenn sie das erforderliche Wissen über den inneren Aufbau der Materie besessen hätten, hätten ihre primitiven technischen Mittel nicht ausgereicht, um das Kunststück zu bewerkstelligen.
Alphateilchen aus radioaktiven Quellen besaßen als Geschosse nur begrenzte Möglichkeiten: Sie waren nicht annähernd energiereich genug, um in die Kerne schwererer Elemente einzubrechen, deren starke positive Ladung eine kräftige abstoßende Wirkung auf positiv geladene Teilchen ausübt. Aber eine erste Bresche war in die Festung des Atomkerns geschlagen, und heftigere Attacken sollten folgen.

Wenn von Attacken auf den Atomkern die Rede ist, so führt uns dies zurück zu der Frage, wie dieser Kern zusammengebaut ist. Die Protonen-Elektronen-Theorie der Kernstruktur lieferte eine perfekte Erklärung für die Isotope, wurde aber gewissen anderen Beobachtungstatsachen nicht gerecht. Subatomare Teilchen zeichnen sich im allgemeinen durch ein Merkmal, den *Spin*, aus, was im Englischen soviel wie Drall bedeutet und sich grob mit der Eigendrehung von Himmelskörpern vergleichen läßt. Die bei der Messung dieses Spins verwendeten Meßgrößen sind so gewählt, daß sowohl Protonen als auch Elektronen einen Spinwert von entweder $+1/2$ oder $-1/2$ aufweisen. Das hat zur Folge, daß wenn die Gesamtsumme der in einem Kern vereinigten Elektronen und Protonen eine gerade Zahl ergibt, der Kern als Ganzer einen ganzzahligen Spinwert aufweisen muß -0, $+1$, -1, $+2$, -2 usw. Wenn dagegen Elektronen und Protonen eines Kerns eine ungerade Gesamtzahl ergeben, müßte unter dem Strich ein halbzahliger Spin resultieren: $+1/2$, $-1/2$, $+1\,1/2$, $-1\,1/2$, $+2\,1/2$, $-2\,1/2$ usw. Dies ergibt sich aus den einfachsten Rechengesetzen.

Nun weist bekanntlich der Stickstoffkern 7 positive Ladungseinheiten auf und hat die Massenzahl 14. Dem Protonen-Elektronen-Modell zufolge müßte sein Kern also 14 Protonen und 7 Elektronen (zur Verminderung der Ladungszahl auf $+7$) enthalten. Er müßte daher aus insgesamt 21 Teilchen bestehen und einen halbzahligen Spinwert aufweisen. Aber der Stickstoffkern tut uns diesen Gefallen nicht. Sein Spin ist ganzzahlig.

Diskrepanzen dieser Art zeigten sich auch bei anderen Kernen, und der Eindruck verstärkte sich, daß die Protonen-Elektronen-Theorie einfach noch unzulänglich war. Solange jedoch Protonen und Elektronen die einzigen bekannten subatomaren Teilchen waren, taten die Physiker sich schwer, eine bessere Theorie an ihre Stelle zu setzen.

Das Neutron

Im Jahr 1930 berichteten zwei deutsche Physiker, Walter Bothe und Herbert Becker, über eine geheimnisvolle neue Strahlung von ungewöhnlicher Durchschlagskraft, die aus dem Atomkern freizusetzen ihnen gelungen war. Sie hatten diese Strahlung erzeugt, indem sie Berylliumatome mit Alphateilchen beschossen hatten. Im Jahr zuvor hatte Bothe ein Verfahren entwickelt, daß es erlaubte, zwei oder mehr zusammengeschaltete Teilchenzähler einzusetzen – sogenannte Koinzidenzzähler. Eine solche Anordnung war in der Lage, atomare Ereignisse mit einer Dauer von nur einer Millionstel Sekunde zu registrieren und zu identifizieren. Für diese und andere Arbeiten wurde er 1954 anteilig mit dem Physik-Nobelpreis ausgezeichnet.

Das Fortsetzungskapitel zu der von Bothe und Becker gemachten Entdeckung lieferte zwei Jahre später das französische Physikerpaar Frederic und Irene Joliot-Curie. (Irene war eine Tochter von Pierre und Marie Curie, Joliot hatte bei ihrer Heirat ihren Namen zusätzlich zu seinem angenommen.) Sie bedienten sich der neuen, aus dem Beryllium freisetzbaren Strahlung, um damit Paraffin zu bombardieren, eine wachsartige, aus Wasserstoff und Kohlenstoff zusammengesetzte Substanz. Die Strahlung schoß Protonen aus dem Paraffin heraus.

Der englische Physiker James Chadwick äußerte alsbald die Vermutung, daß die neu entdeckte Strahlung aus Teilchen bestand. Um deren Größe zu bestimmen, beschoß er Bor-Atome mit ihnen; aus der Massenzunahme der dabei neu entstehenden Kerne errechnete er, daß das dem Bor-Atom zugefügte Teilchen ungefähr die Masse eines Protons haben mußte. Das Teilchen selbst ließ sich allerdings in einer Wilsonschen Nebelkammer nicht nachweisen. Chadwick konnte sich dies nur damit erklären, daß dieses Teilchen keine elektrische Ladung hatte. (Ein elektrisch ungeladenes Teilchen kann keine ionisierende Wirkung ausüben und daher auch keine Spur aus kondensierten Wassertröpfchen hinterlassen.)

Dies führte Chadwick zu dem Schluß, daß man es hier mit einem völlig neuartigen Teilchen zu tun hatte, einem Teilchen, das in etwa die Masse eines Protons, aber keinerlei Ladung besaß, das, mit anderen Worten, elektrisch neutral war. Die Möglichkeit, daß ein solches Teilchen existierte, war bereits theoretisch vorausgesagt worden, und auch einen Namensvorschlag für das Ding gab es

schon – *Neutron*. Chadwick akzeptierte und übernahm diesen Namen. Für die Entdeckung des Neutrons erhielt er 1935 den Physik-Nobelpreis.
Das neu entdeckte Teilchen ermöglichte sogleich die Bereinigung gewisser Ungereimtheiten, die den theoretischen Physikern das Protonen-Elektronen-Modell des Atomkerns suspekt gemacht hatten. Der deutsche Physiker Werner Heisenberg verkündete, das Konzept eines aus Protonen und Neutronen anstelle von Protonen und Elektronen zusammengesetzten Atomkerns biete ein weit zufriedenstellenderes Bild. So konnte man sich jetzt etwa den Stickstoffkern als aus 7 Protonen und 7 Neutronen zusammengesetzt vorstellen. Seine Massenzahl betrüge dann 14, die Zahl seiner Ladungseinheiten, d. h. seine Ordnungszahl (+)7. Die Gesamtzahl der Teilchen im Kern betrüge 14 – eine gerade Zahl – und nicht, wie nach dem älteren Modell, 21. Da das Neutron, wie das Proton, einen Spin von entweder $+{}^{1}/_{2}$ oder $-{}^{1}/_{2}$ aufweist, ist für den Stickstoffkern als Ganzen, wenn seine Neutronen und Protonen sich zu einer geraden Zahl addieren, ein ganzzahliger Spin zu erwarten; die Beobachtungsdaten bestätigen diese Erwartung. Das neue Modell erwies sich als voller Erfolg, insofern es, im Gegensatz zur Protonen-Elektronen-Konzeption, die Spins aller Atomkerne widerspruchsfrei erklärte. So stieß die Protonen-Neutronen-Theorie sogleich auf allgemeine Zustimmung, und daran hat sich bis heute nichts geändert. Es gibt, dessen ist man sich heute sicher, im Atomkern keine Elektronen.
Mit dem Periodensystem harmonisierte das neue Modell ebensogut, wie das alte es getan hatte. Den Heliumkern beispielsweise mußte man sich nunmehr als aus 2 Protonen und 2 Neutronen bestehend vorstellen, was sowohl seine Massenzahl 4 als auch seine Ladungszahl 2 erklärte. Auch für die Isotope lieferte das Modell eine sehr einfache Erklärung. Beispielsweise wies es dem ^{35}Cl-Kern 17 Protonen und 18 Neutronen zu, dem ^{37}Cl-Kern 17 Protonen und 20 Neutronen. Für beide Isotope er-

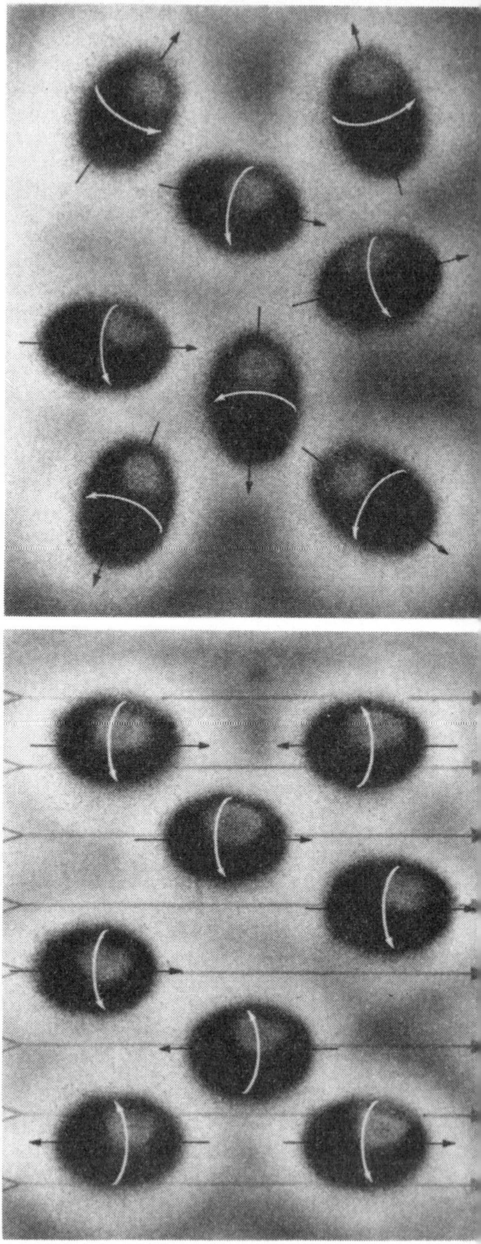

Oben: Diese schematische Zeichnung zeigt Protonen, die sich in unregelmäßiger Anordnung befinden. Der weiße Pfeil gibt die Spinrichtung an, der schwarze Pfeil zeigt die Spinachse. Mit Genehmigung des National Bureau of Standards. Unten: Dieselben Protonen, mit Hilfe eines gleichmäßigen Magnetfeldes in »Reih und Glied« angeordnet. Diejenigen, die entgegen der normalen Spinrichtung rotieren (weiße Pfeile nach unten), weisen ein höheres Energieniveau auf. Mit Genehmigung des National Bureau of Standards.

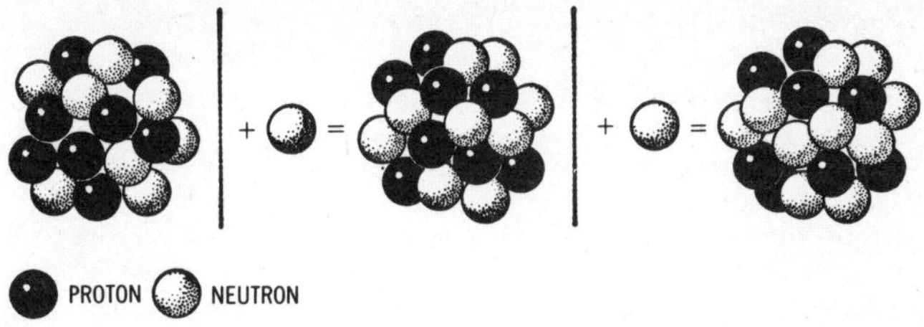

Zusammensetzung der drei Isotope des Sauerstoffs: ^{16}O, ^{17}O und ^{18}O. Zu den jeweils 8 Protonen gehören einmal 8, dann 9 und schließlich 10 Neutronen.

gab sich die gleiche Kernladungszahl, während das größere Atomgewicht des schwereren Isotops von den beiden zusätzlichen Neutronen herrührte. Analog dazu unterschieden sich die drei Isotope des Sauerstoffs lediglich durch die Zahl ihrer Neutronen: ^{16}O hatte einen Kern aus 8 Protonen und 8 Neutronen, ^{17}O einen aus 8 Protonen und 9 Neutronen, und bei ^{18}O umfaßte der Kern 8 Protonen und 10 Neutronen *(Abb.)*.

Jedes Element ließ sich einfach durch die Zahl der Protonen in seinem Kern definieren, die sich mit seiner Ordnungszahl deckte. Alle Elemente mit Ausnahme des Wasserstoffs hatten aber auch Neutronen in ihrem Kern, und die Massenzahl eines Nuklids entsprach der Summe seiner Protonen und Neutronen. Das Neutron trat also als ein zweiter Grundbaustein der Materie neben das Proton. Als Oberbegriff für beide hat sich der erstmals 1941 von dem dänischen Physiker Christian Moller gebrauchte Ausdruck *Nukleonen* eingebürgert. Daraus leitete 1944 der amerikanische Ingenieur Zay Jeffries seinen Vorschlag ab, die Wissenschaft von den Eigenschaften der Atomkerne und ihrer technischen Nutzung *Nukleonik* zu nennen.

Die neuen Erkenntnisse über den Aufbau des Atomkerns haben zu einigen zusätzlichen und präziseren Definitionen im Zusammenhang mit Nukliden geführt. Nuklide mit gleicher Protonenzahl sind, wie bereits erklärt, Isotope. Analog dazu sind Nuklide mit gleicher Neutronenzahl (wie beispielsweise ^{2}H und ^{3}He, die jeweils 1 Neutron im Kern aufweisen) *Isotone*. Nuklide mit gleicher Nukleonen-Gesamtzahl und daher gleicher Massenzahl (wie beispielsweise ^{40}Ca und ^{40}Ar) sind *Isobare*.

Was die Protonen-Neutronen-Theorie der Kernstruktur zunächst einmal nicht zu erklären vermochte, war die Tatsache, daß radioaktive Kerne Betateilchen, d. h. Elektronen, abstrahlen konnten. Woher kamen diese Elektronen, wenn der Kern keine enthielt? Dieses Rätsel wurde indes, wie ich im folgenden zeigen werde, alsbald gelöst.

Das Positron

In einer sehr wichtigen Beziehung war die Entdeckung des Neutrons für die Physiker eine Enttäuschung. Bis dahin hatten sie sich das Universum als aus nur zwei Grundbausteinen aufgebaut vorstellen können, dem Proton und dem Elektron. Jetzt mußten sie einen dritten Baustein akzeptieren. In den Augen von Naturwissenschaftlern ist jede Entwicklung, die vom Einfachen wegführt, bedauerlich.

Das Schlimme war, daß dies, wie sich herausstellte, nur der Anfang war. Die ersehnte Einfachheit rückte alsbald in immer unerreichbarere Ferne – neue subatomare Teilchen wurden entdeckt.

Schon seit vielen Jahren beschäftigten sich die Physiker mit den geheimnisvollen *kosmischen Strahlen* aus dem Weltraum, die 1911 als erster der österreichische Physiker Viktor F. Hess bei Ballonflügen in die obere Atmosphäre aufgefangen hatte.

Das Vorhandensein dieser Strahlen wurde von einem Instrument angezeigt, dessen simple Bauweise vielleicht ein Trost für all jene sein mag, die sich manchmal fragen, ob die moderne Naturwissenschaft womöglich nur noch mit Hilfe unglaublich komplizierter Apparaturen weiterkommen kann. Dieses Instrument war ein *Elektroskop*, ein mit einem Sichtfenster versehenes Kästchen, das zwei an einem Metallstab befestigte Flügelchen aus dünnem Blattgold enthält. (Die Urform dieses Geräts wurde schon 1706 von dem englischen Physiker Francis Hauksbee konstruiert.)

Wenn sich der Metallstab mit statischer Elektrizität auflädt, spreizen sich die Flügel aus Goldfolie. Unter idealen Bedingungen würden sie für immer und ewig gespreizt bleiben, aber die in der Umgebung vorhandenen Ionen tragen die statische Ladung mit der Zeit fort, so daß die Goldplättchen allmählich wieder zusammenklappen. Produziert werden die für diesen Ladungsverlust verantwortlichen Ionen von energiereicher Strahlung – von Röntgenstrahlen etwa oder von Gammastrahlen oder von Strömen elektrisch geladener Teilchen. Auch wenn das Elektroskop hermetisch abgeschirmt ist, baut die Ladung sich allmählich ab, was auf das Vorhandensein einer sehr durchschlagskräftigen, nicht unmittelbar mit dem Phänomen der Radioaktivität verknüpften Strahlung hinweist. Diese durchdringende Strahlung war es, die an Intensität zunahm, ja weiter Hess in der Atmosphäre nach oben stieg. Hess wurde für diese Entdeckung 1936 anteilig mit dem Physik-Nobelpreis ausgezeichnet.

Der amerikanische Physiker Robert A. Millikan, der eine große Anzahl von Daten über diese kosmische Strahlung sammelte (und ihr den Namen verlieh), meinte, es müsse sich um eine Spielart elektromagnetischer Strahlung handeln. Diese Strahlung war so energiereich, daß ein Teil von ihr sogar eine meterdicke Bleischicht durchdrang. Millikan schloß daraus, daß es sich um eine den Gammastrahlen ähnliche, nur noch kürzerwellige Strahlung handeln müsse.

Andere, allen voran der amerikanische Physiker Arthur H. Compton, äußerten die Überzeugung, die kosmische Strahlung bestehe aus Materieteilchen. Es gab eine Möglichkeit, diese Frage zu entscheiden. Wenn es sich um elektrisch geladene Partikel handelte, war anzunehmen, daß sie bei Annäherung an die Erde von deren Magnetfeld abgelenkt würden. Compton verglich die auf verschiedenen Breiten gemessenen Intensitäten kosmischer Strahlung und fand tatsächlich eine dem Magnetfeld der Erde folgende Zu- bzw. Abnahme: Die Strahlung war am schwächsten in der Nähe des magnetischen Äquators und am stärksten in der Nähe der Pole, wo die magnetischen Feldlinien sich bündeln und der Erde zuneigen.

Die *primären* kosmischen Partikel sind in dem Augenblick, in dem sie in unsere Atmosphäre eintreten, Träger unvorstellbar großer Energien. Die meisten von ihnen sind Protonen, es gibt unter ihnen aber auch Kerne schwererer Elemente. Es gilt die Faustregel: Je schwerer ein Kern, zu desto geringerem Anteil ist er in der kosmischen Strahlung enthalten. Atomkerne von der Größenordnung des Kerns des Eisenatoms wurden in der kosmischen Strahlung relativ schnell aufgespürt; dagegen dauerte es bis 1968, ehe man innerhalb dieser Strahlung einen Urankern entdeckte. Die Vorkommenshäufigkeit von Urankernen liegt bei 1 pro 10 Millionen Teilchen. Kosmische Strahlung enthält ferner auch einige wenige, allerdings sehr energiereiche Elektronen.

Wenn die primären Teilchen der kosmischen Strahlung auf Atome und Moleküle der Luft prallen, zertrümmern sie deren Kerne, wodurch *sekundäre* Partikel aller Art entstehen. Es ist diese, noch immer sehr energiereiche, sekundäre Strahlung, die wir in der Nähe der Erdoberfläche registrieren; von Ballonen aus, die in die obere Atmosphäre geschickt wurden, ist jedoch auch schon die primäre Strahlung gemessen worden.

Im Zuge der Erforschung der kosmischen Strahlen wurde das nächste neue subatomare Teilchen (nach dem Neutron) entdeckt. Übrigens hatte ein Theoretiker diese Entdeckung vorhergesagt: der Physiker Paul Dirac war aufgrund einer mathematischen Analyse der Eigenschaften subatomarer Teilchen zu dem Schluß gelangt, daß es zu jedem Partikel einen *Antipartikel* geben müsse. (Wenn es nach den Naturwissenschaftlern geht, soll die Natur nicht nur einfach sein, sondern auch symmetrisch.) So postulierte er etwa die Existenz eines Anti-Elektrons, eines exakten Abbilds des Elektrons, nur daß es statt einer negativen eine positive Ladung besitzen müsse, und eines Anti-Protons, das nicht positiv, sondern negativ geladen wäre.

Die theoretischen Ausführungen Diracs sorgten 1930, als er sie vorlegte, in der wissenschaftlichen Welt nicht gerade für Furore. Allein, zwei Jahre später tauchte das Anti-Elektron tatsächlich auf. Der amerikanische Physiker Carl David Anderson führte zusammen mit Millikan Forschungen durch, die Aufschluß darüber geben sollten, ob es sich bei der kosmischen Strahlung um eine elektromagnetische oder um eine Teilchenstrahlung handelte. Das Gros der Wissenschaftler war zu diesem Zeitpunkt geneigt, die von Compton vorgelegten Indizien, daß es sich um elektrisch geladene Teilchen handelte, zu akzeptieren; Millikan war indes ein Mann, der sich nicht so leicht geschlagen gab, und er ruhte nicht, ehe die Frage nicht restlos geklärt war. Anderson schickte sich an, herauszufinden, ob kosmische Strahlen, die in eine Wilsonsche Nebelkammer eindrangen, von einem starken Magnetfeld abgelenkt würden. Um die Teilchen soweit abzubremsen, daß sich eine Krümmung ihrer Bahn, wenn vorhanden, erkennen lassen würde, baute Anderson in die Kammer eine rund 6 Millimeter dicke Bleiplatte ein. Wie er feststellte, bewegten sich die kosmischen Strahlen nach ihrem Durchgang durch die Bleiplatte tatsächlich auf einer gekrümmten Bahn durch die Nebelkammer. Anderson entdeckte aber noch etwas anderes: Auf ihrem Weg durch die Bleiplatte schossen die energiereichen kosmischen Strahlen Partikel aus den Bleiatomen heraus. Einer dieser Partikel hinterließ eine Spur, die genau der eines Elektrons entsprach, nur daß sie sich in die verkehrte Richtung krümmte! Die gleiche Masse, aber die entgegengesetzte Ladung. Hier war es, das von Dirac vorausgesagte Anti-Elektron. Anderson taufte es auf den Namen *Positron*. Es war ein Beispiel für die von kosmischen Strahlen erzeugte sekundäre Strahlung; 1963 stellte sich allerdings heraus, daß auch die primäre Strahlung Positronen enthält.

Für sich betrachtet ist das Positron ebenso stabil wie das Elektron. (Warum auch nicht, wo es doch mit dem Elektron, abgesehen vom Vorzeichen der elektrischen Ladung, identisch ist?) Ein Positron könnte also für einen unbegrenzt langen Zeitraum existieren. Es wird aber nicht in Ruhe gelassen, denn es hat das Pech, in einem Universum zu »leben«, in dem es von Elektronen wimmelt. Wo es sich auch bewegt, wird es binnen kürzester Frist (sagen wir binnen einer Millionstel Sekunde) auf ein Elektron treffen.

Es kann dazu kommen, daß Elektron und Positron für einen kurzen Augenblick ein Gespann bilden – daß sie zusammen um ein gemeinsames Kraftzentrum kreisen. Der amerikanische Physiker Arthur E. Ruark schlug 1945 für ein solches Zwei-Partikel-System die Bezeichnung *Positronium* vor, und der österreichisch-amerikanische Physiker Martin Deutsch identifizierte 1951 Positronia anhand der charakteristischen Gammastrahlung, die sie abgaben.

Freilich hat ein solches Positronium-System, wann und wo immer es zustande kommt, höchstens für die Dauer einer Zehnmillionstelsekunde Bestand. Der Tanz endet mit der Vereinigung von Elektron und Positron. Wenn die beiden so gegensätzlich gearteten Materieteilchen aneinandergeraten, löschen sie sich gegenseitig aus; sämtliche in ihnen verkörperte Materie löst sich zwar nicht in Luft, aber in Energie auf, genauer gesagt in Gammastrahlen. Damit war eine erste Bestätigung für die von Albert Einstein aufgestellte These erbracht, daß Materie sich in Energie umwandeln läßt und umgekehrt. In der Tat gelang es Anderson auch bald, den gegenläufigen Vorgang zu beobachten: daß Gammastrahlen plötzlich verschwanden und an ihrer Stelle ein Elektron-Positron-Gespann auf der Bildfläche erschien. Dieses Phänomen ist unter dem Namen *Paarbildung* bekannt (analog dazu bezeichnet man die gegenseitige Auslöschung als *Paarvernichtung*). Anderson erhielt gemeinsam mit Hess 1936 den Physik-Nobelpreis.

Das Forscherpaar Joliot-Curie stieß kurz danach in einem anderen Zusammenhang auf das Positron – und machte dabei eine wichtige Entdeckung. Beim Beschießen von Aluminiumatomen mit Alphateilchen stellten sie fest, daß diese Prozedur nicht nur Protonen freisetzte, sondern auch Positronen. Dieser Befund an sich war, wenn auch interessant, so doch nicht umwerfend. Allein, als sie den Beschuß einstellten, machte das Aluminium aber keine Anstalten, mit dem Abstrahlen von Positronen aufzuhören! Die Strahlung erstarb erst nach einiger Zeit. Offenbar hatten die Joliot-Curies durch den Beschuß eine neue radioaktive Substanz erzeugt.

Sie deuteten, was sich ereignet hatte, wie folgt: Wenn ein Aluminiumkern (Ordnungszahl 13) ein Alphateilchen aufnimmt, verwandelt er sich dank der beiden zusätzlichen Protonen in einen Phosphorkern (Ordnungszahl 15). Das das Alphateilchen insgesamt 4 Nukleonen enthält, erhöht sich die Massenzahl um den Wert 4 – aus ^{27}Al wird ^{31}P. Die Tatsache, daß bei dem Vorgang Protonen freigesetzt wurden, ließ sich dann so deuten, daß aus dem letztgenannten Kern bei dem Vorgang ein Proton herausgeschossen wird, wodurch sich seine Ordnungs- und seine Massenzahl um jeweils den Wert 1 vermindern und ein anderes Element entsteht – ^{30}Si.

Da ein Alphateilchen einem Heliumkern und ein Proton einem Wasserstoffkern entspricht, können wir diese nuklearen Reaktion mit folgender Gleichung beschreiben:

$$^{27}Al + ^{4}He \rightarrow ^{30}Si + ^{1}H$$

Man beachte, daß die Massenzahlen auf beiden Seiten gleiche Summen ergeben: 27 plus 4 ist gleich 30 plus 1. Dasselbe gilt für die Ordnungszahlen, denn 13 (Aluminium) plus 2 (Helium) ergibt ebenso den Wert 15 wie, auf der rechten Seite, 14 (Silizium) plus 1 (Wasserstoff). Diese Symmetrie sowohl hinsichtlich der Massen- als auch der Ordnungszahlen ist bei nuklearen Reaktionen die Regel.

Die Joliot-Curies nahmen an, daß bei der Reaktion neben Protonen auch Neutronen freigesetzt worden waren. Wenn ^{31}P anstelle eines Protons ein Neutron abgibt, ändert sich nichts an der Ordnungszahl, wogegen die Massenzahl sich um den Wert 1 vermindert. In diesem Fall behält das Element seine Phosphor-Identität, wird aber zum Isotop ^{30}P. Die entsprechende Gleichung lautet:

$$^{27}Al + ^{4}He \rightarrow ^{30}P + ^{1}n \text{ (Neutron)}$$

Da Phosphor die Ordnungszahl 15 und das Neutron die Ordnungszahl 0, aber Massenzahl 1 besitzt, addieren sich auch hier die Ordnungszahlen auf beiden Seiten zur gleichen Summe.

Beide Prozesse – Aufnahme eines Alphateilchens mit anschließender Emission eines Protons und Aufnahme eines Alphateilchens mit anschließender Emission eines Neutrons – finden statt, wenn Aluminium mit Alphateilchen beschossen wird. Das Resultat, das beide liefern, unterscheidet sich jedoch in einer sehr bedeutsamen Hinsicht. ^{30}Si ist ein wohlvertrautes Silizium-Isotop, dessen Anteil an dem in der Natur vorhandenen Silizium etwas mehr als 3% beträgt. ^{30}P hingegen existiert in der Natur nicht. Phosphor kommt in der Natur einzig und allein in Gestalt von ^{31}P vor. ^{30}P ist, anders gesagt, ein radioaktives Isotop mit kurzer Lebensdauer, das heute nur noch dort vorzufinden ist, wo es künstlich erzeugt wird; es war dies übrigens das erste Mal, daß ein auf der Erde nicht natürlich vorfindbares Isotop im Laboratorium erzeugt wurde. Das Ehepaar Joliot-Curie erhielt für diese Leistung 1935 den Chemie-Nobelpreis.

Die instabilen ^{30}P-Kerne, die die Joliot-Curies durch Beschuß von Aluminium erzeugt hatten, zerfielen sehr rasch unter Abstrahlung von Positronen. Da Positronen, wie Elektronen, praktisch keine Masse besitzen, änderte sich durch diese Emission nichts in der Ordnungszahl des Kerns. Der Verlust einer positiven Ladungseinheit bedeutete jedoch eine Verringerung der Ordnungszahl um den Wert 1 – aus Phosphor wurde Silizium.

Woher stammen die Positronen? Sind sie als Bausteine im Kern vorhanden? Die Antwort lautet nein. Es ist vielmehr so, daß eines der den Kern bildenden Protonen sich unter Veräußerung seiner positiven Ladung – die es in Form eines Positrons abstrahlt – in ein Neutron umwandelt.

Auf dieser Grundlage läßt sich die Emission von Betateilchen, die uns eingangs dieses Kapitels als ungelöstes Problem begegnete, erklären. Dieses Phänomen erscheint nunmehr als Resultat eines Vorgangs, der genau das Gegenteil des Zerfalls eines Protons in ein Neutron (plus Positron) darstellt, also die Verwandlung eines Neutrons in ein Proton. Während bei der Proton-Neutron-Umwandlung ein Positron freigesetzt wird, bewirkt der umgekehrte Prozeß ganz analog dazu die Freisetzung eines Elektrons (alias Betateilchens). Die Veräußerung einer negativen ist gleichbedeutend mit dem Erwerb einer positiven Ladung und bewirkt die Verwandlung eines ungeladenen Neutrons in ein positiv geladenes Proton. Wie aber bringt das ungeladene Neutron es fertig, eine negative Ladung (ein Elektron) aufzutreiben und aus dem Kern hinauszuschleudern?

Tatsächlich wäre das Neutron hierzu nicht in der Lage, wenn eine negative Ladung das einzige wäre, das bei diesem Vorgang erzeugt wird. Aus den Erfahrungen zweier Jahrhunderte haben die Physiker gelernt, daß weder eine negative noch eine positive elektrische Ladung aus dem Nichts erschaffen werden kann. Ebensowenig kann eine der beiden Arten von Ladung vernichtet werden. Es ist dies das Gesetz von der *Erhaltung der elektrischen Ladung*.

Wenn ein Neutron ein Betateilchen aussendet, produziert es aber nicht nur dieses, sondern eben auch ein Proton (indem es sich selbst in ein solches verwandelt). Das ungeladene Neutron verschwindet gleichsam, an seiner Stelle erscheinen ein positiv geladenes Proton und ein negativ geladenes Elektron. Zusammen weisen diese beiden neu entstandenen Teilchen eine elektrische Ladung vom Wert null auf; das heißt, daß unter dem Strich keine elektrische Ladung erzeugt worden ist. Analog gilt, daß wenn ein Positron und ein

Elektron zusammentreffen und einander auslöschen, ihre elektrischen Ladungen sich zu null addieren.

Auch wenn ein Proton sich unter Abstrahlung eines Positrons in ein Neutron verwandelt, wird eine elektrische Ladung weder erzeugt noch vernichtet: Das Ausgangsteilchen, das Proton, ist positiv geladen, und ebenso weisen die beiden Teile, in die es zerfällt, das Neutron und das Positron, zusammengenommen eine positive Ladung auf.

Es kann auch vorkommen, daß ein Kern ein Elektron aufnimmt. In diesem Fall verwandelt sich eines der im Kern versammelten Protonen in ein Neutron. Aus Elektron plus Proton (deren elektrische Ladungen sich zu null addieren) wird ein Neutron (dessen Ladung ebenfalls null beträgt). Das absorbierte Elektron stammt aus der innersten Elektronenschale des Atoms, da die Elektronen dieser Schale dem Kern am nächsten sind und sich daher am leichtesten in den Kern »entführen« lassen. Da die innerste Schale K-Schale heißt *(s. Kap. 6)*, bezeichnet man diesen Vorgang als *K-Einfang*. Sogleich schnellt ein Elektron aus der L-Schale auf den frei gewordenen Platz und sendet dabei einen Röntgenstrahl aus. Anhand dieser Röntgenstrahlen lassen sich K-Einfänge nachweisen. Erstmals gelang dies 1938 dem amerikanischen Physiker Louis Walter Alvarez. Gewöhnliche nukleare Reaktionen, die allein den Kern betreffen, werden normalerweise von chemischen Veränderungen, die allein die Elektronenschalen betreffen, nicht beeinflußt. Da an K-Einfängen sowohl der Kern als die Elektronenschalen beteiligt sind, kann man ihre Wahrscheinlichkeit bzw. Häufigkeit in gewissen Grenzen manipulieren, indem man bestimmte chemische Veränderungen herbeiführt.

Alle diese Interaktionen zwischen subatomaren Teilchen unterliegen und genügen dem Gesetz von der Erhaltung der elektrischen Ladung und müssen auch den anderen Erhaltungssätzen genügen. Die Physiker gehen davon aus, daß alle Teilchenreaktionen, die im Rahmen der Erhaltungssätze prinzipiell vorstellbar sind (d. h. gegen keines dieser Gesetze verstoßen), sich auch tatsächlich vollziehen und von einem Beobachter, so er nur über die geeigneten Instrumente und die nötige Geduld verfügt, registriert werden können. Reaktionen, die gegen einen oder mehrere der Erhaltungssätze verstoßen, sind hingegen »verboten« und werden sich niemals ereignen. Allerdings kommt es gelegentlich vor, daß die Physiker sehr zu ihrer Überraschung feststellen, daß etwas, das sie für ein absolutes Naturgesetz gehalten haben, nicht so ausnahmslos oder universell gültig ist, wie sie das oft glauben; ich komme auf diesen Punkt noch zurück.

Radioaktive Elemente

Nachdem die Joliot-Curies erstmals ein künstliches, d. h. in der Natur nicht vorhandenes radioaktives Isotop erzeugt hatten, ließen die Physiker es sich nicht nehmen, ganze Familien, ja Sippschaften davon zu produzieren. Mittlerweile sind radioaktive Isotope von jedem im Periodensystem vertretenen Element im Labor erzeugt worden. Das Periodensystem listet heute im Grunde genommen nicht mehr nur einzelne Elemente auf, sondern ganz Elementfamilien mit stabilen und instabilen Mitgliedern, von denen manche in der Natur vorkommen und andere nur im Reaktor gezeugt werden können.

Die Wasserstoff-Familie beispielsweise besteht aus drei Isotopen. Einmal haben wir den gewöhnlichen Wasserstoff mit einem einzigen Proton. 1931 konnte der Chemiker Harold Urey ein zweites Wasserstoffisotop isolieren: Ausgehend von der theoretischen Annahme, daß er, wenn er eine große Wassermenge sehr langsam verdunsten ließ, am Ende ein Konzentrat übrigbehalten würde, dessen Moleküle das schwerere Wasserstoffisotop enthalten würden, dessen Existenz man vermutete, unterzog er die letzten unverdunstet gebliebenen Tropfen einer spektroskopischen Analyse und fand im Spektrum genau an der für *schweren Wasserstoff* theoretisch vorhergesagten Stelle des Spektrums eine schwach ausgeprägte Linie.

Der Kern des schweren Wasserstoffatoms besteht aus einem Proton und einem Neutron. Das ergibt die Massenzahl 2 und somit für das Isotop die Bezeichnung ^{2}H. Urey verlieh dem Atom dieses Isotops darüber hinaus einen eigenen Namen: *Deuterium* (abgeleitet von dem griechischen Wort für »zweites«); den Kern allein nannte er *Deuteron*. Ein Wassermolekül, das Deuterium enthält, wird als *schweres Wasser* bezeichnet. Da Deuterium die doppelte Masse normalen Wasserstoffs aufweist, liegen bei schwerem Wasser sowohl Gefrier- als auch Siedepunkt höher als bei gewöhnlichem Wasser. Während letzteres bei 0 °C gefriert und bei 100 °C siedet, siedet schweres Wasser bei 101,42 °C und gefriert bei 3,79 °C. Das Deuterium selbst hat seinen Siedepunkt bei 23,7 °K, gewöhnlicher Wasserstoff hingegen bei 20,4 °K. In der Natur kommt auf jeweils 6000 normale Wasserstoffatome 1 Deuteriumatom. Für die Entdekkung des Deuteriums wurde Urey 1934 mit dem Chemie-Nobelpreis ausgezeichnet.

Wie sich bald zeigte, eignete sich das Deuteron hervorragend als Munition zum Beschuß von Atomkernen. Schon 1934 gelang es dem australischen Physiker Marcus L. E. Oliphant und dem österreichischen Chemiker Paul Harteck durch Beschuß von Deuterium mit Deuteronen ein drittes, aus 1 Proton und 2 Neutronen bestehendes Wasserstoffisotop zu erzeugen. Die Reaktion lief nach folgender Summenformel ab:

$$^{2}H + {}^{2}H \rightarrow {}^{3}H + {}^{1}H$$

Der neue »superschwere« Wasserstoff wurde auf den Namen *Tritium* getauft (von dem griechischen Wort für »drittes«); sein Kern wird *Triton* genannt. Tritium siedet bei 25,0 °K und gefriert bei 20,5 °K. Reines Tritiumoxid (superschweres Wasser), von dem bereits kleine Mengen im Labor erzeugt worden sind, hat einen Gefrierpunkt bei 4,5 °C. Tritium ist radioaktiv und zerfällt verhältnismäßig schnell. Es kommt auch in der Natur vor, da es unter den vielen Spaltprodukten ist, die infolge des kosmischen Strahlungsbombardements, das auf die Atmosphäre niedergeht, anfallen. Bei seinem Zerfall strahlt es ein Elektron ab und verwandelt sich in ^{3}He, ein stabiles, aber seltenes Heliumisotop, von dem bereits im vorigen Kapitel die Rede war.

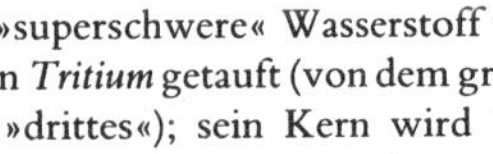

Der Atomkern des gewöhnlichen Wasserstoffs (^{1}H), des Deuteriums (^{2}H) und des Tritiums (^{3}H).

Bei dem in der Atmosphäre vorhandenen Helium kommt auf jeweils etwa 800000 Atome nur 1 ^{3}He-Isotop; zweifellos stammen alle Exemplare diese Typs aus dem Zerfall von ^{3}H (Tritium), und dieser wiederum stammt aus nuklearen Reaktionen, die stattfinden, wenn im Rahmen der kosmischen Strahlung energiereiche Partikel auf Atome der Erdatmosphäre treffen. Der zu irgendeinem Zeitpunkt auf der Erde vorhandene Vorrat an (noch) nicht zerfallenem Tritium ist noch kleiner. Man schätzt, daß es in der Atmosphäre und in den Weltmeeren alles in allem nur $1^{1}/_{2}$ Kilogramm Tritium gibt. Noch geringer als dieser sind die Prozentsätze, in denen ^{3}He in dem aus natürlichen Erdgasvorkommen gewonnenen Helium enthalten ist, denn dort ist die Möglichkeit, daß sich durch Einwirkung kosmischer Strahlen Tritium bildet, praktisch ausgeschlossen.

^{3}He und ^{4}He sind nicht die einzigen Helium-Isotope. Die Physiker haben darüber hinaus zwei radioaktive Varianten erzeugt; ^{5}He, eines der instabilsten Nuklide, die man kennt, und ^{6}He, ebenfalls hochgradig instabil.

Bis heute ist die Zahl der bekannten Isotope auf rund 1400 angewachsen; davon sind über 1100 radioaktiv. Viele von ihnen sind mit Hilfe neuartiger atomarer Geschosse erzeugt worden, die weit wuchtiger sind als die Alphateilchen aus radioaktiven Quellen, mit denen Rutherford und die Joliot-Curies auskommen mußten.

Experimente, wie die Joliot-Curies sie Anfang der 30er Jahre durchführten, muteten zu jener Zeit an wie Spiele im wissenschaftlichen Elfenbeinturm; inzwischen sind jedoch die daraus gewonnenen Erkenntnisse höchst nützlichen praktischen Anwendungszwecken zugeführt worden. Stellen wir uns einmal vor, daß eine bestimmte Menge von Atomen eines Typs (oder auch verschiedener Typen) mit Neutronen beschossen wird. Ein bestimmter Prozentsatz jeder dieser Atomsorten wird ein Neutron absorbieren, und das Ergebnis wird im allgemeinen ein radioaktives Isotop sein. Dieses radioaktive Isotop wird zerfallen und dabei Teilchenstrahlung oder Gammastrahlen abgeben.

Die unterschiedlichen Atomtypen werden sich durch die Aufnahme jeweils eines Neutrons in ebenso viele unterschiedliche Arten radioaktiver Atome verwandeln, und diese werden wiederum eine jeweils andere charakteristische Strahlung abgeben. Diese Strahlung kann mit einem hohen Grad an Genauigkeit und Empfindlichkeit registriert und identifiziert werden. Aus ihrer Beschaffenheit und aus dem Grad, in dem die Strahlung pro Zeiteinheit abnimmt, läßt sich eindeutig ablesen, von welchem radioaktiven Atom sie ausgeht, und daraus läßt sich wiederum die Identität des betreffenden Atoms *vor* der Aufnahme des zusätzlichen Neutrons bestimmen. Dieses Verfahren, das sich sogenannte *Neutronenaktivierungs-Analyse* zunutze macht, erlaubt Materialanalysen von bislang unbekannter Präzision: Noch Mengen in der Größenordnung von einem Billionstel Gramm eines bestimmten Nuklids sind mit seiner Hilfe nachweisbar.

Die Neutronenaktivierungs-Analyse eignet sich beispielsweise zur Bestimmung feinster Unterschiede in der Zusammensetzung von Farbstoffen aus verschiedenen Jahrhunderten und erlaubt es daher, echte alte Gemälde von Fälschungen aus jüngerer Zeit zu unterscheiden, ohne daß das betreffende Bild bei der Analyse nennenswerten Schaden nimmt, denn man benötigt nur eine winzige Probe des Farbstoffes, um die Untersuchung durchführen zu können. Ein anderes Beispiel für die Möglichkeiten, die dieses Verfahren bietet: Haare von dem eineinhalb Jahrhunderte alten Leichnam Napoleons wurden mittels Neutronenaktivierungs-Analyse untersucht; dabei stellte sich heraus, daß sie übermäßig viel Arsen enthalten. Ob dem verbannten Napoleon dieses Gift in mörderischer Absicht verabreicht, ob es ihm im Rahmen einer medizinischen Behandlung verordnet wurde oder ob er es versehentlich zu sich nahm, darüber gibt das Verfahren freilich keinen Aufschluß.

Teilchenbeschleuniger

Dirac hatte nicht nur ein Antielektron – das Positron – postuliert, sondern auch ein Antiproton. Zur Erzeugung eines Antiprotons bedurfte es freilich, darüber war man sich klar, eines wesentlich höheren Energieaufwands. Die benötigte Energie ist der Masse des betreffenden Teilchens proportional, und da das Proton die 1836fache Masse des Elektrons besitzt, beansprucht die Bildung eines Antiprotons mindestens 1836mal so viel Energie wie die Entstehung eines Positrons. Dieses Vorhaben war so lange nicht realisierbar, so lange nicht die Möglichkeit zu Gebote stand, subatomare Teilchen auf ein ausreichend hohes Energieniveau zu bringen, d. h. sie auf entsprechende Geschwindigkeiten zu beschleunigen.

Zu dem Zeitpunkt, an dem Dirac seine Voraussage machte, waren die ersten Schritte in diese Richtung bereits zurückgelegt, 1928 hatten die englischen Physiker John D. Cockcroft und Ernest T. S. Walton, die in Rutherfords Labor arbeiteten, einen Spannungsvervielfältiger entwickelt, eine Vorrichtung zum Aufbau elektrischer Potentiale, die es erlaubte, Protonen eine Beschleunigungsenergie von nahezu 400000 Elektronenvolt zu verleihen. (Ein *Elektronenvolt* ist die kinetische Energie, die ein Elektron beim Durchlaufen eines Spannungsgefälles von 1 Volt gewinnt.) Mit Protonen, die sie in diesem Gerät beschleunigten, gelang es den beiden Forschern, den Lithiumkern zu spalten. Für diese Leistung wurden sie 1951 mit dem Physik-Nobelpreis ausgezeichnet.

Unterdessen arbeitete der amerikanische Physiker Robert J. Van de Graaff an der Entwicklung eines Teilchenbeschleunigers neuer Art. Sein Funktionsprinzip bestand im Grunde darin, daß er Elektronen und Protonen voneinander trennte und sie an entgegengesetzten Enden der Apparatur sammelte. So bauten sich elektrische Pole entgegengesetzter Ladung und mit extrem hohem Spannungsgefälle auf; Van de Graaff erzeugte Spitzenspannungen von bis zu 8 Millionen Volt. Elektrostatische Generatoren können heute Protonen ohne weiteres auf eine Geschwindigkeit beschleunigen, die einer Spannung von 24 Millionen Elektronenvolt entspricht. (Wenn Physiker von Millionen Elektronenvolt reden, gebrauchen sie inzwischen ausnahmslos die Abkürzung *MeV*.)

Die spektakulären Bilder von dem riesige Funken sprühenden elektrostatischen *Van-de-Graaff-Generator* nahmen die Phantasie der Menschen gefangen und machten die Öffentlichkeit mit der Tatsache der »Atomzertrümmerung« vertraut. Allerdings sahen viele Menschen im Van-de-Graaff-Generator nicht mehr als ein Gerät zur Erzeugung künstlicher Blitze, was der wirklichen Bedeutung dieser Errungenschaft nicht gerecht wurde. (Eine Vorrichtung, die für die Erzeugung künstlicher Blitze und für nichts sonst gedacht war, hatte der deutsch-amerikanische Elektroingenieur Charles P. Steinmetz schon 1922 konstruiert.)

Dem Energieniveau, das sich in einer solchen Apparatur erzielen läßt, sind aus bestimmten praktischen Gründen Grenzen gesetzt. Es dauerte jedoch nicht lange, bis ein anderes Verfahren zur Beschleunigung von Teilchen seine Aufwartung

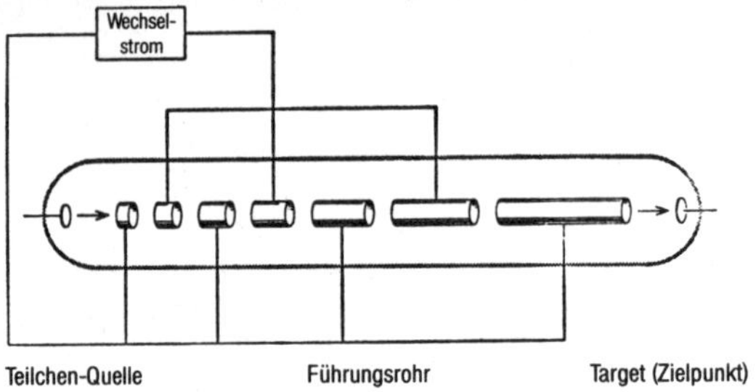

Schematische Darstellung des Linearbeschleunigers. Ein elektrisches Hochfrequenz-Wechselfeld befördert die geladenen Teilchen durch abwechselnd stoßende und ziehende Impulse (die immer in die gleiche Richtung wirken) unter stetiger Beschleunigung durch die Führungsrohre.

machte. Konnte man nicht, anstatt Teilchen in einem einzigen großen Schub durch ein Spannungsgefälle zu jagen, sie mittels einer Reihe kleinerer Schübe auf eine zunehmend höhere Geschwindigkeit beschleunigen? Wenn alle aufeinanderfolgenden Schübe zeitlich gut aufeinander abgestimmt waren, würde jeder von ihnen eine Beschleunigungswirkung zeitigen, ähnliche wie man eine Schaukel in Schwung bringen kann, wenn man ihr bei jeder Abwärtsbewegung zum richtigen Zeitpunkt einen Stoß mitgibt.

Aus dieser Überlegung wurde 1931 der sogenannte *Linearbeschleuniger* geboren *(Abb.)*. Die Teilchen werden bei ihm durch eine in Abschnitte eingeteilte Röhre geleitet. Die beschleunigende Kraft geht von einem in regelmäßigem Rhythmus das Vorzeichen wechselnden elektrischen Feld aus, das in der Weise manipuliert wird, daß die Partikel beim Eintritt in jeden der aufeinanderfolgenden Streckenabschnitte einen weiteren Beschleunigungsschub erfahren. Da die Teilchen immer schneller werden, muß jeder Streckenabschnitt länger sein als der vorausgehende, so daß die Durchlaufzeit der Teilchen gleich bleibt und der jeweils nächste beschleunigende Stoß im richtigen Augenblick erfolgt.

Diese Abstimmung zwischen Länge, Geschwindigkeit und Zeitintervallen ist nicht leicht, und abgesehen davon gibt es für die Länge gerader Röhren gewisse praktische Grenzen; diese Gründe trugen mit dazu bei, daß der Linearbeschleuniger sich in den 30er Jahren nicht durchsetzte. Ein anderer Faktor, der ihn in den Hintergrund treten ließ, war freilich die Tatsache, daß Ernest O. Lawrence von der University of California eine bessere Idee hatte.

Konnte man nicht die Teilchen, anstatt sie durch ein gerades Rohr zu jagen, auf einem kreis- oder spiralförmigen Weg beschleunigen? Mit einem Magneten könnte man sie zwingen, einen solchen Weg einzuschlagen. Jedesmal, wenn sie eine halbe Kreisbahn zurückgelegt hatten, würden sie durch ein entgegengesetzt installiertes elektrisches Feld einen zusätzlichen Beschleunigsschub erfahren.

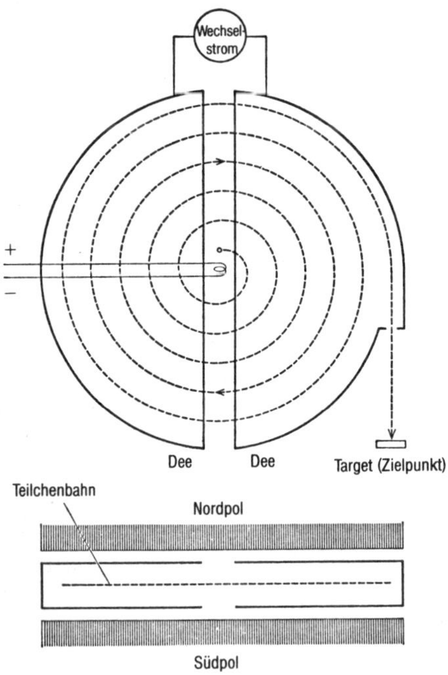

Schematische Darstellung des Zyklotrons, einmal in der Draufsicht (oben), einmal im Querschnitt (unten). Die Teilchen, die sich auf einer sich spiralig erweiternden Bahn von innen nach außen bewegen, erhalten bei jedem Durchlauf durch eines der »Dees« (so heißen die beiden D-förmigen Hälften der Apparatur) einen Beschleunigungsimpuls. Ein Magnet zwingt sie in ihre gekrümmte Bahn.

Ein Zyklotron ist eine Apparatur, die einen Strahl elektrisch geladener Teilchen mit Hilfe von Magneten in eine kreisförmig gekrümmte Bahn zwingt. Da die Wissenschaftler nach immer energiereicheren, d. h. schnelleren Teilchenstrahlen verlangten, wurden die Beschleuniger und die in sie eingebauten Magnete immer größer. Das Bild zeigt ein Zyklotron mit einem supraleitenden Magneten, entwickelt in Berkeley von Clyde Taylor und Mitarbeitern. Mit Genehmigung des Lawrence Berkeley Laboratory der University of California in Berkeley.

Bei dieser Anordnung wäre die zeitliche Abstimmung nicht so problematisch. Je größer die Geschwindigkeit der Teilchen, desto geringer würde die durch den Magneten bewirkte Krümmung ihrer Bahn sein; sie würden sich also in ständig größer werdenden Kreisbahnen bewegen und vielleicht sogar für einen vollständigen Kreislauf jedesmals gleich viel Zeit brauchen. Am Ende ihres spiraligen Wegs würden die Teilchen aus der zylindrischen Kammer austreten (die in Wirklichkeit aus zwei Hälften zusammengesetzt ist, die wegen ihrer D-Form »Dees« heißen) und am Detektor eintreffen.

Das kompakte neue Gerät aus der Lawrenceschen Werkstatt wurde auf den Namen *Zyklotron* getauft *(Abb.)*. Sein erster Prototyp, der einen Durchmesser von weniger als 30 cm hatte, konnte Protonen auf ein Energieniveau von annähernd 1,25 MeV beschleunigen. Im Jahr 1939 besaß die University of California ein Zyklotron mit einem Magnetdurchmesser von rund 1,50 m, das Teilchen auf etwa 20 MeV beschleunigen konnte, d. h. auf das Doppelte der Geschwindigkeit, die die energiereichsten Alphateilchen aus radioaktiven Quellen erreichen. Im gleichen Jahr erhielt Lawrence für seine Erfindung den Physik-Nobelpreis.

Bei rund 20 MeV stieß das Zyklotron an die Grenze seiner Leistungsfähigkeit, weil auf diesem Energieniveau die Teilchen so schnell waren, daß die geschwindigkeitsbedingte Massenzunahme – ein von Einstein im Rahmen der Relativitätstheorie vorhergesagter Effekt – sich bemerkbar machte. Dies geschah in der Form, daß die Teilchen ihrer Sollgeschwindigkeit hinterherzuhinken begannen und aus dem Tritt kamen, d. h. aus der Synchronität mit dem Wechsel der Stromphasen ausbrachen. Diesem Problem ließ sich jedoch abhelfen, und 1945 waren es der sowjetische Physiker Wladimir J. Weksler und der kalifornische Physiker Edwin M. McMillan, die unabhängig voneinander die Lösung erarbeiteten. Sie bestand darin, daß man die Phasenänderungen des elektrischen Feldes auf die vorausberechenbare Massenzunahme der Partikel abstimmte. Die hieraus resultierende Weiterentwicklung des Zyklotrons erhielt den Namen *Synchrozyklotron.* 1946 weihte die University of California eine solche Appartur ein, die Teilchen auf Energien von 200 bis 400 MeV zu beschleunigen vermochte. Später entstanden sowohl in den USA als auch in der Sowjetunion Synchrozyklotrone mit einer Leistungsfähigkeit von 700 bis 800 MeV.

Unterdessen hatte sich das Interesse der Kernphysiker auch auf das Gebiet der Beschleunigung von Elektronen ausgeweitet. Um ein brauchbarer Atomkern-Zertrümmerer zu sein, muß ein leichtes Elektron auf eine viel höhere Geschwindigkeit beschleunigt werden als ein Proton (gerade so wie ein Tischtennisball, wenn er eine Glasscheibe durchschlagen soll, mit viel größerer Geschwindigkeit auf sie aufprallen muß als etwa ein Golfball). Das Zyklotron kam als Elektronenbeschleuniger nicht in Frage, da Elektronen bei den benötigten hohen Geschwindigkeiten eine zu ausgeprägte Massenzunahme zeigten. 1940 dachte sich der amerikanische Physiker Donald W. Kerst ein Gerät zur Beschleunigung von Elektronen aus, bei dem die zunehmende Masse der Teilchen durch ein flexibles und um das nötige Maß verstärktes elektrisches Feld ausgeglichen wurde. In diesem Gerät wurden die Elektronen auf ein und derselben Kreisbahn gehalten, anstatt in einer Spirale nach außen zu wandern. Die Apparatur erhielt den Namen *Betatron,* wobei natürlich die Betateilchen Pate standen. Heutige Betatrone ermöglichen Elektronengeschwindigkeiten von bis zu 340 MeV.

Neben sie ist ein weiteres, leicht abgewandeltes Instrument getreten, das sogenannte *Elektronen-Synchrotron.* Das erste Gerät dieses Typs wurde 1946 in England von F. K. Goward und D. E. Barnes gebaut. Moderne Elektronen-Synchrotrone beschleunigen Elektronen bis über die 1000-MeV-Marke hinaus; höher können sie jedoch nicht gehen, weil Elektronen, die sich auf einer Kreisbahn bewegen, zunehmend mehr Energie abstrahlen, je höher ihre Geschwindigkeit wird. Diese von einem sich beschleunigenden Teilchen ausgehende Strahlung wird als *Bremsstrahlung* bezeichnet.

Nachdem die erste Euphorie über das Betatron und das Elektronen-Synchrotron sich gelegt hatte, begannen die Kernphysiker um das Jahr 1947 mit dem Bau von *Protonen-Synchrotronen,* bei denen die Teilchen ebenfalls auf einer Kreisbahn gehalten wurden. Dies half Gewicht und Kosten sparen. Wo die Teilchen sich auf einer spiraligen Bahn nach außen bewegen, müssen die Magnete sich zwangsläufig über die gesamte Breite der Spirale erstrecken, um ein durchgehend homogenes Magnetfeld erzeugen zu können. Wenn die Teilchen sich kreisförmig bewegen, braucht der Magnet nur einen schmalen Bereich abzudecken.

Da bei dem massereicheren Proton der Energieverlust mit zunehmender Geschwindigkeit nicht so rapide ansteigt wie beim Elektron, konnten die Physiker darauf hoffen, mit dem Protonen-Synchrotron die 1000-MeV-Marke zu übertreffen.

1952 wurde im New Yorker Brookhaven National Laboratory ein Protonen-Synchrotron fertiggestellt, das Spitzenleistungen von 2000 bis 3000 MeV brachte. Es wurde auf den Namen *Kosmotron* getauft, weil es damit ein Energieniveau erreicht hatte, wie es dem Gros der kosmischen Strahlungspartikel entsprach. Zwei Jahre später wartete die University of California mit ihrem *Bevatron* auf, das in der Lage war, Teilchen auf 5000 bis 6000 MeV zu beschleunigen. (1000 MeV entsprechen 1 Milliarde Elektronenvolt – dafür kennt man auch die Abkürzung GeV, von Giga-Elektronenvolt.) 1957 dann stellten die Sowjets ihr *Phasotron* vor, mit dem sie bis zu 10 GeV erreichten.

Heute sehen diese Maschinen bereits ziemlich alt aus im Vergleich mit Beschleunigern einer neuen Generation, den sogenannten stark fokussierenden Synchrotronen oder AG-Beschleunigern. Die Grenzen der Leistungsfähigkeit von Beschleunigern des Bevatron-Typs sind dadurch markiert, daß bei ihnen immer wieder Teilchen aus dem Hauptstrom heraus- und gegen die Wände des Ringkanals, in dem sie kreisen, geschleudert werden. Die Geräte der neuen Bauart wirken dieser Neigung dadurch entgegen, daß sie die Partikel

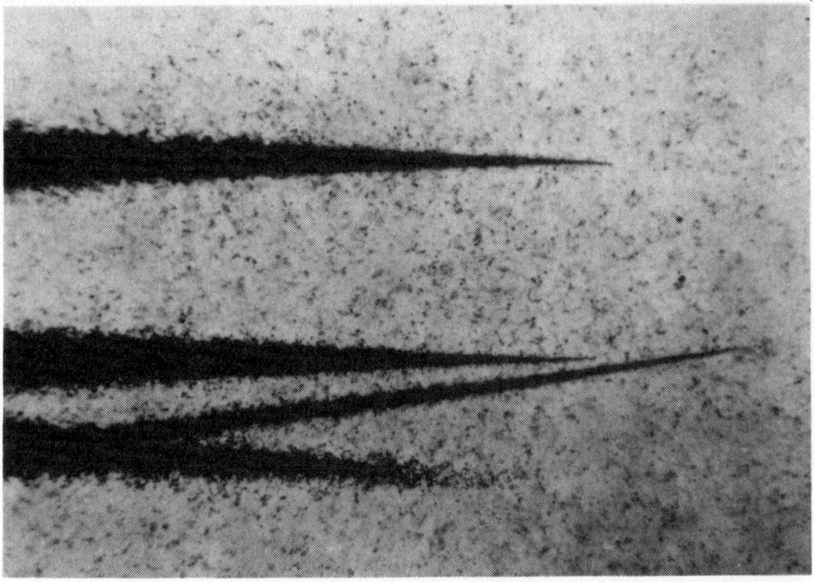

Die dunklen Streifen sind die Spuren, die einige der ersten bis fast auf Lichtgeschwindigkeit beschleunigten Urankerne in einer speziellen fotografischen Emulsionsschicht hinterließen. Das Bild zeigt den letzten halben Millimeter dreier Teilchenspuren. Die unterste stammt von einem Kern, der sich in zwei kleinere Kerne aufspaltete. Das Gerät, mit dem die Teilchen beschleunigt wurden, war der Bevalac, der einzige Beschleuniger auf der Welt, der Ionen von der Größe des Urankerns auf relativistische Energieniveaus zu beschleunigen vermag. Das Gerät steht im Lawrence Berkeley Laboratory der University of California in Berkeley.

mittels alternierender Magnetfelder von unterschiedlicher Form fokussieren, d. h. in einem hochkonzentrierten dünnen Strahl zusammenhalten. Die Grundidee zu dieser Anordnung lieferte Christofilos, der »Amateurforscher«, der den Profis hier ebenso wie im Fall des Christofilos-Effekts ein Schnippchen schlug. Die neue Technik ermöglichte es übrigens, die für die Erreichung des gewünschten Energieniveaus erforderliche Magnetgröße weiter zu reduzieren. Eine Verfünfzigfachung der auf die Teilchen übertragenen Energie wurde mit einem um weniger als den Faktor zwei vergrößerten Magneten erreicht.

Im November 1959 weihte das Europäische Kernforschungszentrum (CERN), eine von zwölf Staaten gemeinsam betriebene Forschungseinrichtung, in Genf ein solches AG-Synchrotron ein, das 24000 MeV erreichte und alle drei Sekunden große, jeweils 10 Milliarden Protonen enthaltende Partikelschwärme ausspie. Der Ringkanal dieses Synchrotrons hat einen Durchmesser von 200 m und ist 640 m lang. In dem 3-Sekunden-Zeitraum, in dem sich jeweils ein neuer Protonenpuls aufbaut, durchlaufen die Protonen den Ring eine halbe Million mal. Das CERN-Synchrotron, das über 100 Millionen Mark kostete, ist mit einem 3500 Tonnen wiegenden Magneten ausgerüstet.

Die Entwicklung ging weiter. Man versuchte, zu immer höheren Energieniveaus zu kommen, um immer mehr seltene und ausgefallene Partikel-Interaktionen herbeizuführen, immer massereichere Teilchen zu erzeugen und immer mehr über die Mikrostruktur der Materie zu erfahren. Beispielsweise wurde die Möglichkeit ins Auge gefaßt, nicht ein fixiertes Zielobjekt mit Strömen beschleunigter Teilchen zu beschießen, sondern zwei Teilchenströme mit gleichbleibender Geschwindigkeit in entgegengesetzter Richtung kreisen zu lassen und sie zu einem ausgewählten

Zeitpunkt so zu steuern, daß sie frontal aufeinanderprallen. Die effektive Kollisionsenergie ist in diesem Fall viermal so groß, als wenn jeder der beiden Ströme auf ein fest montiertes Objekt prallen würde. Im Fermilab bei Chicago wurde ein nach diesem Prinzip arbeitender Beschleuniger 1982 in Betrieb genommen; man rechnet damit, daß er 1000 GeV auf die Matte bringen wird. Der Bau weiterer Beschleuniger mit angepeilten Leistungen von bis zu 20000 GeV ist geplant.
Auch der Linearbeschleuniger, abgekürzt *Linac* (nach »linear accelerator«) hat unterdessen ein Comeback erlebt. Durch technische Verbesserungen sind die Probleme, die bei den frühen Modellen dieses Typs auftraten, überwunden worden. Im Bereich extrem hoher Energien weist der Linearbeschleuniger gegenüber dem Ringbeschleuniger eine Reihe von Vorteilen auf. Da Elektronen, wenn sie sich in gerader Linie bewegen, keine Energie verlieren, kann ein Linac Elektronen auf höhere Geschwindigkeiten beschleunigen; außerdem erlaubt er eine schärfere Strahlenbündelung auf ein bestimmtes Zielobjekt. Die Stanford University hat einen 3200 m langen Linearbeschleuniger errichtet, der für Energien bis maximal 45 GeV ausgelegt ist.
Schon mit dem Bevatron rückte die Möglichkeit, ein Antiproton zu erzeugen, in greifbare Nähe. Die Physiker der University of California setzten sich das ausdrückliche Ziel, dieses Teilchen herzustellen und nachzuweisen. 1955 waren es Owen Chamberlain und Emilio G. Segrè, die, nachdem sie stundenlang Kupfer mit auf 6200 MeV beschleunigten Protonen beschossen hatten, das Antiproton definitiv stellten und eindeutig identifizierten – nicht nur eins, sondern genau sechzig. Sie zu identifizieren, war keineswegs leicht. Auf jedes erzeugte Antiproton kamen, ebenfalls als Produkte des Beschusses, 40000 Teilchen anderer Art. Aber mittels eines ausgeklügelten Systems von Detektoren, die so angeordnet waren, daß nur ein Antiproton allen Kriterien genügen konnte, wiesen sie das Teilchen zweifelsfrei nach. Für diese Leistung erhielten Chamberlain und Segrè den Physik-Nobelpreis.
Das Antiproton ist ebenso kurzlebig wie das Positron – zumindestens unter den Bedingungen unserer Welt. Innerhalb eines winzigen Sekundenbruchteils nach seiner Erzeugung wird das Teilchen von einem normalen, positiv geladenen Kern verschluckt. Dort löschen das Antiproton und eines der Protonen des Kerns einander aus, d. h. sie verwandeln sich in Energie und einige kleinere subatomare Teilchen. 1965 war man soweit, genügend Energie akkumulieren zu können, um den umgekehrten Vorgang zu provozieren: die Entstehung eines Proton-Antiproton-Paars.
Gelegentlich kommt es vor, daß ein Proton und ein Antiproton, anstatt regelrecht zusammenzuprallen, in einem Beinahe-Zusammenstoß aneinander vorbeischrammen. In diesem Fall neutralisieren sie wechselseitig ihre Ladung; aus dem Proton wird ein Neutron, was nicht weiter verblüfft. Aber aus dem Antiproton wird ein Antineutron! Wie sollen wir uns ein Antineutron vorstellen? Ein Positron ist das Gegenteil eines Elektrons, weil es gegenteilig geladen ist, und analog verhält es sich bei Proton und Antiproton. Was aber verleiht dem elektrisch nicht geladenen Antineutron seine Anti-Qualität?

Spin

An dieser Stelle müssen wir uns noch einmal mit diesem Thema Spin befassen; es handelt sich dabei, wie wir uns erinnern, um eine Eigenschaft subatomarer Teilchen, die übrigens erstmals 1925 von zwei holländischen Physikern, George E. Uhlenbeck und Samuel A. Goudsmit, definiert wurde. Der Spin oder Drehimpuls eines Teilchens bewirkt, daß sich um das Teilchen ein winziges Magnetfeld bildet; diese Felder sind gemessen und gründlich erforscht worden, vor allem von dem deutschen Physiker Otto Stern und dem amerikanischen Physiker Isidor Isaac Rabi, die für ihre Arbeiten über dieses Phänomen 1943 bzw. 1944 mit dem Nobelpreis ausgezeichnet wurden.
Das Verhalten von Teilchen mit einem Spin, der wie beim Proton, Neutron und Elektron in Halbzahlen auftritt, läßt sich mit Hilfe eines Systems von Regeln erfassen, das die Physiker Fermi und Dirac 1926 unabhängig voneinander ausarbeiteten. Es wird als *Fermi-Dirac-Statistik* bezeichnet. Teilchen, die den darin festgelegten Gesetzmäßigkeiten gehorchen, werden *Fermionen* genannt; das Proton, das Elektron und das Neutron gehören somit allesamt zur Gruppe der Fermionen.
Es gibt aber auch Partikel, deren Spin sich stets ganzzahlig ausdrücken läßt. Ihr Verhalten läßt sich

Ein Ingenieur vor den Gleichrichter-Decks, die Teil des Hochspannungs-Generatorsystems für den neuen Ioneninjektor des Super-HILAC des Berkeley Laboratory sind. Der neue Injektor, genannt Abel, soll den Beschleuniger in die Lage versetzen, auch hochintensive Strahlen von schweren Ionen bis zur Größe des Urankerns zu erzeugen. Mit Genehmigung des Lawrence Berkeley Laboratory an der University of California.

Das Aluminiumgehäuse, das sich oben an die Gleichrichter-Decks anschließt, enthält einen Magneten und einen Ionenerzeuger, dessen Herzstück ein elektrischer Lichtbogen ist, der die äußeren Elektronen der Atome abstreift. Die so beraubten Atome, die nunmehr Ionen sind, d. h. eine positive Ladung aufweisen, können jetzt durch das elektrische Feld im Inneren der Beschleunigungsrohre auf ein mittleres Energieniveau beschleunigt werden. Anschließend erfährt der Ionenstrahl in dem neuen Wideroe-Beschleuniger des Super-HILAC eine weitere Beschleunigung; danach wird er zum Bevatron weitergeleitet. Wenn Super-HILAC und Bevatron zu einem Tandem zusammengeschaltet werden, was oft der Fall ist, wird das Gespann als »Bevalac« bezeichnet. Mit Genehmigung des Lawrence Berkeley Laboratory an der University of California.

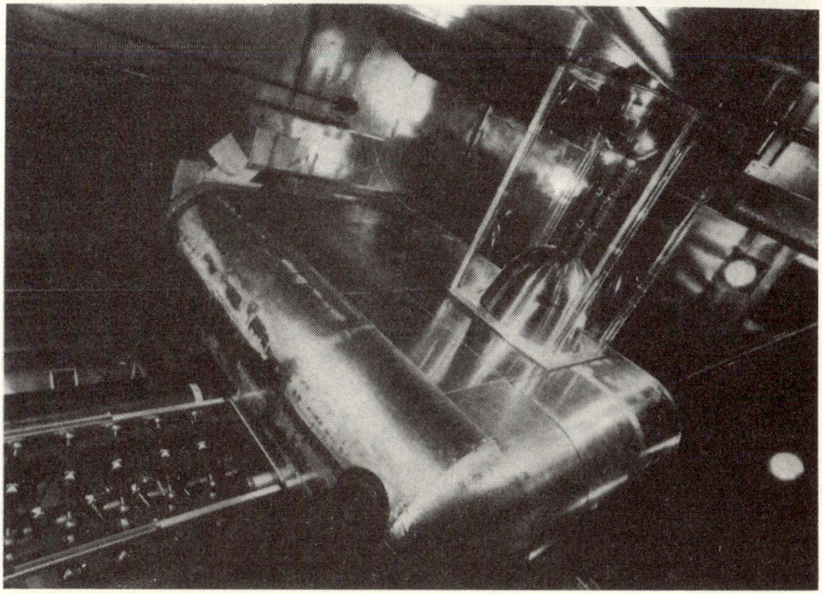

mittels eines anderen Regelsystems erfassen, das von Albert Einstein und dem indischen Physiker Satyendranath Bose formuliert wurde. Teilchen, die den Gesetzmäßigkeiten der *Bose-Einstein-Statistik* gehorchen, werden *Bosonen* genannt. Das Alphateilchen beispielsweise ist ein Boson.
Zwischen diesen beiden Gruppen von Teilchen gibt es charakteristische Unterschiede. Zum Beispiel ist das *Pauli-Prinzip (s. Kap. 5)* nicht nur auf Elektronen, sondern auf alle Fermionen anwendbar. Dagegen gilt es nicht für Bosonen.
Die Tatsache, daß ein elektrisch geladenes Teilchen ein Magnetfeld aufbaut, sieht man ohne weiteres ein; nicht so einfach zu verstehen ist hingegen, weshalb das elektrisch nicht geladene Neutron ein Magnetfeld ausbilden sollte – und doch steht zweifelsfrei fest, daß es eins besitzt. Das sicherste Indiz hierfür ist, daß ein Neutronenstrahl, der auf magnetisiertes Eisen trifft, sich anders verhält als einer, der auf nicht-magnetisiertes Eisen gerichtet wird. Der Magnetismus des Neutrons dürfte damit zusammenhängen, daß dieses Teilchen, wie wir weiter unten noch sehen werden, sehr wahrscheinlich aus anderen Teilchen zusammengesetzt ist, die Träger elektrischer Ladungen sind. Diese Ladungen heben sich in ihrer Gesamtheit gegenseitig auf, so daß das Neutron als Ganzes elektrisch neutral ist, aber wenn es »spint«, bringt es ungeachtet dessen irgendwie ein Magnetfeld zuwege.
Abgesehen von den ungelösten Fragen, die er aufwirft, gibt der Spin des Neutrons uns immerhin eine Antwort auf die Frage nach dem Wesensmerkmal des Antineutrons. Man versteht darunter schlicht und einfach ein Neutron mit umgekehrter Spinrichtung; sein magnetischer Südpol liegt, bildlich gesprochen, oben anstatt unten. Übrigens zeigen auch Proton und Antiproton sowie Elektron und Positron dieses Phänomen der vertauschten Pole.
Antiteilchen können sich zweifellos miteinander zu *Antimaterie* verbinden, genauso wie gewöhnliche Teilchen zu gewöhnlicher Materie *(Abb.)*. Das erste regelrechte Antimaterie-Atom wurde 1965 in Brookhaven erzeugt. Durch Beschießung von Beryllium mit auf 7000 MeV beschleunigten Protonen kamen Verbindungen von Antiprotonen und Antineutronen zustande, so etwas wie Antideuteronen. Inzwischen ist auch Antihelium 3 erzeugt worden, und zweifellos lassen sich, wenn man nur genug Mühe darauf verwendet, auch noch komplexere Anti-Atomkerne aufbauen. Daran, daß Antimaterie möglich ist, zweifelt heute jedenfalls kein Physiker mehr.

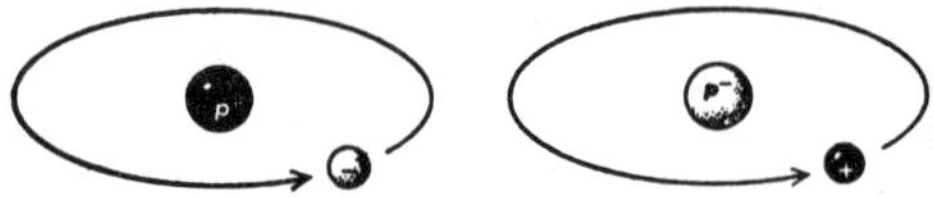

Ein Wasserstoffatom und sein Antimaterie-Gegenstück, das aus einem Antiproton und einem Positron besteht.

Eine andere Frage ist, ob es im Universum Ansammlungen von Antimaterie gibt. Wenn es sie gäbe, würde man es ihnen aus der Ferne nicht anmerken. Sie würden sich weder in ihren Schwerkraftwirkungen noch in dem von ihnen erzeugten Licht in irgendeiner Weise von normaler Materie unterscheiden. Wenn sie jedoch mit normaler Materie in Berührung kämen, würde es zu einer ungeheuren gegenseitigen Vernichtungsreaktion kommen, die eigentlich ein spektakuläres kosmisches Ereignis sein müßte. Bis heute haben die Astronomen jedoch noch nirgendwo am Himmel irgendwelche Energieexplosionen beobachtet, die sich eindeutig als Resultat eines Zusammentreffens von Materie und Antimaterie interpretieren ließen. Kann es demnach sein, daß das Universum nahezu oder ausschließlich Materie und nur wenig oder gar keine Antimaterie enthält? Wenn ja, warum? Schließlich sind Materie und Antimaterie einander in jeder Hinsicht gleichwertig und unterscheiden sich lediglich durch ihre gegensätzliche elektromagnetische Orientierung; das bedeutet, daß bei jedem energetischen Ereignis, bei dem Materie geschaffen wird, auch Antimaterie geschaffen werden müßte, und demgemäß sollte das Universum eigentlich aus gleich großen Mengen beider Materiearten bestehen.
Wir stehen vor einem Dilemma. Die theoretische Überlegung sagt uns, daß es im Kosmos Antimaterie geben müßte; die Beobachtung läßt uns jedoch in dieser Hinsicht im Stich. Können wir aber sicher sein, daß wir unsere Beobachtungen richtig interpretieren? Denken wir an die Kerne aktiver Galaxien, oder denken wir an die Quasare – könnten nicht diese Phänomene, die von enormen Energieumsätzen zeugen, Begleiterscheinungen einer Materie-Antimaterie-Vernichtungsreaktion

sein? Wahrscheinlich nicht! Es scheint, als ob solche Vernichtungsreaktionen nicht genug Energie produzieren könnten, um diese Phänomene zu erklären; die Astronomen ziehen es jedenfalls vor, die Theorie vom gravitationsbedingten Kollaps (bis hin zur Entstehung Schwarzer Löcher) als den einzigen physikalisch realistischen Mechanismus zu akzeptieren, der in der Lage wäre, Energie in der hier zur Debatte stehenden Größenordnung zu produzieren.

Kosmische Strahlung

Könnte in diesem Zusammenhang die kosmische Strahlung von Belang sein? Das Gros der Teilchen, aus denen sie besteht, liegt im Energiebereich zwischen 1000 und 10000 MeV. Als Quelle dieser Strahlung könnten Materie-Antimaterie-Reaktionen theoretisch in Frage kommen; allerdings erreicht ein kleiner Teil der kosmischen Partikel wesentlich höhere Energien – 20000, 30000, 40000 MeV *(Abb.)*. Physiker des Massachusetts Institute of Technology haben sogar einzelne Teilchen mit dem unglaublichen Energiepotential von 20 Billionen MeV entdeckt. Zahlen dieser Größenordnung übersteigen unser Vorstellungsvermögen, aber wir können uns eine Vorstellung von der Höhe dieses Energieniveaus machen, wenn wir uns vergegenwärtigen, daß ein einziges auf 20 Billionen MeV beschleunigtes submikroskopisches Teilchen in der Lage wäre, ein 1-kg-Gewicht 9,22 cm hoch zu heben.

Seit der Entdeckung der kosmischen Strahlung machen sich Physiker und alle möglichen anderen Leute Gedanken darüber, woher sie kommt und wie sie entsteht. Die einfachste Erklärung wäre die, daß irgendwo in der Milchstraße – vielleicht in unserer Sonne, vielleicht in weiter entfernten Sternen oder Sternsystemen – nukleare Reaktionen vor sich gehen, bei denen abgestrahlte Teilchen mit jenen ungeheuren Beschleunigungsenergien versehen werden, mit denen sie hier in Erscheinung treten. Tatsächlich treffen regelmäßig im Abstand von zwei Jahren (wie erstmals 1942 festgestellt wurde) im Zusammenhang mit den bekannten Phänomenen gesteigerter Sonnenaktivität »Böen« einer relativ milden kosmischen Strahlung auf der Erde ein. Müßten dann nicht erst recht Supernovae, Pulsare und Quasare Quellen kosmischer Strahlung sein? Man kennt allerdings keine nukleare Reaktion, die imstande wäre, Energien von 20 Billionen MeV zu erzeugen. Die denkbar heftigste, gegenseitige Auslöschungsreaktion – zwischen Kernen der schwersten Elemente aus Materie und Antimaterie – würde abgestrahlten Teilchen einen Impuls von maximal 250000 MeV mit auf den Weg geben.

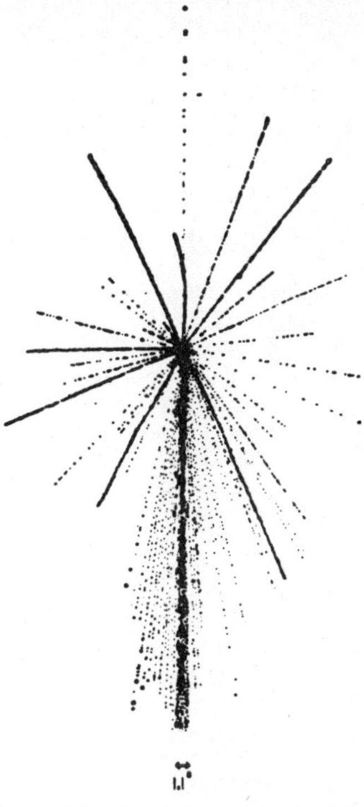

Ein Silberatom wird von einem hochenergetischen, kosmischen Strahlungsteilchen getroffen und zertrümmert. Aus der Kollision gingen in diesem Fall 95 Kernbruchstücke hervor, deren Spuren das Sternmuster ergaben.

Die andere Möglichkeit ist, anzunehmen, daß irgendeine im Weltraum wirksame Kraft die kosmischen Teilchen beschleunigt. Dieser Auffassung neigte Fermi zu. Man kann sich vorstellen, daß Partikel, die ursprünglich aus Supernova-Explosionen und anderen kosmischen Ereignissen mit einem mäßigen Energiepotential hervorgehen, auf ihrem Weg durch den Raum allmählich weiter beschleunigt werden. Der größten Beliebtheit erfreut sich gegenwärtig die Hypothese, daß diese Beschleunigung von kosmischen Magnetfeldern, die wie riesige Synchrotrone wirken, erzeugt wird. Tatsächlich gibt es kosmische Magnetfelder – man nimmt an, daß unsere Galaxis als ganze ein solches Magnetfeld besitzt, das allerdings mindestens 20000mal schwächer ist als das der Erde. Kosmische Teilchen, die dieses Feld durchwandern, müßten auf einer leicht gekrümmten Bahn eine allmähliche Beschleunigung erfahren. In dem Maß, wie ihre Energie zunähme, würde ihre Bahn sich zentrifugal ausweiten, und die energiereichsten dieser Teilchen würden an einem bestimmten Punkt aus der Galaxis ausbrechen. Zwar würden nur die wenigsten Teilchen jemals diese Entweichgeschwindigkeit und die dazugehörige Flugbahn erreichen (da sie immer wieder durch Zusammenstöße mit anderen Teilchen oder mit größeren Körpern Energie verlören), aber einigen würde es eben doch gelingen. Im Rahmen dieser Anschauung kann oder muß man sogar annehmen, daß die meisten extrem energiereichen kosmischen Teilchen, die auf der Erde eintreffen, als Eindringlinge in unserer Galaxis gelandet sind, nachdem sie sich auf die geschilderte oder ähnliche Art aus einer anderen Galaxis hinauskatapultiert haben.

Die Struktur des Atomkerns

Nachdem wir einiges über die allgemeinen Eigenschaften des Atomkerns erfahren haben, gilt unser Interesse nicht weniger der Frage nach seinem Aufbau, namentlich nach den Details seiner inneren Struktur. Doch fragen wir zunächst einmal nach seiner Form. Da der Atomkern, nach allem was man weiß, eine dichtgepackte Anhäufung aus Neutronen und Protonen ist, liegt es nahe, ihm eine kugelige Form zuzuschreiben. Die Feinanalyse atomarer Spektren vermittelt in der Tat den Eindruck, daß bei vielen Kernen die Ladung wie auf einer Kugeloberfläche verteilt ist. Das gilt jedoch nicht für alle Kerne; manche verhalten sich so, als ob sie zwei Magnetpolpaare aufwiesen; von diesen Kernen sagt man, sie hätten ein *Quadrupolmoment.* Ihre Abweichung von der Kugelform hält sich jedoch in Grenzen. Am größten ist sie bei den Lanthaniden, die, ihrer Ladungsverteilung nach zu schließen, offenbar eiförmige Kerne haben. Aber auch bei ihnen ist die Längsachse höchstens 20% länger als die Querachse.

Was den inneren Aufbau des Kerns betrifft, so könnten wir uns ihn, wenn wir einmal das einfachste Modell zugrunde legen, mit seinen dicht aneinanderlagernden Teilchen als ein Gebilde von ähnlicher Beschaffenheit wie ein Flüssigkeitstropfen vorstellen. Seine Partikel – in diesem Fall die Moleküle – lagern so dicht aneinander, daß zwischen ihnen kaum noch freier Raum bleibt, so daß er eine praktisch homogene, d. h. gleichmäßige dichte Verteilung und eine klar gegen die Umgebung abgegrenzte Oberfläche aufweist.

Es war Nils Bohr, der dieses Flüssigkeitstropfen-Modell 1936 im Detail ausarbeitete. Es schien eine Erklärung für das Verhalten mancher Kerne bei der Aufnahme und Abgabe von Teilchen zu liefern. Wenn ein Teilchen auf einen so strukturierten Kern prallt, kann man sich vorstellen, daß die dabei auf den Kern übertragene kinetische Energie sich gleichmäßig auf alle dichtgedrängt sitzenden Teilchen des Kerns verteilt, so daß zunächst einmal keines von ihnen genügend Energie abbekommt, um sich loszureißen. Nach vielleicht einer billiardstel Sekunde, innerhalb derer sich im Kern einige Milliarden ungeregelter Zusammenstöße ereignen, akkumuliert womöglich irgendein Teilchen so viel Energie, daß es aus dem Kernverband ausbricht.

Dieses Modell könnte auch die Aussendung von Alphateilchen durch schwerere Kerne erklären. Solche großen Kerne geraten möglicherweise ins Zittern, wenn die Teilchen, aus denen sie bestehen, sich umherbewegen und untereinander Energien abgeben und aufnehmen. Dieses Zittern, das wir auch von Flüssigkeitstropfen kennen, träte bei allen Kernen auf, würde aber die größeren, weniger stabilen Kerne mehr beeinträchtigen als die kleineren. Bei schweren Kernen kann es daher leichter dazu kommen, daß sich kleine Stücke, in Gestalt der aus zwei Protonen und zwei Neutronen – eine sehr stabile Kombination! – bestehenden Alphateilchen spontan von der Oberfläche des Kerns losreißen. Das Ergebnis ist ein kleinerer, nicht mehr ganz so leicht zu erschütternder und damit letztlich ein stabilerer Kern.

Erschütterungen, die einen Kern vibrieren lassen, können auch zu einer Instabilität anderer Art führen. Wenn ein großer Flüssigkeitstropfen, der in einer anderen Flüssigkeit schwimmt, durch Strömungen innerhalb letzterer in Schwingungen versetzt wird, zerfällt er in der Regel in kleinere Tröpfchen, oft in zwei ungefähr gleich große Hälften. 1939 wurde die Entdeckung gemacht (eine ausführliche Darstellung dazu findet sich in Kapitel 10), daß bestimmte große Atomkerne durch Beschuß mit Neutronen in der Tat dazu gebracht werden können, sich auf diese Weise zu teilen. Diesen Vorgang nennt man *Kernspaltung*.

Man muß annehmen, daß solche Kernspaltungen manchmal auch unabhängig von der Einwirkung eines von außen auf den Kern prallenden Teilchens vorkommen. Statistische Berechnungen legen die Annahme nahe, daß hin und wieder ein Kern aufgrund seiner Eigenschwingung spontan in zwei Teile zerbricht. 1940 wiesen die sowjetischen Physiker G. N. Flerow und K. A. Petrjak nach, daß solche spontanen Kernspaltungen bei Uranatomen tatsächlich auftreten. Die Instabilität des Urans äußert sich zwar hauptsächlich in der Abstrahlung von Alphateilchen, jedoch finden in einem Pfund Uran pro Sekunde immerhin vier spontane Kernspaltungen statt, während im gleichen Zeitraum rund 8 Millionen Kerne Alphateilchen abstrahlen.

Spontane Kernspaltungen gibt es auch bei Protaktinium, Thorium und, häufiger noch, bei den Transuranen. Mit zunehmender Größe der Atomkerne steigt auch die Wahrscheinlichkeit spontaner Spaltungen. Bei den allerschwersten Elementen wird dies zur vorrangigen, die Abstrahlung von Alphateilchen weit überflügelnden Form des Kernzerfalls.

Ein anderes Modell des Atomkerns, das ebenfalls viele Befürworter hat, geht von einer Analogie zwischen dem Kern und dem Atom als Ganzem aus; die Nukleonen des einzelnen Kerns besetzen diesem Modell zufolge, wie die den Kern umkreisenden Elektronen, Schalen und Nebenschalen, zwischen denen nur geringfügige Wechselwirkungen bestehen. Man nennt dies das *Schalenmodell* des Atomkerns.

Wenn man die Analogie mit den Elektronenschalen des Atoms noch weiter triebe, könnte man vermuten, daß die Kerne mit vollständig besetzten äußeren Nukleonenschalen stabiler sind als die mit nicht vollständig besetzten äußeren Schalen. Die einfachste Annahme wäre in diesem Fall die, daß Kerne mit 2, 8, 20, 40, 70 oder 112 Protonen oder Neutronen besonders stabil sein müßten. Das stimmt jedoch mit den beobachtbaren Tatsachen nicht ganz überein. Die deutsch-amerikanische Physikerin Marie Goeppert-Mayer rechnete die Sache unter Berücksichtigung des Spins der Protonen und Neutronen neu durch und zeigte, daß unter Berücksichtigung dieses Aspekts die Kerne mit 2, 8, 20, 50, 82 und 126 Protonen oder Neutronen besonders stabil sein müßten – und dies wird durch die Beobachtung bestätigt. Für Kerne mit 28 oder 40 Protonen oder Neutronen ist theoretisch eine relativ hohe Stabilität zu erwarten, für alle anderen eine geringere, soweit sie überhaupt stabil sind. Diese Schalenzahlen werden manchmal *magische Zahlen* genannt (für 28 und 40 findet man gelegentlich die Bezeichnung *halbmagische Zahlen*).

Unter den mit magischen Zahlen gesegneten Kernen sind ^{4}He (mit 2 Protonen und 2 Neutronen), ^{16}O (mit 8 Protonen und 8 Neutronen) und ^{40}Ca (mit 20 Protonen und 20 Neutronen) alle außerordentlich stabil und im Universum in größerer Menge vertreten als andere Kerne gleicher Größenordnung.

Was die höheren magischen Zahlen betrifft, so hat Zinn 10 stabile Isotope, die durchweg 50 Protonen aufweisen, während Blei deren 4, jeweils mit 82 Protonen, besitzt. Es gibt fünf stabile Isotope mit 50 Neutronen (jedes von einem anderen Element) und 7 stabile Isotope mit jeweils 82 Neutronen. Im großen und ganzen gehen die detaillierten Voraussagen, die auf der Grundlage des Schalenmodells des Atomkerns getroffen werden, in der Umgebung der magischen Zahlen am besten auf. In den dazwischenliegenden Bereichen (namentlich in der Region der Lanthaniden und Aktiniden) ist die Übereinstimmung dürftig. Aber gerade bei diesen Elementgruppen findet sich eine am weitesten von der idealen Kugelgestalt entfernte Kernform, und das Schalenmodell geht von der Kugelform aus. Der Physik-Nobelpreis des Jahres 1963 ging an Frau Goeppert-Mayer und zwei weitere Forscher, die ebenfalls Beiträge zur Vervollständigung der Schalentheorie des Atomkerns geleistet hatten: den gebürtigen Ungarn Eugen Wigner und den Deutschen Johannes Jensen.

Im allgemeinen gilt die Regel, daß mit zunehmender Größe des Kerns die Häufigkeit des betreffenden Atoms im Universum oder seine Stabilität oder auch beides abnimmt. Die schwersten stabilen Isotope sind ^{208}Pb und ^{209}Bi, beide mit der magischen Zahl von 126 Neutronen (und Blei mit der magischen Zahl von 82 Protonen). Jenseits davon finden sich nur noch instabile Nuklide, deren Instabilität im großen und ganzen mit der Größe der Kerne wächst. Die Ausnahmen von dieser Regel lassen sich erklären, wenn man den Gesichtspunkt der magischen Zahlen berücksichtigt: Die durch diese Zahlen ausgezeichneten Isotope des Thoriums und des Urans erweisen sich als ein gutes Stück stabiler als andere Nuklide ähnlicher Größe. Übrigens müßten nach dieser Theorie auch einige Isotope der Elemente 110 und 114 beträchtlich stabiler sein als andere Nuklide ihrer Größe. Wir müssen es abwarten.

Leptonen

Das Elektron und das Positron zeichnen sich durch ihre geringe Masse aus – sie sind 1836mal leichter als Proton, Neutron, Antiproton und Antineutron. Man hat daher für sie den Oberbegriff *Leptonen* geprägt (von dem griechischen Wort leptos, »dünn«).

Obwohl seit der Entdeckung des Elektrons schon fast ein Jahrhundert vergangen ist, kennt man bis heute kein Teilchen, das eine geringere Masse hätte als das Elektron (oder das Positron) und gleichwohl Träger einer elektrischen Ladung wäre. Man erwartet auch nicht, einen solchen Fund zu machen. Es ist denkbar, daß die elektrische Ladung, woraus sie auch immer bestehen mag (wir wissen, wie sie sich verhält und wie wir ihre Merkmale messen können, aber wir wissen nicht, was sie eigentlich ist), eine Art Körper von minimaler Masse benötigt, um überhaupt in Erscheinung treten zu können, und daß dies eben das Elektron ist.

Es kann allerdings auch sein, daß das Elektron *nur* aus elektrischer Ladung und aus nichts sonst besteht; andererseits, wenn das Elektron sich wie ein Teilchen verhält, scheint die ihm anhaftende elektrische Ladung keinerlei räumliche Ausdehnung zu besitzen, sondern nur aus einem unendlich kleinen Punkt zu bestehen.

Gewiß, es gibt Teilchen, die überhaupt keine Masse besitzen (genauer gesagt, keine Ruhemasse – was damit gemeint ist, werde ich im folgenden Kapitel erläutern), aber sie weisen auch keine elektrische Ladung auf. Lichtwellen und andere Formen elektromagnetischer Strahlung beispielsweise können sich wie Teilchen verhalten (siehe dazu das folgende Kapitel). Licht kann außer als Wellenphänomen, wie wir es gewöhnt sind, ebenso als »Lichtteilchenstrom« interpretiert werden, der sich aus den sogenannten *Photonen* (von dem griechischen Wort für »Licht«) zusammensetzt.

Die Masse des Photons ist 0, seine elektrische Ladung beträgt ebenfalls 0, aber es hat einen Spin vom Wert 1, ist also ein Boson. Wie kommt es, daß man über den Spin etwas aussagen kann? Nun, Photonen sind an nuklearen Reaktionen beteiligt, sei es, daß sie dabei absorbiert, sei es, daß sie abgestrahlt werden. Bei solchen Kernreaktionen muß die Summe der Spins der daran beteiligten Teilchen vor und nach der Reaktion gleich sein (Prinzip der Erhaltung des Spins). Diese Bedingung ist bei nuklearen Reaktionen, an denen Photonen beteiligt sind, nur erfüllt, wenn man unterstellt, daß das Photon einen Spin vom Wert 1 hat. Das Photon wird nicht zu den Leptonen gezählt (da dieser Terminus nur für Fermionen definiert ist).

Bestimmte theoretische Erwägungen zwingen zu der Annahme, daß jede Masse im Zustand der Beschleunigung (und ebenso, wenn sie in elliptischer Bahn eine andere Masse umrundet oder einen gravitationsbedingten Kollaps erleidet) Energie in Form von Gravitationswellen abgibt. Auch diese Wellen können Eigenschaften eines Teilchens zeigen – man spricht dann von einem Schwerkraft-Teilchen oder *Graviton*.

Die Gravitation ist eine sehr viel schwächere Kraft als der Elektromagnetismus. Die gravitationsbedingte Anziehung zwischen einem Proton und einem Elektron ist in etwa um den Faktor 10^{-39} geringer als die zwischen ihnen wirkende elektromagnetische Anziehung. Das Graviton muß entsprechend energieärmer und daher unendlich schwerer nachzuweisen sein als das Photon.

Gleichwohl machte sich der amerikanische Physiker Joseph Weber 1957 an die Aufgabe, das Graviton zu finden. Nach vielen Versuchen entschied er sich dafür, mit zwei gleichen, 153 cm langen und 66 cm weiten Aluminiumzylindern zu arbeiten, die jeweils mit einem Draht frei beweglich in einer Vakuumkammer aufgehängt waren. Die Gravitonen (die Weber aufgrund ihrer Welleneigenschaft ertappen wollte) würden, so Webers Überlegung, die Zylinder leicht anstoßen; die Bewegung, in die sie dadurch versetzt würden, wollte er messen. Er dachte sich dafür ein Meßsystem aus, das imstande war, eine Lageveränderung von einem Hundert-Billionstel-Zentimeter zu registrieren. Der Anordnung lag die Annahme zugrunde, daß die aus der Tiefe des Raums kommenden schwachen Gravitationswellen gleichmäßig über die gesamte Erde hinwegstreichen und daß zwei Zylinder, die in größerer Entfernung voneinander aufgehängt sind, von ihnen gleichzeitig und in gleicher Weise beeinflußt werden müßten. 1969 verkündete Weber, er habe die Auswirkungen von Gravitationswellen registriert. Die Nachricht sorgte für Furore, war doch der Nachweis der Existenz von Gravitationswellen eine Bestätigung für eine besonders wichtige Theorie – Einsteins allgemeine Relativitätstheorie. Leider enden nicht alle naturwissenschaftlichen Dramen glücklich. Die Befunde Webers konnten von anderen Forschern trotz großer Bemühungen nicht nachvollzogen werden, und heute herrscht wieder das Gefühl vor, daß das Graviton erst noch entdeckt werden muß. Die Physiker haben jedoch soviel Zutrauen zur Theorie, daß sie an der Existenz des Gravitons nicht zweifeln. Gravitonen sind Teilchen mit einer Masse vom Wert 0, einer Ladung vom Wert 0 und einem Spin vom Wert 2; sie sind also ebenfalls Bosonen. Die Gravitonen werden, ebenso wie die Photonen, nicht zu den Leptonen gezählt.

Es gibt zu Photonen und Gravitonen keine Antiteilchen; oder, besser gesagt, beide sind ihre eigenen Antiteilchen. Man kann sich dies anschaulich vergegenwärtigen, indem man sich ein der Länge nach zusammengefaltetes und dann wieder aufgeklapptes Blatt Papier vorstellt. In der Mitte des Blattes verläuft also ein senkrechter Knick. Wenn man links von diesem Knick einen kleinen Kreis auf das Papier malt und rechts davon, im gleichen Abstand, einen ebensolchen Kreis, dann kann man darin eine symbolische Darstellung des Elektrons und des Positrons sehen. Das Photon und das Graviton muß man sich als Kreise genau auf dem Knick vorstellen.

Neutrinos und Antineutrinos

Es schien somit nur zwei Leptonen zu geben: das Elektron und das Positron. Die Physiker wären damit sicherlich zufrieden gewesen – jedenfalls waren sie es, solange keine gebieterische Not bestand, nach weiteren Leptonen zu suchen; allein, diese Not stellte sich nur allzubald ein. Es gab Komplikationen, die zusammenhingen mit der Emission von Betateilchen durch radioaktive Kerne.

Wenn ein radioaktiver Kern ein solches Teilchen abstrahlt, bekommt es im allgemeinen ein beträchtliches Maß an Energie mit auf den Weg. Woher stammt diese Energie? Sie wird dadurch geschaffen, daß ein kleiner Teil der Masse des Kerns sich in Energie umwandelt. Anders gesagt: Der Kern verliert jedesmal, wenn er ein Betateilchen abstrahlt, ein wenig von seiner Masse. Was nun den Physikern schon seit langem zu denken gab, war die Tatsache, daß in vielen Fällen das beim Zerfall eines radioaktiven Kerns emittierte Betateilchen nicht so viel Energie aufwies, wie es aufgrund des gemessenen Masseverlusts des Kerns zu erwarten gewesen wäre. Das Energiedefizit der Elektronen war nicht einmal in allen Fällen gleich groß; das Spektrum der mitgeführten elektrischen Ladungen war vielmehr ziemlich breit und reichte von einem (nur von sehr wenigen Elektronen erreichten) Maximum, das annähernd (wenn auch nicht ganz) dem Sollwert entsprach, bis zu weit darunter liegenden Werten. Dies ließ sich nun keineswegs als etwas im Bereich der subatomaren Partikelstrahlung Normales oder Unvermeidliches abtun – Alphateilchen, die von einem Nuklid abgestrahlt wurden, zeichneten sich durch ein gleichmäßiges Energieniveau in der erwarteten Höhe aus. Wieso traten bei der Betateilchen-Strahlung dann diese Fehlbeträge auf? Wohin verschwand die fehlende Energie?

Lise Meitner war 1922 die erste, die diese Frage mit dem angemessenen Nachdruck stellte; in Ermangelung einer zufriedenstellenden Antwort zeigte sich ein Mann wie Nils Bohr 1930 bereit, das erhabene Prinzip von der Erhaltung der Energie aufzugeben, zumindest für den Bereich der subatomaren Teilchen. Daraufhin schlug Wolfgang Pauli 1931 – nicht zuletzt, um das Gesetz von der Erhaltung der Energie *(siehe Kapitel 8)* zu retten – eine Lösung für das Rätsel des Energiedefizits vor. Es war eine sehr einfache Lösung: Zusammen mit dem Betateilchen verläßt ein anderes Teilchen unter Mitnahme jener fehlenden Energiemenge den Kern. Dieses geheimnisvolle zweite Teilchen hat ziemlich eigenartige Eigenschaften: Es besitzt weder Ladung noch Masse; alles, was es auf seinen – mit Lichtgeschwindigkeit zurückgelegten – Weg mitnimmt, ist eine gewisse Menge Energie. Eigentlich sah dieses Teilchen verdächtig nach einer bloß fiktiven Größe aus, die die Physiker sich hatten einfallen lassen, um ihre Energiebilanz in Ordnung zu bringen.

Und doch waren die Physiker, kaum daß dieses Teilchen in die theoretische Debatte geworfen worden war, sicher, daß es existierte. Nachdem sie das Neutron entdeckt und festgestellt hatten, daß es, wenn es sich in ein Proton verwandelte, ein Elektron abstrahlte, das, gerade so wie die bei radioaktivem Zerfall emittierten Betateilchen, ein Zuwenig an Energie aufwies, waren sie sich ihrer Sache erst recht sicher. Enrico Fermi, zu jener Zeit noch in Italien, verlieh dem hypothetischen Teilchen einen Namen – *Neutrino* (was im Italienischen in etwa »das kleine Neutrale« bedeutet).

Das Neutron lieferte den Physikern noch ein weiteres Indiz für die Existenz des Neutrinos. Wie schon mehrmals erwähnt, weisen fast alle subatomaren Teilchen einen Spin auf. Die Werte, die der Spin annehmen kann, lassen sich im Vielfachen des Werts $1/2$ ausdrücken, mit einem positiven oder negativen Vorzeichen – je nach Spinrichtung. Nun weisen das Proton, das Neutron und das Elektron allesamt einen Spin vom Wert $1/2$ auf.

Wenn ein Neutron (Spinwert $1/2$) sich in ein Proton (Spinwert $1/2$) und ein Elektron (Spinwert $1/2$) spalten kann, wie paßt dies dann zu dem Prinzip der Erhaltung des Spins? Hier stimmt offenbar etwas nicht. Der Spin des Protons und der des Elektrons können sich zu 1 (wenn beide in die gleiche Richtung drehen) oder zu 0 addieren (wenn sie entgegengesetzte Spinrichtung haben); in keinem Fall aber kann sich als Summe ihrer Spins der Betrag $1/2$ ergeben. Auch hier kommt das Neutrino rettend zu Hilfe: Geben wir dem Neutron einen Spin von $+1/2$. Geben wir dem Proton einen Spin von $+1/2$ und dem Elektron einen von $-1/2$, so daß sich als Summe beider 0 ergibt. Dann brauchen wir nur noch dem Neutrino einen Spin von $+1/2$ zu geben – womit es ebenfalls als Fermion (und damit als Lepton) definiert ist –, und wir haben eine aufs Schönste ausgeglichene Bilanz:

$$+1/2(\mathrm{N}) = +1/2(\mathrm{P}) - 1/2(\mathrm{e}) + 1/2\ (\mathrm{Neutrino})$$

In einer anderen Hinsicht bedarf die Bilanz noch einer Korrektur. Aus einem einzigen Teilchen, dem Neutron, sind zwei Teilchen hervorgegangen, das Proton und das Elektron, und eigentlich sogar drei, wenn wir das Neutrino mitzählen. Es erscheint vernünftiger, anzunehmen, daß das Neutron in zwei Teilchen und ein Antiteilchen zerfällt, so daß unter dem Strich wieder nur ein Teilchen steht. Mit anderen Worten: Was wir zum Bilanzausgleich brauchen, ist eigentlich nicht ein Neutrino, sondern ein *Antineutrino.*

Das »echte« Neutrino würde bei der Umwandlung eines Protons in ein Neutron anfallen. In diesem Fall hätten wir als Produkte ein Neutron (Teilchen), ein Positron (Antiteilchen) und ein Neutrino (Teilchen). Auch hier hätten wir einen ausgeglichenen Saldo.

Durch die Einführung von Neutrinos und Antineutrinos würden wir nicht nur einen wichtigen Erhaltungssatz retten, sondern deren drei: die Gesetze von der Erhaltung der Energie, der Erhaltung des Spins und der Erhaltung der Teilchen-Antiteilchen-Relation. Diese Gesetze gelten erfahrungsgemäß bei allen Arten von Kernreaktionen ohne Beteiligung von Elektronen oder Positronen; es wäre daher höchst wünschenswert, daß sie auch bei Reaktionen *mit* Beteiligung dieser Partikel gälten.

Die wichtigsten nuklearen Reaktionen, bei denen Protonen zu Neutronen werden, sind diejenigen, die in der Sonne und im Inneren anderer Sterne vor sich gehen. Sterne strahlen daher eine stete Flut von Neutrinos aus. Schätzungsweise 6 bis 8% der Energie, die sie kontinuierlich abstrahlen, entfallen auf die Neutrinostrahlung. Dieser Prozentsatz gilt allerdings nur für Sterne vom Typ unserer Sonne. Der amerikanische Physiker Hong Yee Chiu äußerte 1961 die Vermutung, daß bei zunehmenden Temperaturen im Innern eines Sterns zusätzliche neutrinoerzeugende Kernreaktionen größere Bedeutung erlangen. Je weiter ein Stern im Zuge seiner Entwicklung zu immer höheren Kerntemperaturen hin fortschreitet *(s. Kap. 2),* desto größer wird der Anteil der Neutrinostrahlung an seiner Gesamtenergieabgabe.

Trifft dies so zu, dann hat dieser Sachverhalt sehr bedeutsame Implikationen. Der normale Vorgang des räumlichen Transports von Energie, etwa durch Photonen, verläuft, relativ gesehen, im Schneckentempo. Photonen interagieren mit Materie; auf dem Weg vom Zentrum der Sonne bis zu deren Oberfläche durchlaufen sie ungezählte Myriaden von Reaktionen, bei denen sie absorbiert und wieder abgestrahlt werden. Das hat unter anderem zur Folge, daß trotz einer Temperatur von 15000000 °C im Zentrum der Sonne an der Sonnenoberfläche lediglich eine Temperatur von 6000 °C herrscht. Die Sonnenmaterie ist folglich, wenn man will, ein schlechter Wärmeleiter.

Neutrinos interagieren dagegen mit Materie praktisch überhaupt nicht. Es ist berechnet worden, daß ein durchschnittliches Neutrino, das eine 100 Lichtjahre starke Schicht aus massivem Blei durchfliegen würde, nur mit einer Wahrscheinlichkeit von 50% absorbiert werden würde. Sämtliche Neutrinos, die im Zentrum der Sonne erzeugt werden, zischen also sofort und praktisch ungehindert mit Lichtgeschwindigkeit davon, erreichen nach weniger als drei Sekunden die Sonnenoberfläche und verlieren sich in der Weite des Weltraums. (Neutrinos, die zufällig unseren Weg kreuzen, gehen völlig ungehindert durch uns hindurch, und zwar gleichermaßen bei Tag und bei Nacht; denn den massiven Körper der Erde, der nachts zwischen uns und der Sonne steht, durchdringen Neutrinos ebenso mühelos wie unseren Körper.)

Wenn die Temperatur im Zentrum eines Sterns die Grenze von 6000000000 °C übersteigt, wird die Neutrinostrahlung zum wichtigsten Träger seiner Energieabgabe. Da die Neutrinos sich sofort mit Lichtgeschwindigkeit entfernen und die ihnen übertragene Energie mitnehmen, kühlt das Zentrum des betroffenen Sterns fast schlagartig ab. Vielleicht ist es dieser Vorgang, der jene katastrophale Kettenreaktion einleitet, die sich nach außen hin als Supernova-Explosion darstellt.

Die Fahndung nach dem Neutrino

Antineutrinos entstehen bei jeder Umwandlung von Neutronen in Protonen, aber solche Umwandlungen finden (soweit wir wissen) nicht in so breitem Ausmaß statt, daß in ihrer Folge Neutrinoströme von allen Sternen des Himmels die Erde überfluten würden. Die wichtigsten Neutrinoquellen sind vielmehr natürliche radioaktive Zerfallsprozesse und spontane Uranspaltungen (eingehendere Ausführungen hierzu in Kapitel 10).

Natürlich ruhten die Physiker nicht, ehe sie nicht das Neutrino regelrecht nachgewiesen hatten, wie überhaupt Wissenschaftler nur ungern irgendwelche Erscheinungen oder Naturgesetze als gegeben akzeptieren, deren Existenz bzw. Gültigkeit bloß theoretisch begründet ist. Wie aber ein so unwägbares Wesen wie das Neutrino nachweisen – ein Ding ohne Masse, ohne elektrische Ladung und praktisch ohne jede Neigung zur Interaktion mit gewöhnlicher Materie?

Ganz aussichtslos war die Suche immerhin nicht. Wenn auch die Wahrscheinlichkeit einer Reaktion zwischen einem Neutrino und einem anderen Teilchen außerordentlich gering ist, so ist sie doch nicht gleich Null. Wenn man sagt, daß ein Neutrino unbehelligt durch eine 100 Lichtjahre starke Bleischicht hindurchfliegen könnte, so beruht diese Aussage auf statistischen Wahrscheinlichkeiten; unter einer genügend großen Zahl von Neutrinos wird es immer etliche geben, die schon nach einer weit kürzeren Flugstrecke mit einem Teilchen interagieren, und einige wenige – ein fast unvorstellbar kleiner Prozentsatz – werden schon wenige Millimeter nach Eintritt in die Bleischicht auf ein Hindernis stoßen.

1953 traf in Los Alamos ein Physikerteam unter Leitung von Clyde L. Cowan und Frederick Reines Vorkehrungen für den Versuch, das nahezu Unmögliche zu vollbringen. Es wurde eine Apparatur zum Auffangen von Neutrinos entwickelt und in der Nachbarschaft eines großen Kernreaktors der amerikanischen Atomenergiekommission am Savannah River (Georgia) in Stellung gebracht. Der Reaktor strahlte einen kontinuierlichen Strom von Neutronen ab, die wiederum, so hoffte man, eine kontinuierliche Neutrinostrahlung erzeugten. Zum Auffangen der Neutrinos bedienten sich die Forscher einiger großer wassergefüllter Tanks. Ihr Kalkül war dabei folgendes: Einige von den ungezählten Antineutrinos, die sich durch das Wasser hindurchbewegten, würden auf ein Proton (d. h. auf einen Wasserstoffkern) prallen und von ihm eingefangen werden; diesen Vorgang konnte man vielleicht registrieren oder nachweisen.

Was genau würde passieren? Aus einem zerfallenden Neutron gehen ein Proton, ein Elektron und ein Antineutrino hervor. Genau das Umgekehrte müßte passieren, wenn ein Proton ein Antineutrino absorbiert: Es müßte sich, unter Abstrahlung eines Positrons, in ein Neutron verwandeln. Auf zwei Erscheinungen war daher zu achten: 1. Die Bildung von Neutronen und 2. die Bildung von Positronen. Zum Nachweis von Neutronen konnte man sich einer im Wasser gelösten Cadmiumverbindung bedienen, denn wenn Cadmiumkerne Neutronen absorbieren, emittieren sie Gammastrahlen einer bestimmten, charakteristischen Energie. Die Positronen würde man an ebenfalls charakteristischen Gammastrahlen, die von Zusammenstößen zwischen Positronen und Elektronen (ihren Antiteilchen) und der daraus resultierenden gegenseitigen Vernichtungsreaktion künden würden, erkennen. Wenn die Meßinstrumente Gammastrahlen zweier verschiedener, genau diesen beiden theoretisch erwarteten Vorgängen entsprechender Energieniveaus registrierten und wenn diese Ereignisse auch noch innerhalb der erwarteten Zeitabstände auftraten, dann konnten die Wissenschaftler sicher sein, daß ihnen sozusagen Antineutrinos ins Netz gegangen waren.

Nachdem sie ihre ausgeklügelte Apparatur aufgebaut hatten, warteten die Forscher geduldig; 1956 endlich, genau ein Vierteljahrhundert nachdem Pauli das Teilchen angekündigt hatte, machten sie das Antineutrino dingfest. Die Zeitungen und sogar manche Fachzeitschriften sprachen schlicht und einfach vom gelungenen Nachweis des Neutrinos.

Um des wirklichen Neutrinos habhaft zu werden, benötigt man eine Strahlungsquelle, aus der sie in reichlicher Menge sprudeln. Hier drängt sich sogleich die Sonne auf. Wie müßte eine Methode aussehen, die geeignet wäre, das Neutrino (im Kontrast zum Antineutrino) nachzuweisen? Eine Möglichkeit (die auf einem Vorschlag des italienischen Physikers Bruno Pontecorvo basiert) geht aus von dem Isotop ^{37}Cl, das ungefähr ein Viertel aller Chloratome stellt. Sein Kern enthält 17 Protonen und 20 Neutronen. Wenn eines dieser Neutronen ein Neutrino absorbiert und dadurch zum Proton wird (unter Abstrahlung eines Elektrons), entsteht ein Kern mit 18 Protonen und 19 Neutronen, also ein ^{37}Ar-Kern.

Um eine genügende Zahl von Chlorkernen als Zielscheibe bereitzustellen, könnte man einen Behälter mit verflüssigtem Chlor füllen. Chlor ist jedoch eine höchst aggressive und giftige Substanz und kann nur bei ständiger Kühlung flüssig gehalten werden. Man verwendet daher besser chlorhaltige organische Verbindungen; als für den hier in Rede stehenden Zweck besonders geeignet hat sich das Tetrachlorethylen erwiesen.

Der amerikanische Physiker Raymond R. Davis stellte 1956 eine solche Neutrino-Falle auf, um zu demonstrieren, daß es wirklich einen Unterschied zwischen dem Neutrino und dem Antineutrino gibt. In diesem Fall mußte die Versuchsanordnung so gewählt werden, daß sie nur auf Neutrinos, nicht aber auf Antineutrinos ansprach. In einem ersten Schritt baute Davis 1956 die Apparatur in der Nähe eines Kernspaltungsreaktors auf und richtete sie so ein, daß sie Antineutrinos, falls diese mit Neutrinos identisch wären, auf jeden Fall registrieren würde.

Sie registrierte keine.

Im nächsten Schritt versuchte Davis, die von der Sonne herrührende Neutrinostrahlung nachzuweisen. Er stellte zu diesem Zweck in den Schächten eines tiefen Bergwerks in Süddakota einen mit mehreren hunderttausend Litern Tetrachlorethylen gefüllten Behälter auf. Die über dem Behälter lagernden Gesteinsschichten waren mächtig genug, um jede von der Sonne ausgehende Teilchenstrahlung, mit Ausnahme einzig der Neutrinos, zu absorbieren. (Es kann also, so paradox dies klingen mag, durchaus angebracht sein, sich zwecks Erweiterung unseres Wissens über die Sonne in die Tiefe der Erde hineinzuwühlen.) Davis ließ den Behälter dann einige Monate lang stehen, in der Erwartung, daß sich in diesem Zeitraum als Resultat der solaren Neutrinostrahlung eine über der Nachweisgrenze liegende Zahl von ^{37}Ar-Kernen ansammeln werde. Danach wurde der Behälter 22 Stunden lang mit Helium durchgeblasen und anschließend die Menge des im Helium »gelösten« ^{37}Ar bestimmt. Die Erfolgsmeldung kam 1968: Die solare Neutrinostrahlung war nachgewiesen, aber sie belief sich nur auf ein Drittel dessen, was nach den neuesten Theorien über die Reaktionen im Inneren der Sonne zu erwarten gewesen wäre. Dieser Befund verunsicherte die Physiker erheblich. (Ich werde auf diesen Punkt an späterer Stelle dieses Kapitels zurückkommen.)

Nukleare Wechselwirkungen

Unsere Liste subatomarer Teilchen umfaßt jetzt zehn Namen: Wir haben vier Partikel, die über Masse verfügen (genannt *Baryonen,* nach dem griechischen Wort für »schwer«) – das Proton, das Neutron, das Antiproton und das Antineutron; ferner vier Leptonen – das Elektron, das Positron, das Neutrino und das Antineutrino; und schließlich zwei Bosonen – das Photon und das Graviton. Die Physiker kamen jedoch zu der Überzeugung, daß aufgrund folgender Überlegungen weitere Kernteilchen existieren mußten:
Die Anziehungskraft, die normalerweise zwischen einem Proton und einem Elektron wirksam ist, läßt sich, ebenso wie die Abstoßungswirkung, die zwei Protonen oder zwei Elektronen aufeinander ausüben, zwanglos als Ausdruck elektromagnetischer Wechselwirkungen interpretieren. Auch der Zusammenhalt zwischen zwei aneinander gebundenen Atomen oder Molekülen läßt sich auf diese Weise, also als elektromagnetische Wechselwirkung, erklären – der positiv geladene Kern übt eine Anziehungskraft auf die Schalenelektronen aus.
Solange die Vorstellung vorherrschte, der Atomkern bestehe aus Protonen und Elektronen, schien es ganz in Ordnung, in der elektromagnetischen Wechselwirkung – der Gesamtheit der zwischen Protonen und Elektronen wirksamen Anziehungskräfte – eine hinreichende Erklärung für den inneren Zusammenhalt des Atomkerns zu sehen. Als sich dann aber nach 1930 die Protonen-Neutronen-Theorie des Kernaufbaus durchsetzte, mußte man bestürzt zur Kenntnis nehmen, daß man auf einmal nicht mehr erklären konnte, welche Bindungskräfte den Atomkern zusammenhalten.
Wenn Protonen die einzigen elektrisch geladenen Teilchen im Kern wären, dann müßte sich die elektromagnetische Wechselwirkung in Gestalt heftiger Abstoßungskräfte zwischen den im Kern eng zusammengepferchten Protonen bemerkbar machen. Jeder Atomkern müßte in diesem Fall praktisch im Augenblick seiner Entstehung (wenn es so weit überhaupt käme) mit explosiver Kraft zerbersten.
Es war also klar, daß hier noch eine andere Kraft im Spiel sein müßte, eine Kraft, die um so viel stärker sein mußte als die elektromagnetische Wechselwirkung, daß sie sich über diese hinwegzusetzen vermochte. 1930 war die einzige Kraft, die man außer der elektromagnetischen kannte, die Gravitation; ihre Wirkung ist um so viel geringer als die der elektromagnetischen Kräfte, daß man sie bei der Betrachtung des subatomaren Geschehens praktisch außer acht lassen kann. Zwischen den Bausteinen des Kerns mußte noch eine andere, bislang unbekannte, aber sehr, sehr starke Kraft wirksam sein.
Um wieviel stärker diese »Kernkraft« im Vergleich zum Elektromagnetismus ist, geht aus folgender Überlegung hervor: Um die beiden Elektronen eines Heliumatoms von ihrem Kern zu trennen, bedarf es der Anwendung einer Energie von 54 Elektronenvolt. Dagegen bedarf es, um das Proton und das Neutron eines Deuterons (also eines der labilsten Kerne, die es überhaupt gibt) voneinander loszureißen, eines Energieaufwands von 2 Millionen Elektronenvolt. Selbst wenn man berücksichtigt, daß Kernteilchen viel dichter beieinandersitzen als Atome, die innerhalb eines Moleküls miteinander verbunden sind, kann man daraus guten Gewissens schließen, daß die Kernanziehungskraft rund 130mal stärker wirkt als die elektromagnetische Wechselwirkung.
Was ist das Wesen, das Funktionsprinzip dieser Kernanziehungskraft? Die erste fruchtbare Anregung kam 1932 von Werner Heisenberg; er stellte die Hypothese zur Diskussion, daß die Protonen von *Austauschkräften* zusammengehalten werden. In seinem Modell vertauschen die im Kern ansässigen Protonen und Neutronen beständig ihre Identität, derart, daß jedes Teilchen abwechselnd ein Proton, dann ein Neutron, dann wieder ein Proton ist usw. usf. Dieser stete Wechsel könnte dem Kern Stabilität gewähren, etwa in derselben Weise, wie man eine heiße Kartoffel dadurch halten kann, daß man sie rasch von einer Hand in die andere gibt. Bevor ein Proton sozusagen begreift, daß es ein Proton ist und seine Nachbarprotonen abstoßend findet, ist es bereits wieder zum Neutron geworden und kann bleiben, wo es ist. Dieser »Trick« kann natürlich nur funktionieren, wenn der Rollenwechsel in überaus schnellem Rhythmus stattfindet, sagen wir in jeder billionstel Sekunde eine Billion mal.
Ein alternatives Modell hierzu wäre, sich zwei Partikel vorzustellen, die ein drittes Teilchen untereinander austauschen. Jedesmal, wenn Partikel

A das Austauschteilchen abstrahlt, weicht er selbst ein Stückchen zurück (Rückstoß-Effekt). Jedesmal, wenn Partikel B das Austauschteilchen aufnimmt, weicht er seinerseits ein Stückchen zurück (Aufprall-Effekt). Je öfter das Austauschteilchen hin und her springt, desto weiter entfernen sich die Partikel A und B voneinander, so daß es den Anschein hat, als würden sie einander abstoßen. Wenn das Austauschteilchen hingegen eine bumerangartige Bahn beschriebe und jeweils vom Rükken von Partikel A zum Rücken von Partikel B spränge (und umgekehrt), dann würden die beiden Partikel immer näher aneinanderrücken, und es hätte den Anschein, als zögen sie einander an.

Das Modell Heisenbergs legt den Gedanken nahe, daß alle Anziehungs- und Abstoßungskräfte durch Austauschteilchen vermittelt werden. Im Falle der elektromagnetischen Anziehung und Abstoßung würde das Photon, im Falle der Gravitation (die offenbar nur als Anziehungskraft wirken kann und einen komplementären abstoßenden Aspekt vermissen läßt) das Graviton die Rolle des Austauschteilchens spielen.

Sowohl das Photon als auch das Graviton sind Teilchen ohne Masse, und das ist wahrscheinlich der Grund dafür, daß der Elektromagnetismus und die Gravitation Kräfte sind, deren Wirkung sich nur proportional zum Quadrat der Entfernung vermindert; hierdurch erklärt sich die Tatsache, daß sie auch noch über riesige Entfernungen hinweg wirksam sind.

Gravitationswirkungen und elektromagnetische Wirkungen sind *Langstreckenwirkungen;* sie sind nach allem, was wir heute wissen, die einzigen Kräfte, die dieses spezifische Merkmal aufweisen.

Die Kernkraft – angenommen, sie existiert – muß anders geartet sein. Sie muß im Kern eine äußerst starke Wirkung entfalten, um diesen zusammenzuhalten, doch außerhalb des Kerns tritt sie praktisch nicht meßbar in Erscheinung, sonst wäre sie schon lange entdeckt und erforscht worden. Die Intensität der Kernkraft muß daher mit zunehmender Entfernung sehr schnell abnehmen. Man schätzt, daß sie sich mit jeder Verdoppelung der Entfernung mindestens um den Faktor 100 verringert, anstatt um den Faktor 4 wie die elektromagnetische und die Gravitationskraft. Aus diesem Grunde kommt ein massefreies Austauschteilchen hier als Überträger nicht in Betracht.

Das Myon

1935 unterzog der japanische Physiker Hideki Yukawa das Problem einer mathematischen Analyse. Ein Austauschteilchen, das über Masse verfügt, würde ein Kraftfeld kurzer Reichweite erzeugen. Seine Masse würde im umgekehrten Verhältnis zur Reichweite des Kraftfeldes stehen: je größer die Masse, desto kürzer die Reichweite. Es stellte sich heraus, daß das zur Stärke der Kernkraft passende Überträgerteilchen eine irgendwo zwischen der des Protons und der des Elektrons liegende Masse haben mußte. Yukawa schätzte sie auf das 200- bis 300fache der Masse eines Elektrons.

Weniger als ein Jahr später wurde ein Teilchen entdeckt, das genau dieser Anforderung entsprach. Carl Anderson (der Entdecker des Positrons) untersuchte am California Institute of Technology die Spuren sekundärer kosmischer Strahlungspartikel und stieß dabei auf eine große Spur, die stärker gekrümmt war als die eines Protons, aber weniger stark als die eines Elektrons. Es mußte sich also um ein Teilchen handeln, das mit seiner Masse irgendwo zwischen diesen beiden lag. In der Folge wurden noch mehr Spuren dieses Typs entdeckt; die dazugehörigen Teilchen erhielten den Namen *Mesotronen* oder, abgekürzt, *Mesonen*.

Mit der Zeit wurden noch andere, auf diesen Bereich mittlerer Masse entfallende Teilchen entdeckt, so daß man sich zu differenzierteren Benennungen gezwungen sah – das zuerst entdeckte Meson wurde nunmehr *μ-Meson* oder kurz *Myon* genannt. (μ ist ein Buchstabe des griechischen Alphabets; dessen Buchstaben haben mittlerweile fast alle bei der Benennung subatomarer Teilchen Verwendung gefunden.) Wie die uns bereits bekannten Partikel, tritt auch das Myon in zwei Varianten auf, als Teilchen und als Antiteilchen.

Das negative Myon, mit der 206,77fachen Masse eines Elektrons (entsprechend etwa dem neunten Teil der Masse eines Protons) ist das Teilchen, das positive Myon das Antiteilchen. Das negative und das positive Myon entsprechen dem Elektron und dem Positron. Diese Entsprechung ging so weit, daß, wie spätestens zu Beginn der 60er Jahre deutlich wurde, das Myon mit dem Elektron in fast jeder Beziehung, abgesehen einzig von der Masse, identisch war. Es war ein »schweres Elektron«.

Analog dazu erschien das positive Myon als ein »schweres Positron«.
Wenn ein positives und ein negatives Myon aufeinandertreffen, vernichten sie einander; es kann vorkommen, daß sie, bevor dies geschieht, für kurze Zeit zusammen um ein gemeinsames Zentrum kreisen, ebenso wie ein Elektron und ein Positron dies tun können. Eine Variante dieser Konstellation entdeckte 1960 der amerikanische Physiker Vernon W. Hughes. Er wies ein System nach, in dem ein Elektron ein positives Myon umkreiste, und nannte dieses System ein *Myonium*. (Wenn ein Positron ein negatives Myon umkreist, spricht man analog von einem Antimyonium.)
Das »Myoniumatom« – wenn man es so nennen darf – ist dem ^{1}H-Atom sehr ähnlich, bei dem ein Elektron um ein Proton kreist; die Ähnlichkeit erstreckt sich in der Tat auf viele Merkmale. Obwohl Myon und Elektron bis auf ihre unterschiedlich große Masse identisch zu sein scheinen, genügt dieser Masseunterschied doch, um zu bewirken, daß das Elektron und das positive Myon sich zueinander nicht wie Teilchen und Antiteilchen verhalten, einander also nicht auslöschen. Demzufolge krankt das Myonium nicht an derselben Art der Instabilität wie das Positronium. Es bleibt länger bestehen und wäre sogar (äußere Auswirkungen einmal ausgeschlossen) dauerhaft stabil, stünde dem nicht die Tatsache entgegen, daß das Myon selbst nur eine kurze Lebensdauer hat – es ist, wie ich in Kürze näher erläutern werde, sehr instabil.
Eine weitere Entsprechung zwischen Myonen und Elektronen stellte sich heraus: Geradeso wie schwere Partikel in der Lage sind, Elektronen plus Antineutrinos (etwa bei der Umwandlung eines Neutrons in ein Proton) oder Positronen plus Neutrinos zu erzeugen (wie bei der Umwandlung eines Protons in ein Neutron), können aus ihnen bei entsprechenden Kernreaktionen auch negative Myonen plus Antineutrinos oder positive Myonen plus Neutrinos hervorgehen. Jahrelang gingen die Physiker wie selbstverständlich davon aus, daß diejenigen Neutrinos, die in Begleitung von Elektronen und Positronen, und diejenigen, die in Begleitung negativer und positiver Myonen auftraten, identisch seien. Dann jedoch stellte sich 1962 heraus, daß diese Neutrinos sozusagen nicht kompatibel sind – das zum Elektron gehörige Neutrino ist niemals an irgendeiner Reaktion beteiligt, bei der ein Myon entsteht, und umgekehrt taucht das zum Myon gehörige Neutrino niemals bei Reaktionen auf, bei denen ein Elektron oder ein Positron freigesetzt wird.
Die Physiker sahen sich, kurz gesagt, mit zwei, jeweils paarweise vorhandenen, Typen ladungsloser, masseloser Teilchen konfrontiert, dem Antineutrino des Elektrons und dem Neutrino des Positrons einerseits, dem Antineutrino des negativen Myons und dem Neutrino des positiven Myons andererseits. Wodurch die beiden Neutrinos und die beiden Antineutrinos sich voneinander unterscheiden könnten, ist eine Frage, die bis zum heutigen Augenblick noch niemand zu beantworten vermag; sicher ist nur, daß sie nicht miteinander identisch sind.
Die Myonen unterscheiden sich noch in einer anderen Hinsicht von ihren Gegenstücken, dem Elektron und dem Positron, nämlich in punkto Stabilität. Elektronen und Positronen haben, sich selbst überlassen, eine unbegrenzte Lebensdauer. Das Myon dagegen ist instabil und zerfällt nach einer durchschnittlichen Lebensdauer von nur wenigen millionstel Sekunden. Wenn das negative Myon zerfällt, hinterläßt es ein Elektron, ein Antineutrino des Elektron-Typs und ein Neutrino des Myon-Typs; umgekehrt hinterläßt ein zerfallendes positives Myon ein Positron, ein Elektron-Neutrino und ein Myon-Antineutrino.
Wenn ein Myon zerfällt, erzeugt es demzufolge ein Elektron (oder Positron) mit weniger als dem 200stel Teil seiner eigenen Masse und 2 Neutrinos ohne jegliche Masse. Wo bleiben die restlichen 99,5% seiner Masse? Wir können nur annehmen, daß sie sich in Energie verwandeln, Energie, die in Form von Photonen abgestrahlt oder in die Neubildung anderer Teilchen investiert wird.
Umgekehrt: Wenn genügend Energie in einem winzigen Raumvolumen konzentriert ist, kann sich anstelle eines Elektrons und eines Positrons ein Gespann aus schwereren Teilchen bilden, ein Gespann, das genau dem Pärchen Elektron-Positron entspricht, abgesehen nur eben von dem den Teilchen anhaftenden »Energieanhängsel«, das als Masse in Erscheinung tritt. Die Bindung dieser Extramasse an das zugrundeliegende Elektron oder Positron ist nicht allzu innig, und dies bedeutet, daß das Myon instabil ist und diese Masse bereitwillig abschüttelt, um zu einem Elektron oder Positron zu werden.

Das Tauon

Es versteht sich fast von selbst, daß ein Elektron von noch größerer Masse entsteht, wenn noch mehr Energie in einem winzigen Raumvolumen zusammengeballt wird. In Kalifornien machte Martin L. Perl Versuche mit einem Beschleuniger, der hoch energiereiche Elektronen mit Brachialgewalt geradewegs in hoch energiereiche Positronen verwandelte; im Rahmen dieser Experimente stieß er 1974 auf Anhaltspunkte für das Vorhandensein eines solchen superschweren Elektrons. Er gab ihm die Bezeichnung *τ-Elektron* (Tau ist wiederum ein Buchstabe des griechischen Alphabets). Der Kürze halber wird es heute meist *Tauon* genannt.

Das Tauon besitzt, wie zu erwarten, eine rund 17mal größere Masse als das Myon (und damit eine rund 3500mal größere Masse als das Elektron). Es hat damit sogar die doppelte Masse des Protons und des Neutrons. Trotzdem ist das Tauon ein Lepton, denn, von seiner Masse und seiner Instabilität abgesehen, weist es alle Merkmale eines Elektrons auf. Angesichts seiner großen Masse müßte man erwarten, daß es weit instabiler ist als das Myon, und dies ist in der Tat der Fall. Das Tauon existiert nur rund eine billionstel Sekunde lang und zerfällt dann zu einem Myon (und dieses anschließend zu einem Elektron).

Es gibt natürlich ein negatives Tauon (Teilchen) und ein positives Tauon (Antiteilchen), und die Physiker sind sich auch sicher, daß zu den beiden ein Neutrino und ein Antineutrino dritter Art gehören; doch sind letztere bis jetzt noch nicht empirisch nachgewiesen worden.

Die Masse des Neutrinos

Wir kennen jetzt zwölf Leptonen: das negative und das positive Elektron (letzteres unter dem Namen Positron eingeführt), das negative und das positive Myon, das negative und das positive Tauon, das Elektron-Neutrino und dessen Antineutrino, das Myon-Neutrino und dessen Antineutrino sowie das Tauon-Neutrino und dessen Antineutrino. Das Ganze gliedert sich, wie man sogleich sieht, nach der Masse in drei Klassen (oder *Flavors,* wie die Physiker neuerdings sagen): das Elektron mit seinem zugehörigen Neutrino und ihre jeweiligen Antiteilchen, dann das Myon mit seinem zugehörigen Neutrino und den entsprechenden Antiteilchen, und schließlich das Tauon mit seinem Neutrino und die ihnen entsprechenden Antiteilchen.

Es gibt keinen Grund, anzunehmen, daß es gerade drei und nur drei »Flavors« geben sollte. Es ist denkbar, daß man, wenn man mit unbegrenzt steigerbarer Energie arbeiten könnte, in der Lage wäre, weitere Gewichtsklassen von Leptonen darzustellen, die sich durch jeweils noch größere Masse und Unbeständigkeit auszeichnen würden. Theoretisch mag es für die Zahl der Flavors keine Höchstgrenze geben, aber praktisch gibt es natürlich eine solche Höchstgrenze: An irgendeinem Punkt bedürfte es vielleicht einfach aller im Universum überhaupt vorhandenen Energie, um ein Lepton der nächsthöheren Gewichtsklasse zu erzeugen, und das wäre dann die endgültige Grenze, ganz abgesehen davon, daß ein solches Teilchen so instabil wäre, daß es keinerlei Sinn ergäbe, es zu erzeugen.

Das Geheimnis der Neutrinos zu ergründen, ist schwierig genug, auch wenn wir uns auf die drei heute bekannten Flavors beschränken. Wie kann es zugehen, daß es drei masselose, ladungslose Fermionenpaare gibt, die sich im Zusammenhang von Teilcheninteraktionen eindeutig unterschiedlich verhalten und einander andererseits doch in allen ihren uns bekannten Merkmalen aufs Haar gleichen?

Vielleicht weisen sie doch ein spezifisches Merkmal auf, das den feinen Unterschied markiert, nur haben wir noch nicht gründlich genug danach gesucht. Es gilt beispielsweise als sicher, daß die Neutrinos aller drei Masseklassen keinerlei Masse besitzen und sich daher stets mit Lichtgeschwindigkeit bewegen. Nehmen wir aber einmal an, daß die Neutrinos eines jeden Flavors doch eine ganz verschwindend geringe spezifische (d. h. von der der beiden anderen verschiedene) Masse aufweisen. Dieser Unterschied müßte natürlich irgendwie auf ihr Verhalten durchschlagen. Zum Beispiel würden sie sich in diesem Fall geringfügig langsamer als mit Lichtgeschwindigkeit bewegen, und zwar jedes mit einer Geschwindigkeit, die um einen charakteristischen Wert unter der Lichtgeschwindigkeit läge.

Bestimmte theoretische Gründe sprechen dafür, daß in diesem Fall jedes frei dahinfliegende Neutrino beständig seine Identität wechselt, d. h. einmal ein Elektron-Neutrino, ein andermal ein Myon-Neutrino und wieder ein andermal ein Tauon-Neutrino ist. Man bezeichnet diesen Rollenwechsel als *Neutrino-Oszillation* (auf Vorschlag einer Gruppe japanischer Physiker, die diese Möglichkeit 1963 erstmals zur Diskussion stellte).

Gegen Ende der 70er Jahre stellten sich Frederick Reines, einer der Entdecker des Neutrinos, Henry W. Sobel und Elaine Pasierb von der University of California die Aufgabe, das Problem zu ergründen. Sie arbeiteten mit etwa 250 Liter sehr reinen schweren Wassers, das sie mit Neutrinoströmen aus einem mit Uran beschickten Spaltungsreaktor beschossen. Es stand zu erwarten, daß bei diesem Vorgang ausschließlich Elektron-Neutrinos entstehen würden.

Die Neutrinos können zwei alternative Reaktionen bewirken: ein Neutrino kann auf das Proton-Neutron-Gespann prallen, aus dem die schweren Wasserstoffkerne bestehen, die beiden Nukleonen auseinanderreißen und dann weiterfliegen. Dies ist eine *ladungsneutrale Reaktion,* die von Elektronen aller drei Flavors bewirkt werden kann. Das Neutrino kann aber auch beim Aufprall auf das Proton-Neutron-Gespann eine Umwandlung des Protons in ein Neutron herbeiführen; in diesem Fall wird gleichzeitig ein Elektron erzeugt, worauf das Neutrino zu existieren aufhört. Diese ladungsabhängige Reaktion kann *nur* von einem Elektron-Neutrino herbeigeführt werden.

Man kann ausrechnen, wie oft sich jeder dieser beiden Vorgänge ereignen müßte, wenn die Neutrinos nicht oszillieren würden, d. h. durchweg Elektron-Neutrinos blieben, bzw. wie häufig sie aufträten, wenn die Neutrinos tatsächlich oszillieren würden und ein Teil von ihnen in eine andere Identität geschlüpft wäre. 1980 gab Reines bekannt, daß sein Experiment Indizien für die Neutrino-Oszillation geliefert habe. (Als erwiesen gelten kann die Neutrino-Oszillation nicht, zum einen weil bei dem Experiment von Reines die Grenze des meßtechnisch noch Machbaren gestreift wurde, und zum anderen weil andere mit diesem Thema befaßte Forscher berichtet haben, daß sie keine Anzeichen für eine Neutrino-Oszillation entdecken konnten.)

Die Frage bleibt ungeklärt, aber Experimente, die in einem ganz anderen Zusammenhang von Moskauer Physikern durchgeführt wurden, habe Hinweise darauf erbracht, daß das Elektron-Neutrino womöglich eine Masse von 40 Elektronenvolt besitzt. Das entspräche dem 13000sten Teil der Masse eines Elektrons. In diesem Fall wäre es nicht verwunderlich, daß das Teilchen lange Zeit als massefrei galt.

Wenn Reines recht hat und es eine Neutrino-Oszillation gibt, so würde dies eine Erklärung für das festgestellte Defizit an solarer Neutrinostrahlung bieten, das ich weiter oben in diesem Kapitel erwähnte und das die Wissenschaftler so sehr verunsichert. Die von Davis zur Erfassung solarer Neutrinos verwendete Apparatur war nur auf den Nachweis von Elektron-Neutrinos eingerichtet. Wenn die von der Sonne abgestrahlten Neutrinos in der Weise oszillieren, daß sie auf der Erde als Mixtur aus den drei Flavors (in womöglich gleichen Anteilen) ankommen, so wäre es kein Wunder, daß die Forscher nur ein Drittel der theoretisch erwarteten Neutrinomenge auffangen.

Auch wenn ein Neutrino nur eine winzige Masse besitzt, 13000mal weniger als ein Elektron, so gibt es doch im Universum als ganzem so viele Neutrinos, daß rein rechnerisch ihre Gesamtmasse die aller Protonen und Neutronen weit übertreffen müßte. In der Tat bestünden unter diesen Voraussetzungen über 99% der im Universum vorhandenen Masse aus Neutrinos; dies könnte ohne weiteres jene »fehlende Masse« sein, von der in Kapitel 2 die Rede war. Tatsächlich wäre genügend Neutrinomasse im Universum vorhanden, um dieses in sich zu »schließen« und zu gewährleisten, daß seine Expansion irgendwann aufhören und wieder in eine Kontraktion umschlagen würde.

Dies gilt aber nur für den Fall, daß Reines recht hätte. Wir wissen es noch nicht.

Hadronen und Quarks

Da Myonen so etwas wie schwere Elektronen sind, können sie sicherlich nicht jener »Kernzement« sein, nach dem Yukawa suchte. Der Atomkern enthält keine Elektronen und dürfte daher auch keine Myonen enthalten. Dieser Sachverhalt wurde mit rein experimentellen Mitteln aufgeklärt, lange bevor man etwas über die enge Verwandtschaft zwischen Myon und Elektron wußte; Myonen zeigten schlicht und einfach keinerlei Neigung, mit Atomkernen in Interaktion zu treten. Eine Zeitlang schien es, als habe Yukawa mit seiner Hoffnung, das die Kernbindung vermittelnde Teilchen zu finden, irgendwie aufs falsche Pferd gesetzt.

Pionen und Mesonen

1947 jedoch entdeckte der britische Physiker Cecil Frank Powell auf Fotografien, die kosmische Strahlungsereignisse festhielten, ein Meson neuer Art. Es besaß eine etwas größere Masse als das Myon, genauer gesagt die 273fache Masse eines Elektrons. Das neue Meson erhielt den Namen *π-Meson* oder *Pion*.

Es zeigte sich, daß das Pion nicht nur heftig mit Kernen reagierte, sondern auch in anderer Hinsicht genau dem von Yukawa theoretisch postulierten Teilchen entsprach. (Yukawa erhielt 1949, Powell 1950 den Physik-Nobelpreis.) Es gibt in der Tat ein positives Pion, das als Austauschvermittler zwischen Protonen und Neutronen fungiert, und es gibt ein ihm korrespondierendes Antiteilchen, das negative Pion, das den entsprechenden Dienst für Antiprotonen und Antineutronen versieht. Beide sind noch kurzlebiger als die Myonen; nach einer durchschnittlichen Lebenszeit von rund 1/40 Mikrosekunde zerfallen sie in Myonen und Myon-Neutrinos. (Und natürlich zerfallen die Myonen ihrerseits zu Elektronen und weiteren Neutrinos.) Es gibt auch ein neutrales Pion, das sein eigenes Antiteilchen ist. Es ist äußerst unbeständig und zerfällt in weniger als einer billiardstel Sekunde zu einem Gammastrahlen-Pärchen.

Zwar ist der einzig »richtige« Platz eines Pions das Innere des Kerns, doch es kommt zuweilen vor, daß es einen Kern, bevor es mit ihm reagiert, umkreist, wodurch ein *pionisches Atom* entsteht (ein solches wurde 1952 nachgewiesen). Tatsächlich können alle Teilchen oder Teilchensysteme, paarweise mit einem Teilchen oder Teilchensystem entgegengesetzten Vorzeichens zusammengebracht, dazu veranlaßt werden, dieses zu umkreisen; in den 60er Jahren studierten die Physiker eine ganze Reihe unbeständiger »exotischer Atome«, um sich eine Vorstellung von den Feinheiten der Teilchenstruktur zu verschaffen.

Mit den Pionen waren die ersten Vertreter einer ganz neuen Gruppe von Teilchen entdeckt worden, die als *Mesonen* zusammengefaßt werden. Das Myon gehört dieser Gruppe nicht an, obgleich es das erste Teilchen war, das Meson genannt wurde. Mesonen reagieren heftig mit Protonen und Neutronen *(Abb.)*, Myonen dagegen nicht; letztere haben daher den Anspruch eingebüßt, zu dieser Gruppe gezählt zu werden.

Außer dem Pion gehören der Gruppe der Mesonen auch die *K-Mesonen* oder *Kaonen* an. Sie wurden 1952 von zwei polnischen Physikern, Marian Danysz und Jerzy Pniewski, entdeckt. Sie haben eine etwa 970mal größere Masse als das Elektron, sind also etwa halb so schwer wie Protonen oder Neutronen. Das Kaon tritt in zwei Varianten auf, einer positiv geladenen und einer neutralen; zu beiden gibt es jeweils ein Antiteilchen. Kaonen sind – natürlich – instabil und zerfallen nach rund einer Mikrosekunde in Pionen.

Baryonen

In der Größenhierarchie über den Mesonen stehen die Baryonen (der Begriff tauchte schon weiter oben auf), zu denen das Proton und das Neutron gehören. Bis in die 50er Jahre hinein waren Proton und Neutron die einzigen bekannten Vertreter dieser Teilchenklasse. 1954 jedoch und in den Jahren danach wurden einige noch schwerere Teilchen (manchmal *Hyperonen* genannt) entdeckt. Gerade die Gruppe der Baryonen hat sich in den letzten Jahren durch Neuentdeckungen stark erweitert; das Proton und das Neutron sind unter den zahlreichen Teilchenarten, die diese Gruppe bilden, die leichtesten.

Wie die Physiker festgestellt haben, gibt es ein Gesetz von der Erhaltung der Baryonenzahl: Bei allen Zerfallsprozessen bleibt die Nettozahl der Baryonen (d. h. die Zahl der Baryonen vermindert um die Zahl der Antibaryonen) gleich. Zerfallsprozesse schreiten immer von Teilchen größerer zu solchen geringerer Masse fort; dies erklärt, weshalb das Proton, als Endstation der Baryonen-Zerfallsreihe, das *einzige* stabile Baryon ist. Zerfiele es noch weiter, dann würde es aufhören, ein Baryon zu sein, und damit wäre das Gesetz von

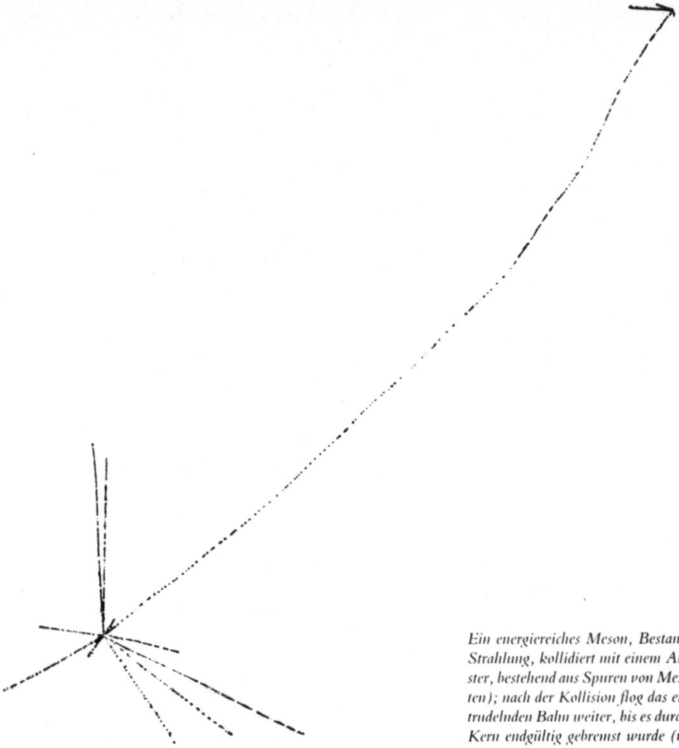

Ein energiereiches Meson, Bestandteil einer sekundären kosmischen Strahlung, kollidiert mit einem Atomkern und erzeugt ein Sternmuster, bestehend aus Spuren von Mesonen und Alphateilchen (links unten); nach der Kollision flog das energiereiche Meson auf einer leicht trudelnden Bahn weiter, bis es durch eine Kollision mit einem anderen Kern endgültig gebremst wurde (rechts oben).

der Erhaltung der Baryonenzahl gebrochen. Aus dem gleichen Grund sind Antiprotonen stabil – sie sind die leichtesten aller Antibaryonen. Natürlich können ein Proton und ein Antiproton einander vernichten, ohne das Erhaltungsgesetz zu verletzen, denn schon bevor sie einander auslöschen, repräsentieren sie eine Netto-Baryonenzahl von Null (ein Baryon plus ein Antibaryon).

(Es gibt auch ein Gesetz von der Erhaltung der Leptonenzahl, das erklärt, weshalb das Elektron und das Positron die *einzigen* stabilen Leptonen sind: Sie sind die leichtesten Leptonen und können nicht in noch kleinere Teilchen zerfallen, ohne gegen dieses Erhaltungsgesetz zu verstoßen. Elektronen und Positronen haben allerdings noch einen zweiten Grund dafür, daß sie nicht zerfallen. Sie sind die leichtesten Teilchen, die Träger einer elektrischen Ladung sein können. Wenn sie in einfachere Teilchen zerfielen, verlören sie ihre elektrische Ladung – und ein solcher Verlust ist nach dem Gesetz der Erhaltung der elektrischen Ladung unmöglich. Dieses Gesetz gilt in der Tat, wie wir noch sehen werden, mit größerer Strenge als der Satz von der Erhaltung der Baryonenzahl; Elektronen und Positronen sind, anders gesagt, in gewisser Weise stabiler als Protonen und Antiprotonen, oder *können* zumindest stabiler sein.)

Die ersten Baryonen, die neben dem Proton und Neutron entdeckt wurden, erhielten griechische Bezeichnungen. Es waren das *Λ-(Lambda-)Teilchen*, das *Σ-(Sigma-)Teilchen* und das *Ξ-(Xi-)Teilchen*. Das erste trat in nur einer Spielart auf, als neutrales Teilchen; vom zweiten entdeckte man drei Arten: eine positive, eine negative und eine neutrale; das dritte schließlich war in zwei Varianten vorhanden, negativ und neutral. Zu jedem dieser Teilchen gab es ein Antiteilchen, wodurch sich eine Gesamtzahl von zwölf Hyperonen ergab. Alle erwiesen sich als außerordentlich instabil, keines hatte eine längere Lebensdauer als rund eine hundertstel Mikrosekunde; einige, wie etwa das neutrale Sigma-Teilchen, zerbrachen schon nach dem hundertsten Teil einer billionstel Mikrosekunde.

Das Lambda-Teilchen, das neutral ist, kann sich in einem Atomkern an die Stelle eines Neutrons setzen; es entsteht dadurch ein *Hyperkern,* ein Gebilde mit einer Lebensdauer von weniger als einer milliardstel Sekunde. Als erstes Exemplar dieser Gattung wurde ein Hypertritium-Kern entdeckt, der aus einem Proton, einem Neutron und einem Lambda-Teilchen bestand. Danysz und Pniewski entdeckten diesen Kern unter den Produkten der kosmischen Strahlung. 1963 berichtete Danysz über Hyperkerne, die zwei Lambda-Teilchen enthielten. Noch erstaunlicher ist vielleicht, daß, wie 1968 erstmals berichtet wurde, negative Hyperonen dazu veranlaßt werden können, sich an die Stelle von Schalenelektronen zu setzen. Diese schweren Pseudoelektronen umkreisen den Kern in so geringer Entfernung, daß man fast sagen kann, sie bildeten dessen äußere Hülle.

Diese Teilchen sind übrigens alle vergleichsweise stabil; ihre Lebensdauer reicht aus, um sie direkt darstellbar zu machen und ihnen ein Eigenleben und einen eigenen Charakter zuzusprechen. In den 60er Jahren entdeckte aber Alvarez (der dafür 1968 den Physik-Nobelpreis erhielt) das erste Glied einer ganz neuen Kette von Teilchen. Diese Partikel waren so kurzlebig, daß ihre Existenz nur theoretisch postuliert werden konnte (oder vielmehr mußte, als Erklärung für die Herkunft ihrer Zerfallsprodukte. Ihre Lebensdauer bewegt sich irgendwo in der Größenordnung von einigen Billionsteln einer billionstel Sekunde, so daß man sich fragen kann, ob es sich bei ihnen wirklich um Teilchen mit eigener Identität handelt oder nicht vielleicht nur um Momentaufnahmen einer Begegnung zweier oder mehrerer Teilchen, die einander flüchtig begrüßen, um dann wieder auf getrennten Wegen davonzuflitzen.)

Diese ultrakurzlebigen Gebilde werden *Resonanzteilchen* genannt; je größer die Energien wurden, die den Physikern zu Gebote standen, desto mehr Teilchen dieser Art konnten sie erzeugen bzw. entdecken – mittlerweile mehr als 150. Es handelte sich dabei ausnahmslos um Teilchen, die als Mesonen oder Baryonen eingeordnet werden mußten; für diese beiden Klassen von Teilchen wurde der Oberbegriff *Hadronen* eingeführt (abgeleitet von einem griechischen Wort für »massig«). In der Klasse der Leptonen ist es bei der bescheidenen Zahl von drei Flavors geblieben, die jeweils Teilchen, Antiteilchen, Neutrino und Antineutrino umfassen.

Den Physikern wurde es angesichts der Vielzahl von Hadronen ebenso unwohl wie ein Jahrhundert zuvor den Chemikern angesichts der Vielzahl von Elementen. Zunehmend machte sich das Gefühl breit, daß die Hadronen aus einfacheren Teilchen zusammengesetzt sein müßten. Sie waren schließlich, anders als die Leptonen, keine punktförmigen Gebilde, sondern Objekte mit einem meßbaren Durchmesser; dieser war zwar nicht sehr groß, – er betrug etwa den 25sten Teil eines billionstel Zentimeters; aber das war mehr als ein Punkt.

Der amerikanische Physiker Robert Hofstadter ging in den 50er Jahren daran, zu Versuchszwekken Kerne mit extrem energiereichen Elektronen zu beschießen. Die Elektronen reagierten nicht mit den Kernen, sondern prallten an ihnen ab; aus der Charakteristik dieses Vorgangs vermochte Hofstadter bestimmte Schlüsse hinsichtlich der Struktur der Hadronen abzuleiten, Schlüsse, die sich später als irrig erwiesen, aber dennoch ein Fundament bildeten, auf das man aufbauen konnte. 1961 wurde seine Leistung mit der anteiligen Verleihung des Nobelpreises belohnt.

Die Theorie der Quarks

Was auf der Wunschliste der Physiker obenan stand, war eine Art Periodensystem für die subatomaren Teilchen, irgendein System, das es gestatten würde, sie in Familien einzuteilen, die jeweils durch eines oder mehrere Grundelemente definiert wären und deren andere Mitglieder sich als durch ein gesteigertes Anregungsniveau charakterisierte Zustandsformen dieser Grundbausteine darstellen lassen würden *(Tabelle).*

Etwas Derartiges schlugen 1961 der Amerikaner Murray Gell-Mann und der Israeli Yuval Ne'emen vor, die unabhängig voneinander an dem Problem arbeiteten. Sie ordneten Klassen von

TAFEL 7.1

Die längerlebigen Elementarteilchen

Gruppe	*Teilchen*	*Symbol*	*Masse*	*Spin*	*elektr. Ladung*	*Anti-teilchen*	*Anzahl unterscheid-barer Teilchen*	*mittlere Lebenszeit in Sekunden*	*typische Zerfallsart*
	Photon	γ	0	1	neutral	gleich. Teilchen	1	unbegrenzt	–
	Graviton	–	0	2	neutral	gleich. Teilchen	1	unbegrenzt	–
Elektronen	Elektron-Neutrino	ν_e	0	½	neutral	$\overline{\nu_e}$	2	unbegrenzt	–
	Elektron	e^-	1	½	negativ	e^+ (Positron)	2	unbegrenzt	–
Myonen	Myon-Neutrino	ν_μ	0 (?)	½	neutral	$\overline{\nu_\mu}$	2	unbegrenzt	–
	Myon	μ^-	206.77	½	negativ	$^+$	2	2.212×10^{-6}	$\mu^- \rightarrow e^- + \overline{\nu}_e + \nu_\mu$
Mesonen	Pion	π^+	273.2	0	positiv	π^- gleich		2.55×10^{-8}	$\pi^+ \rightarrow \mu^+ + \nu_\mu$
		π^-	273.2	0	negativ	π^+ wie	3	2.55×10^{-8}	$\pi^- \rightarrow \mu^- + \overline{\nu}_\mu$
		π^0	264.2	0	neutral	π^0 Teilchen		1.9×10^{-16}	$\pi^0 \rightarrow \gamma + \gamma$
	Kaon	K^+	966.6	0	positiv	$\overline{K^+}$ (negativ)	4	1.22×10^{-8}	$K^+ \rightarrow \pi^+ + \pi^0$
		K^0	974	0	neutral	$\overline{K^0}$		1.00×10^{-10}	$K^0 \rightarrow \pi^+ + \pi^-$
								sowie*	
								6×10^{-8}	
Baryonen	Nukleon	p (Proton)	1836.12	½	positiv	$\overline{p}$ (negativ)	4	unbegrenzt	–
		n (Neutron)	1838.65	½	neutral	$\overline{n}$		1013	$n \rightarrow p + e^- + \overline{\nu}$
	Lambda	Λ^0	2182.8	½	neutral	$\overline{\Lambda^0}$	2	2.51×10^{-10}	$\Lambda^0 \rightarrow p + \pi^-$
	Sigma	Σ^+	2327.7	½	positiv	$\overline{\Sigma^+}$ (negativ)		8.1×10^{-11}	$\Sigma^+ \rightarrow n + \pi^+$
		Σ^-	2340.5	½	negativ	$\overline{\Sigma^-}$ (positiv)	6	1.6×10^{-10}	$\Sigma^- \rightarrow n + \pi^-$
		Σ^0	2332	½	neutral	$\overline{\Sigma^0}$		ca. 10^{-20}	$\Sigma^0 \rightarrow \Lambda^0 + \gamma$
	Xi	Ξ^-	2580	½	negativ	$\overline{\Xi^-}$ (positiv)	4	1.3×10^{-10}	$\Xi^- \rightarrow \Lambda^0 + \pi^-$
		Ξ^0	2570	½	neutral	$\overline{\Xi^0}$		ca. 10^{-10}	$\Xi^0 \rightarrow \Lambda^0 + \pi^0$
							–		
							33		

*Das K^0-Meson hat zwei verschiedene Lebenszeiten; alle anderen Teilchen haben nur eine.
Aus: *The World of Elementary Particles* by Kenneth W. Ford, © Copyright 1963, Xerox Corporation.

Teilchen zu einem ihre unterschiedlichen Merkmale berücksichtigenden, außerordentlich schön symmetrischen System, dem Gell-Mann die Bezeichnung »eightfold way« gab und das heute formell als *SU(3)-Symmetrie* gekennzeichnet wird. Namentlich eine der in diesem System aufgeführten Gruppen verlangte zu ihrer Vervollständigung ein zusätzliches Teilchen. Dieses Teilchen mußte, wenn es in die Gruppe hineinpassen sollte, eine bestimmte Masse und eine bestimmte Kombination weiterer Merkmale aufweisen. Daß ein Teilchen eine solche Kombination von Merkmalen besitzen konnte, erschien allerdings sehr unwahrscheinlich. Doch 1964 wurde ein Teilchen entdeckt, das genau die vorausgesagte Merkmalskombination aufwies, das sogenannte *Ω^--(Omega-minus)-Hyperon*. Es konnte in den darauffolgenden Jahren dutzende Male nachgewiesen werden. 1971 wurde sein Antiteilchen, das Antiomega-minus, entdeckt.

Auch wenn man die Baryonen in Gruppen einteilt und diese zu einem subatomaren Periodensystem anordnet, bleibt jene große Zahl unterschiedlicher Teilchen bestehen, die bei den Physikern das Bedürfnis nach noch einfacheren und grundlegenderen Bausteinen weckte. Gell-Mann war einer derjenigen, die sich bemühten, ein möglichst einfaches Bauprinzip zu finden, aus dem sich alle bekannten Baryonen rekonstruieren ließen; er legte schließlich ein theoretisches Modell vor, das mit einer minimalen Zahl grundlegender sub-baryonischer Partikel auskam, den *Quarks*.

Um die Eigenschaften der bekannten Baryonen im Rahmen dieses Modells erklären zu können, mußte man den drei verschiedenen Quarks bestimmte spezifische Eigenschaften beilegen. Das außergewöhnlichste unter diesen Attributen war eine nichtganzzahlige elektrische Ladung. Alle bis dahin bekannten Teilchen hatten entweder keine elektrische Ladung oder eine exakt der Ladung des Elektrons (bzw. des Positrons) entsprechende bzw. eine exakt einem Vielfachen der Ladung des Elektrons (bzw. Positrons) entsprechende Ladung. Man war also gewöhnt, mit Ladungen der Größen 0, +1, −1, +2, −2 usw. umzugehen. Die Vorstellung, daß es nichtganzzahlige Ladungen geben könne, wirkte so befremdlich, daß der Vorschlag Gell-Manns anfänglich auf breite Ablehnung stieß. Nur die Tatsache, daß sein Modell einen so hohen Erklärungswert besaß, verschaffte ihm einen gewissen Respekt und in der Folge dann doch eine breite Anhängerschaft, und 1969 wurde Gell-Mann der Physik-Nobelpreis verliehen.

Gell-Mann ging zunächst von zwei Quarks aus, die heute die Namen *Up-Quark* und *Down-Quark* tragen. Die Vorsilben »Up« und »Down« bezeichnen nicht etwa irgendeinen Verhaltensaspekt der Quarks, sondern sind lediglich Ausdruck einer eigenwilligen, um nicht zu sagen schrulligen Namensgebung. (Man sollte sich Naturwissenschaftler, namentlich junge, nicht als seelen- und emotionslose Denkmaschinen vorstellen. Sie sind im allgemeinen genausogern witzig und gelegentlich albern wie, sagen wir, ein Schriftsteller oder ein Lastwagenfahrer.) Man spricht auch von U-Quarks und D-Quarks.

Das U-Quark hat eine Ladung vom Wert $+2/3$, das D-Quark eine vom Wert $-1/3$. Es müßte dementsprechend auch ein Anti-U-Quark mit einer Ladung von $-2/3$ und ein Anti-D-Quark mit einer Ladung von $+1/3$ geben.

Zwei U-Quarks und ein D-Quark hätten zusammen eine Ladung von +1 ($2/3$ plus $2/3$ minus $1/3$), könnten also in Kombination miteinander ein Proton bilden. Zwei D-Quarks und ein U-Quark dagegen würden eine addierte Ladung von Null aufweisen (minus $1/3$ minus $1/3$ plus $2/3$) und in Kombination miteinander somit ein Neutron ergeben. In dieser Weise könnten sich immer drei Quarks so miteinander verbinden, daß ihre addierte Ladung einen ganzzahligen Wert ergibt. 2 Anti-U-Quarks und 1 Anti-D-Quark beispielsweise ergäben eine Ladungssumme von minus 1, also ein Antiproton, 2 Anti-D-Quarks und 1 Anti-U-Quark, mit der Ladungssumme Null, ein Antineutron.

Vieles spricht dafür, daß Quarks mit ungeheuer starken Kräften aneinander gebunden sind, denn bisher sind die Physiker nicht in der Lage, Protonen und Neutronen in ihre Quarkbausteine zu zerlegen. Es gibt eine Hypothese, die besagt, daß die zwischen Quarks herrschende Anziehungskraft mit der Entfernung zunimmt; in diesem Fall wäre es gänzlich ausgeschlossen, daß es jemals gelänge, ein Proton oder ein Neutron in seine Bestandteile zu spalten. Wenn dem so wäre, hätte es zumindest einen Vorteil: Nichtganzzahlige elektrische Ladungen würden zwar theoretisch existieren, würden aber niemals als solche in Erscheinung treten.

Die beiden bisher erörterten Quarktypen reichen jedoch nicht zur Darstellung aller Baryonen und aller Mesonen aus (letztere sind Kombinationen aus jeweils *zwei* Quarks). Gell-Mann führte dazu ein drittes Quark ein, das heute als *S-Quark* bezeichnet wird. Das S könnte als Symbol für »Sideways« gedeutet werden (in Analogie zu »Up« und »Down«), doch der heute gängigen Interpretation zufolge steht es für »Strangeness« (etwa: »Andersartigkeit«). Der Grund dafür ist, daß dieses Quark die Erklärung für die Struktur gewisser sogenannter andersartiger Teilchen liefern mußte – andersartig insofern, als sie länger als erwartet brauchen, um zu zerfallen.

Irgendwann gelangten die mit der Überprüfung der Quarktheorie beschäftigen Physiker zu der Auffassung, daß die Quarks paarweise existieren müßten. Wenn es ein S-Quark gibt, müßte es ein dazu komplementäres Teilchen geben. Es erhielt den Namen *C-Quark*. (Das C steht nicht etwa, wie man meinen könnte, für »complementary«, sondern für »charm«.) 1974 gelang es zwei unabhängig voneinander arbeitenden US-Physikern, Burton Richter und Samuel Chao Chung Ting, mit

Hilfe intensiver Energien Teilchen zu isolieren, deren Eigenschaften sich nur unter Rückgriff auf das C-Quark deuten ließen. (Es waren Teilchen mit »charm«.) Die beiden Forscher erhielten 1976 gemeinsam den Physik-Nobelpreis.

Die Quarkpaare verkörpern Flavors; in gewisser Weise entsprechen sie den bei den Leptonen angeführten. Jedes Quark-Flavor besteht aus vier Mitgliedern – beispielsweise dem U-Quark, dem D-Quark, dem Anti-U-Quark und dem Anti-D-Quark –, ebenso wie jedes Leptonen-Flavor vier Mitglieder zählt – zum Beispiel das Elektron, das Neutrino, das Antielektron und das Antineutrino. Auch kennt man in beiden Fällen drei Flavors: bei den Leptonen die des Elektrons, des Myons und des Tauons, bei den Quarks die des U- und D-Quarks, die des S- und C-Quarks und schließlich die des T- und B-Quarks. T und B stehen bei letzteren für »Top« und »Bottom« oder, einer exzentrischeren Zuordnung zufolge, für »Truth« (Wahrheit) und »Beauty« (Schönheit). Wie die Leptonen, scheinen auch die Quarks Teilchen von Punktgröße zu sein; man nimmt an, daß sie fundamental (d. h. unteilbar) und strukturlos sind. (Sicher kann man dessen jedoch nicht sein, denn in dieser Beziehung haben wir uns schon zweimal täuschen lassen, erst vom Atom, dann vom Proton.) Eine weitere Parallele ist, daß in beiden Fällen die theoretische Möglichkeit einer unbegrenzten Zahl von Flavors besteht, deren Darstellung einen fortlaufend höheren Energieaufwand erfordern würde.

Ein entscheidender Unterschied zwischen Leptonen und Quarks besteht darin, daß Leptonen stets eine ganzzahlige Ladung (oder gar keine) aufweisen und sich nicht miteinander verbinden, während Quarks unganzzahlige Ladungen aufweisen und offenkundig nur in Zweier- oder Dreiergruppen vorkommen.

Diese Kombination zu Quarkgruppen folgt bestimmten Regeln. Jedes der drei Quark-Flavors tritt in bezug auf eine bestimmte Eigenschaft – eine Eigenschaft, zu der es bei den Leptonen keine Entsprechung gibt – in drei Varianten auf. Man bezeichnet diese Eigenschaft (in einem bloß übertragenen Sinn) als *Farbe* und die drei Varianten als *rot, blau* und *grün*.

Wenn drei Quarks sich zusammentun, um ein Baryon zu bilden, muß immer eines davon rot, eines blau und eines grün sein; das Produkt ihrer Vereinigung erscheint dann als farblos oder *weiß*. (Aus diesem Grund hat man diese »farbigen« Bezeichnungen gewählt – in unserer natürlichen Umwelt und ebenso auf dem Fernsehbildschirm addieren sich rot, blau und grün zu weiß.) Wenn zwei Quarks sich zusammentun und ein Meson bilden, ist das zweite immer von der Farbe, die der des ersten komplimentär ist, so daß beide sich wiederum zu weiß addieren. (Leptonen haben keine Farbe, sind also von Hause aus weiß.)

Die Erforschung von Quark-Kombinationen unter dem charakteristischen Gesichtspunkt, daß das fertig vorliegende Objekt niemals eine Farbe erkennen läßt (ebensowenig wie eine unganzzahlige elektrische Ladung), wird als *Quanten-Chromodynamik* bezeichnet. (Der Wortteil »Chromo« ist von dem griechischen Wort für »Farbe« abgeleitet.) Dieser Terminus wurde in bewußtem Anklang an eine erfolgreiche moderne Theorie der elektromagnetischen Wechselwirkungen geprägt, die sogenannte *Quanten-Elektrodynamik*.

Den Zusammenhalt miteinander verbundener Quarks vermittelt ein Austauschteilchen, das beständig von einem zu den anderen wechselt. Dieses Teilchen wird *Gluon* genannt (abgeleitet von dem englischen Wort für Leim). Gluonen sind ihrerseits farbig, was die Sache zusätzlich kompliziert, und können sich sogar zu Gebilden zusammenschließen, die *glueballs* (Leimkugeln) heißen.

Wenn es auch nicht möglich ist, Hadronen in ihre Quarkbestandteile zu spalten, so gibt es doch Verfahren, in denen sich die Existenz der Quarks indirekt beweisen läßt. Quarks können erzeugt werden, wenn es gelingt, genügend Energie in einem kleinen Raumvolumen zu konzentrieren, etwa indem man einen sehr energiereichen Elektronenstrom und einen ebensolchen Positronenstrom zur Kollision bringt.

Die auf diese Weise erzeugten Quarks würden sich sogleich zu Hadronen und Antihadronen verbinden, und diese würden in entgegengesetzten Richtungen abströmen. Unter der Voraussetzung, daß *genug* Energie vorhanden wäre, würden drei Ströme entstehen und ein dreiblätteriges Kleeblatt bilden – Hadronen, Antihadronen und Gluonen. Das zweiblätterige Kleeblatt ist bereits erzeugt worden, und 1979 hörte man von erfolgreichen Experimenten, bei denen sich ein drittes Blatt rudimentär abzeichnete. Man kann darin ein triftiges Indiz für die Richtigkeit der Quarktheorie sehen.

Jedes Teilchen, das eine Masse besitzt, ist Ursprung und Mittelpunkt eines Gravitationsfeldes, das sich unendlich weit in alle Richtungen erstreckt, in seiner Intensität allerdings mit zunehmender Entfernung vom Ausgangspunkt nachläßt, und zwar proportional zum Quadrat dieser Entfernung.

Das Gravitationsfeld einzelner Elementarteilchen ist unermeßlich schwach, so schwach, daß man es beim Studium der Wechsel- und Kraftwirkungen zwischen diesen Teilchen praktisch vernachlässigen kann. Wichtig ist, daß es nur eine Art von Masse zu geben scheint, und daß die zwischen zwei Partikeln wirksamen Gravitationskräfte offenbar immer nur Anziehung und niemals Abstoßung bewirken.

Wenn viele Teilchen sich zu einem System zusammenschließen, erscheint das Schwerefeld, von einem Standpunkt außerhalb des Systems gesehen, als Summe der individuellen Schwerefelder aller Teilchen. Körper wie die Sonne oder die Erde verhalten sich so, als hätten sie ein Schwerefeld von einer Intensität, wie man sie erwarten würde, wenn sie aus einem einzigen Teilchen bestünden, das die gesamte Masse des Objekts enthielte und sich genau in seinem Schwerkraftzentrum befände. (Dies trifft nur dann genau zu, wenn das Objekt vollkommen rund und von gleichmäßiger Dichte ist oder wenn seine Dichte von innen nach außen vollkommen gleichmäßig abnimmt; diese Bedingungen sind bei Himmelskörpern wie Sonne und Erde annähernd erfüllt.)

Das Ergebnis ist, daß die Sonne und zu einem geringeren Grad auch die Erde über außerordentlich intensive Schwerefelder verfügen und einander daher beeinflussen, anziehen und in einem festen Verbund miteinander bleiben können, obwohl sie fast 150 Millionen km voneinander entfernt sind. Galaxien, die demselben galaktischen Haufen angehören, sind durch Gravitationskräfte aneinander gebunden, die über Entfernungen von Millionen von Lichtjahren hinweg wirksam sind; und wenn das Universum jemals aufhören sollte, sich auszudehnen, und sich wieder zusammenzieht, so werden die Ursache dafür Schwerkraftwirkungen sein, die sich über Entfernungen von Milliarden von Lichtjahren hinweg bemerkbar machen.

Von jedem Teilchen, das über eine elektrische Ladung verfügt, geht ein elektromagnetisches Feld aus, das sich in alle Richtungen unendlich weit ausdehnt; seine Stärke nimmt mit zunehmender Entfernung vom Ausgangspunkt ab, und zwar proportional zum Quadrat dieser Entfernung. Jedes Teilchen, das sowohl eine Masse als auch eine elektrische Ladung besitzt (und es gibt keine elektrische Ladung ohne Masse), erzeugt sowohl ein Schwerefeld als auch ein elektromagnetisches Feld.

Elektromagnetische Wechselwirkung

Das elektromagnetische Feld ist viele Billionen von Billionen von billionenmal stärker als das Gravitationsfeld, wenn man irgendein einzelnes Teilchen betrachtet. Allerdings gibt es zwei Arten elektrischer Ladung, eine positive und eine negative; das elektromagnetische Feld kann sich daher sowohl in anziehenden als auch in abstoßenden Kraftwirkungen äußern. Wo beide Ladungsarten im gleichen Umfang vorhanden sind, neutralisieren sie einander normalerweise, so daß das System nach außen hin kein elektromagnetisches Feld aufweist. So setzen sich etwa normale intakte Atome aus einer jeweils gleichen Anzahl positiver und negativer Ladungseinheiten zusammen und sind daher elektrisch neutral.

Wo eine der beiden Ladungsarten im Überschuß vorhanden ist, entsteht ein elektromagnetisches Feld. Die wechselseitige Anziehung, die zwischen entgegengesetzten Ladungen besteht, sorgt aber dafür, daß jeder positive oder negative Ladungsüberschuß bis auf einen mikroskopisch kleinen Rest ausgeglichen wird, so daß elektromagnetische Felder, wo sie vorhanden sind, sich in ihrer Intensität nicht mit den Schwerefeldern von Objekten messen können, deren Masse über einer bestimmten Untergrenze liegt (die etwa der Masse eines größeren Asteroiden entspricht). Aus diesem Grund konnte Isaac Newton, der einzig und allein Schwerkraftwirkungen berücksichtigte, ein befriedigendes Erklärungsmodell für die Bewegungen der Körper unseres Sonnensystems erstellen, ein Modell, das sich sogar auf die Bewegungen von Sternen und Galaxien übertragen ließ.

Die elektromagnetischen Kräfte oder Wechselwirkungen dürfen jedoch nicht völlig außer acht gelassen werden; sie spielen eine Rolle bei der Entwicklung des Sonnensystems, bei der Übertragung von Drehimpulsen von der Sonne auf die Planeten und wahrscheinlich auch bei einigen der erstaunlichen Vorgänge in den Ringen aus kleinen Materietrümmern, die den Saturn umgeben; aber dabei handelt es sich durchweg um vergleichsweise geringfügige Feinwirkungen.

Jedes Hadron (also die Mesonen und die Baryonen und die sie konstituierenden Quarks) ist Sitz und Zentrum eines sich in alle Richtungen unendlich weit ausdehnenden Feldes, dessen Intensität mit zunehmender Entfernung freilich so rasch dahinschwindet, daß es über Distanzen hinweg, die größer sind als der Durchmesser eines Atomkerns, keine nennenswerten Wirkungen mehr entfalten kann. So überragend wichtig ein solches Feld im Innern eines Kerns oder in all den Fällen sein kann, in denen zwei schnelle Teilchen einander ins Gehege kommen, so kann man es doch bei größeren Entfernungen außer acht lassen. Für die Bewegungen der Himmelskörper im großen und ganzen spielen solche Felder keine Rolle; wichtig sind sie hingegen beispielsweise für die Prozesse, die sich im Inneren von Sternen vollziehen.

Auch Leptonen erzeugen ein Feld, das nur über Entfernungen im Bereich des Kerndurchmessers nennenswerte Wirkungen entfaltet. Die Reichweite dieses Feldes ist sogar kleiner als die des von den Hadronen erzeugten. Es handelt sich bei beiden um nukleare Felder, aber sie unterscheiden sich voneinander nicht nur in bezug auf die Art der sie erzeugenden Teilchen, sondern auch hinsichtlich ihrer Intensität. Das von den Hadronen erzeugte Feld ist, Teilchen für Teilchen, 137mal so stark wie das elektromagnetische Feld. Das von den Leptonen erzeugte Feld ist dagegen rund 100 Milliarden mal schwächer als das elektromagnetische Feld. Das Hadronen-Feld wird daher gewöhnlich als die *starke Wechselwirkung*, das Leptonenfeld als die *schwache Wechselwirkung* bezeichnet. (Letztere ist, obzwar schwach im Vergleich mit der starken Wechselwirkung und der elektromagnetischen Wechselwirkung, doch immerhin noch etwa 10000 Billionen billionenmal stärker als die Gravitationskraft.)

Diese vier Kräfte oder Wechselwirkungen liegen, soweit wir heute wissen, allen beobachtbaren Erscheinungen und Vorgängen im Bereich der Elementarteilchen – und somit allen Vorgängen im Universum schlechthin – zugrunde. Es liegen keine Anhaltspunkte dafür vor, daß irgendeine fünfte Kraft oder Wechselwirkung existiert oder existieren kann. (Wenn man sagt, daß diese Wechselwirkungen allen beobachtbaren Vorgängen zugrunde liegen, so bedeutet dies natürlich nicht, daß wir alle beobachtbaren Vorgänge bereits voll verstanden hätten. Zu wissen, daß es für eine komplexe mathematische Gleichung eine Lösung gibt, bedeutet nicht unbedingt, daß man diese Lösung auch finden wird.)

Die schwache Wechselwirkung wurde 1934 von Fermi erstmals mathematisch erfaßt, doch blieb sie auch danach noch jahrzehntelang die am wenigsten erforschte der vier Wechselwirkungen. Es müßte für sie beispielsweise, wie für die drei anderen Kräfte, Austauschteilchen geben, welche die Wechselwirkung vermitteln. Bei der elektromagnetischen Wechselwirkung besorgt dies das Photon, bei der Gravitationskraft das Graviton; bei der starken Wechselwirkung haben wir auf der Protonen-Neutronen-Ebene das Pion und auf der Quark-Ebene das Gluon. Ein Teilchen dieser Art, vorläufig *W-Teilchen* genannt (wobei W für »weak«, d. h. »schwach«, steht), sollte es auch für die schwache Wechselwirkung geben, doch über ein halbes Jahrhundert lang blieb dieses Teilchen unauffindbar.

Die Erhaltungssätze

Wenden wir uns an dieser Stelle einmal der Frage der Erhaltungssätze zu, jenen Naturgesetzen, die festlegen, welche Wechselwirkungen zwischen Teilchen möglich sind und welche nicht – oder, allgemeiner ausgedrückt, welche Prozesse sich im Universum ereignen können und welche nicht. Ohne die Erhaltungssätze wären die Vorgänge im Universum chaotisch und vollkommen unbegreifbar.

Die Kernphysiker haben es mit einem runden Dutzend Erhaltungssätzen zu tun. Darunter sind die vertrauten physikalischen Gesetze aus dem 19. Jahrhundert: von der Erhaltung der Energie, der Erhaltung des Drehimpulses, der Erhaltung der Bewegung, der Erhaltung der elektrischen Ladung. Dazu kommen einige weniger vertraute Gesetzmäßigkeiten: von der Erhaltung der Stran-

geness, der Erhaltung der Baryonenzahl, der Erhaltung des Isospins usw.
Die starke Wechselwirkung scheint allen diesen Erhaltungssätzen zu gehorchen, und bis in die frühen 50er Jahre hinein galt es unter Physikern als selbstverständlich, daß diese Gesetze universell und zeitlos gültig sind. Das stellte sich jedoch als Irrtum heraus. Bei der schwachen Wechselwirkung finden sich Verstöße gegen einige der Erhaltungssätze.
Als erster in seiner universellen Gültigkeit erschüttert wurde der Satz von der Erhaltung der *Parität*. Die Parität ist eine strikt mathematische Größe, die sich nicht anschaulich erklären läßt; begnügen wir uns an dieser Stelle mit der Feststellung, daß sie sich auf eine mathematische Funktion bezieht, die etwas mit der Wellencharakteristik eines Teilchens und mit seiner Lage im Raum zu tun hat. Die Parität kann zwei Werte annehmen – »gerade« und »ungerade«. Worauf es ankommt, ist, daß die Parität als eine grundlegende, wie Energie und Bewegung dem Gesetz der Erhaltung gehorchende Eigenschaft von Materie galt: Bei jeder Reaktion oder Veränderung mußte die Parität erhalten bleiben. Anders gesagt: Wenn Teilchen miteinander reagieren und dabei neue Teilchen entstehen, muß die Parität auf beiden Seiten der Gleichung, so glaubte man, denselben Wert annehmen, ebenso wie sich die Ordnungszahlen, die Atomgewichte oder die Drehimpulse auf beiden Seiten zu gleichen Summen addieren.
Um ein Beispiel zu geben: Wenn ein Teilchen mit ungerader und eines mit gerader Parität in Wechselwirkung miteinander treten und zwei andere Partikel erzeugen, müßte eines der neuen Teilchen eine ungerade und das andere eine gerade Parität aufweisen. Wenn zwei Partikel mit ungerader Parität zwei neue Partikel hervorbringen, müßten letztere entweder beide eine ungerade oder beide eine gerade Parität aufweisen. Wenn umgekehrt ein Teilchen mit gerader Parität in zwei Teilchen zerfällt, müßten beide entweder gerade oder ungerade Parität aufweisen. Entstehen aus einem Teilchen mit gerader Parität drei neue, so müßten entweder alle drei eine gerade Parität aufweisen oder eines eine gerade und die beiden anderen eine ungerade Parität (man versteht dies leichter, wenn man sich die Additionsregeln bei geraden und ungeraden Zahlen vergegenwärtigt, die ganz ähnlich funktionieren. Sollen beispielsweise zwei Zahlen sich zu einer geraden Zahl addieren, so müssen sie entweder beide gerade oder beide ungerade sein).
Die Schwierigkeiten setzten ein, als man entdeckte, daß ein K-Meson gelegentlich in zwei Pi-Mesonen zerfällt (was, da das Pi-Meson eine ungerade Parität aufweist, in der Summe eine gerade Parität ergibt), manchmal aber auch in drei Pi-Mesonen (was in der Summe zu einer ungeraden Parität führt). Die Physiker schlossen daraus, daß es wohl zwei Arten von K-Mesonen geben müsse, eine mit gerader und eine mit ungerader Parität; sie führten für die beiden die Bezeichnungen *Theta-Meson* und *Tau-Meson* ein.
Nun waren aber diese beiden Mesonenarten, abgesehen von ihrer Parität, in jeder Hinsicht identisch: dieselbe Masse, dieselbe Ladung, dieselbe Stabilität, dasselbe Verhalten in jeder Hinsicht. Es fiel schwer, zu glauben, daß es zwei Partikel mit genau gleichen Eigenschaften geben sollte. War es denkbar, daß es sich in Wirklichkeit um ein und dasselbe Teilchen handelte und daß irgend etwas mit dem Dogma von der Erhaltung der Parität nicht stimmte? 1956 äußerten zwei in den Vereinigten Staaten forschende chinesische Physiker, Tsung Dao Lee und Chen Ning Yang, genau diese Vermutung. Sie meinten, das Gesetz von der Erhaltung der Parität gelte bei starken Wechselwirkungen, verliere aber möglicherweise seine Geltung bei schwachen Wechselwirkungen, wie sie beim Zerfall von K-Mesonen auftreten.
Als sie diese Möglichkeit mathematisch durcharbeiteten, drängte sich ihnen der Gedanke auf, daß die an schwachen Wechselwirkungen beteiligten Teilchen, wenn tatsächlich ein Verstoß gegen die Erhaltung der Parität vorlag, eine Eigenschaft aufweisen müßten, die als erster 1927 der ungarische Physiker Eugen Wigner aufgezeigt und als *Händigkeit* bezeichnet hatte. Was verbirgt sich hinter diesem Ausdruck?
Unsere rechte Hand ist das Gegenstück zu unserer linken. Man kann sagen, daß die eine das Spiegelbild der anderen ist: Im Spiegel betrachtet, sieht die rechte Hand wie eine linke aus und umgekehrt. Wäre eine Hand ein in jeder Beziehung symmetrisches Gebilde, so würde sich das Spiegelbild in nichts vom Original unterscheiden und der Gegensatz zwischen rechts und links würde entfallen *(Abb.)*. Übertragen wir nun diesen Gedanken auf eine Gruppe von Teilchen, die Elektronen abstrahlen. Wenn die Elektronen nach allen Richtun-

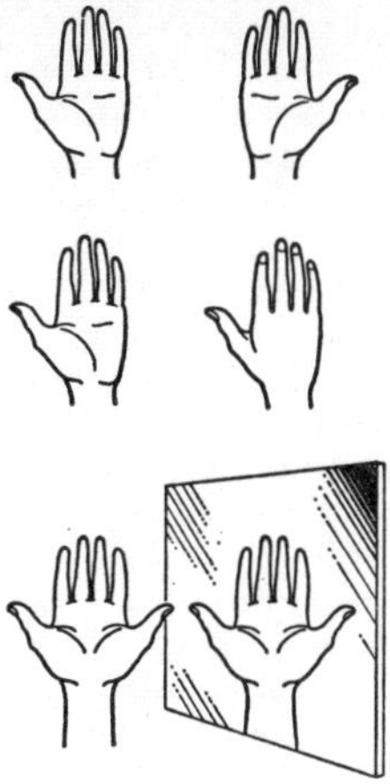

Asymmetrie und Symmetrie des Spiegelbilds, demonstriert an der menschlichen Hand.

gen in gleicher Menge und Intensität abgestrahlt werden, weisen die betreffenden Partikel keine Händigkeit auf. Wenn hingegen das Gros der Elektronen eine bevorzugte Richtung einschlägt – sagen wir aufwärts statt abwärts –, dann sind die Teilchen asymmetrisch oder »händig«: Wenn wir den Abstrahlungsvorgang in einem Spiegel betrachten würden, sähen wir die bevorzugte Richtung in ihr Gegenteil verkehrt.

Somit war vorgezeichnet, was man tun mußte: eine Anzahl von Teilchen beobachten, die im Rahmen einer schwachen Wechselwirkung Elektronen emittierten (beispielsweise Teilchen, die unter Abgabe von Betastrahlung zerfielen), und feststellen, ob die Elektronen vorzugsweise eine bestimmte Richtung einschlugen. Lee und Yang baten eine Experimentalphysikerin an der Columbia University, Chien-Shiung Wu, das Experiment durchzuführen.

Sie baute die erforderliche Versuchsanordnung auf. Die emittierenden Atome mußten allesamt sozusagen in Linienformation ausgerichtet werden, wenn eine eventuell vorhandene bevorzugte Abstrahlrichtung zu erkennen sein sollte; dies wurde mit Hilfe eines Magnetfeldes erreicht; das Material wurde auf einer Temperatur nahe dem absoluten Nullpunkt gehalten.

Binnen weniger als 48 Stunden lieferte das Experiment die gesuchte Antwort: Die Elektronen wurden in der Tat asymmetrisch abgestrahlt. Dies bedeutete, daß das Prinzip der Erhaltung der Parität bei schwachen nuklearen Wechselwirkungen außer Kraft gesetzt war. Das ϑ-(Theta-)Meson und das τ-(Tau-)Meson waren in Wahrheit ein und dasselbe Teilchen, ein Teilchen, das die Eigenschaft hatte, in manchen Fällen mit ungerader, in anderen mit gerader Parität zu zerfallen. Weitere experimentelle Bestätigungen für diese Erkenntnis ließen nicht lange auf sich warten, und die Physiker Lee und Yang wurden für ihre kühne Theorie mit dem Physik-Nobelpreis des Jahres 1957 belohnt.

Wenn das in der Natur ansonsten allmächtig scheinende Symmetrieprinzip im Bereich der schwachen Kernkraft versagt, kann man sich möglicherweise nicht darauf verlassen, daß es in anderen Bereichen seine absolute Gültigkeit bewahrt. Vielleicht ist das Universum als Ganzes »linkshändig« (oder »rechtshändig«). Oder es gibt zwei Universen: ein »linkshändiges« und ein »rechtshändiges«, eines, das aus Materie, und eines, das aus Antimaterie besteht.

Jedenfalls sind die Physiker neuerdings auf eine gewisse ironische Distanz zu den Erhaltungssätzen gegangen. Vielleicht gilt für alle diese Naturgesetze, wie für das von der Erhaltung der Parität, daß sie nur unter bestimmten Bedingungen Geltung besitzen, unter anderen aber nicht.

Eine gewisse Rehabilitierung erfuhr die entthronte Parität dadurch, daß sie mit der sogenannten *Ladungskonjugation* zusammengefaßt wurde, einer weiteren aus mathematischen Erwägungen geborenen, den subatomaren Teilchen zugeschriebenen Eigenschaft, von der man annimmt, daß sie über deren Status als Teilchen bzw. als Antiteilchen entscheidet; man glaubte, die so gewonnene kombinierte Größe *CP* konstituiere ein grundlegenderes und allgemeineres Erhaltungsgesetz als die Einzelgrößen Parität (P) und Ladungskonjugation (C, von *c*harge conjugation). (Dieses Vorgehen war nicht ohne Parallele. Wie wir im folgenden Kapitel sehen werden, wurde das Prinzip von der Erhaltung der Masse durch das grundlegendere und universellere Gesetz von der Erhaltung der Masse/Energie abgelöst.)

Allein, auch das Prinzip von der CP-Erhaltung erwies sich als unzureichend. 1964 konnten zwei amerikanische Physiker, Val L. Fitch und James

W. Cronin, zeigen, daß im Bereich der schwachen Wechselwirkung das Prinzip der CP-Erhaltung in bestimmten, wenn auch seltenen Fällen verletzt wird. Diesem Umstand wurde durch Hinzunahme des Aspekts der Zeitrichtung (T) Rechnung getragen; die Physiker sprechen heute von der *CPT-Symmetrie*. Fitch und Cronin erhielten 1980 gemeinsam den Physik-Nobelpreis.

Eine einheitliche Feldtheorie

Weshalb sollte es vier verschiedene Arten von Feldern, von Wechselwirkungen von Teilchen geben? Im Prinzip könnte natürlich eine beliebige Zahl solcher Felder existieren, aber mit dem wissenschaftlichen Denken aufs innigste verbunden ist nun einmal ein starkes Bedürfnis nach Vereinfachung. Wenn schon vier Felder (oder mehr), könnte es dann nicht sein, daß sie alle nur verschiedene Erscheinungsformen eines einzigen Feldes, einer einzigen Art von Wechselwirkung sind? Wenn dem so wäre, ließe es sich am besten dadurch demonstrieren, daß es gelänge, ein mathematisches Modell zu konstruieren, aus dem sie alle hervorgehen würden und das im übrigen auch geeignet wäre, einige ihrer bis dahin unverstanden gebliebenen Eigenschaften und Verhaltensweisen erklärlich zu machen. Über hundert Jahre zuvor hatte Maxwell ein System mathematischer Gleichungen ausgearbeitet, das elektrische Vorgänge ebenso adäquat beschrieb wie magnetische; daraufhin hatte sich die Erkenntnis durchgesetzt, daß beide Phänomene Teilaspekte einer einzigen, der elektromagnetischen Wechselwirkung waren. Konnte man diese Tendenz zur Vereinheitlichung nicht noch weiter treiben?

Einstein begann mit der Arbeit an einer einheitlichen Feldtheorie zu einer Zeit, als lediglich zwei Arten von Wechselwirkungen (und damit von Feldern) bekannt waren: der Elektromagnetismus und die Gravitation. Er verwandte Jahrzehnte auf die selbstgestellte Aufgabe, ohne zu einer befriedigenden Lösung zu kommen; während er daran arbeitete, wurden die starke und die schwache Wechselwirkung entdeckt, was die Aufgabe natürlich zusätzlich erschwerte.

Gegen Ende der 60er Jahre dann entwickelten der pakistanisch-britische Physiker Abdul Salam und sein amerikanischer Fachkollege Steven Weinberg unabhängig voneinander ein mathematisches Modell, das sowohl das elektromagnetische Feld als auch das Feld der schwachen Wechselwirkung abdeckte. (Für das auf diese Weise neu definierte Feld wurde der Terminus *elektroschwaches Feld* vorgeschlagen.) Der amerikanische Physiker Sheldon L. Glashow, ein ehemaliger Klassenkamerad von Weinberg, verfeinerte später das Modell. Aus gewissen theoretischen Überlegungen heraus wurde es notwendig, sowohl für die elektromagnetischen als auch für die schwachen nuklearen Wechselwirkungen die Existenz *neutraler Ströme* zu unterstellen, gewisser Teilchen-Wechselwirkungen, bei denen keine elektrische Ladung ausgetauscht wird. Einige dieser Ströme, von denen man vorher nichts gewußt hatte, konnten nun, da man gezielt nach ihnen suchte, tatsächlich genau den Voraussagen entsprechend nachgewiesen werden – ein überzeugendes Indiz zugunsten der neuen Theorie. Weinberg, Salam und Glashow teilten sich den Physik-Nobelpreis für 1979.

Die Theorie des elektroschwachen Feldes gab detaillierten Aufschluß über die Soll-Beschaffenheit des noch nicht gefundenen Austauschteilchens der schwachen nuklearen Wechselwirkung (nach dem die Physiker schon ein halbes Jahrhundert vergeblich suchten). Es müßte demnach nicht nur ein W-Teilchen geben, sondern deren drei, symbolisiert mit W^+, W^- und Z^0, anders gesagt ein positives, ein negatives und ein neutrales Teilchen. Auch Aussagen über einige Eigenschaften dieser Teilchen ließen sich machen. Sie mußten beispielsweise – die Richtigkeit der Theorie des elektroschwachen Feldes immer vorausgesetzt – die rund 80fache Masse eines Protons aufweisen. Diese Eigenschaft erklärte, weshalb die Teilchen so schwer nachzuweisen waren. Es bedurfte eines ungeheuren Energieaufwandes, sie zu erzeugen und darstellbar zu machen. Die vergleichsweise enorme Masse dieser Teilchen hatte darüber hinaus zur Folge, daß das dazugehörige Feld eine *sehr* geringe Reichweite besaß, wodurch die Wahrscheinlichkeit, daß zwei Teilchen einander nahe genug kamen, um in Wechselwirkung miteinander zu treten, entsprechend gering wurde. Angesichts dessen wurde verständlich, weshalb die schwache Wechselwirkung um so viel schwächer war als die starke.

1983 jedoch standen den Physikern ausreichend hohe Energien zur Verfügung, um die Schwierigkeiten zu überwinden, und es gelang ihnen letztendlich, alle drei Teilchen – W^+, W^- und Z^0 – nachzuweisen. Ihre Masse stimmte mit dem voraussichtlichen Wert überein. Damit war die Theorie des elektroschwachen Feldes sozusagen patentiert.

Unterdessen waren viele Physiker zu der Überzeugung gelangt, daß das mathematische Modell, das dieser Theorie zugrunde lag und das, wie gesagt, das elektromagnetische und das schwache nukleare Feld erfaßte, nur einiger Ergänzungen und Verfeinerungen bedurfte, um auch noch das Feld der starken Wechselwirkung abzudecken. Verschiedene Varianten einer solchen umfassenden Feldtheorie sind mittlerweile vorgelegt worden. Wenn die Theorie des elektroschwachen Feldes eine einheitliche Feldtheorie ist, dann müßte man eine Theorie, die auch noch die starke Wechselwirkung mit einbezieht, als so etwas wie eine super-einheitliche Feldtheorie bezeichnen, und tatsächlich sprechen die Physiker in diesem Zusammenhang von »grand unified theories« (im Plural, weil es mehr als eine gibt), abgekürzt *GUTs*.

Die Integration auch der starken Wechselwirkung in eine GUT, eine allumfassende physikalische Supertheorie, würde sehr wahrscheinlich die Notwendigkeit einschließen, die Existenz äußerst schwerer Austauschteilchen (zusätzlich zu den Gluonen) zu postulieren – nicht weniger als zwölf solcher Teilchen müßte es geben. Da sie eine größere Masse als die W- und das Z-Teilchen besitzen, dürften sie noch schwieriger nachzuweisen sein als diese; die Chance, daß dies gelingt, ist derzeit noch gleich Null. Ihr Feld müßte eine weitaus geringere Reichweite haben als die Felder aller den Kernphysikern bisher untergekommenen Teilchen. Der »Aktionsradius« dieser ultraschweren Austauschteilchen des starken nuklearen Feldes beträgt weniger als ein Trillionstel des Durchmessers eines Atomkerns.

Wenn diese ultraschweren Austauschteilchen existieren, dann ist es denkbar, daß eines von ihnen innerhalb eines Protons von einem Quark zum anderen wandert. Ein solches Überspringen könnte zur Zerstörung eines der Quarks, d. h. zu seiner Verwandlung in ein Lepton, führen. Eines Quarks beraubt, würde das Proton zum Meson werden, und dieses würde dann zu einem Positron zerfallen.

Voraussetzung dafür, daß ein solcher Vorgang sich ereignen kann, ist freilich, daß die Quarks (die punktförmige Teilchen sind, also keine räumliche Ausdehnung besitzen) einander so nahe kommen, daß sich die »Aktionsradien« ihrer ultraschweren Austauschteilchen berühren. So winzig klein sind die erforderlichen Abstände, daß selbst innerhalb des äußerst geringen Volumens, das ein Proton einnimmt, die Wahrscheinlichkeit einer solchen Annäherung sehr gering ist.

Es liegen Berechnungen vor, denen zufolge eine solche Annäherung so selten vorkommt, daß das durchschnittliche Proton, ehe es durch ein solches Ereignis vernichtet wird, mit einer Lebensdauer von 10^{31} Jahren rechnen kann. Das ist eine Zeitspanne, in die die bisherige Gesamtlebensdauer unseres Universums 600 Milliarden Milliarden mal hineinpaßt.

Diese Zahl gibt, wohlgemerkt, die *mittlere* Lebenserwartung eines Protons an. Manche Protonen würden viel länger bestehen bleiben, andere viel weniger lang. Wenn man eine genügend große Zahl von Protonen unter Dauerbeobachtung stellen könnte, würde man zweifellos binnen kurzer Zeit etliche Protonen zerfallen sehen. Es gibt beispielsweise Schätzungen, denen zufolge im Wasser der Weltmeere jede Sekunde rund 3 Milliarden Protonen zerfallen. (Das klingt nach sehr viel, ist aber angesichts der Gesamtzahl der in den Weltmeeren vorhandenen Protonen eine absolut unerhebliche Menge.)

Die Physiker bemühen sich, solche Zerfallsereignisse zu registrieren und sie eindeutig von anderen, ähnlichen Ereignissen unterscheiden zu lernen, die gleichzeitig, und vielleicht in weit größerer Zahl, stattfinden. Wenn es gelänge, den Protonenzerfall nachzuweisen, so wäre dies eine wertvolle Bestätigung dafür, daß die Physiker mit den GUTs auf dem richtigen Weg sind. Allerdings gilt auch hier, wie bei den Gravitationswellen, daß der geforderte Nachweis die Grenzen des meßtechnisch Möglichen streift, so daß es bis zu einer definitiven Klärung der Frage unter Umständen noch lange dauern kann.

Die Theorien, die bei diesen neuen Vereinheitlichungsversuchen herausgekommen sind, lassen sich zu einer detaillierten theoretischen Rekonstruktion des Urknalls nutzen, mit dem unser Universum vermutlich zu existieren begann. Es erscheint möglich, daß es ganz zu Beginn, als das

Universum erst ein Millionstel eines Billionstels eines Billionstels einer Billionstel Sekunde existierte, viel kleiner war als ein einziges Proton und eine Temperatur in der Größenordnung von Billionen mal Billionen mal Billionen Grad herrschte, nur ein Feld und nur eine Art von Teilchen-Wechselwirkung gab. Im Zuge der folgenden Ausdehnung des Universums und des damit einhergehenden Temperaturrückgangs könnten sich dann die zusätzlichen Felder »herauskondensiert« haben.

Wir könnten uns demnach eine noch sehr junge, extrem heiße Erde vorstellen, die nichts anderes war als eine gasförmige Kugel, in deren Innern all die verschiedenen Arten von Atomen gleichmäßig verteilt waren, so daß jede Teilmenge des Gases genau die gleichen Eigenschaften besaß wie eine beliebige andere Teilmenge in einem anderen Bezirk der Gaskugel. Mit zunehmender Abkühlung der Kugel sonderten sich jedoch unterschiedliche Substanzen ab, zunächst als Flüssigkeiten, dann als feste Stoffe; und mit der Zeit bildete sich eine feste Kugel, die sich aus vielen verschiedenen Substanzen zusammensetzte.

Alle diese Vorgänge lassen sich, wie gesagt, mathematisch ableiten und beschreiben. Der einzige Schönheitsfehler dabei ist, daß die Gravitationskraft sich bislang einer Einbeziehung in die GUT-Modelle widersetzt. Es scheint einfach nicht möglich, sie in den Rahmen der von Weinberg und den anderen ausgearbeiteten mathematischen Theorien einzufügen. Die Probleme, an denen Einstein letztlich scheiterte, machen allen seinen Nachfolgern bis heute ebenso schwer zu schaffen.

Freilich haben die GUTs auch einige außerordentlich interessante Aufschlüsse gebracht. Schon länger hatten sich die Physiker Gedanken darüber gemacht, wie es zu erklären ist, daß der Urknall ein so »klumpiges«, d. h. von Galaxien und Sternen bevölkertes Universum hervorgebracht hat. Weshalb verpuffte nicht einfach alles in alle Richtungen und bildete eine riesige expandierende Kugel aus Gas und Staub? Oder weshalb weist das Universum eine Dichte auf, die gerade so geartet ist, daß wir nicht mit Sicherheit sagen können, ob es sich um ein offenes oder aber um ein geschlossenes Universum handelt? Es hätte sich theoretisch ebensogut zu einem eindeutig offenen (negativ gekrümmten) oder eindeutig geschlossenen (positiv gekrümmten) Universum entwickeln können. Tatsächlich ist es aber fast eben.

In den 70er Jahren stellte Alan Guth, ein amerikanischer Physiker, die aus GUTs abgeleitete These zur Diskussion, daß sich unmittelbar an den »Big Bang« eine Periode äußerst beschleunigter Expansion oder Aufblähung anschloß. In einem solchen sich schlagartig aufblähenden Universum wären die Temperaturen so schnell gefallen, daß für die Absonderung verschiedener Felder oder für die Bildung unterschiedlicher Teilchen nicht genug Zeit gewesen wäre. Erst später, als das Universum schon ziemlich groß war, hätten diese Differenzierungen einsetzen können. Daher die weitgehende Flächigkeit des Universums, und daher auch seine »Klumpigkeit«. Die Tatsache, daß GUTs, ein einzig und allein aus dem Verhalten von Elementarteilchen entwickeltes Bündel von Theorien, in der Lage zu sein scheint, zur Beantwortung ungeklärter Fragen im Zusammenhang mit der Entstehung des Universums beizutragen, scheint mir ein triftiges Indiz für die Korrektheit dieser Theorien zu sein.

Gewiß löst das Modell des sich aufblähenden Universums nicht alle Probleme; mehrere Physiker haben mittlerweile versucht, das Modell an verschiedenen Stellen so aufzupolieren, daß die zwischen den theoretischen Voraussagen und der Realität klaffenden Lücken sich schließen. Noch ist alles im Fluß, und es bestehen begründete Hoffnungen, daß eines der GUT-Modelle in Verbindung mit der Theorie des sich aufblähenden Universums sich als das Ei des Kolumbus erweisen wird. Vielleicht wird dies genau dann der Fall sein, wenn es endlich irgend jemandem gelingt, auch noch die Gravitationskraft in die universelle Theorie einzuarbeiten und damit die von Einstein angestrebte vollständige Vereinheitlichung zu verwirklichen.

Die Wellen

Licht

Bis jetzt habe ich mich fast ausschließlich mit Materiellem befaßt – von den größten Gebilden des Universums, den Galaxien und galaktischen Haufen bis zu den allerkleinsten, den Leptonen. Es gibt aber auch wichtige nicht-materielle Phänomene; das den Menschen am längsten vertraute und am gründlichsten studierte unter diesen ist das Licht. Will man der Bibel glauben, so lauteten die ersten Worte, die Gott sprach: »Es werde Licht.« Sonne und Mond wurden demnach vor allem erschaffen, um als Lichtspender zu dienen: »Und seien Lichter an der Feste des Himmels, daß sie scheinen auf Erden.«

Die Philosophen und Gelehrten der Antike und des Mittelalters hatten keinen Schimmer davon, wie und woraus das Licht beschaffen war. Sie vermuteten, daß es aus Teilchen bestehe, die von leuchtenden Gegenständen, oder vielleicht sogar vom Auge selbst, ausgestrahlt würden. Die einzigen Beobachtungstatsachen, die sie zu ermitteln vermochten, waren, daß Licht sich in gerader Linie fortpflanzt, daß es von einem Spiegel in demselben Winkel zurückgeworfen wird, in dem es auf ihn trifft, und daß ein Lichtstrahl gebrochen wird, wenn er von der Luft in eine durchsichtige Substanz wie Glas oder Wasser eintritt.

Das Wesen des Lichts

Wenn ein Lichtstrahl in einen Glaskörper oder in ein anderes lichtdurchlässiges Medium in schrägem Winkel, d. h. anders als senkrecht, eintritt, wird er stets so gebrochen, daß er »nach unten« abknickt, daß er also nachher einen kleineren Neigungswinkel zur Senkrechten aufweist als vorher. Der erste, der das Verhältnis zwischen Einfallswinkel und Brechungswinkel genau bestimmte, war 1621 der holländische Physiker Willibrord Snell. Er veröffentlichte jedoch seine Resultate nicht, und 1637 entdeckte unabhängig von ihm der französische Philosoph René Descartes den gleichen gesetzmäßigen Zusammenhang.

Die ersten Experimente, die wichtige Aufschlüsse über das Wesen des Lichts lieferten, führte Isaac Newton 1666 durch (wie bereits in Kapitel 2 erwähnt). Er ließ in einen verdunkelten Raum durch einen Spalt einen Sonnenstrahl einfallen und schräg auf eine der Seiten eines gläsernen Prismas (in Form eines stehenden Keils) auftreffen. Der Strahl wurde zweimal gebrochen: einmal beim Eintritt in das Glas und dann nochmals, und zwar wiederum in dieselbe Richtung, beim Austritt aus dem Prisma an dessen hinterer Seitenfläche. (Die zweifache Brechung in dieselbe Richtung kam dadurch zustande, daß die vordere und die hintere Seitenfläche des Prismas in einem Winkel aufeinanderstießen, statt parallel zueinander zu laufen, wie es bei einem rechteckigen Glaskörper, etwa einer Glasscheibe, der Fall wäre.) Um die Wirkung der doppelten Brechung zu studieren, fing Newton den austretenden Lichtstrahl mittels eines weißen Schirms auf. Auf diesem Schirm trat der Strahl aber nicht etwa als weißer Lichtfleck in Erscheinung, sondern als ein Streifenband ineinander übergehender Farben – rot, orangerot, gelb, grün, blau und violett (in dieser Reihenfolge).

Newton schloß daraus, daß normales weißes Licht ein Gemisch aus verschiedenen Lichtarten ist, die, wenn sie einzeln oder in allerlei Mischungen auf unser Auge treffen, jene unterschiedlichen Empfindungen auslösen, die wir als ebenso viele Farbtöne wahrnehmen. Das farbige Streifenband, in das weißes Licht sich auffächern läßt, ist, so »wirklich« es dem Auge erscheinen mag, doch etwas Immaterielles, so immateriell wie ein Gespenst; der Name, den Newton ihm verlieh – *Spektrum* –, leitete sich denn auch aus dem lateinischen Wort für Gespenst oder Geist ab.

Newton hielt es für wahrscheinlich, daß das Licht aus winzigen Teilchen *(Korpuskeln)* besteht, die sich mit ungeheurer Geschwindigkeit fortbewegen. Diese Erklärung würde die Tatsache verständlich machen, daß Licht sich in gerader Linie fortpflanzt und scharf umrissene Schatten wirft. Die Reflektion eines Lichtstrahls durch einen Spiegel konnte man sich im Rahmen dieses Modells als ein Abprallen der Lichtteilchen von der Oberfläche des Spiegels vorstellen, die Brechung beim Eintritt in ein durchsichtiges Medium wie Wasser oder Glas als Folge der (vermuteten) Tatsache, daß die Teilchen sich in einem solchen Medium schneller fortbewegten als in der Luft.

Etliche unbequeme Fragen blieben freilich offen. Weshalb etwa sollten die das grüne Licht konstituierenden Teilchen stärker gebrochen werden als diejenigen, die Träger des gelben Lichts waren? Oder wie kam es, daß zwei Lichtstrahlen, die sich kreuzten, einander zu durchdringen vermochten, offenbar ohne daß es zu Zusammenstößen zwischen den Lichtteilchen kam?

Im Jahr 1678 stellte der holländische Physiker Christiaan Huygens (ein vielseitiger Forscher – er hatte unter anderem die erste Pendeluhr konstruiert und wichtige Beiträge zur Astronomie geleistet) eine theoretische Alternative zur Diskussion: Er vertrat die Auffassung, das Licht bestehe aus winzigen *Wellen*. Akzeptierte man diese These, so bereitete es keine Schwierigkeiten mehr, den unterschiedlichen Brechungswinkel verschiedener Lichtarten beim Eintritt in ein Brechungsmedium zu erklären – man brauchte nur anzunehmen, daß das Licht sich innerhalb des Brechungsmediums langsamer fortbewegte als außerhalb desselben, d. h. in der Luft, dann lag auf der Hand, daß der Brechungswinkel um so größer sein mußte, je kürzer die Wellenlänge war. Das violette Licht als das am stärksten gebrochene mußte somit eine kürzere Wellenlänge besitzen als das blaue, das blaue eine kürzere als das grüne usw. Diese Unterschiede in der Wellenlänge seien es, so glaubte Huygens, die vom Auge als unterschiedliche Farbtöne wahrgenommen würden. Und auch die Tatsache, daß zwei Lichtstrahlen sich kreuzen können, ohne einander zu stören, fand im Rahmen der Wellentheorie des Lichts eine zwanglose Erklärung. (Auch Schallwellen und Wasserwellen können sich unversehrt untereinander kreuzen.)

Gleichwohl ließ auch Huygens Wellentheorie einiges zu wünschen übrig. Sie erklärte nicht, weshalb Licht sich in gerader Linie fortpflanzt und scharf umrissene Schatten wirft, sie erklärte nicht, weshalb Lichtwellen nicht in der Lage sind, Hindernisse zu umfließen, wie Wasserwellen und Schallwellen es tun. Und vor allem: Wenn Licht aus Wellen bestand, wie konnte es sich dann durch ein Vakuum fortpflanzen (wozu es doch sicherlich gezwungen war, um von den Sternen und der Sonne zur Erde zu gelangen)? Wellen entstehen gemeinhin, wenn irgendein Medium in Schwingungen versetzt wird. Wessen Schwingungen repräsentierten die Lichtwellen?

Etwa ein Jahrhundert lang bestanden die beiden Lichttheorien nebeneinander und in Konkurrenz zueinander. Die *Korpuskulartheorie* Newtons war die bei weitem populärere, teils weil sie im ganzen logischer erschien, teils weil sie mit dem Ehrfurcht einflößenden Namen des großen Newton verbunden war. Allein, im Jahr 1801 führte Thomas Young, ein englischer Arzt und Physiker, ein Experiment durch, das einen Meinungsumschwung bewirkte. Er ließ durch zwei eng benachbarte Löcher einen dünnen Lichtstrahl auf einen dahinter angebrachten Schirm fallen. Wenn Licht aus Teilchen bestand, dann würden, so sein Gedanke, die beiden durch die Löcher auf den Schirm fallenden Strahlen sich in dem von ihnen gemeinsam getroffenen Bereich des Schirms zu einem helleren Lichtfleck addieren, während die restliche, jeweils nur von einem Strahl getroffene Fläche etwas dunkler erscheinen würde. Was Young sah, war jedoch etwas ganz anderes: Auf dem Schirm zeichnete sich eine Reihe von Lichtstreifen, jeweils durch einen schwarzen Streifen voneinander getrennt, ab. Es hatte den Anschein, als ob in diesen dunklen Zwischenstreifen das Licht der beiden Strahlen sich nicht zu mehr Licht, sondern gleichsam zu null addierte!

Nur die Wellentheorie war in der Lage, dieses

Phänomen zu erklären. Die hellen Streifen repräsentierten eine Verstärkung der Wellen des einen Strahls durch die des anderen; hier waren, anders gesagt, beide Wellen (bzw. Wellenbündel) *phasengleich,* d. h. Wellenberge und Wellentäler überlagerten und verstärkten einander. Die dunklen Streifen repräsentierten dagegen Abschnitte, in denen die Wellenbündel nicht phasengleich verliefen; hier überlagerten die Wellenberge des einen Bündels die Wellentäler des anderen. So kam es nicht zu einer gegenseitigen Verstärkung, sondern zu einer wechselseitigen Aufhebung der Lichtwellen, mit der Folge, daß die entsprechenden Abschnitte auf dem Schirm überhaupt kein Licht erhielten.

Aus der Breite der Streifen und aus dem Abstand zwischen den beiden Löchern ließ sich die Länge der Lichtwellen – und zwar aufgeschlüsselt nach den einzelnen Farben des Spektrums – errechnen. Es stellte sich heraus, daß es sich dabei um sehr kleine Größenordnungen handelte. Für die Wellenlänge des roten Lichts ergab sich beispielsweise ein Wert von 0,000075 cm. (Später ging man dazu über, Lichtwellenlängen in einer praktischeren, von Ångström vorgeschlagenen Maßeinheit anzugeben. Diese Einheit, *Ångström,* abgekürzt *Å,* entspricht dem zehnmillionsten Teil eines Millimeters. Demnach liegt die Wellenlänge des roten Lichts bei etwa 7500 Å, die des violetten Lichts, das das entgegengesetzte Ende des Spektrums markiert, bei etwa 3900 Å. Die Wellenlängen der anderen Farben des sichtbaren Spektrums liegen zwischen diesen Werten.)

Die winzige Dimension der Lichtwellen ist von großer Bedeutung. Die Tatsache, daß Licht sich in gerader Linie fortpflanzt und scharf umrissene Schatten wirft, erklärt sich nämlich gerade daraus, daß Lichtwellen unvergleichlich kleiner sind als alle der menschlichen Wahrnehmung zugänglichen Gegenstände. Tatsächlich können Lichtwellen ein Hindernis »umfließen«, aber nur, wenn es annähernd so klein ist wie die Länge der betreffenden Welle. Selbst Bakterien sind aber beträchtlich größer; das Licht ist somit in der Lage, ihre Umrisse, etwa unter dem Mikroskop, scharf wiederzugeben. Nur Gegenstände, deren Durchmesser sich in der Größenordnung der Länge einer Lichtwelle bewegt (Viren beispielsweise oder andere submikroskopische Objekte), sind klein genug, um von Lichtwellen umflossen zu werden.

Daß Lichtwellen ein Hindernis, wenn es nur klein genug ist, umfließen können, zeigte 1818 der französische Physiker Augustin J. Fresnel. In diesem Fall erzeugt Licht auf einem Auffangschirm ein sogenanntes *Beugungsbild.* Die sehr feinen und sehr eng benachbarten parallelen Linien eines *Beugungsgitters* wirken wie eine Reihe winziger Hindernisse, die einander in ihrer Wirkung verstärken. Da der Grad der Beugung von der Wellenlänge abhängt, kann man mit einem solchen Beugungsgitter ein Spektrum erzeugen. Aus der unterschiedlichen Größe des Beugungswinkels in den verschiedenen Farbabschnitten des Spektrums und aus den bekannten Abständen zwischen den Linien im Glas des Beugungsgitters läßt sich wiederum die Wellenlänge errechnen.

In der wissenschaftlichen Nutzbarmachung solcher Beugungsgitter war Fraunhofer bahnbrechend, eine Leistung, die von seiner berühmteren Tat, der Entdeckung der Spektrallinien, überstrahlt und daher oft vergessen wird. Der amerikanische Physiker Henry A. Rowland führte konkav geformte Gitter ein und entwickelte Verfahren, die es erlaubten, bis zu 7500 parallele Linien pro Zentimeter zu erreichen. Er schuf mit seiner Arbeit die Voraussetzungen, die dann zur Verdrängung des Prismas aus der wissenschaftlichen Spektroskopie führten.

Angesichts aller dieser experimentellen Befunde und angesichts der Tatsache, daß Fresnel darüber hinaus eine systematische mathematische Darstellung der Wellenbewegung erarbeitete, hatte es den Anschein, als ob die *Wellentheorie* des Lichts ihrer Konkurrentin, der Korpuskulartheorie, endgültig den Rang abgelaufen hätte.

Nicht nur galt die Existenz von Lichtwellen als gesicherte Erkenntnis, auch die Länge unterschiedlicher Wellen wurde mit zunehmender Genauigkeit bestimmt. 1827 machte der französische Physiker Jacques Babinet den Vorschlag, die Wellenlänge eines bestimmten Lichts, die eine unveränderliche physikalische Größe darstellte, anstelle der bis dahin verwendeten, willkürlich festgesetzten Maßeinheiten als Standardmaß für die Längenmessung einzuführen. Dies blieb so lange eine in der Praxis nicht durchführbare Idee, bis der deutsch-amerikanische Physiker Albert A. Michelson in den 80er Jahren des 19. Jahrhunderts ein Instrument erfand, das er *Interferometer* nannte; es war in der Lage, Lichtwellenlängen mit bis dahin ungekann-

ter Genauigkeit zu messen. 1893 bestimmte Michelson die Wellenlänge der roten Linie im Spektrum des Cadmiums; sie entsprach dem 1553164sten Teil eines Meters.
Ein kleiner Unsicherheitsspielraum öffnete sich nochmals, als man entdeckte, daß es Elemente mit mehreren verschiedenen Isotopen gibt, von denen jedes eine Spektrallinie von eigener, etwas versetzter Wellenlänge beisteuert. Im weiteren Verlauf des 20. Jahrhunderts wurden dann jedoch Verfahren zur Messung der Spektrallinien einzelner Isotope entwickelt. In den 30er Jahren gelang es, die Linien von ^{86}Kr (Krypton) zu bestimmen. Da es sich hierbei um ein Isotop eines Gases handelt, lassen sich seine Spektrallinien bei relativ niedrigen Temperaturen messen; dies bedeutet eine reduzierte Bewegung der Atome und daher eine relativ dünne und somit exakt lokalisierbare Spektrallinie.
Im Jahr 1960 wurde auf der Allgemeinen Konferenz über Maße und Gewichte die Wellenlänge der ^{86}Kr-Spektrallinie zum Standard für die Längenmessung ernannt. Der Meter wurde auf dieser Grundlage neu definiert als eine Strecke von der 1650763,73fachen Länge der Wellenlänge dieser Spektrallinie. Durch die Einführung dieser neuen Maßeinheit konnte die Genauigkeit von Längenmessungen um das Tausendfache gesteigert werden. Der frühere Standardmeter ließ Längenmessungen mit einer Genauigkeit von bestenfalls einem tausendstel Millimeter zu, während die Länge von Lichtwellen sich auf einen millionstel Millimeter genau bestimmen läßt.

Die Geschwindigkeit des Lichts

Licht pflanzt sich offensichtlich mit enormer Geschwindigkeit fort. Wenn man eine Lampe ausschaltet, wird der ganze von ihr erleuchtete Raum praktisch mit einem Schlage in Dunkelheit getaucht. Der Schall bewegt sich nicht so schnell fort. Wenn man aus einiger Entfernung einem Mann beim Holzhacken zuschaut, hört man die einzelnen Schläge immer erst einige Augenblicke nach dem Niedersausen der Axt – ganz offensichtlich braucht der Schall etwas länger als das Licht, um die Strecke bis zum Beobachter zurückzulegen. Die Schallgeschwindigkeit läßt sich unschwer messen: Sie liegt bei 333 Metern pro Sekunde oder ca. 1200 km pro Stunde (gemessen auf Meereshöhe).
Galileo Galilei war der erste, der die Geschwindigkeit des Lichts zu messen versuchte. Er stellte sich auf einen Hügel und postierte einen Helfer auf einem Nachbarhügel; beide hatten eine Laterne dabei, die sie mit einer Blende abdeckten. Sobald Galilei die Blende wegnahm, war dies für den Helfer das Zeichen, seinerseits die Blende wegzuziehen.
Galilei führte diesen Versuch über immer größere Entfernungen hinweg durch; er ging davon aus, daß der Assistent jedesmal etwa gleich lange brauchen würde, um zu reagieren und den eingeübten Handgriff auszuführen. Jede Vergrößerung des Zeitabstandes zwischen seinem Lichtsignal und dem Eintreffen der Antwort würde daher ein Maß für die Zeit abgeben, die das Licht brauchte, um die zusätzliche Strecke zurückzulegen. Es war eine prinzipiell richtige Überlegung, aber das Licht bewegt sich viel zu schnell fort, als daß Galilei mit dieser primitiven Methode irgendeinen Zeitunterschied hätte feststellen können.
Der erste, dem es gelang, einen vernünftigen Schätzwert für die Lichtgeschwindigkeit zu erarbeiten, war 1676 der dänische Astronom Olaus Römer. Bei der Beobachtung des Jupiters und seiner vier großen Trabanten, die im regelmäßigen Turnus hinter dem Jupiter verschwanden und wieder auftauchten, stellte Römer fest, daß die Zeitintervalle zwischen diesen sich an sich regelmäßig wiederholenden Vorgängen nicht immer genau gleich blieben; sie waren etwas länger, wenn die Erde sich auf ihrer Bahn um die Sonne auf den Jupiter zubewegte, und etwas kürzer, wenn sie sich von ihm wegbewegte. Römer vermutete, daß dieser Unterschied auf der Zunahme bzw. Abnahme der Entfernung zwischen Erde und Jupiter in dem jeweiligen Beobachtungszeitraum beruhte. Wenn dem so war, dann mußte es möglich sein, die Lichtgeschwindigkeit zu berechnen, indem man die Verlängerung bzw. Verkürzung jener Zeitintervalle zu den entsprechenden Differenzen in der Entfernung zwischen Erde und Jupiter in Beziehung setzte. Ausgehend von dieser Überlegung, gelangte Römer zu einem Schätzwert von 214000 km/Sekunde für die Geschwindigkeit des Lichts; damit lag er, in Anbetracht dessen, daß es sozusagen der erste Versuch war, bemerkenswert nahe an der Wahrheit, nahe genug

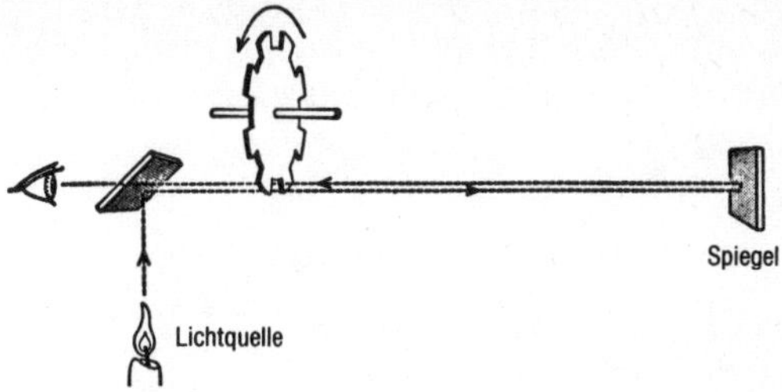

Fizeaus Vorrichtung zur Messung der Lichtgeschwindigkeit. Der von einem Halbspiegel umgelenkte Lichtstrahl passiert auf seinem Weg zu einem entfernten Spiegel (rechts) die Lücke zwischen zwei Zähnen eines sich schnell drehenden Zahnrades; beim Zurückkommen trifft er entweder auf den nächstfolgenden Zahn oder huscht, wenn das Rad sich noch etwas schneller dreht, durch die nächste Lücke; nur im letzteren Fall ist er für den Betrachter sichtbar.

jedenfalls, um bei seinen Zeitgenossen ungläubige Ablehnung zu provozieren.

Ein halbes Jahrhundert später jedoch wurde Römer eine späte Genugtuung zuteil, wenn auch aus unerwarteter Richtung. Im Jahr 1728 entdeckte der britische Astronom James Bradley, daß die Eigenbewegung der Erde eine scheinbare Lageveränderung der Sterne bewirkt. Dieses Phänomen hat nichts mit der Parallaxe zu tun, sondern hängt damit zusammen, daß die Erde sich mit einer Geschwindigkeit um die Sonne bewegt, die einen wenn auch winzigen, so doch meßbaren Bruchteil der Lichtgeschwindigkeit darstellt. Eine zur Erläuterung dieses Sachverhalts gern benutzte Analogie ist das Bild von dem Mann, der mit aufgespanntem Regenschirm in einem Unwetter spazierengeht. Wenn die Tropfen auch senkrecht zur Erde fallen, muß der Mann seinen Schirm doch ein wenig schräg nach vorne richten, da er ja praktisch in den Regen hineinläuft. Analog dazu bewegt sich die Erde sozusagen in die von den Sternen herabfallenden Lichtstrahlen hinein; die Astronomen müssen daher, in Abhängigkeit von der sich verändernden Bewegungsrichtung der Erde, ihre Fernrohre ein wenig flacher oder steiler ausrichten. Aus dem Ausmaß dieser sogenannten *Aberration* des Lichts berechnete Bradley die Lichtgeschwindigkeit und kam auf einen Wert von 283245 km/Sekunde; dies war noch mehr, als Römer geschätzt hatte, aber immer noch um etwa 5,5% zu niedrig.

Genauere Meßwerte erhielten die Physiker schließlich, indem sie sich auf die alte Idee Galileis besannen und sein Experiment, natürlich mit wesentlich verfeinerten Methoden und Instrumenten, nachvollzogen. Fizeau errichtete 1849 eine Versuchsanordnung, die es erlaubte, einen Lichtstrahl auf einen 8 km entfernten Spiegel zu richten, der ihn zum Beobachter zurückwarf. Das Licht brauchte für den 16 km langen Hin- und Rückweg zwar nicht viel mehr als 1/2000 Sekunde, aber es gelang Fizeau, dieses winzige Zeitintervall mit Hilfe eines den Weg des Lichtstrahls streifenden, schnell rotierenden Zahnrades zu messen. Drehte das Zahnrad sich mit einer bestimmten Geschwindigkeit, traf ein zwischen zwei benachbarten Zähnen hinausgehender Lichtblitz auf dem Rückweg den nachfolgenden Zahn, so daß Fizeau, der hinter dem Zahnrad postiert war, das zurückkehrende Licht nicht sehen konnte. Ließ er das Rad noch etwas schneller rotieren, dann traf ein zwischen zwei Zähnen hinausgehender Lichtblitz bei seiner Rückkehr nicht auf den nachfolgenden Zahn, sondern schlüpfte genau durch die nächste Lücke zwischen diesem und dem nächsten Zahn *(Abb. oben)*. Fizeau brauchte nur noch die Drehzahl des Zahnrades sorgfältig zu dosieren und die Geschwindigkeit, mit der sich die Zähne an einem Fixpunkt vorbeibewegten, exakt zu bestimmen, um die Lichtgeschwindigkeit errechnen zu können. Er kam auf einen Wert von 315431 km/Sekunde und lag damit um 5,2% zu hoch.

Ein Jahr später gelangte Foucault (der bald darauf sein berühmtes Pendelexperiment vorführte – *siehe Kapitel 4*) mit einer nochmals verfeinerten Meßmethode, bei der an die Stelle des Zahnrades ein rotierender Spiegel trat, zu einem wesentlich genaueren Ergebnis. Die Zeit, die das Licht für den Hin- und Rückweg zu und von einem fest installierten Spiegel benötigte, wurde bei dieser Anordnung von der leichten Veränderung des Reflexionswinkels abgelesen, den ein schnell rotierender Spiegel bewirkte *(Abb. S. 342)*. Foucault perfektionierte das Verfahren im Lauf etlicher

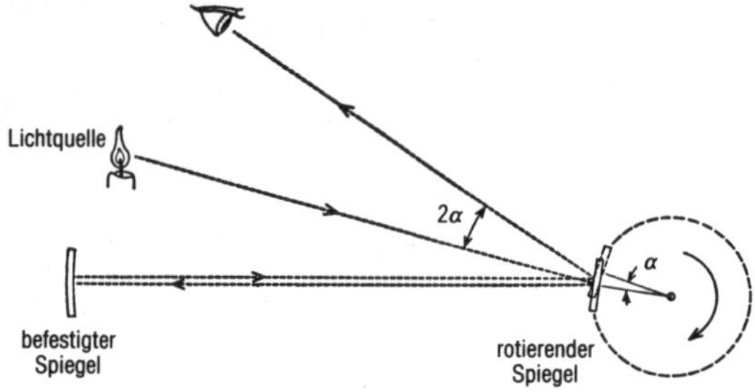

Foucaults Verfahren zur Messung der Lichtgeschwindigkeit. Anstelle der Rotationsgeschwindigkeit eines Zahnrades, wie bei Fizeaus Methode, liefert hier die Geschwindigkeit eines rotierenden Spiegels den Anhalt für eine exakte Berechnung der Geschwindigkeit des Lichts.

Jahre und veröffentlichte schließlich 1862 als seinen definitiven Schätzwert für die Geschwindigkeit des Lichts 297729 km/Sekunde, womit er nur um 0,7% zu niedrig lag. Er verwendete sein Verfahren darüber hinaus zur Messung der Geschwindigkeit, mit der das Licht sich durch verschiedene Flüssigkeiten bewegt, und stellte fest, daß dies durchweg mit geringeren Geschwindigkeiten geschieht als in der Luft. Dieser Befund sprach wiederum für die Wellentheorie des Lichts.

Noch präziser gemessen wurde die Lichtgeschwindigkeit von Michelson, der von 1879 an in mehr als 40jähriger Arbeit die von Fizeau und Foucault eingeführten Techniken zu immer größerer Perfektion entwickelte. Er machte sich schließlich daran, die Fortpflanzungsgeschwindigkeit des Lichts im Vakuum zu messen (da sogar die Luft das Licht ein wenig abbremst), wobei er mit luftleer gepumpten Stahlröhren von bis zu 1600 m Länge arbeitete. Er kam für die Lichtgeschwindigkeit im Vakuum auf einen Wert von 299774 km/Sekunde – damit lag er nur um 0,006% zu niedrig. Er zeigte ferner, daß Lichtarten jeder Wellenlänge sich im Vakuum mit derselben Geschwindigkeit fortpflanzen.

1972 unternahm ein von Kenneth M. Evenson geleitetes Forschungsteam noch präzisere Messungen und kam für die Lichtgeschwindigkeit im Vakuum auf einen Wert von *299792,46* km/Sekunde. Nun, da man die Lichtgeschwindigkeit so unerhört genau bestimmt hatte, eröffnete sich die Möglichkeit, Entfernungen mit Hilfe des Lichts – oder zumindest gewisser Arten von Licht – zu messen. (Das war mit einer für die meisten praktischen Zwecke hinreichenden Genauigkeit auch schon mit dem von Michelson ermittelten Wert möglich.)

Radar

Stellen wir uns einen kurzen Lichtblitz vor, der aus einer Lichtquelle abgestrahlt wird, auf irgendein entferntes Ziel trifft, von diesem reflektiert wird und zu der Stelle zurückkehrt, von der er einen Augenblick zuvor ausgegangen ist. Um dies zu bewerkstelligen, benötigt man eine Lichtquelle von einer Frequenz, die einerseits niedrig genug ist, um den Lichtblitz durch Nebel, Dunst und Wolken dringen zu lassen, andererseits aber hoch genug, um eine gute Reflexion zu gewährleisten. Als ideal für diesen Zweck erwiesen sich Mikrowellen mit Wellenlängen zwischen 0,5 und 100 cm. Aus der Zeitspanne, die zwischen der Emission und dem Eintreffen des Echos vergeht, läßt sich errechnen, wie weit das reflektierende Objekt entfernt ist.

Eine ganze Anzahl von Physikern versuchte sich an der Entwicklung von Geräten, die Entfernungsmessungen nach dieser Methode möglich machen sollten; der erste, der ein wirklich praktikables Verfahren zuwege brachte, war der Schotte Robert Alexander Watson-Watt. Mit dem von ihm entwickelten Gerät war es bereits 1935 möglich, den Weg eines Flugzeugs anhand der von ihm zurückgeworfenen Mikrowellenechos zu verfolgen. Das System lief unter der Bezeichnung »*Ra*dio *D*etection *a*nd *R*anging« (»Ortung und Entfernungsmessung durch Radiowellen«). Als Abkürzung für diesen sperrigen Ausdruck wählte man *Radar*. (Einen Ausdruck wie Radar, der aus den Anfangsbuchstaben anderer Wörter zusammengesetzt ist, nennt man ein Akronym. Solche Akronyme werden häufig im wissenschaftlichen und technischen Bereich verwendet.)

Ins Bewußtsein der Öffentlichkeit trat die Radartechnik, als bekannt wurde, daß diese Technik die Briten während der Luftschlacht um England in die Lage versetzt hatte, anfliegende deutsche Bomber auch bei Nacht und Nebel zu orten. Dem Radar gebührt daher das Verdienst, zumindest einen Teilbeitrag zur Niederlage der nationalsozialistischen Angreifer geleistet zu haben.
Nach Kriegsende ergaben sich für die Radartechnik mannigfache friedliche Nutzanwendungen. Man bediente sich ihrer, um Unwetterfronten aufzuspüren und so zu verbesserten Wettervorhersagen zu kommen. Manchmal reflektierten Radarstrahlen dabei übrigens geheimnisvolle fliegende Gestalten, die die Radartechniker »Engel« nannten, die sich dann aber nicht als Himmelsboten, sondern als Vogelschwärme entpuppten. Die Ornithologen griffen die Anregung auf und nutzten die Radartechnik nunmehr für das Studium der Wanderungsbewegungen der Zugvögel.
Es waren Radarechos von der Oberfläche der Venus und des Merkur, die, wie in Kapitel 3 beschrieben, den Astronomen neue Erkenntnisse über die Eigendrehung dieser Planeten sowie über die Beschaffenheit der Venusoberfläche lieferten.

Lichtwellen im leeren Raum

Von den sich häufenden Beweisen für den Wellencharakter des Lichts oft beinahe, aber nie ganz übertönt wurde die vielen Physikern Kopfzerbrechen bereitende Frage: Wie kann Licht sich durch ein Vakuum fortpflanzen? Wellen anderer Art, Schallwellen beispielsweise, benötigen ein stoffliches Medium bestimmter Dichte. Wir empfangen und empfinden Töne und Geräusche nur dank der Schwingungen, in die die Atome oder Moleküle des diese Schallimpulse übertragenden Mediums versetzt werden. (Von der Beobachtungsplattform Erde aus werden wir niemals eine etwa auf dem Mond oder anderswo im Weltraum stattfindende Explosion, so laut sie auch sei, hören können, denn Schallwellen können den leeren Raum nicht durchwandern.) Wie konnte es dann angehen, daß die Lichtwellen ein Vakuum leichter durcheilten als ein materielles Medium, daß sie von fremden, Milliarden von Lichtjahren entfernten Galaxien zu uns drangen, wenn doch kein Stoff vorhanden war, den sie in Schwingungen versetzen konnten?
Den klassischen Naturwissenschaftlern war bei der Vorstellung, daß Kräfte über eine Entfernung hinweg unmittelbar wirksam werden können (»Fernwirkung«), niemals wohl. Newton beispielsweise machte sich Gedanken darüber, wie die Schwerkraft ihre von ihm so präzise in Formeln gefaßten Wirkungen entfalten konnte. Um eine Erklärung zu finden, griff er auf die in der griechischen Antike verbreitete Vorstellung eines den Weltraum erfüllenden Äthers zurück, der, so vermutete er, die Gravitationskraft übertrug. Das Problem des Lichts löste er damit, daß er erklärte, es bestehe aus sich schnell fortbewegenden Teilchen. Diese Auffassung mußte, wie geschildert, jedoch bald der Wellentheorie des Lichts weichen.
In dem Bemühen, sich die Fortpflanzung von Lichtwellen durch den leeren Raum verständlich zu machen, rangen die Physiker sich zu der Auffassung durch, daß auch das Licht von dem hypothetisch postulierten Äther übertragen werde. Aber daraus ergaben sich sogleich schwerwiegende Probleme. Lichtwellen sind *Transversalwellen,* d. h. ihre Schwingungsebene verläuft senkrecht zur Fortpflanzungsrichtung, ähnlich wie es bei Wellen der Fall ist, die über die Oberfläche eines stehenden Gewässers laufen. Schallwellen dagegen sind *Longitudinalwellen,* was bedeutet, daß bei ihnen die Schwingungsrichtung mit der Fortpflanzungsrichtung übereinstimmt. Die physikalische Theorie besagte nun aber, daß Transversalwellen nur von *festen* Körpern übertragen werden können. (Transversale Wasserwellen wandern – ein Sonderfall – an der Wasseroberfläche entlang, können aber den eigentlichen Gewässerkörper nicht durchlaufen.) Wenn man also an der Vorstellung eines Äthers festhielt, so durfte dieser weder gasförmig noch flüssig, sondern mußte fest sein – und zwar ganz außerordentlich fest und kompakt. Um Transversalwellen mit Lichtgeschwindigkeit leiten zu können, mußte er eine weit größere Festigkeit aufweisen als Stahl. Damit nicht genug, mußte dieser Stahläther die Fähigkeit haben, gewöhnliche Materie zu durchdringen – nicht nur den leeren Raum, sondern auch Gase, Wasser, Glas und alle anderen lichtdurchlässigen Substanzen. Und schließlich und endlich mußte dieser feste, alles durchdringende und zugleich überaus

starre Stoff so flexibel und reibungsfrei beschaffen sein, daß materielle Objekte aller Art und Größe sich völlig unbehindert durch ihn hindurchbewegen konnten!
Trotz dieser Schwierigkeiten mit der theoretischen Bewältigung des Äthers schien es einstweilen vorteilhaft, an dieser Hilfsvorstellung festzuhalten. Faraday, der über keinerlei mathematische Ausbildung verfügte, wohl aber über eine hervorragende, intuitive Intelligenz, konzipierte das theoretische Modell der magnetischen »Kraftlinien« (Linien, entlang derer ein Magnetfeld gleichbleibende Intensität aufweist) und griff dabei insofern auch auf den Äther zurück, als er diese Linien als elastische Verformungen, also gleichsam Falten im Leib des Äthers veranschaulichte.
Clerk Maxwell, der Faraday sehr bewunderte, machte sich in den 60er Jahren des 19. Jahrhunderts an die Erarbeitung eines mathematischen Beschreibungsmodells für die magnetischen Kraftlinien. Er gelangte dabei zu vier einfachen, grundlegenden Gleichungen, mit denen sich fast alle im Bereich der Elektrizität und des Magnetismus beobachtbaren Phänomene theoretisch begründen und darstellen ließen. Diese Gleichungen, die Maxwell 1864 vorlegte, beschrieben nicht nur die Wechselbeziehung zwischen Elektrizität und Magnetismus, sondern zeigten auch den unauflöslichen Zusammenhang, der zwischen beiden Phänomenen besteht. Wo ein elektrisches Feld vorhanden ist, muß es auch, im rechten Winkel dazu, ein Magnetfeld geben und umgekehrt. Da dies so ist, muß man im Grunde immer von einem elektromagnetischen Feld sprechen. (Dies war der erste Schritt auf dem Weg zu einer einheitlichen Feldtheorie, der während des darauffolgenden Jahrhunderts die gesamte theoretisch-physikalische Forschung inspirierte.)
Als Maxwell die Implikationen seiner Gleichungen durchprüfte, stellte er fest, daß Veränderungsprozesse in einem elektrischen Feld stets auch Veränderungsprozesse in einem Magnetfeld bewirken, diese wiederum eine Veränderung des elektrischen Feldes usw. Die beiden spielen einander sozusagen die Bälle zu, mit dem Ergebnis, daß das Feld sich gleichmäßig nach allen Richtungen ausdehnt. Anders gesagt, es entsteht eine Strahlung, deren charakteristisches Merkmal die Wellenform ist. Maxwell postulierte, kurz gesagt, die Existenz einer *elektromagnetischen Strahlung* mit variablen, dem Pulsationsrhythmus des elektromagnetischen Feldes entsprechenden Frequenzen.
Es war Maxwell sogar möglich, die Geschwindigkeit zu berechnen, mit der eine solche elektromagnetische Wellenstrahlung sich fortbewegen mußte. Er brauchte hierfür nur gewisse korrespondierende Größen aus seinen Gleichungen, welche die zwischen elektrischen Ladungen bzw. zwischen magnetischen Polen wirksamen Kräfte beschrieben, zueinander ins Verhältnis zu setzen. Der Wert, der sich dabei ergab, entsprach exakt der Lichtgeschwindigkeit, ein Umstand, den Maxwell natürlich nicht als bloßen Zufall abzutun bereit war. Kein Zweifel, das Licht mußte ein Spezialfall der elektromagnetischen Strahlung sein, einer Strahlung, die sich nach beiden Seiten weit über den Frequenzbereich des sichtbaren Lichts hinaus erstreckte, d. h. auch Strahlungsarten mit weit größeren und weit geringeren Wellenlängen umfaßte – und das Fortpflanzungsmedium aller dieser Strahlungen war der Äther.

Magnetische Monopole

Die Maxwellschen Gleichungen warfen ein Problem auf, das heute noch virulent ist: Im großen und ganzen erwecken sie den Eindruck einer vollständigen Analogie zwischen Elektrizität und Magnetismus: Was für erstere galt, traf immer auch auf letzteren zu. In einem sehr bedeutsamen Punkt war dies jedoch anders; es bestand zwischen beiden ein wichtiger Unterschied, der nach der Entdeckung und Erforschung der subatomaren Elementarteilchen eher noch rätselhafter wurde. Es konnte kein Zweifel daran sein, daß es Teilchen gab, die eine – und nur eine – der beiden gegensätzlichen Ladungen trugen, also eine positive oder eine negative Ladung. Das Elektron beispielsweise war stets und ausschließlich mit einer negativen, das Positron stets und ausschließlich mit einer positiven Ladung behaftet. Sollte es nicht analog dazu Teilchen geben, die nur einen magnetischen Nordpol, und andere, die nur einen magnetischen Südpol aufwiesen? Die Suche nach solchen *magnetischen Monopolen* setzte schon früh ein, blieb aber sehr lange vergeblich. Es schien, als besäßen ausnahmslos alle materiellen Objekte, vom größten bis zum kleinsten, von der Galaxis

bis zum Elementarteilchen, ein durch zwei entgegengesetzten Pole definiertes Magnetfeld.
Als Dirac sich 1931 das Problem mathematisch vornahm, führten seine Berechnungen ihn zu dem Ergebnis, daß für den Fall, daß magnetische Monopole existierten (und selbst wenn im ganzen Universum nur *eines* existierte), alle elektrischen Ladungen jeweils exakte Vielfache irgendeiner kleinsten Ladungseinheit sein müßten – wie es ja tatsächlich der Fall ist. Wenn aber elektrische Ladungen exakte Vielfache einer kleinsten Ladungseinheit waren, ließ dies dann nicht den Umkehrschluß zu, daß magnetische Monopole existieren mußten?
1974 wiesen unabhängig voneinander zwei Physiker, der Holländer Gerhard 't Hooft und der Sowjetrusse Alexander Poljakow, nach, daß sich aus den GUTs zwingend die Existenz magnetischer Monopole nachweisen läßt und daß diese Teilchen eine enorme Masse besitzen müssen. Ein magnetischer Monopol müßte einerseits kleiner sein als ein Proton, andererseits aber eine Masse aufweisen, die die des Protons um einen Faktor zwischen 10 Billiarden und 10 Trillionen übersteigt. Das entspräche der Masse eines Bakteriums, auf das Volumen eines winzigen Elementarteilchens zusammengedrängt. Solche Teilchen können nur beim Urknall entstanden sein – zu keinem anderen Zeitpunkt seither war an irgendeiner Stelle des Universums Energie in so intensiver Konzentration akkumuliert, daß magnetische Monopole hätten erzeugt werden können. Ein Teilchen von so ungeheurer Masse müßte sich mit einer Geschwindigkeit von rund 250 km/Sekunde bewegen, und dies würde ihm zusammen mit seiner geringen Größe die Fähigkeit verleihen, Materie zu durchdringen, ohne irgendwelche nennenswerten Spuren zu hinterlassen. Diese Eigenschaft könnte womöglich erklären, weshalb es bislang nicht gelungen ist, die Existenz magnetischer Monopole nachzuweisen.
Wenn ein magnetischer Monopol zufällig den von einer Drahtspirale (Wicklung) eingeschlossenen Kanal durchflöge, würde es einen momentanen Stromfluß durch diese Wicklung erzeugen (ein wohlvertrautes Phänomen, das als erster Faraday demonstrierte, *siehe Kapitel 5*). Hätte die Wicklung eine normale Temperatur, so wäre dieser Stromstoß unter Umständen von so verschwindend kurzer Dauer, daß er nicht registriert werden würde. Würde die Wicklung jedoch supraleitend gemacht, dann würde der Stromimpuls so lange in ihr verbleiben, wie man sie auf der für die Supraleitfähigkeit erforderlichen Temperatur halten könnte.
Ende 1981 baute an der Stanford University der Physiker Blas Cabrera eine supraleitende Niobwicklung auf, schirmte sie hermetisch von etwaigen streunenden Magnetfeldern ab und wartete. Nach vier Monaten, am 14. Februar 1982 um 13.53 Uhr, trat ein plötzlicher Stromfluß auf, ziemlich genau in der Stärke, die für den Fall, daß ein magnetischer Monopol den Wicklungskanal durchflogen hätte, zu erwarten gewesen wäre. Cabrera und seine Kollegen arbeiten seither daran, Versuchsanordnungen aufzubauen, mit deren Hilfe sich dieser Fund sichern läßt. Solange ein definitiver Beweis aussteht, kann der Nachweis für die Existenz magnetischer Monopole noch nicht als erbracht gelten.

Absolute Bewegung

Zurück jedoch zum Äther, den, just als er auf dem Gipfel seines Ansehens stand, sein Schicksal ereilte – in Gestalt eines Experiments, das unternommen wurde, um einer weiteren klassischen Frage auf den Grund zu gehen, die ebenso umstritten war wie die nach der Möglichkeit einer Fernwirkung. Es ging um die Frage der *absoluten Bewegung*.
Im 19. Jahrhundert bestand kein vernünftiger Zweifel mehr daran, daß alle materiellen Objekte des Universums sich in steter Bewegung befanden. Wenn dies so war, wo konnte man dann einen ruhenden Bezugspunkt finden, einen Punkt, der still stand und von dem aus man die *absolute* Bewegung aller anderen Objekte beobachten und messen konnte? (Immerhin beruhten die von Newton gefundenen Bewegungsgesetze auf der Voraussetzung einer absoluten Bewegung.) Eine Möglichkeit war vorgegeben: Newton hatte die Mutmaßung geäußert, die den gesamten Raum ausfüllende oder vielmehr konstituierende Substanz (also wohl der Äther) befinde sich in Ruhe, so daß man von einem *absoluten Raum* sprechen könne. Wenn der Äther ein unbewegt verharrendes Medium war, dann konnte man die absolute Bewegung eines Körpers relativ zum ruhenden Äther womöglich bestimmen.

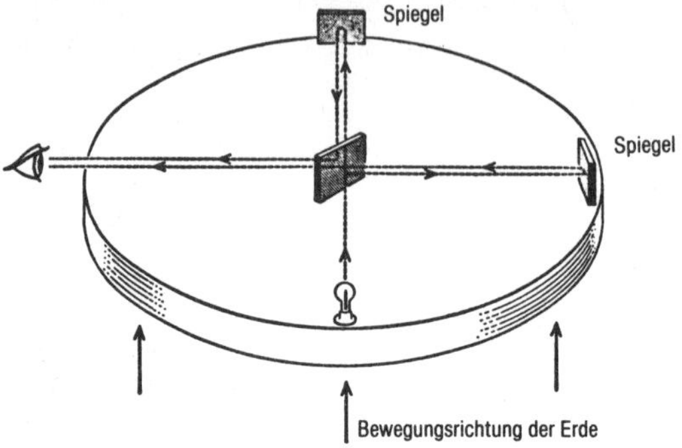

Michelsons Interferometer. Der Halbspiegel im Zentrum der Anordnung reflektiert den Lichtstrahl zur Hälfte und läßt ihn zur Hälfte durch. Wenn die beiden voll reflektierenden Spiegel (oben und rechts) nicht genau gleich weit vom Halbspiegel entfernt sind, kommen die zurückkehrenden Lichtstrahlen beim Betrachter mit ungleicher Phase an.

Um eben dies zu versuchen, konstruierte Albert Michelson in den 80er Jahren des 19. Jahrhunderts eine ausgeklügelte Meßvorrichtung. Sein Gedankengang war dabei folgender: Wenn die Erde sich durch einen ruhenden Äther bewegt, dann hätte ein Lichtstrahl, der parallel zur Bewegungsrichtung der Erde ausgesandt, reflektiert und wieder aufgefangen wird, eine kürzere Entfernung zurückzulegen als ein anderer, dessen Weg im rechten Winkel zu dieser Richtung verläuft. Das Gerät, das Michelson zu diesem Zweck entwickelte und das er *Interferometer* nannte, wies als Kernstück einen *Halbspiegel* auf, der einen auf ihn treffenden Lichtstrahl zur Hälfte durchließ, zur Hälfte reflektierte und gleichzeitig um 90° umlenkte. Beide Lichtstrahlen wurden dann durch je einen weiteren, ihren Weg versperrenden Spiegel zu dem am Ausgangspunkt postierten Beobachter zurückgeworfen. Wenn einer der Strahlen eine etwas größere Entfernung zurückgelegt hat als der andere, sind sie bei ihrem Eintreffen nicht mehr phasengleich und erzeugen Interferenzbänder *(Abb.)*. Diese Vorrichtung ist ein extrem leistungsfähiges Instrument zur Bestimmung von Entfernungs- und Längenunterschieden; es ist beispielsweise in der Lage, das sekundenweise Wachstum von Pflanzen zu registrieren oder den Durchmesser eines Sterns zu bestimmen, der sich noch durch das leistungsstärkste Fernrohr als dimensionsloses Lichtpünktchen präsentiert.
Der Versuchsplan Michelsons sah fortlaufende Messungen mit dem Interferometer vor, wobei das Instrument jeweils in eine andere Lage gebracht (d. h. mehr oder weniger weit von der Richtung der Erdbewegung weggedreht) werden sollte; aus der Phasenverschiebung der ungleichzeitig zurückkehrenden Lichtimpulse würde sich dann erschließen lassen, welche Rolle der ruhende Äther bei der Fortpflanzung des Lichts spielte.
1887 baute Michelson mit Hilfe des amerikanischen Chemikers Edward W. Morley eine besonders ausgeklügelte Version seiner Versuchsanordnung auf. Das Interferometer wurde auf einer Steinplatte befestigt, die auf einem Quecksilberteppich schwamm, so daß sie leicht und reibungslos in jede Richtung gedreht werden konnte. Dann begannen die beiden Forscher, ihre Lichtimpulse in wechselnde Richtungen auszusenden und die Unterschiede in der Phasenverschiebung des zurückkehrenden Lichts zu messen. Die Unterschiede waren praktisch gleich Null! Es spielte keine Rolle, in welche Richtung Michelson und Morley ihr Meßinstrument ausrichteten oder wie viele Male sie das Experiment durchführten. (Ich sollte an dieser Stelle erwähnen, daß neuere, in jüngerer Zeit angestellte gleichartige Experimente, bei denen noch meßgenauere Instrumente verwendet wurden, die Resultate von Michelson und Morley bestätigt haben.)
Das war ein Schlag, der die Grundfesten der Physik ins Wanken brachte. Entweder der Äther bewegte sich synchron mit der Erde, was sehr unplausibel erschien, oder aber es gab vielleicht überhaupt gar keinen Äther. In beiden Fällen mußte man die Vorstellung einer absoluten Bewegung oder eines absoluten Raums begraben. Damit war der Newtonschen Physik der Boden unter den Füßen weggezogen. Gewiß, im Rahmen unserer ge-

wohnten Welt behielt sie ihre relative Gültigkeit: Die Planeten bewegten sich nach wie vor in Übereinstimmung mit Newtons Gravitationsgesetz, und für die Bewegungen von Gegenständen auf der Erde galten weiterhin die von ihm aufgestellten Gesetze der Trägheit und der Aktion und Reaktion. Nur mußte man jetzt zur Kenntnis nehmen, daß diese klassischen Erklärungen unvollständig waren und daß man darauf gefaßt sein mußte, auf Phänomene zu stoßen, die den klassischen Naturgesetzen nicht gehorchten. Die alten und neuen Beobachtungstatsachen, auf denen das bisherige physikalische Weltbild geruht hatte, blieben unberührt, aber das sich darüber erhebende Theoriengebäude mußte ausgebaut und den neuen Erfordernissen entsprechend umgestaltet werden.

Das Michelson-Morley-Experiment ist wahrscheinlich das bedeutsamste negativ verlaufende Experiment in der Geschichte der Naturwissenschaft.

Albert Michelson wurde 1907, als erster US-Amerikaner übrigens, mit dem Physik-Nobelpreis ausgezeichnet, allerdings nicht ausdrücklich und ausschließlich wegen dieses einen Experiments.

Relativität

Die Lorentz-Fitzgerald-Gleichungen

1893 legte der irische Physiker George F. Fitzgerald eine bahnbrechende Erklärung für das negative Ergebnis des Michelson-Morley-Experiments vor. Er behauptete, alle sich bewegenden materiellen Objekte würden entlang ihrer Bewegungsrichtung zusammengedrückt und das Ausmaß ihrer Kontraktion nehme mit steigender Geschwindigkeit zu. Dieser Deutung zufolge unterliegt auch das Interferometer, indem es die »absolute« Bewegung der Erde mitvollzieht, einer Kontraktion, die die Unterschiede in den von den Lichtstrahlen zurückzulegenden Wegstrecken genau ausgleicht. Alle Meßinstrumente, die menschlichen Sinnesorgane eingeschlossen, unterliegen dieser bewegungsbedingten Schrumpfung in gleicher Weise, so daß wir keine Möglichkeit haben, dieselbe zu messen, solange wir uns mit dem betreffenden Objekt zusammen bewegen. Die These Fitzgeralds lief geradezu darauf hinaus, der Natur zu unterstellen, sie hindere uns heimtückischerweise an der Messung absoluter Bewegungen, indem sie für einen Effekt sorgt, der alle jene Unterschiede einebnet, aus denen wir ein Maß für die absolute Bewegung ableiten könnten.

Das beklemmende Phänomen wurde als *Fitzgerald-Kontraktion* bekannt. Fitzgerald arbeitete dafür eine Gleichung aus. Aus ihr ging hervor, daß etwa ein Gegenstand, der sich mit einer Geschwindigkeit von 11,3 km/Sekunde fortbewegt (was ungefähr der Geschwindigkeit der schnellsten heute eingesetzten Raketen entspricht) entlang seiner Flugrichtung eine Verkürzung um rund 2 Längeneinheiten pro Milliarde erleiden würde. Bei wirklich hohen Geschwindigkeiten würde die Kontraktion allerdings beachtliche Ausmaße annehmen: Bei 150000 km/Sekunde (entsprechend der halben Lichtgeschwindigkeit) betrüge sie 15%, bei 262300 km/Sekunde (7/8 der Lichtgeschwindigkeit) 50%. Ein 30 cm langes Lineal, das mit 262300 km/Sekunde an uns vorbeiflöge, wäre in unseren Augen nur noch 15 cm lang – vorausgesetzt, wir würden uns nicht mit ihm mitbewegen und verfügten über ein Verfahren, mit dem wir seine Länge im Augenblick des Vorbeiflugs messen könnten. Bei 299792 km/Sekunde, also bei Lichtgeschwindigkeit, würde die Länge des Lineals entlang seiner Flugrichtung auf Null schrumpfen. Da es eine Längenverkürzung über den Wert Null hinaus vermutlich nicht gibt, folgt hieraus, daß die Lichtgeschwindigkeit im Vakuum die größtmögliche Geschwindigkeit überhaupt ist, die im Universum erreicht werden kann.

Der holländische Physiker Hendrik Antoon Lorentz führte den Gedanken Fitzgeralds bald darauf noch einen Schritt weiter; er arbeitete damals gerade mit Kathodenstrahlen. Lorentz zog aus der Vermutung Fitzgeralds folgenden Schluß: Wenn ein elektrisch geladenes Teilchen, das sich mit zunehmender Geschwindigkeit fortbewegt, eine entsprechend fortschreitende Kontraktion erleidet, so wird seine Ladung auf ein zunehmend kleineres Volumen zusammengedrückt, was bedeutet, daß seine Masse sich gleichzeitig vergrößert. Lorentz legte eine diese Zunahme der Masse in Abhängigkeit von der Geschwindigkeit beschreibende Gleichung vor, die große Ähnlichkeit mit der Fitzgerald-Gleichung für die Längenverkürzung hatte. Sie besagte, daß die Masse eines Elektrons, das sich mit 150000 km/Sekunde bewegte, um 15% größer sein müßte als seine Ruhemasse; bei 262500 km/Sekunde müßte die Massezunahme 100% betragen (das Elektron müßte dann eine doppelt so hohe Masse aufweisen wie im Ruhezustand); und mit Erreichen der Lichtgeschwindigkeit wäre seine Masse unendlich groß. Wiederum schien es, als ob keine höhere Geschwindigkeit als die des Lichts möglich sei, denn weiter als bis zu unendlicher Größe konnte eine Masse doch wohl nicht anwachsen.

Zwischen der Fitzgeraldschen Kontraktion und der Lorentzschen Massezunahme besteht ein so inniger Zusammenhang, daß in diesem Zusammenhang oft von den *Lorentz-Fitzgerald-Gleichungen* die Rede ist.

Das Anwachsen der Masse mit zunehmender Geschwindigkeit kann von einem stationär postierten Beobachter leichter nachgeprüft werden als die Längenkontraktion. Das Ausmaß der Ablenkung, die ein Elektron durch ein Magnetfeld erfährt, hängt ab vom Verhältnis seiner Masse zu seiner Ladung. Nun lag kein Grund vor, anzunehmen, daß sich mit zunehmender Geschwindigkeit eines Elektrons außer seiner Masse auch seine Ladung vergrößern würde. Es stand vielmehr zu erwarten, daß, bei zunehmender Masse und gleichbleibender Ladung, sein Masse/Ladung-Verhältnis zunehmen würde, was sich in einer Abflachung seiner Ablenkungskurve niederschlagen mußte. Der deutsche Physiker Walter Kauffmann zeigte im Jahr 1900, daß dies in der Tat der Fall war und daß die daraus errechenbare Massezunahme des Elektrons genau nach der von den Lorentz-Fitzgerald-Gleichungen vorgezeichneten Progression verlief. Spätere, genauere Messungen ergaben eine so gut wie vollkommene Übereinstimmung.

Wenn wir von der Lichtgeschwindigkeit als der größtmöglichen Geschwindigkeit überhaupt sprechen, dürfen wir nicht vergessen, daß dabei von der Lichtgeschwindigkeit im Vakuum die Rede ist (299792 km/Sekunde). In einem Medium aus lichtdurchlässigem Material bewegt sich Licht etwas langsamer fort. Man kann für jedes durchsichtige Medium die dazugehörige Lichtgeschwindigkeit berechnen, indem man den Wert für die Lichtgeschwindigkeit im Vakuum durch den Brechungsindex des betreffenden Materials teilt. (Der *Brechungsindex* ist eine Maßzahl, die angibt, wie stark ein Lichtstrahl, der schräg auf die Oberfläche eines lichtdurchlässigen Mediums fällt, beim Übertritt vom Vakuum in dieses Medium gebrochen wird.)

Im Wasser, das einen Brechungsindex von etwa 1,3 hat, pflanzt sich das Licht mit rund 230100 km/Sekunde fort, in Glas (mit einem Brechungsindex von etwa 1,5) mit knapp 200000 km/Sekunde; ein Diamant (Brechungsindex ca. 2,4) bremst die Lichtgeschwindigkeit auf nur noch 125500 km/Sekunde ab.

Das Phänomen der Strahlung und die Plancksche Quantentheorie

Subatomare Teilchen können sich in bestimmten lichtdurchlässigen Medien mit höherer Geschwindigkeit bewegen als das Licht selbst (aber, wohlgemerkt, nicht mit höherer als das Licht im Vakuum). Wenn sie das tun, ziehen sie hinter sich einen bläulich leuchtenden Schweif her, so ähnlich wie ein mit Überschallgeschwindigkeit fliegendes Flugzeug einen Schallteppich nachschleppt.

Erstmals beobachtet wurde diese Strahlung 1934 von dem russischen Physiker Paul A. Tscherenkow; eine theoretische Erklärung dafür lieferten 1937 die russischen Physiker Ilja M. Frank und Igor J. Tamm. Die drei erhielten 1958 gemeinsam den Physik-Nobelpreis.

Eigens für den Nachweis und die Messung der *Tscherenkow-Strahlung* sind Teilchendetektoren entwickelt worden; diese *Tscherenkow-Zähler* eignen sich ausnehmend gut für die Erforschung des Verhaltens besonders schneller Teilchen wie etwa derjenigen, aus denen die kosmische Strahlung besteht.

Noch war das physikalische Weltbild nicht von den Rissen genesen, die das Michelson-Morley-Experiment und Fitzgerald/Lorentz ihm zugefügt hatten, da ging eine weitere Bombe hoch. Die unschuldige Frage, die die Lunte in Brand setzte, bezog sich auf die Strahlung, die Substanzen abgeben, wenn sie erhitzt werden. (Obwohl es sich dabei für gewöhnlich um sichtbares Licht handelt, sprechen die Physiker in diesem Zusammenhang von der *schwarzen Strahlung*. Dahinter steckt die Idealvorstellung von einem Gegenstand oder Körper, der so beschaffen ist, daß er Licht einerseits vollkommen absorbiert, ohne auch nur den geringsten Teil davon zu reflektieren – also wie ein vollkommen schwarzer Körper – und der umgekehrt auch eine vollkommen gleichmäßig über ein breites Wellenlängenspektrum verteilte Strahlung abgibt.)

Wie der österreichische Physiker Josef Stefan bereits 1879 zeigte, hängt die Gesamtmenge der von einem Objekt abgegebenen Strahlung ausschließlich von seiner Temperatur ab (keineswegs etwa von seiner stofflichen Zusammensetzung und Beschaffenheit). Unter idealen Voraussetzungen ist die Strahlungsmenge proportional zur vierten Potenz der absoluten Temperatur, d. h. mit jeder Verdoppelung der absoluten Temperatur vermehrt sich die Gesamtstrahlungsmenge um den Faktor $2 \times 2 \times 2 \times 2 = 16$ *(Stefansches Strahlungsgesetz)*. Man wußte außerdem, daß mit steigender Temperatur die dominierende Strahlung sich zu den kürzeren Wellenlängen hin verschiebt. Wenn beispielsweise ein Stück Stahl erhitzt wird, strahlt es zu Anfang hauptsächlich im Bereich des unsichtbaren infraroten Lichts, wird dann dunkelrot, hellrot, orangerot, gelblichweiß und würde anschließend, wenn man irgendwie verhindern könnte, daß das Material an diesem Punkt zu verdampfen beginnt, bläulichweiß leuchten.

1893 legte der deutsche Physiker Wilhelm Wien eine Theorie vor, die die bei der Strahlung schwarzer Körper zu erwartende Teilenergiemenge pro Wellenlängenbereich anhand eines mathematischen Modells voraussagte. Diese theoretische Formel beschrieb, wie sich zeigte, die Energieverteilung am violetten Ende des Spektrums mit großer Genauigkeit, nicht aber die Energieverteilung im roten, längerwelligen Bereich. (Für seine wärmetheoretischen Arbeiten erhielt Wien 1911 den Physik-Nobelpreis.) Die englischen Physiker Lord Rayleigh und James Jeans arbeiteten indessen eine Gleichung aus, die die Energieverteilung am roten Ende des Spektrums gut erfaßte, aber dafür im violetten Bereich völlig daneben lag. Kurz, die besten Theorien, die man hatte, erfaßten jeweils nur eine Hälfte des zu erklärenden Phänomens und versagten bei der anderen den Dienst.

Der deutsche Physiker Max Planck nahm sich des Problems an. Er kam zu der Überzeugung, daß er, um die Gleichungen den Tatsachen anzupassen, einen völlig neuen Gedanken einführen mußte. Dies war die Vorstellung, daß eine Strahlung sich aus kleinsten Einheiten oder »Päckchen« zusammensetzt, ebenso wie Materie aus Atomen. Er nannte die Grundeinheit der Strahlung das *Quant* (nach dem lateinischen Ausdruck für »wieviel«). Planck nahm weiter an, daß Strahlung nur in ganzzahligen Quantenmengen aufgenommen und abgegeben werden kann. Außerdem äußerte er die Vermutung, daß der Energiegehalt eines Quants von der Wellenlänge der betreffenden Strahlung abhängt. Je kürzer die Wellenlänge, desto energiereicher das Quant; oder anders gesagt: Der Energiegehalt eines Quants steht in umgekehrt proportionalem Verhältnis zur Wellenlänge.

Daraus ergab sich unmittelbar eine Beziehung zwischen dem Quant und der Frequenz einer gegebenen Strahlung. (Unter der Frequenz versteht man die Anzahl der Wellen pro Sekunde.) Wie der Energiegehalt des Quants, steht auch die Frequenz einer Strahlung in umgekehrt proportionalem Verhältnis zu ihrer Wellenlänge. Je kürzer die Wellen, desto mehr von ihnen können im Zeitraum einer Sekunde abgegeben werden. Wenn aber sowohl die Frequenz als auch der Energiegehalt eines Quants sich umgekehrt proportional zur Wellenlänge verhielten, mußte zwischen beiden ein direkter proportionaler Zusammenhang bestehen. Planck drückte diese Beziehung in seiner berühmt gewordenen Gleichung aus:

$$e = h\nu$$

Das Symbol e steht für die Energie des Quants; ν für die Frequenz, und h für das sogenannte *Plancksche Wirkungsquantum*, eine Konstante, die das quantitative Verhältnis zwischen der Energie des Quants und der Frequenz festlegt.

Das Plancksche Wirkungsquantum h ist eine extrem kleine Zahl, und extrem klein ist auch das Quant. Es ist so klein, daß wir Licht, auch wenn es sich aus einzelnen Quanten zusammensetzt, als etwas Ungebrochenes, Kontinuierliches wahrnehmen, ebenso wie wir auch Materie als etwas Kontinuierliches wahrnehmen. Nun, am Beginn des

20. Jahrhunderts blühte der Strahlung dasselbe, was zu Beginn des 19. Jahrhunderts der Materie widerfahren war: Auch sie erwies sich als etwas Diskontinuierliches, aus kleinen Grundbausteinen Zusammengesetztes.

Die Plancksche Quantentheorie klärte die Beziehung zwischen der Temperatur eines schwarzen Körpers und der Wellenlänge der von ihm abgegebenen Strahlung. Ein Lichtquant aus dem violetten Bereich des Sprektrums verfügt über doppelt so viel Energie wie ein Quant aus dem roten Bereich, und das heißt natürlich, daß mehr Wärmeenergie vonnöten ist, um violette als um rote Lichtquanten entstehen zu lassen. Gleichungen, die auf der Basis der Quantentheorie erarbeitet wurden, lieferten für das gesamte Spektrum des sichtbaren Lichts eine akurate mathematische Darstellung der Strahlung eines schwarzen Körpers.

Im Laufe der Zeit sollte die Plancksche Quantentheorie den Physikern noch viel weitergehende Dienste leisten: Sie trug dazu bei, das Verhalten von Atomen, das Verhalten der Elektronen in den Atomen und das Verhalten der Nukleonen in den Atomkernen zu erklären. Heute bezeichnet man die Physik bis zur Einführung der Quantentheorie als klassische Physik, und die Physik danach als moderne Physik. Planck wurde 1918 mit dem Physik-Nobelpreis ausgezeichnet.

Einsteins Partikel/Welle-Theorie

Im Jahr 1900 vorgelegt, blieb Plancks Theorie zunächst ziemlich unbeachtet. Sie war zu revolutionär, um ohne weiteres akzeptiert zu werden. Planck selbst schien sich nachträglich seiner Schöpfung zu schämen. Fünf Jahre später jedoch erfuhren seine Quanten durch die Arbeit eines in Deutschland gebürtigen Schweizer Physikers namens Albert Einstein eine unverhoffte Aufwertung.

Der deutsche Physiker Philipp Lenard hatte entdeckt, daß Lichtstrahlen die Fähigkeit besaßen, beim Auftreffen auf bestimmte Metalle Elektronen aus deren Oberfläche gleichsam herauszuschlagen. Das Phänomen wurde *photoelektrischer Effekt* genannt und Lenard für seine Entdeckung mit dem Physik-Nobelpreis des Jahres 1905 belohnt. Die Physiker stellten, als sie mit dieser Erscheinung herumzuexperimentieren begannen, zu ihrer Überraschung fest, daß eine Erhöhung der Lichtstärke sich nicht etwa in irgendeiner Erhöhung des Energieniveaus der herausgeschlagenen Elektronen niederschlug. Veränderungen in der Wellenlänge des verwendeten Lichts dagegen hatten diesen Effekt: Blaues Licht beispielsweise verlieh den herausspringenden Elektronen höhere Geschwindigkeiten als gelbes Licht. Ein sehr schwacher Strahl blauen Lichts schoß weniger Elektronen aus der Metalloberfläche heraus als ein starker gelber Lichtstrahl, aber diese wenigen »Blaulicht-Elektronen« hatten eine größere Geschwindigkeit, d. h. ein höheres Energieniveau als die »Gelblicht-Elektronen«. Dann gab es noch die Beobachtung, daß rotes Licht gleich welcher Intensität bei manchen Metallen überhaupt nicht in der Lage war, Elektronen freizusetzen.

Keine dieser Beobachtungen ließ sich mit den herkömmlichen Lichttheorien erklären. Weshalb sollte blaues Licht etwas können, was rotes Licht nicht konnte?

Einstein fand die Antwort in der Quantentheorie Plancks. Um die für ein Herausspringen aus der Metalloberfläche erforderliche Energie zu gewinnen, mußte ein Elektron von einem Quant eines bestimmten Mindestenergiegehalts getroffen werden. Im Falle eines von seinem Atom nur mit schwachen Kräften festgehaltenen Elektrons genügt schon ein Quant roten Lichts. (Dies ist beispielsweise beim Cäsium der Fall.) Bei Metallen, deren Atome ihre Elektronen mit größerer Kraft festhalten, ist dagegen gelbes oder blaues oder gar ultraviolettes Licht erforderlich. Und stets gilt: Je energiereicher das Quant, desto größer die Geschwindigkeit des von ihm herausgeschlagenen Elektrons.

Die Quantentheorie bot in diesem Fall also eine recht einfache Erklärung für ein physikalisches Phänomen, dem die klassische Physik verständnislos gegenüberstand. Nun folgten Schlag auf Schlag weitere Anwendungserfolge der *Quantenmechanik*. Was Einsteins in dieser Beziehung bahnbrechende Arbeit über den photoelektrischen Effekt betraf, so erhielt er für sie (und nicht etwa für seine Relativitätstheorie) 1921 den Physik-Nobelpreis.

In seiner sogenannten *Speziellen Relativitätstheorie,* die Einstein sich in seiner Freizeit ausdachte (er arbeitete von 1901 bis 1909 als Prüfer von Patentanmeldungen beim Eidgenössischen Patentamt in Bern) entfaltete er, ausgehend von einer Erweiterung der Quantentheorie, eine grundlegend neue Sicht des Universums. Er erklärte, das Licht pflanze sich in Quantenform durch den Raum fort (der Begriff *Photon* für den Grundbaustein des Lichts wurde erst 1928 von Compton eingeführt) und brachte damit die Auffassung, daß das Licht aus Teilchen bestehe, wieder zu Ehren. Freilich war das Lichtquant ein Teilchen neuen Typs: Es vereinigte in sich die Merkmale sowohl einer Welle als auch eines Partikels und präsentierte sich nach außen manchmal in der einen und manchmal in der anderen Eigenschaft.

Leider hat sich die Vorstellung verbreitet, daß es sich dabei um einen paradoxen oder gar geheimnisvoll esoterischen Sachverhalt handle – als ob die wirkliche Natur des Lichts außerhalb allen menschlichen Fassungsvermögens läge. Die Sache verhält sich im Gegenteil sehr einfach, was ich mit einer Analogie illustrieren möchte. Ein Mann kann viele Rollen zugleich spielen, die des Ehemanns, des Vaters, des Freundes, des Geschäftsmanns. Je nach Situation oder Umgebung verhält er sich wie ein Gatte, Vater, Freund oder Geschäftsmann. Niemand würde erwarten, daß er gegenüber einem Geschäftskunden in ein väterliches oder gegenüber seiner Frau in ein geschäftsmäßiges Gebaren verfällt, aber das ist weder paradox noch sonstwie ungewöhnlich.

Entsprechend weisen Licht- und andere gleichartige Strahlen sowohl Wellen- als auch Korpuskeleigenschaften auf. In manchen Zusammenhängen tritt der Wellencharakter, in anderen der Korpuskelcharakter stärker hervor. Nils Bohr zeigte 1930 anhand theoretischer Erwägungen, daß bei jedem auf den Nachweis der Korpuskeleigenschaften von Strahlen angelegten Experiment die Welleneigenschaften unerkannt bleiben und umgekehrt. Es könne, so Bohr, immer nur die eine *oder* die andere Seite beleuchtet werden, niemals aber beide zugleich. Er nannte dies das *Komplementaritätsprinzip*. Die zwei einander ergänzenden Bündel von Eigenschaften ergeben zusammengenommen ein zutreffenderes Bild vom Wesen der Strahlung, als jedes für sich allein es könnte.

Die Entdeckung des Wellencharakters des Lichts hatte die im 19. Jahrhundert namentlich auf dem Gebiet der Optik erzielten wissenschaftlich-technischen Triumphe möglich gemacht – man denke nur an die Spektroskopie. Dieses Paradigma hatte die Physiker freilich auch gezwungen, an der Vorstellung eines universellen Äthers festzuhalten. Das Umwälzende an dem nunmehr von Einstein proklamierten Partikel-Welle-Dualismus war, daß dieses Modell einerseits die Errungenschaften des 19. Jahrhunderts (einschließlich der Maxwellschen Gleichungen) unangetastet ließ, andererseits aber die Annahme, daß ein Äther existieren müsse, überflüssig machte. Elektromagnetische Strahlung konnte sich dank ihrer Welleneigenschaften durch ein Vakuum fortpflanzen; die Idee des Äthers, die durch das Michelson-Morley-Experiment den Todesstoß erhalten hatte, durfte somit getrost begraben werden.

Einstein führte im Rahmen seiner Speziellen Relativitätstheorie einen zweiten bedeutenden Gedanken ein: daß die Lichtgeschwindigkeit im Vakuum unter allen Umständen konstant ist, unabhängig also von der Bewegung der Lichtquelle. Das Newtonsche physikalische Weltbild war davon ausgegangen, daß ein von einer sich auf den Beobachter zubewegenden Quelle ausgesandter Lichtstrahl sich dem Beobachter mit größerer Geschwindigkeit nähert als ein Strahl aus einer sich entfernenden Lichtquelle. Im Rahmen der von Einstein vorgeschlagenen Konzeption war das nicht so; Einstein vermochte übrigens aus dieser Voraussetzung die Lorentz-Fitzgerald-Gleichungen abzuleiten. Er zeigte, daß die geschwindigkeitsabhängige Massenzunahme, die Lorentz nur für elektrisch geladene Teilchen postuliert hatte, für Gegenstände jeder Art gilt. Darüber hinaus stellte er die These auf, daß bei zunehmender Geschwindigkeit nicht nur die Phänomene der Längenkontraktion und der Massenzunahme wirksam werden, sondern sich auch die Zeit verlangsamt.

Die Relativitätstheorie

Der zentrale und bedeutsamste Aspekt der Theorie Einsteins war, daß sie die Absolutheit von Raum und Zeit leugnete. Auf den ersten Blick erschien das unsinnig. Wie konnte der menschliche Verstand irgend etwas über das Universum in Erfahrung bringen, wenn er nicht von einem festen Bezugspunkt ausgehen konnte? Einsteins Antwort hierauf lautete, daß wir uns einfach nur einen

Bezugsrahmen aussuchen müssen, zu dem die Vorgänge im Universum in Relation gesetzt werden können. Jeder Bezugsrahmen (etwa eine als ruhend gedachte Erde, eine als ruhend gedachte Sonne oder auch ein als ruhend gedachtes eigenes Ich) hat gleich viel Berechtigung, so daß wir uns für den Rahmen entscheiden können, der uns am praktischsten erscheint. Die Bewegungen der Planeten lassen sich praktischer innerhalb eines Bezugsrahmens berechnen, der eine ruhende Sonne, als in einem, der eine ruhende Erde voraussetzt, aber der eine Rahmen ist nicht »wahrer« als der andere.

Entfernungs- und Zeitmessungen aller Art sind demnach relativ zu einem willkürlich gewählten Bezugsrahmen, und aus diesem Grund bezeichnete Einstein seinen Gedankengang als *Relativitätstheorie*.

Ein Beispiel. Gesetzt den Fall, es käme einmal ein fremder Planet (nennen wir ihn Planet X) des Weges, der genau dieselbe Größe und Masse hätte wie unsere Erde und an dieser mit 262300 km/Sekunde vorbeiflöge. Wenn wir im Augenblick seines Vorbeiflugs seine Größe und Masse bestimmen könnten, würden wir feststellen, daß sein Durchmesser in der Richtung seiner Bewegung um 50% verkürzt wäre, d. h. er würde uns nicht als Kugel, sondern als Ellipsoid erscheinen. Für seine Masse würden wir den doppelten Wert der Masse der Erde errechnen.

Für einen auf Planet X postierten Beobachter würde es dagegen so aussehen, als befänden er und seine Welt sich in Ruhestellung und als flöge die Erde mit 262300 km/Sekunde an ihnen vorbei. Infolgedessen nähme dieser Beobachter die Erde als Ellipsoid mit der doppelten Masse des Planeten X wahr.

Man fühlt sich versucht, zu fragen, welcher der beiden Planeten denn nun wirklich zu einem Ellipsoid schrumpft und seine Masse verdoppelt, aber die einzig mögliche Antwort darauf lautet, daß das vom jeweiligen Bezugsrahmen abhängt. Wer das frustrierend findet, sollte sich überlegen, daß ein Mensch im Vergleich mit einem Wal klein, im Vergleich mit einem Käfer groß ist. Hat es irgendeinen Sinn, zu fragen, was ein Mensch denn nun wirklich ist, groß oder klein?

Bei allen unorthodoxen Konsequenzen, die sie fordert, erklärt die Relativitätstheorie alle uns vertrauten Phänomene des Universums mindestens ebenso gut wie die vorrelativistischen Theorien (da sie diesen eine relative Gültigkeit beläßt). Sie geht jedoch darüber hinaus und erklärt auch einige Phänomene, die im Rahmen des Newtonschen Weltbildes nur unzureichend oder überhaupt nicht verständlich gemacht werden konnten. Newton ist somit von Einstein abgelöst worden, aber nicht im Sinne einer Verdrängung, sondern einer Verfeinerung. Die von Newton formulierten Gesetze besitzen als vereinfachte Annäherungen, die für den wissenschaftlichen Hausgebrauch und selbst für gewöhnliche astronomische Zwecke (beispielsweise für die Berechnung von Satelliten-Umlaufbahnen) ausreichen, nach wie vor ihren Wert. Wenn es allerdings beispielsweise um die Beschleunigung von Teilchen in einem Synchrotron geht, müssen wir die geschwindigkeitsabhängige Massenzunahme mit einkalkulieren, wenn das Gerät die Dinge tun soll, die wir von ihm erwarten.

Raumzeit und das Uhrenparadoxon

Im Weltbild der Relativitätstheorie sind Raum und Zeit so miteinander verwoben, daß es sinnlos wird, den Raum getrennt von der Zeit oder die Zeit getrennt vom Raum zu betrachten. Das Universum ist *vierdimensional* mit der Zeit als eine der Dimensionen. (Sie verhält sich allerdings nicht ganz genau so wie die drei räumlichen Dimensionen, Länge, Breite und Höhe.) Das vierdimensionale Kontinuum wird als *Raumzeit* bezeichnet. Diesen Begriff benutzte als erster einer von Einsteins Lehrern, der russisch-deutsche Mathematiker Hermann Minkowski (1907).

Die Relativität beinhaltet so manche Raum-Zeit-Kapriolen, aber ein Aspekt, der noch heute von den Physikern kontrovers diskutiert wird, ist die Sache mit der Verlangsamung der Uhren. Eine in Bewegung befindliche Uhr geht, so behauptete Einstein, langsamer als eine ruhende. Ja, alle in der Zeit ablaufenden Vorgänge vollziehen sich in einem bewegten System langsamer als in einem ruhenden, was gleichbedeutend ist mit der Aussage, daß in einem bewegten System die Zeit selbst langsamer verstreicht. Bei nach menschlichen Maßstäben normalen Geschwindigkeiten ist dieser Effekt vernachlässigbar gering; bei einer Geschwindigkeit von 262300 km/Sekunde jedoch würde eine Uhr (in den Augen eines Beobachters, der sie an sich vorbeifliegen sieht) für das Weitergehen um ein Sekundenintervall genau zwei Sekunden brauchen. Bei Lichtgeschwindigkeit würde die Zeit stillstehen.

Dieser Effekt ist schwerer zu verdauen als die Effekte der Längenkontraktion und der Massezunahme. Wenn ein Objekt auf die Hälfte seiner Länge schrumpft und auf das Doppelte seiner Masse anwächst, irgendwann aber wieder zu seinem Normalzustand zurückkehrt, so zeugt nichts mehr von seiner vorübergehenden Zustandsänderung, und eventuelle Meinungsverschiedenheiten bei der Deutung des Vorgangs werden gegenstandslos.

Anders bei der nicht stillstehenden Zeit. Wenn eine auf dem Planeten X installierte Uhr wegen dessen hoher Geschwindigkeit eine Stunde lang (scheinbar) nur mit »halber Kraft voraus« tickt und dann in Ruhestellung gebracht wird, kehrt sie zwar zu ihrer normalen Ganggeschwindigkeit zurück, geht aber nun eine halbe Stunde nach! Wenn nun aber zwei Raumschiffe einander begegneten und jedes den Eindruck hätte, das andere bewege sich mit 262300 km/Sekunde und seine Uhren gingen nur mit halber Geschwindigkeit, so würde, wenn beide einander irgendwann wieder über den Weg laufen würden, die Besatzung eines jeden Raumschiffs erwarten, daß die Uhren auf dem anderen Schiff gegenüber ihren eigenen um eine halbe Stunde nachgehen. Daß beide mit ihrer Erwartung recht behielten, wäre natürlich ein Ding der Unmöglichkeit, aber wie verhielte es sich in Wirklichkeit? Dieses Problem wird als das *Uhren-Paradoxon* bezeichnet.

Die Sache ist im Grunde gar nicht paradox. Wenn die beiden Gefährte aneinander vorbeiflitzen und beide Besatzungen schwören würden, daß die Uhren des anderen Schiffes langsamer gehen als die eigenen, so wäre die Frage, auf welchem Schiff die Uhren »wirklich« langsamer gehen, belanglos, weil die beiden Schiffe einander nie wieder begegnen würden, ein Vergleich der Uhren somit nicht möglich wäre und das Uhren-Paradoxon sich niemals stellen würde. Die Aussagen der Speziellen Relativitätstheorie gelten in der Tat nur für gleichförmige, geradlinige Bewegungen, und dies schließt die Möglichkeit aus, daß zwei Objekte einander im Universum mehr als einmal begegnen.

Nehmen wir trotzdem einmal an, die beiden Raumschiffe würden nach ihrer ersten Begegnung noch einmal zusammenkommen, so daß die Uhren sich vergleichen ließen. Um dies möglich zu machen, müßten wir einen neuen Faktor einführen: Mindestens eines der Raumschiffe müßte seine Bewegung beschleunigen. Nehmen wir an, das zweite, das wir Schiff B nennen wollen, täte dies – es würde nach der ersten Begegnung in einer weiten Schleife kehrtmachen und dann unter Beschleunigung dem Schiff A nachsetzen und es schließlich einholen. Natürlich könnte sich die Besatzung von Schiff B auch auf den Standpunkt stellen, ihr Schiff befände sich die ganze Zeit im Ruhezustand, und all die Manöver, die zur zweiten Begegnung führen, würden in Wirklichkeit von Schiff A ausgeführt. Wenn es im Universum nichts gäbe außer diesen beiden Raumschiffen, würde das Uhren-Paradoxon in der Tat auftreten.

Allein, das Universum besteht *nicht* nur aus den beiden Raumschiffen A und B, und das ist der entscheidende Punkt: Wenn Schiff B seine Bewegung beschleunigt, so tut es dies nicht nur in bezug auf A, sondern in bezug auf das ganze Universum und alle seine Teile. Das heißt, daß die Besatzung von B, wenn sie ihr Schiff als im Ruhezustand befindlich betrachtet, der Meinung sein muß, daß nicht nur A, sondern alle Galaxien und Sonnensysteme des Universums ihre Bewegung relativ zu Schiff B beschleunigen. B gegen den Rest der Welt, wie man sagen könnte. Unter diesen Umständen wären es nicht die Uhren von Schiff A, die am Ende eine halbe Stunde nachgingen, sondern die von Schiff B.

Diese Überlegungen bergen Implikationen für die Raumfahrt. Astronauten, die die Erde verlassen und ihr Raumschiff annähernd auf Lichtgeschwindigkeit beschleunigen würden, würden damit sich und der Welt im Innern ihres Raumschiffs einen verlangsamten Zeitablauf bescheren. Sie könnten in einem Zeitraum von einigen Wochen – nach ihrer Zeitrechnung – ein weit entferntes Ziel anfliegen und zurückkehren und würden eine inzwischen um Jahrhunderte gealterte Erde vorfinden. Wenn tatsächlich bei hohen Geschwindigkeiten die Zeit langsamer läuft, wäre es theoretisch möglich, daß Menschen innerhalb ihrer Lebenszeit Reisen zu weit entfernten Sonnensystemen unternehmen. Sie müßten sich in diesem Fall natürlich von ihrer eigenen Generation auf der Erde und von der Welt, wie sie sie dort kannten, verabschieden und sich darauf einrichten, daß sie bei ihrer Rückkehr den Erdbewohnern wie Fossilien aus einer fernen Vergangenheit erscheinen würden.

Gravitation und Allgemeine Relativitätstheorie

In seiner Speziellen Relativitätstheorie befaßte Einstein sich weder mit beschleunigten Bewegungen noch mit der Gravitation. Beides behandelte er in seiner Allgemeinen Relativitätstheorie, die er 1915 vorlegte. Diese Theorie beinhaltete ein vollkommen neues Verständnis der Gravitation. Sie erschien nicht mehr als eine zwischen materiellen Körpern wirkende Kraft, sondern vielmehr als eine Eigenschaft des Raumes selbst. Die Gegenwart von Materie im Raum bewirkt, daß dieser sich krümmt, und alle Körper folgen dann sozusagen der Linie des geringsten Widerstandes zwischen den Krümmungskurven. So befremdlich diese Konzeption auch anmutete, war sie doch in der Lage, eine Erklärung für ein Phänomen zu liefern, das mit dem Newtonschen Gravitationsgesetz nicht in den Griff zu bekommen war.

Seinen größten Triumph hatte das Newtonsche Gravitationsgesetz 1846 gefeiert, als der Planet Neptun entdeckt wurde *(s. Kap. 3)*. Damit schien seine Geltung ein für allemal gesichert und durch nichts und niemanden mehr zu erschüttern. Eine Planetenbewegung gab es jedoch, die unerklärlich blieb. Der sonnennächste Punkt der Merkurumlaufbahn um die Sonne, sein *Perihel,* verschiebt sich bei jedem Umlauf ein Stück weit entlang der Umlaufrichtung des Planeten. Einen Großteil dieser Verschiebung (die vom Standpunkt des Gravitationsgesetzes aus als irregulär erschien) konnten die Astronomen mit den Schwerkrafteinflüssen der benachbarten Planeten erklären.

In den ersten Jahrzehnten nach der Formulierung der Gravitationstheorie hatten einige Astronomen, die mit ihr arbeiteten, die Befürchtung geäußert, die von den wechselnden Anziehungswirkungen der Planeten untereinander ausgehenden Störungen der »reinen« Planetenbewegung könnten zu irgendeinem zukünftigen Zeitpunkt einmal so zusammenwirken, daß die empfindliche Mechanik des Sonnensystems zusammenbrechen würde. Dann zeigte aber Laplace zu Beginn des 19. Jahrhunderts, daß das Sonnensystem so labil und störungsanfällig nun auch wieder nicht ist. Die wechselseitigen Störungseinflüsse der Planeten schlagen sich durchweg in zyklischen Vorgängen nieder, und das Ausmaß der dadurch bewirkten Bahnunregelmäßigkeiten hält sich stets in relativ engen Grenzen. Unser Sonnensystem wird auf unabsehbare Zeit ein in sich stabiles Gebilde bleiben; in Erkenntnis dessen wiegten sich die Astronomen zuversichtlicher denn je in der Hoffnung, alle beobachtbaren Bahnunregelmäßigkeiten letzten Endes mit den Gravitationswechselwirkungen zwischen den Planeten erklären zu können.

Diese Rechnung ging indes beim Merkur nicht auf. Auch nach Einbeziehung aller Wechselwirkungen blieb ein unerklärtes Vorrücken des Merkur-Perihels um 43 Bogensekunden pro Jahrhundert, wie Leverrier 1845 zeigte. Gewiß, die Abweichung ist nicht bedeutend; sie summiert sich im Laufe von 4000 Jahren zu einer Strecke, die dem Durchmesser des Mondes entspricht. Aber das genügte, um die Astronomen zu verunsichern.

Leverrier selbst äußerte die Vermutung, daß ein kleiner, noch unentdeckter Planet mit einer sonnennäheren Umlaufbahn als der Merkur für die Abweichung verantwortlich war. Jahrzehntelang suchten die Astronomen nach diesem Planeten (der bereits einen Namen hatte: Vulcan), und seine Entdeckung wurde oftmals verkündet. Doch erwiesen sich diese Berichte immer wieder als falsch, und schließlich setzte sich die Einsicht durch, daß der Planet Vulcan nicht existierte.

Es war die Allgemeine Relativitätstheorie, die die Lösung des Problems lieferte: Sie zeigte, daß das Perihel eines jeden um ein Gravitationszentrum umlaufenden Körpers schneller »vorgehen« muß, als es aufgrund des Newtonschen Gravitationsgesetzes zu erwarten wäre. Als man die Bahndaten des Merkur der neuen Berechnungsweise unterwarf, zeigte sich, daß die Übereinstimmung zwischen theoretisch geforderter und realer Perihelbewegung perfekt war. Bei den sonnenferneren Planeten ist der Relativitätstheorie zufolge ein zunehmend geringeres Vorrücken des Perihels zu erwarten. Wie 1960 durchgeführte Messungen ergaben, rückt der sonnennächste Punkt der Venusbahn um etwa 8 Bogensekunden pro Jahrhundert

Gravitationsbedingte Ablenkung von Lichtstrahlen, wie von Einstein im Rahmen der Allgemeinen Relativitätstheorie vorausgesagt.

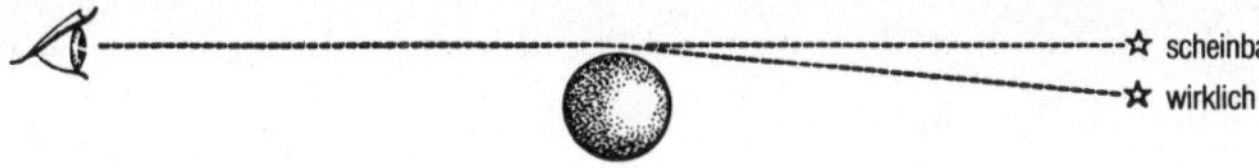

vor; auch diese Verschiebung läßt sich mit großer Genauigkeit aus der Einsteinschen Theorie ableiten.

Eindrucksvoller noch waren zwei andere aus der Allgemeinen Relativitätstheorie sich ergebende Prognosen, denn sie bezogen sich auf Phänomene, die zu diesem Zeitpunkt noch gar nicht bekannt waren. Zum einen behauptete Einstein, starke Gravitationsfelder würden die Eigenschwingungen der Atome beeinträchtigen, d. h. ihre Frequenz herabsetzen, und dies müsse sich in einer Verschiebung ihrer Spektrallinien zum roten Ende des Spektrums hin niederschlagen *(relativistische Rotverschiebung)*. Nach einem Gravitationsfeld Ausschau haltend, das stark genug wäre, um diesen Effekt zu erzeugen, schlug der Astronom Eddington die Weißen Zwerge vor. Das Licht, das ein so hoch verdichteter Stern abstrahlte, verlor möglicherweise, da es einen enormen Gravitationswiderstand überwinden mußte, ein meßbares Quantum an Energie. W. S. Adams, der als erster die ungeheure Dichte dieser Sterne nachgewiesen hatte, studierte 1925 die Spektrallinien des Lichts Weißer Zwerge und fand tatsächlich die von Einstein vorhergesagte, gravitationsbedingte Rotverschiebung.

Auf noch spektakulärere Weise bewahrheitete sich die zweite Einsteinsche Voraussage. Seine Theorie besagte, daß Lichtstrahlen durch Gravitationsfelder eine leichte Ablenkung erfahren müßten. Einstein rechnete beispielsweise aus, daß ein den Rand der Sonne streifender Lichtstrahl um 1,75 Bogensekunden von der geraden Linie abgelenkt werden müßte *(Abb.)*.

Wie konnte man das nachprüfen? Nun, wenn man es bewerkstelligen konnte, während einer Sonnenfinsternis diejenigen Sterne zu beobachten und zu vermessen, die zu diesem Zeitpunkt genau am oder hinter dem äußersten Rand der Sonne standen, und wenn man die so erhaltenen Werte dann mit den normalen, d. h. in Abwesenheit der Sonne gemessenen Koordinaten derselben Sterne verglich, dann müßte sich, wenn Einstein recht hatte, eine der von ihm behaupteten Ablenkung der Lichtstrahlen entsprechende Differenz zeigen. Da Einstein seine Theorie im Jahr 1915 vorgelegt hatte, also mitten im Ersten Weltkrieg, vergingen einige Jahre, ehe die Probe aufs Exempel gemacht werden konnte. 1919 organisierte die britische Astronomische Gesellschaft eine Expedition zu der kleinen, zu Portugal gehörigen Insel Principe vor der westafrikanischen Küste, da für diese Region eine totale Sonnenfinsternis angesagt war. Der Test verlief erfolgreich: Das Gravitationsfeld der Sonne bewirkte in der Tat eine scheinbare Positionsveränderung der Sterne, deren Licht auf dem Weg zur Erde den Sonnenrand streifte. Einstein hatte ein weiteres Mal recht behalten.

Derselben Gesetzmäßigkeit zufolge galt, daß wenn ein Stern genau hinter einem anderen stand (von der Erde aus gesehen), das Gravitationsfeld des der Erde näheren Sterns das von dem weiter entfernten kommende Licht in einer Weise ablenkt, die bewirkt, daß der hintere Stern größer erscheint als er tatsächlich ist. Der nähere Stern wirkt also als »Gravitationslinse«. Leider sind die Sterne so winzige Lichtpunkte, daß eine Verdekkung eines weit entfernten, durch einen der Erde wesentlich näher stehenden Sterns, ein extrem seltenes Ereignis ist. Die Entdeckung der Quasare eröffnete den Astronomen jedoch neue Möglichkeiten. Zu Beginn der 80er Jahre wurden beispielsweise Doppelquasare gefunden, Zwillingspaare sozusagen, bei denen der eine Partner in jeder Beziehung ein identisches Duplikat des anderen ist. Es erscheint vernünftig, anzunehmen, daß in allen diesen Fällen in Wirklichkeit nur ein Quasar existiert, dessen Licht durch eine zwischen ihm und uns gelegene, von der Erde aus nicht sichtbare Galaxis (oder vielleicht durch ein Schwarzes Loch) eine solche Ablenkung erfährt, daß ein Doppelbild entsteht.

Die Allgemeine Relativitätstheorie auf dem Prüfstand

Die ersten Beweise für die Richtigkeit der Einsteinschen Theorie wurden durchweg auf astronomischem Gebiet erbracht. Den Wissenschaftlern war aber sehr daran gelegen, Mittel und Wege zu einer Überprüfung der Theorie unter Laborbedingungen, d. h. durch kontrollierte Manipulation von Variablen und Prozessen, zu prüfen. Den Schlüssel zu einem labortauglichen Verfahren lieferte 1958 der deutsche Physiker Rudolf Mössbauer; er zeigte, daß ein Kristall unter bestimmten Bedingungen dazu gebracht werden kann, Gammastrahlen einer genau definierten Wellenlänge abzugeben. Normalerweise erleidet das emittierende Atom einen Rückstoß, der eine Verbreiterung des erzeugten Wellenlängenspektrums hervorruft. Ein Kristall verhält sich in dieser Situation unter bestimmten Bedingungen wie ein Einzelatom: Der Rückstoß verteilt sich auf alle Atome und schrumpft praktisch auf Null, so daß die emittierten Gammastrahlen einen genau abgegrenzten Spektralbereich abdecken. Ein solcher Strahl von scharf begrenzter Wellenlänge kann von einem Kristall, der dem emittierenden Kristall ähnlich ist, außerordentlich effektiv absorbiert werden. Wenn die emittierten Gammastrahlen in ihrer Wellenlänge auch nur um ein Geringfügiges von denen abweichen, die der zweite Kristall von sich aus abgeben würde, werden sie von ihm nicht absorbiert. Dies ist der sogenannte *Mössbauer-Effekt.*

Wenn ein Gammastrahlen-Strahl nach unten gerichtet wird, so daß er sich gleichsam im Bunde mit der Schwerkraft fortpflanzt, müßte er nach der Allgemeinen Relativitätstheorie Energie aufnehmen, d. h. seine Wellenlänge müßte kürzer werden. Schon ein »Sturz« von nur wenigen hundert Metern Länge müßte genügen, um eine Verkürzung der Wellenlänge der Gammastrahlen zu bewirken, die zwar minimal wäre, aber doch ausgeprägt genug, um es dem als Detektor vorgesehenen Kristall unmöglich zu machen, den Strahl zu absorbieren.

Wenn der den Gammastrahl emittierende Kristall sich während des Vorgangs mit hoher Geschwindigkeit bewegt, führt dies gemäß des Doppler-Fizeau-Effekts zu einer Verkleinerung der Wellenlänge der ausgesandten Strahlen. Wenn man nun eine Versuchsanordnung so konzipiert, daß der emittierende Kristall sich vom Gravitationszentrum weg, d. h. nach oben, bewegt, so kann man durch Regulierung seiner Geschwindigkeit erreichen, daß beide Effekte einander neutralisieren, d. h. die Gammastrahlen ihre ursprüngliche Wellenlänge beibehalten und der Empfängerkristall damit in der Lage ist, sie zu absorbieren.

Die unter Nutzung des Mössbauer-Effekts von 1960 an durchgeführten Experimente bestätigten die Richtigkeit der Allgemeinen Relativitätstheorie (genauer: der aus ihr hergeleiteten Voraussagen) mit schönster Genauigkeit. In Anerkennung dessen wurde Mössbauer 1961 mit dem Physik-Nobelpreis ausgezeichnet.

Auch andere Feinstmessungen lassen eine die Theorie der allgemeinen Relativität bestätigende Tendenz erkennen: die Ablenkung, die Radarstrahlen erleiden, wenn sie knapp an einem Planeten vorbeigeführt werden, das Verhalten von Pulsaren, die einem um ein gemeinsames Schwerkraftzentrum rotierenden Doppelsternsystem angehören, usw. Natürlich läßt jedes Meßergebnis unterschiedliche theoretische Deutungen zu, und es hat auch nicht an Versuchen gefehlt, alternative theoretische Erklärungen geltend zu machen. Von allen in Vorschlag gebrachten Theorien ist jedoch die Einsteinsche die vom mathematischen Standpunkt aus einfachste. Jedesmal, wenn Messungen vorgenommen wurden, die in der Lage schienen, eine Entscheidung zwischen den konkurrierenden Theorien herbeizuführen – die Differenzen sind allerdings immer verschwindend klein –, begünstigten die Resultate die Konzeption Einsteins. Siebzig Jahre nach ihrer Formulierung steht die Allgemeine Relativitätstheorie noch unerschüttert da und trotzt den anhaltenden – legitimen – Versuchen der Physiker, sie in Frage zu stellen. (Man beachte, daß diese Aussage sich auf die *Allgemeine* Relativitätstheorie bezieht. Die *Spezielle* Relativitätstheorie ist so oft und auf so mannigfaltige Weise verifiziert worden, daß ihre Geltung heute von keinem Physiker mehr in Zweifel gezogen wird.)

Wärme

In der bisherigen Darstellung ist ein Phänomen zu kurz gekommen, das gewöhnlich, wie unsere Alltagserfahrung uns lehrt, in Verbindung mit Licht auftritt. Fast alle leuchtenden Objekte, von der Kerze bis zum Stern, geben zusammen mit Licht auch Wärme ab.

Temperaturmessung

Erst in der Neuzeit wurde das Phänomen der Wärme systematisch studiert. Vorher begnügten die Menschen sich mit einigen qualitativen und praxisorientierten Erkenntnissen über Wärme und Temperatur. Man beschrieb etwas als »heiß«, »warm« oder »kalt« oder sagte: »Dies hier ist wärmer als das da.« Um Temperaturveränderungen quantitativ erfassen zu können, mußte man erst einmal herausfinden, ob es meßbare Veränderungsprozesse gab, die mit Temperaturveränderungen verknüpft waren und als Maß für diese dienen konnten. Tatsächlich fand sich ein solcher Vorgang: Man stellte fest, daß Stoffe sich bei Erwärmung ausdehnen und sich umgekehrt bei Abkühlung zusammenziehen.
Galilei war der erste, der versuchte, sich diesen Zusammenhang für Meßzwecke zunutze zu machen. Er stellte ein mit heißer Luft gefülltes Glasröhrchen mit der Öffnung nach unten in einen Wasserbehälter. Die Luft in dem Röhrchen kühlte mit der Zeit auf Zimmertemperatur ab, zog sich dabei zusammen und saugte eine kleine Wassersäule in das Röhrchen hinein. Damit hatte Galilei ein *Thermometer* (griechisches Kunstwort für »Wärmemesser«) erfunden. Bei jeder Veränderung der Umgebungstemperatur sank oder stieg der Pegel der Wassersäule im Röhrchen. Der einzige Schönheitsfehler der Vorrichtung lag darin, daß das Wasser in dem Behälter, in den Galilei das Röhrchen gestellt hatte, der Luft und damit auch den Veränderungen des Luftdrucks ausgesetzt war. Sinkender oder steigender Luftdruck führte ebenfalls zu Pegelveränderungen im Röhrchen; die Messungen waren somit nicht eindeutig. Das Thermometer war übrigens das erste wichtige naturwissenschaftliche Instrument aus Glas.
1654 führte Ferdinand II., Großherzog der Toskana, ein von ihm entwickeltes Thermometer vor, bei dem der störende Einfluß des Luftdrucks ausgeschaltet war. Es war ein mit einer Flüssigkeit gefüllter, hermetisch verschlossener Kolben, aus dem ein gerades Glasröhrchen herauswuchs. Hier fungierte nicht die eingeschlossene Luft, sondern die eingeschlossene Flüssigkeit selbst als Indikator für Temperaturschwankungen. Bei Flüssigkeiten ist die temperaturbedingte Volumenänderung viel weniger ausgeprägt als bei Gasen; wenn man jedoch einen bauchigen Kolben zur Gänze mit Flüssigkeit füllt, so daß dieser, wenn sie sich ausdehnt, nur der Weg in ein sehr enges angeschlossenes Röhrchen bleibt, kann selbst eine geringe Volumenänderung zu einem sicht- und meßbaren Sinken oder Ansteigen des Flüssigkeitspegels im Röhrchen führen.
Der englische Physiker Robert Boyle experimentierte um dieselbe Zeit mit Vorrichtungen, die ebenfalls nach diesem Prinzip arbeiteten; er zeigte als erster, daß der menschliche Körper eine konstante Temperatur hat, die deutlich über der gewöhnlichen Zimmertemperatur liegt. Andere demonstrierten, daß bestimmte physikalische Phänomene sich stets bei bestimmten Temperaturen vollziehen. Daß dies etwa für das Schmelzen von Eis und für das Verdampfen von Wasser gilt, fand man schon vor Ende des 17. Jahrhunderts heraus.
Die ersten Flüssigkeiten, mit denen Thermometer betrieben wurden, waren Wasser und Alkohol. Da Wasser zu schnell gefror und Alkohol zu schnell verdampfte, versuchte der französische Physiker Guillaume Amontons es mit Quecksilber. Bei seinem Thermometer war es, wie bei dem von Galilei, die Ausdehnung bzw. Zusammenziehung der im Gefäß eingeschlossenen Luft, die das Steigen und Sinken der Quecksilbersäule bewirkte.
Der deutsche Physiker Daniel Gabriel Fahrenheit verband 1714 die Vorzüge des von Amontons kreierten Geräts mit denen des vom Großherzog erfundenen, indem er Quecksilber in ein an seinem Fuß zum Kolben erweitertes Röhrchen einschloß; nun war es die temperaturabhängige Ausdehnung bzw. Kontraktion des Quecksilbers, die als Indikator diente. Fahrenheit versah das Röhrchen darüber hinaus mit einer Skaleneinteilung und quantifizierte damit die Temperaturmessung.
Man ist sich nicht ganz sicher, wie Fahrenheit auf die Skala kam, für die er sich letzten Endes entschied. Einer Darstellung zufolge soll er einfach die niedrigste Temperatur, die er in seinem Laboratorium erzeugen konnte (durch Vermischung schmelzenden Eises mit Salz), mit dem Skalenwert Null belegt haben. Dann wählte er für den Gefrierpunkt und den Siedepunkt reinen Wassers die Skalenwerte 32 und 212. Das hatte zwei Vorteile. Zum einen ergab sich für den Temperaturbereich, innerhalb dessen Wasser flüssig ist, ein In-

tervall von 180, was insofern nur natürlich schien, als Fahrenheit die Maßeinheit *Grad,* analog den in der Geometrie eingeführten 180 Grad eines Halbkreises, benutzte. Zum zweiten lag bei dieser Skaleneinteilung die menschliche Körpertemperatur ziemlich genau bei 100 Grad (um genau zu sein: bei 98,6 ° Fahrenheit).

So konstant ist das Temperaturniveau, das der menschliche Körper normalerweise einhält, daß bereits eine Erhöhung um etwas mehr als 1 Grad Fahrenheit zu einer Erscheinung führt, die wir Fieber nennen und die dem betreffenden Menschen eindeutig das Gefühl gibt, krank zu sein. 1858 führte der deutsche Arzt Karl August Wunderlich die regelmäßige Messung der Körpertemperatur als diagnostisches Hilfsmittel ein. Einige Jahre später entwickelte der britische Arzt Thomas C. Allbutt das Fieberthermometer; sein charakteristisches Merkmal ist eine flaschenhalsartige Verengung im unteren Teil des Röhrchens, in dem die Quecksilbersäule hochsteigt. Der oberhalb der Verengung zu stehen kommende Teil der Quecksilbersäule kann nach Beendigung des Meßvorgangs nicht mehr nach unten zurücklaufen, so daß das Thermometer auf dem höchsten während des Meßvorgangs registrierten Temperaturwert stehen bleibt. In den USA ist die Fahrenheitskala bis heute die im Alltag gebräuchliche geblieben.

Der schwedische Astronom Anders Celsius brachte im Jahr 1742 eine andere Skala in Vorschlag. Sie ging vom Gefrierpunkt und Siedepunkt des Wassers aus und markierte, in ihrer endgültigen Form, diese beiden Eckpunkte mit den Skalenwerten 0 und 100 *(siehe auch Kap. 6 »Gase«, Abb.).*

1948 wurde auf einer internationalen Konferenz der Beschluß gefaßt, im Bereich von Naturwissenschaft und Technik hinfort mit dieser Temperaturskala zu arbeiten und sie nach ihrem Schöpfer die *Celsius-Skala* zu nennen. Seither hat sich in den meisten zivilisierten Ländern die Praxis durchgesetzt, Temperaturen in *Grad Celsius (°C)* anzugeben; auch in den Vereinigten Staaten versucht man heute, die Bevölkerung an diese Skala zu gewöhnen.

Zwei Wärmetheorien

Die Temperatur ist ein Maß für die Intensität von Wärme, sagt aber nichts über deren Quantität aus. Hitze fließt immer von einem Niveau höherer in ein Niveau niedrigerer Temperaturen, bis ein völliger Temperaturausgleich erreicht ist, ganz ähnlich wie Wasser aus einem System mit höherem in eines mit niedrigerem Pegelstand fließt, bis der Niveauunterschied ausgeglichen ist. Wärme verhält sich so ohne Rücksicht darauf, welche Wärmemenge die beteiligten Systeme enthalten. Eine Badewanne voll lauwarmen Wassers enthält beispielsweise eine weit größere Wärmemenge als ein brennendes Streichholz; gleichwohl wandert, wenn wir ein brennendes Streichholz an die Oberfläche des lauwarmen Badewassers halten, Wärme vom Streichholz zum Wasser und nicht etwa umgekehrt.

Joseph Black, der wichtige Beiträge zur Erforschung des Verhaltens von Gasen leistete *(siehe Kapitel 5),* arbeitete als erster den Unterschied zwischen Temperatur und Wärme heraus. 1760 erklärte er, unterschiedliche Stoffe würden durch Zufuhr der jeweils gleichen Wärmemenge um unterschiedliche Temperaturbeträge erwärmt. Um beispielsweise die Temperatur von 1 g Eisen um 1 °C zu erhöhen, sei dreimal so viel Wärme vonnöten als zur Erwärmung einer gleichgroßen Menge Blei um ebenfalls 1 °C. Und für Beryllium sei, so Black, dreimal so viel Energie erforderlich wie für Eisen.

Black zeigte des weiteren, daß es möglich ist, einem Stoff Wärme zuzuführen, ohne daß sich seine Temperatur erhöht, Wenn man schmelzendes Eis erwärmt, beschleunigt dies den Schmelzvorgang, aber das Eis selbst wird um kein Jota wärmer. Die Wärmezufuhr bewirkt, daß schließlich der gesamte Eisvorrat dahinschmilzt, aber während der Prozeß im Gang ist, steigt die Temperatur des Eises niemals über die Null-Grad-Grenze. Ebenso verhält es sich, wenn man Wasser zum Sieden bringt: Je länger man Hitze zuführt, desto mehr Wasser verflüchtigt sich in Form von Dampf, aber das noch vorhandene Wasser wird niemals heißer als 100 °C.

Mit der Erfindung der Dampfmaschine *(siehe Kap. 9),* die in dieselbe Zeit fiel wie die Experimente Blacks, verstärkte sich das Interesse der Wissenschaftler an den Phänomenen Wärme und Temperatur. Sie begannen sich Gedanken über das Wesen der Wärme zu machen, wie sie sich schon früher Gedanken über das Wesen des Lichts gemacht hatten.

Wie über das Licht, gab es auch über die Wärme zwei Theorien. Die eine betrachtete die Wärme als eine materielle Substanz, die sich einem Stoff entnehmen oder zuführen oder sich von einem Stoff auf einen anderen übertragen ließ. Diese Substanz wurde *Calor* genannt (von dem lateinischen Wort für Wärme). Wenn Holz verbrannt wurde, so wanderte dieser Anschauung zufolge das darin enthaltene *Calor* in die Flamme, von dort dann gegebenenfalls weiter in den auf die Flamme gestellten Wasserkessel und seinen Inhalt. Wenn das Wasser im Kessel mit Calorien gesättigt war, verwandelte es sich in Dampf.
Gegen Ende des 18. Jahrhunderts führten zwei berühmt gewordene Beobachtungen zur Formulierung einer alternativen Theorie, die die Wärme als ein Schwingungsphänomen definierte. Die erste dieser Beobachtungen verdankte die Welt dem amerikanischen Physiker und Abenteurer Benjamin Thompson, der als Königstreuer im Verlauf der amerikanischen Revolution aus seinem Lande floh und sich anschließend unter dem angenommenen Titel Graf Rumford in Europa herumtrieb. 1798 beaufsichtigte er in Bayern das Aufbohren von Kanonenrohren und bemerkte, daß dabei beträchtliche Wärmemengen erzeugt wurden. Mittels Versuchen fand er heraus, daß beim Bohren eines Kanonenrohrs genügend Wärme freigesetzt wurde, um neun Liter Wasser in weniger als drei Stunden zum Kochen zu bringen. Woher kam in diesem Fall die Wärme? Thompson gelangte zu dem Schluß, daß Wärme aus Schwingungen bestehen müsse, die durch die mechanische Reibung zwischen Bohrer und bearbeitetem Material in Gang gesetzt und verstärkt wurden.
Im Jahr darauf machte der Chemiker Humphry Davy ein noch aussagekräftigeres Experiment. In einem Behälter, dessen Innentemperatur er unter dem Gefrierpunkt hielt, rieb er zwei Eisstücke aneinander, nicht von Hand, sondern mit Hilfe einer mechanischen Vorrichtung, um auszuschließen, daß dem Eis Wärme zufloß. Allein durch den Vorgang des Reibens brachte er einen Teil des Eises zum Schmelzen. Auch er gelangte zu dem Schluß, daß Wärme kein Stoff sein konnte, sondern ein Schwingungsphänomen sein mußte. Im Grunde war die Frage mit diesem Experiment entschieden; die calorische Wärmetheorie war offensichtlich falsch – gleichwohl blieb sie bis weit ins 19. Jahrhundert hinein salonfähig.

Wärme als Energie

Wenn auch das Wesen der Wärme noch unverstanden war, so sammelten die Physiker doch etliche wichtige Erfahrungen damit, ähnlich wie die Erforscher des Lichts interessante Erkenntnisse über Lichtbrechung und Lichtbeugung gesammelt hatten, ohne noch über das Wesen des Lichts Bescheid zu wissen. In den 20er Jahren des 19. Jahrhunderts studierten zwei französische Physiker, Jean Fourier und Nicholas Sadi Carnot, das Bewegungsverhalten von Wärme und gelangten zu bedeutsamen Aufschlüssen. Carnot gilt im allgemeinen als Begründer der wissenschaftlichen *Thermodynamik* (zusammengesetzt aus den griechischen Worten für »Wärme« und »Bewegung«). Seine Arbeit lieferte eine solide theoretische Grundlage für die Konstruktion und den Einsatz von Dampfmaschinen.
Zwanzig Jahre später beschäftigten die Physiker sich mit der Frage, wie die im Dampf gespeicherte Energie in mechanische Arbeit (nämlich in die Bewegung eines Kolbens in einem Zylinder) umgesetzt werden könnte. War die Arbeitsleistung, die sich aus einer gegebenen Wärmemenge gewinnen ließ, begrenzt? Und wie verhielt es sich mit dem umgekehrten Vorgang: Wie ließ sich Arbeit in Wärme umsetzen?
James P. Joule verbrachte 35 Jahre damit, unterschiedlichste Formen von Arbeit in Wärme umzusetzen; was vor ihm Rumford auf eher primitive Weise getan hatte, führte Joule mit Sorgfalt und Konsequenz weiter. Er stellte durch Messungen fest, wieviel Wärme ein elektrischer Strom erzeugt. Er erhitzte Wasser und Quecksilber durch mechanisches Umrühren oder indem er Wasser mit Gewalt durch enge Röhren preßte. Er erhitzte Luft, indem er sie zusammenpreßte, und ähnliches mehr. Jedesmal rechnete er aus, wieviel mechanische Arbeit dem betreffenden System zugeführt worden und welche Wärmemenge dabei erzeugt worden war. Er fand, daß eine bestimmte Menge Arbeit, gleich welcher Art, sich stets in eine bestimmte Wärmemenge umsetzt. Joule berechnete, mit anderen Worten, das *mechanische Wärmeäquivalent*.
Wenn Wärme sich in Arbeit umsetzen ließ, so mußte sie als eine Form von *Energie* (zusammengesetzt aus griechischen Worten mit der Bedeutung »Arbeit enthaltend«) betrachtet werden. Da

Elektrizität, Magnetismus, Licht und Bewegung allesamt zur Leistung mechanischer Arbeit herangezogen werden können, müssen auch sie Formen von Energie sein. Und auch die Arbeit selbst ist, da in Wärme umsetzbar, als Äußerungsform von Energie anzusehen.

Dieser Gedankengang führte auf eine Einsicht hin, wie sie im Grunde schon seit Newtons Zeiten auf der Hand lag: daß Energie erhalten bleibt und weder aus dem Nichts geschaffen werden noch sich in Nichts auflösen kann. Ein Körper, der sich in Bewegung befindet, besitzt, nach einem 1856 von Lord Kelvin eingeführten Ausdruck, *kinetische Energie* (was nichts anderes heißt als »Bewegungsenergie«). Da ein sich von der Erdoberfläche aus nach oben bewegender Körper durch die Schwerkraft gebremst wird, verliert er seine kinetische Energie nach und nach. Im gleichen Maß jedoch, wie er kinetische Energie einbüßt, gewinnt er etwas, das man als »Energie der Lage« bezeichnen kann – die Position hoch über der Erdoberfläche, die er erreicht hat, versetzt ihn in die Lage, frei zu fallen, dabei zu beschleunigen und kinetische Energie wiederzugewinnen. Der schottische Physiker William J. M. Rankine prägte für diese Energie der Lage 1853 den Begriff *potentielle Energie*. Die Summe aus der kinetischen und der potentiellen Energie eines Körpers, seine *mechanische Energie*, bleibt, so schien es, während der ganzen Dauer seines Bewegungszyklus auf einem konstanten Niveau; dieser Sachverhalt wurde mit dem Begriff *Erhaltung der mechanischen Energie* umschrieben. Allerdings bleibt die mechanische Energie nicht vollständig erhalten; ein Teil von ihr geht durch Reibung, durch den Widerstand der Luft und durch andere Faktoren verloren.

Was die Versuche Joules vor allem zeigten, war, daß das Prinzip von der Erhaltung der Energie dann nahtlos aufging, wenn man die Wärme mit in Rechnung stellte; denn alle durch Reibung oder Luftwiderstand verlorengegangene mechanische Energie wandelt sich lediglich in Wärme um. Berücksichtigt man dies, so läßt sich zeigen, daß bei keinem physikalischen Prozeß neue Energie geschaffen wird oder alte Energie verlorengeht. Der erste, der dies klar und entschieden aussprach, war 1842 der deutsche Physiker Julius Robert Mayer. Er konnte allerdings keine soliden experimentellen Befunde vorweisen und genoß mangels akademischer Weihen keinen sonderlichen Respekt. (Auch Joule, der von Beruf Bierbrauer war und dem daher ebenfalls die akademischen Referenzen fehlten, hatte dieses Problem; er tat sich schwer, eine Veröffentlichungsmöglichkeit für seine minuziös dokumentierten Arbeiten zu finden.)

Erst 1847 erwies ein genügend hoch geachteter Universitätsprofessor dem Prinzip die Ehre, es öffentlich zu verkünden. Heinrich von Helmholtz proklamierte das *Gesetz von der Erhaltung der Energie:* Wenn immer eine bestimmte Energiemenge an einer Stelle verlorengeht, muß sie an anderer Stelle in äquivalenter Menge wieder in Erscheinung treten. Man nennt dies auch den *ersten Hauptsatz der Thermodynamik*. Er ist bis heute, unberührt von Quanten- und Relativitätstheorie, eine tragende Säule des physikalischen Weltbildes geblieben.

Während Arbeit jeder Art vollständig in Wärme umgesetzt werden kann, gilt umgekehrt nicht dasselbe. Wenn Wärme in Arbeit umgesetzt wird, findet immer nur eine unvollständige Umwandlung statt. Eine Dampfmaschine beispielsweise kann die im Dampf enthaltene Energie nur so lange in Arbeit umsetzen, bis die Temperatur des Dampfes auf das Niveau der Umgebungstemperatur gesunken ist; das kalte Wasser, zu dem der Dampf kondensiert und abgekühlt ist, enthält dann zwar noch immer eine beträchtliche Wärmemenge, aber aus ihr läßt sich keine Arbeit mehr gewinnen. Und auch die Energie, die dem Dampf tatsächlich entzogen wird, setzt sich nicht zur Gänze in Arbeit um; ein Teil von ihr geht vielmehr »verloren« für die unvermeidliche Aufheizung der Maschine selbst und in der Umgebungsluft, für die Überwindung des Reibungswiderstandes zwischen Kolben und Zylinder u. ä. m.

Bei jeder Energieumsetzung (beispielsweise bei der Umwandlung elektrischer Energie in Lichtenergie oder magnetischer Energie in Bewegungsenergie) geht ein Teil der Ausgangsenergie verloren. Er löst sich nicht etwa in nichts auf – das wäre ein Verstoß gegen den ersten Hauptsatz der Thermodynamik. Aber er wird in Wärme verwandelt, die sich in die Umgebung verflüchtigt.

Das Arbeitspotential, das ein System enthält, wird als seine *freie Energie* bezeichnet. Das Verhältnis zwischen ihr und dem Teil der Energie des Systems, der unvermeidlicherweise als Abwärme verlorengeht, wird in einem Parameter ausgedrückt, den man nach einem von dem deutschen

Physiker Rudolf Clausius 1850 eingeführten Begriff die *Entropie* des Systems nennt.
Clausius wies darauf hin, daß bei jeden Vorgang, bei dem Energie umgesetzt wird, ein gewisser Energieverlust auftritt; daraus folgt, daß die Entropie des Systems Universum beständig zunimmt. Diesen Sachverhalt konstatiert der *zweite Hauptsatz der Thermodynamik,* der manchmal auch als Satz vom »Wärmetod des Universums« bezeichnet wird. Glücklicherweise ist die zur Verfügung stehende Energiemenge (deren Lieferanten fast ausschließlich die Sterne sind, die ihren Energievorrat in raschem Tempo abbauen) so ungeheuer groß, daß es auf viele Milliarden Jahre hinaus keinen Energiemangel geben wird.

Wärme und Molekularbewegung

Die Voraussetzungen für ein klares Verständnis dessen, was Wärme eigentlich ist, wurden erst mit der Erforschung der atomaren Struktur der Materie geschaffen; ein bedeutsamer erster Schritt war die Erkenntnis, daß die Moleküle, aus denen ein Gas besteht, in ständiger Bewegung sind, daß sie untereinander zusammenstoßen und gegen die Wände ihres Behälters prallen. Der erste Gelehrte, der den Versuch machte, die Eigenschaften und das Verhalten von Gasen unter diesem Gesichtspunkt zu erklären, war im Jahr 1738 der Schweizer Mathematiker Daniel Bernoulli; allein, er war seiner Zeit zu weit voraus. Um die Mitte des 19. Jahrhunderts erarbeiteten Maxwell und Boltzmann *(s. Kap. 5)* die adäquaten mathematischen Grundlagen und formulierten die *kinetische Gastheorie.* Diese Theorie setzte Wärme mit Molekülbewegung gleich. Die kalorische Wärmetheorie wurde endgültig begraben. Wärme wurde nunmehr eindeutig als Schwingungsphänomen interpretiert: bei Gasen und Flüssigkeiten als Bewegung mobiler Moleküle, bei festen Stoffen als Vibrationsbewegung oder Eigenschwingung stationärer Moleküle.
Wenn ein fester Stoff bis zu dem Punkt erhitzt wird, an dem die stationäre Eigenschwingung der Moleküle stark genug wird, um die Bindungen zerreißen zu lassen, mit denen die benachbarten Moleküle einander an ihrem Platz und in Formation halten, dann geht die Formation verloren, und die Moleküle werden sozusagen zu selbständigen Individuen – die vorher feste Substanz schmilzt und wird zur Flüssigkeit. Je stärker die Bindungen zwischen benachbarten Molekülen im festen Zustand des Stoffes, desto mehr Hitze ist erforderlich, um die Bindungen aufbrechen zu lassen. Die betreffende Substanz hat dann einen höheren Schmelzpunkt.
Im flüssigen Zustand können sich die Moleküle frei gegeneinander bewegen. Wird die Flüssigkeit weiter erhitzt, so gewinnen die Moleküle immer mehr Bewegungsenergie, bis sie schließlich in der Lage sind, sich aus dem Flüssigkeitskörper zu lösen – die Flüssigkeit kocht oder siedet. Auch die Höhe des Siedepunktes hängt von der Stärke der intermolekularen Bindungen ab.
Bei der Verflüssigung eines festen Stoffes wird die gesamte dem System zugeführte Energie darauf verwendet, die intermolekularen Bindungen auseinanderzureißen. So ist es zu erklären, daß die Wärme, die man einem Eisblock zuführt, um ihn zum Schmelzen zu bringen, die Temperatur des Eises nicht erhöht. Dasselbe gilt, wie bereits gesagt, sinngemäß auch für den Vorgang des Siedens.
Wir können nunmehr den Unterschied zwischen Wärme und Temperatur unschwer definieren: Unter Wärme verstehen wir die Gesamtheit der Energie (in Form von Molekülbewegungen), die eine bestimmte Menge einer Substanz enthält. Die Temperatur ist das Maß für die durchschnittliche Bewegungsenergie der Moleküle, aus denen sich eine Substanz zusammensetzt. Ein Liter 60 °C heißen Kaffees enthält doppelt so viel Wärme wie ein halber Liter 60 °C heißen Kaffees (weil er die doppelte Zahl schwingender Moleküle enthält); beide Kaffeemengen haben aber dieselbe Temperatur, denn die durchschnittliche Bewegungsenergie ihrer Moleküle ist dieselbe.
Chemische Verbindungen stellen als solche ein Reservoir von Energie dar – die Energie steckt in diesem Fall in den zwischen den einander benachbarten Atomen oder Molekülen herrschenden Bindungskräften. Wenn diese Bindungen aufgebrochen und durch neue, weniger starke Bindungen ersetzt werden, tritt die überschüssig gewordene Energie in Form von Wärme oder Licht (oder in Form von beidem) in Erscheinung. In manchen Fällen wird so viel Energie in so kurzer Zeit freigesetzt, daß der Vorgang sich als Explosion darstellt.

Es läßt sich für jede Substanz berechnen, wieviel chemische Energie sie enthält und wieviel Wärme bei einer bestimmten chemischen Reaktion freigesetzt werden muß. Wenn beispielsweise Kohle verbrannt wird, so heißt dies nichts anderes, als daß die Bindungen zwischen den Kohlenstoffatomen der Kohle einerseits und die Bindungen zwischen den Atomen der Luftsauerstoff-Moleküle andererseits (mit denen sich die Kohlenstoffatome dann verbinden) aufgebrochen werden. Die Bindungen, die die bei dem Vorgang entstehende neue Substanz (Kohlendioxid) konstituieren, repräsentieren ein geringeres Energieniveau als die Bindungen im Innern der beiden Ausgangsstoffe. Diese Differenz, die man messen kann, macht sich in der Erzeugung von Wärme und Licht – Feuer – geltend.
Der amerikanische Physiker Josiah W. Gibbs legte 1876 eine vollständig ausgearbeitete Theorie der *chemischen Thermodynamik* vor. Nahezu aus dem Nichts – diese wissenschaftliche Disziplin hatte es vorher weder dem Namen noch dem Inhalt nach gegeben – schuf Gibbs eine fertige, ausgereifte Wissenschaft.
Der ausführliche Aufsatz, in dem Gibbs seine Theorie darlegte, schwebte hoch über dem Niveau seiner Zeitgenossen (zumindest seiner amerikanischen) und wurde von der Zeitschrift der *Connecticut Academy of Arts and Sciences* erst nach vielen Bedenken veröffentlicht. Und selbst nach ihrer Veröffentlichung blieb die Arbeit, vermutlich dank Gibbs' streng mathematischer Argumentation und seines überaus leisen und zurückhaltenden Naturells, unbeachtet, bis Ostwald sie 1883 entdeckte, ins Deutsche übersetzte und die wissenschaftliche Welt über Gibbs' Bedeutung aufklärte.
Ein Beispiel mag dem Leser einen Begriff von Gibbs' Bedeutung geben: Seine Gleichungen zeigten die einfachen, aber strengen Regeln auf, nach denen sich Gleichgewichtszustände zwischen verschiedenen Substanzen bilden, die gleichzeitig und miteinander in mehr als einer Phase existieren (z. B. in zwei verschiedenen Aggregatszuständen, in fester Form und in Lösung; oder in einem Gemenge aus zwei nicht mischbaren Flüssigkeiten und einem Gas usw.). Die von Gibbs aufgestellte *Phasenregel* ist ein fundamentales Gesetz der Metallurgie und vieler anderer chemischer Teildisziplinen.

Masse und Energie

Nach der Entdeckung der Radioaktivität im Jahr 1896 *(s. Kap. 6)* erschien das Energieproblem plötzlich unter einem völlig neuen Blickwinkel. Die radioaktiven Substanzen Uran und Thorium strahlten Ströme von Teilchen ab, die ein erstaunlich hohes Energieniveau aufwiesen. Mehr noch: Wie Marie Curie feststellte, hatte Radium die Eigenschaft, kontinuierlich eine beachtliche Wärmemenge abzustrahlen, nämlich 140 Kalorien pro Gramm und Stunde, und dies Stunde um Stunde, Woche um Woche, Jahrzehnt um Jahrzehnt. Die energiereichste chemische Reaktion, die man kannte, vermochte nicht den Millionsten Teil der Energie freizusetzen, die das Radium kontinuierlich abgab. War hier nicht das Prinzip von der Erhaltung der Energie außer Kraft gesetzt?
Kaum weniger überraschend war die Tatsache, daß diese Energieerzeugung, anders als man es von chemischen Reaktionen gewohnt war, völlig temperaturunabhängig zu sein schien. Sie lief, wenn man Radium auf die Temperatur flüssigen Wasserstoffs brachte, genauso ab wie bei Zimmertemperatur.
Es lag auf der Hand, daß hier eine ganz neue, von der chemischen Energie grundlegend verschiedene Energieart im Spiel war. Glücklicherweise ließ die Lösung des Rätsels nicht lange auf sich warten. Es war niemand anders als Einstein, der sie in seiner Speziellen Relativitätstheorie lieferte. Die mathematische Behandlung des Energiephänomens führte ihn zu der Schlußfolgerung, daß Masse eine Form von Energie darstellt – eine hochkonzentrierte Form, denn eine winzige Menge Materie konnte sich in eine ungeheure Energiemenge umsetzen.
Die Gleichung, mit der Einstein das Verhältnis zwischen Masse und Energie ausdrückte, ist unter allen Gleichungen wohl die berühmteste:

$$e = mc^2$$

Dabei steht *e* für Energie (gemessen in erg), *m* für Masse (in Gramm) und *c* für die Lichtgeschwindigkeit (in Zentimetern pro Sekunde). Man könnte auch andere Maßeinheiten verwenden; an der Quintessenz würde das nichts ändern.

Da Licht sich mit einer Geschwindigkeit von 30 Milliarden cm/Sekunde fortpflanzt, ergibt sich für c^2 ein Wert von 900 Milliarden Milliarden; ein Gramm Masse könnte also in eine Energiemenge von 900 Trillionen erg umgewandelt werden. Das erg ist eine kleine Maßeinheit der Energie, die sich nicht ohne weiteres in geläufigere Maßeinheiten übersetzen läßt. Wir können eine Vorstellung davon gewinnen, um welche Größenordnung es geht, wenn wir uns vergegenwärtigen, daß die in einem Gramm Masse enthaltene Energie ausreichen würde, um eine 1000-Watt-Glühbirne 2850 Jahre lang brennen zu lassen. Oder um es noch anders zu sagen: Die vollständige Umwandlung eines Gramms Masse in Energie würde ebensoviel Energie freisetzen wie die Verbrennung von 1800 Tonnen Benzin.

Einsteins Gleichung machte einem der heiliggehaltenen naturwissenschaftlichen Erhaltungssätze den Garaus: dem von Lavoisier formulierten Gesetz von der Erhaltung der Masse, das besagte, daß Materie weder erschaffen noch zerstört werden könne. Tatsächlich weiß man heute, daß bei jeder chemischen Reaktion, die Energie freisetzt, eine winzige Menge Materie in Energie umgewandelt wird. Wenn man die Reaktionsprodukte mit perfekter Präzision wiegen könnte, würde sich herausstellen, daß sie das Ausgangsmaterial niemals ganz aufwiegen. Indes ist der bei gewöhnlichen chemischen Reaktionen auftretende Masseverlust so geringfügig, daß er mit den Techniken, die den Chemikern des 19. Jahrhunderts zur Verfügung standen, beim besten Willen nicht festzustellen gewesen wäre. Die Physiker hatten es jetzt jedoch mit einem ganz anderen Phänomen zu tun – die Radioaktivität als *nukleare* Reaktion unterschied sich grundlegend von chemischen Reaktionen, wie sie etwa bei der Verbrennung von Kohle auftraten. Nukleare Reaktionen setzten so viel Energie frei, daß der Masseverlust sich in meßbaren Bereichen bewegte.

Indem Einstein die wechselseitige Konvertierbarkeit von Masse und Energie postulierte, hob er die Gesetze von der Erhaltung der Energie und der Masse auf und ließ sie zugleich in neuer, einheitlichter Form wiedererstehen: als Gesetz von der Erhaltung der Masse-Energie. Der erste Hauptsatz der Thermodynamik behielt seine Gültigkeit, ja er stand unangefochtener da denn je.

Experimentelle Nachweise für die Umwandlung von Masse in Energie erbrachte Aston mit Hilfe seines Massenspektrographen, der eine sehr präzise Bestimmung der Masse von Atomkernen erlaubte (indem er den Grad ihrer Ablenkung durch ein Magnetfeld maß). Mit einer verbesserten Version dieses Instruments führte Aston 1925 den Nachweis, daß die Masse eines Atomkerns nicht ein genaues Vielfaches der Masse der in ihm vereinigten Neutronen und Protonen ist.

Beschäftigen wir uns einen Augenblick lang mit der Masse dieser Neutronen und Protonen. Ein Jahrhundert lang hatte man die Masse von Atomen und Elementarteilchen im allgemeinen auf der Grundlage einer Übereinkunft angegeben, die dem Sauerstoff ein Atomgewicht vom Betrag 16,00000 zuwies *(siehe Kapitel 6)*. 1929 zeigte jedoch Giauque, daß es drei Sauerstoff-Isotope gibt, Sauerstoff 16, 17 und 18 (^{16}O, ^{17}O und ^{18}O), und daß das Atomgewicht des Sauerstoffs dem Gewichtsdurchschnitt der Massenzahlen dieser drei Isotope entspricht.

Von den dreien ist ^{16}O das bei weitem verbreitetste; es stellt 99,759% aller Sauerstoffatome. Wenn der Sauerstoff als ganzer (also als Isotopengemisch) das Atomgewicht 16,00000 besitzt, muß das ^{16}O-Isotop eine Massenzahl von knapp unter 16 aufweisen. (Die winzigen Kontingente der schweren Isotope ^{17}O und ^{18}O erhöhen den Durchschnittswert auf genau 16.) Die Chemiker ließen sich durch die Aufklärung dieses Sachverhalts nicht aus dem Konzept bringen und hielten noch eine ganze Generation lang an dem überkommenen Eckwert für die sogenannten *chemischen Atomgewichte* fest.

Anders die Physiker. Sie zogen es vor, die Masse des ^{16}O-Isotops auf den Wert 16,00000 festzusetzen und von dieser Grundlage aus alle anderen Massen neu zu definieren. Auf diese Weise wurden die sogenannten *physikalischen Atomgewichte* festgelegt. Für das Atomgewicht des Sauerstoffs ergibt sich dabei, die Beimischungen der schwereren Isotope eingerechnet, der Wert 16,0044. Im Mittel liegen die physikalischen Atomgewichte um 0,027 Prozent höher als ihre chemischen Pendants.

1961 einigten sich Physiker und Chemiker auf eine Kompromißregelung: Als neuer Eckwert für die Definition der Atomgewichte wurde die Masse des ^{12}C-Isotops von Kohlenstoff gewählt und auf den Wert 12,0000 festgelegt. Damit war endlich eine nachvollziehbare und einfache Beziehung zwischen Massenzahl und Atomgewicht hergestellt, und zusätzlich hatte die neue Regelung den Vorteil, daß sich für die Atomgewichte ziemlich genau dieselben Werte ergaben, mit denen man unter dem alten System operiert hatte. So liegt beispielsweise das Atomgewicht des Sauerstoffs nach dem neuen ^{12}C-Standard bei 15,9994.

Wenden wir uns gleich einmal dem ^{12}C-Atom mit seinem Massenwert 12,00000 zu. Sein Kern setzt sich aus 6 Protonen und 6 Neutronen zusammen. Wie sich mit massenspektrographischen Messungen zeigen läßt, beträgt die Masse eines Protons auf der Basis des ^{12}C-Standards 1,007825, die eines Neutrons 1,008665. Für 6 Protonen ergibt sich demnach eine Masse von 6,046950, für 6 Neutronen eine Masse von 6,051990. Für die 12 Nukleonen zusammen müßte sich eine Masse von 12,09894 ergeben. Das ^{12}C-Atom weist aber die Masse 12,00000 auf. Offensichtlich hat sich ein knappes Prozent seiner Masse verflüchtigt – wohin?

Man nennt diesen Fehlbetrag den *Massendefekt*. Teilt man den Massendefekt durch die Massenzahl, so ergibt sich der Massendefekt pro Nukleon, auch *Packungsanteil* genannt. Die fehlende Masse hat sich natürlich nicht in nichts aufgelöst, sondern sich gemäß der Einsteinschen Gleichung in Energie umgewandelt; der Massendefekt entspricht somit der Bindungsenergie des Kerns. Um einen Kern in seine einzelnen Protonen und Neutronen aufzuspalten, müßte man dem Kern eine seiner Bindungsenergie gleichkommende Energiemenge zuführen, da bei dem Vorgang ein dieser Energiemenge korrespondierendes Massenäquivalent geschaffen werden müßte.

Aston bestimmte für zahlreiche Atomkerne den jeweils charakteristischen Packungsanteil und stellte fest, daß er vom Wasserstoff bis zu den Elementen in der Umgebung des Eisens in ziemlich rascher Progression zunimmt, um dann über den Rest der Periodensystemtafel hinweg wieder langsam abzunehmen. Das bedeutet nichts anderes, als daß die Bindungsenergie pro Nukleon im mittleren Bereich des Periodensystems am höchsten ist.

Daraus folgt, daß jede Umwandlung eines näher am Anfang oder am Ende der Periodensystemtafel stehenden Elements in ein näher zur Mitte gelegenes Energie freisetzen müßte.

Schauen wir uns als Beispiel das ^{238}U an. Dieser Urankern zersetzt sich im Zuge eines über mehrere Stationen verlaufenden Zerfallsprozesses zu ^{206}Pb. Im Verlauf dieses Prozesses emittiert er 8 Alphateilchen. (Er gibt auch Betateilchen ab, aber die sind so leicht, daß wir sie hier außer acht lassen können.) ^{206}Pb hat eine Masse von 205,9745, während die Gesamtmasse von 8 Alphateilchen sich auf 32,0208 beläuft. Somit ergibt sich als Summe der Massen der Zerfallsprodukte der Wert 237,9953. Die Masse des ^{238}U-Kerns, aus dem sie entstanden sind, beträgt jedoch 238,0506. Die Differenz, der Massendefekt, beläuft sich auf 0,0553.

Dieser Verlust an Masse ist gerade so groß, daß er die beim Zerfall des Urans freiwerdende Energie aufwiegt.

Wenn Uran in Atome noch niedrigerer Ordnungszahl zerfällt, wie es bei der Kernspaltung geschieht, wird noch erheblich mehr Energie freigesetzt. Und bei der Umwandlung von Wasserstoff in Helium, wie sie sich im Inneren von Sternen vollzieht, kommt es zu einem (relativ) noch größeren Masseverlust und zu einem entsprechend höheren Energieausstoß.

Die Physiker erkannten rasch, daß das Prinzip von der Erhaltung der Masse-Energie eine sehr exakte und zuverlässige Bilanzführung erlaubte. Als beispielsweise 1934 das Positron entdeckt wurde, zeigte sich, daß bei seinem Zusammenstoß mit einem Elektron, der natürlich zur wechselseitigen Vernichtung beider führte, ein Gammastrahlenpärchen entstand, dessen Energie genau der Masse der beiden Teilchen entsprach. Es war darüber hinaus, wie als erster Blackett aufzeigte, möglich, Energie in Masse umzuwandeln. Unter bestimmten Voraussetzungen ließ sich ein mit der nötigen Energie versehener Gammastrahl zum Verschwinden bringen, und an seine Stelle trat ein, aus purer Energie entstandenes, Elektron-Positron-Pärchen. Mit Hilfe größerer Energiemengen, wie sie von kosmischen Strahlungsteilchen oder von künstlich beschleunigten Partikeln *(s. Kap. 7)* geliefert werden können, lassen sich noch massereichere Teilchen, Mesonen und Antiprotonen beispielsweise, erzeugen.

Kein Wunder also, daß in dem Moment, wo die Energie-Masse-Bilanz einmal nicht aufging – als nämlich abgestrahlte Betateilchen ein unerwartet geringes Energieniveau aufwiesen –, die Physiker lieber im Interesse einer ausgeglichenen Bilanz das Neutrino »erfanden«, als sich an der Einsteinschen Gleichung zu schaffen zu machen *(s. Kap. 7)*. Wenn es noch eines weiteren und endgültigen Beweises für die Möglichkeit der Umwandlung von Masse in Energie bedurfte, so wurde er von der Atombombe wohl in überzeugender Manier geliefert.

Teilchen und Welle

Die Physik stand in den 20er Jahren ganz im Zeichen des dualistischen Prinzips. Planck hatte gezeigt, daß Strahlung sowohl Teilchen- als auch Welleneigenschaften besitzt. Einstein hatte gezeigt, daß Masse und Energie zwei Seiten derselben Medaille sind und daß auch Raum und Zeit untrennbar miteinander zusammenhängen. So lag es für die Physiker nahe, nach weiteren Dualismen Ausschau zu halten.
1923 konnte der französische Physiker Louis Victor de Broglie zeigen, daß nicht nur Strahlung gewisse Teilcheneigenschaften aufweisen kann, sondern daß umgekehrt auch materielle Teilchen, Elektronen beispielsweise, mit Welleneigenschaften aufwarten können müßten. Er sagte voraus, daß die Wellenlänge der zu diesen Teilchen gehörigen Wellen im umgekehrten Verhältnis zum Produkt aus Masse und Geschwindigkeit des Teilchens, d. h. zu seinem *Impuls,* stehen würden. Für Elektronen von mittlerer Geschwindigkeit müßte dies, so berechnete de Broglie, Wellenlängen aus dem Bereich der Röntgenstrahlung ergeben.
1927 kam die experimentelle Bestätigung für diese verwegen anmutende Voraussage. In den Labors der Firma Bell Telephone beschossen Clinton J. Davisson und Lester H. Germer Nickelplatten mit Elektronen. Als Folge eines Unfalls, der sich im Labor ereignet hatte, war es notwendig gewesen, das Nickel längere Zeit zu erhitzen. Dabei hatte es sich zu großen Kristallen angeordnet, die ideale Beugungsgitter abgaben, da die Abstände zwischen den Atomen eines solchen Kristalls ziemlich genau im Größenbereich der sehr kleinen Wellenlängen lagen, die Broglie den Elektronen zugeteilt hatte. Und in der Tat verhielten sich die Elektronen, die diese Kristalle durchdrangen, nicht wie Teilchen, sondern wie Wellen. Auf dem lichtempfindlichen Schirm hinter den Nickelplatten zeichneten sich Interferenzmuster ab, Bänder aus schwarzen und weißen Streifen, genau wie sie auch zu erwarten gewesen wären, wenn anstelle der Elektronen Röntgenstrahlen durch das Nickel geschickt worden wären.
Ausgerechnet anhand von Interferenzmustern hatte mehr als ein Jahrhundert zuvor Young den Wellencharakter des Lichts nachgewiesen. Nun lieferte die gleiche Methode den Nachweis für den Wellencharakter des Elektrons. Aus der Eigenart der Interferenzstreifen ließ sich die mit dem Elektron assoziierte Wellenlänge errechnen; sie betrug 1,65 Ångström-Einheiten, was fast genau dem von de Broglie vorausberechneten Wert entsprach.
Im gleichen Jahr zeigte auch der unabhängig von den Amerikanern forschende und mit anderen Methoden arbeitende Physiker George Paget Thomson, daß Elektronen Welleneigenschaften besitzen.
De Broglie wurde 1929 mit dem Physik-Nobelpreis ausgezeichnet, Davisson und Thomson erhielten ihn gemeinsam im Jahr 1937.

Elektronenmikroskopie

Dieser ganz unverhofft neu entdeckte Dualismus wurde flugs in eine praktische Nutzanwendung umgesetzt. Wie bereits erwähnt, läßt sich die Auflösung normaler optischer Mikroskope jenseits einer bestimmten Vergrößerungsleistung nicht mehr steigern, weil Lichtwellen Strukturen, die unterhalb einer bestimmten Größenordnung liegen, nicht mehr scharf abbilden können. Wenn das abzubildende Objekt so klein ist, daß die Lichtwellen es zu umfließen beginnen, werden seine Konturen unscharf und verschwommen – ein Sachverhalt, auf den als erster 1878 der deutsche Physiker Ernst Karl Abbe hinwies. Ein Ausweg bestünde natürlich darin, mit kürzeren Wellenlängen zu arbeiten, die imstande sind, auch kleinere Objekte noch scharf abzubilden. Mikroskope, die mit gewöhnlichem Licht arbeiten, können zwei Punkte, die 1/5000 Millimeter auseinanderliegen, gerade noch trennen; Ultraviolett-Mikroskope schaffen dasselbe mit zwei Punkten, die 1/10000 Millimeter auseinanderliegen. Mit Röntgenstrahlen wäre noch mehr drin, aber es gibt für Röntgenstrahlen keine Linsen. Man kann das Problem jedoch dadurch lösen, daß man sich der für Elektronen typischen Wellen bedient, deren Wellenlängen in etwa denen der Röntgenstrahlen entsprechen, die aber leichter handhabbar sind. Beispielsweise lassen sich die Elektronenstrahlen mittels eines Magnetfeldes ablenken und damit steuern, weil die Wellen mit einem elektrisch geladenen Teilchen verbunden sind.

Ebenso wie das Auge ein vergrößertes Abbild eines Objekts zu sehen bekommt, wenn die betreffenden Lichtstrahlen in geeigneter Weise (nämlich durch Linsen) manipuliert werden, kann eine fotografische Platte ein vergrößertes Abbild eines Objekts auffangen, wenn Elektronenwellen in geeigneter Weise durch Magnetfelder manipuliert werden. Da die im Zusammenhang mit Elektronen auftretenden Wellenlängen viel kleiner sind als die des sichtbaren Lichts, erzielt man mit einem Elektronenmikroskop eine weit bessere Auflösung als, bei gleichem Vergrößerungsfaktor, mit einem gewöhnlichen Mikroskop *(Abb.)*.

Ein noch recht simples Elektronenmikroskop mit einem Vergrößerungsfaktor von 400 wurde 1932 in Deutschland gebaut (von Ernst Ruska und Max Knoll); der erste in der Praxis wirklich brauchbare Typ entstand 1937 an der Universität von Toronto. Das von James Hillier und Albert F. Prebus konstruierte Instrument brachte es auf einen Vergrößerungsfaktor von 7000. (Die besten optischen Geräte stoßen bereits bei etwa 2000facher Vergrößerung an die Grenze ihres Auflösungsvermögens.) Von 1939 an wurden Elektronenmikroskope auf dem Markt angeboten. Hillier und andere entwickelten später Elektronenmikroskope mit Vergrößerungsleistungen bis zum Faktor 2000000.

Während beim normalen Elektronenmikroskop die Elektronen auf dem Objekt fokussiert werden, tastet bei einer später entwickelten Variante ein Elektronenstrahl in rascher Bewegung zeilenweise das Objekt ab, ähnlich wie bei einem Fernsehempfänger ein Elektronenstrahl mit hoher Geschwindigkeit das Zeilenraster des Bildschirms durchläuft. Dieses Funktionsprinzip schlug Knoll schon 1938 vor, aber erst im Jahr 1970 stellte der britisch-amerikanische Physiker Albert Victor Crewe ein für praktische Zwecke taugliches Raster-Elektronenmikroskop vor. Es hat gegenüber dem Standard-Elektronenmikroskop den Vorteil, daß es das zu vergrößerende Objekt schonender behandelt und dessen Dreidimensionalität besser abbildet, so daß es mehr Informationen über das Objekt liefert. Die besten Raster-Elektronenmikroskope sind in der Lage, einzelne Atome, zumindest solche mit höherer Massenzahl, zu lokalisieren.

Das Elektron als Welle

Es dürfte nach all dem nicht überraschen, wenn der Teilchen-Welle-Dualismus auch in die umgekehrte Richtung funktionieren würde, d. h. wenn Phänomene, denen man gewöhnlich Wellencharakter zuspricht, auch Teilcheneigenschaften offenbaren würden. Wie Planck und Einstein zeigten, besteht Strahlung aus Quanten, die ja so etwas wie Teilchen sind. Compton, der Physiker, der später die Teilcheneigenschaft der kosmischen Strahlung nachwies *(s. Kap. 7)*, zeigte 1923, daß Quanten einige ganz handfeste Teilchenmerkmale besitzen. Röntgenstrahlen beispielsweise verlieren, so entdeckte er, beim Aufprall auf Materie Energie und weisen danach eine größere Wellenlänge auf. Dieser Effekt legt die Vorstellung eines auf ein Materieteilchen aufprallenden »Strahlungsteilchens« nahe: Während das Materieteilchen einen Stoß erhält, d. h. Energie gewinnt, wird das Röntgenstrahl-»Teilchen« durch die Kollision abgelenkt und abgebremst, d. h. es verliert Energie. Dieser Energieverlust äußert sich in der vergrößerten Wellenlänge. Der von Compton entdeckte und nach ihm benannte *Compton-Effekt* verhalf der Theorie des Teilchen-Welle-Dualismus zum Durchbruch.

Aus der Erkenntnis, daß es »Materiewellen« gibt, ergaben sich wichtige theoretische Folgerungen. Zum Beispiel konnten einige der ungelösten Fragen zur Struktur des Atoms im Rahmen der neuen

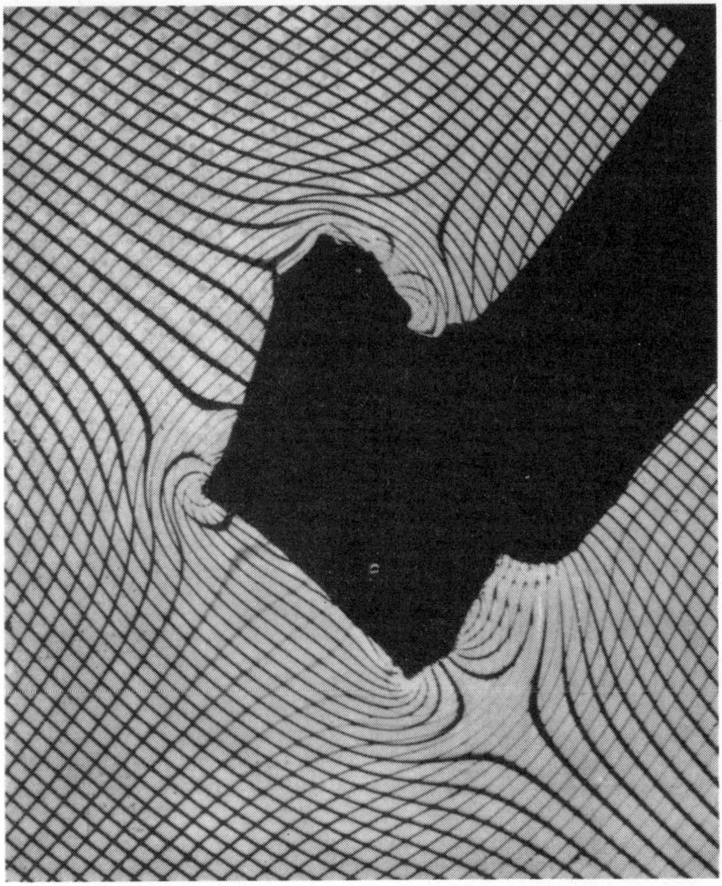

Ein elektrisches Feld, das sich um einen geladenen Kristall herum aufgebaut hat, fotografiert durch ein Elektronenmikroskop mit Hilfe der Metallbeschattungstechnik. Man bedient sich bei diesem Verfahren eines feinen Drahtgeflechts. Die Verzerrung der Netzstruktur, hervorgerufen durch Elektronenablenkung, zeigt Form und Stärke des elektrischen Feldes. Mit Genehmigung des National Bureau of Standards.

Anschauung zufriedenstellend beantwortet werden.

1913 hatte Nils Bohr auf der Basis der damals noch ziemlich neuen Quantentheorie ein Modell des Wasserstoffatoms entwickelt, bei dem dem Kern ein Elektron gegenüberstand, das den Kern umkreiste und dafür eine Reihe von Umlaufbahnen gleichsam zur Auswahl hatte. Diese Umlaufbahnen waren in ihrer jeweiligen Lage fixiert; wenn ein Wasserstoff-Elektron aus einer weiter außen liegenden auf eine weiter innen liegende Bahn wechselte, mußte es Energie abgeben, und es tat dies, indem es ein Quant von bestimmter Wellenlänge aussandte. Wenn umgekehrt ein Elektron von einer inneren auf eine äußere Bahn wechselte, mußte es ein Energiequant aufnehmen, und zwar

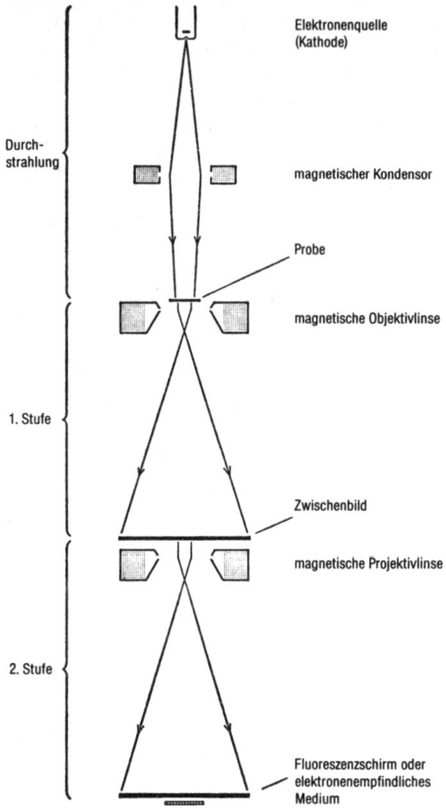

Schematische Darstellung des Elektronenmikroskops. Der magnetische Kondensor ordnet die Elektronen zu parallelen Strahlenbündeln. Das magnetische Objektiv funktioniert sinngemäß wie eine konvexe Linse, d. h. es erzeugt ein vergrößertes Bild; dieses wird dann von einem magnetischen Projektor nochmals vergrößert. Das Endbild wird entweder auf einem fluoreszierenden Schirm oder auf einer elektronensensiblen Platte aufgefangen.

eines, das gerade die passende Größe und Wellenlänge hatte, um dem Elektron diesen *Quantensprung* zu ermöglichen. Dieses Modell lieferte eine Erklärung dafür, daß Wasserstoff nur Strahlung bestimmter, eng begrenzter Wellenlängenbereiche aufnehmen oder aussenden kann, die dann jene charakteristischen Linien in seinem Spektrum hervorbringt. Das Bohrsche Modell, das im Lauf des nachfolgenden Jahrzehnts allmählich differenzierter ausgestaltet und mit Ergänzungen versehen wurde – wobei sich vor allem der deutsche Physiker Arnold Sommerfeld hervortat, der neben kreisförmigen auch elliptische Elektronenbahnen einführte –, lieferte eine befriedigende Erklärung für zahlreiche Phänomene, die im Zusammenhang mit den Spektren der verschiedenen Elemente auftraten. Bohr wurde für seine Theorie 1922 mit dem Physik-Nobelpreis ausgezeichnet. Die deutschen Physiker James Franck und Gustav Ludwig Hertz (ein Neffe von Heinrich Hertz), deren Untersuchungen über Zusammenstöße zwischen Atomen und Elektronen die Theorien Bohrs auf ein experimentelles Fundament stellten, teilten sich den Physik-Nobelpreis des Jahres 1925.

Bohr bot jedoch keine Erklärung dafür an, weshalb die Elektronenbahnen ausgerechnet die Positionen innehatten, die sie in seinem Modell einnahmen. Er hatte ihnen einfach ihre Plätze so zugewiesen, daß sich im Hinblick auf die Absorption und Emission von Quanten die richtigen Resultate ergaben.

1926 beschloß der österreichische Physiker Erwin Schrödinger, sich im Licht der These de Broglies von der Wellennatur der Teilchen noch einmal mit der Struktur des Atoms zu befassen. Er deutete das Elektron als Welle und kam zu dem Schluß, daß unter diesem Vorzeichen das Elektron den Kern nicht umkreist wie ein Planet seine Sonne, sondern daß es in Gestalt einer Welle auftritt, die sich in einem geschlossenen Ring um den Kern schlängelt, so daß das Elektron, wenn man so will, sich auf allen Punkten seiner Umlaufbahn zugleich befindet. Es stellte sich heraus, daß wenn man die von de Broglie vorausgesagte Wellenlänge eines Elektrons zugrunde legte, in jede der von Bohr postulierten Elektronenbahnen gerade eine ganzzahlige Anzahl von Elektronenwellen hineinpaßte. Versuchte man es mit anderen Umlaufbahnen, die zwischen den von Bohr angenommenen lagen, so zeigte sich, daß in diese Bahnen die Wellen nicht ganzzahlig hineinpaßten, so daß sich sozusagen der Kreis nicht schließen konnte; solche Elektronenbahnen waren daher zwangsläufig instabil.

Schrödinger erarbeitete eine mathematische Beschreibung des Atoms, die sogenannte *Wellenmechanik* oder *Quantenmechanik,* die die Struktur des Atoms zufriedenstellender erklärte als das Bohrsche Modell. Er erhielt 1933 den Physik-Nobelpreis, zusammen mit Dirac, dem Schöpfer der Theorie der Antiteilchen *(s. Kap. 7)*, der ebenfalls Beiträge zur Entwicklung des neuen Modells der Atomstruktur geleistet hatte. Der deutsche Physiker Max Born, der maßgeblich an der mathematischen Ausgestaltung der Quantenmechanik mitwirkte, erhielt dafür (anteilig) den Physik-Nobelpreis des Jahres 1954.

Die Unschärferelation

Im Verlauf dieser Entwicklung war das Elektron zu einem ziemlich schemenhaften »Teilchen« verblaßt – und bald sollte es in dieser Beziehung noch schlimmer kommen. Der Deutsche Werner Heisenberg warf eine sehr grundlegende Frage auf, die erstmals Zweifel aufkommen ließ, ob im Bereich der Elementarteilchen definitive wissenschaftliche Erkenntnisse überhaupt möglich sind.

Heisenberg hatte ein eigenes Atommodell konzipiert. Er hatte alle Versuche aufgegeben, sich das Atom als entweder aus Teilchen oder aber aus Wellen bestehend vorzustellen. Er sagte sich, daß jeder Versuch, eine Analogie zwischen dem Aufbau des Atoms und dem Aufbau unserer Welt herzustellen, zum Scheitern verurteilt sei. Er verzichtete völlig auf jede anschauliche Vorstellung und kennzeichnete die verschiedenen Energieniveaus oder Umlaufbahnen der Elektronen nur noch mit nackten Zahlen. Da er sich für die rechnerische Bewältigung seiner Zahlen eines Hilfsmittels bediente, das man *Matrix* nennt, erhielt sein System die Bezeichnung *Matrix-Mechanik*.

Heisenberg wurde für seine Beiträge zur Quantenmechanik mit dem Physik-Nobelpreis des Jahres 1932 ausgezeichnet; sein Matrix-System kam jedoch bei den Physikern nicht so gut an wie Schrödingers Wellenmechanik; letztere erschien ihnen mindestens ebenso zweckmäßig wie die Abstraktionen Heisenbergs. Es fällt eben selbst Physikern schwer, auf eine bildliche Vorstellung von dem Gegenstand ihrer wissenschaftlichen Arbeit zu verzichten.

In dieser Haltung fühlten die Physiker sich bestätigt, als 1944 der ungarisch-amerikanische Mathematiker John von Neumann Überlegungen anstellte, aus denen hervorzugehen schien, daß Matrix-Mechanik und Wellenmechanik mathematisch gleichwertig waren: Alles, was die eine leistete, vermochte die andere ebenso gut zu leisten. Weshalb also nicht der weniger abstrakten Variante den Vorzug geben?

Doch zurück zu Heisenberg: Nachdem er die Matrix-Mechanik vorgelegt hatte, wandte er sich der Frage zu, wie sich die Position eines Teilchens feststellen und beschreiben läßt. Den momentanen Aufenthaltsort eines Teilchens zu bestimmen, schien einfach: Man brauchte nur nachzusehen, wo es sich befand. Stellen wir uns ein Mikroskop vor, das imstande wäre, ein Elektron sichtbar zu machen. Sicherlich könnten wir unser Elektron im Dunkeln nicht erkennen, wir bräuchten also eine Lichtquelle oder eine andere Strahlung, die geeignet wäre, es für uns zu beleuchten. Allein, ein Elektron ist so klein, daß ein einziges Lichtquant, ein Photon, das mit ihm zusammenstieße, genügen würde, es aus seiner Bahn zu werfen. Durch unseren Versuch, seine Position festzustellen, würden wir eine Veränderung dieser Position bewirken.

Dieses Phänomen ist uns im Grunde aus unserem Alltag vertraut. Wenn wir den Reifendruck an unserem Auto messen, tritt im Verlauf des Meßvorgangs unvermeidlich ein wenig Luft aus, so daß der zu messende Reifendruck durch den Meßvorgang selbst verändert wird. Ebenso verändert sich, wenn wir ein Thermometer ins Badewasser tauchen, um dessen Temperatur zu messen, dadurch, daß das Thermometer Wärme aufnimmt, die Wassertemperatur ein wenig. Und wenn wir mit einem Amperemeter die Stärke eines Stroms messen wollen, so verbraucht das Meßgerät selbst ein wenig Strom (denn die Bewegung des Zeigers verbraucht Energie), und der Meßwert vermindert sich dadurch. Dies gilt im Prinzip für alle Messungen, die wir machen.

Im allgemeinen gilt jedoch, daß die durch den Meßvorgang bewirkte Veränderung des zu messenden Zustands so geringfügig ist, daß wir sie vernachlässigen können. Ganz anders sieht die Sache jedoch aus, wenn wir es mit einem Elektron zu tun haben. Jeder Bestandteil unseres Meßinstruments ist in diesem Fall mindestens so groß wie das Objekt unserer Messung; wir kennen für die Messung, um die es geht, kein Hilfsmittel, das kleiner wäre als das Elektron selbst. Daraus folgt notwendigerweise, daß die durch den Meßvorgang bewirkte Veränderung des Meßobjekts nicht vernachlässigbar klein, sondern ganz im Gegenteil beträchtlich sein muß. Wir könnten das Elektron zum Stillstand bringen und so seine Position in einem gegebenen Augenblick bestimmen. Wir wüßten in diesem Fall aber nichts über seine Bewegungsrichtung und seine Geschwindigkeit. Auf der anderen Seite könnten wir seine Geschwindigkeit feststellen, wären dann aber nicht in der Lage anzugeben, wo es sich in irgendeinem bestimmten Augenblick befindet.

Heisenberg zeigte, daß es keine erdenkliche Methode gibt, mit der man Aufschluß über die genaue Lage eines Elementarteilchens gewinnen kann, es sei denn, man wäre bereit, bei der Bestimmung seiner Bewegung eine beträchtliche »Unschärfe« in Kauf zu nehmen; auch daß es umgekehrt keine erdenkliche Methode gibt, mit der man exakte Aufschlüsse über die Bewegung eines Teilchens gewinnen kann, es sei denn, man wäre bereit, bei der Bestimmung seiner Lage eine beträchtliche Unschärfe in Kauf zu nehmen. Beide Meßgrößen für denselben Zeitpunkt exakt zu bestimmen, ist unmöglich.

Falls Heisenberg recht hat, kann es einen Zustand, in dem ein System über keinerlei Energie mehr verfügt, selbst beim absoluten Nullpunkt nicht geben. Falls das Energieniveau den Wert Null erreichen könnte und alle Teilchen ihre Eigenbewegungen völlig einstellen würden, dann bräuchte man nur die Position eines Teilchens zu bestimmen, da man seine Geschwindigkeit mit null ansetzen könnte. Es ist demnach zu erwarten, daß selbst am absoluten Nullpunkt eine nicht reduzierbare Restenergie verbleibt, die die Teilchen in Bewegung hält und sozusagen die Unschärfe bewahrt. Diese nicht reduzierbare Restenergie könnte dafür verantwortlich sein, daß Helium auch am absoluten Nullpunkt flüssig bleibt.

Einstein wies 1930 nach, daß sich aus der Heisenbergschen *Unschärferelation,* derzufolge jede Reduzierung des Positionsfehlers gleichzeitig eine Zunahme des Impulsfehlers nach sich zieht, sich ferner ableiten läßt, daß eine Abnahme des Energiemeßfehlers stets auch eine Zunahme des Zeitmeßfehlers impliziert. Einstein glaubte, mit diesem Argument einen Hebel für die Widerlegung der Unschärferelation gefunden zu haben, aber Bohr fand schließlich ein Gegenargument, mit dem er zeigen konnte, daß Einsteins Widerlegungsversuch untauglich war.

Gleichwohl erwies sich Einsteins Folgerung aus der Unschärferelation als höchst nützlich; sie besagte nämlich, daß bei Prozessen im subatomaren Bereich das Gesetz von der Erhaltung der Energie für sehr kurze Zeitspannen verletzt werden kann, vorausgesetzt, daß nach Ablauf dieser Zeitspannen alles wieder im Lot ist. Dabei gilt: Je größer die Abweichung vom Erhaltungsprinzip, desto kürzer der dafür zur Verfügung stehende Zeitraum. (Yukawa bediente sich dieser Erkenntnis bei der Ausarbeitung seiner sog. Pionen-Theorie – *s. Kap.* 7.)

Unter dieser Voraussetzung kann man gewisse im subatomaren Bereich auftretende Phänomene mit der Hilfsvorstellung erklären, daß Teilchen aus nichts erschaffen werden, sich jedoch auch, bevor sie noch beobachtet werden können, wieder in nichts auflösen, so daß sie nur *virtuelle Teilchen* sind und dem Gesetz von der Erhaltung der Masse-Energie unter dem Strich Genüge getan ist. Die Theorie der virtuellen Teilchen wurde gegen Ende der 40er Jahre von drei Physikern erarbeitet: den Amerikanern Julian Schwinger und Richard P. Feynman und dem Japaner Sin-itiro Tomonaga. Die drei wurden dafür 1965 mit dem Physik-Nobelpreis belohnt.

Seit 1976 wird sogar darüber spekuliert, ob nicht das Universum als winziges, aber ungeheuer massereiches virtuelles Teilchen ins Leben getreten sein könnte, das sich dann mit extremer Schnelligkeit ausdehnte und erhalten blieb. Dieser Anschauung zufolge ist das Universum also aus dem Nichts entstanden; angesichts dessen können wir uns fragen, ob es nicht vielleicht eine unbegrenzte Zahl von Universen gibt, die in einem unendlichen Nichts entstehen und schließlich wieder vergehen.

Die Unschärferelation hat das Denken von Physikern und Philosophen tiefgreifend beeinflußt. Sie ist von unmittelbarer Relevanz für das philosophische Problem der *Kausalität,* d. h. der Ursache/Wirkung-Zusammenhänge. Im naturwissenschaftlichen Bereich hat es jedoch nicht die Implikationen, die gemeinhin unterstellt werden. Man liest nicht selten, die Unschärferelation verneine die Determiniertheit des Naturgeschehens und zeige, daß es keine zuverlässige wissenschaftliche Erkenntnis geben könne, daß wir also in bezug auf unser Wissen über die Vorgänge um uns herum den unvorhersehbaren Launen einer Natur ausgeliefert seien, in der bestimmte Ursachen nicht notwendigerweise bestimmte Wirkungen nach sich ziehen. Diese Deutung mag vom philosophischen Standpunkt aus zulässig sein, was aber die Naturwissenschaftler betrifft, so haben sie sich durch die Unschärferelation in keiner Weise an ihrem Verständnis des wissenschaftlichen Forschens irre machen lassen. Daß beispielsweise das Verhalten der einzelnen Moleküle eines Gases sich nicht vorausberechnen läßt, ist durchaus zuzugestehen; das Verhalten der Moleküle in ihrer Gesamtheit gehorcht jedoch bestimmten Gesetzen und erlaubt statistische Voraussagen. Man kann die Situation eines Wissenschaftlers in dieser Beziehung mit der eines Versicherungsmathematikers vergleichen, der zwar unmöglich die Lebensdauer eines einzelnen Versicherten voraussagen, aber die mittlere statistische Lebenserwartung, auf deren Grundlage die Beiträge berechnet werden, mit großer Genauigkeit angeben kann.

Bei den meisten wissenschaftlichen Beobachtungen und Meßvorgängen ist die Unschärfe, relativ zur absoluten Größe der Meßwerte, so geringfügig, daß man sie risikolos vernachlässigen kann. Lage und Bewegung eines Objekts gleichzeitig zu messen, ist sowohl bei einem Stern als auch bei einem Planeten als auch bei einer Billardkugel und selbst noch bei einem Sandkorn mit einer für alle praktischen Zwecke ausreichenden Genauigkeit möglich.

Was sie unvermeidliche Unschärfe im Bereich der Elementarteilchen betrifft, so hat sie den wissenschaftlichen Fortschritt bisher nicht behindert, sondern eher gefördert. Man hat sich der Unschärferelation bedient, um bestimmte Phänomene im Bereich der Radioaktivität und der Absorption subatomarer Teilchen durch Atomkerne zu erklären, und zwar plausibler, als es ohne dieses Theorem möglich gewesen wäre.

Aus der Unschärferelation folgt, daß das Universum komplizierter ist, als man lange glaubte, nicht aber, daß es darin irrational zugeht.

Die Maschine

Feuer und Dampf

In den bisherigen Kapiteln dieses Buches habe ich mich fast ausschließlich mit der *reinen,* d. h. beobachtenden und erklärenden Wissenschaft befaßt. Aber natürlich haben die Menschen vom Anbeginn ihrer Geschichte an ihr Wissen über die Naturvorgänge dazu benutzt, sich selbst mehr Sicherheit, Bequemlichkeit und Vergnügen zu verschaffen. Die Erklärungen, die die Menschen für die Phänomene und Vorgänge in ihrer Umwelt fanden, mögen zunächst unvollkommen oder auch falsch gewesen sein; aber durch genaues Beobachten, vernünftiges Schlußfolgern und vor allem auch durch beständiges Probieren nach dem Prinzip von Versuch und Irrtum lernten sie mit der Zeit, sich Naturkräfte und Naturvorgänge dienstbar zu machen und ihre Umwelt unter dem Gesichtspunkt des praktischen Nutzens umzugestalten. Die Verfahren und Werkzeuge, die bei diesem zweckbestimmten Manipulieren der Natur eine Rolle spielen, faßt man unter dem Begriff *Technik* zusammen. Die Anfänge der Technik liegen wesentlich früher als die Anfänge der Wissenschaft.

Als dann aber die Wissenschaft zur Technik hinzutrat, führte dies zu einer Beschleunigung der technischen Entwicklung. In der Neuzeit sind Naturwissenschaft und Technik eine so enge Beziehung eingegangen (die Technik macht sich die von den Wissenschaftlern erarbeiteten Kenntnisse über die Naturgesetze zunutze und bringt zugleich neue Instrumente und Werkzeuge hervor, die den Wissenschaftlern neue Forschungsmöglichkeiten eröffnen), daß eine Darstellung der Entwicklung der Naturwissenschaft, die die Technik nicht mit einbezöge, ein Torso wäre.

Die Technik bis zum Beginn der Neuzeit

Wenn auch der erste Hauptsatz der Thermodynamik besagt, daß Energie nicht aus dem Nichts erschaffen werden kann, so gibt es doch kein Gesetz, das es verbietet, Energie aus einer Zustandsform in eine andere zu überführen. In gewissem Sinn beruhte die Entwicklung der menschlichen Zivilisation auf der Erschließung immer neuer Energiequellen und aus der immer effizienteren und ausgeklügelteren Nutzung der daraus gewonnenen Energien für nützliche Zwecke. Die vielleicht wichtigste Erfindung in der Geschichte der Menschheit betraf Verfahren zur kontrollierten Umwandlung der in bestimmten Stoffen, wie z. B. Holz, enthaltenen chemischen Energie in Wärme und Licht.

Es ist vielleicht eine halbe Million Jahre her, daß unsere hominiden Vorfahren das Feuer »erfanden« – lange bevor der *Homo sapiens* die Szene betrat. Zweifellos hatten sie schon mit vom Blitz entzündeten Buschfeuern und Waldbränden Bekanntschaft gemacht und waren vor ihnen geflohen. Doch den Versuch, das Feuer einzufangen und zu zähmen, wurde erst möglich, als die Wißbegier über die Angst siegte.

Die Gelegenheit dazu könnte sich immer dann ergeben haben, wenn nach einem solchen zufälligen Brand an verstreuten Stellen noch harmlose kleine Feuer loderten, die einen neugierigen Urmenschen, vielleicht eine Frau oder, wahrscheinlicher noch, ein Kind, zu spielerischer Betätigung verlockten – beispielsweise dazu, Zweige in die Flammen zu werfen und zu beobachten, wie sie Feuer fingen. Die Hordenältesten machten diesem ge-

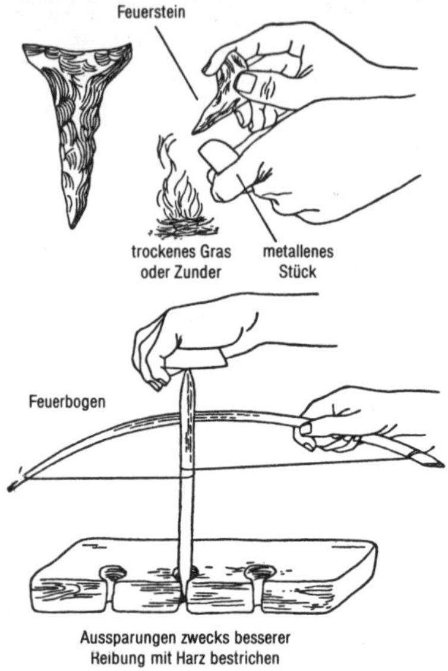

Frühe Methoden der Feuererzeugung.

fährlichen Spiel sicherlich ein rasches Ende, bis einmal einer von ihnen, der vielleicht mehr Intuition besaß als die anderen, die Möglichkeiten erkannte, die eine Zähmung des Feuers eröffnen würde. Ein Feuer lieferte Licht und Wärme. Es schreckte Raubtiere ab. Mit der Wärme, die es lieferte, konnte man, wie die Nachfahren der Feuerzähmer irgendwann entdeckten, Nahrungsmittel weicher und wohlschmeckender machen. (Die Hitze tötete darüber hinaus Krankheitskeime und Parasiten in der Nahrung ab, aber das wußten die prähistorischen Menschen natürlich noch nicht.)

Nach der ersten Zähmung des Feuers dürften mehrere tausend Jahre verstrichen sein, während derer die Menschen sich den Nutzen des Feuers nur dadurch bewahren konnten, daß sie es beständig am Brennen hielten. Wenn ein Feuer einmal versehentlich ausging, so war das vermutlich ein ähnliches Unglück wie heutzutage ein allgemeiner Stromausfall. Man mußte dann bei einem Nachbarstamm eine Flamme entlehnen oder gar auf das Einschlagen eines Blitzes warten. Erst verhältnismäßig spät lernten die Menschen, selbst eine Flamme zu erzeugen; erst von diesem Augenblick an beherrschten sie das Feuer wirklich *(Abb.)*. Es war der *Homo sapiens,* der diese Leistung vollbrachte – irgendwann in vorgeschichtlicher Zeit. Wann, wo und wie genau das geschah, wissen wir nicht und werden es vermutlich auch nicht erfahren.

In der Frühzeit der menschlichen Zivilisation diente das Feuer nicht nur als Licht- und Wärmequelle, zum Schutz vor Raubtieren und zum Kochen und Braten, sondern wurde nach und nach auch eingesetzt, um Metall aus ihren Erzen herauszuschmelzen und sie dann weiterzubehandeln, ferner zum Brennen von Keramik und Ziegelsteinen und schließlich auch zum Erschmelzen von Glas.

An der Wiege der Zivilisation standen einige weitere wichtige Errungenschaften. Um 9000 v. Chr. begannen die Menschen mit der Zähmung und Züchtung von Tieren und Pflanzen; daraus entwickelten sich Ackerbau und Viehzucht. Das bedeutete nicht nur eine Vermehrung des Nahrungsangebots, sondern auch die Erschließung einer neuen Energiequelle: der tierischen Muskelkraft. Ochsen, Esel, Kamele und später auch Pferde (in anderen Weltteilen Rentiere, Jaks, Wasserbüffel, Lamas oder Elefanten), erbrachten wesentlich größere Kraftleistungen als ein Mensch und begnügten sich dabei mit einer Nahrung, die der menschliche Magen verschmähte.

Etwa 3500 v. Chr. wurde das *Rad* erfunden (möglicherweise in Form der Töpferscheibe). Wahrscheinlich schon kurze Zeit später (auf jeden Fall spätestens 3000 v. Chr.) lernten die Menschen, an den schlittenartigen Gefährten, die sie bis dahin zum Schleppen von Lasten genutzt hatten, Räder zu befestigen. Da bei dieser neuen Transporttechnik wesentlich weniger Reibungswiderstand auftrat als bei der alten, war das Rad eine ausgesprochen energiesparende Erfindung.

Etwa um dieselbe Zeit bauten die Menschen auch die ersten primitiven Flöße und Einbäume, um so die Energie fließender Gewässer für den Transport von Lasten ausnutzen zu können. Ab etwa 2000 v. Chr. verwendeten sie Segel, die den Wind einfingen; mit dieser Technik konnten Wasserfahrzeuge sich auch in stehenden Gewässern fortbewegen (oder sogar eine leichte Gegenströmung überwinden). Um 1000 v. Chr. durchmaßen die Phönizier auf ihren Schiffen das Mittelmeer seiner ganzen Länge nach.

Etwa um 50 v. Chr. tauchten im Römischen Reich die Wasserräder auf. Zu ihrem Antrieb bedurfte es nur eines einigermaßen schnell strömenden Gewässers. Das Wasserrad trieb seinerseits weitere angeschlossene Räder an, die man Arbeit verrichten ließ – Getreidekörner mahlen, Erz zerkleinern, Wasser nach oben pumpen usw. Um dieselbe Zeit kamen auch Windmühlen in Gebrauch, Vorrichtungen, bei denen ein Rad vom Luftstrom anstatt vom fließenden Wasser in Bewegung gesetzt wird. (Schnell fließende Gewässer findet man nur in bestimmten Landschaften, der Wind hingegen bläst überall.) Windmühlen waren das ganze Mittelalter hindurch in Westeuropa eine wichtige Energiequelle. Das Mittelalter war auch die Epoche, in der die Menschen damit begannen, das *Kohle* genannte schwarze Gestein in Verhüttungsöfen zu verbrennen, mit der Energie des Erdmagnetismus ein Gerät namens Kompaß zu betreiben (ohne das die großen Entdeckungsreisen des 16. Jahrhunderts nicht möglich gewesen wären) und chemische Energie für die Kriegführung nutzbar zu machen.

Die erste »chemische Waffe« – abgesehen einmal vom Brandpfeil, bei dem ebenfalls chemische Energie zu destruktiven Zwecken genutzt wurde – erfand angeblich um das Jahr 670 n. Chr. ein syrischer Alchimist namens Callinicus das sogenannte *griechische Feuer*, ein aus Schwefel und Naphtha bestehendes, leicht entzündliches Gemisch (ein primitiver Vorläufer der Brandbombe); es heißt, bei der ersten Belagerung Konstantinopels durch die Moslems im Jahr 673 sei das griechische Feuer die Wunderwaffe gewesen, die die Stadt rettete. Das Schießpulver tauchte in Europa erstmals im 13. Jahrhundert auf. Roger Bacon beschrieb seine Zusammensetzung um 1280; in Asien war es zu diesem Zeitpunkt allerdings bereits seit Jahrhunderten bekannt; es ist denkbar, daß es durch die 1240 beginnenden Raub- und Eroberungszüge der Mongolen nach Europa gelangte. Wie dem auch sei, Geschütze auf Schießpulverbasis kamen in Europa im 14. Jahrhundert in Gebrauch; das erste Gefecht, bei dem Kanonen eingesetzt wurden, soll die Schlacht von Crécy im Jahr 1346 gewesen sein.

Die wichtigste aller Erfindungen des Mittelalters machte der Deutsche Johannes Gutenberg. Er goß um 1450 die ersten beweglichen Druckbuchstaben (Lettern) und kreierte damit eine Technik, deren gesellschaftliche und politische Bedeutung gar nicht hoch genug eingeschätzt werden kann. Gutenberg erfand auch die Druckerschwärze, die sich von der bis dahin benutzten Tusche dadurch unterschied, daß statt Wasser Leinöl als Lösungsmittel diente. Zusammen mit der Ablösung des Pergaments durch das Papier (das, der Überlieferung zufolge, ein chinesischer Eunuch namens Ts'ai Lun um 50 n. Chr. erfunden hatte und das im 13. Jahrhundert auf dem Umweg über die Araber nach Europa gelangte) schufen diese Erfindungen die Voraussetzung für hohe Auflagenzahlen bei der Herstellung von Büchern und anderen Druckschriften. Keine andere Erfindung der vor-neuzeitlichen Periode fand eine so rasche Verbreitung. Im Zeitraum einer Generation erschienen 40000 Bücher im Druck.

Das überlieferte Wissen der Menschheit war nun nicht mehr in fürstlichen Manuskriptarchiven begraben, sondern wurde in Bibliotheken gesammelt, wo es allen, die des Lesens mächtig waren, zugänglich war. Gedruckte Flugschriften und Pamphlete schufen erstmals die Möglichkeit, daß eine öffentliche Meinung sich artikulieren konnte. (Ohne die Drucktechnik wäre aus dem Aufbegehren Martin Luthers gegen das Papsttum womöglich niemals mehr geworden als ein theologischer Streit zwischen Mönchen.) Auch die Wissenschaft verdankt der Drucktechnik ganz Wesentliches, durch das sie überhaupt erst zur Wissenschaft im modernen Sinne wurde: die Möglichkeit eines breiten und offenen Ideenaustauschs. Vor Gutenberg hatte sich die wissenschaftliche Betätigung im wesentlichen auf der Ebene persönlicher Mitteilungen zwischen wenigen Eingeweihten abgespielt; nunmehr wurde sie in die Öffentlichkeit getragen, so daß immer mehr Interessierte sich an der wissenschaftlichen Arbeit und Diskussion beteiligen konnten. Mit der Zeit entstand so eine internationale Forschergemeinschaft, ein Netz wissenschaftlicher Institutionen mit einem eingespielten Mechanismus für die prompte und kritische Überprüfung neuer Befunde und Theorien.

Die Dampfmaschine

Eine umwälzende Neuerung auf dem Gebiet der Energienutzung brachte das ausgehende 17. Jahrhundert. Es hatte für diese Erfindung einen sehr frühen Vorboten gegeben. Der griechische Ingenieur Hero von Alexandria hatte in einem der ersten Jahrhunderte n. Chr. (wann er gelebt hat, läßt sich nicht einmal auf das Jahrhundert genau sagen) eine Reihe von Vorrichtungen konstruiert, die mit Dampfkraft betrieben wurden. Er benutzte den von komprimiertem Wasserdampf erzeugten Druck, um damit Tempeltüren »automatisch« zu öffnen, um Kugeln rotieren zu lassen u. ä. m. In einer im Niedergang begriffenen Welt konnte seine frühreife Erfindung nicht auf fruchtbaren Boden fallen.

Eineinhalb Jahrtausende später bot sich die Chance noch einmal, diesmal aber einer mit Macht expandierenden und nach Fortschritt strebenden Gesellschaft. Den Anstoß zu der Entwicklung gab das zunehmend akuter werdende Problem der Entwässerung von Bergwerken, die immer tiefer in die Erde hineingetrieben wurden. Die herkömmliche Saugpumpe *(s. Kap. 5)* bediente sich zur Hebung des Wassers eines Vakuums; im Verlauf des 17. Jahrhunderts hatten die Menschen immer besser begreifen gelernt, welche Riesenkräfte in einem Vakuum stecken können (richtiger gesagt: welche riesigen Druckkräfte auf ein Vakuum einwirken).

1650 beispielsweise hatte der deutsche Physiker Otto von Guericke (der auch Bürgermeister von Magdeburg war) eine mit Muskelkraft zu betreibende Luftpumpe erfunden. Er ließ sich zwei nahtlos aufeinanderpassende Halbkugeln aus Metallblech machen, fügte sie zusammen und pumpte aus der so entstandenen Kugel die Luft heraus. Je geringer der Luftdruck im Innern wurde, desto stärker preßte der draußen herrschende Luftdruck, dem nun kein gleich großer Innendruck mehr entgegenwirkte, die beiden Halbkugeln zusammen. Zwei Pferdegespanne waren nicht in der Lage, sie auseinanderzureißen, doch als Guericke durch ein Ventil wieder Luft in die Kugel ließ, fielen die beiden Hälften von selbst auseinander. Dieses Experiment wurde in Gegenwart wichtiger Personen vorgeführt, unter anderem einmal auch des deutschen Kaisers, und es erregte großes Aufsehen.

In der Folge machten sich etliche Erfinder Gedanken darüber, ob es nicht einfachere Methoden für die Herstellung eines Vakuums gebe als das Leerpumpen eines Behälters mit Hilfe einer handbetriebenen Pumpe. Weshalb nicht mit Dampf arbeiten? Angenommen, man füllte einen Zylinder (oder ein ähnliches Gefäß) mit Wasser und brachte dieses zum Kochen. Der entstehende Dampf würde das Wasser aus dem Gefäß verdrängen. Wenn man dieses dann wieder abkühlte (indem man es beispielsweise von außen mit kaltem Wasser begoß), würde der das Gefäß ausfüllende Dampf zu einigen wenigen Wassertropfen kondensieren, und ein nahezu vollkommenes Vakuum würde entstehen. Ein auf diese Weise luftleer gemachtes Gefäß würde man dann als Pumpe einsetzen können. Man brauchte es nur über eine Rohrleitung mit dem Wasser zu verbinden, das man heben wollte (etwa aus einem ertrunkenen Bergwerksschacht), dann würde das Vakuum das Wasser gleichsam zu sich heraufziehen.

Der französische Physiker Denis Papin erkannte die Möglichkeiten der Dampfkraft schon 1679. Er stellte in diesem Jahr einen von ihm entwickelten *Dampfkocher* vor, einen Topf mit einem dicht und fest schließenden Deckel. Brachte man darin Wasser zum Kochen, dann erzeugte der sich bildende Dampf einen Überdruck, wodurch der Siedepunkt des Wassers im Topf auf über 100 °C anstieg. Lebensmittel, die man bei dieser erhöhten Temperatur kochte, wurden schneller gar. Der starke Druck, den der Dampf im Innern des Topfes entfaltete, dürfte Papin auf die Idee gebracht haben, daß es möglich sein müsse, diesen Druck in mechanische Kraft umzusetzen. Er füllte in einen Zylinder etwas Wasser und brachte es zum Kochen. Der entstehende Dampf füllte den Zylinder und schob dabei einen Kolben, den Papin zuvor in den Zylinder eingeführt hatte, vor sich her.

Der erste, der aus dieser Idee heraus eine funktionierende, Arbeit leistende Vorrichtung entwikkelte, war ein englischer Heeresingenieur namens Thomas Savery. Seine *Dampfmaschine* war in der Lage, Wasser aus einem Bergwerksschacht oder einem Brunnen zu pumpen oder ein Wasserschöpfrad anzutreiben, und so nannte er sie »Bergmannsfreund« ("Miner's Friend"). Es war freilich ein gefährliches (weil der hohe Dampfdruck die Gefäße und Rohrleitungen platzen lassen konnte) und sehr ineffektives Gerät (weil jedesmal, wenn der Vakuumbehälter gekühlt wurde, die vom Dampf produzierte Wärme verlorenging). Sieben Jahre nachdem Savery seine Maschine hatte patentieren lassen, im Jahr 1705, konstruierte ein englischer Schmied namens Thomas Newcomen eine

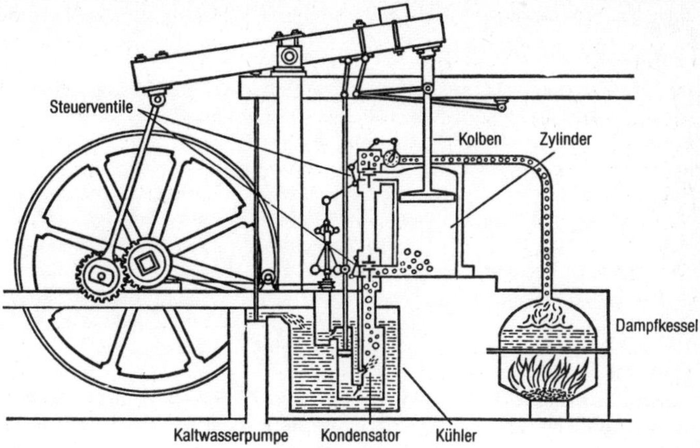

James Watts Dampfmaschine.

verbesserte Version, die mit niedrigem Dampfdruck arbeitete; sie verfügte über einen in einem Zylinder wandernden Kolben, der durch Luftdruck nach unten gedrückt wurde.
Auch Newcomens Dampfmaschine arbeitete nicht sehr wirtschaftlich (sie erforderte ebenfalls nach jeder Erhitzung eine Abkühlung der Vakuumkammer). So blieb dieses Gerät mehr als sechzig Jahre lang eine relativ bedeutungslose technische Spielerei – bis ein schottischer Instrumentenmacher namens James Watt die richtige Idee hatte. Die Universität Glasgow hatte ihn beauftragt, ein Modell einer Newcomen-Dampfmaschine, das nicht mehr richtig funktionierte, zu reparieren. Watt studierte das Maschinchen und machte sich Gedanken über seine energievergeudende Funktionsweise. War es wirklich nötig, den Zylinder nach jedem Durchgang zu kühlen? Konnte man ihn nicht so heiß lassen, wie er war, und den Dampf in eine davon getrennte, dauernd kühl gehaltene Kondensierkammer leiten? Watt nahm eine Reihe weiterer Verbesserungen vor: Er nutzte den Dampfdruck aus, um den Kolben in den Zylinder zurückzudrücken, brachte eine Reihe mechanischer Verbindungselemente an, die für einen perfekten Geradeauslauf des Kolbens sorgten, übertrug die Auf-und-ab-Bewegung des Kolbens über einen Stangenmechanismus auf ein Schwungrad usw. 1782 war seine Dampfmaschine, die aus einer Tonne Kohle mindestens dreimal so viel physikalische Arbeit herausholte wie die von Newcomen, so weit ausgereift, daß sie als eine Art universelles Arbeitspferd auf breiter Front zum Einsatz gebracht werden konnte *(Abb.)*.
Die folgenden Jahrzehnte erlebten stetige Verbesserungen der Funktionsweise und des Wirkungsgrades der Dampfmaschine. Die bedeutendsten Fortschritte wurden dadurch erzielt, daß man Dampftemperatur und Druck erhöhte. Carnot schöpfte seine grundlegenden thermodynamischen Erkenntnisse *(s. Kap. 7)* hauptsächlich aus der Beobachtung, daß die maximal erreichbare Effizienz einer Wärmekraftmaschine eine Funktion der Temperaturdifferenz zwischen dem Wärmemedium (also normalerweise dem Dampf) und dem Kühlmittel ist.
Im Verlauf des 18. Jahrhunderts wurden verschiedene mechanische Geräte entwickelt, mit denen das Spinnen von Garnen und das Weben von Stoffen wesentlich rationalisiert werden konnten. (Bis dahin war man beim Spinnen noch auf das im Mittelalter in Gebrauch gekommene Spinnrad angewiesen.) Am Anfang wurden die mechanischen Spinnmaschinen und Webstühle noch mittels tierischer Muskelkraft oder von Wasserrädern angetrieben; doch dann tat man, im Jahr 1790, den entscheidenden Schritt nach vorn und setzte für den Antrieb Dampfmaschinen ein.
Nunmehr brauchte man bei der Errichtung von

Textilfabriken keine Rücksicht mehr auf die Nähe schnell fließender Gewässer zu nehmen. Das führte, zunächst in Großbritannien, das in dieser Beziehung eine Vorreiterrolle spielte, zu tiefgreifenden gesellschaftlichen Veränderungen: In Scharen strömten die Arbeitskräfte vom Land, wo sie bis dahin in Heimarbeit gesponnen und gewoben hatten, in die neu entstehenden Fabriken (wo sie unter unglaublich rohen und widerwärtigen Bedingungen arbeiten mußten, bis die Gesellschaft sich widerwillig zu der Erkenntnis bequemte, daß es verwerflich war, Menschen schlechter zu behandeln als Tiere).

Dieselben Veränderungen vollzogen sich anschließend in den anderen Ländern, die die neuen, auf der Dampfmaschine beruhenden Produktionsweisen übernahmen und damit in die industrielle Revolution einstiegen. (Den Ausdruck *industrielle Revolution* prägte 1837 der französische Ökonom Jérôme Adolphe Blanqui.)

Die Dampfmaschine revolutionierte auch das Transportwesen von Grund auf. 1787 konstruierte der amerikanische Erfinder John Fitch ein Dampfschiff, das auch funktionierte, in finanzieller Hinsicht aber ein Fehlschlag war – Fitch blieb die Anerkennung für seine Leistung versagt, und er starb unbeachtet. Robert Fulton, der vom Rühren der Werbetrommel mehr verstand als Fitch und sich Unterstützung zu verschaffen wußte, stellte 1807 sein Dampfschiff Clairmont der Öffentlichkeit mit großem Getöse vor und wurde hinfort als Erfinder des Dampfschiffes gerühmt, obgleich er ebensowenig das erste Dampfschiff konstruiert hatte wie Watt die erste Dampfmaschine.

Wirkliche Pionierarbeit leistete Fulton bei seinen hartnäckigen Versuchen, Unterwasserschiffe zu bauen. Seine U-Boote waren nicht praxistauglich, nahmen aber eine Reihe späterer Entwicklungen vorweg. Eine seiner Konstruktionen nannte er Nautilus; es war sicherlich kein Zufall, daß Jules Verne das in seinem 1870 veröffentlichten Roman *20000 Meilen unter dem Meer* eine Hauptrolle spielende U-Boot ebenfalls Nautilus nannte – und diese Nautilus stand wiederum Pate bei der Benennung des ersten atomgetriebenen U-Boots *(s. Kap. 10)*.

Die 30er Jahre des 19. Jahrhunderts sahen Dampfschiffe bereits den Atlantik überqueren; die Kraftübertragung von der Dampfmaschine auf das Wasser geschah nunmehr mittels einer Schraube, was eine beachtliche Verbesserung gegenüber den seitlich angebrachten Schaufelrädern darstellte. Von da an dauerte es nur noch 20 Jahre, bis die Segelschiffe aus den Handels- und Kriegsflotten der Welt verdrängt und durch Dampfer ersetzt waren.

Wenige Jahrzehnte später ließ sich ein britischer Ingenieur namens Charles A. Parsons (ein Sohn jenes Lord Rosse, der den Crab-Nebel entdeckt hatte) eine neue, verbesserte Antriebstechnik für Schiffe einfallen. Bisher trieb der Dampf einen sich auf und ab bewegenden Kolben an, und dieser wiederum ein Rad. Parsons Idee lief nun darauf hinaus, auf den Kolben zu verzichten und statt dessen einen Dampfstrahl unmittelbar auf ein mit schräggestellten Blättern bestücktes Rad zu richten. Ein solches Rad würde allerdings hohe Temperaturen und Drehzahlen auszuhalten haben. Doch ungeachtet dieses technischen Problems stellte Parsons 1884 die erste, praktisch einsatzfähige *Dampfturbine* vor.

Als 1897 anläßlich des diamantenen Kronjubiläums von Königin Victoria die britische Flotte ihre stolze Armada dampfgetriebener Kriegsschiffe zu einer Parade antreten ließ, tauchte unverhofft die Turbinia auf und flog mit einer Geschwindigkeit von 35 Knoten (und dazu noch relativ geräuschlos) an den Schiffen der Royal Navy vorbei (von denen kein einziges in der Lage gewesen wäre, sie einzuholen). Eine gelungenere Reklameaktion kann man sich schwerlich vorstellen – ausgeheckt hatte sie Parsons, und natürlich war die Turbinia mit einer der von ihm entwickelten Dampfturbinen ausgerüstet. Von da an wurden Dampfschiffe fast nur noch mit Turbinenantrieb gebaut.

Auch zu Lande eroberte die Dampfmaschine das Verkehrs- und Transportwesen. Schon 1814 hatte der britische Erfinder George Stephenson die erste einsatzfähige Dampflokomotive konstruiert (wobei er auf wesentliche Vorarbeiten seines Landmanns Richard Trevithick, eines Ingenieurs, zurückgreifen konnte). Die Auf-und-ab-Bewegung eines Kolbens in einem Zylinder ließ sich ebensogut auf metallene Räder, die auf Stahlschienen liefen, übertragen wie auf Schaufelräder, die das Wasser peitschten. Zu Anfang der 30er Jahre wurden in Europa die ersten Bahnlinien gebaut. Die Eisenbahn war das erste landgebundene Verkehrsmittel überhaupt, das es ihn bezug auf Reisebequemlichkeit und Transportkapazität mit dem Schiff aufnehmen konnte; in der Tat wurde der landgebundene Reise- und Handelsverkehr zum ernsthaften Konkurrenten der Seeschiffahrt. Gegen Ende des 19. Jahrhunderts waren alle industrialisierten Länder von einem leistungsfähigen Schienennetz überzogen.

Elektrizität

Ihrer ganzen Anlage nach eignet sich die Dampfmaschine nur zu großkalibriger und stetiger Krafterzeugung. Es ist unmöglich, mit ihr auf wirtschaftlich vertretbare Weise Energie in kleineren Dosen oder in abgemessenen, auf Knopfdruck jederzeit abrufbaren Portionen zu erzeugen; dies ginge allenfalls mit kleinen Dampfmaschinchen und indem man die Kesselfeuerung zeitweise stilllegen und nur jeweils kurzfristig wieder anfachen würde, was offensichtlich ein Unding wäre. Allein, dieselbe Generation, die den Siegeszug der Dampfkraft miterlebte, wurde auch Zeuge der Entdeckung einer Technik, die es erlaubte, Energie just in der eben erwähnten Form verfügbar zu machen – in Form eines speicherbaren Vorrats, aus dem zu beliebiger Zeit und an beliebigem Ort die jeweils benötigte Energiemenge, ob groß oder klein, sozusagen auf Knopfdruck entnommen werden konnte. Die Rede ist natürlich von der Elektrizität.

Statische Elektrizität

Der griechische Philosoph Thales, der um 600 v. Chr. lebte, entdeckte, daß ein versteinertes fossiles Harz, das sich an den Küsten der Ostsee fand und von den Griechen *elektron* genannt wurde (wir kennen es unter dem Namen *Bernstein*), die Eigenschaft hatte, Federn, Fäden oder Flusen anzuziehen und festzuhalten, wenn man zuvor ein Stück Fell an ihm gerieben hatte. Der Engländer William Gilbert, der Erforscher des Magnetismus *(s. Kap. 5)*, machte den Vorschlag, diese eigentümliche Anziehungskraft nach dem griechischen Wort für Bernstein *Elektrizität* zu nennen. Wie Gilbert feststellte, konnte man auch manchen anderen Stoff, Glas beispielsweise, durch Reiben »elektrisch« machen.
1733 stellte der französische Chemiker Cisternay Du Fay fest, daß zwei Bernsteinstäbe oder auch zwei Glasstäbe, die man durch Reiben elektrisch machte, einander abstießen, wenn man sie zusammenzubringen versuchte. Ein elektrisch gemachter Glasstab und ein ebensolcher Bernsteinstab zogen einander dagegen an. Wenn man sie miteinander in Berührung brachte, verloren beide ihre elektrische Eigenschaft. Du Fay schloß daraus, daß es zwei Arten von Elektrizität geben müsse, die er die »gläserne« und die »harzige« nannte.
Der amerikanische Gelehrte Benjamin Franklin, auf den die Elektrizität eine starke Faszination ausübte, äußerte die Vermutung, es gebe nur ein einziges elektrisches »Fluidum«. Wenn ein Glasstab gerieben wurde, sog er sich mit Elektrizität voll und war dann »positiv geladen«; wenn dagegen ein Bernsteinstab gerieben wurde, ließ er Elektrizität abfließen und war danach »negativ geladen«. Wenn ein negativ geladener und ein positiv geladener Stab miteinander in Berührung kamen, floß das elektrische Fluidum vom positiven in den negativen Stab, bis ein Ausgleich der Ladungen erreicht war.
Das war eine bemerkenswert scharfsinnige Theorie. Wenn wir für den von Franklin gebrauchten Ausdruck Fluidum *Elektronen* einsetzen und die Strömungsrichtung umkehren (denn in Wirklichkeit fließen Elektronen aus dem Bernstein- in den Glasstab), haben wir eine im wesentlichen korrekte Beschreibung des Vorgangs.
Im Jahr 1740 schlug ein französischer Erfinder namens J. T. Desaguliers vor, Substanzen, durch die ein elektrisches Fluidum ungehindert strömen konnte (beispielsweise Metalle), als elektrische Leiter zu bezeichnen, und solche, durch die es nicht frei strömen konnte (beispielsweise Glas und Bernstein), *Isolatoren* zu nennen.
Wie sich in der Folge aus Experimenten ergab, konnte man in einen elektrischen Leiter eine starke elektrische Ladung hineinpacken, wenn man ihn mit Glas oder einer Luftschicht isolierte, daß er mit keinem anderen Leiter in Berührung kam und

keine Elektrizität verlieren konnte. Das spektakulärste Demonstrationsobjekt, das aus dieser Erkenntnis heraus entwickelt wurde, war die sogenannte *Leidener Flasche*. Ihr eigentlicher Erfinder war der deutsche Gelehrte Ewald Georg von Kleist, der 1745 als erster ein solches Gerät bastelte, aber ein fruchtbarer wissenschaftlicher und technischer Gebrauch wurde davon erst an der Universität von Leiden in Holland gemacht, wo nur wenige Monate nach Kleist und unabhängig von ihm der holländische Gelehrte Peter van Musschenbroek dieselbe Erfindung noch einmal machte. Die Leidener Flasche war, auf einen modernen Begriff gebracht, nichts anderes als ein *Kondensator*. Ihre Hauptbestandteile waren zwei durch eine dünne Isolatorschicht getrennte leitende Schichten, zwischen denen man eine elektrische Ladung speichern konnte.

Bei der Leidener Flasche sammelt sich die elektrische Ladung in einer Zinnfolie, mit der die Außenwand eines gläsernen Krugs beschichtet ist; aufgebaut wird die Ladung mit Hilfe einer Messingkette, die durch einen Propfen in das Gefäß eingeführt wird. Wer die geladene Flasche berührt, wird von einem deftigen elektrischen Schlag überrascht. Die Leidener Flasche vermag auch einen Funken zu erzeugen. Je größer die an der Oberfläche eines Körpers gespeicherte Ladung, desto stärker ist naturgemäß ihr »Drang« abzufließen. Die Kraft, welche die Elektronen von der Zone des höchsten Elektronenüberschusses, dem sogenannten *Minuspol,* weg- und der Zone des größten Elektronendefizits, dem *Pluspol,* zutreibt, wird als *elektromotorische Kraft,* abgekürzt *EMK,* oder auch als *elektrisches Potential* bezeichnet. Wenn ein elektrisches Potential stark genug wird, können die Elektronen eine zwischen Pluspol und Minuspol liegende Isolierschicht überspringen. Wenn diese Schicht aus Luft besteht, erzeugen die Elektronen beim Überspringen einen leuchtenden Funken und ein prasselndes Geräusch. Das Leuchten des Funkens ist eine Folge der Strahlung, die beim Zusammenstoß unzähliger Elektronen mit Luftmolekülen freigesetzt wird, und das Knistern entsteht dadurch, daß sich infolge der Expansion der schlagartig erhitzten Luftteile zahlreiche momentane Teil-Vakuen bilden, Wärmelöcher sozusagen, in die die umliegenden kälteren Luftteile hineinstürzen.

Natürlich stellten die Forscher sich die Frage, ob nicht Blitz und Donner dasselbe im großen waren, was die Leidener Flasche mit ihren Entladungsfunken im kleinen demonstrierte. Der Brite William Wall hatte schon 1708 die Vermutung geäußert, der Blitz sei eine elektrische Entladung. Benjamin Franklin ließ sich durch diesen Gedanken zu seinem berühmten Experiment von 1752 anregen. Der Drachen, den er während eines Unwetters steigen ließ, war mit einem Draht versehen, und ein an diesem befestigter seidener Faden sollte die Elektrizität, die Franklin in den Gewitterwolken vermutete, zum Erdboden leiten. Als er seine Hand in die Nähe eines metallenen Schlüssels brachte, den er an den Seidenfaden gebunden hatte, sprühten aus dem Schlüssel Funken *(Abb.)*. Der Schlüssel lud sich anschließend wieder auf, und Franklin versuchte nun, die Ladung auf eine Leidener Flasche zu übertragen, was ihm auch ohne weiteres gelang; das Resultat unterschied sich in nichts von einer auf herkömmliche Art geladenen Leidener Flasche. Damit hatte Franklin den Beweis dafür geliefert, daß Gewitterwolken elektrisch geladen waren und daß Donner und Blitz tatsächlich so etwas waren wie die Funken einer überdimensionalen Leidener Flasche, mit den Wolken als dem einen und der Erde als dem anderen Pol.

Das erfreulichste an dem Experiment war, vom persönlichen Standpunkt Franklins aus gesehen, daß er es überlebte. Sein Leben hing wirklich an einem seidenen Faden, und manche anderen, die Franklins Experiment nachzuvollziehen versuchten, fanden dabei den Tod. In der Drahtspitze des Drachens sammelte sich ein elektrisches Potential an, das stark genug war, um beim Abfließen durch den Körper der den Drachen haltenden Person tödlich zu wirken.

Franklin leitete aus dem Ergebnis seines Versuchs sogleich eine praktische Nutzanwendung ab: Er baute den ersten *Blitzableiter*. Es handelte sich schlicht und einfach um einen Eisenstab, der am höchsten Punkt eines Gebäudes angebracht und durch Drähte mit dem Erdboden verbunden wurde. Der Stab »entlockte« mit seiner Spitze den Wolken am Himmel ihre elektrischen Ladungen, wie Franklin mittels Experimenten zeigte; und wenn einmal der Blitz einschlug, wurde der Stromstoß gefahrlos in den Erdboden gelenkt.

Das Ausmaß der durch Blitzschlag angerichteten Schäden ging drastisch zurück, als überall in Eu-

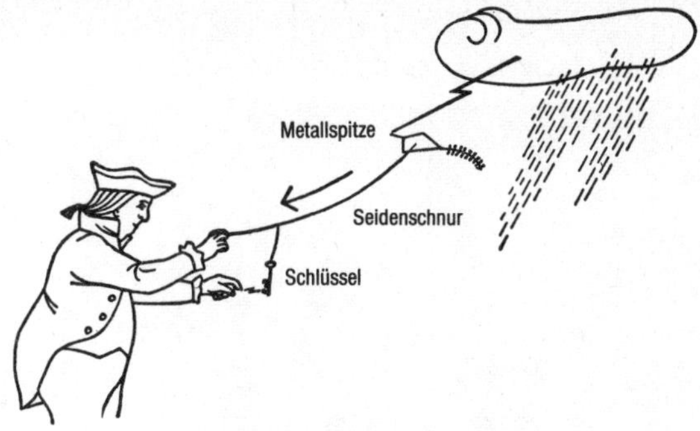

Franklins gefährliches Experiment.

ropa und in den amerikanischen Kolonien Blitzableiter auf den Gebäuden installiert wurden; dies war kein gering zu schätzender Fortschritt. Allerdings schlagen auch heute noch schätzungsweise 2 Milliarden Blitze pro Jahr ein und verursachen im Durchschnitt 20 Todes- und 80 Verletzungsfälle pro Tag.

Das Franklinsche Experiment wirkte in zweifacher Hinsicht elektrisierend. Zum einen vervielfachte sich schlagartig das weltweite Interesse am Phänomen der Elektrizität. Zum zweiten waren die amerikanischen Kolonien nun auf einmal keine ganz weißen Flecken auf der kulturellen Landkarte mehr, denn zum ersten Mal hatte ein Amerikaner eine wissenschaftliche Leistung vollbracht, die auf die kultivierten Europäer des Aufklärungszeitalters Eindruck machte. Als Franklin ein Vierteljahrhundert später als Botschafter am Versailler Königshof die gerade unabhängig gewordenen Vereinigten Staaten vertrat und um Unterstützung für sie warb, wurde ihm nicht nur der dem Gesandten einer neuen Republik formell gebührende Respekt, sondern eine besondere Hochachtung zuteil, war er doch der Geistesriese, der den Blitz gezähmt und an die Kette gelegt hatte. Jener Drachen an der seidenen Schnur leistete einen nicht ganz gering zu schätzenden Beitrag zur Sache der amerikanischen Unabhängigkeit.

Im Gefolge der Arbeit Franklins nahm die elektrische Forschung einen sprunghaften Aufschwung. 1785 unternahm der französische Physiker Charles A. de Coulomb quantitative Messungen an den zwischen elektrischen Ladungen wirksamen Anziehungs- und Abstoßungskräften vor. Er zeigte, daß diese Kräfte mit dem Quadrat der Entfernung abnahmen *(Coulombsches Gesetz)*. In dieser Beziehung ähnelt die elektrische Anziehungskraft der Gravitationskraft. In Würdigung der Leistungen Coulombs wurde die Maßeinheit für die Elektrizitätsmenge nach ihm benannt.

Dynamische Elektrizität

Kurz darauf trat die Elektrizitätsforschung in ein neues, aufregendes und vielversprechendes Stadium ein. Bislang ist nur von *statischer* Elektrizität die Rede gewesen, d. h. von elektrischen Ladungen, die auf einen Körper übertragen werden und an ihm haften bleiben. Die Wissenschaft von fließenden elektrischen Ladungen oder elektrischen Strömen, die sogenannte *Elektrodynamik,* wurde von dem italienischen Anatomen Luigi Galvani begründet. Er entdeckte 1791 durch Zufall, daß die Oberschenkelmuskel sezierter Frösche zuckten, wenn er die Nerven- und Muskelenden mit zwei verschiedenen, miteinander verbundenen Metallen berührte.

Die Muskeln verhielten sich, als wären sie von einem elektrischen Funken aus einer Leidener Flasche stimuliert worden. Galvani nahm infolgedessen an, daß in Muskeln etwas enthalten sein müsse, das er »tierische Elektrizität« nannte. Andere freilich führten das Auftreten einer elektrischen Entladung eher auf das Zusammenwirken der beiden Metalle als auf ein in den Muskeln vorhandenes elektrisches Potential zurück. Im Jahr 1800 unternahm der italienische Physiker Allesandro Volta Versuche mit Kombinationen aus unterschiedlichen Metallen, die er miteinander verband, indem er sie in eine leitfähige Lösung tauchte.

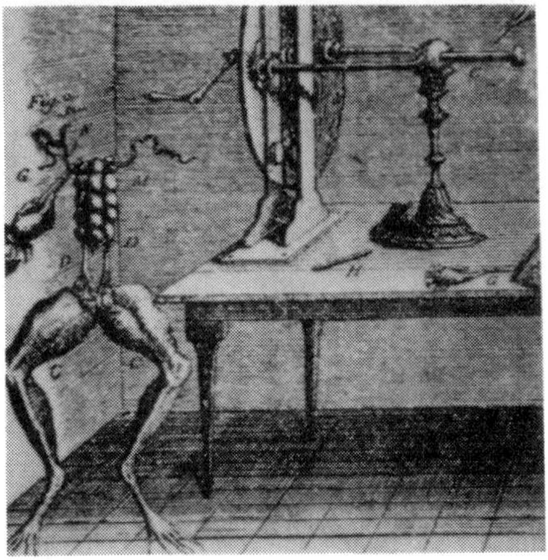

Darstellung des Experiments, das Galvani zur Entdeckung des elektrischen Stroms führte. Die statische Elektrizität, die er mit seiner Aufladungsmaschine erzeugte, ließ die Muskeln der Froschschenkel zucken; Galvani fand heraus, daß die Muskeln auch zuckten, wenn er sie mit zwei verschiedenen Metallen berührte. Mit Genehmigung des Bettmann-Archivs.

Volta verwendete zunächst Ketten aus unterschiedlichen Metallen, mit denen er kleine Schüsseln mit Salzlösungen verband. Dann ging er aus praktischen Gründen zu selbstgefertigten Scheiben aus Kupfer und Zink über, die er abwechselnd aufeinanderschichtete. Als drittes Bauelement nahm er mit Salzwasser getränkte Pappkartonscheiben hinzu, so daß die *Voltaschen Säulen,* die er auftürmte, folgende Schichtung aufwiesen: Silber, Pappdeckel, Zink, Silber, Pappdeckel, Zink, Silber usw. Ein solches Gebilde lieferte kontinuierlich elektrischen Strom.

Jedes Gebilde dieser Art, das Strom liefert, gleich aus welchen Elementen es besteht und wie groß die Zahl seiner Schichten ist, kann man eine Batterie nennen. Die Voltasche Säule war die erste *elektrische Batterie (Abb.).* Man kann es auch eine *elektrische Zelle* nennen. Es sollte noch ein Jahrhundert dauern, ehe die Wissenschaftler verstehen lernten, welche Elektronenübertragungen bei chemischen Reaktionen vor sich gehen und welche Vorgänge sich auf der Ebene der Elektronen abspielen, wenn ein elektrischer Strom fließt. Die Tatsache, daß das Wesen des elektrischen Stroms noch nicht bis ins Detail verstanden war, hinderte die Physiker jedoch nicht daran, mit ihm zu arbeiten.

Humphry Davy benutzte einen elektrischen Strom dazu, chemisch stabile (d. h. starke Bindungskräfte aufweisende) Moleküle in ihre Einzelatome zu spalten und konnte in den Jahren 1807 und 1808 auf diese Weise erstmals Metalle wie Natrium, Kalium, Magnesium, Calcium, Strontium und Barium in reiner Form darstellen. Faraday (Davys Assistent und Schützling) formulierte in der Folge die allgemeinen Gesetzmäßigkeiten, denen diese elektrische Molekülspaltung, die *Elektrolyse,* unterliegt. Auf diese Vorarbeiten bezog sich ein halbes Jahrhundert später Arrhenius, als er die Hypothese von der Ionendissoziation aufstellte *(s. Kap. 5).*

Die mannigfachen Nutzanwendungen für die dynamische Elektrizität, die sich in den eindreiviertel Jahrhunderten seit Volta herauskristallisierten, haben, so könnte es scheinen, die statische Elektrizität in den Hintergrund oder gar in die Rolle einer historischen Kuriosität gedrängt. Wissenschaft und Technik sind jedoch niemals statisch und daher stets für Überraschungen gut. 1960 gelang denn auch dem amerikanischen Erfinder Chester Carlson die Konstruktion eines praxistauglichen Geräts, das in der Lage war, fotografische Duplikate von Schriftstücken herzustellen, und zwar dadurch, daß zunächst einmal statisch-elektrische »Abbilder« der zu kopierenden Zeichen auf ein geeignetes Papier übertragen wurden. Auf diesen unsichtbaren Buchstaben setzten sich dann, elektrisch angezogen, Farbstoffpartikel fest. Diese Kopiermethode, die ohne flüssige Farbe auskommt, wird *Xerographie* genannt (ein griechisches Kunstwort mit der Bedeutung »trockenes Schreiben«); sie hat in Form der *Fotokopie* die Bürotechnik entscheidend beeinflußt.

Die Namen der Pioniere der elektrischen Forschung verewigte man, indem man die im Bereich der Elektrizität eingeführten Maßeinheiten nach ihnen benannte. Das *Coulomb* als Einheit für die Elektrizitätsmenge habe ich bereits erwähnt. Eine weitere Einheit ist das *Faraday*: 92500 Coulomb entsprechen 1 Faraday. Noch für eine andere Maßeinheit stand der Name Faradays Pate: Das *Farad* ist als die Einheit der elektrischen Kapazität definiert. Die Stromstärke (d. h. die Menge elektrischen Stroms, die pro Zeiteinheit einen Stromkreis durchfließt) wird, als Tribut an den französi-

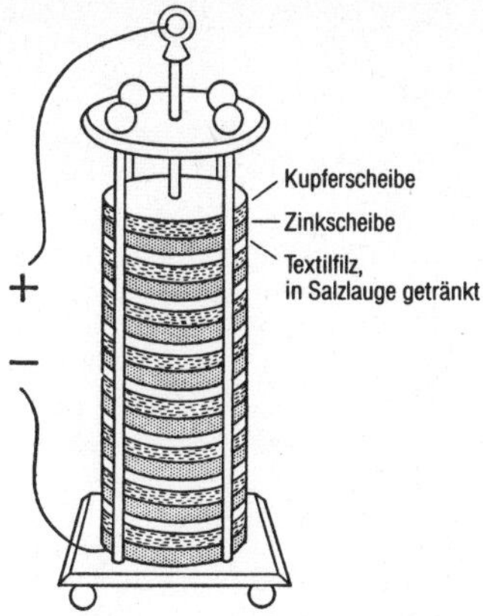

Die Voltasche Säule, die erste Batterie. Durch den Kontakt der beiden verschiedenen Metalle entsteht ein Elektronenfluß, der von der in Salzlösung getränkten Zwischenschicht aus Textilfilz von einer »Zelle« zur nächsten geleitet wird. Die uns heute vertraute Trockenbatterie, die mit Kohlenstoff und Zink arbeitet, wurde 1841 von Bunsen konstruiert.

schen Physiker Ampère *(s. Kap. 5)*, in *Ampere* gemessen. 1 Ampere entspricht 1 Coulomb pro Sekunde. Die Maßeinheit für die elektrische Spannung (d. h. die Kraft, mit der der Strom bewegt wird) ist das *Volt*, das seinen Namen natürlich dem Erfinder der Batterie verdankt.
Welche Strommenge bei gegebener Spannung einen Stromkreis durchfließt, hängt unter anderem von der elektrischen Leitfähigkeit des Leitungsmaterials ab. Bei gleicher Spannung würde ein guter Leiter sehr viel, ein schlechter Leiter erheblich weniger und ein Nichtleiter praktisch überhaupt keinen Strom transportieren. Der deutsche Mathematiker Georg Simon Ohm untersuchte 1827 diesen »Widerstand« verschiedener Materialien gegen den elektrischen Stromfluß und zeigte, daß zwischen ihm und der bei einer gegebenen Spannung durch eine Leitung fließenden Strommenge (letztere gemessen in Ampere) eine gesetzmäßige Beziehung besteht. Der Widerstand ergibt sich ganz einfach aus dem quantitativen Verhältnis zwischen Spannung (Volt) und Stromstärke (Ampere). Dies ist das *Ohmsche* Gesetz, und die Maßeinheit für den *elektrischen Widerstand* ist das *Ohm*. 1 Volt geteilt durch 1 Ampere ergibt 1 Ohm.

Die Erzeugung elektrischen Stroms

Die Umwandlung chemischer in elektrische Energie, wie sie in einer Voltaschen Batterie und in den verschiedenen modernen Varianten derselben vor sich geht, ist immer ein ziemlich teurer Spaß gewesen, weil die dafür benötigten Chemikalien nicht zu den billigen Allerweltsstoffen gehören. Für die Forscher des 19. Jahrhunderts, die in ihren Labors mit selbsterzeugtem Strom arbeiteten, wog der wissenschaftliche Nutzen jeden Aufwand auf, aber die Strommengen, die man für eine großangelegte industrielle Nutzung stromverbrauchender Verfahren benötigt hätte, waren zu einem vertretbaren Preis nicht erzeugbar.
Sporadisch wurden Versuche unternommen, mit Hilfe der bei der Verbrennung herkömmlicher Brennstoffe auftretenden chemischen Reaktionen Elektrizität zu erzeugen. Wasserstoff und Kohle waren schließlich weit billiger als Metalle wie Kupfer und Zink. Schon 1839 erfand der englische Forscher William Grove eine elektrische Zelle, die mit einer Mischung aus Wasserstoff und Sauerstoff betrieben wurde. Es war eine interessante, aber nicht praxistaugliche Entwicklung. In jüngster Zeit arbeiten die Physiker wieder verstärkt daran, elektrische *Brennstoffzellen* dieser Art anwendungsreif zu machen.
In der Theorie sind alle Probleme gelöst, aber in der Praxis erweisen sie sich bislang als ziemlich widerspenstig.
Es kann demnach nicht überraschen, daß es, als in der zweiten Hälfte des 19. Jahrhunderts die Elektrizität auf breiter industrieller Front zum Zuge kam, nicht elektrische Zellen waren, die den Stromnachschub besorgten. Faraday hatte schon in den 30er Jahren Elektrizität dadurch erzeugt, daß er einen elektrischen Leiter durch das Kraftfeld eines Magneten hindurchbewegte *(Abb. S. 384; vgl. auch Kap. 5)*. In einem nach diesem Prinzip funktionierenden elektrischen *Generator* oder *Dynamo* (von dem griechischen Wort für »Kraft«) verwandelte sich kinetische Energie in Elektrizität. Man konnte die dazu nötige Bewegung mit Hilfe der Dampfkraft und diese wiederum durch Verbrennung geeigneter Stoffe erzeugen. Auf diese Weise ließ sich also – weit indirekter als in einer Brennstoffzelle – die in Kohle, Öl oder auch Holz enthaltene chemische Energie in Elektrizität umsetzen. 1844 war bereits eine Reihe großer,

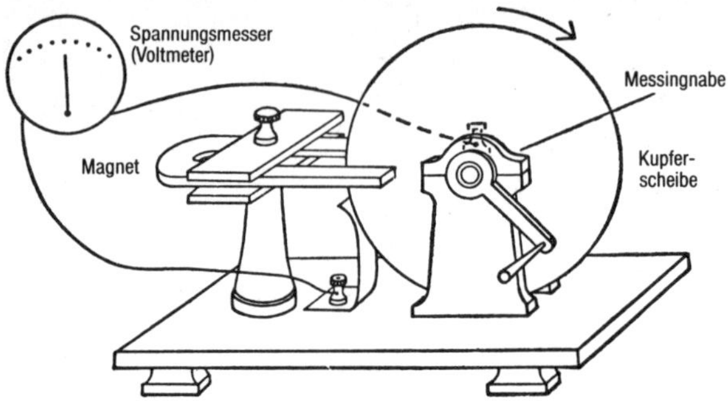

Faradays Dynamo. Die sich drehende Kupferscheibe schneidet die Kraftlinien des Magneten und induziert einen Strom, den das Voltmeter anzeigt.

plumper Prototypen solcher Generatoren als Antriebsaggregate für Maschinen im Gebrauch.
Wenn man mit dieser Methode stärkere elektrische Ströme erzeugen wollte, brauchte man stärkere Magneten. Diese zu erzeugen, gelang wiederum mit Hilfe des elektrischen Stroms. 1823 wand der Engländer William Sturgeon einen blanken Kupferdraht in 18 Wicklungen um ein U-förmig gebogenes Eisenstück. Damit hatte er einen *Elektromagneten* geschaffen. Wenn durch den Kupferdraht ein Strom floß, entstand ein Magnetfeld, das sich in dem Eisen konzentrierte und es so stark magnetisierte, daß es ein Eisenstück zu heben vermochte, das zwanzigmal so schwer war wie es selbst. Wurde der Strom abgeschaltet, so hörte das Eisen auf, magnetisch zu sein – es wirkte nicht mehr.
Der amerikanische Physiker Joseph Henry verbesserte dieses kleine Wunderding 1829 dadurch noch einmal erheblich, daß er isolierten Draht verwendete. Dieser ließ sich in zahlreichen engen Schlingen um das Eisen winden, ohne daß man einen Kurzschluß befürchten mußte. Jede Wicklungsschleife verstärkte die Intensität des Magnetfeldes und damit die Kraft des Elektromagneten. 1831 konnte Henry einen Elektromagneten vorweisen, der, bei bescheidener Größe, eine Tonne Eisen zu heben vermochte.
Der Elektromagnet war der Schlüssel zu leistungsfähigeren elektrischen Generatoren. 1845 präsentierte der englische Physiker Charles Wheatstone einen auf der Grundlage dieser Erkenntnis entwickelten Elektromagneten. Im Verlauf der 60er Jahre gelangten die Physiker dank der mathematischen Deutung der Arbeiten Faradays durch Maxwell *(s. Kap. 5)* zu einem verbesserten theoretischen Verständnis der magnetischen Kraftlinien, so daß 1872 der deutsche Elektroingenieur Friedrich von Hefner-Alteneck den ersten wirklich effektiven Generator bauen konnte. Damit konnte elektrischer Strom endlich preiswert und massenhaft erzeugt werden, nicht nur aus Verbrennungswärme und Dampfkraft, sondern auch aus der Energie fließender (oder stürzender) Gewässer.

Frühe technische Anwendungen der Elektrizität

Den Löwenanteil der Vorarbeit, durch welche die nachfolgend dargestellten frühen technischen Anwendungen der Elektrizität erst möglich wurden, leistete Joseph Henry. Eine der ersten Nutzanwendungen steuerte er mit der Erfindung der *Telegraphie* selbst bei. Ein elektrischer Strom, der mit einer bestimmten Spannung in einen Draht eingegeben wird, verliert mit zunehmender zurückgelegter Länge der Leitungsstrecke infolge ihres elektrischen Widerstands ziemlich schnell an Intensität. Henry erfand ein Verfahren, das es dennoch ermöglichte, elektrische Impulse durch kilometerlange Leitungsstrecken zu schicken. Er schaltete in regelmäßigen Abständen Vorrichtungen in die Leitung ein, die die abflauenden Impulse verstärkten (mittels eines kleinen Elektromagneten, der über einen Schalter die »Auffrischung« jedes einzelnen die Leitung durchwandernden Impulses steuerte – natürlich mußte jede dieser Verstärkerstationen mit einem Generator ausgerüstet oder an eine Stromquelle angeschlossen sein). Mit

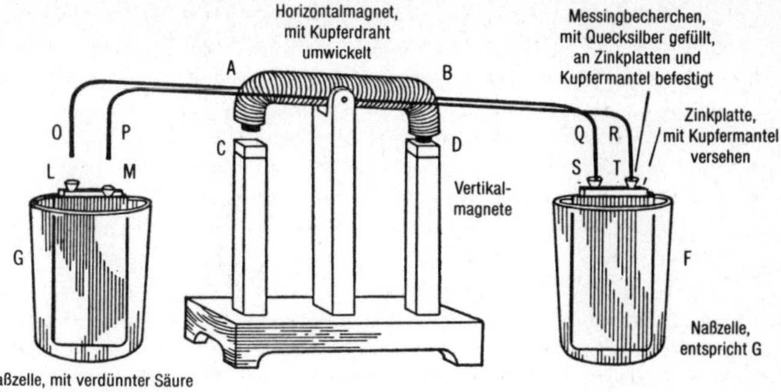

Henrys Motor. Der senkrechte Stabmagnet D zieht den mit einer Wicklung umhüllten Magneten B an, wodurch die langen gebogenen Metallstäbe Q und R in die Messingbecher S und T eintauchen, die als Anschlußbuchsen zur Naßzelle F fungieren. Nun fließt ein elektrischer Strom in den waagerechten Magneten und erzeugt ein elektromagnetisches Feld, durch das A zu C hingezogen wird. Der ganze Vorgang wiederholt sich nun auf der linken Seite. Es entsteht eine kontinuierliche Kippbewegung des waagerechten Magneten.

Hilfe dieses Verfahrens ließ sich eine aus kodierten elektrischen Impulsen bestehende Botschaft über beträchtliche Leitungsstrecken transportieren. Henry selbst baute eine funktionierende Telegraphenleitung.

Henry war ein etwas weltfremder Mensch; er glaubte, das Wissen gehöre der Allgemeinheit und ließ daher seine Erfindungen nicht patentieren. Die Lorbeeren für die Erfindung des Telegraphen erntete der Künstler und exzentrische religiöse Fanatiker Samuel F. B. Morse. Mit Unterstützung Henrys (einer Unterstützung, die freigebig gewährt, später aber von Morse nur widerwillig anerkannt wurde) errichtete Morse 1844 die erste für den praktischen Einsatz gedachte Telegraphenleitung. Der wichtigste originäre Beitrag Morses zur Telegraphie war das unter dem Namen *Morse-Alphabet* bekannte System von Zeichen aus Punkten und Strichen.

Die bedeutendste Tat, die Henry auf dem Gebiet der Elektrizität vollbrachte, war die Entwicklung des *Elektromotors.* Mit einem elektrischen Strom konnte man, so zeigte er, ein Rad antreiben, ebenso wie umgekehrt ein sich drehendes Rad zur Erzeugung von Strom eingesetzt werden konnte.

Mit einem elektrisch angetriebenen Rad konnte man Maschinen in Bewegung setzen. Elektromotoren konnten, wenn nötig, klein und handlich gebaut werden und waren dann leicht zu transportieren und vor Ort einzusetzen; und sie konnten nach Bedarf an- und ausgeschaltet werden, ohne daß man darauf warten mußte, daß sich ein Dampfdruck aufbaute *(Abb.).*

Der Haken war natürlich der, daß der elektrische Strom vom Generator zum Einsatzort des Motors befördert werden mußte. Es galt, eine Methode zu finden, wie man die beim Transport elektrischen Stroms durch Leitungen zwangsläufig auftretenden Verluste reduzieren konnte.

Eine Antwort auf das Problem war der *Transformator.* Wie die Elektro-Experimentatoren herausfanden, fielen die Leitungsverluste (die durch Umwandlung eines Teils der elektrischen Energie in Wärme zustande kommen) weit geringer aus, wenn man mit niedrigen Stromstärken, d. h. geringen Fließgeschwindigkeiten arbeitete. Als günstigste Lösung erwies es sich, den vom Generator gelieferten Strom mit einem Transformator auf eine höhere Stromspannung zu bringen – beispielsweise auf die dreifache Voltzahl – und dadurch die Stromstärke (Fließgeschwindigkeit) auf ein Drittel zu reduzieren. Am anderen Ende der Leitung mußte man die Spannung dann wieder heruntertransformieren bzw. die Stromstärke heraufsetzen.

Im Transformator wird der durch eine *Primärspule* fließende Eingangsstrom durch elektromagnetische Induktion auf eine *Sekundärspule* übertragen und dabei, da die Sekundärspule eine höhere Wicklungszahl aufweist, auf eine höhere Spannung transformiert. Aus bestimmten Gründen erfordert der Induktionsvorgang einen stetigen Wechsel des Magnetfeldes, und dies wiederum setzt voraus, daß man den Strom so steuert, daß er periodisch seine Stärke und Richtung ändert. Man benötigt, mit anderen Worten, einen *Wechselstrom.*

Daß der Wechselstrom den Gleichstom aus dem Feld schlug, ist bekannt, aber dies geschah keineswegs kampflos. Thomas Alva Edison, in den letzten Jahrzehnten des 19. Jahrhunderts der führende Mann auf dem Gebiet der praktischen Elektrizitätsforschung, ergriff die Partei des Gleichstroms und richtete 1882 in New York zur Erzeugung von Strom für die von ihm erfundene elektrische Beleuchtung das erste Gleichstrom-Kraftwerk ein. Er bekämpfte den Wechselstrom mit dem Argument, daß er eine Gefahr darstelle. (Er wies beispielsweise daraufhin, daß der elektrische Stuhl mit Wechselstrom betrieben wurde.) Sein schärfster Gegenspieler war Nikola Tesla, ein aus Kroatien stammender Ingenieur, der für Edison gearbeitet hatte und von ihm schäbig behandelt worden war. Tesla entwickelte 1888 ein praxistaugliches System zur Nutzung von Wechselstrom. 1893 errang George Westinghouse, ebenfalls ein überzeugter Anhänger des Wechselstroms, einen bedeutenden Sieg über Edison, indem er sich den Auftrag für die Errichtung der Niagara-Wasserkraftwerke auf Wechselstrombasis sicherte. Während der darauffolgenden Jahrzehnte arbeitete Charles Steinmetz eine auf ein solides mathematisches Fundament gegründete Theorie des Wechselstroms aus. Heute ist der Wechselstrom in der öffentlichen Elektrizitätsversorgung praktisch konkurrenzlos. (Zwar entwickelten Ingenieure der Firma General Electric 1966 einen Gleichstrom-Transformator – was lange Zeit als Ding der Unmöglichkeit gegolten hatte –, aber er erfordert eine Betriebstemperatur im Bereich des flüssigen Heliums und hat einen geringen Wirkungsgrad. Er ist von der Theorie her faszinierend, besitzt aber derzeit wohl keine wirtschaftlichen Erfolgsaussichten.)

Elektrotechnik

Im Gegensatz zur Dampfmaschine, die eine in der Natur vorhandene Energie (die in Holz, Öl oder Kohle gespeicherte Energie) direkt in physikalische Arbeit umwandelt, setzt der Elektromotor eine Energie in Arbeit um, die nicht direkt aus der Natur geschöpft werden kann, sondern ihrerseits erst einmal durch Umwandlung aus der Energie natürlicher Brennstoffe oder fließender Gewässer gewonnen werden muß. Aus diesem Grunde sind dort, wo hohe physikalische Arbeitsleistungen gefordert sind, Elektromotoren teurer als Dampfmaschinen. Gleichwohl können auch großkalibrige Elektromotoren sinnvoll eingesetzt werden. Auf der Berliner Weltausstellung von 1879 war eine elektrische Lokomotive zu sehen; sie bezog ihren Strom aus einer dritten Schiene und zeigte sich imstande, einen Waggonzug in Bewegung zu setzen. Heutzutage sind elektrisch getriebene Züge gang und gäbe, besonders bei großstädtischen Schnellverkehrssystemen; die höheren Kosten dieser Systeme werden von ihren Vorzügen – Sauberkeit und Betriebskomfort – mehr als aufgewogen.

Das Telefon

Wirklich in seinem Element ist der elektrische Strom dort, wo er Aufgaben erfüllt, für die die Dampfkraft nicht taugen würde. Dies gilt beispielsweise für das Telefon, das sich der aus Schottland stammende Erfinder Alexander Graham Bell 1876 patentieren ließ. Im Sprechteil des Telefonhörers treffen die von der Stimme des Sprechenden ausgelösten Schallwellen auf eine dünne, stählerne Membran und versetzen sie in Schwingungen, die genau der Modulation der Schallwellen entsprechen. Die Membran wandelt dieses Modulationsmuster in analoge Schwingungen eines elektrischen Stromes um, dessen Intensitätsschwankungen somit ein genaues Abbild der »Melodie« der Schallwellen verkörpern. Auf der Empfängerseite werden diese elektrischen Fluktuationen mittels eines Elektromagneten, der eine Membran in Schwingungen versetzt, wieder in Schallwellen zurückverwandelt.

Das erste Telefon war ein primitives, noch sehr unvollkommen funktionierendes Ding; gleichwohl war es der Schlager der Jubiläumsausstellung, die 1876 in Philadelphia anläßlich des hundertsten Jahrestages der amerikanischen Unabhängigkeitserklärung stattfand. Einer der prominenten Besucher der Ausstellung, der brasilianische Kaiser Pedro II., probierte es aus und ließ mit dem verblüfften Ausruf: »Es spricht!« den Hörer fallen; das machte Schlagzeilen. Auch ein anderer Besucher, Lord Kelvin, zeigte sich sehr beeindruckt, und der große Maxwell äußerte sein Erstaunen darüber, daß eine so schlichte Vorrichtung in der Lage war, die menschliche Stimme zu reproduzieren. 1877 schaffte sich Königin Victoria von England ein Telefon an; danach war der Erfolg dieser Erfindung nicht mehr aufzuhalten.

Es war Edison, der, ebenfalls noch im Jahr 1877, eine wesentliche Verbesserung einführte. Er stellte einen Telefonsprechteil vor, der eine Schicht nicht allzu fest gepreßten Kohlepulvers enthielt. Wenn die in Schwingungen versetzte Membran auf das Kohlepulver drückte, erhöhte sich dessen Leitfähigkeit; und es floß ein stärkerer Strom; wenn der Druck sich lockerte, floß weniger Strom. Auf diese Weise übersetzte der Sprechteil die Schallwellen der menschlichen Stimme getreulich in ein analoges elektrisches Wellenprofil, das die Stimme des Sprechenden auf der Empfängerseite klar und verständlich erscheinen ließ.

Telefonische Fernverbindungen herzustellen, setzte die Verlegung relativ dicker (weil widerstandsarmer) Kupferleitungen voraus, was die Investitionskosten in unbezahlbare Höhe trieb. Um die Jahrhundertwende gelang jedoch dem jugoslawisch-amerikanischen Physiker Michael Pupin die Entwicklung eines Verfahrens, das die Verwendung dünner Kupferdrähte gestattete. Mit Hilfe von in regelmäßigen Abständen entlang der Leitung installierten Induktionsschleifen wurden die elektrischen Signale verstärkt und konnten so über beliebig große Entfernungen hinweg transportiert werden. Die Firma Bell Telephone erwarb das Patent 1901, und 1915 ging in den USA das erste von Küste zu Küste (von New York nach San Francisco) reichende Telefonübertragungskabel in Betrieb.

Mit der Zeit wurde das Telefon zu einem immer wichtigeren und nicht mehr wegzudenkenden Bestandteil des täglichen Lebens; dasselbe galt ein halbes Jahrhundert lang für das »Fräulein vom Amt«; den Beginn des langsamen Niedergangs dieser Institution markierte die Einführung des Telefons mit Wählscheibe im Jahr 1921. Es dauerte danach aber noch etliche Jahrzehnte, bis der Selbstwähldienst flächendeckend ausgebaut war. Heute funktioniert das Telefonsystem weitgehend automatisch, sowohl auf nationaler als auch auf internationaler Ebene. Als 1983 in den USA Hunderttausende Bedienstete der Telefongesellschaften in einen 14tägigen Streik traten, hatte dies keinerlei störende Auswirkungen auf den Telefonverkehr. Richtfunkstrecken und Fernmeldesatelliten haben in den letzten Jahren die Leistungsfähigkeit und Vielseitigkeit des weltweiten Telefonnetzes noch erhöht.

Aufzeichnung und Wiedergabe von Tönen

Im Jahr 1877, ein Jahr nach der Erfindung des Telefons, ließ Edison seinen *Phonographen* patentieren. Die ersten »Schallplatten« waren rotierende Walzen, in deren äußere, aus Zinnfolie bestehende Hülle die Schallrillen eingeritzt wurden. Der amerikanische Erfinder Charles S. Tainter führte 1885 Walzen aus Wachs ein, und 1887 wartete Emile Berliner mit wachsbeschichteten Scheiben auf. Berliner war es auch, der 1904 eine noch wichtigere Neuerung einführte: die millimeterdünne Schallplatte, in deren Rillen die Nadel seitlich ausgelenkt wurde. Dank ihrer größeren Kompaktheit verdrängte sie die Edisonsche Walze (bei der die Nadel senkrecht ausgelenkt wurde) in kürzester Zeit.

1925 begann man bei der Schallaufzeichnung die Elektrizität zu Hilfe zu nehmen; das in diesem Jahr eingeführte *Mikrofon* übersetzte mittels eines eingebauten piezoelektrischen Kristalls (der die herkömmliche metallene Membran ersetzte) Schallwellen in ein analoges elektrisches Impulsmuster. Da der Kristall auch feinste Modulationen sauber übertrug, führte diese Neuerung zu einer erheblich verbesserten Reproduzierbarkeit der Tonqualität. Die 30er Jahre sahen die Einführung der Radioröhren, die die Verstärkung von Tönen ermöglichten.

1948 entwickelte der ungarisch-amerikanische Physiker Peter Goldmark die *Langspielplatte*, die mit 33 1/2 Umdrehungen in der Minute auskam (anstatt der bis dahin üblichen 78 U/min.). Auf einer solchen LP ließ sich sechsmal so viel Musik unterbringen als auf einer 78er Scheibe; damit wurde es erstmals möglich, eine vollständige Symphonie auf eine Schallplatte zu bannen, und damit entfiel die dem Musikgenuß abträgliche Notwendigkeit, nach jedem Satz die Platte umzudrehen oder zu wechseln.

Die Elektronik ermöglichte die *HiFi-Technik* (für High Fidelity, d. h. hohe Wiedergabetreue) und die *Stereophonie*; beide zusammen haben eine solche Vervollkommnung der Klangwiedergabe gebracht, daß die Stimme eines Sängers oder der Klang eines Orchesters, wenn sie aus den Lautsprechern einer hochwertigen Stereoanlage erklingen, dem Original kaum mehr nennenswert nachstehen.

Das erste Verfahren für eine *Tonbandaufzeichnung* erfand 1898 ein dänischer Elektroningenieur namens Valdemar Poulsen; es bedurfte allerdings erst gewisser technischer Fortschritte, ehe eine praxistaugliche Technik der Tonbandaufzeichnung entwickelt werden konnte. Ein Elektromagnet, der von einem das Modulationsprofil des aufzuzeichnenden Schallereignisses abbildenden elektrischen Stroms angeregt wird, überträgt dieses Profil in Form eines magnetischen Musters auf die beschichtete Oberseite eines vorbeilaufenden Bandes (oder auch auf einen vorbeilaufenden Draht). Die Wiedergabe wird ebenfalls über einen Elektromagneten gesteuert, der das magnetische Muster abliest und es wieder in elektrische Impulse zurückverwandelt.

Künstliches Licht im vor-elektrischen Zeitalter

Die Fähigkeit, die Nacht zum Tage zu machen, war unter den vielen Wunderdingen, die der elektrische Strom zu verrichten vermochte, sicherlich das für die Allgemeinheit interessanteste und spektakulärste. Zuvor hatten die Menschen die Nacht notdürftig mit Hilfe des Lagerfeuers, der Fackel, der Ölleuchte und der Kerze erhellt; eine halbe Million Jahre lang kam die menschliche Zivilisation in punkto künstliche Beleuchtung nicht über das Niveau mehr oder weniger trüber, flakkernder Funzeln hinaus.

Das 19. Jahrhundert brachte in dieser Hinsicht einen gewissen Fortschritt. Walöl und anschließend Petroleum kamen als Brennstoffe für Öllampen in Gebrauch, wodurch sich deren Helligkeit und Wirkungsgrad erhöhte. Der österreichische Chemiker Karl Auer Baron von Welsbach fand heraus, daß man die Leuchtkraft einer offenen Flamme dadurch erheblich verstärken konnte, indem man eine zylinderförmige Hülle aus einem mit Thorium- und Cerverbindungen imprägnierten Gewebe über sie stülpte; eine mit einem solchen *Welsbach-Strumpf* (das Patent darauf wurde 1885 erteilt) ausgestattete Petroleumlampe gab ein gleißend weißes Licht.

Schon zu Beginn des 19. Jahrhunderts hatte der schottische Erfinder William Murdock die erste Gasbeleuchtung gebastelt. Er hatte Kohlengas durch Röhren zu einer düsenartigen Öffnung geleitet; das austretende Gas verbrannte mit kontrollierbarer Flamme. 1802 arrangierte Murdock zur Feier eines Waffenstillstands zwischen Großbritannien und Napoleon ein spektakuläres Lichtspiel mit Gasflammen; 1803 installierte er im Hauptwerk seiner Firma eine feste Gasbeleuchtung. Straßenlampen, die mit Gas betrieben wurden, tauchten erstmals 1807 in London auf und fanden bald weite Verbreitung. Im Verlauf des Jahrhunderts setzte sich, zumindest in den größeren Städten, zunehmend die Praxis durch, die Straßen nachts zu beleuchten.

Der amerikanische Chemiker Robert Hare fand heraus, daß eine Gasflamme, wenn man sie um einen Würfel aus Calciumoxid züngeln ließ, ein besonders helles weißes Licht erzeugte. In der Folge wurde dieses *Kalklicht* vor allem dazu verwendet, Theaterbühnen in hellerem Licht, als es bis dahin möglich gewesen war, erstrahlen zu lassen.

Alle diese Beleuchtungsarten, vom Holzfeuer bis zur Gaslampe, beruhten darauf, daß ein Brennstoff, sei es Holz, Kohle, Öl oder Gas, mit offener Flamme verbrannte. Dieser Brennstoff mußte in jedem Fall angezündet werden, und das war, wenn man nicht gerade ein schon brennendes Feuer zur Hand hatte, ziemlich beschwerlich, zumindest bis ins 19. Jahrhundert hinein. Die noch am wenigsten mühselige Methode bestand darin, einen Feuerstein und ein Stück Stahl gegeneinander zu schlagen. Wenn man etwas Glück hatte, sprang dabei ein Funken heraus, der den bereitgelegten *Zunder* (ein feinfaseriges, leicht entzündliches Material) in Brand setzte; damit konnte man eine Kerze oder eine Fackel anzünden.

Zu Beginn des 19. Jahrhunderts begannen die Chemiker mit Substanzen zu experimentieren, die

die Eigenschaft hatten, sich bei erhöhter Temperatur von selbst zu entzünden. Wenn man ein Holzstäbchen mit einer solchen Substanz beschichtete, so hatte man ein *Zündholz*. Wenn man mit ihm über eine rauhe Fläche strich, entwickelte sich Reibungswärme, und das Streichholz brannte an.
Die frühesten Streichhölzer, die bezeichnenderweise auch »Schwefelhölzchen« hießen, verbreiteten unangenehm viel Qualm und Gestank, ganz abgesehen davon, daß die Chemikalien, aus denen sie bestanden, sehr giftig waren. Gefahrlos zu handhabende Zündhölzer kamen erst in Gebrauch, nachdem der österreichische Chemiker Anton Ritter von Schrötter 1845 Hölzer mit Zündköpfen aus rotem Phosphor einführte. Später ging man dazu über, den roten Phosphor in die an der Streichholzschachtel angebrachte rauhe Reibfläche einzuarbeiten; die anderen erforderlichen Chemikalien brachte man im Zündkopf des Streichholzes unter. Auf diese Weise konnten weder das Streichholz noch die Reibfläche allein in Brand geraten. Damit hatte das Zündholz seine klassische, bis heute nicht nennenswert veränderte Form und Beschaffenheit gefunden. Auch das Prinzip des Feuersteins feierte ein Comeback, freilich in entschieden verbesserter Form. An die Stelle des Stahls ist eine Reibfläche aus Mischmetall (einer Legierung aus mehreren Metallen mit Cer als Hauptbestandteil; *s. auch Kap. 6*) getreten, aus der sich mittels eines Reibrädchens besonders heiße Funken schlagen lassen. Die Rolle des Zunders übernimmt ein leicht entflammbares Gas oder Benzin. Das ganze nennt sich *Feuerzeug*.

Elektrisches Licht

Offene Flammen gleich welcher Art haben die Unart zu flackern und beschwören immer eine gewisse Brandgefahr herauf. Hier bestand offensichtlich Bedarf an einer grundlegenden Neuerung. Daß elektrischer Strom Licht erzeugen konnte, war seit langem bekannt. Leidener Flaschen produzierten bei der Entladung leuchtende Funken; elektrischer Strom brachte manchmal Drähte, die er durchfloß, zum Glühen. Aus beiden Phänomenen ließen sich, wie sich zeigte, Verfahren zur Lichterzeugung ableiten.
Humphry Davy veranlaßte 1805 ein elektrisches Potential, sich über den freien Raum zwischen zwei elektrischen Leitern hinweg zu entladen. Indem er den Stromfluß aufrechterhielt, sorgte er dafür, daß diese Entladung sich kontinuierlich weiter vollzog; das Resultat war ein *elektrischer Lichtbogen*. Als elektrischer Strom später preiswert zu haben war, wurde es rentabel, Lichtbogenlampen zu Beleuchtungszwecken einzusetzen. In den 70er Jahren des 19. Jahrhunderts erhellten solche Lampen in Paris und einigen anderen Großstädten die Straßen. Ihr Licht war freilich grell und flakkerte – und in gewisser Weise ging es immer noch von einer offenen Flamme aus und schuf somit eine potentielle Brandgefahr.
Es würde, das lag auf der Hand, gewiß eine bessere Lösung sein, einen elektrischen Strom durch einen dünnen Draht oder Faden zu leiten und diesen dadurch zum Glühen zu bringen. Dies mußte natürlich in Abwesenheit von Sauerstoff vonstatten gehen, denn andernfalls würde der Draht oder Faden ja im Nu oxidieren und zerfallen. Die ersten Erfinder, die sich an das Problem heranwagten, versuchten, den Sauerstoff sozusagen mit einer Radikalkur zu entfernen: durch Herstellung eines Vakuums. Crookes hatte um 1875 (im Rahmen seiner Forschungen über Kathodenstrahlen – *s. Kap. 7)* ein Verfahren entwickelt, mit dem sich ein für den besagten Zweck ausreichendes Vakuum schnell und preiswert erzeugen ließ. Allein, das schwache Glied in der Kette waren die Glühfäden: Sie brachen zu schnell, gleich mit welchem Material man es auch probierte. 1878 kündigte Thomas Edison, nach der Erfindung des Phonographen gerade auf einem neuen Gipfel seiner Popularität stehend, an, daß er das Problem in Angriff nehmen werde. Er war erst 31 Jahre alt, genoß aber als Erfinder bereits einen so legendären Ruf, daß auf seine bloße Absichtserklärung hin an den Börsen von New York und London die Aktien der Gasgesellschaften Kurseinbrüche erlitten.
Nach Hunderten von Experimenten und ebenso vielen frustrierenden Mißerfolgserlebnissen fand Edison schließlich ein für Glühfäden geeignetes Material – ausgeglühte Baumwollfasern. Am 21. Oktober 1879 zündete er seine erste funktionierende Glühbirne an. Sie brannte 40 Stunden ohne Unterbrechung. Am Silvesterabend des gleichen Jahres stellte Edison einem staunenden Publikum seine neue Erfindung vor, indem er die Hauptstraße des Städtchens Menlo Park in New Jersey,

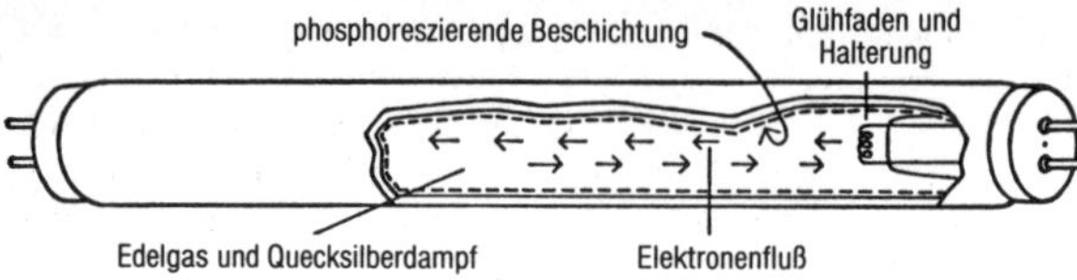

Leuchtröhre. Ein vom Glühfaden ausgehender Elektronenfluß regt den Quecksilberdampf in der Röhre zur Abgabe ultravioletter Strahlung an. Diese läßt den phosphoreszierenden Innenbelag der Röhre aufleuchten.

wo er sein Labor hatte, in elektrisches Licht tauchte. Er ließ seine Glühbirne sogleich patentieren und begann sie in großen Stückzahlen zu produzieren.

Edison war allerdings nicht der einzige, der sich als Erfinder der Glühbirne fühlen durfte. Mindestens einem anderen Erfinder gebührt ein etwa gleich großer Anteil an dieser Schöpfung – dem Engländer Joseph Swan, der auf einer Versammlung der Chemischen Gesellschaft von Newcastle-on-Tyne am 18. Dezember 1878 eine Glühbirne mit einem Kohlenstoff-Glühfaden vorführte; es gelang ihm jedoch erst 1881, sein Modell in Fertigung gehen zu lassen.

Edison kümmerte sich in der Folge um das Problem, wie man Wohnhäuser mit einem stetigen und ausreichenden Stromnachschub für die Glühbirnen, die er verkaufen wollte, versorgen konnte; diese Aufgabe zu lösen, erfoderte ebenso viel Kreativität und Ausdauer wie die Erfindung der Birne selbst. Die Glühbirne erfuhr in der Folgezeit noch zwei wesentliche Verbesserungen. 1910 führte William D. Coolidge von der Firma General Electric als Material für die Glühfäden das hitzebeständige Metall Wolfram ein *(Abb.)*; und 1913 füllte Irving Langmuir die Glühbirne mit dem reaktionsträgen Gas Stickstoff; dies verhinderte, daß der Glühfaden durch Verdampfung an Substanz verlor und brüchig wurde, wie es im Vakuum der Fall war.

Ein noch geeigneteres Füllgas als der Stickstoff ist das Argon, denn es ist noch reaktionsträger. Es wurde ab 1920 verwendet. Noch besser eignet sich Krypton, ein weiteres reaktionsträges Gas, in dessen Gegenwart ein Glühfaden höhere Temperaturen erreicht und heller leuchtet ohne kaputtzugehen.

Die Glühfäden leuchteten so intensiv, daß man eine Glühbirne nicht direkt anschauen konnte, ohne geblendet zu werden. Dabei blieb es ein Jahrhundert lang, bis Marvin Pipkin, ein Chemie-Ingenieur, ein praxistaugliches Verfahren zur Mattierung der Innenseite der Glühbirne entwickelte. (Eine Mattierung von außen führte nur dazu, daß sich Staub auf dem Glas sammelte und das Licht verdunkelte.) Birnen aus Mattglas strahlen ein weiches, angenehmes und »ruhiges« Licht aus.

Mit dem Aufkommen des elektrischen Lichts war die Möglichkeit gegeben, daß offene Flammen weitgehend aus dem Alltag verschwinden würden und daß sich in der Folge die Zahl von Bränden erheblich verringern würde. Leider brennen aber nach wie vor zahlreiche offene Flammen – in Gasöfen, Öl- und Gasfeuerungen, in offenen Kaminen usw. –, und dies wird wahrscheinlich auch in Zukunft so bleiben. Besonders bedauerlich ist, daß Hunderte von Millionen Suchtabhängigen ständig mit offenem Feuer in Gestalt brennender Zigaretten und häufig benutzter Feuerzeuge hantieren. Welche Höhe die durch weggeworfene Zigaretten und daraus entstehende Brände verursachten Personen- und Sachschäden jährlich erreichen, ist schwer zu schätzen.

Die Glühbirne, die, wie ihr Name sagt, Licht dadurch erzeugt, daß elektrischer Strom einen Glühfaden durchfließt und dieser sich aufgrund des Widerstands, den er dem Stromfluß entgegensetzt, bis zur Weißglut erhitzt, war nicht das einzige Resultat des Versuches, aus elektrischem Strom

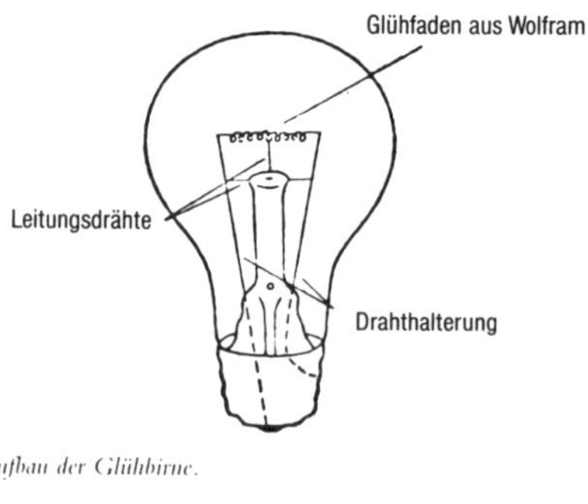

Aufbau der Glühbirne.

Licht zu erzeugen. Da gibt es beispielsweise noch die sogenannten *Neonröhren* (erfunden 1910 von dem französischen Chemiker Georges Claude), verschlossene Glaszylinder, die mit Neongas gefüllt sind, dessen Atome durch elektrische Entladungsvorgänge zum Leuchten angeregt werden und ein helles, rötliches Licht abgeben. Oder die *Quecksilberdampflampe,* ebenfalls eine Gasentladungslampe, deren Licht einen hohen Ultraviolettanteil enthält, weshalb sie sich nicht nur als *künstliche Höhensonne* eignet, sondern auch zur Abtötung von Bakterien oder zur Erzeugung von Fluoreszenz verwendet wird. Womit wir beim Phänomen der *Fluoreszenz* wären, das bei der New Yorker Weltausstellung von 1939 erstmals in seiner noch heute gebräuchlichen Form zu sehen war. Bei der Fluoreszenzlampe wird eine phosphoreszierende Schicht an der Innenseite der Röhre durch ultraviolettes Licht (erzeugt von Quecksilberdampf) zum Fluoreszieren angeregt *(Abb.).* Bei der Erzeugung dieses »kalten« Lichts geht nur ein ganz geringer Teil der eingesetzten Energie in Form von Wärme verloren; diese Lampen verbrauchen daher vergleichsweise wenig Strom.

Eine Fluoreszenzröhre mit 40 Watt Leistung liefert gleich viel Licht und weit weniger Wärme als eine 150-Watt-Glühlampe. Aus diesem Grund ist seit dem Zweiten Weltkrieg eine Trendwende zugunsten des Fluoreszenzlichts eingetreten. Als Material für die fluoreszierende Beschichtung der Röhren dienten anfänglich Berylliumverbindungen. Dies führte jedoch zu schweren Vergiftungsfällen (Berylliose), sei es daß Leute Staub in die Lungen bekamen, der diese Verbindungen enthielt, oder daß diese Substanzen durch Schnittwunden, die von zerbrochenen Röhren verursacht wurden, ins Blut gelangten. Nach 1949 ging man zur Verwendung anderer, weniger gefährlicher fluoreszierender Stoffe über.

Die jüngste vielversprechende Entwicklung ist ein Verfahren, das die direkte Umwandlung von Elektrizität in Licht ohne den Umweg über ultraviolettes Licht ermöglicht. Der französische Physiker Georges Destriau entdeckte 1936, daß ein starker Wechselstrom eine phosphoreszierende Substanz, wie beispielsweise Zinksulfid, zum Leuchten bringen kann. Man experimentiert zur Zeit damit, das Zinksulfid in Kunststoff oder Glas einzuarbeiten und auf der Grundlage dieses Phänomens, der sogenannten *Elektrolumineszenz,* flächenhafte Leuchtkörper zu entwickeln. Eine lumineszierende Wand oder Zimmerdecke kann einen Raum in ein weiches, farblich getöntes Licht tauchen. Im Augenblick läßt allerdings die Energieausnützung bei der Elektrolumineszenz noch zu sehr zu wünschen übrig, als daß diese Technik gegenüber den anderen Formen der elektrischen Lichterzeugung konkurrenzfähig wäre.

Fotografie

Unter allen mit Licht zusammenhängenden Erfindungen hat wohl keine der Menschheit soviel Unterhaltung, Zerstreuung und Spaß beschert wie die Fotografie. Ganz am Anfang der Fotografie stand die Beobachtung, daß Licht, das durch ein kleines Loch in ein geschlossenes und daher dunkles Kästchen fällt (in eine sogenannte *camera obscura*), in dessen Innern ein lichtschwaches, auf dem Kopf stehendes Abbild der Szenerie vor der »Kamera« erzeugt. Es war der italienische Alchimist Giambattista della Porta, der um das Jahr 1550 das erste Gerät dieser Art (die moderne Bezeichnung dafür ist *Lochkamera*) konstruierte.

Bei der Lochkamera ist die einfallende Lichtmenge sehr klein. Wenn man jedoch das Loch durch eine Linse ersetzt, kann man wesentlich mehr Licht einfangen und auf einen Punkt konzentrieren; es entsteht so ein weit kräftigeres Bild. Als man einmal soweit war, galt es eine Substanz zu finden, die auf Licht chemisch reagiert. Eine ganze Reihe von Tüftlern mühten sich mit dieser Aufgabe ab, allen voran die Franzosen Joseph N. Niepce und Louis Daguerre sowie der Engländer William Talbot. Niepce versuchte, auf mit Silberchlorid (das sich unter Einwirkung von Sonnenlicht schwärzt) beschichteten Platten Abbilder zu erzeugen, und brachte auf diese Weise tatsächlich 1822 die erste primitive Fotografie zustande; seine Platte benötigte allerdings eine Belichtungszeit von acht Stunden.

Daguerre stieß als Partner zu Niepce und entwickelte nach dessen Tod das Verfahren weiter. Er arbeitete mit verschiedenen lichtempfindlichen Silbersalzen und löste nach der Belichtung die unbelichteten, d. h. nicht geschwärzten Anteile nach einem von John Herschel (dem Sohn von Wilhelm Herschel) vorgeschlagenen Verfahren in Natri-

umthiosulfat auf. 1839 präsentierte Daguerre seine *Daguerrotypien,* die ersten brauchbaren Fotografien; sie erforderten nur noch eine Belichtungszeit von zwanzig Minuten.
Talbot führte eine weitere Verbesserung ein, indem er *Negative* erzeugte, bei denen die von Licht getroffenen Teile sich schwärzten, so daß die dunklen Partien des Bildes hell und die hellen Partien dunkel erschienen. Von einem solchen Negativ konnte man eine beliebige Zahl von *Positivabzügen* herstellen, bei denen die Hell-Dunkel-Verteilung noch einmal umgekehrt wurde, so daß auf dem fertigen Bild helle Partien hell und dunkle Partien dunkel erschienen, wie es sich gehörte. 1844 gab Talbot das erste mit Fotos illustrierte Buch heraus.
Ihren Wert als Dokumentationsmittel stellte die Fotografie bereits kurz nach 1850 unter Beweis, als die Briten im Krimkrieg Schlachtszenen fotografisch festhielten. Und nur wenige Jahre später schoß der amerikanische Fotograf Matthew Brady, ausgerüstet mit aus heutiger Sicht unglaublich primitiv anmutender Gerätschaft, klassische Szenenfotos aus dem amerikanischen Bürgerkrieg.
Fast ein halbes Jahrhundert lang mußten die Fotografen mit der *Naßplatte* arbeiten. Es war eine Glasplatte, auf die eine Chemikalien-Emulsion aufgetragen wurde, die an Ort und Stelle zusammengemischt werden mußte. Das Bild mußte gemacht werden, bevor die Emulsion eintrocknete. Solange diese komplizierte Prozedur vonnöten war, blieb die Fotografie eine Domäne geschulter Profis und eingefleischter Enthusiasten.
1878 fand jedoch ein amerikanischer Erfinder namens George Eastman eine Methode, die es erlaubte, die Emulsion mit Gelatine zu vermischen; auf die Platte aufgetragen, vertrocknete das Gemisch zu einem festen Gel, das über lange Zeiträume hinweg gebrauchsfähig blieb. 1884 ließ Eastman sich den fotografischen *Film* patentieren, einen Streifen aus Papier bzw., von 1889 an, aus Zelluloid, der mit dem lichtempfindlichen Gel beschichtet wurde. 1888 stellte Eastman die von ihm entwickelte Kodak-Kamera vor, mit der man einen fotografischen Film per Knopfdruck belichten konnte. Den belichteten Film konnte man anschließend zur Entwicklung geben. Nun wurde das Fotografieren zur beliebten Freizeitbeschäftigung. Im Lauf der Zeit wurden immer empfindlichere Emulsionen entwickelt; entsprechend kürzer wurden die Belichtungszeiten. Leute, die sich fotografieren lassen wollten, brauchten nun nicht mehr zehn oder zwanzig Sekunden lang in unnatürlich starrer Pose zu verharren.
Praktischer und einfacher ging es, so hätte man glauben können, wirklich nicht mehr. Im Jahr 1947 konstruierte der amerikanische Erfinder Edwin H. Land eine Kamera, die mit einer doppelschichtigen Filmrolle zu laden war; zusätzlich zu einem normalen Negativfilm rollte Positivpapier von der Spule, wobei sich zwischen beiden für jedes Bild eine separate Chemikalienmischung befand. Diese wurde im richtigen Augenblick freigesetzt und entwickelte automatisch den Positivabzug. Wenige Minuten nach Drücken des Auslösers hatte man das fertige Foto in der Hand.
Das 19. Jahrhundert kannte nur Schwarzweißfotografien. Zu Beginn des 20. Jahrhunderts entwickelte dann der aus Luxemburg stammende französische Physiker Gabriel Lippmann ein Verfahren zur Herstellung farbiger Fotografien; dies brachte ihm den Physik-Nobelpreis des Jahres 1908 ein. Das Verfahren erwies sich dann jedoch als technische Sackgasse, so daß der erste praxistaugliche fotografische Farbfilm erst 1936 herauskam. Dieser zweite und erfolgreiche Anlauf ging auf die schon 1855 von Maxwell und Helmholtz gemachte Beobachtung zurück, daß sich alle Farben und Schattierungen des Spektrums durch Mischung von rotem, grünem und blauem Licht darstellen lassen. Ein Farbfilm besteht folgerichtig aus drei Emulsionsschichten; eine ist für den roten, eine für den grünen und eine für den blauen Farbanteil des Bildes empfindlich. Jedes Farbbild besteht daher aus drei verschiedenen, einander deckungsgleich überlagernden Bildern, von denen jedes die für seinen Teil des Spektrums charakteristische Lichtverteilung in abgestufte Schwarz-Weiß-Töne übersetzt. Bei der Entwicklung durchläuft der Film drei Stadien, bei denen das Negativ mit rotem bzw. blauem bzw. grünem Farbstoff eingefärbt wird. Jeder Punkt des Bildes erhält seine spezifische Farbe durch ein entsprechendes Mischungsverhältnis zwischen roter, blauer und grüner Komponente. Im menschlichen Auge addieren sich die Komponenten wieder zu einem integrierten, mehr oder weniger natürlichen Farbeindruck.
Die *Kinomatographie,* d. h. die bildliche Repro-

duktion länger dauernder Vorgänge mittels bewegter fotografischer Bilder, machte sich ein Phänomen zunutze, das als erster der englische Physiker Peter Mark Roget im Jahr 1824 beobachtet hatte: die Tatsache, daß ein Bildeindruck, der auf das menschliche Auge einwirkt, von diesem für den Bruchteil einer Sekunde gespeichert wird. Als die fotografische Technik einigermaßen ausgereift war, wandten sich viele Tüftler, vor allem in Frankreich, unter Berufung auf dieses Phänomen dem Versuch zu, mit Hilfe rasch aufeinanderfolgender Bilder den Eindruck bewegter Abläufe zu erzeugen. Sicherlich kennen viele von uns das beliebte Kinderspielzeug, das aus einem Stapel bebilderter Pappkärtchen besteht, die, wenn man sie an einer Seite hochbiegt und in schneller Folge herabblättern läßt, einen »Film« zeigen, beispielsweise ein turnendes Strichmännchen. Wenn man eine Reihe von Bildern, von denen jedes eine gegenüber dem vorausgegangenen leicht versetzte Bewegungsphase zeigt, in Abständen von weniger als $1/16$ Sekunde auf eine Leinwand projiziert, sorgt die Trägheit des menschlichen Auges dafür, daß die Einzelbilder miteinander verschmelzen und den Eindruck einer kontinuierlichen Bewegung hervorrufen.

Es war niemand anders als Edison, der den ersten Film produzierte. Er bannte eine Reihe von Einzelbildern auf einen Filmstreifen und ließ diesen dann durch einen Projektor laufen, dessen Projektionslampe bei jedem Bild kurz aufleuchtete. Die erste öffentliche Vorführung eines Films fand 1894 statt; zwanzig Jahre später, 1914, lief in den inzwischen aus dem Boden geschossenen Filmtheatern das mehrstündige, klassische Filmspielopus *Birth of a Nation*.

1927 wurde der Tonfilm aus der Taufe gehoben. Auf den Filmstreifen gebannt und von diesem wieder abgelesen wurden die Töne mit Hilfe von Licht: Die Musik und die Stimmen der Schauspieler wurden durch ein Mikrophon in einen modulierten elektrischen Strom umgewandelt; das Licht einer von diesem Strom gesteuerten Lampe belichtete einen Film, der später in Gestalt einer schmalen Randspur in den eigentlichen Film einkopiert wurde (und bei der Projektion im Kino natürlich nicht zu sehen war). Wenn der Film durch den Projektor lief, wurde die Lichtton-Randspur von einer Fotozelle abgetastet (unter Ausnutzung des fotoelektrischen Effekts) und die resultierende elektrische Impulsfolge wieder in Töne zurückverwandelt.

Innerhalb von zwei Jahren, nachdem der erste Tonfilm *(The Jazz Singer)* herausgekommen war, hatte der Tonfilm dem Stummfilm den Garaus gemacht – und auch dem Varieté weitgehend das Wasser abgegraben. Gegen Ende der 30er Jahre wurde der Tonfilm farbig. Die 50er Jahre sahen dann neue Projektionstechniken, das Breitwandverfahren (Cinemascope) und die 3-D-Projektion, die allerdings nur eine kurzlebige Episode blieb. Die dreidimensionale Wirkung sollte dadurch erzielt werden, daß auf die Leinwand ein Doppelbild projiziert wurde. Die Zuschauer mußten, damit der stereoskopische Eindruck zum Tragen kam, Brillen mit polarisierten Gläsern aufsetzen.

Verbrennungsmotoren

Während in der Beleuchtungstechnik das Petroleum dem elektrischen Strom Platz machen mußte, wurde für eine andere technische Errungenschaft, die das moderne Leben auf ihre Weise ebenso tiefgreifend veränderte wie die Elektrizität, ein anderes Erdölprodukt unersetzlich: das Benzin. Die Rede ist vom *Verbrennungsmotor*. In gewisser Weise ist auch die Dampfmaschine ein Verbrennungsmotor, im herrschenden Sprachgebrauch bezeichnet dieser Begriff aber nur Motoren, bei denen ein Kolben durch einen *im Zylinder selbst* stattfindenden Verbrennungsvorgang in Bewegung gesetzt wird. Bei der Dampfmaschine findet der Verbrennungsvorgang bekanntlich außerhalb des Zylinders statt und erzeugt Dampf, der dann dem Zylinder zugeführt wird.

Das Automobil

Der Verbrennungsmotor erlaubte eine kompakte Bauweise und machte es daher möglich, auch kleine Fahrzeuge, für die der Dampfantrieb zu wuchtig war, mit einem mechanischen Antriebsaggregat auszustatten. Nicht daß der Versuch, dampfgetriebene Fahrzeuge zu bauen, nicht unternommen worden wäre: 1786 konstruierte William Murdock (der später die erste Gasbeleuchtung entwickelte) eine solche »pferdelose Kutsche«. Und ein Jahrhundert später konstruierte der amerikanische Erfinder Francis E. Stanley den berühmten »Stanley Steamer«, der, von einer Dampfmaschine angetrieben, eine Zeitlang den ersten Automobilen mit Verbrennungsmotor Konkurrenz machte. Die Zukunft gehörte jedoch, wie sich zeigte, den letzteren.

Um genau zu sein: Verbrennungsmotoren wurden auch schon zu Beginn des 19. Jahrhunderts konstruiert, bevor das Petroleum zur allgemeinen Handelsware wurde. Sie wurden mit Terpentindämpfen oder Wasserstoff betrieben. Erst das Benzin, als diejenige leicht verdampfende Flüssigkeit, die sowohl brennbar als auch in großen Mengen erhältlich war, schuf die Voraussetzung dafür, daß aus dem Verbrennungsmotor mehr wurde als eine technische Kuriosität.

Den ersten funktionierenden Verbrennungsmotor baute 1860 ein französischer Tüftler namens Etienne Lenoir; er rüstete damit ein kleines Fahrzeug aus, das somit die erste »pferdelose Kutsche« mit einem solchen Antriebsaggregat war. 1876 konstruierte der deutsche Techniker Nikolaus August Otto, der von Lenoirs Erfindung gehört hatte, einen *Viertaktmotor (Abb.)*. Ein genau in die Bohrung eines Zylinders passender Kolben bewegt sich zunächst nach außen, so daß im Zylinder ein Unterdruck entsteht, durch den ein Benzin-Luft-Gemisch angesaugt wird. Im zweiten Takt kommt der Kolben wieder zurück und komprimiert das Gemisch. Im Augenblick der größten Kompression wird das Gemisch entzündet und explodiert. Die Explosion treibt den Kolben nach außen (dritter Takt); dieser explosive Teil des Gesamtvorgangs ist es, der auch die Energie für die übrigen drei Takte liefert und damit den Motor in Gang hält. Im vierten Takt wird der Kolben wieder in den Zylinder gestoßen; er drückt dabei die Verbrennungsrückstände, das sogenannte *Auspuffgas*, aus dem Zylinder hinaus. Nun beginnt der Vorgang von neuem mit dem ersten Takt.

Ein schottischer Ingenieur namens Dugald Clerk nahm sogleich eine Verbesserung vor: Er schaltete einen zweiten Zylinder dazu, dessen Kolben gegenüber dem des ersten um zwei Takte versetzt lief. Dadurch erzielte er eine gleichmäßigere Antriebswirkung. Später wurde die Zahl der Zylinder erhöht (vier bis acht sind heute üblich), was einen noch gleichmäßigeren Rundlauf des Motors und natürlich auch mehr Leistung bewirkte.

Mit der Entwicklung des *Ottomotors* war eine Grundvoraussetzung für den Bau von Automobilen geschaffen; ehe aus einem Antriebsaggregat ein wirklich fahrbares Auto wurde, bedurfte es allerdings noch einiger zusätzlicher Erfindungen. Zunächst einmal stellte sich das Problem, daß das Benzin-Luft-Gemisch im Zylinder genau im richtigen Augenblick gezündet werden mußte. Alle erdenklichen technischen Kniffe wurden ausprobiert, doch von etwa 1923 an setzte sich allgemein die elektrische Zündung durch. Den nötigen Strom liefert eine aufladbare Batterie, die, wie jede andere Batterie auch, chemische Reaktionsenergie in Elektrizität umwandelt. Wieder aufgeladen wird die Batterie, indem ihr elektrischer Strom zugeführt wird, der die Umkehrung der ursprünglichen, energiespendenden chemischen Reaktion bewirkt und die Batterie wieder auf ihr Anfangspotential zurückbringt. Den Ladestrom liefert ein kleiner, vom Motor angetriebener Generator (auch *Lichtmaschine* genannt, weil er unter anderem auch die Scheinwerfer und die anderen Beleuchtungselemente mit Strom versorgt).

Der heute gebräuchlichste Typ der Autobatterie ist aus abwechselnd hintereinander angeordneten Platten aus Blei bzw. Bleioxid aufgebaut, die in mehreren getrennten, mit fast konzentrierter Schwefelsäure gefüllten Zellen untergebracht sind. Erfunden wurde dieser Batterietyp 1859 von dem französischen Physiker Gaston Planté, weiterentwickelt und auf den heute noch gültigen Standard gebracht 1881 von dem amerikanischen Elektroingenieur Charles F. Brush. Es sind seither immer wieder einmal leistungsstärkere und kompaktere Batterien entwickelt worden – um 1905 von Edison eine Nickel-Eisen-Batterie –, aber noch keine, die es an Wirtschaftlichkeit mit der Bleibatterie hätte aufnehmen können.

Die von der Batterie bereitgestellte elektrische Spannung baut beim Durchlaufen einer sogenannten *Induktionsspule* ein Magnetfeld auf. Der Zusammenbruch dieses Feldes liefert jene Hochspannung, die bewirkt, daß bei der Zündkerze der berühmte Funke überspringt.

Wenn ein Verbrennungsmotor erst einmal läuft,

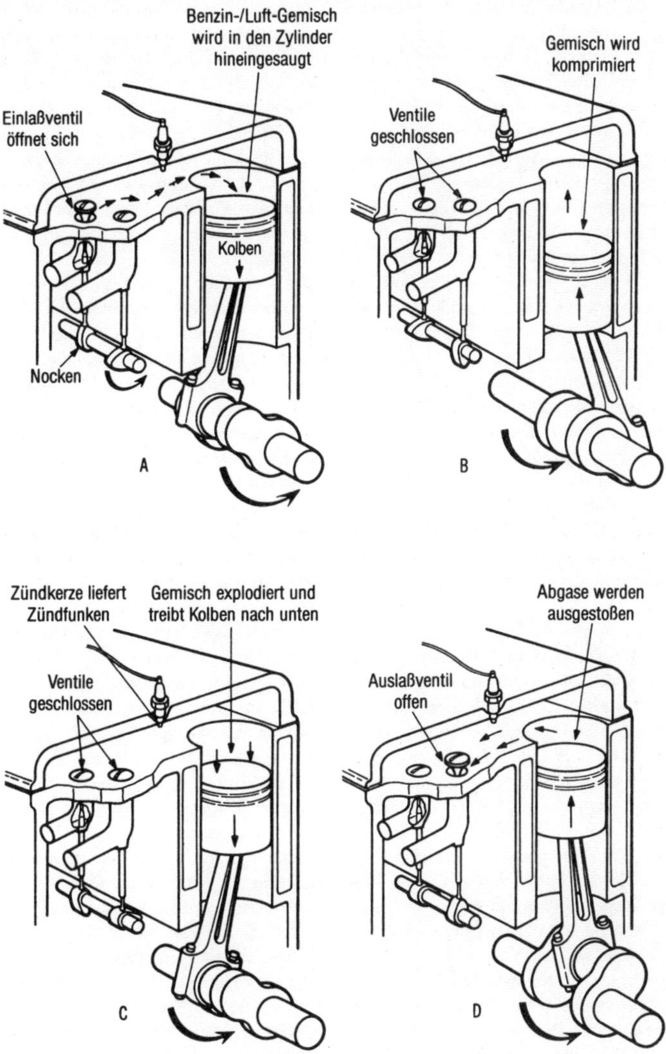

Nikolaus Ottos 1876 konstruierter Vierzylindermotor (Ottomotor).

sorgt die Trägheit der Bewegung dafür, daß er in der Phase zwischen den den Kolben austreibenden Explosionen nicht stehen bleibt. Um aber den stehenden Motor zum Laufen zu bringen, bedarf es eines einmaligen Energieschubs von außen. Bei den früheren Automobilen wurde der Motor per Muskelkraft in Gang gesetzt, meist mit Hilfe einer Kurbel. (Außenbordmotoren, benzingetriebene Pumpen, Rasenmäher und dgl. werden heute noch mit Hilfe eines ruckartig herauszuziehenden Gurtes gestartet.) Ein Auto per Kurbel zu starten, erforderte eine gewisse Muskelkraft. Nicht selten kam es vor, daß der anspringende Motor dem Starthelfer die Kurbel aus der Hand schlug und zuweilen waren dabei sogar gebrochene Unterarmknochen zu beklagen. 1912 erfand der amerikanische Mechaniker Charles F. Kettering einen elektrischen *Anlasser,* der die Kurbel schließlich verdrängte. Der Anlasser bezieht seinen Betriebsstrom von der Batterie, die somit die Energie für die ersten paar Umdrehungen des Motors liefert.

Die ersten praxistauglichen Automobile bauten 1885, unabhängig voneinander, die deutschen Ingenieure Gottlieb Daimler und Karl Benz. Zum Auto, wie wir es heute kennen, wurde das Automobil allerdings erst durch eine technisch-wirtschaftliche Innovation besonderer Art: die *Massenproduktion*.

Der maßgebliche Initiator dieser Neuerung war Eli Whitney, dem für diesen Beitrag zum industriellen Fortschritt eigentlich mehr Anerkennung gebührt als für seine berühmtere Erfindung, die Baumwoll-Egreniermaschine. 1790 sicherte sich Whitney von der US-Bundesregierung den Auftrag zur Produktion von Gewehren für die Armee. Zu dieser Zeit war es noch üblich, Gewehre in handwerklicher Einzelfertigung herzustellen – jedes Exemplar wurde aus individuell angepaßten Teilen zusammengebaut. Whitney hatte die Idee, die einzelnen Bauteile zu standardisieren, so daß jedes Teil sich in jede Waffe des betreffenden Typs einbauen ließ. Diese einzige, auf einem einfachen Gedanken beruhende Neuerung – Montierung eines Produkts aus standardisierten und daher beliebig austauschbaren Teilen – war für die Entstehung einer modernen, auf Massenproduktion ausgerichteten Industrie vielleicht ebenso grundlegend wie der wissenschaftlich-technische Fortschritt im engeren Sinn. Mit Einführung der Werkzeugmaschinen wurde es möglich, Standardbauteile in praktisch unbegrenzten Stückzahlen auszuwerfen.

Es war der amerikanische Ingenieur Henry Ford, der dieses Prinzip als erster konsequent in die Praxis umsetzte. Er hatte 1892 sein erstes Automobil (mit einem Zweizylindermotor) gebaut und sich dann 1899 als Chefingenieur bei der Detroit Automobile Company verdingt. Da er sich mit seiner Idee hier nicht durchsetzen konnte – die Firma wollte die herkömmliche Einzelfertigung beibehalten –, kündigte er 1902 und eröffnete eine eigene Automobilfabrik, die von vornherein auf Massenproduktion angelegt war. 1909 begann er mit der Auslieferung seines Model T; 1913 erlaubten ihm die Verkaufszahlen, voll auf das Whitney-Prinzip umzusteigen – alle seine Autos wurden nun aus genau gleichartigen Teilen zusammengebaut und glichen einander wie ein Ei dem anderen.

Ford erkannte, daß er den Produktionsvorgang dadurch beschleunigen konnte, daß er die menschlichen Arbeitskräfte demselben Prinzip unterwarf wie die Maschinen, d. h. jedem von ihnen einen kleinen, überschaubaren, sich ständig wiederholenden Arbeitsvorgang zuwies. Der amerikanische Erfinder Samuel Colt (dessen Name sich zum Synonym für den von ihm erfundenen sechsschüssigen Trommelrevolver entwikkelte) hatte 1847 die ersten Schritte in diese Richtung getan; der Autofabrikant Ransom E. Olds hatte das System im Jahr 1900 auf die Autoproduktion übertragen. Olds büßte jedoch die Gunst seiner Finanziers ein, so daß es Ford vorbehalten blieb, die in Gang gesetzte Entwicklung weiterzuführen: Er führte das *Fließband* ein, an dem die Arbeiter die vorüberrollenden Fahrzeuge erwarteten und die ihnen zugewiesenen Arbeitsschritte ausführten, bis am Ende die fertigen Autos vom Band rollten. Zwei wichtige wirtschaftliche Errungenschaften brachte dieses System mit sich: hohe Löhne für die Arbeiter und verblüffend niedrige Preise für die Autokäufer.

1913 liefen bei Ford tausend Modell-T-Autos pro Tag vom Band. Als die Produktion dieses Modells 1927 eingestellt wurde, hatte Ford insgesamt 15 Millionen Exemplare verkauft – zu einem Preis von zuletzt nur noch 290 Dollar pro Stück. In der Folge setzte sich die Masche durch, jedes Jahr neue Modellvarianten anzubieten. Ford sah sich gezwungen, sich an den Trend der Typenvielfalt und der Effekthascherei mit Kinkerlitzchen anzuhängen, der die Produktionskosten für Autos wieder enorm in die Höhe getrieben und die wirtschaftlichen Vorteile der Massenproduktion zum Nachteil der Autokäufer teilweise wieder aufgehoben hat.

1892 präsentierte der deutsche Ingenieur Rudolf Diesel eine von ihm entwickelte Variante des Verbrennungsmotors, die nach einem einfacheren Prinzip arbeitete und vergleichsweise weniger Kraftstoff verbrauchte. Der Trick bestand darin, daß das Brennstoff-Luft-Gemisch stärker komprimiert wurde, so stark, daß die Kompressionswärme ausreichte, es zu zünden. Der *Dieselmotor* ermöglichte die Verwendung schwererer, d. h. höher siedender Erdölderivate, die den Vorteil hatten, nicht zu klopfen. Wegen der höheren Kompression, mit der sie arbeiten, müssen Dieselmotoren stabiler gebaut sein als Benzinmotoren und sind daher erheblich schwerer. Als Anfang der 20er Jahre ein auf den Dieselmotor zugeschnittenes System der Treibstoffeinspritzung zur Verfügung stand, begann der Diesel sich als Antriebsaggregat für Lastwagen, Traktoren, Busse, Schiffe und Lokomotiven zu etablieren; heute ist er die unangefochtene Nummer eins im Schwerlastverkehr.

Fortschritte bei der Aufbereitung des Treibstoffes verbesserten die Leistungsfähigkeit des Verbrennungsmotors. Motorenbenzin ist ein Gemisch aus vielerlei Kohlenwasserstoffen (Substanzen, deren Moleküle aus Kohlenstoff- und Wasserstoffatomen bestehen); einige dieser Substanzen verbrennen leichter und schneller als andere. Ein zu schnelles Verbrennungstempo ist ungünstig, da in diesem Fall das Benzin-Luft-Gemisch an zu vielen Stellen gleichzeitig verpufft und der Motor dann »klopft«. Eine langsamer ablaufende Verbrennung erzeugt einen gleichmäßigen Gasdruck, der den Kolben sauber und wirkungsvoll nach oben hebt.

Ein Maß für die Klopfneigung (bzw. umgekehrt die Klopffestigkeit) einer Benzinsorte ist ihre sogenannte *Oktanzahl*; sie wird mit Hilfe eines Vergleichsmaßstabs bestimmt, der sich an der Klopfneigung eines Gemischs orientiert, das zur Hälfte aus Iso-Oktan (einem Kohlenwasserstoff mit besonders geringer Klopfneigung) und n-Heptan besteht (das besonders stark klopft). Zu den wichtigsten Faktoren, die bei der Benzinraffinierung beachtet werden müssen, gehört daher die Erzielung einer hohen Oktanzahl (d. h. einer geringen Klopfneigung).

In der Entwicklung der Verbrennungsmotoren war über die Jahrzehnte ein Trend zur Erhöhung der Kompression zu beobachten: Das Benzin-Luft-Gemisch im Zylinder wurde vor der Zündung einem zunehmend größeren Druck ausgesetzt. Auf diese Weise konnte man aus dem Benzin noch mehr Leistung herausholen, beschwor aber auch eine höhere Klopfneigung herauf, so daß man sich gezwungen sah, Benzinsorten mit immer höherer Oktanzahl zu entwickeln.

Erleichtert wurde das Ausschalten des Klopfeffekts durch die Entdeckung, daß bestimmte Chemikalien, dem Benzin in kleinen Mengen zugesetzt, die Klopfneigung verringern. Das wirksamste dieser Antiklopfmittel ist *Tetraethylblei,* eine Bleiverbindung, deren Eigenschaften als erster der amerikanische Chemiker Thomas Midgley beschrieb und die erstmals 1925 für den hier in Rede stehenden Zweck eingesetzt wurde. Benzin, das mit dieser Substanz versetzt ist, nennt man *verbleites Benzin.* Würde man einzig und allein Tetraethylblei zusetzen, so würden die sich bei der Verbrennung im Zylinder bildenden Bleioxide den Motor binnen kurzem ruinieren. Um dies zu verhindern, mischt man dem Benzin einen weiteren Zusatz bei: Ethylenbromid. Das Bleiatom des Tetraethylbleis verbindet sich mit dem Bromatom des Ethylenbromids zu Bleibromid, das bei den Temperaturen, wie sie bei der Verbrennung im Zylinder entstehen, verdampft und mit den Auspuffgasen ausgestoßen wird.

Bei der Herstellung von Dieselkraftstoff kommt es vor allem auf einen optimalen Zündzeitpunkt an. Erwünscht sind Mischungen, die sich nach Erreichen der maximalen Kompression möglichst schnell entzünden. Als Vergleichsmaßstab dient das Zündverhalten des Cetans, eines Kohlenwasserstoffs mit 16 Kohlenstoffatomen pro Molekül (gegenüber 8 bei Iso-Oktan). Die Cetanzahl einer Dieselkraftstoffsorte gibt demnach Auskunft über ihre Zündfreudigkeit.

Einige andere Neuerungen dienten in erster Linie einer Erhöhung des Fahrkomforts. 1923 kamen die auf relativ niedrigen Luftdruck ausgelegten »Ballonreifen« auf den Markt, zu Beginn der 50er Jahre dann die schlauchlosen Reifen, mit der Folge, daß sich die Zahl der »Plattfüße« verringerte. Die 40er Jahre sahen die Entwicklung vollklimatisierter Fahrgasträume und automatischer Getriebe, die dem Fahrer die Arbeit des Schaltens abnahmen. In den 50er Jahren kamen dann Servolenkung und Bremskraftverstärker hinzu. Das Auto ist mittlerweile zu einem so festen Bestandteil des täglichen Lebens geworden, daß trotz der steigenden Benzinpreise und der nicht zu leugnenden Mitschuld des Autoverkehrs an der Luft- und Umweltverschmutzung eine Abkehr vom Auto ausgeschlossen erscheint – es sei denn, daß ein solcher radikaler Schritt sich zur Abwendung einer Katastrophe als unerläßlich erweisen würde.

Das Flugzeug

Als größere Versionen des Automobils wurden der Autobus und der Lastkraftwagen entwickelt, auf kleineren Schiffen verdrängte der Dieselmotor die Dampfmaschine, auf größeren das Öl die Kohle als Brennstoff für die Dampfkessel. Doch weder zu Lande noch zu Wasser, sondern in der Luft feierte der Verbrennungsmotor seinen größten Triumph. Die 90er Jahre des 19. Jahrhunderts brachten uns die Verwirklichung eines uralten Menschheitstraums – sich auf Flügeln in die Luft erheben zu können. Mit selbstgebastelten »Seglern« mehr oder weniger große Luftsprünge zu machen, war für einen Zirkel eingefleischter Enthusiasten zu einem leidenschaftlich betriebenen Sport geworden. Den ersten Segler, der einen Menschen trug, baute 1853 der englische Erfinder George Cayley. Der Passagier dieses Fluggeräts war jedoch nur ein kleiner Junge. Der erste bedeutende Pionier der Fliegerei, der deutsche Ingenieur Otto Lilienthal, kam 1896 bei einem Flugversuch ums Leben. Um diese Zeit hatte bereits ein Wettrennen darum eingesetzt, wer als erster ein motorgetriebenes Fluggerät in die Luft bringen würde. (Das Fliegen ohne Motorkraft ist als Sport gleichwohl populär geblieben.)

Der amerikanische Physiker und Astronom Samuel P. Langley versuchte in den Jahren 1902 und 1903, mit einem von einem Verbrennungsmotor angetriebenen Segler zu fliegen – um ein Haar wäre es ihm auch gelungen. Hätte er nicht wegen Geldmangels aufgeben müssen, so hätte er sich möglicherweise schon bei seinem nächsten Versuch in die Luft erhoben. Es sollte aber nicht sein, und so blieb der Ruhm, den ersten Motorflug zustande gebracht zu haben, den Gebrüdern Orville und Wilbur Wright vorbehalten, die ein Fahrradgeschäft besaßen und ihre Freizeit ganz der Fliegerei widmeten.

Am 17. Dezember 1903 hob am Strand von Kitty Hawk in North Carolina einer der Wright-Brüder in einem propellergetriebenen Segler vom Boden ab, blieb 59 Sekunden lang in der Luft und flog 260 Meter weit. Die Weltöffentlichkeit nahm von diesem Ereignis praktisch überhaupt keine Notiz. Dies änderte sich, als die Wright-Brüder es erst einmal auf Flugstrecken von 40 km und mehr brachten, und vor allem, als 1909 der französische Ingenieur Louis Blériot den Ärmelkanal in einem Flugzeug überwand. Die Luftschlachten des Ersten Weltkriegs und die »Heldentaten« der Piloten fesselten die Phantasie des Publikums. Eine ganze Generation von Nachkriegs-Kinogängern ergötzte sich an den *Doppeldeckern* jener Tage mit ihren durch ein Gewirr von Streben und Drähten wackelig zusammengehaltenen Tragflächen. Der deutsche Ingenieur Hugo Junkers entwarf gleich nach Kriegsende einen »Eindecker«, der sich als flugtauglich erwies; in der Folge setzte sich denn auch die massiv gebaute, ohne Streben auskommende Eindecker-Tragfläche auf der ganzen Linie durch. (1939 wurde nach Plänen des russisch-amerikanischen Ingenieurs Igor I. Sikorsky der erste *Hubschrauber* gebaut, ein Fluggerät mit waagrecht rotierenden Propellerblättern, das senkrecht starten und landen und in der Luft stillstehen, d. h. im Schwebezustand verharren kann.)

Gleichwohl blieb das Flugzeug zunächst noch (bis weit in die 20er Jahre hinein) ein Spielzeug für Sensationsdarsteller und Abenteurer, dessen einziger »seriöser« Nutzen darin bestand, daß es eine neue und neuen Schrecken verbreitende Waffe für die Kriegführung abgab. Als ein Verkehrsmittel neuer Qualität entpuppte es sich eigentlich erst, als im Jahr 1927 Charles Lindbergh der erste Flug über den Atlantik gelang (nonstop von New York nach Paris). Der Jubel über dieses Husarenstück kannte keine Grenzen, und allerorten ging man an die Entwicklung größerer und zuverlässiger funktionierender Flugzeuge.

Zwei bedeutsame Neuerungen haben die Technik des Flugzeugantriebs seit Beginn der Verkehrsfliegerei entscheidend weitergebracht. Die erste war die Einführung des *Gasturbinen-Triebwerks (Abb.)*.

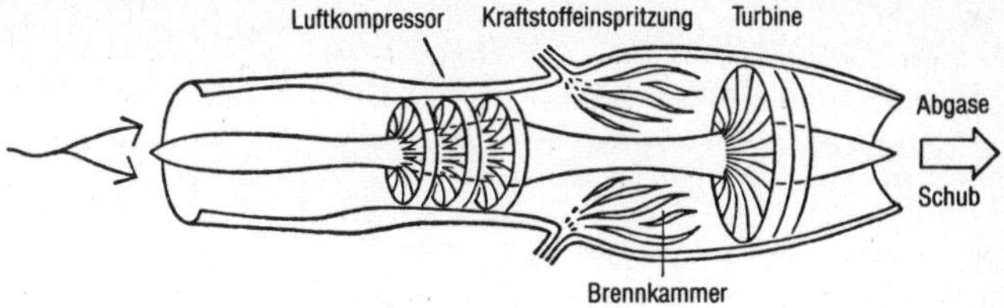

Strahltriebwerk. Die Luft wird angesaugt, verdichtet und in der Brennkammer mit dem Kraftstoff vermischt. Das Gemisch setzt bei der Verbrennung heiße, expandierende Gase frei, die die Turbine antreiben und beim Austritt aus der Düse den Antriebsschub liefern.

Bei dieser Antriebsart treiben die bei der Verbrennung des Kraftstoffs entstehenden heißen, expandierenden Gase, anstatt einen Kolben in einem Zylinder anzuheben, eine Turbine durch Druck auf deren schräggestellte Blätter an. Ein solches Triebwerk ist einfacher zu bauen, billiger zu fahren und weniger störungsanfällig als ein Hubkolbenmotor; praktisch zu verwirklichen war das System allerdings erst in dem Augenblick, als Materialien zur Verfügung standen, die den hohen Temperaturen des ausströmenden Gases standhielten. 1939 waren die Metallurgen so weit, daß sie solche Legierungen liefern konnten. In der Folge wurden Flugzeuge mit *Turboprop-Antrieb* (bei denen eine Gasturbine die Propeller antrieb) in zunehmender Zahl gebaut.

Nicht lange jedoch, und diese Technik wurde von einer weiteren Neuentwicklung überholt und, zumindest im Bereich des Langstrecken-Flugverkehrs, verdrängt – dem *Düsenantrieb*. Er funktioniert im Grunde nach dem gleichen Prinzip, das einen aufgeblasenen Luftballon, den man losläßt, durch die Luft trudeln läßt. Es ist das Prinzip der Aktion und Reaktion: Dem Ausströmen der Luft in die eine Richtung entspricht eine gleich große, in die entgegengesetzte Richtung wirkende Kraft (die in unserem Beispiel den Luftballon in die seines Luftaustritts entgegengesetzte Richtung treibt; ein anderes Beispiel für dasselbe Phänomen ist der Rückstoß, der beim Abfeuern eines Gewehrs als Reaktion auf den der Kugel mitgegebenen Vortrieb auftritt). Im Innern des Düsen- oder Strahltriebwerks entstehen durch die Verbrennung des Treibstoffes heiße, stark verdichtete Gase, die, indem sie mit großer Geschwindigkeit durch die Schubdüse nach hinten ausströmen, das Flugzeug vorwärtstreiben. Auf genau die gleiche Weise werden auch Raketen angetrieben, nur daß diese den zur Verbrennung des Kraftstoffs erforderlichen Sauerstoff mit sich führen *(Abb. S. 400)*.

Patente für ein *Strahltriebwerk* meldete der französische Ingenieur René Lorin schon 1913 an; die Sache war jedoch zu diesem Zeitpunkt für Flugzeuge eine reine Utopie. Wirtschaftlich sinnvoll wird der Düsenantrieb erst bei Geschwindigkeiten von über 650 km pro Stunde. 1939 flog als erster Mensch der Engländer Frank Whittle ein einigermaßen praxistaugliches Düsenflugzeug; und im Januar 1944 stellten Großbritannien und die Vereinigten Staaten für den Luftkrieg gegen Deutschland Düsenflugzeuge in Dienst – als Waffe gegen die von den Deutschen eingesetzte V-1, einen unbemannten raketenartigen Flugkörper mit einer Sprengstoffladung im Bug.

Nach Ende des Zweiten Weltkrieges wurden für militärische Zwecke Düsenflugzeuge entwickelt, die Geschwindigkeiten nahe der Schallgrenze erreichten. Die Schallgeschwindigkeit wird bestimmt durch die natürliche Elastizität der Luftmoleküle, d. h. ihre Fähigkeit, vor- und zurückzuschnellen. Wenn ein Flugzeug die Schallgeschwindigkeit erreicht, können die Luftmoleküle sozusagen nicht mehr ausweichen, werden vom Flugzeug »erfaßt« und in Flugrichtung komprimiert, wodurch das Flugzeug einem stärkeren Luftwiderstand und bestimmten Kräften und Spannungen ausgesetzt wird. Man sprach von der *Schallmauer,* als handelte es sich um ein physisches Hindernis, an dem ein Flugzeug zerschellen konnte. Versuche im Windkanal ergaben jedoch, daß man durch eine stromlinienförmige Bauweise die Mauer durchlässig machen konnte (um im Bild zu bleiben), und am 14. Oktober 1947 war es Charles E. Yeager, der am Steuer eines amerikanischen X-1-Raketenflugzeugs »die Schallmauer durchbrach«. Zum ersten Mal in der Geschichte bewegte sich ein Mensch mit größerer Geschwindigkeit fort als der Schall. Die Luftschlachten des Koreakrieges zu Beginn der 50er Jahre wurden von amerikanischer Seite aus mit Düsenflugzeu-

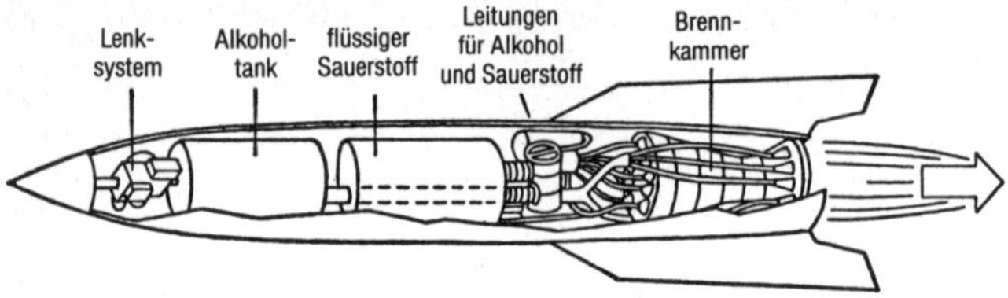

Einfache Flüssigtreibstoff-Rakete.

gen bestritten, die so schnell flogen, daß nur verhältnismäßig wenige vom Gegner abgeschossen wurden.

Das Verhältnis zwischen der Geschwindigkeit eines Flugkörpers und der Schallgeschwindigkeit (die bei 0 °C 1195 km/h beträgt) wird als *Mach-Zahl* bezeichnet, nach dem österreichischen Physiker Ernst Mach, der um die Mitte des 19. Jahrhunderts als erster die Bedingungen und Konsequenzen von Bewegungen in diesem Geschwindigkeitsbereich theoretisch erforschte. In den 60er Jahren erreichten Spezialflugzeuge Geschwindigkeiten jenseits der Mach-5-Marke – in so großen Höhen freilich, daß die Piloten dieser Flugzeuge es fast schon verdient hätten, als Astronauten bezeichnet zu werden.

Militärflugzeuge operieren mit wesentlich geringeren Überschallgeschwindigkeiten, zivile Verkehrsflugzeuge fast ausnahmslos im Unterschallbereich.

Ein Flugzeug, das mit Überschallgeschwindigkeit unterwegs ist (d. h. schneller fliegt als Mach-1), schiebt seine Schallwellen vor sich her, da es sich schneller fortbewegt, als die Schallwellen es vermögen. Wenn es sich in relativer Bodennähe bewegt, kann der auf diese Weise erzeugte Kegel komprimierter Schallwellen bis zum Boden reichen; er wird in diesem Fall in dem betroffenen Bereich als lautstarker *Überschallknall* wahrgenommen. (Ein Peitschenknall ist nichts anderes als ein kleiner Überschallknall, da die Spitze einer Peitschenschnur bei richtiger Handhabung auf Überschallgeschwindigkeit beschleunigt werden kann.)

Das erste für Überschallgeschwindigkeiten ausgelegte Verkehrsflugzeug war die in den 1970er Jahren in Dienst gestellte britisch-französische Concorde. Sie ist in der Lage, den Atlantik in drei Stunden zu überwinden, wobei sie eine Spitzengeschwindigkeit von Mach-2 erreicht. Die Entwicklung eines amerikanischen Überschall-Verkehrsflugzeugs wurde 1971 eingestellt, hauptsächlich weil man exzessive Lärmbelastungen in der Nähe von Flughäfen und möglicherweise auch Umweltschäden befürchtete. Es ist darauf hingewiesen worden, daß damit vielleicht zum ersten Mal in der Geschichte eine technische Option nicht wahrgenommen wurde, das erste Mal, daß die Menschen sich sagten: »Wir könnten, aber wir lassen es lieber.«

Es war wohl ein richtiger Entschluß, denn der Nutzen stünde in diesem Fall in keinem vernünftigen Verhältnis zum Aufwand und zu den in Kauf zu nehmenden Nachteilen. Die Concorde hat sich wirtschaftlich als Fehlkalkulation erwiesen, und das sowjetische Programm für die Entwicklung eines Überschall-Verkehrsflugzeugs erlitt durch den Absturz eines der Prototypen beim Pariser Luftfahrtsalon von 1973 einen vernichtenden Rückschlag.

Elektronik

Das Radio

Im Jahr 1888 führte Heinrich Hertz die berühmten Experimente durch, die ihn zur Entdeckung der zwanzig Jahre zuvor von James Clerk Maxwell vorausgesagten Radiowellen führten *(siehe Kapitel 8)*. Seine Versuchsanordnung war recht einfach: Er stellte zwei Metallkugeln so auf, daß sie einander beinahe berührten, und setzte erst die eine und dann die andere einem Wechselstrom von hoher

Spannung aus. Jedesmal, wenn das Potential auf der einen oder anderen Seite ein Maximum erreichte, übersprang ein Funken den Zwischenraum zwischen den Kugeln. Für einen solchen Fall sagten die Maxwellschen Gleichungen das Auftreten einer elektromagnetischen Strahlung voraus. Zum Nachweis dieser Strahlung bediente Hertz sich eines Detektors, der aus einer einfachen Drahtschlinge bestand, die an einer Stelle eine schmale Lücke aufwies. Ebenso wie bei der Anordnung mit den Kugeln der elektrische Strom die Aussendung einer Strahlung bewirkte, war eigentlich zu erwarten, daß in der Empfängerspule die Strahlung einen Strom hervorrufen würde. Und tatsächlich entdeckte Hertz, daß kleine Funken zu seiner Detektorspule übersprangen, die auf der den Kugeln gegenüberliegenden Seite des Zimmers stand. Hier wurde Energie über eine räumliche Entfernung hinweg übertragen.

Indem Hertz seine Detektorspule an verschiedenen Stellen des Zimmers aufstellte, gewann er Aufschluß über die Wellenlänge der ausgesandten Strahlung. Wenn stark leuchtende Funken herüberkamen, bedeutete dies, daß sich auf der Höhe der Detektorspule ein Wellenberg oder ein Wellental befand. Wenn überhaupt keine Funken herüberkamen, hieß das, daß die Strahlung die Detektorspule auf mittlerer Wellenhöhe erreichte. Aus den abgemessenen Entfernungen konnte er die Wellenlänge der Strahlung errechnen. Er stellte fest, daß die Wellen sehr viel länger waren als die des sichtbaren Lichts.

Im Lauf des darauffolgenden Jahrzehnts kam einer Reihe von Leuten der Gedanke, daß man die Hertzschen Wellen möglicherweise dazu benutzen könne, Botschaften von einem Ort zum anderen zu übermitteln, waren diese Wellen doch lang genug, um Hindernisse zu »umfließen«. Der französische Physiker Edouard Branley konstruierte 1890 einen leistungsfähigeren Empfänger, indem er die Drahtschlinge durch eine mit Metallfeilspänen gefüllte Glasröhre ersetzte, in die er Drähte einführte, die mit einer Batterie verbunden waren. Die Feilspäne leiteten den Batteriestrom nicht weiter, es sei denn, es würde sich ihnen ein Hochspannungs-Wechselstrom induzieren, wie Hertzsche Wellen ihn erzeugen konnten. Tatsächlich war dieser Empfänger in der Lage, Hertzsche Wellen in 150 Metern Entfernung von der Strahlungsquelle aufzufangen. Der englische Physiker Oliver J. Lodge (der später als eine Art Hohepriester des Spiritualismus zu zweifelhaftem Ruhm gelangte) entwickelte diese Vorrichtung weiter, bis er mit ihr Hertzsche Wellen in 800 Metern Entfernung vom Ursprungsort empfangen konnte; er war außerdem in der Lage, Botschaften in Form von Morsezeichen zu übermitteln.

Der italienische Erfinder Guglielmo Marconi entdeckte, daß die Leistungsfähigkeit der Apparatur sich verbesserte, wenn er sowohl die Strahlungsquelle als auch den Empfänger auf einer Seite an den Boden und auf der anderen Seite an einen Draht anschloß, für den später die Bezeichnung *Antenne* gewählt wurde (wahrscheinlich weil er an einen Insektenfühler erinnerte). Mit Hilfe immer stärkerer Generatoren schaffte Marconi es, elektromagnetische Signale über eine Entfernung von zunächst 15 km zu schicken (1896), dann über den Ärmelkanal (1898) und schließlich über den Atlantik (1901). Damit war die »drahtlose Telegraphie« geboren, später auch Radiotelegraphie oder *Funktechnik* genannt.

Marconi entwickelte ein Verfahren, das es erlaubte, das sogenannte *Rauschen* (d. h. die Gesamtheit einander überlagernder Signale aus anderen Quellen) auszuschalten und den Empfänger ausschließlich auf die Wellenlänge der zu empfangenden Strahlung einzustellen. Für seine Erfindungen erhielt Marconi 1909 zusammen mit dem deutschen Physiker Karl Ferdinand Braun den Physik-Nobelpreis; Braun hatte ebenfalls zur Weiterentwicklung der Funktechnik beigetragen, indem er gezeigt hatte, daß bestimmte Kristalle unter bestimmten Bedingungen die Fähigkeit besitzen, elektrischen Strom nur in einer Richtung durchzulassen. Sie eigneten sich dadurch zur Umformung von Wechselstrom in Gleichstrom, wie Funkgeräte ihn benötigten. Die Kristalle neigten zur Unberechenbarkeit; gleichwohl kauerten in den Jahren nach 1910 viele Enthusiasten geduldig über ihrem »Kristallapparat« und warteten auf Funksignale.

Der amerikanische Physiker Reginald A. Fessenden entwickelte einen speziellen Hochfrequenz-Wechselstromgenerator (woraufhin endlich die Hertzsche Funkensprüh-Vorrichtung ausrangiert werden konnte) und kreierte eine Technik, die die *Modulierung* der ausgesandten Wellen zu einem dem Profil von Schallwellen analogen Muster erlaubte. Moduliert wurde dabei die Amplitude (oder Höhe) der Wellen. Man sprach infolgedessen von *Amplitudenmodulation,* abgekürzt als *AM.* (Im Radiorundfunk arbeiten die im Lang-, Mittel- und Kurzwellenbereich zu empfangenden Sender mit amplitudenmodulierten Wellen; man bezeichnet diese Wellenbereiche als auch AM-Radio.) Am Heiligabend des Jahres 1906 ertönten erstmals Musik und menschliche Stimmen aus einem Funkempfänger.

Die frühen Funkenthusiasten mußten noch angestrengt in ihre Kopfhörer hineinhorchen – es gab kein Mittel, um die ankommenden Signale zu verstärken. Hier mußte dringend Abhilfe geschaffen werden, und die Lösung des Problems ergab sich aus einer Beobachtung, die als erster Edison gemacht hatte – es war seine einzige »rein« wissenschaftliche Entdeckung.

Bei einem der Experimente, die Edison im Hinblick auf eine Verbesserung der elektrischen Glühlampe unternahm, benutzte er eine Glühbirne, in die er einen Metalldraht so eingeschmolzen hatte, daß dieser unweit des Glühfadens endete. Zu Edisons Überraschung floß elektrischer Strom vom heißen Glühfaden zu dem Metalldraht, die Kluft zwischen beiden glattweg überspringend. Da dieses Phänomen für die ihn interessierenden Anwendungszwecke nichts hergab, begnügte er sich damit, die Beobachtung in einem seiner Notizbücher zu vermerken, und vergaß die Sache dann offenbar. Dies trug sich 1883 zu. Als später, nach der Entdeckung des Elektrons, klar wurde, daß ein Stromfluß über einen Luftzwischenraum hinweg gleichbedeutend war mit einem Strom von Elektronen, wurde der *Edison-Effekt* auf einmal sehr wichtig. Wie der britische Physiker Owen R. Richardson durch Experimente, die er zwischen 1900 und 1903 durchführte, nachwies, geben Metallfäden, die in einem Vakuum erhitzt werden, Elektronen ab. Richardson erhielt für seine Arbeiten über dieses Phänomen 1928 den Physik-Nobelpreis.

Der englische Elektroingenieur John A. Fleming führte den Edison-Effekt 1904 einer brillant konzipierten Nutzanwendung zu: Er brachte im Innern einer Glühbirne ein den Glühfaden umschließendes, zylindrisch geformtes Metallstück an. Dieses Metallstück – wir wollen es, dem heutigen technischen Sprachgebrauch folgend, *Platte* nennen – konnte über einen nach außen führenden Draht mit Strom versorgt werden. Dabei gab es zwei Möglichkeiten. Wurde die Platte positiv aufgeladen, so zog sie die aus dem heißen Glühfaden ausströmenden Elektronen an und eröffnete auf diese Weise einen elektrischen Stromkreis, durch den Strom fließen konnte. Wenn die Platte dagegen negativ aufgeladen wurde, stieß sie die Elektronen ab und verhinderte damit einen Stromfluß. Gesetzt den Fall nun, die Platte wäre an eine Wechselstromquelle angeschlossen. Immer wenn der Strom in die eine Richtung flösse, würde die Platte eine positive Ladung aufweisen und einen Stromfluß im Innern der Glühbirne anregen; wenn sich aber die Stromrichtung ändern würde, nähme die Platte eine negative Ladung an, und es würde im Innern der Birne kein Strom fließen. Die Platte würde also nur in eine Richtung Strom fließen lassen; sie würde, anders gesagt, Wechselstrom in Gleichstrom umwandeln.

Für diesen verblüffenden Ableger der Glühbirne bürgerte sich im deutschen Sprachraum der Begriff *Röhre* ein. (Der englische Ausdruck »valve«, der auch Ventil oder Schleusentor bedeuten kann, ist sicherlich treffender.) Die Wissenschaftler entschieden sich dafür, das Ding als *Diode* zu bezeichnen, weil es zwei Elektroden aufweist – den Glühfaden und die Platte *(Abb. S. 403).*

Ähnlich wie eine Leiterdraht einen elektrischen Strom, kanalisiert die Röhre einen Elektronenstrom, aber sie tut es, indem sie ihn durch ein Vakuum »schleust«. Der Elektronenfluß läßt sich auf diese Weise viel feiner steuern als ein Stromfluß in einem Draht, so daß die Röhre (und alle aus ihr hervorgegangenen Weiterentwicklungen) den Ausgangspunkt für eine ganz neue Palette »elektronischer« Produkte bildeten, deren Anwendungsmöglichkeiten über diejenigen der bloß elektrischen Gerätschaften weit hinaus gingen. Die Röhre und ihre Abkömmlinge, ihre theoretische Erforschung und praktische Anwendung, sind Gegenstand und Aufgabe der *Elektrotechnik.*

In ihrer einfachsten Ausführung dient die Röhre als Gleichrichter; in dieser Eigenschaft trat sie an die Stelle der bis dahin zu diesem Zweck verwendeten Kristalle, da sie diese Aufgabe weit zuverlässiger erfüllte. Der amerikanische Erfinder Lee De Forest ging 1907 einen Schritt weiter: Er stattete die Röhre mit einer dritten Elektrode aus und machte sie so zu einer *Triode (Abb. S. 404).* Die von ihm eingeführte dritte Elektrode war eine perforierte Platte, das sogenannte *Gitter,* das zwi-

schen Glühfaden und Platte steht. Das Gitter zieht Elektronen an und beschleunigt den Elektronenfluß vom Glühfaden zur Platte (wobei die Elektronen durch die Löcher des Gitters strömen). Eine kleine Erhöhung der positiven Ladung des Gitters ruft eine erhebliche Verstärkung des Elektronenflusses vom Glühfaden zur Platte hervor. Das bedeutet, daß auch der kleine Ladungszuwachs, den ein ankommendes schwaches Funksignal verursacht, einen beträchtlich verstärkten Stromfluß auslöst, und dieser verstärkte Strom bildet in seinem Auf und Ab das Modulationsprofil ankommender Funkwellen getreulich ab. Die Triode wirkt, anders gesagt, als Verstärker. Trioden und andere, noch kompliziertere Weiterentwicklungen der Röhre wurden zu grundlegenden Bausteinen nicht nur für Funk- und Rundfunkgeräte, sondern auch für viele andere elektronische Gerätschaften.
Noch eines weiteren Schritts bedurfte es, um dem Radio zu allgemeiner Popularität zu verhelfen. Während des Ersten Weltkriegs hatte der amerikanische Elektroingenieur Edwin H. Armstrong ein Verfahren erfunden, mittels dessen sich die Frequenzen von Radiowellen erniedrigen ließen. Das Verfahren hatte damals der Ortung von Flugzeugen gedient, wurde aber nach dem Krieg dazu verwendet, die Empfangsqualität von Funk- und Radiogeräten zu verbessern. Der von Armstrong entwickelte *Superheterodyn-Empfänger* ließ eine saubere Einstellung auf eine ausgewählte Sendefrequenz durch bloßes Drehen eines Reglers zu, während es zuvor eine komplizierte Aufgabe gewesen war, aus einem Gewirr von Signalen, die auf zahlreichen unterschiedlichen Frequenzen ankamen, ein einzelnes herauszufiltern. 1921 nahm in Pittsburgh in Ohio der erste ein regelmäßiges Programm anbietende Rundfunksender seinen Betrieb auf. Ihm folgten in rascher Folge weitere Sender, und da sich die Bedienung der Empfangsgeräte erheblich vereinfacht hatte – man brauchte im wesentlichen nur noch zwei Bedienungsknöpfe zu handhaben, einen für die Lautstärke und einen für die Sendereinstellung –, gewann das Radio binnen kurzem eine ungeheure Popularität.
Die Entwicklung der Radiotechnik ermöglichte es nicht nur, Programme von weit entfernten Sendern zu empfangen, sondern schuf auch die Voraussetzungen für die sog. drahtlose Telephonie: Ab 1927 war es möglich, Telefongespräche per Funk von Erdteil zu Erdteil zu übertragen.

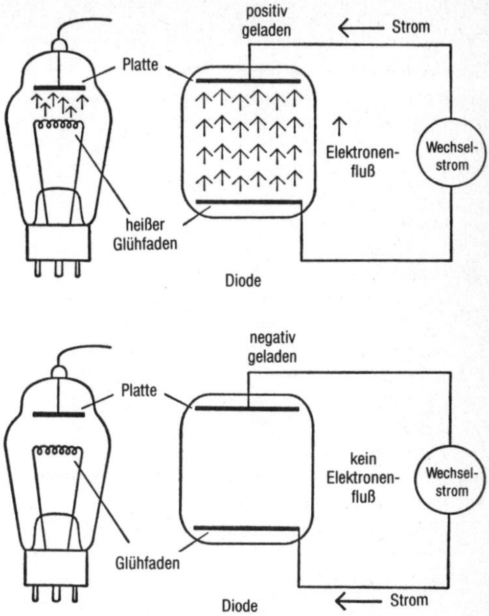

Die Funktionsweise der Röhrendiode.

Es blieb noch das Problem des Rauschens. Die von Marconi und seinen Nachfolgern gefundenen Verfahren zur Frequenzabstimmung reduzierten die von Gewittern und anderen elektrischen Quellen herrührenden Störgeräusche auf ein Minimum, konnten sie jedoch nicht ganz ausschalten.
Wieder war es Armstrong, der eine Lösung für das Problem fand. Als Alternative zur Amplitudenmodulation, die sich gegen Störeinflüsse durch zufällige Amplitudenmodulationen elektromagnetischer Strahlung aus fremden Quellen nicht abschirmen ließ, führte er 1935 das Prinzip der *Frequenzmodulation* ein. Bei dieser Technik bleibt die Amplitude der Trägerwelle unverändert; statt dessen wird ihre Frequenz durch Überlagerung mit einem Schwingungsmuster verändert. Je größer die Amplitude der zu übertragenden Schallwelle, desto niedriger die Frequenz der Trägerwelle und umgekehrt. Die Technik der Frequenzmodulation (FM), die hauptsächlich im Frequenzbereich der Ultrakurzwellen (UKW) zur Anwen-

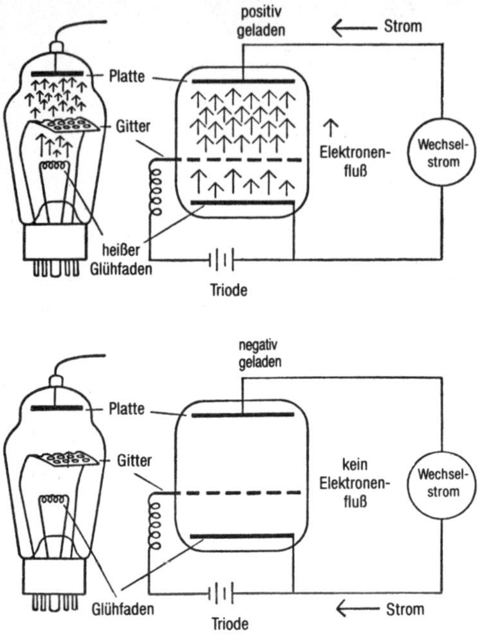

Funktionsweise der Triode.

dung kam, ermöglichte, da sie das Rauschen fast ganz ausschaltete, eine praktisch störungsfreie Übertragungsqualität. Nach dem Zweiten Weltkrieg drängte denn auch die UKW-Technik die AM-Sender in den Hintergrund und reduzierte sie auf ein Nischendasein.

Das Fernsehen

Das Fernsehen folgte auf das Radio ebenso zwangsläufig wie der Tonfilm auf den Stummfilm. Ein technischer Vorläufer des Fernsehens war das sogenannte *drahtübertragene Bild*. Schon im Jahr 1907 wurden solche »Drahtbilder« zwischen London und Paris übermittelt. Grundlage dieser Technik war die »Übersetzung« eines Bildes in elektrische Impulse. Ein auf Zelluloid kopiertes Foto wurde von einem dünnen Lichtstrahl abgetastet. Eine hinter dem Bild angebrachte Photozelle fing den Lichtstrahl auf. Wenn dieser über eine verhältnismäßig dunkle Stelle des Bildes wanderte, kam er an der Fotozelle nur noch mit einem Bruchteil seiner ursprünglichen Intensität an, und entsprechend klein war der Stromfluß, den er dort in Gang setzte; wo das Bild heller war und mehr Licht durchließ, erzeugte der Strahl in der Photozelle einen stärkeren Strom. Der Lichtstrahl tastete das Bild zeilenweise von links nach rechts ab; die so gewonnene Information über die Verteilung der Hell-Dunkel-Werte auf dem Bild wurde auf diese Weise in das Intensitätsprofil eines fließenden Stromes übersetzt. Dieser wurde über einen Draht weitergeleitet, und der Empfänger rekonstruierte daraus das ursprüngliche Bild.

Beim Fernsehen wird anstelle eines stehenden ein bewegtes Bild übertragen – genauer gesagt: eine Folge von Bildern, die beim Betrachter den Eindruck einer fortlaufenden Bewegung erzeugt. Damit dieser Eindruck entstehen kann, muß eine bestimmte Mindestzahl von Bildern pro Sekunde übertragen werden; das bedeutet, daß die zeilenweise Abtastung der Einzelbilder mit sehr großer Geschwindigkeit erfolgen muß. Die Übersetzung des Hell-Dunkel-Musters des zu übertragenden Bildes in ein elektrisches Impulsprofil besorgt eine Kamera, deren Optik der einer Filmkamera entspricht, bei der jedoch der lichtempfindliche Film durch eine dünne Metallplatte ersetzt ist, die Elektronen abgibt, wenn sie von einem Lichtstrahl getroffen wird.

Erste primitive Fernsehbilder präsentierte 1926 der schottische Erfinder John L. Baird. Die erste praxistaugliche Fernsehkamera war jedoch das 1938 von dem russischstämmigen amerikanischen Erfinder Vladimir K. Zworykin patentierte *Ikonoskop*. Die Rückwand des Kameragehäuses ist beim Ikonoskop mit einer großen Zahl winziger Cäsium-Silber-Tröpfchen beschichtet. Jedes von ihnen sendet, wenn es von einem Lichtstrahl gestreift wird, Elektronen aus, und zwar in proportionaler Menge zur Helligkeit des Lichts. An die Stelle des Ikonoskops trat später das *Orthikon,* bei dem der Cäsium-Silber-Schirm so dünn ist, daß die emittierten Elektronen eine hinter dem Schirm angebrachte dünne Glasplatte zur Emission zusätzlicher Elektronen anregen. Dies bedeutet praktisch eine Verstärkerwirkung, die die Lichtempfindlichkeit der Kamera erhöht, so daß die Notwendigkeit der Ausleuchtung des abzubildenden Objekts entfällt.

Der Fernsehempfänger ist eine Abwandlung der Kathodenstrahlröhre. Ein von einem Glühfaden (»Elektronenkanone«) ausgehender Elektronenstrahl trifft auf einen mit einer fluoreszierenden Substanz beschichteten Schirm. Die vom Strahl getroffenen Punkte des Schirms leuchten auf, wobei die Helligkeit von der Intensität des Elektronenstrahls abhängt. Paarweise angeordnete Elektroden, die sogenannten Ablenkspulen, steuern die Bewegungen des Elektronenstrahls, d. h. sie sorgen dafür, daß er von links nach rechts und von oben nach unten zeilenweise über den Leuchtschirm wandert. Die Zeilenzahl liegt, je nach verwendetem System, zwischen 400 und 800; gleichwohl dauert der zeilenweise Aufbau eines ganzen Bildes nur rund 1/25 Sekunde. Der Elektronenstrahl baut in dieser Weise 25 Bilder pro Sekunde auf. Könnte man den Vorgang um ein Vielfaches verlangsamt beobachten, so würde man sehen, daß zu keinem Zeitpunkt mehr als ein Punkt des Leuchtschirmes aufleuchtet (in welcher Helligkeit auch immer). Dank der Trägheit des menschlichen Auges sehen wir jedoch stets das vollständige Bild, und nicht nur das: Die aufeinanderfolgenden Bilder verschwimmen zu fließenden Bewegungs- und Handlungssequenzen.
Seit den 20er Jahren im Versuchsstadium, war die Fernsehtechnik doch erst nach Ende des Zweiten Weltkriegs ausgereift genug, um »marktfähig« zu sein.
Mittlerweile hat das Fernsehen im Bereich der Unterhaltungsmedien eine absolute Führungsrolle errungen.
Zwei wesentliche Weiterentwicklungen sind noch zu erwähnen: das Farbfernsehen und der Videorecorder. Voraussetzung für die Übertragung farbiger Bilder war, daß es gelang, auf dem Leuchtschirm drei verschiedene fluoreszierende Materialien so anzuordnen, daß sie, vom Elektronenstrahl angeregt, rot bzw. blau bzw. grün aufleuchteten.
Bei der Aufzeichnung eines Fernsehbildes auf Videoband bedient man sich einer in mancher Hinsicht ähnlichen Technik wie bei der Herstellung einer Film-Tonspur. Moderne Videorecorder (bei denen das Band in einer einfach einzulegenden Kassette untergebracht ist) ermöglichen die Aufzeichnung und Wiedergabe von Fernsehprogrammen in einer Bildqualität, die der des Originals kaum nachsteht.

Der Transistor

Die Menschen der 80er Jahre leben in einem Kassetten-Zeitalter. Wir haben Musikkassetten, kleiner als Zigarettenschachteln, die Musik in HiFi-Qualität von sich geben. Angetrieben, wenn nötig, werden sie von Batterien, so daß die Leute sich, wo sie gehen und stehen oder arbeiten, nur den Kopfhörer aufzusetzen brauchen, um in den Genuß ihres ganz persönlichen Hörerlebnisses zu kommen. Mit Videokassetten kann jedermann sich sein eigenes Fernsehprogramm zusammenstellen, sei es durch gekaufte, fertig bespielte Kassetten, sei es durch das Mitschneiden von Fernsehsendungen, die man sich dann zu einem selbstgewählten Zeitpunkt anschaut.
Die Röhre, das Herzstück aller elektronischen Gerätschaften, wurde mit der Zeit zu einem Hemmschuh der Entwicklung. Bei der Entwicklung technischer Produkte besteht normalerweise die Tendenz, die Leistungsfähigkeit sowohl der einzelnen Bauteile als auch des Gesamtprodukts ständig zu verbessern, wenn möglich unter gleichzeitiger Verringerung ihrer Größe und ihres Gewichts (diesen letzteren Prozeß nennt man Miniaturisierung). Allein, von einem bestimmten Punkt an versperrte die Röhre den Weg zur weiteren Miniaturisierung; sie mußte einfach eine bestimmte Mindestgröße haben, da sonst die Abstände zwischen den verschiedenen Elektroden im Inneren so klein geworden wären, daß es zu spontanen Entladungen hätte kommen können.
Die Röhre hatte noch andere Nachteile. Sie konnte zu Bruch gehen oder undicht werden und war dann nicht mehr zu gebrauchen. (Noch in den 50er und frühen 60er Jahren mußten bei Radio- und Fernsehgeräten so häufig defekte Röhren ausgewechselt werden, daß es sich insbesondere für Besitzer eines TV-Geräts schon fast empfahl, einen Fernsehmechaniker in Untermiete zu nehmen.) Dazu kam, daß Röhren erst funktionierten, wenn die Glühfäden heiß genug waren. Das bedeutete zum einen, daß die Geräte nach dem Anschalten immer eine gewisse Zeit brauchten, um warm zu werden, und es kostete zum anderen auch ziemlich viel Strom.
Eine wissenschaftlich-technische Entwicklung, die aus einer ganz anderen Ecke kam, spielte den Elektronikern die Lösung aller dieser Probleme in die Hand. In den 40er Jahren hatten einige in den

Labors der Firma Bell Telephone tätige Wissenschaftler sich für gewisse Substanzen zu interessieren begonnen, die unter der Bezeichnung *Halbleiter* geführt wurden. Solche Stoffe, Silizium etwa oder Germanium, leiten elektrischen Strom nur »widerwillig«; die Frage war: warum? Als die Forscher dieser Frage nachgingen, stellten sie fest, daß durch Beimischung winziger Spuren anderer Elemente oder Verbindungen die elektrische Leitfähigkeit dieser Substanzen beträchtlich erhöht werden konnte.

Führen wir uns einmal einen reinen Germaniumkristall vor Augen. Bei jedem Germaniumatom ist die äußerste Schale mit vier Elektronen besetzt; die im Rahmen der Kristallstruktur regelmäßig angeordneten Atome sind so miteinander verbunden, daß jedes der vier Elektronen eines Atoms eine stabile Schalenpartnerschaft mit einem Elektron von der äußersten Schale des Nachbaratoms unterhält; alle Elektronen sind damit sozusagen in fester Hand. Diese Konstellation erinnert an die, die wir beim Diamanten kennengelernt haben; das Germanium, das Silizium und andere Stoffe, bei denen diese Konstellation auftritt, werden auch als Adamantine bezeichnet (abgeleitet von einem alten Ausdruck für »Diamant«).

Wenn man in diese gesättigte Adamantinstruktur ein klein wenig Arsen einbaut, ergibt sich ein komplexeres Bild. Die äußere Schale des Arsenatoms ist mit fünf Elektronen besetzt. Wenn ein Arsenatom den Platz eines Germaniumatoms im Kristallverband übernimmt, gehen vier seiner fünf äußeren Elektronen stabile Paarbindungen mit den Nachbaratomen ein, das fünfte jedoch findet keinen Partner; es sitzt locker. Wenn das Kristall nun unter elektrische Spannung gesetzt wird, wandert das lockere Elektron in die Richtung der positiven Elektrode (der Anode). Es ist nicht so frei beweglich wie die Elektronen eines metallischen Leiters, aber immerhin wird ein solchermaßen verunreinigter Kristall eine deutlich bessere elektrische Leitfähigkeit aufweisen als ein Nichtleiter wie Schwefel oder Glas.

Das hört sich vielleicht nicht sehr verblüffend an, aber nun kommen wir zu einem Beispiel, das doch einigermaßen wunderlich erscheint. Nehmen wir einmal an, wir bauen in das Germaniumkristall anstelle von Arsen ein wenig Bor ein. Das Boratom weist in seiner äußersten Schale nur drei Elektronen auf. Diese können sich mit den äußeren Elektronen dreier benachbarter Germaniumatome paaren. Was aber passiert mit dem Elektron des vierten Nachbarn? Dieses Elektron findet sich wieder als Bindungspartner eines – Lochs! Das Wort »Loch« ist bewußt gewählt, denn diese Stelle, an der in einem reinen Germaniumkristall auf das betreffende Elektron ein Partner warten würde, verhält sich wie eine Leerstelle. Wenn an den mit Bor verunreinigte Kristall eine elektrische Spannung angelegt wird, springt das dem Loch direkt benachbarte Elektron, von der Anode angezogen, »in das Loch«. An der Stelle, wo es zuvor saß, klafft nun ein Loch, und in dieses rückt das nächstfolgende Elektron nach. Dies setzt sich fort, so daß das Loch praktisch der Kathode entgegenwandert, genau wie ein Elektron es tun würde, nur in umgekehrter Richtung. Das Loch wird, anders gesagt, zum Überträger eines elektrischen Stroms.

Ein Kristall, der diese Aufgabe sauber erfüllen soll, muß von fast fehlerfreier Reinheit sein und exakt den »richtigen« Verunreinigungsgrad aufweisen. Ein Halbleiter mit einem wandernden Elektron als Stromüberträger wird als Halbleiter vom n-leitenden Typ oder, kürzer, *n-Typ* bezeichnet (wofür n für »negativ«, steht). Germanium, mit Arsen verunreinigt, ergibt einen Halbleiter dieses Typs. Der Germanium-Bor-Halbleiter mit seinem wandernden, sich wie ein positives Elektron verhaltenden »Loch« entspricht dagegen dem *p-Typ* (wobei p für »positiv« steht).

Anders als bei normalen leitfähigen Substanzen nimmt bei Halbleitern der elektrische Widerstand mit steigender Temperatur ab, da bei höheren Temperaturen die Kraft, mit der die Atome die Elektronen an sich binden, nachläßt und die Beweglichkeit der Elektronen sich erhöht. (Bei metallischen Leitern sind die Elektronen bereits bei gewöhnlicher Temperatur ziemlich frei beweglich. Höhere Temperaturen führen zu vermehrter ungeregelter Elektronenbewegung und beeinträchtigen den geordneten Elektronenfluß in Richtung Anode.) Der Zusammenhang zwischen Temperatur und Leitfähigkeit eines Halbleiters folgt einer so strengen Gesetzmäßigkeit, daß man bestimmte sehr hohe Temperaturen, bei deren Messung andere gebräuchliche Methoden versagen, dadurch bestimmen kann, daß man einen Halbleiter der betreffenden Temperatur aussetzt und dann seine Leitfähigkeit mißt. Solche zur

Modell eines Kristalls aus Titanoxid-Molekülen. Ein solcher Kristall kann als Transistor fungieren; entfernt man eines der Sauerstoffatome (helle Kugeln), so wird der Kristall zum Halbleiter. Mit Genehmigung des National Bureau of Standards.

Temperaturmessung verwendeten Halbleiter werden Thermistoren genannt.

Mit Halbleitern läßt sich jedoch noch viel mehr anfangen. Stellen wir uns einmal vor, wir würden eine Hälfte eines Germaniumkristalls zu einem n-Typ-Halbleiter, seine andere Hälfte zu einem p-Typ-Halbleiter machen. Wenn wir den Kristall dann an seiner n-Typ-Seite an eine negative Elektrode und an seiner p-Typ-Seite an eine positive Elektrode anschließen, werden auf der n-Typ-Seite die Elektronen den Kristall in Richtung der Anode durchwandern, während auf der p-Typ-Seite die »Löcher« sich in die entgegengesetzte Richtung, der Kathode entgegen, in Bewegung setzen werden. Somit wird ein Strom den Kristall durchfließen. Denken wir uns nun die Sache umgekehrt – die n-Typ-Seite an die positive und die p-Typ-Seite an die negative Elektrode angeschlossen. Die Elektronen der n-Typ-Seite werden wieder der Anode entgegenwandern, was aber diesmal bedeutet: weg von der p-Typ-Seite; und entsprechend streben die »Löcher« der p-Typ-Seite von der n-Typ-Seite fort. Das Ergebnis ist, daß die Grenzzone, an der die n- und die p-Typ-Seite aneinanderstoßen, ihre freien Elektronen und ihre »Löcher« verliert, und das bedeutet, daß kein Strom fließen kann.

Kurzum: Wir haben es mit einer Materialanordnung zu tun, die als Gleichrichter fungieren kann. Wenn wir an diesen zweiteiligen Kristall eine Wechselstromspannung anlegen, wird er Strom in einer Richtung, nicht aber in der anderen, durchlassen. Er wandelt somit den Wechselstrom in Gleichstrom um. Der Kristall fungiert, anders gesagt, als Diode, gerade so, wie wir es von der Röhre kennen.

In gewisser Weise knüpfte die Elektronik wieder an ihre eigenen Anfänge an: Die Röhre hatte die Kristalle verdrängt, und nun verdrängten die Kristalle wieder die Röhre – aber diesmal waren es Kristalle ganz anderer Art, viel sensibler und zuverlässiger als jene, die Braun fast ein halbes Jahrhundert zuvor für eine ähnliche Aufgabe ausgewählt hatte. Gegenüber der Röhre wies der neue Kristalltyp eindrucksvolle Vorzüge auf: Er benötigte kein Vakuum und damit keine Mindestabstände zwischen seinen Funktionselementen, was bedeutete, daß man ihn sehr klein machen konnte. Er konnte natürlich auch nicht undicht werden und war auch sonst weitgehend verschleißfrei. Da er bei Zimmertemperatur arbeitete, verbrauchte er sehr wenig Strom und benötigte keine Aufwärmzeit. Weit und breit waren nur Vorteile und keine Nachteil zu erblicken; worauf es jetzt nur noch ankam, war, diese Kristalle mit der nötigen Präzision und zu einem vertretbaren Preis herzustellen.

Da die neuen Kristalle durch und durch feste, massive Gebilde waren, bürgerte sich für die technische Entwicklung, die sie eröffneten, die Bezeichnung Festkörper-Elektronik ein. Die neue Erfindung, die das Herzstück dieser Technik darstellte, wurde – auf Vorschlag von John R. Peirce – auf den Namen *Transistor (Abb.)* getauft (denn sie überträgt – *trans*feriert – einen elektrischen Impuls durch einen Re*sistor* – einen dem elektrischen Strom Widerstand leistenden Körper – hindurch).

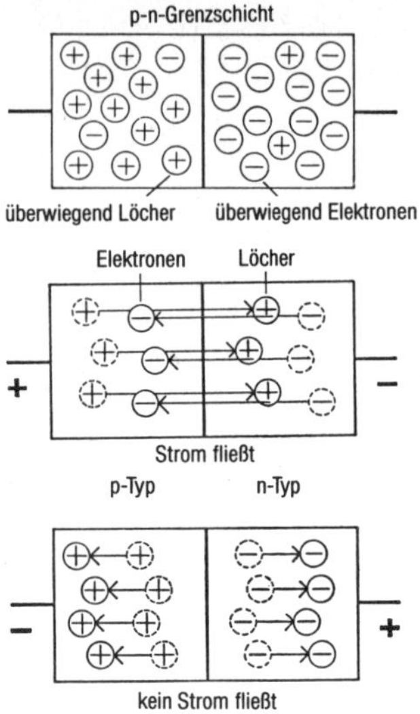

Funktionsweise des Flächentransistors.

1948 stellten William B. Shockley, Walter H. Brattain und John Bardeen einen Transistor her, der in der Lage war, Signale zu verstärken. Es handelte sich um einen Germanium-Kristallkörper, bei dem eine dünne p-Typ-Zone zwischen zwei n-Typ-Zonen eingekeilt war. Es war im Prinzip eine Triode, deren drei Funktionselemente dem Glühfaden, dem Gitter und der Platte der Röhren-Triode entsprachen. Durch Steuerung der positiven Ladung in der p-Typ-Mittelzone konnte der Elektronenfluß in den Randzonen manipuliert werden. Eine geringfügige Erhöhung oder Verringerung der Stromzufuhr zur Mittelzone hätte einen erheblich verstärkten bzw. verringerten Stromfluß durch den Halbleiter als ganzen zur Folge. Die Halbleiter-Triode konnte somit ebenso als Verstärker dienen wie eine Röhren-Triode. Shockley und seine Mitarbeiter Brattain und Bardeen erhielten 1956 den Physik-Nobelpreis.

So gut Transistoren in der Theorie funktionieren mochten, so bedurfte es doch, damit sie zu praktischer Anwendungsreife gelangen konnten, einiger paralleler technischer Fortschritte – wie fast immer bei der praktischen Umsetzung neuer wissenschaftlicher Erkenntnisse. Die Funktionsfähig-

keit von Transistoren hing in sehr hohem Maße von der Verwendung extrem reiner Kristalle ab, die eine sorgfältige Dosierung der mit Vorbedacht angebrachten Verunreinigungen erlaubten.
In dieser Situation kam es wie gerufen, daß William G. Pfann 1952 das *Zonenschmelzverfahren* entwickelte. Dabei wird eine Stange aus dem zu reinigenden Material, sagen wir Germanium, in den Hohlraum einer Heizspirale eingeführt, die ein Segment der Stange zum Erweichen und Anschmelzen bringt. Die Stange wird dann so durch das Heizelement weiterbewegt, daß die angeschmolzene Außenschicht die Stange entlangwandert. Die in dem Material der Stange vorhandenen Unreinheiten haben die Eigenheit, sich in dem geschmolzenen Mantelsegment anzureichern, so daß sie auf diese Weise regelrecht ans Ende der Stange »gespült« werden. Nach ein paar Durchgängen besteht der Hauptteil der Stange aus Germanium von höchster Reinheit.
Schon 1953 wurden winzige Transistoren in Hörgeräte eingebaut, wodurch diese so klein wurden, daß sie in den Gehörgang des Benutzers paßten. Von da an schritt die Weiterentwicklung des Transistors rasch und stetig fort – er konnte höhere Frequenzen verarbeiten, höheren Temperaturen standhalten und wurde vor allem immer kleiner. So klein wurde er schließlich, daß man dazu überging, die Funktionselemente mehrerer Transistoren auf kleinen Siliziumplättchen, sogenannten *Chips,* unterzubringen; diese potenzierten Transistoren, die nur noch aus eingeätzten Leitungsbahnen bestanden, wurden als *integrierte Schaltungen* bezeichnet und leisteten dasselbe, was früher Dutzende oder Hunderte von Röhren geleistet hatten. Auch die Chips wurden mit der Zeit immer kleiner, von etwa 1970 an nannte man sie *Mikrochips.*
Die winzigen Bausteine der Feststoff-Elektronik, die in unserem täglichen Leben bereits allgegenwärtig geworden sind, verkörpern die vielleicht erstaunlichste unter allen technischen Revolutionen, die sich im Lauf der Menschheitsgeschichte vollzogen haben. Sie haben uns nicht nur das Taschenradio und den Walkman beschert; sie haben es auch möglich gemacht, Satelliten und Raumsonden mit einer phänomenalen Fülle von Funktionen vollzustopfen. Vor allem aber haben sie die Entwicklung immer kleinerer, preiswerterer und dabei gleichzeitig leistungsfähigerer Computer sowie, in den 80er Jahren, ebenso erstaunlicher Roboter ermöglicht. Auf diese beiden Entwicklungen werde ich in einem späteren Kapitel ausführlich eingehen.

Maser und Laser

Maser

Eine andere neue Entwicklung von erstaunlicher Tragweite nahm ihren Ausgang in der Erforschung gewisser Eigenschaften des Ammoniakmoleküls (NH_3). Man kann sich dieses Molekül so vorstellen, daß seine drei Wasserstoffatome die Spitzen eines gleichseitigen Dreiecks besetzen; das Stickstoffatom befindet sich nicht im Mittelpunkt des Dreiecks, sondern an einem Punkt, der auf einer die Dreiecksebene in deren Mittelpunkt senkrecht schneidenden Achse liegt. Daraus ergibt sich, daß es für das Stickstoffatom zwei mögliche, zueinander symmetrische Positionen gibt, nämlich unterhalb und oberhalb des Mittelpunkts der Dreiecksfläche.
Das Stickstoffatom hat nun die Fähigkeit, zwischen diesen beiden Positionen zu pendeln, und man kann es dazu veranlassen, dies genau 24 Milliarden mal pro Sekunde zu tun. Das Ammoniakmolekül schwingt dann mit einer Frequenz von 24 Millionen Hertz.
Diese Frequenz ist äußerst konstant, viel gleichmäßiger als die Frequenz jeder künstlich erzeugten Vibration – viel konstanter auch als die Bewegungen der Himmelskörper. Man kann von solchen schwingenden Molekülen elektrische Ströme steuern lassen, die dann ihrerseits Zeitmesser steuern können – mit ungekannter Präzision, wie als erster 1949 der Amerikaner Harold Lyons demonstrierte. Die um die Mitte der 50er Jahre entwickelten, nach diesem Prinzip funktionierenden *Atomuhren* übertrafen an Genauigkeit alle bis dahin gebräuchlichen Chronometer. Unter Nutzung der Schwingungen von Wasserstoffatomen sind Uhren mit einer Ungenauigkeit von nur noch ei-

ner Sekunde in 1,7 Millionen Jahren entwickelt worden. Das Ammoniakmolekül imitiert, in Schwingungen versetzt, eine elektromagnetische Strahlung mit einer Frequenz von 24 Milliarden Hertz. Diese Strahlung ist mit einer Wellenlänge von 1,25 cm in der Mikrowellenregion angesiedelt. Von einer anderen Warte aus interpretiert, stellt sich dasselbe Phänomen so dar, daß das Ammoniakmolekül zwei verschiedene Energieniveaus einnehmen kann, wobei die Energiedifferenz zwischen den beiden Niveaus der Energie eines Photons entspricht, wie es für eine 1,25-cm-Strahlung charakteristisch ist. Wenn das Ammoniakmolekül vom höheren zum niedrigeren Energieniveau springt, strahlt es ein Photon dieser Größe ab. Wenn ein auf dem niedrigeren Energieniveau befindliches Molekül ein Photon dieser Größe absorbiert, springt es auf das höhere Energieniveau.

Was aber geschieht, wenn ein bereits auf dem höheren Energieniveau befindliches Ammoniakmolekül solchen Photonen ausgesetzt wird? Einstein hatte schon 1917 postuliert, daß ein solches energiereiches Molekül, wenn es von einem Photon der richtigen Größe getroffen würde, von diesem auf das niedrigere Energieniveau »hinuntergestoßen« und zur Abgabe eines Photons gezwungen würde, das genau gleich groß wäre wie das einschlagende Photon und sich in genau die gleiche Richtung weiterbewegen würde. Damit wären dann zwei gleichartige Photonen unterwegs, wo es zunächst nur eines gegeben hatte. Der experimentelle Beweis für die Richtigkeit dieser theoretischen Aussage gelang 1924.

Wenn Ammoniak einer Mikrowellenstrahlung ausgesetzt wurde, konnten sich mithin zwei alternative Vorgänge abspielen: Moleküle des niedrigeren Energieniveaus konnten auf das höhere Niveau »gepumpt«, Moleküle des höheren konnten auf das niedrigere Energieniveau hinabgestoßen werden. Unter normalen Bedingungen war der erstgenannte Vorgang der vorherrschende, da zu jedem gegebenen Zeitpunkt immer nur ein sehr kleiner Prozentsatz der Ammoniakmoleküle sich auf dem höheren Energieniveau befände.

Nehmen wir aber einmal an, daß es mit Hilfe irgendeines Verfahrens gelänge, alle oder fast alle Moleküle in den energiereicheren Zustand zu versetzen. Dann würde der Sprung vom höheren zum niedrigeren Niveau der vorherrschende Vorgang sein. Es würde sich dann ein sehr bemerkenswerter Prozeß vollziehen: Der eintreffende Mikrowellenstrahl würde ein passendes Photon liefern, das ein Molekül anstoßen und »degradieren« würde. Dabei würde ein zweites Photon freigesetzt, und beide würden auf ihrer weiteren Bahn weitere Moleküle anstoßen und damit weitere Photonen freisetzen. Das ursprüngliche Photon würde also eine ganze Lawine von Photonen lostreten, die allesamt genau gleich groß wären und sich in genau der gleichen Richtung bewegen würden.

Der amerikanische Physiker Charles H. Townes entwickelte 1953 ein Herstellungsverfahren, um Ammoniakmoleküle in den energiereicheren Zustand zu bringen und beschoß sie mit Mikrowellen-Photonen der passenden Größe. Eine Handvoll Photonen trat ein, und herauskam ein Schwall von Photonen. Die ursprüngliche Strahlung wurde also hochgradig verstärkt.

Der Vorgang wurde definiert als »microwave amplification by stimulated emission of radiation« (»Mikrowellen-Verstärkung durch stimulierte Strahlungsemission«); die Anfangsbuchstaben ergaben die Abkürzung *Maser*.

In der Folge wurden bald auch Feststoff-Maser entwickelt – aus festen Substanzen, bei denen Elektronen zwei verschiedene Energiezustände annehmen konnten. Die ersten Maser, sowohl die gasförmigen als auch die festen, waren intermittierende Maser, d. h. sie mußten zunächst auf das höhere Energieniveau »gepumpt« und konnten dann erst stimuliert werden. Sie erzeugten dann einen kurzen Strahlungsstoß, blieben danach aber stumm, bis sie wieder »aufgepumpt« waren.

Der holländisch-amerikanische Physiker Nicolaas Bloembergen kam auf den Gedanken, diese Unzulänglichkeit durch Verwendung eines Systems mit drei Energiezuständen zu beheben. Wenn der Maser aus einem Material besteht, dessen Elektronen auf einem von drei Energieniveaus existieren können, einem niedrigen, einem mittleren und einem hohen, dann können die Vorgänge des Aufpumpens und der Strahlungsemission nebeneinander verlaufen. Die Elektronen werden zunächst vom untersten auf das höchste Energieniveau gebracht. Auf die richtige Art und Weise stimuliert, fallen sie sodann zunächst auf das mittlere und anschließend auf das niedrige Energieniveau zurück. Für das Aufpumpen benötigt man in diesem Falle größere Photonen als für die Ingangsetzung der

Emission, so daß beide Vorgänge einander nicht stören. Wir haben damit einen kontinuierlich arbeitenden Maser.

In ihrer Eigenschaft als Mikrowellen-Verstärker lassen Maser sich in der Radioastronomie als sehr empfindliche Detektoren für schwache Mikrowellenstrahlung aus den Tiefen des Weltalls einsetzen; sie verstärken diese Strahlung mit großer Abbildungstreue. (Eine Reproduktion, bei der nichts oder nur sehr wenig von den Charakteristika der zu verstärkenden Strahlung unter den Tisch fällt, ist gleichbedeutend mit einer »rauscharmen« Reproduktion. Maser sind in diesem Sinn des Wortes außerordentlich »geräuschlose« Verstärker.) An Bord des am 30. November 1965 gestarteten sowjetischen Satelliten Kosmos 97 befand sich ein Maser, der die ihm zugedachten Aufgaben im fernen Weltall einwandfrei erfüllte.

Townes wurde 1964 mit dem Physik-Nobelpreis ausgezeichnet, zusammen mit zwei sowjetischen Physikern, Nikolai G. Basow und Alexander M. Protschorow, die unabhängig von Townes Beiträge zur Theorie des Masers geliefert hatten.

Laser

Es war klar, daß die Maser-Technik sich im Prinzip auf elektromagnetische Wellen aller Wellenlängen anwenden ließ, vor allem auch auf die des sichtbaren Lichts. Townes wies 1958 auf einen gangbaren Weg zur Verwirklichung dieses Gedankens hin, der auf die Konstruktion eines Licht erzeugenden Masers hinauslief. Der innerhalb eines solchen *optischen Masers* ablaufende Vorgang ließ sich definieren als »light amplification by stimulated emission of radiation«, abgekürzt *Laser (Abb.)*.

Den ersten funktionierenden Laser baute 1960 der amerikanische Physiker Theodore H. Maiman. Das Kernstück dieses Lasers war ein massiver Zylinder aus synthetischem Rubin (bestehend im wesentlichen aus Aluminiumoxid und einem geringfügigen Anteil Chromoxid). Wenn der Rubinquader mit Licht bestrahlt wird, springen die Elektronen der Chromatome auf ein höheres Energieniveau, um nach kurzer Zeit wieder zurückzufallen. Die ersten paar Photonen, die dabei abgestrahlt werden (mit einer Wellenlänge von 694,3 Millimikron), geben Anstoß zur Emission weiterer Photonen; der bekannte Lawineneffekt tritt ein, und der Rubin emittiert unvermittelt einen Strahl tiefroten Lichts, das viermal so hell ist wie die Helligkeit an der Sonnenoberfläche. Noch 1960 entwickelte ein in den USA arbeitender iranischer Physiker namens Ali Javan einen kontinuierlich strahlenden Laser. Er verwendete als Lichtquelle ein Gasgemisch aus Neon und Helium.

Mit dem Laser konnte ein vollkommen neuartiges Licht erzeugt werden, ein Licht, das nicht nur von unerreichter Intensität, sondern auch weitgehend *monochromatisch* war, d. h. einem sehr engen und scharfbegrenzten Wellenlängenbereich angehörte. Aber das war noch nicht alles.

Gewöhnliches Licht, gleich aus welcher Quelle, sei es von der Sonne, von einem Holzfeuer oder von einem Glühwürmchen abgestrahlt, besteht aus relativ kurzen »Wellenpaketen«. Man kann sie sich als kurze, in alle möglichen Richtungen weisende Wellenstücke vorstellen. Normales Licht setzt sich aus einer unermeßlichen Zahl solcher Wellenstücke zusammen.

Dagegen besteht das von einem Laser erzeugte Licht aus Photonen, die allesamt die gleiche Größe haben und sich in die gleiche Richtung bewegen. Sie bilden Wellen von einheitlicher Frequenz, und

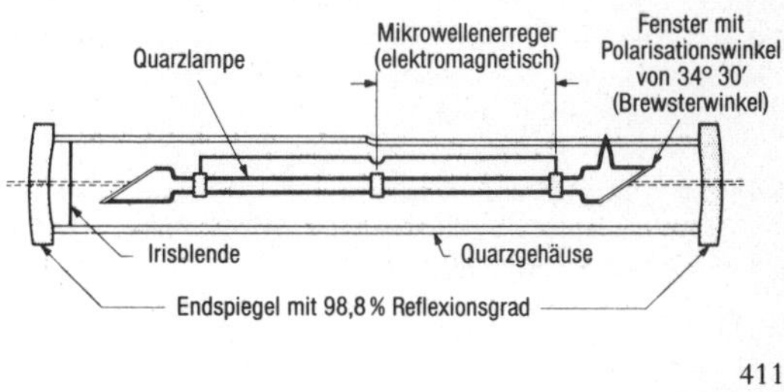

Kontinuierlicher Laser mit Konkavspiegeln und im Brewster-Winkel geneigten »Fenstern« der Entladungsröhre. Die Röhre ist mit einem Gas gefüllt, dessen Atome durch elektromagnetische Anregung in einen energiereichen Zustand versetzt werden. Sie werden dann durch einen Lichtstrahl zur Emission von Energie einer bestimmten Wellenlänge angeregt. Ähnlich wie die Pfeifen einer Orgel, wirkt die Röhre als Resonanzkörper, in dem sich ein außerordentlich kohärentes Strahlenbündel aufbaut, das zwischen den Endspiegeln hin und her läuft und sich dabei kontinuierlich verstärkt. Der dünne Strahl, der schließlich austritt, ist der Laserstrahl. Nach einer Zeichnung in der Zeitschrift Science, Ausgabe vom 9. Oktober 1964.

da diese Wellen sozusagen in Reih und Glied geordnet sind, verschmelzen die aufeinanderfolgenden Wellen miteinander. Laserlicht erweckt somit den Anschein, als bestünde es aus langen Wellenschlangen von gleichmäßiger Amplitude (Höhe) und Frequenz. Es ist ein *kohärentes* Licht, da seine Wellenpakete ein zusammenhängendes Ganzes zu bilden scheinen. Im Bereich großer Wellenlängen hatten die Physiker schon früher gelernt, kohärente Strahlung zu erzeugen. Im Bereich des sichtbaren Lichts war dies jedoch vor 1960 niemals gelungen.

Ein weiteres Konstruktionsmerkmal des Lasers sorgte dafür, daß die ohnehin vorhandene Neigung der Photonen, sich auf exakt parallelen Bahnen zu bewegen, noch verstärkt wurde. Die beiden Enden des Rubinzylinders wurden plan geschliffen und mit Silber beschichtet, so daß sie als Spiegel fungierten. Dies bewirkte, daß die emittierten Photonen im Rubinkörper hin und her prallten und bei jedem Durchgang eine weitere Lawine von Photonen lostraten, bis das geballte Licht eine solche Intensität erreicht hatte, daß es den Rubinzylinder an der Seite, die mit der etwas dünneren Silberschicht versiegelt war, verließ. Dieser »Durchbruch« gelang nur denjenigen Photonen, die sich exakt parallel zur Längsrichtung des Rubinstabs bewegten, denn nur sie konnten oft genug zwischen den versilberten Endflächen hin und her prallen. Wenn ein Photon eine von der Längsrichtung auch nur ganz geringfügig abweichende Bahn einschlug und seine Bewegungsrichtung an die von ihm ausgelöste Photonenlawine weitergab, so ergab sich für diese Photonen beim Hin- und Herprallen zwangsläufig ein Zickzackkurs durch den Rubinkörper, so daß sie nach einer gewissen Zahl von Durchgängen dessen seitlichen Rand erreichten und dort austraten.

Ein Laserstrahl besteht aus kohärenten Lichtwellen, die sich auf so exakt parallelen Bahnen bewegen, daß sie riesige Entfernungen zurücklegen können, ohne nennenswert zu streuen. Man kann einen Laserstrahl so scharf bündeln, daß er in der Lage ist, einen tausend Kilometer entfernten Teekessel aufzuheizen. 1962 wurde ein Laserstrahl gar auf den Mond geschickt. Er erzeugte dort einen Lichtkreis mit einem Durchmesser von nur 3,2 km – nachdem er eine Entfernung von fast 400 000 km durchmessen hatte!

Kaum war der Laser auf der Bildfläche erschienen, da verstärkte sich das Interesse an den Möglichkeiten dieser Technik geradezu explosionsartig; das Resultat waren zahlreiche Weiterentwicklungen. Innerhalb von wenigen Jahren entstanden so viele Lasertypen, daß Laserlicht in Hunderten unterschiedlicher Wellenlängen erzeugt werden konnte, von infrarot bis ultraviolett. Breit war auch die Palette der Materialien, mit denen Laserlicht erzeugt wurde: Metalloxide, Fluoride, Wolframate, Halbleiter, Flüssigkeiten, Gase. Jeder Typus hatte seine Vor- und Nachteile.

1964 entwickelte der amerikanische Physiker Jerome V. Kasper den ersten *chemischen* Laser. Als Energiequelle dient bei diesem Laser eine chemische Reaktion (bei Kaspers Prototyp die Dissoziation von CF_3I mittels eines energiereichen Lichtstrahls). Der spezifische Vorteil des chemischen Lasers besteht darin, daß die energiespendende chemische Reaktion in einem Behältnis abläuft, das in den Laserkörper selbst integriert werden kann, und daß somit keine Energie von außen zugeführt werden muß. Das bedeutet natürlich einen Zugewinn an Mobilität (ähnlich wie ihn ein batteriegetriebenes elektrisches Gerät gegenüber einem auf eine Steckdose angewiesenen gewährt), ganz zu schweigen von der Tatsache, daß chemische Laser offensichtlich einen erheblich höheren Wirkungsgrad aufweisen (mit einer Energieausnutzung von 12 Prozent oder mehr) als die anderen Laserarten (mit einer Energienutzung von 2 Prozent oder weniger).

Die ersten *organischen* Laser (bei denen ein komplexer organischer Farbstoff als Quelle kohärenten Lichts dient) wurde 1966 von John R. Lankard und Peter Sorokin entwickelt. Die Komplexität des Moleküls ermöglicht eine Vielzahl unterschiedlicher lichterzeugender elektronischer Reaktionen und damit die Erzeugung von Licht in einer Vielzahl unterschiedlicher Wellenlängen. Ein organischer Laser kann so eingestellt werden, daß er, innerhalb einer vorgegebenen Bandbreite, Licht jeder gewünschten Wellenlänge liefert, während andere Laser normalerweise auf eine einzige Wellenlänge fixiert sind.

Dank seiner extrem scharfen Bündelung hat ein Laserstrahl die Fähigkeit, auf kleinstem Raum eine große Energiemenge zu konzentrieren; an diesen Stellen werden extreme Temperaturwerte erreicht. Mit Laserstrahlen kann man Metallproben in Sekundenbruchteilen zum Schmelzen oder Verdampfen bringen (wenn man beispielsweise rasch eine Spektralanalyse durchführen möchte), oder man kann Stoffe mit hohem Schmelzpunkt schweißen, schneiden oder Löcher von beliebiger Größe in sie hineinbohren. Durch Anwendung von Laserstrahlen, die direkt ins Auge »hineingeschossen« werden, ist es Augenärzten gelungen, abgelöste Netzhautteile so blitzartig wieder anzuschweißen, daß das umliegende Gewebe wegen der kurzen Dauer des Vorgangs nicht in Mitleidenschaft gezogen wurde. In ähnlicher Weise können Laserstrahlen zur Zerstörung von Tumoren eingesetzt werden.

Zwei weitere Beispiele, um das breite Spektrum der Nutzanwendungen der Lasertechnik zu veranschaulichen: Artur L. Shawlow entwickelte – trivial, aber eindrucksvoll – einen Laser-Radierer: Ein extrem kurzer Laserblitz entfernt einen falsch getippten Buchstaben, indem er die Farbe zum Verdampfen bringt; das Papier wird dabei nicht im geringsten angesengt. Eine anspruchsvollere Anwendung stellt das *Laser-Interferometer* dar, mit dem Entfernungsmessungen von bislang ungekannter Genauigkeit möglich sind. Eine Reihe miteinander kommunizierender Laserquellen, an ausgewählten Punkten der Erdoberfläche aufgestellt, verraten durch Veränderungen an den Interferenzringen ihres Lichts auch die geringfügigsten Verlagerungsvorgänge, die sich auf bzw. in der Erdkruste abspielen. Die ersten Mondbesucher ließen auf dem Mond ein Reflektorsystem zurück, das Laserstrahlen auf die Erde zurückspiegeln kann. Damit läßt sich die Entfernung Erde–Mond mit größerer Genauigkeit bestimmen, als es bei Entfernungen zwischen verschiedenen Punkten der Erdoberfläche in der Regel möglich ist.

Eine potentielle Nutzanwendung, die die Fachleute von Anfang an fasziniert hat, ist der Einsatz von Laserstrahlen als Trägerwellen im Bereich der Telekommunikation. Da das kohärente Laserlicht in einem wesentlich höheren Frequenzbereich liegt als die heute für den Radio- und Fernsehrundfunk verwendeten Wellen, ist es theoretisch möglich, auf dem gleichen Raum, den heute ein Sendekanal einnimmt, viele Tausende von Kanälen unterzubringen. Am Horizont taucht die Vision auf, daß einmal jedes menschliche Wesen auf Erden seine eigene persönliche Wellenlänge zugeteilt bekommen und auf ihr senden und empfangen könnte. Natürlich muß das Laserlicht zu diesem Zweck moduliert werden. Die elektrischen Ströme der Schallwellen müssen in entsprechende Modulationsprofile des Laserlichts umgewandelt werden (durch Manipulation entweder der Amplitude oder der Frequenz, oder auch vielleicht durch Umsetzung in binäre Zeichen, d. h. in eine Abfolge von Impulsen und Pausen). Die Entwicklung solcher Systeme ist bereits im Gang.

Da Licht, anders als Radiowellen, von materiellen Hindernissen wie Wolken, Nebel, Staub usw. in seiner Fortpflanzung beeinträchtigt wird, wird man Laser-Übertragungskanäle vor diesen und anderen störenden Einflüssen und Hindernissen schützen müssen, indem man sie durch Röhren leitet, die mit Linsen (zur erneuten Bündelung der Strahlen in regelmäßigen Abständen) und Spiegeln (zur Umlenkung der Strahlen bei Richtungsänderungen) ausgestattet sind. Mittlerweile ist allerdings die Entwicklung eines Kohlendioxid-Lasers gelungen, der kontinuierliche Laserstrahlen von bislang ungekannter Intensität erzeugt, die so tief im Infrarotbereich angesiedelt sind, daß sie von atmosphärischen Hindernissen kaum beeinträchtigt werden. Ein Laser-Rundfunk auf dieser Grundlage scheint mithin nicht mehr ausgeschlossen.

Der praktischen Verwirklichung schon viel näher ist die technische Option, modulierte Laserstrahlen in Glasfaserkabeln zu transportieren, haarfeinen Glasröhrchen, die im Bereich der Fernmeldetechnik an die Stelle des isolierten Kupferdrahts treten können und werden. Glas ist um ein Vielfaches billiger als Kupfer und zudem ein praktisch unerschöpflicher Stoff. Glasfaserkabel sind nicht nur erheblich dünner und leichter als Kupferleitungen, sondern haben auch eine wesentlich größere Übertragungskapazität.

Eine ebenso faszinierende und ebenso kurzfristig realisierbare Nutzanwendung der Lasertechnik wird uns möglicherweise eine neue Art des Fotografierens bescheren. Bei der herkömmlichen Fotografie fällt gewöhnliches Licht, von einem Objekt reflektiert, auf einen lichtempfindlichen Film. Was der Film dabei festhält, sind Helligkeits-Mittelwerte für jeden Bildpunkt; damit erfaßt er aber keineswegs alle Informationen, die das von dem Objekt reflektierte Licht potentiell enthält.

Stellen wir uns vor, daß ein Lichtstrahl in zwei Strahlen aufgespalten wird. Die eine Hälfte trifft auf ein Objekt und wird von diesem reflektiert, wobei sich ihm alle Farb- und Formeigentümlichkeiten dieses Objekts aufprägen würden. Die andere Hälfte des Strahls trifft auf einen Spiegel, der keinerlei Irregularitäten aufweist und den Lichtstrahl unverändert zurückwirft. Auf dem fotografischen Film in der Kamera treffen die beiden Strahlen wieder zusammen, und der Film registriert die Interferenzen der verschiedenen Wellenlängen. Dies müßte theoretisch ein Interferenzmuster ergeben, in dem sämtliche von den reflektierten Lichtstrahlen mitgebrachten Informationen gespeichert sind. Würde man die Fotografie, auf der dieses Interferenzmuster abgebildet ist, entwickeln, so erschiene sie vollkommen leer; wenn man aber einen Lichtstrahl durch sie hindurchschickt, so reproduziert er das Interferenzmuster und erzeugt ein Bild, das die vollständige Information wiedergibt. Das Bild ist genauso dreidimensional wie die Oberfläche, von der das Licht bei der Aufnahme reflektiert wurde. Damit nicht genug, zeigt das Bild sich, wenn man es von wechselnden Standpunkten aus betrachtet, in der jeweils zugehörigen Perspektive; man kann es also beispielsweise mit herkömmlicher Fototechnik noch einmal aus unterschiedlicher Perspektive fotografieren.

Dieses Denkmodell entwarf 1947 der ungarisch-britische Physiker Dennis Gabor. (Er kam darauf, als er versuchte, eine Methode zu entwickeln, die es ermöglichen sollte, von Elektronenmikroskopen schärfere Bilder zu erhalten.) Er nannte seine Kreation *Holographie,* was übersetzt in etwa »die ganze Schrift« bedeutet.

Gabors Gedanke war theoretisch bestechend, konnte aber nicht in die Praxis umgesetzt werden, weil die Sache mit normalem Licht nicht klappte. Das Tohuwabohu von Lichtstrahlen aller erdenklichen Wellenlängen, die sich in allen erdenklichen Richtungen bewegten, führte dazu, daß die beiden Lichtstrahlen ein Interferenzmuster erzeugten, das so chaotisch war, daß es praktisch überhaupt keine Information mehr enthielt. Es war, als würde man Tausende von Abbildungen eines Objekts, die aus jeweils verschobenem Blickwinkel aufgenommen wurden, übereinanderkopieren.

Das änderte sich grundlegend, als das Laserlicht zur Verfügung stand. 1965 gelang es Emmet N. Leith und Juris Upatnieks von der University of Michigan, die ersten Hologramme zu erzeugen. Seither ist die Technik weiter vervollkommnet worden, so daß man heute auch farbige Hologramme herstellen kann, die sich mit herkömmlichem Licht reproduzieren lassen. Die *Mikroholographie* verspricht die biologische Grundlagenforschung um eine – wörtlich genommen – neue Dimension zu erweitern; zu welchen neuen Ufern dies führen wird, kann noch niemand voraussagen.

Der Reaktor

Energie

Die rasanten technischen Fortschritte, die das 20. Jahrhundert auf vielen Gebieten gebracht hat, haben wir mit einem gewaltigen Raubbau an den Energievorräten, die die Erdkruste birgt, erkauft. In dem Maße, wie die unterentwickelten Länder mit ihrer Milliardenbevölkerung sich dem Lebensstandard der bereits industrialisierten Länder annähern, wird der Brennstoffverbrauch womöglich noch sprunghafter zunehmen. Woher sollen wir die Energieträger nehmen, die wir zur Aufrechterhaltung unserer Zivilisation brauchen?

Einen Großteil der Wälder der Erde, Lieferanten des potentiellen Brennstoffes Holz, haben wir bereits vernichtet. Schon zu Beginn der christlichen Zeitrechnung waren große Teile Griechenlands, Nordafrikas und des Nahen Ostens durch brutale Abholzung von ihren Wäldern entblößt, teils weil man Brennholz, teils weil man Weideland und Ackerflächen hatte gewinnen wollen. Die unkontrollierte Rodung der Wälder zog gleich zwei fatale Folgen nach sich: Nicht nur schnitten die Menschen sich selbst den Holznachschub ab, die radikale Entblößung des Bodens bewirkte auch eine mehr oder weniger unwiderrufliche Schädigung der Bodenfruchtbarkeit. Die meisten dieser Gebiete, in der Antike die Heimat fortgeschrittener Zivilisationen, sind heute steril und unproduktiv und tragen von Natur aus nur noch eine verelendete, wirtschaftlich und technisch stagnierende Bevölkerung.

Das Mittelalter erlebte die allmähliche Entwaldung Westeuropas, die Neuzeit die sehr viel rascher vonstatten gehende Rodung des nordamerikanischen Kontinents. Abgesehen von Kanada und Sibirien, gibt es in den gemäßigten Klimazonen der Erde praktisch keine großen Urwälder mehr.

Kohle und Erdöl: fossile Brennstoffe

Kohle und Öl haben das Holz als Brennstoff abgelöst. Die Kohle wurde schon um 200 v. Chr. von dem griechischen Botaniker Theophrastos erwähnt, aber die ersten sicheren, d. h. schriftlichen Belege für eine Kohleförderung auf europäischem Boden reichen nicht weiter als bis zum 12. Jahrhundert zurück. Im 17. Jahrhundert begannen sich die Engländer angesichts eines entwaldeten Landes und einer bedrohlichen Verknappung des für ihre Flotte benötigten Schiffsbauholzes in steigendem Maße auf den Brennstoff Kohle umzustellen – möglicherweise dem Beispiel der Holländer folgend, die bereits etwas früher angefangen hatten, nach Kohle zu graben. (Sie waren nicht die ersten. Marco Polo berichtete in seinem berühmten Buch über seinen Aufenthalt in China gegen Ende des 13. Jahrhunderts über die Verbrennung von Kohle im Reich der Mitte, das damals das technisch fortgeschrittenste Land auf der Erde war.)

Um 1660 wurden in England bereits knapp 2 Millionen Tonnen Kohle pro Jahr gefördert, das waren mehr als 80% aller zu diesem Zeitpunkt weltweit aus dem Boden geholten Kohle.

Zunächst wurde die Kohle vorwiegend zu Heizzwecken verfeuert; im Jahr 1603 jedoch machte ein Engländer, Hugh Platt, eine Entdeckung: Wenn man Kohle auf eine Weise erhitzte, die ausschloß, daß sie mit Sauerstoff in Kontakt kam, verflüchtigte sich das teer- oder pechartige Material, das sie

enthielt, und verbrannte. Was zurückblieb, wurde *Koks* genannt und bestand fast zur Gänze aus reinem Kohlenstoff.
Am Anfang ließ die Koksqualität noch zu wünschen übrig. Mit der Zeit aber verbesserte sie sich, und schließlich war es so weit, daß man den Koks anstelle von Holzkohle (aus Holz gewonnen) für die Verhüttung von Eisenerz benutzen konnte. Bei seiner Verbrennung entstanden hohe Temperaturen; die Kohlenstoffatome des Koks verbanden sich mit den Sauerstoffatomen des Eisenerzes, so daß metallisches Eisen übrigblieb. Ein Engländer namens Abraham Darby begann 1709, Koks in großem Maßstab für die Eisenproduktion heranzuziehen. Als dann das Zeitalter der Dampfmaschinen anbrach, diente Kohle zum Erhitzen und Verdampfen des Wassers und trug auf diese Weise dazu bei, die industrielle Revolution voranzutreiben.
Anderswo vollzog sich der Wandel langsamer und später. In den waldreichen Vereinigten Staaten hielt das Holz noch im Jahr 1800 einen Anteil von 94% an der Gesamtheit der verfeuerten Brennstoffe. Bis 1885 sank der Holzanteil auf 50%, während er gegenwärtig bei unter 3% liegt. Die Rolle des wichtigsten Energieträgers ist mittlerweile von der Kohle an Öl und Erdgas übergegangen. Noch 1900 lieferte in den Vereinigten Staaten die Kohle zehnmal soviel Energie wie Öl und Gas zusammen. Ein halbes Jahrhundert später war der von Öl und Gas bestrittene Anteil bereits dreimal so groß wie der Beitrag der Kohle.
Das Öl, das man in antiker Zeit als Brennstoff für Lampen verwendete, wurde aus pflanzlichen und tierischen Grundstoffen gewonnen. Später wurden andere Quellen angezapft. In den Jahrmilliarden der Erdgeschichte kam es zuweilen vor, daß die fettreichen Kleintiere (Plankton) der Flachmeere dem Schicksal, gefressen zu werden, entgingen, und statt dessen nach dem Absterben zum Meeresgrund sanken, wo sie, gleichsam in schlammigen Massengräbern, von Sedimentschichten zugedeckt wurden. Im Zuge eines allmählichen chemischen Umwandlungsprozesses zersetzten sich die organischen Fette zu einer komplexen Mixtur aus Kohlenwasserstoffen, die man später treffend *Petroleum* nannte (lateinisch für »Steinöl«). Dieser Stoff hat im Verlauf der letzten Jahrzehnte eine solche Bedeutung für die Menschheit gewonnen, daß das einfache Wort »Öl« heute praktisch zum Synonym für das fossile Öl aus dem Innern der Erdkruste geworden ist. Wenn in einer Schlagzeile von »Öl« die Rede ist, können wir sicher sein, daß damit nicht Olivenöl oder Kokosöl gemeint ist. Es gibt einige wenige Stellen, an denen Petroleum sogar an die Erdoberfläche zutage tritt, namentlich im ölreichen Nahen Osten. Das *Pech,* mit dem Noah weisungsgemäß seine Arche innen und außen bestrich, um sie wasserdicht zu machen, war nichts anderes als Erdöl aus einer dieser Quellen. Und auch der aus Schilfhalmen geflochtene Korb, in dem Moses als Säugling ausgesetzt wurde, war, damit er nicht sank, mit Pech abgedichtet. Bisweilen wurden die leichteren Bestandteile dieses Öls abgetrennt und als *Naphtha* verbrannt, sei es in Lampen, sei es in Feuern, die im Zusammenhang mit religiösen Ritualen entzündet wurden.
Um die Mitte des 19. Jahrhunderts bestand ein verstärkter Bestand an flüssigen Brennstoffen für Lampen. Man benutzte Walöl und auch Kohlenöl (gewonnen durch Erhitzung von Kohle unter Ausschluß von Luft). Ein weiterer Öllieferant war Schiefer, eine weiche, wachsähnliche Substanz, die, wenn man sie erhitzte, Schieferöl absonderte, auch *Kerosin* genannt. Schiefer fand sich unter anderem im Westen von Pennsylvanien, wo im Jahr 1859 ein amerikanischer Eisenbahnschaffner namens Edwin L. Drake eine Idee hatte.
Drake ging von der alltäglichen Beobachtung aus, daß die Menschen Brunnen bohren, um ans Grundwasser zu kommen, und daß manche Leute manchmal noch tiefer in die Erde hineinbohrten, um an *Sole* heranzukommen, stark salzhaltiges Wasser, aus dem sich Salz gewinnen ließ. Gelegentlich kam zusammen mit Sole eine brennbare ölige Flüssigkeit herauf. Drake wußte von Berichten, die besagten, daß man in China und Burma schon 2000 Jahre zuvor dieses Öl verbrannt und die Verbrennungswärme dazu benutzt hatte, das Wasser aus der Sole zu vertreiben, d. h. Salz zu sieden.
Was sprach angesichts dessen dagegen, einmal versuchsweise nach Öl zu bohren? Es war in jenen Tagen gefragt, nicht nur als Brennstoff für Lampen, sondern auch als Grundstoff für medizinische Tinkturen. Drake war zuversichtlich, daß er alles Öl, das er eventuell fand, gut an den Mann bringen würde. Er begann in Titusville im westlichen Pennsylvanien zu bohren und wurde am 28. Au-

gust 1859 in 21 Metern Tiefe fündig: Er hatte die erste Ölquelle erbohrt.

Ein paar Jahrzehnte lang blieben die Verwendungsmöglichkeiten des Erdöls begrenzt, aber mit dem Siegeszug des Verbrennungsmotors steigerte sich die Nachfrage nach Öl sprunghaft. Ein Gemisch aus den leichtesten Anteilen des Öls, leichter noch als Kerosin (d. h. flüchtiger), erwies sich als ausgesprochen geeigneter Brennstoff für die neuen Motoren. Diese Mixtur war das *Benzin;* die große Jagd nach dem Öl war angesagt; seither hält sie ungebrochen an.

Die Ölfelder von Pennsylvanien waren bald erschöpft, aber dafür wurden zu Beginn des 20. Jahrhunderts in Texas weit ergiebigere entdeckt; und um die Mitte des 20. Jahrhunderts fand man noch viel größere Vorkommen im Nahen Osten.

Das Erdöl weist im Vergleich zur Kohle zahlreiche Vorzüge auf. Man braucht keine Menschen unter Tage zu schicken, um es heraufzuholen; man braucht nicht unzählige Güterwaggons damit zu beladen; man braucht es nicht im Keller zu stapeln und eimerweise zum Ofen zu schleppen; und es hinterläßt keine Asche, die man beseitigen muß. Das Öl wird aus seinen unterirdischen Lagerstätten hochgepumpt, durch Rohrleitungen weitergepumpt oder übers Meer, mit Tankschiffen transportiert, beim Endverbraucher in einem Tank im Untergeschoß aufbewahrt und dem Brenner automatisch zugeführt. Im Brenner läßt sich das Öl auf relativ bequeme Weise anzünden, die Wärmeproduktion läßt sich durch Drosselung oder Erhöhung der Ölzufuhr regeln, und es bleibt keine Asche zurück. Besonders nach Ende des Zweiten Weltkriegs vollzog sich mehr oder weniger überall auf der Welt eine Umstellung von Kohle auf Öl. Für die Erschmelzung von Eisen und Stahl sowie für einige andere Zwecke blieb die Kohle als Brennstoff von erstrangiger Bedeutung, aber ansonsten wurde das Erdöl zur tonangebenden Energiequelle der Menschheit.

Einige Bestandteile des Erdöls sind stark leichtflüchtig, so daß sie schon bei normalen Temperaturen in gasförmigen Zustand übergehen. Sie werden als *Erdgas* bezeichnet (im Folgenden zuweilen einfach auch als »Gas«). Gas ist noch leichter zu handhaben als Öl, weshalb auch die Steigerungsraten beim Gasverbrauch noch höher sind als die beim Verbrauch von Heizöl.

Allein, alle bisher genannten Brennstoffe sind erschöpflich. Erdgas, Erdöl und Kohle sind *fossile Brennstoffe,* Überbleibsel eines im Laufe von Jahrmillionen gewachsenen und wieder vergangenen pflanzlichen und tierischen Lebens. Jede Tonne von ihnen, die wir verbrauchen, ist unwiederbringlich dahin. Was die fossilen Brennstoffe betrifft, so zehrt die Menschheit von der Substanz der Erde; das Tempo, mit dem diese Substanz dahinschmilzt, ist beachtlich.

Namentlich die Ölvorräte werden bald zur Neige gehen. Weltweit werden heute in jeder Stunde über 4 Million Barrel (158,76 l) Öl verbrannt; diese Verbrauchsquote wird sich trotz aller Einsparungsbemühungen in der näheren Zukunft noch erhöhen. Zwar birgt die Erdkruste noch eine knappe Billion Barrel Öl, aber das reicht bei der gegenwärtigen Verbrauchsrate nur noch 30 Jahre.

Gewiß könnte man zusätzliches Öl dadurch gewinnen, daß man Kohle verflüssigt (durch Anreicherung mit Wasserstoff unter Druck). Ein Verfahren dafür entwickelte als erster der deutsche Chemiker Friedrich Bergius in den 20er Jahren; er wurde dafür 1931 mit dem Nobelpreis für Chemie ausgezeichnet. Die Kohlereserven der Erde sind in der Tat beträchtlich – sie liegen möglicherweise in der Größenordnung von 7 Billionen Tonnen –, aber nicht alle Vorräte sind leicht erschließbar. Spätestens im 25. Jahrhundert dürfte Kohle eine kostbare Rarität sein.

Es ist nicht unrealistisch, mit neuen Funden zu rechnen. Vielleicht warten in punkto Kohle und Öl in Australien, in der Sahara oder sogar in der Antarktis Überraschungen auf uns. Ferner wird es durch technische Fortschritte vielleicht eines Tages rentabel, dünnere, tieferliegende Kohleflöze auszubeuten, Erdöl aus größeren Tiefen heraufzuholen, es aus Ölschiefer und Ölsanden zu gewinnen oder unter dem Meeresboden liegende Vorkommen zu erbohren.

Zweifellos werden wir auch Mittel und Wege finden, unsere Brennstoffe effektiver zu verwerten. Durch Verbrennung von Kohle oder Öl Wärme zu erzeugen, mittels dieser Wasser in Dampf zu verwandeln, mittels diesem einen Generator anzutreiben und mit diesem Strom zu erzeugen, dies ist allerdings eine Technik, bei der unterwegs eine ganze Menge Energie verloren geht. Ein großer Teil dieser Verluste ließe sich vermeiden, wenn es

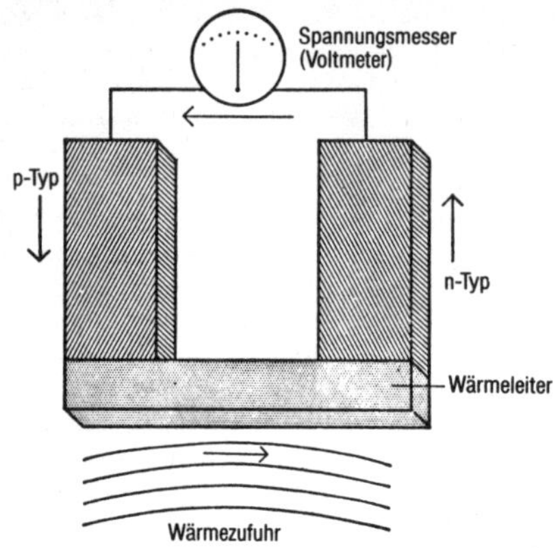

Thermoelektrische Zelle (Thermoelement). Wenn der Wärmeleiter erwärmt wird, strömen im n-Typ-Halbleiter Elektronen in Richtung des kalten Endes und im p-Typ-Halbleiter vom kalten zum warmen Ende. Wird der Stromkreis geschlossen, so fließt ein Strom in Pfeilrichtung. Es wird also Wärme in elektrische Energie umgewandelt.

gelänge, Wärme direkt in elektrischen Strom umzuwandeln. Eine Möglichkeit, dies zu bewerkstelligen, deutete sich bereits 1823 an, als Thomas Johann Seebeck, ein deutscher Physiker, eine interessante Beobachtung machte: Wenn man zwei verschiedene Metalle miteinander so verbindet, daß ein Stromkreis gebildet wird, und sie an der Stelle, wo sie zusammenstoßen, erhitzt, zeigt eine in der Nähe befindliche Kompaßnadel einen Ausschlag – Indiz dafür, daß in der Anordnung ein Strom fließt *(Thermoelektrizität)*. Seebeck selbst gab eine falsche Deutung dessen, was er gefunden hatte, und in der Folge kümmerte sich niemand mehr um seine Entdeckung.

Mit dem Aufkommen der Halbleitertechnik erlebte der altehrwürdige *Seebeck-Effekt* jedoch eine Renaissance. Moderne Anordnungen zur Erzeugung von Thermoelektrizität bestehen aus Halbleiter-Elementen. Wenn man einen Halbleiter an einem Ende erwärmt, entsteht in dem Material ein elektrisches Potential. Bei einem Halbleiter von p-Typ nimmt das kalte Ende eine negative, bei einem Halbleiter des n-Typs eine positive Ladung an. Wenn man nun die beiden Halbleitertypen und ein Stück wärmeleitendes Material zu einer U-förmigen Anordnung zusammenfügt *(Abb.)* und die Anordnung von unten her erwärmt, wird sich im oberen Ende des p-Schenkels eine negative und im oberen Ende des n-Schenkels eine positive Ladung aufbauen. Die Folge ist, daß zwischen beiden ein Strom fließt, und zwar so lange, wie die Temperaturdifferenz fortbesteht. (Umgekehrt kann man durch Anlegen eines elektrischen Stroms eine Temperatursenkung bewirken, so daß eine thermoelektrische Anordnung auch als Kühlaggregat eingesetzt werden kann.)

Die *thermoelektrische Zelle*, die keines aufwendigen Generators und keiner wuchtigen Dampfmaschine bedarf, ist mobil und läßt sich an abgelegenen Plätzen zur Erzeugung kleiner Strommengen einsetzen. Als Energiequelle genügt ein Petroleumbrenner. Der Einsatz solcher Geräte soll in den ländlichen Gebieten der Sowjetunion gang und gäbe sein.

Alle denkbaren Verbesserungen hinsichtlich einer effektiveren Energienutzung und alle möglicherweise noch der Entdeckung harrenden Kohle- und Erdölreserven ändern nichts an der Tatsache, daß die fossilen Brennstoffe erschöpflich sind. Der Tag wird kommen – und zwar in nicht zu ferner Zukunft –, da Kohle und Öl keinen entscheidenden oder auch nur nennenswerten Beitrag mehr zur Energieversorgung der Menschheit werden leisten können.

Der Verbrauch fossiler Brennstoffe wird eingeschränkt werden müssen, aller Wahrscheinlichkeit nach sogar lange bevor die Reserven tatsächlich zu Ende gehen, denn die massenhafte Verheizung dieser Brennstoffe birgt bestimmte Gefahren. Kohle ist nicht Kohlenstoff in reiner Form, Erdöl besteht nicht zu 100% aus Kohlenwasserstoffen; beide enthalten in geringer Menge Stickstoff- und Schwefelverbindungen. Bei der Verbrennung fossiler Brennstoffe, im besonderen Maß bei der Verbrennung von Kohle, werden Stickoxide und Schwefeldioxid an die Luft abgegeben. Bei einer Tonne Kohle ergibt das nicht viel, aber bei den Mengen, die tatsächlich zur Verbrennung gelangen, läppert sich die Schwefeldioxidemission in die Atmosphäre zu ansehnlichen Größenordnungen zusammen (in den 70er Jahren weltweit rund 90 Millionen Tonnen pro Jahr).

Diese Emissionen sind eine erstrangige Ursache für die Luftverschmutzung und, unter bestimmten meteorologischen Bedingungen, für das Auftreten von *Smog;* Smog kann zu Lungenschädigungen führen und für Personen, die bereits unter

asthmatischen Beschwerden leiden, sogar lebensgefährlich sein.
Durch die Niederschläge wird die Luft von solchen Verunreinigungen immer wieder gesäubert, aber dies schafft nur neue, vielleicht noch ernstere Probleme. Das Regenwasser (und auch der Schnee) erhält durch die Stick- und Schwefeloxide, die sich in ihm lösen, einen leicht sauren Charakter, so daß *saurer Regen* auf die Erde niedergeht.
So sauer, daß wir ihn unmittelbar als schädigend empfinden würden, ist der saure Regen nicht; er sammelt sich jedoch in Teichen, Seen und Bächen und bewirkt dort eine Versäuerung, die stark genug ist, um einen großen Teil des Fischbestands und des übrigen Wasserlebens zu vernichten; dies gilt besonders für Gewässer, die nicht über ein kalkhaltiges Bett verfügen (Kalk neutralisiert die Säure zum Teil). Der saure Regen schädigt auch Bäume und dürfte die Hauptursache für das in einigen Weltteilen zu beobachtende Waldsterben sein. Am schlimmsten betroffen von diesen Schäden sind Regionen, die in östlicher oder nordöstlicher Nachbarschaft von Industriegebieten oder anderen Zentren der Kohleverfeuerung liegen und dank der vorherrschend aus Westen wehenden Winde im Durchzugsbereich der dort in die Luft geblasenen Abgase liegen. So leidet beispielsweise Schweden unter den Abgasen aus westeuropäischen, der Schwarzwald unter Abgasen aus französischen Schloten.
Die mit dieser Art der Umweltverschmutzung einhergehenden Gefahren könnten in der Tat bedrohliche Ausmaße annehmen, wenn fossile Brennstoffe weiterhin im bisherigen oder gar in noch steigendem Ausmaß verfeuert würden. Das Thema ist schon seit einigen Jahren Gegenstand internationaler Konferenzen.
Eine Möglichkeit der Abhilfe wäre, Öl und Kohle zu reinigen, bevor man sie verfeuert; dies wäre technisch möglich, würde aber natürlich den Einsatz dieser Brennstoffe verteuern. Indes, auch wenn man nur noch lupenreine Kohle und lupenreines Erdöl verfeuern würde, wäre das nicht die Lösung aller Probleme. Als einzige Verbrennungsprodukte entstünden in diesem Fall Kohlendioxid und etwas Kohlenmonoxid sowie, bei der Verbrennung von Erdöl, Wasserdampf. Während Kohlenmonoxid giftig ist, sind die beiden Hauptverbrennungsprodukte, für sich genommen, ziemlich harmlos. Trotzdem hat die Sache einen Pferdefuß.
Sowohl Kohlendioxid als auch Wasserdampf sind natürliche Bestandteile der Erdatmosphäre. Der Wasserdampfgehalt der Luft schwankt von Zeit zu Zeit und von Ort zu Ort, ihr Kohlendioxidgehalt ist dagegen konstant und liegt bei etwa 0,03 Gewichtsprozenten. Zusätzlicher Wasserdampf, der der Atmosphäre durch die Verbrennung von Erdöl zugeführt wird, kehrt früher oder später als Niederschlag auf die Erde zurück und landet letzten Endes im Meer, ohne aber dessen Gesamtwassermenge nennenswert zu vermehren. Das zusätzliche Kohlendioxid löst sich zum Teil im Meerwasser und reagiert zum Teil mit vegetationslosen Boden- und Gesteinsflächen; ein Teil jedoch verbleibt in der Atmosphäre.
Der Kohlendioxidgehalt der Atmosphäre hat sich seit 1900 infolge der Verbrennung von Kohle, Erdöl und Erdgas um 50% erhöht und steigt weiter Jahr für Jahr um ein meßbares Quantum. Die Eignung der Luft als Atemluft wird dadurch nicht beeinträchtigt, während das Pflanzenwachstum vielleicht sogar von einem erhöhten Kohlendioxidgehalt profitiert. Das Problem ist jedoch, daß das Kohlendioxid den Treibhauseffekt der Atmosphäre verstärkt und damit einen leichten, allgemeinen Anstieg der auf der Erde herrschenden Temperaturen bewirkt. An und für sich ist dieser Anstieg so geringfügig, daß er kaum der Rede wert scheint, aber er reicht eben doch aus, um eine stärkere Verdunstung der Meere und damit eine Erhöhung der Luftfeuchtigkeit zu bewirken, und dadurch verstärkt sich wiederum der Treibhauseffekt.
Es scheint somit nicht ausgeschlossen, daß die fortgesetzte Verbrennung fossiler Brennstoffe einen Prozeß der Temperaturerhöhung in Gang setzt, der schließlich zum Abschmelzen der Polkappen führen könnte – mit verheerenden Folgen für die Küstengebiete und Tiefländer der Erde. Auch langfristige nachteilige Klimaveränderungen könnten sich vollziehen, ja auch die Möglichkeit eines sich selbst ständig verstärkenden Treibhauseffekts und, als Folge davon, einer Entwicklung, an deren Ende schließlich venusähnliche Verhältnisse auf der Erde stehen würden, ist nicht mit letzter Sicherheit auszuschließen, wenngleich wir noch sehr viel mehr über die in der Atmosphäre stattfindenden Wechselwirkungen und

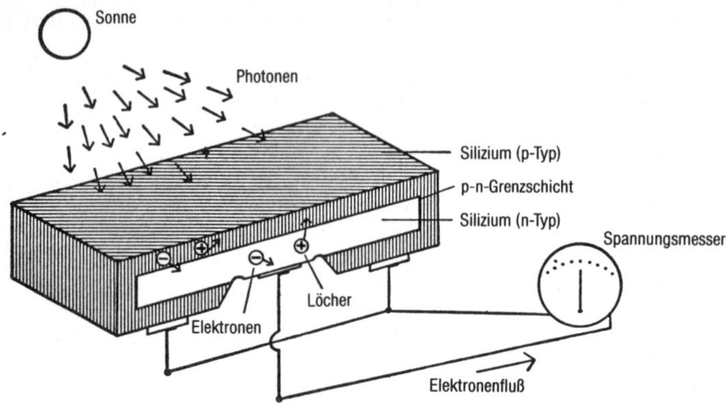

Solarzelle. Sonnenlicht, das auf die Oberfläche des Plättchens trifft, setzt Elektronen frei, wodurch sich Paare aus jeweils einem Elektron und einem »Loch« bilden. Die p-n-Grenzschicht fungiert als Sperriegel, der die Elektronen von den Löchern trennt. Daher entwickelt sich zwischen p-Bereich und n-Bereich eine Potentialdifferenz, und durch den mit Hilfe von Drähten geschlossenen Stromkreis fließt Strom.

über die Auswirkungen von Temperaturveränderungen herausfinden müssen, ehe wir fundierte Prognosen abgeben können.
Ungeachtet dessen steht fest, daß das fortdauernde Verheizen fossiler Brennstoffe Risiken birgt, die wir im Auge behalten müssen.
Nun nimmt der Energiebedarf der Menschheit deswegen sicherlich nicht ab – ja, aller Wahrscheinlichkeit nach wird der Energieverbrauch in Zukunft weiter steigen. Wie läßt sich dieser Bedarf decken?

Sonnenenergie

Eine Möglichkeit wäre die verstärkte Nutzung regenerierbarer Energiequellen: Statt vom Energiekapital der Erde zu zehren, würden wir unseren Bedarf in diesem Fall sozusagen aus ihrem laufenden Energie-Einkommen decken. Holz ist ein nachwachsendes Energiereservoir, wenn die Wälder entsprechend bewirtschaftet werden, doch könnten wir mit Holz allein unseren Gesamtenergiebedarf bei weitem nicht decken. Wir könnten auch die Windenergie und die Wasserkraft erheblich stärker nutzen als bisher, aber mehr als einen ergänzenden Beitrag zu unserer Energieversorgung werden auch diese beiden Ressourcen niemals leisten können. Das gleiche gilt für andere Möglichkeiten der Energiegewinnung, wie beispielsweise das Anzapfen der Wärme des Erdinnern oder die Ausnutzung der Gezeitenströme.

Viel mehr können wir uns auf lange Sicht von der Möglichkeit versprechen, einen Teil der riesigen Energiemenge, die die Erde kontinuierlich von der Sonne empfängt, direkt nutzbar zu machen. Die Erde erhält von der Sonne pro Zeiteinheit 50000mal mehr Energie, als wir im gleichen Zeitraum verbrauchen. Einen vielversprechenden Weg zur Nutzung dieser Energie eröffnet die sogenannte photovoltaische Zelle oder *Solarzelle,* die, aus Halbleitermaterialien aufgebaut, das Sonnenlicht direkt in elektrischen Strom umwandelt *(Abb.).*
In ihrer Urform war die Solarzelle ein flaches Gebilde aus Halbleitern des n- und des p-Typs, integriert in einen elektrischen Stromkreis. Sonnenlicht, das auf die Oberfläche der Zelle fällt, »schießt« eine Reihe von Elektronen aus dem Material heraus – der vertraute photoelektrische Effekt. Diese freigesetzten Elektronen wandern zum Pluspol, während die »Löcher« zum Minuspol wandern; so kommt ein Strom zustande. Die Strommenge, die erzeugt wird, ist, verglichen mit einer chemischen Batterie, gering. Das Bestechende an der Solarzelle aber ist, daß sie keine Flüssigkeit, keine aggressiven Chemikalien, keine beweglichen Bauteile kennt; solange sie der Sonne ausgesetzt ist, erzeugt sie unbeirrt und gleichmäßig elektrischen Strom. Der am 17. März 1958 von den Vereinigten Staaten gestartete Satellit Vanguard I war der erste mit einer photovoltaischen Zelle ausgerüstete Satellit; der von ihr gelieferte Strom diente dazu, die Funksignale des Satelliten

zu verstärken. Noch nach Jahren konnten diese Signale auf der Erde empfangen werden, denn man hatte keinen Ausschaltknopf eingebaut.
Der Energiegehalt des Sonnenlichts, das während eines Jahres in einer relativ sonnigen Zone auf eine Fläche von der Größe eines Hektars niedergeht, liegt bei 3,8 Millionen Kilowattstunden. Wenn man in den Wüstenregionen der Erde, beispielsweise im kalifornischen Death Valley oder in der Sahara, beträchtliche Flächen mit Solarzellen (ergänzt durch Vorrichtungen zur Stromspeicherung) eindecken würde, so ließe sich damit der Strombedarf der gesamten Menschheit auf unabsehbare Zeit decken.
Einer der Schönheitsfehler dieser Vision ist natürlich die Kostenfrage. Reines kristallines Silizium, aus dem die dünnen Plättchen geschnitten werden, die man zur Fertigung der Zellen benötigt, ist teuer. Gewiß, eine Solarzelle kostet heute 250mal weniger als 1958, aber gleichwohl ist der Solarstrom noch rund 10mal so teuer wie der Strom aus Ölkraftwerken.
Zwar wird die Solarzelle sicherlich mit der Zeit noch billiger und noch leistungsfähiger werden, aber damit werden keineswegs alle Probleme gelöst sein. Gewiß ist Sonnenlicht in überreichlicher Menge vorhanden, aber eben nicht in konzentrierter Form, so daß, wie bereits angedeutet, womöglich riesige Flächen mit Solarzellen bedeckt werden müßten, wenn sie die Welt mit Strom versorgen sollen. Zu bedenken ist ferner, daß auch die besten Solarzellen nachts beim besten Willen keinen Strom erzeugen können – und tagsüber kann es neblig oder bewölkt sein. Ein meßbarer Teil des eingestrahlten Sonnenlichts wird selbst von klarer Wüstenluft absorbiert, besonders zu den Tageszeiten, in denen die Sonne tief steht. Schließlich dürfte es ziemlich kostspielig und schwierig sein, ausgedehnte, der Witterung ausgesetzte Solaranlagen instandzuhalten.
Die meisten dieser Nachteile ließen sich vermeiden, wenn man, wie manche Wissenschaftler es vorgeschlagen haben, Solarstromanlagen im erdnahen Weltraum aufbauen würde, wo sie ununterbrochen einem von keinerlei atmosphärischen Störungen getrübten Sonnenlicht ausgesetzt wären; die Stromerzeugung pro Flächeneinheit könnte dort bis zu 60mal so hoch sein wie auf der Erde. Mit einer Verwirklichung solcher Projekte ist jedoch in absehbarer Zeit nicht zu rechnen.

Der Atomkern im Krieg

Zwischen dem großmaßstäblichen Verbrauch fossiler Brennstoffe in Gegenwart und naher Zukunft einerseits und dem einer ferneren Zukunft vorbehaltenen, flächendeckenden Einsatz von Techniken der Sonnenenergiegewinnung klafft eine zeitliche Lücke, die wir durch die Nutzung einer anderen Energiequelle überbrücken können. Die Energie, die sich aus dieser Quelle zapfen läßt, ist schier unerschöpflich; der Zugang zu ihr wurde erst vor weniger als einem halben Jahrhundert, und zwar ziemlich unerwartet, aufgetan. Die Rede ist von der *Kernenergie* – der im winzigen Kern des Atoms enthaltenen Energie.
Der ebenfalls häufig gebrauchte Ausdruck Atomenergie ist unkorrekt. Atomenergie ist, wenn man es genau nimmt, die Energie, die bei chemischen Reaktionen, etwa bei der Verbrennung von Kohle oder Öl, freigesetzt wird, denn dabei spielt das Verhalten des Atoms als ganzes eine Rolle. Die Energie, die durch Veränderungen innerhalb des Atomkerns freigesetzt werden kann, ist von ganz anderer Art und Größenordnung.

Die Entdeckung der Kernspaltung

Nachdem Chadwick 1932 das Neutron identifiziert hatte, erkannten die Physiker bald, daß sie damit ein wunderbares Werkzeug zur Beeinflussung des Atomkerns gewonnen hatten. Da das Neutron keine elektrische Ladung aufwies, konnte es sich dem positiv geladenen Kern ohne weiteres nähern und in ihn eindringen. Sogleich begannen die Physiker, Atomkerne verschiedenster Art mit Neutronen zu beschießen, um zu sehen, welche Kernreaktionen dabei auftraten. Zu den fleißigsten Arbeitern auf diesem neuen Forschungsgebiet gehörte Enrico Fermi; binnen weniger Monate erzeugte der Italiener neue radioaktive Isotope von 37 verschiedenen Elementen.

Fermi und seine Mitarbeiter stellten fest, daß sie bessere Resultate erhielten, wenn sie die Neutronen abbremsten, indem sie sie zunächst durch eine Wasser- oder Paraffinschicht hindurchschossen. Wenn die Neutronen im Wasser oder im Paraffin auf Protonen stoßen, verlieren sie Bewegungsenergie, ebenso wie eine Billardkugel Bewegungsenergie verliert, wenn sie mit einer anderen kollidiert. Ein Neutron, das bis in den Bereich der *thermischen Geschwindigkeit* (d. h. der normalen Bewegungsgeschwindigkeit von Atomen) herabgebremst wird, hat eine größere Chance, von einem Kern absorbiert zu werden, weil es sich relativ längere Zeit in dessen Einzugsbereich aufhält. Man kann denselben Zusammenhang auch so deuten, daß das langsamere Neutron eine größere Wellenlänge aufweist, denn die Wellenlänge eines Teilchens und sein dynamischer Impuls verhalten sich umgekehrt proportional zueinander. Wenn ein Neutron sich verlangsamt, vergrößert sich seine Wellenlänge. Es plustert sich, anschaulich gesprochen, auf und vergrößert so sein Volumen. Damit steigt die Wahrscheinlichkeit, daß es mit einem Kern zusammenstößt, ebenso wie eine Bowlingkugel eine größere Chance hat, einen Kegel zu treffen, als ein Golfball.

Die Wahrscheinlichkeit (oder durchschnittliche Häufigkeit), mit der ein Atomkern eines bestimmten Elements ein Neutron absorbiert, wird als sein *Wirkungsquerschnitt* bezeichnet. Dieser Terminus beruht auf der metaphorischen Vorstellung, der Kern sei eine Zielscheibe von bestimmter Größe. Nun ist es bekanntlich leichter, mit einem Schneeball ein Scheunentor zu treffen als, aus gleicher Entfernung, ein Verkehrszeichen. Die Durchmesser von Kernen, die mit Neutronen beschossen werden, gibt man gewöhnlich in einer Flächenmaßeinheit an, die dem quadrillionsten Teil eines Quadratzentimeters entspricht (10^{-24} cm^2). Amerikanische Physiker führten 1942 für diese Maßeinheit die Bezeichnung *Barn* ein (also so etwas Ähnliches wie »Scheunentor«), wohl nicht zuletzt in dem Bemühen, geheimzuhalten, woran in diesen hektischen Kriegstagen wirklich gearbeitet wurde.

Wenn ein Atomkern ein Neutron absorbiert, ändert sich dadurch nichts an seiner Ordnungszahl (denn die Zahl seiner Ladungseinheiten bleibt ja gleich), aber seine Massenzahl erhöht sich um eins. Aus ^{1}H wird ^{2}H, aus ^{17}O wird ^{18}O usw. Die Energie, die das Neutron bei seinem Eintritt in den Kern mitbringt, kann diesen »anregen«, d. h. seinen Energiegehalt erhöhen. Dieser Energiezuwachs wird dann in Form eines Gammastrahls wieder abgegeben.

Die durch Einbau eines Neutrons entstehenden neuen Kerne sind oft unstabil. Wenn beispielsweise ^{27}Al ein Neutron aufnimmt und dadurch zu ^{28}Al wird, wandelt sich alsbald eines der Neutronen des neuen Kerns in ein Proton um (indem es ein Elektron emittiert). Damit erhöht sich die Anzahl der positiven Ladungseinheiten im Kern, und aus dem Aluminium (Ordnungszahl 13) wird ein Siliziumatom (Ordnungszahl 14).

Da es sich als relativ einfach erwies, durch Neutronenbeschuß ein Element in das nächsthöhere zu überführen, beschloß Fermi, Uran zu beschießen und auf diese Weise vielleicht das in der Natur nicht existierende Element Nr. 93 zu erzeugen. Bei der Analyse der Produkte der Beschießung fanden er und seine Mitarbeiter Hinweise auf neue radioaktive Substanzen. Sie waren überzeugt, das Element 93 erzeugt zu haben und nannten es *Uran X*. Wie aber sollte man den sicheren Nachweis dafür erbringen, daß es sich tatsächlich um das neue Element handelte? Welche chemischen Eigenschaften waren von ihm zu erwarten?

Nun, da Element Nr. 93 in der Periodensystemtafel unter das Rhenium gehörte (so glaubte man jedenfalls), hätte es diesem chemisch ähnlich sein müssen. (Niemand ahnte zu diesem Zeitpunkt, daß das Element Nr. 93 in Wirklichkeit einer neuen Reihe Seltener Erden angehört, was zur Folge hat, daß es nicht dem Rhenium ähnelt, sondern dem Uran – *siehe Kapitel 6*. Der Versuch, seine Identität zu beweisen, ging daher von einer falschen Grundvoraussetzung aus.) Falls es dem Rhenium ähnelte, würde sich die geringe Menge von »Element Nr. 93«, die man erzeugt zu haben glaubte, vielleicht dadurch identifizieren lassen, daß man die Produkte des Neutronenbeschusses mit Rhenium vermischte und das Gemisch dann einer chemischen Behandlung unterwarf, die das Rhenium wieder isolieren würde. Das Rhenium würde als *Trägerelement* fungieren und das mit ihm chemisch verwandte »Element Nr. 93« mit herausziehen. Wenn das abgeschiedene Rhenium anschließend eine radioaktive Strahlung abgab, so würde diese das Vorhandensein von Element Nr. 93 anzeigen.

Otto Hahn und Lise Meitner, die Entdecker des Protaktiniums, arbeiteten in Berlin an der Erbringung dieses experimentellen Nachweises. Doch so oft sie auch Rhenium isolierten, von Element Nr. 93 war nie eine Spur zu entdecken. Hahn und Meitner versuchten herauszufinden, ob sich bei der Beschießung des Urans mit Neutronen nicht vielleicht andere, dem Uran im Periodensystem nahestehende Elemente gebildet hatten. Mitten in dieser Arbeit, im Jahr 1938, verleibte Hitlerdeutschland sich Österreich ein, und Lise Meitner, die bis dahin trotz ihrer jüdischen Herkunft, aber dank ihrer österreichischen Staatsbürgerschaft unbehelligt geblieben war, sah sich nunmehr gezwungen, ins Ausland zu fliehen. Sie ging nach Stockholm. Hahn führte seine Arbeit zusammen mit dem deutschen Physiker Fritz Strassmann weiter.

Hahn und Strassmann fanden nach einigen Monaten heraus, daß Barium, unter die Produkte des Neutronenbeschusses gemischt und dann wieder isoliert, ein wenig radioaktives Material »mitzog«. Sie gelangten zu dem Schluß, daß es sich dabei um Radium handeln mußte, das in der Periodensystemtafel unter dem Barium rangierende Element. Wenn dem so war, dann mußte ein Teil des Urans durch den Neutronenbeschuß in Radium umgewandelt worden sein.

Aber dieses Radium erwies sich als eine seltsam verstockte Substanz. Hahn und Strassmann gelang es trotz aller Bemühungen nicht, es von dem Barium zu trennen. Auch Irène Joliot-Curie und ihr Mitarbeiter P. Savitsch in Frankreich versuchten dies vergeblich.

Es war Lise Meitner, die von ihrem skandinavischen Exil aus den erlösenden Gedanken aussprach, den Hahn im privaten Kreis bereits geäußert hatte, aber nicht öffentlich zu verkünden wagte. In einem im Januar 1939 in der britischen Zeitschrift *Nature* veröffentlichten Brief äußerte sie die Vermutung, das »Radium« lasse sich deshalb nicht vom Barium trennen, weil einfach gar kein Radium vorhanden sei. Das vermeintliche Radium sei in Wirklichkeit radioaktives Barium – Barium, das sich beim Beschuß des Urans mit Neutronen gebildet habe; dieses radioaktive Barium zerfalle anschließend unter Abstrahlung eines Betateilchens zu Lanthan. (Hahn und Strassmann hatten festgestellt, daß auch Lanthan ein wenig radioaktives Material aus den Beschußprodukten herauszog; sie interpretierten dieses Material als Aktinium, während es in Wirklichkeit radioaktives Lanthan war.)

Wie aber konnte sich aus Uran Barium bilden? Barium war doch nur ein Mittelgewicht unter den Elementen. Kein bekannter radioaktiver Zerfallsprozeß war in der Lage, ein schweres Element in ein nur halb so schweres umzuwandeln. Lise Meitner wagte die kühne These, daß der Urankern sich in zwei Teile spalten könne. Durch die Aufnahme eines zusätzlichen Neutrons war, so Meitners Vermutung, der Urankern zu einer *Spaltung,* wie sie es nannte, angeregt worden. Eines der Spaltprodukte war, so glaubte sie, Barium, das andere das Element mit der Ordnungszahl 43, das in der Periodensystemtafel den Platz oberhalb des Rheniums einnahm (es erhielt erst später den Namen Technetium). Ein Bariumkern und ein Element-43-Kern ergaben, miteinander addiert, genau einen Urankern. Was Meitners These besonders gewagt erscheinen ließ, war die Tatsache, daß der Neutronenbeschuß nur eine Energie von 6 Millionen Elektronenvolt lieferte; nach der seinerzeit herrschenden Lehrmeinung vom Aufbau des Atomkerns hätte es, um eine Spaltung herbeizuführen, eigentlich eines Energiestoßes von Hunderten von Millionen Elektronenvolt bedurft.

Lise Meitners Neffe, Otto Robert Frisch, hatte sich eilends auf den Weg nach Dänemark gemacht, um die neue Theorie noch vor dem Termin der Veröffentlichung Bohr vorzutragen. Für Bohr war der erstaunlich geringe Energieaufwand, mit dem die Kernspaltung in der neuen Theorie bestritten wurde, ein Problem, aber zum Glück arbeitete er zu dieser Zeit gerade an der Tropfentheorie des Atomkerns, und er hatte den Eindruck, diese könne ein Erklärungsmodell für die von Meitner postulierte Spaltungsreaktion liefern. (Wie sich in späteren Jahren zeigte, vermochte die Tropfentheorie, ergänzt um den Gesichtspunkt der Schalenstruktur des Kerns, sogar die subtilen Detailvorgänge bei der Kernspaltung zu erklären und eine schlüssige Antwort auf die Frage zu liefern, weshalb der Kern in zwei ungleich große Teile zerfällt.)

Bohr erfaßte die Implikationen der neuen Theorie sofort. Er war gerade auf dem Sprung zu einem Kongreß über theoretische Physik in Washington und ergriff die Gelegenheit, den dort versammelten Physikern zu berichten, was er in Dänemark

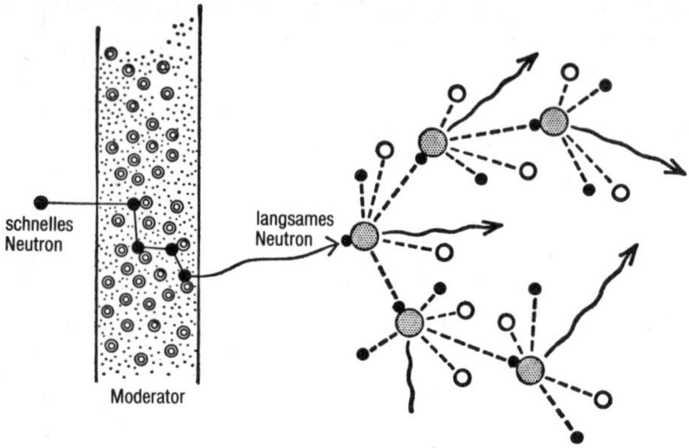

Nukleare Kettenreaktion beim Uran. Die grauen Kreisflächen symbolisieren Urankerne, die schwarzen Punkte Neutronen; die gewellten Pfeile stehen für Gammastrahlen, die kleinen Kreise für Spaltprodukte.

erfahren hatte. Aufgeregt schwärmten die Physiker anschließend wieder in ihre Labors aus, um die neue Hypothese experimentell auszutesten; im Laufe des folgenden Monats kamen aus sechs Forschungsstätten Berichte über bestätigende Befunde. 1944 wurde Otto Hahn für die Entdeckung der Kernspaltung der Chemie-Nobelpreis zuerkannt.

Die nukleare Kettenreaktion

Bei der Spaltungsreaktion wurde eine unerwartet große Energiemenge freigesetzt, sehr viel mehr als beim normalen radioaktiven Zerfall. Es war jedoch nicht allein dieser Energieoutput, der die Kernspaltung zu einem so »verheißungsvollen« Phänomen machte. Bedeutsamer noch war, daß jede Spaltung zwei oder drei Neutronen produzierte. Keine zwei Monate nach Veröffentlichung des Meitner-Briefes waren sich bereits etliche Physiker darüber klargeworden, daß die bedrükkende Möglichkeit einer *nuklearen Kettenreaktion* in der Luft lag.

Kettenreaktionen sind in der Chemie etwas Alltägliches. Wenn ein Blatt Papier verbrennt, so handelt es sich dabei um eine Kettenreaktion: Ein Zündholz liefert die zu ihrer Ingangsetzung erforderliche Wärme. Hat der Verbrennungsprozeß erst einmal begonnen, so liefert er selbst die Wärme, die die Grundbedingung für das Weiterbrennen und Sich-Ausbreiten des Feuers ist. Verbrennungsprozesse haben, anders ausgedrückt, die Tendenz, aus eigener Kraft dynamisch weiterzuwachsen (solange genug Brennstoff vorhanden ist).

Ähnlich verhält es sich bei einer nuklearen Kettenreaktion. Ein Neutron spaltet einen Urankern; dabei werden zwei Neutronen freigesetzt, die beide je eine weitere Kernspaltung bewirken; die dabei anfallenden vier Neutronen führen vier neue Spaltungen herbei usw. *(Abb.)*. Die erste Spaltung produziert Energie im Wert von 200 MeV, die beiden folgenden produzieren zusammen 400 MeV, die vier nächsten 800 MeV, die folgenden acht 1600 MeV usw. Da jede dieser Einzelphasen der nuklearen Kettenreaktion sich im 50. Teil einer billionstel Sekunde vollzieht, ist es bereits nach Bruchteilen einer Sekunde so weit, daß enorme Energien auftreten. (In Wirklichkeit werden pro Spaltungsvorgang durchschnittlich 2,47 Neutronen freigesetzt, so daß die Kettenreaktion sogar noch dynamischer verläuft, als das obige vereinfachende Modell es demonstriert.) Bei der Spaltung von 100 g Uran wird gleich viel Energie erzeugt wie bei der Verbrennung von 288 t Kohle oder 27000 l Heizöl. Zur Energieerzeugung genutzt, könnte die Uranspaltung die Menschheit theoretisch aller unmittelbaren Sorgen im Hinblick auf schwindende Vorräte und zunehmenden Energieverbrauch entheben.

Der Zufall wollte es jedoch, daß die Uranspaltung

just zu einem Zeitpunkt entdeckt wurde, da die Welt an der Schwelle eines mörderischen Krieges stand. Nach Schätzungen der Physiker konnten 100 g Uran ebensoviel Sprengkraft entfalten wie 1920 t des herkömmlichen Sprengstoffs TNT. Die Vorstellung eines mit einer solchen Waffe ausgefochtenen Krieges war zwar haarsträubend, aber noch haarsträubender war der Gedanke, was mit der Welt passieren würde, wenn Hitler der erste wäre, der die Verfügungsgewalt über eine solche Waffe erhielte.

Dem ungarisch-amerikanischen Physiker Leo Szilard, der sich schon jahrelang Gedanken über nukleare Kettenreaktionen gemacht hatte, standen die sich auftuenden Möglichkeiten glasklar vor Augen. Zusammen mit zwei anderen ungarisch-amerikanischen Physikern, Eugen Wiegner und Edward Teller, überredete er im Sommer 1939 den sanftmütigen Pazifisten Einstein, in einem persönlichen Brief an Präsident Franklin Roosevelt auf die in der Uranspaltung liegenden Möglichkeiten hinzuweisen und ein konzentriertes Forschungs- und Entwicklungsprogramm vorzuschlagen, um sicherzustellen, daß nicht die Nazis, sondern die Alliierten als erste über eine Kernwaffe verfügten.

Der Brief wurde am 2. August 1939 geschrieben und dem Präsidenten am 11. Oktober 1939 übergeben. Zwischen diesen beiden Terminen war in Europa der Zweite Weltkrieg ausgebrochen. An der Columbia University arbeitete mittlerweile unter Leitung von Fermi, der im Jahr davor aus Italien in die USA übergewechselt war, ein Physikerteam daran, die Voraussetzungen für eine Demonstration der nuklearen Kettenreaktion zu schaffen, d. h. eine genügend große Menge spaltbaren Urans aufzubereiten.

Schließlich raffte sich die Regierung der Vereinigten Staaten zu entschlossenen Maßnahmen im Sinne des Einsteinschen Briefes auf. Am 6. Dezember 1941 erteilte Präsident Roosevelt den Auftrag zur Durchführung eines gigantischen Entwicklungsprojekts (ein beträchtliches politisches Risiko für den Fall des Scheiterns in Kauf nehmend), dessen Ziel der Bau einer Atombombe war. Das Projekt lief unter der bewußt den wahren Zweck verschleiernden Bezeichnung »Manhattan Engineer District«; es ist als das »Manhattan-Projekt« in die Geschichtsschreibung eingegangen. Einen Tag nach Erteilung des Auftrags durch Roosevelt überfielen die Japaner Pearl Harbor, und die Vereinigten Staaten standen im Krieg.

Der erste Atommeiler

Wie kaum anders zu erwarten, erwies es sich keineswegs als leicht, die Theorie in Praxis umzusetzen. Es bedurfte einer ganzen Reihe von Vorkehrungen, ehe die Uran-Kettenreaktion zum Laufen gebracht werden konnte. Zunächst einmal benötigte man eine gewisse, nicht unbeträchtliche Menge Uran, und zwar möglichst reines Uran, damit keine Neutronen von irgendwelchen nicht spaltbaren Kernen eingefangen wurden und so für den eigentlichen Zweck der Übung verlorengingen. Das Uran gehört keineswegs zu den seltenen Metallen der Erdkruste; mit einem mittleren Anteil von 2 g/t Gestein ist es beispielsweise 400mal häufiger als das Gold. Es ist aber im allgemeinen ziemlich gleichmäßig verteilt, und nur in bestimmten Lagerstätten kommt es in einigermaßen konzentrierter Form vor. Dazu kam, daß man bis 1939 für das Uran kaum eine Verwendung gekannt hatte und daß daher keine erprobten Verfahren für seine Reinigung und Verhüttung bekannt waren. In den ganzen Vereinigten Staaten waren bis dahin noch keine 30 Gramm reines Uranmetall isoliert worden.

In den Labors des Iowa State College widmeten sich Spezialteams unter der Leitung von Spedding der Aufgabe der Purifizierung; dank des Einsatzes von Kunstharz-Ionenaustauschern *(siehe Kapitel 6)* konnten sie von 1942 an metallisches Uran von zufriedenstellender Reinheit liefern.

Das war jedoch nur ein erster Schritt. Das Uran mußte nun »ausgelesen«, d. h. in seine besser und seine weniger gut spaltbaren Anteile zerlegt werden. Das Isotop Uran 238 oder ^{238}U weist eine gerade Zahl von Protonen (92) und eine gerade Zahl von Neutronen (146) auf. Kerne mit einer geraden Anzahl von Nukleonen sind stabiler als solche mit einer ungeraden Zahl. Das zweite in der Natur vorkommende Uran-Isotop, ^{235}U, besitzt eine ungerade Zahl von Neutronen (143). Bohr hatte aufgrund dessen vorausgesagt, daß dieses Isotop leichter spaltbar sein würde als das ^{238}U. 1940 isolierte ein von dem US-Physiker John R. Dunning geleitetes Forscherteam eine kleine Menge ^{235}U

und konnte zeigen, daß Bohr mit seiner Vermutung recht hatte. ^{238}U-Kerne spalten sich nur, wenn sie von schnellen, d. h. energiereichen Neutronen getroffen werden; dagegen reagieren ^{235}U-Kerne stets mit Spaltung, wenn sie ein Neutron aufnehmen, und zwar unabhängig davon, ob es sich um ein sehr energiereiches oder um ein schlichtes thermisches Neutron handelt.

Das Dumme war, daß bei gereinigtem metallischem Uran nur 1 von jeweils 140 Atomen einen ^{235}U-Kern hat, während alle anderen dem Isotop ^{238}U angehören. Das bedeutet, daß die meisten der bei der Spaltung von ^{235}U-Kernen freigesetzten Neutronen von ^{238}U-Kernen eingefangen werden, ohne daß diese mit einer Spaltungsreaktion reagieren. Auch wenn man das Uran mit Neutronen beschoß, die schnell genug waren, um ^{238}U-Kerne zu spalten, setzte dies keine Kettenreaktion in Gang, denn die bei den Spaltungen freigesetzten Neutronen waren zu langsam, um ihrerseits wieder ^{238}U-Kerne zu spalten. Mit anderen Worten: Das Übergewicht des häufigeren Isotops verhinderte das Anspringen der nuklearen Kettenreaktion. Es war, als wollte man versuchen, einen Haufen nasses Laub anzuzünden.

Es blieb somit nichts anderes übrig, als zu versuchen, die spaltbaren ^{235}U-Kerne aus der Masse des ^{238}U auszusondern oder wenigstens einen so großen Teil des letzteren abzuzweigen, daß ein Gemisch mit einem hohen ^{235}U-Anteil übrigblieb. Die Physiker probierten verschiedene Methoden, um zu einer solchen Anreicherung spaltbaren Materials zu gelangen, Methoden, deren Erfolgsaussichten überaus gering erschienen. Das Verfahren, das schließlich noch am besten funktionierte, war die sogenannte *Gasdiffusion*. Obwohl sündhaft teuer, blieb dies bis 1960 das bevorzugte Verfahren. Dann entwickelte ein westdeutscher Forscher eine wesentlich preiswertere Anreicherungstechnik, bei der die ^{235}U-Atome durch Zentrifugieren von den schwereren ^{238}U-Atomen getrennt werden. Durch dieses Verfahren ist die Herstellung von Nuklearsprengsätzen auch für zweitrangige Staaten erschwinglich geworden – ein Fortschritt, über dessen Nützlichkeit man geteilter Meinung sein kann.

Das ^{235}U-Atom ist um 1,3% leichter als das Isotop ^{238}U. Wenn beide in gasförmigem Zustand vorlägen, würden die ^{235}U-Atome sich ein wenig schneller umherbewegen als die ^{238}U-Atome; es mußte von daher möglich sein, die einen von den anderen zu trennen, indem man das ganze Gasgemisch durch eine Reihe hintereinandergeschalteter Filter diffundieren ließ; dabei würden sich die schnelleren ^{235}U-Atome mit der Zeit im Vorderfeld der von Filter zu Filter wandernden Gasmasse konzentrieren. Erst einmal mußte man freilich Uran in gasförmigen Zustand bringen. Hier bot sich praktisch nur die Möglichkeit, Uran mit Fluor zu Uranhexafluorid zu verbinden, einer leichtflüchtigen Flüssigkeit, deren Moleküle aus 1 Uran- und 6 Fluoratomen bestehen. Ein mit einem ^{235}U-Atom bestücktes Molekül dieser Verbindung ist um knapp ein Prozent leichter als eines, das ein ^{238}U-Atom enthält; dieser Unterschied erwies sich als ausreichend, um die Gasdiffusionsmethode praktikabel zu machen. Durch Filterwände aus porösem Material wurde unter Druck das Uranhexafluorid-Gas durchgepreßt. Nach jedem Durchgang durch einen der aufeinanderfolgenden Filter war der Anteil der die Filtermasse schneller passierenden ^{235}U-Moleküle etwas größer. Um annähernd reines ^{235}U-Hexafluorid zu erhalten, hätte es Tausender von Durchgängen bedurft; ein für praktische Zwecke ausreichendes Konzentrat war schon mit einer erheblich geringeren Zahl von Durchgängen zu erreichen.

1942 stand so gut wie fest, daß die Gasdiffusion (sowie auch ein oder zwei andere Verfahren) *angereichertes* spaltbares Uran in ausreichender Menge würde liefern können; so zogen die Projektmanager in der auf keiner Landkarte verzeichneten Stadt Oak Ridge in Tennessee mehrere Anreicherungsfabriken hoch. (Jede davon kostete 1 Milliarde Dollar, und zusammen verbrauchten sie so viel Strom wie die ganze Stadt New York.)

Die Physiker hatten unterdessen berechnet, welche Mindestmenge angereicherten Urans man benötigte, damit die nukleare Kettenreaktion ansprang und weiterlief. Bei einer zu geringen Menge würden zu viele Neutronen, ohne auf einen ^{235}U-Kern zu stoßen und von ihm absorbiert zu werden, nach außen davonfliegen. Um diesen Neutronenverlust an die Umgebung zu minimieren, mußte die Uranmasse eine im Verhältnis zu ihrem Volumen möglichst geringe Oberfläche aufweisen. Je größer die Uranmenge selbst, desto leichter war diese Bedingung zu erfüllen. Von einer bestimmten Menge an, der sogenannten *kriti-*

schen Masse, war gewährleistet, daß genügend Neutronen von ^{235}U-Kernen absorbiert würden, um die Kettenreaktion in Gang zu bringen.
Die Physiker fanden auch Mittel und Wege, um aus den vorhandenen Neutronen möglichst viele zu machen. Wie bereits gesagt, absorbieren ^{235}U-Kerne thermische, d. h. langsame Neutronen eher als schnelle. Durch Einschaltung eines *Moderators,* der die Neutronen von den ziemlich hohen Geschwindigkeiten, mit denen sie aus dem Spaltprozeß hervorgingen, auf eine thermische Geschwindigkeit herabbremste, suchten die Physiker des Manhattan-Projekts dieser Tatsache Rechnung zu tragen. Ganz gewöhnliches Wasser wäre ein höchst geeigneter Moderator gewesen, hätten nicht unglücklicherweise die Kerne des gewöhnlichen Wasserstoffs die Eigenart besessen, Neutronen an sich zu reißen. Bei Deuterium (^{2}H) gab es dieses Problem nicht; dieses Isotop zeigte praktisch keine Neigung, Neutronen zu absorbieren. Somit wurde es für die Kernspaltungs-Physiker auf einmal sehr wichtig, sich Vorratsmengen von schwerem Wasser zu beschaffen.
Bis 1943 isolierte man schweres Wasser zumeist mittels Elektrolyse. Normales Wasser läßt sich leichter in Wasserstoff und Sauerstoff aufspalten als schweres Wasser, so daß man, wenn man eine genügend große Menge Wasser elektrolytisch dissoziiert, im verbleibenden Restwasser einen zunehmend größeren Anteil schweren Wassers findet. Nach 1943 wurde das vorsichtige Destillieren zur bevorzugten Methode. Schweres Wasser hat einen etwas höheren Siedepunkt als normales Wasser, so daß es sich mit der Zeit in dem noch unverkochten Restwasser anreichert.
Schweres Wasser war in der ersten Hälfte der 40er Jahre wirklich eine Kostbarkeit. Wie Joliot-Curie es 1940 fertigbrachte, Frankreichs Vorrat an diesem edlen Saft vor der Nase der einmarschierenden Nazis außer Landes zu bringen, ist eine Geschichte wie aus einem Abenteuerroman. Ein paar Hundert Liter schweres Wasser, in Norwegen aufbereitet, fielen den Deutschen dann doch in die Hände. Ein britisches Überfallkommando jagte den Tank 1942 in die Luft.
Bei allen seinen Vorzügen wies schweres Wasser als Moderator auch Nachteile auf: Es konnte wegdampfen, wenn die Kettenreaktion heißlief, und es konnte das Uran korrodieren. Die Wissenschaftler des Manhattan-Projekts entschieden sich schließlich dafür, als Moderator Kohlenstoff – in Gestalt sehr reinen Graphits – einzusetzen.
Eine andere als Moderator geeignete Substanz, Beryllium, hatte den Nachteil, giftig zu sein. Tatsächlich wurde das Krankheitsbild der Berylliose erstmals zu Anfang der 40er Jahre bei einem an der Entwicklung der Atombombe mitarbeitenden Physiker erkannt.
Stellen wir uns nun einmal den Ablauf einer nuklearen Kettenreaktion vor. Wir setzen die Sache in Gang, indem wir das geordnete Gemisch aus Moderator und angereichertem Uran einem Neutronenstrom aussetzen. Eine Reihe von ^{235}U-Atomen spalten sich und setzen dabei Neutronen frei, die auf andere ^{235}U-Atome stoßen. Diese spalten sich ebenfalls und setzen weitere Neutronen frei. Manche Neutronen werden von anderen als den ^{235}U-Atomen absorbiert werden, manche werden aus dem Uran-Graphit-Gemisch austreten. Wenn jedoch im Mittel aus jeder Spaltung genau ein Neutron hervorgeht, das eine neue Spaltung bewirkt, dann unterhält die Kettenreaktion sich selbst. Wenn der *Multiplikationsfaktor* größer ist als 1, und sei es auch nur ein klein wenig größer (beispielsweise 1,001), dann entwickelt die Kettenreaktion sehr schnell eine explosive Dynamik. Im Hinblick auf die Bombe war dies gut, aber für Forschungszwecke war es schlecht. Es mußte eine Technik gefunden werden, die es erlaubte, den Multiplikationsfaktor und damit die Dynamik der Kettenreaktion willkürlich zu dosieren. Man löste dieses Problem dadurch, daß man in die kritische Masse Stäbe aus einer Substanz einführte, die, wie etwa Cadmium, eine sehr ausgeprägte Fähigkeit zur Absorption von Neutronen besitzt. An sich springt die Kettenreaktion so schnell an, daß die zu ihrer Eindämmung gedachten Cadmiumstäbe gar nicht schnell genug in die Masse eingeführt werden könnten, wäre da nicht der glückliche Umstand, daß die sich spaltenden Uranatome nicht alle ihre Neutronen gleich im Augenblick der Spaltung abstrahlen. Ungefähr jedes 150ste Neutron ist ein »Nachzügler«, der erst einige Minuten nach der Spaltung emittiert wird (und zwar nicht direkt von dem sich spaltenden Atom, sondern von einem der im Zuge der Spaltung entstehenden kleineren Atome). Wenn der Multiplikationsfaktor nur um wenig höher als 1 liegt, sorgt diese Verzögerung dafür, daß genug Zeit für die Einführung der Kontrollstäbe bleibt.

1941 wurden Versuchsreihen mit Uran-Graphit-Mischungen durchgeführt; die Aufschlüsse, die sie lieferten, genügten den Physikern, um zu erkennen, daß eine Kettenreaktion auch in nicht angereichertem Uran in Gang gesetzt werden konnte, wenn man nur eine genügend große Uranmenge wählte.

An der University of Chicago wurde der Bau einer Reaktoranlage für die kontrollierte Durchführung einer nuklearen Kettenreaktion in Angriff genommen. Zu diesem Zeitpunkt waren etwa fünfeinhalb Tonnen reines Uran verfügbar; die Forscher streckten den Vorrat mit Uranoxid. Aus abwechselnden Lagen von Uran und Graphit wurde die kritische Masse aufgebaut; insgesamt wurden 57 Lagen aufgeschichtet; in regelmäßigen Abständen waren Löcher für die Kontrollstäbe aus Cadmium eingelassen. Das ganze Gebilde wurde »Meiler« (pile) genannt – eine Bezeichnung, die einerseits relativ harmlos und unverfänglich klang und dem Unkundigen nichts über den wahren Zweck der Anlage verriet, andererseits aber das wesentliche an der Sache auf einen treffenden symbolischen Nenner brachte.

Der Meiler von Chicago, unter einem Football-Stadion errichtet, war 10 m lang, 9 m breit und 6,5 m hoch. Er wog 1270 Tonnen und enthielt 47 Tonnen Uran, teils in rein metallischer Form, teils als Uranoxid. (Bei Verwendung von reinem ^{235}U hätte die kritische Menge, so heißt es, bei 255 g gelegen!) Am 2. Dezember 1942 wurden die Cadmium-Kontrollstäbe langsam herausgezogen. Um 15.45 Uhr erreichte der Multiplikationsfaktor den Wert 1: Eine sich selbst tragende Kettenreaktion setzte ein. In diesem Augenblick brach für die Menschheit (ohne daß diese etwas davon ahnte) das nukleare Zeitalter an.

Der verantwortliche Leiter des Experiments war Enrico Fermi; Eugen Wiegner schenkte ihm zur Feier des Tages eine Flasche Chianti. Arthur Compton, der das Ereignis an Ort und Stelle miterlebte, rief anschließend seinen Freund James B. Conant in Harvard an. »Der italienische Steuermann«, sagte er, »ist in der neuen Welt gelandet.« Conant fragte: »Wie waren die Eingeborenen?« Die Antwort ließ nicht auf sich warten: »Sehr freundlich!«

1492 hatte schon einmal ein italienischer Steuermann als erster eine neue Welt betreten. Jetzt schrieb man das Jahr 1942.

Das nukleare Zeitalter

Inzwischen hatte sich noch ein anderer spaltbarer Kern gefunden. Wenn ^{238}U ein thermisches Neutron absorbiert, wird es zu ^{239}U; dieses zerfällt rasch zu ^{239}Np (Neptunium) und dieses wiederum, fast ebenso rasch, zu ^{239}Pu (Plutonium). Da der ^{239}Pu-Kern eine ungerade Zahl von Neutronen aufwies (145) und zudem schwerer war als der ^{235}U-Kern, mußte er eigentlich höchst instabil sein. Die Vermutung erschien begründet, daß ^{239}Pu, wie ^{235}U, durch thermische Neutronen zur Spaltung gebracht werden konnte. Die experimentelle Bestätigung hierfür gelang 1941. Da sich zu diesem Zeitpunkt noch nicht absehen ließ, ob es mit der ^{235}U-Anreicherung klappen würde, beschlossen die Physiker, noch auf ein zweites Pferd zu setzen: Sie starteten den Versuch, Plutonium en gros zu produzieren.

1943 entstanden in Oak Ridge und in Hanford im Bundesstaat Washington Spezialreaktoren zur Herstellung von Plutonium. Diese Reaktoren stellten gegenüber dem ersten Meiler in Chicago bereits einen großen Fortschritt dar. Zum einen waren sie so angelegt, daß das Uran in regelmäßigen Zeitabständen dem Reaktor entnommen werden konnte. Das erzeugte Plutonium ließ sich dann mit chemischen Methoden vom Uran abscheiden, und auch die Spaltprodukte, darunter einige ausgesprochene Neutronenabsorber, konnten abgetrennt werden. Dazu kam, daß die neuen Reaktoren mit Wasser gekühlt und damit wirksam gegen Überhitzung geschützt werden konnten (der Chicagoer Meiler konnte immer nur für kurze Zeitspannen betrieben werden, da er nur luftgekühlt war).

1945 standen genügend große Mengen von reinem ^{235}U und reinem ^{239}Pu zur Verfügung, so daß man den Bau von Bomben in Angriff nehmen konnte. Dieser Teil des Projekts wurde, unter der Regie des Physikers J. Robert Oppenheimer, in einer dritten geheimen Forschungsstadt abgewickelt: Los Alamos in New Mexiko.

Für Bombenzwecke empfahl es sich, die nukleare Kettenreaktion so rasch und explosiv wie möglich ablaufen zu lassen. Das konnte man dadurch erreichen, daß man die Auslösung der Spaltungsreaktion schnellen Neutronen anvertraute, so daß die einzelnen Spaltungen rascher aufeinanderfolgten. Der Moderator wurde also kurzerhand weggelas-

Der erste Kernspaltungsreaktor, erbaut unter dem Football-Stadion der University of Chicago. Mit Genehmigung des Argonne Laboratory, Illinois.

Der Chicagoer Reaktor im Bau. Dies ist eines der wenigen Fotos, die in der Bauphase des Reaktors aufgenommen wurden. In den Löchern befinden sich bereits Uranstäbe; was wie ein Parkettboden aussieht, ist die 19. Schicht des Reaktorkerns, bestehend aus massiven Graphitquadern. Mit Genehmigung des Argonne Laboratory, Illinois.

sen. Man schloß das Bombenmaterial ferner in ein massives Gehäuse ein, das das Uran so lange auf engem Raum zusammenhalten sollte, bis die Kettenreaktion einen Großteil des Materials ergriffen hatte.

Da eine kritische Masse spaltbaren Materials spontan explodiert (gezündet von streunenden Neutronen in der Luft), wurde die Masse in zwei oder mehr unkritische Teilmengen zerlegt. Als Zündmechanismus diente ein konventioneller Sprengsatz, der im entscheidenden Augenblick durch seinen Explosionsdruck die Vereinigung der Teilmengen herbeiführte. Eines ihrer Bombenmodelle hatten die Physiker auf den Namen »Thin Man« getauft; es war ein rohrförmiger Behälter, der an seinen äußersten Enden je eine kleine Menge ^{235}U enthielt. Ein anderes Modell, »Fat Man« genannt, war kugelförmig; das spaltbare Material war darin in Form einer dicken Schale angeordnet, die zur Implosion (Zusammensturz) gebracht werden konnte. Durch den Implosionsdruck wurde das Material für einen Augenblick zu einer dichten kritischen Masse zusammengepreßt, und ein massives äußeres Gehäuse, genannt *Tam-*

per, sorgte dafür, daß die Masse in den Anfangsstadien der Kettenreaktion zusammenblieb. Der Tamper hatte außerdem die Funktion, nach außen verschlagene Neutronen wieder in die sich spaltende Masse zurückzuwerfen; dadurch erniedrigte sich der Grenzwert für die kritische Masse.

Eine solche Bombe »im kleinen« zu testen, war ein Ding der Unmöglichkeit – wenn man unterhalb der kritischen Menge blieb, würde sich überhaupt nichts tun. Der erste Test der neuen Waffe war daher nichts anderes als eine vollgültige nukleare Detonation: Am 16. Juli 1945 um 5.30 Uhr wurde bei Alamogordo in New Mexiko die erste nukleare Spaltungsbombe, im allgemeinen Sprachgebrauch ungenau als *Atombombe* bezeichnet, zur Explosion gebracht. Sie entwickelte eine Sprengkraft von 20000 Tonnen TNT. Als er später gefragt wurde, was er an jenem Morgen gesehen habe, soll I. I. Rabi zerknirscht erklärt haben: »Ich kann's Ihnen nicht sagen, aber rechnen Sie besser nicht damit, eines natürlichen Todes zu sterben.« (Es ist nur recht und billig, anzumerken, daß der Adressat dieser düsteren Warnung ein paar Jahre später eines natürlichen Todes starb.)

Zwei weitere Spaltungsbomben wurden gebaut. Die eine war eine Uranbombe, hieß »Little Boy«, war 3 m mal 60 cm groß und wog knapp über 4 t; sie wurde am 6. August 1945 auf die japanische Stadt Hiroshima abgeworfen. Die zweite, eine 3,30 auf 1,50 m große, 4,5 t schwere Plutoniumbombe namens »Fat Man«, fiel wenige Tage später auf Nagasaki. Zusammengenommen entfalteten die beiden Bomben eine Sprengkraft von 35000 t TNT. Die Totenglocken von Hiroshima läuteten das nukleare Zeitalter, das eigentlich schon drei Jahre vorher begonnen hatte, sozusagen offiziell und für alle Welt hörbar ein.

Vier Jahre lang gaben sich die Amerikaner danach der Illusion hin, sie könnten das »Geheimnis« der Atombombe bewahren und anderen Ländern so den Zugang zu dieser Waffe verwehren. In Wirklichkeit waren Tatbestand und Theorie der Kernspaltung seit 1939 wissenschaftliches Allgemeingut; auch in der Sowjetunion war die Forschung auf diesem Gebiet seit 1940 in vollem Gang. Hätte nicht der Zweite Weltkrieg die begrenzten wissenschaftlich-technischen Ressourcen der UdSSR weit stärker beansprucht als die von Hause aus leistungsfähigeren Ressourcen der vom Krieg nicht unmittelbar heimgesuchten USA, so hätten die Sowjets vielleicht ebenfalls schon 1945 über einen nuklearen Sprengsatz verfügt. So aber zündeten sie ihre erste Atombombe am 22. September 1949, was die meisten Amerikaner mit Bestürzung und (unangebrachtem) Erstaunen erfüllte. Es war eine Bombe von der sechsfachen Sprengkraft der Hiroshima-Bombe; ihre Zerstörungskraft entsprach der von 210000 t TNT.

Am 3. Oktober 1952 zündete Großbritannien eine eigene Testbombe und wurde damit zur dritten Atommacht. Am 13. Februar 1960 schaffte Frankreich als viertes Land den Eintritt in den »Nuklearclub«, durch Zündung einer Plutoniumbombe in der Sahara. Am 16. Oktober 1964 gab die Volksrepublik China bekannt, daß sie ihre erste Atombombe gezündet hatte, und im Mai 1974 wurde Indien zum sechsten Mitglied des Clubs der Atommächte. (Die Inder hatten das zum Bau ihrer ersten Bombe verwendete Plutonium heimlich aus einem Kernreaktor abgezweigt, den Kanada ihnen zum Zwecke der friedlichen Stromerzeugung geliefert hatte. In der Zwischenzeit haben eine Reihe weiterer Länder, darunter Israel, Südafrika, Argentinien und der Irak, eigene Atomwaffen entwickelt oder stehen kurz davor.)

Diese Ausbreitung der Atomwaffentechnik, die sogenannte *nukleare Proliferation,* erfüllt viele Menschen mit Sorge. Es ist schon schlimm genug, mit der Gefahr eines eventuell von einer der beiden Supermächte angezettelten Atomkrieges zu leben; aber die Regierungen dieser Mächte sind sich immerhin über die Folgen im klaren, die ein solcher Krieg hätte, und haben vierzig Jahre lang versucht, ihn nicht ausbrechen zu lassen. Daß aber die Zukunft der Menschheit vom Gutdünken zweitrangiger Mächte abhängen könnte, von den möglicherweise unberechenbaren Reaktionen obskurer Herrscher ohne geistiges und charakterliches Format, scheint mir ein unerträglicher Gedanke.

Die thermonukleare Reaktion

Zehn Jahre nach Hiroshima war die nukleare Spaltungsbombe bereits wieder überholt. Es war gelungen, eine andere energiereiche nukleare Reaktion zu erschließen, die den Bau noch verheerenderer Bomben möglich machte.

Bei der Spaltung von Uranatomen werden 0,1% der Masse des Atoms in Energie umgewandelt.

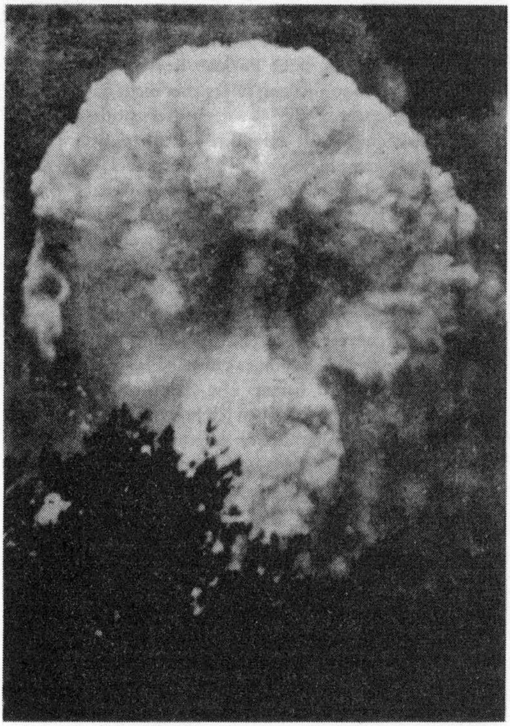

Rauchpilz der am 6. August 1945 auf Hiroshima abgeworfenen Atombombe. Die Aufnahme wurde von Seizo Yamada geschossen, der zu jener Zeit Schüler an einer Mittelschule war. Mit Genehmigung des Fotografen.

Bei der Fusion zweier Wasserstoffatome zu Helium werden dagegen nicht weniger als 0,5% der Atommasse in Energie umgesetzt (wie als erster 1915 der amerikanische Chemiker William D. Harkins aufzeigte). Bei Temperaturen im Bereich von Millionen °C erreichen Protonen genügend Energie, um miteinander verschmelzen zu können. Zwei Protonen können zusammengehen und, unter Ausstrahlung eines Positrons und eines Neutrinos (wodurch aus einem der Protonen ein Neutron wird), einen Deuteriumkern bilden. Dieser kann dann mit einem weiteren Proton verschmelzen und sich dadurch in einen Tritiumkern verwandeln, und schließlich kann dieser sich noch einmal mit einem Proton verbinden – zu einem ^{4}He-Kern (Helium). Oder Deuterium- und Tritiumkerne kombinieren sich auf unterschiedliche Art und Weise zu ^{4}He.

Da Kernreaktionen dieser Art sich nur unter der Bedingung extrem hoher Temperaturen vollziehen, bezeichnet man sie als *thermonukleare Reaktionen*. 1938 äußerte der aus Deutschland stammende Physiker Hans A. Bethe (der 1935 Hitlerdeutschland den Rücken gekehrt hatte, um in die USA zu gehen) die Vermutung, die von den Sternen abgestrahlte Energie werde durch Fusionsreaktionen in deren Innern erzeugt. Es war die erste wirklich zufriedenstellende Erklärung für die Herkunft der stellaren Energie, seit Helmholtz fast ein Jahrhundert zuvor die Frage aufgeworfen hatte.
Noch in den 30er Jahren hielt niemand es für möglich, daß die zur Herbeiführung thermonuklearer Reaktionen erforderlichen hohen Temperaturen irgendwo anders als im Zentrum von Sternen erzeugt werden konnten. Das änderte sich schlagartig durch die Entwicklung der Uran-Spaltungs-

bombe: Sie konnte, als »Zünder« eingesetzt, Temperaturen liefern, die hoch genug waren, um Wasserstoffatome zu einer Fusions-Kettenreaktion anzuregen. Eine Zeitlang sah es eher nicht danach aus, als werde die Wasserstoff-Fusionsbombe wirklich Gestalt annehmen. Zum einen mußte ihre »Sprengladung«, ein Deuterium-Tritium-Gemisch, hoch verdichtet, d. h. verflüssigt und auf einer Temperatur von nur wenigen Grad über dem absoluten Nullpunkt gehalten werden. Mit anderen Worten: Was da zur Explosion gebracht werden sollte, war gewissermaßen ein Gefrierschrank besonderer Art. Von diesen technischen Problemen einmal abgesehen, stellte sich auch die Frage, welchen Sinn es haben sollte, eine Wasserstoffbombe zu bauen. Die Zerstörungswirkung von Spaltungsbomben reichte schon aus, um Großstädte dem Erdboden gleichzumachen. War es wirklich erstrebenswert, eine Waffe zu konstruieren, die in der Lage sein würde, ganze Regionen zu verwüsten?

Obgleich die meisten Menschen diese Frage sicherlich mit nein beantworten würden, fühlten die Vereinigten Staaten und die Sowjetunion sich gezwungen, die Entwicklung weiter zu treiben. Unter der Regie der US-Atomenergiekommission wurde auf einem Korallenatoll im Pazifik ein 60 t schweres Kernfusions-Aggregat mit Spaltungszünder zusammengebaut und mit einer Tritium-Sprengladung beschickt; am 1. November 1952 wurde die erste thermonukleare Explosion auf unserem Planeten gezündet. Sie erfüllte die Erwartungen bzw. Befürchtungen: Mit einer Sprengkraft, die der von 10 Millionen Tonnen (oder 10 Megatonnen) TNT entsprach, übertraf die *Wasserstoffbombe* (oder H-Bombe) ihre auf Hiroshima abgeworfene Vorgängerin in punkto Zerstörungswirkung um das 500fache. Die Explosion ließ von dem Atoll nichts übrig.

Die Antwort der Sowjets ließ nicht lange auf sich warten: Am 12. August 1953 brachten auch sie eine thermonukleare Explosion zustande; ihre Bombe war übrigens leicht genug, um in einem Flugzeug transportiert werden zu können. Die Amerikaner stellten ihre erste »tragbare« H-Bombe erst Anfang 1954 fertig. Während sie für den »Fortschritt« von der Spaltungs- zur Fusionsbombe siebeneinhalb Jahre benötigten, brauchten die Sowjets dazu nur fünf Jahre.

Unterdessen hatten die Kernwaffentechniker ein einfacheres Verfahren zur Zündung einer thermonuklearen Kettenreaktion gefunden, das es gestattete, eine handliche, tragbare H-Bombe zu bauen. Die Schlüsselrolle spielte dabei das Element Lithium. Wenn das Isotop ^{6}Li ein Neutron absorbiert, spaltet es sich in einen Helium- und einen Tritiumkern und strahlt dabei eine Energie von 4,8 MeV ab. Stellen wir uns einmal vor, daß als »Sprengladung« eine Verbindung aus Lithium und Wasserstoff (letzterer in Gestalt des schweren Isotops Deuterium) zur Anwendung käme. Diese Verbindung ist ein fester Stoff, so daß keine Notwendigkeit bestünde, sie aus Gründen der höheren Verdichtung tief herunterzukühlen. Ein Spaltungs-Zünder würde die für die Spaltung der Lithiumatome erforderlichen Neutronen liefern. Die freigesetzte Wärme würde genügen, um die Verschmelzung der in der Verbindung vorhandenen Deuteriumkerne mit den bei der Spaltung des Lithiums entstehenden Tritiumkernen zu ermöglichen. Anders gesagt: Mehrere energiespendende Reaktionen würden stattfinden: die Spaltung der Lithiumatome und zwei verschiedene Fusionsreaktionen – Deuterium mit Deuterium und Deuterium mit Tritium.

Diese Reaktionen würden nicht nur ungeheure Energiebeträge, sondern auch eine große Zahl überzähliger Neutronen freisetzen. Angesichts dessen lag für die Bombenbauer der Gedanke nahe: Weshalb nicht mit Hilfe dieser Neutronen eine weitere nukleare Reaktion in Gang setzen? Mit schnellen Neutronen ließen sich ja beispielsweise ^{238}U-Atome zur Spaltung anregen; der durch die Fusionsreaktion bewirkte heftige Ausstoß schneller Neutronen konnte vielleicht eine große Zahl von ^{238}U-Spaltungen bewirken. Angenommen etwa, man baute eine Bombe mit einem ^{235}U-Kern (als Zünder), schlösse diesen in eine explosive Lithiumdeuterid-Masse ein und schlüge das Ganze noch in eine Umhüllung aus ^{238}U ein, das ebenfalls für eine explosive Kettenreaktion gut wäre. Dann hätte man eine wirklich starke Bombe. Für die Dicke der ^{238}U-Hülle gäbe es praktisch keine definitive Obergrenze, da es bei ^{238}U keine kritische Menge gibt, bei der eine spontane Kettenreaktion einsetzt.

Eine solche Bombe wurde gebaut (gelegentlich wird dafür die Bezeichnung *U-Bombe* gebraucht). Sie explodierte am 1. März 1954 auf dem zu den Marshall-Inseln gehörigen Bikini-Atoll und erschütterte die Welt. Die Sprengkraft bewegte sich in der Größenordnung von 15 Megatonnen. Der Regen aus radioaktiven Teilchen, der anschließend in der näheren und ferneren Umgebung niederging, ergoß sich unter anderem auf einen japanischen Fischkutter namens Glücklicher Drache. Die Radioaktivität vergiftete den an Bord lagernden Fang ebenso wie die 23 japanischen Fischer selbst, von denen einer später an den Nachwirkungen starb. Daß die Explosion auch dem Rest der Welt nicht gerade guttat, ist zu vermuten.

Von 1954 an gingen thermonukleare Bomben in zunehmender Zahl in die Waffenarsenale der Vereinigten Staaten, der Sowjetunion und Großbritanniens ein. 1967 wurde die Volksrepublik China das vierte Mitglied im »thermonuklearen Club«, nachdem sie den Weg von der Spaltungs- zur Fusionsbombe in nur drei Jahren zurückgelegt hatte. Die Sowjetunion hat mittlerweile H-Bomben in der Größenordnung zwischen 50 und 100 Megatonnen Sprengkraft zur Explosion gebracht, und natürlich sind auch die Vereinigten Staaten jederzeit in der Lage, Bomben dieser Größe, oder vielleicht auch noch größere, zu bauen.

Die 70er Jahre sahen die Entwicklung thermonuklearer Bomben, die so ausgelegt waren, daß sie eine möglichst geringfügige Explosionsdruckwelle und dafür eine um so stärkere Strahlung – Neutronenstrahlung vor allem – entfalten sollten. Mit einer solchen Waffe würde also vor allem den Menschen (und den anderen Lebewesen) Schaden zugefügt, während Sachwerte tendenziell eher verschont blieben. Damit wäre die *Neutronenbombe* in den Augen von Leuten, die rein materiell denken und ein Menschenleben als ein verhältnismäßig billiges Gut einstufen, sicherlich die ideale Waffe.

Die beiden nuklearen Bomben, die auf Hiroshima und Nagasaki fielen und den Schlußpunkt unter den Zweiten Weltkrieg setzten, wurden mit Hilfe von Flugzeugen ins Ziel gebracht. Inzwischen ist es längst möglich geworden, nukleare Sprengkörper mit ballistischen Interkontinentalraketen ins Ziel zu bringen. Die neuesten dieser Raketen sind so zielgenau, daß mit ihnen praktisch von jedem Punkt der Erde aus jedes beliebige Ziel an einem anderen Punkt der Erde getroffen werden kann. Sowohl die USA als auch die UdSSR haben eine große Zahl solcher Raketen angehäuft, die allesamt mit nuklearen Sprengköpfen bestückt werden können.

Das bedeutet nichts anderes, als daß im Falle eines mit allen Kräften geführten thermonuklearen Krieges zwischen den beiden Supermächten die menschliche Zivilisation (und vielleicht ein großer Teil des Lebens auf der Erde sowie einige der für den Fortbestand höherer Lebensformen unerläßlichen Voraussetzungen) vernichtet werden kann – eine halbe Stunde »Krieg« würde hierfür vielleicht schon genügen. Wenn es jemals eine ernüchternde Erkenntnis gegeben hat, dann diese.

Der Atomkern im Frieden

Die Tatsache, daß die technische Nutzung der Kernkraft ihr öffentliches Debüt mit Bomben von unvorstellbarer Zerstörungskraft gab, hat mehr als jede andere Entwicklung seit den Anfängen der Naturwissenschaft dazu beigetragen, den Wissenschaftler in die Rolle des Bösewichts zu drängen. Als Unschuldslämmer konnten sich die Physiker in der Tat nicht fühlen, denn an der Tatsache, daß es Wissenschaftler waren, die die Atombombe entwickelten – von Anfang an im vollen Bewußtsein ihrer verheerenden Zerstörungskraft und ihres wahrscheinlichen Einsatzes –, ist nun einmal nicht zu deuteln.

Gerechterweise muß man allerdings hinzufügen, daß sie das, was sie taten, unter dem Eindruck eines erbitterten Krieges gegen einen rücksichtslosen Feind taten und daß sie immerhin mit der Möglichkeit rechnen mußten, daß ein Mann wie Adolf Hitler als erster in den Besitz einer solchen Bombe kommen könnte. Man muß ferner auch einräumen, daß die meisten der an der Entwicklung der Bombe beteiligten Wissenschaftler von heftigen Selbstzweifeln geplagt wurden und daß viele sich gegen den Einsatz der Bombe aussprachen. Einige kehrten sogar der Kernphysik später den Rücken, was man durchaus als einen Akt tätiger Reue interpretieren darf.

1945 forderte eine Gruppe von Physikern, angeführt von dem (inzwischen in den USA eingebürgerten) Nobelpreisträger James Franck, in einer Petition an den amerikanischen Kriegsminister den Verzicht auf einen Einsatz von Atombomben gegen japanische Städte. Die Petition enthielt außerdem eine höchst zutreffende Darstellung des prekären nuklearen Patts, das sich im Anschluß an Entwicklung und Einsatz der Bombe herstellen würde. Weit weniger Gewissensbisse empfanden die politischen und militärischen Führer, die die eigentliche Entscheidung für den Abwurf der Bomben trafen – sie werden seltsamerweise von vielen Leuten als aufrechte Patrioten geachtet, teilweise von denselben Leuten, die die Wissenschaftler als Dämonen hinstellen.

Schließlich können und dürfen wir nicht die Tatsache unter den Tisch fallen lassen, daß die Physiker, indem sie die Energie des Atomkerns nutzbar machten, eine Energiequelle erschlossen, die nicht nur eine destruktive, sondern auch eine konstruktive Nutzung zuläßt. Dies zu betonen, ist wichtig in einer Zeit und einer Welt, in der die Wissenschaft und die Wissenschaftler wegen ihrer Mitverantwortung für die real gewordene Gefahr der nuklearen Vernichtung der Menschheit in die Defensive gedrängt worden sind.

Es ist gar nicht gesagt, daß die Detonation einer Atombombe in jedem Fall einem destruktiven Zweck dienen muß. Genauso wie konventionelle Sprengstoffe seit langem im Bergbau, bei der Trassierung von Straßen und Schienenstrecken oder beim Bau von Staudämmen Verwendung finden, könnten in diesen Zusammenhängen auch nukleare Sprengsätze eingesetzt werden. Alle möglichen Leute haben sich schon alles mögliche einfallen lassen, was man mit Hilfe von Atombomben bewerkstelligen könnte: künstliche Hafenbecken anlegen, Kanäle ziehen, unterirdische Gesteinsformationen aufsprengen, geschlossene Hohlräume in der Erdkruste zu gigantischen Wärmespeichern umfunktionieren und die Wärme dann zur Energiegewinnung nutzen – sogar der Vorschlag, Raumschiffe mit nuklearen Explosionen anzutreiben, wurde gemacht. Allein, in den 60er Jahren erhielt die Euphorie, die solche Visionen hervorgebracht hatte, einen jähen Dämpfer, zum einen, weil die mit der Nutzung der Kernenergie verbundene Gefahr einer radioaktiven Verseuchung ins Bewußtsein trat, zum anderen, weil immer deutlicher wurde, daß die Kernenergie eine teure Angelegenheit war.

Eine konstruktive Anwendung der Kernenergie setzte sich gleichwohl durch; sie ging zurück auf jene Art der Kettenreaktion, die ihre Premiere 1942 unter dem Football-Stadion der University of Chicago erlebt hatte. Ein Kernreaktor, in dem eine kontrollierte Spaltungsreaktion abläuft, erzeugt große Wärmemengen; ein Kühlmittel wie Wasser (oder auch geschmolzenes Metall) kann diese Wärme »abnehmen« und sie einer praktischen Nutzung zuführen, etwa der Stromerzeugung oder der Raumheizung *(Abb.)*.

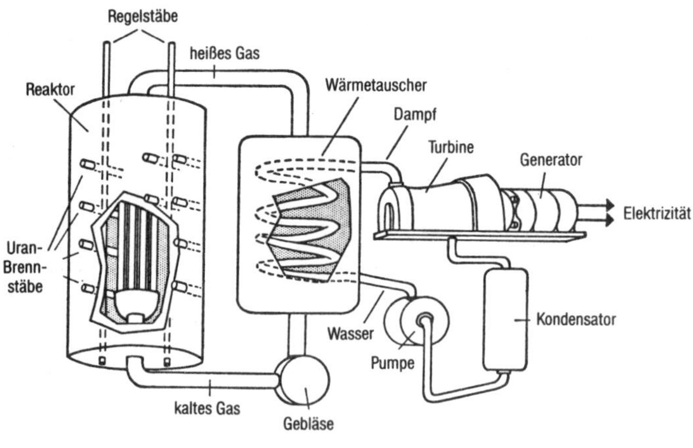

Vereinfachtes Funktionsschema eines gasgekühlten Kernkraftwerks. Die im Reaktorkern produzierte Wärme wird an ein Gas abgegeben (unter Umständen ein verdampftes Metall), das in einem zweiten Wärmetauscher Wasser zu Dampf erhitzt und dann über ein Gebläse in den Reaktor zurückgeführt wird.

Kernkraftgetriebene Schiffe

Versuchskernreaktoren, die Strom erzeugten, wurden bald nach dem Krieg sowohl in Großbritannien als auch in den Vereinigten Staaten gebaut. Die Vereinigten Staaten besitzen heute weit über hundert atomgetriebene U-Boote; das erste U-Boot mit dieser Antriebsart, die U. S. S. Nautilus, lief (nachdem ihr Bau 50 Millionen Dollar verschlungen hatte) im Januar 1954 vom Stapel. Dieses Gefährt, das in seiner Zeit genauso wichtig war wie Fultons Clermont im Zeitalter der Dampfmaschine, konnte seinen Antrieb mit einem praktisch unerschöpflichen »Kraftstoff« bestreiten und war dadurch in der Lage, für sehr lange Zeiträume unter Wasser zu bleiben (im Gegensatz zu gewöhnlichen U-Booten, die häufig auftauchen müssen, um ihre Batterie mit Hilfe von Dieselgeneratoren – die ohne ständige Frischluftzufuhr nicht laufen können – wieder aufzuladen). Während herkömmliche U-Boote Reisegeschwindigkeiten von etwa 8 Knoten erreichen, kann ein atomgetriebenes U-Boot über längere Zeiträume 20 Knoten oder noch schneller laufen.
Der erste Reaktorkern der Nautilus reichte für 62500 Seemeilen Fahrt; darunter waren ein paar hundert besonders spektakuläre und aufregende Meilen: 1958 durchtauchte die Nautilus das Nordpolarmeer. Sie erbrachte auf dieser Reise den Nachweis dafür, daß das Meer am Nordpol 4090 m tief ist, viel tiefer, als man bis dahin geglaubt hatte. Ein zweites, größeres Atom-U-Boot, die U. S. S. Triton, umrundete zwischen Februar und Mai 1960, ohne ein einziges Mal aufzutauchen, den Erdball entlang der Route, auf der Magellan die Erde umsegelt hatte.
Die Sowjetunion stellte im Dezember 1957 ihr erstes atomgetriebenes Überwasserschiff in Dienst, den Eisbrecher Lenin. (Und natürlich verfügt die sowjetische Kriegsmarine auch über zahlreiche Atom-U-Boote.) Kurz zuvor hatten die USA ein nukleargetriebenes Überwasserschiff auf Kiel gelegt; die Long Beach, ein Kreuzer, lief im Juli 1959 vom Stapel, desgleichen die Savannah, ein Handelsschiff. Die Long Beach wird von zwei Kernreaktoren angetrieben.
Weniger als zehn Jahre nach dem Bau der ersten Schiffe mit Nuklearantrieb waren in den USA vier solcher Schiffe im Einsatz bzw. im Bau. Allein, die großen Erwartungen, die man in den Nuklearantrieb gesetzt hatte, erfüllten sich, vom U-Boot-Bereich einmal abgesehen, nicht. 1967 wurde die Savannah nach nur zwei aktiven Dienstjahren aus dem Verkehr gezogen. Sie in Betrieb zu halten, hatte pro Jahr 3 Millionen Dollar gekostet, und das war zuviel des Guten.

Elektrischer Strom aus Kernreaktoren

Die Nützlichkeit einer Technik bemißt sich glücklicherweise nicht nur nach ihren militärischen Einsatzmöglichkeiten. Der erste einem zivilen Zweck dienende Kernreaktor, nämlich der Erzeugung von elektrischem Strom, wurde im Juni 1954 in der Sowjetunion in Betrieb genommen. Es war ein kleiner Reaktor mit einer Leistung von nur 5000 Kilowatt. Ab Oktober 1956 arbeitete in Calder Hall in Großbritannien ein Reaktor mit einer Leistung von mehr als 50000 Kilowatt. Erst jetzt zogen die Vereinigten Staaten nach: Am 26. Mai 1958 weihte der Westinghouse-Konzern bei Shippingport in Pennsylvanien einen kleinen Reaktor mit einer Kapazität von 60000 Kilowatt ein. Danach entstanden in rascher Folge weitere Kernkraftwerke, sowohl in den Vereinigten Staaten als auch anderswo.
Ein Jahrzehnt später waren Kernreaktoren zur Stromerzeugung bereits in einem Dutzend Ländern in Betrieb oder im Bau; in den Vereinigten Staaten lieferte die Kernkraft zu diesem Zeitpunkt fast schon die Hälfte des im zivilen Sektor verbrauchten Stroms. Am 3. April 1965 wurde gar ein Satellit in eine Umlaufbahn geschossen, dessen Strombedarf ein eingebauter kleiner Kernreaktor deckte. Auf der Erde jedoch blieb die radioaktive Verseuchung ein ungelöstes Problem. Von Beginn der 70er Jahre an wurde der öffentliche Widerstand gegen den weiteren Ausbau der Kernenergie immer vernehmlicher.
Dann, am 28. März 1979, kam es auf Three Mile Island bei Harrisburg in Pennsylvanien zum schwersten Unfall in der Geschichte der zivilen Kernkraftnutzung. Obwohl offenbar keine erheblichen Mengen radioaktiver Strahlung in die Umgebung entwichen und niemand in Lebensgefahr geriet, herrschte bei den in der Nähe lebenden Menschen tagelang Panikstimmung. Der Reaktor mußte für immer stillgelegt werden, und die Beseitigung der Unfallfolgen wird sehr viel kosten.

Kühlturm des Kernreaktors auf Three Mile Island bei Harrisburg in Pennsylvenien. Aufgenommen von Sylvia Plachy.

Der eigentliche Verlierer dieses Unfalls war die Kernkraftindustrie selbst. Nicht nur in den USA, auch in verschiedenen anderen Ländern erhielt die Anti-Atomkraft-Bewegung großen Aufschwung. Seither ist die Zahl der neu projektierten Kernkraftwerke in allen westlichen Industriestaaten drastisch zurückgegangen.

Der Zwischenfall von Harrisburg, der das Bewußtsein der Menschen für die potentiellen und im konkreten Fall sogar realen Gefahren einer radioaktiven Verseuchung schärfte, hat offenbar auch weltweit den Widerwillen breiter Bevölkerungsschichten gegen die Herstellung und Stationierung von Atomwaffen gestärkt – mindestens in dieser Beziehung war Harrisburg also ein heilsamer Schock.

Es ist allerdings keineswegs einfach, der friedlichen Nutzung der Kernenergie von heute auf morgen zu entsagen. Der Energiehunger der Menschheit ist nun einmal enorm, und die fossilen Brennstoffe können, wie bereits gesagt, diesen Energiebedarf nicht auf Dauer decken, während andererseits Verfahren zur Nutzung der Sonnenenergie in der nächsten Zukunft noch nicht in der Lage sein werden, auf breiter Front in die Bresche zu springen. Die Kernenergie indessen steht zur Verfügung, und es fehlt nicht an Stimmen, die darauf hinweisen, daß sie, wenn man nur die nötige Vorsicht walten läßt, nicht mehr Gefahren birgt als die fossilen Brennstoffe, sondern eher weniger. (Was den Aspekt der radioaktiven Verseuchung der Umwelt betrifft, so sollte man sich vergegenwärtigen, daß auch Kohle in geringem Maß radioaktive Bestandteile enthält, und daß bei der Verbrennung der Kohle mehr Radioaktivität in die Luft gelangt als beim Betrieb von Kernkraftwerken – so wird es jedenfalls behauptet.)

Brutreaktoren

Behalten wir also die Kernspaltung als Energiequelle noch eine Zeitlang im Auge. Wenn wir uns für ihre Nutzung entscheiden würden, für einen wie langen Zeitraum könnten wir auf sie bauen? Nicht für sehr lange, wenn wir uns einzig und al-

lein auf das seltene spaltbare Isotop ^{235}U stützen müßten. Glücklicherweise lassen sich aber mit Hilfe von ^{235}U andere spaltbare Kernbrennstoffe herstellen.
Wir haben das Plutonium als einen dieser künstlich hergestellten Kernbrennstoffe kennengelernt. Angenommen, wir würden einen kleinen Reaktor mit angereichertem Uran beschicken und den Moderator weglassen, so daß schnelle Neutronen ungehindert entweichen und in einen Mantel aus natürlichem Uran strömen könnten, den wir eigens zu diesem Zweck um den Reaktorkern herumgelegt hätten. Die ^{238}U-Atome dieses Mantels würden von den Neutronen in Plutoniumatome umgewandelt werden. Wenn wir die ganze Anordnung so gestalten würden, daß möglichst wenige Neutronen verlorengehen, könnte die Sache so funktionieren, daß auf jede Spaltung eines ^{235}U-Atoms im Reaktorkern durchschnittlich mehr als ein neu geschaffenes Plutoniumatom im Mantel entfällt. Wir würden, anders gesagt, mehr Kernbrennstoff »erbrüten«, als wir verbrauchen.
Der erste nach diesem Prinzip arbeitende *Brutreaktor* oder *Brüter* wurde 1951 unter Leitung des kanadisch-amerikanischen Physikers Walter H. Zinn in Idaho errichtet. Er lief unter der Bezeichnung EBR-1 (»Experimenteller Brut-Reaktor 1«). Er lieferte nicht nur den Beweis für die praktische Durchführbarkeit des Brüterprinzips, sondern auch elektrischen Strom. Er wurde 1964 als nicht mehr zeitgemäß stillgelegt. (So rasant schreitet in diesem Technikbereich die Entwicklung fort.)
Der Brutreaktor verheißt eine Vervielfachung des als Kernbrennstoff nutzbaren Urans, weil auch das weit häufigere Isotop ^{238}U in den Brennstoffzyklus einbezogen würde.
Das Element Thorium, in der Natur allein durch das Isotop ^{232}Th vertreten, stellt einen weiteren potentiellen Kernbrennstoff dar. Durch Absorbieren eines schnellen Neutrons verwandelt es sich in das künstliche Isotop ^{233}Th, das alsbald zu ^{233}U zerfällt. Dieses wird von langsamen Neutronen zur Spaltung angeregt und ist imstande, eine selbsttragende Kettenreaktion zu unterhalten. Wir können somit Thorium in die Liste potentieller Kernbrennstoffe aufnehmen. Thorium scheint auf der Erde in rund fünfmal größerer Menge als Uran vorzukommen. Es gibt Schätzungen, denen zufolge sich in den obersten hundert Metern der Erdkruste durchschnittlich 4600 Tonnen Uran und Thorium pro km^2 befinden. Natürlich sind diese Vorkommen nicht immer leicht abbaubar.
Die Gesamtmenge der Energie, die wir aus den Uran- und Thoriumreserven der Erde realistischerweise herausholen könnten, beträgt etwa das Zwanzigfache der aus den verbleibenden Kohle- und Erdölvorräten zu beziehenden Energie.
Freilich, die gleichen Vorbehalte und Befürchtungen, die so viele Leute gegen herkömmliche Reaktoren vorbringen, werden in doppelter Intensität laut, wenn es um den Brutreaktor geht. Plutonium ist weitaus gefährlicher als Uran, und es gibt Stimmen, die behaupten, es sei überhaupt die giftigste Substanz, die jemals auf der Erde in großen Mengen hergestellt wurde. Wenn auch nur relativ geringe Mengen davon in die Umwelt gelangen würden, so wäre das nach Meinung dieser Leute eine nicht mehr zu behebende Katastrophe. Es wird ferner die Befürchtung geäußert, wenn Plutonium zu einem quasi handelsüblichen Kernbrennstoff würde, könnte es durch Raub, Diebstahl oder Unterschlagung in falsche Hände geraten und für den Bau einer Atombombe verwendet werden, die dann als probates Erpressungswerkzeug dienen könnte.
Diese Befürchtungen mögen übertrieben sein, aber unbegründet sind sie keineswegs, denn die potentiellen Gefahren beschränken sich nicht auf die Möglichkeit von Unfällen und kriminellen Handlungen. (Die Art und Weise, wie Indien sich in den Besitz einer eigenen Atombombe brachte, kann als abschreckendes Beispiel dienen.) Selbst wenn Brutreaktoren nach allem Ermessen fehlerlos arbeiten, stellen sie eine potentielle Gefahrenquelle dar. Um verstehen zu können, weshalb dies so ist, müssen wir uns mit der Radioaktivität und der in ihrem Gefolge auftretenden energiereichen Strahlung befassen.

Die Gefahren radioaktiver Strahlung

Das Leben auf der Erde ist immer schon einer natürlichen radioaktiven und kosmischen Strahlung ausgesetzt gewesen. Das darf jedoch nicht darüber hinwegtäuschen, daß der verbreitete Umgang mit Röntgenstrahlen und die systematische Sammlung natürlicher radioaktiver Substanzen wie Radium, die sich von Hause aus nur in winzigen und fein verteilten Mengen in der Erdkruste finden, zu einer erheblich stärkeren Strahlenbelastung geführt haben. Einige derjenigen, die sich als erste mit Röntgenstrahlen und Radium beschäftigten, bekamen sogar tödliche Strahlungsdosen ab: Sowohl Marie Curie als auch ihre Tochter Irène Joliot-Curie starben an Leukämie, und nicht minder bekannt ist das aus den 20er Jahren stammende Beispiel jener mit dem Aufmalen von Leuchtziffern auf Ziffernblätter beschäftigten Arbeiter, die sterben mußten, weil sie zu oft ihre radiumgetränkten Pinsel mit den Lippen angespitzt hatten.

Die Tatsache, daß die Zahl der Leukämiefälle im Verlauf der letzten Jahrzehnte allgemein stark zugenommen hat, könnte sicherlich zum Teil damit zusammenhängen, daß in immer mehr Bereichen mit Röntgenstrahlen gearbeitet wird. Bei Ärzten, bei denen die Strahlenbelastung berufsbedingt besonders hoch ist, tritt Leukämie doppelt so häufig auf wie im Durchschnitt der Bevölkerung, bei Röntgenfachärzten sogar zehnmal so häufig. Kein Wunder, daß man sich seit längerem bemüht, die Röntgentechnik durch andere, gleichwertige Verfahren zu ersetzen. (In manchen Bereichen haben sich Ultraschallwellen als brauchbare Ersatzlösung erwiesen.)

Mit der technischen Erschließung der Kernspaltung potenzierten sich die Gefahrenquellen. Die Kernspaltung setzt, ob sie explosiv abläuft wie bei der Zündung einer Bombe oder in kontrollierter Form wie in einem Kernreaktor, ein solches Ausmaß an radioaktiver Strahlung frei, daß eine gefährliche Verseuchung der gesamten Erdatmosphäre, der Meere und aller unserer Lebensmittel (einschließlich unserer Atemluft) im Prinzip möglich wäre. Die Kernspaltung hat eine Form der Umweltverschmutzung möglich gemacht, die die Fähigkeit des Menschen zur Zähmung der von ihm selbst entfesselten Naturkräfte auf eine extreme Probe stellen wird.

Wenn ein Uran- oder Plutoniumatom sich spaltet, entstehen *Spaltprodukte* verschiedener Art. Darunter können Isotope des Bariums oder des Technetiums sein, doch sind auch zahlreiche andere Varianten möglich. Im ganzen sind bislang rund 200 verschiedene radioaktive Spaltprodukte identifiziert worden. In der Kernenergietechnik sind diese Spaltprodukte vielfach ein Problem, da manche von ihnen ausgesprochene Neutronenabsorber sind und somit die Kettenreaktion beeinträchtigen. Aus diesem Grund muß der Kernbrennstoff eines Reaktors in regelmäßigen Abständen herausgenommen und neu aufbereitet (d. h. von den Spaltprodukten gereinigt) werden.

Dazu kommt, daß die Spaltprodukte durchwegs giftig sind, d. h. eine irgendwie schädigende Wirkung auf lebende Systeme ausüben. Art und Intensität der Schädigung hängen vom Energieniveau und von der Art der jeweiligen Strahlung ab. Für den menschlichen Körper sind beispielsweise Alphateilchen gefährlicher als Betateilchen. Auch die Zerfallsgeschwindigkeit spielt eine wichtige Rolle: Ein Nuklid, das schnell zerfällt, bombardiert seine Umgebung mit mehr Strahlungseinheiten pro Sekunde oder pro Stunde als ein langsam zerfallender Kern.

Sinnvolle Angaben über die Zerfallsgeschwindigkeit unterschiedlicher Nuklide lassen sich nur im Hinblick auf große Mengen gleichartiger Nuklide treffen. Zu welchem Zeitpunkt ein einzelner Kern zerfallen wird, ob im nächsten Moment oder in hunderttausend oder hundert Millionen Jahren, läßt sich nicht voraussagen. Es gibt aber für jede radioaktive Teilchenart eine spezifische mittlere Zerfallszeit; wenn man also von einer genügend großen Zahl von Atomen ausgehen kann, lassen sich sehr genaue Voraussagen darüber treffen, ein wie großer Teil von ihnen nach einer bestimmten Zeit zerfallen sein wird. Nehmen wir einmal an, wir hätten durch Experimentieren und Beobachten herausgefunden, daß bei einer bestimmten radioaktiven Substanz, die wir X nennen wollen, im Laufe eines Jahres durchschnittlich jedes zweite Atom zerfällt. Am Ende des ersten Jahres wären also von jeweils tausend ursprünglichen X-Atomen in unserer Probe noch fünfhundert übrig; am Ende des zweiten Jahres wären es noch zweihundertfünfzig und am Ende des dritten Jahres noch hundertfünfundzwanzig, und so immer weiter. Die Zeit, die vergeht, bis genau die Hälfte der ursprünglich vorhandenen Atome zerfallen ist, heißt *Halbwertszeit*. Unser Atom X hat eine Halbwertszeit von genau einem Jahr. Jedes radioaktive Nuklid zeichnet sich durch eine eigene, spezifische Halbwertszeit aus, die unter normalen Umständen immer konstant bleibt. (Ändern kann sie sich nur dann, wenn die betreffende Substanz einem intensiven Teilchenbeschuß oder extrem hohen Temperaturen ausgesetzt wird, wenn also Kräfte auf die Substanz einwirken, die den Kern selbst angreifen.)

Die Halbwertszeit von ^{238}U beträgt 4,5 Milliarden Jahre. Es überrascht daher nicht, daß auf der Erde trotz der Tatsache, daß Uranatome zum Zerfall neigen, noch relativ große Mengen ^{238}U vorhanden sind. Wie eine einfache Rechnung zeigt, dauert es mehr als sechs Halbwertszeiten, bis von einer bestimmten Anfangsmenge einer radioaktiven Substanz nur noch ein Prozent übrig ist. In 30 Milliarden Jahren wird also von jedem Zentner ^{238}U, den die Erdkruste heute enthält, noch 1/2 Kilo übrig sein.

Die Isotope eines Elements, die hinsichtlich ihrer chemischen Eigenschaften so gut wie identisch sind, können in ihren nuklearen Eigenschaften eklatante Unterschiede aufweisen. ^{235}U beispielsweise zerfällt sechsmal so schnell wie ^{238}U; seine Halbwertszeit liegt bei nur 710 Millionen Jahren. Man kann daraus errechnen, daß vor einigen Jahrmilliarden das Isotop ^{235}U den Löwenanteil des auf der Erde vorhandenen Urans gestellt haben muß. Vor 6 Milliarden Jahren beispielsweise müßte der natürliche Uranvorrat der Erde zu etwa 70% aus ^{235}U bestanden haben. Wir können daraus aber wiederum nicht schließen, daß die Menschheit gerade noch den letzten Abglanz des ^{235}U mitbekommen hätte. Selbst wenn wir uns mit der Entdeckung der Kernspaltung noch 1 Million Jahre Zeit gelassen hätten, würden wir auf der Erde noch 99,9% der heute vorhandenen ^{235}U-Vorräte vorfinden.

Es ist klar, daß jedes Nuklid mit einer Halbwertszeit von weniger als 100 Millionen Jahren im Verlauf der seit Anbeginn des Universums vergangenen Jahrmilliarden auf unbedeutende Restbestände zusammengeschrumpft sein muß. Daher finden wir etwa von Plutonium heutzutage nur noch vereinzelte Spuren. Das langlebigste Plutoniumisotop, ^{244}Pu, hat eine Halbwertszeit von nur 70 Millionen Jahren.

Uran, Thorium und die anderen relativ langlebigen radioaktiven Elemente, die sich in mehr oder weniger feiner Verteilung in der Erdkruste finden, geben geringfügige Strahlungsmengen ab, die sich in der uns umgebenden Atmosphäre ständig nachweisen lassen. Übrigens sind auch wir Menschen leichte radioaktive Strahlungsquellen, enthält doch unser Körper, wie alles lebende Gewebe, Spuren eines vergleichsweise seltenen, instabilen Kaliumisotops (^{40}K), das eine Halbwertszeit von 1,3 Milliarden Jahren hat. (^{40}K hinterläßt, wenn es zerfällt, zuweilen einen ^{40}Ar-Kern, und das ist vermutlich der Grund dafür, daß ^{40}Ar [Argon] das bei weitem verbreitetste Edelgas-Nuklid auf der Erde ist. Aus dem Mengenverhältnis zwischen Kalium und Argon lassen sich Aufschlüsse über das Alter von Meteoriten gewinnen.)

Es gibt auch ein radioaktives Kohlenstoff-Isotop, ^{14}C, von dem man eigentlich nicht annehmen dürfte, daß es auf der Erde vorhanden ist, da es eine Halbwertszeit von nur 5770 Jahren hat. Tatsächlich wird es aber ständig neu erzeugt, und zwar durch den Zusammenprall kosmischer Strahlungsteilchen mit Stickstoffatomen der hohen Atmosphäre. Die Folge ist, daß die Atmosphäre immer geringe Mengen von ^{14}C enthält. Da diese Isotope teilweise in Kohlendioxidmoleküle eingebaut werden, gelangen sie über die Photosynthese ins Gewebe von Pflanzen und können von dort aus in der Nahrungskette bis zum Menschen wandern.

Die Zahl der im menschlichen Organismus ständig vorhandenen ^{14}C-Isotope ist absolut und relativ weitaus geringer als etwa die der ^{40}K-Kerne; da jedoch ^{14}C von beiden die bei weitem kürzere Halbwertszeit hat, ist die Wahrscheinlichkeit, daß ein ^{14}C-Kern im Körper eines lebenden Menschen zerfällt, entsprechend größer. Im Durchschnitt dürfte auf jeweils sechs ^{40}K-Zerfallsvorgänge ein ^{14}C-Zerfallsereignis kommen. Ein kleiner Prozentsatz der in den menschlichen Organismus integrierten ^{14}C-Kerne muß aber, so will es die statistische Wahrscheinlichkeit, in die menschlichen Gene eingebaut sein. Wenn ein solcher Kern zerfällt, so kann dies tiefgreifende Folgen für die betroffene Zelle nach sich ziehen (wogegen der Zerfall körpereigener ^{40}K-Kerne in der Regel relativ folgenlos bleiben dürfte).

Man kann daher aus guten Gründen ^{14}C als das wichtigste aller natürlicherweise im menschlichen Körper vorkommenden radioaktiven Atome bezeichnen. Auf die mögliche ursächliche Rolle dieses Isotops bei genetischen Mutationen wies schon 1955 ein russisch-amerikanischer Biochemiker namens Isaac Asimov hin.

Die verschiedenen, in der Natur vorkommenden radioaktiven Nuklide und die natürlich vorhandenen energiereichen Strahlungen (wie die kosmische Strahlung und die Gammastrahlung) addieren sich zu einer kontinuierlichen *Untergrundstrahlung*. Das stete Vorhandensein dieser natürlichen

Strahlung hat möglicherweise die biologische Evolution insofern beeinflußt, als sie mithalf, Mutationen zu produzieren; außerdem ist sie möglicherweise ein mitauslösender Faktor für Krebserkrankungen. Dennoch koexistiert das Leben auf der Erde seit Milliarden von Jahren friedlich mit dieser Strahlung. Zu einer ernsten Gefahr für das Leben ist die nukleare Strahlung erst in unserer Zeit geworden – als Folge unseres Herumexperimentierens mit Radium und später mit der Kernspaltung.

Zu dem Zeitpunkt, als das Manhattan-Projekt in Angriff genommen wurde, wußten die Physiker bereits aus schmerzlicher Erfahrung über die Gefährlichkeit der nuklearen Bestrahlung Bescheid. Man bemühte sich daher, die an dem Projekt mitarbeitenden Wissenschaftler und Hilfskräfte durch ausgeklügelte Strahlenschutz-Vorkehrungen vor Schäden zu bewahren. Die »heißen« Spaltprodukte und die anderen radioaktiven Materialien wurden in Kammern mit dicken schützenden Wänden untergebracht und waren nur durch Bleiglasfenster zu betrachten. Man entwickelte fernsteuerbare Greif- und andere Instrumente, um die strahlenden Materialien aus der »Deckung« heraus handhaben zu können. Jeder Mitarbeiter war verpflichtet, einen Streifen strahlensensiblen Films oder einen anderen geeigneten Indikator bei sich zu tragen, damit die aktuelle und akkumulierte Strahlenbelastung jedes einzelnen jederzeit abgelesen werden konnte. Mit Hilfe ausgiebiger Tierversuche wurde die *maximal zulässige Strahlenbelastung* ermittelt. (Säugetiere sind strahlungsempfindlicher als andere Klassen von Lebewesen; aber innerhalb der Klasse der Säugetiere gehört der Mensch zu den durchschnittlich belastbaren Arten.) Trotz allem passierte so mancher Unfall; einige Kernphysiker starben infolge massiver Überdosen an der »Strahlenkrankheit«. Tödliche Unfälle passieren natürlich in jedem Beruf, auch in dem vermeintlich ungefährlichsten. Die im Bereich der Kerntechnik Beschäftigten gehen heute im großen und ganzen ein geringeres Unfallrisiko ein als die Angehörigen der meisten anderen Berufssparten – dank des zunehmenden Wissens um die Gefahren und der sorgfältigen Vorkehrungen, die dagegen getroffen werden.

Für die Betroffenen mag dies tröstlich sein, es ändert aber nichts daran, daß die Vorstellung einer Welt voller Kernkraftwerke, die regelmäßig Tausende von Tonnen radioaktiven Abfalls ausspukken, bedrückend ist. Wie sollen wir mit dieser tödlichen Hinterlassenschaft fertig werden?

Zum überwiegenden Teil bestehen diese Abfälle aus kurzlebigen radioaktiven Teilchen, die ihr Pulver nach wenigen Wochen oder Monaten verschossen haben und dann keinen Schaden mehr anrichten können; man kann sie in ihrer ersten, heißen Phase sicher lagern und anschließend wegkippen. Am gefährlichsten sind die Nuklide mit Halbwertszeiten zwischen einem und dreißig Jahren. Sie sind einerseits kurzlebig genug, um intensiv zu strahlen, andererseits langlebig genug, um über mehrere Generationen hinweg eine Gefahrenquelle zu bleiben. Ein Nuklid mit einer Halbwertszeit von dreißig Jahren braucht zwei Jahrhunderte, um 99% seiner anfänglichen Strahlungsintensität einzubüßen.

Die Nutzung von Spaltprodukten

Manche Spaltprodukte lassen sich nutzbringend einsetzen. Als Energielieferanten können sie kleine Geräte oder Instrumente antreiben oder beleuchten o. ä. Die von dem radioaktiven Isotop abgestrahlten Teilchen werden absorbiert und ihre Energie wird in Wärme verwandelt, die wiederum über ein Thermoelement in elektrischen Strom umgesetzt werden kann. Aggregate, die auf diese Weise Strom erzeugen, werden als SNAP-Batterien oder, anschaulicher, als »Atombatterien« bezeichnet. Sie können, bei einem Gewicht von manchmal nur 2 Kilogramm bis zu 60 Watt Strom erzeugen, und dies mehrere Jahre lang. SNAP-Batterien sind in Satelliten eingesetzt worden, beispielsweise in den von den Vereinigten Staaten 1961 stationierten Navigationssatelliten Transit 4 A und Transit 4 B.

Das in SNAP-Batterien am häufigsten verwendete Isotop ist ^{90}Sr (Strontium), von dem bald auch noch in anderem Zusammenhang die Rede sein wird. Bei manchen Bauarten kommen auch Plutonium- und Curium-Isotope zum Einsatz.

Die amerikanischen Mondfahrer installierten solche nuklear betriebenen Generatoren auf der Mondoberfläche; sie lieferten den Strom für eine Reihe von Experimenten und für die Funksendestation. Sie arbeiteten über Jahre hinweg fehlerfrei.

Sichtbar gemachte Radioaktivität. Das Leuchten geht von einem Stück radioaktiv gemachten Tantals aus, das unter einer mehr als meterdicken Wasserschicht gelagert ist. In dem in der Bildmitte zu erkennenden Rohr soll das radioaktive Tantal zu einem großen Bleibehälter transportiert und dann als radioaktive Strahlungsquelle für industrielle Zwecke genutzt werden. Mit Genehmigung des Brookhaven National Laboratory.

Auch in der Medizin gäbe es vielleicht umfangreiche Anwendungsmöglichkeiten für nukleare Spaltprodukte, beispielsweise bei der Behandlung von Krebserkrankungen. Radioaktive Strahlung kann, gezielt eingesetzt, Bakterien abtöten und Lebensmittel konservieren. Auch in vielen Bereichen der Industrie, die chemische Industrie eingeschlossen, sind Anwendungen denkbar. Ein amerikanisches Industrieunternehmen hat ein Produktionsverfahren für das Gefrierschutzmittel Ethylenglykol entwickelt, das auf dem Einsatz nuklearer Strahlung beruht.

Aber selbst wenn alle diesbezüglichen Möglichkeiten ausgeschöpft sind, könnte allenfalls ein ganz geringer Teil der von den Kernkraftwerken produzierten radioaktiven Abfälle einer sinnvollen Nutzung zugeführt werden. Dieser Abfall ist eines der Hauptprobleme, die im Zusammenhang mit der Nutzung der Kernkraft zur Stromerzeugung auftreten. Man schätzt, daß auf jeweils 100000 Kilowatt nuklear erzeugten Stroms 300 Gramm radioaktiver Müll pro Tag anfallen. Wohin damit? In den Vereinigten Staaten sind heute schon etliche Millionen Liter radioaktiver Flüssigkeit unterirdisch gelagert; fachmännischen Schätzungen zufolge wird es im Jahr 2000 soweit sein, daß Tag für Tag an die 2 Millionen Liter radioaktiver Flüssigkeit entsorgt werden müssen! Was die in fester Form anfallenden Spaltprodukte betrifft, so behilft man sich in vielen Ländern damit, sie in Beton einzugießen und anschließend ins Meer zu kippen. Alle möglichen anderen Entsorgungstechniken sind schon in Vorschlag gebracht worden: Man könnte den radioaktiven Müll in Tiefseerinnen ablagern, in stillgelegten Salzbergwerken verbuddeln oder in Glas einschmelzen und anschließend versenken oder vergraben. Aber alle diese Möglichkeiten können die Gefahr nicht ausschließen, daß die Radioaktivität im Lauf der Zeit auf irgendeine Art und Weise entweicht und das Meerwasser oder den Boden verseucht. Besonders alptraumhaft ist der Gedanke daran, daß einmal ein nuklear angetriebenes U-Boot Schiffbruch erleiden und seine angesammelten Spaltprodukte sich in den Ozean ergießen könnten. Der Untergang des amerikanischen Atom-U-Boots Thresher am 10. April 1963 unweit der US-amerikanischen Atlantikküste zeigte, daß diese Befürchtung nicht allzuweit hergeholt ist, wenngleich es in diesem Fall offenbar nicht zu einer radioaktiven Verseuchung kam.

Radioaktiver Niederschlag

Die im Gefolge der friedlichen Nutzung der Kernkraft auftretenden Entsorgungsprobleme bedeuten immerhin »nur« eine potentielle Gefahr für unsere Umwelt, eine Gefahr, der wir, da wir sie kennen, mit allen Mitteln begegnen müssen und die wir wohl auch bewältigen können. Die Gefahr einer radioaktiven Verseuchung unserer Umwelt droht aber auch noch von einer anderen Seite, in einem wirklich bedrohlichen Ausmaß wohl allerdings nur im Falle eines Atomkriegs. Ich spreche vom radioaktiven Niederschlag, der im Gefolge der Detonation von Nuklearbomben auf die Erde niedergehen würde.

Radioaktiver Niederschlag oder *Fallout* wird von allen Nuklearbomben erzeugt, auch von denen, die in Friedenszeiten zu Testzwecken gezündet werden. Da der Fallout durch den Wind um den ganzen Erdball getragen und vom Regen zu Boden gespült wird, ist es praktisch ausgeschlossen, daß ein Land die Zündung einer Atombombe in

der Atmosphäre geheimhalten kann. Im Falle eines Atomkriegs würde der radioaktive Niederschlag womöglich auf lange Sicht mehr Todesopfer fordern und dem Leben auf der Erde als Ganzem mehr Schaden zufügen als die unmittelbaren lokalen Auswirkungen einer nuklearen Detonation (Hitzestrahlung, Druckwelle, Feuersturm).
Man kann drei Arten von Fallout unterscheiden: den lokalen, den troposphärischen und den stratosphärischen. Lokaler Fallout tritt im Gefolge bodennaher Explosionen auf, bei denen radioaktive Isotope an Staubteilchen oder anderen Materiefragmenten haften bleiben und mit diesen zusammen relativ rasch im Umkreis von 160 km um den Detonationspunkt zur Erde sinken. Bei bodenfernen Explosionen von Spaltungsbomben der Kilotonnen-Klasse werden Spaltprodukte bis in die Troposhäre gewirbelt. Sie gehen etwa im Verlauf eines Monats nach der Detonation nieder, können aber, bis sie die Erde erreichen, vom Wind etliche tausend Kilometer abgetrieben werden (in der Regel in östliche Richtung).
Die riesigen Mengen von Spaltprodukten, die bei der Explosion einer der thermonuklearen Superbomben der Megatonnen-Klasse anfallen, steigen bis in die Stratosphäre empor. Sie brauchen ein Jahr oder länger, um den Erdboden zu erreichen, und können sich in diesem Zeitraum über ein Gebiet von der Größe einer Erdhalbkugel ausbreiten; das Land des Angreifers wird vom stratosphärischen Fallout ebenso heimgesucht wie das des Angegriffenen.
Als am 1. März 1954 im Pazifik die erste Superbombe gezündet wurde, erzeugte sie einen radioaktiven Niederschlag, dessen Intensität und Umfang die Wissenschaftler überraschte. Sie hatten von einer Fusionsbombe keinen so »dreckigen« Fallout erwartet. Ein Gebiet von 18000 km^2 – fast so groß wie Hessen – war stark verseucht. Die Verwunderung der Wissenschaftler legte sich, als sie erfuhren, daß die eigentliche Fusionsbombe mit einem Mantel aus ^{238}U umkleidet gewesen war. Dieser potenzierte nicht nur die Gewalt der Explosion, sondern erzeugte auch einen sehr viel größeren Schwarm von Spaltprodukten, als die schlichte Spaltungsbombe von Hiroshima es bewirkt hatte.
Der durch die bisherigen nuklearen Testexplosionen erzeugte radioaktive Niederschlag hat die auf der Erde ohnehin vorhandene Untergrundstrahlung nur um einen geringen Betrag verstärkt. Aber selbst eine geringfügige Erhöhung über das naturgegebene Niveau hinaus kann zu einer Zunahme der Krebserkrankungen und der genetischen Defekte sowie zu einem leichten Rückgang der durchschnittlichen Lebenserwartung führen. Selbst Experten, die die Risiken eher vorsichtig einschätzen, räumen ein, daß der Fallout dank der ihm innewohnenden mutationsfördernden Tendenzen den nachfolgenden Generationen etliche Probleme bescheren wird.
Eines der radioaktiven Spaltprodukte verdient es, wegen seiner besonderen Gefährlichkeit für das menschliche Leben sozusagen persönlich vorgestellt zu werden. Es ist das Strontiumisotop ^{90}Sr (Halbwertszeit: 28 Jahre), das in SNAP-Batterien so gute Dienste leistet. ^{90}Sr, das in den Boden oder ins Wasser gelangt, wird von Pflanzen aufgenommen und gelangt über die Nahrungskette in den Organismus von Tieren, die direkt oder indirekt von pflanzlicher Nahrung leben – also auch in den Organismus von Menschen. Der Grund für seine besondere Gefährlichkeit ist, daß Strontium wegen seiner engen chemischen Verwandtschaft mit dem Calcium in die Knochensubstanz eingebaut wird und dort lange Zeit bleiben kann. Die Knochensubstanz erneuert sich in einem wesentlich langsameren Turnus als die weichen Gewebepartien des Körpers. Aus diesem Grund kann ein ^{90}Sr-Atom, einmal absorbiert, jahrzehntelang im Körper eines Menschen verbleiben *(Abb.)*.
^{90}Sr ist eine ganz neue Substanz in unserer Umwelt; dieses Isotop war vor dem Zeitpunkt, da die Wissenschaftler mit dem Spalten von Uranatomen begannen, auf der Erdoberfläche so gut wie nicht vorhanden. Heute, keine zwei Generationen später, gibt es wahrscheinlich auf der ganzen Welt keinen Menschen, ja vielleicht kein Wirbeltier mehr, dessen Knochen kein ^{90}Sr enthalten. Beträchtliche Mengen des Isotops schweben noch in der Stratosphäre; früher oder später werden sie sich in unseren Knochen wiederfinden.
Die Konzentration von ^{90}Sr im Organismus wird in *Strontium-Einheiten (SE)* gemessen. Sie variiert sehr stark von Ort zu Ort und auch von Person zu Person. Es sind bei manchen Menschen schon Konzentrationen festgestellt worden, die um das 75fache über dem Durchschnitt lagen. Bei Kindern ist die Strontium-Konzentration durchschnittlich mindestens viermal so hoch wie bei

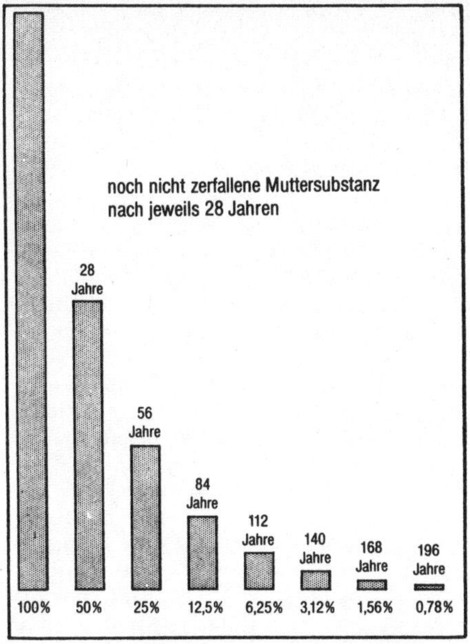

Zerfall von ^{90}Sr (Halbwertszeit: 28 Jahre) über einen 200-Jahres-Zeitraum.

Erwachsenen, da bei ihnen wegen des Knochenwachstums ein rascherer Substanzaustausch stattfindet. Der Durchschnittswert selbst wird unterschiedlich geschätzt, da die ^{90}Sr-Konzentration im Organismus nicht direkt gemessen, sondern lediglich aus der Menge des mit der Nahrung aufgenommenen ^{90}Sr ungefähr errechnet werden kann, und diese hängt wiederum von den Ernährungsgewohnheiten ab. (Die Milch ist in dieser Beziehung ein relativ gefahrloses Nahrungsmittel; in dem Calcium, das wir als Bestandteil von Gemüsenahrung zu uns nehmen, ist relativ mehr ^{90}Sr enthalten. Der Verdauungstrakt der Kuh stellt ein Filtersystem dar, das einen Teil des im pflanzlichen Futter enthaltenen Strontiums ausscheidet.) Im Jahr 1959, also vor dem vertraglichen Verbot der Zündung von Atombomben in der Atmosphäre, wurde die durchschnittliche ^{90}Sr-Konzentration in den Knochen der US-Bevölkerung auf Werte zwischen weniger als 1 und mehr als 5 SE geschätzt. Die maximal zulässige Konzentration wurde von der Internationalen Strahlenschutz-Kommission auf 67 SE festgesetzt. Durchschnittswerte bedeuten in diesem Fall jedoch wenig, weil ^{90}Sr sich an ganz bestimmten Stellen des Knochenskeletts, sogenannten heißen Stellen, zu Konzentrationen ansammeln kann, die hoch genug sind, um zu Leukämie oder Krebs zu führen.

Das zunehmende Auftreten radioaktiver Strahlungswirkungen hatte unter anderem zur Folge, daß verschiedene Meßmethoden und Maßeinheiten zur quantitativen Erfassung dieser Wirkungen eingeführt wurden. Eine dieser Maßeinheiten, das *Röntgen* (benannt natürlich nach dem Entdecker der gleichnamigen Strahlen), bezieht sich auf die Anzahl der von den zu messenden Röntgen- oder Gammastrahlen erzeugten Ionen. Das später hinzugekommene *rad* (abgeleitet von dem englischen Wort für Strahlung, »radiation«) ist definiert als die Intensität einer Strahlung beliebiger Art, die einem sie absorbierenden Material eine Energie von 100 erg pro Gramm zuführt.

Das rad ist zwar für Strahlungen aller Art definiert, aber für die Wirkung einer bestimmten Strahlung auf den menschlichen Organismus ist die Art der Strahlung sehr wohl maßgeblich. Bei einer Strahlung aus schweren Partikeln ist eine Dosis von einem rad wesentlich folgenschwerer als bei einer aus leichten Teilchen bestehenden Strahlung; Alphastrahlen sind somit wesentlich gefährlicher als Betastrahlen (d. h. Elektronenstrahlen) von gleich hohem Energiegehalt.

Der biologische Schaden, den radioaktive Strahlung anrichtet, beruht hauptsächlich auf dem Umstand, daß sie Wassermoleküle (die den Hauptbestandteil des lebenden Gewebes bilden) zertrümmert und daß die dabei entstehenden hochaktiven Bruchstücke (freie Radikale, um es chemisch auszudrücken) dann mit den komplexen Molekülen des Gewebes reagieren. Schädigungen des Knochenmarks (das dadurch in seiner Fähigkeit, Blutkörperchen zu bilden, beeinträchtigt wird) stellen eine besonders tückische Äußerungsform der Strahlungskrankheit dar; wenn sie ein bestimmtes Maß übersteigen, sind sie irreversibel und führen zum Tod.

Viele bedeutende Naturwissenschaftler sind der festen Überzeugung, daß der bei Kernwaffentests anfallende radioaktive Niederschlag eine ernstzunehmende Gefahr für den Fortbestand der Menschheit darstellt. Der amerikanische Chemiker Linus Pauling vertrat die Auffassung, der Fallout einer einzigen Superbombe könne weltweit zu 100000 Todesfällen infolge von Leukämie und anderen Erkrankungen führen; er hat außerdem darauf hingewiesen, daß das radioaktive Isotop ^{14}C, das durch die bei nuklearen Explosionen freigesetzten Neutronen in größerer Menge erzeugt wird, ein ernstzunehmender genetischer Risikofaktor ist. Pauling hat sich aus diesen und anderen Gründen immer wieder leidenschaftlich für eine Beendigung der atomaren Bombentests eingesetzt; er steht an der Seite aller Bewegungen, die es sich zum Ziel gesetzt haben, die Kriegsgefahr zu verringern und die Abrüstung voranzubringen. Es gibt andererseits auch einige Wissenschaftler, allen voran der ungarisch-amerikanische Physiker Edward Teller, die die Gefahren des Fallout gering einschätzen.

Die Weltöffentlichkeit sympathisiert eher mit der Denkrichtung, für die Pauling steht – ein Indiz dafür sehe ich in der Tatsache, daß er 1963 den Friedensnobelpreis erhielt.

Im Herbst 1958 einigten sich die Vereinigten Staaten, die Sowjetunion und Großbritannien informell auf ein unbefristetes Ende der atmosphärischen Bombentests. (Frankreich ließ sich deswegen nicht davon abhalten, im Frühjahr 1960 seine erste Atombombe oberirdisch zu zünden.) Drei Jahre lang schien alles in Butter: Die ^{90}Sr-Konzentration in der Atmosphäre sank, nachdem sie einen Gipfel erreicht hatte, 1960 auf einen Wert unterhalb der Gefahrengrenze ab. Immerhin waren in den 13 Jahren ungebremster Bombentesterei – 150 Bomben aller Bauart waren in diesem Zeitraum hochgegangen – Milliarden und Abermilliarden von ^{90}Sr- und ^{137}Cs-Atomen in die Atmosphäre gelangt. (^{137}Cs, ein Cäsiumisotop, ist ein ebenfalls sehr gefährliches Spaltprodukt.)

1961 brach die Sowjetunion ohne Vorwarnung die Übereinkunft und fing wieder mit Bombentests in der Atmosphäre an. Da sie thermonukleare Bomben von bis dahin unbekannter Sprengkraft zur Explosion brachte, fühlten die Amerikaner sich gezwungen, ebenfalls ein neues Testprogramm aufzulegen. Die Weltöffentlichkeit, die sich durch die dreijährige Pause nicht hatte einlullen lassen, reagierte entrüstet.

Am 10. Oktober 1963 schlossen die drei größten Atommächte einen (diesmal schriftlichen und verbindlichen) Vertrag, in dem sie sich verpflichteten, hinfort weder in der Atmosphäre noch im Weltraum noch unter Wasser nukleare Bomben zu zünden. Einzig unterirdische Testexplosionen blieben erlaubt, da diese keinen radioaktiven Niederschlag produzieren. Dies war der erfreulichste Beitrag zum Überleben der Menschheit seit Anbruch des nuklearen Zeitalters.

Die kontrollierte Kernfusion

Seit mehr als 30 Jahren hegen die Kernphysiker in ihrem Hinterkopf einen Wunschtraum, der noch betörender anmutet als der Traum von der Beherrschung und Nutzbarmachung der Kernspaltung. Es ist der Wunschtraum von der Bändigung der Fusionsenergie. Die Fusionsenergie ist ja schließlich so etwas wie das Lebenselixier unserer Welt: Ohne sie gäbe es kein Sonnenlicht und ohne Sonnenlicht kein Leben. Wenn es uns gelänge, die Kernfusion auf der Erde zu reproduzieren und kontrolliert ablaufen zu lassen, wären alle unsere Energieversorgungsprobleme mit einem Schlag gelöst. Unsere Brennstoffreserven wären dann so unerschöpflich wie der Ozean, denn unser Brennstoff hieße Wasserstoff.

Es wäre übrigens durchaus nicht das erste Mal, daß wir den Wasserstoff zum Energieträger machen würden. Er eroberte sich schon früh, bald nachdem man ihn identifiziert und seine Eigenschaften studiert hatte, einen Platz in der Gilde der chemischen Brennstoffe. Der amerikanische Forscher Robert Hare stellte 1801 einen Sauerstoff-Wasserstoff-Brenner vor; seither ist die (von Sauerstoff genährte) heiße Flamme brennenden Wasserstoffs aus vielen industriellen Produktionsprozessen nicht mehr wegzudenken.

In der Raketentechnik spielte und spielt flüssiger Wasserstoff als Treibstoff eine immens wichtige Rolle, und hin und wieder ist sogar der Vorschlag gemacht worden, Wasserstoff als besonders umweltfreundlichen Brennstoff auch für die Stromerzeugung und als Treibstoff für Automobile und ähnliche Fahrzeuge einzusetzen. (Ein Problem wäre bei solchen Anwendungen freilich die Nei-

gung des Wasserstoffs, in Gegenwart von Sauerstoff sehr leicht zu explodieren.) Zum absoluten Superstar unter den Energieträgern würde der Wasserstoff aber erst, wenn es gelänge, die Kernfusion technisch in den Griff zu kriegen.
Die Kernfusion wäre der Kernspaltung als Energiequelle in jeder Beziehung überlegen. Aus jedem Kilo Brennstoff würde ein Fusionsreaktor etwa 5- bis 10mal soviel Energie produzieren wie ein Spaltungsreaktor. Aus einem Kilo Wasserstoff könnte ein Fusionsreaktor 77 Millionen Kilowattstunden Strom gewinnen. Die Wasserstoff-Isotope, die man für die Fusion benötigt, könnte man sich leicht in großen Mengen aus dem Meer holen, während man bei der Kernspaltung auf Uran und Thorium angewiesen ist, das mit vergleichsweise aufwendigen Methoden aus dem Boden geholt werden muß. Bei der Fusion würden zwar auch Abfallprodukte anfallen, allen voran Neutronen und Tritium, aber sie wären nach allgemeiner Ansicht leichter in den Griff zu bekommen als die Spaltprodukte und weniger gefährlich. Nicht zuletzt auch würde eine Fusionsreaktion im Fall einer Panne einfach nur zusammenbrechen und erlöschen, während eine Spaltungs-Kettenreaktion in einem solchen Fall womöglich außer Kontrolle geriete, mit der Folge, daß der Reaktorkern durchschmelzen würde (was zum Glück noch nie vorgekommen ist) und es zu einer gefährlichen radioaktiven Verseuchung käme.
Wenn die kontrollierte Kernfusion technisch verwirklicht werden könnte, erschlösse sie für die Menschheit ein Energiereservoir, das, bedenkt man die riesigen Brennstoffreserven und die hohe, relative Energieausbeute, für einige Milliarden Jahre reichen könnte – so lange praktisch, wie die Erde voraussichtlich bestehen wird. Eine mögliche Gefahr dabei wäre eine, wie man sagen könnte, thermische Umweltverschmutzung – eine Erwärmung der Atmosphäre infolge der ständigen Produktion von sonnenunabhängiger Wärme; dies könnte ähnliche Folgen haben wie der bereits mehrmals erwähnte Treibhauseffekt.
Die Gefahr der Temperaturerhöhung besteht übrigens auch bei der Nutzung anderer Energiequellen. Im Weltraum stationierte Sonnenenergie-Kraftwerke beispielsweise würden die Gesamtmenge der auf der Erdoberfläche ankommenden Sonnenwärme vergrößern, da sie einen Teil der Sonnenstrahlung auffangen würden, die andernfalls unbehelligt an der Erde vorbeistreichen und in deren Wärmehaushalt überhaupt nicht eingehen würde. Die Menschen müßten, wollten sie eine Temperaturerhöhung vermeiden, entweder ihren Energieverbrauch einschränken oder eine Methode finden, die überschüssige Wärme aus der Erdatmosphäre zu entfernen.
Alle diese Überlegungen werden jedoch erst dann von praktischer Relevanz sein, wenn die kontrollierte Kernfusion im Labor gelingt und anschließend auch außerhalb des Labors in großem Maßstab und auf wirtschaftliche Weise durchgeführt werden kann. Nach jahrzehntelanger Forschungsarbeit sind wir von diesem Ziel immer noch weit entfernt.
Von den drei Isotopen des Wasserstoffs ist ^{1}H das häufigste und zugleich dasjenige, das einer Fusionsreaktion am meisten Widerstand entgegensetzt. Es ist der Sonnenbrennstoff schlechthin. Aber die Sonne besitzt ihn auch in einer nach Milliarden von Kubikkilometern zählenden Menge; außerdem weist sie ein enormes Schwerefeld, das den Wasserstoff zusammenhält, und eine Kerntemperatur von vielen Millionen °C auf. Trotzdem fusioniert in jedem Augenblick nur ein winziger Prozentsatz des solaren Wasserstoffs; doch in Anbetracht der ungeheuer großen Gesamtmasse genügt selbst dieser winzige Anteil, um eine enorme Energie hervorzubringen.
^{3}H (Tritium) ist das am leichtesten zur Fusion zu veranlassende Wasserstoff-Isotop; es ist aber auf der Erde nur in so winzig kleinen Mengen vorhanden und läßt sich nur mit einem so immensen Energieaufwand herstellen, daß es, zumindest aus heutiger Sicht, als Fusionsbrennstoff überhaupt nicht in Frage kommt.
Damit bleibt ^{2}H (Deuterium) übrig, das sich leichter fusionieren läßt als ^{1}H und weit häufiger vorkommt als ^{3}H. Zwar entfällt auf der Erde auf jeweils 6000 Wasserstoffatome nur ein Deuteriumatom, aber das müßte genügen. Es bedeutet nämlich, daß allein in den Weltmeeren rund 32 Billionen Tonnen Deuterium schwimmen, genug, um die Menschheit auf absehbare Zeit mit Fusionsenergie zu versorgen.
Es gibt aber noch ungelöste Probleme. Das mag manchen Leser überraschen, da es doch Fusionsbomben seit Jahrzehnten gibt. Wenn wir Wasserstoffatome dazu bringen können, zu fusionieren, dann müßte das doch in einem Reaktor ebensogut

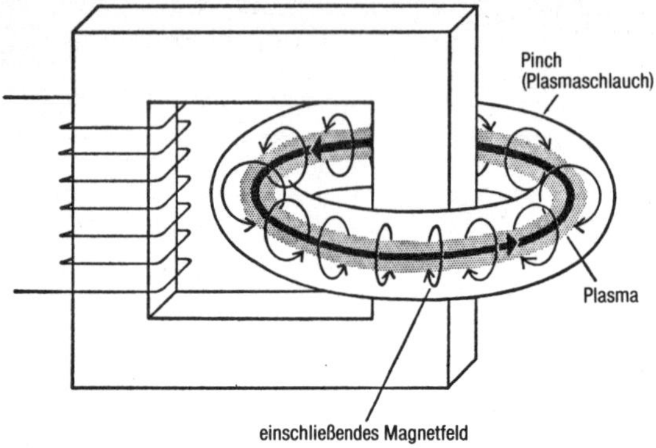

Ringförmige magnetische Flasche zur Aufnahme eines Plasmas aus extrem heißen Wasserstoffkernen. Ein solcher Ring wird auch Torus genannt.

möglich sein wie in einer Bombe. Wenn eine Fusionsbombe funktionieren, d. h. hochgehen soll, muß sie durch die Explosion einer Spaltungsbombe gezündet werden; dann trägt die Fusionsreaktion sich selbst. Wenn ein Fusionsreaktor funktionieren, dabei aber nicht hochgehen soll, brauchen wir zunächst auch einen, allerdings weniger explosiven Zünder; sodann müssen wir dafür sorgen, daß die Fusionsreaktion konstant und auf einem niedrigen, kontrollierbaren Niveau weiterläuft – sozusagen auf kleiner Flamme.

Die erste Aufgabe ist die weniger schwer lösbare. Sowohl mit starken elektrischen Strömen als auch mit hoch energiereichen Schallwellen als auch mit Laserstrahlen lassen sich kurzzeitig Temperaturen im Bereich von mehreren Millionen °C erzeugen. Die erforderlichen Zündtemperaturen sind erreichbar.

Die Fusionsreaktion auf diesem Temperaturniveau in Gang und den Wasserstoff zugleich auf seinem Energieniveau zu halten, ist ein ganz anderes Problem. Wir kennen keine Substanz, aus der sich ein Behälter für ein über 100 Millionen Grad heißes Gas fertigen ließe – entweder der Behälter würde sich in Dampf auflösen, oder der Wasserstoff würde sich abkühlen. Man kommt der Lösung des Problems einen Schritt näher, indem man die Dichte des Gases weit unter das Normalniveau absenkt, d. h. die Zahl der Gasteilchen pro Volumeneinheit verringert. Dadurch reduziert man den Wärmegehalt, während die Energie der einzelnen Gasteilchen sehr hoch bleiben kann. Der zweite Schritt beruht auf einer höchst genialen Idee. Wenn ein Gas auf sehr hohe Temperaturen erhitzt wird, verlieren seine Atome ihre sämtlichen Elektronen; es wird zu einem Gemisch aus Elektronen und nackten Kernen, zu einem sogenannten *Plasma*. (Irving Langmuir prägte diesen Ausdruck anfangs der 30er Jahre.) Ein Plasma besteht also durchweg aus geladenen Teilchen; müßte es angesichts dessen nicht möglich sein, es, anstatt in einen materiellen Behälter, in ein Magnetfeld zu »füllen«? Daß ein Magnetfeld geladene Teilchen festhalten und zu einem konzentrierten Fluidum bündeln konnte, war seit 1907 bekannt; man hatte die Erscheinung damals als *Pinch-Effekt* bezeichnet. Die Idee vom magnetischen Behälter wurde ausprobiert, und die Sache funktionierte auch – aber nur einen winzigen Sekundenbruchteil lang. Die in der *Magnetflasche* eingeschlossenen Plasmaflocken wanden sich sogleich wie eine Schlange, brachen auseinander und verloren ihre Plasmaeigenschaften.

Ein anderer Ansatz zielt darauf ab, ein Magnetfeld zu verwenden, das an den Enden der Röhre stärker ist, so daß das gefangene Plasma zurückfedert und nicht entweichen kann. Diese Technik hat zwar bislang auch nicht zum Ziel geführt, doch scheint es, als habe sie es nur knapp verfehlt. Wenn es nur gelänge, das Plasma bei 100 Millionen °C etwa eine Sekunde lang an Ort und Stelle zu halten, dann würde die Fusionsreaktion anspringen, und das System würde beginnen, Energie abzugeben. Diese Energie könnte man dazu nutzen, das Magnetfeld stärker zu machen und die Temperatur auf der richtigen Höhe zu halten. Die Fusionsreak-

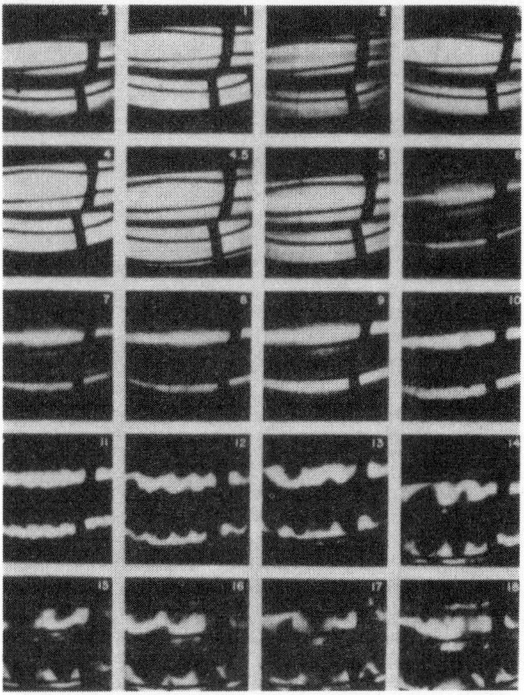

Diese Bilderfolge zeigt die kurze Lebensgeschichte eines Pinch im Magnetfeld des Perhapsatrons. Jedes Bild zeigt das Plasma aus zwei verschiedenen Perspektiven, einmal von der Seite und einmal von unten (über einen Spiegel fotografiert). Der Pinch fiel in Bruchteilen einer Millionstel Sekunde in sich zusammen; die Einzelbilder sind nach Mikrosekunden numeriert. Mit Genehmigung des Los Alamos Scientific Laboratory, New Mexico.

tion würde dann selbsttragend werden, d. h. sie würde sich aus der selbst produzierten Energie speisen. Das Plasma diese eine kurze Sekunde lang am Verflüchtigen zu hindern, ist aber derzeit offenbar noch eine unlösbare Aufgabe.

Wenn das Plasma sich vorzugsweise an den Enden der Röhre verflüchtigt, weshalb dann nicht auf eine Röhre ohne Enden zurückgreifen, indem man dem Magnetgefäß die Form eines Rings (Torus) gibt? *(Abb.)* Als besonders gut geeignet erwies sich ein Doppeltorus in Form einer liegenden Acht. Spitzer war 1951 der erste, der eine solche achterförmige Röhre baute; er nannte sie *Stellarator.* Eine noch verheißungsvollere Konstruktionsidee hatte später der sowjetische Physiker Lew A. Arzimowitsch. Er nannte seine Schöpfung Toroidal-Kamera-Magnet, woraus die Physiker der Handlichkeit halber *Tokamak* gemacht haben.

Heute arbeiten Plasmaphysiker in mehreren Ländern mit Tokamaks und auch mit einem Gerät namens *Scyllac,* in das höher verdichtetes Gas eingefüllt werden kann, so daß man mit einer kürzeren Plasma-Einschlußzeit auskommt.

Seit über zwanzig Jahren arbeiten die Physiker sich Schritt für Schritt an die Kernfusion heran. Es ist ein mühsamer und zeitraubender Weg, aber bis jetzt deutet nichts darauf hin, daß es sich um einen Holzweg handeln könnte.

Die Fusionsforschung verspricht unterdessen die ersten praktischen Nebenprodukte abzuwerfen. Plasmabrenner, die einen bis zu 50000 °C heißen, absolut lautlosen Plasmastrahl erzeugen, stellen jeden chemischen Flammenwerfer weit in den Schatten. Schon hat sich der Gedanke herumgesprochen, eine solche Plasmafackel sei *die* ideale Lösung für alle Müllbeseitigungsprobleme. Alles, wirklich *alles,* was ihr unter die Flamme käme, würde in seine elementaren Bestandteile zerfallen, und man könnte die Elemente dann sortieren und einer Wiederverwertung zuführen.

Die Mathematik in der Wissenschaft

Am Anfang von Kapitel 1 habe ich darauf hingewiesen, daß Galilei die Naturwissenschaft im modernen Sinn begründete, als er die Ableitung theoretischer Aussagen aus Beobachtung und Experiment zum Prinzip erhob. Zugleich führte er auch den Grundsatz ein, bei Experiment und Beobachtung mit möglichst genauen Messungen zu arbeiten. Er leitete, kurz gesagt, den Übergang von der qualitativen Beschreibung der Welt nach Art der griechischen Denker zu einer quantifizierbaren Bestandsaufnahme der Natur und ihrer Äußerungsformen ein.

Trotz der Tatsache, daß die moderne Naturwissenschaft sich in hohem Maß auf mathematische Formeln und Operationen stützt, und ohne diese als Wissenschaft im Sinne Galileis gar nicht bestehen könnte, habe ich in diesem Buch auf Mathematik weitgehend verzichtet – und zwar ganz bewußt.

Die Mathematik aber ist ein hochspezialisiertes Werkzeug. Die naturwissenschaftlichen Entwicklungen auch noch in ihren mathematischen Aspekten darzustellen, hätte nicht nur eine wesentlich ausführlichere und daher platzraubende Darstellung erfordert, sondern auch fortgeschrittene mathematische Kenntnisse auf seiten des Lesers vorausgesetzt. In diesem Anhang möchte ich jedoch anhand einiger weniger Beispiele aus dem Bereich der Physik zeigen, wie mit relativ einfachen mathematischen Mitteln wichtige wissenschaftliche Erkenntnisfortschritte erzielt worden sind.

Wer würde sich besser eignen, den Anfang zu machen, als Galilei selbst?

Gravitation

Das Erste Bewegungsgesetz

Galilei vermutete (wie fast ein Jahrhundert vor ihm Leonardo da Vinci), daß die Geschwindigkeit frei fallender Gegenstände gleichmäßig zunimmt, solange die Fallbewegung andauert. Er nahm sich vor, durch Versuch und Messung herauszufinden, in welchem Maß die Fallgeschwindigkeit zunimmt.

Um zu brauchbaren Meßergebnissen zu kommen, waren die Werkzeuge, die Galilei im Jahr 1600 zu Gebote standen, alles andere als geeignet. Geschwindigkeitsmessung ist Zeitmessung. Wenn wir von Geschwindigkeiten sprechen, sagen wir: 60 km pro Stunde, 8 m pro Sekunde. Die Uhren, die es zu Galileis Zeiten gab, waren allenfalls in der Lage, in mehr oder weniger gleichmäßigen Abständen die Stunde zu schlagen; mehr konnten sie nicht.

Galilei behalf sich mit einer primitiven Wasseruhr: Er ließ Wasser durch eine kleine Öffnung aus einem Behälter rinnen, in der Hoffnung, daß es gleichmäßig herauslaufen, d. h. daß in gleichen Zeiteinheiten eine jeweils gleich große Wassermenge herausrinnen würde. Galilei fing das Wasser in einem Becher auf. Aus dem Gewicht des Wassers, das sich während der Versuchsdauer in dem Becher sammelte, schloß er auf die Länge der im wahrsten Sinn des Wortes »verflossenen« Zeit. Gelegentlich benutzte er auch seinen Puls als Zeitmesser.

Ein zusätzliches Problem war, daß Vorgänge des freien Falls sich so schnell vollzogen, daß sich nicht genug Wasser ansammelte, um hinreichend genaue Meßergebnisse zu erhalten. Galilei half sich aus dieser Verlegenheit, indem er den Fallvorgang gleichsam in die Länge zog: Statt einen Gegenstand frei fallen zu lassen, ließ er eine Messingkugel eine schiefe Ebene hinabrollen. Je flacher die Neigung der Ebene war, desto langsamer rollte die Kugel. Auf diese Weise konnte er den Fallvorgang in beliebig langsamer »Zeitlupe« studieren.

Er stellte fest, daß eine Kugel auf einer vollkommen waagrechten Ebene mit gleichbleibender Geschwindigkeit dahinrollt (dies gilt nur unter der Bedingung, daß keine Reibungsverluste auftreten; im Rahmen der relativ grobschlächtigen galileischen Messungen konnte man diese Voraussetzung als erfüllt betrachten). Ein Körper, der sich in waagrechter Richtung fortbewegt, gewinnt weder noch verliert er an Höhe. Die Schwerkraft der Erde nimmt also keinen Einfluß auf seine Geschwindigkeit, da er sich ja »quer« zu ihr bewegt. Setzt man eine Kugel auf eine horizontale Ebene auf, so bleibt sie ruhig liegen, wie jedermann aus eigener Erfahrung weiß; versetzt man eine Kugel auf einer waagrechten Ebene in Bewegung, so rollt sie mit konstanter Geschwindigkeit dahin, wie Galilei beobachtete.

In die Sprache der Mathematik übersetzt, heißt das, daß die Geschwindigkeit v eines Körpers, solange *keine* äußere Kraft auf ihn einwirkt, konstant (k) ist:

$$v = k$$

Wenn man für k irgendeine von Null verschiedene Zahl einsetzt, hat man eine Gleichung, die die konstante Geschwindigkeit einer rollenden Kugel angibt. Wenn man für k den Wert Null einsetzt, beschreibt die Gleichung die Geschwindigkeit einer ruhenden Kugel; die Ruhe ist also ein »Spezialfall« der konstanten Geschwindigkeit.

Als ein knappes Jahrhundert später Newton die Entdeckungen Galileis im Zusammenhang mit fallenden Körpern systematisierte, wurde aus dieser Einsicht das Erste Bewegungsgesetz, auch *Trägheitsprinzip* genannt. Man kann dieses Gesetz wie folgt formulieren: Jeder Körper behält den Zustand der Ruhe oder der gleichförmigen Bewegung in gerader Linie bei, solange nicht durch Einwirkung einer äußeren Kraft eine Änderung dieses Zustands veranlaßt wird.

Wenn eine Kugel eine schiefe Ebene hinabrollt, wirkt die Schwerkraft der Erde kontinuierlich als äußere Kraft auf ihren Bewegungszustand ein. Ihre Geschwindigkeit ist in diesem Fall, so stellte Galilei fest, nicht konstant, sondern nimmt mit fortlaufender Zeit zu. Wie Galileis Messungen zeigten, ist der Zuwachs der Geschwindigkeit in diesem Fall von der Zeitdauer t abhängig.

Anders ausgedrückt: Wenn ein ruhender Körper dem Einfluß einer (konstant wirksamen) äußeren Kraft ausgesetzt wird, folgt seine Geschwindigkeit der Beziehung:

$$v = kt$$

Welcher Zahlenwert ist für k einzusetzen?

Das hängt, wie experimentell leicht zu ermitteln war, vom Neigungswinkel der schiefen Ebene ab. Je steiler die Ebene, desto schneller gewinnt die rollende Kugel an Tempo, desto höher also der Wert von k. Das Maximum des Geschwindigkeitszuwachses wird erreicht, wenn die schiefe Ebene senkrecht steht – wenn die Kugel also frei fällt und der Wirkung der Schwerkraft sozusagen ungebremst ausgesetzt ist. In diesem Fall nimmt k einen bestimmten, konstanten Wert an, der mit dem Symbol g (für »Gravitation«) gekennzeichnet wird. Die Geschwindigkeit eines vom Ruhezustand aus in den freien Fall übergehenden Körpers folgt somit der Beziehung

$$v = gt$$

Sehen wir uns die schiefe Ebene einmal genauer an:

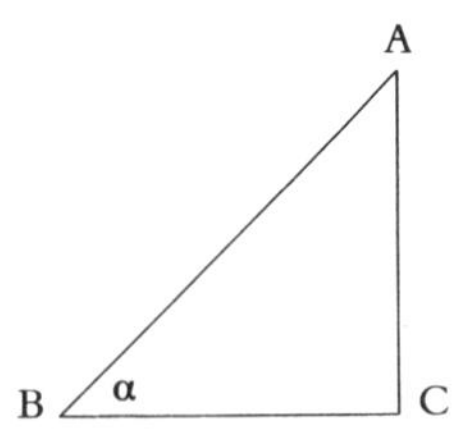

In unserer Skizze entspricht die Strecke AC der Länge der schiefen Ebene. BC entspricht der Höhe der schiefen Ebene an ihrem höchsten Punkt. Das Verhältnis zwischen den Längen der beiden Strecken AC und BC ist gleich dem Sinus des Winkels α, gewöhnlich abgekürzt mit »sin α«.

Den numerischen Wert dieses Verhältnisses – d. h. des sin α – kann man näherungsweise bestimmen, indem man ein Dreieck mit den entsprechenden Winkeln und Seitenlängen zeichnet, die betreffenden Strecken abmißt und die Meßwerte durch einander teilt. Man kann ihn aber auch mit mathematischen Methoden berechnen und die Ergebnisse in eine Tafel eintragen. Wenn wir in einer solchen Tafel nachschlagen, finden wir dort beispielsweise für sin 10° einen Näherungswert von 0,17365, für sin 45° einen Näherungswert von 0,70711 usw.

Zwei wichtige Sonderfälle sind zu beachten. Stellen wir uns einmal eine »schiefe« Ebene vor, die genau waagrecht steht. Der Winkel α ist dann gleich Null, und da die Höhe AC der schiefen Ebene ebenfalls gleich Null ist, ergibt sich auch für das Verhältnis von Höhe zu Länge der Wert Null. Anders ausgedrückt: $\sin 0° = 0$. Wenn die »schiefe« Ebene genau senkrecht verläuft, nimmt der Winkel α einen Wert von 90° an; da die Höhe in diesem Fall genau mit der Länge der schiefen Ebene zusammenfällt, ergibt sich für das Verhältnis zwischen beiden der Wert 1. Es gilt also: $\sin 90° = 1$.

Kehren wir nun noch einmal zu der Gleichung zurück, die uns gezeigt hat, daß die Geschwindigkeit v einer eine schiefe Ebene hinabrollenden Kugel der Zeitdauer t proportional ist:

$$v = kt$$

Es läßt sich nun experimentell zeigen, daß der Wert von k sich in Abhängigkeit von der Größe des Winkels α verändert, daß also die Beziehung gilt:

$$k = k' \sin \alpha$$

wobei k' für eine Konstante steht, die von k verschieden ist.

(Um die Wahrheit zu sagen: Berechnungen über die Rolle des Sinus im Zusammenhang mit der Physik der schiefen Ebene stellte vor Galilei bereits Simon Stevinus an, auf dessen Konto auch das berühmte, ebenso beharrlich wie fälschlich Galilei zugeschriebene Experiment ging, das zeigte, daß die Fallgeschwindigkeit unabhängig vom Gewicht des fallenden Gegenstandes ist. Wenn demnach Galilei nicht der allererste war, der mit Experiment und Messung arbeitete, so war er doch der erste, der die wissenschaftliche Welt nachdrücklich von der Notwendigkeit des Experimentierens und Messens überzeugte, und das ist Verdienst genug.)

Im Falle einer senkrecht geneigten Ebene nimmt sin α den Wert von sin 90° an, wird also 1; beim freien Fall ist also

$$k = k'$$

Demnach ist k' der Wert, den k im freien Fall, unter dem ungebremsten Einfluß der Schwerkraft der Erde, annimmt; für diesen Fall haben wir uns aber bereits auf das Symbol g geeinigt. Wir können also g für k' einsetzen; die Abhängigkeit von k vom Neigungswinkel unserer schiefen Ebene läßt sich dann ausdrücken als:

$$k = g \sin \alpha$$

Für die Geschwindigkeit einer eine schiefe Ebene hinabrollende Kugel ergibt sich somit die Gleichung:

$$v = (g \sin \alpha)\, t$$

Bei einer waagrechten Ebene mit $\alpha = 0°$ und $\sin \alpha = 0$ ergibt sich für die Geschwindigkeit die Gleichung

$$v = 0$$

Man kann das auch so ausdrücken: Eine auf eine schiefe Ebene gesetzte Kugel mit der Anfangsgeschwindigkeit Null wird in ruhender Lage verharren, gleichgültig wieviel Zeit vergeht. Ein ruhendes Objekt bleibt in Ruhe. Diese Aussage ist bereits im Ersten Bewegungsgesetz enthalten, und sie folgt auch aus der Gleichung für die Geschwindigkeit eines Körpers auf einer schiefen Ebene.

Nehmen wir einmal an, daß eine Kugel eine von Null verschiedene Anfangsgeschwindigkeit hat, also nicht aus der Ruhelage, sondern aus einer gleichförmigen Bewegung heraus eine schiefe Ebene hinabzurollen beginnt. Gesetzt den Fall, eine Kugel würde mit einer Geschwindigkeit von 2 m pro Sekunde über eine waagrechte Fläche rollen und plötzlich an eine Kante gelangen, bei der eine schiefe Ebene beginnt.

Wie Experimente zeigen, ist die Geschwindigkeit dieser Kugel in der Folge in jedem Augenblick um 2 m pro Sekunde größer, als sie es wäre, wenn sie aus der Ruhelage gestartet wäre. Die Gleichung für die Geschwindigkeit einer eine schiefe Ebene hinabrollende Kugel läßt sich also in vollständigerer Form so schreiben:

$$v = (g \sin \alpha)\, t + V$$

wobei V für die Anfangsgeschwindigkeit steht. Wenn eine Kugel aus der Ruhelage heraus zu rollen beginnt, ist V gleich Null, und wir erhalten unsere ursprüngliche Gleichung:

$$v = (g \sin \alpha)\, t$$

Denken wir uns als nächstes eine Kugel mit einer beliebigen konstanten Anfangsgeschwindigkeit und lassen wir sie über eine waagrechte Ebene rollen, so daß der Winkel $\alpha = 0°$, so erhalten wir die folgende Gleichung:

$$v = (g \sin 0°) + V$$

oder, da $\sin 0° = 0$:

$$v = V$$

Die Geschwindigkeit der Kugel ist also in diesem Fall in jedem Augenblick gleich ihrer Anfangsgeschwindigkeit. Auch dies ist eine Aussage des Ersten Bewegungsgesetzes, wiederum abgeleitet aus der experimentellen Untersuchung des Bewegungsverhaltens eines Objekts auf einer schiefen Ebene.

Wenn die Geschwindigkeit eines Objekts gleichmäßig zunimmt, so bezeichnen wir diesen Effekt als *Beschleunigung*. Wenn wir die Geschwindigkeit einer eine schiefe Ebene hinabrollenden Kugel im Abstand von jeweils einer Sekunde messen und dabei die Resultate 4, 8, 12, 16... m pro Sekunde erhalten, dann beträgt die Beschleunigung 4 m pro Sekunde.

Erinnern wir uns an die Formel für die Geschwindigkeit beim freien Fall:

$$v = gt$$

die zum Ausdruck bringt, daß jede Sekunde eine Geschwindigkeitszunahme von g Metern pro Sekunde bringt. Somit ist g nichts anderes als ein Maß für die durch die Schwerkraft der Erde hervorgerufene Beschleunigung.

Der Wert von g läßt sich durch Experiment und Messung bestimmen. Wenn wir etwa die Geschwindigkeitsgleichung für die schiefe Ebene umstellen, erhalten wir:

$$g = \frac{v}{t \sin \alpha}$$

Da man bei Experimenten mit einer schiefen Ebene v, t und α messen kann, läßt g sich berechnen; dabei erhält man 9,8 m pro Sekunde. Für die Geschwindigkeit eines frei fallenden Gegenstandes unter den Bedingungen der Erdoberfläche ergibt sich somit die Gleichung:

$$v = 9{,}8\, t$$

Das ist die Antwort auf die ursprüngliche Fragestellung Galileis – wie sich die Geschwindigkeit eines fallenden Körpers verändert und wie groß sie zu einem gegebenen Zeitpunkt ist.

Als nächstes stellt sich die Frage: Welche Entfernung legt ein fallender Körper in einer bestimmten Zeit zurück? Man kann die Gleichung, die die Beziehung zwischen Zeit und zurückgelegten Weg angibt, durch ein Verfahren namens Integration aus der Geschwindigkeitsgleichung ableiten. Wir brauchen darauf hier nicht näher einzugehen, denn die gesuchte Gleichung läßt sich auch auf experimentellem Weg gewinnen; und das war es, was Galilei tat.

Er stellte fest, daß die Länge des Wegs, den eine die schiefe Ebene hinabrollende Kugel zurücklegt, proportional zum Quadrat der Zeit zunimmt. Eine Verdoppelung der Zeit entspricht also jeweils einer Vervierfachung des zurückgelegten Weges, einer dreimal längeren Zeit ein neunmal längerer Weg usw.

Für ein frei fallendes Objekt lautet die Gleichung, die die Beziehung zwischen Zeit und zurückgelegtem Weg d angibt:

$$d = 1/2\, gt^2$$

oder, da wir für g den Wert 9,8 einsetzen können:

$$d = 4{,}9\, t^2$$

Stellen wir uns als nächstes einen Gegenstand vor, der, anstatt senkrecht zur Erde zu fallen, von einem Punkt hoch über dem Boden aus in waagrechte Richtung geworfen wird. Seine Flugbahn wäre eine Kombination aus zwei Bewegungen, einer waagrechten und einer senkrechten.

Die waagrechte Bewegung, die von keiner anderen Kraft abhängt als dem ursprünglichen Impuls (wenn wir Störfaktoren wie den Luftwiderstand beiseite lassen), vollzieht sich, dem Ersten Bewegungsgesetz gehorchend, mit konstanter Geschwindigkeit; die Entfernung, die das Objekt in waagrechter Richtung zurücklegt, ist proportional zur Länge der Zeit. In senkrechter Richtung legt der Körper jedoch einen Weg zurück, der, wie soeben dargelegt, proportional zum Quadrat der Zeit wächst. Vor Galilei war die Vorstellung verbreitet gewesen, daß ein Geschoß wie etwa eine Kanonenkugel sich zunächst auf einer geraden Bahn bewegt und erst in dem Augenblick, da sich seine Bewegungsenergie irgendwie erschöpft hat, zu fallen beginnt. Galileis große Leistung bestand darin, daß er die Bahn eines Projektils als Kombination aus zwei gesetzmäßigen Bewegungen erkannte.

Diese Kombination zweier Bewegungen (einer waagrechten, der Zeit proportionalen, und einer senkrechten, dem Quadrat der Zeit proportionalen) ergibt eine Kurve, die *Parabel* genannt wird. Auch wenn ein Gegenstand in eine von der Waagrechten abweichende Richtung (also aufwärts oder abwärts) geworfen wird, bleibt seine Bahn parabelförmig.

Solche Bewegungskurven oder Flugbahnen gelten natürlich für Wurfgeschosse aller Art, beispielsweise für Kanonenkugeln. Die mathematische Analyse von Flugbahnen, zu der Galilei mit seiner Arbeit den Grundstein legte, machte es möglich, zu berechnen, wo eine mit einer bestimmten Schubkraft und in einem bestimmten Steigungswinkel abgefeuerte Kanonenkugel niedergehen würde. Obwohl die Menschen viele Jahrtausende lang Gegenstände geworfen hatten, sei es zum Spaß, sei es um Beute zu jagen oder um Feinde zu töten, und dabei sicherlich unzählige Meister in der praktischen Kunst des gezielten Werfens hervorbrachten, entwickelte sich erst im Anschluß an Galilei eine wissenschaftliche *Ballistik*. Die erste praktische Anwendung, bei der die moderne, auf Experiment und Messung beruhende Naturwissenschaft ihre Leistungsfähigkeit unter Beweis stellte, erwies sich als ganz unmittelbar wichtig und dienlich für militärische Zwecke.

Sie brachte aber auch einen wichtigen theoretischen Fortschritt. Die mathematische Analyse von Kombinationen aus mehr als einer Bewegung lieferte die Antwort auf mehrere Einwände, die bis dahin gegen die Kopernikanische Theorie erhoben worden waren. Es ließ sich nunmehr zeigen, daß ein senkrecht nach oben geworfener Körper deshalb nicht von der unter ihm wegdrehenden Erde überholt wird, weil in seine Flugbahn zwei verschiedene Bewegungen eingehen: eine senkrechte, auf dem Wurfvorgang beruhende, und eine waagrechte, die der Bewegung der Erdoberfläche in die Richtung der Erddrehung entspricht. In diesem theoretischen Rahmen ließ sich auch verständlich machen, daß und wie die Erde zwei Bewegungen zugleich vollführen konnte: die Drehung um ihre eigene Achse und die Umlaufbewegung um die Sonne. Einige der Gegner des kopernikanischen Weltbildes hatten eine Gleichzeitigkeit dieser beiden Bewegungen für undenkbar gehalten.

Das Zweite und das Dritte Bewegungsgesetz

Isaac Newton dehnte die von Galilei begründete Wissenschaft vom Verhalten bewegter Gegenstände auf die Bewegungen der Erde und der anderen Himmelskörper aus.

Er ging aus von dem Gedanken, daß der Mond, angezogen von der Schwerkraft der Erde, im Grunde stets der Erde entgegenfällt, sie aber, da seine Bewegung auch eine waagrechte Komponente aufweist, zwangsläufig immer wieder verfehlt. Ein in waagrechter Richtung abgefeuertes Geschoß beschreibt, wie vorhin gesagt, eine parabolisch gekrümmte Bahn, die früher oder später die Erdoberfläche schneidet. Die Erdoberfläche krümmt sich freilich selbst nach unten, da die Erde eine Kugel ist. Man kann sich also vorstellen, daß ein waagrecht abgefeuertes Geschoß, wenn es nur schnell genug flöge, die Erde sozusagen beständig überholen würde. Die Bahn eines solchen Projektils würde eine so flache parabolische Krümmung aufweisen, daß sie die Erdoberfläche niemals schnitte, und das Geschoß würde daher die Erde für alle Zeit umkreisen.

Die elliptische Bahn, die der Mond um die Erde beschreibt, läßt sich in eine waagrechte und eine senkrechte Komponente zerlegen. Was die vertikale Komponente betrifft, so läßt sich errechnen, daß der Mond mit einer Geschwindigkeit von etwa 1,3 mm pro Sekunde Richtung Erde fällt. Im

gleichen Zeitraum legt er aber auch rund 1006 m in waagrechter Richtung zurück, gerade eben genug, um die vertikale Komponente zu kompensieren, d. h. die Erde so weit zu »überholen«, daß er nicht auf sie zu, sondern an ihr vorbei fällt.
Newton stellte sich nun die Frage, ob das Fallen des Mondes in Richtung Erde mit 1,3 mm pro Sekunde eine Folge derselben gravitationsbedingten Anziehung ist, die dafür sorgt, daß ein Apfel, der von einem Baum fällt, in der ersten Sekunde seines Falls 4,90 m zurücklegt.
Newton stellte sich die Anziehungskraft der Erde als ein Gravitationsfeld vor, das sich vom Erdmittelpunkt aus in alle Richtungen erstreckt wie eine riesige, expandierende, kugelförmige Gaswolke. Die Oberfläche A einer Kugel ist aber dem Quadrat des Kugelradius r proportional:

$$A = 4 \pi r^2$$

Newton zog daraus den kühnen Schluß, die Gravitationskraft müsse sich, da sie sich mit zunehmender Entfernung von der Erde auf eine immer größere Kugeloberfläche verteile, proportional zum Quadrat des Radius abschwächen. Sowohl der Schall als auch das Licht schwächten sich proportional zum Quadrat der Entfernung vom Ausgangspunkt ab; weshalb sollte das nicht ebenso für die Gravitationskraft gelten?
Der Abstand zwischen dem Erdmittelpunkt und einem Apfel auf einem Baum beträgt rund 6400, die Entfernung vom Erdmittelpunkt zum Mond rund 390000 km. Wenn also der Mond etwas mehr als 60mal so weit vom Erdmittelpunkt entfernt ist als der Apfel auf dem Baum, muß die auf dem Mond wirkende Erdanziehungskraft in etwa um den Faktor 60^2 schwächer sein als die auf den Apfel einwirkende Schwerkraft. Wenn man 4,90 m durch 60^2 oder 3600 teilt, ergibt sich etwas mehr als 1,3 mm. Damit stand für Newton fest, daß der Mond sich tatsächlich im Bannkreis der Erdanziehungskraft bewegt.
Newton sah sich genötigt, Überlegungen zum Verhältnis von Masse und Gravitationskraft anzustellen. Gewöhnlich messen wir die Masse eines Körpers über sein Gewicht. Ein Gewicht hat ein Körper jedoch nur insoweit, als er der Erdanziehungskraft unterliegt. Wäre diese nicht vorhanden, so wären alle Körper schwerelos. Gleichwohl würde nach wie vor jeder Körper aus einer bestimmten Menge von Materieteilchen (Atomen und Molekülen) bestehen, d. h. eine bestimmte Masse verkörpern. Masse ist daher eine vom Gewicht unabhängige Größe und müßte demgemäß auch unabhängig vom Gewicht gemessen werden können.
Setzen wir einmal den Fall, es wäre möglich, einen Gegenstand auf einer keinerlei Reibungswiderstand bietenden ebenen (d. h. zur Erdoberfläche parallelen) Fläche in eine waagrechte Bewegung zu versetzen. Es bedürfte eines gewissen Kraftaufwandes, um den Körper in Bewegung zu versetzen bzw. ihn auf eine höhere Geschwindigkeit zu beschleunigen, denn in beiden Fällen müßte man seinen Trägheitswiderstand überwinden.
Wenn man die aufgewendete Kraft genau messen würde, indem man beispielsweise die Beschleunigung durch Ziehen an einer an dem Körper befestigten Federwaage hervorriefe, würde man feststellen, daß die Kraft f (von engl. force), die man aufwenden müßte, um eine bestimmte Beschleunigung a (von engl. acceleration) zu bewirken, direkt proportional der Masse m ist. Verdoppelt sich die Masse eines Körpers, so muß man, um die gleiche Beschleunigungswirkung wie zuvor zu erzielen, eine doppelt so große Kraft aufwenden. Bei gleichbleibender Masse verändert sich mit der aufgewendeten Kraft (und proportional zu ihr) die erzielte Beschleunigungswirkung. Der mathematische Ausdruck für diese gesetzmäßige Beziehung lautet:

$$f = ma$$

Das ist, auf die kürzeste Formel gebracht, Newtons Zweites Bewegungsgesetz.
Nun hatte bereits Galilei herausgefunden, daß die Anziehungskraft der Erde alle Körper, ob schwer oder leicht, in gleichen Zeiteinheiten auf genau die gleiche Geschwindigkeit beschleunigt. (Bei sehr leichten Gegenständen wirkt sich der Luftwiderstand bremsend aus, aber in einem Vakuum fällt eine Feder ebensoschnell wie ein Bleiklumpen, wie sich ohne weiteres zeigen läßt.) Wenn das Zweite Bewegungsgesetz erfüllt sein soll, muß man annehmen, daß die Erde einen schweren Körper mit größerer Kraft anzieht als einen leichten, denn andernfalls müßten sich für beide ja unterschiedliche Beschleunigungen ergeben. Um eine bestimmte Beschleunigung zu erzielen, muß nach dem Zweiten Bewegungsgesetz bei einem Körper mit der achtfachen Masse eines anderen Körpers eine achtmal größere Kraft aufgewendet werden.

Die Kraft, mit der ein Körper von der Erde angezogen wird, muß demzufolge genau proportional der Masse dieses Körpers sein. (Nur diesem Umstand ist es zu verdanken, daß das Gewicht eines Körpers, wie wir es an der Erdoberfläche messen, ziemlich genau seine Masse widerspiegelt.)
Newton formulierte noch ein Drittes Bewegungsgesetz: »Zu jeder Aktion gehört eine gleich starke, in die entgegengesetzte Richtung wirkende Reaktion.« Mit »Aktion« ist hier die Ausübung einer Kraft gemeint. Wenn die Erde den Mond mit einer bestimmten Kraft anzieht, so besagt das Dritte Bewegungsgesetz, daß der Mond die Erde mit einer gleich großen Kraft anziehen muß. Wenn sich die Masse des Mondes plötzlich verdoppeln würde, müßte sich, so verlangt es das Zweite Bewegungsgesetz, die Anziehungskraft der Erde auf den Mond gleichermaßen verdoppeln. Dem Dritten Bewegungsgesetz zufolge würde sich in diesem Fall aber auch die Anziehungskraft, die der Mond auf die Erde ausübt, verdoppeln. Genau dasselbe würde umgekehrt gelten, wenn die Erde plötzlich ihre Masse verdoppeln würde.
Wenn sich sowohl die Masse der Erde als auch die des Mondes verdoppeln würden, käme es zu einer zweifachen Verdoppelung der zwischen beiden wirksamen Anziehungskräfte, d. h. bei gleichbleibender Entfernung der Mittelpunkte beider Körper voneinander würden sie einander mit viermal größerer Kraft als zuvor anziehen.
Newton konnte aus diesen Überlegungen nur den Schluß ziehen, daß die zwischen zwei beliebigen Körpern im Universum wirksame Gravitationskraft direkt proportional dem Produkt der Massen beider Körper ist. Zusammen mit der bereits früher gewonnenen Einsicht, daß die Gravitationskraft dem Quadrat der Entfernung der Mittelpunkte beider Körper voneinander umgekehrt proportional ist, ergab dies das Allgemeine Gravitationsgesetz.
Wenn wir für die Gravitationskraft f setzen, für die Massen der beiden beteiligten Körper m_1 und m_2 und für die Entfernung zwischen ihren Mittelpunkten d, dann läßt sich das Gesetz wie folgt formulieren:

$$f = \frac{Gm_1 \cdot m_2}{d^2}$$

G ist die Gravitationskonstante. (Ihre quantitave Bestimmung durch Cavendish ermöglichte es erstmals, die Masse der Erde zu berechnen – *siehe Kapitel 4*.) Newton setzte einfach voraus, daß G einen für das gesamte Universum gültigen konstanten Wert hat. In den folgenden Jahrhunderten stellte sich ein ums andere Mal heraus, daß neue, zur Zeit Newtons noch unbekannte Planeten und Trabanten in ihren Bewegungen uneingeschränkt dem Newtonschen Gravitationsgesetz gehorchten; selbst unendlich weit von uns entfernte Doppelsternsysteme halten sich bei ihrem Tanz an den von Newton vorgegebenen Takt.
Alle diese Erkenntnisfortschritte wurzelten in dem von Galilei entscheidend mitbegründeten, neuen quantitativen Ansatz zur Erfassung des Naturgeschehens. Ein großer Teil der dabei benötigten Mathematik war, wie man sieht, wirklich höchst einfach. Diejenigen Formeln, die ich angeführt habe, lassen sich mit den Algebrakenntnissen eines 16jährigen bewältigen.
Im Grunde bedurfte es, um eine der bedeutsamsten geistigen Revolutionen aller Zeiten in Gang zu setzen, nur einiger weniger Dinge:
1. Einer Reihe einfacher Beobachtungen und Messungen, die jeder mittelmäßig intelligente Schüler bei geringfügiger Anleitung selbst machen könnte;
2. Einer Reihe einfacher, ebenfalls nicht über mittleres Schulniveau hinausgehender, mathematischer Verallgemeinerungen;
3. Der Genialität eines Galilei und eines Newton, die als erste die Beobachtungen machten, systematisch auswerteten und zu allgemeingültigen theoretischen Aussagen verarbeiteten.

Relativität

Die von Galilei und Newton ausgearbeiteten Bewegungsgesetze beruhten auf der Annahme, daß es so etwas wie absolute Bewegung gibt, d. h. Bewegung in einem definitiv als »ruhend« anzusehenden Bezugssystem. Wir kennen aber im Universum nichts Ruhendes – alles, was wir sehen, bewegt sich: die Erde, die Sonne, die Milchstraße, die anderen Galaxien. Wo können wir ein absolut ruhendes Bezugssystem finden, das es uns erlauben würde, absolute Bewegung zu messen?

Das Michelson-Morley-Experiment

Diese Frage war es, die den Anstoß zum Michelson-Morley-Experiment gab, einem Experiment, dessen Ergebnis eine wissenschaftliche Revolution auslöste, die in mancher Hinsicht ebenso bedeutsam war wie die von Galilei initiierte *(siehe Kapitel 8)*. Auch hier sind die grundlegenden mathematischen Operationen ziemlich einfach.

Das Experiment war ein Versuch, die absolute Bewegung der Erde durch den »Äther« zu messen, von dem man annahm, daß er als absolut ruhendes Medium den gesamten Raum erfüllt. Hinter der Versuchsanordnung standen folgende Überlegungen:

Gesetzt den Fall, man schickt einen Lichtstrahl genau in die Richtung, in der sich die Erde durch den Äther bewegt, und bringt in einiger Entfernung einen Spiegel an, der das Licht zu seinem Ursprungsort zurückwirft. Setzen wir für die Lichtgeschwindigkeit das Symbol c, für die Geschwindigkeit, mit der die Erde sich durch den Äther bewegt, das Symbol v und für die Entfernung zwischen Lichtquelle und Spiegel d. Die Ausgangsgeschwindigkeit unseres Lichtstrahls ist $c + v$ – seine eigene Geschwindigkeit, vermehrt um die der Erde. (Das Licht bekommt von der Erde sozusagen einen Schub mit auf den Weg.) Die Zeit, die der Lichtstrahl braucht, um bis zum Spiegel zu gelangen, ergibt sich, wenn wir d durch $(c + v)$ teilen.

Auf dem Rückweg ist es umgekehrt. Dem zurückgeworfenen Lichtstrahl bläst nun sozusagen der Gegenwind der Eigenbewegung der Erde ins Gesicht; seine Nettogeschwindigkeit beträgt infolgedessen $c - v$. Um die Zeit zu erhalten, die er bis zum Wiedereintreffen bei der Lichtquelle benötigt, müssen wir d durch $(c - v)$ teilen. Als Gesamtzeit für den Hin- und Rückweg ergibt sich damit:

$$\frac{d}{c+v}+\frac{d}{c-v}$$

Mit etwas Algebra können wir diesen Ausdruck umformen:

$$\frac{d(c-v)+d(c+v)}{(c+v)\cdot(c-v)}=\frac{dc-dv+dc+dv}{c^2-v^2}=\frac{2dc}{c^2-v^2}$$

Stellen wir uns nun einmal einen Lichtstrahl vor, der zu einem in gleicher Entfernung angebrachten Spiegel geschickt wird, diesmal aber in eine Richtung, die senkrecht zur Bewegungsrichtung der Erde verläuft.

Der vom Punkt Q (der Lichtquelle) ausgehende Lichtstrahl soll den in der Entfernung d angebrachten Spiegel S treffen. Während der Zeit, die das Licht benötigt, um bis zum Spiegel zu gelangen, ist dieser aber infolge der Eigenbewegung der Erde von S nach S' gewandert, so daß der Lichtstrahl in Wirklichkeit den Weg QS' zurücklegen muß. Diese Strecke nennen wir x, während wir die Strecke zwischen S und S' y nennen:

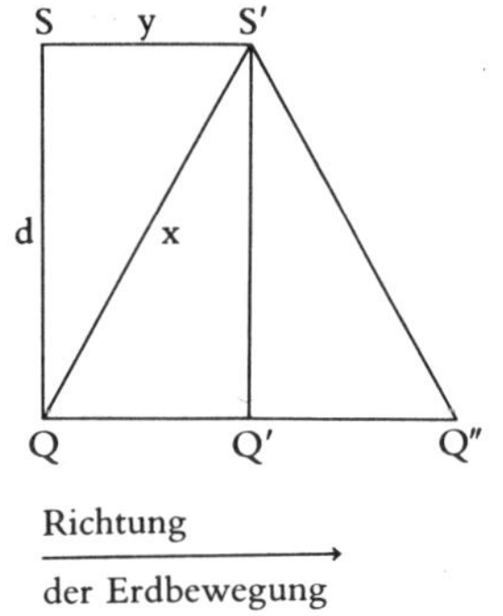

Während das Licht die Strecke x mit der Geschwindigkeit c zurücklegt, bewältigt der Spiegel die Distanz y mit der Geschwindigkeit v, die der Geschwindigkeit der Erde entspricht. Da der Lichtstrahl und der Spiegel gleichzeitig bei S' eintreffen, müssen die Entfernungen, die beide zurückgelegt haben, genau den jeweiligen Geschwindigkeiten proportional sein. Es muß daher gelten:

$$x=k\cdot c;\ y=k\cdot v$$

$$\frac{y}{v}=\frac{x}{c}\quad\text{oder}\quad y=\frac{vx}{c}$$

Um den Wert x bestimmen zu können, müssen wir ferner auf den Satz des Pythagoras zurückgreifen, der besagt, daß bei einem rechtwinkligen Dreieck die Summe der Quadrate der beiden kürzeren Seiten gleich dem Quadrat der längsten Seite (der Hypotenuse) ist. Auf das rechtwinklige Dreieck QSS' angewandt, ergibt sich somit (wenn wir gleichzeitig für y den Wert $\frac{vx}{c}$ einsetzen:

$$x^2 = d^2 + \left(\frac{vx}{c}\right)^2$$

$$x^2 - \left(\frac{vx}{c}\right)^2 = d^2$$

$$x^2 - \frac{v^2x^2}{c^2} = d^2$$

$$\frac{c^2x^2 - v^2x^2}{c^2} = d^2$$

$$(c^2 - v^2)x^2 = d^2c^2$$

$$x^2 = \frac{d^2c^2}{c^2 - v^2}$$

$$x = \frac{dc}{\sqrt{c^2 - v^2}}.$$

Vom Punkt S' aus wird der Lichtstrahl wieder zur Lichtquelle zurückgespiegelt, die unterdessen ebenfalls weitergewandert ist und sich in dem Augenblick, in dem der Lichtstrahl bei ihr eintrifft, am Punkt Q'' befindet. Da die Strecke $Q'Q''$ gleich der Strecke QQ' ist, muß die Entfernung zwischen S' und Q'' gleich x sein. Insgesamt hat der Lichtstrahl also einen Weg von der Länge $2x$ oder $\frac{2dc}{\sqrt{c^2-v^2}}$ zurückgelegt.

Für die Zeit, die der Lichtstrahl benötigt hat, um diesen Weg mit der Geschwindigkeit c zurückzulegen, ergibt sich:

$$\frac{2dc}{\sqrt{c^2-v^2}} \cdot \frac{1}{c} = \frac{2d}{\sqrt{c^2-v^2}}$$

Wie verhält sich diese Zeit zu derjenigen, die der Lichtstrahl benötigte, der parallel zur Bewegungsrichtung der Erde losgeschickt wurde? Teilen wir dessen Laufzeit $\frac{2dc}{c^2-v^2}$ durch die Laufzeit $\frac{2d}{\sqrt{c^2-v^2}}$ des quer zur Bewegungsrichtung der Erde losgeschickten Strahls:

$$\frac{2dc}{c^2-v^2} \cdot \frac{\sqrt{c^2-v^2}}{2d} = \frac{c\sqrt{c^2-v^2}}{c^2-v^2}$$

Wenn eine Zahl durch ihre eigene Quadratwurzel geteilt wird, ergibt sich als Resultat stets ebendiese Quadratwurzel. Beispiel: x geteilt durch $\sqrt{x}$ ergibt $\sqrt{x}$. Umgekehrt gilt: $\sqrt{x}$ geteilt durch x ergibt $\frac{1}{\sqrt{x}}$. Somit kann man die letzte Gleichung wie folgt vereinfachen:

$$\frac{c}{\sqrt{c^2-v^2}}$$

Dieser Ausdruck läßt sich auf eine für unsere Zwecke noch geeignetere Form bringen, wenn wir sowohl den Zähler als auch den Nenner mit dem Faktor $\sqrt{1/c^2}$ (der identisch ist mit $1/c$) multiplizieren:

$$\frac{c\sqrt{1/c^2}}{\sqrt{c^2-v^2}\cdot\sqrt{1/c^2}} = \frac{c/c}{\sqrt{c^2/c^2-v^2/c^2}} = \frac{1}{\sqrt{1-v^2/c^2}}$$

Dieser Ausdruck gibt das quantitative Verhältnis an zwischen der Zeit, die ein parallel zur Bewegungsrichtung der Erde abgesandter Lichtstrahl für den Weg zum Spiegel und zurück benötigt, und dem Zeitbedarf eines in Querrichtung verlaufenden Lichtstrahls. Sobald v einen Wert größer als Null annimmt, wird der Ausdruck $1/\sqrt{1-v^2/c^2}$ größer als 1. Wenn die Erde sich also durch einen ruhenden Äther hindurchbewegt, müßte der in die Richtung dieser Bewegung abgesandte Lichtstrahl länger brauchen, um zur Quelle zurückzukehren, als der »Querschläger«.

Michelson und Morley wollten diese Differenz in der Laufzeit der beiden Lichtstrahlen experimentell verifizieren. Sie versandten Lichtstrahlen in alle Richtungen und maßen die Zeit bis zum Eintreffen des zurückkehrenden Strahls mit ihrem unglaublich präzisen Interferometer; sie waren sich sicher, entsprechend der unterschiedlichen Abstrahlungsrichtungen gewisse Zeitdifferenzen zu erhalten. Die relativ längste Zeit (d. h. die niedrigste Geschwindigkeit) erwarteten sie für das genau parallel zur Bewegungsrichtung der Erde abgestrahlte Licht, die kürzeste Laufzeit (d. h. die höchste Geschwindigkeit) für das quer zur Bewegungsrichtung der Erde abgesandte Licht. Aus dem Unterschied zwischen diesen beiden Werten glaubten sie die absolute Bewegungsgeschwindigkeit der Erde errechnen zu können.

Allein, wie sie feststellen mußten, änderte sich durch die Veränderung der Abstrahlungsrichtung nicht das geringste an der Geschwindigkeit des

Lichts! Anders gesagt, die Lichtgeschwindigkeit war immer gleich c, unabhängig von der Bewegungsrichtung der Lichtquelle – ein klarer Widerspruch zu den Newtonschen Bewegungsgesetzen. Mit dem Versuch, die absolute Bewegung der Erde zu messen, hatten Michelson und Morley etwas ganz anderes erreicht: Sie hatten nicht nur erhebliche Zweifel an der Existenz eines Äthers geweckt, sondern auch alle bisherigen Vorstellungen von absoluter Ruhe und absoluter Bewegung in Frage gestellt. Damit hatten sie den Lebensnerv des von Newton begründeten physikalischen Weltbildes getroffen.

Die FitzGerald-Gleichung

Dem irischen Physiker G. F. FitzGerald fiel ein Ausweg aus diesem Dilemma ein. Er stellte die These auf, jeder Körper erleide entlang seiner Bewegungsrichtung eine Längenschrumpfung im im Betrag von $\sqrt{1-v^2/c^2}$. In der Gleichung:

$$L' = L\sqrt{1-v^2/c^2}$$

bezeichnet L' die Länge eines sich bewegenden Körpers (gemessen in die Richtung seiner Bewegung), während L für die Länge desselben Körpers im Ruhezustand steht.
Der Verkürzungsfaktor $\sqrt{1-v^2/c^2}$ würde, wie FitzGerald zeigte, gerade hinreichen, um den Term $1/\sqrt{1-v^2/c^2}$, der das Verhältnis zwischen maximaler und minimaler Lichtgeschwindigkeit im Michelson-Morley-Experiment angibt, zu neutralisieren. Als Quotient würde sich dann zwangsläufig immer 1 ergeben, d. h. die Lichtgeschwindigkeit würde sich unseren verkürzten Meßinstrumenten und Sinnesorganen als in alle Ausbreitungsrichtungen gleich darstellen, ungeachtet der Bewegung der Lichtquelle durch den Äther.
Unter normalen Verhältnissen ist das Ausmaß der Verkürzung äußerst gering. Selbst wenn ein Körper sich mit einem Zehntel der Lichtgeschwindigkeit, also mit knapp 30000 km pro Sekunde, fortbewegte, würde er eine nur unwesentliche Längenverkürzung erleiden, wie sich aus der FitzGerald-Gleichung ergibt. Wenn wir die Lichtgeschwindigkeit gleich 1 setzen, erhalten wir für unser angenommenes Beispiel:

$$L' = L\sqrt{\left(1-\frac{0{,}1^2}{1}\right)}$$
$$L' = L\sqrt{1-0{,}01}$$
$$L' = L\sqrt{0{,}99}.$$

Wir erhalten für L' also einen Wert von 0,995 L, was einer Längenverkürzung von rund einem halben Prozent entspricht.
Geschwindigkeiten dieser Größenordnung treten normalerweise nur im Bereich der Elementarteilchen auf. Bei einem Flugzeug, das mit 3600 km pro Stunde fliegt, also mit dreifacher Schallgeschwindigkeit, ist, wie jedermann selbst ausrechnen kann, die geschwindigkeitsbedingte Längenverkürzung vernachlässigbar klein.
Bei welcher Geschwindigkeit schrumpft ein Körper auf die Hälfte seiner Ruhelänge? Setzen wir die Bedingung $L' = 1/2\,L$ in die FitzGerald-Gleichung ein:

$$1/2\,L = L\sqrt{1-v^2/c^2};$$

beide Seiten durch L geteilt, ergibt:

$$1/2 = \sqrt{1-v^2/c^2}.$$

Nun quadrieren wir beide Seiten der Gleichung:

$$1/4 = 1-v^2/c^2$$
$$v^2/c^2 = 3/4$$
$$v = \sqrt{3c^2/4} = 0{,}866c.$$

Die Lichtgeschwindigkeit im Vakuum beträgt rund 299728 km/s; wenn wir diesen Wert mit 0,866 multiplizieren, erhalten wir als diejenige Geschwindigkeit, bei der ein Körper auf die Hälfte seiner Ruhelänge schrumpft, knapp 260000 km pro Sekunde.
Wenn ein Körper sich mit Lichtgeschwindigkeit bewegt, v also gleich groß ist wie c, schlägt sich das in der FitzGerald-Gleichung wie folgt nieder:

$$L' = L\sqrt{1-c^2/c^2} = L\sqrt{0} = 0.$$

In diesem Fall schrumpft also die Länge des betreffenden Körpers (entlang seiner Bewegungsrichtung) auf Null. Hieraus ergibt sich, daß offenbar eine höhere Geschwindigkeit als die des Lichts nicht möglich ist.

Die Lorentz-Gleichung

Das Jahrzehnt nach FitzGeralds Vorstoß sah die Entdeckung des Elektrons und die ersten Versuche, wissenschaftliche Aufschlüsse über die Eigenschaften elektrisch geladener Elementarteilchen zu gewinnen. Lorentz erarbeitete eine Theorie, derzufolge die Masse eines Teilchens mit einer gegebenen Ladung seinem Radius umgekehrt proportional ist. Je kleiner also das Volumen, in dem sich die Ladung eines Teilchens zusammendrängt, desto größer seine Masse.

Wenn nun ein sich mit hoher Geschwindigkeit bewegendes Teilchen eine Längenschrumpfung erleidet, bedeutet dies, daß sein Radius (in der Richtung seiner Bewegung) nach Maßgabe der FitzGerald-Gleichung schrumpft. Wir ersetzen die bisher verwendeten Symbole *L* und *L'* durch die Zeichen *R* und *R'* (für den unverkürzten und verkürzten Radius), so daß die FitzGerald-Gleichung das folgende Aussehen bekommt:

$$R' = R\sqrt{1-v^2/c^2} \quad \text{oder} \quad \frac{R'}{R} = \sqrt{1-v^2/c^2}.$$

Zwischen der Masse eines Teilchens und seinem Radius besteht eine umgekehrte Proportionalität. Es gilt also:

$$\frac{R'}{R} = \frac{M}{M'}$$

wobei *M* für die Ruhemasse eines Teilchens und *M'* für seine Masse im Zustand der Bewegung steht.

Wir setzen nun in unserer modifizierten FitzGerald-Gleichung *M/M'* für *R'/R* ein und erhalten:

$$\frac{M}{M'} = \sqrt{1-v^2/c^2} \quad \text{oder} \quad M' = \frac{M}{\sqrt{1-v^2/c^2}}.$$

Die Lorentz-Gleichung liefert Ergebnisse, die denen der FitzGerald-Gleichung vollkommen analog sind. So geht beispielsweise aus ihr hervor, daß die Masse *M'* eines Teilchens, das sich mit einem Zehntel der Lichtgeschwindigkeit fortbewegt, um 0,5% größer ist als seine Ruhemasse *M*. Bei einer Geschwindigkeit von 260000 km/s wäre *M'* doppelt so groß wie *M*.

Wenn sich ein Teilchen mit Lichtgeschwindigkeit fortbewegt, seine Geschwindigkeit *v* also gleich *c* wird, schlägt sich dies in der Lorentz-Gleichung wie folgt nieder:

$$M' = \frac{M}{\sqrt{1-c^2/c^2}} = \frac{M}{0}$$

Vom Bruchrechnen her wissen wir, daß der Wert eines Bruches, dessen Nenner sich dem Wert Null annähert, gegen unendlich tendiert. Die obige Gleichung besagt also, daß die Masse eines jeden Körpers, dessen Geschwindigkeit sich der Lichtgeschwindigkeit annähert, tendenziell unendlich groß wird. Auch hier erscheint also die Lichtgeschwindigkeit als die maximal mögliche Geschwindigkeit schlechthin.

All dies veranlaßte Einstein zu einer Überprüfung der bis dahin als gültig erachteten Naturgesetze der Bewegung und der Gravitation. Er überlegte sich, anders ausgedrückt, wie ein Universum beschaffen sein müßte, in dem die Ergebnisse des Michelson-Morley-Experiments die natürlicherweise zu erwartenden wären.

Wie er das Problem löste, wissen wir. Wir müssen aber noch kurz bei der Lorentz-Gleichung verweilen, um einen bestimmten Punkt zu klären. Diese Gleichung ergibt nur einen Sinn, wenn man für *M* einen von Null verschiedenen Wert voraussetzt. Diese Voraussetzung trifft zu für fast alle Teilchen, die wir kennen, und für alle aus solchen Teilchen zusammengesetzten Körper, vom kleinsten Atom bis zum größten Stern. Wir kennen jedoch auch Teilchen, deren Ruhemasse *M* gleich Null ist: das Neutrino, das Antineutrino und das Photon.

Diese Teilchen bewegen sich mit Lichtgeschwindigkeit fort. In dem Moment, wo sie entstehen, beginnen sie sich, offenbar ohne daß sie irgendeine meßbare Beschleunigungszeit benötigen, mit dieser Geschwindigkeit fortzubewegen.

Es stellt sich hier die Frage, wie man überhaupt von der »Ruhemasse« eines Neutrinos oder eines Photons sprechen kann, wenn diese Teilchen sich doch nie im Ruhezustand befinden, sondern sich quasi *per definitionem* mit einer konstanten Geschwindigkeit von 299728 km/s (im Vakuum) bewegen. Die Physiker O. M. Bilaniuk und E. C. G. Sudarshan haben deshalb vorgeschlagen, *M* die *Eigenmasse* eines Teilchens zu nennen. Bei einem Teilchen, dessen Masse größer ist als Null, entspricht die Eigenmasse derjenigen Masse, die ein Teilchen dann aufweist, wenn es sich relativ zu den Meßinstrumenten und den die Messung durchführenden Personen im Ruhezustand befindet. Bei einem Teilchen, dessen Masse gleich Null ist, kann die Eigenmasse nicht gemessen, sondern lediglich indirekt und theoretisch bestimmt werden. Von Bilaniuk und Sudarshan stammt auch die Anregung, alle Teilchen mit der Eigenmasse Null *Luxonen* zu nennen (abgeleitet von dem lateinischen Wort für »Licht«), weil sie sich mit Lichtgeschwindigkeit fortbewegen, und alle Teilchen mit einer von Null verschiedenen Eigenmasse *Tardyonen*, weil sie sich mit geringeren Geschwindigkeiten als der des Lichts bewegen.

1962 begannen Bilaniuk und Sudarshan Spekulationen über die Möglichkeit von Überlichtgeschwindigkeiten anzustellen. Teilchen, die sich schneller als das Licht fortbewegen würden, müßten eine imaginäre Masse besitzen. Ihre Masse ließe sich, anders gesagt, als Produkt eines normalen Zahlenwerts und des Faktors $\sqrt{-1}$ ausdrükken.

Stellen wir uns zum Beispiel ein Teilchen vor, daß sich mit doppelter Lichtgeschwindigkeit fortbewegt, so daß wir in der Lorentz-Gleichung für v den Wert $2c$ einsetzen müßten. Wir erhalten dann:

$$M' = \frac{M}{\sqrt{1-(2c)^2/c^2}} = \frac{M}{\sqrt{1-4c^2/c^2}} = \frac{M}{\sqrt{-3}}$$

Für die Masse eines Teilchens im Zustand der Bewegung mit doppelter Lichtgeschwindigkeit (M') ergibt sich also ein Quotient aus einer reellen Eigenmasse (M) und dem Faktor $\sqrt{-3}$. $\sqrt{-3}$ ist aber gleichwertig mit $\sqrt{3}\cdot\sqrt{-1}$, also mit (rund) $1{,}73\sqrt{-1}$. Somit können wir die Eigenmasse M als Funktion von (M') darstellen:

$$M = M' \cdot 1{,}73\sqrt{-1}.$$

Da jede Zahl, die als Element den Faktor $\sqrt{-1}$ enthält, eine imaginäre Zahl ist, folgt hieraus, daß Teilchen, die sich mit Überlichtgeschwindigkeit bewegen, eine imaginäre Eigenmasse aufweisen. In unserem gewöhnlichen Universum weisen Teilchen stets eine Masse auf, die gleich oder größer als Null ist. Imaginäre Massen sind für unser Universum nicht anschaulich und sinnvoll definierbar. Bedeutet das, daß es solche überlichtschnellen Teilchen nicht geben kann?

Nicht unbedingt. Wenn wir die Möglichkeit der Existenz imaginärer Eigenmassen zugeben, so lassen sich solche überlichtschnellen Teilchen widerspruchslos in alle Gleichungen der Einsteinschen Allgemeinen Relativitätstheorie integrieren. Allerdings zeigen sie ein paradox anmutendes Verhalten: Je langsamer sie sich fortbewegen, desto höher wird ihr Energieniveau. Das ist eine genaue Umkehrung der Verhältnisse in unserem Universum, aber vielleicht ist dies gerade das Markenzeichen der imaginären Masse. Ein Teilchen mit imaginärer Masse beschleunigt seine Bewegung, wenn es auf Widerstand stößt, und wird umgekehrt langsamer, wenn es von einer Kraft vorwärts gestoßen wird. In dem Maße, wie sein Energieniveau absinkt, nimmt seine Geschwindigkeit zu; wenn es über keinerlei Energie mehr verfügt, ist es unendlich schnell. Umgekehrt wird es mit wachsendem Energieniveau immer langsamer; bei Erreichen eines unendlichen Energieniveaus sinkt die Geschwindigkeit des Teilchens auf den niedrigsten Wert, den sie erreichen kann, ab, und das ist die Lichtgeschwindigkeit.

Für solche überlichtschnellen Teilchen hat der amerikanische Physiker Gerald Feinberg den Namen *Tachyonen* geprägt (abgeleitet von dem griechischen Wort für »Geschwindigkeit«).

Man kann sich demnach vorstellen, daß es zwei verschiedene Arten von Universen geben könnte. Unser Universum ist ein Tardyonen-Universum, in dem alle Teilchen sich mit Unterlichtgeschwindigkeit bewegen und sich unter stetiger Erhöhung ihres Energieniveaus der Lichtgeschwindigkeit als ihrer Geschwindigkeitsobergrenze annähern können. Das Gegenstück dazu wäre ein Tachyonen-Universum, in dem alle Teilchen sich mit Überlichtgeschwindigkeit bewegen und sich unter stetiger Zunahme ihres Energieniveaus der Lichtgeschwindigkeit als ihrer unteren Grenzgeschwindigkeit annähern können. Zwischen beiden Universen steht die unendlich dünne »Luxonen-Wand«, bestehend aus Teilchen, die sich genau mit Lichtgeschwindigkeit bewegen. Man kann sich vorstellen, daß die beiden Universen sich in die Luxonenwand teilen.

Wenn ein Tachyon ein sehr hohes Energieniveau und entsprechend eine – für die Verhältnisse des Tachyonen-Universums – sehr niedrige Geschwindigkeit erreicht, könnte es vorkommen, daß es einen Schwall von Photonen ausstößt, der dicht genug wäre, um nachweisbar zu sein. (Tachyonen würden auch in einem Vakuum einen Photonenschweif in der Art einer Tscherenkow-Strahlung hinter sich herziehen.) Die Physiker sitzen auf der Lauer, um solche Photonenschwärme aufzuspüren, aber die Chance, daß ein geeignetes Meßinstrument sich genau zur richtigen Zeit am richtigen Ort befindet, um eines dieser (mögli-

cherweise sehr seltenen) Entladungsereignisse zu registrieren, die sich im Zeitraum einer Billionstel Sekunde vollziehen, ist nicht sehr groß.
Es gibt Physiker, die der festen Überzeugung sind, daß »alles, was nicht untersagt ist, geschehen *muß*«. Mit anderen Worten: Jedes Phänomen, das nicht ausdrücklich gegen ein Naturgesetz verstößt, wird früher oder später auch auftreten, und da Tachyonen im Rahmen der speziellen Relativi- digkeit« des Universums überzeugt sind, wohl ziemlich froh (und vielleicht erleichtert), wenn sie einmal ein handfestes Lebenszeichen von den nicht-verbotenen Tachyonen entdecken würden. Bisher ist ihnen dies nicht gelungen.

Einsteins Energiegleichung

Eine der Implikationen der Lorentz-Gleichung arbeitete Einstein zu einem Gedanken aus, den er auf die wohl berühmteste Formel der gesamten Wissenschaftsgeschichte brachte.
Die Lorentz-Gleichung läßt sich auch in folgender Form schreiben:

$$M' = M\,(1 - v^2/c^2)^{-1/2}$$

denn der algebraische Term $1/\sqrt{x}$ ist gleichwertig mit $x^{-1/2}$. Damit ist die Gleichung auf eine Form gebracht, die es ermöglicht, ihre rechte Seite in eine Folge von Summanden aufzulösen – nach einer Formel, die niemand anderer als Isaac Newton entdeckt hat. Es entsteht dann ein sogenannter *binomischer Satz*.
Bei der binomischen Umwandlung der Lorentz-Gleichung ergibt sich eine unendliche Reihe von Termen; da aber jeder Term kleiner ist als der vorhergehende, benötigt man nur die ersten beiden Terme, um ein annähernd genaues Ergebnis zu erhalten, denn die Summe aller weiteren Terme ist so gering, daß man sie vernachlässigen darf. Gesagt, getan:

$$(1-v^2/c^2)^{-1/2} = 1 + \frac{1/2\,v^2}{c^2} \ldots.$$

Wenn wir dies in die Lorentz-Gleichung einsetzen, erhalten wir:

$$M' = M\left(1 + \frac{1/2\,v^2}{c^2}\right) = M + \frac{1/2\,Mv^2}{c^2}.$$

In der klassischen Physik repräsentiert der Ausdruck $1/2\,Mv^2$ die Energie eines in Bewegung befindlichen Körpers. Wenn wir für Energie das Symbol *e* setzen, vereinfacht sich obige Gleichung zu:

$$M' = M + \frac{e}{c^2} \quad \text{oder:} \quad M' - M = \frac{e}{c^2}.$$

Die durch die Bewegung bedingte Massenzunahme $(M' - M)$ können wir durch das Symbol *m* bezeichnen; dann erhalten wir:

$$m = \frac{e}{c^2} \quad \text{oder:} \quad e = mc^2.$$

In dieser Formel kam zum erstenmal klar der Gedanke zum Ausdruck, daß Masse eine Form von Energie ist. Einstein konnte in der Folge zeigen, daß diese Gleichung für jedwede Masse gilt und nicht etwa nur für die geschwindigkeitsbedingte Massenzunahme.
Auch hier kommt man bei der mathematischen Ableitung weitgehend mit durchschnittlicher Schulalgebra aus. Und doch konfrontierte das Ergebnis dieser Rechenoperationen die Welt mit einer neuen Auffassung des Universums, die die Newtonsche an Tiefe und Kühnheit übertraf. Dieses neue physikalische Weltbild war nicht bloß graue Theorie; es barg konkrete praktische Implikationen in sich. Es wies beispielsweise den Weg zum Kernreaktor und zur Atombombe.

Ausgewählte Literatur

Der folgende Überblick soll es dem Leser erleichtern, einen tieferen Zugang zu einzelnen Themenbereichen dieses Buches zu finden.

Asimov, I.: *Biographische Enzyklopädie der Naturwissenschaften und der Technik*. Herder, Freiburg 1973

Boschke, F. L.: *Die Welt aus Feuer und Wasser*. Hirzel, Stuttgart 1981

Büdeler, W.: *Die neue Raumfahrt*. DVA, Stuttgart 1983

Calder, N.: *Einsteins Universum*. Umschau, Frankfurt 1983

Clarke, A. C.: *Geheimnisvolle Welten*. Droemer Knaur, München 1981

Clark, S. P.: *Die Struktur der Erde*. Enke, Stuttgart 1977

Cooper, D. G.: *Das Periodensystem der Elemente*. Verlag Chemie, Weinheim 1976

Dietrich, G.: *Ozeanographie*. Westermann, Braunschweig 1970

Feicht, E. J., Graf, U.: *Knaurs Buch der Physik*. Droemer Knaur, München 1972

Frauenfelder, H., Henley, E. M.: *Teilchen und Kerne*. Oldenbourg, München 1979

Heck, H. D.: *Knaurs Lexikon der Technik*. Droemer Knaur, München 1972

Keller, C.: *Die Geschichte der Radioaktivität*. Hirzel, Stuttgart 1981

Knerr, R.: *Knaurs Buch der Mathematik*. Droemer Knaur, München 1973

– *Knaurs Lexikon der Mathematik*. Droemer Knaur, München 1986

Kopp, K.-O.: *Geologie*. Koch's Verl., Darmstadt 1971

Kraft, M.: *Ergebnisse der Energieforschung*. Hirzel, Stuttgart 1981

Lohrmann, E.: *Einführung in die Elementarteilchenphysik*. Teubner, Stuttgart 1983

Madelung, O.: *Grundlagen der Halbleiterphysik*. Springer, Heidelberg 1970

Mayer-Kuckuk, T.: *Atomphysik*. Teubner, Stuttgart 1980

Münch, E. (Hrsg.): *Tatsachen über Kernenergie*. Girardet, Essen 1980

Muirden, J.: *Der Halleysche Komet*. Deuticke, Wien 1985

Paetzold, P.: *Einführung in die Allgemeine Chemie*. Vieweg, Wiesbaden 1980

Pfleiderer, J.: *Ursprung und Zukunft des Weltalls*. Pinguin, Innsbruck 1983

Rast, H.: *Vulkane und Vulkanismus*. Enke, Stuttgart 1980

Sagan, C.: *Signale der Erde*. Droemer Knaur, München 1982

– *Unser Kosmos*. Droemer Knaur, München 1982

Sagan, C., Druyan, A.: *Der Komet*. Droemer Knaur, München 1985

Schmid, R., Wessinger, W. (Hrsg.): *Nobelpreisträger-Rundschau*. Hirzel, Stuttgart 1981

Schneider, G.: *Erdbeben*. Enke, Stuttgart 1975

Sexl, R., von Meyenn, K.: *Galileo Galilei, Dialog*. Teubner, Stuttgart 1982

Sommerfeld, A.: *Atombau und Spektrallinien*. H. Deutsch Verlag, Frankfurt 1978

Störig, H.-J.: *Knaurs moderne Astronomie*. Droemer Knaur, München 1985

Tazieff, H.: *Vulkanismus und Kontinentalwanderung*. DVA, Stuttgart 1974

von Klinckowstroem, C. G.: *Knaurs Geschichte der Technik*. Droemer Knaur, München 1959

Wegener, A.: *Die Entstehung der Kontinente und Ozeane*. Vieweg, Wiesbaden 1980

Register

A

Abbe, E. K. 366
Abberation 341
absolute Bewegung 345f.
absoluter Nullpunkt 264
Actiniden 262f.
Adams, J. C. 139
Äquator 152
Äther 237
Agassiz, J. L. 190f.
AG-Beschleuniger 306
Akkretionsscheibe 80
Aktualitätsprinzip 44
Alchimisten 237
Algol 48, 52
Allotropie 273
Alpha Centauri 31
Alphastrahlen 285f.
Alphateilchen 285f.
Aluminium 280f.
Amalthea 126
Ammoniak 84, 234f.
Ampere 214, 383
Ampère, A. M. 214
Amplitudenmodulation 402
Amundsen, R. 189
Anderson, C. D. 298f., 320
Andromeda-Nebel 38, 53
Ångström, A. J. 65, 339
Anlasser 396
Antarktis 188f.
Antenne 401
Anti-Apex 32
antimagnetisch 214
Anti-Materie 310
Anti-Neutrino 315f.
Anti-Partikel 298
Anti-Proton 308
Apex 32
Aphrodite Terra 116
Apogäum 97
Apollo 7, 8, 10, 11, 107
Apollo (Asteroid) 146
Apollo-Objekte 145f.
Appleton, E. V. 211
Appleton-Schichten 211
aquatische Nahrungsmittel 175
Archimedes 17
Argon 207, 390
Aristarchos 18, 26
Aristoteles 15, 19, 197, 225
Arktis 186f.
Arktur 48
Armstrong, N. A. 107
Arp, H. C. 74
Arrhenius, S. A. 210
Astat 250
Asteroiden 143ff.
Aston, F. W. 290, 364
Astrochemie 84
Astronomische Einheit 29
Atlantis 162
Atmosphäre 197ff.
Atmosphäre, Erwärmung 196
Atmosphärengase 206ff.
Atom 239, 285ff.
Atombombe 430
Atomgewicht 240, 290
Atomgewicht, Definition 364
Atomkern 286f., 312f.
Atommeiler 425ff.
Atommächte 430
Atomtheorie 238f.

Atom-U-Boot 434
Atomuhr 409f.
Atomumwandlung 294
Automobil 393ff.
Avogadro, A. 239
Axiom 16

B

Baade, W. 40, 71
Bacon, F. 19
Bacon, R. 19
Ballistik 453
Balmer, J. J. 66
Barkhausen-Effekt 214
Barkla, Ch. G. 244
Barn 422
Barometer 198
Barrel 417
Barringer-Krater 229
Baryonen 319, 324f.
Basalt 167
Bathyscaph 186
Bathysphäre 185
Becquerel, A. E. 64, 246
Bedeckungsveränderliche 48
Bell, A. G. 386
Benthoskop 186
Benzin 397, 417
Bergius, F. 417
Bernstein 379
beryllidieren 283
Berzelius, J. J. 226, 240
Beschleunigung 452
Bessel, F. W. 30, 53
Bessemer, H. 277
Betastrahlen 285f.
Betateilchen 285f.
Betatron 306
Bethe, H. A. 46, 431
Beugungsgitter 244, 339
Bevatron 306
Bewegungsgesetz, Drittes 453
Bewegungsgesetz, Erstes 449f.
Bewegungsgesetz, Zweites 453
Big Bang 49f.
Biot, B. 225
Black Hole s. Schwarzes Loch
Blasenkammer 292f.
Blashochofen 278
Blaue Riesen 40
Blei 289
Blei, Isotope 290
Blinkkomparator 141
Blitzableiter 380
Bogengrad 28
Bohr, N. 312, 351, 368
Bondi, H. 49
Borazon 275
boridieren 283
Born, M. 369
Bornitrid 275
Bose-Einstein-Statistik 310
Bosonen 310
Bothe, W. 295
Boyle, R. 198, 238
Boyle-Mariottesches Gesetz 198
Bradley, J. 341
Bragg, W. L. und W. H. 245
Brahe, T. 21, 53, 117, 147
Brechungsindex 348
Bremsstrahlung 306
Brennstoff 415ff.
Brewster-Winkel 411
Bronze 276
Bronzezeit 276
Brownsche Bewegung 240
Brutreaktor 436f.
Brüter s. Brutreaktor
BSO 74
Buchdruck 375
Bullen, K. E. 165
Bunsen, R. W. 65

C

C 95, 439
Calcium 238
Callisto 124f., 130
camera obscura 391
Capella 33
Cardano, G. 20
Carnot, N. S. 359, 377
Cass 71
Cassini, J. D. 28, 117
Cassini-Teilung 133
Cavendish, H. 157, 207, 238
Celsius, A. 358

Celsius-Skala 264, 358
Cepheiden 32f.
Cepheiden-Periode 32
Ceres 143
CERN 307
Chadwick, J. 295f.
Challenger 178, 183
Chamberlin, Th. Ch. 88
Chandrasekhar, S. 62
Chandrasekhar-Grenze 62
Chapman, S. 220
Charlessches Gesetz 263
Charon 142
Chemie 238
chemische Verbindungen 238, 240
Chip 409
Chlor 238
Chondrite 228
Christofilos-Effekt 223
Christy, J. W. 142
Chromatographie 261
Clark, A. 54
Clausius, R. 361
Coesit 229
Compton, A. H. 298, 428
Cook, J. 189
Coriolis-Kraft 152, 173
Coulomb 383
Coulombsches Gesetz 381
Cousteau, J.-Y. 185
CPT-Symmetrie 334
Crab-Nebel 56f., 69, 76f.
Crookes, W. 288, 291
Crookessche Röhre 253
Curie, M. 247f., 438
Curie, P. 247
Curie-Temperatur 213
Curtis, H. D. 38
61 Cygni 30, 33
Cygnus X-1 80

D

Daguerre, L. J. M. 66, 391f.
Daguerrotypien 392
Dalton, J. 239
Dampf 263
Dampfkocher 376
Dampflokomotive 378
Dampfmaschine 375ff.
Dampfturbine 378
Davy, H. 257, 359, 382
de Broglie, V. 365
de Buffon, G. 87
de Coulomb, Ch. A. 381
Deduktion 16
Deimos 118, 123
Deklination 217
de Laplace, P. S. 87
Delta Cephei 32
Demokrit 239
De Rerum Natura 239
Descartes, R. 337
Deuterium 83, 301f., 427, 431, 445
Deuteron 301
Dewar-Gefäß 267
diamagnetisch 270
Diamant 273f.
Diamant, synthetischer 275
Diesel, R. 397
Dieselmotor 397
Diffusions-Nebelkammer 292
Diode 402f.
Dione 136
Dirac, P. 298f., 303, 345
Domänen 213
Doppelquasare 355
Doppelsterne 48, 61, 80
Doppelsterne, spektroskopische 48
Doppler, Ch. H. 46
Doppler-Effekt 46
Doppler-Fizeau-Effekt 47, 82
Drachen 199f.
D-Region 211
Drehimpuls, Sonnensystem 88
D-Schicht 211
Düsenantrieb 399
Dunkelnebel 81
dunkle Begleiter 54f.
Duralumin 281
Dynamo 383

E

Early Bird 204
Echolot 178
Eddington, A. 46
Eddy, J. A. 93f.

Edelgase 254ff.
Edelgasverbindungen 257
Edison, Th. A. 386f., 389f.
Edison-Effekt 402
Einstein, A. 350ff., 362f., 425
Eisberge 187
Eisen 277ff.
Eisenmeteorite 166, 227
Eiszeit 191ff.
Eiszeit, Ursachen 193ff.
Elektrolyse 382
elektrische Batterie 382
elektrisches Potential 380
Elektrizität 379ff.
Elektrodynamik 381
Elektromagnet 384
elektromagnetische Strahlung 67, 344
Elektromotor 385
elektromotorische Kraft 380
Elektron 252ff., 285ff.
Elektronen-Synchrotron 306
Elektronenmikroskopie 365
Elektronenschalen 405
Elektronenstrahl 405
Elektronenvolt 303
Elektronik 400ff.
elektroschwaches Feld 334
Elektroskop 297f.
Elemente, chemische 237ff.
Elemente, radioaktive 301f.
Emissionslinien 65
Empedokles 237
Enceladus 136
Energie 415ff.
Energie, freie 360
Energiegleichung 461
Energie, kinetische 360
Energie, potentielle 360
Entropie 361
Entweichgeschwindigkeit 231f.
Epikur 239
Epizentrum 164
Eratosthenes 25
Erdalkalimetalle 258
Erdbeben 158ff.
Erdbebenstärke 161
Erdbebenvorhersage 160
Erde 151ff.
Erde, Abplattung 153
Erde, Alter 44f.
Erde, Dichte 157
Erde, Druckverhältnisse 273
Erde, Magnetfeld 215
Erde, Masse 157
Erde, Schalenbau 158ff.
Erde, Struktur 163f.
Erde, Ur-Atmosphäre 233ff.
Erde, Wassermassen 172
Erderkundungssatelliten 204
Erdgas 417
Erdkern 165f.
Erdkruste 166f.
Erdmantel 166f.
Erdöl 415ff.
Erdrotation 152
Erdstreifer 145f., 227
Erdumfang, Messung 26
E-Region 211
Eros 29, 145
Ether 266
Euklid 16
Europa (Jupitermond) 124f., 130
Exosphäre 202
Explorer I 101, 222
Explorer XVI 226
Explorer XVII 210

F

Fabry, Ch. 209
Fahrenheit, D. G. 357
Fahrenheit-Skala 264
Fallout 441ff.
Farad 383
Faraday 383
Faraday, M. 214f., 252
Farbenspektrum des Lichts 63f.
Fat Man 429
Felder 330ff.
Feldtheorie, einheitliche 334
Fermi, E. 250, 422, 428
Fermi-Dirac-Statistik 308
Fermionen 308
Fernmessung 202
Fernrohr 63f.
Fernsehen 404f.
Ferrit 279
ferromagnetisch 213, 279

Festlandseis 190
Feuer 373f.
Feuererzeugung 374
Film, fotografischer 392
FitzGerald, G. F. 347, 458
FitzGerald-Gleichung 458f.
FitzGerald-Kontraktion 347
Fixsterne 29ff.
Fizeau, A. 47, 341
Flächentransistor 408
Flavors 322, 329
Fließband 396
Fluchtgeschwindigkeit 48f.
flüssige Luft 267
flüssiger Sauerstoff 268
Flüssiggase 267f.
Flugzeug 398f.
Fluoreszenz 247, 391
Ford, H. 396
Fotografie 391f.
Fotokopie 383
Foucault, J. B. L. 151, 341f.
Fowler, R. H. 55
Francium 250
Franklin, B. 380f.
Fraunhofersche Linien 64
Freon 210, 266
Frequenzmodulation 404
Fresnel, A. J. 339
Friedman, H. 75
F_1-Schicht 211
F_2-Schicht 211
Funkenkammer 294
Fusionsenergie 444ff.
Fusionsreaktor 445

G

Gagarin, J. A. 106
Galaktische Haufen 42
Galaxis 31
Galaxis, elliptischer Typ 40
Galilei, G. 19, 20, 112, 340, 357, 449f.
Galileische Monde 124f.
Galvani, L. 381
Galvanometer 215
Gammastrahlen 68, 247, 285f.
Gamow, G. 49
Ganymed 124f., 130
Gasbeleuchtung 388
Gasdiffusion 426
Gase 263ff.
Gasriese 138
Gasturbine 398f.
Gauß, K. F. 143
Gay-Lussac, J. L. 200
Gegenschein 226
Geigerzähler 221
Geißler-Röhre 253
Gell-Mann, M. 326
Generator 383
Geoid 155
Geometrie 15
Geometrie, euklidische 16
Geometrie, nichteuklidische 19
geostationär 204
Germanium 406
Gesteinsmagnetisierung 217
Gezeiteneffekt 127, 133
Gezeiten-Hypothese 88
Gibbs, J. W. 362
Gilbert, W. 213
Glenn, J. H. 106
Gletscher 190ff.
Glühbirne 389f.
Gluon 329f.
Goddard, R. H. 99
Gold, Th. 49, 78
Golfstrom 173
Gondwana 168
Goodricke, J. 48
Grad 358
Granit 167
Graphit 273f., 427
Gravimeter 155
Gravitation 354f., 449ff.
Gravitationsgesetz 157
Gravitationskonstante 157, 455
Gravitationskraft 157, 455
Gravitationen 314f.
Griechen 14, 90
Großer Roter Fleck 128
Gußeisen 277
GUT's 335, 345
Gutenberg, J. 375
Guyot 179
Gyroskop 216

H

H 83
Hadfield, R. A. 278
Hadronen 323ff.
Hahn, O. 423
Halbleiter 406f., 420
Halbmond 96
Halbwertszeit 442f.
Hale, G. B. 218
Hale-Teleskop 40
Hall, Ch. M. 280
Hall-Hérault-Verfahren 280
Halley, E. 29, 44, 147
Halleyscher Komet 147f.
Händigkeit 333
Hartmagnet 279
Hartmann, J. F. 81
Harwig, E. 53
Hauptreihe 58
Hautkrebs 209
Hawaii 162
H-Bombe 432
Heisenberg, W. 296, 369f.
Heißluftballon 200
Heliometer 30
Heliosphäre 210
Helium 207, 232f., 255, 269f., 287
Helium 3,4 272f.
Helium, Entdeckung 65
Heliumverbrennung 60
Helligkeit 31
Helligkeit, absolute 33
Helligkeit, relative 33
Helligkeitsmessung 32f.
Henderson, Th. 31
Henry, J. 384
Heraklides 151
Herculaneum 162
Herschel, W. 31, 66, 91, 117, 137, 143
Hertz, H. R. 67, 400f.
Hertzsprung, E. 34
Hertzsprung-Russel-Diagramm 59
Hess, H. H. 168
Hess, V. F. 297f.
Hewish, A. 77
Himmelsstrahlung, nächtliche 207
Hintergrundstrahlung 50
Hipparchos 26, 33, 52, 153, 225
Hiroshima 430
Hochdruckphysik 273ff.
Holographie 414
Hooker-Teleskop 39
Hoyle, F. 49, 60, 90, 223
H-R-Diagramm 58ff.
Hubble, E. P. 39
Hubble-Effekt 48
Hubschrauber 398
Humanisten 18
Humboldt-Strom 173
Hurrikan 152
Hutton, J. 44
Huygens, Ch. 38, 117, 132, 338
Hydrophon 183
Hyperkern 326
Hyperonen 324
Hypozentrum 164

I

Ikonoskop 404
Induktion 19
industrielle Revolution 378
inerte Gase 256
Infrarote Riesen 59
Infrarotstrahlung 66
Infraschall 178f.
Inklination 213, 217
Inseluniversum 38
integrierte Schaltung 409
Interferometer 69, 339, 346, 457
interglazial 191, 195
Internationales Polarjahr 189
Invar 154
Io 124f., 130
Ion 210
Ionenantrieb 269
Ionenaustausch 262
Ionosphäre 210f.
Ishtar Terra 116
Isobare 297
Isogonen 217
Isolator 379
Isostasie 167
Isotone 297
Isotope 288ff.

J

Jansky, K. 68
Japetus 134
Jeans, J. H. 88
Jeffreys, H. 88
Jetstream 200
Joliot-Curie. F. und I. 295 ff., 427
Joule, J. P. 267, 359
Joule-Thomson-Effekt 267
Juno 143
Jupiter 123 ff.
Jupiter VI bis XIII 126 f.
Jupiter, Abplattung 128
Jupiter, Form 127 f.
Jupiter, Magnetfeld 225
Jupiter, Oberfläche 128
Jupiteratmosphäre 129
Jupitermonde 124 ff.
Jupitersonden 129 f.

K

K 439
Kalklicht 388
Kaltzeit 191
Kanalstrahlen 286
Kanarien-Strom 173
Kant, I. 38, 87
Kaonen s. K-Mesonen
Kapteyn, J. C. 32
Kartographie 156
Kaskaden-Verfahren 267
Kathode 253
Kathodenstrahlen 253
K-Einfang 301
Kelvin, Lord 45, 264, 267
Kelvin-Skala 264
Kennelly-Heavyside-Schicht 211
Kepler, J. 21, 27, 53, 117
Kernfusion 431
Kernfusion, kontrollierte 444 ff.
Kernfusion, Sonne 46
Kernkraft, Gefahren 435 f.
Kernreaktor 434 ff.
Kernspaltung 313, 421 ff.
Kerosin 268, 416
Kettenreaktion, nukleare 424 f.
kinetische Gastheorie 361
Kinomatographie 392 f.
Kirchhoff, G. R. 65
Klimaveränderung 196
K-Mesonen 324, 332
Kohle 415 ff.
Kohlendioxid 196, 206, 235, 265, 273,
Kohoutek 148
Koks 277, 416
Kollapsar 79 f.
Kolumbus 26
Koma, Komet 149
Kometen 87, 147 ff.
Kometenschweif 149
Kometenwolke, zirkumsolare 149
Kommensurabilitäts-Lücken 144
Komplementaritätsprinzip 351
Kondensator 380
Kontinentaldrift 167 f.
Kontrollstäbe 427
koorbital 136
Kopernikanisches System 18
Kopernikus, N. 18, 27
Koronograph 76
Korpuskulartheorie 338
Korrosion 279
kosmische Strahlen 221, 298 f., 311 f.
Kosmotron 306
Kraft 454
Krakatau, Vulkanausbruch 161
Krater, fossile 229
Kreislauf des Wassers 176
Kristall 244
kritische Masse 426, 429
kritische Temperatur 266
Kryogenik 271 f.
Kryolith 280
Krypton 207, 390
3K-Strahlung 50
Kühlschrank 266
Kugelhaufen 36
Kuiper, G. P. 138, 142
Kupfer 276

L

Labrador-Strom 174
Lambda-Teilchen 325 f.

Langspielplatte 387
Lanthaniden 262
Laser 409 ff.
Laser, chemischer 412
Laser, organischer 412
Laser-Interferometer 413
Laurasia 168
Lavoisier, A.-L. 206, 238, 273
Lawineneffekt 411
Lawrence, E. O. 304 f.
Leavitt, H. 33
Legierung 262
Leidener Flasche 380
Leoniden 226
Leptonen 314 ff.
Leukämie 438
Leverrier, U. J. J. 140
Lewis, G. N. 254
Lewis-Langmuir-Modell 256
Licht 337 ff.
Licht, kohärentes 412
Lichtbogen,
elektrischer 389
Lichtbrechung 64
Lichtgeschwindigkeit 340 f.
Lichtjahr 31
Lichtmaschine 394
Lilienthal, O. 398
Linac 308
Lindbergh, Ch. 398
Linearbeschleuniger 304
Lithium 432
Lithiumfluorid 255
Lochkamera 391
Lockyer, N. 65
Longitudinalwellen 343
Lorentz, H. A. 347 f.
Lorentz-FitzGerald-Gleichung 348
Lorentz-Gleichung 458 f.
Los Alamos 428
Love-Wellen 166
Luftfahrt 199 ff.
Luftschichten 197 ff.
Lukrez 239
Luna IX, X 103
Luna X 222
Lunik I, II, III 102, 220
Luxonen 459
Lyell, Ch. 44
Lyot, B. F. 76

M

Mach-Zahl 400
Magdeburger Halbkugeln 376
Magellan 26
Magellansche Wolke, Große 38
Magellansche Wolke, Kleine 33 f.
magische Zahlen 313
Magma 181
Magnesium 238, 281
Magnet 212 f.
Magnetflasche 446
magnetische Induktion 215
magnetische Streifenmuster 217
magnetischer Sturm 218
magnetisches Feld 214
Magnetismus 212 ff.
Magnetopause 222
Magnetosphäre 220 ff.
Magnetpol 216
Maiman, Th. H. 411
Manganknollen 176
Manhattan-Projekt 425
Marconi, G. 401
mare 97
maria 102 f., 229
Marianengraben 186
Mariner 2 114, 220
Mariner 4 120
Mariner 6, 7, 9 121
Mariner 10 166
Marius, S. 38
Mars 116 ff.
Mars, Magnetfeld 224
Mars, Rotationsdauer 117
Marskanäle 119
Marsmonde 118, 123
Marsoberfläche 121
Marssonden 120
mascons 229
Maser 409 ff.
Masse 454
Masse-Leuchtkraft-Beziehung 58
Massendefekt 364
Massenspektrograph 290, 363
Massenzahl 290
Mathematik 449 ff.
Matrix-Mechanik 369
Maunder, E. W. 93
Maunder-Minimum 93

Maury, M. F. 172
Maxwell, J. C. 67, 88, 215, 344
Meer 172ff.
Meer, Bodenschätze 176
Meer, Chemismus 175
Meeresboden 217
Meeresströmungen 172ff.
Meerwasserentsalzung 176
Meerwassertemperatur 195
Meißner-Effekt 270
Meitner, L. 423
Mendelejew, D. I. 241f.
Merkur 111ff.
Merkur, Rotationsdauer 113
Merkursonden 116
Mesonen 320, 324
Mesosphäre 202
Messier, Ch. 38
Metalle 276ff.
Metallidierung 283
Metallwerkzeuge, antike 276
Meteore 225ff.
Meteorite 165f., 225ff.
Meteorschauer 226
Methan 207, 234f.
Methylacetylen 84
Meyer, J. L. 241
Michelson, A. 346, 457
Michelson-Morley-Experiment 455
Mikrochip 409
Mikrofon 387
Mikrometeorite 226f.
Milanković, M. 194
Milchstraße 31, 34ff., 81
Milchstraße, Dicke 37
Milchstraße, Rotation 36
Milchstraße, Zentrum 37
Millikan, R. A. 298
Milne, J. 159
Mimas 136
mineralische Säuren 237
Mira 52
Mittelatlantischer Rücken 180
Moderator 427
Mössbauer, R. 356
Mössbauer-Effekt 356
Moho 166
Mohorovičić, A. 166
Mohs, F. 274
Mohs-Skala 274
Molekül 240
Mond 25, 95ff.
Mond, Daten 97
Mond, Herkunftstheorien 169f.
Mond, Satellitenerkundung 100ff.
Mondfähre 107
Mondflüge 106
Mondkarte 104
Mondlandung 107
Mondphasen 95f.
monochromatisch 411
Monopole, magnetische 344f.
Montgolfier, Gebrüder 200
Morse-Alphabet 385
Mosley, H. G. J. 245
Moulton, F. R. 88
Mount Palomar 63
Mount St. Helens 163
Multiplikationsfaktor 427
Myon 320f.
Mythen 14, 44

N

Nansen, F. 186
Naphtha 416
Navigationssatelliten 156
Nebel 38
Nebel, außergalaktische 39
Nebelkammer, Wilsonsche 291f.
Nebengruppenelemente 260
nebulae s. Nebel
Nebular-Hypothese 88
Neo-Platonismus 18
Neon 207, 233
Neonröhre 391
Neptun 139f.
Neptunismus 164
Neptunium 428
Neptunmonde 140
Nernst, W. 270
neutrale Ströme 334
Neutrino 315f.
Neutrino, Nachweis 318
Neutrino-Oszillation 323
Neutron 250, 295, 422, 445
Neutronenaktivierungs-Analyse 303
Neutronenbombe 433
Neutronensterne 75ff.

Newton, I. 21, 63, 87, 152f., 238, 337f
Nicolet, M. 210
Nikolaus von Cusa 29
Nimbus I 203
Nix Olympica 121
Nord-Äquatorialstrom 173
Nordpazifik-Trift 173
Nordpol 186f.
Nova Aquilae 53
Novae 38, 52ff.
n-Typ 406f.
nukleare Proliferation 430
Nukleonen 297
Nuklid 291ff.

O

Oak Ridge 428
Oberflächenwellen 164
Oberth, H. 100
Ölsand 417
Ölschiefer 417
Oersted, H. Ch. 214, 280
Ohm 383
Ohm, G. S. 383
Ohmsches Gesetz 383
Oktanzahl 397
Onnes, H. K. 269
Oort, J. 36, 83
Oppenheimer, J. R. 76, 428
Ordnungszahl 244f., 287f.
Orthiko 404
Otto, N. A. 394
Ottomotor 394f.
Ozon 209, 235, 273
Ozonosphäre 209f.
Ozonschirm 209

P

Paarbildung 299
Paarvernichtung 299
Packungsanteil 364
Pallas 143
Palmieri, L. 159
Pangaea 167f., 182
Papin, D. 376
Paracelsus 237
Parallaxe 27
Parallaxe, geozentrische 28
Parallaxe, Meßmethode 27f.
Paramagnetismus 213
Paricutin 162
Parität, Erhaltung der 332
Parsec 33
Parsons, W. 38
Partikel/Welle-Theorie 350f.
Pascal, B. 198
Pauli, W. 254
Pauli-Prinzip 254, 310
Pauling, L. 256, 443
Peary, R. B. 186
Pech 416
Pegasus I 226
Pendel 155
Perigäum 97
Perioden-Helligkeits-Kurve 34
Periodensystem 237, 241ff.
permanente Gase 266
Permeabilität 213
Perturbationen 146
Petroleum 416
Phasenregel 362
Phasotron 306
philosophia 15
Phobos 118, 123
Phoebe 134
Photodissoziation 235
photoelektrischer Effekt 350
Photonen 314f., 410f.
Piccard, A. 185, 201
Piccard, J. 186, 201
Piezoelektrizität 179, 247
Pinch-Effekt 446
Pion 324
Pioneer 10, 11 129, 225
Pioneer I, III 222
Pioneer Venus 115
Planck, M. 349f.
Plancksches Wirkungsquantum 349f.
Planeten 25
Planeten, äußere 137ff.
Planeten, Bahnen 27
Planeten, Entstehung 87ff.
Planetesimale 88, 171, 230, 233
Plasma 446f.
Plastikmagnete 280
Plato 17

Plattentektonik 181
Pleistozän 191
Plinius 162
Plotinos 18
Pluto 140f.
Plutomond 142
Plutonismus 164
Plutonium 428, 437
Plutonium, Halbwertszeit 439
Plutoniumbombe 430
Pogson, N. R. 33
Polarlicht 94, 199, 218f.
Polarstern 34
Pole (Erde) 152f.
Polkappen 186ff.
Polonium 248
Pompeji 162
Population I 40
Population II 40
Posideonius 26
Positron 297ff.
Positronium-System 299
Powell, F. 324
Prisma 63f., 337
Prokyon 54f.
Proton 286
Protonen-Neutronen-Theorie 296
Protonen-Synchrotron 306
Präzession der Tagundnachtgleiche 15⁴
Ptolemäus, C. 17, 26, 28
p-Typ 406f.
Pulsar 77f.
Pulsar, optischer 79
Pulsperiode 78
P-Wellen 164
Pythagoras 16
Pythagoräer 20, 151

Q

Quadrupolmoment 312
Quant 349
Quanten-Chromodynamik 329
Quantenmechanik 350, 368
Quantensprung 368
Quantentheorie 348f.
Quarks 323, 326ff.
Quasare 72ff.
Quastenflosser 184

R

rad 443
Rad, Erfindung 374
Radar 342f.
Radar, Entfernungsmessung 113
Radialgeschwindigkeit 47
Radio 400f.
radioaktiver Müll 441
radioaktiver Niederschlag s. Fallout
radioaktive Strahlen, Gefahren 437ff.
Radioaktivität 246ff.
Radioastronomie 67ff.
Radiofenster 68
Radiogalaxien 71
radiogene Wärme 171
Radioquellen, extragalaktische 71f.
Radioquellen, quasi-stellare 73
Radiosonne 69
Radioteleskop 68ff.
Radiowellen 67, 77
Radium 248, 438
Radon 248
Raketentechnik 98
Raketentreibstoff 267f.
Ranger 7, 8, 9 102
Raum, »leerer« 81ff.
Raumfahrt, bemannte 106ff.
Raumwellen 164
Raumzeit 352f.
Rauschen 401
Rayleigh-Wellen 166
Reaktionsprinzip 98
Reaktor 415ff.
Relativität 347ff.
Relativitätstheorie 351f.
Relativitätstheorie, Allgemeine 354f.
Relativitätstheorie, Spezielle 350f.
Renaissance 18
Resonanzteilchen 326
retrograde Bewegung 117
Richter, J. 29
Richter-Skala 161
Ride, S. 106
Ritter, J. W. 67
Roche, E. 133
Rochesche Grenze 134
Röhre s. Diode
Römer, O. 340
Röntgen, W. K. 67

Röntgenstrahlen 68, 79, 244
Röntgenstrahlen, Gefahren 438
Röntgenstrahlenquellen 76
Rosse, Earl von 56
Rote Riesen 40, 58f.
Rote Zwerge 55
Rotverschiebung 47
Rotverschiebung, relativistische 56, 35
Royal Society 20f.
Rubidium, Entdeckung 65
Rubinlaser 411
Ruhemasse 459
Rutherford, E. 285f.

S

San Andreas-Störung 181
S Andromedae 53
Satelliten, Definition 124
Satellitengeodäsie 156
Saturn 131ff.
Saturn, Magnetfeld 225
Saturnmonde 134ff.
Saturnringe 132f.
Satz des Pythagoras 16, 456
sauerer Regen 419
Sauerstoff 206
Sauerstoff, Isotope 194
Schallmauer 399
Schelf 192
Schiaparelli, G. 113, 119
schiefe Ebene 450f.
Schiefer Turm von Pisa 19
Schmidt, B. 66
Schmidt-Kamera 66
Schmiedeeisen 277
Schnelldrehstahl 279
Schrödinger, E. 368
Schwarze Zwerge 61
Schwarzes Loch 79f.
Schwerkraft 155
Scott, R. F. 189
Scyllac 447
seafloor spreading 181
Secchi, P. A. 65
Seebeben 159
Segre, E. G. 249
seismische Woge 158
Seismograph 159f., 164
seismographische Stationen 160
Seltene Erden 257ff.
Seyfert, C. 75
Seyfert-Galaxien 75
Shapley, H. 34, 38
siderischer Monat 95
Siemens, K. W. 278
Sigma-Teilchen 325f.
Sikorsky, I. I. 398
Silizium 406, 421
Siliziumkarbid 274
Sirius 33, 54
Slipher, V. M. 48
Smog 418
SNAP-Batterien 440
Snell, W. 337
Soddy, F. 289
Solarzelle 420f.
SONAR 179
Sonne 33, 46ff., 75, 90ff.
Sonnenenergie 420f.
Sonnenfackel 218f.
Sonnenflecken 91f.
Sonnensystem 27, 46ff., 85ff.
Sonnensystem, Vermessung 27
Sonnenwind 149, 218f.
Spaltprodukte, radioaktive 438f.
Spektroheliograph 218
Spektroskop 64f.
Spektroskopie 207
Spektrum, Licht 338
Spin 295f., 308ff., 316
Spionagesatelliten 204
Spiralarm 40
Spiralnebel 38ff.
Sprungtemperatur 269
Sputnik I 100
Stahl 277ff.
Stahl, Legierungen 279
Stahl, rostfreier 279
Standard-Meter 154f.
Steady-State-Universum 50
Steinmeteorite 165, 227
Stellarator 447
Stephenson, G. 378
Stereophonie 388
Sterne zweiter Generation 62
Sterne, Spektralklassen 65
Sternentwicklung 60
Sternfotografie 66f.

Sternschnuppen 225
Stickstoff 206
Stishovit 229
Strahlenkrankheit 440
Strahltriebwerk 399
Strahlungsdruck 61
Strassmann, F. 423
Stratosphäre 200, 207 ff.
Streamerkammer 294
Streichholz s. Zündholz
Strontium, Isotop 442
Strontiumeinheiten 442 f.
Super-HILAC 309
Supergalaxie 42
Superkontinent 167
Supernovae 52
superschwere Elemente 251 f.
Supraflüssigkeiten 269 f.
Suprafluidität 270
Supraleiter 269 f.
Surveyor 1,5 103
S-Wellen 164
Synchrozyklotron 306
synodischer Monat 95
Szintillation 291
Szintillationszähler 291
Süd-Äquatorialstrom 173
Südpol 188 f.

T

Tachyonen 460 f.
Taifun 152
Tamper 429 f.
Tardyonen 459
Tartaglia, N. 20
Tauon 322
Technetium 249
Technik 373 ff.
Technik, Frühzeit 373 f.
Teilchen, virtuelle 370
Teilchenbeschleuniger 303 ff.
Tektite 230
Tektonik 181
Telefon 386 f.
Telegraphie 384
Teleskop 64
Teller, E. 425
Telstar I 204
Tereschkowa, V. 106
Tesla, N. 386
Tethys (Saturnmond) 134
Thales von Milet 14, 212, 379
Thermodynamik 359
Thermodynamik, 1. Hauptsatz 360
Thermodynamik, 2. Hauptsatz 361
Thermodynamik, chemische 362
thermoelektrische Zelle 418
Thermometer 357
thermonukleare Reaktion 430 f.
Thermosphäre 202
Thin Man 429
Thomas von Aquin 18
Thomas, S. G. 278
Thomismus 18
Thomson, J. J. 253, 285
Thorium 247, 437
Three Mile Island 434
Tiefenwasser 174
Tiefsee, Organismen 183 f.
Tiefseerinne 179 f.
Tiefseetaucherei 185 f.
Tiros I 203
Titan (Saturnmond) 134
Titan 282
Tokamak 447
Tombaugh, C. W. 141
Tonband 388
Tonfilm 393
Tornado 152
Torricelli-Vakuum 198
Torus 447
Transactiniden 263
Transformator 215, 385
Transistor 405 ff.
Transurane 250
Transversalwellen 343
Treibgase 209
Treibhaus-Effekt 195, 235, 419
Triode 402 f.
Tritium 302, 431, 445
Triton 302
Trockeneis 265
Trojaner (Asteroiden) 144
trojanische Position 144
Trojanische Situation 137
Tropopause 200
Troposphäre 200
Trägheitsprinzip 450

Tscherenkow, P. A. 348
Tscherenkow-Strahlung 348
Tscherenkow-Zähler 348
Tsunami 159, 161
Tswett, M. S. 261
Turboprop-Antrieb 399

U

U-Bombe 432
U-Boot 185
Übergangselemente 259
Überschall 400
Uhrenparadoxon 352f.
UKW 404
UKW-Wellen 67
Universum 25ff.
Universum, Größe 25ff.
Universum, offenes 50
Unschärferelation 369f.
Untergrundstrahlung 439
Unzugänglichkeitspol 190
Uran 364, 423f., 428f., 437
Uran, Halbwertszeit 439
Urananreicherung 426
Uranbombe 430
Uranhexafluorid 426
Uranisotope 425f.
Uranus 137f.
Uranusmonde 138
Uranusringe 139
Ur-Atmosphäre s. Erde
Urey, H. C. 195, 234, 301
Urknall s. Big Bang
Ur-Ozean 235
UV-Strahlung 67, 209

V

V2 100
Vakuum 343, 376
van Allen, J. A. 222
van-Allen-Strahlungsgürtel 222
van-de-Graaf-Generator 303
van de Hulst, H. C. 82
van der Waals, J. D. 266
van Maanen, A. 38
Vanguard, 1,2 156
Venus 33, 111ff.
Venus, Atmosphäre 114f.
Venus, Rotationsdauer 114
Venussonden 114
Verbrennungsmotor 393ff.
Vereisung 191
Verflüssigung 263f.
Vesta 143
Vesuv 162
vierdimensional 352
Viertaktmotor 394f.
Viking 1,2 121f.
Villard, P. U. 285
Vogel, H. C. 48
Vollmond 33, 96
Volt 383
Volta, A. 381f.
Voltasche Säulen 382
von Braun, W. 100
von Fraunhofer, J. 64
von Guericke, O. 376
von Helmholtz, H. 45
von Humboldt, A. 173
von Kleist, E. G. 380
von Laue, M. T. F. 244
von Linde, K. 267
von Struve, F. W. 31
von Weizsäcker, C. F. 89
Voyager 1,2 129, 134
Vulkane 161f.

W

Wärme 356ff.
Warmzeit 191
Wasser, schweres 301, 427
Wasserpumpe, Prinzip 197f.
Wasserrad 375
Wasserstoff 206, 232f., 267, 287, 444
Wasserstoff, schwerer 301
Wasserstoffbombe 432
Wasserstoffsträhnen 82
Wasserstoffverbrennung 60
Watt, J. 377
Wechselstrom 385f.
Wechselwirkung, elektromagnetische
Wechselwirkung, schwache 331
Wechselwirkung, starke 331
Wega 31

Wegener, A. 167, 187
Weichmagnet 279
Weißsche Bezirke 214
Weiße Zwerge 55, 59 f., 355
Wellen 337 ff.
Wellenmechanik 368
Welsbach-Strumpf 388
Werner, A. G. 164
Westwind-Trift 173
Wetterbeeinflussung 203
Wetterprognose 203
Wettersatelliten 203
Wheeler, J. A. 79
Whisker 282
Wilson, Ch. 291
Windmühle 375
Wirbelsturm 203
Wirkungsquerschnitt 422
Witjas-Tief 183
Wolfram 390
Wolkenimpfen 203
Wright, Gebrüder 398
W-Teilchen 331
Würmeiszeit 192

X

Xenon 207
Xerographie 383
Xi-Teilchen 325

Y

Yukawa, H. 320 f.

Z

Zentralgraben 180, 217
Zeolithe 262
Ziolkowski, K. E. 99
zirkumpazifischer Feuerring 181
Zodiakallicht 226
Zonenschmelzverfahren 409
Zündholz 389
Zündstein 262
Zwergkollapsar 81
Zwicky, F. 53, 76
Zyklon 152
Zyklotron 305 f.